国家科学技术学术著作出版基金资助出版

凝聚态物理的全量子效应

Full Quantum Effects in Condensed Matter Physics

王恩哥　著

U0263592

科学出版社

北　京

内 容 简 介

1927 年玻恩和奥本海默基于薛定谔方程提出的电子态绝热近似, 在过去近一百年中已经成为了人们探索微观世界的一种研究范式。在理论上, 它是在量子力学层面求解凝聚态物理问题的第一步; 在实验上, 它是预言和解释各种观测结果的理论依据。近年物理学发展的一个趋势是随着理论模拟更加接近真实体系、实验观测更加趋于精准极限, 建立一种超越玻恩-奥本海默近似的新的研究范式被逐渐提上日程。全量子效应是指基于原子核与电子自由度的全量子理论所预言的物理性质和化学性质。它普遍存在于客观世界的凝聚态物质中, 涉及的内容十分广泛和丰富。但由于人们的认识过程, 以及理论方法和实验技术发展水平的限制, 直到最近才逐步得到越来越多的关注。本书在对全量子效应问题的历史发展和研究现状做简要概述之后, 先来介绍凝聚态物质中全量子效应的物理问题 (第 2 章) 和化学问题 (第 3 章), 使读者对全量子效应有一个总的概念。接下来分两章详细讨论了全量子效应研究的理论基础和方法, 并在第 6 章介绍了全量子效应研究的实验技术和外场极端条件的发展。第 7 章和第 8 章重点以氢 (含富氢化合物) 及其他典型体系 (包括轻元素及较重元素) 为例, 具体利用前面介绍的方法研究这些凝聚态物质中的全量子效应。最后, 第 9~11 章分别介绍了全量子效应在能源、环境、器件等领域已有或潜在的应用。本书强调的全量子凝聚态物理学研究无疑是人们对实际体系在进行准确物性的模拟与测量上不可绕过的一个重要课题。随着全量子效应理论方法的快速发展以及全量子效应实验能力的大幅提升, 在今后若干年内基于玻恩-黄展开来理解凝聚态物质这种思维范式, 在凝聚态物理研究中, 特别是与核量子效应和非绝热效应相关的物性描述时, 必将成为主流思维范式。希望本书能够让读者在今后面对一个凝聚态体系进行物性描述 (特别是超越电子态绝热的球-棒模型) 时, 有一个物理图像清晰的切入点; 同时, 作者也希望能够促进这个刚刚兴起、亟待发展的领域走向正确的方向。

本书适合凝聚态物理专业的高年级本科生和研究生学习使用, 也可供从事相关领域的研究者参考阅读。

图书在版编目(CIP)数据

凝聚态物理的全量子效应 / 王恩哥著. --北京: 科学出版社, 2024. 12.
ISBN 978-7-03-079857-2

Ⅰ. O413

中国国家版本馆 CIP 数据核字第 20247HC828 号

责任编辑: 钱　俊　陈艳峰　孔晓慧 / 责任校对: 杨聪敏
责任印制: 张　伟 / 封面设计: 无极书装

科学出版社 出版

北京东黄城根北街 16 号
邮政编码: 100717
http://www.sciencep.com

北京中科印刷有限公司印刷
科学出版社发行　各地新华书店经销

*

2024 年 12 月第 一 版　开本: 787×1092　1/16
2024 年 12 月第一次印刷　印张: 34　3/4
字数: 822 000

定价: 368.00 元

(如有印装质量问题, 我社负责调换)

序 言

对凝聚态物理中全量子效应问题的深入思考，得益于我与合作者过去在轻元素材料方面的研究积累。在独立从事科学工作之后的三十多年时间里，我们研究所涉及的轻元素包括：氢 (H)、锂 (Li)、硼 (B)、碳 (C)、氮 (N)、氧 (O) 等，它们组成了丰富多样的物质形态，如液态和固态水、金刚石、氮化碳、石墨烯、硼烯、碳纳米锥、硼碳氮纳米管、单晶及多孔碳化硅材料。长期以来，人们通常认为重元素材料 (比如过渡金属) 的物理性质是比较复杂的，而轻元素材料则要简单得多。然而，客观世界的许多问题往往会大大超出人们的直观想象。越来越多的研究表明，轻元素材料由于具有显著的全量子效应，特别是在许多情况下原子核量子效应是不能被忽略的，因此同样也会表现出非常新奇和复杂的物理现象。

在薛定谔方程中，全量子效应的概念是自然包含在内的。我们可以先对全量子效应做一个定义。**全量子效应 (Full quantum effects)：基于原子核与电子自由度的全量子理论所预言的物理性质和化学性质。**所谓的全量子理论，即是从薛定谔方程出发，将一个大分子或凝聚态系统中所有原子核和电子做量子化处理，并且同时考虑这些量子粒子之间耦合运动的理论和计算方法。在量子化学领域一般是采取直接求解薛定谔方程，即将电子和原子核同时波函数化，但这类问题能够处理的实际体系都比较小，通常只包含少数几个原子。对于由大量原子组成的凝聚态体系，在计算物理研究中采用玻恩-奥本海默近似是第一步，在此基础上再考虑各种近似来求解薛定谔方程是凝聚态物理学中人们通常采用的研究范式。这种考虑的出发点是原子核质量远远大于电子质量，因此在求解具体问题时，过去绝大多数情况是把原子核作为经典粒子处理，只把电子严格地波函数化。此外，即使严格地遵循玻恩-奥本海默近似，这里还存在另一个问题，就是忽略了电子运动与原子核运动的量子耦合，而把两者分开来处理再简单加和，采取了绝热近似。由于本书侧重在讨论从薛定谔方程出发研究凝聚态体系的物理问题，特别是强调了玻恩-奥本海默近似可以考虑但在实际处理中不断被弱化的现象 (比如对核量子效应的处理)，以及玻恩-奥本海默近似本身没有考虑到的现象 (比如非绝热效应)，为了避免物理图像上的这些提法和思考可能产生的夸大理解，我们先从凝聚态物理研究中一些常见的概念出发，看一看它们与背后全量子效应的自然关系。

在凝聚态物理研究中，近年来大家常常用到下面一些概念来理解许多重要的物理发现。比如，人们已经习惯地接受零点能、零点振动、量子涨落、量子隧穿、电-声耦合等概念，去讨论诸如氢的对称化和金属化、质子隧穿、量子液体、量子固体、量子自旋液体、量子临界行为、量子相变、量子顺电性、超低热导率、反常热膨胀、超导电性、声子辅助光吸收、同位素能带工程等物理问题。其实所有这些概念都与全量子效应中的原子核量子效应相关，即只有将原子核作为量子的粒子来处理才能得到真正的理解，这是与将原子核作为经典粒子来处理时物理本质的不同。但是很少有人从全量子效应这个角度出发，把这些物理概念统一起来思考。核量子效应在原始的玻恩-奥本海默近似中虽不完整但并不缺失，只是它在过去近百年的实际应用中被一次次弱化了 (比如早期的电子态绝热球-棒模型)。在这个弱化过程中，人们习惯于使用从固体物理研究发展起来的微扰论中的简谐近似或准简谐近似来描述我们这里所说的全量子效应。比如,人们会基于玻恩-奥本海默势能面上的振动来计算声子。涉及声子辅助电子跃迁这种非绝热过程的时候,人们也会把系统放到不同的玻恩-奥本海默势能面上来计算相应的声子,并在此基础上描述电-声耦合过程。其实在这个过程中人们已经自觉不自觉地超出了玻恩-奥本海默近似的范畴,而进入由玻恩-黄展开描述的全量子化领域。另外,需要指出的是,这些完善处理均是在简谐近似或准简谐近似成立的前提下进行的。本书讨论的全量子凝聚态物理问题除了对应固态体系中微扰论成立的情况外,还可能包括微扰论不成立的情况。比如,当固态体系处于非平衡态,原子核构型远离电子基态的最稳定结构时,甚至当考虑的凝聚态物质是液态体系等复杂情况时。除此之外,全量子效应的另一个内容是研究电子-原子核量子耦合运动的非绝热效应,而这部分内容恰恰是在原始的玻恩-奥本海默近似中并没有考虑到的。现在非绝热效应在非平衡态物理现象的研究中变得越来越重要,比如电子跃迁改变了激发态占据数,从而直接导致了振动光谱的谱线展宽、强度变化和峰位移动,石墨烯及金刚石等材料中声子振动频率随电子或空穴掺杂浓度的改变,以及各种超快电荷转移、光场驱动拓扑相变、光场调控电荷密度波 (电荷序)、瞬态关联效应、分子贝里相、表面催化与光解过程等。

尽管如此,第一性原理研究已经在解释和预言许多凝聚态物理实验现象的时候取得了很大成功,但这个成功背后存在的物理概念问题是不能混淆的。否则,我们会发现,很多本不应该与实验进行对比的理论结果在不少研究中还通常被使用,其中默认的近似可能并没有被真正理解。这样做往往导致的问题是,计算结果与实验观测的吻合到底是来自计算层面不同误差之间的抵消,还是对实验结果的过分解读,甚或是实验技术本身的局限?很多时候读者甚至作者也是无从得知的。本书的任务之一是指出在什么情况下玻恩-奥本海默近似是可以的,什么情况下超越玻恩-奥本海默近似的非绝热现象会很重要。在玻恩-奥本海默近似这个层面,我们也会详细解释目前的很多处理方式所忽略掉的核量子效应在什么时候会对物性描述产生致命性的影响。这些应该说是目前物理、化学、材料科学等领域研究中很重要的概念,但在习惯的传统凝聚态物理研究范式下还很少被系统讨论和细致澄清。比如,目前在凝聚态计算物理研究中最为常用的第一性原理玻恩-奥本海默分子动力学方法里面,核量子效应和非绝热效应其实都是被忽略的。因此,建立完整的全量子凝聚态物理图像是十分必要的。我们必须承认,从玻恩-黄展开出发严格求解真实凝聚态体系的量子多体薛定谔方程今天仍然面临许多挑战,但这不等于我们应该在物理概念的层面上停滞不前,甚至发生错误。

现阶段根据侧重点不同,我们通常把原子核慢分量对电子快分量的演化进行绝热处理,但保留其量子特性,从而去研究核量子效应;同样我们也可以把原子核慢分量的演化进行经典处理,考虑它与电子运动的耦合,因此去研究非绝热效应。当然,一些同时考虑核量子效应与非绝热效应的工作也正在逐步发展。这些都是本书要重点讨论的内容。

这里我们还需要强调的一点是,尽管本书讨论的多数例子是以轻元素为主,这并不是说较重的元素 (或者说重元素) 就没有全量子效应。比如,对铁电材料中量子顺电性机理的解释以及钙钛矿硫族化合物超低热导率现象的理解等。这些问题表明核量子效应不仅只为最轻的一些元素所专有,在一类由坐标不确定性标识的物理过程中,可能存在远超一般估计的量子涨落。这是因为从薛定谔方程可知,原子核本身的量子属性以及原子核与电子的量子耦合是存在于所有元素组成的多体凝聚态系统中的。对于核量子效应的研究,现阶段应该集中在由轻元素组成的材料,因为在这个体系中原子核的量子效应会表现得更加明显。

非绝热效应体现在电子发生跃迁时，整个体系的非平衡态过程是受到电子和原子核量子耦合的共同作用所支配的。对于非绝热效应，目前从超快过程的角度入手，研究电子激发跃迁与晶格上原子运动的量子耦合是最具说服力的例子，比如激光在层状材料二硒化钛中诱导的电荷密度波和超导态等。这些研究与材料组成的元素轻或重更是没有绝对的关系。当然这两种效应同时存在于实际的凝聚态系统中，并相互发生影响。现在已开始有一些全量子效应的研究工作同时考虑核量子效应和非绝热效应，这时涉及的凝聚态体系更是对所有元素都成立的。

出于这些考虑，本书在研究全量子效应时所采用的视角是，先从介绍凝聚态物质中全量子效应的现象入手，让读者对这类物理和化学问题有一个整体的认识。然后从理论的层面出发，逐步拓展到实验方面的讨论，深入介绍各种全量子效应的研究方法及其局限性。这主要是因为实验观测上是无法把实际体系中的全量子效应排除在外的。之前存在的问题或者是由于实验精度不够无法辨识全量子效应，或者是问题过于复杂而只好接受通过不同近似所获得的物理图像的解释。理解了这一点，读者很容易明白为什么我们在介绍理论方法时首先讨论玻恩-黄展开，并以此为基础，延伸到各种新发展的理论方法，其目的就是为了建立一个相对清晰的全量子效应理论框架。

对全量子效应的研究仅停留在理论层面是不够的，无疑还需要对全量子物态进行严格探测与调控，这依赖于精确表征手段的发展、巧妙的实验设计以及样品的精准制备 (如同位素纯度的原子级控制等)。近年来，核量子效应的探测方法更多地是得益于超高空间分辨的成像技术与超高能量分辨的谱学技术的发展；非绝热效应的探测则是得益于超快时间分辨的激光技术的发展，以及与传统探测手段的结合；而极端条件外场环境的建立，可以使我们在实验过程中人为地彰显或抑制全量子效应，这将为实现精准调控带来很大的方便。这些实验工作多是在过去十年内实现的。

在全量子凝聚态物理研究中，理论与实验的密切合作是相当重要的。比如，在实验中利用同位素替换，可以将原子核量子效应的影响分离出来，并通过与第一性原理路径积分分子动力学模拟结果的对比，来挖掘全量子效应。实际上，在对液态和固态水的氢键网络结构及相变问题研究中，我们也正是充分利用了理论与实验相结合的优势，在全量子效应研究方面做出了有特色的工作。

全量子效应普遍存在于凝聚态物理中，涉及的内容十分广泛和丰富。但由于人们的认识过程，以及理论方法和实验技术发展水平的限制，直到最近才逐步得到越来越多的关注。本书在对全量子效应问题的历史发展和研究现状做简要概述之后，先来介绍凝聚态物质中全量子效应的物理问题 (第 2 章) 和化学问题 (第 3 章)，使读者对全量子效应有一个总的概念。接下来分两章详细讨论了全量子效应研究的理论基础和方法，并在第 6 章介绍了研究全量子效应的实验技术和外场极端条件的发展。第 7 章和第 8 章重点以氢 (含富氢化合物) 及其他典型体系 (包括轻元素及较重元素) 为例，具体利用前面介绍的方法去研究这些凝聚态物质中的全量子效应。最后第 9 ~11 章分别介绍了全量子效应在能源、环境、器件等领域已有或潜在的应用。本书前面几章的内容已经基本成熟，可以作为大学教材传授；后面几章提到的一些问题都是属于探索性的，还有待于进一步的研究和完善。

本书先后几易其稿，经历了五年多的时间。从开始全书结构的设计到终稿后样书的审校，我征求了许多专家的意见，主要包括中国科学院物理研究所王文龙、孟胜、赵继民、张广宇、周兴江，以及北京大学李新征、陈基、江颖、林熙、贾爽、高鹏、刘磊等教授。另外，关于如何定义全量子效应这一概念，与中国科学技术大学牛谦教授做了很好的讨论。由于参与阅读和修改本书初稿的专家学者名单很长，这里只能一并致谢，恳请大家原谅。同时我还要感谢国家自然科学基金、国家重大科学研究计划和中国科学院学部咨询项目对推动本项课题研究的长期资助。

在本书接近完成的时候，我更加感觉到过去若干年理论方法的发展和实验技术的积累，已经使我们有可能回到量子力学原始出发点，站在新的高度审视凝聚态物理中的全量子效应。这样我们自然会发现，整个物理图像是非常清晰且简单的。为了使更多人接受全量子效应的概念，在现阶段思维方式上面临的两个问题需要特别关注。一是促进第一性原理的全量子效应模拟与基于模型哈密顿量采用二次量子化语言的凝聚态理论相结合，比如第一性原理的电-声耦合计算方法的发展。二是需要由于研究背景和侧重点的不同，对于这个问题研究中使用完全不同语言的理论物理学家和理论化学家形成共识，协同发展。这些挑战应该说是在这个凝聚态新兴领域里我们要共同面对的。

在经过如此长时间思考和写作暂时能够告一段落后，我感到非常愉快和轻松。最后我想强调一下本书的目的，大致可归结为两个方面：一方面，希望本书能够让读者在今后面对一个凝聚态体系进行物性描述 (特别是超越电子态绝热的球-棒模型) 时，有一个物理图像清晰的切入点；另一方面，希望能够促进这个刚刚兴起、亟待发展的领域建立新的研究范式，并使之走向正确的方向。这个领域中的多数问题，是可以充分地体现出凝聚态系统"多体"与"量子"这两个核心特征的。若干年后，如果仍有读者注意到这本书，我希望读者会把它当作人们针对此问题研究，推动建立全量子凝聚态物理学的一个相对全面的早期综述。现阶段，我希望本书能够激发起更多读者对此方面研究的兴趣，进而投入到凝聚态物理的全量子效应研究中来。

物质科学发展的一个趋势是随着理论模拟更加接近实际体系、实验观测更趋于精准极致，超越玻恩-奥本海默近似的物性研究被逐渐提上日程。本书强调的全量子凝聚态物理学无疑是人们对实际体系在进行准确物性的模拟与测量上不可绕过的一个重要课题。我们有理由相信随着全量子效应理论方法的快速发展以及全量子效应实验能力的大幅提升，在今后若干年内基于玻恩-黄展开来理解凝聚态物质这种思维范式，在凝聚态物理研究中，特别是与核量子效应和非绝热效应相关的物性描述时，必将成为主流手段。与建立在玻恩-奥本海默近似框架下的凝聚态物理研究的传统范式相比，下面介绍的新范式是要超越玻恩-奥本海默近似，包括了完整的核量子效应和非绝热效应。因此，就基础研究的意义而言，针对全量子效应问题的研究将在很大程度上加深人们对客观世界的认识。本书内容主要集中于凝聚态物理领域，但其结果对化学、材料科学，以及能源科学、环境科学等相关领域的研究同样具备借鉴价值。毫无疑问，这些基础研究的成果，一方面将担负着推动前沿科学发展的重要使命，另一方面也势必为相关应用研究提供更多机会。

诠释时间和内容如此宽广的主题，作者深感力不从心，书中缺点在所难免，恳请读者批评指正。

王恩哥

于朗润园

2024 年 9 月 24 日

目　　录

第 1 章　全量子效应问题概述

1.1　薛定谔方程与近似求解

　　量子力学的建立是 20 世纪人类文明史上取得的最伟大的科学成就之一，整个过程大概经历了近三十年的时间。这个问题最初起始于 19 世纪末物理学面临的一个难题，即如何理解黑体辐射 (Black-body radiation) 过程中的 "紫外发散" 现象。

　　热能的传播通常表现为三种形式：通过固体的热传导、流体的热对流以及热辐射。任何物体表面发射电磁辐射的能力正比于其吸收电磁辐射的能力。"黑体" 是吸收电磁辐射能力最强的物体，同时也就成为发射电磁辐射能力最强的物体 (见图 1.1 黑体辐射示意图)。黑体辐射研究的是具有一定温度的黑体表面发出电磁辐射的规律，即黑体辐射的能量密度随频率的变化关系。图 1.2 中空心圈所示为实验测量的结果 (陆果，1997)。可以看出，对于给定温度的黑体，其辐射电磁波的能量密度随频率变化将达到一个峰值，在其两侧都趋近于零。

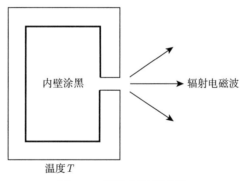

图 1.1　黑体辐射示意图

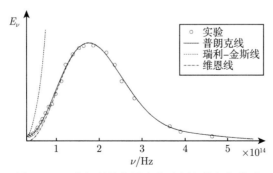

图 1.2　黑体辐射的能量密度随频率的变化关系

图 1.2 中这个看似非常简单的关系却让当时的物理学家大费脑筋。尽管许多人都做了不同的尝试，但都没有真正突破经典物理学思想的束缚。比如，1893 年 W. Wien (维恩) 发现辐射能量最大的频率值正比于黑体的热力学温度 (Wien, 1893)，并给出辐射能量对频率的分布公式。由这个公式得到的结果在大部分频率范围内都与实验符合很好，但在频率低的区域却与实验出现了明显偏差 (如图 1.2 中点划线所示)。特别引人关注的是 1899 年 J. W. S. B. Rayleigh (瑞利) 和 J. H. Jeans (金斯) 在电动力学和统计物理的基础上给出的结果，它在低频部分与实验符合很好，但在高频部分出现严重不符，甚至发散 (如图 1.2 中虚线所示) (Rayleigh, 1899)。相对于可见光来说，频率很大的辐射处在紫外线波段，所以这个难题就通常被称为 "紫外灾难"。

1894 年，M. Planck (普朗克) 开始研究黑体辐射问题。经过一番努力，Planck 在 1900 年先后发表了两篇论文 (Planck, 1900a, b)。这一年 12 月 14 日，Planck 在柏林物理学会的一次会议上发表了关于量子问题的报告。他提出了著名的量子假说 (Quantum hypothesis)：频率为 ν 的电磁辐射能是按照 $h\nu$ 的整数倍发射的。其中 h 是一个常数，可以简单地理解为描述能量量子的大小，通常被称为普朗克常数。在物理学的基本常数中，有些是通过实验观测获得的 (如光速 c、电荷 e 等)，有些是通过各种定律由数学推导出来的 (如牛顿引力常数 G、玻尔兹曼常数 k_B 等)，而普朗克常数完全是凭着个人的创造性智慧发现的。在此假定下，他运用电动力学和统计物理方法可以导出一个新的辐射能量对频率的公式，也即普朗克辐射定律 (Planck's law)，从而得到了与当时实验完美符合的结果 (如图 1.2 中实线所示)。因对发现能量量子化做出了重要贡献，M. Planck 获得了 1918 年诺贝尔物理学奖。后来狄拉克在评价这一重要发现时说到：普朗克开创了科学史上的量子新纪元。

但是为什么辐射的能量会是量子化的？这使得已经习惯于用经典物理学理解问题的人非常迷惑不解。直到 1913 年，N. Bohr (玻尔) 首次将 Planck 量子假说与 E. Rutherford (卢瑟福) 原子核概念结合起来，并基于原子模型提出了量子论 (Quantum theory)，从而非常巧妙地解答了这个问题 (Bohr, 1913)。根据 Bohr 的原子模型 (Bohr's atomic model)，电子只能在原子核外的特定轨道上运行，如果它们要在不同的轨道间发生跃迁，一定要吸收或者释放能量 (如图 1.3 所示)。由于这些轨道不是紧靠在一起的，所以这个能量只能是不连续的。尽管 Bohr 的原子模型后来又经过不断修改和完善，但是我们应该承认他对 "量子" 来源给出的解释是最直接和最简单的。R. P. Feynman (费曼) 曾经说过，假如只允许把人类的科学史压缩成一句话，他相信是 "Everything is made of atoms"。可见原子模型的建立对科学发展是多么重要。因对原子结构和量子化辐射能量的研究，N. Bohr 获得了 1922 年诺贝尔物理学奖。

量子论的建立对经典物理学是一个巨大的挑战，同时也是一个建立新的物理框架的机遇。薛定谔方程 (Schrödinger equation) 作为量子论向量子力学 (Quantum mechanics) 发展过程中最为显著的标志性成就 (Schrödinger, 1926)，自 1926 年由 E. Schrödinger (薛定谔) 提出后，在非相对论极限下就毫无疑问地成为了我们描述由电子与原子核构成的微观世界的基本工具，其作用堪比经典力学中的牛顿方程。物理学、化学、材料科学等研究中的一个巨大挑战就是如何利用薛定谔方程求解与人们日常生活密切相关的真实体系中的物理、化学以及材料科学问题 (Andzelm, 1992；Georges, 1996；Giannozzi, 2009)[①]。E.

---

① 为读者阅读和查找方便，正文引用时仅列出第一作者及文献年份，后同。

Schrödinger 获得了 1933 年诺贝尔物理学奖。

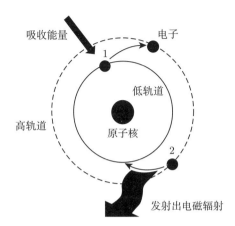

在不同的轨道上绕原子核运动的电子
在跃迁过程中会发射或吸收能量

图 1.3 玻尔的原子结构示意图

薛定谔方程的一般表达方式如下，

$$\widehat{H}\Psi(\vec{r}, \vec{R}, t) = i\hbar \frac{\partial}{\partial t} \Psi(\vec{r}, \vec{R}, t) \tag{1.1}$$

其中 $\hbar = h/(2\pi)$ 是约化普朗克常数，由此也可以看到，普朗克不仅引入了量子这个概念，还为整个量子物理学的建立和发展奠定了基础。爱因斯坦曾经说过：普朗克常数 h 的发现成为 20 世纪所有物理学研究的基础，并从那时起几乎完全决定了物理学的发展。在非相对论极限下，上式对应的哈密顿量表示为

$$\widehat{H} = -\sum_{i=1}^{N} \frac{1}{2}\nabla_i^2 + \frac{1}{2}\sum_{i \neq i'} V(\vec{r}_i - \vec{r}_{i'}) - \sum_{j=1}^{M} \frac{1}{2M_j}\nabla_j^2$$
$$+ \frac{1}{2}\sum_{j \neq j'} V(\vec{R}_j - \vec{R}_{j'}) + \sum_{i,j} V(\vec{r}_i - \vec{R}_j) \tag{1.2}$$

一个实际系统在无外场的情况下的哈密顿量会包含五个关键的作用项，正如公式 (1.2) 给出的：电子动能项、电子间库仑排斥项、原子核动能项、原子核间库仑排斥项、电子与原子核间的库仑吸引项 (Li X.Z.，2014)。当然，外场是可以随时加入的。这里提到的五项是一个多原子体系 (分子、凝聚态) 的哈密顿量的最基本的组成部分，同时我们采取了原子单位制，电子质量 $m_0 = 1$，同时 $\hbar = 1$。式中的 M_j 为第 j 个原子核对电子的相对质量，满足 $M_j \gg 1$。$\vec{R}$ 和 $\vec{r}$ 分别是原子核和电子的坐标。因此进入 20 世纪，在人们理解基本自然规律的活动中，从量子力学的层面考虑，我们需要做的：在实验上，是对这个系统的量子物性进行探测；在理论上，是针对由这个哈密顿量定义的薛定谔方程基于各种近似进行求解，预言新现象或者为相应实验探测的结果提供解释。在这个过程中，理论与实验的结合，可以帮助我们从微观角度，跨越不同的空间维度和时间尺度，对丰富多样的物质体系，从定性与定量的层面准确地理解我们所面对的客观世界中的各种物理现象。

　　就物理学的研究而言，从 19 世纪末开始，针对原子体系、分子体系以及凝聚态体系，人们就其中元激发过程在微观层面认识的不断进步，不仅增进了我们在微观尺度上对客观世界的理解，也伴随着各种材料与器件的发展和应用，在推动人类社会从电气时代向电子时代进步的过程中，发挥了不可替代的作用。作为这个发展的一个结果，20 世纪中叶，在物理学这个一级学科下面，相应建立了原子分子物理学、凝聚态物理学、光学等二级学科 (Maiman，1960；Anderson，1972)，并且这些学科都分别得到了迅猛的发展。它们的发展，从科学研究方法论的角度而言，是将量子力学基本原理成功应用到相应物质体系的研究中进而发现新现象、新物理的重要体现。人们对这些体系中新的元激发过程的认识，以及针对已知物理、化学、材料性质在基本原理上认识的深入，一方面不断开拓着前沿科学研究的新领域，另一方面也能够帮助人们扩展新材料制备与新型量子器件设计方面的研究与应用。这些研究工作，毫无疑问地作为科学技术层面的支撑，推动着现代社会的发展，并且还将持续地发挥新的甚至更大的作用。

　　在这些问题的研究中，面对薛定谔方程 (公式 (1.1) 及 (1.2)) 求解而发展出来的玻恩-奥本海默近似 (Born-Oppenheimer approximation)，一直是人们在处理大分子和凝聚态体系 (一个包含多原子和多电子的系统) 问题进行理论描述时所做的第一步操作。它也成为了计算凝聚态物理和计算化学的基石。这个近似是在 1927 年，也就是薛定谔方程提出一年后，由 M. Born 与 J. R. Oppenheimer 在利用其研究小分子体系的分子振动、分子转动量子态的理论文章中提出的 (Born，1927)。玻恩-奥本海默近似的出发点是基于电子质量比原子核质量小很多这样一个事实。因此，在一个特定温度下，当电子与原子核具有可以相互比拟的动能的时候，电子的运动速度会比原子核快很多。在动力学层面，我们可以得出电子的弛豫时间特征尺度就会比原子核的特征尺度短很多。电子质量轻且运动快，原子核质量重且运动慢，从这样一个简单化的思考角度出发，它就告诉我们在处理电子和原子核运动的过程中，人们可以将它们分开考虑，做一个绝热近似处理。这是玻恩-奥本海默近似的精髓。对弛豫时间尺度大的原子核，它们在每动一步之后，弛豫时间尺度小的电子都可以迅速地跟随弛豫到其本征态，即不管"笨重"的原子核走到哪里，"轻盈"的电子都能迅速跟上。图 1.4 采用了李新征 (X. Z. Li) 对这个时间特征尺度差别的说明。

　　图 1.4　玻恩-奥本海默近似原理示意图。电子与原子核，由于其质量不同，弛豫时间具有不同的特征尺度。例如，与原子核相比，电子的弛豫要快很多。因此，原子核每动一步，电子都可以迅速地弛豫到其本征态。这就像一个跑得很慢的"笨重"的胖子不小心碰了一个马蜂窝，"轻盈"的马蜂飞得很快，这样不管这个人怎么跑，马蜂都会像电子云一样，在其"本征态"跟随这个人一起运动。摘自 (Li X.Z. and Wang E.G.，2014)

　　把这个问题具体到前面提到的哈密顿量的五个作用项，就是在描述电子结构的过程中，可以暂时把原子核动能项和原子核之间相互作用项忽略掉 (Li X.Z., 2014)。也就是说，在描述电子结构的时候，我们可以把原子核当作固定在空间上某点处的一组点电荷，它们对电子构成的多体量子系统提供的只是一个外势场。电子这个有相互作用的多体量子系统在一个特定的原子核构型，也就是一个特定的外势场下，会呈现出一系列分立的总能级。这些能级的能量，加上原子核之间经典的库仑势，给出的是我们这个多原子系统 (分子或凝聚态体系) 在这个特定的原子核构型下的静态 (原子核被认为是一个处于该静态位置上的经典粒子) 的总能。对应此时的情况，我们在原子核构型这个高维空间 ($3N-3$，N 对应原子核数)，就可以构造出一系列势能面 (Potential energy surface)。这些势能面叫做玻恩-奥本海默势能面 (Born-Oppenheimer potential energy surface)(一个具体例子见图 1.5，其对应的是水分子的玻恩-奥本海默势能面示意图)。原则上，原子核在玻恩-奥本海默势能面上是一个波包，利用这个波包，人们可以描述其振动与转动量子态。

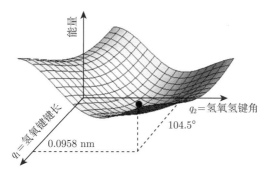

图 1.5　以水分子为例画出的电子基态玻恩-奥本海默势能面。分子内部构型空间的维度应该是 6 (3 个原子，$3N-3=6$)，本图采用氢氧键键长与氢氧氢键角 (氧原子与两个氢原子之间的夹角) 来简化处理。从图中可以看出，当氢原子核和氧原子核是经典粒子的时候，平衡键长为 0.958 Å，共价键之间的键角为 104.5°。此时水分子处在势能面最低点。

　　在玻恩-奥本海默近似下，包含电子、原子核坐标的整体波函数是，这个只包含原子核坐标的波包与其中任何一点对应的由这点的原子核坐标作为参量定义的电子本征态波函数的乘积。系统在基态势能面上可以自由运动但不能在不同电子态之间跳跃。因此，从数学本质看，它是一个包含电子与原子核自由度的整体波函数的变量分离，也就是将一个包含电子自由度、原子核自由度的波函数，分离为纯原子核自由度的波函数与一个以原子核坐标作为参数的针对电子自由度的波函数的乘积。从物理原理而言，它是由两种粒子 (电子、原子核) 弛豫时间尺度的差别带来的一种绝热处理。因为这个原因，玻恩-奥本海默近似往往也被称作绝热近似。上述表述方式，在后期人们关注非绝热效应的研究中，也被称为绝热表述。基于这种表述方式，人们是可以在理论层面将原子核动能项以及原子核与电子间的非绝热相互作用项考虑进去的，也就是考虑原子核的量子态，这是物质科学近期发展的一个重要研究方向，也正是本书要重点关注的问题。

　　在玻恩-奥本海默近似提出后，它就与薛定谔方程一起，构成了近代物质科学研究的一种传统范式。理论上，它是绝大部分模拟的出发点。实验上，它是人们理解各种观测结果时最为倚重的理论工具。但我们需要指出的是，虽然在其本意上并没有忽略原子核本身的波包属性，但在实际处理中，人们往往会重点强调 "在描述电子结构的时候，直接将原子核当作固定在空间某点的点电荷处理"，即将量子化的 "波包" 简化成了经典的 "点电荷"，以至于在描述原子核运动的时候，不自觉地会在此基础上进一步引入两个近似处理。

其中，第一个处理是直接将原子核当作一个经典粒子，对应图像就是人们经常在描述晶体结构、分子结构的时候用到的球-棒模型 (Ball-and-stick model) (图 1.6 给出了甲烷分子的球-棒模型)。这个模型将一个特定原子核构型下的价电子的电子云分布对应的量子胶 (Quantum glue) 直观地描述为原子核之间的化学键，用一根棒来代替。同时，将原子核 (包含芯电子) 用一个球来代替。这样，利用一系列简单的球与棒，我们就可以很直观地理解晶体结构了。之后，人们可以进一步考虑原子核在其平衡位置附近的浮动。这个简单的表述往往很难传达出原子核本身也是一个波包这样一个核心信息。因此，很多时候人们会不由自主地认为原子核就是一个经典的粒子。以 20 世纪 80 年代发展起来的第一性原理分子动力学方法而言，人们常说的第一性原理玻恩-奥本海默分子动力学模拟 (First-principles Born-Oppenheimer molecular dynamics) 中，通常对原子核的处理结果并不是严格的玻恩-奥本海默近似。它本身还包含了将原子核 (含芯电子) 描述为经典粒子这个进一步的假设。有些文献报道将玻恩-奥本海默分子动力学中对原子核运动的描述等价于玻恩-奥本海默近似是错误的。玻恩-奥本海默分子动力学只是对玻恩-奥本海默近似的狭义理解。作为这样一个结果，我们在针对很多分子与凝聚态体系的理论描述中，除了忽略玻恩-奥本海默近似本身忽略的非绝热效应，还忽略了原子核作为一个量子的粒子这样一个特征。这个特性在玻恩-奥本海默近似的原始表述中并不缺失，它考虑的是一个系统在玻恩-奥本海默势能面上的原子核基态，因此并不完整。目前人们在讲到第一性原理玻恩-奥本海默分子动力学模拟的时候，这部分是缺失的。对这个问题的讨论常常引起一些误解，这正是本书希望进一步澄清的地方。

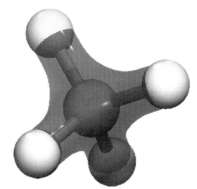

图 1.6　球-棒模型下的甲烷分子。白色小球代表的是氢原子核，红色大球代表的是碳原子核。电子像云一样作为量子胶，形成共价键将原子核束缚在平衡位置。这些共价键用球之间的棒来描述。这是理解分子、凝聚态体系结构的最为简单且有效的图像。摘自 (Mendoza, 2014)

第二个处理，是很多时候人们即使考虑原子核本身的波包特性 (比如描述分子与凝聚态体系中声子振动的时候)，但会习惯于将系统放在玻恩-奥本海默势能面的谷底 (对应着分子或凝聚态体系的一个稳定结构) 附近，进行微扰展开。其中，二阶展开，也就是人们在进行理论描述时绝大部分情况下进行的操作，对应的是简谐近似 (Harmonic approximation, AH)；高阶展开，可以引入一定的非简谐效应 (Anharmonic effect)。但必须指出的是，类似微扰形式的展开在处理系统远离稳定构型 (比如当我们在研究液态系统或在研究化学反应时发生化学键断裂与重组的过程) 的时候是低效的。与之相应的非简谐的核量子效应的描述近年来也是物质科学前沿研究领域的一个重点问题。以液态水这种我们生活中无处不在且发挥着重要作用的凝聚态物质的物性描述为例，氢与氘的同位素替换不论从热力学统计还是动力学的角度均可以给系统物性带来经典理论无法描述的差异。其中，很多效应的理论描述都是传统的微扰展开的方法无法有效处理的。通过简单分析可知，在由较轻元素 (Lighter element) 的原子组成的体系里，这种微扰处理失效的情况更容易发生。同时，在表面物理、催化反应等领域中一个非常普遍的现象是，轻元素 (Lighter element) 原子低温下的扩散也多具备明显的量子隧穿效应 (Quantum tunneling effect) (图 1.7 给出了量子隧穿过程的示意图)，并因此伴随着化学键的断裂和重组过程。所谓的量子隧穿效应，一般是指微观粒子即使在势垒高度大于其动能的情况下，仍然能够以一定的几率穿越势垒而发生的一种输运行为。此类现象很显然也是我们前面提到的微扰展开的方法所无法描述的。这些概念上的细微差别，即试图仅通过微扰处理来完善对原子核的量子属性描述，将会带来的对凝聚态体系物性理解的不准确性，甚至会导致某些性质的缺失，也是我们在本书中希望重点讨论的。

图 1.7   量子隧穿的一种简单示意图，它显示了微观粒子在其动能低于势垒高度时，仍以一定几率穿越势垒从一侧到另一侧的输运行为。在经典热运动不足以使得系统克服势垒的时候，量子隧穿可以作为一个补充，帮助系统克服势垒。要注意量子隧穿过程可以通过很多路径来实现，每一条路径都有一定的几率，总的结果是这些路径的积分。此过程往往在低温下更加明显。高温下，它相对热激发扩散的贡献几乎为零，这时量子力学的描述回到了经典物理极限。

我们还需要特别注意的是，在真实材料中即使严格地遵循玻恩-奥本海默近似来进行物性描述，一部分重要的物理内容还是会缺失。这些物理现象就是我们经常讲到的非绝热效应，它在研究非平衡动力学问题中经常出现。它的真实物理对应，就是在一些特定的情况下，电子和原子核运动弛豫时间的特征尺度并不具有几个数量级的差别。于是，电子激发态对原子核运动产生的影响不可忽视，同时原子核运动对于电子在不同本征态之间的跃迁过程的影响也不可被忽略 (Krüger, 2022)。这个时候，严格意义上讲，我们就需要在考虑原子核量子效应的基础上，进一步引入与电子在不同本征态之间跃迁相关的非绝热效应。(关于核量子效应和非绝热效应的定义请参见 1.4 节内容。) 实际操作中，针对此类问题，如主要关注点在非绝热问题，为简化操作，通常还是会将原子核运动的描述回归到经典力学的范畴。除此以外，玻恩-奥本海默的绝热近似还会忽略另外一些与全量子效应相关的物理现象，比如贝里相 (Berry phase) 效应。C. A. Mead 和 D. G. Truhlar 发现，在原子核运动过程中，电子基态波函数会跟随原子核的运动而演化，并累积出一个几何相位 (Mead, 1979)。最近牛谦研究组证明这个几何相位可以通过一个非局域的有效磁场 (分子贝里相 (Molecular Berry phase)) 影响原子核的运动,进而修正原子核的振动模式。在时间反演破缺的体系中,这会导致声子谱在布里渊区中心处的光学分支的简并被打开 (Saparov, 2022)。近年来,随着研究 (特别是在物理化学等方面) 的不断深入以及精密测量实验手段 (特别是超快光谱等技术) 的发展,与非绝热相关的现象也越来越引起人们的关注,比如它在能源材料及环境材料的设计与开发利用中发挥着至关重要的作用。

从上面的讨论中我们可以发现,由薛定谔方程的建立到玻恩-奥本海默近似的提出,人们在对凝聚态体系的实际处理时,主要关心的是电子的量子化和电子与电子之间的多体关联效应,而原子核的量子化以及电子与原子核之间的量子关联效应则被人为地一步步忽视了。由于忽略了这样两个重要问题,我们暂且可以简单地把目前凝聚态物理研究中的主流方法 (比如,第一性原理电子结构计算方法和第一性原理玻恩-奥本海默分子动力学方法) 在求解薛定谔方程时,看成只是对一个由 "电子-原子核" 组成的多体系统做了部分量子化,也即只对电子作为量子粒子进行了处理,而把原子核作为经典粒子处理。基于这个原因,本书重点讨论的全量子凝聚态物理学,是在这个多体系统中将电子和原子核同时作为量子粒子来处理,且在考虑电子-电子多体关联效应的同时,还要考虑原子核-原子核多体关联效应,以及电子和原子核量子运动的非绝热耦合。这样,除了从理论上对玻恩-奥本海默近似进行更严格的推广以外,超越玻恩-奥本海默近似的诸多物理性质、化学性质的理论描述及对实验现象的理解也是本书讨论的重点内容。在这个过程中,20 世纪 50 年代,由 M. Born 与 K. Huang (黄昆) 共同提出的玻恩-黄展开 (Born-Huang expansion) 可以说是为我们提供了一个最为简单有效的理论框架 (Born, 1954)。

因为这个特殊地位,我们在展开介绍很多现象以及与之相应的理论描述的过程中,玻恩-黄展开都会是我们在本书中研究利用多原子体系全部自由度来求解薛定谔方程的出发点。基于这个展开形式,我们会指出在什么情况下玻恩-奥本海默近似是可以的,什么情况下超越玻恩-奥本海默近似的非绝热现象会很重要。在玻恩-奥本海默近似这个层面,我们也会详细解释目前的很多处理方式所忽略掉的核量子效应,在什么时候对物性描述会产生决定性的影响。这些应该说是目前物理学、化学、材料科学等领域研究中很重要的概念,但在传统物质科学研究中还很少被系统讨论和细致澄清。作为一个结果,这种思维范式中蕴含的很多问题以及与之相关的全量子凝聚态物理学研究这个新兴研究领域还没有被足够重视。对这些问题的正确理解和认识是研读本书内容和学习本书思想方法的关键。

为方便读者理解,我们将本书重点讨论的全量子凝聚态物理学针对的核心问题总结为:研究那些在凝聚态体系物理性质的描述中被电子态绝热的球-棒模型所忽略的现象。基于玻恩-黄展开,这些现象所包含的内容可分解为两个侧面:核量子效应与非绝热效应。当然,基于玻恩-黄展开针对实际系统严格处理的时候,两者之间是自然耦合的。后面,我们会结合推导方程再详细讨论。

直观一点来理解的话,核量子效应 (Nuclear quantum effects, NQEs) 最为常见的表现形式包括零点能、零点振动、量子涨落、量子隧穿以及伴随的量子离域等现象。此类效应在低温实验中比较常见,比如温度很低的时候,原子核的漂移扩散往往只能由其量子隧穿过程主导。同时,在分析一些结构的稳定性时,即便当温度接近绝对零度时,零点能对静态能也有一个修正。因此，在实验中人们往往习惯于使用量子隧穿、零点能或者量子涨落这种相对简单的语言来描述观测结果。其实所有这些语言或概念都与原子核量子效应相关，即只有将原子核作为量子的粒子来处理才能得到真正的理解，这是与将原子核作为经典粒子来处理时物理本质的不同。在具体研究核量子效应时，人们往往通过同位素替换的办法来揭示和比较其对物理性质的影响。同位素的概念最早是在 1913 年由 F. Soddy 提出的，即同一种元素 (具有相同的电子数和质子数) 由于核子数 (中子数) 不同，可以有两种或多种不同类型的原子 (Soddy，1913)。在凝聚态物质中对同一种元素采用不同原子交换会改变它的物理性质，这就是所谓的同位素效应 (Isotope effect) (Vértes，2011)。由于轻元素的同位素原子质量的相对差别非常大 (如氚原子的质量比氢原子几乎增大了 100%)，这种效应会更加显著。

非绝热效应 (Non-adiabatic effects, NAEs)，更多地体现在电子-原子核系统的整体性质受到电子和原子核波函数的相互叠加耦合作用影响。在动力学层面，整个体系在演化时会发生电子从基态跳跃到激发态的情况，从而影响到电子、原子核在后续几十飞秒到几皮秒时间尺度上的动力学过程。本质上，它针对的是原子核运动与电子运动之间的量子耦合效应。近年来，随着超快光谱技术的发展，此类效应的研究无疑是物质科学中的一个前沿热点领域，比如光场驱动的拓扑相变以及光场调控的电荷密度波 (Charge density wave) 和超导电性 (Superconductivity) 等问题。多体关联效应是凝聚态物理研究的核心问题之一。当然，同位素效应显然也会影响到非绝热过程。

最后，需要说明的是这里强调全量子物理学研究这样一个概念，并不是说本书不涉及的研究方向都不属于量子物理范畴。相反，物理学、化学、材料科学近年来发展的许多方向都是由量子力学支撑的。我国已经在高温超导、量子霍尔效应、量子计算、拓扑物理 (Leuenberger，2001；Hasan，2010；Qi X.L.，2011) 等量子科学前沿方向上具有一定研究优势。由于有的内容已经超出了我们的讨论范围，本书不会具体对这些方向做详细讨论。本书重点是以玻恩-奥本海默近似、玻恩-黄展开这些量子力学发展过程中的重要概念为基本内容，对人们在物质科学研究中所面对的量子力学现象进行一个梳理和总结。进而，从思维范式的角度，去纠正一些我们在日常传统凝聚态物理学研究中容易忽略的概念和理解的偏差，以及这些偏差所带来的后果。在澄清这些问题的基础上，我们会以人们在日常研究中容易忽略掉的核量子效应和非绝热效应作为切入点，同时讨论电子和原子核量子运动之间的耦合，阐明有哪些领域和哪些问题是可以从全量子物理学的角度去思考，进一步更加系统地严格研究的。我们希望能够通过这样的一个梳理和总结，为凝聚态物理学 (甚至为化学和材料科学) 中那些很重要但目前并没有引起足够重视的新领域的发展，提供一种不同的研究思路和研究范式。

1.2 全量子效应概念的提出

上面我们介绍了从量子假设的提出，到薛定谔方程的建立；再从分子或凝聚态体系薛定谔方程的近似求解，到全量子物理问题的严格思考。基于这些讨论，现在我们从薛定谔方程出发，先对全量子效应 (Full quantum effects) 做一个准确的定义。

全量子效应是基于原子核与电子自由度的全量子理论所预言的物理和化学性质。 (*Full quantum effects: Physical and chemical properties based on a full quantum mechanical theory of the nuclear as well as electronic degrees of freedom.*) 所谓的全量子理论 (Full quantum theory),即从薛定谔方程 (公式 (1.1) 及 (1.2)) 出发,将一个多原子的大分子或凝聚态系统中所有原子核和电子做量子化处理,并且同时考虑这些量子粒子之间耦合运动的理论和计算方法。

历史上,人们对全量子效应的认识与量子力学的发展本身几乎同时起步。在量子力学创立和发展的过程中,除了人们在不同教材与科普读物中看到的由 N. Bohr 领导的哥本哈根学派的贡献,哥廷根大学的一批学者同样发挥了关键作用。他们包括 M. Born (玻恩,哥廷根大学理论物理教授,关键阶段指导了 W. K. Heisenberg、W. E. Pauli、E. P. Jordan、J. R. Oppenheimer 等人)、J. Franck (弗兰克,哥廷根大学实验物理教授,因电子与原子碰撞定律的发现与 G. L. Hertz 分享了 1925 年的诺贝尔物理学奖,之后又因光子与分子相互作用的研究诱发了本书重点阐述的全量子效应研究早期发展)、D. Hilbert (希尔伯特,哥廷根大学数学教授,线性代数中诸多关键概念的提出者代表人物,Born 在学生阶段的关键导师,其后期合作者包括 E. Noether、E. P. Wigner、J. von Neumann 等人)。由哥廷根大学主导的理论层面的飞跃相对集中地发生在 20 世纪 20 年代,特别是他们在理解量子力学的数学基础的过程中做出了许多开创性的工作。最后,在 1926 年,由来自维也纳的薛定谔所提出的薛定谔方程作为标志性成果,宣布了量子力学的建立。应该说,这个过程中人们关注的都是电子态。

在薛定谔方程建立后,Born 敏锐地认识到了此方程在解释微观世界物理问题中的重要作用,很快将其应用到小分子体系转动和振动态的研究中。1927 年他与 Oppenheimer (奥本海默) 一起提出了将电子运动与原子核运动去耦合的玻恩-奥本海默近似。与这些研究进展几乎同时,Born 在哥廷根大学的同事兼终生挚友 Franck 在研究光与分子的相互作用时,报道了光吸收与荧光选择定则 (Franck,1926)。这个选择定则本身已经预示了一些超越玻恩-奥本海默近似的量子效应的存在,只不过当时的状态是人们虽然有这个认识,但没有很好的语言去描述这种现象。这里,我们必须注意到的一点是在 1926 年 Franck 报道他的这个实验结果之前 (Franck,1926),人们对光谱的研究基本局限在原子光谱的范畴,也就是与电子态相关的发光性质研究。当时原子核运动对光谱的影响不在人们的考虑范畴。这个阶段人们在理解原子光谱的过程中,逐步建立的量子力学在描述原子光谱时的关键量是电子态。针对原子核对应的量子态,虽然早期 P. J. W. Debye、A. Einstein 等在研究固体比热容的时候有提到 (Einstein,1911;Debye,1912),但此振动态并不与电子的量子态耦合。原子核振动的量子态与电子量子态之间耦合性质的研究,始于 1926 年 Franck 下面这个工作 (Franck,1926)。

为方便讨论,我们先用现代人的语言去描述 Franck 在 1926 年实验的基本观测。具体而言,就是在系统量子态的初态与末态描述中,需要将描述电子自由度的量子数与描述原子核自由度的量子数同时进行考虑,才能解释光谱中的吸收选择定则。我们可以参考图 1.8 对这个问题做进一步理解。在光吸收的过程中,系统的初态一般是电子基态上的原子核振动基态,末态是电子激发态上的某个原子核振动态 (包括基态和激发态)。在光吸收发生时,如果不考虑电偶极跃迁矩阵元对原子核坐标的依赖性 (即人们常说的弗兰克-康登 (Franck-Condon) 近似),那么选择定则对末态的要求就是末态上的原子核振动态要与初态上的原子核振动态产生最大的实空间交叠。这个是 Franck 实验中报道的光吸收的基本选择定则。在与光吸收对应的荧光实验中,也存在类似的机理。荧光产生之前,系统已经在电子激发态上由振动激发态弛豫到了振动基态。因此,荧光过程中系统的初态是电子激发态上的原子核振动基态,末态是电子基态上的某个原子核振动态 (包括基态和激发态)。在 Franck-Condon 近似下,选择定则对末态的要求同样是末态上的原子核振动态要与初态上的原子核振动态产生最大的实空间交叠。当然,如果考虑电偶极跃迁矩阵元对原子核坐标的依赖性 (即超越 Franck-Condon 近似进行理论描述),该选择性会有相应修正。在此修正不重要的情况下,这个描述所对应的选择定则 (即弗兰克-康登原理 (Franck-Condon principle)) 在我们目前对分子光谱的理论描述中一直发挥着重要的作用。

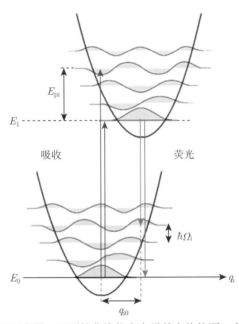

图 1.8   Franck-Condon 原理示意图。下面的曲线代表电子基态势能面,上面的曲线代表电子激发态势能面。每个势能面上的波代表原子核振动态。

在这个光吸收与荧光过程的理论描述中,我们采用的人们目前描述类似现象的通用语言的特点是简单、明了且规范。事实上支撑此描述的一个关键概念叫做玻恩-黄展开,是由 M. Born 与 K. Huang(黄昆) 在其 1954 年出版的合著经典教材 *Dynamical Theory of Crystal Lattices* (《晶格动力学》) 附录 VIII 中正式提出的 (Born,1954)。从历史发展的角度来讲,在 20 世纪 50 年代以前,虽然诸如 Franck 等人的前沿研究已经使得人们认识到在真实材料的物性描述中,超越玻恩-奥本海默近似进行全量子化处理很重要,但与此相关的简单语言当时并不存在。E. Condon 提出的针对 Franck 实验现象的理论解释 (借助于一个钟摆模型中指针位置的重叠) 具有非常强烈的唯象色彩 (Condon,1928)。由于它是对 Franck 实验的第一个理论解释,人们会用 Franck-Condon 原理去称呼其对应的选择定则。但客观上讲,这个唯象的语言现在已经没有人使用了。现在使用的是上面我们采用的基于玻恩-黄展开的描述,而从 Franck-Condon 唯象理论的提出到玻恩-黄展开的建立,还是经历了一个相对漫长的历史过程。

在此过程中,极化子理论、电-声耦合 (Electron-phonon coupling) 理论、极化激元理论的发展 (图 1.9 给出了极化子原理示意图),是在微扰论框架下理解电子和原子核运动在量子力学层面耦合的理论描述上的有效尝试 (Landau, 1933; Fröhlich, 1950; Bardeen, 1955)。这些尝试不但为玻恩-黄展开的提出奠定了坚实的理论基础,也为物理学中目前最为经典的常规超导 BCS (Bardeen-Cooper-Schrieffer) 理论的提出,进行了早期的理论基础储备 (Bardeen, 1957)。因此,在近代物理学的发展过程中,这些工作都起到了至关重要的作用。

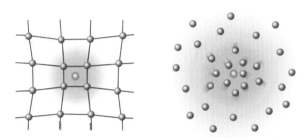

图 1.9　极化子原理示意图。电子运动带来晶格畸变,畸变的晶格下,电子-声子耦合产生的元激发,即为极化子。摘自 (Chevy, 2016)

与这些进展同步,20 世纪三四十年代,晶格动力学理论也迎来了自身发展的黄金期。关于晶格振动的诸多基本概念的完善本身是固体物理的重要组成部分,也与极化子理论、电-声耦合理论、极化激元理论一起,为下面我们要提到的玻恩-黄展开奠定了坚实的理论基础。玻恩-黄展开的提出主要是由两篇文章合力完成的。第一篇文献作者是 Born,于 1951年以德语发表在哥廷根大学的学报上 (Born, 1951)。在这个工作中,它提出了一个针对由多个电子和多个原子核组成的多体系统波函数的展开形式。要注意的是,第二次世界大战之后,德语在科学研究中的地位被英语彻底取代。因此,目前人们在针对此进展进行回顾时,往往会忽视了这篇文献。该文章的题目为 "Die Gultigkeitsgrenze der Theorie der idealen Kristalle und Ihre Uberwindung",意思是 "完美晶格概念的局限以及如何克服此局限"。很显然,它针对的就是在量子力学提出后,人们在研究晶体时普遍采用的玻恩-奥本海默近似的基础上,将原子核作为经典粒子放在其完美的周期性晶格构型下的描述,也就是我们前面提到的玻恩-奥本海默近似的狭义理解。在此文章的一个关键方程中,Born 尝试利用完美晶格构型,产生一组在希尔伯特空间完备的电子本征态。然后,基于此本征态基组,展开原子核量子态波函数。一定程度上,Born 展开方式还带有玻恩-奥本海默近似的影子,因为在针对电子态加和前,系统的波函数还是电子态波函数与原子核波函数的乘积:

$$\Psi^j(\vec{r}, \vec{R}, t) = \sum_{n=1}^{el} \chi_n^j(\vec{R}, t) \Phi_n\left(\vec{r}, \vec{R}_0\right) \tag{1.3}$$

其中 $\vec{R}_0$ 代表晶体平衡位置的构型。由于此处采用了对电子态势能面的加和,玻恩-奥本海默近似在展开整体波函数时的变量分离处理得到了弱化。这个弱化对应的物理效果是原子核与电子一部分运动的非绝热过程可以被包含进来。这个展开形式可以说为人们描述一个包含电子及原子核的量子系统的多体波函数打开了一扇门,尽管这个描述中原子核和电子的量子运动仍然还不是时时耦合在一起的。之后,第二篇关键文献发表于 1954 年。在 M. Born 与 K. Huang (黄昆) 合著的经典教材 *Dynamical Theory of Crystal Lattices* (《晶格动力学》) 附录 VIII 中, 公式 (1.3) 得到进一步的完善 (Born, 1954)。在此完善后的方程中, 电子本征态的产生直接依赖于原子核的即时构型:

$$\Psi^j(\vec{r}, \vec{R}, t) = \sum_{n=1}^{el} \chi_n^j(\vec{R}, t)\Phi_n(\vec{r}, \vec{R}) \tag{1.4}$$

此方程与公式 (1.3) 的最大不同是电子波函数不再依赖于晶体平衡位置 $\vec{R}_0$, 而是依赖于即时的原子核构型 $\vec{R}$。这个公式将原子核和电子的量子运动同步耦合在一起了, 因此它可以更为准确地描述电-声耦合等非绝热过程。此方程就是人们常说的玻恩-黄展开, 它也是本书将要针对实际体系进行全量子模拟 (即将电子和原子核同时处理成量子化的粒子来进行模拟) 的基础。

需要指出的是, 玻恩-黄展开在提出之后, 由于第一性原理电子结构及相关物性计算方法还远远没有成熟, 在凝聚态物理领域, 它并没有成为人们在研究电子与原子核量子态相互作用 (比如, 电-声耦合性质) 时的主要理论工具。与基于玻恩-黄展开进行的描述平行, 人们更习惯于使用一种基于模型哈密顿量与二次量子化表述的方式, 来研究固体体系中的电-声耦合问题。这个方法在很多固体理论的课程中都有提及。在这个方法中, 系统的电子态往往用一个已知的布洛赫态 (Blöch state) 来描述。在当时 (20 世纪 30 ~ 70 年代) 的研究中, 这个布洛赫态在简单金属体系往往对应自由电子气中的某个平面波。原子核振动态就是声子。系统的整体状态是用原子核振动态与电子态一起标识的。由于电子和声子的相互作用, 利用二次量子化表象定义的基, 相对于包含电子-声子相互作用的哈密顿量对角化完成后, 系统的本征态其实是一系列电子本征态与原子核本征态乘积的线性叠加。从物理内涵上讲, 这个方法和我们前面提到的玻恩-黄展开是一致的。同时, 人们基于这种表述方式进行的研究对模型体系也很好操作。因此, 从 20 世纪 30 年代开始, 人们对固体中电-声耦合问题的研究多基于此二次量子化表象的描述 (图 1.10 表示 BCS 理论中库珀对 (Cooper Pair) 产生的原理示意图)。其中, 早期 L. D. Landau、H. Fröhlich、J. Bardeen、D. Pines、L. N. Cooper、J. R. Schrieffer 以及在美国普渡大学工作的华人科学家 H. Y. Fan (范绪筠) 都在相关理论的发展上做出了非常杰出的贡献 (Landau, 1933; Fröhlich, 1950; Fan H.Y., 1951; Bardeen, 1955, 1957), 而后期 W. L. McMillan、R. C. Dynes、P. B. Allen、V. Heine、M. Cardona 的贡献也非常突出 (McMillan, 1968; Dynes, 1972; Allen, 1976, 1981)。

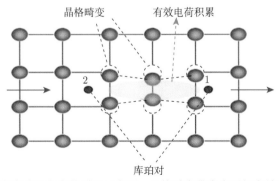

图 1.10 BCS 理论中库珀对产生的原理示意图。晶格畸变带来电子间有效吸引, 形成库珀对。

最后，需要指出的是，与第一性原理电子结构计算方法的发展类似，在物理学与化学领域，理论化学家从 20 世纪 70 年代开始反而相对系统地利用起玻恩-黄展开，并在简单气相反应的量子力学描述中取得了很大的成功。近年来，随着第一性原理电子结构计算方法的发展，在凝聚态物理领域，基于上面提到的早期由人们推导出的电-声耦合公式，人们也开始开展凝聚态体系中电-声耦合问题的第一性原理探索。结合第一性原理电子结构计算给出声子谱以及基于 Kohn-Sham 轨道的电子布洛赫态的实际材料中的电-声耦合性质的计算方法发展，毫无疑问地也成为凝聚态计算物理领域中的前沿 (Chang K.J., 1985; Baroni, 2001; Giustino, 2017)。下面，我们会综合物理学、化学、材料学科的兴趣点，从理论与实验科学发展的角度，去系统详细地回顾这个相对漫长的发展过程。

1.3　计算方法与测量技术的发展

在理论研究方面，我们面临的问题是既需要理论方法的发展又需要计算技术的发展这个双重艰巨任务。由于本书讨论凝聚态体系全量子效应的理论出发点是依据玻恩-黄展开求解薛定谔方程，所以在介绍相关理论研究的发展时主要是结合数值计算方法的需要。因此，我们把各个历史阶段重要的理论工作都与计算方法的讨论放在了一起。这是本书在阐述全量子凝聚态物理理论研究时的一个特点。在实验研究方面，我们的侧重点是抓住由全量子效应支配的观测细节，将各种实验技术向空间和时间的观测极限分辨水平发展，并与外场调控平台相结合来发掘出全量子效应支配的新奇物理性质及化学性质。

1.3.1　计算方法

波函数方法 (Wave function method) 是物质科学研究中最早建立起来的一种计算方法，对凝聚态计算技术的发展 (特别是第一性原理电子结构与动力学方法的发展) 发挥着不可替代的作用。从学科演化的历史进程而言，玻恩-黄展开是 1954 年提出的，但在当时，人们针对凝聚态体系的理论研究还主要停留在使用和理解模型理论的层面上。所以凝聚态体系采用波函数形式的研究，在玻恩-黄展开提出后几乎没有开展进一步的工作。究其原因，很简单，就是当时计算还没有作为一个正式的独立研究手段进入凝聚态物理学的研究中。当然也受到同期计算机能力的限制。人们研究具体问题的出发点，基本是借助理想模型、微扰论方法以及特殊解析函数。此特点在 M. Born 与 K. Huang (黄昆) 的 *Dynamical Theory of Crystal Lattices* (《晶格动力学》) 教材的描述中，应该说是得到了非常显著的体现。面对实际体系，当时人们在理论工作上的局限性还是比较明显的。因此，相对于前面提到的基于模型哈密顿量的方法，采用玻恩-黄展开的表述缺乏解析解，在当时的研究中并没有太大优势可言。

计算作为一个正式的研究手段进入物理学、材料科学以及理论化学的研究中，是从 20 世纪 50 年代开始的。图 1.11 显示的是基于蒙特卡洛采样计算圆周率的原理示意图。这个过程与计算机技术和算法的发展是相呼应的。以 N. Metropolis、A. W. Rosenbluth、M. N. Rosenbluth、A. H. Teller、E. Teller 完成的关于蒙特卡洛采样的文章 (Metropolis, 1953) 与 E. Fermi、J. Pasta、S. Ulam 完成的关于分子动力学模拟的洛斯阿拉莫斯国家实验室的报告 (Fermi, 1955) 为代表，一批具有划时代意义的理论工作相继涌现。在这个过程中，B. J. Alder、A. Rahman 等不仅在早期分别做出了开创领域性的工作 (Alder, 1959; Rahman,

1964)，在后期类似数值方法的发展过程中，也起到了非常大的推动作用。

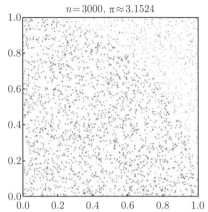

图 1.11　基于蒙特卡洛采样计算圆周率的原理示意图。红点代表落在圆内的由随机数生成的点，蓝点代表落在圆外的点。红点数占比应等于圆的 1/4 面积除以正方形面积。正方形面积为 1，圆的 1/4 面积为 $\pi/4$，由此可以得到 π 值。

在当时人们关注的分子动力学或蒙特卡洛模拟 (Monte Carlo simulation) 中，一般会在描述凝聚态体系中原子核之间的相互作用时，采用相互作用的对势 (Pair potential) 模型。类似研究的一个好处是计算量相对较小，这样就使得人们能够处理的模拟体系相对较大，同时模拟时间也比较长，相应的统计数据也比较多，因此就更能够代表所谓的 "计算机实验"。像 Lennard-Jones 势 (Lennard-Jones, 1924)、Buckingham 势 (Buckingham, 1938) 等都是这种相互作用势里面比较成功且广泛应用的典型例子。图 1.12 给出了一个基于 Lennard-Jones 势的分子动力学模拟的瞬间构型。在化学环境相对简单的体系，比如分子晶体和离子晶体中，大量实践表明类似采用具有解析形式的相互作用势，一般都能很好地描述原子核间的相互作用。在此基础上，针对原子核构型，人们采用分子动力学或蒙特卡洛方法，在有限温度下，对具体材料中原子核作为经典粒子的统计信息是可以比较好地通过数值模拟获得的。在化学环境相对复杂的体系，比如在化学反应下化学键断裂和重组时有发生的体系中，电子结构在不同原子核构型下的变化是相对剧烈的，从而使得类似简单解析形式表达的原子核相互作用势失效。与之相应，一个在原子核挪动后能实时 (on-the-fly) 地计算不同原子核构型下的电子结构的采样方法就显得非常重要。这个方法的基础一般是在一个特定的原子核构型下的电子结构计算。由于电子是一个典型的相互作用的多体量子系统，此问题的求解非常复杂，也经历了一个漫长的发展过程。直到现在，人们能够使用的各种计算方法仍然还都具有很大的发展空间。因为这个原因，我们在下面讨论部分会按照历史发展的顺序，简要介绍此类电子结构的发展过程，使读者对凝聚态系统的全量子物理问题研究历程有一个更清晰的认识。这个过程回顾完之后，我们回到此类电子结构计算方法与分子动力学、蒙特卡洛采样的结合，也就是 20 世纪 80 年代这个时间节点上继续展开讨论。

针对一个特定原子核构型下的电子结构计算在物理学中的地位，可以用美国伊利诺伊大学香槟分校 (UIUC) 物理系 R. M. Martin 教授在其经典教材 *Electronic Structure: Basic Theory and Practical Methods* 中的第一句话来很好地概括："Since the discovery of electron as a particle in 1896-1897, the theory of electrons in matter has ranked among the great challenges in theoretical physics. The fundamental basis for understanding materials and phenomena ultimately rests upon understanding electronic structure." (Martin, 2004)。这句总结的时间起点是 J. J. Thomson 对电子的发现,就是说远远早于薛定谔方程的提出。薛定谔方程加上玻恩-奥本海默近似的经典处理,应该是为我们提供了一个描述特定原子核构型下多电子波函数 (Multi-electron wavefunction) 应该满足的基本方程。尽管对原子核做了近似处理,但此方程如何求解多电子问题,在薛定谔方程提出后,就一直是凝聚态物理学、原子分子物理学、理论化学等学科的重要前沿课题。其难点主要体现在电子相互作用所带来的多体特征。针对此问题的求解,如果我们按波函数方法 (Wave function method)、密度泛函理论 (Density functional theory,DFT)、量子蒙特卡洛方法 (Quantum Monte Carlo method,简称 QMC 方法) 这三个电子结构计算基本方法来进行总结的话,应该说是经历了一个独立发展又相互融合促进的过程。

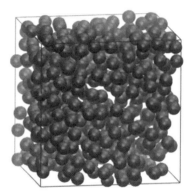

图 1.12　基于 Lennard-Jones 势的分子动力学模拟示意图

最早的一个关键概念是自洽场方法 (Self-consistent field method)。这个想法的起源是 1924 年 R. B. Lindsay 在利用玻尔原子模型求解碱金属原子的电子结构的一个尝试 (Lindsay, 1924),其显然早于薛定谔方程的提出。薛定谔方程建立以后,D. R. Hartree 马上意识到了应该将其与 Lindsay 的自洽场方法 (Self-consistent field method) 结合,从而引入了著名的 Hartree 方法 (Hartree method) (Hartree, 1928)。Hartree 方法简单地将多电子波函数当作单电子波函数的乘积,虽然薛定谔方程的引入、变分原理的应用、自洽场方法的使用这三点具有鲜明的进步意义,但 Hartree 的多电子波函数不满足电子交换反对称性这一点,还是很直接地决定了它在真实材料应用中的不切实际性。利用 J. C. Slater 在 1929 年引入的 Slater 行列式的概念 (Slater, 1929, 1930b),V. A. Fock 和 J. C. Slater 分别独立地提出将 Hartree 方法进行推广,就是保留使用薛定谔方程、变分原理、自洽场方法的特征,同时利用 Slater 行列式来描述电子交换引起的波函数反对称性 (Fock, 1930)。基于这个方法,电子间交换相互作用可以被很好地描述,但高阶关联效应却依然缺失。如果想对此类高阶相互作用进行定量描述,人们可以用不同电子态构型对应的 Slater 行列式的线性叠加来描述整体波函数,这些即是所谓的后 Hartree-Fock (Post-Hartree-Fock) 传统量子化学方法。目前这方面发展比较成熟的形式大体可分为组态相互作用 (Configuration interaction)、Moller-Plesset 微扰

理论 (Moller-Plesset perturbation theory)、耦合簇 (Coupled cluster) 三种。此类方法的一个优点是可以系统改进计算精确度，但由于处理单个 Slater 行列式的 Hartree-Fock(HF) 方法 (Hartree-Fock method) 本身计算量随系统电子数目已按四次方增加，考虑其线性组合的高阶方法的类似处理，在计算上将更加不友善 (对于完全组态相互作用方法，计算量甚至表现出指数增长行为)，此类方法在实际材料中的应用不可避免地受到了很大的限制。

在凝聚态物理学、理论化学、计算材料学向精确、可预测方向发展的过程中，一个具有决定性意义的进步是密度泛函理论的引入与发展。其雏形概念来自 20 世纪 30 年代人们在研究原子电子态时引入的托马斯-费米模型 (Thomas-Fermi model)。在这个工作中，密度而不是多体波函数已经开始作为变分对象被使用到了总能计算中。由于密度对任意复杂的多电子系统都不过是一个只包含 x、y、z 三个变量的函数，而多体波函数的变量数是 $3N$ (N 为电子数)，这样前者显然在数值上是一个极大的简化。Thomas-Fermi 模型的电子系统总能包含三项：电子动能、电子与原子核相互作用势能、电子间相互作用的胶体项。其中电子动能项是根据电子密度分布，假设每个空间位置的电子看到的都是均匀电子气来近似处理的，这是局域密度近似 (Local-density approximation, LDA) 的雏形。同时，从总能包含的三项来看，由于没有轨道概念，对电子系统的动能项的估计对远离均匀电子气状态的实际电子系统存在巨大的偏差。因为这些原因，当时的方法在实际体系中的应用受到了很大限制。在建立了 Thomas-Fermi 模型之后，同时在正式的密度泛函理论提出之前，J. C. Slater 在 1951 年曾以密度为基本变量，对 Hartree-Fock 方法进行了一个密度泛函的描述。此方法可大幅减小 Hartree-Fock 方法的计算量，在当时是一个算法上的很大进步，因此在这里我们还是应该提一下。

密度泛函概念最为激动人心的进展相继发生在 1964 年至 1965 年之间。

1964 年，P. Hohenberg 和 W. Kohn 证明了两个很重要的定理，为密度泛函理论的建立奠定了理论基础 (Hohenberg, 1964)。其中，第一个定理给出一个多电子系统的基态多体波函数、外势、基态密度分布之间存在一一对应关系；第二个定理给出基态总能的计算可以将其对密度分布作变分，最小值对应基态总能，也对应基态电子密度分布。在图 1.13 中我们显示了一个硝化甘油分子中的电子密度分布。利用这两个定理，人们在计算多电子系统总能时，就能以电子密度分布函数为变分函数，再结合变分原理来进行求解。在此之后，1965 年 W. Kohn 和 L. J. Sham (沈吕九) 更是引入轨道的概念，提出了一个相对精确的计算电子动能项的方案 (Kohn, 1965)。以这两篇文章为起点，现代密度泛函理论正式建立，并在此后近六十年的研究过程中得到了飞速的发展 (Parr, 1989; Koch, 2001; Cohen, 2012)。

虽然传统波函数方法与密度泛函理论近六十年的诸多研究成果在很大程度上改变了凝聚态计算物理学、理论化学、计算材料学这些学科，并且这两项研究的主要贡献者共同获得了 1998 年的诺贝尔化学奖，但前者的计算耗时随着体系大小的增加快速增长 (不适合凝聚态体系)，而后者在描述电子多体关联效应上又缺乏系统性的改进路径，这两个限制还是为人们对凝聚态体系进行系统考虑电子多体关联效应的高精度电子结构计算留下了一个遗憾。针对类似问题，量子蒙特卡洛电子结构计算方法提供了一个很好的选择。特别是近二十年，由于超级计算机技术的飞速发展，以及此方法极其适合大规模并行计算的特点，第一性原理量子蒙特卡洛电子结构计算方法也与传统波函数方法、密度泛函理论一起，成为了真实材料体系电子结构计算的三驾马车。

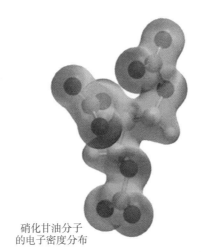

硝化甘油分子
的电子密度分布

图 1.13   密度泛函理论中最为关键的电子密度分布示意图，对应的是一个硝化甘油分子

值得说明的是，在早期的第一性原理计算中，由于计算方法精度的局限性，大多数时候为了衡量玻恩-奥本海默势能面的准确性，也即电子结构计算的准确性，往往需要与实验测量结果进行比较。然而，当这样的实验结果不存在时，或者当实验结果本身因为测量误差也会带来不准确性时，甚至当实验测量的体系处于理论上暂时不能严格模拟的情况下时，这种比较就非常困难。所以逐渐提高全量子计算中电子结构部分的精度是非常有必要的。而随着时间的推移和方法的发展，现在我们已经有足够好的电子结构计算方法可以从理论上来验证玻恩-奥本海默势能面的准确性，进而为我们提供了实验判据之外的另一种选择，这也使得全量子效应计算可以沿着玻恩-黄展开的框架逐渐地逼近严格解，反过来为实验测量提供可靠的参考和依据。当然，我们这里的讨论还只是针对本书开头提出的非相对论量子力学的基本框架。我们将在第 4 章中介绍电子结构计算方法时，具体讨论这些方法如何从理论上逼近严格解。

上面提到的三个电子结构计算方法的发展，为人们在玻恩-奥本海默近似下，针对一个特定的原子核静态构型的电子结构计算提供了现实的解决方案。但在与电子结构计算紧密联系的原子核运动的处理上，我们还停留在介绍这三个电子结构计算方法之前说到的基于原子核之间经典相互作用势的分子动力学和蒙特卡洛采样的层面。将第一性原理电子结构计算与原子核的运动结合，毫无疑问是一个既需要理论方法的发展又需要计算技术的发展的双重艰巨任务。在最简单的理论框架下，也就是依赖玻恩-奥本海默近似，且将原子核当作经典粒子来处理，分子动力学方法对应的基本操作是：针对一个特定的原子核构型自洽地计算电子结构，然后根据 Hellmann-Feynman 定理计算此构型下的原子核受力情况，由原子核受力，根据牛顿方程在一个特定时间步长下挪动原子核产生新构型，在新构型下自洽地计算电子结构，然后重复力的计算与原子核构型的更新，周而复始地做采样统计。当然，如果我们利用的电子结构计算方法不提供特定构型下由 Hellmann-Feynman 定理计算原子核受力情况的算法，我们只能结合蒙特卡洛方法而不是分子动力学进行原子核构型下的采样。在这个理论框架下，由于玻恩-奥本海默近似是一个基本近似，人们经常称这种分子动力学方法为第一性原理玻恩-奥本海默分子动力学方法。前面提到过，这里玻恩-奥本海默近似的意义实际上是原始的玻恩-奥本海默近似的狭义理解，因此这些改进是有限的。

即使这样，也需要指出，上述过程虽然听起来非常简单，历史上，实现这个过程却是极其艰难的。其中一个很大的瓶颈就是针对一个特定原子核构型的自洽的电子结构计算是比较耗时的，特别是当我们考虑到这些处理是在几十年前的情况。于是，当 1985 年 R. Car 与 M. Parrinello 提出可以基于一个扩展的拉格朗日量 (Car, 1985)，绕过由于原子核构型更新所产生的自洽电子结构求解带来的很多计算麻烦，在玻恩-奥本海默势能面附近去描述原子核构型变化的方法后，这种第一性原理 Car-Parrinello 分子动力学方法迎来了一个巨大的发展契机。进入 20 世纪 90 年代末以及 21 世纪初，随着电子结构自洽算法的发展以及计算机计算能力的进一步增强，第一性原理玻恩-奥本海默分子动力学方法逐渐重新取代了第一性原理 Car-Parrinello 分子动力学方法。目前，它已成为我们在第一性原理电子结构计算的框架下，描述一个真实体系统计性质和动力学性质的主流方案。

基于这样一个处理，在理论层面，人们对客观世界的物质基本可以进行如下的形象描述。每个原子核就像一个小球，而电子，则像云一样存在于每个原子核的周围以及原子核之间，以一种量子胶的形式决定着原子核之间的相互作用。这个相互作用会实时改变原子核的构型，与之同时改变的还有量子胶的状态。如果我们用经典力学的方式去描述原子核构型的变化，那么在我们身边的物质世界中，物质的存在形式、动力学性质、化学反应、生物反应，都可以在这样一个图像下得到理解 (作为此理论层面上理解凝聚态物质状态的一个例子，图 1.14 所示液态水中描述质子 (氢原子核 H^+) 传输的第一性原理分子动力学模拟示意图)。前面总结出来的第一性原理玻恩-奥本海默分子动力学方法对应的就是这样一个模拟。由于每个构型都要进行自洽的电子结构计算，人们一般进行的类似模拟的计算时间长度都在百皮秒以内，最多是几百皮秒的量级，但正常化学键的断裂需要的时间尺度远远大于这个时间尺度。基于类似分子动力学方法的计算模拟，也一般都需要采用某种增强取样手段来描述这种小概率事件。因此，类似针对高自由度复杂系统增强取样问题的分子模拟也毫无疑问从 20 世纪 90 年代开始，逐渐成为了理论化学研究中的一个前沿热点问题 (Roux, 1995; Bartels, 1998; Laio, 2002; Gao Y.Q., 2008)。

图 1.14　以液体中的质子传输为例，第一性原理玻恩-奥本海默分子动力学模拟示意图。银色小球为氢原子核，红色球为氧原子核，绿色小球代表液体水中的质子。实时 (on-the-fly) 的电子密度分布由等高面描述。

上述增强取样研究，一般多针对复杂凝聚态体系的平衡统计性质。针对动力学性质的研究，在球-棒模型的理论框架下，从 20 世纪 80 年代中期开始，伴随着 S. Nose、W. G. Hoover 等提出的缓变热浴模拟方法 (Nose-Hoover 热浴法 (Nose-Hoover thermostat)) 的发展，也成为了理论化学领域的一个研究热点问题 (Nose, 1984a, b，1986; Hoover, 1985, 1986; Martyna, 1992)。与此同时，从 20 世纪 70 年代开始，超越球-棒模型的半经典量子动力学研究也随着 W. H. Miller 的一些开创性的工作得到了顺利展开，并越来越活跃起来 (Miller, 1974; Tromp, 1986; Voth, 1989; Shao J.S., 1999; Shi Q., 2003; Liu J., 2006)。直到现在，类似动力学性质的研究方法的发展，仍然是理论化学中备受关注的前沿领域。在这个过程中，以加州大学伯克利分校的 Miller 为代表，包括麻省理工学院的曹建树、北京师范大学的邵久书、新墨西哥州立大学的王浩斌、中国科学院化学研究所的史强、厦门大学的赵仪、北京大学的刘剑在内的多位中国学者，均有标志性贡献。与半经典量子动力学理论方法伴随的全量子气相反应动力学研究，从 20 世纪 70 年代的三原子分子散射理论方法的发展开始，在近五十年中，随着第一性原理电子结构计算、快速傅里叶变换等方法的发展，也取得了显著的进步。在这个过程中，中国科学院大连化学物理研究所的张东辉、华东师范大学的张增辉等中国学者也都做出了非常重要的贡献 (Zhang D.H., 1994; Xiao C., 2011)。在这些方法的研究中，玻恩-黄展开开始作为一个基本工具，被广泛地使用。

相对于气相反应问题，与实际材料更为相关一些，在凝聚态体系中关于核量子效应与非绝热效应的研究，从 20 世纪 80 年代开始也成为了物质科学研究领域的一个重要内容。其中，数值路径积分 (Path integrals) 方法扮演了一个关键的角色。前面提到，量子动力学方法适用于气相反应，其本质原因是求解原子核运动满足的薛定谔方程时，计算量与系统尺寸呈指数依赖关系。因此，面对实际系统，特别是大分子及凝聚态体系，从波函数表象出发的量子动力学方法计算量巨大，人们需要去发展和使用一个就计算量与计算难度而言相对友善的方法。费曼 (Feynman) 的路径积分数值方法，作为量子力学的九种表述之一，责无旁贷地承担起了这个任务 (Feynman, 1949, 1953a, b, c，1965)。

R. P. Feynman 的路径积分量子力学表述提出于 20 世纪 40 年代末、50 年代初，其深邃的物理思想是将量子物理与经典物理的处理联系起来，即将量子问题的求解转化为经典方案，从而无限逼近量子世界的真实情况。前面提到，当时数值模拟还未作为一个研究手段正式进入物理学、理论化学、材料科学的研究中。经历了 20 世纪 50 ～ 70 年代数值计算方法(特别是分子动力学方法) 的发展，20 世纪 80 年代初，D. Chandler 与 P. G. Wolynes 意识到可以将有限温度下虚时路径积分方法与分子动力学方法结合，由此开启了有限温度下凝聚态体系核量子效应理论模拟的新纪元 (Chandler, 1981)。紧随这个研究，B. J. Berne 等对其进行了一定程度的扩展并应用于实际体系 (Berne, 1986)。与这些路径积分分子动力学 (Path integral molecular dynamics, PIMD) 方法的发展几乎同步，D. M. Ceperley 与 E. L. Pollock 在 20 世纪 80 年代中期，首次将路径积分数值方法与蒙特卡洛方法也进行了结合，并对 ^{4}He 在低温下的超流现象进行了原子层面的模拟，在凝聚态物理研究中获得了很大的关注 (Pollock, 1987; Ceperley, 1995)。不过我们还是要看到，在这两个方法中，温度的虚时处理虽然保证了统计性质的准确描述，但原子间相互作用的力场描述却大大地限制了其在研究化学键断裂与重组相关过程中的应用。基于这样一个考虑，20 世纪 90 年代中期，M. E. Tuckerman、D. Marx、M. Parrinello、M. L. Klein 等将第一性原理 Car-Parrinello 分子动力学方法与路径积分分子动力学 (PIMD) 结合，大大地扩展了其应用范围 (Tuckerman, 1996; Marx, 1996; Tuckerman, 2002)。进入 21 世纪，人们更是将第一性原理玻恩-奥本海默分子动力学/蒙特卡洛采样方法与路径积分方法结合，将类似研究推广到针对玻恩-奥本海默势能面进行路径积分分子动力学或蒙特卡洛模拟的层面 (Zhang Q.F., 2008; Li X.Z., 2010, 2011; Chen J., 2013; Ceriotti, 2012)。图 1.15 给出了草酸晶体的第一性原理路径积分分子动力学模拟的结果。相应的电子结构计算方法也从单纯的密度泛函理论，推广至包含量子蒙特卡洛方法等多种选择的阶段 (Morales, 2010)。近期，人们还将这些方法与热力学积分等增强取样技术结合 (Pérez, 2011; Feng Y.X., 2015)，大大扩展了路径积分数值方法的使用范围。

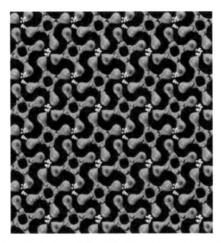

图 1.15　针对草酸晶体的第一性原理路径积分分子动力学模拟示意图。白色小球代表氢原子核在有限温度下的路径，红色小球为氧原子的路径，绿色小球是碳原子的路径，蓝色的云是电子密度分布。其包含的核心信息是用路径积分的方式描述原子核的量子属性，用密度泛函理论实时 (on-the-fly) 地描述电子结构

前面提到的在传统的凝聚态物理研究领域，虽然基于模型哈密顿量的电-声耦合研究从 20 世纪 30 年代已经开始，但基于第一性原理电子结构计算的相关研究从 20 世纪 80 年代才刚刚起步。近年来，随着第一性原理电子结构理论方法发展得越来越成熟，为凝聚态物理问题的全量子理论发展和全量子计算模拟研究打下了基础。本书第 4 章和第 5 章就是针对这部分理论内容的推导和计算方法发展的讨论，其很大程度就是在这个前沿领域。

1.3.2　测量技术

从实验层面来看，核量子效应以及非绝热效应在物理体系的实际观测结果中是自然包含在内的。然而与相对较为清楚 (或者较为成熟) 的全量子效应理论研究方法相比，目前并没有建立起非常系统有效的针对全量子效应的"专门"实验方法和探测技术。实验上能够探测全量子效应的常规手段很多，主要包括红外光谱、拉曼光谱、布里渊光谱、和频光谱、超快光谱、角分辨光电子谱、核磁共振 (NMR)、单晶 X 射线衍射、电子能量损失谱、中子散射谱学和电子衍射与成像等技术。这些技术与各种外场结合构成了经纬交织的格局，其意义不局限于技术本身的进展，还在于技术进展带来更广阔的科学研究领域空间，并反过来对技术提出更进一步的要求。

在这些相关研究中，为了从实验结果中把全量子效应识别出来，一个简单且常用的方法，就是将同一种元素采用不同质量的原子做替换，即利用所谓的同位素效应。通过测量同位素替换前后材料体系物理性质的变化，可以将原子核量子效应的影响发掘出来，并通过与全量子理论计算结果进行对照，从而澄清并研究全量子效应的作用。但是，上述传统衍射和谱学技术的一个最大缺憾是空间分辨率太低，很难在原子尺度上收集全量子效应信息，从而给出精确、定量的表征结果。这方面实验方法上的一个重要突破是北京大学江颖 (Y. Jiang) 研究组发展的氢敏感的 qPlus 型扫描探针显微镜技术 (Guo J., 2022)，另一个是北京大学高鹏 (P. Gao) 研究组发展的透射电子显微镜下，原子尺度量级上同位素原子超高能量分辨的电子能量损失谱技术 (Li N., 2023)。他们的工作有效地解决了原子层面研究全量子效应的问题。近年，北京大学王恩哥 (E. G. Wang) 与江颖 (Y. Jiang)、李新征 (X. Z. Li)、徐莉梅 (L. M. Xu)、陈基 (J. Chen)、张千帆 (Q. F. Zhang) 等在研究液态和固态水的相变 (Meng X.Z., 2015; Guo J., 2016a; Peng J.B., 2018a, b; Tian Y., 2022) 和体材料中的质子输运 (Zhang Q.F., 2008; Guo J.Q., 2022)，以及与高鹏、刘磊 (L. Liu) 等在研究六方氮化硼同位素异质结能带重整化 (Li N., 2023) 的全量子效应问题上取得了一系列新的进展。

早在 20 世纪 70 年代，德国斯图加特马普固体物理研究所的 M. Cardona 等便开始关注固体中电-声耦合效应对常规实验观测结果的影响 (Allen, 1981)。20 世纪 90 年代末，核磁共振 (NMR) 技术被报道用于研究氢原子核 (质子) 的量子隧穿过程，通过测量自旋晶格弛豫时间随磁场和温度的变化关系，来揭示质子量子隧穿的协同转移 (Brougham, 1999)。其后，单晶 X 射线衍射也被用来研究高压下冰的结构相变与氢原子核的离域化现象 (Loubeyre, 1999)。基于 X 射线和中子散射技术可以获得水中粒子散射过程的动量分布以及相应的 OO/OH/HH 的径向分布函数，并可以与第一性原理路径积分分子动力学模拟 (也即全量子计算) 结果直接对比，因此被广泛用于体相水以及复杂体系中水的核量子效应研究 (见图 1.16)。近年来，瑞典斯德哥尔摩大学 A. Nilsson 研究组利用 X 射线散射技术发现核量子效应会影响超冷水的热动力学响应和关联长度，并且证明水 (H_2O) 和重水 (D_2O) 的关联长度最大值所处的温度带有显著的同位素特征 (Kim K.H., 2017)。

这些方法还可以用来研究非绝热过程。比如，利用非弹性 X 射线散射技术，Caruso 等得到了重掺杂金刚石的高精度声子谱，并研究了相关的非绝热效应。图 1.17 给出了重掺杂金刚石纵向 (LO) 光学声子振动频率的重整化结果。通过与全量子效应模拟计算结果比较，他们证明空穴重掺杂的金刚石中存在着明显的非绝热效应。例如，对掺杂浓度为 $1.4 \times 10^{21} \mathrm{cm}^{-3}$ 的情况，该效应对声子频率的改变接近 15 meV (见图 1.17(b))(Caruso, 2017)。

核量子效应对宏观物性的影响非常复杂，由于分子内和分子之间核量子效应以及不同振动模式之间存在复杂的竞争关系，要从实验上定量探测并澄清竞争的核量子效应一直非常具有挑战性。近年来发展的深度非弹性中子散射技术可以测量氢原子核甚至更重的原子核 (如 D, O 原子等) 的量子运动，通过将不同分子轴线方向的原子核平均动能与全量子计算的结果直接对比，揭示出动量分布的各向异性及其之间的竞争关系。这方面研究中相应的理论工作为在实验上直接验证相互竞争的核量子效应提供了依据 (Andreani, 2005; Pietropaolo, 2008) (图 1.18)。同时，深度非弹性中子散射技术还适用于临界状态下水的研究，比如过冷水、冰的预融化以及受限水的各种行为等。这也为揭示临界状态下水的奇异物性和核量子效应提供了新的思路。例如，意大利罗马大学 C. Andreani 研究组利用深度非弹性中子散射谱，研究了核量子效应对超冷水中氢原子核动量分布的影响，发现超冷水中氢原子核处于离域状态，表现出过量的平均动能 (Pietropaolo, 2008) (图 1.19)。

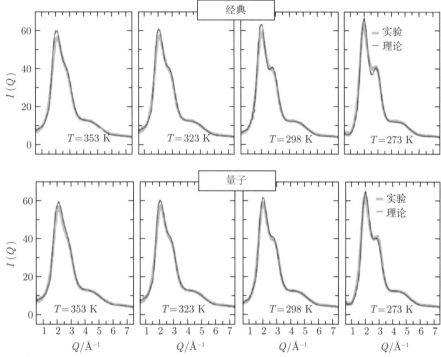

图 1.16　四种温度下液态水的 X 射线散射实验谱和理论计算结果的直接比较。蓝线为实验数据，黑线为理论结果。上图为原子核做经典处理的模拟结果，下图为将原子核做量子处理后，考虑了核量子效应的模拟结果。摘自 (Paesani, 2009)

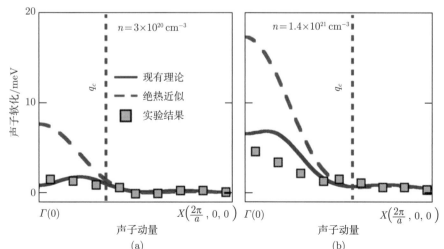

图 1.17　空穴重掺杂金刚石声子振动频率重整化修正。(a) 掺杂浓度为 $3 \times 10^{20}\,\mathrm{cm}^{-3}$; (b) 掺杂浓度为 $1.4 \times 10^{21}\,\mathrm{cm}^{-3}$。图中方块为实验结果；红色虚线为采用绝热近似的理论结果；蓝色实线为非绝热近似的理论结果。摘自 (Caruso, 2017)

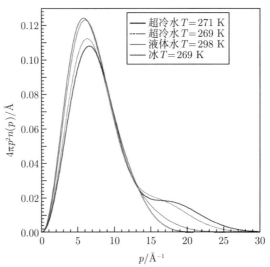

图 1.18　利用深度非弹性中子散射谱可以测量得到不同条件下水中氢原子核的动量分布, 这个结果反映了氢原子核的量子运动。图中红线对应于 269 K 下冰中的结果, 蓝线对应于 298 K 的液体水, 实黑线对应于 271 K 的超冷水, 虚黑线对应于 269 K 的超冷水。摘自 (Pietropaolo, 2008)

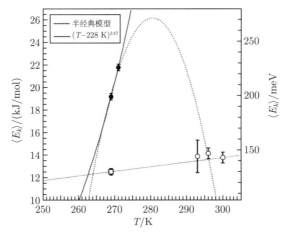

图 1.19　利用深度非弹性中子散射谱测量到的水中氢原子核动能随温度的变化关系。空心方块对应于冰结构, 空心圆点对应于液态水, 实心圆点对应于超冷水。超冷水中氢原子核处于量子离域状态, 表现出过量的平均动能。摘自 (Pietropaolo, 2008)

　　与氢键相关的振动谱 (主要是 X—H 拉伸振动模式和弯曲振动模式) 是研究核量子效应的一个灵敏探测方法。实验中通过氢的同位素替换, 比较形成氢键前后的振动谱峰的变化, 便可以很容易得到核量子效应对氢键相互作用的影响。基于振动谱的光学探测手段可被用来研究氢原子核的量子涨落 (Quantum fluctuation) 及其对氢键强度的影响 (Hirsch, 1986)。比如, 由沈元壤 (Y. R. Shen) 等发明的和频振动光谱 (Sum frequency generation vibrational spectroscopy, SFG-VS) 技术就是一种具有高度表面分辨能力的非线性激光光谱技术, 可以获得液态水表面 (界面) 振动谱。该技术基于非线性光学中的一个基本原理:

当两束光打在物体上时，可以折射及反射出入射光频率之和的和频信号。该二次非线性光学过程只在中心反演对称破缺的体系中才能观察到，如表面或界面，因此和频光谱是探测表面、界面的一种特别有效的实验手段，可以在分子层面上获得表面、界面的结构信息。它不但可被应用到复杂的原位环境下，包括各种气体、液体、固体与水形成的界面，而且对温度、压强等因素没有苛刻的要求。和频振动光谱技术开辟了表面科学的诸多新领域，特别是在研究各种水的界面结构方面独具特色。2012 年，德国马普高分子研究所 M. Bonn 研究组利用和频光谱技术发现核量子效应会影响水气界面上水分子的取向，即 OH 倾向于朝上指向体外，而 OD 倾向于朝下指向体内水分子，其机理是源于核量子效应对氢键强度的影响 (Nagata, 2012) (如图 1.20 所示)。

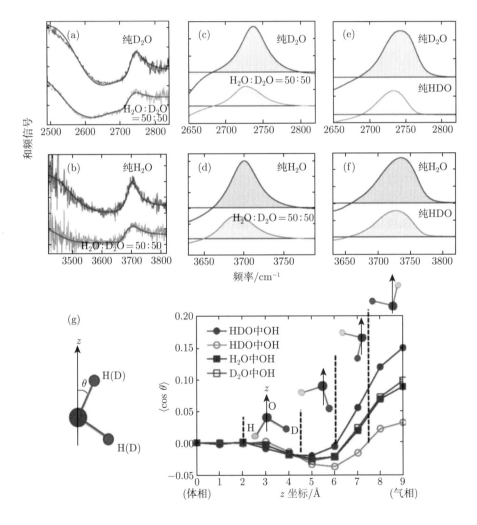

图 1.20　　(a) 和 (b) 为实验测量得到的液态水的表面和频振动光谱；(c) 和 (d) 为液态水表面和频振动光谱的分峰拟合；(e) 和 (f) 为分子动力学模拟给出的液态水的表面和频振动光谱；(g) 为分子动力学模拟给出的水中 OH/OD 的表面指向分布。由于核量子效应的影响，表面层的 OH 比 OD 更倾向于垂直于表面向外指，而较底层的 OH 和 OD 向下指向体内其他的水分子。摘自 (Nagata, 2012)

上述这些衍射和谱学手段主要用于研究轻元素材料体系处于基态时的核量子效应。除此之外，利用超快激光泵浦-探测技术不但可以研究材料的激发态能级和超快动力学过程中的核量子效应，而且还可以研究其中相关的非绝热效应。超快激光泵浦-探测技术是通过调节泵浦光脉冲和探测光脉冲到达样品的时间间隔，在探测光脉冲相对于泵浦光脉冲不同的延迟时间的条件下，记录探测光通过样品后的光强度的变化情况。其中，超快时间分辨瞬态吸收光谱是一种常见的超快激光泵浦-探测技术，常被用于探测处于激发态的水分子对探测光吸光度的变化量，用于记录水分子激发态各个能级上的粒子数分布随时间的演化。在此基础上，可以进一步拟合得到水分子之间 O—H···O 相互作用的势能函数 $V(r,R)$，其中 r 表示 O—H 键长，R 表示 O—O 间距，从势能的非简谐性特征探测到振动激发态时，在 O-O 之间氢原子核的量子离域现象。这对于理解室温下质子转移、水分解过程中的各种量子力学问题，都有着非常重要的意义 (Bakker, 2002)。相关超快光谱探测手段对水分解的实验研究极大地推动了非绝热效应理论的发展。近年来，中国科学院物理研究所孟胜 (S. Meng) 研究组发展了有效处理非平衡态过程的第一性原理激发态动力学计算方法 (Meng S., 2008a)，他们与王恩哥等合作深入研究了水分解过程中的非绝热动力学现象 (You P.W., 2021a)。

从这个例子可以看出，将超快激光技术与传统谱学技术结合是研究全量子效应测量技术发展的重要突破点，尤其是对非平衡态下非绝热过程的表征至关重要。一般来说，原子运动的时间尺度在皮秒和飞秒量级，而电子运动的时间尺度可以达到阿秒量级。超快光谱技术及其衍生技术，一方面可对样品中电子结构进行观测，捕捉电子系统 (包括电子自旋) 的非绝热超快动力学过程；另一方面，利用超快电子衍射、超快 X 射线衍射则可以对样品的晶格有序态、晶格量子运动进行观测，从而获得原子系统的超快量子动力学行为。把两种手段相结合，既可以将电子和原子核量子运动区分开来，又可以发现两者之间的量子耦合关联，因此可从多个角度反映凝聚态体系中全量子动力学过程的全貌。

例如，2012 年 Hellmann 等将超快激光技术与时间分辨的光电子能谱技术结合，研究了几种典型的电荷密度波体系在超快激光驱动下的非绝热动力学过程 (如图 1.21 所示) (Hellmann, 2012)。另一个例子是，2020 年 Madeo 等利用超快激光技术与光电子显微镜结合，直接观察到激发态电子在声子辅助下形成暗激子的非绝热过程 (如图 1.22 所示) (Madeo, 2020)。最近，Zinchenko 等将超快激光技术与超快 X 射线衍射技术结合，研究了 C_2H_4 分子激发过程中电子态非绝热演化 (如图 1.23(e) 所示)，它清楚地反映了电子态在超快时间尺度上的变化 (Zinchenko, 2021)。

总结上述实验工作，我们需要指出的是，尽管衍射和谱学技术在全量子效应的研究中已经有比较广泛的应用，而且适用于各类复杂环境体系，但这些研究手段的局限性在于空间分辨率较低 (通常在从几百纳米到几十微米的量级)，得到的信息往往是众多原子/分子叠加在一起之后的平均效应。比如，在水分子的核量子效应研究中，由于氢原子核的量子态对于局域环境的影响异常敏感，核量子态与局域环境之间的相互作用会导致出现非常严重的谱线展宽特征。这些局限性都使得上述实验方法难以对核量子效应进行精确、定量的表征。因此，非常有必要发展在空间上可以深入到单键/单原子层次的对原子核量子态进行高分辨探测的技术，以阐明全量子效应对电子以及原子核之间相互作用影响的深层次物理根源。而这些问题都属于本书强调的超越玻恩-奥本海默近似 (特别是它的狭义理解) 的全量子凝聚态物理学的研究范畴。近年来，随着扫描隧道显微技术 (Scanning tunneling microscopy，STM)、原子力显微技术 (Atomic force microscopy, AFM) 等具有超高空间分辨率的精细测量实验技术的持续发展，人们有望突破谱学方法与衍射技术的局限性，使得在单键/单原子层次上对全量子态进行原位实空间探测成为可能。经过不断的努力，最近北京大学江颖研究组在这方面的研究取得了一系列重要成果 (Guo J., 2014, 2016a, 2017; Meng X.Z., 2015; Peng J.B., 2018a, b; Ma R.Z., 2020; Tian Y., 2022)，已经引起了学术界的广泛关注。

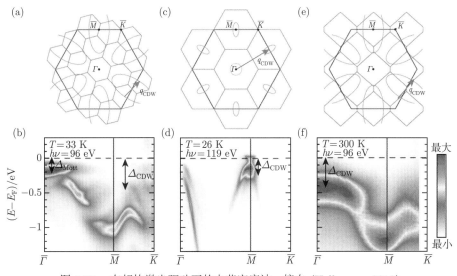

图 1.21　在超快激光驱动下的电荷密度波。摘自 (Hellmann, 2012)

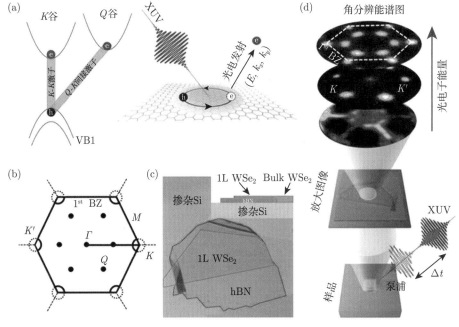

图 1.22　激光激发单层 WSe$_2$ 形成暗激子的示意图。摘自 (Madeo, 2020)

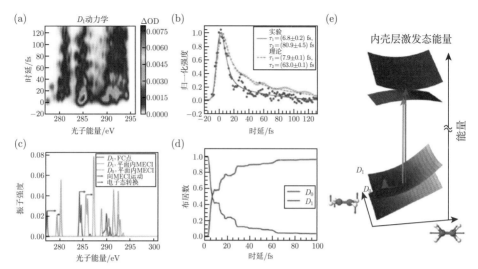

图 1.23　超快 X 射线衍射测量激光激发的 C_2H_4 分子中电子非绝热过程。摘自 (Zinchenko, 2021)

　　扫描隧道显微技术利用量子力学中电子隧穿效应的原理进行成像，具有超高的空间分辨率。自 1982 年问世以来，这些方法已极大地提升了人类认识微观世界的能力，使人类进入了直接观测原子和操纵原子的时代。它的发明者 G. Binnig 和 H. Rohrer 也因之而获得了 1986 年诺贝尔物理学奖。继扫描隧道显微技术发明之后，科学家们在其原理基础上又衍生开发出了一系列功能各异的扫描探针技术，诞生于 1986 年的原子力显微技术是其中最重要的成员之一。STM 利用隧穿电流作为探测信号，需要在导电表面上才能工作。而AFM 以力或者与力相关的物理量作为探测信号，不受衬底导电性质的限制，因而可更广泛地用于各种材料表面的微观结构成像表征。另外，STM 主要探测的是样品中费米能级附近电子态的信息，可以对分子的前沿轨道进行成像，但 STM 针尖对分子中原子核的位置并不敏感，难以对分子的化学结构进行直接成像。而 AFM 在近距离成像时，泡利排斥力对原子的位置非常敏感，因此 AFM 有望获得更高的空间分辨能力。1998 年，德国雷根斯堡大学的 F. J. Giessibl 教授发明了基于石英音叉的 qPlus 传感器，并用它替代传统的硅悬臂 AFM 探针，大幅提高了对针尖与原子之间短程力的探测灵敏度。另外，qPlus-AFM 也可以使用导电的金属探针，同时兼具 AFM 和 STM 两项功能，从而构建成 AFM-STM 联合系统，这极大地拓宽了设备的研究功能。

　　从 20 世纪 90 年代起，扫描隧道显微技术开始被广泛用于固体表面水的研究工作，并一直持续至今，热度不减。代表性的工作如德国波鸿大学的 K. Morgenstern 研究组 (图1.24) 和美国加州大学伯克利分校的 M. Salmeron 研究组 (图 1.25) 对不同金属表面吸附的水分子团簇中氢键构型的研究 (Michaelides, 2007; Maier, 2015)，以及美国桑迪亚国家实验室的 K. Thürmer 研究组 (图 1.26) 对 Pt(111) 等金属表面亲疏水特性的研究 (Nie S., 2010)。这些研究虽然使我们对固体表面水的吸附构型以及浸润特征有了比较清晰的直观物理图像，但是依然无法分辨水分子的内部结构以及氢键的方向性。

　　观测低温下单个氢原子及其同位素原子在表面上的扩散过程，可以直接研究与核量子效应密切相关的量子隧穿 (Quantum tunneling) 机制。2000 年，加州大学欧文分校的 W.

Ho 研究组在氢元素吸附的原子尺度研究中取得了重要突破。他们利用扫描隧道显微技术首次在实空间对金属表面上吸附的氢原子进行原位成像和振动谱测量，识别了单个氢原子及其同位素氘原子，并进一步利用扫描隧道显微镜追踪金属表面单个氢原子在不同温度下的扩散过程，并测出了扩散速率。他们发现在温度低于 60 K 时，氢原子的扩散速率与温度无关，直接证实了低温下金属表面氢原子的量子隧穿行为 (Lauhon, 2000) (如图 1.27 所示)。此外，扫描隧道显微技术还被成功用于研究氢键体系中质子转移过程的量子隧穿效应。实验演示了通过 STM 针尖可以操纵氢键体系中质子转移，并进一步利用 STM 成像识别质子转移前后结构的变化，再通过隧道电流追踪和记录质子转移动力学过程，最后测量质子转移速率的同位素效应，以及与温度、电压、电场、隧道电流等调控因素的依赖关系，从而判断出质子转移的机制。此后，日本京都大学 H. Okuyama 研究组在表界面水的核量子效应的研究中也取得了一系列新的进展，他们发现表界面水分子二聚体中氢键供体和受体之间角色的转变与氢原子核的量子隧穿有关，并且进一步发现 Cu(110) 表面 OH 吸附取向变化的动态机制主要源于氢原子核的量子隧穿行为 (Kumagai, 2008, 2009)。

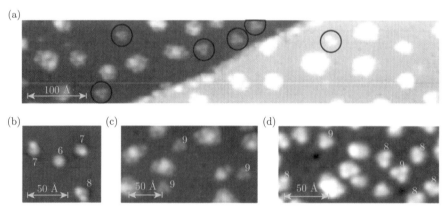

图 1.24 吸附在 Cu(111) 和 Ag(111) 表面的水团簇 STM 图像。除 (b) 图为 Ag(111) 表面的 D_2O 团簇外，其余均为 Cu(111) 表面吸附的 H_2O 团簇。图中数字为相应水团簇中的水分子数目。摘自 (Michaelides, 2007)

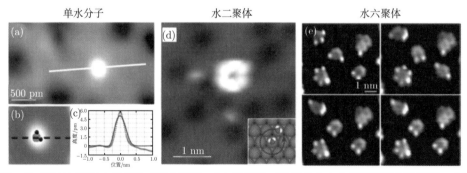

图 1.25 Ru(0001) 表面水结构的 STM 图像。(a) 温度为 4K 时单个水分子吸附的实验图像；(b) 理论模拟图像；(c) 理论 (黑线) 和实验 (红线) 水分子吸附高度轮廓线的直接比较；(d) 水二聚体吸附的实验图像，插图为示意图；(e) 温度为 50K 时，吸附在 Ru(0001) 表面的四个水六聚体和一个更大的水分子聚合物 (右上) 在 Ru(0001) 吸附的动态图像。其中每幅图时间间隔为 1min。摘自 (Maier, 2015)

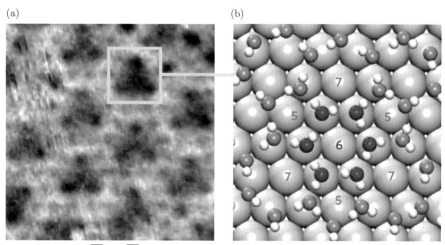

图 1.26 Pt(111) 表面 $\sqrt{39} \times \sqrt{39}$ 水层的 (a) STM 图像和 (b) 相对应的原子模型。在 (b) 图中数字表示该位置处周围最近邻的水分子数目。摘自 (Nie S., 2010)

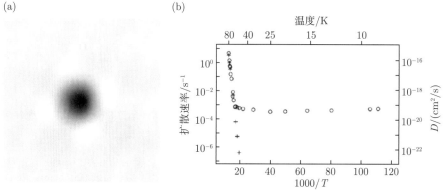

图 1.27 (a) 在低温 9 K 时，Cu(001) 表面上吸附的氢原子 STM 图像。(b) 氢原子扩散速率与温度的依赖关系。圆点代表 H 原子，十字代表 D 原子。低温时氢原子的扩散速率与温度无关，证实了表面氢原子核的量子隧穿效应。摘自 (Lauhon, 2000)

以上都是单个氢原子核发生量子隧穿的研究工作，但是氢键网络中的氢原子核并不是相互独立的，通常具有很强的关联性。因此，氢键体系中的质子转移实际上会涉及多体量子行为。T. Kumagai 研究组发现 Cu(110) 表面 $H_2O\text{-}(OH)_n$ ($n = 2 \sim 4$) 氢键链状结构上，以及 Ag(110) 表面 porphycene 分子中会发生多个氢原子核的 "逐步" 隧穿行为，还进一步在实空间追踪到碳原子核的量子隧穿效应 (Lin C., 2019)。这些结果如图 1.28 所示。

整体而言，STM 本质上是一种基于电子隧穿的扫描探针技术，利用 STM 研究核量子效应的工作仍然是比较有限的。由于隧道电流主要对原子的外层电子敏感，再加上隧道电子很容易被这些外层电子所屏蔽，很难与原子核发生相互作用，因此利用 STM 探测原子核的量子态一直是个挑战。解决这个问题的一个方案就是将 STM 对外层电子的灵敏度推向极限，通过探测原子核量子态与外层电子态的微弱耦合，来间接探测原子核量子态。另外还可以利用基于 STM 的非弹性电子隧道谱 (IETS)，通过探测分子的外层电子与分子振动之间的耦合来实现单个分子振动模式的识别，从而实现单键/单原子尺度上核量子效应的研究。

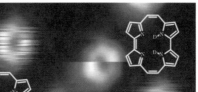

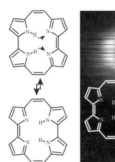

图 1.28　利用 STM 观测到 Ag(110) 表面 porphycene 分子内双氢原子的隧穿过程。分析表明两个氢原子核会 "逐步" 发生隧穿。摘自 (Lin C., 2019)

　　从 2012 年开始，北京大学江颖研究组在这两个方面的研究中都取得了重要进展。他们通过精确控制水分子-探针耦合和水分子-衬底耦合，大大增强水分子的前沿轨道态密度在费米能级附近的分布，得到了具有极高信噪比的亚分子级分辨轨道图像，在实空间实现了对 NaCl(001) 表面单个水分子以及水分子四聚体中氢原子核的精确定位和氢键方向性 (手性) 的直接识别，在此基础上进一步探测到氢键网络中氢原子核的多体量子态和协同量子隧穿动力学过程 (Guo J., 2014; Peng J.B., 2018a, b)。同时利用针尖增强的非弹性隧穿谱，他们首次获得了单个水分子的高分辨振动谱，并由此测得了单个氢键的强度。通过可控的同位素替换实验，并结合全量子效应计算模拟，发现氢键的量子成分甚至可以大于室温下的热能，表明氢原子核的量子效应不只是对经典相互作用的简单修正，其足以对水的结构和性质产生显著的影响。他们进一步深入分析研究表明，氢原子核的非简谐零点运动会弱化弱氢键、强化强氢键，这个物理图像对于各种氢键体系具有相当的普适性，从而澄清了学术界关于氢键的全量子本质的长期争论 (Guo J., 2016a)。

　　STM 对原子核和内层芯电子不敏感的缺陷可以借由 qPlus-AFM 来弥补。qPlus-AFM 探针可以在亚埃量级的振幅下 (<100 pm) 稳定工作，使得针尖可以非常靠近样品表面，从而大幅提高对针尖与原子之间短程力的探测灵敏度，实现对化学键的直接原子级成像。瑞士 IBM-Zurich 研究中心 L. Gross 研究团队及美国加州大学伯克利分校的 M. Crommie 研究组将 qPlus NC-AFM(非接触式原子力显微技术) 用于有机分子的骨架结构和键级的成像以及表面化学中反应产物的识别 (Gross, 2012; Oteyza, 2013) (见图 1.29)。另外，国家纳米科学中心的裘晓辉研究组精确解析了 8-羟基喹啉分子间氢键的构型 (Zhang J., 2013) (见图 1.30)。日本东京大学 Y. Sugimoto 研究组也将 qPlus-AFM 应用于表面水的研究，获得了 Cu(110) 表面一维和二维水团簇的氢键构型 (Shiotari, 2017) (见图 1.31)。最近，江颖研究团队在这个方向上再次取得了新的重要突破。他们研制的 qPlus 传感器将力的探测灵敏度提升到飞牛量级。基于此技术，他们通过对针尖进行原子精度的电荷分布调控，得到了电四极矩针尖，探测到针尖与水分子之间极其微弱的高阶静电力信号，从而实现了水分子中氢原子的成像和定位 (Peng J.B., 2018a, b)，并发现了一种受全量子效应调控，由氢原子核的量子离域导致的对称化氢键二维冰相 (Tian Y., 2022)。这些工作中 AFM 技术的发展

和创新, 为弱相互作用轻元素体系核量子效应的研究提供了非常独特且强有力的实验工具。

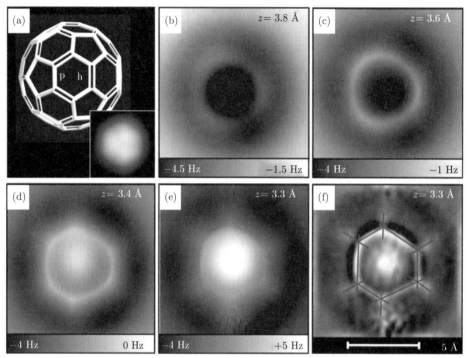

图 1.29　利用 qPlus NC-AFM 观测吸附在 Cu(111) 表面的 C_{60} 分子的化学结构和成键键级。图 (a) 中展示 C_{60} 分子的原子模型和 STM 图像 (插图)。图 (b) ~ (d) 中展示不同针尖高度下 C_{60} 分子的 AFM 图像。图 (f) 为对图 (e) 作拉普拉斯变换过滤和展平后的结构, 用于分辨单双键。摘自 (Gross, 2012)

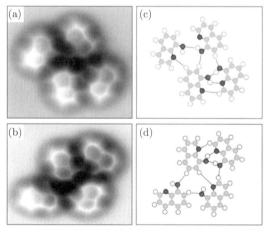

图 1.30　利用 qPlus NC-AFM 观测分子间的成键作用。图 (a) 和 (b) 是吸附在 Cu(111) 表面的 8-羟基喹啉四聚体的两种构型的 AFM 图像；图 (c) 和 (d) 是对应的化学结构示意图。摘自 (Zhang J., 2013)

　　由于扫描探针显微镜是一种表面敏感的技术, 很难得到埋藏在内部的界面的信息。具有原子级空间分辨率的透射电子显微镜 (Transmission electron microscope, TEM) 可以克服这个困难，原则上可以用于探测表/界面的核量子效应和非绝热效应。特别是最近几年，单色仪技术的发展使得球差校正 TEM 同时具备了高空间分辨和高能量分辨的本领，结合 TEM 的电子能量损失谱 (EELS) 为人们同时探测同位素的空间分布及其振动谱提供了又一个强大的工具。例如，J. R. Jokisaari 等利用该方法探测到夹在氮化硼薄膜中限域液态水的高分辨振动谱，并识别了 H_2O 和 D_2O 的振动谱差别 (Jokisaari, 2018) (图 1.32)。J. A. Hachtel 等则在纳米尺度上成功识别了同位素标记的丙氨酸中 ^{13}C 和 ^{12}C 与 O 的成键，测量到 ^{13}C 标记的 C—O 非对称拉伸振动模式的振动能量相对于 ^{12}C 发生了 4.8 meV 的红移 (Hachtel, 2019) (见图 1.33)。最近北京大学高鹏研究组利用 TEM 中独立发展的四维电子能量损失谱技术，成功研究了 h-^{10}BN/h-^{11}BN 界面原子级分辨的同位素效应 (Li N., 2023; 李宁, 2022)。这些基于 TEM 的超高空间分辨与能量分辨谱学分析技术的快速发展，特别是它们原子尺度分辨能力的建立，为全量子效应的实验观测提供了更加丰富可靠的实验研究方法。

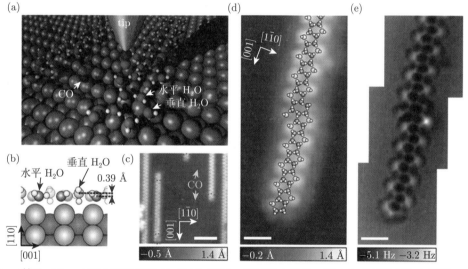

图 1.31　利用 qPlus-AFM 观测到的 Cu(110) 表面一维链状水结构。图 (a) 表示利用针尖吸附 CO 分子的 AFM 探测过程示意图。图 (b) 是计算得到的吸附在 Cu(110) 表面的水链原子构型。图 (c) 是水链的大面积 STM 图像。图 (d) 和 (e) 分别是一条有扭结和端点的特殊水链的 STM 和 AFM 图像。图 (d) 中水链的原子结构重合在其 STM 图像上。摘自 (Shiotari, 2017)

综合上述理论方法与实验技术的发展历程，毫不夸张地说，从 20 世纪 50 年代起，凝聚态物理计算方法 (特别是 80 年代开始的基于第一性原理精确电子结构计算的路径积分分子动力学方法，也称为第一性原理路径积分分子动力学方法或简称路径积分分子动力学方法) 的发展，以及近年来各种实验极限测量技术 (特别是具有超高空间分辨率及超快时间分辨率探测手段) 和外场极端条件的进步，奠定了凝聚态物理的全量子效应研究的基础，为我们在物质科学中从定性到定量地发现超越电子绝热的玻恩-奥本海默近似 (特别是它的狭义理解) 的诸多新物理现象，并进一步揭示其中发生的各种复杂过程的物理机制提供了前所未有的手段和发展动力。

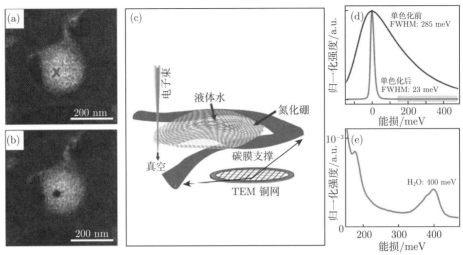

图 1.32　利用 TEM EELS 测量局域振动谱。图 (a) 和 (b) 分别是夹在 BN 层之间的限域液态水膜电子束照射前后的 TEM 图像。图 (c) 是所测样品及测量过程的示意图。图 (d) 是电子束单色化前 (黑线) 和单色化后 (红线) 测量出的电子能量损失谱。图 (e) 是测量所得的水层振动谱。摘自 (Jokisaari, 2018)

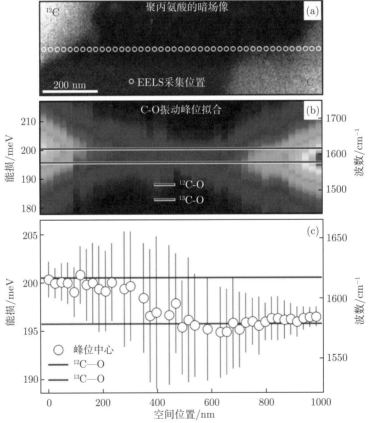

图 1.33　聚丙氨酸的纳米尺度空间分辨的局域振动谱测量。(a) 聚丙氨酸的 TEM 图像，其中小圆点标注采集 EELS 的位置。(b) 为相应的局域振动谱测量结果。(c) 为局域振动谱的峰值随空间位置的变化关系。不同的 C 同位素 ^{13}C 和 ^{12}C 给出不同的 C-O 振动峰。摘自 (Hachtel, 2019)

1.4　全量子效应研究的主要挑战

在 1.2 节和 1.3 节中，我们在提出全量子效应概念之后，介绍了全量子效应的研究现状。可以看到，伴随着量子力学 (为了讨论方便，这里具体指薛定谔方程 (1.1) 和 (1.2)) 的建立，全量子效应的概念是自然包含在内的。由于本书侧重在讨论从薛定谔方程出发研究凝聚态体系的全量子效应物理及化学问题，特别是强调了玻恩-奥本海默近似可以考虑但在实际处理中不断被弱化的现象 (比如核量子效应)，以及玻恩-奥本海默近似本身没有考虑到的现象 (比如非绝热效应)，为了避免物理图像上的这些提法和思考可能产生的夸大理解，我们先从凝聚态物理研究中常见的一些概念出发，看一看它们与背后全量子效应的自然关系，然后再讨论目前全量子效应研究所面临的主要挑战。

在凝聚态物理研究中，近年我们常常用到下面一些概念来理解许多重要的物理发现。比如，人们已经习惯地接受零点能、零点振动、量子涨落、量子隧穿、电-声耦合等概念，去讨论诸如氢的对称化和金属化、质子隧穿、量子液体、量子固体、量子自旋液体、量子临界行为、量子相变、量子顺电性、超低热导率、反常热膨胀、超导电性、声子辅助光吸收、同位素能带工程等物理问题。其实所有这些概念都与全量子效应中的原子核量子效应相关，即只有将原子核作为量子属性的粒子来处理才能真正地理解，这是与将原子核作为经典属性粒子来处理时物理本质的不同。但是在传统研究思维范式的影响下，很少有人从全量子效应这个角度出发，把这些物理概念统一起来思考。核量子效应在原始的玻恩-奥本海默近似中虽不完整但并不缺失，只是它在过去近百年的实际应用中被一次次弱化了 (比如早期的电子态绝热 "球-棒" 模型)。在这个弱化过程中，人们习惯于使用从固体物理研究发展起来的微扰论中的简谐近似 (将晶格振动处理成声子，但是它忽略了声子量子化之后存在的有效相互作用，因此无法描述非简谐因素) 或准简谐近似 (Quasi-harmonic approximation, QHA)(在一定程度上可以通过声子的热激发近似地引入部分非简谐效应) 来描述我们这里所说的全量子效应。比如，人们会基于玻恩-奥本海默势能面上的振动来计算声子。涉及声子辅助电子跃迁这种非绝热过程的时候，人们也会把系统放到不同的玻恩-奥本海默势能面上来计算相应的声子，并在此基础上描述电-声耦合过程。其实在这个考虑中，人们已经自然不自然地超出了玻恩-奥本海默近似的范畴，而在不同程度上进入由玻恩-黄展开描述的全量子化领域。另外需要指出的是，这些完善处理均是在简谐近似或准简谐近似成立的前提下进行的，基本还停留在类似 1951 年玻恩提出的在固体晶格静态结构 ($\vec{R}_0$) 下的展开处理阶段 (Born, 1951)，电子态与原子核态不是即时相关的。本书讨论的全量子凝聚态物理问题除了包括固态体系中微扰论成立的情况外，还可能包括微扰论不成立的情况，比如，当固态体系处于非平衡态，原子核构型远离电子基态对应的最稳定结构时，甚至当考虑的凝聚态物质是液态体系等复杂情况时。除此之外，全量子效应的另一个内容是研究电子-原子核量子耦合运动的非绝热效应，而这部分恰恰是在原始的玻恩-奥本海默近似中并没有考虑到的 [①]。现在非绝热效应在非平衡态物理现象的研究中变得越来越重要，比如电子跃迁改变了激发态占据数直接导致了振动光谱的谱线展宽、强度变化和峰位移动，声子振动频率

---

① 虽然如前所述，基于不同电子态的玻恩-奥本海默势能面，人们可以在简谐近似下处理电-声耦合过程，但引入此过程后，人们对包含电子、原子核的多体波函数的处理，已经自觉不自觉地在一定程度上从玻恩-奥本海默近似过渡到了玻恩-黄展开的处理。同时，必须指出，在多数非绝热过程很重要的体系，原子核构型会远离电子基态对应的最稳定构型，这样简谐近似就无法使用了。

随电子或空穴掺杂浓度的改变，以及各种超快电荷转移、光场驱动拓扑相变、光场调控电荷密度波 (电荷序)、分子贝里相、表面催化与光解过程等。

　　总之，全量子凝聚态物理学讨论的核心问题是，在凝聚态体系物理性质和化学性质的描述中超越玻恩-奥本海默近似的现象，这些问题包括玻恩-奥本海默近似可以考虑但过去在各种处理中被忽略的，以及玻恩-奥本海默近似没有考虑的。尽管在许多具体问题的研究中，大家对这些现象都从不同的角度有所讨论，但对其背后的物理本质往往并不十分清楚。因此，建立完整的全量子凝聚态物理图像是十分必要的。我们必须承认，从玻恩-黄展开出发严格求解真实凝聚态体系的量子多体薛定谔方程今天仍然面临许多挑战，但这不等于我们应该在物理概念的层面上停滞不前，甚至发生错误。

　　综上所述，我们希望能够传达的一个核心信息是，人们目前在理解分子或凝聚态体系 (由电子和原子核组成的多体系统) 的真实物理性质和化学性质的时候，在理论层面的出发点应该是公式 (1.4)，也就是玻恩-黄展开，尽管前面提到的球-棒模型在描述晶体结构的时候更为简洁明了。这么做的原因很简单，就是这个玻恩-黄展开公式 (1.4) 很自然地包含了电子、原子核以及与它们之间相互作用有关的所有量子力学信息。在实际应用中，很不幸的是除了理论化学层面对少数气相反应问题的处理外，现阶段人们并不能直接基于此展开形式对由多个电子和多个原子核组成的真实系统进行严格的全量子模拟。

　　针对此问题，在计算上，相对可行的方案是利用第一性原理的方法来描述电子结构，用路径积分数值方法在量子层面描述原子核的统计性质或者在半经典的层面描述其量子动力学性质。同时，在公式 (1.4) 所蕴藏的非绝热效应描述中，多个进一步的近似处理仍然是必须被采用的。在实际操作中，如果我们忽略了公式 (1.4) 中原子核的波函数形式，而用经典轨道来描述原子核的运动，那么我们就忽略了原子核的量子效应；如果我们忽略了电子态与原子核态的时时关联性，忽略了对电子势能面的加和，那么我们就忽略了非绝热效应。目前在凝聚态计算物理研究中最为常用的第一性原理玻恩-奥本海默分子动力学方法里面，这两个效应其实都是被忽略的。与这个理解相应，在理论层面，针对凝聚态体系的全量子效应研究，可以很自然地分成重点针对核量子效应，或重点针对非绝热效应两部分 (具体见图 1.34 对全量子凝聚态物理学研究关注点的说明)。当然，两者的结合也是一个研究热点 (Wang E.G., 2016, 2022)。下面，我们将先从核量子效应研究和非绝热效应研究这两个方面展开，简要介绍理论上的研究现状及挑战，之后是对实验方面的讨论。这些问题的详细论述我们将放在第 4 章至第 6 章中进行。

　　由图 1.34 所示，研究全量子效应的基础是电子结构计算。经过过去近百年的发展，人们对凝聚态体系电子态的模拟已经取得了很大的成功。但是对于原子核量子态引起的核量子效应，以及原子核量子运动与电子量子运动耦合引起的非绝热效应的研究是人们近三四十年才开始关注的。从理论研究来说，**核量子效应 (Nuclear quantum effects, NQEs) 是指将原子核与电子做同等波函数化处理后，分子或凝聚态体系所表现出的量子力学性质。**此部分研究可大致分为两个方面的内容。在统计层面，基于密度矩阵（Density matrix）的虚时路径积分处理，人们可以严格地描述有限温度下原子核量子效应在统计层面对系统物性的影响。这部分的研究从 20 世纪 80 年代初 D. Chandler、P. G. Wolynes、B. Berne、D. M. Ceperley 与 E. L. Pollock 的早期工作开始，应该说在理论层面已经很明确了。后期的发展涉及的主要是数值层面与第一性原理电子结构计算的结合、数值采样的有效性以及各态遍历效果的改进上 (Tuckerman, 1996; Marx, 1996; Zhang Q.F., 2008; Ceriotti, 2009)。近期，此方法与其他分子模拟手段 (比如热力学积分、增强取样) 的结合 (Pérez, 2011; Feng Y.X., 2015)，以及将原子核构型采样建立在更为精确的电子结构理论之上 (Morales, 2010, Chen Y.L., 2023)，也是一个研究重点。这些内容我们在前面已经有所提及，相关方面的详细讨论将在第 5 章介绍。除了统计性质，核量子效应研究在凝聚态体系更为严峻的挑战存在于动力学性质的模拟上。在这个方面，理论方法发展的出发点往往应该是量子关联函数 (Quantum correlation function)，其定义如下：

$$C_{AB}(t) = \frac{1}{Z}\text{Tr}\left[\hat{A}^{\beta}\text{e}^{\text{i}\hat{H}t/\hbar}\hat{B}\text{e}^{-\text{i}\hat{H}t/\hbar}\right] \qquad (1.5)$$

这里 $\hat{H}$ 是体系的哈密顿量，$\hat{A}$ 和 $\hat{B}$ 是物理观测量所对应的算符，$Z = \text{Tr}\left[\text{e}^{-\beta\hat{H}}\right]$ 是配分函数，$\hat{A}^{\beta} = \text{e}^{-\beta\hat{H}}\hat{A}$。不同的动力学性质可以从不同的量子关联函数导出，比如：化学反应速率与流关联函数相关，红外光谱与偶极矩关联函数相关，等等。

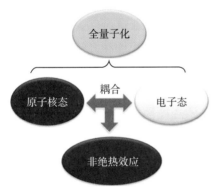

真实凝聚态体系的严格量子描述：
$$\hat{H}\Psi(\vec{r}, \vec{R}, t) = \text{i}\hbar\frac{\partial}{\partial t}\Psi(\vec{r}, \vec{R}, t)$$

$\vec{r}$: 所有电子坐标
$\vec{R}$: 所有原子核坐标

$$\Psi(\vec{r}, \vec{R}, t) = \sum_{n=1}^{\text{el}}\chi_n^j(\vec{R}, t)\Phi_n(\vec{r}, \vec{R})$$

目前常用手段中的近似：

原子核经典近似是把其波函数 $\chi_n^j(\vec{R}, t)$ 当作轨道 $\vec{R}(t)$

绝热近似是忽略电子在不同本征态 $\Phi_n(\vec{r}, \vec{R})$ 之间的跃迁
全量子化处理研究的就是这两种近似所忽略的量子现象与过程

图 1.34　全量子凝聚态物理学研究关注点的说明。玻恩-奥本海默近似的狭义理解关注的只是电子态，而凝聚态物理全量子效应关注的不只是电子态，还包括了原子核量子态以及非绝热部分。

在公式 (1.5) 中，核量子效应有两个来源。一是玻尔兹曼分布算符 $\text{e}^{-\beta\hat{H}}$，它包含的量子统计信息，可以用前面提到统计效应时说到的温度对应的虚时来处理，计算上不是挑战；二是时间演化算符 $\text{e}^{-\text{i}\hat{H}t/\hbar}$，它包含的是量子动力学信息，对于大分子与凝聚态体系，由于符号问题，从挑战性而言，一点不比传统的波包动力学方法小。因为这个原因，从 20 世纪 70 年代开始，此方面研究的主要挑战也来自对于动力学演化算符的处理上。概括起来，目前能够在凝聚态体系中使用的方法可归结为如下五种：① 加州大学伯克利分校 W. H. Miller 等从 20 世纪 70 年代开始发展起来的半经典初始值表示 (Semiclassical initial value representation, SC-IVR) 为代表的系列方法 (Miller, 1970; Wang H.B., 1998; Shi Q., 2003; Liu J., 2009)；② N. Makri 与邵久书提出并发展的向前-向后半经典动力学 (Forward-backward semiclassical dynamics, FBSD) 方法 (Shao J.S., 1999)；③ 犹他大学曹建树 (现任麻省理工学院教授) 与 G. A. Voth(现任芝加哥大学教授) 提出的质心分子动力学 (Centroid molecular dynamics, CMD) 方法 (Cao J.S., 1993)；④ 牛津大学 D. E. Manolopoulos 等提出的环状聚合物分

子动力学 (Ring-polymer molecular dynamics, RPMD) 方法 (Craig I.R., 2004, 2005a, b)；⑤ 北京大学化学与分子工程学院刘剑提出的路径积分刘维尔动力学 (Liouville dynamics) 方法 (Liu J., 2014)。这些方法整体而言还无法考虑量子相干效应。因此，发展适合凝聚态体系的能够描述量子相干效应的动力学方法也是这个领域的一个重要方向。

除了核量子效应，根据玻恩-黄展开，全量子凝聚态物理学的另一个重点在理论层面是非绝热效应的研究。**非绝热效应 (Non-adiabatic effects, NAEs) 是指这样一个真实的过程，描述的是来自于分子或凝聚态体系中电子和原子核按照量子力学规律共同演化所导致的物理或化学现象。**近些年来，随着含时密度泛函理论 (Time-dependent density-functional theory, TDDFT) (Runge, 1984; van Leeuwen, 1996；Meng S., 2008a, b) 及非绝热动力学 (Non-adiabatic dynamics) 等方法的迅速发展 (Tully, 1990)，人们开始看到从电子结构层面，在原子尺度上理解凝聚态体系中非绝热动力学过程的曙光。其中，含时密度泛函理论对多电子体系外场作用下的线性和非线性响应、集体激发的形成和衰变的动力学模拟有很多成功的应用例子。但同时也必须看到，无论是从定量描述真实体系中电子激发及动力学的数值模拟，还是从定性理解电子-电子相互作用、电子-声子相互作用诱发的新现象的角度来看，理论计算仍然面临着极大的挑战。以 TiO_2 光分解水这个典型实验为例 (Fujishima, 1972)，目前的理论计算对 TiO_2 电极材料的表面结构，以及界面水的分子结构的研究还存在很大分歧 (Bikondoa, 2006; Bandura, 2008; Liu L.M., 2010)。同时，人们对其光吸收激发、电荷转移的动力学过程、水分子的激发态结构中分解和反应的动力学机理就了解得更少了。在凝聚态物理领域还有许多其他外场下电子激发诱导的新物理现象，如固体到液体、铁电到反铁电、铁磁到反铁磁等，都蕴藏着丰富的相互作用和物理过程。这些过程均与电子激发以及非绝热现象有关，相应理论模拟方法的发展无疑是关键。

针对这些与电子激发相关的过程，以其第一步，也就是光学吸收为例，传统理论方法依赖于经典电磁学模拟和材料的宏观介电参数，但是忽略了电子-空穴对激发的基本特征、电子集体运动的动力学过程、表面界面的热电子输运和转移等微观量子特性。传统的波函数方法和局域基矢方法也不能有效地描写表面周期性体系。继续以密度泛函理论与含时密度泛函理论为基础，针对实际大分子与凝聚态体系，利用第一性原理方法对电子激发诱导的微观物理化学过程进行研究，毫无疑问就严谨性与计算量而言是最为明智的选择。

实验上，近年来随着各种高分辨率的极限测量技术和外场极端条件平台的发展，在多个凝聚态体系物理性质和化学性质的精确描述中，在量子力学的层面考虑原子核量子属性对物性的影响，特别是与第一性原理方法预测的原子核运动对电子结构以及凝聚态体系中各类元激发的比较，已成为凝聚态物理实验研究中不可忽视的一个问题。在这个过程中，具有超高时间分辨率的超快光谱技术和具有超高空间分辨率的扫描电子隧道显微技术以及原子力显微技术的发展都起到了关键的作用 (Guo J., 2017, 2022)。

在氢键自身的核量子效应研究中，传统针对氢键的实验手段是红外光谱、拉曼光谱、核磁共振、X 射线晶体衍射、中子散射等谱学方法，以及电子衍射与成像技术。基于这些实验技术并结合同位素替换，人们可以将核量子效应对氢键强度的影响分辨出来，通过进一步与全量子计算结果的对照来澄清核量子效应。然而，这些研究手段有一个共同的问题，就是空间分辨能力都局限在几百纳米到几十微米的范围，因此得到的信息往往是众多氢键叠加在一起之后的平均效果,无法得到单个氢键的本征特性和原子水平上的氢键构型。同时,在界面限域条件下,原子核量子态受局域环境的影响会变得尤为明显,导致严重的谱线展宽效应从而无法对核量子效应进行精确、定量的表征。因此,非常有必要深入到单键/单原子层次上对核量子态进行高分辨探测,挖掘核量子效应影响氢键相互作用及同位素现象的物理根源。这些都需要发展更为精确的极限实验表征技术。除了这些在材料表面对检测手段的挑战外,在材料体内与界面上的技术挑战更大。前面介绍过,近些年来北京大学江颖研究组 (Guo J., 2014, 2016a, b; Meng X.Z., 2015; Peng J.B., 2018a, b; Tian Y., 2022)、高鹏研究组 (Li N., 2023) 在这个方向上取得了一定的突破 (Wang E.G., 2022)。另外,目前除了氢原子及其同位素原子之外,在原子水平上研究核量子效应还仅限于少数其他轻元素 (如硼、碳等) 原子。如何探索将高空间分辨率的实验技术扩展到更多的元素体系,无疑是下一步普遍关心的问题。

在凝聚态体系中,为了进一步从实验的角度深入研究全量子效应,考虑如何发挥外场平台与测量技术的经纬交织手段,把超高时间分辨的超快光谱方法与超高空间分辨的扫描探针技术及超高空间与能量分辨的电子能量损失谱技术结合起来,是一个值得关注的重点方向。先进的大型实验设施 (如阿秒光源、散裂中子源、同步辐射光源等) 以及各种综合条件外场平台 (如极低温、超高压、强磁场、超快超强光场等) 无疑为这方面的研究发展提供了新的可能。这些实验方法的发展将有助于开辟更广阔、更深层次的全量子凝聚态物理实验研究。

总结一下凝聚态体系全量子效应研究所面临的关键科学问题,按照传统第一性原理计算科学的发展方向,在理论层面可归结为三个方面的内容。一是核量子效应模拟方法的发展,特别是在动力学层面考虑核量子效应的第一性原理理论模拟方法的改进;二是非绝热效应模拟方法的发展,特别是各种元激发理论基础的建立及考虑外场下电子激发引起的非平衡态过程计算方法;三是考虑核量子效应与非绝热效应相结合模拟方法的发展,包括量子-半经典混合方法。其中,在核量子效应模拟方法的发展上,除了在统计层面将路径积分数值方法与更为精确的电子结构计算结合,以及将路径积分数值方法与更多的分子模拟手段 (比如热力学积分、增强取样方法等) 结合外,在动力学性质的理论描述上,借鉴波函数表象与路径积分表象的各自优点,发展适合描述凝聚态体系相干效应的动力学方法无疑也是一个基本而且必须解决的问题。在非绝热动力学方法的发展方面,继续以密度泛函理论与含时密度泛函理论为基础,针对实际大分子与凝聚态体系,依靠第一性原理基态和激发态电子结构开展针对电子激发诱导的微观物理化学过程研究,毫无疑问就严谨性与计算的高效性而言都是最为明智的选择。在此基础上,人们还应该重点关注如何与分子动力学方法结合 (模拟中不仅要考虑电子动力学部分,也要考虑原子核动力学部分),并将此模拟方法推广至真实材料体系。同时,在第一性原理电子结构计算的理论框架下,如何将非绝热效应与核量子效应有效结合并将其应用至凝聚态体系的电子结构、电-声耦合、光学性质等计算模拟中,也是全量子效应理论模拟方法发展的一个关键方向。我们还需要强调的是,上述三个主要方向的工作都是需要建立在更加准确的电子结构基础之上。因此,不断优化和发展第一性原理电子结构的算法 (比如量子蒙特卡洛方法) 仍然是我们的首要任务。在打好全量子物理理论基础的前提下,逐步延伸讨论更加复杂的化学、材料科学、能源科学、环境科学甚至生命科学过程中相应的全量子效应问题,是留给我们的一个梦想。

与计算方法发展并行，凝聚态理论研究从 20 世纪 30 年代开始就关注了我们这里提到的全量子效应问题。前面我们强调了 L. D. Landau、H. Fröhlich、J. Bardeen、D. Pines、L. N. Cooper、J. R. Schrieffer、H. Y. Fan(范绪筠)、W. L. McMillan、R. C. Dynes、P. B. Allen、V. Heine、M. Cardona 等在模型方法上的重要贡献 (Landau, 1993; Fröhlich, 1937, 1950; Fan H.Y., 1951; Bardeen, 1955, 1957; McMillan, 1968; Dynes, 1972; Allen, 1976, 1981)。当时理论研究的范围主要体现在电子结构的模型处理上，也就是人们必须借助于类似自由电子气的方式来描述金属中的电子态，或紧束缚近似来描述半导体 (Chadi, 1975)、半金属 (Xu J.H., 1993) 或绝缘体 (Harrison, 1980) 中的电子态。在这个方向上，人们从近似理论出发，发展了许多有效的模型方法。从 20 世纪 80 年代开始，随着第一性原理电子结构计算方法的发展，如何在第一性原理电子结构计算的框架下，针对实际体系中的电-声耦合问题展开精确的第一性原理模拟，也成为了目前凝聚态物理中的一个新命题 (Chang K.J., 1985; Baroni, 2001; Giustino, 2017)。因此，除了前面提到的传统第一性原理凝聚态计算方法领域需要发展的三个关键问题外，我们还要特别关注将第一性原理凝聚态计算方法与现有基于模型哈密顿量由二次量子化表述的凝聚态理论研究的结合 (如第一性原理电-声耦合方法)，这也会为全量子凝聚态物理学发展带来新的机遇 (Liu H.Y., 2020)。

除了上述理论挑战外，实验方法上近期的目标主要是精准表征技术的发展，如具有超高时间分辨率的超快光谱学技术的发展和具有超高空间分辨的成像学技术及同时具有超高能量分辨率的谱学技术的发展，以及这些超高分辨技术的有效结合。除了观测环境与技术需要挑战极限实验测量标准外，研究的材料样品本身在设计和制备方面也将面临新的挑战 (如单晶化、同位素纯度、缺陷浓度与位置的原子级精确可控制备等)。由于实际材料中原子核本身的量子统计效应无处不在，只有在特殊环境下把精准表征技术和材料样品质量做到极致，才能够允许我们在单原子/单缺陷尺度、单化学键水平，去针对超越玻恩-奥本海默近似的凝聚态体系的全量子效应统计学物性与动力学物性开展有效的实验观测。此外，在对全量子效应进行被动测量和表征的同时，往往还需要发展强有力的手段主动调控，从而在实验中实现增强或减弱核量子效应及非绝热效应，发现新现象，寻找新物态。但目前这方面的研究还非常有限。针对核量子态的特点，我们可以通过原子精度的材料设计并结合表界面工程、同位素替换和纯化、轻元素原子/离子的可控掺杂，同时借助各种外场下极端条件平台 (如超高压、极低温、强磁场、超快超强光场等) 的发展，主动彰显或抑制全量子效应，在丰富的凝聚态材料体系中探索物性调控的新途径，寻找发现超越传统玻恩-奥本海默近似的新奇物态，从而构思功能更全面、性能更强大的全量子效应器件。

当然，与凝聚态物理学各个阶段的发展一样，在全量子效应研究中，理论与实验的结合必须受到重视，我们可以预期，在这个方向的研究中，对两者相互促进发展的要求将会更高，影响也将会更大、更深远。

1.5 举例：水的全量子效应研究

轻元素 (Light element) 材料是凝聚态物理学和材料科学研究中的一个新概念。在凝聚态物理研究中，一般认为重元素 (Heavy element) 组成的体系 (比如过渡金属材料等) 会表现出更丰富、更复杂的物理性质，而轻元素体系会容易许多。然而客观世界却往往不像人们所想象的情况那样简单。越来越多的研究表明，轻元素材料由于具有显著的全量子效应，同样会蕴含非常新奇和复杂的物理现象。比如，尽管人们已经付出了百余年的努力，然而即使对由纯的轻元素氢 (H) 或氦 (He) 组成的单质凝聚态体系，它们所表现出的许多复杂物理问题，今天仍然还是不能够完全准确地回答。关于这些问题，我们将在本书后面几章做专门介绍。为了使读者在开始阅读本书时，有一个从全量子效应的角度出发研究具体凝聚态体系的实例，或者换一句话说，举一个在大家都熟悉的实际凝聚态体系中发现全量子现象的例子，我们先选择以轻元素氢 (H) 和氧 (O) 组成的液态或固态水 (H_2O) 为代表，讨论一下水科学中的全量子效应及其影响，从而可以了解到全量子效应对研究水的物理性质和化学性质的重要作用。

在具体介绍这个例子之前，我们还需要强调的一点是，尽管本书中多数讨论是以轻元素体系为主，但这并不是说重元素体系就没有全量子效应 (或者说完全可以忽略)。从薛定谔方程 (1.1) 和 (1.2) 可以知道，原子核本身的量子属性以及原子核与电子运动的量子耦合作用是存在于各种元素组成的凝聚态系统中的。比如，对铁电材料中量子顺电性机理的解释，以及对钙钛矿硫族化合物超低热导率现象的理解等。这些问题表明核量子效应不仅只为最轻的一些元素所专有，在一类由坐标不确定性标识的物理问题中，可能存在远超一般估计的低温下的量子涨落，甚至还会存在于一些常温常压下的生命体活动中。只要能够调控并减小相应特征尺度，甚至有可能在相对较高的温度下，利用全量子效应研制出具有特殊功能的新型量子材料与器件。尽管如此，为了使读者在初次接触全量子效应问题时抓住本质，本书在组织内容时还是以讨论轻元素组成的凝聚态体系为主。这是因为全量子效应不但在轻元素凝聚态体系中表现更加明显，同时目前阶段对研究这类材料中超越玻恩-奥本海默近似的问题也相对现实一些。基于这些考虑，具体地说，对于核量子效应的研究，现阶段应该集中在由轻元素组成的凝聚态材料，因为在这类体系中核量子效应的表现更加明显；对于非绝热效应的讨论从超快反应过程的角度入手，研究电子激发跃迁与晶格量子耦合导致的原子动力学演化过程也是具有说服力的典型事例，比如激光在层状材料二硒化钛中诱导的电荷密度波和超导态等。这些研究与材料组成元素质量的轻或重更是没有绝对的关系的。当然现在已开始有一些全量子效应的研究工作同时考虑核量子效应和非绝热效应，这时涉及的凝聚态体系原则上对所有元素都是成立的。

下面选择的轻元素是特指原子相对质量较小的元素，比如元素周期表中第一和第二周期对应的化学元素，它们的原子序数排号由 1 至 10。由于这类元素原子核的质量相对较轻，可以想象成当电子在运动时，原子核也会在运动 (如图 1.35(b) 所示)，显然与其他原子核质量相对较重的元素 (如图 1.35 (a) 所示) 比较，电子和原子核运动之间的量子耦合作用是更加不能忽略的。这也是为什么由轻元素原子组成的凝聚态物质的核量子效应和非绝热效应往往都会表现得非常明显。要注意在这个描述电子与原子核相对运动的简单示意图上，我们并没有准确给出原子核及电子的量子属性。事实上，在讨论这类轻元素组成的凝聚态体系物理及化学性质时，严格地讲，需要从原始薛定谔方程出发，采用玻恩-黄展开，即同时考虑电子与原子核的波函数形式以及它们之间的量子耦合，才能得到完整的全量子效应信息。

从 20 世纪 90 年代中期开始，王恩哥与合作者在轻元素材料制备、结构表征和物性测量的实验与理论研究方面进行了一系列新的探索。他们研究涉及的轻元素包括：氢 (H)、锂

(Li)、硼 (B)、碳 (C)、氮 (N)、氧 (O)、钠 (Na) 等。这些轻元素组成了丰富多样的物质形态与结构，如液态和固态水、金刚石、氮化碳、石墨烯 (Graphene)、硼烯 (Borophene)、碳纳米锥 (Nanocorn)、碳/硼氮/硼碳氮纳米管/纳米线、单晶/多孔碳化硅等 (Wang E.G., 1997; Ma X.C., 1999; Bai X.D., 2000; Wu K.H., 2001; Meng S., 2002; Zhang G.Y., 2003; Yang J.J., 2004; Wang W.L., 2006; Pan D., 2008; Xu Z., 2008; Zhang Q.F., 2008; Liu K.H., 2009, 2012, 2014; Watkins, 2011; Sun Z.R., 2012; Chen J., 2013, 2014a, b; Shi Z.W., 2014; Guo J., 2014, 2016a, b, 2017; Meng X.Z., 2015; Xu X.Z., 2017; Peng J.B., 2018a, b; Wang L., 2019; Ma R.Z., 2020; Li N., 2021, 2023; You P.W., 2021; Tian Y., 2022; Huang X., 2023; Hong J.N., 2024; Wu D., 2024)。显然这些材料及相关科学问题都是当今凝聚态物理学、化学、材料科学，以及能源、环境等交叉科学前沿领域的研究热点。2010 年王恩哥组在全量子效应研究领域的第一个研究生、中国科学院物理研究所张千帆完成了博士学位论文《全量子化效应与路径积分分子动力学研究》(张千帆, 2010)。在过去的二十余年中，该团队同时在核量子效应和非绝热效应两个方向开展了深入系统的研究工作。

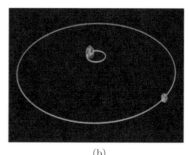

(a)　　　　　　　　　　　　　　　　(b)

图 1.35　在重元素体系与轻元素体系中，电子与原子核相对运动示意图。(a) 重元素体系；(b) 轻元素体系

在大量工作积累的基础上，2016 年王恩哥提出了"全量子化效应的原子级调控"的设想，在科技部国家重点研发计划支持下，力图推动在凝聚态物理中将全量子效应研究作为一个重要的方向，从微观原子尺度层面讨论全量子效应对相关问题的影响，并进一步研究超越电子态绝热的玻恩-奥本海默近似的全量子新现象、新材料、新物态、新器件 (Wang E.G., 2016, 2018a, b, 2022)。现在这个项目已经完成了第一个五年的阶段研究目标。2021 年在进入第二个五年规划时，该项目分成了以研究核量子效应 (由北京大学江颖作为首席科学家负责人) 和非绝热效应 (由中国科学院物理研究所孟胜作为首席科学家负责人) 为主的两个方向，并分别组成了国内一些主要科研单位年轻人参与的研究队伍，再次获得了专家的认可和科技部国家重点研发计划的支持。

水作为由轻元素氢与氧组成的最为复杂的凝聚态体系，具有多体之间的氢键相互作用和明显的核量子效应，表现出了丰富的物理内涵和各种反常的宏观行为，是研究全量子效应的典型例子。现在根据我们多年的研究工作，先来介绍一下水的全量子效应问题。

水是自然界中最丰富、最常见，也是人类生命健康及日常活动都离不开的一种凝聚态物质。也许正是因为人们对水太熟悉了，通常会认为它已经没有什么科学问题再需要进行研究。但事实上的情况正好相反，水的许多基础科学问题至今仍是未解之谜。比如，"水的结构是什么? " 这是美国 *Science* 杂志在创刊 125 周年时, 提出的 21 世纪 125 个亟待解决的科学难题之一。仅仅以简单的冰 (固体的水) 为例, 其相图 (Phase diagram) 的复杂程度已经远远超出人们的想象。甚至有人曾说过: "水是一个永恒的秘密。"(Ball, 2008; Bartels-Rausch, 2013; 孟胜和王恩哥, 2014)

在液态或固态水中, 水分子是通过氢键网络组成各种复杂多变的形态结构的。氢键是凝聚态物质中与金属键、共价键、离子键、范德瓦耳斯力并列的五种基本相互作用形式之一。由于氢键强度相对较弱, 实验上一直没有有效的技术手段对它进行直接测量。而对凝聚态体系中氢键的理论描述, 人们一直处于在玻恩-奥本海默近似的狭义理解下, 将氢原子核作为经典粒子处理的状态。换句话说, 目前关于水科学研究的主要工作仍只停留在对电子做量子化处理, 而忽略了原子核的量子属性这个层面上。早在 20 世纪 50 年代, 人们已经预测到考虑原子核量子效应, 即对原子核与电子进行全量子化处理, 可能会对氢键键强与氢键网络动力学过程, 以及宏观物理化学性质产生影响。但这个预言在科学上却一直无法给出确切的实验和理论证据。

这项研究面临着双重的挑战。首先在实验上我们需要发展具有原子水平的操控和探测技术, 在精准组装各种尺寸水团簇的基础上, 并在获得水分子内部原子成像及水分子之间氢键成像的同时, 将实验探测技术推向极限, 定量地测量单根氢键的强度, 研究全量子效应引起的单根氢键的量子涨落。此外, 在理论上我们要突破玻恩-奥本海默近似的狭义理解, 发展一套对凝聚态体系行之有效的第一性原理量子力学模拟方法, 在考虑了全量子效应引入的原子核零点振动和量子隧穿后, 计算它们对氢键强度和氢键网络动态结构的影响, 以及由此对水的宏观物理性质和化学性质的改变。这两个方面的研究难度都是十分巨大的。

针对这个物质科学领域的基本问题, 北京大学江颖、李新征等从实验和理论两个方面进行了系统深入的研究 (Guo J., 2016a)。如图 1.36 所示, 他们首先利用单分子操控技术, 在 Au 衬底外延的 NaCl(001) 表面上, 巧妙地构造了在一个水分子与表面 Cl 原子之间形成的单氢键模型, 并在超高空间分辨的扫描隧道显微镜 (STM) 系统上发展了一套独特的 "针尖增强非弹性电子隧穿"(Tip-enhanced inelastic electron tunneling, TE-IETS) 技术 (如图 1.36(a) 所示)。他们通过这一在操控和探测关键技术上的突破, 大大提高了信噪比, 首次成功地将水的振动谱研究推向了单根氢键极限, 进而实现了针对氢键强度的精确测量。研究发现原子核量子效应对键强的贡献可以达到 14%(图 1.36(b) 所示), 并证明核量子效应甚至可以大于常温下热效应的影响。在此基础上, 他们还定量地比较了同位素替代前后单根氢键量子涨落的变化规律。为了对这一微观现象的物理机制有深入的理解, 他们利用从 2005 年起, 由王恩哥研究组与瑞典和英国研究人员在量子力学层面合作开发的第一性原理路径积分分子动力学程序软件包, 对单根氢键强度进行了全量子模拟计算。(感兴趣的读者可以具体参见附录 A 的介绍。) 通过比较, 他们给出了核量子效应对氢键性质影响的普适规律: 原子核非简谐零点运动引起的量子涨落可以让强的氢键变得更强而弱的氢键变得更弱, 因此导致了氢键网络构型的改变。这是人们首次从实验和理论上严格证明了核量子效应对氢键强度及氢键网络结构产生的影响, 澄清了学术界长期争论的氢键的全量子本质, 揭示了水/冰的若干反常物性的物理根源。这个结果明确地告诉我们全量子效应在研究单根氢键振动, 以及凝聚态材料中与氢键断裂和重组相关的各种物理性质及化学性质时是不能被简单忽略的。

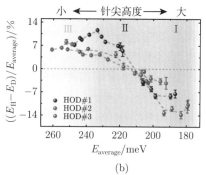

(a)　　　　　　　　　　　　　　　　　　　　　　(b)

图 1.36　水分子单根氢键的实验与理论研究。(a) 实验测量。利用非弹性电子隧穿技术，在单键水平测量了来自水分子的振动谱。通过 O—H 键振动频率的红移，进一步定量地确定了单根氢键强度。实验还利用同位素替换，表征出核量子效应对氢键强弱的影响。相对于传统谱学手段，该实验方法具有极高的 (单键水平的) 空间分辨率。(b) 是第一性原理路径积分计算的 O—H 和 O—D 键能之差随针尖高度的变化关系，以及与实验结果的比较

尽管越来越多的研究表明核量子效应对轻元素体系有重要影响，但目前大部分研究仍局限于被动探测这一效应的情况，可否将核量子效应作为一个新的物理参量，通过对它的调控实现新的物态并发现新的物性，还是一个有待探索的新方向。为了回答这个问题，江颖研究组发展了基于 qPlus 型原子力显微镜 (AFM) 的非侵扰式高阶静电力成像技术，可以很清楚地在原子尺度上识别水中氢原子核的位置 (Peng J.B., 2018a,b)。利用这项技术突破，他们通过精确控制生长动力学参数，在疏水金属表面制备出第一种二维冰，并与理论模拟结合在原子水平上确定了它具有一种 "双层互锁" 型结构，对应着独特的生长模式。这种新研制的二维冰为实现主动调控核量子效应提供了一个理想的平台 (图 1.37(a))(Ma R.Z., 2020)。

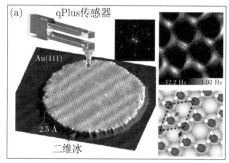
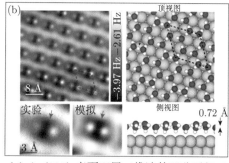

图 1.37　一种常压下具有对称化氢键构型的二维冰。(a) Au(111) 表面双层二维冰的亚分子级 AFM 成像和原子结构模型。(b) Au(111) 表面氢原子掺杂形成的一种具有对称化氢键构型的二维六角冰。原子模型图中蓝色的小球表示 Zundel 构型水合质子 ($H_5O_2^+$) 中氧原子；放大的 AFM 图像表示 Zundel 构型水合质子，其中红色箭头表示对称化氢键中，氢离子的位置

在此基础上，江颖、陈基、郭静等进一步在表面二维冰中通过掺杂高密度的氢原子，发现了一种由 Zundel 构型水合质子 ($H_5O_2^+$) 和水分子自组装形成的新型二维冰结构 (图 1.37(b))。他们通过 AFM 高分辨图像可以精确地识别 Zundel 构型水合质子，其中氧原子为该图像中成对出现的亮球，其正中心出现的暗区为两个水分子中间共享的氢离子 (氢

原子核 H$^+$)。这项研究发现通过调控核量子效应，可以使高密度氢掺杂的二维冰中氧原子之间的氢离子出现一种明显的对称化转变，因而导致 OH 共价键与 O—H 氢键的差别完全消失。他们同时进行了第一性原理路径积分分子动力学计算，发现高密度掺氢会降低量子隧穿势垒，从而促进水分子间氢原子核更加容易发生量子离域。这是人们首次将核量子效应作为一个新的物理参量，通过对它的调控获得了新的物态，即一种可在室温和常压条件下稳定存在的金属化二维冰，从而打破了 90 多年来被广泛采用的"冰规则" (Tian Y., 2022)。二维冰的调控生长方法可能适用于其他低维冰的研究，这个观点随后被其他实验所证实 (Bartelt, 2022)。这些研究结果告诉我们，全量子效应不但在研究与氢键振动及氢键断裂重组相关的物理问题时是不能忽略的，而且还很有可能驱使氢键网络发生结构相变，诱导出超越传统理论预测的新物态。

全量子效应的另一个重要影响是导致氢原子核 H$^+$(质子) 的量子隧穿。由于水氢键网络中的质子通常具有很强的关联性，因此除了人们相对已经研究比较多的质子逐步量子隧穿 (Stepwise tunneling) 现象外，理论上预言质子还可能发生协同量子隧穿 (Concerted tunneling)。然而之前的实验研究一直没有得出确切的数据来证明这种协同量子隧穿现象是否真实存在。2015 年，江颖、徐莉梅、李新征等将 STM 的亚分子级成像技术和实时探测技术相结合，实现了对 NaCl(001) 表面上单个水四聚体团簇内氢原子核转移的即时跟踪，直接观察到了质子在水分子团簇内的量子隧穿动力学过程，并确认了这种隧穿过程是在全量子效应影响下，由四个质子协同完成的 (如图 1.38(a) 所示)。为了进一步理解这个实验发现，他们通过第一性原理路径积分分子动力学计算，证明核量子效应会大大降低协同隧穿的势垒 (如图 1.38(b) 所示)，因此明显增加了水分子团簇中的质子输运转移的几率。与此同时，他们利用改变针尖到水分子团簇的高度，实现了对这个水四聚体氢键手性在顺时针和逆时针之间的可控调制。这也是第一次通过调控全量子效应改变势垒高度，达到操纵水团簇中手性取向的目的。为了进一步证明协同隧穿的普遍性，他们还通过同位素替换实验，发现只有考虑原子核的量子属性，才能准确地描述氢键网络中的质子协同传输现象。这是人们首次从微观尺度上确认了关联核量子效应的存在，证明水的氢键构型不是静态的，而是不断地有断裂和重组过程发生，信息和能量也常常通过质子协同隧穿在氢键网络中来回传递。该工作澄清了过去 20 多年学术界关于是否存在协同隧穿的争论，从全量子效应的角度为人们理解冰的相变和零点熵提供了新思路 (Meng X.Z., 2015)。图 1.38 示意了水团簇中质子的协同量子隧穿过程。

在另一个水的非绝热动力学研究例子中，中国科学院物理研究所孟胜研究组发展了可以有效处理非平衡态过程的第一性原理激发态动力学方法 (详细计算程序可以参见附录 B 的讨论)，在考虑包含液态水等凝聚态体系演化过程中与电子跃迁相关的非绝热效应后，可以描述原子在不同势能面上的跳跃运动。通过对光解水的量子过程进行实时模拟，孟胜与王恩哥等合作发现在液态水环境下，光激发金团簇会产生热电子。这些热电子将会注入水分子的高能轨道，通过诱发快速的质子转移，实现了百飞秒时间尺度的水分解 (Yan L., 2018, You P.W., 2021a)。这一过程显然是无法在玻恩-奥本海默近似下获得的，因为受激发的电子会在不同的轨道上跃迁，直至转移到特定的水分子上。强行采取玻恩-奥本海默分子动力学模拟处理，将只会强迫电子停留在水的基态轨道上，得不到水发生分解的结果。更令人惊奇的是，这项工作观察到来自不同水分子的氢原子通过相互碰撞结合产生氢分子的过程。该研究的理论预言指出氢气产生的量子效率为 0.06%，与实验结果 (0.05%) 基本相符。他们发现光解水过程是光激发 → 等离激元衰变 → 光电子产生 → 光电子碰撞分解第一个水分子 → 分解的氢原子碰撞近邻水分子 → 与碰撞出的氢原子结合形成氢分子 → 氢分子放出，这样一个历经了多个步骤、类似于核裂变"链式反应"的过程 (如图 1.39 所示) (Yan L., 2018)。这是人们第一次完全从非绝热量子动力学的角度给出光解水制氢整个过程中，对应的原子尺度上物理细节的描述。从而首次在理论层面直接展示了水分子光激发分解的超快电子-离子过程，并完整揭示了光解水过程的"链式反应"机理。

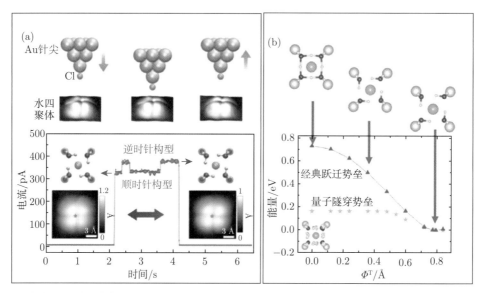

图 1.38　水分子四聚体中氢原子核协同隧穿机制示意图。(a) 实验设置。利用调整针尖的高度，通过改变隧穿电流的强度来控制手性转换。实验测量得到了水分子四聚体在两个手性构型间的转换速率。(b) 理论模拟。将原子核做经典处理，计算会得到相对较高的跃迁势垒 (图中红线所示)。而在将原子核做量子处理后，考虑量子隧穿效应会使该势垒明显降低。同时与逐步隧穿模式比较，核量子效应对协同转移过程的势垒降低最为明显 (图中蓝线所示)，因此可以证明实验中发生的质子转移过程是通过协同量子隧穿实现的。

　　上面我们以轻元素 H 和 O 组成的水为例子，简单展示了全量子效应在凝聚态物理研究中的重要性。这个例子也从一个侧面反映了全量子凝聚态物理学的发展现状，相关的详细讨论请见后面第 7 章 (专门介绍实验室中低温高压条件下水的研究内容) 和第 10 章 (专门介绍自然界常温大气环境下水的研究内容) 的对应部分。这里我们重点讲解的是具有超越电子态绝热玻恩-奥本海默近似的可靠理论计算方法以及精密实验测量技术的发展，并展示了将这些理论与实验方法结合的一种全量子凝聚态物理研究的新范式，以及在具体例子上的应用。事实上，物质科学研究的一个重要目标是对真实材料体系发生的物理和化学现象进行准确的、微观层面的描述和理解，进而促进对相关材料物性及物态的调控，以及与之相应的器件设计、组装与应用。从这个角度来讲，凝聚态物理学、化学、材料科学所面临的基本挑战是类似的，都是对真实体系中薛定谔方程描述的多体量子属性所带来的新奇物理性质和化学性质的理解与应用。本书强调的重点科学问题，恰恰是从全量子效应层面针对此类物理学、化学问题的研究。理论上，虽然自量子力学提出后，人们针对电子结构的计算方法得到了巨大的发展与应用，但针对实际体系，在同一个脚标下将电子与原子核进行全量子处理还是一个很大挑战。实验上，虽然观测中很自然地包含了核量子效应与非绝热效应的贡献，但专门针对原子核量子效应和电子与原子核运动的量子耦合非绝热效应进行系统有效的精密测量与分析的手段还非常有限。因此从实验角度准确分辨出核量子效应和非绝热效应的贡献还是非常有挑战性的问题，同时对相关实验观测的物理现象及化学现象的理解还有待深入。这些问题构成了全量子效应研究的主要内容。

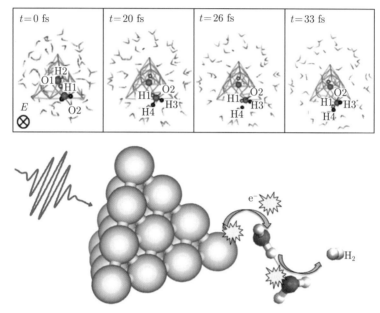

图 1.39　光解水的非绝热动力学模拟。上图展示液态水中金团簇周围水分子光分解、产生氢气的动态过程。下图是激发电子驱动氢原子以高速度碰撞周围水分子的"链式反应"示意图。摘自 (Yan L., 2018)

物质科学发展的一个趋势是人们越来越需要对真实且复杂的凝聚态体系准确地描述它的性能、发现新的物态、发展新的调控手段、开发全量子器件并实现应用。本书强调的全量子凝聚态物理学无疑是人们对实际物理体系在进行准确物性的模拟与测量上不可绕过的一个重要课题。因此，就基础研究的意义而言，针对全量子效应的研究将在很大程度上加深人们对客观世界的认识。这里的研究主要集中于凝聚态物理领域，但其结果对化学、材料科学，以及能源科学、环境科学等相关领域的研究同样具备借鉴价值。毫无疑问，这些基础研究的开展，一方面担负着推动前沿科学发展的重要使命，另一方面也势必为相关应用研究提供更多机会，最终为人类在科学技术与社会经济的补偿式可持续发展中做出贡献。

第 2 章　全量子效应的物理问题

　　为了使读者在进一步学习掌握全量子效应的理论和实验研究方法之前，对凝聚态体系中的全量子效应有一个基本了解，我们先利用第 2 章和第 3 章，分别从物理学和化学这两个研究领域中大家所关心的问题出发，集中介绍一下凝聚态物质中各种由全量子效应主导的物理性质和化学性质。

　　大家知道，凝聚态物理学研究的主要任务之一是发现和理解材料的力、热、声、光、电、磁等基本性质。对于由各种元素组成的凝聚态物质，它们表现的物理性质从本质上来说，都是微观粒子组成的凝聚态体系受全量子效应支配的宏观表现。因此，只有对于电子和原子核这个相互作用的多体耦合系统进行全量子化描述，才能准确地揭示出它们的物理本质。全量子效应在凝聚态物质中是普遍存在的，对不同凝聚态物质的影响只是在表现程度上有所不同而已。比如，大家关注较多的超流 (Superfluid) 和超固 (Supersolid) 现象以及电-声耦合 (Electron-phonon coupling) 机制下的超导现象，从根本上讲都是由全量子效应引起的，因为如果只将电子进行量子化处理，而不考虑原子核运动的量子属性，这些现象就不会存在。声子本质上是描述原子在平衡位置振动的量子。而过去在固体晶格结构以及与之密切相关的电学性质和光学性质描述中，却有很多情况采取将原子核进行经典处理 (比如前面介绍的简单化的电子态绝热球-棒模型)，之后利用微扰论的方法考虑原子核在平衡位置附近的简谐振动情况，这样得到的结果只有在一定程度上是近似正确的。当然，如果考虑各种与声子辅助的电子跃迁导致的光物理过程等，就更需要将电子与原子核量子运动进行耦合处理，才能得到准确的结果。因此，不仅需要考虑电子态，还要将原子核的量子属性通过波函数的形式表达出来，才能完整地理解电子与原子核之间的量子相互作用，从而针对现实材料中发生的各种微观过程及由此引起的宏观现象给出最为精确的描述或预测。特别是在凝聚态物理学中，随着研究的不断深入，正确考虑全量子效应，不仅在对很多现象的深入理解上是必须的，而且很有可能会帮助我们发现新的全量子物态，从而制备出具有特殊功能的全量子效应器件并得到进一步的应用。

　　前面我们曾定义过，全量子效应是基于原子核与电子自由度的全量子理论所预言的物理性质和化学性质。具体地讲，它描述的是电子态绝热的球-棒模型所忽略的物理与化学现象，简单地可归纳划分为核量子效应 (NQEs) 和非绝热效应 (NAEs) 两个侧面来分别进行研究，当然很多情况下它们是同时存在并相互影响的。在所谓的球-棒模型下，人们在理解凝聚态体系的物理性质时，经常不自觉地将原子核视为经典粒子，仅考虑电子的波动性，且忽略了电子和原子核量子运动的相互耦合。这种做法在许多情况下近似成立，又易于理解，这就容易造成人们认识上的偏差。其实原子核的波动性一定会给电子运动以及电子与原子核之间的相互作用带来影响。在极端的情况下，对于轻元素或者势能极小位置非常靠近的情形，原子核除了零温下的量子振动外，甚至能够发生量子隧穿，这些都会导致经典物理无法理解的现象。另外，原子核的量子属性意味着零点能也总是存在的。因此无论如何降低温度，系统的基态仍然具有非零的能量，这是导致低温下存在量子液体和量子固体的根本原因。由于这些问题的存在，基于电子绝热的球-棒模型来描述凝聚态物性往往就会与实际情况存在不可忽视的误差。除此之外，在研究凝聚态物质的某些动力学性质时，其对应的微观情况往往是电子和原子核一同在进行量子力学层面的演化。简单而言，即使将原子核部分采用经典处理，它们也会表现出电子在给定的原子核构型下由玻恩-奥本海默近似决定的不同能级之间的跃迁，同时原子核也会发生跨越不同势能面进行转移演化的情况。这些过程会以非绝热的方式体现出来，并显著地影响原子核的实际受力情况及运动轨迹，同时也会影响电子的密度分布和跃迁过程，从而引发绝热近似所不能描述的一些物理现象。

下面我们将分别从凝聚态物质的结构和物性出发，利用近年发展的各种理论方法和实验技术，重点揭示和比较考虑或不考虑全量子效应 (包括分别考虑核量子效应和非绝热效应，以及它们共同存在的情况) 对研究凝聚态体系相关物理性质的影响。类似对化学性质的影响将放到第 3 章介绍。本章讨论的目的是使初次接触全量子效应的读者，对这一问题有一个相对全面的概念上的了解，并在凝聚态物理学研究中，为进一步发掘全量子效应具体宏观表现与背后微观机理之间的内在联系做准备。这里对于一些问题的讨论，无疑会提及某些研究所涉及的具体材料对象。不过本章和第 3 章在分别列举全量子效应的物理性质和化学性质时，一般只会停留在介绍概念和现象的层面，而不会去深入推导其中的机理问题。关于这些全量子效应在一些典型体系具体问题中的系统讨论，我们会在介绍了全量子效应的理论和实验研究方法之后，在第 7 章和第 8 章中针对不同元素及其化合物，利用前面所学的知识逐一进行展开论述。

2.1　核量子效应

前面我们定义过核量子效应，它是指将原子核与电子做同等波函数化处理后，分子或凝聚态体系所表现出的量子力学性质。这时可以是考虑了非绝热效应后的严格结果，也可以是仅考虑绝热效应部分的近似结果。关于其来源的讨论，从理论层面来看，只有将原子核作为量子粒子处理时，才能够得到真正的理解。这一点也正是与将原子核作为经典粒子处理时的重要差别。凝聚态物质中由全量子效应主导的各种丰富的物理现象，常常是它们在许多只考虑经典描述的情况下所不存在甚至无法理解的。

2.1.1　原子结构

首先我们了解一下，考虑原子核量子效应的影响，凝聚态物质的原子结构，即固体、液体、气体中原子或分子的分布与排列相对于球-棒模型下的经典描述情况，会有什么不一样的地方。全量子效应一定会改变原子结构，只是一般情况下对于一些物理性质这种改变带来的差异并没有那么显著，所以在过去许多研究中为了理论求解方便，一般将电子和原子核的自由度分开，并进一步将原子核的描述做了经典化处理。但在某种情况下，特别是考虑到极低温和超高压状态的时候，全量子效应的影响将起决定性的作用，因此所导致的一些重要物理性质的变化也是非常明显的，甚至还会催生新物态。

这方面一个典型的例子就是已经研究了上百年的关于氢的相变问题。在常压下，即使温度无限接近绝对零度，人们也无法使液氢凝结为固体 (见图 2.1 所示的相图)。这是由于氦原子核具有相对较小的质量和较大的零点能，同时氦是惰性气体，具有饱和的电子壳层结构，氦原子之间的相互作用非常弱。所以，常压下即使当温度趋近绝对零度，氦原子间的相互作用也无法克服其零点能而将整个体系维持在固体状态。这也是为什么常规的极低温实验条件总是可以利用液氦来实现。只有当对低温下的液氦加压，减小氦原子的间距，以增强它们的相互作用，才有可能克服零点能的影响而获得固态氦。实际上，在低温物理研究中，人们也正是通过加压来实现氦的固体状态的。已有研究表明，只有在极低温和至少在 20 个标准大气压以上，液氦才可能凝聚成固体。全量子效应是导致氦元素出现这一重要物理特性的根本原因。

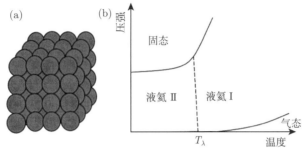

图 2.1　(a) 氦的固体结构示意图；(b) 氦的相图。不同于通常物质在低温低压下出现三相点的情形，氦原子的核量子效应阻止了氦在低温低压下形成固体。

我们知道液氦具有超流性 (Superfluidity)，其本质源于氦原子可以看作玻色子。事实上，在固体形态下，氦甚至表现出比液体氦和气体氦更加诡异且完全无法用经典模型理解的行为，即所谓的 "超固体" (Supersolid) 性质 (系统同时具有固体和液体的特征)。一个氦 4(^{4}He) 原子含有两个质子、两个中子和两个电子，是具有偶数自旋的玻色子。这意味着在足够低的温度下，一个体系里的所有 ^{4}He 原子可以处在相同的基态上。或者说，两个氦原子之间的位置交换完全不会受到任何阻碍。正是这个原因，对于固体形态的 ^{4}He，理论上其与液体没有什么不同，也就是固体中的氦原子迁移不会受到任何阻力，这就是所谓的 "超固" 现象。对于氦 3(^{3}He)，其虽然具有奇数自旋因而表现为费米子，但两个 ^{3}He 原子可能进行配对而成为组合玻色子，同样也可以形成超固体。超固体可以说是氦原子核波动性的一种最强烈的宏观体现形式。近年来关于超固体进行了一系列新的理论和实验研究，我们将这些进展留在后面关于氦元素全量子效应一节再详细介绍。

另一个明显受到全量子效应影响的物态相变过程发生在完全由氢元素组成的凝聚态体系。与氦类似，对于完全由分子状态的氢所形成的固体 (即分子固体氢) 情况也是一样。氢气在常压下当温度低于 14 K 时会形成分子固体氢。但如果考虑正氢和仲氢的转换速率非常慢，而忽略它们的差异并假设固体氢位于两者中的基态，在压强比较低的时候，分子固体氢会处在一种转动完全自由的状态 (相 I)。这里背后的物理图像，实际上是反映了分子转动的零点能与分子间各向异性相互作用能之间的竞争结果。当压强较低时，分子间各向异性的相互作用能无法抑制引起其发生转动所对应的零点能，因此氢分子的转动是完全自由的 (也可以认为是一种特殊的 "超固" 状态)。随着压强的升高，分子间距离减小，其相互作用的各向异性能有所加强，进而抑制了其自由转动。这时，固体氢进入相 II。与这个图像一致，当氢被氘进行同位素替代的时候，分子固体氘进入相 II 的转变压强要显著降低。这点可以参见图

2.2 的结果。在压强 (80 GPa) 和温度 (50 K) 完全相同的条件下，分子固体氘的角向分布出现了两个峰值 (见图 2.2(b) 所示)，表示氘分子的转动是被抑制的；而在同样的压强和温度下，分子固体氢的角向分布没有特定峰位出现 (见图 2.2(c) 所示)，表明此时氢分子的转动仍是完全自由的。其本质原因，就是固体中氘分子的转动零点能要小一些，相同温度下它不足以破坏分子间各向异性的特征，而在该低温下，对应的热能可以忽略不计，因此两个效应的叠加结果不能超过控制氘分子转动取向倾向各向异性的能量 (见图 2.2(b) 所示)。与之相应，从相 I 到相 II 的转变压强也小很多。图中实验还表明，只有当温度增大到 150 K，由于显著的热动能影响，分子固体氘的分子自由转动才明显被释放出来，因此氘分子的角分布也就失去了特征峰位。2013 年李新征与 A. Michaelides 等通过第一性原理路径积分分子动力学模拟在理论上进一步证实了这个物理图像 (Li X.Z., 2013)。具体相变过程如图 2.2 所示。

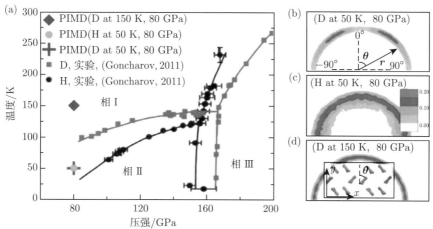

图 2.2　(a) 分子固体氢的相图。黑色与红色线分别代表实验 (Goncharov, 2011) 上给出的凝聚态氢与氘的相 I (左上)、相 II (左下)、相 III (右边) 的边界。很显然，从相 I 到相 II 的转变存在非常强的同位素依赖性。这种依赖关系可以由文献 (Li X.Z., 2013) 中的第一性原理路径积分分子动力学模拟结果来解释。(b) 在温度为 50 K、压强为 80 GPa 的情况下，模拟显示固体中氘分子的转动是被抑制的 (角向分布出现两个峰)。(c) 同样条件下，固体中氢分子的转动是完全自由 (没有发现特征峰) 的，处在一种特殊的 "超固" 状态。(d) 在保持相同压强且只是升高温度的情况下，分子固体氘的分子转动更加自由了。这里背后的物理图像，就是书中讨论的引发分子转动过程的零点能和热能与分子各向异性相互作用能之间的竞争过程所导致的。显然此相互作用的竞争关系可以由温度和压强来调节。摘自 (Li X.Z., 2013)

　　氢是元素周期表的第一号元素，并与碱金属元素处于同一主族。但氢与其他碱金属却显得非常不同。通常条件下两个氢原子结合成一个氢分子，类似于卤族元素的氯气和氧族元素的氧气。1935 年 E. Wigner 与 H. B. Huntington 提出氢在高压下可以形成类似碱金属的固体，分子内受束缚的电子被挤压成巡游电子，这种电子的自由运动使固体氢具备了导电性，成为金属氢 (Wigner, 1935)。1968 年，N. W. Ashcroft 指出由于原子金属氢中存在强烈的电-声耦合现象，因此它很可能是高温超导体，并且超导转变温度有望达到室温以上 (Ashcroft, 1968)。过去五十多年中，如何在实验上实现原子金属氢是长期以来物理学和材料科学等领域研究的一个圣杯。人们前赴后继，意图利用极低温和超高压来实现这种原子金属氢 (Mao H.K., 1994)。然而，迄今为止都没有获得实现金属氢的确凿证据。近期的一个理论计算预测金属氢发生在 380 GPa 附近 (Monacelli, 2021)，而同一个小组在改进了计算方法，通过严格考虑电子相互关联项和全量子效应的非简谐项后，预测该原子金属氢可能会出现在压强大于 500 GPa 的情况下 (Monacelli, 2023)。同时已有的一些初步的实验报道通过光吸收/反射以及电阻测量认为在 360 GPa 到 490 GPa 之间实现了金属氢转变。但这个实验并没有得到证实。

在凝聚态氢实现金属化之后，如果继续加压，理论上固体金属氢会变成类似于碱金属的一种比较软的金属。其背后蕴藏的化学键的变化，就是原子间相互作用导致的各向异性强度被不断减弱所引起的。低温下，由于氢原子的量子波动性很大，由核量子效应诱发的低温液体也相应地成为可能。2004 年，E. Babaev 与 N. W. Ashcroft 等通过金兹堡-朗道理论模型，讨论了高压下分子固体氢由核量子效应诱发出现超导与超流相的可能性 (Babaev, 2004)。同期的 *Nature* 杂志上，也刊登了 S. A. Bonev 与 G. Galli 等在较低压强下模拟的分子固体氢熔化曲线。此曲线具有负的 $\mathrm{d}T/\mathrm{d}P$ 斜率，也预示着高压下低温液体氢存在的可能性 (Bonev, 2004)。

基于这样一个猜想，2013 年北京大学陈基、李新征、王恩哥与伦敦大学学院 A. Michaelides (现任剑桥大学教授)、C. Pickard (现任剑桥大学教授) 以及剑桥大学 R. J. Needs 合作，在 500 GPa 到 1200 GPa 之间分别进行了第一性原理分子动力学模拟与第一性原理路径积分分子动力学模拟 (Chen J., 2013; 陈基, 2014)。这两种模拟唯一的区别就是后者包含了核量子效应。具体结果如图 2.3 中的插图所示，当考虑核量子效应的时候 (黑色上、下三角符号所定义的熔化曲线)，原子固体氢在 500 GPa 到 900 GPa 范围内的熔化斜率是负的。在 900 GPa 与 1200 GPa 两个压强下，当模拟使用的最低温度为 50 K 的时候，凝聚态氢系统仍然表现为处在液体状态。而当将原子核作为经典粒子来处理的时候，熔化斜率不存在明显的负值 (红色上、下三角符号所定义的熔化曲线)。因此，在红色曲线与黑色曲线之间这一区域内，凝聚态氢将明显地呈现出一种由核量子效应诱发的低温液体状态，这为研究凝聚态氢的液液相变提供了方便 (相关的详细推导讨论参考 7.1 节)。

排在周期表中氢与氦之后相对较轻的元素是锂。可以预计，在锂的相图上也会存在明显的核量子效应影响。通常，固态碱金属锂具有体心立方 (bcc) 的晶体结构，配位数为 8。1947 年，C. Barrett 发现在 77K 低温下，对固体锂施加压强会形成一种新相：即 ^{7}Li 的面心立方 (fcc) 相 (Barrett, 1947)；而取消压强 (对应 0 GPa) 后，锂会转变为一种密堆结构 (后被称为是 9R 结构)。2017 年，G. Ackland 等通过运用金刚石压砧同步辐射 X 射线衍射 (Synchrotron X-ray diffraction) 实验和基于密度泛函理论的多种分子动力学模拟方法做了比较研究。在理论上考虑了核量子效应的情况下，他们发现这种密堆结构是热力学不稳定的，而且也不是 9R 结构 (Ackland, 2017)。几十年来，高压下锂的晶体结构一直是一个令人感兴趣而又十分困惑的课题。对于锂这样一种简单的金属，为何在高压下却发现了很多不同的相？其成因的机理究竟是什么？为了回答这个问题，F. Gorelli 等曾对此进行了深入的研究。结果表明，对于高压下的固体锂，只有在考虑了锂原子的量子属性后，才能正确理解实验上压强在 70 GPa 附近观测到的 *oC*88(*C2mb*) 相 (Gorelli, 2012)。但是在他们的计算中，对核量子效应的描述并不是非常准确 (主要是对非简谐效应的考虑还不够完整)；因此，需要在更高的精度上，通过计算模拟揭示核量子效应对这一部分相图的影响。可以预见，如果进一步增大压强 (>80 GPa)，全量子效应对金属锂的相图 (*oC*40, *oC*24 相等) 会产生更为明显的影响。

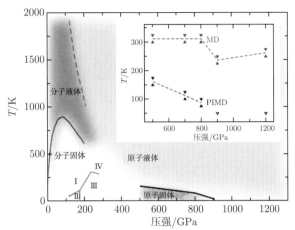

图 2.3 计算得到的高压凝聚态氢的相图。相对于图 2.2,这里的模拟范围扩展至更高的压强区域。在 500 GPa 到 1200 GPa 之间,第一性原理路径积分分子动力学模拟给出的熔化曲线 (插图中黑色曲线) 有 个明显的负斜率,而经典第一性原理分子动力学模拟给出的熔化曲线 (插图中红色曲线) 并没有这个迹 象。基于这个研究,可以判断凝聚态氢在这两条曲线之间的区域存在由核量子效应诱发的低温液体。摘 自 (Chen J., 2013)

除了上述在化学周期表中排列在最前面的三种轻元素各自组成的单质凝聚态材料之外,核量子效应也能显著地影响一些由氢元素组成的化合物的原子结构及物理性质。比如,2016 年,I. Errea 等采用遗传算法 (Genetic algorithm) 对高压下硫化氢的晶体结构做了理论模拟搜索 (Errea, 2016)。他们发现如果把氢原子当作经典粒子,即忽略核量子效应带来的零点振动能,高压下的 X 射线衍射 (X-ray diffraction, XRD) 谱很难分辨该晶体是处在 $Im\bar{3}m$ 相还是 $R3m$ 相。只有在考虑了原子核量子属性后,原子核的零点振动 (zero-point vibration) 使得 H 原子位置发生离域现象,即在两个 S 原子间的成键对称性升高了,此时的晶体结构确定为 $Im\bar{3}m$ 相。同样在 LaH_{10} 的高压结构中,I. Errea 等发现如果不考虑核量子效应,玻恩-奥本海默绝热势能面上将出现多个极小值,分别对应于不同的晶体结构 (见图 2.4(b) 中左面的结构) (Errea, 2020)。然而,考虑了核量子效应之后,所有的经典原子结构都塌缩为一种由全量子效应确定的晶体构型——$Fm\bar{3}m$ 结构。它的势能面也变得非常光滑,整个系统仅有一个能量 "极小值点" (见图 2.4(b) 中右面的结构)。这些例子充分展现了全量子效应对一些化合物的晶体结构同样会产生重要影响。

从上面这些讨论我们首先展示了全量子效应对富氢材料晶体结构产生明显影响的充分证据。除固体材料之外,其实对于常见的液体结构,来自全量子效应的影响也是很明显的。以水为例,B. Cheng 等计算了水处于不同相时,密度随温度的变化关系 (Cheng B., 2019),结果由图 2.5 给出。该图显示了立方相冰 (Ic)、六角相冰 (Ih) 和液态水在分别对原子核采用经典处理 (CL) 和量子处理 (Q) 后,计算得出的密度-温度曲线,并与实验结果作了对比 (实验结果取自文献 (Hare, 1987))。由图 2.5 可以看出,考虑了核量子效应的理论计算结果与实验观测结果在规律上基本一致,而且液态水的最大密度对应的温度也与实验值很好地吻合。比较量子模拟与经典模拟两种情况,可以看到水的这三个相在考虑全量子效应之后得出的密度都比经典处理下的密度大 1% 左右。同时,考虑了核量子效应计算出来的密度与实验值更加接近。从热膨胀系数 (与曲线斜率相关) 上看，量子模拟的结果与实验数据也更加吻合，也就是说，原子核的量子处理可以得到比将其做经典处理更准确的热膨胀系数。同时，图 2.6 中显示了液态水不同原子间 (O-O，O-H，H-H) 的径向分布函数 (Radial distribution function，RDF)。可以发现，核量子效应使得 O-O，O-H 和 H-H 的 RDF 都变小了，这也是与实验结果相符合的。另外，从氧原子-氢原子 (O-H) 和氢原子-氢原子 (H-H) 的 RDF 第一个峰形来看，原子核做量子处理的情形相对经典近似情形有很大改变，它们与实验结果比较一致。这些研究均显示出全量子效应对液态体系原子分布的重要影响。

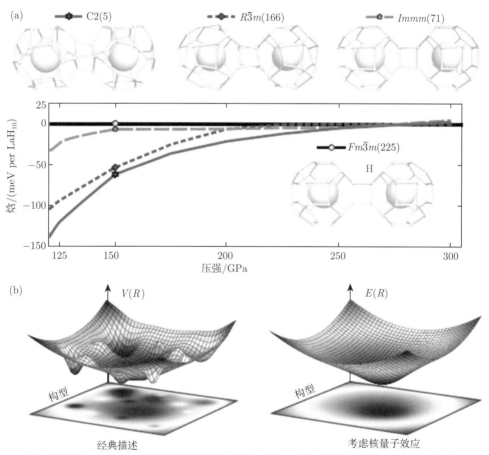

图 2.4 (a) 高压下 LaH$_{10}$ 的几种晶体结构和相应的生成焓 (不包含核量子效应)。(b) 不考虑 (左图) 和考虑 (右图) 核量子效应情形下的势能面。不考虑核量子效应的势能面出现多个极小值点 (图 (b) 中左图所示的情况)；考虑核量子效应后，使得所有的经典原子构型都塌缩为由全量子效应确定的 $Fm\bar{3}m$ 结构对应的势能面 (图 (b) 中右图所示的情况)。摘自 (Errea, 2020)

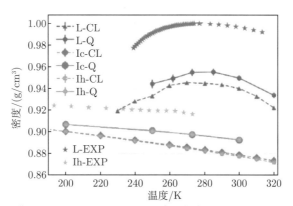

图 2.5 分别对原子核做经典 (CL) 和量子 (Q) 处理后给出的立方冰 (Ic)、六角冰 (Ih) 和液态水 (L) 的密度-温度曲线。图中量子化的理论结果来自于路径积分分子动力学模拟,实验数据 (EXP) 来自 (Hare, 1987)

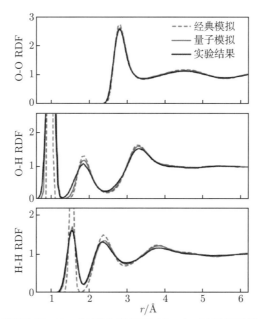

图 2.6 液态水中氧原子-氧原子 (O-O),氧原子-氢原子 (O-H),以及氢原子-氢原子 (H-H) 的径向分布函数与键长的关系。图中红色虚线代表对原子核做经典处理的情况,红色实线代表原子核量子化的模拟情况,黑色曲线为实验结果 (实验数据来自 (Skinner, 2014; Soper, 2000; Chen W., 2016))

2.1.2 电子结构

原子核量子运动对电子结构的影响是固体物理领域非常早就已经开展的研究工作。20 世纪早期, J. Bardeen 和 D. Pines 等在发展固体量子理论过程中,就意识到了将原子核做量子化处理的重要性,并且逐步发展出来了一系列研究电-声耦合对金属电导率影响的理论方法。类似的理论模型也被拓展到了半导体物理的研究中。以 J. Bardeen 和 D. Pines 为代表,提出了通过考虑原子核量子属性来修正半导体材料中能带特征的方法。范绪筠 (H. Y. Fan) 和 A. B. Migdal 等在 20 世纪 50 年代基于微扰的方法建立了电子结构的声子重整化

理论模型 (Fan H.Y., 1951; Migdal, 1958)。在 20 世纪七八十年代，P. B. Allen、V. Heine 和 M. Cardona 又进一步将这些早期的理论模型统一起来逐渐形成了有限温度下的电子能带结构理论 (又称为 AH 理论) (Allen, 1976, 1981)。早期的这些理论工作是以提出更好的能够解释实验数据的模型为主，虽然已经隐含了核量子效应的重要性，比如关于零点振动对能隙重整化修正的定性理解，但是核量子效应的具体贡献并没有被明确地提出来，更多的是从热激发的角度来理解电-声耦合的行为。这也导致这些模型往往只是针对某个具体的材料比较有效，因而欠缺完整的物理图像。本书 5.2 节将会详细介绍近年第一性原理方法与电-声耦合理论相结合的研究工作。关于这段历史发展过程，有兴趣的读者还可以参考文献 (Ziman, 1960; Giustino, 2017)。

有关原子核量子运动对于电子结构重整化的研究，在 2010 年之后又有了新的进展。尤其是美国加州大学伯克利分校 S. G. Louie 和 M. L. Cohen 领导的研究组 (Giustino, 2010) 以及其他几个研究组，他们将早期的电-声耦合理论与第一性原理计算进行了开创性的结合，使得声子对电子能带结构的重整化效应可以被定量地计算，并且可以对来自于不同声子模式和激发形式的贡献分别进行清楚的讨论。一般来说，声子对于电子能带结构的修正，最重要的是下式中的两项：

$$\Delta\epsilon_{n\bm{k}} = \Delta^{\mathrm{SE}}\epsilon_{n\bm{k}} + \Delta^{\mathrm{DW}}\epsilon_{n\bm{k}} \tag{2.1}$$

其中 $\Delta^{\mathrm{SE}}\epsilon_{n\bm{k}}$ 是声子引起的自能修正，它的表达式可以写成

$$\Delta^{\mathrm{SE}}\epsilon_{n\bm{k}} = \sum_{m\neq n,\nu}\int\frac{\mathrm{d}\bm{q}}{\Omega_{\mathrm{BZ}}}\frac{2n_{\bm{q}\nu}+1}{\epsilon_{n\bm{k}}-\epsilon_{m,\bm{k}+\bm{q}}}|g_{mn,\nu}(\bm{k},\bm{q})|^2 \tag{2.2}$$

这里，n 是能带指标，矢量 $\bm{k}$ 和 $\bm{q}$ 分别是电子和声子波函数的波矢，ν 是声子支的指标，$n_{\bm{q}\nu}$ 是声子的玻色-爱因斯坦占据系数，Ω_{BZ} 是布里渊区的体积。电-声耦合矩阵元 $g_{mn,\nu}(\bm{k},\bm{q}) = \langle m,\bm{k}+\bm{q}|\Delta_{\bm{q}\nu}V|n\bm{k}\rangle$。所以，$\Delta^{\mathrm{SE}}\epsilon_{n\bm{k}}$ 实际上包括了单个声子对电子的散射所导致的电子能级的一阶修正。用一个简单的费曼图表示这一项的物理意义为图 2.7(a) 中的 SE 部分。

公式 (2.1) 的第二项 $\Delta^{\mathrm{DW}}\epsilon_{n\bm{k}}$ 是 Debye-Waller 修正项，具体形式如下，

$$\Delta^{\mathrm{DW}}\epsilon_{n\bm{k}} = \sum_{m\neq n,\nu}\int\frac{\mathrm{d}\bm{q}}{\Omega_{\mathrm{BZ}}}\frac{2n_{\bm{q}\nu}+1}{\epsilon_{n\bm{k}}-\epsilon_{m,\bm{k}}}|g_{mn,\nu}^{\mathrm{DW}}(\bm{k},\bm{q})|^2 \tag{2.3}$$

Debye-Waller 修正可以被认为是二阶修正，公式中的电-声耦合矩阵元 $g_{mn,\nu}^{\mathrm{DW}}(\bm{k},\bm{q})$ 的形式比较复杂，详细的讨论可以参见文献 (Giustino, 2010)。简单表述下，这一项的物理意义是两个声子同时与一个电子的相互作用，它对应的费曼图为图 2.7(a) 中的 DW 部分。

结合密度泛函理论计算，F. Giustino 等计算了金刚石中直接带隙随着温度的变化关系，发现了显著的零点振动重整化修正结果 (如图 2.7(b) 所示)。具体计算发现零点振动的重整化修正值可以达到 0.6 eV 左右，取得了与实验值定性上的一致。同时他们计算了 SE 和 DW 过程的不同贡献 (如图 2.7(c) 所示)。总结这些工作表明 SE 过程在低温下起主导作用，随着温度的升高，DW 过程逐渐变得更加重要。图 2.7(d) 展示的是吸收带边的展宽情况，并且它显示出随着温度的升高展宽进一步变大，这点也与实验结果有较好的符合。零点振动带来的能级展宽大约为 0.2 eV。关于金刚石电子结构的全量子效应修正还将在 8.4.1 节第 2 小节中有更加详细的讨论，这里不做进一步展开。

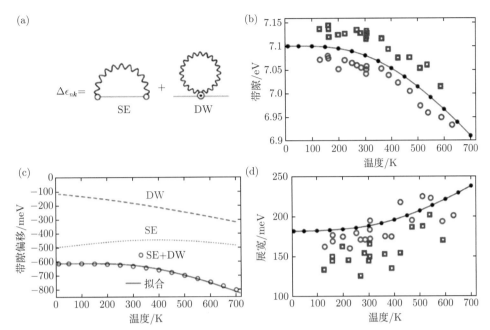

图 2.7 (a) 电子-声子相互作用的费曼示意图，其中直线和曲线分别表示电子和声子的格林函数。(b) 计算得到的直接带隙随着温度变化的关系 (黑线)，红色和蓝色数据点为采用两种分析方法得到的实验值，这些实验数据来自文献 (Logothetidis, 1992)。(c) 带隙的重整化修正值随着温度的变化关系，它反映了不同物理过程的影响。(d) 带边能级展宽随着温度的变化关系，图中使用符号同 (b)。摘自 (Giustino, 2010)

除了金刚石，还有很多材料也发现了核量子效应对于电子结构的重整化影响。比如，在最近的一个理论工作中，K. Ishii 等计算了多种半导体材料的带隙随着温度的变化关系 (Ishii, 2021)。如图 2.8 所示，我们可以看到，在所考虑的具有四面体结构的半导体材料中，金刚石的零点振动重整化修正最显著，其次是 BN，SiC，BP，Si 和 Ge。这个规律基本上反映了重整化效应的大小与元素的质量呈反比的关系，即组成材料的元素越轻，电子结构重整化修正值越大。这与核量子效应的一般表现情况是一致的。依此推测对于更轻元素构成的材料，其电子结构受到全量子效应的重整化影响会更加明显。除了总的重整化效应，如果把结果分解来看，可以发现更有意思的物理现象。在 C 和 BN 这两种相对较轻元素组成的材料中，单声子参与的一阶过程明显更加重要 (图 2.8 中的 FM 项)，而双声子参与的二阶 DW 过程的影响相对较小。对于由偏重的元素组成的材料，二阶 DW 过程则变得更加重要。在 BP 中，一阶过程和二阶过程的影响处于接近的范围。在 SiC，Si 和 Ge 中，二阶声子过程完全主导了对电子结构的重整化过程，尤其是在 Ge 中，一阶过程甚至出现跟二阶过程相反的修正行为，使得总的修正效果中出现一阶过程和二阶过程有一定相互抵消的情况，从而在总体上削弱了重整化效果。因此，尽管有些情况下，一些材料的电子结构重整化修正不明显，但这并不意味着核量子效应不重要，这点是本书在许多地方都会不断强调的。

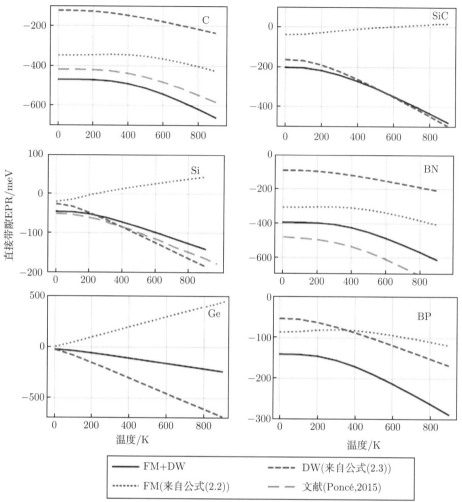

图 2.8　几种不同半导体的直接带隙随着温度的变化关系。其中 FM 过程为一阶声子过程，DW 是二阶声子过程。摘自 (Ishii, 2021)

2.1.3　热力学性质

　　凝聚态物质的热学性质与许多基本的可观测物理量相关，如比热、热膨胀系数、热传导等。由热引发的宏观现象中一个最明显的例子，是物质在固态、液态、气态之间的相变过程。事实上，在轻元素材料的三态相变过程中，存在的许多基本热力学现象都与核量子效应有关。例如，前面在 2.1.1 节讨论的高压下，温度引起的金属氢出现的过程，以及氢和氦的各种相变等。本节的后面我们还会以液态和固态水为例子做一个介绍。最近几年，核量子效应对热力学稳定性的影响，在很多凝聚态体系 (尤其是轻元素体系) 中被逐渐发掘出来，并已经成为一个新的热点研究领域。

　　首先是一些实验证明核量子效应能显著地影响固体的热膨胀性质。固体的热膨胀系数涉及系统的物态方程。我们知道，晶体的自由能可以写成如下形式：

$$F = U - kT \ln Z = U + \sum_i \left[\frac{1}{2} \hbar \omega_i + kT \ln \left(1 - \exp \frac{-\hbar \omega_i}{kT} \right) \right] \tag{2.4}$$

其中第一项 U 为晶体的基态能量, 第二项为简谐振动近似下晶格振动的自由能。由此可以得到压强

$$P = -\frac{\partial}{\partial V}\left(U + \sum_i \frac{1}{2}\hbar\omega_i\right) - \sum_i \left(\frac{1}{\exp\left(\frac{\hbar\omega_i}{kT}\right) - 1}\right)\frac{\partial}{\partial V}(\hbar\omega_i) \tag{2.5}$$

考虑非简谐作用后, 原子间平衡距离将受到温度的影响, 振动频率也依赖于晶体体积发生变化。在上面压强表达式的基础上, E. Grüneisen 引入了一个参数 $\gamma = -\frac{\mathrm{d}\ln\omega_i}{\mathrm{d}\ln V}$。对于多数晶体材料, 该参数一般取 $1 \sim 2$ 之间的正值。利用格林艾森参数 (Grüneisen constant) 可以得知恒压下当温度升高时, 随着振动能 E 增加, 晶体体积将发生膨胀。这时晶体的热膨胀系数表达为

$$\alpha = \frac{\gamma}{B}\frac{\mathrm{d}}{\mathrm{d}T}\left(\frac{E}{V}\right) = \frac{\gamma}{B}C_v \tag{2.6}$$

这个公式给出的即是所谓的格林艾森关系, 其中 B 是等温体弹性率。这个关系说明热膨胀系数随着温度 T 的变化近似等于单位体积的定容比热 C_v。

然而, 在低温下, 一些研究报道在半导体锗、硅、砷等材料中观察到了负的热膨胀系数。图 2.9 给出了硅的热膨胀系数与温度的关系。这里我们很容易看到, 当温度在 $10 \sim 125$ K 之间变化时, 硅具有反常的负的热膨胀系数。对这个问题早期的理解是基于微扰论的准简谐近似给出的, 即低能声子频率的降低导致了体积的缩小。最近, D. S. Kim 等在全面考虑了核量子效应后的非简谐近似下, 对硅的反常热膨胀现象给出了新的解释 (Kim D.S., 2018)。他们发现, 由于低温时零点能的存在, 原子发生了一个额外的振动, 这个由核量子效应引起的零点振动, 导致了高能量声子模式产生相互作用, 从而影响到材料的热膨胀性质。

非简谐模式的零点能是解释负热膨胀系数必须考虑的因素。核量子效应使得所有声子模式之间都发生非简谐的耦合, 包括在低温下并没有受到激发的模式之间也会有非简谐的耦合。这种非简谐的耦合, 使得低能声子的自由能发生了改变, 从而改变了晶体的自由能和体积之间的依赖关系。图 2.9 给出了单晶硅考虑核量子效应后, 由非简谐计算方法 (随机初始化温度相关有效势 (Stochastically initialized temperature-dependent effective potential, s-TDEP) 方法) 得到的热膨胀系数和实验值的比较, 获得了完全一致的结果。同时, 尽管准简谐近似的模拟 (图中红色虚线所示) 也可以反映这一反常现象, 但与实验值的偏差是比较明显的。同样, 金刚石也表现出负的热膨胀系数。但是与硅相比, 金刚石的热膨胀系数出现的反常关系相对更大一些, 这是因为碳的原子质量更轻, 核量子效应也就更加明显。此外, 核量子效应不仅是在低温下起作用, 对于高温甚至接近熔点时材料的热学性质也有影响。

此外,最近有研究表明核量子效应还可以影响完整固体材料的热传导性质。如图 2.10(a) 所示, 六方单晶钙钛矿硫族化合物 $BaTiS_3$ 具有类玻璃的超低热导率, 且随着温度的降低, 热导率反而单调减小。由于 $BaTiS_3$ 晶体结构完美, 缺陷密度很低, 所以这一反常现象不能仅仅用传统的微扰论和晶体缺陷导致的声子散射来解释, 有可能伴随着与全量子效应相关的新机制。中子衍射实验发现, 随着温度的降低, 钛原子的大幅位移是由其在对应的两种晶体构型之间发生的量子隧穿过程引起的; 这两个结构的浅势阱连接起来形成了一个 W

型势阱 (图 2.10(b) 所示)。非弹性中子和 X 射线散射实验证实了这个量子隧穿频率低于 THz 的 W 型势阱的存在 (图 2.10(c))。该隧穿过程引起的钛原子位移可有效地散射载热声子,从而使热导率大幅降低 (Sun B., 2020)。这项研究也是首次在实验上发现质量较大的原子 (如钛原子) 在核量子效应的作用下,可以发生具有亚太赫兹的高频量子隧穿。因此,成功地解释了在远高于低温温区的条件下,高质量单晶 BaTiS$_3$ 的超低热导现象,以及产生这一反常阻热现象的新机制。在没有缺陷的完整晶体材料中,这种随温度变化表现出来的类玻璃热导性,在热电学研究方面是非常有趣的。

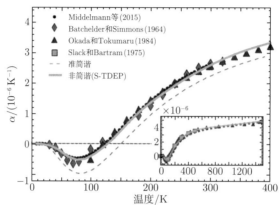

图 2.9　实验与理论得到的硅热膨胀系数随温度的变化关系。图中红色虚线为准简谐近似的结果,绿色实线为非简谐近似的结果。非简谐近似的计算值与实验值 (图中数据点) 完全符合。摘自 (Kim D.S., 2018)

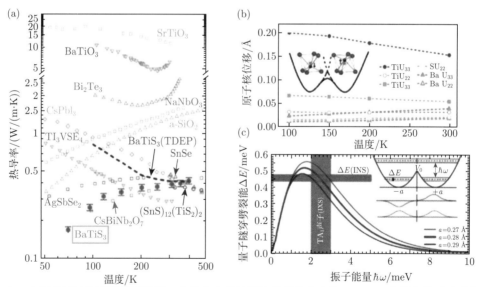

图 2.10　由于钛原子的高频量子隧穿,完美六方单晶钙钛矿硫族化合物 BaTiS$_3$ 表现出类玻璃的超低热导率。(a) 单晶 BaTiS$_3$ 热导率随温度的变化关系 (绿色实点);(b) 原子核位移随温度的变化关系,插图表示浅势阱中钛原子的结构模型;(c) 原子核量子隧穿劈裂能与振子能量在不同双势阱模型下的关系,通过对比隧穿劈裂能量 (红色区域) 与 TA$_1$ 声子能量 (蓝色区域) 得出的势阱分离间距为 0.28 Å。摘自 (Sun B., 2020)

全量子效应影响导致热学性质的变化的另一个典型例子，是关于液态水和固态水的相变过程，以及几种冰结构的热力学稳定性问题 (Cheng B., 2019)。水尽管有非常简单的 H_2O 化学结构，但其液相和固相的热力学性质研究一直存在很多争议。一个重要原因就是不能准确地处理好核量子效应的影响。在之前很长一段时间这个问题一直没有得到足够的重视，直到最近几年，人们才开始考虑核量子效应对水的热力学性质的影响。一个有趣的现象是将水分子中的氢替换成氘时，将会导致冰的体积变大，这和通常的同位素替换效应正好相反。一般情况下，将原子量轻的原子替换成原子量重的同位素原子时，固体体积会收缩。更奇特的是这个氘替时体积变大的反常效应随着温度的上升会变得更强。最近 B. Pamuk 等在理论上通过考虑核量子效应后，对这一反常现象进行了深入研究 (Pamuk, 2012; Ganeshan, 2013)。

除此之外，水的结构和相变过程中还有一个疑难之处是如何确定计算得到的立方相冰和六角相冰的相对稳定性问题。由于存在零点熵和质子失序，并且两个冰相之间的简谐振动的能量差异小于 1 meV/H_2O，我们难以判断到底哪种结构在给定条件下更稳定。因此，对于这个问题的讨论，考虑了非简谐情况的核量子效应就起到了关键作用。图 2.11 显示了两种冰相 (立方相和六角相) 化学势的比较。图中"神经网络-经典模拟"的曲线是原子核作为经典粒子处理时得到的化学势之差。对于经典情形，低温下立方相的化学势更低，表明其稳定性更好。但是考虑了核量子效应后，通过对比"密度泛函理论-经典模拟"和"密度泛函理论-量子模拟"计算的结果，发现六角相结构在室温 (300 K) 附近变得更加稳定。如果假定从立方相冰转变到六角相冰的热量随温度在 200 ~ 300 K 区间的变化是常数，则依据化学势之差可得到立方相冰到六角相冰的生成焓为 (1.0 ± 0.5) meV/H_2O，这与实验结果 $0.1 \sim 1.7$ meV/H_2O 很接近 (Carr, 2014)。

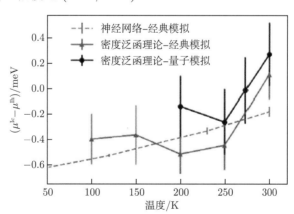

图 2.11　立方相冰 (Ic) 和六角相冰 (Ih) 的化学势之差随温度的变化关系。图中给出了神经网络经典模拟、密度泛函经典模拟和密度泛函量子模拟的计算结果。摘自 (Cheng B., 2019)

在考虑液相水和六角相冰的化学势之差后，图 2.12 给出了计算结果和实验数据之间的比较 (Cheng B., 2019)。同时在表 2.1 中，我们也将熔化温度 (T_m) 和熔化热 (H_f) 进行了总结。从该表中可以看到，考虑了核量子效应后，计算出的 T_m 与实验值相比只有 2% 的误差。如果比较将原子核进行量子处理与进行经典处理的差别，很快会得出核量子效应使得 H_2O 的熔化温度 T_m 降低了 8 K。同时当采用同位素 D 取代 H，则熔化温度 T_m 会升

高 (7 ± 2) K，与其他计算方法得到的结果接近。综合上述讨论，我们很容易发现，考虑了核量子效应后，计算的热力学熵和焓与实验结果更加一致。此外，考虑了核量子效应的模拟也会使得计算的结构因子与实验值更加吻合。这些结果都说明核量子效应对液相和固相水的热力学性质都会有很大影响。

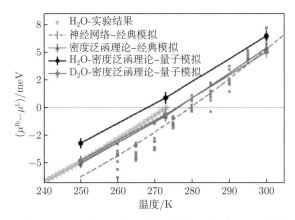

图 2.12　液相水和六角相冰的化学势之差随温度的变化关系。图中给出了水的实验结果，以及分别用神经网络和密度泛函理论计算水 (重水) 的玻恩–奥本海默势能面，进而对氢 (氘) 原子核做经典或量子处理的模拟计算结果。黄色五角星显示的是实验数据。摘自 (Cheng B., 2019)

表 2.1　计算得到水发生固液相变的熔化温度 (T_m) 和熔化热 (H_f) 与实验值的比较。括号中数字为最后一位数字的统计误差

模型	熔化温度/K	熔化热/(meV/分子)
NN-经典模型	279.6(4)	67.8(2)
DFT-经典模型	275(2)	58(2)
DFT-H_2O 量子模型	267(2)	52(3)
DFT-D_2O 量子模型	274(2)	58(2)
实验 (H_2O)	273.15	62.3
实验 (D_2O)	276.97	64.5

2.1.4　光学性质

由前面的介绍我们可以了解到，全量子效应对凝聚态体系的原子结构和电子结构都会有重要的影响。因此不难预见，它也会影响到这些材料的光学性质。本小节将举几个典型例子，讨论核量子效应对分子和凝聚态物质光学性质的影响。这些例子包括联氨分子 (Hydrazine)、锂团簇、类金刚石团簇和金刚石。

首先我们注意到在多数情况下，考虑核量子效应后，光吸收谱的峰宽会得到增加。以联氨分子 (H_2N-NH_2) 为例，2009 年 A. Kaczmarek 等利用环状聚合物分子动力学 (Ring-polymer molecular dynamics，RPMD) 方法，对其光学性质进行了系统研究 (Kaczmarek, 2009)。RPMD 方法是 PIMD 的一种版本，在描述凝聚态体系统计性质的基础上，还可以进一步描述相关的动力学性质。具体计算结果表明，考虑了核量子效应后，光吸收峰会得到展宽，这与核量子效应导致的化学键长度发生量子涨落密切相关 (如图 2.13 所示)。他们对比了由 J. A. Syage 等报道的实验结果 (Syage, 1992)，可以看到实验测量出的谱线有 3 个分

别在 195 nm, 171 nm 和 130 nm 的主峰, 同时还发现有另外 3 个分别在 218 nm, 178 nm 和 150 nm 的弱肩峰 (见图 2.13(c))。总体而言, 考虑了核量子效应的 RPMD 计算结果 (量子模拟) 与实验结果能够较好吻合, 而不考虑核量子效应的计算结果 (经典模拟) 则偏差更加明显。

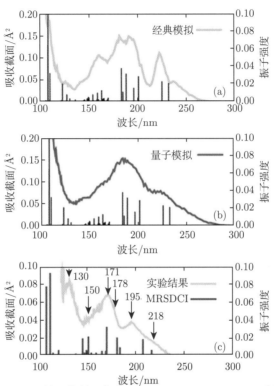

图 2.13 联氨分子 (H_2N-NH_2) 的深紫外吸收谱 (Kaczmarek, 2009)。(a) 采用经典近似计算出的吸收谱。(b) 考虑核量子效应计算出的吸收谱。(c) 实验结果取自 (Syage, 1992)

图 2.14 所示的是单光子非共振离化谱。它可以由与深紫外谱相类似的测量方法得到。这里实验给出的离化能对应 124.6 nm 或 125.1 nm 的位置。比较考虑核量子效应前后计算得到的离化能谱, 我们可以看出, 虽然考虑核量子效应的结果相对于实验值出现了红移, 但在低频一侧的斜率以及相对实验离化能的平移趋势 (由实验数据的垂直线表示), 都能与实验观测较好吻合。这一现象可以从联氨分子基态电子结构对应着发生畸变后的离化分子结构来进一步理解。离化分子结构的能量小于静态平衡结构对应的能量, 因此离化分子结构在能量上更加稳定。计算结果也确实反映了这一点, 即考虑了核量子效应的计算结果显示出平均的离化分子结构能量相对平衡结构能量得到减小, 这正是计入原子核的量子属性所导致的结果。必须指出的是, 仅将原子核做经典近似的情况是不能得到这一畸变效果的。

图 2.15 显示了当温度为 300 K 时, 处于气相状态的联氨分子红外谱 (IR)。在不考虑核量子效应计算得到的谱线上 (见图 2.15(a)), 我们看到强度最大的尖峰处在 966 cm^{-1} 的位置, 它对应于 NH_2 的非对称摇摆振动。采用非简谐近似后, 这个峰的位置发生红移, 其量级在从几个波数到 40 cm^{-1} 之间。进一步考虑核量子效应后, 振动频率红移的现象更加

明显，量级可达 50 cm^{-1}。我们也注意到与其他振动模相比，N-H 的伸缩模与实验结果存在的差距最大。但考虑了核量子效应的 RPMD 计算已经比经典的 MD 计算有了很大的改进。从以上讨论的深紫外吸收谱、离化谱以及红外谱的结果看，只有考虑了核量子效应的计算才能获得与实验光谱较符合的结果。这些工作表明核量子效应对于正确理解深紫外吸收谱的连续性、单光子离化谱的尾部激发以及非简谐红外谱位移这些物理现象都是非常重要的。

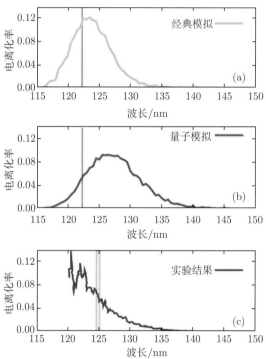

图 2.14   联氨分子的单光子电离化率 (Kaczmarek, 2009)。(a) 采用经典近似计算的吸收谱。(b) 考虑核量子效应计算的吸收谱。(c) 实验结果取自 (Syage, 1992)，其中两条垂直的浅蓝色线对应实验给出的第一离化能

除联氨分子外，核量子效应对锂团簇 (比如 Li$_8$) 的光学性质也存在显著的影响 (Sala, 2004)。近年来，由于实验技术的不断发展，研究人员已经可以更精确地控制实验条件，从而系统研究金属团簇在小于 50 K 低温下的动力学过程及光激发现象。通过对这些问题的研究，我们能更加深入地理解原子核的量子属性对光吸收过程的影响。以 Li$_8$ 团簇为例，2004 年 F. A. Sala 等通过路径积分分子动力学方法，计算了温度在 10 K 和 50 K 时的光吸收谱 (如图 2.16 所示)。他们在计算中采用的是具有 C$_{3v}$ 对称性的分子构型，即其中 1 个 Li 原子被其他的 7 个 Li 原子包围，从而构造出 "核/壳" 结构 (参见图 8.9(f) 的分子模型)。理论给出的光吸收谱有 2 个主峰，它们分别位于 2.65 eV 和 2.85 eV。此外还有一个在 2.3 eV 处的较弱的共振峰。进一步对比经典近似和考虑核量子效应的量子计算结果，可以发现许多不同之处。首先，经典情形下的吸收谱随温度变化很大，但是量子情形的吸收谱对温度的依赖性却大大减弱。其次，在 10 K 和 50 K 的温度条件下，量子涨落抹去了不考虑核

量子效应出现的双模峰的谱型特征，导致出现了一个没有什么明显特征的单峰。尤其是在 50 K，量子涨落导致了主峰在高能一侧的缓慢衰减，与之形成反差的是，在低能一侧曲线出现了明显的抬升 (见图 2.16(c))。相比较，实验数据类似地也出现了无特征的宽的单峰模式，其高能侧表现为缓慢衰减 (尽管实验峰的位置位于比计算值低一些的能量处)。总体而言，当温度为 50 K 时，考虑了核量子效应计算的吸收谱，在整体谱线特征上与实验数据相比符合更好。

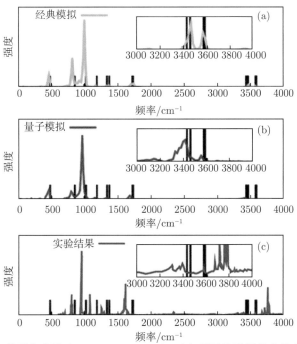

图 2.15 联氨分子的红外吸收光谱 (Kaczmarek, 2009)。(a) 原子核采用经典处理的计算吸收谱。(b) 原子核采用量子处理的计算吸收谱。(c) 实验结果取自 (Lascola, 1988)

为了进一步地说明核量子效应的影响，同时指出经典模拟结果的不足，Della Sala 等还对经典近似计算做了改进。他们使用了更大的洛伦兹展宽，以期这样的模拟可以获得实验观察到的宽峰情况。结果发现，即使处理上采取了更大的展宽，峰值位置、形状以及强度与实验情况还是不能充分符合。此外，为了更好地理解为什么核量子效应的计算结果与实验能够较好地符合，他们还做了进一步分析，发现"核"层内 Li—Li 键长和"壳"层内 Li—Li 键长在核量子效应作用下通过量子涨落发生很大重叠。而在经典的热涨落背景下，两组键长是明显分开的。因此，核量子效应给出的势能曲线可以在较大的区域内表现出有效的原子间吸引作用，这个效应明显地体现在吸收谱中 (Sala, 2004)。锂原子团簇的研究结果再次显示了轻元素体系的核量子效应 (零点振动) 对于理解低温光谱实验观测的重要性。

除了上面这些由原子质量最轻的元素组成的分子外，在由偏重一些的碳原子组成的体系中，核量子效应对光谱同样存在重要影响。2013 年，英国牛津大学的 F. Giustino 研究组 (现在属于美国的得克萨斯大学奥斯汀分校) 针对具有金刚石结构的纳米材料——类金刚石团簇 (diamondoid)，开展了系统的核量子效应对光吸收性质影响的研究 (Patrick, 2013)。最小的类金刚石结构是金刚烷 $C_{10}H_6$(adamantane)，其他类金刚石结构可视为由金刚烷笼状结构的不同组合而构成。这些类金刚石结构硬度大，生物兼容性好。特别是它们具有单色光发射特点，可在荧光标记、单光子光源等领域有广泛应用。在基础研究中，类金刚石结构是检验碳纳米材料电子结构理论可靠性的标准体系，尤其是在讨论电子与原子核运动的相互作用方面。类金刚石结构的最高占据态局域在 C—C 键上，其能量对原子核运动导致的键长变化非常敏感；而最低未占据态主要分布于表面，它对吸附的氢原子集体振动也很敏感。

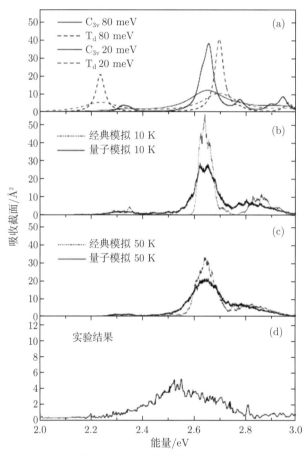

图 2.16　Li_8 团簇的理论与实验光吸收谱。(a) 具有不同对称性的团簇；(b)、(c) 为在不同温度条件下，采用经典与量子方法计算得到的 Li_8 团簇的吸收谱 (Sala, 2004)。(d) 实验数据取自 (Blanc, 1992)

　　如果不考虑原子核的量子特征，将原子固定在其平衡位置，利用密度泛函理论方法甚至利用更为精确的含时密度泛函理论方法给出的吸收谱几乎相同，如图 2.17(a) 中蓝线区域所示。这些方法计算的吸收峰非常尖锐，而相应的实验谱线展宽很大，且没有明显的特征峰 (如图中黑线区域所示)。与实验的明显差别说明这些基于将原子放到静止晶格位置上的 "标准" 计算方法不能反映真实的光吸收情况，而导致相关理论计算失败的原因正是忽略了核量子效应。为引入核量子效应，Patrick 等利用半经典的 Franck-Condon 近似 (Lax, 1952) 来求解吸收反应截面。这里他们仍然采取了绝热近似，将电子和原子核运动分开处理，反应截面是根据蒙特卡洛采样对末态原子核构型取加权平均得到。通过这种方法将原子核做量子处理后，计算得到的吸收谱在电子伏特的量级上很好地重现了实验谱线 (如图 2.17(b) 蓝色区域所示)。这个结果证明核量子效应使谱线的展宽可以达到 1 eV 左右，同时吸收边的红移可以到达 0.6 eV。

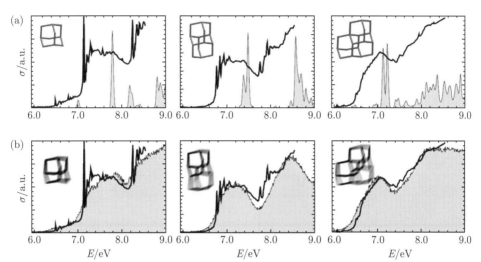

图 2.17　几种类金刚石结构金刚烷 (adamantane)、金刚烃 (diamantane) 及三笼形金刚烷 (triamantane) 的光吸收谱 (从左到右)。(a) 蓝色区域为原子核做经典处理并固定在平衡位置时计算得到的吸收谱线，插图中给出了对应的静态原子结构模型；(b) 蓝色区域为考虑核量子效应的模拟结果，插图中模糊的原子结构模型表示了原子核做量子处理的特征。黑线是实验结果。摘自 (Patrick, 2013)

在此我们还需要进一步说明，上述处理仍不能解释金刚烷 (adamantane) 和金刚烃 (diamantane) 在带边的几个尖峰，更精确的计算需要考虑核量子振动态带来的更精细的选择定则关系。针对此问题，Giustino 等在计算电偶极跃迁时基于玻恩-黄展开，引入了原子核振动态的耦合贡献，由此得到的吸收谱线明显与实验观测给出的精细结构更加吻合 (如图 2.18 黑线所示)，并且能够很好地解释这几个特征吸收峰的物理本质。比如，149.4 meV 的振动模是对应笼状结构中 C 原子的 A_1 伸缩模，两个卫星峰是对应 C-C-C 桥的 A_1 形变模。

原子核的量子振动对金刚石体材料的光学性质同样会产生重要的影响。基于第一性原理方法，西班牙和意大利的研究人员合作，通过引入电-声耦合作用解释了零点振动对金刚石光吸收谱的影响 (Cannuccia, 2011)。由于原子核的量子效应，处于零温极限下的原子振动基态仍具有不为零的零点振动能。这种核量子效应通过电-声耦合对电子结构进行了重整化。一般定义电-声耦合形成的相干波包 (电子-声子纠缠态) 为极化子，将凝聚态体系用一个连续的极化子系统来描述，通过求解极化子系统的谱函数来得到光吸收谱。已有研究表明，这种量子动态理论结果能够反映出全量子效应对电子结构和光学性质的动态影响效果。图 2.19 展示了实验和计算得到的金刚石介电函数的二阶导数 (导带与价带谱函数卷积)，其中插图给出了导带的谱函数。他们对比了考虑准简谐近似的结果 (虚线) 和考虑量子动态效应的结果 (实线)，可以发现谱线中有一些重要的特征正是反映了电-声耦合作用的动态效应。这些考虑了原子核量子动态效应的理论结果确实能够与实验 (Logothetidis, 1992) 很好地符合。而传统基于静态结构的简谐近似和准简谐近似理论都无法解释能量小于带隙 (7.19

eV) 的位于 6.71 eV 和 6.94 eV 两处的吸收峰。这充分说明全量子效应对金刚石的光学吸收谱产生了强烈的动态影响。

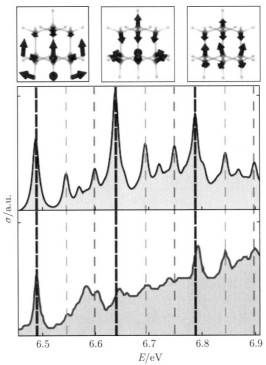

图 2.18　金刚烷吸收边附近光吸收谱的精细结构。蓝色和黑色线分别对应实验 (Landt, 2009) 和基于玻恩-黄展开的理论计算结果。竖直虚线对应在上图给出的各种振动模型。其中，蓝色粗虚线代表能量为 149.4meV 的 A_1 模。摘自 (Patrick, 2013)

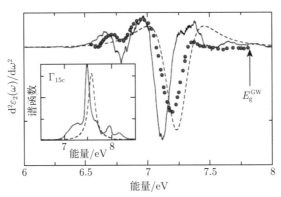

图 2.19　金刚石介电函数二阶导数的实验值 (Logothetidis, 1992) (红点) 与准简谐近似 (虚线) 和量子动态理论 (实线) 结果的对比。插图是导带底的谱函数。摘自 (Cannuccia, 2011)

此外，Giustino 等计算了不同温度下金刚石的光吸收系数 (Zacharias, 2016)，这方面的详细讨论我们留到后面描述碳元素光学性质的 8.4.1 节。简单地讲，Giustino 等通过具体对比考虑全量子效应影响的计算结果与只考虑静态的原子核构型 (也就是完全忽略原子核量子振动的贡献) 的计算结果, 发现考虑原子量子态之后, 计算值能够更准确地描述不同光子能量对应的光吸收系数, 得到与实验基本一致的光吸收谱。这项研究表明计入全量子效应可以使得光吸收的阈值能量从 7 eV 以上降低到 5.5 eV 以下, 对于一个材料的光学性质来说, 这是非常显著的变化。该例子充分显示了从第一性原理计算出发, 采用非微扰的电-声耦合方法, 不但可以有效地计算半导体中带隙的零点振动重整化修正, 而且还可以解释声子辅助的电子间接跃迁问题。这方面的理论推导请读者参考后面 5.2.2 节的讨论。

2.1.5 量子顺电现象

铁电性质, 以及与铁电性质密切相关的量子顺电性, 是能够凸显核量子效应影响的例子之一。铁电体是指有限温度下具有自发电极化且极化可在外场下发生翻转的一类材料。材料的极化来源于正负电荷中心的分离。铁电极化的形成是因为这类晶体的稳定结构具有极化特征, 当温度足够低的时候, 系统倾向于长程磁有序的极化结构; 相反, 温度很高的时候, 此极化结构被热涨落破坏。

然而人们在 20 世纪 60 年代发现了以钛酸锶 (SrTiO$_3$) 为代表的一类材料表现出所谓的 "量子顺电现象", 称为量子顺电体 (Quantum paraelectricity), 这再次深刻揭示了微观量子世界的复杂性。在这种又称为 "先兆铁电体" 的材料中, 随着温度的降低, 热涨落被抑制, 其介电常数增大, 预示了向铁电体转变的征兆。但遗憾的是, 即使将温度一直降到接近绝对零度的时候, 在这一类铁电体中仍然没有发生铁电相变。这是因为在该类材料中存在较强的量子涨落, 定性地说是由晶格振动关联的简并态所展示的一种量子临界行为 (Quantum critical behavior)。在这种情况下, 随着温度降低, 量子涨落取代了热涨落, 导致铁电长程序无法形成。这是一种不受温度影响, 完全来自核量子效应, 即由量子调控导致的顺电现象。换句话说, 量子顺电性是核量子效应的一个十分生动的宏观表现。

1952 年, J. H. Barrett 考虑过核量子效应对低温下顺电-铁电相变的影响。事实上, 在此之前, J. C. Slater 曾于 1950 年构建过钛酸钡 (BaTiO$_3$) 的铁电性模型 (Slater, 1950)。这一模型是基于低温下钡原子大幅偏离平衡位置的实验观察结果, 将钡原子的运动描述为简谐振子, 首次在极化理论中引入了量子力学处理。在此基础上, J. H. Barrett 进一步认识到除了对钡原子要做简谐振子处理外, 还必须对其他原子都做量子力学处理 (Barrett, 1952), 即考虑钡、钛、氧所有原子核偏离平衡位置发生振动的行为, 由此提出了著名的 Barrett 公式 (Barrett formula),

$$\chi = \frac{M}{(T_1/2)\coth\left(\frac{T_1}{2T}\right) - T_c} \tag{2.7}$$

χ 是极化率, M 是常数, T_1 是对应简谐振子基态能量的温度参数, T_c 是量子临界温度。从这个公式可以看出, 只在当温度 $T \gg T_1$ 时, 核量子效应才逐渐减退, Barrett 公式随之简化为经典的居里-外斯 (Curie-Weiss) 公式。通过拟合早期实验的结果, Barrett 进一步预言了钛酸锶的极化率会在低温下出现平台现象。

随着低温实验技术的不断成熟, 实验物理学步入了液氦温度区间, 对这一物理现象也有了更为精确的测量。其中一个成功的例子是 1979 年瑞士科学家 K. A. Müller 和 H. Burkard 给出的明确实验结果。如图 2.20 所示, 当温度下降时, 材料的介电常数一开始快速上升,这个趋势符合经典的居里-外斯定律 (Curie-Weiss law)。但随着温度进一步降到 10 K 以下，介电常数不再随温度变化而发生任何改变，而是表现为一个平台，这一结果直到 0.3 K 也没有出现变化。该实验明确证实了 Barrett 预言的量子顺电性的存在。这些工作推进了低温物理实验的发展，K. A. Müller 因高温超导的发现，与 J. G. Bednorz 一起获得了 1987 年诺贝尔物理学奖。

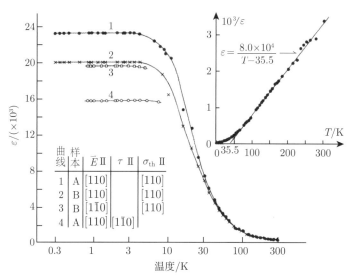

图 2.20   钛酸锶介电常数随温度的变化规律。当实验温度的测量范围在 0.3 ~ 10 K 的区间内时，介电函数出现不随温度变化的平台，揭示出核量子效应导致的量子顺电现象。插图为按照经典的居里-外斯公式拟合的结果，高温下与实验符合很好，低温下出现明显偏离。摘自 (Müller, 1979)

在 20 世纪 90 年代，随着赝势等方法的发展，第一性原理计算在实际材料的物性模拟中得到了广泛的应用。在理论层面上，研究人员逐渐摆脱了一些经验或半经验的模型方法，对量子顺电性的认识也上升到了一个新的水平。D. Vanderbilt 及其合作者发展了一种基于第一性原理的有效哈密顿量方法，描述了有限温度下铁电材料的原子结构和极化状态 (Zhong W., 1995)。这种方法的独特之处在于它不再以传统的原子为视角，而是以反映这些原子集体运动的声子准粒子为视角，为研究钛酸锶的核量子效应指出了新的方向。他们认为，测不准关系所揭示的量子效应不仅受到原子核波函数的影响，还与相应粒子在空间中坐标位置的不确定性有关。因此，对应的零点能满足如下公式：

$$\Delta E \geqslant \frac{\hbar^2}{8m(\Delta q)^2} \sim k_{\rm B}T_{\rm QM} \tag{2.8}$$

其中 m 为原子核质量，Δq 为坐标的不确定性，$T_{\rm QM}$ 为量子效应的特征温度。在铁电相变中，实际引发相变的是铁电声子模式的软化。从准粒子的角度来看，其空间坐标的不确定性来源于相反极化状态的简并。因此，此处 Δq 应取不同极化态下声子坐标的差值。在钛酸锶中，尽管各种原子的质量 m 都偏大，导致声子的有效质量也较大，但由于 Δq 较小，最终核量子效应比通常预期要大很多。D. Vanderbilt 等将模型哈密顿量与路径积分蒙

特卡洛 (Path-integral Monte Carlo, PIMC) 方法结合，进一步对钛酸锶材料做了计算，发现核量子效应不仅能够定量地改变该材料体系从立方相到四方相结构相变的温度 (降低大约 $35 \sim 50$ K)，还能定性地改变其铁电性质 (Zhong W., 1996)。

与前面介绍钙钛矿硫族化合物 $BaTiS_3$ 具有类玻璃的超低热导率情况相似，对钛酸锶材料量子顺电性的理解更为重要的意义在于，它表明核量子效应不仅只为最轻的一些元素所专有，在一类由坐标不确定性标识的物理过程中，可能存在远超一般估计的量子涨落。同时，只要能够调控并减小其特征尺度，就有可能在较高温度下研制出新型量子材料。现有大量研究表明，除了在 $SrTiO_3$ 中量子效应会导致量子顺电现象的出现外 (Zhong W., 1996; Müller, 1979)，在其他类似体系中也会出现量子顺电现象。例如，核量子效应可以明显地抑制 $BaTiO_3$ 中的自发极化，使相变温度降低大约 $35 \sim 50$ K。这方面的详细内容我们留在第 8 章介绍典型全量子体系的氧元素一节中进行讨论。

随着工作的不断深入，进一步的兴趣是如何利用全量子效应来调控量子顺电现象，这方面的研究吸引了许多人的关注。新的研究发现了一个有趣的现象，即通过施加动态外场来调控铁电交互作用和量子涨落的相对强度，从而使隐藏的铁电相显露出来。最近 K. A. Nelson 等在非掺杂的量子顺电性钛酸锶 ($SrTiO_3$) 中，利用超快太赫兹电场驱动离子的定向位移，就可以使已隐藏的铁电相动态显现出来。他们在施加外电场后观察到了声子激发光谱的明显变化，揭示了铁电相的存在 (Li X., 2019)。

另一种办法是通过元素掺杂来有效地调控原子核量子涨落特性，从而调控量子涨落对铁电效应的影响。一些研究表明，比如利用 Ba、Pb 等元素的掺杂可以弱化 $SrTiO_3$ 中的量子涨落，从而诱导出铁电相转变。同时在 $Ba_xSr_{1-x}TiO_3$ (BSTO) 中，改变 Ba 的掺杂浓度，材料也会发生从量子顺电到量子铁电，再到经典铁电体的转变 (Wu H., 2006)。

此外，同位素替换作为核量子效应调控的另一个侧面，对铁电性也会产生很大的影响，并且可用于调控铁电器件的功能 (Kvyatkovskiǐ, 2001)。特别是在包含轻元素 (Light element) 原子的体系中，这种同位素效应的影响更加明显。相关讨论可以参考 11.5 小节内容。

近几年，北京大学物理学院李新征研究组也独立发展出一个与 D. Vanderbilt 研究组类似的算法，用于讨论铁电-顺电相变研究 (Ye Q.J., 2018)。基于此方法，张雪峰 (X. F. Zhang) 等发现在 $BaFe_{12}O_{19}$ 体系中，也存在与 $SrTiO_3$ 类似的量子顺电性 (Zhang X.F., 2020)。具体结果如图 2.21 所示。同时，他们还在 $BaMnO_3$ 体系中发现，核量子效应还可以诱发出一种类似于 Goldstone 模式的量子物态 (Zhang X.F., 2021)。

与上面讨论紧密相关的课题是近年对量子磁性和量子自旋液体的研究，这是凝聚态物理学中意义深远的方向之一。当温度趋于零时，量子涨落占有优势，长程磁有序被抑制，对应的凝聚态体系成为了无穷多个自旋位形相干叠加、高度纠缠的量子自旋液体。此前以模型为主的理论研究，往往由于涉及多个自由度的耦合和缺乏对体系微观细节的了解，很难满意地解释所有的实验数据。基于全量子效应考虑的第一性原理多体理论计算方法，有可能进一步突破理论局限，是值得发展的方向。要获得进一步实验方面的验证，显然需要发展量子磁性材料的制备和调控技术，进而实现和表征量子自旋液体。

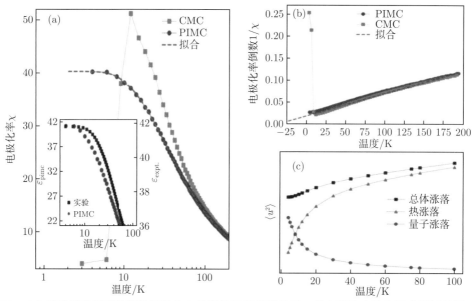

图 2.21　(a) 理论模拟得到的钡铁氧体介电常数的温度依赖关系。其中蓝色方块为经典模拟结果，紫色圆点为量子模拟结果，红色虚线为 Barrett 公式拟合结果。小插图中黑色方块取自 S. P. Shen 等的实验结果。(b) 电极化率倒数与温度的关系。(c) 钡铁氧体原子核涨落各部分贡献随温度的变化趋势。其中黑色方块、红色三角形点和蓝色圆形点分别对应来自总体涨落、热涨落和量子涨落的贡献。摘自 (Zhang X. F., 2020)

2.1.6　超流体、超固体和量子缺陷

我们在 2.1.1 节曾讨论过氢的晶体结构与相变问题。超流与超固现象都是与原子核本身的量子属性密切相关的重要物理性质。其中，超流最早是人们在 ^{4}He 体系中发现的，已经有很多成熟的理论工作 (Kleinert, 1989)，本节不准备做过多讨论。1939 年，基于此概念，M. Wolfke 首次提出固体中也可能存在类似超流的现象 (Wolfke, 1939)。20 世纪 70 年代后，A. J. Leggett 等在更具体的理论研究工作中支持了固体存在超流现象，并将之称为超固体。从此之后，对超固体的实验寻找一直在陆续开展之中。2004 年，M. H. W. Chan 和 E. Kim 等测量了固体 ^{4}He 转动惯量，报道了一系列超固体存在的实验证据，又引起了人们对这一重要问题的关注 (Kim E., 2004a, b, 2008; Chan M.H.W., 2008; West, 2009)。

2007 年 J. Beamish 等测量了固体 ^{4}He 剪切模量的温度依赖关系，该依赖关系非常类似于扭转振荡周期与温度的关系 (Day, 2007)。因此，人们开始讨论究竟是剪切模量的变化，还是结构的变化引起了支持超固态的扭转振荡周期信号。为此，Chan 等重新设计了更硬的样品腔开展实验，并宣布了在 ^{4}He 中百万分之四的精度上，不存在超固体 (Kim D.Y., 2014)。随后，通过单向流动的质量输运来探测超固体的实验方法获得人们普遍重视。R. B. Hallock 等将固体放置于两个超流液体区域之间，在一个超流液体区域上加压，实验发现有流动通过固体到达另一个液体区域 (Ray, 2011)。J. Beamish 和 Z. G. Cheng 等采取对固体施加单向机械应力的方法，避开固体氦弹性系数对超流信号的影响，也观测到了固体 ^{4}He 存在质量异常流动 (Cheng Z.G., 2015, 2016)。Beamish 和 Cheng 还开展了基于 ^{3}He 的对照实验，实验结果支持固体 ^{4}He 中存在超流 (Cheng Z.G., 2018a)。可以预期，这些正面的

实验结果会继续鼓励人们开展超固体是否存在的研究。

因为固体 ^{4}He 剪切模量测量可能影响对转动惯量实验结果的理解 (Kim E., 2004a, b; Day, 2007)，其中的缺陷运动以及塑性形变是首先需要确定的。在固体氦中，剧烈的零点运动使得氦原子之间具有非常大的波函数重叠，这是需要对氦考虑全量子效应的一个原因，也是 A. J. Leggett 和其他理论工作者考虑所谓的超固体有可能在固体氦中存在的原因 (Andreev, 1969; Leggett, 1970)。因为固体氦中原子核波函数存在高度重叠，原子已经不具备经典粒子的特点，在空间中位置已不可分辨。换句话说，不同位置的原子交换十分频繁，所以固体氦中的缺陷具有非常高的迁移率，杂质和空位可以做准自由运动，位错线可以近似为自由振动的弦。在弹性形变区，缺陷运动无能耗，此条件下人们可以通过固体氦研究缺陷的运动。在塑性形变区，缺陷之间相互作用加强，有明显能耗。此时在粒子频繁交换的量子固体中研究塑性形变过程，可以在短时间内模拟常规材料的缺陷演化过程，为材料科学和金属学的相关研究提供参考。但是在实验上，如何在量子固体中引发塑性形变仍是一个很大的技术挑战。

2018 年 Beamish 和 Cheng 在新的实验工作中发现了明显的由晶格滑移引起的应力释放现象。他们认为晶格滑移是在较大切向应力作用下，产生位错线的雪崩效应所导致的。在低温下，他们利用压电陶瓷使固体氦产生形变，因此得到了固体氦的弹性性质，然后利用多个压电陶瓷的叠加效应，在固体氦中产生了最大可达 0.4% 的切向形变，并成功进入塑性形变区域。实验发现，雪崩效应发生时位错线以声速运动，该成果是声学激发现象在量子固体中的首次发现，也为材料缺陷研究开辟了新的重要方向 (Cheng Z.G., 2018b)。

2.1.7 超导性质

在本章列举核量子效应物理性质的最后这部分，我们简单介绍一下与其密切相关的超导机制问题。实际上，超导中最为常见的电-声耦合机制就很自然地与原子核运动的量子力学表述有关，因为声子是描述原子核量子特性的准粒子。显然讨论电-声耦合也离不开非绝热过程的介入，严格地讲，就是要从玻恩-黄展开出发，在量子力学的整体框架下研究电子与原子的多体相互作用问题。因此讨论全量子效应有时是很复杂的，我们不可能完全把一个物理问题简单归结为属于核量子效应范畴，而另一个归结为属于非绝热效应范畴。按照本书的书写习惯，我们先把电-声耦合的原子核量子态部分放到这里讨论，把侧重讨论电子量子态部分放到下面非绝热效应里面介绍。

关于电-声耦合的理论描述方法，我们在传统固体物理的学习中并不陌生。利用非相对论的场论语言 (也就是量子多体的语言)，人们习惯于使用二次量子化表象定义电子态与原子核振动态的基，与之相应，引入了产生与湮灭算符。基于这些讨论，人们可以构建一个相互作用的哈密顿量，并基于此基组对该哈密顿量 (包含了电-声相互作用) 进行对角化。最后，系统的本征态是一系列电子本征态与原子核本征态乘积的线性叠加 (Fan H.Y., 1951; Bardeen, 1955, 1957)。这个线性叠加本身，从物理意义上来讲，与本书中经常提到的玻恩-黄展开是一致的。所不同的是，过去以量子场论语言描述的固体材料中，通常原子核坐标取在晶格的平衡位置 R_0，而玻恩-黄展开下原子核坐标是处在瞬时位置 R。

从 20 世纪 20 年代量子力学建立，到 20 世纪 80 年代第一性原理电子结构计算方法发展成熟之前，人们利用这套非相对论场论语言 (即二次量子化语言) 针对简单凝聚态体系 (也就是固体) 中由电-声耦合所导致的诸多元激发问题 (包含超导现象)，展开过非常系

统的研究 (Landau, 1933; Fröhlich, 1950; Fan H.Y., 1951; Bardeen, 1955, 1957; McMillan, 1968; Dynes, 1972; Allen, 1976, 1981)。在多数相关研究中，针对金属，人们会将电子用自由电子气或近自由电子气来处理，原子核运动的本征态也往往用简谐振子来描述。针对绝缘体和半导体，电子态的描述往往会采用紧束缚近似。这样操作的原因很简单，就是当时计算机计算能力还满足不了相关问题求解的要求，二次量子化的语言对物理问题的讨论是最实用最直接的。由于超导物理本身是个很大的领域，已经有许多专业书籍做了深入讨论，我们在本书中并不打算针对此类现象展开专门介绍，而是将讨论集中在高压下轻元素体系中关于电-声耦合诱发的新超导体的探索方面，重点介绍与核量子效应密切相关的电-声耦合作用在这类超导现象中扮演的角色。

早在 1968 年，Ashcroft 就基于 BCS 理论，预言高压下如果氢变成金属，那么强的电-声耦合就可以使其成为高温甚至是室温超导体 (Ashcroft, 1968)。之后，人们沿着这个思路开展了非常系统的探索，但无奈当时人们对晶体结构的认识多来自于 X 射线分析，新的发现总体比较有限。20 世纪 90 年代末至 21 世纪初，随着第一性原理结构搜索方法的进步，此方面研究得到了巨大的发展。寻找此类超导材料的关键是找到能够将氢分子之间强的共价键打开的结构，从而使得氢的电子态能够移动到体系的费米面附近，并与声子发生有效的散射。基于这样的思考，人们将注意力开始转向富氢化合物（hydrides）或氢化物系统。近些年，理论计算预测了许多具有高的超导转变温度的高压富氢化合物。例如，吉林大学马琰铭研究组预测 H_2S 在 160 GPa 下，超导转变温度 T_c 为 80 K (Li Y.W., 2014)；崔田研究组预测 H_3S 在 200 GPa 下，超导转变温度 T_c 可达 204 K (Duan D., 2014)。这些理论工作在一定程度上激发了实验工作者对硫化氢高温超导体系的研究兴趣。

2015 年 M. I. Eremets 研究组在实验上报道了 150 GPa 以上硫化氢的超导性质 (Drozdov, 2015)。在这个工作中，Eremets 等基于电导的测量，发现样品电阻在 203 K 骤降，表明出现超导的迹象。这个温度与崔田研究组的理论计算结果高度吻合。为了理解此实验中观测到的 150 GPa 以上硫化氢材料的高超导转变温度，I. Errea 等进行了理论研究，并发现了其中原子核量子效应的重要作用。他们证明零点能可以使得 H_2S 在此压强附近分解成 $Im\bar{3}m$-H_3S (Errea, 2015)。同时，他们还对硫化氢的超导性随压强的变化进行了理论模拟，发现如果把氢原子当作经典粒子，即忽略核量子效应引起的零点振动能，系统只能处在氢键非对称化的 $R3m$ 相 (Errea, 2016)。而 $R3m$ 相下系统对应的超导转变温度与实验观测并不相符。只有在考虑了核量子效应时，晶体才处在氢键对称化的 $Im\bar{3}m$ 相，并出现实验中观测到的超导相变，其对应转变温度也与实验符合。

至此，该系统中超导性质随压强变化的大致图像已基本清晰：150 GPa 以下，硫化氢系统以 $P\bar{1}$-H_2S 的结构存在，超导转变温度在 80 K 以下；150 GPa 以上，硫化氢系统以 $Im\bar{3}m$-H_3S 的结构存在，超导转变温度可达近 200 K（此两种晶体构型见图 2.22）。但考虑到超导研究在凝聚态物理中占据的重要地位，还有很多可能蕴藏起来的物理细节亟待研究。比如，从精确性方面考虑，早期的计算中，人们在 Eliashberg 方程中没有考虑电子态密度在费米面附近的变化 (Li Y.W., 2014; Duan D., 2014)。2015 年，D. A. Papaconstantopoulos 等指出在 $Im\bar{3}m$-H_3S 中，电子态密度在费米面附近有个很明显的 van Hove 奇点，而此奇点在 $P\bar{1}$-H_2S 相中并不存在 (Papaconstantopoulos, 2015)。

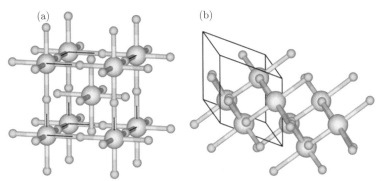

图 2.22　两种硫氢化物的晶体结构: (a) $Im\bar{3}m$-H₃S; (b) $P\bar{1}$-H₂S。图中大的黄色球为 S，
小的粉色球为 H。

　　针对此问题，2016 年 W. Sano 等分别对 250 GPa 下的 $Im\bar{3}m$-H₃S 和 140 GPa 下的
$P\bar{1}$-H₂S 的超导性质进行了更加系统的第一性原理计算 (Sano, 2016)。他们首先肯定了两
种材料电子态密度是不同的 (见图 2.23)。其次，基于更为精确的 Migdal-Eliashberg 方程，
他们进一步研究了下面几个因素对于超导转变温度的影响: ①电子态密度的变化; ②电子
态密度被原子核零点振动的重整化 (ZPR); ③声子的非简谐效应 (详细结果见表 2.2)。计
算结果表明这些在传统材料超导性质研究中的很重要的细节，在高压硫化氢体系中虽然对
超导转变温度有一定程度的修正，但并不改变前面提到的物理图像。简而言之，此类体系
中的电-声耦合效应非常强，使得其超导性质与传统超导材料存在本质的不同。

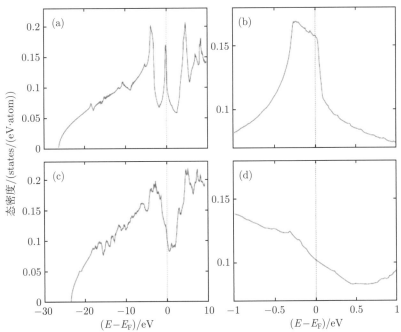

图 2.23　在压强为 250 GPa 下计算得到的 $Im\bar{3}m$-H₃S 的态密度 (a)，以及在压强为 140 GPa 下计算得
到的 $P\bar{1}$-H₂S 的态密度 (c)。(b) 和 (d) 分别为 (a) 和 (c) 在费米能级处放大后的细节图。摘自 (Sano,
2016)

表 2.2   在 250 GPa 压强下的 $Im\bar{3}m$-H₃S 和在 140 GPa 压强下的 $P\bar{1}$-H₂S 的超导转变温度。第一行 (const.DOS) 对应利用 Eliashberg 方程计算电-声耦合系数时，不考虑电子态密度在费米面的变化得到的结果；第二行 (DOS) 代表基于更为精确的 Migdal-Eliashberg 方程，考虑了电子态密度的变化并对自能进行了自洽计算得到的结果；第三行 (DOS+ZPR) 代表在第二行的基础上再考虑原子核的零点振动对电子态分布的重整化修正后的结果；第四行 (DOS+ZPR+AH) 代表在第三行的基础上进一步考虑声子谱非简谐项的结果。通过比较这些结果，我们可以发现最后一行数据能够很好地解释实验测量值。同时，这几行结果的差异表示了在考虑不同物理细节时，对 T_c 会产生一定影响。但所有的结果都能给出 250 GPa 下的 $Im\bar{3}m$-H₃S 的一个很高的超导转变温度 T_c，因此表明这些在传统材料的超导性质研究中扮演重要角色的细节，并不能定性地改变硫化氢体系中出现高温超导性质的物理图像。摘自 (Sano, 2016)

	$Im\bar{3}m$-H₃S	$P\bar{1}$-H₂S
const.DOS	225	56
DOS	193	63
DOS+ZPR	202	44
DOS+ZPR+AH	181	34

（单位：K）

除了硫化氢体系，2019 年 M. I. Eremets 研究组和 R. J. Hemley 研究组又分别独立发现在 180~200 GPa 高压下，镧系笼状富氢化合物 (LaH₁₀) 的超导转变温度 T_c 可以达到 260 K (Drozdov, 2019; Somayazulu, 2019)。总体来说，这些结果充分说明核量子效应对于理解高压下富氢化合物的超导性质，甚至其他一些轻元素体系 (比如掺杂金刚石) 的超导电性 (Superconductivity)，都是非常重要的。关于这些问题我们会在第 7 章和第 8 章讨论具体的典型轻元素材料时再分别做详细介绍。

目前这些轻元素化合物在高压下所表现出来的高温超导现象基本属于传统 BCS 理论范畴，如果能够提高德拜温度和电-声耦合常数，超导转变温度理论上是可以达到室温甚至高于室温。在上述研究中，通过施加高压来增强电-声耦合正是出于这样一个基本考虑。但是，强的电-声耦合作用将会导致晶格失稳，这也是早期 BCS 理论超导转变温度存在一个上限 (麦克米伦极限) 的原因。如何在常压下，利用电-声耦合实现高温超导仍是科学界面临的一个难题。而对于传统超导之外的非常规超导，由于机理尚在争议中，能否从全量子效应的角度考虑在强关联体系中帮助电子进行配对也许会有一定启发。

最近，在考虑了核量子效应后，江颖、陈基、王恩哥等对比压强引起的体相冰与二维冰发生氢原子核离域的情况，发现低维结构和掺杂氢都会有利于在低压 (甚至常压) 下打开氢、氧之间原子的共价键，实现氢核的量子离域，从而导致金属化转变。这种氢键的对称化构型，使 O-H 共价键与氢键的差别完全消失了。这个工作为进一步探索常压下的二维金属冰和超导电性研究提供了一个新的思路 (Tian Y., 2022)。我们预言压强、维度和掺杂的共同调控有望开发出实现更高转变温度和更低转变压强的轻元素超导体。

2.2   非绝热效应

非绝热效应是指这样一个真实过程所对应的物理现象，即来自于分子或凝聚态体系中的电子和原子核按照量子力学规律共同演化，而非在玻恩-奥本海默近似下，只是将孤立的电子体系或孤立的原子核体系在一段时间内分别演化再进行简单叠加的结果。真实情况下凝聚态体系中电子和原子核的动力学路径是相互影响、紧紧耦合在一起的,不可分割。过去在理论上解决许多问题的实际操作时,已经习惯地在原子核"真实"背景下对电子做绝热近似,但这种假设在很多情况下是不能成立的。一般来说,在理论上非绝热效应的研究可以包括将原子核作为量子粒子处理或将原子核作为经典粒子处理两种情况。后者只是前一种严格求解的近似结果。

在实际应用中,非绝热过程涉及的物理及化学现象非常普遍,在很多重要的物理问题中均有体现。比如非绝热效应会影响到原子的振动和碰撞,从而导致化学键的断裂和重组,这些过程不可避免地影响到电子界面超快转移、电-声耦合强度、电荷密度波的形成、分子贝里相,乃至引起结构相变并影响超导转变温度等物理量和物理性质。比如,在研究二硼化镁的超导电性时发现,非绝热效应会导致费米面附近能带的移动和劈裂,从而改变电子的分布,并引起电-声耦合强度的变化。近年来,关于凝聚态体系中的非绝热现象研究已经成为国际学术界的热点问题,国内外很多前沿研究组都在理论和实验方面投入了大量的精力。在理论方面值得关注的是,中国科学院物理研究所孟胜研究组在凝聚态体系的非绝热效应研究方面,基于第一性原理发展了十分有特色的非绝热量子动力学方法,并进行了一系列很有意义的探索 (Meng S., 2008a; Lakhotia H., 2020; Lian C., 2020; You P.W., 2021b; Guan M.X., 2021; Xu J.Y., 2022; Guan M.X., 2022)。附录 B 给出了对这种方法及计算程序的详细介绍。在实验方面的突破重点是阿秒光脉冲的实现,它为未来非绝热效应研究提供了强大的外场平台 (Ferray, 1988; Hentschel, 2001; Paul, 2001)。

早在 1928 年 M. Born 和 V. Fock 就曾提出:如果外界的含时微扰随时间变化缓慢,系统所处本征态的本征能量与其他本征能量之间存在能隙且与哈密顿量能谱的其他部分相距较远,那么系统将一直处于瞬时本征态上,这就是绝热定理的基础 (Born, 1928)。也就是说,外界扰动变化缓慢,因此系统可以跟得上环境的变化而一直处于平衡条件下的状态。这样我们就可以用一个本征态而不是叠加态来描述整个系统。换个角度说,一个非绝热的过程,是外界的扰动造成不同本征态之间发生了耦合。从这个定义可以看出,用于区分绝热和非绝热过程的物理量是扰动变化的特征时间和系统的特征能量。具体讲,考虑一个固有弛豫时间为 $2\pi/\omega^{in}$ 的系统,将其放入频率为 ω^{ex} 的微扰中。假设系统处于能量为 e_i 的本征态上,并且任一其他本征态的本征能量用 e_j 表示,如果 $\omega^{in} \gg \omega^{ex}$ 并且 $|e_i - e_j| \gg 0$,那么绝热定理是成立的。反之对应的就是非绝热过程。常见的非绝热系统包括以下一些典型情况。

首先,一类是有外场存在的情况下,关注电子自由度与外场带来的含时演化,比如强激光场中的单个分子或原子的隧穿电离过程。在这种情况下,如果外场变化得足够快,就可以认为系统是非绝热的。系统特征时间/能量尺度可以被 Keldysh 参量 (Keldysh parameter) 描述:$\gamma \equiv \dfrac{\sqrt{2I_P}}{E_{max}}\omega$,其中 I_P 是电离电位,E_{max} 是电场振幅,ω 是激光的频率。

另一类是没有外场存在的情况下,关注电子和原子核的非绝热效应。这时,系统内电场的变化是由带正电的原子核的量子运动引起的,当满足 $\omega^{ele} \gg \omega^{nuc}$ 以及 $\Delta E \gg 0$ (E 是电子系统的能量) 时,绝热定理成立。此时对于这个绝热系统,电子和原子核的运动可以分离开处理,并且可以通过求解原子核处于一系列固定位置的含时薛定谔方程来描述系统的演化,事实上等价于系统在单一的势能面上绝热的演化过程。这种情况正是玻恩-奥本海默近似考虑的前提。与此相反，当电子和原子核运动的时间尺度可以相比较，且势能面之间的能量差很小时，玻恩-奥本海默近似失效，这时我们必须要考虑非绝热效应。

下面我们选取一些典型系统，举例说明全量子化过程中的非绝热效应。我们主要集中于非绝热效应对原子运动的影响和对电子运动的影响，并对这两个方面的问题分别展开讨论。

2.2.1　原子碰撞

当原子 (或分子) 与固体表面碰撞时会产生一个随时间变化的电场，它的特征频率 $\leqslant 10^{13}$ Hz。由于电子质量比原子 (或分子) 要轻许多，因此固体内部电子振动频率会比原子 (或分子) 碰撞产生的电场频率大 1～2 个数量级。利用这种时间尺度上的差异，可以研究原子 (或分子) 与固体表面碰撞过程中的非绝热效应。

通常的办法是将氢原子在绝缘体、金属和半导体表面碰撞的非弹性散射实验结果与玻恩-奥本海默分子动力学模拟的理论结果进行比较，从而确定这一近似的适用范围 (Bünermann, 2021)。早期的实验发现，氢原子与绝缘体表面碰撞的散射过程基本满足玻恩-奥本海默近似的描述。如氢原子与氙的碰撞结果是可以用玻恩-奥本海默分子动力学模拟进行解释的。而在氢原子与金属表面碰撞的散射过程中，高能的氢原子激发了金属表面的电子-空穴对 (Electron-hole pair)，氢原子散射结果仍可以用一种类似微扰修正的方法，通过弱耦合作用的电子摩擦近似 (Electronic-friction approximation) 来处理。此时玻恩-奥本海默近似出现一定的偏差，但仍不十分严重。

原子与半导体表面的碰撞研究，为我们提供了一个可以进一步检验玻恩-奥本海默近似局限性的很好例子。高速入射的原子不但可以激发半导体中的电子从价带向导带的跃迁，还可以观察到在原子与电子共同演化的动力学过程中会发生明显的能量转移。这些都预示着存在超越玻恩-奥本海默近似的全量子物理现象。

最近，Krüger 等的研究发现，玻恩-奥本海默近似已经不能全面理解氢原子在半导体锗表面 (Ge(111)$c(2 \times 8)$) 的散射过程 (Krüger, 2022)。在实验中，他们利用高速的氢原子撞击半导体锗表面，然后采集被散射的氢原子能量损失谱和角分布谱。实验发现随着入射氢原子能量的提高，被散射的氢原子能量损失谱从单峰特征转变成双峰特征 (图 2.24)。当入射氢原子能量小于锗表面带隙 0.49eV 时，被散射的氢原子能量损失谱与玻恩-奥本海默分子动力学模拟结果可以很好吻合 (图 2.24(a))。这表明其对应的是绝热通道，即在这个动力学演化过程中尽管氢原子可能在固体中激发产生了声子，但它的能量损失很小，仍然可以用玻恩-奥本海默近似来描述。这是为什么图 2.24 中左边的第一个实验峰与玻恩-奥本海默理论结果几乎完全一致。但是随着入射氢原子能量逐步增加，并在大于锗表面带隙值时，能量损失谱中开始显露出第二个峰，它代表出现了第二种氢原子能量损失通道 (图 2.24(b)～(d) 中右边的峰)。进一步研究发现，这个第二种通道的散射氢原子数比重会随着入射氢原子能量的增加而增加。实验上新发现的第二种能量损失通道无法再用玻恩-奥本海默分子动力学模拟来解释，这意味着绝热近似已经失效 (图 2.24(b)～(d) 中玻恩-奥本海默近似的理论结果 (实线) 只能解释第一个峰，而完全不能理解在垂直虚线右侧出现的能量大于锗表面带隙值的第二个峰)。这个过程对应的是非绝热通道。值得注意的是，第二个峰出现时的能量值刚好大于锗表面带隙值，说明该通道的能量损失最小值与半导体锗表面带隙值大小相等，这代表着氢原子的撞击使得半导体锗中的电子发生了从价带到导带的跃迁。

这个动力学过程通过非绝热的价带-导带通道 (VB-CB channel) 来实现，并发生了能量转移。有趣的是，由非绝热通道散射的氢原子数所占的比重随着入射氢原子能量的提高越来越大 (由 E_i=0.99 eV 的 1.0∶1.2 上升到 E_i=6.17 eV 的 1.0∶9.8)，这清楚地表明了非绝热过程越来越重要。

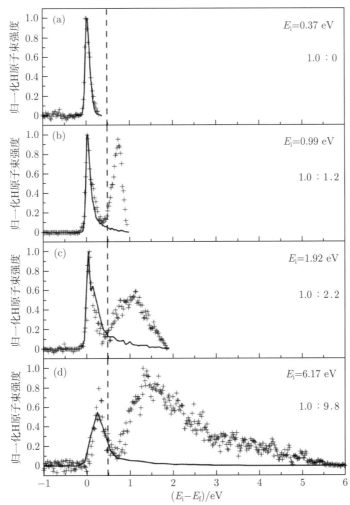

图 2.24　氢原子在碰撞锗表面 (Ge(111)$c(2 \times 8)$) 后发生散射的能量损失谱。具体实验参数是入射氢原子沿 [110] 方向，入射角和散射角都为 45°，锗表面温度为 300 K。(a)～(d) 不同入射能量 E_i 对应的能损谱，包括实验结果 (+) 和分子动力学模拟结果 (黑色实线)：(a) E_i=0.37 eV, (b) E_i=0.99 eV, (c) E_i=1.92 eV, (d) E_i=6.17 eV。锗表面的带隙为 0.49 eV，在图中用竖直虚线标出。图中的比值表示实验结果中通过绝热通道和非绝热价带-导带通道散射的氢原子数的比例。所有实验值都相对峰强做了归一化处理。
摘自 (Krüger, 2022)

　　氢原子在半导体锗表面的散射结果也与入射角度密切相关。如图 2.25 所示为在将入射氢原子能量固定为 0.99 eV 时，改变氢原子入射角度 (30°、45° 和 60°)，实验得到的散射氢原子能量与散射角的极图分布。实验结果显示，非绝热价带-导带通道的角分布相比于绝热通道要更窄，角度分布集中在氢原子发生镜面散射的角度 (图中箭头所指) 附近。另一方面，实验中发现，固定入射角度，增加入射氢原子能量，会使绝热通道和非绝热价带-导带通道的散射角分布同时展宽，但是非绝热价带-导带通道的展宽会更加显著。类似前面的讨论，玻恩-奥本海默分子动力学模拟结果也只与绝热通道实验结果吻合，价带-导带通道的非绝热过程实验结果则无法利用玻恩-奥本海默分子动力学模拟再现，即图 2.25(d)~(f) 的理论模拟结果没有图 2.25(a)~(c) 实验中点虚线内的散射分布。这些都说明了玻恩-奥本海默近似已经失效，而全量子效应导致的新物理过程起到了主导作用。

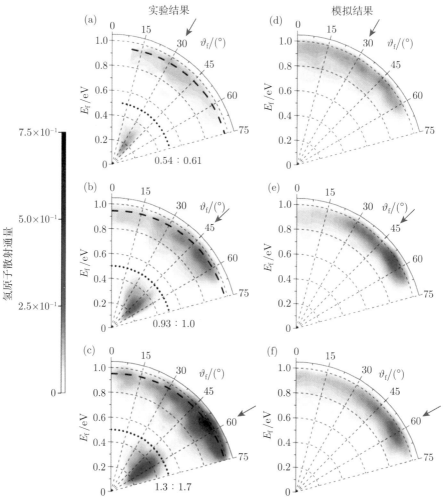

图 2.25　对应给定的入射能量 0.99eV，不同入射角度下氢原子碰撞锗表面 (Ge(111)c(2 × 8)) 后的散射结果。(a)~(c) 不同入射角下氢原子散射实验结果：(a) 入射角 30°，(b) 入射角 45°，(c) 入射角 60°。(d)~(f) 不同入射角下利用玻恩-奥本海默分子动力学模拟的氢原子散射结果：(d) 入射角 30°，(e) 入射角 45°，(f) 入射角 60°。箭头指氢原子发生镜面散射的角度。图中的比值表示实验结果中通过绝热通道和非绝热价带-导带通道散射的氢原子数比例。摘自 (Krüger, 2022)

　　同样，离子-原子碰撞 (比如 N_2^+ 和 Ar 原子的碰撞) 也是研究非绝热效应的一个典型体系。此前，S. Schlemmer 等的实验结果揭示了考虑 N_2^+ 的旋转弛豫带来的反常行为 (Schlemmer, 1999)。因为 N_2^+-Ar 体系结合能比较大 (1.109 eV)，低温下的碰撞会产生一个长寿命的束缚态，一般推测会导致旋转态的快速重新分布。然而，Schlemmer 等的研究发现振动弛豫的速率相当低，具体值 $k_{\mathrm{J}}(90\ \mathrm{K})=(1.4\pm0.4)\times10^{-11}\ \mathrm{cm^3\cdot s^{-1}}$，表明实际情况与推测相反。假设碰撞发生在 Langevin 速率 $k_{\mathrm{L}}=7.4\times10^{-10}\ \mathrm{cm^3\cdot s^{-1}}$，这表明 $\mathrm{N_2^+}$ 在被 Ar 原子碰撞 50 次左右之后依然保持稳定 (根据 Langevin 模型，碰撞复合物会在碰撞能足以克服旋转势垒时形成)。Schlemmer 等发现的这个出乎意料的结果可能是由隐藏的运动常数或者额外的势垒导致的。他们认为这需要精确的第一性原理计算或者数值精度在 meV 量级的量子力学处理才给出准确的答案。

针对此问题，O. T. Unke 等采用再生核希尔伯特空间 (Reproducing kernel Hilbert space, RKHS) 理论在 UCCSD(T)-F12a/aug-cc-VTZ 精度上构建了 ($\mathrm{N_2^+}$-Ar) 势能面 (Unke, 2016)。根据这个研究的结论，可以看到 RKHS 方法基本上重复出了实验的结果。为了验证这些结果，他们还做了更精确的 CASSCF/MRCI+Q 计算，证明前面的计算精度是有保障的。在此基础上，他们进一步做了量子强耦合 (Quantum close-coupling) 计算和准经典轨迹 (Quasi-classical trajectory) 计算。由于计算的势能面比较精确，并且准经典的结果和量子的结果一致，所以实验观测值和计算值的差别可能来自于非绝热效应。使用上面两种方法得到的旋转弛豫速率大概在 $5.34\times10^{-10}\ \mathrm{cm^3\cdot s^{-1}}$ 到 $6.96\times10^{-10}\ \mathrm{cm^3\cdot s^{-1}}$ 之间。这些速率和预期的旋转态的重新分布相一致，也就是说，70% 的碰撞会导致离子旋转量子态的改变。实际上相互作用能的差别也支持了这个结论。图 2.26 是计算得到的不同距离的相互作用能，黑线对应基态，红/蓝线对应最低激发态，可以看到在距离比较远的时候，基态和激发态之间仅仅相差 700 $\mathrm{cm^{-1}}$，显然在理解这个问题时必须考虑非绝热效应。

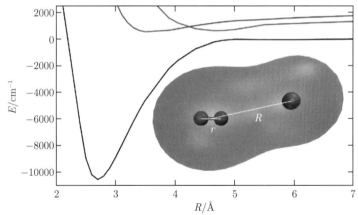

图 2.26　($\mathrm{N_2^+}$-Ar) 相互作用能与碰撞距离 (R) 的关系。($\mathrm{N_2^+}$-Ar) 的三个最低电子态的 $v=0$ 振动内部作用能的转折点 $r=1.072$ Å。摘自 (Bircher，2017)

2.2.2 原子振动

振动光谱是探测非绝热效应最有力的手段之一。非绝热效应对于线性吸收谱的影响包括：内转换 (Internal conversion) 或系间窜越 (Inter-system crossing) 导致的电子激发态占据数衰减，从而引起的谱线展宽、耦合电子态之间谱强度的此消彼长以及谱峰位置的能量移动等。在非线性的泵浦-探测模式中，例如时间分辨的受激辐射，还可以直接在特定时间尺度下探测其中的物理性质和化学性质。

在理论上，非绝热振动可以通过各种精确量子化的半经典以及量子-经典混合方法来研究 (Bircher, 2017)。在第 5 章我们将具体介绍几种研究非绝热效应的理论方法。图 2.27 展示了利用不同模型 (考虑或者不考虑非绝热效应) 计算出的吡嗪 S2 态的时间分辨受激辐射谱 (Zimmermann, 2014)。用半经典的多重面退相干表示 (Multiple surface dephasing representation，MSDR) 方法可以研究包含非绝热效应的光谱。这与用 MSDR 方法研究绝热过程情况非常类似，只不过计入非绝热效应时不再是计算交叠程度，而是利用量子力学的维格纳相空间形式半经典地计算偶极矩之间的自关联函数。非绝热轨迹可以采用最小开关面跳跃方法或者局域的平均场动力学方法推导来得到，相当于把埃伦费斯特动力学 (Ehrenfest dynamics) 方法由单个轨迹扩展到多个轨迹。通过这两种计算得到的辐射谱的对比结果，可以清楚地说明信号在几十飞秒的时间尺度上的衰减是由于非绝热效应的影响造成的，尤其是对应于 S2 态占据数衰减到 S1 态这个过程。

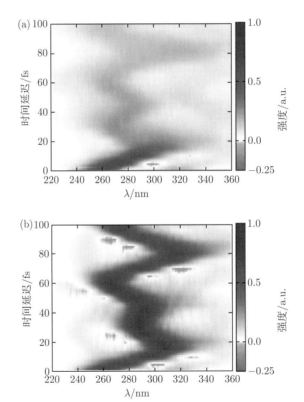

图 2.27　非绝热效应对吡嗪的时间分辨受激辐射谱的影响。这里考虑了包含非绝热耦合 (a) 和不包含非绝热耦合 (b) 两种情况。图 (a) 显示了在非绝热效应的影响下，信号将随着延迟时间 τ 的增加而衰减；图 (b) 显示了在不考虑非绝热效应时，信号不随延迟时间 τ 发生衰减。两个谱都是在 MSDR 方法的框架下，结合最小面跳跃方法计算的结果。摘自 (Zimmermann, 2014)

氢键系统中振动态的非绝热效应也很显著。当两个分子经由氢键二聚化后，分子内和分子间的振动耦合通常都会非常强，这些量子态之间的隧穿也比较大，因此很容易形成能级交叉，即所谓的振动谱的锥形交叉。电子能带结构中的锥形交叉决定了系统的超快光物理和光化学性质。于是，一个很自然的问题是振动谱的锥形交叉是否也有类似的性质。一般振动谱的锥形交叉决定了氢键系统中的超快弛豫过程 (通常在 100 fs 量级)，相应的体系振动特征非常复杂。而且，典型的氢键解离能和参与 O—H 键振动的分子内振动频率差不多在同一个数量级上，这些往往和氢键断裂过程联系在一起。

最近 P. Hamm 等研究了振动谱的锥形交叉和 HCO_2-H_2O 体系中的绝热图像 (Hamm, 2015)。之前 Q. Xue 等已经研究了很多气相条件下的相关性质 (Xue Q., 2004)。图 2.28(a) 给出的是两个局域氧氢键 (O—H) 拉伸振动和弯曲振动相对于水的振动模式 Q1 的透热势能面。可以看到这两个氧氢键的 O—H 拉伸振动 (红线和绿线) 和 HOH 夹角的弯曲振动模式 (蓝线) 有很多交点，在考虑分子间振动自由度的时候，这些交点就演化成了锥形交叉的声子谱。基于这些势能面，可以求出振动能量的弛豫途径 (暗含了非绝热耦合)。值得注意的是，HOH 弯曲振动态 $|0,0,2\rangle$ 上占据数的增长竟然没有比 $|0,0,1\rangle$ 态更快 (图 2.28 (b))，尽管后者与激发的 O—H 拉伸模式没有任何锥形交叉。因此，与电子态的情况不同，振动谱的锥形交叉没有区分出能量流动的途径，表明绝热近似与真实情形相去甚远。上述研究结果说明影响这些振动模式的非绝热效应是极为重要的。

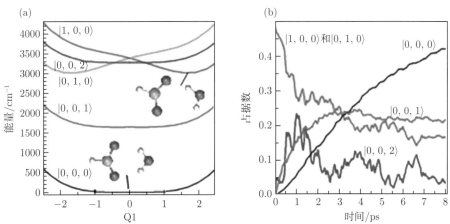

图 2.28   (a) 水的两个局部 O—H 拉伸振动的非绝热势能面。(b) "垂直" 激发的 O—H 拉伸振动态弛豫后的结果。摘自 (Hamm, 2015)

非绝热效应在固体声子振动中也有很明显的表现。我们后面在介绍光谱技术测量全量子效应的时候，也会举例说明石墨烯中非绝热效应影响原子振动的情况 (详见第 6 章)。这是因为石墨烯具有线性的狄拉克锥形电子能带结构，比通常的半导体材料更容易表现出非绝热的特征。S. Pisana 等 (Pisana, 2007) 发现，在室温下测量得到双层石墨烯的声子振动频率 (G 峰) 明显偏离了绝热近似给出的本征频率，并且这种频率偏离随电子或空穴的掺杂浓度的增加而显著增加。中国科学院物理研究所张广宇 (G. Y. Zhang) 研究组 (Zhao Y. C., 2020) 在低温下观察到单层石墨烯中当费米能靠近 E_{2g} 声子能量的一半时，E_{2g} 声子迅速发生软化，并且寿命增加一倍以上。他们的实验成功地证实了理论所预言的非绝热电子-声子耦合和对数科恩异常 (Kohn anomaly, KA)。造成这些实验结果的原因是在原子振动的过程中，电子并不紧紧跟随原子的运动构型、不处于当前原子静态构型决定的电子基态上。相反地，电子表现出一种 "惰性"，通过无带隙的线性能带保持在原来的电子态，从而呈现一种倾斜的狄拉克锥的占据分布，这是电子非绝热效应的直接表现。图 2.29 示意了石墨烯原子振动对应的绝热与非绝热过程。

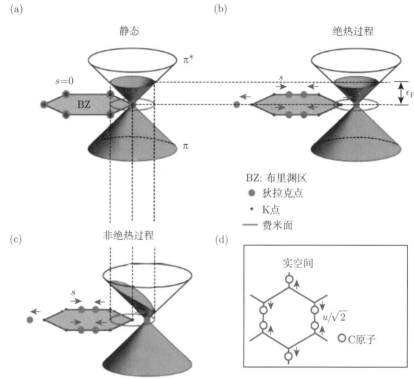

图 2.29　拉曼光谱探测给出的石墨烯绝热与非绝热过程的示意图。(a) 静态时的完美晶体，动量空间里狄拉克点在 K 点，电子浓度可以被电压调控。(b) 绝热过程：满足玻恩-奥本海默近似的情形。E_{2g} 模式声子引起晶格畸变时，费米面是圆心在狄拉克点的圆环。(c) 非绝热过程：超越玻恩-奥本海默近似的情形。E_{2g} 模式声子引起晶格畸变时，费米面是圆心偏离了狄拉克点的圆环。(d) 石墨烯原子振动模式示意图

2.2.3　超快电荷转移

　　凝聚态体系是由电子和原子核共同组成的量子多体系统，二者之间的耦合无疑对它们的运动都起着关键的作用。除了在前两节介绍的非绝热效应会影响到原子核的运动状态外，非绝热效应也会不可避免地影响到电子的运动状态，使之表现出远远偏离通常的绝热近似所描述的行为。由此而言，电子运动也是能够展示显著非绝热效应的一个重要方面。这方面的例子很多，具有代表性的例子是非绝热效应导致的界面超快电荷转移 (Charge transfer)、电-声耦合强度变化、电荷序重组以及电子激发驱动相变等过程。

　　最近二维材料的电子耦合、输运性质及激发态行为引起了人们极大兴趣。比如 Hong 等发现用 670 nm 的光激发 MoS_2/WS_2 异质结界面时，只有 MoS_2 得到激发，但是在 50fs 的超快时间内，空穴就转移到 WS_2 层，实现了电荷的空间分离 (Hong X.P., 2014)。这个现象可应用于高效率的光探测和太阳能电池开发等方面。使用含时密度泛函电子-原子核动力学非绝热模拟方法，张进 (J. Zhang) 等研究了该异质结激发过程受界面原子组分、叠层

方式、转角、缺陷等因素的影响 (Zhang J., 2017)。他们发现不同的堆叠方式对光激发的超快电荷转移影响很大，这个差别甚至可以达到 10 倍以上。另外，在不同材料的异质结之间，电子受激发转移的效率也不一样，比如 $MoSe_2/WSe_2$ 异质结在 20 fs 之内就会发生电子-空穴分离。特别有趣的是，他们发现这些超快电荷转移的速率与电子耦合矩阵元的关系并非满足通常由费米黄金规则所确立的平方关系，而是不同寻常地遵循一种指数关系 (见图 2.30 所示)。经过分析，他们发现二维材料层间作用呈现出电子强耦合迹象，有很强的非绝热特点，这是不能用微扰论描述的，而费米黄金规则恰恰是含时微扰论的一个推论。这些结果表明，光激发二维异质结导致的超快电荷转移的非绝热过程，打破了费米黄金规则的限制，超出了微扰论的研究范畴。同时，他们的研究还发现电荷转移的效率与这种范德瓦耳斯异质结的层间电子耦合强度关联紧密，只需对层间电子耦合作用进行微小的调节，就能带来电荷转移效率极大的提升，从而有可能帮助我们实现新型高效率的光电子和能源器件。这说明非绝热过程极大地依赖于这类材料中电子波函数的耦合，强烈的非绝热过程将开辟超灵敏量子调控器件新的应用场景。

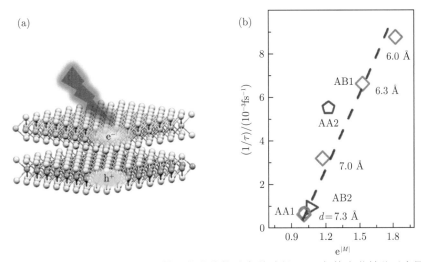

图 2.30 范德瓦耳斯异质结层间超快电荷转移的非绝热动力学过程。(a) 超快电荷转移示意图。(b) 电荷转移速率与不同构型下层间电子耦合矩阵元 M 之间呈指数关系，这是不能用微扰论的黄金规则解释的。这个结果表现了明显的非绝热特征。其中 AA1，AA2，AB1, AB2 是指两层二维材料间不同的堆垛方式：AA 指晶格方向相同、上下层原子相应或错开堆叠的两种方式；AB 指晶格方向相反、上下层原子相应或错开堆叠的两种方式。摘自 (Zhang J., 2017)

最近，一些研究组对太阳能电池中光电转化的非绝热过程开展了深入的理论和实验研究。孟胜等首先模拟了在染料吸附的纳米线上，由光激发导致的电子-空穴分离的非绝热过程。这项工作揭示了花青苷自然染料在二氧化钛纳米线表面发生快速的电子注入，且时间尺度和实验测量结果吻合很好 (Meng S., 2008a, b)。他们通过进一步研究发现染料分子在氧化物表面的吸附状态极大地影响了电子注入的时间。所有结果都表明电子和空穴在 200 fs 以内的时间尺度上实现了空间分离，保证了染料太阳能器件的正常工作。在这个体系中，电子-空穴分离过程受到分子种类、大小、吸附构型及表面缺陷的影响极大，相关研究为准确地理解电子-空穴动力学过程的微观机理，进一步优化太阳能电池光电转换效率提供了理论基础 (Meng S., 2010)。

　　为了延长界面电子-空穴复合时间，并有效控制十分敏感的外界条件，马薇 (W. Ma) 等发展了含时密度泛函的实时模拟方法，主要是通过研究复合的初始过程并对多个轨迹进行平均，具体模拟了界面复合过程 (Ma W., 2013)。使用这种方法，他们发现两个结构相似的模型分子 N1 和 N2 电子注入时间相当 (均在 150 ~ 160 fs 之间)，但由于 N2 比 N1 在桥位上多出一个苯环，其电子复合过程所需时间要慢 4 ~ 5 倍。具体 N1 和 N2 的复合时间分别是 6 ps 和 23 ps。这会导致电子收集和能源转换效率提高 4 倍左右。这个计算结果与 S. Haid 等的实验观测结果基本一致。实验上 N2 比 N1 的复合过程慢 5 倍，对应的效率分别是 1.24% 和 8.21%(Haid, 2012)。

　　随后，基于含时密度泛函理论，通过精确计算染料分子吸收谱、电子结构和电子注入及复合寿命，马薇 (W. Ma) 等还成功地利用第一性原理动力学方法对染料敏化太阳能电池能源转换效率做出了准确预测 (Ma W., 2014)。以两组纯有机染料为例，由分子的吸收谱以及界面电子传输寿命，可以精确获得相关电池的短路电流。同时由计算二氧化钛导带中电子费米能级和电解液氧化还原对的电势差，能够精确地得到电池的开路电压。利用这些结果，他们计算出电池的光电转换效率，理论计算值与相关实验测量值非常一致，误差仅在 1% ~ 2% 以内。

　　从上述例子我们清楚地看到，光激发会导致电子跃迁到特定的电子激发态上，这些处于激发态的电子随即发生了电子弛豫和空间电荷转移等非绝热过程。虽然有些时候相应过程仍然受特定原子振动模式的影响 (Meng S., 2008a, b)，但通常情况下，这些非绝热电子过程不再跟从当前时刻的原子构型和振动模式，而主要由前一时刻电子运动状态和电子态之间的耦合强度决定，从而表现出强烈的非绝热效应。这些激发态电子的非绝热运动与电子耦合强度等多种微观因素有关，如果能有效地调控这些非常敏感的参数，无疑将有望改善光电探测器件和能源器件的效率。

2.2.4　电子与声子耦合

　　固体材料中的电-声耦合是凝聚态物理领域的重要问题之一，它表现了一个多体系统的基本组成形式与相互作用关系，因此也直接影响到凝聚态物质的各种物理性质和化学性质。例如，前面介绍的超导电性 (Wu Q., 2020; Tian Y.C., 2016)，以及后面要谈到的超高热导性 (Tian Z.Y., 2022) 等。在 2.1.7 节讨论超导问题时，我们侧重在从原子核量子态出发研究核量子效应对超导电性的影响。这里在研究非绝热效应时，则更关心的是考虑电子态通过电-声耦合作用对晶格振动态的影响，特别是在光场作用下。关于电-声耦合理论方法的详细介绍请参见第 5 章的内容。近年来人们逐渐认识到在一些固体材料中，特别是在金属、重掺杂半导体、窄禁带半导体等材料中，非绝热效应对电-声耦合作用有着重要的影响。而基于玻恩-奥本海默绝热近似计算给出的电-声耦合结果往往与真实情况差别很大，甚至于使金属或窄带隙半导体材料的电-声耦合强度被低估约 10% ~ 40%(Hu S.Q., 2022)。对宽带隙材料，F. Caruso 等发现在重空穴掺杂 (掺杂浓度为 1.4×10^{21} cm^{-3}) 的金刚石晶体中，当声子频率小于科恩异常时，电-声耦合使得声子本征频率被重整化修正。例如，在绝热近似下声子频率软化值为 22 meV，而在考虑非绝热效应后，重新计算得到的声子频率软化值只有 7 meV。这个非绝热计算结果与 X 射线散射实验测量值 (5.3 meV) 符合得很好 (Caruso, 2017)。由于对声子频率描述不准确，绝热近似也会导致电-声耦合常数被高估 10% 左右，从而对于由电-声耦合作用导致的超导转变温度甚至会被高估 50%。很显然，准确描述非绝热效应对理解电-声耦合作用是非常重要的。

在另外一个例子中，E. Cappelluti 等认为非绝热效应打开了对应低费米能的 σ 电子与声子耦合的新通道，形成非绝热的库珀对，从而解释了 MgB_2 超导体具有较高转变温度 (39K) 的物理机制 (Cappelluti, 2002)。类似地，M. Lazzeri 等发现当在石墨烯中考虑非绝热效应后，电荷掺杂会导致在布里渊区中心 Γ 点的 E_{2g} 声子的频率发生很大改变，而在绝热近似下这个频率几乎不随电荷掺杂量而发生移动 (Lazzeri, 2006)。非绝热效应也会导致该声子的线宽在一定电荷掺杂范围内急剧变化。同时，需要指出的是，即使是在绝缘体中，如果是在受到超快激光激发的条件下，其非绝热效应对其电-声耦合作用的影响也会十分明显。这些结果都表明非绝热效应在讨论这类电-声耦合现象时是不容忽视的 (Hu S.Q., 2022)。

正是由于这些原因，随着超快激光技术的快速发展，利用光学手段对电-声耦合强度进行非绝热调控的研究受到了广泛关注。光调制的电-声耦合过程是一种典型的非绝热行为，在许多物理现象中具有重要意义，比如光增强的超导电性 (Mankowsky, 2014)、极化子生成 (Peng S., 2021) 和隐藏电荷序 (Lian C., 2020) 等。这些电-声耦合过程在能量转换、能量传输以及太阳能电池的工业应用中起着重要作用。相关研究也为量子功能材料的定向设计提供了必要的理论基础。尽管实验上对光调控电-声耦合现象有各种各样的讨论，但由于激发条件下复杂的相互作用以及各自由度之间相互耦合的多体动力学行为，光调制电-声耦合性质和机理还没有被完全揭示，光激发对于电-声耦合及其动力学演变的影响仍不清楚。在过往的研究中，受到描述方法的局限，即使在超快激光激发下，电-声耦合问题也通常只简单地考虑基态的情况。因此，如何建立非平衡态下电-声耦合过程的有效描述方法，如何理解非平衡态电-声耦合行为背后的物理机制，以及如何追踪光激发对其动力学性质的调控，仍然是理论层面需要尽快解决的关键问题。

最近，胡史奇 (S. Q. Hu) 等利用实时密度泛函分子动力学模拟方法，研究了非平衡态下光致电-声耦合增强的动力学机制 (Hu S.Q., 2022)。一般来说，光调制电-声耦合需要通过光与物质的相互作用来实现。由于其独特的能带结构，石墨烯成为实现光调制电-声耦合动力学研究的理想平台体系。零能隙的狄拉克锥不仅可以产生宽频域和超快的光学响应，也为狄拉克费米子和声子之间提供了有效的共振电-声耦合通道。胡史奇等首先模拟了光激发石墨烯中的电子-声子动力学过程，发现电-声耦合能够加速光载流子的弛豫，并诱导出声子谱中的 Fano 共振。在此基础上，通过分析光载流子与声子之间的能量转移速率，他们重构了非平衡态下电-声耦合强度和有效电-声耦合矩阵元，并提出一种在激发态下实时表征和追踪电-声耦合动力学的方法。他们将这种方法得到的结果与实验进行对比，显示出较好的一致性。通过追踪电-声耦合强度 λ 和有效电-声耦合矩阵元的动力学行为，发现在光激发的石墨烯样品里，光生载流子的弛豫过程中存在着极大的光致电-声耦合增强现象，激发态时的电-声耦合强度可以比基态时的情况增强数倍甚至十

多倍 (见图 2.31)。通过对能量分辨的电-声耦合进行分析,他们发现该增强源于光激发载流子的非平衡动态分布。这种非平衡动态分布为电子-声子的散射提供了额外通道,对于调制电-声耦合强度至关重要。

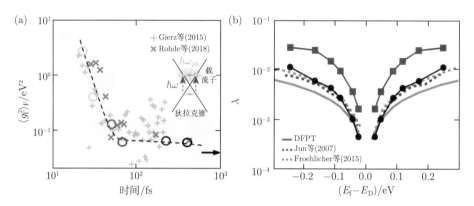

图 2.31　(a) 光激发石墨烯中非平衡态电-声耦合强度随时间的变化;(b) 光致增强效应 (红线为光激发 50fs 后的情形,黑线为基态情形)。图 (a) 中的插图为光激发后,光生载流子和声子耦合作用示意图。摘自 (Hu S.Q., 2022)

　　激发态下非绝热的电-声耦合强度依赖于光载流子状态,利用这一点不仅可以实现对电-声耦合作用的实时测量,还可以通过光学技术对其进行精确操作。更有趣的是,由于电-声耦合强度与各种载流子动力学行为有关,光生载流子的拓扑特性 (如手性和谷的选择性等) 将会为光调制的电-声耦合研究带来新的物理发现和技术应用。

　　半导体中载流子的 Shockly-Read-Hall(SRH) 非辐射复合是另一个典型的由非绝热电-声耦合起主导作用的物理过程。在 SRH 复合过程中,导带上的电子和价带上的空穴通过与声子散射被带隙中间的缺陷能级捕获,从而发生复合。例如,在 LED 及太阳能电池的光电器件中,这种非辐射复合过程会降低载流子的寿命进而降低器件的能量转换效率。对于这个问题的理论计算,由于需要构建很大的超原胞来模拟材料的缺陷结构,可靠的第一性原理研究是在近十年才得到发展的。

　　在微扰论的框架下,石林 (L. Shi) 等构建了一种新的变分方程,通过在实空间计算电-声耦合矩阵元,大幅降低了计算量,并在绝热近似和 Condon 近似下,计算了氮化镓中锌杂质和氮缺位所导致的缺陷态捕获系数 (Shi L., 2012)。由于未考虑非绝热效应,以及 Condon 近似忽略了基态和激发态声子频率和振动模式的改变,他们的结果与实验相比明显偏低。之后,A. Alkauskas 等部分考虑了非绝热效应。他们采用了静态模型,并只关注某一支特殊的声子模式。基于这些假设,他们得到了一个较为简单的计算公式,并由此获得与实验更加接近的理论结果 (Alkauskas, 2014)。受到这个工作的启发,石林等将静态近似和他们构建的变分方程结合,使原来的计算结果进一步大大改善,更加接近真实情况 (Shi L., 2015)。

　　除此之外,近几年中国科学技术大学赵瑾研究团队利用非绝热动力学的方法,研究了二氧化钛、二维黑磷以及有机无机钙钛矿体系中的缺陷态,以及这些缺陷态导致的载流子

复合过程 (Zhang L., 2018, 2019; Chu W., 2020)。他们的方法运用了势能面跳跃的方式，可以更为准确地描述非绝热效应，从而进一步提升了计算精度。他们的结果可以清晰地实时观察整个载流子复合过程 (如图 2.32)，并有助于人们更深入地理解该过程背后的物理机制。这个工作揭示了决定电子-空穴复合的关键，主要取决于在二氧化钛中是否是中性掺杂以及杂质声子模式是否局域等因素 (Zhang L., 2018)。

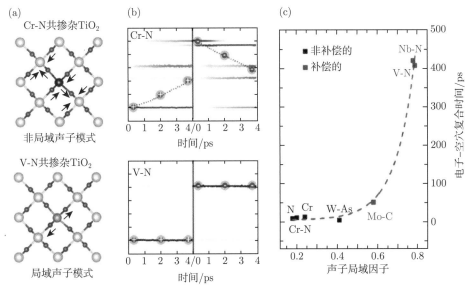

图 2.32 在二氧化钛中，(a) 描述了 Cr-N 掺杂和 V-N 掺杂引起的局域声子模式；(b) 对应的 Cr-N 掺杂以及 V-N 掺杂下的载流子复合过程；(c) 不同掺杂情况的电子-空穴复合时间 (红色虚线是指数拟合的结果)。摘自 (Zhang L., 2018)

2.2.5 光场驱动相变

通过激光诱导材料在多个结构相之间的转变，从而能够在超高响应速度下操纵其各种功能特性，这方面的研究目前已经成为量子材料及超快科学领域的重点前沿。在相变过程中，光场驱动下电子的跃迁会改变激发态载流子占据数，并直接影响原子的受力。通过这种方式使电子及声子系统可以被相干激发，体系的能量耗散是典型的非绝热过程，将导致费米子 (如电子) 和玻色准粒子 (如声子、磁振子) 经历复杂的弛豫路径，涉及多个电子及声子模式之间的散射。建立能够解耦不同自由度之间相互作用的理论模型，不仅可以加深理解实验上复杂相变过程中的非绝热效应，同时也将为设计满足特殊性能的材料及器件提供依据。

对于单层的过渡金属硫族化合物而言，其晶格结构由过渡金属中的 d 轨道电子数目及配位场导致的能级劈裂所决定。在众多的过渡金属硫化物材料中，单层 $MoTe_2$ 的半导体 $2H$ 相和金属 $1T'$ 相之间的能量差最小，每个单胞仅为 42 meV 左右，因此可以通过改变温度、施加应力及电子掺杂等多种方式进行调控。2015 年，韩国科学家首次在实验上实现了利用激光调控 $2H$ 相到 $1T'$ 相的转变 (Cho, 2015)，但对超快光学控制有序相变的认识仍十分有限，相关研究一直停留在基于基态能量分析水平上。

2022 年，关梦雪 (M. X. Guan) 等系统地研究了光场下，单层 MoTe$_2$ 从半导体到金属超快结构相变的非绝热过程 (Guan M.X., 2022)。他们发现，在弱场激发下，只有面外的 A$_1'$ 及面内的 E$'$ 两个拉曼活性的光学支声子被激发，原子仅在其平衡位置附近做简谐振荡。这两个声子模式对应体系的电-声耦合强度最大，并且诱导的原子运动将导致体系势能面的不对称变化，因此结构的变化是定向的。而在强场激发下，单层 MoTe$_2$ 的相变可以分为三个阶段。在强光场激发后，A$_1'$ 及 E$'$ 两个模式的声子激发幅度约为弱场激发时的三倍，并在 0.4 ps 之后发生退相干，强度逐渐衰减并转化为其他声子模式，整个过程表现为非简谐运动。而倒空间 M 点的声学支声子 [LA(M)] 及平面内的 E$''$ 模式依次出现，导致有序的结构畸变。在 1 ps 的时间范围内，半导体 2H 相已经转变成非平衡的金属 2H^* 相（见图 2.33）。继续延长激发时间，该相将会转变为热平衡的 1T' 态。这些研究发现光激发可以有效地降低相变势垒，这种有序的声子激发导致的相变过程与高温时热平衡情况有着明显不同。

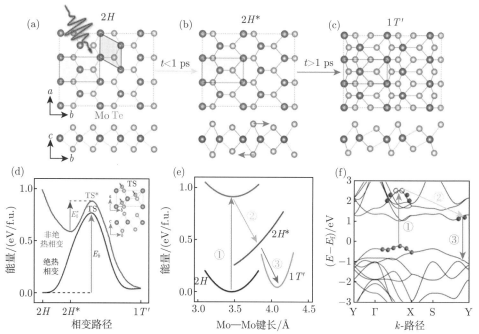

图 2.33　(a) ~ (c) 激光诱导单层 MoTe$_2$ 中，半导体 2H 相到金属 1T' 相转变过程示意图；(d) 绝热及非绝热相变时沿着相变路径的能量变化；(e)、(f) 相变过程中三个阶段的势能面变化及载流子分布。摘自 (Guan M.X., 2022)

通过分析载流子的能量分布，关梦雪等发现上述相变过程可以归因于光生载流子诱导的电子-声子相互作用的结果。当载流子占据在不同能量范围的导带上时，原子核受力明显不同。例如，当电子占据较高能量的导带时，施加在原子核上的力分别沿着 A$_1'$ 及 E$'$ 振动矢量的方向，而当电子被激发到导带底时，沿着 A$_1'$ 及 E$'$ 振动矢量的原子核受力明显减弱，而使 Mo—Mo 键收缩的力开始占主导地位。因此人们可以通过控制激光的强度及频率操控结构转变的路径，这些理论研究为实现半导体-金属相变给出了明确的工作参数范围。

同时，由于 2H 相是单层过渡金属硫化物中最常见的基态结构，也是各种多层及体相材料的基本组成单元，研究在不同过渡金属硫化物中的声子散射路径，为设计不同非平衡相变过程提供了新的自由度。

近年来，拓扑量子态及拓扑量子材料的理论和实验研究方兴未艾，已成为凝聚态物理研究领域中的一个重要前沿方向。拓扑序作为一种全新的物质分类概念，与对称性一样成为凝聚态物理中的新物理参量。晶体材料中，拓扑序一般和体系的贝里相位紧密相连。对拓扑及几何相位的深刻理解，关系到凝聚态物理研究中的诸多基础问题，例如量子相的分类、相变以及量子相中的多种零能隙元激发等。在拓扑材料中，电子和声子因具有显著的贝里曲率或贝里相位效应而表现出许多新奇的物性，例如手征反常、手性朗道能级等。研究贝里曲率或贝里相位效应对电子和声子的影响，以及电子、声子和自旋等多种自由度之间的耦合，对于理解和调控拓扑材料的物性有着决定性的作用。光激发可用于区分不同的相互作用并操控物质状态，从而获得材料的基本物性、结构相变以及与此相关的量子态信息。目前，深入理解光场驱动下拓扑材料宏观行为与其微观原子结构、电子结构的关联，已经成为众多研究工作的首要目标。

拓扑材料的光电响应行为与其微观电子结构密切相关，并强烈依赖于激发载流子的贝里曲率。特别对于手性拓扑半金属材料来说，能带交叉点附近的载流子具有发散的贝里曲率。因此，当拓扑半金属材料的费米面位于能带交叉点附近时，体系的光电响应在低频下将会非常显著，表现出低能发散行为，为研制高效的红外、太赫兹光电探测器提供了全新的理论依据 (Liu J., 2020)。对拓扑材料非线性光学现象的理论研究，通常可以采用将材料基态性质计算和对称性分析相结合的方法进行。然而，这样的处理方法仍存在明显的不足。首先，缺少被激发载流子在动量空间及实空间的实时动力学信息，无法建立起与时间分辨实验探测结果的直接对比。其次，无法考虑电子-声子及光子-声子之间的耦合，特别是非绝热耦合。而这点对于某些相变过程的发生至关重要。此外，这种基于微扰论的理论分析无法处理强光场下的物理过程。而基于第一性原理的含时密度泛函分子动力学模拟能够不依赖绝热近似，给出电子-晶格关联的动力学行为的描述。最近关梦雪等系统地研究了光激发导致第二类 Weyl 半金属 WTe$_2$ 中的电子结构拓扑相变 (见图 2.34)。研究表明，在 Weyl 点 (WP) 附近存在由原子轨道对称性及跃迁选择定则所决定的载流子的选择性激发。与通常手性激发的自旋选择定则大为不同的是，其激发路径可以通过改变线偏振光的极化方向及光子能量加以控制 (Guan M.X., 2021)。

载流子的不对称激发将在实空间诱导出不同方向的光电流，从而影响体系的层间滑移的方向和对称性特征 (如图 2.34 (a) 和 (b) 的插图所示)。WTe$_2$ 的拓扑性质与 Weyl 点的数目及其在动量空间中的分离程度等密切相关。因此，载流子的不对称激发将带来 Weyl 准粒子在动量空间的不同变化行为，以及体系拓扑性质的相应改变。该研究为光致拓扑相变提供了清晰的相图 (见图 2.35)。Weyl 点附近的载流子激发不但与其手性性质相关，还与其附近的波函数原子轨道特征相关，两者的效应类似但机制差别明显。这项研究为深入理解 Weyl 点的奇异性提供了理论依据。

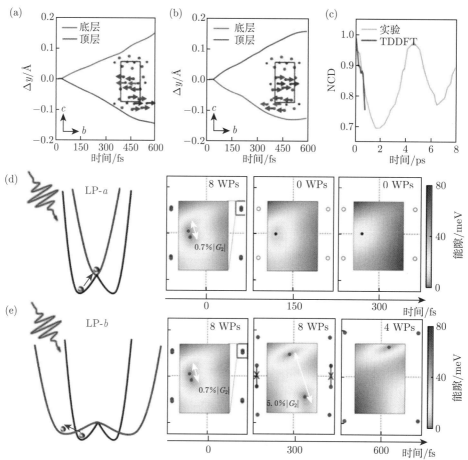

图 2.34　(a) 和 (b) 线偏振光极化方向沿着晶体 a 轴及 b 轴的层间相对运动, 插图为相应的运动模式; (c) 理论模拟与实验观测的比较; (d) 和 (e) 体系的对称性演化及 $k_z = 0$ 平面内两个最邻近 Weyl 点的位置、数目及分离程度。摘自 (Guan M.X., 2021)

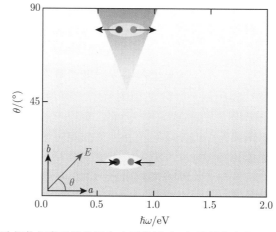

图 2.35　T_d-WTe$_2$ 中光致拓扑相变对线偏振光光子能量 ($\hbar\omega$) 及极化方向 (θ) 的依赖相图。摘自 (Guan M.X., 2021)

2.2.6 光场调控电荷密度波

在复杂的凝聚态体系中，研究各种粒子或准粒子 (例如电子、声子、磁振子、等离激元) 之间的相互耦合，对理解和调控其物理性质起着关键作用。在一个完美的晶格中，由于电子与其他集体激发的相互作用，晶格会发生周期性畸变，从而形成电荷密度波 (Charge density wave，CDW) 或称电荷序。通常情况下，电荷密度波可能来自于电子费米面嵌套、电-声耦合作用或其他尚未探明的因素。电荷密度波的形成机理目前仍是凝聚态物理的研究热点，并与超导、多体关联等量子现象息息相关。

激光激发是一个研究和控制复杂且纠缠在一起的粒子、准粒子相互作用的非常有效的工具，但它会不可避免地带来电子和原子核的非绝热运动。在电荷密度波材料中，激光不仅能够帮助我们理解材料基态与激发态性质，甚至能够通过非绝热动力学过程诱发出新物态。在激光的照射下，电荷密度波相中的集体振动模式会被激发，其晶格体系和电子体系会发生集体的振荡。超短的激光束照射能够关闭电荷密度波相中的电荷序带隙 (起源于晶体结构畸变) 和莫特带隙 (起源于电子-电子强关联作用)。实验研究还观测到在低温电荷密度波没有被破坏从而原子构型没有发生显著改变的情况下，电子的莫特能隙却已关闭，这展示了明显的非绝热过程。考虑到上述各种情况，相比于其基态，激发条件下电荷密度波的光激发诱导的非绝热动力学过程更加复杂。

2019 年，张进 (J. Zhang) 等从理论上研究了典型电荷密度波材料 $1T$-TaS_2 的超快激发过程 (Zhang J., 2019)。研究表明，光激发能够诱发 $1T$-TaS_2 产生一种新的集体振动模式，并且伴随着周期性出现一个具有金属性的瞬态结构，他们称之为 M 相。这些光激发动力学过程与热致相变过程迥然不同。研究发现，强激光照射会激发电荷密度波相中出现大量的电子-空穴对，$1T$-TaS_2 的电子结构会在小于 50 fs 的时间尺度内发生明显变化，导致二维平面内的带隙闭合。在几百飞秒内，电子-声子有效相互散射会升高晶格的温度，并且产生一个新的声子振动模式。前一种集体振荡模式与热激发生成的声子振动模式有着明显的差别。他们的研究表明激光诱导的 $1T$-TaS_2 的电荷密度波相会发生非热致的绝缘相-金属相转变。这主要归因于 $1T$-TaS_2 的电荷密度波相中的电子-电子关联作用。他们证明电荷密度波材料中电子-电子关联项及电子-声子耦合项对激光诱导的电荷密度波相转变过程起着关键作用。

在层状材料二硒化钛 ($TiSe_2$) 中，激光不仅能产生由激子诱导的电荷密度波，而且通过调控掺杂的浓度和改变应力的大小，还会诱发出超导态。近期，此方向研究受到了广泛的关注。对这类电荷密度波机理的分析研究，既可以为讨论 "电荷密度波态-超导态" 转变提供不同思路，又为可能存在的激子气体的玻色-爱因斯坦凝聚现象提供新的研究平台。由于激子和声子存在更为复杂的耦合关系，现有的研究手段往往会将问题混交在一起，因此无法明确区分二者在电荷密度波形成过程中所起的作用。近些年，有人提出可以用激光使激子和声子 "动" 起来，然后利用超快技术分开进行研究。由于激子的响应时间短，声子的响应时间长，在时域上就可以清晰地分辨出不同机理所起的作用。然而，由于超快谱学测量无法同时提供有超快时间分辨和超高空间分辨的信息，这方面的实验研究目前仍然存在很多争议。

为解决这个问题，廉超 (C. Lian) 等 (Lian C., 2020) 在理论上发展了可以处理激光激发二硒化钛的超快动力学过程，同时考虑超快时间分辨和超高空间分辨的第一性原理计算方法，并通过研究发现了一种新的电荷密度波形成机制。该工作显示，激光激发后，其电荷序会在一瞬间 (<10 fs) 被破坏，触发离子向其周期晶格畸变 (Periodic lattice distortion) 的反方向运动。在较强的激光照射下，甚至可以实现周期晶格畸变的完全反转 (如图 2.36 所示)。这一发现证实了激子对电荷密度波的稳定性起很大作用。然而，单一的激子作用并不能完全产生电荷密度波：即使在能实现完全的周期晶格畸变反转的情况下，激光本身只能破坏 20% 而非 100% 的电荷序。

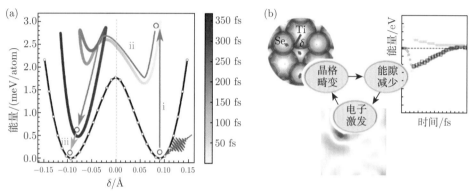

图 2.36　(a) TiSe$_2$ 中光激发导致的电子-离子非绝热动力学轨迹。纵轴表示当前时刻的体系势能，横轴表示 Ti 原子对高对称平衡位置的偏离。颜色深浅表示电子激发之后的时间。(b) 该过程中电子-声子自放大机制的示意图，它清晰地展示了电子与晶格耦合的非绝热效应。摘自 (Lian C., 2020)

　　进一步的第一性原理动力学模拟研究表明，传统的电-声耦合会与激子机制产生自放大，从而共同形成稳定的电荷密度波。通过设计一个外部热浴对原子核运动进行缓慢的退火，可以发现，即使退火速度极低，周期晶格畸变的运动也会被完全冻结。这就说明周期晶格畸变的动力学过程对初始阶段的原子核运动有着非常敏感的初值依赖关系：当初始时微小的原子核运动被热浴耗散以后，后续的周期晶格畸变运动将无法发生。周期晶格畸变的恢复和反转，需要 "电荷序破坏—原子核运动—加剧电荷序破坏—更大幅度的原子核运动" 这一自放大过程来实现。通过计算能带的含时演化，可以观测到这一过程的时间尺度约为 100 fs。这一理论计算结果与时间角分辨光电子能谱的实验测量结果非常吻合。

　　上面我们通过一些例子，系统介绍了凝聚态物质中非绝热效应引发的各种典型物理现象。这些工作清楚地表明了非绝热效应在电子与晶格量子耦合运动中所起的关键作用，而基于玻恩-奥本海默的绝热近似不可能解释这些实验中表现出来的丰富且新奇的物理过程。只有在考虑全量子效应的背景下，深入研究凝聚态体系中电子和原子核量子运动的非绝热行为，才能为澄清这些一直处于争论之中的诸如电荷密度波、超快电荷转移、分子贝里相、超导电性等物理问题提供新的思路。这是一个处于前沿且在未来很值得重视的研究方向。

第 3 章　全量子效应的化学问题

全量子效应的概念虽然发端于物理学，但是其对化学领域的影响和意义无疑也是广泛而深刻的。化学研究的根本任务之一是认识和控制化学反应，而化学反应简单而言就是一个旧化学键断裂、新化学键形成的过程，即原子不断迁移 (原子位置不断变化) 的过程。全量子效应将导致经典近似下所无法发生的化学反应。特别是在涉及有轻元素 (Light element) 原子（比如氢原子、氘原子等）和分子（比如氢分子、氧分子、甲醛分子等）参与的一些化学反应，这时原子核的量子隧穿和量子振动，以及电子与原子核之间量子耦合导致的势能面劈裂及量子动力学演化，都会对反应过程产生决定性的影响。

早在 1927 年，物理学家 F. Hund 在讨论手性分子对映体互变反应时，就曾经预见性地指出量子机制 (当时主要指原子核的量子效应) 在化学反应中将起到非常重要的作用。1932年，另一位物理学家 E. Wigner 首次明确地将"量子隧穿"概念引入化学领域。1935 年在统计热力学和量子力学的基础上，H. Eyring、M. G. Evans 和 M. Polanyi 提出了著名的化学反应过渡态理论，建立了一个经典框架内化学反应动力学过程的简洁图像，为认识和理解化学反应奠定了理论基础。在 Eyring、Evans 和 Polanyi 的原始论文中，在过渡态理论的经典框架图像之外，也特别提到了量子隧穿效应对某些化学反应的重要性。然而之后的很长一段时间，类似研究在化学领域并未引起足够的重视，这种情形一直持续到 20 世纪七八十年代，才开始有综述性文章与书籍较为系统地阐述原子核的量子隧穿对化学反应的影响。

在第 2 章的讨论中，我们主要是通过物理学的语言体系对全量子效应的物理性质进行了介绍。本章重点是讨论全量子效应在化学领域的影响作用。因此，在本章的开始部分，与其他章节不同的是，我们将用化学的语言体系重新介绍某些基本概念，以期让更为广泛的读者从本书的研究中受益。

探索和认识化学反应过程中的动力学本质，是化学学科的一个重要研究方向。在化学反应中，原子和分子的微观运动是由量子力学规律支配的。然而，即使是对最简单的化学反应问题，要想从量子力学基本原理出发，求解含时薛定谔方程，从而完全精确地计算出化学反应的整个动态过程，目前也几乎是不可能完成的任务。因此采取适当的理论近似是现阶段被大家共同接受的事实。由于电子与原子核之间在质量上的较大差异，电子的运动速度比原子核快得多，因此可以及时地调整电子的空间分布以适应原子核之间相对位置的变化，所以常用的方法是把原子核运动和电子运动分开来处理，这便是前面已经介绍的所谓玻恩-奥本海默近似，又称绝热近似。这时，电子处于绝热状态 (对于简单的情况，可以形象地认为，其在不断运动的过程中与固定位置的原子核不能靠动能交换热量)，从而可将含时薛定谔方程简化为瞬时的本征方程求解。研究分子的电子结构的理论称为量子化学，而处理原子之间的相对运动的理论称为动力学。对于一个具体的分子结构或化学反应, 利用玻恩-奥本海默近似, 首先将原子核的空间位置按一种可能的构型确定下来, 再用量子力学方法计算出该构型下的电子态能量。采用这样的办法在原子各种可能构型下计算出分子体系的电子总能量，该电子总能量就可以表示为原子核坐标的函数，于是就有了绝热近似下最赖以讨论各种物理及化学过程的基础：玻恩-奥本海默势能面。此势能面是研究化学反应动力学的出发点，一般在原子核的经典处理下，各种化学过程可以认为是相关原子在势能面上的运动演化过程。

通常情况下，不同电子态的势能面之间相互分离，这时玻恩-奥本海默近似是成立的。当势能面之间发生交叉或者非常接近时，玻恩-奥本海默近似将被打破，即会发生非绝热效应支配的动力学过程。例如，在多原子分子的光化学反应过程中，分子吸收光子后会引起电子跃迁至能量较高的激发态，从而引发原子核与电子态之间的非绝热耦合，这时必须把量子化的电子和原子核的运动以及两者之间的耦合都考虑到。目前的非绝热分子动力学通常是基于量子经典混合的理论框架，即将电子量子化而原子核依然看成是经典粒子，原子核遵循的运动用牛顿力学描述。当我们需要研究一些轻元素参与的反应动力学问题时，特别是涉及氢原子转移的反应，氢原子核的量子隧穿与量子振动将可能成为不可忽略的重要因素。此时原子核的运动将无法当作经典粒子处理，需要考虑全量子效应，具体求解电子-原子核相互量子耦合的含时薛定谔方程，这时的讨论将从玻恩-黄展开 (公式 (1.4)) 开始。

一般从实验上判断化学反应中核量子隧穿效应存在与否的一个重要依据，是考察反应速率与温度的依赖关系。对于一个由热涨落所驱动的化学反应，经典描述下对应的过渡态理论给出的反应速率由自由能势垒 (活化能) 和指前因子决定，反应速率常数随温度变化关系满足阿伦尼乌斯公式 (Arrhenius equation)，参见下面公式 (3.1)。而对于量子隧穿效应比较显著的化学反应，反应速率的对数与温度倒数的关系则会明显偏离线性曲线，甚至在低温下不再随温度发生变化（如图 3.1 所示），这是用经典物理所无法解释的现象。

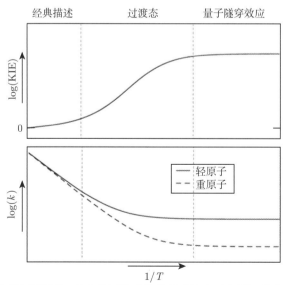

图 3.1　在考虑全量子效应的情况下，动力学同位素化学反应速率（上图）及化学反应速率比值（下图）随温度的变化关系。

此外，验证量子隧穿效应是否存在于化学反应中，还有一种更直接的方法，这就是通过动力学同位素效应（Kinetic isotope effect, KIE）的实验观测。KIE 实验是在发生化学反应过程中，将反应物的某一原子用同一种元素但不同质量的原子替换，分别进行反应，通过对比两者的反应速率，可以得出关于全量子效应在化学反应中所起作用的信息。若一个反应的速率控制步骤涉及该原子与其他元素原子形成的化学键的断裂，由于越重的原子形成的化学键越不容易断裂，因此使用同一种元素不同质量原子标记的反应物参加反应时，反应的速率也应该是不同的。在大多数情况下，质量重的原子标记的反应物，其对应的反应速率会慢一些。如图 3.1 中上图所示，如果这两种原子分别是 H 和 D，通常在不考虑全量子效应的情况下，含 C—H 键的反应速率 k_H 会高于含 C—D 键的反应速率 k_D 数倍。但如果反应中存在量子隧穿效应，k_H/k_D 则会远大于 10。关于这个问题在后面 3.2.3 节和 3.2.4 节具体例子的研究时，我们还会做详细讨论。当然，由于 KIE 还有可能受到其他复杂因素的影响，例如扩散受限等情况，所以即使在实验上所测出的 KIE 数值不是很大的情况下，也不能完全排除核量子效应对反应过程的影响 (Hama，2015)。

原子核的量子隧穿效应对化学反应的影响不仅仅体现在反应速率上，更重要的一个结果是可以选择性地调控反应产物。对于一个复杂的化学反应，特别是有机化学反应，平行反应是其中一种较为常见的现象。所谓平行反应就是在同一反应条件下，由同一反应物向两个或两个以上的方向进行，因此可以生成两种或两种以上不同产物的反应。关于各种产物的分布问题，通常是用热力学控制或动力学控制反应产物来理解和判断的。对反应产物选择性的调控也正是基于此原理来实现的。如果反应还未达到平衡就分离产物，利用各种产物生成速率的差异 (取决于势垒高度，如图 3.2 中 TS(1) 或 TS(2) 的高度) 来控制产物分布称为动力学控制反应，其主要产物称为动力学控制产物；如果让反应体系达到平衡后再分离产物，利用各种产物热稳定性的差异 (取决于势阱的深度，如图 3.2 中 C 或 B 的最低点) 来控制产物分布称为热力学控制反应，其主要产物称为热力学控制产物。

然而，对于由原子核量子隧穿效应起作用的化学反应，情形将变得很不一样。从一个简单的角度来考虑，量子隧穿效应似乎可以看做是动力学控制的一种特殊情况，意即势垒为零时的动力学控制反应。但事实远非如此简单，对于势垒比较高的反应途径，如果因为是势垒的宽度比较窄而导致量子隧穿效应发生，那么即使在动力学控制的环境下，也可能得到热力学控制的反应产物。所以，量子隧穿效应其实是一种独立的化学反应产物控制过程，在传统的动力学控制和热力学控制概念之外，需要加入 "隧穿控制" 作为第三种反应控制模式 (图 3.2 中横向箭头所示)(Schreiner，2017)。总结上面的讨论我们可以知道，对于热力学控制反应，产物的选择性取决于哪一种产物的自由能更低 (比如图 3.2 中所示的 B 能谷)；对于动力学控制反应，产物的选择性取决于哪一种反应途径的势垒更低 (比如图 3.2 中对应的 TS(1) 势垒)，产物生成速度更快；而对于量子隧穿控制反应，产物的选择性取决于哪一种反应途径的势垒宽度更窄 (比如图 3.2 中对应 A 与 C 之间的势垒)。

如果将原子核做经典处理，对于某些反应势垒比较高的化学反应，当热涨落不足以驱动反应物越过势垒时，则通常情况下该反应一般设想是不能发生的。但考虑了全量子效应后，原子核的量子隧穿完全可以打破这一禁律。例如，对星际化学反应而言，在外太空低温环境下，氢原子、氘原子及大量的甲醛分子都可以通过原子核的量子隧穿效应发生化学反应，从而突破传统化学反应的禁阻，由简单的无机元素合成星际化学中众多的有机分子。由此推断，量子隧穿效应也可能是导致早期生命所需的复杂有机化合物形成的重要机制，甚至与生命起源有着密切关系。当然，实际过程中，甚至不可避免地会有多体量子耦合的非绝热过程发生。

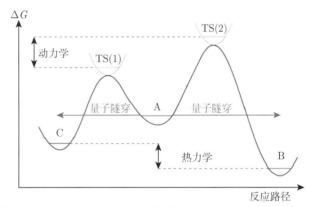

图 3.2　原子核量子隧穿效应对复杂化学反应产物选择性影响的示意图。除了传统概念上的热力学控制和动力学控制反应过程外，量子隧穿控制也成为调控反应产物的一个重要因素

3.1　化学反应过渡态理论

　　过渡态理论 (Transition state theory, TST) 的建立是化学发展史上的一个重要里程碑，它图像简洁，应用范围广泛，对于理解化学反应的机理和基本动力学过程不但具有普适性而且意义深刻。过渡态理论的建立可大致追溯到 20 世纪 30 年代。1932 年 H. Pelzer 与 E. Wigner 最早把势能面与鞍点的概念引入化学反应过程中。1935 年 H. Eyring、M. G. Evans 和 M. Polanyi 在统计热力学和量子力学的基础上，正式提出了过渡态理论的经典表达式。1938 年 E. Wigner 给出了过渡态理论的严格论证。

　　在一个化学反应中，由反应物分子转变为生成物分子的过程，伴随着旧化学键的断裂与新化学键的形成，反应体系需要经历一个寿命极短的 "过渡态"(又称活化络合物或过渡态络合物)，如图 3.3 所示。在过渡态，反应物分子的旧化学键即将断裂，生成物分子中的新化学键即将生成，总的反应速率由反应物转化为过渡态络合物的速率决定。1889 年瑞典化学家阿伦尼乌斯在总结大量实验结果的基础上，提出了反应速率 k 满足的基本表达式，

$$k = Ae^{-\frac{E}{k_B T}} \tag{3.1}$$

其中 E 是沿反应坐标的能量势垒高度，即反应的活化能，A 是指前因子。这个公式被称为阿伦尼乌斯公式。后来 Eyring 的工作中又给出了指前因子的表达式，它与反应物和过渡态络合物的配分函数有关。上述反应速率公式 (Formula of reaction rate) 表达形式简单，物理图像清晰，形象地说明了化学反应为什么需要克服活化能以及反应遵循的能量最低原理，并引导人们从分子间作用的微观层次来考察化学反应过程的机理问题。

　　早期的过渡态理论就其本质而言属于经典框架的范畴。这里的基本假设意味着可以同时确定沿反应坐标的动量和位置，这显然不符合量子力学的测不准原理。过渡态理论的一个重要概念是分割面 (Dividing surface)。如图 3.4 所示，它将势能面分为反应物区、产物

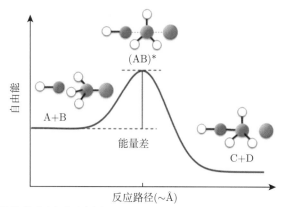

图 3.3 经典过渡态理论的势能剖面示意图。A+B,(AB)* 和 C+D 分别代表反应物、过渡态络合物 (也称为过渡态) 和生成物 (也称为产物)。反应物与过渡态络合物之间的能量差为跃迁势垒。

区和过渡态区。过渡态区就是分割面附近的构型空间区域。于是,势能面提供了研究反应过程的舞台,在势能面上连接反应物与产物的一条最容易实现的途径就是整个化学反应的路径,又称为轨线 (trajectory)。通过计算越过分割面的轨线通量积分来得到反应速率。经典过渡态理论的两个基本假设是局域平衡假设和无返假设 (罗渝然,1983)。前者是指,在分割面附近,玻恩-奥本海默近似成立,体系的哈密顿量可以分离变量,简称绝热条件;后者则是指,反应轨线即反应路径仅穿过分割面一次,不返回反应物区。在过渡态理论计算中,一般选取与成键断键紧密联系的原子位置为反应坐标,沿反应轨线自由能最高点 (鞍点) 对应的构型为过渡态。如何选择合适的分割面?这是研究化学反应过程的关键问题。在早期的过渡态理论中,分割面通过鞍点,而在其后进一步发展出的广义或变分过渡态理论中,则是利用变分法选择分割面。

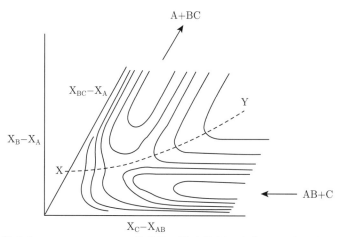

图 3.4 化学反应 AB+C—→A+BC 的势能面等高线图。虚线 XY 表示该反应的分割面。
摘自 (Marcus, 1993)

自 20 世纪七八十年代开始,过渡态理论得到了很大的发展,这些发展大多致力于理解过渡态理论的假设、研究其力学图像、考察量子效应、发展广义或变分过渡态理论等。这方面已有很多综述文献，感兴趣的读者可以进一步阅读参考资料 (罗渝然，1983; Truhlar，1983)。本节将重点讲述与全量子效应有关的新进展。

在真实的化学反应中，全量子效应不可忽略。尤其是在低温下，或是有轻元素参与反应时，全量子效应甚至在反应过程中起着决定性的作用。最重要的是全量子效应表现为反应体系能级的量子化和量子隧穿效应。反应物、过渡态络合物和产物的零点能及量子化能级会影响整个反应的能量势垒、反应速率甚至反应路径。反应物处于势能面极小值，该处存在分立的量子能级。过渡态在垂直反应坐标方向也处在对应的能量极小值，同样也会形成分立的量子化过渡态。反应物与过渡态之间的跃迁势垒和相互作用就与这些分立的能级有关 (见图 3.5)。而量子隧穿效应属于动力学范畴，它意味着在经典框架下无法发生的反应其实在量子力学范畴内是有可能发生的。在过渡态理论框架下，一般是通过对经典过渡态理论进行量子化修正，或者发展全新的量子过渡态理论来研究化学反应中全量子效应的作用。

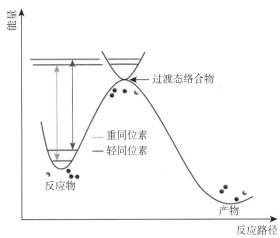

图 3.5　量子过渡态理论的势能剖面示意图。考虑原子核量子效应后，反应物和过渡态络合物零点能及量子化能级

我们首先简述一下对经典过渡态理论进行量子化修正的方法。在早期研究中人们就已发现，经典过渡态理论给出的是反应速率的上限值，真实的反应速率需要乘上一个与系统有关的透射系数。因此，在对过渡态理论进行量子化修正时，人们将反应的量子速率表达为经典速率乘上一个修正因子，

$$k^{\mathrm{qm}} = \gamma k^{\mathrm{cl}} \tag{3.2}$$

这里的上标 qm 和 cl 分别对应化学反应的量子速率和经典速率。一种简单的近似是考虑过渡态能级量子化的影响，引入零点能修正，将经典势垒用量子势垒或绝热振动势垒代替 (罗渝然，1983)。这种近似的适用条件是低温或低能情况，这时反应体系大都处于基态，其对反应速率的贡献也最大。比如，B. C. Garrett 等利用变分过渡态理论，推导出能级量子化处理后的反应速率可以近似为经典速率乘上体系绝热振动基态对应的透射系数 (Garrett，1980)。

这种修正的进一步考虑是将反应坐标按经典处理，但对内部自由度量子化，将反应物态和过渡态内部束缚自由度的经典配分函数用量子配分函数代替 (胡旭光，1991)。在对势能面做简谐近似的基础上，公式 (3.2) 经典反应速率前的修正因子为量子配分函数与经典配分函数的

比值 (宋凯，2016)，

$$\gamma = \frac{Z_{\mathrm{qm}}^{\neq} Z_{\mathrm{cl}}^{\mathrm{R}}}{Z_{\mathrm{cl}}^{\neq} Z_{\mathrm{qm}}^{\mathrm{R}}} \tag{3.3}$$

其中 $Z_{\mathrm{qm}}^{\neq}$ 和 $Z_{\mathrm{cl}}^{\neq}$ 分别表示过渡态的量子配分函数和经典配分函数，$Z_{\mathrm{qm}}^{\mathrm{R}}$ 和 $Z_{\mathrm{cl}}^{\mathrm{R}}$ 分别表示反应物态的量子配分函数和经典配分函数。我们这里要注意，此时过渡态是势能面上的一个鞍点，对其做二阶展开时会有一个虚频，在过渡态配分函数的计算中不包括虚频的贡献。

由于传统的过渡理论并没有考虑量子隧穿效应，显然，特别是在低温下忽略量子隧穿效应会给计算带来明显的误差。如上面讨论，在考虑量子隧穿效应对反应速率的简单修正后，量子反应速率可以表示为在经典反应速率前乘上一个修正因子 (宋凯，2016)。这个修正因子也被称为隧穿透射系数。在经典过渡态理论框架内，当体系能量小于或大于能量势垒时，该隧穿透射概率分别为 0 或 1。考虑量子隧穿效应后，当体系能量小于能量势垒时隧穿透射概率为非零值，当体系能量大于能量势垒时 (非经典反射) 隧穿透射概率小于 1。考虑隧穿透射系数相当于包括了低于能量势垒时的量子隧穿效应和体系能量高于能量势垒时的非经典反射效应 (Truhlar, 1996)。此外还需注意，量子隧穿的路径有可能与经典路径完全不同，经典路径是最低能量路径 (Minimum energy path, MEP)，而量子路径可能是 "走捷径"(罗渝然，1983)。这时反应可能通过接近于 MEP 的势能路径发生，叫做小曲率隧穿 (Small curvature tunneling, SCT) 近似。对于这种情况，从 MEP 出发寻找 SCT 近似是最有效的办法。当然反应还可能通过远离 MEP 的能量路径发生，即大曲率隧穿 (Large curvature tunneling, LCT) 近似。例如，在研究氢原子和氢分子的变型反应 H+H$_2$ $\longrightarrow$H$_2$+H 时，R. A. Marcus 和 M. E. Coltrin 指出，反应路径是连接指定振动态的振幅极值点之间的一条更短的路径，如图 3.6 中的虚线所示 (Marcus, 1977)。这相当于势垒宽度变窄，因而量子隧穿使得反应速率增加。采用这条 "捷径" 计算得到的反应速率比用标准路径得到的数值大 1~2 个数量级。另一个例子是碳原子在有机分子中的反应过程 (见 8.4.3 小节)。

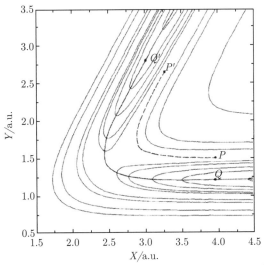

图 3.6　变型反应 H+H$_2$ →H$_2$+H 的势能面。连接 Q 和 Q' 的实线为最速下降路径，连接 P 和 P' 的虚线为连接振动态 (这里为零点振动) 振幅极值的量子隧穿路径。摘自 (Marcus, 1977)

除了上述的对经典过渡态理论采取修正方法外, 人们还力图更严格地从量子力学基本原理出发构造量子过渡态理论。然而并不存在基于经典过渡态思想的量子过渡态理论, 因为我们在前面讲过经典过渡态理论的两条基本假设意味着可以同时确定沿反应坐标的动量和位置, 这显然不符合量子力学的测不准原理。量子过渡态理论一定是基于对分子体系全量子化的考虑, 这方面研究的重要进展来自 W. H. Miller 等的工作。他们推导出量子力学反应速率的严格表达式, 可以表示为量子力学流-流关联函数的时间积分 (Miller, 1983)。由于含时流函数的计算需要求解含时量子力学问题, 并且严格的速率公式需要对时间积分到无穷大, 因此实际计算中还需要做进一步的近似 (Truhlar, 1996; 宋凯, 2016)。这种含时方法显然包括了全部的动力学效应。另一类应用广泛的方法是路径积分量子过渡态理论 (Voth, 1993)。基于路径积分的方法可以将体系所有模式的量子力学效应考虑进来, 同时也能包括势能面的非简谐效应。与此相关的主要方法会在后面第 5 章全量子效应动力学性质讨论中做详细论述, 在此不再赘述。

近些年, 修正的经典过渡态理论和量子过渡态理论方法都有了显著发展, 而且也被运用到众多重要的化学反应问题的实际研究中。然而, 目前还没有一种通用方法能解决所有问题。过去几十年里, 过渡态理论的诸多重要进展都与处理核量子效应和非绝热效应量子动力学有关。我们相信, 未来对全量子效应更精确的处理方法将推动化学过渡态理论进一步向前发展。

3.2　核量子效应

全量子效应同样会影响到凝聚态物质的化学性质。这里提醒读者注意的是, 在微观领域的具体问题讨论中, 我们很难完全区分究竟哪些问题是应该归属到物理研究范畴, 而另外一些问题应该归属到化学研究范畴。本章只是按照传统习惯的方式重点讨论在分子层面理解各种客观世界的化学反应过程中, 核量子效应扮演的重要角色。

3.2.1　表面催化反应

发展能够准确预测化学反应速率的理论不仅是基础理论化学的核心问题, 对工业催化应用也有极其重要的实际意义。用实验来验证理论预测的结果是促进理论发展的重要途径。然而, 对真实催化反应的理论模拟往往包含复杂的反应过程计算, 致使理论和实验的直接对比变得非常困难。解决此问题的一种可行方案是采用简单的、基本的化学反应体系。不幸的是, 即使对于简单模型体系, 目前也很少有这方面的报道。主要的原因是即使选择表面化学中的基本化学反应, 从实验上准确测量反应速率同样是非常困难的。

最近德国 D. Borodin 等研究了氢原子在过渡金属表面结合成氢气分子的化学反应 (Borodin, 2022)。这是个典型的基本化学反应, 反应物是氢原子 H 和其同位素氘原子 D, 产物是 H_2, HD 和 D_2。同位素效应对反应速率的影响是研究核量子效应的一种重要方式。人们一般认为, 核量子效应只在低温下重要, 在高温下对原子核采用经典描述就足够准确了。比如, 对于气相反应, 在温度高于 500 K 时, 人们通常认为不需要考虑核量子效应。德国这个小组在实验温度为 250~1000 K 范围内, 测量了氢原子在金属 Pt 表面结合成分子的反应速率。进一步结合理论模型计算, 他们发现即使在高温 (比如大于 500 K) 时, 核量子效应的作用对反应过程也是非常关键的，除此之外，他们还证明电子自旋自由度也是一个很重要的因素。定量地讲，忽略核量子效应及电子自旋自由度将使得理论模拟值比实验测量值要高估出 10 倍到 1000 倍。

在这个实验室中，Borodin 等使用混有 H_2 和 D_2 的脉冲分子束来照射金属 Pt(111) 和 Pt(332) 表面，然后使用速度分辨的动力学 (Velocity-resolved kinetics, VRK) 测量技术来得到精确的瞬时反应速率。图 3.7 展示了实验测量和理论模拟的由氢原子结合生成氢分子的反应速率，以及它们随温度和时间变化的关系。可以看出，在很宽的温度区间里，理论模型和实验数据都符合得相当好，这对分析理论模型所讨论的物理问题给予了强有力的支持。他们使用的理论模型叫做量子速率模型 (Quantum rate model, QRM)，包括了考虑同位素效应对反应速率的影响。具体与温度 T 相关的反应速率 (比如形成 H_2 分子) 可以表达为

$$k_{H_2}(T) = \langle S_0^{H_2} \rangle (T) \sqrt{\frac{k_B T}{2\pi m_{H_2}}} \frac{Q_{H_2}/V}{(Q_{H^*}/A)^2} \exp\left(-\frac{E_0^{H_2}}{k_B T}\right) \tag{3.4}$$

式中，$\langle S_0 \rangle (T)$ 是热黏附概率，E_0 是吸附能，Q_{H^*} 是反应物的配分函数，Q_{H_2} 是产物的配分函数，V 和 A 是计算配分函数时的参考体积和面积。在利用此公式计算时，$E_0^{H_2, HD, D_2}$

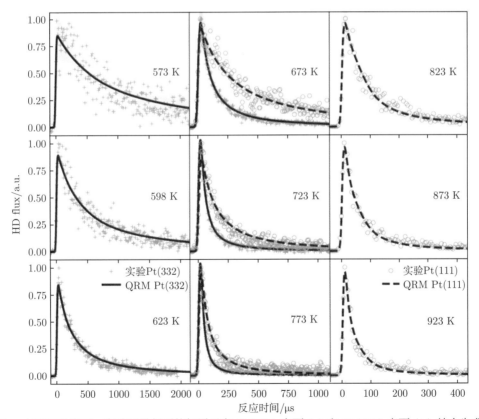

图 3.7　在不同温度下，实验测量得到的氢原子在 Pt(111) 表面 (○) 和 Pt(332) 表面 (+) 结合生成 HD 分子的动力学反应速率，以及与利用量子速率模型 (QRM) 给出的不同表面模拟结果 (虚线 (111) 表面和实线 (332) 表面) 的对比。可以看到理论模型基本反映了实验观测的实际情况。摘自 (Borodin, 2022)

和 $\langle S_0^{\mathrm{H_2, HD, D_2}} \rangle (T)$ 可以由实验值确定，而气相的 $Q_{\mathrm{H_2}}$ 也已通过大量实验测量得到。所以反应物的配分函数 $Q_{\mathrm{H^*, D}}$ 对准确计算速率至关重要。他们用量子势能 (面) 采样 (Quantum potential energy sampling, QPES) 方法来得到 $Q_{\mathrm{H^*, D}}$。这个配分函数包含了原子核与电子两部分的贡献。具体地，对应原子核部分的贡献，他们通过求解对应原子核的薛定谔方程来得到核的量子能级和波函数，然后直接去计算原子核的配分函数。对于电子部分的贡献，由于一个电子空间轨道可以占据两个自旋相反的电子，所以他们在自旋两重简并的子空间计算了电子配分函数。

图 3.8 显示了与不同实验对比的结果。可以看出，以前的实验数据存在很大的误差 (图中红框所示)，而 Borodin 等的实验数据误差很小。在图 3.8(a) 中也给出了不同理论模型的预测结果，这些理论模型包括了量子速率模型 (QRM)(图中黑色实线)、简谐过渡态理论 (Harmonic transition-state theory，hTST)(图中绿色点线)、经典速率模型 (Classical rate model, CRM)(图中蓝色点划线) 和忽略电子自旋的量子速率模型 (QRM)(图中黑色虚线)。由图 3.8(a) 中的左下插图可以看出，同时考虑了核量子效应和电子自旋的量子速率模型 (QRM) 的结果在很宽的温度区间都与实验 (图中空圈) 符合得很好，而其他的模型相比实验值都有不同程度的偏离。为了更加清楚地对比不同模型的情况，图 3.8(b) 给出了各种模型预测的反应速率和量子速率模型 (QRM) 预测结果的比值。可以看出，最糟糕的情况是 hTST 给出的结果，其在 200~1200 K 很宽的温度区间内给出的反应速率高估了 2 至 3 个数量级。hTST 失效的主要原因有如下几点: ① 采用了无相互作用的简谐振子来近似描述势能面; ② 没有考虑过渡态跳回到反应物对反应速率的修正 (Recrossing correction)。另外，CRM 虽然比 hTST 好，但即使对于高温 (>1000K) 下的结果也高估了 20 倍左右。相比 QRM，CRM 是用完备势能面采样 (CPES) 的方法来得到配分函数，忽略了原子核和电子的量子效应。而相比 hTST，CRM 因为是考虑了非简谐效应而给出了比 hTST 好很多的预测，特别是在高温的情况下。这是因为在高温下，核的量子描述和经典描述之间的差别变小了，同时热效应引起的非简谐贡献得到增大。显然，在上面这些方法中，QRM 模拟结

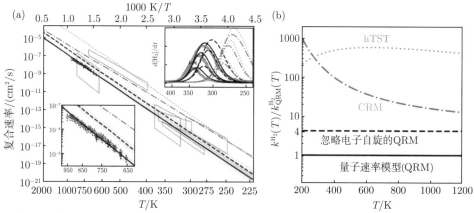

图 3.8　氢原子在 Pt(111) 表面结合生成 H_2 分子的反应速率与温度的关系。(a) 红框标出了各种实验测量速率的不确定范围。图中对 Borodin 工作的实验数据 (○) 与量子速率模型 (QRM)(黑色实线)、hTST(绿色点线)、CRM(蓝色点划线) 以及忽略电子自旋的 QRM(黑色虚线) 的理论结果进行了对比。右上插图的实验数据来自不同组的工作。(b) 四种理论模型给出的反应速率结果。摘自 (Borodin，2022)

果与实验值符合最好。在 QRM 基础上，如果忽略电子自旋对配分函数的贡献，给出的反应速率将高估 4 倍左右。这是因为两个氢原子可以形成四个态 (自旋单态加上三重态)，而只有单态是产物的基态，所以如果不考虑自旋，则四个态都可以是产物，于是反应速率将增大 4 倍。通过将这些包含不同物理效应的理论模型和实验进行对比，他们清晰地揭示了考虑原子核量子态与电子自旋态的全量子效应，对准确描述金属表面催化反应的重要性。

3.2.2 超冷化学反应

  一直以来，如何控制分子的量子态，从而在任意的位置上打开化学键并接上想要的设计原子或基团，是化学家的梦想之一。而制造具有确定量子态的超冷分子，开展其相互作用规律的超冷化学物理研究，是实现这一梦想的第一步。早在 1917 年，A. Einstein 就发表了 "On the quantum theory of radiation" (《关于辐射的量子理论》)(Einstein, 1917)。根据这一学说，行进中的原子被迎面而来的具有合适频率的激光照射时，在吸收光子能量引发核外电子跃迁的同时，其动量每与光子碰撞一次就会减小一点，直至减小到最小值。图 3.9 给出了激光冷却和捕获原子过程中的多普勒效应示意图。利用这一原理，朱棣文 (Steven Chu) 等于 1985 年采用激光将钠的原子气体冷却到了 240 μK 的温度。随后，科学家们利用进一步发展的激光冷却技术以及蒸发冷却技术，于 1995 年实现了玻色-爱因斯坦凝聚 (Bose-Einstein condensation) 这一宏观量子现象。这项工作从此翻开了物理学中制造具有确定量子态的超冷原子及超冷分子等相关问题研究的崭新一页。

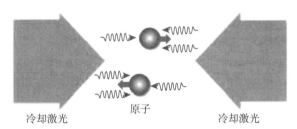

冷却激光   原子   冷却激光

图 3.9 激光冷却和捕获原子过程中的多普勒效应示意图。冷却激光频率相对原子跃迁频率红移，则原子可与迎面而来的光子作用并实现减速

  分子是保留物质化学属性的最小单位，也是连接描述微观物质的量子力学理论和研究多个原子分子间相互作用规律的化学的桥梁。特别是通过对分子气体玻色-爱因斯坦凝聚或者简并费米气体的精密测量，以获取超冷化学反应的量子信息，发现新的物质状态，无论是探测量子力学在数据存储和传输中的应用，还是认识和控制化学反应这一化学研究的根本任务都无疑具有深刻的意义。然而，"一个双原子分子要比一个原子复杂太多"(Schawlow, 1981)，超冷分子不仅有许多内部能级，其本身还会发生旋转和振动。因此，超冷分子与超冷化学的研究更具有复杂性和挑战性。迄今为止，尽管实现超冷分子气体的完全量子态控制仍然是一个巨大的挑战，经过近十多年来激光冷却技术与超冷物理研究的快速发展，人们通过整合已有的技术，已探索出了更高效、更稳定的超冷分子制备方法，并开发出多种手段用以制备稳定且密集的超冷分子样品 (Wu J.Z., 2018)。这些研究具有高度灵活的人工精确可操控性，并逐渐开启了研究超冷分子与超冷化学的新领域。超冷原子与超冷分子的化学反应完全由量子力学所主导，其中核量子效应是普遍存在的效应。研究此类化学反应

可以丰富我们对量子世界特别是对全量子效应的认识，反过来也能加深理解超冷原子与分子间的相互作用，并最终实现对其的有效利用。

在超冷化学反应的探索方面，费米双原子超冷分子的制备及其量子简并费米气体的实现或许是近期最重要的进展。在目前研究最多的费米双原子超冷分子中，钾 (K)—铷 (Rb) 是一类极性分子 (Ni K. K., 2008)。与中性粒子相比，极性分子间的偶极-偶极相互作用具有长程可调的特点，并且其所具有的永久电偶极矩提供了额外的电场控制 "旋钮"，在超冷温度下将对反应的走向产生显著的影响。同时，所涉及的两个原子属于不同类别：钾是一种费米子 (自旋之和为半整数)，铷是一种玻色子 (自旋之和为整数)，而由它们组成的分子则具有费米子特征。根据泡利不相容原理，当所有的最低振转态分子的核自旋都相等时，处于量子简并的费米子粒子的波函数在其他自由度上将显示反对称的特性，从而使得超冷钾铷分子体系更为稳定、更难以发生化学反应 (如图 3.10(a) 所示)。这个系统在低于费米温度的数十 nK 的超低温下可持续存在几秒，为其量子态调控和精密测量提供了更多的便利和选择，从而具有重要的应用价值 (De Marco, 2019)。有趣的是，在超冷钾铷 (KRb) 分子碰撞形成铷 (Rb$_2$) 分子和钾 (K$_2$) 分子的化学反应过程中，还观察到了原子核的量子态对超冷分子的化学反应速率所产生的至关重要的影响。具体表现为当分子中原子核自旋的排列无序时，其反应速率相较有序 (自旋完全向上或向下) 时快 100 倍以上。这是由于全同费米子体系存在泡利排斥效应，这一效应在计算中就反映为一个只可能通过 "量子隧穿" 效应穿越的排斥势垒，导致了实验中发现的奇异现象。同时，超冷温度能够迫使钾铷分子在其反应的中间阶段的停留时间比通常情况长数百万倍，从而有足够长的时间来研究化学键的断裂和重组过程，甚至进行捕获并通过光电离检测技术来直接观察化学反应进程中最为关键和最难以捉摸的反应中间体 (K$_2$Rb$_2^*$) 的存在 (见图 3.10(b))，以及其对应的量子态，为揭示全量子效应在化学反应中的作用提供了新的可能性 (Hu M.G., 2019)。

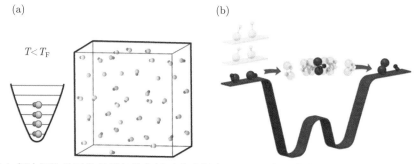

图 3.10　(a) 超冷钾铷分子的量子气体在低于费米温度 T_F 下，由于费米–狄拉克量子统计，将具有高度均匀的密度并在相当程度下对破坏性碰撞免疫，因此导致了较低的反应率 (Zelevinsky, 2019)。(b) 利用超冷分子技术首次观察到了化学反应 $2KRb \longrightarrow K_2Rb_2^* \longrightarrow K_2+Rb_2$ 的中间体 $K_2Rb_2^*$。摘自 (Hu, 2019)

在前面讨论的化学反应过渡态理论中，我们曾指出大多数中性原子和分子的化学反应都有势垒。然而，在超冷温度下，原子和分子的德布罗意波长远大于相互作用的尺寸，实验和理论都已证明具有经典意义上不可跨越的势垒的化学反应，仍可通过量子隧穿效应发生。作为量子隧穿主导反应的典型例子，可以通过对 $F+H_2$ (Takayanagi, 1998) 和 $Li+HF$(Wech, 2005) 反应来深入理解。研究表明，不仅轻元素原子 (比如氢) 参与的量子隧穿效应主导的化学反应具有较大的反应速率, 而且氟原子等较重元素原子核量子隧穿化学反应的速率也会显著增加。与此同时, 在较高温度下几乎不影响反应进程的弱范德瓦耳斯相互作用和外电场与磁场调控, 也会在接近绝对零度的低温下对反应产生显著的影响。因此研究这些弱相互作用和外场调控对化学反应的影响, 也是超冷可控化学反应实验研究中的一个重要方向。

除上述反应外, 核量子效应还存在于等离子体化学中。比如, 等离子体化学中具有核心地位的潘宁放电 (Penning discharge) 描述了中性物种 (原子或分子) 在与另一亚稳的中性物种碰撞作用下, 发生电离的过程 (亚稳物种的亚稳电位高于稳态物种的电离电位)。这一自电离过程仅在碰撞过程中发生, 显然原子核量子动力学在潘宁放电中将起到主要作用。这些研究都表明在超低温 (能量) 下, 核量子效应显著地影响着化学反应。实际上, 借助于精密的实验设计, 根据不同能量下与亚稳态氢原子碰撞时氩和分子氢的潘宁放电反应的观察结果 (Henson, 2012), 在 1 meV(11.5 K) 下出现了潘宁放电反应速率的反常尖峰, 这与经典理论下反应速率随温度降低而下降的规律完全不同。这个尖峰正是来源于量子隧穿角动量势垒发生的散射共振, 即在与共振态相匹配的碰撞能量下, 粒子隧穿通过势垒并被捕获, 而势垒内更高的粒子出现概率最终导致了电离率的升高。

3.2.3 有机化学反应

有机化学又称为碳化合物的化学, 是化学中极为重要的一个分支。氢原子在不同有机分子或者原子基团间的转移, 广泛存在于各种有机化学反应过程中。这主要包括氢正离子 (质子) 转移、氢原子转移以及氢负离子转移反应等。由于氢原子核的质量很小, 许多反应即使在室温条件下也会有明显的核量子效应。实验上可通过能否观测到较大的动力学同位素效应 (KIE) 来进行验证。对于分别用氢和氘两种同位素标记的有机反应, 通常情况下, 反应速率的比值 k_H/k_D 应该在 6~10 之间, 也就是说, 含 C—H 键的反应速率是含 C—D 键的反应速率的 6~10 倍。但如果反应中存在量子隧穿效应, k_H/k_D 的值则会大于 10。例如, 对于图 3.11 中所示的这个过程, 硝基丙烷与 2,4,6-三甲基吡啶之间的反应, 硝基丙烷的 α-H 被有位阻的吡啶去质子化, 然后发生碘代, 该反应在室温 (25 ℃) 下的 KIE 比值将近 25, 这个结果清楚地表明在该反应过程中发生了氢原子的核量子隧穿过程 (Lewis, 1967)。

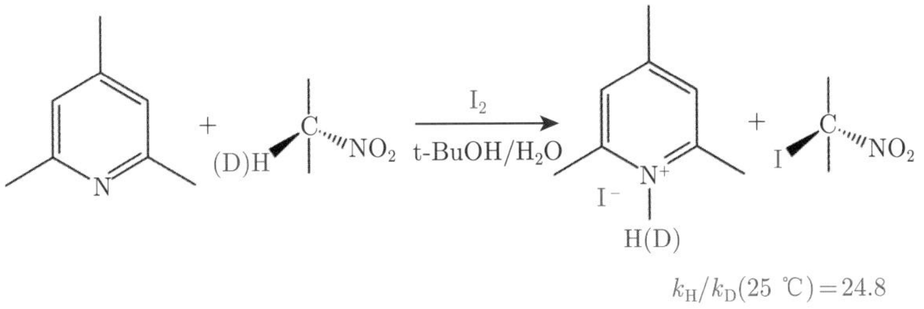

$$k_H/k_D(25\ ℃) = 24.8$$

图 3.11 2,4,6-三甲基吡啶参与下的硝基丙烷碘化反应及其同位素效应

对于较为复杂的有机化学反应, 平行反应的存在是一种较为普遍的现象, 这时所涉及的反应机理和反应途径往往比较复杂。正如前面讨论过的, 在经典的热涨落驱动的化学反应中, 反应物分子只有获得足够能量, 才能越过势垒, 由于不同反应途径势垒高度的不同, 有热力学控制与动力学控制反应之分。这两个过程的区别是, 在热力学控制的反应中, 产物的选择性取决于哪一种产物的自由能更低; 而对于动力学控制反应, 产物的选择性取决

于哪一种反应途径的势垒更低，产物生成速度更快。如果有原子核量子隧穿效应参与反应，在热力学控制与动力学控制之外，必须同时考虑"量子隧穿控制"对反应产物选择性的影响。这个时候，产物的选择性取决于哪一种反应途径的势垒宽度更小。

　　量子隧穿效应的存在不只是会改变反应产物的选择性，在一些特殊情形下，甚至可以获得通过经典化学反应无法得到的产物。比如，图 3.12 中所示羟基取代的甲基卡宾的异构化反应 (Schreiner，2011)，可能的反应产物分别为烯醇 (图中 b 过程) 与甲醛 (图中 a 过程)，前者是动力学控制产物，后者是热力学控制产物。但是由于这两种产物的生成都需要氢原子迁移，前者是甲基上的氢原子迁移，后者是羟基上的氢原子迁移，二者的反应势垒都很高。如果完全是经典的化学反应支配的过程，可以预期在较低温度下该反应是无法发生的。然而大量实验结果表明，即使在 10 K 下，由于氢原子核的量子隧穿效应，该反应仍是可以发生的，而且生成了热力学稳定的甲醛分子。这是一个典型的量子隧穿控制反应的结果，之所以生成了甲醛分子，是因为该反应途径的势垒宽度比较小，发生隧穿的几率高于生成烯醇的反应途径。更进一步的同位素标记实验表明，如果把 H 原子用 D 原子替代，由于量子隧穿难度的增加，人们在 10 K 下未观察到反应的发生，这充分说明了该反应机理是由量子隧穿导致的。

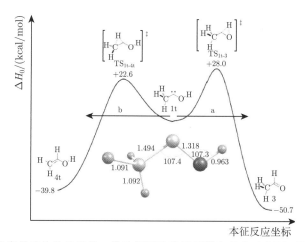

图 3.12　羟基化甲基卡宾的异构化反应的一维势能面及核量子隧穿效应示意图。图中 a 过程表示由热力学控制的反应，反应产物为甲醛；图中 b 过程表示由动力学控制的反应，反应产物为烯醇。摘自 (Schreiner，2011)

　　量子隧穿效应最常见于一些含活性中间体的有机化学反应中，而且发生量子隧穿的也不仅仅限于氢原子，一些更重的原子如碳原子甚至有机基团整体发生量子隧穿的例子也有见于文献报道。如图 3.13 中给出的例子是氯代叔丁基卡宾的异构化反应 (Schreiner, 2017; Zuev, 1994)，当温度在 11 K 以下时，甲基基团会作为一个整体发生量子隧穿，生成了在经典框架下热力学控制和动力学控制都禁阻的环丙烷衍生物。近年来化学家也开始利用量子化学计算方法，并结合核磁共振谱学技术探测和表征了一些较重元素 (如 Li, B, C, N, O, F, S, Cl, Br) 在化学反应中的动力学同位素效应，从而揭示零点能和量子隧穿效应在这些化学反应中的重要作用 (Dale，2021)。

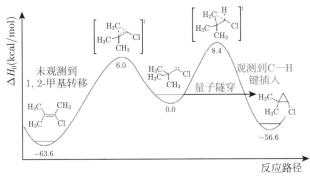

图 3.13 氯代叔丁基卡宾的异构化反应的能量势垒与甲基基团的量子隧穿效应示意图。摘自 (Schreiner, 2017)

3.2.4 电化学反应

有关电化学反应中同位素效应的研究和利用，最早可追溯到 20 世纪 30 年代初。1931 年美国科学家 H. Urey 发现了氢 (H) 的同位素氘 (D) 之后，重水 (D_2O) 与半重水 (HDO) 开始为人所知 (Brickwedde, 1982)。在地球上的天然水中，重水的含量极低，只约占 0.0156%。如何分离和制备重水？通常的方法主要有电解法、蒸馏法、化学交换法、吸氢合金吸附分离法以及激光分离法等 (Brickwedde, 1982)，而其中电解法是最早被研究开发的，其原理便是利用了电化学反应中的 H/D 动力学同位素效应。

分子的振动能正比于振动频率，而振动频率与约化质量的平方根成反比。由于 D_2O 比 H_2O 的分子质量大，因此它的振动频率就相对较低。理论计算给出温度为 0 K 时，H_2O 的零点能 (或振动能) 为 55.4 kJ/mol，大于 D_2O 的 40.3 kJ/mol。由于两个分子的势能是一样的，所以 D_2O 的解离能比 H_2O 要大。O—D 的键能 (498.4 kJ/mol) 明显大于 O—H 的键能 (483.7 kJ/mol)，说明 D_2O 的热力学稳定性更高，更不容易被分解 (Svishchev, 1994)。在天然水的电分解反应过程中，由于重水发生分解反应的速度相对更慢一些，从现象上来看，电解水时阴极产生的氢气中所含 H_2 的比例更高一些，从而留在电解池内的水中氘的含量就变高了。那么电解到最后，在剩下的水中，重水就会被富集起来，利用级联电解装置进行多次电解，就能获得足够纯度的重水。1933 年，G. Lewis 便是基于该原理，首次通过电解水方法制得了较高纯度的重水。其后，该方法被进一步发展，而 1930 年之后建在美国加利福尼亚州的一个大型的电解水设施，后来成为美国政府的氘浓缩生产基地。

电解质是电池、超级电容器等电化学储能器件的重要组成部分，在锂离子电池 (Ion battery) 兴起之前，水是电化学系统中最为常用的电解液介质。水基电解质在成本与安全性方面具有天然优势，但由于水的电化学稳定窗口 (1.23 V) 较窄，高容量的电低压负极或高压正极一般都不能与之匹配，因此电化学器件的工作电压较低，能量密度不足。特别是对于锂离子电池，为了追求高的能量密度，目前商品化应用的电池器件，都是基于有机电解液开发的。然而，由于有机电解质是高度易燃的，也有一定毒性，随之而带来的安全性隐患与环境问题，难以从根本上得到解决。正是由于此原因，在锂电池的研究历程中，人们也一直没有放弃发展水基电解质的努力，而研究的一个核心科学问题便是如何拓宽水溶液电解质的电化学窗口 (Xu J.J., 2022)。这方面的研究在近年来已取得了突破性进展。2015

年，美国马里兰大学王春生团队率先提出了"盐包水"(water-in-salt) 电解质的新概念，通过在水溶液中引入超高浓度锂盐 (21 mol/L)，水的活性被显著抑制，从而将水系电解质的电化学稳定窗口成功拓宽到了 3.0 V 以上，为开发高能量、高安全性水系锂离子电池迈出了重要的一步 (Suo L.M., 2015)。以此为基础，多种改进的高浓盐水系电解质设计方案其后也被陆续报道出来，如"双盐包水"、有机共溶剂添加等。最近，中国科学院化学研究所的辛森团队基于 H/D 动力学同位素效应，提出一种新的改进方法，通过用重水替代普通水，将高浓盐水系电解质的电化学稳定性提升到了一个新的高度 (Chou J., 2022)。

在该工作中,研究人员不仅分析讨论了 D_2O 与 H_2O 的零点能和解离能的差异,也深入考虑了二者在体相时所形成的氢键网络的差异 (图 3.14)。电化学测试的结果表明，由于重水中较强的共价键和氢键网络，以 D_2O 替代 H_2O 作为溶剂所配制的几种"盐包水"高浓盐水系电解质均表现出更宽的电化学稳定窗口和更低的析氢/析氧反应活性 (图 3.15(a))。进一步的分子动力学模拟结果显示，虽然 Li^+ 周围的配位原子环境相似，但是 D_2O 基电解质第一壳层内的水分子配位数更高，因此导致其氢键网络更稳定 (图 3.15(b))。D_2O 基电解质显著抑制了其析氢/析氧反应的动力学，从而表现出显著拓宽的电化学窗口。基于此结果，D_2O 基电解质对包括 $LiCoO_2$ 和 $LiNi_{0.8}Co_{0.1}Mn_{0.1}O_2$ 在内的高压层状氧化物正极材料均表现出较高的电化学稳定性，而且 D_2O 基电解质组装的水系锂离子电池表现出优异的循环和倍率性能 (Chou J., 2022)。该工作充分表明，从全量子效应的角度考虑，有可能为高性能水系电池的优化设计提供新的思路。

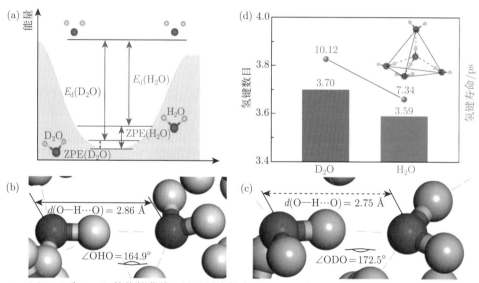

图 3.14   (a)D_2O 和 H_2O 的势能曲线，以及零点能和 E_d。(b) 和 (c) 分别为 H_2O 和 D_2O 的分子间氢键示意图。(d) 计算得到的由 H_2O 和 D_2O 分子组成的四面体结构氢键数和寿命。摘自 (Chou J., 2022)

重水在电化学方面的研究价值不只局限于水系储能器件。近年来以重水为氘源的电化学氘代反应也有越来越多报道 (Jiao K.J., 2020; Li P.E., 2022)。由于 H/D 的显著同位素差别，用氘原子来取代有机分子中的氢原子可以有效地调节分子的化学性质，带来特殊功能，在药物设计研发等领域具有重要的应用价值。重水作为最容易获得的氘源，可以利用电解重水原位产生的活性氘，在无外加还原试剂的条件下来实现有机化合物的氘代反应，从而成为一种制备高附加值氘代化合物的绿色合成新途径，极具发展潜力。

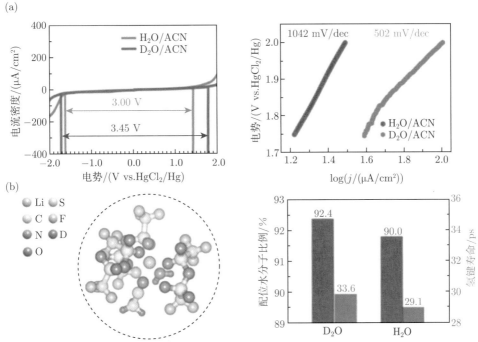

图 3.15　电化学反应中的氢同位素效应。(a) H$_2$O/ACN 和 D$_2$O/ACN 混合溶剂的高浓度盐电解液的循环伏安曲线和氧释放反应 (OER) 的 Tafel 曲线。(b) 分子动力学模拟电解液的溶剂化结构，第一水合层配位水分子的比例和氢键的寿命。摘自 (Chou J., 2022)

3.2.5　生命起源假说与生化反应

关于生命的起源有许多说法，其中的化学起源说认为在原始地球大气中，氢气、甲烷和水是形成生命的最基本化学物质。它们在外太空的低温条件下发生了以量子隧穿主导的合成反应，完成了早期生命所需的有机化合物的形成过程。在这个过程中，甲烷提供了基本的碳元素，水提供了生命的基本条件，氢气则是生命化学反应的催化剂 (D'Hendecourt，1985)。理论上，人们猜想星际甲烷的形成与星际冰有关，在星际冰的表面上多个氢原子在极低温环境下与碳原子结合，最终形成甲烷分子。而对于星际生成氢气分子的反应机理，早在 1985 年就有人进行了推测 (Yu Z.，1985)。该理论研究认为共有 18 种可能形成氢分子的气相反应，其中存在一个不需要氢分子离子参与的原始反应：

$$\mathrm{H} + \mathrm{H}^- \longrightarrow \mathrm{H}_2 + \mathrm{e} \tag{3.5}$$

而其他 17 个反应实际上是上述反应的次生反应。使用 Heitler-London 方法进行理论计算，得出 H-H$^-$ 体系在核交换反对称 (ψ^-) 时存在相互吸引作用势，可以稳定存在，并且它与氢分子的相互作用能曲线相交。因此当反应物中两个氢原子的间距足够小时，这一原始反应是可以通过氢原子核的量子隧穿发生的。作为佐证，使用这一机理，研究人员计算了反应速率常数和一些星体的电离波面区中氢分子的密度，与实验观测值吻合良好。

　　分子生物学是在分子水平研究生物大分子的结构与功能，从而阐明生命现象本质的科学。其研究对象包括生物体分子结构与功能、物质代谢与调节以及遗传信息传递的分子基础与调控规律等。而伴随着量子化学的诞生和发展，量子力学的思考方式、概念、原理和方法为生命世界的微观层次研究打开了一扇大门。薛定谔 (E. Schrödinger) 因其名著 *What is life?*(《生命是什么？》)(1944 年) 被尊为分子生物学的先驱者 (Schrödinger，1944)。而 1953 年由 J. D. Watson 和 F. H. C. Crick 创建的 DNA(Deoxyribo nucleic acid) 双螺旋结构模型，一直被人们当作分子生物学早期的标志性成就。此后，另一位物理学家 P. O. Löwdin 在 1963 年提出了质子量子隧穿效应导致 DNA 自发突变 (Spontaneous mutation) 的理论，成为量子力学应用于分子生物学的又一个重要例子。

　　DNA 是脱氧核糖核酸的缩写。作为生物体系中最重要的大分子体系，DNA 中所携带的生物遗传信息, 决定着遗传, 细胞分裂、分化、生长，以及蛋白质生物合成等生命过程，在生命延续和生物进化中起着非常重要的作用。其中，DNA 序列中产生突然变异的过程是生物进化中非常重要的现象。DNA 的双螺旋通过在两条链上存在的含氮碱基骨架之间的氢键来稳定结构。组成 DNA 的四种碱基是腺嘌呤 (A)、胞嘧啶 (C)、鸟嘌呤 (G) 和胸腺嘧啶 (T)。这四种碱基都具有杂环结构，但结构上腺嘌呤和鸟嘌呤是嘌呤的衍生物，称为嘌呤碱基，而胞嘧啶和胸腺嘧啶与嘧啶有关，称为嘧啶碱基。在典型的双螺旋 DNA 中，每个碱基对都由一个嘌呤和一个嘧啶互补配对而成，其中 A 与 T 配对，形成两个氢键；G 与 C 配对，形成三个氢键 (见图 3.16(a) 所示)。这两种配对均是一个双环和一个单环的组合，直径相差较小。1963 年 P. O. Löwdin 在研究 DNA 演化时，首次提出了由全量子效应导致的质子量子隧穿使复制过程出现变异的新理论 (Löwdin，1963)。这个理论的简单图像是，在每一个氢键体系 X—H······:Y 中存在着一个双势阱 (如图 3.16(c) 所示), 由于质子的量子隧穿效应, 它从氢供体 X—H 向氢受体:Y 迁移的几率并非为零 (如图 3.16(b) 所示)。当量子隧穿发生时，DNA 中 A-T 碱基对

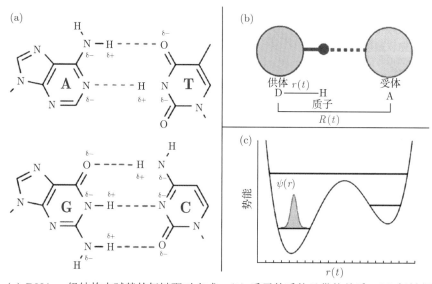

图 3.16　(a) DNA 一级结构中碱基的氢键配对方式。(b) 质子的受体及供体关系。(c) 氢键相互作用的双势阱示意图。摘自 (Alexandrou，2012)

的氨基-酮型氢键，将变成亚氮基-烯醇型氢键 (如图 3.17(a) 所示)。与此同时，正如图 3.17(b)
所描述的情况，A-T 碱基对变为异构化的 A*-T* 碱基对；与之类似, 质子的量子隧穿效应也
会使 G-C 碱基对发生异构化，转变为 G*-C* 对。

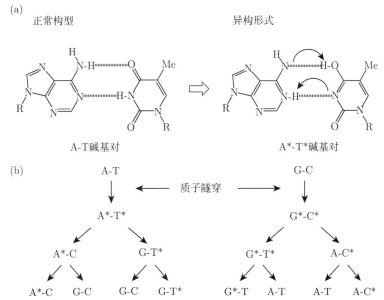

图 3.17　(a) 由于氢键中质子量子隧穿效应而引起的 A-T 碱基对异构化。(b) 在 DNA 复制过程中，由
于碱基对异构化而导致的遗传信息出错与基因变异

　　碱基对发生异构化之后，将会进一步导致其氢键配对的专一性发生变化，其中异构化
的 A* 会跟正常构型的 C 发生配对，同样 T* 也会跟 G 发生配对。所以，当 DNA 双链解
开复制时，A-T 对将会复制出 G-C 对，而 G-C 对也可能复制出 A-T 对。这种复制出错
现象如果发生在生殖细胞中, 就将引起遗传突变。遗传突变是生物进化的基础，如果没有突
变，也就不存在进化和生物的多样性。各种生物基因发生突变的几率是不相同的，大约在
$10^{-8} \sim 10^{-11}$ 之间，这与早期基于量子力学估计的隧穿效应几率基本一致。而最近的工作
发现这个几率还可能进一步提高（见 7.7 小节的讨论）。同样，DNA 碱基对的改变如果发
生在体细胞中，通常会引起细胞机能衰退，并且逐渐使整个生物体衰老。如果碱基对的改
变使得控制细胞分裂的信息失效，细胞就将不断地分裂，这就是癌细胞的特征。当然，细
胞癌变还有许多其他可能的诱因，但 DNA 中的量子隧穿效应，很可能是自发癌变的一个
重要原因 (Godbeer，2015)。值得注意的是，这里谈到的 DNA 自发突变过程都是在生命活
动的正常环境下进行的。可见全量子效应的影响范围相当广泛。当然，这方面研究还需要
更进一步的认识，值得深入研究。

3.2.6　酶催化反应

　　生物化学反应是生命活动赖以维持的基础。酶是一种生物细胞产生的具有特定催化作
用和空间结构的生物大分子催化剂。自然界中生物酶主要为蛋白质，少量为 RNA 和 DNA。
在生物体内，酶参与催化几乎所有的物质转化过程，在一个活细胞中同时进行的几百种不
同反应，都是借助于细胞内含有的相当数目的酶完成的。酶能够特异性地加速细胞内的生

化反应，使得本来缓慢发生的化学反应能够在微秒、毫秒等生物学相关时间尺度内完成。因此，酶不仅支配着细胞内的能量代谢、基因表达以及物质输运等过程的有序进行，也是人们在分子层次改造生命体的最有力工具。自然界的酶由于长期进化具备了惊人的催化能力，但酶分子实现高效率催化的物理与化学机制，仍是人们尚未完全理解的难题之一。

酶参与的催化反应一般叫做酶催化反应，有时也称作酶促反应。目前已知的酶催化反应大约有 4000 多种，其中根据酶催化反应的类型，酶主要可分为氧化还原酶、转移酶、水解酶、裂合酶、异构酶和连接酶六大类。酶作为一种蛋白质，由必需氨基酸和非必需氨基酸等 20 种氨基酸构成。根据酶的组成成分不同，酶可分成单成分酶和双成分酶。单成分酶由蛋白质组成，其基本组成单位为氨基酸；双成分酶则由蛋白质和辅助因子共同组成。在酶催化过程中，辅助因子起着转移电子、原子或运输功能基团等作用。辅助因子包含无机和有机两大类，无机辅助因子主要是一些金属离子 (特别是二价金属离子)，而有机辅助因子则指除了酶蛋白以外的相对分子质量较小的有机化合物。对于双成分酶而言，酶蛋白和辅助因子缺一不可，任何单一的酶蛋白或是辅助因子都不能显现出酶的活性。

酶蛋白的化学结构又称为酶蛋白的一级结构。酶蛋白的空间结构包括二级结构、三级结构和四级结构。酶的空间结构决定酶的催化功能和特性。酶必须与底物结合才能实现其催化功能。酶 (E) 与底物 (S) 结合后形成酶-底物复合物 (E-S)，经过酶催化后，复合物被分解为产物 (P) 和酶 (E)。通常，酶与底物的结合具有明显的特异性。早在 1894 年，E. Fischer 便提出了锁钥理论 (Lock and key theory) 来解释酶的底物特异性。该学说认为，酶的构型在与底物结合过程中是固定不变的，只能与特定空间构型的底物进行结合，酶与底物的结合可被理解为锁钥结合的关系。该学说虽然可以很好地解释酶与底物的特异性结合，但却存在很多的局限性，例如无法解释催化过程中过渡态的稳定性问题等。1958 年，D. Koshland 在锁钥模型的基础上提出了关于酶和底物结合的诱导契合理论 (Induced-fit theory)。他们认为，酶与底物的结合并不是简单的刚性结合，酶活性位点处的构型是柔软可变的。与底物结合前，酶活性位点的构型并不完全适合结合，而与底物结合时，活性位点处的构型会发生改变以适应底物的进入。这种方式如同一只手伸进手套之后，才诱导手套的形状发生变化一样。与锁钥模型相比，该学说强调了酶结构的灵活性，以及酶与底物结合过程中两者结构的相容性与适应性。

酶与底物的结合，是酶促反应进程中的第一步。通常认为，酶促反应的机制与其他类型的化学催化过程的基本原理相似，都是通过降低活化能来加速生化反应的。在诱导契合催化过程中，无论是同时增加了酶与底物和过渡态的亲和力的"一致结合"机制，还是只增加酶与过渡态的亲和力的"差别结合"机制，都被认为是降低反应活化能的可能途径。其中大多数酶采用"差别结合"机制以减少活化能，意即底物首先与之弱结合，然后迅速引导酶改变构象，增加其与过渡态的亲和力并稳定这个过渡态，进而减少了达到过渡态所需的活化能 (见图 3.18)。

早在 20 世纪 70 年代初，就有科学家提出酶促反应中的量子隧穿效应发生的可能性 (Volkenshtein, 1972)。从 20 世纪 80 年代中期开始，有越来越多的同位素标记实验的证据表明，在某些酶催化的生化反应中表现出显著的动力学同位素效应，而质子的量子隧穿效应在其中发挥了关键作用 (见图 3.18)。加州大学伯克利分校的 J. Klinman 小组在研究醇脱氢酶催化苄醇氧化成苯甲醛反应等实验中，做出了比较系统的工作。他们认为酶可以创造非常精确和紧凑的活性位点结构以促进量子隧穿过程的发生。例如，在催化反应期间，酶会改变构型以使氢供体和受体位点足够接近从而促进量子隧穿效应的发生 (Hong N.S.，2018)。更深入的理论和实验研究还表明，在有原子核量子隧穿效应发生的酶促反应中，势垒的形状会对隧穿过程产生显著的影响，例如在胺脱氢酶催化的三种有机胺 (多巴胺、苄胺、色胺)C—H 断裂反应中，不同有机胺所表现出的反应速率与动力学同位素效应有明显差异，只有充分考虑合适的势垒形状，才能从理论上得出与实验观察相一致的规律 (如图 3.19 所示)(Basran，2001；Sutcliffe，2002)。另外，不仅是质子会发生量子隧穿效应，有研究表明，在某种生理状况下，甚至连葡萄糖氧化酶的氧原子核都会发生量子隧穿效应 (Klinman，2018)。可见从全量子效应的角度审视生命科学中的一些基本过程和规律也是十分重要的。

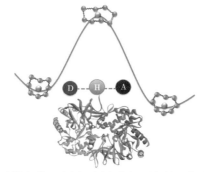

图 3.18　酶催化反应中核量子效应的示意图。图中势能面上的红色小球和蓝色环状聚合物 (Ring-polymer) 分别代表经典描述下和路径积分量子描述下的反应物 (左边)、过渡态 (中间) 和产物 (右边)。在经典图像中不考虑零点振动，反应物粒子的总能量必须大于势垒高度才能翻越过渡态。在量子图像中，由于零点能带来的离域效应，反应物粒子有一定概率穿透势垒。势能面下的插图中给出了一个丙氨酸消旋酶催化质子转移反应的例子，D 表示质子供体，A 表示质子受体。摘自 (Vardi-Kilshtain，2015)

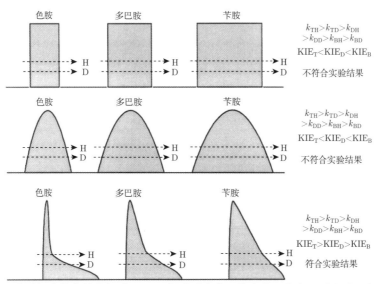

图 3.19　胺脱氢酶催化的有机胺 C—H 断裂反应中，势垒的形状会对隧穿过程产生影响。
摘自 (Basran，2001)

3.3　非绝热效应

非绝热效应在化学反应中同样扮演着十分特殊且非常重要的角色，可以说如果不存在非绝热过程，我们几乎不可能有今天这样丰富多彩的世界。事实上，非绝热效应不但通过电子-原子核量子耦合影响了电子在不同本征态之间的跃迁，从而改变了电子基态和激发态占据数，而且还导致了原子核在劈裂的势能面之间进行动力学转移，并使系统演化的量子过程发生纠缠。可以说，从宏观世界的生命诞生及宇宙进化，到微观世界涉及的各种非平衡态物理化学反应，非绝热效应都起着不可替代的作用。关于化学反应非绝热过程的研究最早是由实验主导的。直到最近，理论工作也取得了非常大的进展。

3.3.1　弛豫动力学反应

作为研究光分解系统和自由基系统的理想模型体系，近年来人们对中性乙烯分子 (C_2H_4) 和乙烯阳离子 ($C_2H_4^+$) 的研究越来越感兴趣。例如，R. Locher 等通过观测延迟依赖的离子质谱 (Delay-dependent ion mass spectra，DDIMS) 实验，获取了乙烯阳离子的弛豫动力学信息 (Locher，2014)。在这个研究中，他们使用了能量为 20～30 eV 的四次谐波来电离乙烯分子，并使其处于基态 (如图 3.20(a) 所示)。同时在紫外线束前面加一个 Sn 板过滤掉三次谐波和四次谐波，将乙烯阳离子激发到不同的激发态上。然后用一束 1.6 eV 持续 25 fs 的脉冲来探测，通过改变泵浦光和探测光的延迟，最终得到系统的非绝热动力学信息。

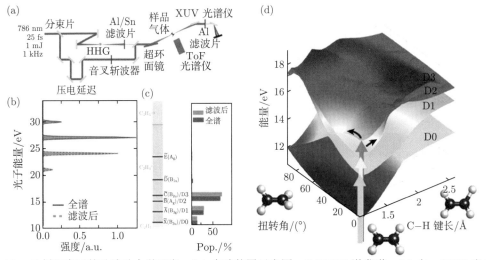

图 3.20　乙烯阳离子的弛豫动力学研究。(a) 实验装置示意图。(b)XUV 激发谱。(c) 左：XUV 光子能量可以到达的阳离子态 (蓝色)。右：阳离子态的初始分布。(d) 在 C—H 键长和扭转角坐标下给出的 D0、D1、D2 和 D3 势能面。实验中的参考零点能量是中性分子的基态能量。摘自 (Bircher，2017)

深紫外泵浦光将乙烯阳离子系统激发到第一、第二、第三激发态上，根据实验结果他们估计 95% 的电子处在基态 ($\tilde{X}^2B_{3u}$) 和前三个激发态 A^2B_{3g}、B^2A_g、C^2B_{2u} 上。利用结合 PBE0 泛函的线性响应-含时密度泛函理论 (Linear response-time-dependent density functional theory，LR-TDDFT)，Locher 等计算出乙烯阳离子在碳氢键长和扭转角坐标系中的势能面 D0、D1、D2 和 D3(如图 3.20(d) 所示)。动力学演化信息可以用原子核波包在不同势能面上的弛豫来描述，演化的终态决定了渐进碎片产生率 (Asymptotic fragment yield)，具体可以从实验测到的离子质谱中得出。

实验发现占比重最多的通道是发生在乙烯阳离子 ($C_2H_4^+$) 失去一个氢原子（$C_2H_3^+$）和失去两个氢原子（$C_2H_2^+$）的过程，而碳-碳键断裂重组 (CH_3^+，CH_2^+，CH^+) 的情况则几乎没有发生。通过改变泵浦-探测 (Pump-probe) 光脉冲的时间延迟，红外探测光脉冲会改变原子核波包在不同势能面上弛豫的方式，从而导致碎片产生率的变化。弛豫过程的主要产物就是 $C_2H_3^+$ 和 $C_2H_2^+$，它们一般产生于大约 25 fs 的时候。CH_3^+ 的产生标志着乙烯-亚乙基 ($CH_3CH=$) 异构化的发生，所以我们可以从 CH_3^+ 的产生率最大值来确定异构化特征时间的上限值。以前的工作对这个上限值的测量大概是在 (50±25) fs，而在这个校准精度更高的实验中，他们给出了更加可靠的结果为 (30±10) fs。

基于分析包含基态在内的 4 个阳离子态 D0、D1、D2、D3(分别对应于态 $\widetilde{X}^2B_{3u}$、A^2B_{3g}、B^2A_g、C^2B_{2u}) 的分布情况，图 3.21 展示了不同电子态占据数随时间的演化。从图中不难看出，所有的弛豫过程主要集中在前 50 fs，D1 的平均数量在大约 15~20 fs 达到峰值，而后衰减到基态。D1 的时间尺度和实验上由红外线诱导的主要产物的变化时间尺度非常一致，大约都是 15 fs。假设生成不同产物的分支发生在 D1-D0 锥形交叉点上，红外脉冲探测到的就是这些锥形交叉处的原子核波包，它给出了弛豫过程的时间信息。这个实验清楚地反映了在这个光分解反应中，非绝热效应导致的各电子态占据数随时间的变化。

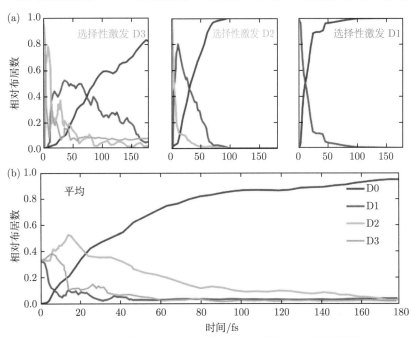

图 3.21　四种能量最低的阳离子态的产率与时间的关系。(a) 分别对应于选择性激发 D3、D2 和 D1 的情况；(b) 对所有初始激发态取平均的情况。摘自 (Bircher, 2017)

3.3.2　多势能面非绝热演化

非绝热过程涉及电子和原子核之间的量子耦合运动，此时传统量子化学依据的基本假设之一，玻恩-奥本海默近似已不能成立。我们以氯加氢化学反应为例来看看电子-原子核量子动力学耦合导致的多势能面之间的非绝热演化 (Han K.L., 2004)。

　　氯与碳氢化合物的反应作为大气化学和环境化学中的一个基本过程，是体现非绝热效应的一个原型反应。在这方面的研究中，中国科学院大连化学物理研究所杨学明（X. M. Yang）研究组做出了重要贡献（杨学明，2009; Wang X., 2008）。如图 3.22 所示，氯原子的基态会因为自旋-轨道耦合而分成基态和激发态，分别对应于两个反应势能面。如果采用玻恩-奥本海默近似，化学反应只能沿着单个势能面进行（实线箭头所指）。而实验研究发现，在低碰撞能下（等价于低温情况），玻恩-奥本海默近似已经失效，必须通过非绝热耦合由氯原子自旋-轨道激发态对应的反应势能面进入到能量最低的基态势能面，这个反应过程才能发生（图中向下的箭头所指过程）。可见这样一个简单的非绝热反应，却涉及了两个势能面之间的量子动力学演化。

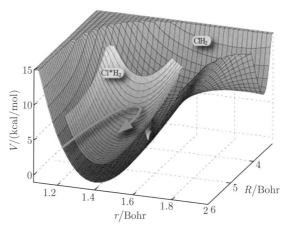

图 3.22　氯加氢化学反应过程中，非绝热效应使两个势能面之间发生量子耦合，最后生成 ClH_2。摘自（杨学明，2009）

　　因此，这类问题已经不能在玻恩-奥本海默近似的框架下去研究，而需要发展适当的动力学理论方法来处理。其中，以求解含时薛定谔方程 $i\hbar\dfrac{\partial \Psi}{\partial t} = \vec{H}\Psi$ 为核心的含时波包法，是处理非绝热反应过程的一种重要的量子力学方法（值得注意的是，通常的含时方法很难应用在超冷分子的低能碰撞上），其严格的出发点还是玻恩-黄展开（公式 (1.4)）。例如，在建立光激发氢化石墨烯超快动力学的非绝热反应过程中，研究人员发现在满氢覆盖度下光激发会导致氢快速脱附，但是在低氢覆盖度下，即使很强的激发也不会导致氢脱附。如果使用含时密度泛函实时动力学模拟方法进行研究，就能够清晰地发现，在此过程中，高覆盖度下受激发的氢原子会受到周围氢原子的排斥，从而更容易从表面脱离。而低覆盖度下受激发的氢原子缺乏了这一排斥作用，会一直吸附在石墨烯上，不容易产生脱离 (Bang J., 2013)。

3.3.3　光化学反应与水解离

1. 光化学反应

　　在化学反应中，体现非绝热效应的一个比较典型的例子是，无机气相小分子中的光化学过程。例如：H_2 分子与卤素原子的光化学反应。无机气相小分子的光化学反应，特别是光解反应及其动力学过程研究，作为激发态研究的重点，以及整个光化学和光物理研究的重要方向，在过去几十年里取得了巨大发展。它深入到了物理化学和化学物理的各个领域，特别是团簇化学、环境化学以及大气化学等，是今天物理化学研究的中心问题之一。实际上，光解过程与全碰撞过程的后半程是一致的。因此，研究非绝热光解过程还可以间接获得碰撞反应的机理，从而帮助我们深入理解基元反应的物理化学本质，反之亦然。

光解（Photolysis）是指处于束缚态（在无限远处为零的波函数所描写的状态）分子吸收一个或多个光子发生解离的过程。在这个过程中，光的电磁能转变为分子的内能，当转移的能量超过分子最弱化学键的束缚能时，分子就发生解离：

$$\text{ABC} + nh\nu \longrightarrow (\text{ABC})^* \longrightarrow \text{AB} + \text{C} \tag{3.6}$$

其中 AB 和 C 可以是分子或自由基，(ABC)* 表示反应物与产物之间能级较高的过渡态分子构型。

许多光解反应过程是在两个或更多个电子态上发生的。这个过程的绝热/非绝热性取决于这些电子态能级之间的相互作用关系。如果不同电子态的能级间相互作用很小，其反应过程可以认为是绝热的；如果能级间的相互作用较大甚至发生交叉，则绝热近似失效，从而发生从一个电子态"跳跃"到另外一个电子态的非绝热跃迁。综上所述，非绝热光解过程可以定义为：不同电子态能级相互作用较大，甚至发生了交叉的束缚态分子吸收一个或多个光子，引起电子非绝热跃迁，并进一步导致化学键断裂，从而使分子发生解离的过程。

2. 水的光解离

理论上光催化单个水分子的解离过程既可以是绝热反应，也可以是非绝热反应。绝热解离是指水分子在解离过程中始终处于单一势能面上，而非绝热过程是指水分子通过转移到多个势能面发生解离。实际过程中水分子光分解过程通常呈现出很强的非绝热效应。

单个水分子的光吸收谱如图 3.23 所示。在紫外光照射下，水分子可吸收一定波长的紫外光从电子基态 ($\widetilde{\text{X}}^1\text{A}_1$ 或简记为 $\widetilde{\text{X}}$) 分别激发到四个能量较低的激发态，按能量从低到高依次为 $\widetilde{\text{A}}^1\text{B}_1$、$\widetilde{\text{B}}^1\text{A}_1$、$\widetilde{\text{C}}^1\text{A}_1$、$\widetilde{\text{D}}^1\text{A}_1$。在这些电子激发态上，水分子的 $1b_1$ 或 $3a_1$ 的轨道上的一个电子被激发到高能的空态。水分子的第一个光吸收峰分布在 150~200 nm 的波长范围内，对应于电子从基态 $\widetilde{\text{X}}^1\text{A}_1$ 到第一激发态 $\widetilde{\text{A}}^1\text{B}_1$(简记为 $\widetilde{\text{A}}$) 的过程，即一个电子从水分子的 $1b_1$ 轨道激发到具有 a_1 对称性的反键轨道。第二个吸收峰集中于 128 nm 附近，展示出宽度为 810 cm^{-1} 左右具有许多精细结构的谱分布，对应于电子从基态 $\widetilde{\text{X}}^1\text{A}_1$ 到第二激发态 $\widetilde{\text{B}}^1\text{A}_1$(简记为 $\widetilde{\text{B}}$) 的跃迁。这些精细的谱结构可能来自于水分子剪切振动模式和 OH 伸缩振动模式组合出来的不稳定周期性运动。第三个吸收峰分布在 124 nm 附近，对应于从基态 $\widetilde{\text{X}}^1\text{A}_1$ 到 $\widetilde{\text{C}}^1\text{A}_1$(简记为 $\widetilde{\text{C}}$) 的电子激发，其激发态波函数的特征主要表现为 Franck-Condon 垂直跃迁到 3p 里德伯态。第四个吸收峰分布在 122 nm 左右，对应于基态 $\widetilde{\text{X}}^1\text{A}_1$ 到 $\widetilde{\text{D}}^1\text{A}_1$(简记为 $\widetilde{\text{D}}$) 的电子激发。

杨学明与合作者利用波长可调的深紫外光源系统研究了真空中单个水分子的光解离动力学过程 (Yuan K.，2011)。在实验上他们利用 H 原子里德伯态标记的时间飞行谱仪测量了水分解产物的平移能和转动能的分布。研究发现，在 157.6 nm 的激光照射下，处于基态的水分子主要被激发到激发态 $\widetilde{\text{A}}^1\text{B}_1$，此时水分解主要通过这个单一势能面直接分解，产生振动激发的电子基态 OH($\text{X}^2\Pi$) 残基和 H 原子。使用 121.6 nm 和波长在 128~133 nm 可

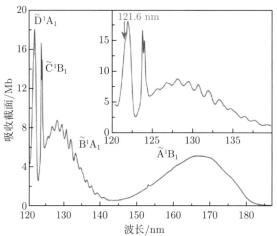

图 3.23　室温下单个水分子的光吸收谱 (纵坐标的单位为 Mb，1 Mb=1×10^{-18} cm^2)。光照使水分子的
　　　　基态电子跃迁到四个能量较低的激发态上。摘自 (Yuan K., 2011)

调的紫外激光照射，可使水分子处于第二激发态 $\tilde{B}^1A_1$。在该态上水分子通过多个通道电
离，其中最主要的通道是水分子解离后通过激发态 $\tilde{B}^1A_1$ 和电子基态 $\tilde{X}^1A_1$ 这两个态之间
的两个锥形交叉，产生处于电子基态但处于转动-振动激发态的 OH(X^{2}Π) 残基。其中一个
锥形交叉来自于 H—O—H 共线构型中 H 原子线性地趋近 OH 基团时在基态 OH(X^{2}Π) 和
激发态 OH(A^{2}Σ$^+$) 之间产生的交叉，当分子稍微弯曲处于不对称构型时，该锥形交叉势能
面变为有能隙的两个分立势能面 (即自规避交叉)。另外一个锥形交叉来自于 O—H—H 共
线构型的第二激发态势能面。有趣的是，围绕这两个不同的锥形交叉发生的分解反应路径
能够发生显著的类似于双缝干涉现象的干涉效应。而产生处于电子激发态 OH(A^{2}Σ$^+$) 的数
目较少，对应一个少数通道。水分子基态和激发态势能面的形状，以及 $\tilde{B}^1A_1$ 激发态和电
子基态 $\tilde{X}^1A_1$ 之间相应势能面锥形交叉的分布情况见图 3.24。

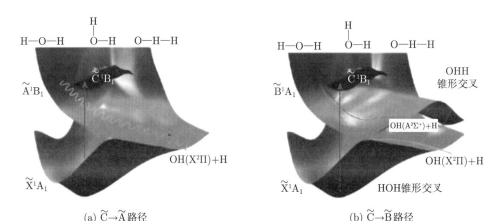

图 3.24　水分子的电子基态 ($\tilde{X}^1A_1$) 和电子激发态 ((a)$\tilde{A}^1B_1$ 和 $\tilde{C}^1B_1$，(b) $\tilde{B}^1A_1$ 和 $\tilde{C}^1B_1$) 所对应的势
　　　　能面的分布。(a) 和 (b) 还分别展示了 $\tilde{C}^1B_1 \longrightarrow \tilde{A}^1B_1(\tilde{C} \longrightarrow \tilde{A})$ 和 $\tilde{C}^1B_1 \longrightarrow \tilde{B}^1A_1(\tilde{C} \longrightarrow \tilde{B})$ 的光解
　　　　离路径。其中 (b) 也展示了 $\tilde{B}^1A_1$ 激发态和电子基态 $\tilde{X}^1A_1$ 之间对应的势能面形成一个锥形交叉点。摘
　　　　　　　　　　　　　　　　　　　　　自 (Yuan K., 2011)

此外，该研究团队还测量了把水分子非共振地激发到第二激发态 $\widetilde{B}^1A_1$ 时的光解离产物的分布情况。图 3.25 是他们测得的五种不同激光波长下，水分子 $\widetilde{B}^1A_1$ 激发态的光电离分解产物的平移动能的分布情况。这些分解的产物包括基态残基 $OH(X^2\Pi)$(图 3.25(a)) 和激发态残基 $OH(A^2\Sigma^+)$(图 3.25(b))。其中红色箭头代表激光的电场极化方向。平移动能的壳层分布反映了对应的 OH 基团的不同 OH 伸缩振动激发态的分布，其分布极值随角度的改变反映了该基团的转动情况。可以看出，处于电子基态的 $OH(X^2\Pi)$ 和处于电子激发态的 $OH(A^2\Sigma^+)$ 的振动能量的角分布明显不同。在五种不同的激光波长非共振的激发条件下，处于电子基态的 $OH(X^2\Pi)$ 产物的角向分布彼此比较类似，但是从处于电子激发态的 $OH(A^2\Sigma^+)$ 的振动能量分布和角分布情况来看，在不同波长激光激发下非常不同。这说明非共振激发对于不同反应产物 (电子基态 $OH(X^2\Pi)$ 和激发态 $OH(A^2\Sigma^+)$) 的反应路径有非常明显且不同的影响。

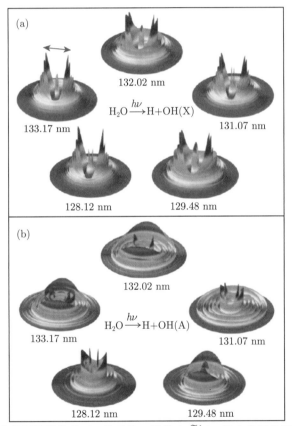

图 3.25　在不同波长非共振激发条件下，处于第二激发态 $\widetilde{B}^1A_1$ 的水分子光解离产物的平移动能 (或 OH 伸缩振动能量) 分布与角度的关系。(a) 对应 $H_2O(\widetilde{B}^1A_1) \longrightarrow H+OH(X^2\Pi)$ 反应路径；(b) 对应 $H_2O(\widetilde{B}^1A_1) \longrightarrow H+OH(A^2\Sigma^+)$ 反应路径。摘自 (Yuan K., 2011)

第三激发态 $\widetilde{C}^1A_1$ 上发生的光电离反应是个典型的转动依赖的预分解过程。其激发态呈现出原子轨道的里德伯态特征，激发态寿命可长达几皮秒。处于 $\widetilde{C}^1A_1$ 态的水分子有两种非绝热分解路径：它既能够通过 Coriolis 电子耦合作用弛豫到 $\widetilde{B}^1A_1$ 激发态，从而产生处于高能转动态但较低能振动态的 OH 基团；又能够通过较均匀的非绝热效应直接衰变为

$\tilde{A}^1B_1$ 态，从而产生处于高能振动激发态但较低能转动态的 OH 基团。这两种光解离路径及对应的势能面分布的情况如图 3.24 所示。

随后，杨学明与合作者还进一步研究了水分子从第三激发态 $\tilde{C}^1A_1$ 发生光解离过程中的同位素效应 (Chang Y., 2019)。他们分别测量了 H_2O 和 D_2O 发生光解离反应时 OH 基团的振动态的分布情况 (如图 3.26 所示)。研究发现这两者的反应产物的分布情况大不相同，H_2O 从第三激发态 $\tilde{C}^1A_1$ 解离后，得到的 OH 基团有明显的振动态分布和少量的转动态分布；而 D_2O 的分解产物 OD 的转动态情况非常明显，且其振动能级的量子分布情况也与 OH 大不相同。线宽测量表明，H_2O 第三激发态寿命为 330 fs，而相应的 D_2O 激发态寿命为 3.0~4.2 ps，相差约十倍。这些数据说明第三激发态 $\tilde{C}^1A_1$ 水分子的解离有强烈的同位素效应。他们把这些效应归结为 H_2O 分子的第三电子激发态上的剪切振动态和第四激发态振动基态之间的偶然简并，导致两者之间有强烈的共振；而对于 D_2O 分子，这两个能级之间相差 270 cm^{-1}，不能发生共振。这些分析清楚地表明了两种水分子光解离路径的巨大区别和显著的同位素效应。

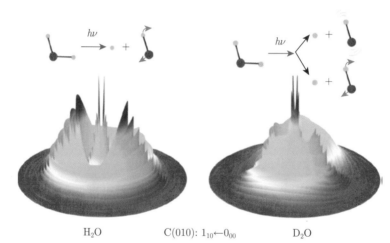

H_2O C(010): 1_{10}←0_{00} D_2O

图 3.26   处于第三激发态的 H_2O 和 D_2O 分子发生光解离反应时，OH 基团的振动态分布情况。摘自 (Chang Y., 2019)

第四激发态 $\tilde{D}^1A_1$ 上的水分子的光解离主要是通过快速的电子弛豫和预分解进入 $\tilde{B}^1A_1$ 激发态，然后再发生解离反应。在这个过程中基本不产生分子基团的转动情况。

这些实验研究揭示了在紫外光照射下水分子是如何通过激发到四个能量较低的激发态发生解离的非绝热过程。水分子分解为单个氧原子和单个氢分子的几率相对较小。

单个的气态水分子通常只能够在强烈的极紫外光的照射下才会发生光解离，这大大限制了这种反应的应用范围。在有外界物质环境存在的情况下，水分子可以通过与其他分子或固体表面相互作用，从而促使其容易发生光解离 (甚至能够在较弱的可见光下发生)，这就是所谓的外在催化剂驱动的光解离反应，也即一般意义上的光催化分解水。1972 年，A. Fujishima 和 K. Honda 利用紫外光在 n-TiO_2 电极上首次实现了光催化水分解 (Fujishima, 1972)。TiO_2 电极吸收光子生成电子-空穴对，氢离子俘获电子形成氢气，空穴驱动氢氧根离子产生氧气。由于 TiO_2 具有较大的能隙，不吸收可见光，人们尝试通过掺杂来扩展它的光吸收，并且寻找更小能隙的氧化物半导体 (如 Fe_2O_3, PbO 等) 作为光催化剂。自然地，这些工作表明催化剂表面的光解水过程都会呈现出强烈的非绝热效应。

此外，大量实验发现贵金属纳米颗粒能够辅助光催化分解水的过程。这些贵金属纳米颗粒如金、银等，能够产生强烈的等离激元共振，在很宽的光谱范围内有巨大的吸收散射截面，可以有效利用太阳能，成为常用的光催化剂。光可以直接激发贵金属纳米颗粒的局域表面等离激元，再通过等离激元衰减来激发出热电子，从而驱动物质的化学合成或分解。这些都是典型的非绝热过程。不过，在这些非绝热反应中，等离激元诱导的电荷转移和电场增强这两个因素中，究竟哪个因素决定它具有更高的催化活性，以及水分解的动力学过程仍不是很清楚，这些问题阻碍了光解水效率的进一步提高。

最近，孟胜团队利用含时密度泛函理论进行量子动力学模拟，系统地研究了金纳米颗粒在飞秒脉冲激光作用下分解水的微观机制 (Yan L., 2016, 2018)。在外加激光场的作用下，吸附在直径约为 2 nm 的金纳米颗粒上的水分子发生旋转，从而分解形成氢原子与羟基 (如图 3.27(a) 所示)。在水分子附近电子分布的含时演化中 (见图 3.27(b))，金属中电子快速注入水分子的反键态，导致水分子失稳分解，从而第一次在理论上直接展示了在液态水环境下，金纳米团簇通过快速的质子转移，实现了百飞秒时间尺度内的水分解非绝热过程。通过进一步研究，他们证明，与通常设想不一样，电荷从金属到水分子的转移导致反应发生的机制只起到次要作用，而金团簇等离激元诱导的电场增强才是实现光分解水的主要原因。更使人关注的是，他们观察到由来自不同水分子的氢原子通过相互碰撞，从而产生氢分子再得到释放的反应过程。理论预言氢气产生的量子效率为 0.06%，这与实验结果 (0.05%) 基本相符。这项研究表明该反应过程可能具有实际应用意义。

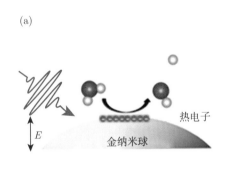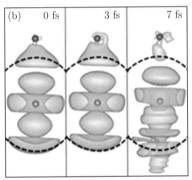

图 3.27　(a) 在脉冲激光照射下，金纳米颗粒等离激元诱导的水分解示意图；(b) 费米能级处体系电荷密度的含时演化。图 (b) 中虚线代表纳米颗粒的表面，灰点代表纳米颗粒中心。摘自 (Yan L., 2016)

他们进一步发现光解水的速率线性地依赖于激光强度，这表明光解水过程将线性地依赖于转移的热电子数目。令人吃惊的是，不同直径的金纳米颗粒上反应速率的波长依赖关系，与相应的光吸收谱有很大的不同，说明水分解速率不仅与光吸收有关，还具有激发模式的量子选择性。研究表明，等离激元奇模式比偶模式更加有利于电荷转移。通过将金纳米颗粒的直径在 1.6 nm 到 2.1 nm 之间进行调整来重复实验，他们发现 1.9 nm 的纳米颗粒催化活性最高。目前这种尺寸效应的原因还不清楚。除了调节纳米颗粒的尺寸可以改善效率外，还可以通过改变纳米颗粒的形状和构型达到同样的目的。例如，通过组装多种尺寸的金纳米棒，实现全色吸收，使得能源转化总效率可以达到 0.1%。相关研究表明，在非绝热过程中热电子与吸附物的能量匹配对于实现高效的光解水过程至关重要。这些结果为研究等离激元诱导水分解产生氢气的非绝热过程，提供了完整的量子力学解释。

除了上述两种光催化剂外，石墨相氮化碳 (g-C$_3$N$_4$) 也是一种可见光活性的半导体光催化剂。近年来，由于 g-C$_3$N$_4$ 有着优异的化学稳定性、合适的能带带隙并且无毒，在高效太阳能分解水和其他催化合成方面受到了极大的关注。研究表明，人们通过嵌入金属原子、碳纳米点等实验手段功能化 g-C$_3$N$_4$，可以进一步提高其性能，获得更高的析氢和析氧效率。例如，由碳纳米点和 g-C$_3$N$_4$ 组成的纳米复合材料可以显著地提高在可见光下通过两步法光催化分解水的性能，高效析氢产氧，其效率已接近商业应用成本的最低要求。尽管 g-C$_3$N$_4$ 材料在光解水应用方面取得了重大进展，但人们对其基本的微观机制的理解还远远不够。

2021 年，孟胜团队与王恩哥等发展了第一性原理非绝热分子动力学方法，从理论上研究了光激发水分解的动力学过程，并提出了 g-C$_3$N$_4$ 光诱导分解水的光激发、氧化转移和还原转移三步反应机制 (见图 3.28)(You P.W.，2021a)。这项研究发现在光激发形成电子和空穴之后，价带的空穴从 g-C$_3$N$_4$ 转移到水上，会减弱氢-氧键的强度，之后伴随着反方向的空穴转移与质子运动，导致最终的水分解。分解后的氢原子会吸附到 g-C$_3$N$_4$ 的氮原子上，而剩下的氢氧基团则有可能进一步反应生成过氧化氢。同时，吸附在 g-C$_3$N$_4$ 的多个氢原子可以通过结合 (Tafel-like reaction) 形成氢气，但这一过程仍需要经过一个较高的反应势垒。

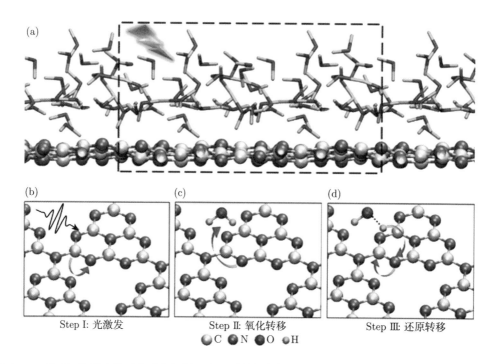

图 3.28　g-C$_3$N$_4$ 光解水的三步反应机制，以及后续产生氢气和氧气的过程。摘自 (You P.W.，2021a)

这项工作是人们第一次在微观尺度上，实时地展示了一种在真实的半导体表面所发生的光解水非绝热量子动力学方案。在研究 g-C$_3$N$_4$ 光解水过程中，孟胜等提出的空穴主导的化学键断裂与重组的非绝热机制，可能为光解水催化剂的设计提供一种新的思路。

第 4 章 理论基础：电子结构

通过第 2 章和第 3 章的讨论，我们大致可以了解到凝聚态体系中与全量子效应密切相关的各种物理现象和化学现象，从而使读者对全量子效应问题有了一个总的概貌。在介绍这些问题的过程中，我们提到了目前研究全量子效应的不同理论和实验方法。为了使读者能够学习并掌握这些方法，从而在今后各自的研究工作中灵活运用这些知识去解决实际问题，我们将用接下来的三章内容分别对这些理论方法做详细的推导，并对相应实验技术做系统的讨论。

基于第 1 章的介绍我们已经知道，全量子效应问题在近些年开始受到广泛的关注。在越来越多的凝聚态体系中，人们不断通过实验观测和理论模拟报道了与全量子效应相关的新物理现象 (Bove，2009；Meng X.Z.，2015；Guo J.，2016a；Vuong，2018；Kundu，2022；Krüger，2022)。关于全量子效应问题的研究，较早的工作可以追溯到 1926 年 J. Franck 关于分子光谱吸收实验选择定则的建立 (Franck，1926)。后来，理论上全量子化处理方法的发展以及计算能力的提高，对全量子效应实验观测的理解又起到了至关重要的推动作用 (Tuckerman，1996；Marx，1996；Marini，2008；Zhang Q.F.，2008；Ceriotti，2009, 2012；Li X.Z.，2010, 2011；Chen J.，2013；Giustino，2017)。在此基础上，最近这些年，实验在精准测量方面的一些关键技术进步，比如超高空间分辨成像技术，与同时具有超高能量分辨谱学技术、超快时间分辨动力学测量技术的发展，结合各种外场下极端条件的建设，也促使更多、更精确的全量子效应实验观测成为可能 (Bove，2009；Guo J.，2014, 2016a；Meng X.Z.，2015；Vuong，2018；Tian Y.，2022；Borodin，2022)。这些针对核量子效应与非绝热效应的实验观测又反过来推动了全量子效应理论处理方法的不断完善 (Marini，2008；Giustino，2017)。与物理学史上其他重要领域的发现与发展过程类似，这是一个理论与实验相互促进、不断优化完善的过程。在理解所有这些理论与实验工作的时候，建立一个相对清晰的物理框架是非常重要的。

这里需要提醒读者的是，20 世纪 50 年代初玻恩-黄展开提出的时候，计算作为一个研究手段才刚刚进入物理学领域不久，当时第一性原理的电子结构计算方法还不成熟。人们针对凝聚态体系的理论研究主要是使用解析手段求解相对简单的模型哈密顿系统。因为这个原因，基于二次量子化表述的电-声耦合 (Electron-phonon coupling) 理论虽然已部分发展出来，并在后期得到了不断完善，但是从计算的角度，基于玻恩-黄展开对实际体系考虑全量子化效应的计算研究还远远没有提上日程。

直到 20 世纪 50 年代后期，N. Metropolis、E. Fermi、A. Rahman 等紧随计算机技术的发展，在科学研究中开始极力推广数值方法的应用 (Metropolis，1953；Fermi，1955；Alder，1959；Rahman，1964)。当时凝聚态体系中原子核之间的相互作用主要通过经验力场模型来描述 (Lennard-Jones，1924；Buckingham，1938)。后来，随着计算模拟被应用于物理学和化学环境更加复杂的体系，化学键断裂及重组等问题开始被涉及，简单解析形式表达的经验力场已经不能准确地描述这些体系的真实物理状态了。因此，人们开始回到量子力学薛定谔方程来计算原子核构型对电子结构的实时影响。基于这个思维方式，第一性原理电子结构计算方法最早是针对玻恩-奥本海默近似的狭义理解而提出的 (即在电子态绝热的球-棒模型下，仅针对特定的经典原子核构型求解电子结构)。由于电子是一个典型的相互作用的多体量子系统，即便面对这样简化的问题，相互作用的多电子体系的量子力学求解也是非常复杂的，这项研究经历了一个漫长的发展过程。其中主要的电子结构计算方法大致可以按波函数方法、密度泛函理论、量子蒙特卡洛方法分为三类。波函数方法与密度泛函理论的成功发展，也使得 J. A. Pople 和 W. Kohn 分享了 1998 年的诺贝尔化学奖 (Hohenberg，1964；Kohn，1965；IIehre，1972)。

这些第一性原理电子结构计算方法的发展，如前所述，构成了第 5 章要介绍的突破玻恩-奥本海默近似的全量子效应理论研究的基础。换句话说，全量子效应理论是建立在精确电子结构计算方法发展的基础上的。在进一步展开讨论之前，我们提醒读者要注意的是，下面推荐的波函数方法 (4.3 节)、密度泛函理论 (4.4 节)、量子蒙特卡洛方法 (4.5 节) 只着重在讨论电子的基态问题，接下来我们另安排了一节 (4.6 节) 专门介绍如何将这些方法发展去研究电子的激发态，并特别推荐了一种计算电子激发态的新方法：基于 GW 近似的多体格林函数方法。这些方法的介绍，描述了对真实凝聚态体系如何获得精确电子结构，从而为后续开展全量子效应的理论研究奠定了基础。

4.1 全量子效应理论方法概述

在下面的讨论中，我们将研究全量子效应的理论方法简称为全量子理论。全量子理论实际是涵盖了一系列突破玻恩-奥本海默近似的狭义理解 (即电子态绝热近似处理下的球-棒模型)，在考虑了原子核和电子全部自由度的量子属性及量子耦合的基础上，研究大分子与凝聚态体系物理性质和化学性质的理论和计算方法。在第 1 章中我们反复提到全量子理论的基础是基于玻恩-黄展开对玻恩-奥本海默近似的狭义理解所要进行的修正。这也是理解本章和第 5 章所有内容的基础。因此，在本节全量子理论方法概述之后，我们将从玻恩-黄展开这个概念出发来进行详细讨论推导。从凝聚态物理学、化学、材料科学这些物质科学重要组成部分的发展历史过程来看，一个无法否认的事实是近年来全量子理论研究的进步很大程度上得益于从 20 世纪 80 年代开始的第一性原理电子结构计算方法 (即在球-棒模型中一个特定的原子核构型下，将电子结构用绝热的第一性原理的方式进行描述的计算方法) 的发展。换句话说，这个相互作用电子体系量子态的第一性原理计算，是实现真正的"全"量子化计算的基础。基于这个考虑，在介绍完玻恩-黄展开这个概念之后，针对球-棒模型近似描述的分子与凝聚态体系，我们首先会相对系统地介绍，在一个特定的原子核静态构型下的一些计算电子结构的主要方法及基本原理 (也可以简单地认为是对一个真实体系的"部分"量子化处理，针对的只是电子量子态)，这样做的目的是为后续讨论提供电子结构方面的理论准备。所有考虑原子核的量子态、电子的量子态与原子核的量子态之间耦合的方法，都是以原子核静态构型的电子结构计算方法为基础的。

基于玻恩-黄展开这个概念与第一性原理电子结构计算方法，人们可以开始具体的全量子效应研究。但前面也提到，除了简单的模型体系与很小的气相分子反应，在大分子与凝聚态体系中针对整个系统严格意义上的全量子化处理，在现阶段是不切实际的 (Zhang D.H., 1994; Xiao C., 2011)。因此，在针对实际体系的研究工作中，还是要考虑我们具体要面对的实际问题，将玻恩-黄展开进一步简化。根据简化过程中重点关注且保留的物理问题 (也可以换个角度说是暂时忽略掉的部分)，全量子效应研究可大致概括为针对核量子效应的研究与针对非绝热效应的研究两大类。

第一类是与核量子效应相关的研究。理论上此部分针对的是将原子核作为量子粒子来进行的描述，揭示相对于将其进行经典处理给出的差别。严格而言，这个差别本身是可以包含非绝热效应的贡献的。这时由于原子核量子态与电子量子态会发生耦合，玻恩-奥本海默势能面也可能出现交叉劈裂。但实际研究中，当人们专注于核量子效应时，往往会假定电子始终处在基态。也就是说，电子量子态、原子核量子态之间的耦合所带来的电子在不同本征态之间的跃迁需要暂时被忽略掉。这时，核量子效应的研究就等同于有限温度下玻恩-奥本海默近似的严格处理 (即不考虑电子跃迁的情况下将原子核的量子效应严格考虑，也就是原子核在基态玻恩-奥本海默势能面上的量子波函数处理) 与玻恩-奥本海默近似的狭义理解 (即电子态绝热的球-棒模型，也就是原子核在基态玻恩-奥本海默势能面上的经典粒子处理) 之间的差别。类似研究的具体内容，既包括有限温度下原子核量子效应在统计层面对系统物性的影响 (Marx, 1996；Marini, 2008；Ceriotti, 2009, 2012；Zhang Q.F., 2008；Li X.Z., 2010, 2011；Chen J., 2013；Monacelli, 2023)，也包括核量子效应对于动力学性质的影响 (Miller, 1974；Tromp, 1986；Voth, 1989；Tuckerman, 1996；Shao J.S., 1999；Shi Q., 2003；Liu J., 2006)。在第 5 章我们会对这些方法进行详细介绍。

第二类是与非绝热效应相关的研究。理论层面上，此类研究重点关注的是原子核在不同玻恩-奥本海默势能面之间的演化与电子在不同能级之间跳跃的量子耦合 (Tully, 1990；Craig C.F., 2005；Meng S., 2008a,b)。与前面提到的核量子效应本身严格来说一定会包含非绝热效应的贡献类似，这里的非绝热效应研究严格而言也一定会包含核量子效应的贡献。但在实际研究非绝热问题的时候，由于目前计算量与计算方法方面的限制，针对非绝热效应的研究多将原子核当作经典粒子，在此基础上考虑电子的非绝热跃迁。在这种情况下，一般是可以将原子核作为经典粒子处理，并按照牛顿方程在不同势能面之间进行转移演化。这些也是第 5 章要进一步介绍的主要内容。

换句话说，人们在讨论核量子效应与非绝热效应时，就像是从两个角度去审视玻恩-奥本海默近似的狭义理解 (电子态绝热的球-棒模型) 与严格的玻恩-黄展开之间的差别。其背后的物理，都与一个处理多自由度耦合的量子系统动力学过程的基本方法有关。这个方法，就是将这些自由度的动力学过程分成快过程和慢过程。玻恩-奥本海默近似的基本思想，是在处理快过程的时候，慢过程的变量被当作一个参数。快过程的薛定谔方程被解出后，为慢过程提供一个势，然后再求解慢过程的薛定谔方程。它在数学上的体现是对包含电子自由度和原子核自由度的整体波函数的变量分离处理，也就是把总波函数写成电子态波函数 (原子核坐标作为参数) 与原子核波函数的乘积。其物理上的核心思想是绝热近似，即电子的动能在与固定位置的原子核互动中不能转变为热能。这样忽略掉的部分，即是所有的非绝热效应。在将玻恩-奥本海默近似进一步往电子态绝热的球-棒模型的图像简化的时候，所有的核量子效应再进一步被忽略掉。

与这个简化途径平行，另一条简化途径是基于玻恩-黄展开，保留非绝热跃迁。但是考虑到原子核的运动相对于电子运动还是个慢过程，可以先暂时把原子核的运动经典化处理。原子核按牛顿方程运动，它们可以在不同势能面之间转移演化，同时原子核运动过程中电子可以在不同本征态之间跃迁。这里处理的本质是慢过程的经典近似，忽略掉的是核量子效应。在此基础上，如果再进一步忽略电子在不同本征态之间的跃迁，非绝热效应就被进一步忽略了。人们又回到了绝热近似下原子核运动的经典处理这个目前惯用的分子动力学模拟手段研究层面。换句话说，依赖于我们研究中具体的关注点是哪个，我们可以选择重点研究核量子效应还是重点研究非绝热效应。

　　当然，所有这些处理的基础都是人们对一个相互作用的电子系统的量子态的准确描述。特别是最近在研究极低温和超高压环境下凝聚态氢的相变问题时，Monacelli 等指出各种相之间原子结构的熵差小于 1 meV/atom，此时基态电子结构对玻恩-奥本海默近似十分敏感 (比如密度泛函理论中交换关联势的选取等)，而采用诸如量子蒙特卡洛方法的精确计算方法，对于描述可靠的电子基态势能面更为重要 (Monacelli, 2023)。因此，本章后几节的重点是电子结构方法的讨论，目的是打好这个基础。针对一个实际凝聚态体系的准确的全量子效应模拟，是可以用图 4.1 来描述的。核量子效应与非绝热效应，以及两者之间的耦合，是模拟中非常重要的两个方面。在核量子效应的研究中人们采用的是快自由度 (电子部分) 的绝热近似，在非绝热效应的研究中人们采用的是慢自由度 (原子核部分) 的经典运动近似。当两者均建立在精确的电子结构计算的基础上的时候，人们实现的是对这个实际体系在量子力学层面的最为准确的描述，即沿着三维坐标系的 [111] 对角线方向进行严格的全量子理论模拟。这个思路也正是本书在设计建立和研究全量子理论时的基本指导思想。在目前的实际计算中，依赖于关注的问题，人们是要进行取舍的。

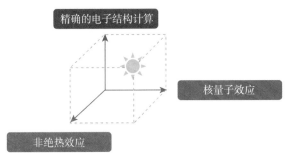

图 4.1　为了针对一个实际凝聚态体系进行准确的量子力学层面的理论模拟，人们可以沿着核量子效应、非绝热效应、精确的电子结构计算三个轴来系统改进理论计算的质量。严格的全量子模拟无疑是在这三个方向为坐标轴组成的坐标系立体对角点上 (如图中的太阳标识所示)

　　由于玻恩-黄展开、核量子效应研究 (在此基础上考虑非绝热效应就是完整的全量子效应，忽略非绝热效应就是严格的玻恩-奥本海默近似)、非绝热效应研究 (在此基础上考虑核量子效应就是完整的全量子效应)、玻恩-奥本海默近似的狭义理解 (同时忽略了核量子效应和非绝热效应) 这些概念的差别是本书最基础、最核心的内容，这里我们不怕繁琐，再进行一些解释。做个相对直观的比喻，就是面对一枚硬币，玻恩-奥本海默近似的狭义理解 (电子态绝热的球-棒模型，既不考虑核量子效应也不考虑非绝热效应) 告诉我们的信息就是一点：我们面对的是一枚金属币，看不清它的花纹和细节，只是一个模糊的、材质是金属的硬币。但是我们可以根据经验，从硬币的大小来判断这是多少钱。这个理解无疑是很粗糙的。核量子效应刻画的是这枚硬币正面的信息，非绝热效应刻画的是硬币反面的信息。当然，正面的信息与反面的信息是按一致的方式来对应的，不能说正面是一枚 1 元硬币的正面，而反面对应的是一枚 5 角硬币的反面。但仅看正面或者反面，也一定是不完整的。两者合在一起，才能给出这个硬币的完整的描述。描述中这些细节的整体，是玻恩-黄展开区别于玻恩-奥本海默近似的狭义理解的内容。实际研究中，就像我们用眼睛去看硬币的时候很自然地是先看到它的正面或先看到它的反面，具体而言也往往是针对一面来展开的。这里，我们先简单地利用一枚硬币正反面的概念将本书关注的核心问题进行一个分类，方便读者学习和后续讨论。两者的耦合在玻恩-黄展开的框架下是自然的。从严格解的角度，不应该舍弃非绝热效应单独研究核量子问题，也不应该舍弃核量子效应单独研究非绝热问题。但目前从实际计算的角度，两者又必须分开讨论才能推动此类研究在实际材料体系，特别是凝聚态体系中的进行。当然，目前在一定近似下，两者统一考虑的算法也在发展中 (Shushkov，2012)。

基于这样一个考虑，在第 5 章我们将分别从核量子效应模拟手段和非绝热效应模拟手段两个侧面深入展开全量子效应计算方法的介绍，尽量覆盖分子模拟领域针对此问题的大多数方法。这些内容，从物理图像上来讲，与从 20 世纪三四十年代开始，到 70 年代基本成型的基于二次量子化表象来描述电-声耦合的理论是有很大的相似之处的。其主要区别体现在以下两个方面。

第一个方面，是基于二次量子化表象的表述形式，需要一些能够被很好地定义的相干态 (也就是准粒子湮灭算符的本征态) 作为电子态与原子核振动态在耦合系统展开的基函数 (Landau，1933；Fröhlich，1950；Fan H.Y.，1951；Bardeen，1955, 1957；McMillan，1968；Dynes，1972；Allen，1976, 1981)。因此，虽然这些基于二次量子化的方法在早期的模型系统的研究中有应用，但是在实际体系中，当晶格周期性不被保障、非简谐效应显著、紧束缚模型或近自由电子气模型不能准确描述电子相干态的时候，人们必须回归原始的玻恩-黄展开来进行理论描述才能获得可靠的结论。此外，尽管以模型为主的二次量子化理论在固体物理研究中获得了很大成功，但往往由于涉及多个自由度的耦合和缺乏对体系微观细节的了解，很难完全定量地解释所有的实验数据 (比如，量子顺电性、量子自旋液体、量子临界行为、量子相变等问题的研究就可能涉及多个自旋位形的相干叠加及高度纠缠)。基于全量子化玻恩-黄展开考虑的多体理论计算方法，有可能进一步突破理论局限，是值得发展的方向。但是由于本书侧重在讨论从薛定谔方程出发描述的全量子效应概念，我们应该避免对强调的物理图像上的创新性可能产生的夸大理解。

第二个方面，是这两种语言所描述的具体过程也存在细微差别。基于玻恩-黄展开的语言在理论化学中应用广泛，其内容是自洽的；基于二次量子化表象的电-声耦合理论在凝聚态物理中应用广泛，其内容也是自洽的。在二次量子化的语言中，电-声耦合现象的讨论既可以包含绝热的电-声相互作用，也可以包含非绝热的电-声相互作用。这些具体的讨论依赖于声子谱的计算过程中电子是处于基态还是激发态，依赖于电-声耦合是否带来电子在不同能级之间的跃迁。同时，电子跃迁所带来的声子振动的实时变化，以及它们量子耦合引起的原子核在不同势能面之间的转移演化也是很重要的。在目前多数凝聚态体系的电-声耦合现象的计算研究中，类似细节的讨论还不多。换句话说，电-声耦合理论研究中使用的某个方法对应于理论化学中什么样的方法在很多时候是不明确的，反之亦然。由于两个研究群体的知识结构存在较大差别，类似细节的问题还需要人们花很长时间来理解和澄清，最终达到协调发展。

为了相对全面地呈现我们目前的想法，在第 5 章，我们会对 20 世纪 70 年代成形的电-声耦合理论也进行一个相对系统的回顾 (见 5.2 节)。同时，也会对这些理论在近期的发展，尤其是与第一性原理电子结构计算方法结合的情况进行一些介绍。最后我们回到玻恩-黄展开，从它出发，来讨论在理论化学研究中核量子效应与非绝热效应结合的一些初步尝试。本章和第 5 章内容分别会对具有凝聚态物理背景，或者具有理论化学背景的读者相对友善。但我们希望强调的是读者在阅读过程中，应尽量避开阅读舒适区，去理解自己相对不了解的内容。在第 5 章的最后一节，作为介绍全量子效应理论的总结，我们对凝聚态体系中全量子效应模拟方法的发展进行一个简单的展望。

本章和第 5 章的目的，是让读者在面对一个分子或凝聚态体系的物理性质和化学性质进行理论描述时，能够站在一个全面的高度，抓住问题的关键。其中的重点是超越电子态绝热的球-棒模型图像的物性描述和理解。这些概念与方法的掌握，对凝聚态体系中全量子效应的深入研究是至关重要的。

4.2 玻恩-黄展开

由于玻恩-黄展开在全书论述中的重要性，以及为了本章理论描述的完整性，我们还是把玻恩-黄展开的具体形式重新写成公式 (4.1)。它的核心思想是系统的波函数可以由电子波函数和原子核波函数的乘积的求和表达，具体形式写为

$$\Psi^j(\vec{r}, \vec{R}, t) = \sum_{n=1}^{\text{el}} \chi_n^j(\vec{R}, t) \Phi_n(\vec{r}, \vec{R}) \tag{4.1}$$

(Born，1954)。与玻恩-奥本海默近似不同，这里有个针对电子本征态 $\Phi_n(\vec{r}, \vec{R})$ 量子数 n 的加和。这个加和使得玻恩-奥本海默近似中蕴藏的变量分离假设 (也就是系统整体波函数是以原子核构型为参数的电子波函数与原子核波函数的简单乘积这样一个数学层面的近似处理) 在这里并不存在了。抛弃了变量分离假设后，这个展开形式从数值计算的角度来讲是严格的，只要我们在展开过程中能够保证电子本征态的完备性。另外，这里的原子核波函数 $\chi_n^j(\vec{R}, t)$ 随着时间在变化，并且它与电子波函数的量子耦合是同步进行的。整体波函数如果依据这样一个展开来处理的话，我们就很自然地包含了电子态、原子核态以及与它们之间耦合相关的所有量子力学信息。

除了 M. Born 与 K. Huang(黄昆) 在其 1954 年出版的经典教材中的原始表述形式 (Born，1954)，前面略有提及，玻恩-黄展开还可以从另一个角度来理解。假设系统的电子态可以用一个已知波函数的量子态来描述，比如在简单金属体系中电子态经常近似为自由电子气，其本征态为平面波 (如果是用近自由电子气描述，即是平面波的简单组合)。这些本征态的集合构成了电子波函数在其希尔伯特空间中的一组完备基。每个本征态对应这组完备基中的一个基。在量子多体的语言中，它是电子湮灭算符的本征态，人们可以用相干态 (Coherent state) 这个概念来描述它 (Negele，1998)。同时，我们把原子核的运动进行量

子化。在周期性晶体中，当满足简谐效应的情况时，其振动态对应的就是声子。如果电子态本身针对电子间相互作用、原子核振动态本身针对其各玻恩-奥本海默势能面已对角化，那么电-声耦合带来的一个结果，就是我们在描述整体波函数的时候，必须就电子量子态与原子核量子态乘积所对应的总的基组空间进行进一步的对角化。这个表述方式在我们传统固体物理的学习中并不陌生。利用非相对论的场论的语言 (也就是量子多体的语言)，我们习惯于使用二次量子化表述下定义的基以及与之相关的产生、湮灭算符来描述类似问题。对这组基做进一步的包含了电子-声子相互作用的哈密顿量对角化后，系统的本征态就是一系列电子本征态与原子核本征态乘积的线性叠加 (Fan，1951；Bardeen，1955，1957)。这个线性叠加本身，从物理意义上讲，与玻恩-黄展开是一致的。

从 20 世纪 20 年代量子力学的建立，到 20 世纪 80 年代第一性原理电子结构计算方法发展成熟之前，人们利用这套非相对论场论语言 (即二次量子化语言) 针对简单凝聚态体系 (也就是晶体) 中由电-声耦合所导致的诸多元激发问题展开过非常系统的研究 (Landau，1933；Fröhlich，1950；Fan H.Y.，1951；Bardeen，1955，1957；McMillan，1968；Dynes，1972；Allen，1976，1981)。在多数此类研究中，针对金属，人们会将电子用自由电子气或近自由电子气来处理，原子核运动的本征态也往往用简谐声子来描述。针对半金属、半导体和绝缘体，电子态的描述往往会依赖紧束缚近似的模型。这样操作的原因很简单，就是当时凝聚态物理中的理论问题的解决对计算机计算能力的要求还不大，二次量子化的语言对物理意义的讨论最直接。在电子和原子核本征态波函数已各自对角化且分别比较容易用解析函数或简单数值方法描述时，这样操作起来既简单又有效。但它的一个直接后果就是理论物理学家也因此很少回到公式 (4.1)，也就是很少提到玻恩-黄展开这个原始的波函数展开形式，去研究问题。从学科特质来看，这个可能与物理学研究最为核心的一个价值观是探索客观物质世界的组成及其相互作用有关。面对这个目的，场论的语言具有其他任何语言无法比拟的优势。作为从事物理学研究的科研工作者，人们会不由自主地倾向于使用类似语言来研究问题。因此，在凝聚态物理的研究中，从玻恩-黄展开出发，去用第一性原理的方式描述电子量子态、原子核量子态以及它们之间量子耦合问题的研究一直不多。玻恩-黄展开这个工具也就一直没有在凝聚态物理领域被广泛地应用起来。

与凝聚态物理的发展形成鲜明对比的是，在理论化学的发展过程中，尤其在针对气相反应动力学问题的研究中，人们很早就开始用玻恩-黄展开的语言了。这也是有时我们在与理论化学家讲述凝聚态物理中的全量子效应问题时，对方往往很疑惑不解，为什么物理学家现在还要强调从玻恩-黄展开出发讨论全量子效应问题。究其原因，有两点不能被忽视，它们主要是物理学与化学研究的核心问题 (兴奋点) 不同。

第一点，与前面提到的凝聚态体系中电-声耦合问题不同，这里原子核构型在化学研究中的核心问题，是在发生化学反应时系统的结构会进行很大的拆分与重组，具体表现为原子或分子层面化学键的断裂与重建，这将导致原子核多数时候并不处在平衡位置附近。这种情况下，原子核自身的状态是无法用简单的解析函数 (比如完美晶格构型附近声子振动的本征态或杂质在其弛豫构型附近的振动态等) 进行展开来研究的。概括来说，对化学研究中的核心问题：化学反应，我们用二次量子化的场论语言进行描述是不适用的。而对凝聚态物理学中的核心问题 (至少是 20 世纪 80 年代前)：固体中电子是与处在晶格平衡态附近的原子相互作用,基于二次量子化的操作恰恰需要这种既简单又能够基本描述原子核状态的解析函数作为基函数。所以,早期对固体物理问题的研究,场论的语言非常现实并流行。

第二点,化学研究的另一个兴趣点是分子层面的功能性。比如气相反应动力学问题中牵扯到的原子核数目很少,一般情况在 3 到 4 个原子以下。这样的话用波函数的方式来描述原子核量子态,从计算量的角度是没有问题的,人们总可以找到办法去 "硬算"。也就是说用基于模型系统发展起来的二次量子化理论在描述化学反应问题时就显得复杂并不必要,而回到用原始的玻恩-黄展开的波函数处理小系统 (由少数原子和电子组成的) 又很合适。这是为什么对于这些小分子体系,化学家并不关心建立所谓的 "模型"(比如在物理研究中,模型的建立可以解释一类问题。典型的例子是紧束缚哈密顿模型可以有效地研究半导体类材料的电子结构等),而更多功夫是花在具体问题细节的描述上。这样对每个不同的小分子体系,化学家都按照一样的办法去做具体的计算,不注重考虑整体图像,也不必要建立模型。因此,在理论化学研究中,玻恩-黄展开的语言就得到了很大的发展和应用。后来,在理论化学其他问题 (比如非绝热问题) 的研究中,作为理论化学研究本身的一种传承,玻恩-黄展开也经常被提及。这与凝聚态物理学研究中的情况是有很大不同的。做个有点相似但并不完全相同的类比,在电子结构理论的发展过程中,凝聚态物理学家也比较多地会使用二次量子化的语言,去关注模型哈密顿量系统。而理论化学家则习惯于基于 Slater 行列式的多体波函数展开与密度泛函理论,去计算具体分子体系。这之间思维方式的差异有相似之处,即物理经常关注具有共性图像的模型理论,而化学很多时候会关注一个具体系统的细节特征。因此,理论化学始终会强调如何针对一个具体的体系把电子结构与原子核的运动情况算准,这个差别是值得我们在学习不同的凝聚态计算方法与理论化学方法,并将其相互融合的过程中逐步体会的。当然这种差别的根源是物理学与化学面对的基本问题是不同的,或者说是各有侧重的。

最后,我们进行一个相对开放的讨论。如果追溯到量子力学发展初期的矩阵力学与波动力学表述,类似思维方式的不同在一定程度上与两种表述之间的相互关系也存在某种联系。矩阵力学的表述利于分析力学量算符的物理意义,在相互作用体系,其向场论语言的过渡是相对直接的。而波动力学在求解力学量期待值上不依赖于模型系统,对任意量子体系在操作层面没有太多不同,这与玻恩-黄展开又有相似的地方。这两种表述方式所面临的实际的量子力学问题,都是在描述一个由多个原子及电子形成的多体系统。具体而言,就是在这个多体的量子体系对应的完备的希尔伯特空间对角化那个包含电子与原子核全部自由度的哈密顿量。只不过在传统的凝聚态体系中,人们习惯于先选择一组本征态作为完备基,然后基于这组完备基,利用二次量子化语言来讨论问题。与之对应,在化学气相反应动力学问题的研究中,人们习惯于直接针对薛定谔方程,基于玻恩-黄展开,在一组完备基下直接对角化。这些处理方式的不同更大程度上是由于在长期的研究过程中,人们发展起来的理论语言体系的不同,这是一个客观事实。在这个客观事实的形成过程中,研究者所受教育的差别是我们不应该忽略的一个因素。这个差别带来了思维习惯的不同,导致不同领域之间的交流并不是很多,虽然每个领域都有很多值得对方学习的地方。最近几年,在电子结构计算方法的发展层面,我们欣喜地看到了很多传统凝聚态物理计算方法与理论化学中量子化学计算方法的结合。在凝聚态体系中，如果我们观测的物理量只与观测时间和能量尺度内稳定存在的粒子及其元激发相关，或许直接利用玻恩-黄展开来进行理论层面的探讨还会更直接。基于这样一个考虑，本书从玻恩-黄展开出发针对凝聚态物理中一些问题，特别是与核量子效应、非绝热效应相关的问题，进行一些理论层面的梳理与实验层面的总结，应该说也是在进行一种不同于二次量子化表示的尝试。

至此，我们对玻恩-黄这个公式的物理意义已经有了很清楚的掌握。如果量子力学框架正确，基于其得到的理论模拟结果应该和实验测量完全一致，因为实验中全量子效应是自然包含在内的 (我们面对的电子和原子核本身确实具有量子的属性，它们之间也是相互耦合的)，只不过因为计算算法的复杂性和计算机运算能力的问题，人们在理论描述中要引入多个近似。正像我们在第 1 章介绍的，这些近似，在历史上也往往是玻恩-黄展开提出前人们直接用到的处理方法。比如 1927 年 M. Born 与 J. R. Oppenheimer 提出的玻恩-奥本海默近似，也就是绝热近似 (Born，1927)。它的一个基本思想就是原子核质量比电子大很多，不同电子本征态在能量尺度相差也比较大，所以原子核运动时，电子本身在我们感兴趣的时间尺度不会发生不同本征态之间的非绝热跃迁 (如图 1.35(a) 所示)。基于此，人们可以将整体的波函数进行一个变量分离的处理，将其写成原子核波函数与电子波函数的乘积。在电子波函数中，原子核构型是作为参数出现的。其狭义理解，也就是电子态绝热的球-棒模型，这是人们直到现在还在很多实际体系的理论描述中常常使用的手段。近年来，随着理论模拟向着更加接近实际体系方向的发展，以及实验观测向极限精准测量方向的发展 (Meng X.Z.，2015；Guo J.，2016a；Vuong，2018)，超越简单的电子态绝热的球-棒模型的物性研究被逐渐提上日程 (Wang E.G.，2016, 2022)。与之相应，玻恩-黄展开蕴含的核量子效应、非绝热效应的研究才逐渐成为物质科学的前沿研究领域。针对这些效应与量子态的调控，也相应地为真实凝聚态物质的量子物性调控提供了新的可能和发展空间。

关于核量子效应与非绝热效应这些概念，我们在 4.1 节曾进行了介绍。在本节前面引入玻恩-黄公式后，针对那段讨论，我们可以做一个数学上更为简单、更为准确的说明。从公式 (4.1) 出发，在计算核量子效应时，我们对原子核的描述采取了 $\chi_n^j(\vec{R}, t)$ 波函数形式的量子力学处理，这时可以有绝热项和非绝热项的贡献。不过为了简化问题，这时往往会忽略公式 (4.1) 中针对电子态 n 的加和，而只考虑在某个玻恩-奥本海默势能面上的核量子效应，即将对原子核的描述 $\chi_n^j(\vec{R}, t)$ 换成了 $\chi^j(\vec{R}, t)$。也就是说，目前多数实际的核量子效应研究并没有严格包含非绝热效应的影响，忽略了电子在不同本征态之间的跃迁。

而对于非绝热效应的讨论，严格意义上，描述的就是这个对电子态 n 的加和。在这个公式中，没有加和就是绝热处理，有加和就包含了非绝热效应。在进行这个理解时，并没有将 $\chi_n^j(\vec{R}, t)$ 这个波函数简化为 $\vec{R}_n(t)$ 这样一个经典的原子核运动轨道。因此，从公式 (4.1) 出发计算非绝热效应，本身也包含了核量子效应在里面。但目前在多数实际计算非绝热效应时，也是为了简化问题，人们往往先忽略核量子效应的贡献，将原子核的量子波函数 $\chi_n^j(\vec{R}, t)$ 简化为经典轨道 $\vec{R}_n(t)$，同时将 $\sum_{n=1}^{el} \chi_n^j(\vec{R}, t)\Phi_n(\vec{r}, \vec{R})$ 替换为 $\sum_{n=1}^{el} \vec{R}_n(t)\Phi_n(\vec{r}, \vec{R})$。在这个处理下，原子核运动满足的是牛顿方程，而不是薛定谔方程，并且这个经典化的原子可以在不同势能面之间转移演化。但我们需要注意的是，即使在这个近似下，公式 (4.1)

针对电子态 n 的加和是存在的。也就是说，即使是在对原子核做经典处理的情况下，从玻恩-黄展开出发仍然可以有绝热项和非绝热项的贡献。在此基础上，我们可以通过对比 $\sum\limits_{n=1}^{el} \vec{R}_n(t)\Phi_n(\vec{r},\vec{R})$ 与 $\vec{R}(t)\Phi(\vec{r},\vec{R})$ 来研究非绝热效应。因此，除少数极其简单的气相反应外，在绝大多数实际体系针对核量子效应与非绝热效应的研究中的任何一种，对另一个方面效应的忽略都会带来本身不具备严格性。只是以前一般认为这种不严格性在目前的凝聚态计算中还不重要，因此并不予以考虑。当然，关注两者在一定近似下结合的研究工作现在也开始成为一个新的研究重点。在后面的讨论中，我们会在本书篇幅及能力允许范围内做简要论述。

最后，我们从凝聚态计算学科历史发展的角度强调一下现阶段基于玻恩-黄展开这种思维范式来理解问题的重要性。前面多次提到，在玻恩-黄展开提出的时候，由于第一性原理电子结构及相关物性计算方法还远远没有成熟，全量子化方法并没有成为人们在物质科学研究中使用的主要理论工具。人们针对很多具体问题的研究还是基于简单模型，比如对原子核构型描述时使用的球-棒模型、对电子态描述时使用的近自由电子或紧束缚模型、对晶格振动描述时使用的声子概念。针对一个实际问题，可以毫不夸张地说，任何时候将一个特定的原子核构型下 (也就是球-棒模型这个层面) 的电子结构算准，都是解决问题的第一步。

20 世纪 80 年代开始，随着第一性原理电子结构计算方法的发展，人们才能够在一定程度上有了解决这个问题的基础，并开始展开凝聚态体系中全量子效应问题的第一性原理探索。同时，也必须提到，与电子结构方法的发展几乎同步，第一性原理的玻恩-奥本海默分子动力学方法在这个时期同样得到了迅猛的发展。因为第一性原理的玻恩-奥本海默分子动力学方法的成功，在很长时间内，人们一提到第一性原理的物性描述，很自然的一种理解就是电子结构基于某种第一性原理方法，而原子核的描述却停留在玻恩-奥本海默近似的狭义理解 (也就是电子态绝热的球-棒模型) 的层面。具体而言，就是针对一个特定的原子核构型，电子结构需要被自洽地算出。然后根据 Hellmann-Feynman 定理，此构型下的原子核受力情况也能够被描述。实际计算中，要么我们将原子核运动完全用经典力学描述 (即玻恩-奥本海默分子动力学及相关方法)，要么我们在考虑原子核的量子振动的时候，不可避免地利用微扰论的方法来展开核量子效应的讨论。而这些处理中，显然电子往往还都是始终处在基态上的。

采取类似思维方式在解释很多实验现象的时候取得了一定的成功，但这个成功背后存在着严重的问题，就是我们必须清楚地知道这里毕竟还是存在理论层面对玻恩-黄展开原始表示的严重偏离。其后果，就是很多根本不应该与实验进行对比的理论计算结果在很多研究中还被常常使用，而这些研究人员并不一定关注甚至理解其在对比过程中默认的近似。这样做会带来的问题是，计算结果与实验的吻合到底是来自计算层面不同误差的抵消，还是对实验结果的过分解读，甚或是实验技术本身的局限性？很多时候读者甚至是作者也无从得知。

以 ScO 分子这样一个不大的体系中电子态间垂直激发能的计算为例，我们在图 4.2 中用示意图的方式简单描述出该系统在电子基态上的原子核态与在某电子激发态上的原子核态。

这是一个典型的由多电子、多原子核组成的多体系统，电子与原子核的量子态也相互耦合。示意图的右边，是利用电子基态玻恩-奥本海默势能面上的原子核最稳定构型给出的

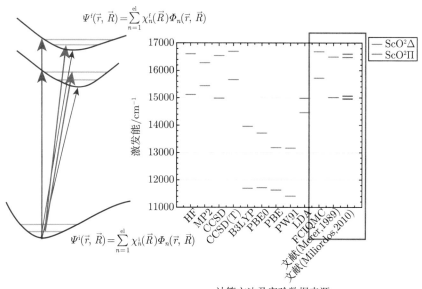

$$\Psi^{\mathrm{f}}(\vec{r},\vec{R})=\sum_{n=1}^{\mathrm{el}}\chi_n^{\mathrm{f}}(\vec{R})\Phi_n(\vec{r},\vec{R})$$

$$\Psi^{\mathrm{i}}(\vec{r},\vec{R})=\sum_{n=1}^{\mathrm{el}}\chi_n^{\mathrm{i}}(\vec{R})\Phi_n(\vec{r},\vec{R})$$

图 4.2　ScO 分子中光子跃迁理论描述示意图。右图是针对一个电子基态玻恩-奥本海默势能面上的原子核最优构型，利用电子结构层面不同理论方法给出的垂直跃迁激发能与实验结果的比较 (数据来自 (Jiang T.H.,2021))。垂直跃迁对应左图中红色箭头描述的跃迁。左图紫色箭头是考虑到电子激发态上玻恩-奥本海默势能面的谷底与电子基态不同后计算得到的能量差。这两者都没有摆脱玻恩-奥本海默近似的狭义理解，还是基于电子态绝热的球-棒模型的图像给出的理论解释。实验中，光跃迁的初态是要包含原子核波函数的自由度的，末态也是要包含原子核波函数的自由度的。20 世纪 20 年代末人们提出的 Franck-Condon 原理给出了一个相对简单的图像来理解这个现象，也就是初态和末态的原子核波函数应该存在最大的实空间交叠。但要想针对这个过程进行最为严格的理论描述，人们还是要回到玻恩-黄展开波函数，用它来分别描述初态与末态，再结合光吸收的跃迁矩阵元来描述真实实验过程。当然，这种处理只是理论上最为严格的考虑，在实际体系中，目前仍无法做到。但这个思维方式是不违背第一性原理基本思想的，也是本书要强调的。很多实际计算给出的结果，就理论层面的严格性而言，我们不应该期待与实验的完美符合，这正是需要我们在研究中对全量子效应深入理解后，要准确把握的

电子态激发能。在密度泛函理论框架下，如果使用常用的交换-关联泛函近似处理 (详见后面我们在 4.4 节介绍的方法)，计算效果很差。这点可从在这个图中从 B3LYP 到 LDA 的结果与实验值的明显差别看出。传统量子化学方法 (从 HF 到 CCSD(T) 的结果详见后面 4.3 节将要介绍的方法) 效果相对好一些。而量子蒙特卡洛方法 (全组态相互作用量子蒙特卡洛 (Full-configuration-interaction quantum Monte Carlo，FCIQMC) 方法的结果，详见后面 4.5 节将要介绍的方法) 效果要更好一些。究其原因，其实很简单，就是这个体系中针对电子结构，平均场近似是一个很差的近似。传统量子化学方法因为是基于电子组态构型的概念，结果相对好一些。而量子蒙特卡洛方法，因为其波函数在电子组态 (Configuration) 的线性组合方面的完备性，结果当然会更好。这种更好的行为，也可以从图 4.2 最右边红框里 FCIQMC 方法给出的结果与实验结果对比，不论从绝对值还是从能级相对位置上都很接近这一点看出。这个结果是合理的。

但同时，我们希望强调两者之间的完美符合不应该是我们的理论在这个层面应该期待的。其原因很简单：严格意义上来讲，光跃迁之前的初态与之后的末态的理论描述，是要

在基于玻恩-黄展开在量子力学的层面考虑原子核自由度的，而不是类似球-棒模型描述的原子核构型。从第一性原理这个理论计算思想的角度来考虑，玻恩-黄展开无疑是系统地改进理论计算结果的最为有力的工具。人们要做的，就是先针对一个特定的原子核构型，在电子结构的层面尽量准确地描述电子间复杂的多体相互作用。之后，基于玻恩-黄展开，严格考虑其与原子核量子态的耦合。最终与实验对比的严格的结果，是包含电子量子态与原子核量子态两个部分的。

当然，目前在实际系统的理论模拟中，这个难度是非常大的。但难并不意味着我们应该在概念层面犯错误。同时，我们也有理由相信随着全量子化方法的快速发展和计算机能力的大幅提升，在今后若干年内基于玻恩-黄展开来理解凝聚态系统物理性质和化学性质这种新的思维范式，在面对凝聚态体系中的物性描述，特别是与核量子效应、非绝热效应相关的物理性质和化学性质描述时，必将成为主流思维范式。同时，沿着这条路去完善第一性原理的电子结构理论 (在这里，既要包含电子的量子态也要包含原子核的量子态)，也应该是人们在理论计算方法的发展中需要不断追求的目标，这点我们已在前面结合图 4.1 做了详细解释。

4.3 波函数方法

波函数方法 (Wave function methord) 是最早的也是最直接的一种针对电子体系或者说材料电子结构的量子力学求解方法。它的基本理论依据是变分原理。简单来说，就是针对一个相互作用电子系统，用 F_0 来表示真空态，F_1 来表示电子数为 1 的时候对应的单电子波函数完备的希尔伯特空间，F_2 来表示电子数为 2 的时候对应的双电子波函数完备的希尔伯特空间，$\cdots$，F_N 来表示电子数为 N 的时候对应的 N 电子波函数完备的希尔伯特空间，$\cdots$。这样由这些相互作用电子形成的完备的 Fock 空间可以写为 $F_0 \oplus F_1 \oplus F_2 \oplus \cdots \oplus F_N \oplus \cdots$ (Negele, 1998)。一个 N 电子系统，它的本征态 Ψ_i 张成的空间对 F_N 是完备的。于是，如果我们给它一个试探的 N 电子波函数 $|\Psi\rangle$，这个 $|\Psi\rangle$ 可以很自然地写成这些本征态的线性组合：

$$|\Psi\rangle = \sum_i c_i \Psi_i \tag{4.2}$$

当系统处在这个试探波函数上的时候，系统能量的期待值就是

$$\langle \Psi|\widehat{H}|\Psi\rangle = \left\langle \sum_i c_i \Psi_i |\widehat{H}| \sum_j c_j \Psi_j \right\rangle = \sum_j c_j E_j \left\langle \sum_i c_i \Psi_i \mid \Psi_j \right\rangle = \sum_j |c_j|^2 E_j \tag{4.3}$$

在 $|\Psi\rangle$ 已经归一化的情况下，上式进一步为

$$\langle \Psi|\widehat{H}|\Psi\rangle = |c_0|^2 E_0 + \sum_{j=1} |c_j|^2 E_j = \left(1 - \sum_{j=1} |c_j|^2\right) E_0 + \sum_{j=1} |c_j|^2 E_j$$

$$= E_0 + \sum_{j=1} |c_j|^2 (E_j - E_0) \tag{4.4}$$

这个值只有在满足 $c_j = 0$ 对所有的 $j \neq 0$ 都成立时，才取最小值 E_0。这也就是说，我们如果对试探波函数 $|\Psi\rangle$ 进行变分，只有其等于基态波函数时，系统的能量期待值才最小。

在求出基态波函数后，针对第一激发态，将试探波函数扣除其在基态波函数上的投影，重复上述步骤，我们还可以通过变分的方式来求解第一激发态。依此类推，原则上，基于此原理我们可以用变分的方法来求解所有本征态。当然，实际计算中，人们多关注电子基态。这个原理，也为所有基于变分的波函数方法提供了一个严格可靠的理论基础。

4.3.1 Hartree 方法

实际上早在 1924 年，也就是薛定谔方程提出之前，R. B. Lindsay 就在应用玻尔原子模型求解碱金属原子电子结构的时候，提出了一个自洽场方法 (Self-consistent field method)，并对其进行了类似上面提到的波函数变分求解 (Lindsay, 1924)。当然，当时的波函数还不是我们现在理解的波函数，而是玻尔原子模型中的电子轨道。1926 年薛定谔方程提出以后，D. R. Hartree 马上意识到可以利用 Lindsay 的自洽场方法求解多电子薛定谔方程 (Hartree, 1928)，并于 1928 年提出了著名的 Hartree 方法。在这个方法中，他简单地将多电子波函数当作单电子波函数的乘积：

$$\Psi_{1\cdots N} = \psi_1 \times \psi_2 \times \cdots \times \psi_N \tag{4.5}$$

于是相互作用电子系统的哈密顿量为

$$\hat{H}_{\mathrm e} = -\frac{1}{2}\sum_{i=1}^{N}\nabla_i^2 + \sum_{i,j} v\left(\vec{r}_i - \vec{R}_j\right) + \frac{1}{2}\sum_{i\neq i'}^{N} v\left(\vec{r}_i - \vec{r}_{i'}\right) = \sum_{i=1}^{N}\hat{h}_i + \frac{1}{2}\sum_{i\neq i'}^{N} v\left(\vec{r}_i - \vec{r}_{i'}\right) \tag{4.6}$$

式中采用了原子单位制，电子质量 $m_0 = 1$，同时 $\hbar = 1$。如果我们规定单电子波函数 $\psi_i(\vec{r})$ 归一，那么，变分原理对总能的变分要求就等价于对下式定义的 L 泛函的变分要求。

$$L = \sum_{i=1}^{N}\int \mathrm{d}\vec{r}\,\psi_i^*(\vec{r})\hat{h}_i\psi_i(\vec{r}) + \frac{1}{2}\sum_{i\neq i'}^{N}\iint \mathrm{d}\vec{r}\mathrm{d}\vec{r}'\psi_i^*(\vec{r})\psi_{i'}^*(\vec{r}')\,v\left(\vec{r} - \vec{r}'\right)\psi_i(\vec{r})\psi_{i'}(\vec{r}')$$
$$- \sum_{i=1}^{N}\epsilon_i\left(\int \mathrm{d}\vec{r}\,\psi_i^*(\vec{r})\psi_i(\vec{r}) - 1\right) \tag{4.7}$$

针对 $\Psi_{1\cdots N}$ 的变分时，如果把 ψ_1 到 ψ_N 中的 ψ_j 变为 $\psi_j + \delta\psi_j$，那么 L 就会变成 $L + \delta L$。变分原理要求的是：$\delta L/\delta\psi_j = 0$。

根据这样一个思路，我们首先要明确 $L + \delta L$ 等于什么。在此基础上，求 δL 与 $\delta L/\delta\psi_j$。为了明确 $L + \delta L$ 等于什么，我们将变换后的 Hartree 多电子波函数代入公式 (4.7)，有

$$L + \delta L = \sum_{i\neq j}^{N}\int \mathrm{d}\vec{r}\,\psi_i^*(\vec{r})\hat{h}_i\psi_i(\vec{r}) + \int \mathrm{d}\vec{r}\left(\psi_j^*(\vec{r}) + \delta\psi_j^*(\vec{r})\right)\hat{h}_j\left(\psi_j(\vec{r}) + \delta\psi_j(\vec{r})\right)$$
$$+ \frac{1}{2}\sum_{i\neq i'}^{N}\iint \mathrm{d}\vec{r}\mathrm{d}\vec{r}'\psi_i^*(\vec{r})\psi_{i'}^*(\vec{r}')\,v\left(\vec{r} - \vec{r}'\right)\psi_i(\vec{r})\psi_{i'}(\vec{r}')$$
$$+ \sum_{i\neq j}^{N}\iint \mathrm{d}\vec{r}\mathrm{d}\vec{r}'\psi_i^*(\vec{r})\left(\psi_j^*(\vec{r}') + \delta\psi_j^*(\vec{r}')\right)v\left(\vec{r} - \vec{r}'\right)\psi_i(\vec{r})\left(\psi_j(\vec{r}')\right.$$

$$
\begin{aligned}
+\delta\psi_j\left(\vec{r}^{\,\prime}\right)\Big) - \sum_{i\neq j}^{N}\epsilon_i\left(\int\mathrm{d}\vec{r}\,\psi_i^*(\vec{r})\psi_i(\vec{r}) - 1\right)\\
-\epsilon_j\left(\int\mathrm{d}\vec{r}\left(\psi_j^*(\vec{r}) + \delta\psi_j^*(\vec{r})\right)\left(\psi_j(\vec{r}) + \delta\psi_j(\vec{r})\right) - 1\right)
\end{aligned}
\tag{4.8}
$$

取公式 (4.7) 与 (4.8) 之差到 $\delta\psi_j$ 的一阶, 有

$$
\begin{aligned}
\delta L = \int\mathrm{d}\vec{r}\,\delta\psi_j^*(\vec{r})\hat{h}_j\psi_j(\vec{r}) + \sum_{i\neq j}^{N}\iint\mathrm{d}\vec{r}\mathrm{d}\vec{r}^{\,\prime}\psi_i^*(\vec{r})\delta\psi_j^*\left(\vec{r}^{\,\prime}\right)v\left(\vec{r}-\vec{r}^{\,\prime}\right)\psi_i(\vec{r})\psi_j\left(\vec{r}^{\,\prime}\right)\\
-\epsilon_j\int\mathrm{d}\vec{r}\,\delta\psi_j^*(\vec{r})\psi_j(\vec{r}) + \text{ c.c.}
\end{aligned}
\tag{4.9}
$$

这样的话, 当变分原理要求 $\delta L/\delta\psi_j = 0$ 时, 我们就可以很自然地得到 $\psi_j(\vec{r})$ 需要满足的方程:

$$
\hat{h}_j\psi_j(\vec{r}) + \sum_{i\neq j}^{N}\int\mathrm{d}\vec{r}^{\,\prime}\psi_i^*\left(\vec{r}^{\,\prime}\right)v\left(\vec{r}-\vec{r}^{\,\prime}\right)\psi_i\left(\vec{r}^{\,\prime}\right)\psi_j(\vec{r}) = \epsilon_j\psi_j(\vec{r})
\tag{4.10}
$$

此方程是公式 (4.5) 中每个单电子轨道满足的方程, 需要自洽求解。在实际的自洽计算过程中, 人们常常把所有电子放在一起产生一个胶体场, 然后把电子和其自身的相互作用扣除。因此, 也可以写成

$$
\begin{aligned}
\hat{h}_j\psi_j(\vec{r}) + \sum_{i=1}^{N}\int\mathrm{d}\vec{r}^{\,\prime}\left|\psi_i\left(\vec{r}^{\,\prime}\right)\right|^2 v\left(\vec{r}-\vec{r}^{\,\prime}\right)\psi_j(\vec{r}) - \int\mathrm{d}\vec{r}^{\,\prime}\left|\psi_j\left(\vec{r}^{\,\prime}\right)\right|^2 v\left(\vec{r}-\vec{r}^{\,\prime}\right)\psi_j(\vec{r})\\
=\epsilon_j\psi_j(\vec{r})
\end{aligned}
\tag{4.11}
$$

其中方程左边最后一项代表一个处在 ψ_j 电子态上的电子与其自相互作用修正 (Self-interaction correction, SIC)。在很多后续电子结构计算方法中, 这一项都有提及。

4.3.2　Hartree-Fock 方法

Hartree 方法的一个缺陷是没有考虑电子作为全同费米子需要满足的波函数空间轨道部分的交换反对称性。为了引入此性质, Hartree 方法提出后不久, V. A. Fock 利用数学中的 Slater 行列式的概念将 Hartree 方法进行了推广, 形成了其改进版的电子波函数, 这也就是 Hartree-Fock 方法 (Fock, 1930; Slater, 1929, 1930b)。在 Fock 工作的同时, Slater 本人也在其 1930 年的论文中指出, 可以采用这样的形式将 Hartree 方法进行推广。Hartree-Fock 方法与 Hartree 方法最大的不同就是相对于公式 (4.5), 多电子系统的波函数表述为

$$\Psi_{1\cdots N} = \frac{1}{\sqrt{N!}} \begin{vmatrix} \psi_1(\vec{r}_1) & \psi_1(\vec{r}_2) & \cdots & \psi_1(\vec{r}_i) & \cdots & \psi_1(\vec{r}_j) & \cdots & \psi_1(\vec{r}_N) \\ \psi_2(\vec{r}_1) & \psi_2(\vec{r}_2) & \cdots & \psi_2(\vec{r}_i) & \cdots & \psi_2(\vec{r}_j) & \cdots & \psi_2(\vec{r}_N) \\ \vdots & \vdots & \ddots & \vdots & \ddots & \vdots & \ddots & \vdots \\ \psi_i(\vec{r}_1) & \psi_i(\vec{r}_2) & \cdots & \psi_i(\vec{r}_i) & \cdots & \psi_i(\vec{r}_j) & \cdots & \psi_i(\vec{r}_N) \\ \vdots & \vdots & \ddots & \vdots & \ddots & \vdots & \ddots & \vdots \\ \psi_j(\vec{r}_1) & \psi_j(\vec{r}_2) & \cdots & \psi_j(\vec{r}_i) & \cdots & \psi_j(\vec{r}_j) & \cdots & \psi_j(\vec{r}_N) \\ \vdots & \vdots & \ddots & \vdots & \ddots & \vdots & \ddots & \vdots \\ \psi_N(\vec{r}_1) & \psi_N(\vec{r}_2) & \cdots & \psi_N(\vec{r}_i) & \cdots & \psi_N(\vec{r}_j) & \cdots & \psi_N(\vec{r}_N) \end{vmatrix} \tag{4.12}$$

根据公式 (4.7) 的思路代入这个多体波函数，并基于单体波函数的正交关系利用拉普拉斯算子，可产生一个拉格朗日量作为变分对象。如果我们对一个单电子轨道 ψ_j 做变分，将其变成 $\psi_j' = \psi_j + \delta\psi_j$，上面的多体波函数变为

$$\frac{1}{\sqrt{N!}} \begin{vmatrix} \psi_1(\vec{r}_1) & \psi_1(\vec{r}_2) & \cdots & \psi_1(\vec{r}_i) & \cdots & \psi_1(\vec{r}_j) & \cdots & \psi_1(\vec{r}_N) \\ \psi_2(\vec{r}_1) & \psi_2(\vec{r}_2) & \cdots & \psi_2(\vec{r}_i) & \cdots & \psi_2(\vec{r}_j) & \cdots & \psi_2(\vec{r}_N) \\ \vdots & \vdots & \ddots & \vdots & \ddots & \vdots & \ddots & \vdots \\ \psi_i(\vec{r}_1) & \psi_i(\vec{r}_2) & \cdots & \psi_i(\vec{r}_i) & \cdots & \psi_i(\vec{r}_j) & \cdots & \psi_i(\vec{r}_N) \\ \vdots & \vdots & \ddots & \vdots & \ddots & \vdots & \ddots & \vdots \\ \psi_j'(\vec{r}_1) & \psi_j'(\vec{r}_2) & \cdots & \psi_j'(\vec{r}_i) & \cdots & \psi_j'(\vec{r}_j) & \cdots & \psi_j'(\vec{r}_N) \\ \vdots & \vdots & \ddots & \vdots & \ddots & \vdots & \ddots & \vdots \\ \psi_N(\vec{r}_1) & \psi_N(\vec{r}_2) & \cdots & \psi_N(\vec{r}_i) & \cdots & \psi_N(\vec{r}_j) & \cdots & \psi_N(\vec{r}_N) \end{vmatrix} \tag{4.13}$$

相应地拉格朗日量也会发生变化。与上述 Hartree 方法的推导一样，基于 $\delta L/\delta\psi_j = 0$，也可以得到 Hartree-Fock 方法中单电子轨道需要满足的方程：

$$\hat{h}_j\psi_j(\vec{r}) + \sum_{i=1}^{N} \int d\vec{r}' \left|\psi_i(\vec{r}')\right|^2 v(\vec{r} - \vec{r}')\psi_j(\vec{r})$$

$$- \sum_{i=1}^{N} \int d\vec{r}' \psi_i^*(\vec{r}')\psi_j(\vec{r}') v(r_i - r_j)\psi_i(\vec{r}) = \epsilon_j\psi_j(\vec{r}) \tag{4.14}$$

此方程与 Hartree 方法的公式 (4.11) 最大的区别就是该公式中的最后一项 (也称为 SIC 项) 在这里被一个非局域交换作用代替。此交换项来自于 Slater 行列式行交换与列交换的反对称特性。它带来的一个直接后果是 Hartree-Fock 方法相对于 Hartree 方法，从方法论的角度要更准确一些，但计算量也有较大增加。Hartree 方法随电子数 N 的三次方增加，而 Hartree-Fock 方法随电子数 N 的四次方增加。因此，在之后很长时间内，Hartree-Fock 方法的实际计算都局限在小分子体系。

4.3.3 后 Hartree-Fock 方法

虽然 Hartree-Fock 方法可描述电子间交换作用, 但电子关联作用还是缺失的。作为一个典型的例子, 在计算 He 原子中两个电子系统的总能时, 由 Hartree-Fock 方法所得到的结果相对于电子结构计算中最为准确的组态相互作用 (Configuration interaction) 方法 (后面会详细介绍) 所得到的结果要高出 1.13 eV。这个数值远远大于化学精度 (Chemical accuracy, 1 kcal/mol, 约 43.4 meV)。造成这个结果的主要原因是 Slater 行列式严格意义上描述的是一个具有交换反对称性, 但 "无" 库仑相互作用的多电子体系的多体波函数。以多电子系统基态为例, 单个 Slater 行列式对应的组态与其他组态之间存在关联, 这些组态来自于电子的重新分布所产生的新的 Slater 行列式。结果是, 对于多电子体系的基态而言, 单个 Slater 行列式不能准确描述多电子波函数。真实的多体波函数的一种严格的形式是所有可能产生的组态所对应的 Slater 行列式的线性叠加。

因为这个原因, 在 Hartree-Fock 的基础之上, 如何准确地考虑电子的关联效应也就成为了波函数理论的终极研究目标。直到现在这个工作仍然是电子结构发展的主流分支之一。这一类方法也被统称为后 Hartree-Fock 方法 (Post-Hartree-Fock), 也叫量子化学方法 (Quantum chemistry methods)。其中主要的代表性发展, 有组态相互作用、微扰型 (如 Moller-Plesset (MP) 方法)、耦合簇 (Coupled cluster)、多基准 (Multi-reference) 方法等 (Moller, 1934; Purvis, 1982; Kendall, 1992)。后 Hartree-Fock 方法的一个优点是可以系统性地引入高阶项来逼近严格解。于是对于其能够处理的体系, 这类计算中的高阶方法往往被当成电子结构计算的标尺。比如耦合簇理论中的 CCSD(T) 方法就由于其相对高的精度被广泛地认可为是量子化学中, 处理非强关联体系的 "黄金准则" (Purvis, 1982)。然而, 后 Hartree-Fock 方法中高阶方法的计算量随着体系大小的增加, 以高阶的多项式或者指数形式来增长 (以其中最为简单的 MP2 方法为例, 它的计算量随电子数的变化关系都是 N 的五次方), 因此尤其不适合于凝聚态体系的计算 (Szado, 1996)。直到近些年, 随着一些与传统量化方法具有完全不同的设计思想的新算法的出现 (Booth, 2009), 后 Hartree-Fock 方法在凝聚态体系中的应用才有所突破。不过我们应该意识到, 由于后 Hartree-Fock 方法在精确性方面的优势, 可以预见未来波函数理论在凝聚态体系中仍会保留其非常重要的地位。

4.4 密度泛函理论

密度泛函理论 (Density functional theory) 是目前在凝聚态物理、理论化学、计算材料学中应用最为广泛的第一性原理方法, 也是本书关心的全量子效应模拟中最常依赖的电子结构计算方法。它正式提出于 20 世纪 60 年代, 但其思想最早可追溯到 20 世纪 20 年代末的 Thomas-Fermi 模型 (Thomas, 1927; Fermi, 1927)。后来经过 50 年代 J. C. Slater 的一次简单改进, 在 60 年代中期又被 W. Kohn、P. Hohenberg、L. J. Sham(沈吕九) 进行了严格化处理。这个严格化处理具体而言, 是通过 Hohenberg-Kohn 定理 (Theorems) 与 Kohn-Sham 方案 (Scheme) 一同完成的 (Hohenberg, 1964; Kohn, 1965)。此理论的出发点是人们可以通过电子的密度而不是电子的多体波函数, 来描述体系的电子基态。基于 Hohenberg-Kohn 定理, 人们也就可以在将描述 N 个多电子的量子系统时, 必须求解多电子波函数这个 $3N$ 维复函数的问题, 转化为求解密度这个三维实函数的问题。

因为这个简化，密度泛函理论在局域或准局域的交换关联泛函近似的情况下，计算量是随电子数 N 的三次方变化的。这种计算量与 N 的依赖关系，甚至可以与波函数方法中最为简单的 Hartree 方法比拟，比完全不考虑电子间关联相互作用的 Hartree-Fock 方法的 N 的四次方甚至还要友善。除了这个定理，P. Hohenberg 和 W. Kohn 还证明人们可以通过对密度的变分，来求解相互作用电子系统的基态问题 (Hohenberg，1964)。在他们证明这两个关键的定理 (Theorems) 一年后，W. Kohn 与 L. J. Sham(沈吕九) 又提出了一个实用性的理论框架，这就是 Kohn-Sham 方案 (Scheme) (Kohn，1965)。在这两个工作之后，到 20 世纪 80 年代，针对密度泛函理论在实际计算中的严格性 (有限温度下的密度泛函理论、N 可表示性 (N-representability)、v 可表示性 (v-representability) 等) 问题，N. D. Mermin、M. Levy、E. H. Lieb、W. Kohn 等又进行了非常系统、严格的发展 (Mermin，1965; Levy，1982; Lieb，1983; Kohn，1983)。

从实用性的角度，在 1980 年左右，后面要提到的量子蒙特卡洛算法在各向同性电子气系统中，给出了关联相互作用能作为电子密度的函数的可靠数值结果。这些结果为密度泛函理论中最为简单也是早期最为主要的局域密度近似 (Local-density approximation，LDA) 提供了参数化的数据 (Ceperley，1980；Vosko，1980；Perdew，1981)。基于此，密度泛函理论开始在实际固体材料计算中得到广泛的应用。20 世纪 80 年代后期到 90 年代初期，广义梯度近似 (Generalized gradient approximation，GGA)、杂化泛函 (Hybrid functionals) 的发展，使得密度泛函理论在化学反应的理论描述中也开始取得巨大成功。这些发展，也彻底奠定了密度泛函理论在凝聚态物理、理论化学、材料科学等领域的电子结构计算中不可替代的核心地位。在本节，依照本书的书写习惯，我们还是从历史时间进程的角度，用一种相对简单的方式，来简要介绍上述各个阶段密度泛函理论的一些关键发展过程。更为专业的、详细的讨论，请大家参考这方面的专著与综述文献 (Parr，1989；Koch，2001；Cohen，2012)。

4.4.1 Thomas-Fermi 模型及推广

我们先从最早的 Thomas-Fermi 模型开始介绍。首先要说明的是，它是一个模型 (Model)，而不是理论 (Theory)。其提出的时间是薛定谔方程已经诞生并在氢原子等单电子系统 (即一个原子核加上一个电子的系统) 中取得了让人难以想象的成功之后。在不考虑自旋的情况下 (人们在当时还没有真正理解电子自旋这个自由度的准确概念)，薛定谔方程的解析解可以完美地解释当时所有的单电子系统的实验。在这个历史背景下，人们的下一个任务就是将薛定谔方程运用到含有多个电子的原子体系 (即一个原子核加上多个电子的系统)。当电子数比较多的时候，严格的解析求解就不可能了，于是人们需要借助一些经验性的模型去理解多电子原子。Thomas-Fermi 模型是在这个背景下提出的，具体时间是 1927 年由 Thomas 和 Fermi 共同建立的 (Thomas，1927；Fermi，1927)。在一个原子体系中，多电子系统的总能可以相对简单地分为三部分，分别是：相互作用电子系统的动能项 T、电子间胶体相互作用项 U^H、电子在原子核势场下的势能项 U^{ext}。当假设这三项都可以写成电子密度的泛函时，对应的表述可简单地描述为如下形式[①]：

$$E[n(\vec{r})] = T[n(\vec{r})] + U^{ext}[n(\vec{r})] + U^H[n(\vec{r})] \tag{4.15}$$

---

① 这个时候还是假设总能是电子密度的泛函，但并没有严格证明。

很显然, 后面两项是有解析表述形式的, 但第一项没有, 必须依赖近似。Thomas-Fermi 模型的原始形式中, 此项由具有相同密度的无相互作用全同电子系统的动能项取代。因此, 公式 (4.15) 可具体写为

$$E[n(\vec{r})] = \frac{3}{10} \left(3\pi^2\right)^{2/3} \int \mathrm{d}\vec{r}\,[n(\vec{r})]^{5/3} + \int \mathrm{d}\vec{r}\,V_{\text{ext}}(\vec{r})n(\vec{r}) + \frac{1}{2} \iint \mathrm{d}\vec{r}\mathrm{d}\vec{r}\,' \frac{n(\vec{r})n(\vec{r}\,')}{|\vec{r} - \vec{r}\,'|} \quad (4.16)$$

1930 年, 为描述电子间交换反对称性对系统总能的影响, P. Dirac 又引入了一个特定密度下全同电子系统的交换项 U^{X} (下式中最后一项)。于是, 系统总能就改写为

$$\begin{aligned} E[n(\vec{r})] = &\frac{3}{10} \left(3\pi^2\right)^{2/3} \int \mathrm{d}\vec{r}\,[n(\vec{r})]^{5/3} + \int \mathrm{d}\vec{r}\,V_{\text{ext}}(\vec{r})n(\vec{r}) + \frac{1}{2} \iint \mathrm{d}\vec{r}\mathrm{d}\vec{r}\,' \frac{n(\vec{r})n(\vec{r}\,')}{|\vec{r} - \vec{r}\,'|} \\ &- \frac{3}{4} \left(\frac{3}{\pi}\right)^{1/3} \int \mathrm{d}\vec{r}\,[n(\vec{r})]^{4/3} \end{aligned} \quad (4.17)$$

与 Hartree 方法一样, 此方程也可以通过变分的方法自洽求解。早期, 由于现代计算机还没有开发出来, 对此模型的应用更多的是求解电子密度分布。从公式 (4.17) 出发, 在给定一个特定多电子原子体系的电离能 μ 的条件下, 基于如下变分关系:

$$\delta \left\{ E[n(\vec{r})] - \mu \left[\int \mathrm{d}\vec{r}\,n(\vec{r}) - N \right] \right\} = 0 \quad (4.18)$$

易知

$$\frac{1}{2} \left(3\pi^2\right)^{2/3} [n(\vec{r})]^{2/3} + V_{\text{ext}}(\vec{r}) + \int \mathrm{d}\vec{r}\,' \frac{n(\vec{r}\,')}{|\vec{r} - \vec{r}\,'|} - \left[\frac{3}{\pi}n(\vec{r})\right]^{\frac{1}{3}} - \mu = 0 \quad (4.19)$$

在 $V_{\text{ext}}(\vec{r})$ 已知的情况下, μ 是常数, 因此可以容易求出电子密度分布。如果不考虑 Dirac 引入的电子交换项, 结果将更简单。基于这些模型的结果, 在当时对于人们理解多电子原子体系与小分子体系做出了很重要的贡献。

与 Thomas-Fermi 模型几乎同期, 在波函数方法中 Hartree-Fock 方法已发展成熟, 但其计算量随电子数 N 的四次依赖关系却很大程度上阻碍了这种方法在分子与凝聚态体系的应用。本着简化 Hartree-Fock 方法计算的目的, 1951 年, J. C. Slater 从 Hartree-Fock 方法的公式出发, 利用一个叫做交换空穴密度 (Exchange hole density) 的量, 推导过一个 Hartree-Fock 方法的密度泛函形式 (Slater, 1951), 并利用一个可以调节的参数来优化计算结果。这个方法后来也被称为 Hartree-Fock-Slater 方法或 X_α 方法。它与 Thomas-Fermi-Dirac 模型最大的不同就是后者各项的推导过程是基于全同电子气概念的, 而前者是针对交换空穴密度。这两个方法中的交换项前面的系数并不严格相同, 但对密度的依赖关系已知。同时, 前者有个可调节参数用于优化计算结果:

$$E_{X_\alpha}[n(\vec{r})] = -\frac{9}{8} \left(\frac{3}{\pi}\right)^{1/3} \alpha \int \mathrm{d}\vec{r}\,[n(\vec{r})]^{4/3} \quad (4.20)$$

现在, 人们往往会统一把它们看作密度泛函理论早期的尝试。

4.4.2　密度泛函理论与交换关联项

在前面讨论的早期工作基础上，现代意义上的密度泛函理论是 1964 年至 1965 年由 W. Kohn、P. Hohenberg、L. J. Sham(沈吕九) 提出的 (Hohenberg, 1964；Kohn, 1965)。它的核心是两个 Hohenberg-Kohn 定理 (Theorems) 与一个 Kohn-Sham 方案 (Scheme)。我们先从两个 Hohenberg-Kohn 定理 (Theorems) 讲起。为简单起见，先不考虑简并情况。

Hohenberg-Kohn 定理 I：它给出的是一个相互作用的多电子系统的基态多体波函数 $\Psi(\vec{r}_1, \vec{r}_2, \cdots, \vec{r}_N)$、外势 $V_{\text{ext}}(\vec{r})$(相差的不是一个常数)、基态电子密度分布函数 $n(\vec{r})$ 三者之间存在一一对应关系 (见图 4.3 的说明)。这个证明过程用的是反证法，把外势 $V_{\text{ext}}(\vec{r})$ 放在中间的位置将三者联系起来。先看外势 $V_{\text{ext}}(\vec{r})$ 与基态多体波函数 $\Psi(\vec{r}_1, \vec{r}_2, \cdots, \vec{r}_N)$ 的一一对应关系。一个外势对应一个基态多体波函数是显然的。而一个多体基态波函数，如果对应两个相差不是常数的外势，就说明有 $V_{\text{ext-1}}(\vec{r}) - V_{\text{ext-2}}(\vec{r}) \neq c$，但 $\Psi[V_{\text{ext-1}}] = \Psi[V_{\text{ext-2}}]$。这样的话，由

$$\widehat{H}[V_{\text{ext-1}}]\Psi[V_{\text{ext-1}}] = E[V_{\text{ext-1}}]\Psi[V_{\text{ext-1}}]$$

$$\widehat{H}[V_{\text{ext-2}}]\Psi[V_{\text{ext-2}}] = E[V_{\text{ext-2}}]\Psi[V_{\text{ext-2}}] \tag{4.21}$$

知

$$\left\{\widehat{H}[V_{\text{ext-1}}] - \widehat{H}[V_{\text{ext-2}}]\right\}\Psi[V_{\text{ext-1}}] = \left\{E[V_{\text{ext-1}}] - E[V_{\text{ext-2}}]\right\}\Psi[V_{\text{ext-1}}] \tag{4.22}$$

而 $\widehat{H}$ 本身相差的就是外势，动能与势能项形式相同，于是

$$\left\{V_{\text{ext-1}} - V_{\text{ext-2}}\right\}\Psi[V_{\text{ext-1}}] = \left\{E[V_{\text{ext-1}}] - E[V_{\text{ext-2}}]\right\}\Psi[V_{\text{ext-1}}] \tag{4.23}$$

上式左边的势能是个乘法算符 (multiplicative operator，可以简单理解为直接相乘，不微分的算符)，右边是两个能量差，因此有

$$V_{\text{ext-1}} - V_{\text{ext-2}} = c \tag{4.24}$$

这与两个外势相差的不是一个常数矛盾。因此证明，图 4.3 左边的一一对应关系成立。

之后，我们需要理解图 4.3 右边的一一对应关系 (外势 $V_{\text{ext}}(\vec{r})$ 与电子密度分布函数 $n(\vec{r})$ 的对应关系)。由于图中左边的一一对应关系已成立，也就是说一个外势给出一个多体基态波函数，而一个多体基态波函数给出一个电子密度分布。因此，不存在一个外势给出两个电子密度分布的情况。那么剩下的，就是要证明一个电子密度分布对应一个外势，也就是不可能存在两个相差不为常数的外势 $V_{\text{ext-1}}(\vec{r})$ 与外势 $V_{\text{ext-2}}(\vec{r})$ 给出同一个电子密度 $n(\vec{r})$ 分布了。

这个证明同样是利用反证法，假设存在两个外势给出同一个电子密度分布。这样的话，就会有 $V_{\text{ext-1}}(\vec{r})$ 给出哈密顿量 $[V_{\text{ext-1}}]$，对应多体基态波函数 $\Psi[V_{\text{ext-1}}]$、基态能量 $E_0[V_{\text{ext-1}}]$；$V_{\text{ext-2}}(\vec{r})$ 给出哈密顿量 $[V_{\text{ext-1}}]$，对应多体基态波函数 $\Psi[V_{\text{ext-2}}]$、基态能量 $E_0[V_{\text{ext-2}}]$。根据变分原理，存在

$$E_0[V_{\text{ext-1}}] = \left\langle \Psi[V_{\text{ext-1}}] \left| \widehat{H}[V_{\text{ext-1}}] \right| \Psi[V_{\text{ext-1}}] \right\rangle$$

$$< \left\langle \Psi\left[V_{\text{ext-2}}\right] \left| \widehat{H}\left[V_{\text{ext-1}}\right] \right| \Psi\left[V_{\text{ext-2}}\right] \right\rangle \tag{4.25}$$

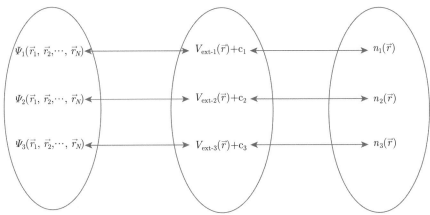

图 4.3 Hohenberg-Kohn 定理 I 的示意图。它表明相互作用电子系统中基态多体波函数 $\Psi\left(\vec{r}_1, \vec{r}_2, \cdots, \vec{r}_N\right)$、外势 $V_{\text{ext}}(\vec{r})$ (相差的不是一个常数)、基态电子密度分布函数 $n(\vec{r})$ 之间的一一对应关系

同时

$$
\begin{aligned}
&\left\langle \Psi\left[V_{\text{ext-2}}\right] \left| \widehat{H}\left[V_{\text{ext-1}}\right] \right| \Psi\left[V_{\text{ext-2}}\right] \right\rangle \\
&= \left\langle \Psi\left[V_{\text{ext-2}}\right] \left| \widehat{H}\left[V_{\text{ext-2}}\right] + \widehat{H}\left[V_{\text{ext-1}}\right] - \widehat{H}\left[V_{\text{ext-2}}\right] \right| \Psi\left[V_{\text{ext-2}}\right] \right\rangle \\
&= \left\langle \Psi\left[V_{\text{ext-2}}\right] \left| \widehat{H}\left[V_{\text{ext-2}}\right] \right| \Psi\left[V_{\text{ext-2}}\right] \right\rangle \\
&\quad + \left\langle \Psi\left[V_{\text{ext-2}}\right] \left| \widehat{H}\left[V_{\text{ext-1}}\right] - \widehat{H}\left[V_{\text{ext-2}}\right] \right| \Psi\left[V_{\text{ext-2}}\right] \right\rangle \\
&= E_0\left[V_{\text{ext-2}}\right] + \left\langle \Psi\left[V_{\text{ext-2}}\right] \left| V_{\text{ext-1}}\left(\vec{r}\right) - V_{\text{ext-2}}\left(\vec{r}\right) \right| \Psi\left[V_{\text{ext-2}}\right] \right\rangle \\
&= E_0\left[V_{\text{ext-2}}\right] + \int \mathrm{d}\vec{r}\left[V_{\text{ext-1}}\left(\vec{r}\right) - V_{\text{ext-2}}\left(\vec{r}\right)\right] n(\vec{r})
\end{aligned} \tag{4.26}
$$

于是可知

$$E_0\left[V_{\text{ext-1}}\right] < E_0\left[V_{\text{ext-2}}\right] + \int \mathrm{d}\vec{r}\left[V_{\text{ext-1}}\left(\vec{r}\right) - V_{\text{ext-2}}\left(\vec{r}\right)\right] n(\vec{r}) \tag{4.27}$$

而另一方面，变分原理又使得

$$
\begin{aligned}
E_0\left[V_{\text{ext-2}}\right] &= \left\langle \Psi\left[V_{\text{ext-2}}\right] \left| \widehat{H}\left[V_{\text{ext-2}}\right] \right| \Psi\left[V_{\text{ext-2}}\right] \right\rangle \\
&< \left\langle \Psi\left[V_{\text{ext-1}}\right] \left| \widehat{H}\left[V_{\text{ext-2}}\right] \right| \Psi\left[V_{\text{ext-1}}\right] \right\rangle
\end{aligned} \tag{4.28}
$$

同时

$$\left\langle \Psi\left[V_{\text{ext-1}}\right] \left| \widehat{H}\left[V_{\text{ext-2}}\right] \right| \Psi\left[V_{\text{ext-1}}\right] \right\rangle$$

$$= \left\langle \Psi\left[V_{\text{ext-1}}\right] \middle| \widehat{H}\left[V_{\text{ext-1}}\right] + \widehat{H}\left[V_{\text{ext-2}}\right] - \widehat{H}\left[V_{\text{ext-1}}\right] \middle| \Psi\left[V_{\text{ext-1}}\right] \right\rangle$$

$$= \left\langle \Psi\left[V_{\text{ext-1}}\right] \middle| \widehat{H}\left[V_{\text{ext-1}}\right] \middle| \Psi\left[V_{\text{ext-1}}\right] \right\rangle$$

$$\quad + \left\langle \Psi\left[V_{\text{ext-1}}\right] \middle| \widehat{H}\left[V_{\text{ext-2}}\right] - \widehat{H}\left[V_{\text{ext-1}}\right] \middle| \Psi\left[V_{\text{ext-1}}\right] \right\rangle$$

$$= E_0\left[V_{\text{ext-1}}\right] + \left\langle \Psi\left[V_{\text{ext-1}}\right] \middle| V_{\text{ext-2}}\left(\vec{r}\right) - V_{\text{ext-1}}\left(\vec{r}\right) \middle| \Psi\left[V_{\text{ext-1}}\right] \right\rangle$$

$$= E_0\left[V_{\text{ext-1}}\right] + \int \mathrm{d}\vec{r}\,[V_{\text{ext-2}}\left(\vec{r}\right) - V_{\text{ext-1}}(\vec{r})]\,n(\vec{r}) \tag{4.29}$$

这样就有

$$E_0\left[V_{\text{ext-2}}\right] < E_0\left[V_{\text{ext-1}}\right] + \int \mathrm{d}\vec{r}\,[V_{\text{ext-2}}\left(\vec{r}\right) - V_{\text{ext-1}}\left(\vec{r}\right)]\,n(\vec{r}) \tag{4.30}$$

将公式 (4.27) 与 (4.30) 加在一起，会得到

$$E_0\left[V_{\text{ext-1}}\right] + E_0\left[V_{\text{ext-2}}\right] < E_0\left[V_{\text{ext-1}}\right] + E_0\left[V_{\text{ext-2}}\right] \tag{4.31}$$

很显然这是一个错误的结论，其存在的唯一理由是有两个相差不为常数的外势 $V_{\text{ext-1}}\left(\vec{r}\right)$ 与外势 $V_{\text{ext-2}}\left(\vec{r}\right)$ 给出同一个电子密度 $n\left(\vec{r}\right)$ 分布。这个假设不能成立，那么外势与电子密度分布之间就只能满足一一对应关系。

至此，Hohenberg-Kohn 定理 I 得证，总结起来就是图 4.3 中三个量的一一对应关系。而 Hohenberg-Kohn 定理 II：它给出的是基态总能的计算可以将其对密度分布求变分，最小值对应基态总能，也对应基态电子密度分布。具体的逻辑，就是只要密度和波函数一一对应关系建立起来，那么是波函数泛函的部分就很自然地也是密度泛函了。这样的话，总能就可以写成

$$E[n(\vec{r})] = \int n(\vec{r})V_{\text{ext}}(\vec{r})\mathrm{d}\vec{r} + F_{\text{HK}}[n(\vec{r})] \tag{4.32}$$

这里第一项是电子在外势场 $V_{\text{ext}}(\vec{r})$ 中感受到的能量，F_{HK} 是所谓的 Hohenberg-Kohn 泛函，它描述了电子的动能和电子-电子相互作用。总能量泛函对于 $n\left(\vec{r}\right)$ 进行变分，最小的 E_0 对应的 $n\left(\vec{r}\right)$ 就是这个相互作用电子系统的基态电子密度。其中，我们对 $n\left(\vec{r}\right)$ 的要求是它满足：$n\left(\vec{r}\right) \geqslant 0$, $\int n\left(\vec{r}\right)\mathrm{d}\vec{r} = N$, 且 $n\left(\vec{r}\right)$ 可以由某个 $V_{\text{ext}}\left(\vec{r}\right)$ 产生这三个条件。

现在 $n\left(\vec{r}\right)$ 必须可以由某个 $V_{\text{ext}}\left(\vec{r}\right)$ 产生这个条件，就是人们常说的 v-representability 的问题。实际上，面对这样一个要求，现实操作是很难的，因为产生一个 $n\left(\vec{r}\right)$，很难保证能找到一个 $V_{\text{ext}}\left(\vec{r}\right)$ 与之对应。直到现在，这个问题还存有争论，特别是面对相互作用电子系统中是否每个密度分布函数都可以找到一个与之对应的外势的情况 (Kohn，1983；Chayes，1985)。

在实际计算中，人们往往会采取一个叫做 Levy-Lieb 约束搜索 (Levy-Lieb constrained search) 的方法，将这样一个 v-representability 的问题转换成一个 N-representability 的问题来处理 (Levy，1982；Lieb，1983)。在搜寻这个密度的时候，人们又不是简单地针对密度进行搜寻，而是采取一个分步的方案。首先，在把基态能量对波函数变分时，先将波函

数按照密度分类。每个密度分布函数可以容纳多个多体波函数，在这些多体波函数中选出能量最低的那个给出的总能量。然后，再针对密度进行变分。这样的话，变分空间就直接是一个 N 体波函数空间，但能量本身还是可以表达为密度分布函数的泛函，即

$$E_0 = \min_{\Psi} \langle \Psi | \widehat{H} | \Psi \rangle = \min_{n(\vec{r})} \left\{ \min_{\Psi \to n(\vec{r})} \langle \Psi | \widehat{H} | \Psi \rangle \right\} \tag{4.33}$$

其中

$$\min_{\Psi \to n(\vec{r})} \langle \Psi | \widehat{H} | \Psi \rangle = \int n(\vec{r}) V_{\text{ext}}(\vec{r}) \mathrm{d}\vec{r} + \min_{\Psi \to n(\vec{r})} \left\langle \Psi \left| \hat{T} + \hat{E}_{\text{ee}} \right| \Psi \right\rangle \cdot \tag{4.34}$$

如定义

$$F[n(\vec{r})] = \min_{\Psi \to n(\vec{r})} \left\langle \Psi \left| \hat{T} + \hat{E}_{\text{ee}} \right| \Psi \right\rangle \tag{4.35}$$

则

$$E_0 = \min_{n(\vec{r})} \left\{ \int n(\vec{r}) V_{\text{ext}}(\vec{r}) \mathrm{d}\vec{r} + F[n(\vec{r})] \right\} \tag{4.36}$$

这里的 $F[n(\vec{r})]$ 与前面 Hohenberg-Kohn 原始方法中的 $F_{\text{HK}}[n(\vec{r})]$ 只依赖于基态密度分布相同。

这个约束搜索的方法除了为前面提到的 v-representability 的问题提供了一个出路，更重要的是在搜寻过程中将密度分布函数和多体波函数联系起来，使得 Hohenberg-Kohn 定理中关于简并的假设可以自然去除 (因为公式 (4.35) 里面已经有了取总能最小的多体波函数这一步)，同时对密度泛函理论中的 Kohn-Sham 方案的理解，在逻辑上相对于最早的版本也会更为顺畅。因为这个原因，在近期关于密度泛函理论的研究中，人们多会在此方法的框架下讨论问题。

在 Hohenber-Kohn 理论和 Levy-Lieb 约束搜索方法之后，理解密度泛函理论的下一个关键是 Kohn-Sham 方案。这里人们面对的是公式 (4.36) 给出的相互作用电子系统相对于电子密度分布函数的变分，这个相互作用电子系统的密度分布函数 $n(\vec{r})$ 是来自于某个多体波函数的。其中 $F[n(\vec{r})]$ 严格意义上可以分为三项：

$$F[n(\vec{r})] = T[n(\vec{r})] + J[n(\vec{r})] + E_{\text{ncl}}[n(\vec{r})] \tag{4.37}$$

这里 $T[n(\vec{r})]$ 是这个相互作用电子系统的动能项，$J[n(\vec{r})]$ 是电子间胶体相互作用项 (这是一个经典势能项)，$E_{\text{ncl}}[n(\vec{r})]$ 是除了胶体项之外的势能项。

如果借鉴 Hartree-Fock 方法的概念，引入一系列无相互作用的虚拟粒子 (Fictitious particles)，它们的总密度等于相互作用电子体系密度，那么 $T[n(\vec{r})]$ 又可分为两项，也就是无相互作用系统动能项 $T_{\text{s}}[n(\vec{r})]$ 和相互作用对其修正项 $T_{\text{C}}[n(\vec{r})]$，即

$$T[n(\vec{r})] = T_{\text{s}}[n(\vec{r})] + T_{\text{C}}[n(\vec{r})] \tag{4.38}$$

由此，总的 $F[n(\vec{r})]$ 就可以写成

$$F[n(\vec{r})] = T_{\text{s}}[n(\vec{r})] + J[n(\vec{r})] + T_{\text{C}}[n(\vec{r})] + E_{\text{ncl}}[n(\vec{r})] \tag{4.39}$$

其中前两项都是有解析表达的。它们分别是

$$T_{\mathrm{s}}[n(\vec{r})] = -\frac{1}{2} \sum_{i=1}^{N} \left\langle \varphi_i \left| \nabla^2 \right| \varphi_i \right\rangle \tag{4.40}$$

该式中 φ_i 是这里引入的无相互作用但与相互作用系统具有相同的密度分布函数的虚拟粒子的单电子轨道，以及公式 (4.39) 中第二项：

$$J[n(\vec{r})] = \frac{1}{2} \iint \mathrm{d}\vec{r}\mathrm{d}\vec{r}\,' \frac{n(\vec{r})n(\vec{r}\,')}{|\vec{r}-\vec{r}\,'|} \tag{4.41}$$

它描述的是胶体势能项。

公式 (4.39) 中第三项 $T_{\mathrm{C}}[n(\vec{r})]$ 描述的是电子相互作用对动能项的修正，第四项 $E_{\mathrm{ncl}}[n(\vec{r})]$ 描述的是电子相互作用对势能项的修正。这两者合在一起，可以记为

$$E_{\mathrm{xc}}[n(\vec{r})] = T_{\mathrm{C}}[n(\vec{r})] + E_{\mathrm{ncl}}[n(\vec{r})] \tag{4.42}$$

这项对应的就是电子间相互作用对总能的修正。于是总的 $F[n(\vec{r})]$ 可以写成

$$F[n(\vec{r})] = T_{\mathrm{s}}[n(\vec{r})] + J[n(\vec{r})] + E_{\mathrm{xc}}[n(\vec{r})] \tag{4.43}$$

其中 $E_{\mathrm{xc}}[n(\vec{r})]$ 未知，在实际计算中需要依赖于近似处理。

最终，人们需要通过对密度进行变分来优化系统总能。这个过程在数学上等价于定义：

$$E_0 = \min_{n(\vec{r})} \left\{ \int n(\vec{r})V_{\mathrm{ext}}(\vec{r})\mathrm{d}\vec{r} + T_{\mathrm{s}}[n(\vec{r})] + J[n(\vec{r})] + E_{\mathrm{xc}}[n(\vec{r})] \right\} \tag{4.44}$$

借助于无相互作用的虚拟粒子的轨道，在一个特定的 $E_{\mathrm{xc}}[n(\vec{r})]$ 泛函形式下，人们可以产生如下需要自洽求解的方程组：

$$\left(-\frac{1}{2}\nabla^2 + \int \frac{n(\vec{r}_2)}{|\vec{r}-\vec{r}_2|}\mathrm{d}\vec{r}_2 + V_{\mathrm{xc}}(\vec{r}) + V_{\mathrm{ext}}(\vec{r}) \right) \varphi_i(\vec{r}) = \epsilon_i \varphi_i(\vec{r})$$

$$V_{\mathrm{xc}}(\vec{r}) = \frac{\delta E_{\mathrm{xc}}[n(\vec{r})]}{\delta n(\vec{r})} \tag{4.45}$$

$$n(\vec{r}) = \sum_{i=1}^{N} |\varphi_i(\vec{r})|^2$$

这里的 $V_{\mathrm{xc}}(\vec{r})$ 就是所谓的交换关联势。此方程自洽求解后，系统总能可由下式得到：

$$E_0 = \sum_{i=1}^{N} \epsilon_i - \frac{1}{2}\iint \frac{n(\vec{r}_1)n(\vec{r}_2)}{|\vec{r}_1-\vec{r}_2|}\mathrm{d}\vec{r}_1\mathrm{d}\vec{r}_2 + E_{\mathrm{xc}}[n(\vec{r})] - \int n(\vec{r})V_{\mathrm{xc}}(\vec{r})\mathrm{d}\vec{r} \tag{4.46}$$

上面这些讨论，构成了密度泛函理论的主体。前面也提到，20 世纪 80 年代初，随着量子蒙特卡洛算法提供的局域密度近似交换关联泛函的参数化 (Ceperley，1980; Vosko，1980; Perdew，1981)，密度泛函理论开始在实际固体材料计算中得到了广泛的应用。之后，伴随广义梯度近似 (GGA) 及杂化泛函等方法的发展，在化学反应的研究中，密度泛函理论也得到了进一步的认可。至此彻底奠定了其在凝聚态物理、理论化学、材料科学等领域的电子结构计算中不可替代的核心地位。

同时，我们也需要注意，密度泛函理论虽然是严格精确的理论，但是交换关联项的近似处理，使得它在具体材料的应用中还是普遍存在不可预计的误差。从 20 世纪 80 年代开始至今，人们对交换关联项已经提出来几百种不同的近似形式，即便只讨论最常用的也有几十种。由于本书关注点以及作者的专长并不在此，所以本书不对这些具体的近似形式展开讨论，只是强调一下密度泛函理论计算并非没有人为参数选择的黑箱计算，如何针对体系的特点选取合适的交换关联项是首要的任务。另外，在密度泛函理论框架之下，也有所谓的雅可比阶梯 (Jacob's ladder) 来逐渐逼近绝对精度 (Poncé，2014)，正像图 4.4 所示。但是这种逼近方式并没有波函数理论中的那么清晰。尽管密度泛函理论仍有一些地方需要不断完善，我们相信在未来很多年内，它仍然是全量子效应计算的重要基础。

图 4.4 雅可比阶梯的示意图。最下端的局域密度近似 (LDA) 只考虑局域电子密度，依次向上广义梯度近似 (GGA) 考虑了密度的梯度，mGGA 进一步考虑动能密度，而杂化泛函则是在利用占据态轨道出发计算交换关联能 (Seidl，1996)。第五级台阶中，未被占据态轨道信息也会被考虑。从下往上，交换关联泛函的形式逐渐复杂，计算结果原则上也会越来越准。摘自 (Zhang I.Y.，2021)

4.5　量子蒙特卡洛方法

我们要介绍的第三类可用于实际材料电子结构计算的方法是量子蒙特卡洛 (QMC) 方法。它与前两类方法逐步从解析理论发展出来的历史进程稍有差别，量子蒙特卡洛方法的发展完全是人们在现代计算机发展的过程中逐渐尝试出来的。

所谓量子蒙特卡洛方法，简单地说，就是量子力学加蒙特卡洛算法。其中量子力学这个词即指此方法使用过程中所用到的物理学基本原理，也就是量子力学，又指它的用途，也即求解薛定谔方程。蒙特卡洛指的是后文会更详细讨论的数值采样算法。合在一起，就是利用蒙特卡洛算法，求解薛定谔方程。在凝聚态物理研究中，量子蒙特卡洛方法所针对的问题大致可分为两类。第一类是针对传统的凝聚态理论感兴趣的模型哈密顿量进行数值求解的问题。由于是模型哈密顿量，此部分研究的重点往往是其中的一些多体相互作用对凝聚态体系物性的微观机制的影响。其讨论的一个关键词往往是关联效应。第二类是直接针对真实材料，在第一性原理电子结构计算的框架下求解其薛定谔方程。这部分研究当然也包含电子之间的关联作用，但这些作用在求解过程中是自然包括的，一般并不作为研究重点单独讨论。这项工作的研究重点，是一个真实体系中的电子系统总能或激发能的精确计算。其目标，是准确地描述一个实际体系中的电子结构。基于上面的解释，如果我们重新表述一下量子蒙特卡洛方法的话，就可以说它是用蒙特卡洛算法来求解量子力学基本方程。这个方程可以对应模型哈密顿量体系 (也就是我们常说的传统凝聚态理论研究中的量子蒙特卡洛方法)，也可以对应真实哈密顿量体系 (也就是我们常说的第一性原理材料计算中的量子蒙特卡洛方法)。本章的侧重点是在于获得真实体系的准确电子结构，从而为全量子理论提供基础，因此我们讨论的主要是针对第二种情况。

在理解了量子蒙特卡洛方法的这层意思之后，并且在我们已经掌握了量子力学基本原理的情况下，很自然的一个问题：什么是蒙特卡洛 (Monte Carlo, MC) 算法？本质上，它是一种数值采样方法，早期的计算思想可以追溯到蒲丰投针 (Buffon needle) 等问题。20世纪 40 年代末 E. Fermi、S. Ulam 和 J. von Neumann 等在研究中子扩散问题的时候首次在计算机上实现了蒙特卡洛模拟。在量子力学框架之下，系统总能等物理量的求解多数可以转化成某种数学形式上的积分或期望值计算，而蒙特卡洛就是一个数值计算高维数学函数积分的高效方法。正如下面公式 (4.47) 所示，函数 $g(x)$ 的积分可以转化为对函数 $f(x) = g(x)/P(x)$ 在所有变量 x 的值和一个分布函数 $P(x)$ 的乘积的积分，也近似地等于对所有满足 $P(x)$ 分布的离散变量 x_i 的函数值进行加和平均。用公式表达，就是

$$\int \mathrm{d}x g(x) = \int \mathrm{d}x f(x) P(x) \approx \frac{1}{N} \sum_i f(x_i) \tag{4.47}$$

蒙特卡洛模拟的核心原理，来自数学中的概率论与统计理论，由大数定理和中心极限定理保证了计算的严格性和收敛性。这方面的深入讨论，建议读者去参考一些专业书籍。如今，蒙特卡洛方法作为一个基本算法，在数学、物理、化学、工程、人工智能等领域都有着十分广泛的应用。

具体到物理学研究中，也就是量子蒙特卡洛方法所描述的问题，人们需要解决的是对可观测物理量进行期望值的求解。数学上，它等价于对变量 x_i 满足的分布进行采样。量子蒙特卡

洛计算中的特殊性体现在变量分布往往是由体系的波函数描述的。在本书中，因为关注重点是物理问题，我们不对蒙特卡洛方法的数学原理做进一步的展开证明，而是基于公式 (4.47) 所蕴含的数值计算内容，对量子蒙特卡洛的相关原理和近年来的研究进展进行重点的阐述。

　　量子蒙特卡洛方法的实质是对材料中的波函数进行随机采样。相应的，我们把后 Hartree-Fock 和密度泛函理论等其他电子结构计算方法称为确定性计算方法。在确定性方法的实际计算过程中，我们常常先定义一组基。这组基可以是组成材料的原子的局域原子轨道线性组合 (Linear combination of atomic orbitals，LCAO)，也可以是高斯基组 (Gaussians) 或平面波函数 (Plane waves, PWs)。最终计算得到的波函数可以表达为这组基的线性叠加。线性展开系数可以由久期行列式的对角化来获得，进而确定相应的波函数或 Kohn-Sham 轨道。而在量子蒙特卡洛方法中，这组系数的确定是基于统计采样得到的期望值进行的。由于是统计采样，最后所有物理量的期望值及其统计误差可以由类似式 (4.47) 的公式得到。理论上，当采样的点足够充分时，统计误差可以相应地减小到某一个精度范围之内。换句话说，量子蒙特卡洛方法的本质是统计采样，而波函数与密度泛函理论是自洽地、确定性地求解久期行列式。

　　另外，值得说明的是，有些量子蒙特卡洛方法可以突破传统波函数方法中有限原子轨道基组的局限性，而把数值精度归结为实空间格点的密集程度。而在实际计算中，一般可以采用足够密的格点使得其数值误差忽略不计。当然，在不同的量子蒙特卡洛方法中，还是存在一些各自特殊的近似处理技巧，使得我们的电子结构计算可能存在一定的统计误差和系统误差。随着新方法的发展，这些近似带来的误差逐渐被大家所认识，因此能够得到有效的控制，从而使得我们可以针对不大的体系逼近多体薛定谔方程的严格解。

　　就数值技巧而言，量子蒙特卡洛方法存在不同的实现版本，主要包括变分蒙特卡洛 (Variational Monte Carlo，VMC)、格林函数蒙特卡洛 (Green's function Monte Carlo，GFMC)、扩散蒙特卡洛 (Diffusion Monte Carlo，DMC)、路径积分蒙特卡洛 (Path integral Monte Carlo，PIMC)、辅助场量子蒙特卡洛 (Auxiliary-field quantum Monte Carlo，AFQMC) 和全组态相互作用量子蒙特卡洛 (FCIQMC) 等方法。由于计算方法是与计算机科学技术的发展密切相关的，因此，在某个时期被普遍认为低效的算法，在遇到一个新的计算架构后是可能变成有前途的算法的。同时，由于量子蒙特卡洛方法极其适应现代超级计算机的架构，尤其是大规模并行计算，因此它在计算物理学中所扮演的角色也越来越重要。目前，可以毫不夸张地说，量子蒙特卡洛方法与波函数方法和密度泛函理论方法一起构成了电子结构计算的三驾马车。特别是在凝聚态体系电子结构的精确计算中，量子蒙特卡洛方法有着独一无二的精度优势，被认为是当前的凝聚态系统电子结构"黄金准则"。

　　从计算精度与计算效率的角度来考虑，量子蒙特卡洛方法目前的局限性主要是计算量大，尤其是当需要计算体系的原子核的受力情况的时候，量子蒙特卡洛方法需要额外的耗时。但对于本书关注的全量子效应，量子力学与统计物理基本原理告诉我们，原子核的统计与动力学性质在很多实际体系的模拟中会敏感地依赖于玻恩-奥本海默势能面的精度。因此，在这些方法走向实际体系时，针对一些敏感体系，比如高压金属氢，传统的密度泛函理论在一个敏感区域给出的玻恩-奥本海默势能面会非常不准确，人们必须使用类似于量子蒙特卡洛这种方法才能给出满意的电子结构 (Morales，2010；Gorelov，2020)。基于这个考虑，本节中针对可以与全量子化手段结合的实际材料的电子结构计算问题，就变分蒙特卡洛 (VMC)、扩散蒙特卡洛 (DMC)、全组态相互作用量子蒙特卡洛 (FCIQMC) 三种方法展开较为详细的介绍。其他几种相关的方法，比如格林函数蒙特卡洛 (GFMC)、路径积分蒙特卡洛 (PIMC)、辅助场量子蒙特卡洛 (AFQMC) 等方法，读者可以根据兴趣从其他专业的计算物理书中学习。

4.5.1　变分蒙特卡洛方法

与波函数方法 (传统量子化学方法) 类似，变分蒙特卡洛方法 (VMC) 也是应用变分原理直接对多体波函数进行优化。不同的是量子蒙特卡洛方法使用的是基于随机采样的变分，而在波函数方法中，人们是基于变分原理推出某一解析式，然后对其进行自洽求解，其中每一步都牵扯到一个久期行列式的对角化。

根据变分原理，任意选定一个试探波函数，将哈密顿量作用到这个试探波函数所给出的能量一定是基态的上限。这里面涉及的第一个问题是对于任意一个给定的试探波函数的能量计算。人们可以通过引入一定数量的行走单元 (Walker)，让它们依据马尔可夫过程 (其中一种最常用的方案是 Metropolis 算法) 在全空间进行随机行走，进而获得满足试探波函数模平方所对应的行走单元分布。这样获得的粒子分布轨迹可以用于计算该试探波函数形式下体系总能的期望值 (公式 (4.48)) 和统计误差 (公式 (4.49))。其中能量期望值的计算过程就是对每一组行走单元给出的局部能量进行加和平均。根据计算得到的能量期望值，人们可以不断地改进试探波函数使得体系的能量期望值不断降低，从而逼近基态波函数的严格解。值得注意的是，变分蒙特卡洛具有零方差性质，也即当体系的波函数逼近基态时，蒙特卡洛采样计算得到的能量期望的方差也逼近于零，所以在优化试探波函数的时候人们也可以将方差为零作为优化目标。变分蒙特卡洛方法的最早应用来自 W. L. McMillan。1965 年，他利用这个方法对液氦体系的多体波函数进行了优化 (McMillan，1965)。在这个尝试中，他只使用了三个变分参数来优化波函数。在后续研究中，变分参数的个数根据系统会有增加，但整体数量都不是很大，这个基本研究手段也一直延续到 20 世纪 90 年代初期。之后，随着数值算法的改进，人们可以对大量的变分参数进行优化进而获得更好的变分波函数。其中重赋权方法 (Re-weighting method)、最速下降法、随机重构法及线性法等方法都比较有代表性。现在，使用这些方法对试探波函数进行优化也是一般量子蒙特卡洛计算的必要步骤之一。它可以为后续更精确的量子蒙特卡洛方法 (比如后面提到的扩散蒙特卡洛方法) 提供一个好的试探波函数作为下一步计算的出发点 (Wang E.G.，1995)。

这里，我们以重赋权方法作为例子，展开阐述一下变分蒙特卡洛方法中如何具体地对波函数进行优化。假设给定一个依赖于一组参数 α 的试探波函数 Ψ_α，在某组完备的基组 $|x\rangle$ 下，波函数 $\Psi_\alpha(x) = \langle x|\Psi_\alpha\rangle$，系统的能量和其误差可以由如下两式给出：

$$E_\alpha = \frac{\langle \Psi_\alpha|\widehat{H}|\Psi_\alpha\rangle}{\langle \Psi_\alpha \mid \Psi_\alpha\rangle} \approx \frac{1}{N}\sum_{i=1}^{N} e_{L,\alpha}(x_i) \tag{4.48}$$

$$\sigma_{\Psi_\alpha}^2 = \frac{\langle \Psi_\alpha|\left(\widehat{H}-E_\alpha\right)^2|\Psi_\alpha\rangle}{\langle \Psi_\alpha \mid \Psi_\alpha\rangle} \approx \frac{1}{N}\sum_{i=1}^{N}[e_{L,\alpha}(x_i)-E_\alpha]^2 \tag{4.49}$$

其中

$$e_{L,\alpha}(x_i) = \frac{\left\langle x_i | \widehat{H} | \Psi_\alpha \right\rangle}{\left\langle x_i \mid \Psi_\alpha \right\rangle} \tag{4.50}$$

它也被称为局部能量。我们用 $\{x_i\}$ 这个构型的集合来简单标记系统采样得到的电子结构。

重赋权的意思是定义一个比值：

$$R_{\alpha+\delta\alpha_k}(x) = \left| \frac{\Psi_{\alpha+\delta\alpha_k}(x)}{\Psi_\alpha(x)} \right|^2 \tag{4.51}$$

这个比值的分子是对试探波函数进行的一个微小的改变后的波函数，分母是改动前的波函数。改变后新的能量和相应的误差可以分别写为

$$E_{\alpha+\delta\alpha} = \frac{\displaystyle\sum_{i=1}^{N} e_{L,\alpha+\delta\alpha}(x_i) R_{\alpha+\delta\alpha}(x_i)}{\displaystyle\sum_{i=1}^{N} R_{\alpha+\delta\alpha}(x_i)} \tag{4.52}$$

和

$$\sigma^2_{\Psi_{\alpha+\delta\alpha}} = \frac{\displaystyle\sum_{i=1}^{N} [e_{L,\alpha+\delta\alpha}(x_i) - E_{\alpha+\delta\alpha}]^2 R_{\alpha+\delta\alpha}(x_i)}{\displaystyle\sum_{i=1}^{N} R_{\alpha+\delta\alpha}(x_i)} \tag{4.53}$$

通过改变 $\delta\alpha$ 对公式 (4.52) 和公式 (4.53) 进行最小化，就可以找到最优的试探波函数。图 4.5 展示了一个基本的变分蒙特卡洛方法运算的关键步骤。

值得注意的是，用变分法对试探波函数的优化实际上非常依赖于试探波函数的拟设 (Ansatz)。试探波函数最简单的拟设就是 Hartree-Fock 波函数，其主要局限性是不能考虑电子之间的关联。人们为了引入电子的关联作用，逐渐采用了多种波函数拟设，比较成功的例子包括 Jastrow 波函数 (Jastrow，1955)、Gutzwiller 波函数 (Gutzwiller, 1963)、Haldane-Shastry 波函数 (Haldane, 1988; Shastry, 1988)、Laughlin 波函数 (Laughlin, 1983)、Bardeen-Cooper-Schrieffer 波函数 (Bardeen, 1957) 和 Philip W. Anderson 等发展的共振价键 (Resonating valence bond, RVB) 波函数 (Anderson，1987a, b; Baskaran，1988) 等。

在 4.3 节，我们介绍过 Hartree-Fock 方法的自洽求解。这里提到的更复杂的试探波函数与 Hartree-Fock 波函数之间很大的一个区别，就是它们并不像后者那样可以比较容易地自洽求解。因此，它们也并不像 Hartree-Fock 方法那样本身存在依赖于久期行列式对角化的求解方式。这也是我们必须使用量子蒙特卡洛方法进行波函数优化的原因。归根结底，这些试探波函数拟设的限制，会使得通过变分蒙特卡洛方法优化出来的波函数不太可能是严格的基态波函数。随着人们对计算精度需求的逐渐提高，人们很快发现了能够更有效地逼近基态波函数的方法。下面要介绍的扩散蒙特卡洛 (DMC) 方法和全组态相互作用量子蒙特卡洛 (FCIQMC) 方法就是其中的佼佼者。

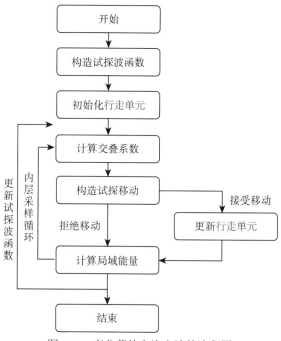

图 4.5　变分蒙特卡洛方法的流程图

4.5.2　扩散蒙特卡洛方法

　　扩散蒙特卡洛 (DMC) 方法是一种利用虚时间演化的投影算法，从而获得体系基态波函数的方法。它的发展始于 20 世纪 70 年代 R. C. Grimm、R. G. Storer、J. B. Anderson 等的工作 (Grimm，1971；Anderson，1975, 1976)。它可以认为是更一般的格林函数蒙特卡洛方法在连续极限下的推广。就本质而言，格林函数蒙特卡洛方法、扩散蒙特卡洛方法、路径积分蒙特卡洛方法、全组态相互作用量子蒙特卡洛方法的基本原理都是投影法，即利用投影算符把基态波函数 Ψ_{ground} 提炼出来。这些方法之间的区别，主要是投影算符的取法和波函数展开方式。

　　以扩散蒙特卡洛方法中的投影操作为例，它实际上对应一个虚时间的演化过程。在 4.5.1 节变分原理介绍部分，我们谈到过一个量子系统的基态和所有激发态构成的波函数集也是希尔伯特空间中的一个完备基。因此，哈密顿算符的指数形式可以按下式展开：

$$\exp\left(-\tau\hat{H}\right) = \sum_i |\Psi_i\rangle \exp\left(-\tau E_i\right) \langle\Psi_i| \tag{4.54}$$

这里，$\tau = \mathrm{i}t/\hbar$ 是一个虚时演化的步长。这样一个指数形式的操作每一次作用到试探波函数上，其基态成分的比重就会指数级地增加。当 τ 趋向无穷大，也就是这个投影算符足够多次作用在试探波函数上时，最后得到的波函数就会无限逼近基态波函数，这是投影算符的普遍原理。这里，指数型的投影算符不是必需的，在其他的蒙特卡洛算法中也有采用其他形式的投影算符的例子。不同的投影算符的效率和稳定性都不一样，实际使用过程中需要找到合适的平衡点，所以才会出现针对不同的问题，不同的算法也存在优劣性的差异。

　　就操作细节而言，在扩散蒙特卡洛方法的具体实现过程中，人们也需要定义一些行走单元，然后通过这些行走单元的随机行走来对体系电子态的希尔伯特空间进行采样。公式

(4.54) 定义的投影操作对应的就是这些行走单元在虚时间的演化。为了构造这样的虚时间演化所对应的蒙特卡洛采样，我们重新写一下上面的投影算符所对应的格林函数传播子：

$$G\left(x' \leftarrow x, \tau\right) \approx (2\pi\tau)^{-\frac{3N}{2}} \exp\left[-\frac{(x-x')^2}{2\tau}\right] \times P \tag{4.55}$$

其中

$$P = \exp\left[-\tau\left[V(x) + V(x')\right]/2\right] \tag{4.56}$$

在公式 (4.55) 中，除了 P 以外，另一项是一个典型的扩散项。如只考虑扩散项，则行走单元会在全空间进行完全随机的行走，对应的行走几率取决于行走前后两个位置的距离和行走过程中定义的步长。而 P 可以认为是一个重整化因子，这个重整化因子可以描述行走单元的克隆和湮灭。在具体演化过程中，我们选择当 P 小于 1 时以 P 为概率继续演化，于是该行走单元湮灭的概率为 $1-P$；当 P 大于 1 时，我们除了将本行走单元进行扩散演化，还将以 $P-1$ 的概率在相同的位置克隆一个新的行走单元。图 4.6 简单描述了一个一维势阱的扩散蒙特卡洛方法模拟过程。经过长时间的演化，体系达到平衡态，如图 4.6 中最下面一行的蓝色行走单元所示。这个最终分布反映了基态波函数的分布。这个简单的一维单电子系统中的虚时演化原理，同样适用于多维多电子体系。

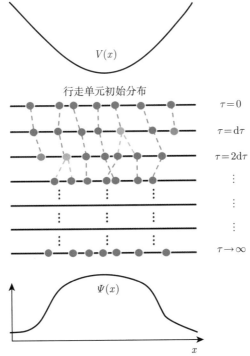

图 4.6　扩散蒙特卡洛方法的模拟演化图。顶上为假想的一维势阱模型，中间表示行走单元从虚时间 0 点开始从上向下做扩散演化。这个演化过程还可以包括单元的湮灭 (橙色) 和克隆 (绿色) 等过程。下图是基态波函数的分布

最后，我们简单描述一下扩散蒙特卡洛方法在发展过程中的一个重要限制，即所谓的

符号问题。实际上，符号问题是所有投影方法共有的一个局限性。投影算符中的哈密顿算符的矩阵元，在实际情况下是可正可负的。于是，实际演算的过程中会出现一个负的矩阵元作用到某一个分布上，使得新演化出来的行走单元权重是负的。负的权重在概率论中显然是不合理的，进而会导致统计采样过程不能逼近基态解。

为了克服符号问题，在扩散蒙特卡洛方法中人们常引入所谓的固定节点近似 (Fixed-node approximation)。通过固定节点近似，空间内的波函数系数为正和为负的空间被人为地切割开，使得行走单元演化的时候不能穿过波函数的零点。这个近似方法很成功，很大程度上推广了扩散蒙特卡洛方法的应用范围。其最为成功的应用例子，包括精确地求解了均匀电子气体系。而相应的结果后来被用作参考数据来拟合密度泛函理论中第一个实际使用的 LDA 交换关联泛函，从而直接推动了密度泛函理论的蓬勃发展 (Ceperley, 1980；Vosko, 1980；Perdew, 1981)。现在，固定节点近似仍然是扩散蒙特卡洛方法中普遍采用的近似，对于凝聚态体系一般都使用密度泛函理论的波函数的节点信息，作为试探波函数中的节点来做固定。这也是将扩散蒙特卡洛方法应用到强关联电子体系面临的主要限制。最近，北京大学陈基研究组在扩散蒙特卡洛方法计算中引入神经网络波函数拟设，大大改进了固定节点近似带来的误差 (Ren W.L., 2022)，使得未来扩散蒙特卡洛方法也有望被用于强关联电子体系的研究。

除此以外，神经网络方法的应用突破了传统的波函数拟设的局限性。过去在传统波函数拟设下，变分蒙特卡洛方法优化出来的基态波函数仅仅是该拟设下的基态，于是它对应的节点面也仅仅是该拟设下给出的节点面。虽然，扩散蒙特卡洛方法理论上可以突破基组的极限，但是却在另一方面受到限制，使得其基态严格意义上还依赖于波函数拟设。而神经网络方法的出现，如果能够保证神经网络大到能够在数学上充分表达某个体系的波函数，那么上述局限性就不复存在。于是神经网络波函数结合扩散蒙特卡洛的方法，可以成为能够严格逼近真实严格解的系统性解决方案，为全量子效应计算中衡量玻恩-奥本海默势能面的准确性提供新的理论参考。

4.5.3 举例：半导体量子阱中的激子问题

在推荐另一种对试探波函数进行进一步优化的方法之前，我们希望结合前面两个小节的讨论，先给读者举一个将变分蒙特卡洛方法和扩散蒙特卡洛方法结合，解决物理问题的实际例子：半导体量子阱中的激子束缚态。我们希望通过这个例子对读者理解和掌握量子蒙特卡洛方法有帮助。

1970 年 L. Esaki 和 R. Tsu (Esaki, 1970) 提出量子阱结构后，由于这类材料所具有的灵活电子能带结构，与其体材料相比在激子束缚能和光吸收调控方面均表现出巨大的优势，人们对其潜在的应用前景给予了广泛重视 (Miller, 1985)。尽管在 I 型量子阱 GaAs/$Ga_{1-x}Al_xAs$ 中激子束缚能远大于其体材料的情况，但由于电子和空穴囚禁在空间同一区域，它们的快速复合大大降低了激子态的相干性。为了避免这一情况，人们把研究兴趣转移到 II 型半导体量子阱材料，即在对应的实空间其表现为间接带隙结构 (如图 4.7 所示)。在这类量子阱中，电子和空穴被分隔在空间不同层内。如果两个量子阱的空间分隔距离小于或接近激子的有效玻尔半径，它们之间的库仑相互作用不会被明显减少。研究很快发现，当激子束缚能 E_B 大于能隙的绝对值 $|E_G|$ 时，激子自发凝聚在系统基态。这种激子绝缘相

可能出现在半导体-半金属转变区域 (Datta，1985)。

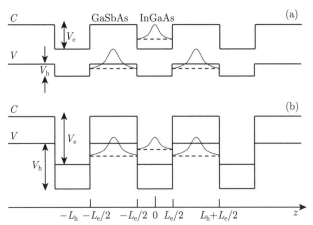

图 4.7　$In_{1-x}Ga_xAs/GaSb_{1-y}As_y$ II 型量子阱结构。其中 $L_e(L_h)$ 是阱 (垒) 的宽度，$V_e(V_h)$ 是电子 (空穴) 的有效势。(a) 当 $\Delta E > 0$ 的情况；(b) 当 $\Delta E < 0$ 的情况。这里 ΔE 是 $In_{1-x}Ga_xAs$ 导带底与 $GaSb_{1-y}As_y$ 价带顶的能量差。图中还显示了电子 (空穴) 波函数的示意曲线。摘自 (Wang E.G., 1995)

G. Bastard 等给出了具有无限大势垒的 GaSb/InAs/GaSb 异质结中，激子束缚能的变分结果 (Bastard，1982)。他们发现这个激子束缚能会大大降低，其数值只有二维极限情况的 1/4。随后几个小组改进了这个结果，考虑了具有有限势垒的 GaSb/AlSb/InAs 量子阱在磁场中的情况 (Zhu X., 1990; Xia X., 1992)。在这个结构中，AlSb 层起到了对电子和空穴波函数的无限高势垒的作用，否则带之间的虚拟跃迁会导致一个增大的介电常数，从而使激子束缚能降低。不管怎样，这些修正仍然会使激子束缚能的误差在 5% 左右。这个误差对于研究该系统中相变问题十分敏感，显然进一步的精确计算是非常必要的。1995 年王恩哥与合作者准确地处理了库仑相互作用和量子限域作用导致的粒子-粒子关联项，用变分量子蒙特卡洛方法和扩散量子蒙特卡洛方法首次给出了激子基态能的准确结果 (Wang E. G.，1995)。

图 4.7 所示的是在 $In_{1-x}Ga_xAs/GaSb_{1-y}As_y$ II 型量子阱中，光激发导致的电子-空穴对形成的激子。其中电子的能量零点是设在量子阱的底部，对空穴是设在量子阱的顶部，于是激子的哈密顿可以表示为

$$H\left(\vec{r}_e, \vec{r}_h\right) = H\left(\vec{r}_e\right) + H\left(\vec{r}_h\right) + V\left(\vec{r}_{eh}\right) + U_e\left(z_e\right) + U_h\left(z_h\right) \tag{4.57}$$

这里 $\vec{r}_e$ 和 $\vec{r}_h$ 分别是电子和空穴的位置。它们对应的动能项为 $H\left(\vec{r}_i\right) = -(\hbar^2/2m_i)\nabla^2_{r_i}$，其中 $i = \{e, h\}$，m_e 和 m_h 分别是电子和空穴的有效质量。$V\left(\vec{r}_{eh}\right) = -e^2/4\pi\epsilon_0\epsilon\left|\vec{r}_e - \vec{r}_h\right|$ 是库仑能，其中 $\epsilon = \sqrt{\epsilon_1\epsilon_2}$ 是取两个材料的介电常数的几何平均。$U_e\left(z_e\right) = V_e\Theta\left(|z_e| - nd - L_e/2\right)$ 和 $U_h\left(z_h\right) = V_h\Theta\left(|z_h - d/2| - nd - L_h/2\right)$ 分别给定了电子和空穴的量子阱势。 这里的 $\Theta\left(x\right)$ 是阶梯函数 ($\Theta\left(x\right) = 1, x > 0$; $\Theta\left(x\right) = 0, x \leqslant 0$)，$V_e$ 和 V_h 分别是导带和价带上势阱台阶的高度 (如图 4.7 所示)。

在这个工作中，王恩哥等采用了与 P. J. Reynolds 类似的扩散蒙特卡洛方法。从虚时薛定谔方程开始，记虚时 $\tau = it/\hbar$。同时由试探波函数 $\Phi\left(\vec{R}\right)$ 开始构造一个概率分布函数

$f\left(\vec{R},\tau\right)=\varPhi\left(\vec{R}\right)\varPsi\left(\vec{R},\tau\right)$，就可以将 $\varPsi\left(\vec{R},\tau\right)$ 满足时的虚时薛定谔方程改写成 f 满足的一个扩散方程。

$$\frac{\partial f}{\partial \tau}=D\nabla^2 f-\nabla\cdot[fF(R)]+\left[E_0-E_L\left(\vec{R}\right)\right]f \tag{4.58}$$

这里 $E_L\left(\vec{R}\right)=\varPhi^{-1}\left(\vec{R}\right)H\varPhi\left(\vec{R}\right)$ 是局域能量，$F(R)=D\nabla\ln\left|\varPhi\left(\vec{R}\right)\right|^2$ 是扩散过程中外加的漂移速度项。漂移速度项驱动粒子向波函数幅度比较大的区域演化。利用哈密顿量 H 的厄密性质，可以得到体系的期望能量。

$$E(\tau)=\frac{\langle\varPhi(\vec{R})|H|\varPsi(\vec{R},\tau)\rangle}{\langle\varPhi(\vec{R})\mid\varPsi(\vec{R},\tau)\rangle}=\frac{\int\mathrm{d}\vec{R}f(\vec{R},\tau)E_L(\vec{R})}{\int\mathrm{d}\vec{R}f(\vec{R},\tau)} \tag{4.59}$$

这个能量是随着虚时 τ 演化的，当 τ 趋向于无穷大时，该能量期望值逼近体系的基态能量。总的来说，蒙特卡洛计算的统计误差是由体系的模拟步数决定的，选择合适的步长可以使得体系的系统误差在蒙特卡洛计算的统计误差以内。

一般来说，更好的试探波函数可以使得计算更快地收敛到基态。在这个工作中，他们使用的试探波函数有如下形式：

$$\varPhi\left(\vec{r}_{\mathrm{e}},\vec{r}_{\mathrm{h}}\right)=f\left(\vec{r}_{\mathrm{eh}}\right)g\left(\vec{r}_{\mathrm{eh}}\right)\prod_{i=\mathrm{e,h}}Q\left(z_i\right) \tag{4.60}$$

其中 $f(r)=\exp\left[-ar/(1+br)\right]$ 以及 $g(r)=\exp\left[-a'r^2/(1+b'r)\right]$。$Q(z_i)$ 是分段的量子限域函数，表示为

$$Q\left(z_i\right)=\begin{cases}\cos\left[k_i\left(z_i-nd\dfrac{z_i}{|z_i|}\right)\right], & z_i\text{在势阱内}\\[2mm]\exp\left[-k_i'\left|z_i-nd\dfrac{z_i}{|z_i|}\right|\right], & z_i\text{在势垒内}\end{cases} \tag{4.61}$$

式中参数 k_i 和 $k_i'(i=\{\mathrm{e,h}\})$ 可以从求解以下特征方程获得：

$$\cos(qd)=\cos(k_iL_{\mathrm{e}})\cosh(k_i'L_{\mathrm{h}})-\frac{\xi-\xi^{-1}}{2}\sin(k_iL_{\mathrm{e}})\sinh(k_i'L_{\mathrm{h}}) \tag{4.62}$$

这里 $\xi=k_im_W^*/k_i'm_B^*$。采用常用的边界条件，假设 Q 和 $Q'/m_{W(B)}^*$ 在边界处是连续的。m_W^* 和 m_B^* 是势阱和势垒处的有效质量。$f(r)$ 和 $g(r)$ 中的参数 a 可以由尖点 (Cusp) 条件给定，而其他参数 b,a',b' 由变分蒙特卡洛 (VMC) 优化得到。最后，优化得到的试探波函数 $\varPhi(\vec{r}_{\mathrm{e}},\vec{r}_{\mathrm{h}})$ 被用于进一步的扩散蒙特卡洛 (DMC) 计算。

在这个例子中，王恩哥等系统计算了激子束缚能随量子阱宽 $L(=L_{\mathrm{e}}=L_{\mathrm{h}})$ 和组分 (x,y) 的变化关系，其中材料参数选用了 Sai-Halasz 等的实验数据 (Sai-Halasz,1977,1978)。图 4.8 给出的是 $L=50\text{Å}$ 时，E_B 对应不同组分的结果。可以看到束缚能随组分增加而变大。这是由于在 $\mathrm{In}_{1-x}\mathrm{Ga}_x\mathrm{As}/\mathrm{GaSb}_{1-y}\mathrm{As}_y$ II 型量子阱中，组分 (x,y) 增加将降低势垒，因此增大了电子和空穴波函数的重叠，从而导致激子束缚能变大。

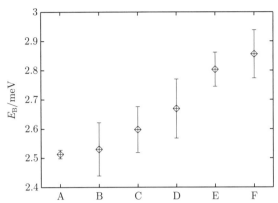

图 4.8 当 $L = 50\,\text{Å}$ 时，在 $\text{In}_{1-x}\text{Ga}_x\text{As}/\text{GaSb}_{1-y}\text{As}_y$ 量子阱系统中，激子束缚能 E_B 与组分 (x, y) 的变化关系。其中 A= $(0.00, 0.00)$, B = $(0.16, 0.15)$, C = $(0.25, 0.23)$, D = $(0.40, 0.35)$, E = $(0.55, 0.45)$, F = $(0.62, 0.64)$。摘自 (Wang E.G., 1995)

由于量子阱的尺寸限域效应，在 $(x, y) \leqslant (0.25, 0.25)$ 时，$\text{In}_{1-x}\text{Ga}_x\text{As}$ 的导带底会低于 $\text{GaSb}_{1-y}\text{As}_y$ 的价带顶，这时 $\text{In}_{1-x}\text{Ga}_x\text{As}/\text{GaSb}_{1-y}\text{As}_y$ 系统会经历由半导体到半金属的转变。如果量子阱宽小于或者接近于激子的有效玻尔半径，激子空间分离引起的束缚能减少并不明显。这时，可以选择合适的材料参数，使能隙的绝对值 $|E_\text{G}|$ 小于激子束缚能 E_B，从而观察到系统从半导体态到 Bose 凝聚的激子绝缘态再到半金属态的相变。在 1995 年后续的实验研究中，J. P. Cheng 等 (Cheng J.P., 1995) 在 $\text{InAs}/\text{Al}_x\text{Ga}_{1-x}\text{Sb}$ 量子阱中观察到了远红外磁谱，这是在空间分离的电子-空穴系统中，首次证明存在稳定的激子基态。

4.5.4 全组态相互作用量子蒙特卡洛方法

全组态相互作用量子蒙特卡洛 (FCIQMC) 方法是近期发展出来的一种更为精确的求解电子关联效应的方法 (Booth，2009)。全组态相互作用量子蒙特卡洛方法与扩散蒙特卡洛方法一样，也是通过构造一个投影操作来逼近基态。但是全组态相互作用量子蒙特卡洛方法与扩散蒙特卡洛方法也有多个方面的不同，包括：波函数的展开方式不一样，投影算符形式不一样，相应的蒙特卡洛规则不一样，以及符号问题的处理方式不一样等。

首先，扩散蒙特卡洛方法中投影算符作用的对象是实空间的波函数。扩散蒙特卡洛方法中的行走单元的分布体现的是波函数的实空间分布。而在全组态相互作用量子蒙特卡洛方法中，行走单元是在所谓的组态空间中进行采样，如图 4.9 所示。每个组态为任意一个由 N 个单电子轨道 (包括占据轨道和非占据轨道) 构成的 Slater 行列式 $|D_i\rangle$，所有可能的行列式的集合就构成该基组的组态空间。组态空间内所有的行列式构成一组完备的基。因此，体系的波函数也可以通过这组新的基展开：

$$|\Psi\rangle = \sum_i C_i |D_i\rangle \tag{4.63}$$

由于整体波函数是在组态相互作用的空间展开的，C_i 也被称为 CI 系数。这种展开形式来自于量子化学中的组态相互作用方法，一种类似后 Hartree-Fock 方法的处理。

其次，全组态相互作用量子蒙特卡洛方法的投影算符与扩散蒙特卡洛方法不一样，它

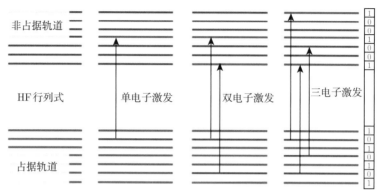

图 4.9　电子多体波函数可以由单电子 Hartree-Fock 轨道 (包含占据轨道和非占据轨道) 构成的行列式线性组合而成。全组态相互作用量子蒙特卡洛方法的行走单元在所有行列式组成的希尔伯特空间中进行采样。摘自 (Booth，2013)

的投影算符为 $\hat{P} = 1 - \tau\hat{H}$，基态波函数也可以通过无穷多次该算符的投影获得：

$$|\Psi_{\mathrm{ground}}\rangle = \lim_{n\to\infty} \hat{P}^n |\Psi_{\mathrm{initial}}\rangle \tag{4.64}$$

由于投影算符的不同，G. Booth 等根据公式 (4.64) 设计了如图 4.10 所示的一组新的蒙特卡洛采样方法。蒙特卡洛采样的过程可以形象地描述为行走单元的演化过程，达到平衡态以后行走单元的分布可以描述公式 (4.63) 中的 CI 系数。如图 4.10 中所示，空心圈代表没有行走单元占据的行列式，实心点代表有行走单元占据的行列式，不同灰度可以代表行走

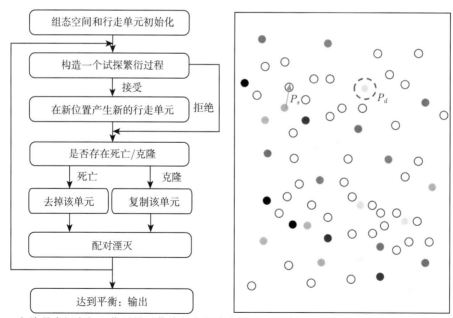

图 4.10　左边是全组态相互作用量子蒙特卡洛方法流程图，右边圆点代表希尔伯特组态空间中的每个行列式，其中有大量无占据的行列式 (空心圈)，带颜色的实心点代表空间中有不少有限占据的行列式，不同灰度代表行列式的占据数，也就是说公式 (4.63) 中的展开系数不一样。蒙特卡洛采样的就是各个行列式的占据数。蓝色箭头代表繁衍过程，红色圈代表死亡/克隆过程

单元的占据数的大小。根据式 (4.63)，行走单元的分布可以唯一地决定多体波函数。行走单元的蒙特卡洛演化主要有繁衍、死亡/克隆及配对湮灭这三个过程。繁衍过程描述的是从一个有行走单元的行列式到一个新的行列式的位置产生一个新的行走单元的过程 (如图中蓝色箭头表示)。死亡/克隆过程描述某个行走单元以一定概率的消失或者克隆的过程。配对湮灭过程是指把某个行列式上所有符号相反的单元进行加和抵消掉的过程。这是由于繁衍过程可能在某个行列式上产生不同正负号的行走单元，或者某个繁衍出来的行走单元与该行列式本身已有的行走单元可能具有相反正负号。最终，人们在某个行列式上只需要留下一种符号的行走单元。

实际计算中，繁衍过程和死亡/克隆过程的概率都由下式定义的矩阵决定：

$$K_{i,j} \equiv \left\langle D_i | K | D_j \right\rangle = \left\langle D_i | \widehat{H} | D_j \right\rangle - E_{\mathrm{HF}} \delta_{ij} \tag{4.65}$$

这样定义的 K 的最低能量的本征值就是体系基态的关联能，即总能减去 Hartree-Fock 能量。蒙特卡洛过程中的繁衍过程的概率由下面公式 (4.66) 给出的 $P_s(j|i)$ 决定，它的意思是从第 i 个单元向第 j 个单元繁衍的概率。这个概率大于 1，就意味着会产生多个新的行走单元。新产生的行走单元的符号也由 $K_{i,j}$ 矩阵元决定。$K_{i,j}$ 小于 0 时，则 j 号行列式处出现的新的行走单元的符号与 i 号行列式处的行走单元一样，反之则取相反符号。$\delta\tau$ 是演化过程的步长。繁衍过程是从 i 号单元到 j 号单元，这种过程对应于如图 4.9 描述的粒子激发过程。公式 (4.66) 中的分母给定了一个产生所有可能激发的非零的归一化概率 $P_{\mathrm{gen}}(j|i)$。$P_{\mathrm{gen}}(j|i)$ 的具体表达形式相对复杂，我们在此不做展开讨论。一般有

$$P_s(j|i) = \frac{\delta\tau |K_{i,j}|}{P_{\mathrm{gen}}(j|i)} \tag{4.66}$$

死亡/克隆的概率由下式给出：

$$P_d(i) = \delta\tau (K_{i,i} - S) \tag{4.67}$$

其中 S 为一个新定义的漂移能量，如果 $P_d(i)$ 大于 0，则第 i 个单元死亡；如果 $P_d(i)$ 小于 0，则第 i 个单元以 $|P_d(i)|$ 的概率克隆。因此，漂移能量可以用于调节死亡和克隆的概率，也就可以快速调节体系中总的行走单元的数量，使得体系更快地达到平衡。

以上简要描述了全组态相互作用量子蒙特卡洛方法的基本过程，它在理论上是严格的，但是它也存在符号问题，虽然此符号问题与扩散蒙特卡洛方法中的符号问题不一样，但是它也会阻碍体系对于真实基态波函数的逼近过程。于是 D. Cleland 等提出了 Initiator 近似来克服全组态相互作用量子蒙特卡洛方法中的符号问题 (Cleland, 2010)。在蒙特卡洛采样过程中，Initiator 近似可以理解为是对式 (4.66) 描述的繁衍过程做一个限制，这个限制是只允许占据数超过一个阈值的行走单元进行繁衍。应用 Initiator 近似以后，全组态相互作用量子蒙特卡洛方法的符号问题就可以被有效地控制了。

现在，全组态相互作用量子蒙特卡洛方法已经能够对一些简单的分子和凝聚态体系进行非常精确的计算。值得一提的是，北京大学陈基和王恩哥研究组结合量子嵌入 (Quantum embedding) 理论，首次把全组态相互作用量子蒙特卡洛方法从化学分子体系中计算，推广到凝聚态物理的金刚石氮空位色心问题的研究上 (Chen Y.L., 2023)。近来，全组态相互

作用量子蒙特卡洛方法理论又有不少的突破，有望应用到更大的实际体系的计算，尤其是对于含有强关联电子性质的体系，全组态相互作用量子蒙特卡洛方法计算无疑具有精度上的优势。同时，陈基研究组提出了一套实现全组态相互作用量子蒙特卡洛方法计算原子核受力的普适算法，并首次获得了水分子的全组态相互作用量子蒙特卡洛方法级别的势能面 (Jiang T.H.，2022)。这些进展对于全量子效应的研究至关重要，因为实际研究中存在大量的凝聚态体系，它们的电子结构无法用密度泛函理论等平均场方法精确计算，也就无法可靠地从理论上研究全量子效应。

由于其计算精度上的保证，全组态相互作用量子蒙特卡洛方法可以作为衡量玻恩-奥本海默势能面准确性的标尺方法。目前，在国际上也已通行把全组态相互作用量子蒙特卡洛方法作为新的标准来判断不同电子结构计算方法的准确性。但是，需要指出的是，与前面介绍的扩散蒙特卡洛方法不同，全组态相互作用量子蒙特卡洛方法所逼近的严格解是限定于给定基组下的严格解，也就是在二次量子化语境下的离散希尔伯特空间下的严格解。在这个意义上，全组态相互作用量子蒙特卡洛方法的特点与理论物理学中另一个重要分支，也就是离散格点模型的求解，有一定程度的相似性。所以，严格地说，这样的解并不是真实连续凝聚态体系的严格解。并且在实际情况下，基组所带来的误差需要在具体计算中有所考虑。但是，若仅仅用于衡量电子结构方法的准确性，只要各个方法都是在同一个给定的基组之下，全组态相互作用量子蒙特卡洛方法给出的结果还是可以作为参考标准。关于基组误差的讨论是一个单独的话题，在很多第一性原理计算方法的教材中已有涉及。我们仅强调，基组误差在体系的总能量上体现较大，但是对于相对能量往往影响较小，而玻恩-奥本海默势能面的核心正是相对能量。所以，当我们选定一个有效的足够大的基组，就不会影响我们衡量玻恩-奥本海默势能面的特征，以及基于该势能面对物理性质的理解。

4.6   激发态电子结构和 GW 方法

除了上面介绍的针对基态的电子结构计算方法，我们在全量子效应计算中也常常需要考虑电子的激发态。在第 5 章中我们将介绍非绝热效应，其中就涉及很多电子激发态的信息，并包含多个电子态之间的跃迁问题。关于这部分内容我们先不做展开，这里首先关注的是纯粹的电子激发态的计算，不考虑原子核的演化问题。将电子激发态的计算与 5.1 节要讲到的核量子效应模拟相结合也是全量子效应计算的一个重要部分，尤其是当我们要考虑核量子效应对于激发光谱、材料能带结构等性质的影响时，准确考虑激发态的电子结构计算是基础。当然其对非绝热效应模拟也是同等重要的。要计算电子体系的激发态，以上介绍的三种基态电子结构计算方法经过一定程度的扩展都可以实现。本节中我们首先对这些基态方法的扩展进行一个简要的介绍，然后我们重点介绍基于 GW 近似的激发态多体格林函数方法 (简称 GW 方法)。

4.6.1   激发态电子结构

首先是波函数方法，在多组态自洽场 (Multi-configurational self-consistent field, MRSCF) 方法中考虑激发态实际上是比较直接的，由于每个组态就代表了不同的基态和激发态，通过同时考虑多个组态可以直接在波函数中考虑激发效应，常用的方法是状态平均的多组态

自洽场 (State-averaged-multi-configurational self-consistent field, SA-MRSCF) 方法。通过类似的考虑, 我们也可以在多组态的波函数基础之上, 利用多状态的微扰方法来实现激发态的计算, 常采用的组合是多电子态全活性空间二阶微扰理论 (Multi-state complete active space second-order perturbation theory, MS-CASPT2)。在耦合簇 (Coupled cluster, CC) 波函数理论中, 也有运动方程耦合簇 (Equation of motion-coupled cluster, EOS-CC) 理论考虑在耦合簇波函数上面外加激发算符的方式来计算激发态。目前这些方法都在各自擅长的领域中发挥了独特的优势。

在密度泛函理论框架之下, 含时密度泛函理论 (TDDFT) 是一个直接的拓展到激发态计算的方法, 关于此方法我们会在第 5 章介绍非绝热效应方法的时候再具体讨论。

在量子蒙特卡洛波函数方法中, 激发态的计算也可以实现。在获得基态波函数以后, 我们可以进行一个正交化操作, 将基态成分与其他成分分离, 并在剩余的空间中构造蒙特卡洛演化就可以计算出第一激发态, 由此类推我们可以依次得到更高的激发态。进一步, 我们可以将多电子态的蒙特卡洛演化和正交化过程并行进行, 从而实现在一个计算中考虑电子的激发效应。这样的计算在基于投影的蒙特卡洛计算 (DMC, FCIQMC) 中均可以实现。

4.6.2 *GW* 方法

我们现在讨论基于 *GW* 近似的多体格林函数方法。这种方法的理论框架由 L. Hedin 在 1965 年提出 (Hedin, 1965)。从 20 世纪 80 年代开始, 在 S. G. Louie 等的引领之下, 在实际材料的计算中取得了巨大的发展 (Hybertsen, 1986)。它的理论本质是对电子的自能用格林函数 (*G*) 和库仑屏蔽作用 (*W*) 进行微扰的展开, 能够准确地处理很多体系的准粒子电子激发性质。在此基础之上进一步求解 Bethe-Salpeter 方程 (Bethe-Salpeter equation, BSE) 可以得到电子体系的光响应性质。*GW* 方法在传统的半导体材料、绝缘体、金属、纳米材料、高分子等体系都已经有所应用, 尤其是在计算材料的准粒子能隙、能带色散关系和光响应性质方面是目前最准确的电子结构算法。

实用的 *GW* 和 BSE 方法一般都从密度泛函理论的基态解开始, 我们假设已经取得一组单粒子 Kohn-Sham 轨道 ψ_n^{KS} 和对应的轨道能量 E_n^{KS}。在 *GW* 近似下, 我们进一步求解公式 (4.68) 给出的准粒子自洽方程来计算准粒子激发的能量 E_n^{QP} 和波函数 ψ_n^{QP}。

$$\left[-\frac{1}{2}\nabla^2 + V_{\mathrm{ion}} + V_{\mathrm{H}} + \Sigma\left(E_n^{\mathrm{QP}}\right)\right]\psi_n^{\mathrm{QP}} = E_n^{\mathrm{QP}}\psi_n^{\mathrm{QP}} \tag{4.68}$$

其中 $\Sigma\left(E_n^{\mathrm{QP}}\right)$ 就是在 *GW* 近似下的自能。E_n^{QP} 和 ψ_n^{QP} 的初始猜测可以由 E_n^{KS} 和 ψ_n^{KS} 给出。图 4.11 左图展示了 *GW* 近似下自洽求解的简单关系图。可以预见, 这种基于多体微扰展开求解的方法, 一定程度上依赖于初始波函数的合理性以及自洽求解的收敛性。多体微扰理论中展开级数的发散性也使得我们并不能像波函数理论中的做法一样, 通过截断到更高阶来逐渐逼近真实解。

为了避免真实材料中自洽求解面临的巨大的计算量, M. S. Hybertsen 和 S. G. Louie 率先采用了单步 *GW* 近似 (也即 G_0W_0)。在 G_0W_0 中, 准粒子方程不再被自洽地求解, 而是通过一阶微扰的方式对准粒子能级进行修正。通过比较 Kohn-Sham 方程和准粒子方程,

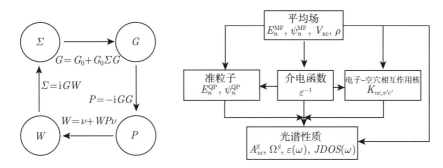

图 4.11　GW 近似和 BSE 方法的理论框架及计算过程。左图展示在 GW 近似下，Hedin 方程组的自洽求解方案，其中 Σ、G、P、W 分别为自能、格林函数、极化率和屏蔽库仑势，它们之间的计算关系由箭头旁的简化公式给出。右图展示 GW 和 BSE 方法的计算流程，从平均场 (Mean-field) 计算出发，可以得到介电函数，GW 或者 G_0W_0 近似下的准粒子能量和波函数，以及电子-空穴相互作用核，最后通过 BSE 求解光谱性质

我们发现其中的差别就来自于自能 $\Sigma\left(E_n^{\mathrm{QP}}\right)$ 和 Kohn-Sham 方程中的交换关联能 V_{xc}。于是我们可以定义一个微扰的自能项 $\Delta\Sigma = \Sigma\left(E_n^{\mathrm{QP}}\right) - V_{\mathrm{xc}}$。根据一阶微扰理论，我们得到准粒子能级的表达式如下：

$$E_n^{\mathrm{QP}} = E_n^{\mathrm{KS}} + Z_n\langle\psi_n^{\mathrm{KS}}|\Sigma\left(E_n^{\mathrm{QP}}\right) - V_{\mathrm{xc}}|\psi_n^{\mathrm{KS}}\rangle \tag{4.69}$$

其中 $Z_n = \dfrac{1}{1 - \mathrm{Re}\,\langle\psi_n^{\mathrm{KS}}\,|\,\Sigma\,'\,(E_n^{\mathrm{KS}})\,|\,\psi_n^{\mathrm{KS}}\rangle}$，它代表一个重整化因子，并且 Σ' 是频率依赖的自能对于频率的偏导数。在 G_0W_0 近似下，自能可根据约简的 Hedin 方程组依次计算求得。

$$G_0\left(x, x\,';\omega\right) = \sum_n \frac{\psi_n^{\mathrm{KS}}(x)\psi_n^{\mathrm{KS*}}\left(x\,'\right)}{\omega - \epsilon_n} \tag{4.70}$$

$$W_0\left(r, r\,';\omega\right) = \int \mathrm{d}x''\varepsilon^{-1}\left(x, x'';\omega\right) v\left(r'' - r\,'\right) \tag{4.71}$$

其中 ε^{-1} 为介电函数的倒数，它可由格林函数 G_0 和裸库仑势 v 出发经过计算得到。

进一步，我们通过求解 Bethe-Salpeter 方程 (公式 (4.72)) 可以考虑电子-空穴激发来更准确地模拟光谱。

$$\left(E_c^{QP} - E_v^{QP}\right) A_{vc}^S + \sum_{v\,'c\,'} \left\langle vc\left|K^{\mathrm{eh}}\right|v\,'c\,'\right\rangle = \Omega^S A_{vc\,'}^S \tag{4.72}$$

其中 A_{vc}^S 是激子态 S 的波函数在准粒子态表象下的系数，$\Psi\left(r_{\mathrm{e}}, r_{\mathrm{h}}\right) = \sum_{c,v} A_{vc}^S\psi_c\left(r_{\mathrm{e}}\right)\psi_v^*\left(r_{\mathrm{h}}\right)$，$\Omega^S$ 是对应的激子能量 (Exciton energy)，K^{eh} 是电子-空穴相互作用核。由此，解出激子波函数和激子能量后，可以进一步计算介电函数等光谱性质相关的物理参数。公式 (4.73) 为频率依赖的介电函数的虚部的计算公式，其中的 $\vec{e}$ 为光的极化方向的单位矢量，而 $\hat{O}_v$ 是沿着该方向的速度算符。这个与频率相关的介电函数的虚部为

$$\epsilon_2(\omega) = \frac{16\pi^2 e^2}{\omega^2}\sum_S\left|\vec{e}\cdot\sum_{vc} A_{vc}^S\left\langle v\left|\hat{O}_v\right|c\right\rangle\right|^2\delta\left(\omega - \Omega^S\right) \tag{4.73}$$

图 4.11 右图概括了 GW 和 BSE 方法的计算流程。在实际计算中，由于 GW 方法没有考虑近邻顶角修正，自洽过程中可能带来误差积累，其结果并不一定比 G_0W_0 好。

以上介绍的流程只是标准的 GW 方法的一部分。在过去的三十年里，超越 GW 近似的各种处理方法被不断地提出来用于解决其面临的挑战，并继续提高 GW 计算的准确性。例如，一个热门的方向是在 GW 的自能项中引入多体展开中高阶图的顶角修正方法。另外一种处理方式是累积展开，也就是在格林函数中包括高阶项。除此以外，将 GW 方法与其他处理强关联效应的方法结合也被认为是很有意义的尝试。例如，后 Hartree-Fock 波函数理论可以为 GW 计算激发态提供更好的出发点；动力学平均场理论 (DMFT) 也可以与 GW 方法结合来提高对于电子关联性质的描述。关于超越 GW 方法的相关内容更详细的论述，我们在这里为感兴趣的读者推荐如下几篇近些年由在此方法研究方面有丰富经验的学者撰写的论文 (Marom, 2016; Golze, 2019; Ghosh, 2018; Nilsson, 2018; Kent, 2018)。

4.7 常用电子结构计算程序介绍

上面几节我们重点介绍了不同的电子结构计算方法，随着计算机的普及和程序开发的系统化，大部分的方法都已经拥有了对应的程序包，以开源或者商业使用的形式提供给研究人员作为工具。这些计算工具的出现对方法的推广和发展起到了重要的作用，同时也使得以电子结构为核心内容的第一性原理计算成为了现代凝聚态物理、化学及材料科学研究的主流方法之一。我们多次强调电子结构是本书中讨论全量子化计算的基础，因此有必要对目前常用的电子结构计算程序进行简要的介绍和总结，以便读者进一步了解全量子化计算方法发展到当前这个阶段所拥有的技术基础，以及如何更好地使用这些现成的工具，同时了解它们所面临的新挑战。

我们先简要地回顾一下这些程序包的发展历史。对于本书中介绍的所有电子结构计算方法，最早正式发布的程序包是基于波函数方法的 Gaussian 软件包，它是由美国卡耐基梅隆大学的 John Pople 团队于 1970 年首次发布的商业程序包。Gaussian 程序的发布正式开启了电子结构理论的 "计算机" 时代，同时也是量子化学计算时代的开端。前面提到 John Pople 也因此与提出密度泛函理论的 Walter Kohn 分享了 1998 年的诺贝尔化学奖。20 世纪 80 年代，密度泛函理论的交换关联泛函也逐渐被参数化，随之而来的就是密度泛函理论程序包的开发。密度泛函理论程序包的发展为含时密度泛函理论和 GW 等方法的发展提供了很好的基础，后者也逐渐地被集成到已有的密度泛函理论程序包中或者以独立程序的方式被开发出来。尤其是 1990 年以后，伴随着平面波基组方法、赝势方法和更好的密度泛函的涌现，针对固体材料模拟的密度泛函理论程序被多个团队开发出来。这些程序的出现大大扩展了密度泛函理论的应用范围，使得以密度泛函理论为主的第一性原理计算大行其道，成为了凝聚态物理和材料物理研究中的主流运算手段之一。蒙特卡洛方法也是很适合计算机执行的算法，所以量子蒙特卡洛计算也是很早就开展的，从 1965 年开始就有研究报告展示了量子蒙特卡洛的计算结果。然而，在通用程序开发方面，量子蒙特卡洛程序是落后于波函数理论和密度泛函理论的程序，主要原因是后两种方法在单机层面的计算效率优势可以被充分地展现出来。因此，早期第一性原理计算的应用程序以波函数理论和密度泛函理论为主。直到 21 世纪，随着并行超级计算机在科学研究中被更广泛地应用，量子蒙特卡洛的并行效率优势才得到了充分的显示，相应的程序包也被逐渐地开发出来，同时相应的应用也越来越流行。

　　在介绍具体的电子结构计算程序之前，需要进一步了解一下几个在电子结构计算中的重要概念，包括基组、赝势和边界条件。这几个概念是伴随着电子结构计算程序的发展起着重要作用的内容。首先是基组，基组的概念来自于早期的量子化学波函数理论方法。1928年，作为波函数方法的开端，D. R. Hartree 首次通过人工计算的方式完成了自洽的波函数计算 (Hartree, 1928)，这个时候波函数还是以人们可以直接操作的解析函数形式来写出的。但是当人们试图将这样的波函数计算交给计算机去进行数值求解的时候，一个显而易见的问题就是计算机只擅长处理数字，而不擅长处理解析表达式。于是，我们就需要先把波函数展开到一组给定的基函数上。如式 (4.74) 所示，波函数 Ψ 为在基函数 χ_i 上的线性展开，因此我们后续的计算只需要计算对应的展开系数 c_i。

$$\Psi = \sum_{i=1}^{M} c_i \chi_i \tag{4.74}$$

当波函数用基组展开以后，就可以利用我们前面几节中介绍的各种方法，对展开系数进行操作和求解，不难理解这些计算过程都可以转化为线性代数的问题，并通过计算机来处理。这个思路最早是由 C. C. J. Roothaan 和 G. G. Hall 在 1951 年分别独立地提出的 (Roothaan, 1951；Hall, 1951)。他们通过将波函数展开到一组给定的基函数上，并将 Hartree-Fock 方程组改写成后来人们熟知的 Roothaan 方程组或者 Roothann-Hall 方程组的形式，于是将 Hartree-Fock 计算转化为一个线性代数本征值的求解问题。

　　Roothaan 和 Hall 提出的形式是一般的形式，因此要进一步地发展成实际的数值计算方法，还需要给定具体的基函数的表达式。而实际上，在计算机出现之前，人们在解析地处理波函数计算的时候也已经考虑到了基函数的选择问题。因为真正的多粒子体系的波函数是未知的，所以我们即便是解析地计算，也需要预先假设一个容易处理又相对合理的波函数的形式。早在 1930 年，J. C. Slater 就提出过利用类氢原子的轨道作为基函数来理解原子的电子波函数，这种类型的轨道统称为斯莱特型轨道 (Slater type orbital, STO)(Slater, 1930b)。1950 年 S. F. Boys 提出可以采用高斯型轨道 (Gaussian type orbital, GTO) 基函数来展开体系的波函数，从而使得计算过程中的积分步骤变得更加方便 (Boys, 1950)。这种思想也在后续波函数理论的计算程序中被广泛采用，比如之后 John Pople 开发的 Gaussian 计算程序包就是基于这个思路完成的。那么，当我们使用基组以后面临的问题就是基函数的数目 (公式 (4.74) 中的 M) 直接决定了计算的精度和效率。如果基函数取得少了，那么正确的波函数就可能不会很好地被表达出来；反之，则会增加线性代数操作中的矩阵维度从而增加计算时间。尤其是当我们的算法中涉及计算复杂度比较高的操作时，那么尽量减少基组中基函数的数目无疑是有利的。总之，围绕着基组的选择，最核心问题就是寻求效率和精度的最佳平衡。

　　以斯莱特型的基函数为例，它具有类氢原子轨道的形式，比如下面公式 (4.75) 所展示的，其中 r, θ, ϕ 以球坐标的形式给定了电子相对于某个原子核中心的位置，$N_{n,l,m,\xi}$ 是归一化系数，$Y_{l,m}(\theta,\phi)$ 是球谐函数。n, l, m 分别代表了类氢原子轨道的主量子数、角量子数和磁量子数，而参数 ξ 则用于描述径向上的指数衰减快慢。斯莱特型的基函数能合理地描述原子核外电子轨道，是实现最小化基函数数目的最佳方式。然而，考虑到在实际的波函数理论中需要做大量的关于波函数的双中心或者四中心积分操作，基于斯莱特型的函数并不方便。所以后来更多地采用高斯型的基函数，如下面公式 (4.76) 所示，其中 a, b, c, α 为基函数参数。高斯型的函数能够保证很多的积分公式快速地被执行运算。为了利用好高斯型函数的计算优势以及类氢原子的物理意义，目前最通用的做法是把基函数先分成类氢原子轨道，然后每一个轨道由若干个高斯型函数的最佳拟合形式来组合。这样构成的基组也就是我们常说的原子轨道基组。上面讨论的斯莱特型基函数表达为

$$\chi_{n,l,m}^{SF}(r, \theta, \phi) = N_{n,l,m,\xi} Y_{l,m}(\theta, \phi)\, r^{n-1} \mathrm{e}^{-\xi r} \tag{4.75}$$

同时，高斯型基函数表达为

$$\chi_{a,b,c}^{GF}(r, \theta, \phi) = N'_{a,b,c,\alpha} \vec{x}^a \vec{y}^b \vec{z}^c \mathrm{e}^{-\alpha r^2} \tag{4.76}$$

进一步考虑一个多原子组成的分子或者凝聚态体系，整个体系的波函数可以由原子轨道基组的线性组合构成，这种方法也即文献中常说的原子轨道线性组合 (Linear combination of atomic orbitals，LCAO) 方法。尤其是在波函数理论中，由于其研究对象以分子居多，这种方法是最常用的，而且主要是采用更高效的高斯型原子轨道，我们下文中均以 GTO 来指代。图 4.12 左图为原子轨道基组描述具体材料的一个示意图。

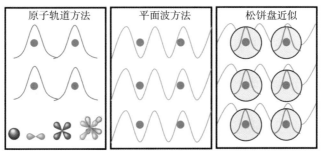

图 4.12　原子轨道方法、平面波方法以及松饼盘近似的示意图。绿色圆点代表原子位置，蓝色曲线代表原子轨道，左图下方的图形示意典型的 s、p、d、f 轨道的形状。中图黄色线代表平面波轨道。右图绿色圆盘代表原子核附近一定区域范围。区域内采用局域轨道，区域外使用平面波轨道

相对于 GTO 这样比较局域的原子轨道基组，在固体等周期性体系的计算中，更多采用的则是平面波基组 (Plane wave，PW)。平面波基组是受到固体物理中布洛赫定理的启发，也即处于周期性势场中的电子波函数可以写为一个由下式表达的调幅平面波形式：

$$\phi_{\vec{k}}(\vec{r}) = \exp(\mathrm{i}\vec{k} \cdot \vec{r}) u_{\vec{k}}(\vec{r}) \tag{4.77}$$

其中 $\vec{k}$ 为电子波矢，$\exp\left(\mathrm{i}\vec{k} \cdot \vec{r}\right)$ 代表此波矢对应的平面波，$u_{\vec{k}}(\vec{r})$ 是晶格格矢 $\vec{R}_l$ 的周期性函数，满足 $u_{\vec{k}}(\vec{r}) = u_{\vec{k}}\left(\vec{r} + \vec{R}_l\right)$。由于其具有周期性，$u_{\vec{k}}(\vec{r})$ 可以进一步用一组平面波作为基函数进行线性展开，如下面公式所示：

$$u_{\vec{k}}(\vec{r}) = \sum_{\vec{G}} c_{\vec{k},\vec{G}} \mathrm{e}^{\mathrm{i}\vec{G} \cdot \vec{r}} \tag{4.78}$$

于是我们可以将布洛赫波函数展开为平面波的形式：

$$\phi_{\vec{k}}(\vec{r}) = \sum_{\vec{G}} c_{\vec{k},\vec{G}} \mathrm{e}^{\mathrm{i}(\vec{k}+\vec{G})\cdot\vec{r}} \tag{4.79}$$

其中 $\vec{G} = m_1\vec{b_1}+m_2\vec{b_2}+m_3\vec{b_3}$，是倒格矢 $\vec{b_1},\vec{b_2},\vec{b_3}$ 的整数倍格矢，也即取 m_1,m_2,m_3 为整数。理论上，平面波基组中的基函数数目可以取到无穷大，而在实际操作中常规的做法是设定一个能量截断 E_{cut}，只考虑所有此能量截断以下的平面波，也即取所有满足 $\dfrac{\hbar^2}{2m}\vec{G}^2 < E_{\mathrm{cut}}$ 的 $\vec{G}$。更高能量的平面波往往对应着电子波函数在实空间更加局域的成分，所以一般来说，当我们计算的体系中局域电子的性质更加重要时，就需要相应地增加平面波的截断。图 4.12 中图为平面波基组描述具体材料的一个示意图。平面波方法因其普适性和可以通过快速傅里叶变换加快计算速度的优势，它的成功出现是密度泛函理论在凝聚态物质和材料的计算研究中得到大范围应用的关键一步，其中 ABINIT, CASTEP, VASP, QUANTUM ESPRESSO 等都是具有广泛影响的计算程序。

以上介绍的平面波基组和高斯原子轨道基组代表了两种最常见的基组，在一定意义上也代表了两种比较极端的情况。在实际的计算中，尤其是用于处理固体材料的密度泛函理论计算，也有一些方法会考虑将这两种思想的结合，从而获得最优的计算性能。比较有代表性的是由 O. K. Anderson 提出的线性缀加平面波 (Linearized augmented plane wave，LAPW) 方法 (Andersen, 1975)。LAPW 方法的核心思想来源是 J. C. Slater 在 1937 年提出的松饼盘近似 (Muffin-tin approximation)。这是一个非常形象的近似，松饼盘是一个用于烤制西式松饼的具有圆形凹槽的烤盘 (图 4.12 右图)。松饼盘近似直接导致的方法就是原始的缀加平面波 (Augmented plane wave，APW) 方法，也就是选取一个原子核周围的截断半径，在截断半径以内波函数用局域原子轨道来表示，而在截断半径以外波函数用平面波展开，具体表达为下面的公式：

$$\phi_{\vec{k},\vec{G}}(\vec{r}) = \begin{cases} \dfrac{1}{\Omega}\mathrm{e}^{\mathrm{i}(\vec{G}+\vec{k})\cdot\vec{r}}, & r \in \text{间隙区域内} \\[2mm] \displaystyle\sum_{l,m} A_{l,m}(\vec{k}+\vec{G}) u_l\left(r^{\alpha},\epsilon_l\right) Y_{l,m}\left(\vec{r}^{\,\alpha}\right), & r \in \text{球形区域内} \end{cases} \tag{4.80}$$

在密度泛函理论的框架之下，其中的 $u_l\left(r^{\alpha},\epsilon_l\right)$ 是由原子核周围球形区域内径向部分的 Kohn-Sham 方程求得的径向函数，而 $Y_{l,m}\left(\vec{r}^{\,\alpha}\right)$ 是球谐函数。APW 方法的问题是它使得后续求解体系时的自洽场方程变成了非线性的方程组，增加了计算难度。于是 O. K. Andersen 提出了能保证其线性化的 LAPW 方法，这也是后来更加常用的方法，其表达形式为

$$\phi_{\vec{k},\vec{G}}(\vec{r})$$
$$= \begin{cases} \dfrac{1}{\Omega}\mathrm{e}^{\mathrm{i}(\vec{G}+\vec{k})\cdot\vec{r}}, & r \in \text{间隙区域内} \\[2mm] \displaystyle\sum_{l,m}\left[A_{l,m}(\vec{k}+\vec{G}) u_l\left(r^{\alpha},\epsilon_l\right) + B_{l,m}(\vec{k}+\vec{G})\dot{u}_l\left(r^{\alpha},\epsilon_l\right)\right] Y_{l,m}\left(\vec{r}^{\,\alpha}\right), & r \in \text{球形区域内} \end{cases}$$
$$\tag{4.81}$$

LAPW 中增加了 $u_l(r^\alpha, \epsilon_l)$ 相对于能量的导数 $(\dot{u}_l(r^\alpha, \epsilon_l) = \partial u_l(r^\alpha, \epsilon_l) / \partial\epsilon|_{\epsilon=\epsilon_l})$ (Andersen, 1975)。在 APW 和 LAPW 的框架之下,为了进一步提高精度和效率,可以加入一些局域的原子轨道,这些原子轨道一般只在截断半径以内加入。文献中常用魏苏淮 (S. H. Wei) 提出的方案,表达为 "LAPW+LO"(Singh,1991) 或 "APW+lo"(Sjöstedt,2000)。关于这些方案具体的细节本书中不再深入讨论,感兴趣的读者可以查阅相关文献和使用 LAPW 方法的计算程序的最新介绍。

另外,在密度泛函理论的框架之下,除了波函数的基组表示,还涉及电子感受到的势和密度的表达。在原始的 APW 方法中,截断半径以内的势是难以处理的,而线性化操作的引入使得在 LAPW 的框架之下可以很容易地考虑截断半径内外的全部的势 (Full potential),所以在现代的 LAPW 程序中,也常常直接采用全势线性缀加平面波 (Full potential LAPW,FLAPW) 方法。在此框架之下进行的方法改进和计算,对密度泛函理论的发展做出了重要的贡献,也支撑了基于 LAPW 的 GW 方法的发展 (Li X.Z., 2014)。在后续总结中,我们将此类方法统一写作 LAPW 方法。在 LAPW 方法和程序的发展中,除了上面提到的 J. C. Slater 和 O. K. Andersen,还有 D. D. Koelling, A. Freeman, H. Krakauer, M. Weinert, S. H. Wei(魏苏淮) 和 D. J. Singh 等也对 LAPW 的发展做出了一系列关键的贡献 (Wei S. H.,1985a,b)。应用这些方法开展的工作对固体材料的第一性原理研究起到了重要的推动作用。目前 P. Blaha 等开发的 Wien2k 程序包是 LAPW 方法的优秀代表之一。

除了这些解析形式有较明显物理意义的基组,对基组优化的另一个发展方向是数值原子轨道 (Numerical atomic orbital,NAO) 基组。数值原子轨道基组是一种类似于高斯原子轨道基组的以原子核为中心的基函数构成的基组,区别是这个数值原子轨道基组在设计和优化的时候,不再严格遵从类氢原子轨道的化学常识,而在数值上变得更加自由,以追求精度和效率的更佳平衡作为主要参考标准。这方面的成功也得益于很多底层数值算法的进步。因此,虽然数值原子轨道基组与传统的高斯原子轨道基组还是有很多相似的地方,我们在下面列表中还是将其单独列举,以示区分。

如果把基组的概念进一步推广,实际上基组的选择对应的是波函数的离散化表示。那么一个更加直接的想法是将波函数在实空间格点上进行离散化。例如,A. D. Becke 在 1989 年提出在实空间格点上进行密度泛函理论计算 (Becke,1989)。之后也有不少的研究工作探索高效的实空间格点离散化方法,抑或其他可以避免基组的局限性的方法。但是相比于原子轨道基组和平面波方法,这些其他的离散化方案在密度泛函理论和波函数理论中均没有成为主流方案。在密度泛函理论或者波函数理论中实空间格点一般只是用于表示电子密度分布,而波函数还是更多地以传统基组的形式来展开。实空间格点方案在量子蒙特卡洛和含时密度泛函理论等方法中应用得比较多。由于实空间格点的特殊性,我们也在下面列表中单独列举。

除了基组,赝势 (Pseudopotential) 是另一个常用的近似方法,它的主要原理是在电子结构计算中只考虑某些化学活跃的价电子,而内壳层电子用一个有效势来代替 (如图 4.13 所示)。考虑材料中所有原子包括的所有电子的计算称为全电子计算,全电子计算中电子感受到原子核的外势场为库仑相互作用,正比于原子核的电荷数,反比于电子到原子核的距离。需要说明的是,这里提到的全电子是指考虑内壳层和外壳层的所有电子,并不是指处理多电子之间的关联，我们这里的讨论还是在密度泛函理论这个单电子波函数的框架下进行的。在库仑相互作用下，电子的内层波函数沿着径向展现出一定程度的壳层结构，波函数的幅度沿径向起伏分布。在实际的材料中，内壳层的电子往往并不直接参与化学键的形成等过程，一般对材料性质的影响相对于外壳层的电子要小得多。于是，赝势方法的基本思路就是考虑一个截断半径，截断半径以外的势与真实的库仑势保持一致，而截断半径以内则是一个没有真实物理意义的赝势。我们对于赝势的要求是希望它能够满足截断半径以外的波函数与全电子波函数一样。在引入赝势以后的电子结构计算中，需要处理的总电子数就只包括了截断半径以外的活跃电子。对于大部分材料，赝势方法能够将需要处理的电子数目减小约一个量级。

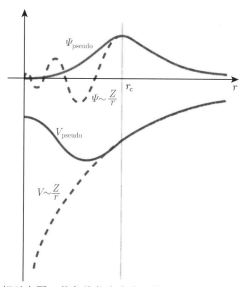

图 4.13　赝势方法的基本思想示意图。蓝色线代表全电子势 (V) 和全电子波函数 (Ψ)，红色线代表赝势 (V_{pseudo}) 和赝波函数 (Ψ_{pseudo})。Z 是原子核的电荷，r 是电子离原子核的距离

　　赝势的方法在针对固体材料的密度泛函理论计算中尤其常用，也是伴随着相关程序的发展最关键的内容。其中最知名的几种分别是：1979 年由 D. R. Hamann, M. Schlüter 和 C. Chiang 提出的模守恒赝势 (Norm-conserving pseudopotential)(Hamann，1979) 和 1990 年由 D. Vanderbilt 提出的超软赝势 (Ultra-soft pseudopotential)(Vanderbilt，1990)。模守恒赝势要求截断半径以内赝波函数满足一定的电荷数守恒的规范，也即波函数平方在截断半径以内的空间内的积分与全电子波函数相同。超软赝势则取消了以上的规范条件从而能够让截断半径以内部分的波函数尽量平滑，更加平滑的赝波函数可以减少平面波基组方法中需要的平面波基函数的数目，进而加快计算速度。

　　P. E. Blöchl 提出的投影缀加波 (Projector augmented-wave，PAW) 方法则是借鉴了 LAPW 的思想来进一步提高平面波超软赝势计算精度的方法 (Blöchl，1994)。它的思想是利用赝波函数构造投影子，然后利用投影子、赝波函数和全电子波函数构造一个线性变换算符。这个线性变换算符作用到赝波函数上，可以重新构造出全电子波函数。采用 PAW 方法以后，平面波超软赝势方法的计算精度被显著提高，目前使用最广泛的密度泛函理论程

序之一的 VASP 就是采用 PAW 方法的代表作之一。

基于波函数理论的量子化学计算程序中也有等价于赝势方法的处理，常常被称为有效芯势 (Effective core potential，ECP)。最常用的有德国 Stuttgart/Cologne 团队和美国洛斯阿拉莫斯国家实验室 (LANL) 开发的 ECP 库。这些有效芯势是以标准文件的格式随着相应的原子轨道基组配套出现的，大部分的量子化学程序都可以直接兼容或者经过简单的格式转化以后兼容。值得注意的是，有效芯势也是波函数理论中处理相对论效应的一个常用的技巧。近些年，随着量子蒙特卡洛方法的发展及其在量子化学问题中的应用，人们对于有效芯势的精度有了更高的要求，于是又有若干研究组提出了能更好处理电子关联的有效芯势方法，它们包括 BFD-ECP(Burkatzki，2007)，TN-ECP(Trail，2017) 和 ccECP(Annaberdiyev，2018) 等。

有了以上的介绍，在表 4.1 中我们列举一些使用较为广泛的电子结构计算程序，从而方便读者进一步学习了解。受限于笔者所及范围之有限和程序发展速度之迅速，必有遗漏和疏忽，仅供读者作为参考。同时对于每个程序的方法描述也不能面面俱到，仅列举与本章描述相关的方法，包括波函数理论 (WFT)、密度泛函理论 (DFT)、含时密度泛函理论 (TDDFT)、量子蒙特卡洛 (QMC) 和 GW 方法。基组包括平面波基组 (PW)、线性缀加平面波 (LAPW)、投影缀加波 (PAW)、高斯原子轨道基组 (GTO)、数值原子轨道基组 (NAO) 以及实空间格点 (Grid)。边界条件包括三维周期性边界条件 (3D)、任意维周期性边界 (Any)、无周期性边界条件 (No) 和有周期性条件选项 (Yes)。语言为程序开发使用的计算机语言。版权简单地划分成 Free(完全开源或类似的宽松 license)，Academic(Aca.，免费供学术研究使用) 和 Commercial(Com.，收费形式) 三种。由于大部分计算程序都支持赝势，所以表格中不再单独说明。但是需要指出的是一般来说主打材料计算的周期性密度泛函理论程序包，可以更多支持的是模守恒赝势和超软赝势；主打波函数理论的量子化学程序包，一般支持有效芯赝势；另外也有一些特例，比如 Wien2k 主打的是全电子计算。最后，需要强调的是，这些对于计算程序的划分，主要是基于本节前面的关于方法层面的一些讨论，实际的计算程序中这些内容往往相互交织，只有理解了这些方法的本质，才能对相应的电子结构计算程序有充分的认识，这是需要读者在实践中不断总结提高的。在第 5 章中介绍了全量子理论方法之后，我们就可以更加清楚地知道如何基于已有的电子结构计算程序发展全量子计算方法。

表 4.1   常用电子结构计算程序简介

名称	方法	基组	边界	语言	版权
ABACUS	DFT	NAO	3D	C++	Free
ABINIT	DFT,TDDFT	PW	3D	Fortran	Free
ATOMLY	DFT	N.A.	3D	Other	Aca.
BerkeleyGW	GW	PW	3D	Fortran	Free
CALYPSO/ATLAS	DFT	N.A.	3D	Fortran	Aca.
CASINO	QMC	Grid	Yes	Fortran	Aca.
CASTEP	DFT,TDDFT	PW	3D	Fortran	Aca.,Com.
CP2K	DFT,WFT,GW	GTO+PW	Any	Fortran	Free
CPMD	DFT	PW	3D	Fortran	Aca.
CRYSTAL	WFT,DFT	GTO	Any	Fortran	Aca.,Com.
Dalton	WFT,DFT	GTO	No	Fortran	Free
DFTK	DFT	PW	Any	Julia	Free

续表

名称	方法	基组	边界	语言	版权
ELK	DFT,TDDFT	LAPW	Yes	Fortran	Free
FHI-aims	DFT,GW	NAO	Any	Fortran	Aca.,Com.
GAMESS	WFT,DFT	GTO	No	Fortran	Aca.,Com.
Gaussian	WFT,DFT	GTO	Any	Fortran	Com.
GPAW	DFT,TDDFT,GW	PW,NAO	Any	Python,C	Free
MOLCAS	WFT,DFT	GTO	No	Fortran,C++	Aca.,Com.
MOLPRO	WFT,DFT	GTO	No	Fortran	Com.
NWChem	WFT,DFT	GTO,PW	Yes	Fortran,C	Free
Octopus	DFT,TDDFT,GW	Grid	Any	Fortran,C	Free
ONETEP	DFT	PW	3D	Fortran	Aca.,Com.
OpenMX	DFT	NAO	Any	C	Free
ORCA	WFT,DFT	GTO	No	C++	Aca.,Com.
PSI	WFT,DFT	GTO	No	C,C++,Python	Free
PWmat	DFT,TDDFT	PW	3D	Fortran	Com.
PyQMC	QMC	Grid	Yes	Python	Free
PySCF	WFT,DFT	GTO	Yes	Python	Free
Qbox	DFT	PW	3D	C++	Free
Q-Chem	WFT,DFT	GTO	No	Fortran,C++	Aca.,Com.
QUANTUM ESPRESSO	DFT,TDDFT	PW	3D	Fortran	Free
QMCPACK	QMC	Grid	Yes	C++	Free
QWalk	QMC	Grid	Yes	Fortran	Free
SALMON	TDDFT	Grid	Yes	Fortran	Free
SIESTA	DFT,TDDFT	NAO	Yes	Fortran	Free
TDAP	TDDFT	NAO	Yes	Fortran	Aca.
TURBOMOLE	WFT,DFT	GTO	Yes	Fortran	Com.
VASP	DFT,GW	PW	3D	Fortran	Com.
WIEN2K	DFT,GW	LAPW	3D	Fortran,C	Com.
Yambo	TDDFT,GW	PW	3D	Fortran	Free

在本章中，我们花了较大的篇幅介绍基态和激发态电子结构的计算方法，以及目前流行的各种运算程序软件包。这样做的主要原因正如在本章开始时所强调的，全量子效应模拟方法是建立在准确的电子结构计算结果基础上的。因此，不断改进真实凝聚态体系的电子结构计算方法是模拟凝聚态全量子效应的前提，关于这点是我们必须在全书中反复强调的。

第 5 章　全量子效应的理论研究

　　凝聚态物理的主要研究目标之一，是如何准确地描述微观粒子 (包括电子和原子核) 的量子属性及它们之间的多体相互作用关系。1927 年由玻恩和奥本海默提出的电子态绝热近似，为人们从电子量子态的角度理解凝聚态物理问题打开了大门。近年来，随着实验观测向着精准极限测量方向以及理论模拟向着更加接近实际体系方向的发展，在超越玻恩-奥本海默近似狭义理解的新范式下，凝聚态全量子物理效应研究被逐渐提上日程。

　　在第 4 章我们详细介绍了第一性原理电子结构计算方法，以及由这些算法发展的现有比较流行的软件包。这些工作为建立全量子理论提供了很好的基础。因为本书关注点的缘故，我们并不想将讨论集中于这些传统的第一性原理电子结构计算的发展，指出它们各自面临的问题，以及如何进一步完善这些理论方法。由于超越玻恩-奥本海默近似的理论计算是本书的核心命题，我们会假定这些传统的第一性原理电子结构计算和分子动力学模拟方法本身都已经很成功，而将本书的重点放在推导超越电子态绝热的球-棒模型图像的理论方法和模拟运算上，即介绍发展全量子凝聚态理论与计算的研究情况。

　　全量子化计算目前主要采用的方式有三种，第一种是在现有的电子结构计算程序中加入考虑全量子效应运算的新模块；第二种是开发一个更高层级的专门处理全量子效应的程序，并调用现有的电子结构计算软件给出的玻恩-奥本海默势能面；第三种是从头开发一个同时能处理电子结构计算和原子核量子动力学计算的全量子效应模拟的完整程序。目前全量子效应的理论计算远没有达到成熟的阶段，这三种方案各有利弊，未来一段时间还将在全量子效应的研究中共存并协同发展。但是，无论采用哪种方式，对现有的电子结构计算程序有深入的了解，无疑都会有助于未来全量子凝聚态理论及计算程序的发展。

　　前面提到，类似讨论的严格理论框架的基础是玻恩-黄展开 (公式 (4.1))。但在实际材料的模拟中，直接利用其去描述真实凝聚态系统问题目前仍然是不切实际的，因此我们还需要将物理问题做进一步简化。类似简化往往可分成两个方面。第一方面，就是我们先假设电子结构选择对应某一个玻恩-奥本海默势能面 (多数情况下是基态势能面)。这个时候，我们可以重点关注原子核作为一个量子粒子的热力学与动力学性质。这就是我们常说的核量子效应研究所关注的问题。第二方面，我们可以先假设原子核的运动由牛顿力学描述，然后重点关注原子核在不同势能面之间转移演化与电子在不同本征态之间跃迁过程的量子耦合。这就是我们常说的非绝热动力学所关心的问题。

　　在本章中，我们将在 5.1 节重点介绍核量子效应模拟方法，针对的是上面第一个方面理论方法的发展。紧接着在 5.2 节，作为一个例子，我们将介绍传统凝聚态理论中电-声耦合 (Electron-phonon coupling) 问题在第一性原理计算框架下的实现，并简要讨论其与玻恩-黄展开中一些概念的联系。在这一节的内容介绍时我们先不考虑原子核与电子的非绝热过程，只是讨论由核量子效应主导的电-声耦合问题。这也是为什么我们把这部分内容放到了介绍非绝热效应的前面。我们将利用非绝热模拟方法描述耦合的电子-原子核实时的演化过程的讨论留在了这之后的一节讲解。于是在 5.3 节，我们回到玻恩-黄展开的框架里面，继续讨论非绝热效应模拟方法，也就是上面第二个方面理论方法的发展。最后，在 5.4 节，我们将介绍目前非绝热效应与核量子效应相结合的一些初步理论尝试并举一个应用的例子。

5.1　核量子效应模拟研究

在前四章中，我们的讨论主要是针对一个特定的、经典的原子核构型下的电子本征态求解问题。它们能够给出球-棒模型下，以原子核构型为变量的玻恩-奥本海默势能面 (可以包含基态与激发态，但绝大部分计算针对的仅仅是基态)。如果我们在经典统计物理的框架下去描述原子核的运动 (Nose，1984a,b，1986；Hoover，1985，1986；Martyna，1992)，那么我们对这个多原子多电子系统的描述就停留在电子结构依赖于量子力学方法、原子核运动依赖于经典力学且原子核运动不能带来电子在不同本征态之间跃迁这个层面上的讨论。

从 20 世纪 20 年代末期量子力学建立到 20 世纪 80 年代中期分子动力学模拟起步阶段，即使人们一直面对这样一个问题，但始终都没有找到合适的解决方案。针对每个演化过程中特定的原子核构型的电子结构自洽求解的计算量，对于当时的计算能力而言是不可接受的。直到 1985 年，Car-Parrinello 分子动力学方法的提出，在很大程度上推进与促成了此问题的解决 (Car，1985)。在这个方法中，依赖于一系列虚拟有效质量很小的平面波提供的自由度，人们可以用一个经典的扩展拉格朗日量来描述电子与原子核耦合系统随时间的演化，进而使得电子结构能够近似绝热地保持在玻恩-奥本海默势能面附近。这样做的目的是将量子力学的求解问题转化为经典力学的演化问题，具体演化过程依赖于这个扩展拉格朗日量。每隔若干步，人们需要做一个自洽的电子结构计算来确保此演化始终保持在玻恩-奥本海默势能面附近。此方法保证了电子结构能跟随原子核运动以一种近乎绝热的方式演化，因此可用来描述化学键断裂与重组等传统力场方法无法描述的现象和反应过程。因此，很大程度上推进了分子模拟技术的快速发展。

20 世纪 80 年代末到 21 世纪初，由于电子结构自洽计算算法的大幅改进，以及计算机集群的计算能力的大幅增强，绝热的玻恩-奥本海默分子动力学方法逐渐取代了 Car-Parrinello 分子动力学方法，成为第一性原理分子动力学模拟的主流方法。这个方法进一步与增强取样、热力学积分等分子动力学技术结合 (Roux，1995；Bartels，1998；Laio，2002；Gao Y.Q.，2008)，基本上解决了基于电子态绝热的球-棒模型下的第一性原理分子模拟问题。我们要特别注意，尽管有了上述这些发展，理论的层面仍然没有超越 "绝热" 近似的范畴。

在核量子效应的研究中最为直接的一个方法就是基于玻恩-黄展开，先忽略电子在不同本征态之间的跃迁，然后利用波函数的方法来同时描述电子态与原子核态。但实际上，除了极少数气相小分子反应体系 (Zhang D.H.，1994；Xiao C.，2011)，这种处理对多数问题从计算量的角度来看暂时都不适用。目前阶段人们需要借助于量子力学的路径积分表述来处理大分子与凝聚态体系 (Chandler，1981；Berne，1986；Pollock，1987；Ceperley，1995；Tuckerman，1996；Marx，1996；Zhang Q.F.，2008；Chen J.，2013；Li X.Z.，2014)。在这些基于量子力学的路径积分表述的方法中，人们对路径积分这样一个概念的理解是关键。它和我们在多数量子力学教材中接触到的格林函数 (也就是传播子 (Propagator) 概念) 是密切联系的。

在此推论的基础上，针对统计性质，人们可以利用一个密度矩阵与传播子之间的相似关系，将密度矩阵进行一个路径积分的处理。这种处理构成了目前分子模拟研究中针对核量子效应最为常用的第一性原理路径积分分子动力学与第一性原理路径积分蒙特卡洛方法的理论基础，也为人们在统计层面研究核量子效应提供了严格的理论方法。与核量子效应的统计性质研究不同，目前针对核量子效应对多原子体系动力学性质的研究还存在诸多关键的技术难点，但毫无疑问这是一个极具挑战性与应用前景的研究领域。基于这样一个逻辑顺序，本节我们会分三个小节来展开。第一小节简述路径积分的基本概念，之后是统计层面的核量子效应模拟，最后是针对动力学性质模拟的一些理论方法发展现状介绍。本书同时在附录 A 中简要介绍了目前较成熟的几种基于第一性原理电子结构计算的路径积分分子动力学程序和软件包，重点集中在我们自己开发的方法，这样可以方便读者学习和使用。具体讲我们早期开发的处理全量子效应问题的第一性原理路径积分分子动力学方法，是完善了 CPMD 程序中周期性晶格体系电子结构计算的 k 空间抽样高效并行模拟功能，使其可以用于凝聚态体系的计算模拟。而最新的程序是在 VASP 软件中加入了路径积分分子动力学功能，同时发展的软件程序在实现第一性原理电子结构自洽计算、系统能量和原子受力求解等方面与 VASP 完全兼容。

5.1.1 路径积分基本原理

量子世界的认知往往是反直觉的。为了对量子力学有一个更深入的理解，费曼首次提出了一个看待量子力学的全新方式，即所谓的路径积分概念 (Feynman, 1949, 1953a,b,c, 1965)。它是连接经典问题与量子问题的桥梁，揭示了量子本质如何与经典物理定律 (如 $F = ma$) 联系起来。

量子力学的路径积分表述的物理背景非常简单，就一个关键词：路径积分 (Path integrals)。它可以非常直观地描述出量子世界与经典世界的不同。在经典世界中，物体的运动是使用确定性的语言描述的。比如一个人手里拿着一个沙包，把沙包投出，那么根据牛顿方程，沙包就会有一个特定的运动轨道。当沙包经过轨道上某点之前，如果你站在这一点上，你就会被沙包击中，不然你是绝对安全的。由因果关系 (Causality) 所决定的事件发生的概率就是零或者一，这是确定的。

但在量子力学的世界中，这一切都会发生变化。沙包投出一般可以描述为一个粒子的产生，这个粒子产生后，它在空间中任意一点，任意一个稍后的时间，都有可能湮灭。我们当然也需要描述它们之间的因果关系。一般我们会借助传播子这样一个概念，用事件 a 来标识粒子的产生，用事件 b 来标识这个粒子的湮灭。在薛定谔的量子力学表述下，它有一个非常简洁的解析表达：

$$K\left(x_{\mathrm{b}}, t_{\mathrm{b}} ; x_{\mathrm{a}}, t_{\mathrm{a}}\right)=\sum_{j} \phi_{j}\left(x_{\mathrm{b}}\right) \phi_{j}^{*}\left(x_{\mathrm{a}}\right) \mathrm{e}^{-\left(\frac{i}{\hbar}\right) E_{j}\left(t_{\mathrm{b}}-t_{\mathrm{a}}\right)} \tag{5.1}$$

这里的 j 需要走遍所有本征态 ϕ_{j}。当事件 a 发生后，事件 b 发生的概率等于这个传播子的模的平方。这种概率性特质是量子物理中最令人惊奇的特点之一，它指出量子粒子不再沿着单一确定的路径从一点移动到另一点。实际上，在量子世界我们要考虑所有可能的路径（因为即使多次重复同一实验，量子粒子的位置也可能每次都不同），并将所有可能性进行累加。这种累加所有可能路径的方法就是费曼路径积分方法。它表述的是，一个经典沙包如何遵循一个明确路径，同时又与量子的总路径累加概念相联系。这个出乎意料的费曼路径积分方法将经典物理与量子物理自然地联系起来。

　　前面已经说过，我们希望得到传播子，但我们不想去算这些本征态波函数。借助路径积分这个概念，传播子可以不通过波函数来得出。取而代之的是，我们需要穷尽两个事件之间所有的路径。每条路径对传播都有贡献，其贡献大小都有一个特定的权重 $\mathrm{e}^{(\mathrm{i}/\hbar)S[x_b,t_b;x_a,t_a]}$，是由该路径的欧几里得作用量 (Euclidean action) 决定的。而该作用量，是对应路径上的拉格朗日量的积分。用公式表达，上述关系很简单：

$$K\left(x_{\mathrm{b}},t_{\mathrm{b}};x_{\mathrm{a}},t_{\mathrm{a}}\right)=\lim_{\varepsilon\to0}\frac{1}{A}\int\int\cdots\int\mathrm{e}^{(\mathrm{i}/\hbar)S[x_b,t_b;x_a,t_a]}\frac{\mathrm{d}x_1}{A}\frac{\mathrm{d}x_2}{A}\cdots\frac{\mathrm{d}x_{P-1}}{A} \quad (5.2)$$

其中与每条路径相关的作用量：

$$
\begin{aligned}
S\left[x_{\mathrm{b}},t_{\mathrm{b}};x_{\mathrm{a}},t_{\mathrm{a}}\right]&=\int_{t_{\mathrm{a}}}^{t_{\mathrm{b}}}L(\dot{x},x,t)\mathrm{d}t\\
&=\left[\frac{m}{2}\left(\frac{x_1-x_{\mathrm{a}}}{t_1-t_{\mathrm{a}}}\right)^2-\frac{1}{2}\left(V\left(x_1\right)+V\left(x_{\mathrm{a}}\right)\right)\right]\left(t_1-t_{\mathrm{a}}\right)\\
&\quad+\sum_{i=2}^{P-1}\left[\frac{m}{2}\left(\frac{x_i-x_{i-1}}{t_i-t_{i-1}}\right)^2-\frac{1}{2}\left(V\left(x_i\right)+V\left(x_{i-1}\right)\right)\right]\left(t_i-t_{i-1}\right)\\
&\quad+\left[\frac{m}{2}\left(\frac{x_{\mathrm{b}}-x_{P-1}}{t_{\mathrm{b}}-t_{P-1}}\right)^2-\frac{1}{2}\left(V\left(x_{\mathrm{b}}\right)+V\left(x_{P-1}\right)\right)\right]\left(t_{\mathrm{b}}-t_{P-1}\right) \quad (5.3)
\end{aligned}
$$

公式 (5.2) 中的 A 是一个归一化系数，等于 $\left[2\pi\mathrm{i}\hbar\left(t_{\mathrm{b}}-t_{\mathrm{a}}\right)/\left(Pm\right)\right]^{1/2}$。在公式 (5.2) 和 (5.3) 中将路径分成 P 段来处理的方法一般被称为 Trotter 分解。

　　以上公式理解起来可能不太直观，我们可以借助一个一维系统，通过图 5.1 来进行理解。在这个图中，事件 a 与 b 都是固定的点。数值上，人们要做的非常简单，就是把 $t_{\mathrm{b}}-t_{\mathrm{a}}$ 分成 P 段。在每一段，如果 x 选定一点，那么把这些点连起来我们就有了一条路径。这条路径的作用量由公式 (5.3) 决定。而公式 (5.2) 做的事情，就是把 t_1 到 t_{P-1} 的坐标挪动，选点遍历整个 x 轴，使得所有的路径都被采样。如此一来，我们就可以通过数值的方法，用路径积分来获取 a 与 b 之间的传播子了。在采样充分的情况下，这样得到的结果与公式 (5.1) 通过波函数得到的结果应该完全一致。

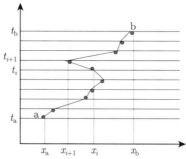

图 5.1　描述路径积分基本原理的一维系统示意图。a 与 b 代表已经确定的时间。它们之间的传播子，是由它们之间所有路径的贡献之和决定的。图中画出了一条路径。将两个事件间隔的时间分隔成若干段，然后在每个中间时间点上将位置由左边挪遍整个 x 轴，则可将两个时间之间所有的路径遍历。基于此，可以通过确定的 a 与 b 之间的传播子，将量子物理问题与经典物理解法联系起来。这是路径积分原理的精髓

5.1.2 核量子效应统计性质

至此，我们传达的一个核心信息是式 (5.1) 与式 (5.2)、(5.3) 是完全等价的。就统计性质而言 (不考虑动力学问题的时候)，人们实际上并不关心量子系统的传播子。此时人们关心的关键量是这个量子系统在有限温度下的密度矩阵。在量子力学的薛定谔表述下，此密度矩阵的解析表达式满足

$$\rho\left(x_{\mathrm{b}}, x_{\mathrm{a}} ; \beta\right)=\sum_{j} \phi_{j}\left(x_{\mathrm{b}}\right) \phi_{j}^{*}\left(x_{\mathrm{a}}\right) \mathrm{e}^{-\beta E_{j}} \tag{5.4}$$

和传播子一样，人们需要知道波函数，才能知道这个密度矩阵。对大分子与凝聚态体系，这样做显然是不可能的。人们需要借助某个手段来绕过这个问题。

这个时候，如果我们去对比式 (5.4) 与式 (5.1)，我们会发现它们具有非常强的相似性。唯一的差别是指数函数的指数项。对传播子而言，指数函数的指数项是一个虚数，它是由时间差决定的。而对密度矩阵而言，指数函数的指数项是一个实数，它是由温度通过 $\beta=1 /\left(k_{\mathrm{B}} T\right)$ 决定的，其中 k_{B} 是玻尔兹曼常数。因此，如果我们借助于公式 (5.1) 与 (5.2)、(5.3) 的等价性，并结合式 (5.4) 与式 (5.1) 的相似性，将 $1 /\left(k_{\mathrm{B}} T\right)$ 当作一个虚的时间来处理，取

$$-\mathrm{i} \hbar \beta=t_{\mathrm{b}}-t_{\mathrm{a}} \tag{5.5}$$

利用 Trotter 分解，将 $-\mathrm{i} \hbar \beta$ 分成 P 段，我们就可以得到密度矩阵的如下表示：

$$
\begin{aligned}
S\left[x_{\mathrm{b}}, x_{\mathrm{a}} ;-\mathrm{i} \hbar \beta\right]=&-\left[\frac{m P^{2}}{2 \beta^{2} \hbar^{2}}\left(x_{1}-x_{\mathrm{a}}\right)^{2}+\frac{1}{2}\left(V\left(x_{1}\right)+V\left(x_{\mathrm{a}}\right)\right)\right] \frac{-\mathrm{i} \hbar \beta}{P} \\
&-\sum_{i=2}^{P-1}\left[\frac{m P^{2}}{2 \beta^{2} \hbar^{2}}\left(x_{i}-x_{i-1}\right)^{2}+\frac{1}{2}\left(V\left(x_{i}\right)+V\left(x_{i-1}\right)\right)\right] \frac{-\mathrm{i} \hbar \beta}{P} \\
&-\left[\frac{m P^{2}}{2 \beta^{2} \hbar^{2}}\left(x_{\mathrm{b}}-x_{P-1}\right)^{2}+\frac{1}{2}\left(V\left(x_{\mathrm{b}}\right)+V\left(x_{P-1}\right)\right)\right] \frac{-\mathrm{i} \hbar \beta}{P}
\end{aligned} \tag{5.6}
$$

进而有

$$
\begin{aligned}
\frac{\mathrm{i}}{\hbar} S\left[x_{\mathrm{b}}, x_{\mathrm{a}} ;-\mathrm{i} \hbar \beta\right]=&-\left[\frac{m P}{2 \beta \hbar^{2}}\left(x_{1}-x_{\mathrm{a}}\right)^{2}+\frac{\beta}{2 P}\left(V\left(x_{1}\right)+V\left(x_{\mathrm{a}}\right)\right)\right] \\
&-\sum_{i=2}^{P-1}\left[\frac{m P}{2 \beta \hbar^{2}}\left(x_{i}-x_{i-1}\right)^{2}+\frac{\beta}{2 P}\left(V\left(x_{i}\right)+V\left(x_{i-1}\right)\right)\right] \\
&-\left[\frac{m P}{2 \beta \hbar^{2}}\left(x_{\mathrm{b}}-x_{P-1}\right)^{2}+\frac{\beta}{2 P}\left(V\left(x_{\mathrm{b}}\right)+V\left(x_{P-1}\right)\right)\right]
\end{aligned} \tag{5.7}
$$

如果将 x_{a} 标识为 x_{0}，x_{b} 标识为 x_{P}，那么公式 (5.7) 还可以简化为

$$\frac{\mathrm{i}}{\hbar} S\left[x_{\mathrm{b}}, x_{\mathrm{a}} ;-\mathrm{i} \hbar \beta\right]=-\beta \sum_{i=1}^{P}\left[\frac{m P}{2 \beta^{2} \hbar^{2}}\left(x_{i}-x_{i-1}\right)^{2}+\frac{1}{2 P}\left(V\left(x_{i}\right)+V\left(x_{i-1}\right)\right)\right] \tag{5.8}$$

这时，密度矩阵本身则等于

$$\rho\left(x_{\mathrm{b}}, x_{\mathrm{a}}; \beta\right)$$

$$= \lim_{\varepsilon \to 0} \frac{1}{A} \int \int \cdots \int \mathrm{e}^{-\beta \sum\limits_{i=1}^{P} \left[\frac{mP}{2\beta^2\hbar^2}(x_i - x_{i-1})^2 + \frac{1}{2P}(V(x_i) + V(x_{i-1}))\right]} \frac{\mathrm{d}x_1}{A} \frac{\mathrm{d}x_2}{A} \cdots \frac{\mathrm{d}x_{P-1}}{A} \tag{5.9}$$

其中

$$A = \left[\frac{2\pi\beta\hbar^2}{Pm}\right]^{1/2} \tag{5.10}$$

至此，密度矩阵就写成了路径积分的形式。

公式 (5.9) 看似复杂，但是对于分子动力学和蒙特卡洛采样来说，它却是极其容易处理的。其原因是，它意味着我们可以将一个量子系统的密度矩阵对应到一个经典的环状聚合物 (Ring-polymer)。我们需要做的就是要保证环状聚合物的势能满足如下要求：

$$V_{eff} = \sum_{i=1}^{P} \left[\frac{mP}{2\beta^2\hbar^2}\left(x_i - x_{i-1}\right)^2 + \frac{1}{2P}\left(V\left(x_i\right) + V\left(x_{i-1}\right)\right)\right] \tag{5.11}$$

这个式子的意义很简单，就是针对一个原子间相互作用由 $V(x_i)$ 决定的多原子系统 (可以是分子也可以是凝聚态体系)，我们把它沿着一个路径做很多个镜像 (每个镜像被称为 Image 或者珠子 (Bead))。然后，对于同一个原子的相邻镜像，我们用一个弹簧把它们连接起来，具体形式如图 5.2 所示。这个弹簧的弹性系数是 $\sqrt{mP}/(\beta\hbar)$。这也就意味着当原子核质量大、温度高的时候 (注意温度由 $\beta = 1/(k_{\mathrm{B}}T)$ 决定)，弹簧的力会很大。它会把各个原子的所有镜像拽到实空间的一点。这时，针对高分子的采样和针对这个多原子系统本身的采样会得到相同的结果，即此情况下原子核可以等同于经典粒子，于是我们说系统处在其经典极限上。但是当原子核质量比较小、温度比较低的时候，利用分子动力学或蒙特卡洛方法针对环状聚合物的采样就会带来与针对多原子系统本身的采样很不一样的结果。采样结果的不同代表的就是核量子效应对这个系统统计性质的影响。

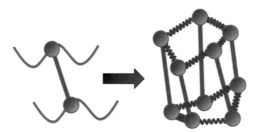

图 5.2　以氢分子 (H_2) 为例，演示的路径积分统计计算原理图。在量子物理中，原来是我们需要像左边描述的那样来算原子核波函数 (左图的红线所示)，但实际上采用路径积分就不需要这样做。我们只需要构造一个环状聚合物 (Ring-polymer)，让这个环状聚合物的相互作用势满足公式 (5.11) 的要求

这个形式是由 R. P. Feynman 在 20 世纪 40 年代末、50 年代初提出的 (Feynman, 1949, 1953a,b,c)。在 60 年代中期，在他和 A. R. Hibbs 共同完成的经典教材 *Quantum Mechanics and Path Integrals* 中，他们更是将此方法进行了非常系统的总结，为人们就量子力学的深入理解提供了极其重要的参考 (Feynman, 1965)。此路径积分方法与分子模拟的结合是 20 世纪七八十年代才正式开始的。其滞后的原因主要是分子动力学和蒙特卡洛采样方法在这个时间点之前还没有被广泛应用到物理学与化学研究中。

具体而言，20 世纪 70 年代初期，基于路径积分的概念，W. H. Miller 首先提出了瞬子 (Instanton) 方法描述分子反应中原子核量子隧穿的过程 (Miller，1974)。80 年代开始，D. Chandler、P. G. Wolynes、B. Berne 等又将有限温度下虚时路径积分方法与分子动力学方法结合 (Chandler，1981；Berne，1986)，并应用于实际体系中模拟核量子效应对其统计性质的影响。与此同时，D. M. Ceperley、E. L. Pollock 等将路径积分数值方法与蒙特卡洛方法也进行了结合，并对液体 ^{4}He 在低温下的超流现象进行了原子层面的模拟 (Pollock，1987；Ceperley，1995)。这些都为人们后来基于分子模拟研究核量子效应奠定了坚实的基础。但同时，我们也需要指出，当时类似的理论模拟都是依赖于原子核间相互作用势的力场模型描述的。采用这种办法描述力场的一个问题是当原子核构型变化所带来的电子结构变化很严重时，比如化学键断裂过程发生时，对原子核的受力情况和此构型下多原子系统的静态总能的描述就会很不准确。因此，统计层面路径积分分子动力学、路径积分蒙特卡洛模拟的应用还是受到了非常大的限制。

20 世纪 90 年代中期，随着基于密度泛函理论的第一性原理 Car-Parrinello 分子动力学的发展，M. E. Tuckerman、D. Marx、M. Parrinello、M. L. Klein 等将路径积分分子动力学与第一性原理 Car-Parrinello 分子动力学方法结合 (Tuckerman，1996；Marx，1996)，大大地扩展了其应用范围。同时，与这个发展一样重要的，还有一个采样技术的进步。它针对的问题是路径积分表示下虚构的环状聚合物 (Ring-polymer) 哈密顿量中隐含了比系统本征频率高很多的振动模式，所以往往需要大大地减小体系的抽样步长来精确地模拟。比如，模拟室温下水中质子的量子性质时，人们往往需要 32 个节点的环状聚合物才能使得核量子性质的统计结果达到收敛。这时，分子动力学模拟的步长就需要足够小才能有效地描述不同镜像之间的振动。通过正则变换 (Normal mode transformation) 或者台阶变换 (Staging transformation)，人们可以把物理的振动自由度和虚时环状聚合物空间的高频振动模式分开 (Pollock，1984；Tuckerman，1996)。采用变换后的坐标，退耦合的高频部分可以独立地连接不同的热浴来实现各态历经的抽样。于是，路径积分分子动力学就可以使用与经典的分子动力学一样的步长来进行模拟了。2005 年王恩哥小组与高世武及瑞典的合作者进一步优化了 Car-Parrinello 分子动力学全量子化软件，完善了周期性晶格体系电子结构计算过程中的 k 空间抽样高效并行模拟功能，从而实现了可以针对凝聚态体系的问题进行全量子模拟。

进入 21 世纪，由于玻恩-奥本海默分子动力学的发展，Car-Parrinello 分子动力学慢慢被取代。在相应的路径积分分子动力学模拟中，人们也开始直接基于玻恩-奥本海默分子动力学/蒙特卡洛采样方法进行采样了 (Li X.Z.，2010, 2011；Ceriotti，2011)。同时，相应的电子结构计算方法也从单纯的密度泛函理论，推广至包含量子蒙特卡洛方法等多种方案选择的地步 (Morales，2010)。与电子结构层面处理手段的改进同步，2008 年 T. E. Markland 和 D. E. Manolopoulos 等也提出了环状聚合物压缩方法 (Markland，2008)。该方法主要原理是找到一个节点数更少的环状聚合物表示 ($P' < P$)，耗时的第一性原理势能面计算只在 P' 环状聚合物上展开，而 P' 环状聚合物中的势能面可以通过一个正则变换到 P 环状聚合物。这种正则变换的关系可以在一个更容易计算的参考体系上来完成。2009 年，M. Ceriotti 等又将彩色噪声热浴方法应用于路径积分分子动力学中 (Ceriotti，2009a,b)。该方法通过自动设计一个频率依赖的外部热浴有效温度来使得计算可以采用更少的环状聚合物节点。这些都是路径积分分子动力学方法在算法上的重大进步。近期，这些方法又与两相

法、热力学积分等增强取样手段结合，其中比较有代表性的进展包括来自德国目前在加拿大多伦多大学工作的 Anatole von Lilienfeld 教授及其合作者的工作 (Pérez, 2011)，以及来自北京大学的李新征、陈基、王恩哥与英国科学家合作完成的工作 (Chen J., 2013; Feng Y.X., 2015)。这些工作进一步完善了第一性原理路径积分分子动力学方法与第一性原理路径积分蒙特卡洛方法，大大扩展了核量子效应的研究范围，为人们在统计层面研究核量子效应打下了严格的理论基础。

5.1.3 核量子效应动力学性质

除了对统计性质的研究外，核量子效应理论在物质科学中也体现在动力学性质的模拟上。此部分研究大的背景是凝聚态中量子动力学的发展，它与在我们日常生活中扮演着重要角色的物理、化学、材料科学以及生命科学的诸多问题息息相关。例如，在生物反应中，人们认为一些关键步骤与电子和质子量子耦合的转移过程相关 (Marcus, 1993; Huynh, 2007)；在新型能源材料的研究中，分子内与分子间的能量转换以及各种光物理与光化学过程都发挥着重要的作用 (Berne, 1998)。因此，毫无疑问，类似电子与原子核在量子力学层面的自由度高度关联的问题，势必会在今后若干年的物质科学、生命科学、能源科学、环境科学等前沿领域研究中扮演着越来越重要的角色。而所有这些问题在理论层面研究的基础，就是下面要介绍到的已经或有可能在凝聚态体系中产生应用的量子动力学。

就内容组织而言，关于电子部分的动力学问题我们会在 5.3 节非绝热分子模拟方法部分重点介绍，本节重点介绍与原子核的量子效应相关的动力学问题。针对原子核量子效应，动力学层面重点发展的方法可分为三类：① 半经典方法；② 质心动力学 (Centroid molecular dynamics, CMD) 与环状聚合物 (或称环聚物) 分子动力学 (Ring-polymer molecular dynamics, RPMD) 方法；③ 从不含时方法得到动力学信息的方法。很多文献在讲量子动力学时也会提到量子-经典混合动力学 (Hybrid quantumclassical dynamics) 方法。这个方法本身并不是特指电子自由度动力学用量子力学处理而原子核自由度动力学用经典力学处理。换句话说，此方法本身只是说某些自由度用量子力学处理，而另外一些自由度用经典力学处理。但实际应用中，此类方法多进行的是前面一种方案。我们在 5.3 节要介绍的非绝热动力学方法，比如势能面跃迁方法 (Surface hopping method)、平均场方法或埃伦费斯特动力学 (Ehrenfest dynamics) 方法，都属于这个范畴，因此我们把量子-经典混合动力学方法放在 5.3 节讨论。这是本书与很多其他文献在介绍量子动力学方法这部分内容时的一个不同。过去很多文献中把动力学混合方法放在量子动力学方法部分介绍，本书中量子动力学特指将原子核的动力学行为进行量子描述的动力学方法，而把与电子量子行为相关的动力学方法研究放到了后面非绝热部分的处理中。这里先进行一个说明。

1. 半经典方法

我们先从半经典方法开始。这类方法的一个基本特征就是在计算过程中会忽略掉 $\hbar$ 的高阶项。也因为这个原因，它们统称半经典方法。从历史发展的角度而言，最早的半经典理论有 WKB (三个字母分别代表 G. Wentzel，H. A. Kramers，L. Brillouin) 近似理论 (Wentzel, 1926; Kramers, 1926; Brillouin, 1926) 以及 van Vleck 传播子方法 (van Vleck, 1928)。这两个工作都是在 20 世纪 20 年代，在建立量子力学的过程中，人们基于对量子力学基本原理认识的考虑提出的方法。深入理解这些方法，除了对我们目前在物质科学前沿研究中解决具体问题有帮助，对于我们深入理解物理学从经典力学到量子力学的过渡这种基本的概念问题同样是非常重要的。

之后，在 20 世纪 70 年代初，在人们利用量子力学研究气相反应的过程中，加州大学伯克利分校的 W. H. Miller 教授基于驻定相位近似 (Stationary phase approximation) 的思想，在求解路径积分传播子的过程中类似地将 $\hbar$ 的高阶项进行忽略，发展出半经典散射矩阵 (Classical S-matrix) 理论与瞬子 (Instanton) 方法 (Miller，1970，1974)。其中 1970 年半经典散射理论的文章，也蕴藏着后期得到巨大发展的半经典初始值表象 (Semiclassical initial value representation，SC-IVR) 方法的基本思想 (Miller，1970，2001；Herman，1984，1997)。现在，此方法也是半经典方法中，在凝聚态体系最有可能产生广泛应用的一个。在本节这部分内容的介绍中，全面细致地把每个理论都完整讨论一遍显然是超出本书所需与所能覆盖的范围的。出于这个考虑，我们将以这些方法里面，目前在凝聚态体系中存在最大应用前景的 IVR 为例，相对详细地介绍其基本概念，以期读者就此部分内容的关键点有一个相对清晰的认识。在 5.1.3 节第 2 小节，我们会简单介绍质心动力学与环状聚合物分子动力学方法的基本原理。同样蕴藏着半经典思想的瞬子 (Instanton) 方法 (Miller，1974)，由于其显著的虚时特征以及与过渡态理论的联系，我们将把它作为从不含时方法得到动力学信息方法的一个例子来进行讨论。

既然是动力学，我们关心的自然是与时间相关的性质。我们曾在第 1 章引出过量子关联函数 (Quantum correlation function) 的概念，为了下面具体推导方便，我们重新做一个定义。在一个量子力学系统中，量子化的动力学性质可以从量子关联函数的计算来理解：

$$C_{AB}(t) = \frac{1}{Z} \mathrm{Tr} \left[\widehat{A}^{\beta} \mathrm{e}^{\mathrm{i}\widehat{H}t/\hbar} \widehat{B} \mathrm{e}^{-\mathrm{i}\widehat{H}t/\hbar} \right] \tag{5.12}$$

这里 $\widehat{H}$ 是体系的哈密顿量，$\widehat{A}$ 和 $\widehat{B}$ 是物理观测量所对应的算符，$Z = \mathrm{Tr} \left[\mathrm{e}^{-\beta\widehat{H}} \right]$ 是配分函数，$\widehat{A}^{\beta} = \mathrm{e}^{-\beta\widehat{H}} \widehat{A}$。针对不同的动力学性质，人们需要利用不同的量子关联函数，比如：化学反应速率与流关联函数相关，红外光谱与偶极矩关联函数相关。类似理论，在 20 世纪中期由 J. G. Kirkwood、M. S. Green、H. B. Callen & R. F. Greene、R. Kubo、R. Zwanzig 等发展并系统化之后 (Kirkwood，1946；Green，1952，1954；Callen，1951，1952a, b；Kubo，1957a, b；Zwanzig，1965)，目前已是统计物理教材中的常规内容。人们现在面临的一个实际问题，就是面对一个真实系统如何计算量子关联函数，并基于它来描述实验可观测量。在这个公式中，核量子效应有两个来源：一是上节中提到的由玻尔兹曼分布算符 $\mathrm{e}^{-\beta\widehat{H}}$ 决定的量子统计效应；二是时间演化算符 $\mathrm{e}^{-\mathrm{i}\widehat{H}t/\hbar}$，它包含的是量子动力学信息。

初始值表象作为最典型的一个半经典方法，其基本操作是在描述时间依赖的原子核波函数的时候，将其分成振幅与相位两部分 (Bohm，1952)：

$$\phi(q_1, q_2, \cdots, q_D, t) = A(q_1, q_2, \cdots, q_D, t) \mathrm{e}^{\mathrm{i}R(q_1, q_2, \cdots, q_D, t)/\hbar} \tag{5.13}$$

其中 $A(q_1, q_2, \cdots, q_D, t)$ 和 $R(q_1, q_2, \cdots, q_D, t)$ 分别对应振幅部分和相位部分，并针对其分别展开计算。这里 D 为系统的维度，波函数本身满足的含时薛定谔方程可以写为

$$\left(\mathrm{i}\hbar \frac{\partial}{\partial t} + \frac{\hbar^2}{2m} \sum_{i=1}^{D} \frac{\partial^2}{\partial q_i^2} - V(q_1, q_2, \cdots, q_D) \right) \phi(q_1, q_2, \cdots, q_D) = 0 \tag{5.14}$$

将公式 (5.13) 代入 (5.14)，可得到一个值为零的复数方程。在 $A(q_1, q_2, \cdots, q_D, t) \neq 0$ 的情况下，利用其实部与虚部都为零的特征，可以获得 $R(q_1, q_2, \cdots, q_D, t)$ 与 $A(q_1, q_2, \cdots, q_D, t)$ 分别满足的两个方程：

$$\frac{\partial R(q_1, q_2, \cdots, q_D, t)}{\partial t} + \frac{1}{2m} \sum_{i=1}^{D} \left(\frac{\partial R(q_1, q_2, \cdots, q_D, t)}{\partial q_i} \right)^2 + V(q_1, q_2, \cdots, q_D)$$
$$- \frac{\hbar^2}{2m} \frac{1}{A(q_1, q_2, \cdots, q_D, t)} \sum_{i=1}^{D} \frac{\partial^2 A(q_1, q_2, \cdots, q_D, t)}{\partial q_i^2} = 0 \tag{5.15}$$

和

$$\frac{\partial A(q_1, q_2, \cdots, q_D, t)}{\partial t} + \frac{1}{m} \sum_{i=1}^{D} \frac{\partial A(q_1, q_2, \cdots, q_D, t)}{\partial q_i} \frac{\partial R(q_1, q_2, \cdots, q_D, t)}{\partial q_i}$$
$$+ \frac{1}{2m} A(q_1, q_2, \cdots, q_D, t) \sum_{i=1}^{D} \frac{\partial^2 R(q_1, q_2, \cdots, q_D, t)}{\partial q_i^2} = 0 \tag{5.16}$$

通过这个操作，关于波函数这个复函数的非线性微分方程，就转变为关于相位与振幅这两个实函数的非线性微分方程。

在公式 (5.15) 中，半经典近似下，也就是考虑 $\hbar$ 的平方项趋于零时，最后一项 (相位与振幅这两个实函数之间的耦合) 可以被忽略。这时，我们面对的就是一个独立的实函数的微分方程。这个从复函数往实函数的转变和相位与振幅函数的去耦合是计算简化的关键。从量子力学的角度，我们需要解释一下公式 (5.15) 中 $\hbar$ 趋于零这个条件的物理含义，它与我们在教科书中经常提到的在描述一维系统量子隧穿问题时使用的 Wentzel-Kramers-Brillouin(WKB) 方法的物理思想是一致的。这里背后蕴藏的假设，就是波函数的振幅函数 $A(q_1, q_2, \cdots, q_D, t)$ 在空间上的变化剧烈程度，远小于相位部分 $R(q_1, q_2, \cdots, q_D, t)/\hbar$ 在空间上的变化剧烈程度。

另外，我们还需要注意忽略掉耦合项之后，公式 (5.15) 满足如下关系：

$$\frac{\partial R(q_1, q_2, \cdots, q_D, t)}{\partial t} + \widehat{H}\left(q_1, \cdots, q_D, \frac{\partial R}{\partial q_1}, \cdots, \frac{\partial R}{\partial q_D} \right) = 0 \tag{5.17}$$

其中

$$\widehat{H}\left(q_1, \cdots, q_D, \frac{\partial R}{\partial q_1}, \cdots, \frac{\partial R}{\partial q_D} \right)$$
$$= \frac{1}{2m} \sum_{i=1}^{D} \left(\frac{\partial R(q_1, q_2, \cdots, q_D, t)}{\partial q_i} \right)^2 + V(q_1, q_2, \cdots, q_D) \tag{5.18}$$

它具有一个典型的哈密顿-雅可比量的形式。同时，由于

$$\mathrm{d}R(q_1, q_2, \cdots, q_D, t) = \frac{\partial R(q_1, q_2, \cdots, q_D, t)}{\partial t} \mathrm{d}t + \sum_{i=1}^{D} \frac{\partial R(q_1, q_2, \cdots, q_D, t)}{\partial q_i} \mathrm{d}q_i \tag{5.19}$$

两边除上 $\mathrm{d}t$ 再结合公式 (5.17)，我们就很容易得到

$$
\begin{aligned}
\frac{\mathrm{d}R\left(q_1, q_2, \cdots, q_D, t\right)}{\mathrm{d}t} = & -\widehat{H}\left(q_1, \cdots, q_D, \frac{\partial R}{\partial q_1}, \cdots, \frac{\partial R}{\partial q_D}\right) \\
& + \sum_{i=1}^{D} \frac{\partial R\left(q_1, q_2, \cdots, q_D, t\right)}{\partial q_i} \frac{\mathrm{d}q_i}{\mathrm{d}t}
\end{aligned}
\tag{5.20}
$$

我们的目的是求出 $R\left(q_1, q_2, \cdots, q_D, t\right)$。

为了这个目的，人们可以引入一个虚拟的动量，定义为

$$
p_i = \frac{\partial R\left(q_1, q_2, \cdots, q_D, t\right)}{\partial q_i}
\tag{5.21}
$$

然后，基于哈密顿-雅可比方程来描述动力学演化。这个虚拟动量对时间的微分满足

$$
\begin{aligned}
\frac{\mathrm{d}p_i}{\mathrm{d}t} &= \frac{\mathrm{d}\left[\dfrac{\partial R\left(q_1, q_2, \cdots, q_D, t\right)}{\partial q_i}\right]}{\mathrm{d}t} \\
&= \frac{\partial^2 R\left(q_1, q_2, \cdots, q_D, t\right)}{\partial q_i \partial t} + \sum_{j=1}^{D} \frac{\partial^2 R\left(q_1, q_2, \cdots, q_D, t\right)}{\partial q_i \partial q_j} \frac{\mathrm{d}q_j}{\mathrm{d}t}
\end{aligned}
\tag{5.22}
$$

利用公式 (5.17)，它继续等于

$$
\begin{aligned}
\frac{\mathrm{d}p_i}{\mathrm{d}t} = & -\left[\frac{\partial \widehat{H}\left(q_1, \cdots, q_D, p_1, \cdots, p_D\right)}{\partial q_i} + \sum_{j=1}^{D} \frac{\partial \widehat{H}\left(q_1, \cdots, q_D, p_1, \cdots, p_D\right)}{\partial p_j} \frac{\partial p_j}{\partial q_i}\right] \\
& + \sum_{j=1}^{D} \frac{\partial p_i}{\partial q_j} \frac{\mathrm{d}q_j}{\mathrm{d}t}
\end{aligned}
\tag{5.23}
$$

因此，

$$
\begin{aligned}
& \frac{\mathrm{d}p_i}{\mathrm{d}t} + \frac{\partial \widehat{H}\left(q_1, \cdots, q_D, p_1, \cdots, p_D\right)}{\partial q_i} \\
& = \sum_{j=1}^{D}\left[\frac{\mathrm{d}q_j}{\mathrm{d}t} - \frac{\partial \widehat{H}\left(q_1, \cdots, q_D, p_1, \cdots, p_D\right)}{\partial p_j}\right] \frac{\partial p_j}{\partial q_i}
\end{aligned}
\tag{5.24}
$$

这个时候，如果令此方程的右边为零，那么，就可以得到两个相互联立的动力学演化方程，分别是

$$
\frac{\mathrm{d}p_i}{\mathrm{d}t} = -\frac{\partial \widehat{H}\left(q_1, \cdots, q_D, p_1, \cdots, p_D\right)}{\partial q_i}
\tag{5.25}
$$

与

$$
\frac{\mathrm{d}q_j}{\mathrm{d}t} = \frac{\partial \widehat{H}\left(q_1, \cdots, q_D, p_1, \cdots, p_D\right)}{\partial p_j}
\tag{5.26}
$$

通过这两个方程, 人们就可以知道 p_i、q_i、$\widehat{H}(q_1,\cdots,q_D,p_1,\cdots,p_D)$, 进而通过方程 (5.20) 来求 $R(q_1,q_2,\cdots,q_D,t)$。这时, $R(q_1,q_2,\cdots,q_D,t)$ 也就很自然地可以通过如下轨迹积分的方式得到:

$$R(q_1,q_2,\cdots,q_D,t)$$
$$=R(q_1',q_2',\cdots,q_D',0)+\int_0^t\left[\sum_{i=1}^D p_i(\tau)\dot{q}_i(\tau)-\widehat{H}(q_1(\tau),\cdots,q_D(\tau),p_1(\tau),\cdots,p_D(\tau))\right]\mathrm{d}\tau \tag{5.27}$$

其中 $p_i(\tau)$、$q_i(\tau)$ 满足如下条件:

$$q_i(0)=q_i'$$
$$p_i(0)=\left.\frac{\partial R(q_1,q_2,\cdots,q_D,t)}{\partial q_i}\right|_{t=0}$$
$$q_i(t)=q_i$$
$$p_i(t)=p_i \tag{5.28}$$

且满足公式 (5.25) 与 (5.26) 的 (经典) 轨迹。需要注意的是, 公式 (5.27) 给出的是相位的总体演化, 对于特定的 $\{q_i\}$, 想要找到满足条件的 $\{q_i'\}$ 并非易事。

然后我们再看波函数的振幅部分 $A(q_1,q_2,\cdots,q_D,t)$。原则上, 在相位部分知道后, 它可以通过公式 (5.16) 求得。但这个求解过程是很复杂的。由于它是非负实函数, 我们可以在不损失任何信息的情况下, 通过如下关系将其转化为密度函数:

$$\rho(q_1,q_2,\cdots,q_D,t)=A^2(q_1,q_2,\cdots,q_D,t) \tag{5.29}$$

这个密度分布函数是满足一个更为简单的演化方程的。因此, 在实际计算中, 人们会利用密度分布函数来描述波函数实部的演化。将公式 (5.16) 两边乘上 $2A(q_1,q_2,\cdots,q_D,t)$, 可得

$$\frac{\partial\rho(q_1,\cdots,q_D,t)}{\partial t}+\sum_{i=1}^D\frac{\partial}{\partial q_i}[\rho(q_1,\cdots,q_D,t)v_i]=0 \tag{5.30}$$

这是一个典型的流守恒方程, 其中:

$$v_i=\frac{p_i}{m}=\frac{1}{m}\frac{\partial}{\partial q_i}R(q_1,\cdots,q_D,t) \tag{5.31}$$

描述轨道演化时的虚拟速度场。我们要做的,就是通过公式 (5.25) 与 (5.26) 得到 $(q_1,\cdots,q_D,p_1,\cdots,p_D)$。然后, 通过公式 (5.27) 得到相位部分, 再由粒子数守恒条件:

$$\rho(q_1(t),\cdots,q_D(t),t)=\left|\det\left[\frac{\partial(q_1(0),\cdots,q_D(0))}{\partial(q_1(t),\cdots,q_D(t))}\right]\right|\rho(q_1(0),\cdots,q_D(0),0) \tag{5.32}$$

得到波函数的振幅部分。两者结合, 最终得到波函数:

$$\psi_{\mathrm{SC}}\left(\boldsymbol{q},t\right) = A\left(\boldsymbol{q},t\right)\mathrm{e}^{\mathrm{i}R(\boldsymbol{q},t)/\hbar} = \sqrt{\det\left[\frac{\partial\boldsymbol{q}\left(0\right)}{\partial\boldsymbol{q}\left(t\right)}\right]}\,A\left(\boldsymbol{q}\left(0\right),0\right)\mathrm{e}^{\mathrm{i}(R(\boldsymbol{q}(0),0)+R(\boldsymbol{q}(t),\boldsymbol{q}(0),t))/\hbar}$$

$$= \sqrt{\det\left[\frac{\partial\boldsymbol{q}\left(0\right)}{\partial\boldsymbol{q}\left(t\right)}\right]}\,\mathrm{e}^{\mathrm{i}R(\boldsymbol{q}(t),\boldsymbol{q}(0),t)/\hbar}\psi\left(\boldsymbol{q}\left(0\right),0\right) \tag{5.33}$$

在前面，我们将每个向量 $\boldsymbol{q}$ 直接写作 $(q_1,q_2,\cdots,q_D)$，是为了将公式的意义讲解得更明确。在公式 (5.33) 和后续公式中，由于这样写起来太长，为了简化表示，我们取 $\boldsymbol{q} \equiv (q_1,q_2,\cdots,q_D)$。这里相位演化遵循

$$R(\boldsymbol{q}(t),\boldsymbol{q}(0),t) = \int_0^t [\boldsymbol{p}(\tau)\cdot\dot{\boldsymbol{q}}(\tau) - H(\boldsymbol{q}(\tau),\boldsymbol{p}(\tau))]\mathrm{d}\tau \tag{5.34}$$

$\boldsymbol{q}\left(t\right)$ 满足的条件是公式 (5.28)。

对于较短时间内的演化，由公式 (5.33) 是完全能够给出正确的波函数的。但对于时间较长的演化过程，将发生 "折叠" 现象，即 $\boldsymbol{q}(t)$ 和 $\boldsymbol{q}(0)$ 不再是一一对应，存在多个初始坐标能够在时间 t 后传播到同一个空间点。这样的点被称为 "焦点"。此后相位 R 将变成多值函数，雅可比行列式 $\det\left[\frac{\partial\boldsymbol{q}\left(0\right)}{\partial\boldsymbol{q}\left(t\right)}\right]$ 将发散并可能变为负数，同时振幅 A 的符号 (在取过零值后) 不再确定。这样的情形是十分棘手的，正当的处理需要一些微妙的技巧或者更高级的数学工具 (Littlejohn, 1992)，在这里我们不得不将其略去。所幸最终结果并不太偏离直觉，计算波函数时需要对所有可行的轨迹求和：

$$\psi_{\mathrm{SC}}\left(\boldsymbol{q},t\right) = \sum_j \sqrt{\left|\det\left[\frac{\partial\boldsymbol{q}\left(0\right)}{\partial\boldsymbol{q}\left(t\right)}\right]_j\right|}\,\mathrm{e}^{\mathrm{i}R(\boldsymbol{q},\boldsymbol{q}_j,t)/\hbar-\mathrm{i}\pi m_j(\boldsymbol{q},\boldsymbol{q}_j,t)/2}\psi\left(\boldsymbol{q}_j,0\right) \tag{5.35}$$

其中 $\boldsymbol{q}_j$ 为终止于 $\boldsymbol{q}$ 的第 j 条轨迹的起始点，m_j 为该轨迹上雅可比行列式改变符号的次数。

有了波函数的时间演化，我们就可以求出传播子的半经典表达式，也就是初始为 $\delta\left(\boldsymbol{q}'\right)$ 的波函数的时间演化结果了。数值上，我们需要做的就是将零时刻到 t 时刻的演化，替换为 δt 到 $t+\delta t$ 时刻的演化。为达到这个目的，我们先需要考虑极短时间 δt 内的传播子：

$$K\left(\boldsymbol{q},\boldsymbol{q}',\delta t\right) = A\left(\boldsymbol{q},\boldsymbol{q}',\delta t\right)\mathrm{e}^{\mathrm{i}R\left(\boldsymbol{q},\boldsymbol{q}',\delta t\right)/\hbar} \tag{5.36}$$

在极短时间内，可以认为 $\boldsymbol{p}$ 没有变化，而对于经典粒子而言，$\dot{\boldsymbol{q}} = \boldsymbol{p}/m$，因此

$$R\left(\boldsymbol{q},\boldsymbol{q}',\delta t\right) \approx [\boldsymbol{p}\cdot\dot{\boldsymbol{q}} - H(\boldsymbol{q},\boldsymbol{p})]\delta t = \frac{m\dot{\boldsymbol{q}}^2}{2}\delta t - V(\boldsymbol{q})\delta t \approx \frac{m\left(\boldsymbol{q}-\boldsymbol{q}'\right)^2}{2\delta t} \tag{5.37}$$

这是一个方差为虚数的高斯型函数的相位，要使其在 $\delta t \to 0$ 时趋向于 δ 函数，我们有

$$A = \left(\frac{m}{2\pi\mathrm{i}\hbar\delta t}\right)^{D/2} \tag{5.38}$$

此处 A 是个常数，因为相位部分已经给出了类 δ 函数，所以只有 q' 点的值才有意义。这样我们就得到了短时的传播子：

$$K\left(\boldsymbol{q},\boldsymbol{q}',\delta t\right)=\left(\frac{m}{2\pi\mathrm{i}\hbar\delta t}\right)^{D/2}\mathrm{e}^{\frac{\mathrm{i}}{\hbar}\left[\frac{m(\boldsymbol{q}-\boldsymbol{q}')^2}{2\delta t}\right]} \tag{5.39}$$

这恰好也是自由粒子的传播子形式。

将上式结合公式 (5.35)，就得到长时间的传播子形式：

$$K\left(\boldsymbol{q}'',\boldsymbol{q}',t+\delta t\right)$$
$$=\sum_j\left(\frac{m}{2\pi\mathrm{i}\hbar\delta t}\right)^{D/2}\sqrt{\left|\det\left[\frac{\partial\boldsymbol{q}}{\partial\boldsymbol{q}''}\right]_j\right|}\mathrm{e}^{\frac{\mathrm{i}}{\hbar}\left(\frac{m(\boldsymbol{q}_j-\boldsymbol{q}')^2}{2\delta t}+R(\boldsymbol{q}'',\boldsymbol{q}_j,t)\right)-\mathrm{i}\pi m_j\left(\boldsymbol{q}'',\boldsymbol{q}_j,t\right)/2} \tag{5.40}$$

考虑到从 $\boldsymbol{q}'$ 到 $\boldsymbol{q}$ 的路径上有 $\boldsymbol{p}=\frac{m\left(\boldsymbol{q}-\boldsymbol{q}'\right)}{\delta t}=\frac{\partial R\left(\boldsymbol{q},\boldsymbol{q}',\delta t\right)}{\partial\boldsymbol{q}}$，其与从 $\boldsymbol{q}$ 到 $\boldsymbol{q}''$ 的轨迹连接在一起，且有

$$\frac{\partial\boldsymbol{p}}{\partial\boldsymbol{q}}=\frac{m}{\delta t}$$
$$\det\left[\frac{\partial\boldsymbol{p}}{\partial\boldsymbol{q}}\right]=\left(\frac{m}{\delta t}\right)^{D} \tag{5.41}$$

将这些代入式 (5.40)，可进一步得到

$$K\left(\boldsymbol{q}'',\boldsymbol{q}',t+\delta t\right)$$
$$=\sum_j\left(\frac{1}{2\pi\mathrm{i}\hbar}\right)^{D/2}\sqrt{\left|\det\left[\frac{\partial\boldsymbol{p}}{\partial\boldsymbol{q}}\right]_j\right|}\sqrt{\left|\det\left[\frac{\partial\boldsymbol{q}}{\partial\boldsymbol{q}''}\right]_j\right|}\mathrm{e}^{\frac{\mathrm{i}}{\hbar}R_j\left(\boldsymbol{q}'',\boldsymbol{q}',t\right)-\mathrm{i}\pi m_j\left(\boldsymbol{q}'',\boldsymbol{q}',t\right)/2}$$
$$=\sum_j\left(\frac{1}{2\pi\mathrm{i}\hbar}\right)^{D/2}\sqrt{\left|\det\left[\frac{\partial\boldsymbol{p}}{\partial\boldsymbol{q}''}\right]_j\right|}\mathrm{e}^{\frac{\mathrm{i}}{\hbar}R_j\left(\boldsymbol{q}'',\boldsymbol{q}',t\right)-\mathrm{i}\pi m_j\left(\boldsymbol{q}'',\boldsymbol{q}',t\right)/2} \tag{5.42}$$

其中 j 对所有连接 $\boldsymbol{q}'$ 和 $\boldsymbol{q}''$ 的轨迹求和，$\boldsymbol{p}$ 为轨迹的初始动量。

有了传播子，我们就可以写出半经典近似下的时间演化算符

$$\mathrm{e}^{-\mathrm{i}\widehat{H}t/\hbar}$$
$$=\int\mathrm{d}\boldsymbol{q}_1\int\mathrm{d}\boldsymbol{q}_2\left|\boldsymbol{q}_2\right\rangle\sum_j\left(\frac{1}{2\pi\mathrm{i}\hbar}\right)^{D/2}\sqrt{\left|\det\left[\frac{\partial\boldsymbol{p}_1}{\partial\boldsymbol{q}_2}\right]_j\right|}\mathrm{e}^{\frac{\mathrm{i}}{\hbar}R_j\left(\boldsymbol{q}_2,\boldsymbol{q}_1,t\right)-\mathrm{i}\pi m_j\left(\boldsymbol{q}_2,\boldsymbol{q}_1,t\right)/2}\left\langle\boldsymbol{q}_1\right| \tag{5.43}$$

上式需要对初末坐标积分，并需要对连接它们的所有经典路径求和，而这样的求和通常是十分困难的。由于这样的积分和求和实际上遍及了一切可能的经典轨迹，所以我们可以将

其改写成由初始值表示的形式 (Miller, 2001)。此表示利用到的性质是

$$\int \mathrm{d}\boldsymbol{q}_2 \sum_j \cdot = \int \mathrm{d}\boldsymbol{p}_1 \left| \det\left[\frac{\partial \boldsymbol{q}_2}{\partial \boldsymbol{p}_1}\right] \right| \tag{5.44}$$

基于此，公式 (5.43) 初始值积分的形式是

$$\mathrm{e}^{-\mathrm{i}\widehat{H}t/\hbar} = \int \mathrm{d}\boldsymbol{q}_1 \int \mathrm{d}\boldsymbol{p}_1 |\boldsymbol{q}_2\rangle \left(\frac{1}{2\pi\mathrm{i}\hbar}\right)^{D/2} \sqrt{\left|\det\left[\frac{\partial \boldsymbol{q}_2}{\partial \boldsymbol{p}_1}\right]\right|} \mathrm{e}^{\frac{\mathrm{i}}{\hbar}R(\boldsymbol{q}_1,\boldsymbol{p}_1,t)-\mathrm{i}\pi m(\boldsymbol{q}_1,\boldsymbol{p}_1,t)/2} \langle \boldsymbol{q}_1| \tag{5.45}$$

其中 R 和 m 是沿着以 $\boldsymbol{q}_1$ 和 $\boldsymbol{p}_1$ 为初始条件，基于公式 (5.15) 与 (5.16) 得到的经典轨迹，根据式 (5.33) 与 (5.36) 中的定义积分得到的。由于上式中的积分变量只剩下了初始值，其余的量均表示为初值的函数，因此本方法被称为"初值表象"。经过以上的推导我们得到了半经典初值表象下的时间演化算符。读者可以自行验证其在自由粒子和谐振子情形下能够给出完全正确的结果，而在一般情况下给出近似的结果。

为了应用初值表象，我们只需将待求物理量中包含的时间演化算符全部替换为公式 (5.45) 的形式，就得到一个相空间积分形式的表达式。通过经典演化的模拟和积分，就可以求得该物理量的近似值。我们以能谱的计算作为一个简单的例子：$I(E) \equiv \langle \chi | \delta(E - \widehat{H}) | \chi \rangle$ 给出态 $|\chi\rangle$ 的能谱，即 $|\chi\rangle$ 中不同能量本征态所占的"比例"。对于能量本征态来说，其能谱是平移的 δ 函数。为了求 $I(E)$，我们首先将其写成时间演化算符的形式：

$$I(E) = \frac{1}{\pi\hbar}\,\mathrm{Re}\int_0^\infty \mathrm{d}t\,\mathrm{e}^{\mathrm{i}Et/\hbar}\langle\chi|\mathrm{e}^{-\mathrm{i}\widehat{H}t/\hbar}|\chi\rangle \tag{5.46}$$

将公式 (5.45) 代入其中，便可以得出

$$\begin{aligned}
I(E) &= \frac{1}{\pi\hbar}\,\mathrm{Re}\int_0^\infty \mathrm{d}t\,\mathrm{e}^{\mathrm{i}Et/\hbar}\int \mathrm{d}\boldsymbol{q}_1\int \mathrm{d}\boldsymbol{p}_1\langle\chi\mid\boldsymbol{q}_2\rangle\left(\frac{1}{2\pi\mathrm{i}\hbar}\right)^{D/2}\\
&\quad \times \sqrt{\left|\det\left[\frac{\partial \boldsymbol{q}_2}{\partial \boldsymbol{p}_1}\right]\right|}\mathrm{e}^{\frac{\mathrm{i}}{\hbar}R(\boldsymbol{q}_1,\boldsymbol{p}_1,t)-\mathrm{i}\pi m(\boldsymbol{q}_1,\boldsymbol{p}_1,t)/2}\langle q_1\mid\chi\rangle\\
&= \frac{1}{\pi\hbar}\,\mathrm{Re}\int_0^\infty \mathrm{d}t\,\mathrm{e}^{\mathrm{i}Et/\hbar}\int \mathrm{d}\boldsymbol{q}_1\int \mathrm{d}\boldsymbol{p}_1\varphi_\chi^*(\boldsymbol{q}_2)\,\varphi_\chi(\boldsymbol{q}_1)\left(\frac{1}{2\pi\mathrm{i}\hbar}\right)^{D/2}\\
&\quad \times \sqrt{\left|\det\left[\frac{\partial \boldsymbol{q}_2}{\partial \boldsymbol{p}_1}\right]\right|}\mathrm{e}^{\frac{\mathrm{i}}{\hbar}R(\boldsymbol{q}_1,\boldsymbol{p}_1,t)-\mathrm{i}\pi m(\boldsymbol{q}_1,\boldsymbol{p}_1,t)/2}
\end{aligned} \tag{5.47}$$

对于相空间中的点 $(\boldsymbol{q}_1,\boldsymbol{p}_1)$，按 (5.25) 与 (5.26) 两式得到经典轨迹。然后，按公式 (5.34) 积分得到 R，并算出雅可比行列式即可得到被积函数。同时在相空间中对 $(\boldsymbol{q}_1,\boldsymbol{p}_1)$ 积分并作傅里叶变换，即可得到能谱。

需要注意的是，以上只是一个示例性的计算过程，实际应用中还有很多具体的细节，如雅可比行列式的计算等。坐标表象也并非唯一的选择，还有等价的动量表象和相干态表象可以使用，其中又是以相干态表象最为实用。进一步的说明需要过多的篇幅，感兴趣的读者可以自行查阅相关的文献 (Miller，2001)。

2. 质心动力学与环状聚合物分子动力学方法

上述初始值表示方法的一个优点是可以给出对量子隧穿和量子相干效应的半定量描述，尤其是对量子相干效应。但是这个方法对于目前多大程度可以用于实际体系的量子动力学模拟还是一个很高的要求。它最明显的一个缺点就是，由于采样轨道数随系统尺寸增长几乎是指数的依赖关系，这使得它在大分子与凝聚态体系的应用仍然非常受限。同时，从技术层面来说，稳定性矩阵元长时间数值行为不佳以及各条经典轨道叠加所引起的"符号问题"，都大大限制了完整版的半经典初始值表示方法的应用范围。

针对这个问题，王浩斌 (H. B. Wang) 与 W. H. Miller 在 1998 年对其进行了实用性简化 (Wang H.B.，1998)。他们的出发点是基于 van Vleck 半经典传播子，对公式 (5.46) 中的时间演化算符 $e^{-i\hat{H}t/h}$ 及其共轭算符 $e^{i\hat{H}t/h}$ 中的经典轨道的差别的线性化处理。因此，这个简化方法也叫线性化初始值表示方法 (Linearized SC-IVR，LSC-IVR)。由于这个线性化假设，线性化半经典初始值表示方法无法描述量子相干效应。同时，其操作过程中要求的傅里叶积分对于大分子体系而言是困难的。为解决这个问题，史强 (Q. Shi) 与 E. Geva 在 2003 年提出了定域谐振子近似，用以处理虚频率不重要的分子体系 (Shi Q.，2003)。2009 年，刘剑 (J. Liu) 与 W. H. Miller 又提出了定域高斯近似来处理含重要虚频率的分子体系 (Liu J.，2009)，从而使线性化半经典初始值表示方法，能够适用于普通的化学分子体系与相应的凝聚态体系问题的研究。在这个方面，与其类似的方法还有 N. Makri 与邵久书 (J. S. Shao) 发展的向前-向后半经典动力学 (Forward-backward semiclassical dynamics，FBSD) 方法 (Shao J.S.，1999)。从计算方法精确度的角度考虑，它们都无法描述量子相干效应。

除了这些方法，基于路径积分这样一个数值手段，人们近些年在模拟凝聚态体系动力学过程的研究中，还取得了另外两项实用性进展，这些工作都值得我们介绍。第一个是来自曹建树 (J. S. Cao) 和 G. A. Voth 的工作。1993 年，他们一起提出质心动力学 (Centroid molecular dynamics，CMD) 方法 (Cao J.S.，1993)。在这个方法中，他们将 Feynman 在虚时路径积分方法中提出的质心 (Centroid，特指虚时路径积分中一个粒子在虚时路径上所有位置的平均值) 的概念，应用到了动力学问题的研究中 (Feynman，1965；Cao J.S.，1993)，并特别指出了基于虚时路径积分得到的质心势能面计算出经典力学关联函数，可以与量子统计力学中 Kubo 形式的关联函数相联系。这为其应用到量子动力学性质的研究中找到了理论依据 (Cao J.S.，1993；Voth，1996)。

第二个方法是由 D. E. Manolopoulos 等提出的环状聚合物分子动力学 (Ring-polymer molecular dynamics, RPMD)。它也是基于 Kubo 形式的量子关联函数。不同点是这里人们对每个珠子赋予正确的质量 (在统计采样中，这个质量是可以任意取的；而在此处动力学研究中，必须取相应原子的实际质量)。我们注意到动力学模拟中，人们追踪的是每个珠子 (而不是 Centroid) 的动力学过程，并基于其计算各种关联函数 (Craig I. R.，2004，2005a,b；Habershon，2013)。这两个方法在描述核量子效应对化学反应速率的修正时虽然不完美，但都相对比较成功 (Craig I.R.，2005a,b)。特别值得指出的是，S. Althorpe 与其合作者在 2013 年提出了环状聚合物分子动力学过渡态理论，对 RPMD 方法在描述量子反应速率时为何有效，提供了比较好的理论解释 (Hele，2013)。但在分子振动谱的理论模拟中，不论是 CMD 还是 RPMD，都很难让人满意 (Witt，2009)。前者在低温下有个曲率问

题 (Curvature problem)，其根源是质心 (Centroid) 这个概念在低温下面对一个环形势的时候失效，从而带来质心动力学在描述与之相关振动频率时虚假的红移。而在 RPMD 的模拟中，当珠子之间的振动与分子的真实振动谱处在相近的频率的时候，又不可避免地带来对分子振动谱的影响。这些问题，都在很大程度上限制了质心动力学方法与环状聚合物分子动力学方法在实际材料振动谱模拟中的应用。

3. 从不含时方法中获取动力学信息

动力学信息中一个颇为重要的物理量是化学反应速率，速率的大小决定了反应发生的方式和产物，关于其准确的理论描述一直是理论化学界研究的重点。长久以来，广为人知的经典过渡态理论因其简洁高效的势垒图像颇受青睐。在这个理论中，在统计平衡状态，反应物需要获得足够的能量来越过势垒，进而达到生成物状态。因此，统计力学这个基本工具在反应速率的描述中可以直接使用。作为经典流关联函数的零时极限 ($t \to 0$ 极限)，它为我们提供了一个利用不含时方法处理动力学信息的典型例子。人们需要知道的，就是自由能面上势垒高度或者是对应过渡态点的势能面曲率这些局域的统计信息 (在有些更粗糙的近似下，甚至可以是静态信息)，从而可以得到过渡态理论的速率表达式。经典过渡态理论的巨大成功，很大程度上孕育了量子过渡态理论的发展。随着以轻元素 (Light element) 原子核量子隧穿为主的核量子效应在物质科学研究中变得越来越重要，能够准确处理过渡态核量子效应的化学反应理论，在理论化学领域也越来越受到人们的重视。

从历史发展的角度来看，关于这类方法最早的研究开始于 20 世纪 70 年代。在玻恩-奥本海默近似的基础上，W. H. Miller 等从量子散射理论出发推导了严格包含核量子效应的反应速率的精确表达式，其得到的量子关联函数 (Flux-side correlation function) 表达式 (Miller, 1975, 1983) 成为后来很多量子速率理论研究的基础和起点。应用零时极限，基于稳定相或驻定相近似 (Stationary phase approximation，也叫鞍点近似)，在这个情况下等同于取半经典极限 (Semiclassical limit)，可以得到速率表达式 (Miller, 1975)：

$$k(\beta)Q_{\mathrm{r}}(\beta) = (2\pi\hbar)^{-1/2}\left|\frac{\mathrm{d}^2\tilde{A}(\beta)}{\mathrm{d}\beta^2}\right|^{1/2} \times \prod_{i=1}^{f-1}\frac{1}{2\sinh\left(\frac{u_i}{2}\right)}\mathrm{e}^{-\tilde{A}(\beta)/\hbar} \tag{5.48}$$

其中 β 是倒温度 $1/(k_{\mathrm{B}}T)$，Q_{r} 是反应态的配分函数，$\tilde{A}(\beta)$ 是瞬子 (Instanton) 周期轨道的经典作用量，u_i 是瞬子轨道局部的稳定参数 (Stability parameter)。瞬子轨道当时指在虚时空间或倒势垒上做时长为 $\beta\hbar$ 的经典运动后能闭合的周期性轨迹，实际上是势垒区域连接反应物和产物的作用量最小的一条路径，我们稍后会进行具体描述。上式能告诉我们的主要信息，是量子过渡态理论仍然是一个不含时方法，速率表达式仅包含瞬子作用量及其局部信息。与经典过渡态理论 (只需要讨论过渡态与反应物态的势垒能量差) 相比，它需要包括整个势垒形状在内的更多的势垒的静态信息。

由于前期计算能力和方法的限制，除了一些简单的模型体系，在虚时空间或者倒势垒上寻找瞬子轨道是一件困难的事情。后来，作为量子过渡态理论的一种，W. H. Miller 研究组发展了量子瞬子 (Quantum instanton) 方法 (Miller, 2003)，随后又加入路径积分采样处理 (Zhao Y., 2004)。这套方法使用了更少的近似，同时避开了寻找瞬子周期轨道的问题。

因此，在预测隧穿速率上更为准确，也能够方便地扩展到更大的体系。但是更少的近似往往伴随着更大的计算量，其应用相对于瞬子方法还比较少。同时，因为鞍点近似下得到的瞬子轨道是这一系列方法的核心所在，它已经包含了关于核量子效应的足够多的信息。我们这里对量子瞬子方法不做展开，重点讲解鞍点近似。为了让其物理意义更加明确，我们基于自由能虚部假定 (ImF) 来展开介绍。

自由能虚部假定和瞬子这个名词起初来源于核物理研究，相关理论是在 20 世纪 70 年代，几乎与量子过渡态理论发展同时，被引入计算反应速率问题中的 (Coleman, 1977)。它把隧穿速率看成反应势阱里的共振态通过势垒衰退到另一边，从而成为产物的衰退几率的热平均。为此，人们需要把反应态能量看成复数，同时假设反应态势阱足够陡，以形成共振态。我们必须指出，与上面从量子关联函数 (Flux-side correlation function) 出发的严格理论相比，自由能虚部假定看上去不是那么可靠，它使用了一些假设和近似，作为速率理论的起点就已经是一个假定了。幸运的是，后来有多篇工作证明它能得到与下面公式 (5.49) 完全相同的结果 (Althorpe, 2011)，也与一维的 WKB 方法有相似的表达式，并且它图像清楚、形式简洁，近年来在应用方面取得了很大的成功。

下面，我们将对这个背后的原理进行简要的说明，重点参考的是文献 (Richardson, 2009) 中的推导。假如系统处在一个完全束缚的状态，比如在一个很深的势阱中，会有一套分立的束缚态能级 E_n^0 和稳态配分函数 $Q_\mathrm{r}(\beta)$。但实际上为了考虑隧穿，系统并不是完全束缚的，允许这些态隧穿过势垒到另一边。我们把能级写成复数形式：

$$E_n = E_n^0 - \mathrm{i}\hbar\Gamma_n/2 \tag{5.49}$$

从而，Ψ_n 态以 Γ_n 衰退，

$$\begin{aligned}|\Psi_n(t)|^2 &= \left|\Psi_n(0)\mathrm{e}^{-\frac{\mathrm{i}E_n t}{\hbar}}\right|^2 \\ &= |\Psi_n(0)|^2\,\mathrm{e}^{-\Gamma_n t}\end{aligned} \tag{5.50}$$

同时，配分函数也有复数形式：

$$\begin{aligned}Q(\beta) &= \sum_n \mathrm{e}^{-\beta E_n} \\ &= \sum_n \left[\cos\left(\beta\hbar\Gamma_n/2\right) + \mathrm{i}\sin\left(\beta\hbar\Gamma_n/2\right)\right]\mathrm{e}^{-\beta E_n^0}\end{aligned} \tag{5.51}$$

相应地就有复数形式的自由能

$$F = -\frac{1}{\beta}\ln Q(\beta) \tag{5.52}$$

隧穿速率是各态衰退速率的玻尔兹曼平均，等于

$$\begin{aligned}k(\beta) &= \frac{1}{Q_\mathrm{r}(\beta)}\sum_n \Gamma_n \mathrm{e}^{-\beta E_n^0} \\ &\approx -\frac{2}{\beta\hbar Q_\mathrm{r}(\beta)}\sum_n \sin\frac{\beta\hbar\Gamma_n}{2}\mathrm{e}^{-\beta E_n^0}\end{aligned}$$

$$= \frac{2}{\beta\hbar}\frac{\mathrm{Im}\,Q(\beta)}{\mathrm{Re}\,Q(\beta)} = -\frac{2}{\hbar}\mathrm{Im}\,F \tag{5.53}$$

这里使用了近似 $\beta\hbar\Gamma_n/2 \ll 1$，它在一定范围可以认为是合理的。对于低能级，因为要跨过高的势垒，衰退速率 Γ_n 较小，所以对于一般情况，$\mathrm{Im}\,Q(\beta) \ll \mathrm{Re}\,Q(\beta)$；而较高的能级给这个近似带来的误差也由于它们的玻尔兹曼因子 $\mathrm{e}^{-\beta E_n^0}$ 的存在而变得很小。

上式最后一步体现了自由能虚部假定 $(\mathrm{Im}F)$ 这个名字的出处。为了得到速率，人们实际上要算的是一个不完全束缚系统的配分函数的实部和虚部。对于实部，我们很容易理解，就是反应态的稳态配分函数 $Q_\mathrm{r}(\beta)$。而虚部则描述了通过势垒衰退的过程，它对应势垒这个不稳定区域的量子配分函数。我们后面对这个配分函数在解析延拓下做鞍点近似的时候，就会看见反应路径方向对应的那个不稳定模式将贡献一个虚数。

要表示这样的一个量子配分函数，路径积分是一个很自然的选择。在坐标表象下（有必要再次强调，本小节出现的所有态、能级、算符等概念都是针对玻恩-奥本海默近似下的原子核系统的），有

$$Q(\beta) = \mathrm{Tr}\left[\mathrm{e}^{-\beta\hat{H}}\right] = \int_{-\infty}^{+\infty} \mathrm{d}x \left\langle x\left|\mathrm{e}^{-\beta\hat{H}}\right|x\right\rangle \tag{5.54}$$

如 5.1.2 节所讨论，在实际数值计算中，将 $\beta\hbar$ 均分成有限的 N 份，插入 $N-1$ 个完备关系 $\int |x\rangle\langle x| = 1$。借助 Trotter 分解完成经典同构，人们可以得到一个首尾相接的环状聚合物 (Ring-polymer)。这样，量子配分函数就可以写成路径积分的离散形式：

$$Q(\beta) \cong \left(\frac{m}{2\pi\beta_N\hbar^2}\right)^{\frac{N}{2}} \int \mathrm{d}\boldsymbol{x}\,\mathrm{e}^{-\beta_N U_N(\boldsymbol{x})} \tag{5.55}$$

其中 $\beta_N = \beta/N$，$\boldsymbol{x} = (x_1, x_2, \ldots, x_N), x_0 \equiv x_N$，$x_i$ 是环状聚合物中第 i 个珠子的坐标。上式两端在 N 趋于无穷时严格相等。环状聚合物的势能满足

$$U_N(\boldsymbol{x}) = \sum_{i=1}^{N}\left[\frac{m}{2\beta_N^2\hbar^2}(x_i - x_{i-1})^2 + V(x_i)\right] \tag{5.56}$$

它描述的是任意相邻两个珠子之间由弹性系数相同的弹簧连接。作为经典同构的代价，如上面离散路径积分所示，原本 f 维自由度的量子系统，现在用有 $N \times f$ 维自由度的经典的环状聚合物来表示，配分函数的积分要在 $N \times f$ 维的空间完成。但即便如此，我们也没有办法直接实现这个经典配分函数的积分。

于是，利用鞍点近似（这里也对应数学上的最速下降近似（Method of steepest descent）），人们可以解析地得到这个高维积分的近似结果。一维情况下，该形式为

$$\int_{-\infty}^{\infty} \mathrm{d}x\,\mathrm{e}^{-s(x)/\hbar} \approx \int_{-\infty}^{\infty} \mathrm{d}x\,\mathrm{e}^{-\left[S(\tilde{x})+\frac{1}{2}S''(\tilde{x})(x-\tilde{x})^2\right]/\hbar}$$

$$= \sqrt{\frac{2\pi\hbar}{S''(\tilde{x})}}\mathrm{e}^{-\frac{S(\tilde{x})}{\hbar}} \tag{5.57}$$

其中 $\tilde{x}$ 是函数 $S(x)$ 的极小值点，$S'(\tilde{x})=0, S''(\tilde{x})>0$。近似结果在 $\hbar \to 0$ 时趋于准确。从这个一维形式我们可以看到，积分结果仅由 $S(x)$ 的极小值点 $\tilde{x}$ 的位置和该点处 $S(x)$ 的二次导数表示。扩展到高维，就相当于将 $S(\boldsymbol{x})$ 在其极值点 $\tilde{x}$ 展开到二阶再做高斯积分。这实际上是一个简谐近似，略去 $\hbar$ 的高阶项，这也是瞬子被称为半经典极限的缘由。

应用到配分函数的积分上，就是要在高维的环状聚合物的构型空间中，寻找公式 (5.56) 中的极小值点。对于反应态配分函数，很显然，其极小值点就是所有珠子都重合于反应态一点的情形，最速下降近似相当于得到稳态配分函数的简谐近似表达式。而 $\mathrm{Im}Q(\beta)$ 描述的是势垒区域的信息，为此我们实际上要找的是环状聚合物的 $N \times f$ 维势能面上的一阶鞍点。随着数值计算方法的发展，人们可以使用很多高维空间的鞍点搜索算法。经典过渡态理论中的过渡态就是其势能面上的一阶鞍点，我们现在只不过是在环状聚合物势能面上找一阶鞍点。这个点，就是环状聚合物形式的瞬子。因此，我们甚至可以简单地将其理解成环状聚合物形式的量子过渡态。

我们也可以换一个角度来看公式 (5.57) 的鞍点。$\beta\hbar U_N(\boldsymbol{x})$ 是积分路径作用量的离散形式，它的鞍点其实就是 f 维自由度的系统真实空间中作用量最小的积分路径。令 $\delta U_N(\boldsymbol{x})=0$，人们可以得到

$$V'(x_i) = m\frac{x_{i+1}-2x_i+x_{i-1}}{\beta_N^2\hbar^2} \tag{5.58}$$

这可以看作在虚时空间的经典运动方程的有限差分形式，$\beta_N\hbar$ 是每一步的虚时步长，下标 i 表示第 i 步。满足鞍点条件要求走完 N 步之后能回到起点。当 N 趋于无穷，虚时步长趋于 0，轨迹趋于连续，这个虚时空间中周期性的经典运动轨迹就是早期的瞬子轨道。我们还可以写出连续形式积分路径 $x(\tau)$（其中 τ 是虚时）的欧几里得作用量 (Euclidean action)：

$$S[x(\tau)] = \int_0^{\beta\hbar}\left[\frac{1}{2}m\left(\frac{\mathrm{d}x}{\mathrm{d}\tau}\right)^2 + V(x(\tau))\right]\mathrm{d}\tau \tag{5.59}$$

这也是其他隧穿速率理论常见的作用量形式。

至此，我们可以先想象一下环状聚合物瞬子的样子，然后再继续最速下降之后的推导。当所有的珠子都重合于势垒最高点 $x_i = x^\ddagger$（也就是过渡态）时，环状聚合物的第 k 个正则模式的频率为

$$\omega_k = \sqrt{\frac{4}{\beta_N^2\hbar^2}\sin^2\frac{|k|\pi}{N} - \omega_\mathrm{b}^2} \tag{5.60}$$

其中 $\mathrm{i}\omega_\mathrm{b} = \sqrt{V(x^\ddagger)/m}$ 是过渡态的虚频率。一阶鞍点意味着 ω_k 中只有一个虚频，在 N 无穷大极限下，这个虚频就是 $\omega_0 = \mathrm{i}\omega_\mathrm{b}$。令 $\omega_{\pm1}=0$，我们有

$$\beta_\mathrm{c} = \frac{1}{k_\mathrm{B}T_\mathrm{c}} = \frac{2\pi}{\hbar\omega_\mathrm{b}} \tag{5.61}$$

这就得到了一个转变温度 T_c 来区分量子隧穿过程和经典反应过程。当温度大于 T_c 时，弹簧很硬，以至于所有珠子都被拉到过渡态一点，此时回到了经典过渡态的情形。而当温度

低于 T_c 时，上述构型将不再是环状聚合物势能面上的一阶鞍点，可以想象着是对应一根很软的弹簧，由于势能的作用，拉着两端的珠子往两边的势阱里掉，弹簧拉得越来越长，最终和势能达到平衡，像一个项链挂在势垒上，形成一个不稳定平衡状态。

基于优化出的瞬子构型，我们最后看看速率的表达式。最速下降近似是对环状聚合物的势能 $U_N(\boldsymbol{x})$(公式 (5.56)) 在瞬子处求二次导数，对于多元函数就是其 Hessian 矩阵。将 Hessian 矩阵对角化，可以得到 $N \times f$ 个本征频率，同时完成广义坐标的相似变换，在简谐近似下，就变成了 $N \times f$ 个独立的一维高斯积分。由于是一阶鞍点，必然有且只有一个虚频率，对应于沿反应路径方向整体移动的振动模式，为它做解析延拓，然后会积出一个虚数，这就是配分函数虚部的数值来源。此外还有一个零频对应于珠子轮换的振动模式，直接积分得到一个 $N\sqrt{B_N}$ 的贡献，其中 $B_N = \sum_{i=1}^{N}(\tilde{x}_{i+1} - \tilde{x}_i)^2$。最终的速率表达为 (Andersson, 2009；Richardson, 2009)：

$$k_{\text{inst}}(\beta) Q_{\text{r}}(\beta) = \frac{1}{\beta_N \hbar}\sqrt{\frac{mB_N}{2\pi\beta_N\hbar^2}}\prod_k{}' \left|\frac{1}{\beta_N\hbar\eta_k}\right| \mathrm{e}^{-\beta_N U_N(\tilde{x})} \tag{5.62}$$

其中 η_k 是瞬子处 Hessian 矩阵的非零本征频率。

$\mathrm{Im}F$ 瞬子方法的优点是计算量相对较小，只需要优化出鞍点并计算其 Hessian 矩阵，它抓住了描述核量子效应的主要因素。与环状聚合物的结合解决了寻找瞬子轨道的难题，同时其提供的最小作用量路径，还解决了传统 WKB 方法不能描述量子切角 (Corner-cutting) 效应的问题。但是作为半经典极限，$\mathrm{Im}F$ 瞬子方法采取了最大程度的简谐近似，这使得对于一些非简谐效应显著的势垒或者有多条反应路径的情形，会引起很大的误差。最近的研究对此也有相应的改进，比如采用不同程度的鞍点近似，进一步讨论与环状聚合物分子动力学速率理论等的关系 (Richardson, 2009)，以及热化微正则瞬子 (Thermalized microcanonical instanton) 方法等 (Richardson, 2016a)。回过头看，这里的环状聚合物瞬子实际是对势垒处配分函数做鞍点近似的产物，这为将瞬子方法应用到其他问题的研究上提供了思路，比如隧穿劈裂 (Tunneling splitting) 问题 (Richardson, 2011)。虽然它在定量上仍存在固有的缺陷，但定性上已经能起到很大的帮助作用 (Richardson, 2016b)。

5.2 第一性原理的电-声耦合研究

在凝聚态物理 (特别是固体物理) 的发展中，基于二次量子化表述的电-声耦合 (Electron-phonon coupling) 理论的提出远早于第一性原理计算方法研究的出现。应该讲，早期的电-声耦合理论多建立于模型的基础上。随着研究的深入，特别是当讨论的系统出现晶格周期性不被保障、非简谐效应显著等情况时，用一些简单的模型近似 (如原子核力场模型等) 已经不能描述处在这些复杂物理或化学过程中的一个凝聚态体系的状态了。于是促使人们回到量子力学第一性原理去计算原子核构型对电子结构的影响，从而揭示电-声耦合中的物理本质。因此，从全量子化的角度考虑，如何将第一性原理方法与电-声耦合结合起来是近年一个颇受关注的课题。

许多凝聚态物理谱学实验观测量对应的都是频率依赖的统计性质，所以在本节我们着重介绍原子核的热涨落和量子涨落对电子性质的影响。这里我们暂时先不去考虑原子核的非绝热演化引起的电子跃迁过程，有关利用非绝热模拟方法描述耦合的电子-原子核实时的演化过程的讨论留在 5.3 节。尽管大家会看到，对于有限尺寸体系的光化学和光物理等过程的非绝热描述已经展现出乐观的发展前景，但总体来讲，由于对热力学极限体系的研究需要对原子核做波函数化处理，因此有关非绝热模拟方法在凝聚态体系中的应用还受到一定的局限。

下面讨论中对于第一性原理电子结构的描述，我们主要从 4.4 节介绍的密度泛函理论出发。在 4.4 节的处理中实际上暗含了原子核是被固定的，不考虑原子核的量子涨落和热涨落的影响。如果这种涨落比较小，我们可以做简谐近似来用声子描述晶格动力学性质，然后用微扰论推导出由于涨落引起的电子有效势的变化对电子性质的修正；但如果这种涨落比较大，简谐近似将失效，我们就必须用非微扰的方法来考虑电-声耦合效应。在研究实际问题的时候，晶格振动对电子结构的影响是不能忽略的，这些也可以从第 2 章关于全量子效应对间接带隙半导体材料电学性质和光学性质影响的一些实例中更清楚地反映出来。

5.2.1　电-声耦合的微扰方法

对于周期性固体，Kohn-Sham 体系的电子有效哈密顿量写为

$$\widehat{H}_{\mathrm{e}} = \sum_i \widehat{h}_i^{\mathrm{KS}}\left(\vec{r}_i; \vec{R}\right) \tag{5.63}$$

其中

$$\widehat{h}_i^{\mathrm{KS}}\left(\vec{r}_i; \vec{R}\right) = -\frac{1}{2}\nabla_{\vec{r}_i}^2 + v^{\mathrm{KS}}\left(\vec{r}_i\right) = -\frac{1}{2}\nabla_{\vec{r}_i}^2 + v_H\left(\vec{r}_i\right) + v_{xc}\left(\vec{r}_i\right) - \sum_{I\kappa}\frac{Z_\kappa}{\left|\vec{r}_i - \vec{R}_{I\kappa}\right|} \tag{5.64}$$

公式 (5.63) 中的 $\sum\limits_i$ 表示对体系的电子求和，$\vec{R}$ 表示一套原子坐标；$\vec{R}_{I\kappa}$ 表示第 I 个单胞内第 κ 个原子的坐标，Z_κ 是原子核电荷数。求解哈密顿量为公式 (5.63) 所对应的薛定谔方程，得到电子子系统的总能 $E_{\mathrm{e}}\left(\vec{R}\right)$ 后，再把关于原子核的哈密顿量写为

$$\widehat{H}_{\mathrm{ion}} = -\sum_{I\kappa}\frac{1}{2M_\kappa}\nabla_{I\kappa}^2 + E_{\mathrm{e}}(\vec{R}) + \frac{1}{2}\sum_{IJ\kappa\kappa'}\frac{Z_\kappa Z_{\kappa'}}{\left|\vec{R}_{J\kappa'} - \vec{R}_{I\kappa}\right|} \tag{5.65}$$

式中，后两项为原子核的势能，合起来称为玻恩-奥本海默势能，记作 $U^{\mathrm{BO}}\left(\vec{R}\right)$。在原子核相对于平衡位置的振动比较小的情况下，可采用简谐近似，把 $U^{\mathrm{BO}}\left(\vec{R}^0\right)$ 作为能量零点，$\widehat{H}_{\mathrm{ion}}$ 可以被展开到原子位移的二阶式：

$$\widehat{H}_{\mathrm{ion}}^{\mathrm{HA}} = -\sum_{I\kappa}\frac{1}{2M_\kappa}\nabla_{I\kappa}^2 + \frac{1}{2}\sum_{I\kappa\alpha}\sum_{J\kappa'\beta}\left.\frac{\partial^2 U^{BO}}{\partial R_{I\kappa\alpha}\partial R_{J\kappa'\beta}}\right|_{\vec{R}^0} u_{I\kappa\alpha}u_{J\kappa'\beta} \tag{5.66}$$

这里 $\vec{R}^0$ 表示平衡位置，一阶展开严格为零。HA 表示简谐近似，α 和 β 表示笛卡儿分量，$\vec{u}_{I\kappa} = \vec{R}_{I\kappa} - \vec{R}_{I\kappa}^0$ 表示位移量。将公式 (5.66) 进行正则变换 (Ashcroft, 1976)，可得到二次量子化形式：

$$\widehat{H}_{\text{ion}}^{\text{HA}} = \sum_{\vec{q}v} \left(\widehat{b}_{\vec{q}v}^{\dagger} \widehat{b}_{\vec{q}v} + \frac{1}{2} \right) \omega_{\vec{q}v} \tag{5.67}$$

这里 $\widehat{b}_{\vec{q}v} \left(\widehat{b}_{\vec{q}v}^{\dagger} \right)$ 是声子湮灭 (产生) 算符, $\omega_{\vec{q}v}$ 是波矢为 $\vec{q}$ 的第 v 支正则模式的振动频率。

同样地, 考虑原子振动, 把 $\widehat{H}_e$ 展开到原子位移的二阶式, 有

$$\widehat{H}_e = \widehat{H}_e^0 + \widehat{H}_1 + \widehat{H}_2 = \widehat{H}_e^0 + \sum_i \widehat{h}_i^{(1)} + \sum_i \widehat{h}_i^{(2)} \tag{5.68}$$

$$\widehat{h}^{(1)} = \sum_{I\kappa\alpha} u_{I\kappa\alpha} \frac{\partial v^{\text{KS}}}{\partial R_{I\kappa\alpha}} \bigg|_{\vec{R}=\vec{R}^0} \tag{5.69}$$

$$\widehat{h}^{(2)} = \sum_{I\kappa\alpha, J\kappa'\beta} u_{I\kappa\alpha} u_{J\kappa'\beta} \frac{\partial^2 v^{\text{KS}}}{\partial R_{I\kappa\alpha} \partial R_{J\kappa'\beta}} \bigg|_{\vec{R}=\vec{R}^0} \tag{5.70}$$

将原子位移算符写成二次量子化形式 (Ashcroft, 1976):

$$u_{I\kappa\alpha} = \sum_{\vec{q}v} \left(\frac{\hbar}{2NM_\kappa \omega_{\vec{q}v}} \right)^{\frac{1}{2}} \mathrm{e}^{\mathrm{i}\vec{q}\cdot\vec{R}_I} \xi_{\kappa\alpha}(\vec{q}v) \left(\widehat{b}_{\vec{q}v} + \widehat{b}_{-\vec{q}v}^{\dagger} \right) \tag{5.71}$$

这里 $\vec{R}_I$ 表示第 I 个单胞的位置矢量, N 表示单胞数, $\xi_{\kappa\alpha}(\vec{q}v)$ 为所对应的本征矢。这样公式 (5.69) 转变为

$$\widehat{h}^{(1)} = \sum_{I\kappa\alpha} \sum_{\vec{q}v} \left(\frac{\hbar}{2NM_\kappa \omega_{\vec{q}v}} \right)^{\frac{1}{2}} \mathrm{e}^{\mathrm{i}\vec{q}\cdot\vec{R}_I} \xi_{\kappa\alpha}(\vec{q}v) \left(\widehat{b}_{\vec{q}v} + \widehat{b}_{-\vec{q}v}^{\dagger} \right) \frac{\partial v^{\text{KS}}}{\partial R_{I\kappa\alpha}} \bigg|_{\vec{R}=\vec{R}^0} \tag{5.72}$$

为了推导出完整的电-声耦合哈密顿量的二次量子化形式, 我们需要进一步引入电子产生湮灭算符。选择布洛赫函数作为基, $\widehat{H}_e^0$ 可以被写成对角化的形式

$$\widehat{H}_e^0 = \sum_{n\vec{k}} \left(\varepsilon_{n\vec{k}} - \mu \right) \widehat{a}_{n\vec{k}}^{\dagger} \widehat{a}_{n\vec{k}} \tag{5.73}$$

这里 $\varepsilon_{n\vec{k}}$ 表示能带指标为 n、电子准动量为 $\vec{k}$ 的本征值, $\widehat{a}_{n\vec{k}}^{\dagger} \left(\widehat{a}_{n\vec{k}} \right)$ 是电子产生 (湮灭) 算符, μ 为化学势。公式 (5.68) 中 $\widehat{H}_1$ 的二次量子化形式为

$$\widehat{H}_1 = \sum_{nm\vec{k}\vec{k}'} \left\langle n\vec{k} \left| \widehat{h}^{(1)} \right| m\vec{k}' \right\rangle \widehat{a}_{n\vec{k}}^{\dagger} \widehat{a}_{m\vec{k}'}$$

$$= \sum_{nm\vec{k}\vec{k}'} \sum_{I\kappa\alpha} \sum_{\vec{q}v} \left(\frac{\hbar}{2NM_\kappa \omega_{\vec{q}v}} \right)^{\frac{1}{2}} \mathrm{e}^{\mathrm{i}\vec{q}\cdot\vec{R}_I} \xi_{\kappa\alpha}(\vec{q}v) \left\langle n\vec{k} \left| \frac{\partial v^{\text{KS}}}{\partial R_{I\kappa\alpha}} \right|_{\vec{R}=\vec{R}^0} \right| m\vec{k}' \right\rangle$$

$$\cdot \left(\widehat{b}_{\vec{q}v} + \widehat{b}_{-\vec{q}v}^{\dagger} \right) \widehat{a}_{n\vec{k}}^{\dagger} \widehat{a}_{m\vec{k}'} \tag{5.74}$$

这里，$|n\vec{k}\rangle = N^{-1/2}\mathrm{e}^{\mathrm{i}\vec{k}\cdot\vec{r}}u_{n\vec{k}}(\vec{r})$ 为布洛赫函数，$u_{n\vec{k}}(\vec{r})$ 为晶格周期性部分。在上式中，当考虑到

$$\sum_I \mathrm{e}^{-\mathrm{i}\vec{q}\cdot\vec{r}}\frac{\partial v^{\mathrm{KS}}(\vec{r})}{\partial R_{I\kappa\alpha}}\bigg|_{\vec{R}=\vec{R}^0} = \sum_I \mathrm{e}^{-\mathrm{i}\vec{q}\cdot(\vec{r}-\vec{R}_I)}\frac{\partial v^{\mathrm{KS}}(\vec{r}-\vec{R}_I)}{\partial R_{0\kappa\alpha}}\bigg|_{\vec{R}=\vec{R}^0} \tag{5.75}$$

具有晶格周期性，矩阵元可以写成

$$\left\langle n\vec{k}\left|\mathrm{e}^{\mathrm{i}\vec{q}\cdot\vec{r}}\sum_{I\kappa\alpha}\mathrm{e}^{-\mathrm{i}\vec{q}\cdot(\vec{r}-\vec{R}_I)}\frac{\partial v^{\mathrm{KS}}(\vec{r}-\vec{R}_I)}{\partial R_{0\kappa\alpha}}\right|_{\vec{R}=\vec{R}^0}\right|m\vec{k}'\right\rangle$$

$$= \frac{1}{N_I}\int \mathrm{d}^3\vec{r}\,\mathrm{e}^{-\mathrm{i}(\vec{k}-\vec{k}'-\vec{q})\cdot\vec{r}}\sum_{I\kappa\alpha}\mathrm{e}^{-\mathrm{i}\vec{q}\cdot(\vec{r}-\vec{R}_I)}\frac{\partial v^{\mathrm{KS}}(\vec{r}-\vec{R}_I)}{\partial R_{0\kappa\alpha}}\bigg|_{\vec{R}=\vec{R}^0}u_{n\vec{k}}^*(\vec{r})u_{m\vec{k}'}(\vec{r})$$

$$= \frac{1}{N_I}\sum_J \mathrm{e}^{-\mathrm{i}(\vec{k}-\vec{k}'-\vec{q})\cdot\vec{K}_J}\int_\Omega \mathrm{d}^3\vec{r}\,\mathrm{e}^{-\mathrm{i}(\vec{k}-\vec{k}'-\vec{q})\cdot(\vec{r}-\vec{R}_J)}$$

$$\cdot\sum_{I\kappa\alpha}\mathrm{e}^{-\mathrm{i}\vec{q}\cdot(\vec{r}-\vec{R}_J-\vec{R}_I)}\frac{\partial v^{\mathrm{KS}}(\vec{r}-\vec{R}_J-\vec{R}_I)}{\partial R_{0\kappa\alpha}}\bigg|_{\vec{R}=\vec{R}^0}u_{n\vec{k}}^*(\vec{r})u_{m\vec{k}'}(\vec{r})$$

$$= \delta_{\vec{k}=\vec{k}'+\vec{q}}\int_\Omega \mathrm{d}^3\vec{r}\sum_{I\kappa\alpha}\mathrm{e}^{-\mathrm{i}\vec{q}\cdot(\vec{r}-\vec{R}_I)}\frac{\partial v^{\mathrm{KS}}(\vec{r}-\vec{R}_I)}{\partial R_{0\kappa\alpha}}\bigg|_{\vec{R}=\vec{R}^0}u_{n\vec{k}}^*(\vec{r})u_{m\vec{k}-\vec{q}}(\vec{r})$$

$$= \left\langle u_{n\vec{k}}\left|\sum_{I\kappa\alpha}\mathrm{e}^{-\mathrm{i}\vec{q}\cdot(\vec{r}-\vec{R}_I)}\frac{\partial v^{\mathrm{KS}}(\vec{r}-\vec{R}_I)}{\partial R_{0\kappa\alpha}}\right|_{\vec{R}=\vec{R}^0}\right|u_{m\vec{k}-\vec{q}}\right\rangle_\Omega \delta_{\vec{k}=\vec{k}'+\vec{q}} \tag{5.76}$$

其中 Ω 表示单胞内积分。因此，式 (5.74) 可以写成

$$\widehat{H}_1 = N_I^{-\frac{1}{2}}\sum_{nm\vec{k}}\sum_{\vec{q}v}g_{nmv}(\vec{k},\vec{q})\widehat{a}_{n\vec{k}}^\dagger\widehat{a}_{m\vec{k}-\vec{q}}\left(\widehat{b}_{\vec{q}v}+\widehat{b}_{-\vec{q}v}^\dagger\right) \tag{5.77}$$

这里我们引入了电-声耦合矩阵元，

$$g_{nmv}(\vec{k},\vec{q}) = \left\langle u_{n\vec{k}}\left|\nabla_{\vec{q}v}v^{\mathrm{KS}}\right|u_{m\vec{k}-\vec{a}}\right\rangle_\Omega \tag{5.78}$$

其中，

$$\nabla_{\vec{q}v}v^{\mathrm{KS}} = \sum_{I\kappa}\left(\frac{\hbar}{2M_\kappa\omega_{\vec{q}v}}\right)^{\frac{1}{2}}\mathrm{e}^{-\mathrm{i}\vec{q}\cdot(\vec{r}-\vec{R}_I)}\vec{\xi}_\kappa(\vec{q}v)\cdot\nabla_{\vec{R}_{0\kappa}}v^{\mathrm{KS}}(\vec{r}-\vec{R}_I) \tag{5.79}$$

类似地，可以推导出公式 (5.68) 中二阶微扰哈密顿量的二次量子化形式为 (Giustino, 2017)

$$\widehat{H}_2 = \frac{1}{N}\sum_{nm\vec{k}}\sum_{\vec{q}\vec{q}'vv'}g_{nmvv'}^{(2)}\left(\vec{k},\vec{q},\vec{q}'\right)\widehat{a}_{n\vec{k}}^\dagger\widehat{a}_{m\vec{k}-\vec{q}-\vec{q}'}\left(\widehat{b}_{\vec{q}v}+\widehat{b}_{-\vec{q}v}^\dagger\right)\left(\widehat{b}_{\vec{q}'v'}+\widehat{b}_{-\vec{q}'v'}^\dagger\right) \tag{5.80}$$

其中,

$$g_{nmvv'}^{(2)}\left(\vec{k},\vec{q},\vec{q}'\right) = \frac{1}{2}\left\langle u_{n\vec{k}}\left|\nabla_{\vec{q}v}\nabla_{\vec{q}'v'}v^{\mathrm{KS}}\right|u_{m\vec{k}-\vec{q}-\vec{q}'}\right\rangle_{\mathrm{unit}} \tag{5.81}$$

现在,体系的总的哈密顿量可表示为

$$\widehat{H} = \widehat{H}_0 + \widehat{H}_1 + \widehat{H}_2 \tag{5.82}$$

其中

$$\widehat{H}_0 = \widehat{H}_{\mathrm{e}}^0 + \widehat{H}_{\mathrm{ion}}^{\mathrm{HA}} \tag{5.83}$$

由于 $\widehat{H}_0$ 容易被求解,可将其看作未被微扰哈密顿量,将 $\widehat{H}_1 + \widehat{H}_2$ 看作微扰哈密顿量。有了这种分割后,我们接下来利用多体微扰理论可以得到电-声耦合贡献的电子格林函数和自能。由于电-声耦合的一般情况是在有限温度区间,我们引入松原电子格林函数 (Mahan, 1998),其定义为

$$\begin{aligned} \mathcal{G}_{n\vec{k}}(\tau) &= -\frac{\mathrm{Tr}\left[\mathrm{e}^{-\beta\widehat{H}}T_\tau\widehat{a}_{n\vec{k}}(\tau)\widehat{a}_{n\vec{k}}^\dagger(0)\right]}{\mathrm{Tr}\,\mathrm{e}^{-\beta\widehat{H}}} \\ &= -\left\langle T_\tau\widehat{a}_{n\vec{k}}(\tau)\widehat{a}_{n\vec{k}}^\dagger(0)\right\rangle \end{aligned} \tag{5.84}$$

这里 Tr 表示对 $\widehat{H}$ 的一套完备的本征态求迹,$\beta = 1/(k_{\mathrm{B}}T)$,$\tau = it \in [-\beta,\beta]$ 是虚时,产生 (湮灭) 算符 $\widehat{a}_{n\vec{k}}^\dagger(\tau)\left(\widehat{a}_{n\vec{k}}(\tau)\right)$ 被定义在相互作用表象下

$$\widehat{a}_{n\vec{k}}^\dagger(\tau) = \mathrm{e}^{\tau\widehat{H}}\widehat{a}_{n\vec{k}}^\dagger\mathrm{e}^{-\tau\widehat{H}} \tag{5.85}$$

$$\widehat{a}_{n\vec{k}}(\tau) = \mathrm{e}^{\tau\widehat{H}}\widehat{a}_{n\vec{k}}\mathrm{e}^{-\tau\widehat{H}} \tag{5.86}$$

引入 S 矩阵 (Mahan, 1998)

$$S(\tau_1,\tau_2) = T_\tau\mathrm{e}^{-\int_{\tau_1}^{\tau_2}\mathrm{d}\tau_1\widetilde{\widehat{H}'}(\tau)} \tag{5.87}$$

这里 $\widehat{H}' = \widehat{H}_1 + \widehat{H}_2$,$\widetilde{\widehat{H}'}(\tau) = \mathrm{e}^{\tau\widehat{H}_0}\widehat{H}'\mathrm{e}^{-\tau\widehat{H}_0}$。格林函数可重写为

$$\mathcal{G}_{n\vec{k}}(\tau) = -\frac{\mathrm{Tr}_0\left[\mathrm{e}^{-\beta\widehat{H}_0}T_\tau S(\beta,0)\widehat{\widetilde{a}}_{n\vec{k}}(\tau)\widehat{\widetilde{a}}_{n\vec{k}}^\dagger(0)\right]}{\mathrm{Tr}_0\left[\mathrm{e}^{-\beta\widehat{H}_0}S(\beta,0)\right]} \tag{5.88}$$

其中

$$\widehat{\widetilde{a}}_{n\vec{k}}^\dagger(\tau) = \mathrm{e}^{\tau\widehat{H}_0}\widehat{a}_{n\vec{k}}^\dagger\mathrm{e}^{-\tau\widehat{H}_0} \tag{5.89}$$

$$\widehat{\widetilde{a}}_{n\vec{k}}(\tau) = \mathrm{e}^{\tau\widehat{H}_0}\widehat{a}_{n\vec{k}}\mathrm{e}^{-\tau\widehat{H}_0} \tag{5.90}$$

公式 (5.88)~(5.90) 相比于公式 (5.84)~(5.86) 的好处在于，现在是对 $\widehat{H}_0$ 的一套完备的本征态求迹的，因而 $\widehat{H}_0$ 是容易被求解的，但代价在于多了 S 矩阵。

对于公式 (5.88) 中的分子部分，将 S 矩阵进行级数展开，我们得到

$$\mathcal{G}_{n\vec{k}}(\tau) = -\sum_{n=0}^{\infty}(-1)^n\int_0^{\beta}\mathrm{d}\tau_1\int_0^{\beta}\mathrm{d}\tau_2\cdots\int_0^{\beta}\mathrm{d}\tau_n$$
$$\cdot\mathrm{Tr}_0\left[\mathrm{e}^{-\beta\widehat{H}_0}T_{\tau}\widehat{\widehat{H}'}(\tau_1)\cdots\widehat{\widehat{H}'}(\tau_n)\,\widehat{a}_{n\vec{k}}(\tau)\widehat{a}_{n\vec{k}}^{\dagger}(0)\right]_{\mathrm{connect}} \tag{5.91}$$

这里 "connect" 表示展开时只包含了连接的、不等价的费曼图，非连接的图刚好被分母抵消掉。利用 Wick 定理对包含在上式中的产生湮灭算符收缩，便可求出格林函数的表达式。具体地，一阶微扰哈密顿量 $\widehat{H}_1$ 的一阶展开将产生两对电子产生湮灭算符以及不成对的声子算符，该项为 0。$\widehat{H}_1$ 的二阶展开产生三对电子算符以及成对的声子算符，该项不为 0，用费曼图在频率动量空间可表示为图 5.3。

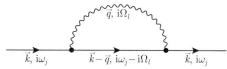

图 5.3　$\widehat{H}_1$ 所对应的二阶格林函数。实线表示自由电子格林函数，波浪线表示自由声子格林函数，$\omega_j = (2j+1)\pi/\beta$ 是费米子松原频率，$\Omega_l = 2l\pi/\beta$ 是玻色子松原频率，圆点 ● 表示电-声耦合矩阵元 g

基于这个费曼图，我们可得电子自能

$$\Sigma_{n\vec{k}}^{\mathrm{FM}}(\mathrm{i}\omega_j) = -\frac{1}{\beta N}\sum_l\sum_{m\vec{q}v}\left|g_{nmv}(\vec{k},\vec{q})\right|^2\mathcal{D}_{\vec{q}v}^0(\mathrm{i}\Omega_l)\,\mathcal{G}_{m\vec{k}-\vec{q}}^0(\mathrm{i}\omega_j-\mathrm{i}\Omega_l) \tag{5.92}$$

这里

$$\mathcal{D}_{\vec{q}v}^0(\mathrm{i}\Omega_l) = -\frac{2\Omega_l}{\Omega_l^2+\omega_{\vec{q}v}^2} \tag{5.93}$$

$$\mathcal{G}_{m\vec{k}}^0(\mathrm{i}\omega_j) = \frac{1}{\mathrm{i}\omega_j-\varepsilon_{m\vec{k}}+\mu} \tag{5.94}$$

分别为自由声子格林函数和自由电子格林函数。这里 "FM" 表示 Fan-Migdal。人们采用这种叫法的原因有两个：① 对于半导体和绝缘体，随后可以看到，这项自能在一定近似下与 1951 年范绪筠 (H. Y. Fan) 用二阶含时微扰理论得到的自能是一致的 (Fan H.Y.，1951)；② 对于金属，这项自能对应 Migdal 理论的最低阶电-声耦合自能 (Migdal, 1958)。

$\widehat{H}_2$ 的一阶展开产生两个电子传播子和两个声子传播子，该项不为 0，用费曼图在频率动量空间可表示为图 5.4。

这里电子自能的表达式为

$$\Sigma_{n\vec{k}}^{\mathrm{DW}}(\mathrm{i}\omega_j) = -\frac{1}{\beta N}\sum_l\sum_{\vec{q}v}g_{nnvv}^{(2)}(\vec{k},\vec{q},-\vec{q})\mathcal{D}_{\vec{q}v}^0(\mathrm{i}\Omega_l) \tag{5.95}$$

DW 表示 Debye-Waller，其原因是 E. Antončík 在 1955 年用 Debye-Waller 因子修饰的赝势形状因子来计算温度依赖的能带 (Antončík, 1955)，而式 (5.95) 对应 E. Antončík 结果的一阶项。

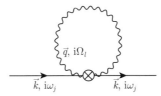

图 5.4 $\widehat{H}_2$ 所对应的一阶格林函数。⊗ 表示电-声耦合矩阵元 $g^{(2)}$

利用松原频率的求和规则 (Mahan, 1998)，我们有

$$-\frac{1}{\beta}\sum_l \mathcal{D}^0_{\vec{q}\nu}(\mathrm{i}\Omega_l)\,\mathcal{G}^0_{m\vec{k}-\vec{q}}(\mathrm{i}\omega_j - \mathrm{i}\Omega_l)$$

$$=\left[\frac{N_{\vec{q}v}+f\left(\varepsilon_{m\vec{k}-\vec{q}}-\mu\right)}{\mathrm{i}\omega_j - \varepsilon_{m\vec{k}-\vec{q}}+\mu+\omega_{\vec{q}v}}+\frac{N_{\vec{q}v}+1-f\left(\varepsilon_{m\vec{k}-\vec{q}}-\mu\right)}{\mathrm{i}\omega_j - \varepsilon_{m\vec{k}-\vec{q}}+\mu-\omega_{\vec{q}v}}\right] \tag{5.96}$$

以及

$$N_{\vec{q}v}=-\frac{1}{2}+\frac{1}{\beta}\sum_l \frac{1}{\mathrm{i}\Omega_l - \omega_{\vec{q}v}} \tag{5.97}$$

可把公式 (5.92) 和 (5.95) 中的玻色子频率求和掉，分别得到

$$\Sigma^{\mathrm{FM}}_{n\vec{k}}(\mathrm{i}\omega_j)=\frac{1}{N}\sum_{m\vec{q}v}\left|g_{nmv}(\vec{k},\vec{q})\right|^2\left[\frac{N_{\vec{q}v}+f\left(\varepsilon_{m\vec{k}-\vec{q}}-\mu\right)}{\mathrm{i}\omega_j - \varepsilon_{m\vec{k}-\vec{q}}+\mu+\omega_{\vec{q}v}}\right.$$

$$\left.+\frac{N_{\vec{q}v}+1-f\left(\varepsilon_{m\vec{k}-\vec{q}}\right)}{\mathrm{i}\omega_j - \varepsilon_{m\vec{k}-\vec{q}}+\mu-\omega_{\vec{q}v}}\right] \tag{5.98}$$

$$\Sigma^{\mathrm{DW}}_{n\vec{k}}=\frac{1}{N}\sum_{\vec{q}\nu}g^{(2)}_{nnvv}(\vec{k},\vec{q},-\vec{q})\left(2N_{\vec{q}v}+1\right) \tag{5.99}$$

其中 $N_{\vec{q}v}$ 和 $f\left(\varepsilon_{m\vec{k}-\vec{q}}-\mu\right)$ 分别为玻色子占据数和费米子占据数。由于对有效势的二阶导计算特别困难，实际计算中，人们通常利用平移不变性和刚性离子近似，把二阶电-声耦合矩阵元用一阶电-声耦合矩阵元表示 (Cannuccia, 2012)，DW 自能变为

$$\Sigma^{\mathrm{DW}}_{n\vec{k}}=\frac{1}{N}\sideset{}{'}\sum_{m\vec{q}v}\frac{\tilde{g}^{(2)}_{mnv}(\vec{k},\vec{q})}{\varepsilon_{n\vec{k}}-\varepsilon_{m\vec{k}}}\left(2N_{\vec{q}v}+1\right) \tag{5.100}$$

这里，$\tilde{g}^{(2)}$ 为用 g 表示之后的二阶电-声耦合矩阵元，其为实数。

至此，我们只考虑了对应 $\hat{H}_1$ 和 $\hat{H}_2$ 的最低阶非零的格林函数，而公式 (5.91) 中格林函数展开是到无穷阶的。更高阶的格林函数常常对应很多个费曼图，求解起来非常困难。为了考虑这种高阶效应对格林函数的修正，我们可以把上述的两种自能图进行组合，换句话说，考虑对这两种自能图的无穷阶求和，得到戴森方程 (Dyson equation)，用费曼图表示，如图 5.5 所示。

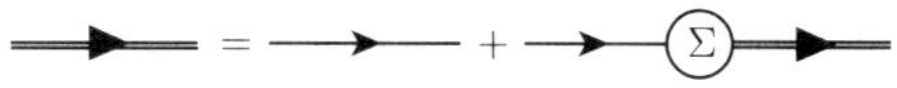

图 5.5　戴森方程。双线表示修饰的格林函数，单线表示无相互作用格林函数

这与第 4 章介绍的处理电子-电子相互作用的著名 GW 近似是很像的。这里相互作用的格林函数为

$$\mathcal{G}_{n\vec{k}}(\mathrm{i}\omega_j) = \frac{1}{\mathrm{i}\omega_j - \varepsilon_{n\vec{k}} + \mu - \Sigma_{n\vec{k}}^{\mathrm{FM}}(\mathrm{i}\omega_j) - \Sigma_{n\vec{k}}^{\mathrm{DW}}} \tag{5.101}$$

注意到实验的测量是实频的，所以通常人们会把松原格林函数解析延拓到复平面 (频率点接近实轴)。对公式 (5.101) 进行替换，$\mathrm{i}\omega \to \omega + \mathrm{i}\delta\,\mathrm{sgn}(\omega)$，可得

$$\mathcal{G}_{n\vec{k}}(\omega) = \frac{1}{\omega - \varepsilon_{n\vec{k}} + \mu + \mathrm{i}\delta\,\mathrm{sgn}(\omega) - \Sigma_{n\vec{k}}^{\mathrm{FM}}(\omega) - \Sigma_{n\vec{k}}^{\mathrm{DW}}} \tag{5.102}$$

$$\Sigma_{n\vec{k}}^{\mathrm{FM}}(\omega) = \frac{1}{N}\sum_{m\vec{q}v}\left|g_{nmv}(\vec{k},\vec{q})\right|^2 \left[\frac{N_{\vec{q}v} + f\left(\varepsilon_{m\vec{k}-\vec{q}} - \mu\right)}{\omega - \varepsilon_{m\vec{k}-\vec{q}} + \mu + \mathrm{i}\delta\,\mathrm{sgn}(\omega) + \omega_{\vec{q}v}} \right.$$

$$\left. + \frac{N_{\vec{q}v} + 1 - f\left(\varepsilon_{m\vec{k}-\vec{q}}\right)}{\omega - \varepsilon_{m\vec{k}-\vec{q}} + \mu + \mathrm{i}\delta\,\mathrm{sgn}(\omega) - \omega_{\vec{q}v}} \right] \tag{5.103}$$

这里，"sgn" 表示符号函数。由公式 (5.102) 可得到能与实验直接对比的谱函数

$$A_{n\vec{k}}(\omega) = -\frac{1}{\pi}\,\mathrm{Im}\,\mathcal{G}_{n\vec{k}}(\omega)$$

$$= -\frac{1}{\pi}\frac{\mathrm{Im}\,\Sigma_{n\vec{k}}^{\mathrm{FM}}(\omega)}{\left[\omega - \varepsilon_{n\vec{k}} + \mu - \mathrm{Re}\,\Sigma_{n\vec{k}}^{\mathrm{FM}}(\omega) - \Sigma_{n\vec{k}}^{\mathrm{DW}}\right]^2 + \left|\mathrm{Im}\,\Sigma_{n\vec{k}}^{\mathrm{FM}}(\omega)\right|^2} \tag{5.104}$$

假设 $\mathcal{G}_{n\vec{k}}$ 在 $E_{n\vec{k}} + \mathrm{i}\Gamma_{n\vec{k}} - \mu$ 有奇点，则由公式 (5.102) 还可得到对单粒子能量的修正：

$$E_{n\vec{k}} = \varepsilon_{n\vec{k}} + \mathrm{Re}\,\Sigma_{n\vec{k}}^{\mathrm{FM}}\left(E_{n\vec{k}} + \mathrm{i}\Gamma_{n\vec{k}} - \mu\right) + \Sigma_{n\vec{k}}^{\mathrm{DW}} \tag{5.105}$$

$$\Gamma_{n\vec{k}} = \mathrm{Im}\,\Sigma_{n\vec{k}}^{\mathrm{FM}}\left(E_{n\vec{k}} + \mathrm{i}\Gamma_{n\vec{k}} - \mu\right) \tag{5.106}$$

注意这里由于 FM 自能的频率依赖，所以公式 (5.105) 和 (5.106) 需要自洽迭代求解。在准粒子近似比较好的情况下，可以利用泰勒展开来避免自洽，

$$E_{n\vec{k}} \approx \varepsilon_{n\vec{k}} + \mathrm{Re}\,\Sigma_{n\vec{k}}^{\mathrm{FM}}\left(\varepsilon_{n\vec{k}} - \mu\right) + \Sigma_{n\vec{k}}^{\mathrm{DW}} + \left.\frac{\partial\,\mathrm{Re}\,\Sigma_{n\vec{k}}^{\mathrm{FM}}(\omega)}{\partial\omega}\right|_{\omega = \varepsilon_{n\vec{k}} - \mu}\left(E_{n\vec{k}} - \varepsilon_{n\vec{k}}\right) \tag{5.107}$$

定义重整化因子为

$$Z_{n\vec{k}} = \frac{1}{1 - \dfrac{\partial \operatorname{Re} \Sigma_{n\vec{k}}^{\mathrm{FM}}(\omega)}{\partial \omega}\bigg|_{\omega = \varepsilon_{n\vec{k}} - \mu}} \tag{5.108}$$

可得

$$E_{n\vec{k}} \approx \varepsilon_{n\vec{k}} + Z_{n\vec{k}} \left[\operatorname{Re} \Sigma_{n\vec{k}}^{\mathrm{FM}} \left(\varepsilon_{n\vec{k}} - \mu \right) + \Sigma_{n\vec{k}}^{\mathrm{DW}} \right] \tag{5.109}$$

同时,

$$\Gamma_{n\vec{k}} \approx \operatorname{Im} \Sigma_{n\vec{k}}^{\mathrm{FM}} \left(\varepsilon_{n\vec{k}} - \mu \right) \tag{5.110}$$

由以上两式可以看出,DW 自能只对单粒子能量的偏移有贡献,而 FM 自能不仅会偏移单粒子能量,而且还使单粒子有了有限的寿命。对于公式 (5.109),设重整化因子为 1。这个近似在文献里叫做 "On the mass shell" 近似,它成立的基础是对应准粒子近似很好的情况。在这个近似下,FM 自能的形式和范绪筠 (H. Y. Fan) 用二阶含时微扰理论得到的一阶微扰哈密顿量对半导体电子能量的修正是一致的 (Fan H.Y., 1951)。除此近似外,令 $\varepsilon_{n\vec{k}} - \varepsilon_{m\vec{k}-\vec{q}} \pm \omega_{\vec{q}v} \approx \varepsilon_{n\vec{k}} - \varepsilon_{m\vec{k}-\vec{q}}$,我们就得到了历史上著名的关于温度依赖的能带 Allen-Heine-Cardona 理论 (Allen-Heine-Cardona theory) 的结果 (Allen, 1976, 1981):

$$E_{n\vec{k}} = \varepsilon_{n\vec{k}} + \frac{1}{N} \sum_{m\vec{q}v} \left[\frac{\left| g_{nmv}(\vec{k}, \vec{q}) \right|^2}{\varepsilon_{n\vec{k}} - \varepsilon_{m\vec{k}-\vec{q}}} - \frac{1}{2} \sum_{m\vec{q}v}' \frac{\tilde{g}_{mnv}^{(2)}(\vec{k}, \vec{q})}{\varepsilon_{n\vec{k}} - \varepsilon_{m\vec{k}}} \right] (2N_{\vec{q}v} + 1) \tag{5.111}$$

在半导体计算历史上很长一段时间里,人们都认为 FM 自能和 DW 自能是等价的,导致只考虑一种自能便成立的错误认识。1976 年 P. B. Allen 等认识到两种自能必须同时包括,而且两种自能大小相当 (Allen, 1976)。除了 "On the mass shell" 近似,第二个近似叫做绝热近似,就是说声子的频率相比电子能量的差可以忽略,换句话说,是对应原子核的运动比电子的运动慢得多的情况。

从公式 (5.111) 可以看到电-声耦合会对电子的能谱进行的重整化。事实上,电-声耦合同样也会修正声子的能谱。在玻恩-奥本海默近似下,电子基态是绝热演化的,可以积累出以分子贝里曲率为特征的几何相位 (贝里相位)。分子贝里曲率可等效于在原子核运动方程中引入一个非局域的有效磁场,使得原子核在实空间中的运动会受到远处原子核的影响,并导致声子谱中光学分支在布里渊区中心的简并被打开 (Saparov, 2022)。

另外,电-声耦合对金属中电子的输运性质也有重要影响。由于 DW 自能没有频率依赖,也没有虚部,因此对于输运性质的研究,只需考虑 FM 自能。为了描述体系的电-声耦合特性,定义 Eliashberg 函数 (Eliashberg function)(Allen, 1975)

$$\alpha^2 F(\omega) = \frac{1}{N_\uparrow(\mu)} \sum_{mnk} \sum_{\vec{q}v} \left| g_{nmv}(\vec{k}, \vec{q}) \right|^2 \delta \left(\varepsilon_{n\vec{k}} - \mu \right) \delta \left(\varepsilon_{m\vec{k}-\vec{q}} - \mu \right) \delta \left(\hbar\omega - \hbar\omega_{\vec{q}v} \right) \tag{5.112}$$

这里 $N_\uparrow(\mu)$ 是费米面上单个自旋的电子态密度。上式除以频率然后对频率积分可得到反映电-声耦合强度的无量纲参数 λ

$$\lambda = 2\int_0^\infty \frac{\alpha^2 F(\omega)}{\omega}\mathrm{d}\omega \tag{5.113}$$

利用 $\alpha^2 F(\omega)$ 和 λ 可定义对数平均的声子频率

$$\omega_{\log} = \exp\left[\frac{2}{\lambda}\int_0^\infty \log\omega\frac{\alpha^2 F(\omega)}{\omega}\mathrm{d}\omega\right] \tag{5.114}$$

由公式 (5.113) 与 (5.114) 可得到计算超导转变温度的 McMillian-Allen-Dynes 公式 (McMillian-Allen- Dynes formula)(McMillan, 1968; Allen, 1975)

$$k_\mathrm{B}T_\mathrm{c} = \frac{\hbar\omega_{\log}}{1.2}\exp\left[-\frac{1.04\,(1+\lambda)}{\lambda-\mu^*\,(1+0.62\lambda)}\right] \tag{5.115}$$

这里 k_B 是玻尔兹曼常数, μ^* 是一个衡量电子库仑相互作用的参数, T_c 是超导转变温度。对于正常态的输运性质, 可定义与公式 (5.112) 类似的谱函数 (Allen, 1978):

$$\alpha_\mathrm{tr}^2 F(\omega) = \frac{1}{N_\uparrow(\mu)}\sum_{mn\vec{k}}\sum_{\vec{q}v}\left|g_{nmv}(\vec{k},\vec{q})\right|^2 w_{n\vec{k},m\vec{k}-\vec{q}}$$
$$\cdot\,\delta\left(\varepsilon_{n\vec{k}}-\mu\right)\delta\left(\varepsilon_{m\vec{k}-\vec{q}}-\mu\right)\delta\left(\hbar\omega-\hbar\omega_{\vec{q}v}\right) \tag{5.116}$$

这里

$$w_{n\vec{k},m\vec{k}-\vec{q}} \equiv 1 - \frac{\vec{v}_{n\vec{k}}\cdot\vec{v}_{m\vec{k}-\vec{q}}}{\left|\vec{v}_{n\vec{k}}\right|^2} \tag{5.117}$$

是根据两个电子速度 $\vec{v}_{n\vec{k}}$ 和 $\vec{v}_{m\vec{k}-\vec{q}}$ 的夹角定义的几何因子, 决定电子散射的方向依赖性。类似公式 (5.113), 可得到输运电-声耦合参数 (Allen, 1978)

$$\lambda_\mathrm{tr} = 2\int_0^\infty \frac{\alpha_\mathrm{tr}^2 F(\omega)}{\omega}\mathrm{d}\omega \tag{5.118}$$

利用 $\alpha_\mathrm{tr}^2 F(\omega)$, 由玻尔兹曼输运方程最低阶变分解给出电阻 (Allen, 1978; Grimvall, 1981)

$$\rho(T) = \frac{6\pi V}{e^2 k_\mathrm{B}T N_\uparrow(\mu)\langle|\vec{v}|^2(\mu)\rangle}\int_0^\infty \frac{\hbar\omega\alpha_\mathrm{tr}^2 F(\omega)}{\left(\mathrm{e}^{\frac{\hbar\omega}{k_\mathrm{B}T}}-1\right)\left(1-\mathrm{e}^{-\frac{\hbar\omega}{k_\mathrm{B}T}}\right)}\mathrm{d}\omega \tag{5.119}$$

这里 $\langle\cdots\rangle$ 表示电子速度在费米面上取平均。在高温情况下 (高于 Debye 温度), 电阻为 (Allen, 1978)

$$\rho(T) = \frac{3\pi V\lambda_\mathrm{tr}k_\mathrm{B}T}{\hbar e^2 N_\uparrow(\mu)\left\langle|\vec{v}|^2(\mu)\right\rangle} \tag{5.120}$$

在实际的基于第一性原理的电-声耦合微扰理论计算中，最核心的量是得到电-声耦合矩阵元。目前比较主流的方法是采用密度泛函微扰理论 (Density function perturbation theory, DEPT)(Baroni, 2001)。其基本思想是原子核振动引起微扰势，微扰势可以引起基态电子密度的改变，基态电子密度的改变又可通过基态电子波函数的改变得到，电子波函数的改变又满足一定形式的方程，通过自洽求解，再回溯得到电子密度和有效势的改变。这种方法适合具有较小晶体单胞的体系，并可以得到布里渊区任意点的电-声耦合矩阵元。由于电-声耦合计算往往需要得到布里渊区里特别密的电-声耦合矩阵元，人们发展了一些插值技术，比如利用瓦尼尔函数插值方法 (Giustino, 2007)。对于结构比较复杂的大的体系，密度泛函微扰方法往往比较难以收敛。另外一种计算电-声耦合矩阵元的方法叫做冷冻声子超胞法 (Dacorogna, 1985; Lam, 1986)。其思路很简单，按给定的声子模式产生微小的原子位移，然后计算相应的有效势的变化。这种方法的好处在于没有收敛性问题，计算步骤简单，但缺点是对于长波长的声子模式，需要构造特别大的超胞，严重增加了计算负担。

5.2.2 电-声耦合的非微扰方法

在前面小节的讨论中，"微扰"有两个层面的意义：① 体系存在平衡位置，原子核在平衡位置附近振动的幅度比较小；② 电子-声子相互作用哈密顿量可以看作微扰。下面，我们也从这两个方面考虑出发，去介绍电-声耦合的非微扰方法。其中有三种方法比较有代表性，它们是有限差分法、超胞平均法、有效作用量理论。在这三个理论中，电子-声子相互作用都是包含高阶展开的。因此，它们都是非微扰的方法。在原子核构型取样方面，有些算法还保留了平衡位置附近采样的特征，在讨论中我们会做具体说明。

1. 有限差分法

有限差分法的基本特征是基于简谐近似，把电子本征值按原子位移作泰勒展开到二阶项 (Capaz, 2005)

$$E_{n\vec{k}} = \varepsilon_{n\vec{k}} + \sum_{I\kappa\alpha} u_{I\kappa\alpha} \frac{\partial \varepsilon_{n\vec{k}}}{\partial R_{IK\alpha}}\bigg|_{\vec{R}=\vec{R}^0} + \sum_{I\kappa\alpha, J\kappa'\beta} u_{I\kappa\alpha} u_{J\kappa'\beta} \frac{\partial^2 \varepsilon_{n\vec{k}}}{\partial R_{I\kappa\alpha} \partial R_{J\kappa'\beta}}\bigg|_{\vec{R}=\vec{R}^0} \quad (5.121)$$

然后，对原子位移进行热平均，一阶项为零，留下二阶项，利用公式 (5.71) 得到 (Allen, 1981)

$$E_{n\vec{k}} = \varepsilon_{n\vec{k}} + \sum_{\vec{q}v} \frac{\partial \varepsilon_{n\vec{k}}}{\partial N_{\vec{q}v}} \left(N_{\vec{q}v} + \frac{1}{2} \right) \quad (5.122)$$

其中

$$\frac{\partial \varepsilon_{n\vec{k}}}{\partial N_{\vec{q}v}} \equiv \frac{\hbar}{2N\omega_{\vec{q}v}} \sum_{I\kappa\alpha, J\kappa'\beta} \frac{1}{\sqrt{M_\kappa M_{\kappa'}}} e^{i\vec{q}\cdot(\vec{R}_I - \vec{R}_J)} \xi_{\kappa\alpha}(\vec{q}v) \xi_{\kappa'\beta}^*(\vec{q}v) \frac{\partial^2 \varepsilon_{n\vec{k}}}{\partial R_{I\kappa\alpha} \partial R_{J\kappa'\beta}}\bigg|_{\vec{R}=\vec{R}^0} \quad (5.123)$$

注意到，虽然原子位移被当作微扰处理，但电-声耦合却并没有做微扰近似。在实际计算公式 (5.123) 时，通常按给定的声子模式构造匹配的超胞，产生一套集体的原子位移，然后通过二阶差分公式来计算电子本征值对位移的二阶导。与前面用冷冻声子法计算电-声耦合矩阵元一样，对于长波长的声子，需要构造很大的超胞。不过，最近几年人们提出了用非对角超胞来产生原子位移，这样就可以有效地减少计算量 (Lloyd-Williams, 2015)。

2. 超胞平均法

这种方法主要是对所求的物理量进行系综平均，是一种绝热近似的方法，不考虑原子核运动的量子动力学性质。具体地，通过一些原子核构型的取样技术，比如简谐近似、分子动力学 (MD)、路径积分分子动力学 (PIMD)、路径积分蒙特卡洛 (PIMC) 等，得到一系列构型再进行相关物理性质的计算。

对于原子核运动对电子能量的修正，比如温度依赖的带隙可表示为

$$E_g(T) = \int |\chi(\vec{R})|^2 E_g(\vec{R}) \mathrm{d}^3 \vec{R} \tag{5.124}$$

这里 $\chi(\vec{R})$ 代表原子核波函数。在简谐近似下，由于声子波函数可以解析得到，上式可转变为对正则坐标的高维积分 (Patrick, 2014)

$$E_g(T) = \prod_v \int \mathrm{d}x_v \frac{1}{\sqrt{2\pi \langle x_v^2 \rangle_T}} \mathrm{e}^{-\frac{x_v^2}{2\langle x_v^2 \rangle_T}} E_g(\vec{R}) \tag{5.125}$$

其中

$$\langle x_v^2 \rangle_T = (2N_v + 1) l_v^2 \tag{5.126}$$

这里 l_v 为正则模式的振动幅度，N_v 为玻色占据数，$\vec{R}$ 通过公式 (5.71) 依赖于正则坐标 x_v。在上式中，由于指数因子是高斯函数，所以取样效率相对于基于分子动力学的方法大大提高。此外，上式在零温下计算量原则上也并没有提高，相比在低温需要很多珠子的基于路径积分分子动力学或路径积分蒙特卡洛的取样方法具有优势。当然，缺点是没有考虑非简谐效应。

对于温度依赖的光谱，尽管计算步骤与公式 (5.124)~(5.126) 一样，但理论基础却不同，因为光谱涉及基态到激发态的跃迁。根据费米黄金定则，体系从初态 Ψ_i 到末态 Ψ_f 的光跃迁几率为

$$W_{\mathrm{fi}}(\omega) = \frac{2\pi}{\hbar} \left| \left\langle \Psi_{\mathrm{f}} | \widehat{M} | \Psi_{\mathrm{i}} \right\rangle \right|^2 \delta(E_{\mathrm{f}} - E_{\mathrm{i}} - \hbar\omega) \tag{5.127}$$

这里初末态均指电子-原子核系统的总量子态，$\widehat{M}$ 为电子-光子微扰哈密顿量。在绝热近似下，体系的总波函数可分解为电子部分和原子核部分的乘积，

$$\Psi_{ku}(\vec{r}, \vec{R}) \approx \varphi_k(\vec{r}, \{\vec{R}\}) \chi_{ku}(\vec{R}) \tag{5.128}$$

这里 φ_k 是第 k 个电子本征态，χ_{ku} 是原子核处于第 k 个玻恩-奥本海默势能面上的第 u 个原子核本征态。把公式 (5.128) 代入 (5.127)，得到

$$W_{ba}(\omega) = \frac{2\pi}{\hbar} \frac{1}{Z_a} \sum_{uv} \mathrm{e}^{-\beta E_{au}} |\langle \chi_{bv} | M_{ba} | \chi_{au} \rangle|^2 \delta(E_{bv} - E_{au} - \hbar\omega) \tag{5.129}$$

这里 a 和 b 表示电子态, v 和 u 表示原子核态。$Z_a = \sum_u \mathrm{e}^{-\beta E_{au}}$ 是原子核在第 a 个玻恩-奥本海默势能面上演化的配分函数, $M_{ba} = \left\langle \varphi_b | \widehat{M} | \varphi_a \right\rangle$ 是电偶极矩阵元。

上式对延展性体系的计算有两方面的困难: ① 比如对于晶体, 由于振动模式特别多, 因此振动态间的积分计算量非常大; ② 处于电子激发态势能面上的原子核本征态是特别难以得到的。为简化问题, M. Lax 采取了半经典近似 (Semi-classical approximation) (Lax, 1952)。具体地讲, 考虑到晶体的振动能级特别多, 可以看作是连续的, 因此可以把两个非连续的本征能级的能量差, 替换成经典的势能差, 即 $E_{bv} - E_{au} \approx U_b^{\mathrm{BO}}(\vec{R}) - U_a^{\mathrm{BO}}(\vec{R})$。利用这个近似, 公式 (5.129) 中的 χ_{bv} 可以被求和, 因此得到

$$W_{ba}^{\mathrm{SC}}(\omega) = \frac{1}{Z_a} \operatorname{Tr} \widehat{\rho}_a P_{ba} \tag{5.130}$$

其中

$$P_{ba}(\omega; \vec{R}) = \frac{2\pi}{\hbar} \frac{1}{Z_a} \left| M_{ba}(\vec{R}) \right|^2 \delta \left(U_b^{\mathrm{BO}}(\vec{R}) - U_a^{\mathrm{BO}}(\vec{R}) - \hbar\omega \right) \tag{5.131}$$

这里 $\rho_a = \mathrm{e}^{-\beta \widehat{H}a}$ 是密度算符, Tr 表示对第 a 个玻恩-奥本海默势能面上的原子核本征态求迹。注意到介电函数的虚部可由 P_{ba} 得到, 即 $\operatorname{Im} \varepsilon(\omega; \vec{R}) \propto \Sigma_b \left(\dfrac{1}{\omega} \right) P_{0a}(\omega; \vec{R})$, 而且实部又可通过对虚部作 Kramers-Kronig 变换得到, 所以温度依赖的介电函数表示为

$$\varepsilon(\omega, T) = \frac{1}{Z_0} \operatorname{Tr} \widehat{\rho}_0 \varepsilon(\omega; \vec{R}) \tag{5.132}$$

这里 0 表示电子基态。所以此处面对的问题跟公式 (5.124) 一样, 需要对电子基态下的原子核波函数进行取样。

利用路径积分分子动力学或路径积分蒙特卡洛方法, 上式可写为 (Della Sala, 2004)

$$\varepsilon(\omega, T) = \lim_{P \to \infty} \frac{1}{Z_P} \prod_{j=1}^{N} \left(\frac{M_j P}{2\beta\pi\hbar^2} \right)^{\frac{P}{2}} \int \mathrm{d}\vec{R}_1 \int \mathrm{d}\vec{R}_2 \cdots \int \mathrm{d}\vec{R}_P$$

$$\times \frac{1}{P} \mathrm{e}^{-\beta \sum_{i=1}^{P} \left[\sum_{j=1}^{N} \frac{M_j}{2} \omega_P^2 x \left(\vec{R}_i^j - \vec{R}_{i-1}^j \right)^2 + \frac{1}{P} U_0^{\mathrm{BO}} \left(\vec{R}_i^1, \cdots, \vec{R}_i^N \right) \right]} \sum_{i=1}^{P} \varepsilon \left(\omega; \left\{ \vec{R}_i \right\} \right) \tag{5.133}$$

这里 P 是珠子数, $\vec{R}_i$ 表示第 i 个珠子的原子核构型, $\omega_P = \sqrt{P}/(\beta\hbar)$ 决定相邻珠子间的弹簧相互作用强弱。同时环状聚合物体系的配分函数 Z_P 满足下式:

$$Z_P = \prod_{j=1}^{N} \left(\frac{M_j P}{2\beta\pi\hbar^2} \right)^{\frac{P}{2}} \int \mathrm{d}\vec{R}_1 \int \mathrm{d}\vec{R}_2 \cdots \int \mathrm{d}\vec{R}_P$$

$$\times \mathrm{e}^{-\beta \sum_{i=1}^{P} \left[\sum_{j=1}^{N} \frac{M_j}{2} \omega_P^2 \left(\vec{R}_i^j - \vec{R}_{i-1}^j \right)^2 + \frac{1}{P} U_0^{\mathrm{BO}} \left(\vec{R}_i^1, \cdots, \vec{R}_i^N \right) \right]} \tag{5.134}$$

如果采用简谐近似，公式 (5.132) 可写成与公式 (5.125) 相同的形式 (Zacharias, 2015)，

$$\varepsilon(\omega, T) = \prod_v \int \mathrm{d}x_v \frac{1}{\sqrt{2\pi \langle x_v^2\rangle_T}} \mathrm{e}^{-\frac{x_v^2}{2\langle x_v^2\rangle_T}} \varepsilon(\omega, \{\vec{R}\}) \tag{5.135}$$

M. Zacharias 等利用上式成功地解决了间接带隙半导体中的声子辅助的光跃迁和带隙的重整化问题 (Zacharias, 2015, 2016)。详细讨论的具体例子读者可以参考前面 2.1 节。

电子-声子耦合是造成电阻的重要来源。对于液体金属的电阻，现在比较流行的计算方法是 Kubo-Greenwood 公式 (Kubo, 1957a,b; Greenwood, 1958)。其做法与上述求解温度依赖的介电函数基本一样，都是通过对构型空间进行取样平均。不同之处在于前者需要先得到频率依赖的光电导，然后借助 Drude 电导公式外推到 0 频率极限。对于有限的超胞，在给定的布里渊区 $\vec{k}$ 点电子本征值的分布是离散的，所以这种方法往往有比较大的尺寸效应 (Pozzo, 2011)。

总的说来，超胞平均法实际计算步骤比较简单，适用于各种电子结构计算方法，不用对电-声耦合做微扰处理。但在超胞太大的情况下，它的计算量也会难以承受，而且超胞平均法只能给出所求物理量的系综平均，无法给出电-声耦合矩阵元，与前面介绍的微扰论的电-声耦合的关系也不是很清晰 (Giustino, 2017)。

3. 有效作用量理论

除了上述两种较为通行的方法，最近，北京大学的施均仁研究组基于有效作用量理论发展了一套非微扰的电-声耦合理论，并与李新征研究组合作，利用路径积分分子动力学模拟，预测了高压液态金属氢的超导转变温度 (Liu H.Y., 2020)。这种方法不依赖于简谐近似，不必利用电-声耦合做微扰展开，可以给出在传统电-声耦合微扰论里面定义的有效的电子-电子相互作用和电子-声子耦合参数 λ，并且与传统微扰论的关系比较清晰。他们的主要理论结果是，由电子-声子耦合引起的有效电子-电子相互作用可以与涨落的屏蔽离子势的 T 矩阵联系起来，即通过如下的 Bethe-Salpeter 方程

$$W_{11'} = \Gamma_{11'} + \frac{1}{\hbar^2\beta}\sum_2 W_{12}\left|\overline{\mathcal{G}}_2\right|^2 \Gamma_{21'} \tag{5.136}$$

这里，数字表示矩阵元的指标 $1 \to \left(\omega_n, \vec{k}\right)$ (所选择的基是时间依赖的平面波 $\varphi_{\omega_n}\vec{k}(\vec{r}\tau) = 1/\sqrt{\hbar\beta V}\exp\left(-\mathrm{i}\omega_n\tau + \mathrm{i}\vec{k}\cdot\vec{r}\right)$，其中 τ 是虚时，ω_n 是费米子松原频率)，W 表示有效的电子-电子相互作用，$\overline{\mathcal{G}}$ 表示平均的电子格林函数，$\Gamma_{11'}$ 表示一对电子从初态 $1 = \left(\omega_{n_1}, \vec{k}_1\right)$ 和 $\overline{1} = \left(-\omega_{n_1}, -\vec{k}_1\right)$ 分别散射到末态 $1'$ 和 $\overline{1}'$ 的散射幅度。$\Gamma_{11'}$ 可由屏蔽离子势的 T 矩阵得到：

$$\Gamma_{11'} = -\beta\left\langle\left|\mathcal{T}_{11'}[\vec{R}(\tau)]\right|^2\right\rangle_{\mathrm{C}} \tag{5.137}$$

其中 $\vec{R}(\tau)$ 表示在虚时轴上的原子核轨迹，C 表示利用路径积分分子动力学进行经典的系综平均，$\mathcal{T}_{11'}[\vec{R}(\tau)]$ 表示电子被涨落的离子势从 1 散射到 $1'$ 的 T 矩阵。而 $\mathcal{T}$ 又满足下面

的 Lippmann-Schwinger 方程 (Lippmann-Schwinger equation):

$$\widehat{\mathcal{J}}[\vec{R}(\tau)] = \widehat{\mathcal{V}}[\vec{R}(\tau)] + \frac{1}{\hbar}\widehat{\mathcal{V}}[\vec{R}(\tau)]\widehat{\mathcal{G}}\widehat{\mathcal{T}}[\vec{R}(\tau)] \tag{5.138}$$

这里 $\widehat{\mathcal{V}}[\vec{R}(\tau)] = \widehat{\mathcal{V}}_{ei}[\vec{R}(\tau)] - \widehat{\Sigma}$ 为散射势, $\widehat{\mathcal{V}}_{ei}[\vec{R}(\tau)]$ 是虚时依赖的屏蔽离子势, $\widehat{\Sigma}$ 是对应于 $\widehat{\mathcal{G}}$ 的电子自能。由 W 可得到频率依赖的电-声耦合参数 λ, 进而通过求解 Eliashberg 方程来预测超导转变温度。基于上述公式, 他们得到了高压液态金属氢的转变温度高于室温。对于 $\widehat{\mathcal{V}}_{ei}[\vec{R}(\tau)]$, 他们采用了线性屏蔽近似的模型势, 这对于没有内层电子的氢元素来说是比较合理的, 对于其他元素还需要进一步拓展。

5.3 非绝热效应模拟研究

在介绍了电子结构 (包括基态和激发态) 理论方法的基础上, 前面两节我们集中讨论了目前在凝聚态体系中从统计层面和动力学层面对核量子效应研究的最新进展, 以及从第一性原理出发对电-声耦合作用的研究工作。第一性原理电-声耦合研究严格地讲除了如 5.2 节讨论的要考虑核量子效应的影响外, 还应该包括非绝热效应的影响, 具体表现为电子的跃迁对原子核量子态的影响。在本书关于全量子效应的讨论中, 我们将利用非绝热模拟方法描述电子-原子核实时的耦合演化过程的讨论放到了本节做一介绍。

非绝热效应是全量子效应研究的另一个侧面, 这是本节要重点关注的问题。当然核量子效应与非绝热效应在实际物理和化学问题研究中是分不开的, 最近已经有一些工作在研究如何统一考虑这两方面的关系, 这些将是 5.4 节要集中讨论的问题。

所谓非绝热过程, 是指多体系统在按照全量子化运动方程进行演化时, 快分量在慢分量运动过程中并不必然处在同一状态 (比如基态) 上, 快分量会由于慢分量的缓慢变化而产生运动状态的变化, 因此引起电子在不同态之间跳跃, 即发生了非绝热能量交换的过程 (Tully, 1998; Hack, 2000; Cederbaum, 2008)。当然, 快分量的运动状态变化也会反过来影响慢分量的演化, 它们之间存在必然的量子耦合。在此真实过程的描述中, 快分量的演化 (通常指电子运动) 与慢分量的演化 (通常指原子核的运动) 是不可能完全分离的。因此, 考虑一个多体系统的量子演化, 必须把电子和原子核的所有自由度进行波函数处理, 并将两者之间运动的耦合都考虑进来。类似快分量与慢分量之间的耦合统称非绝热耦合 (Hu C. P., 2007)。在玻恩-黄展开的处理中, 耦合项需要对所有原子核的构型求和, 并且原子核是随时间演化的。原子核波函数随时间的演化不仅与当前的电子本征态有关, 而且也取决于其他所有的电子本征态的关系。

原则上讲, 描述多原子体系非绝热动力学效应最合适的方法, 就是采用同等考虑电子和原子核自由度的波函数形式。这个共同的多体波函数, 在演化的过程中准确包含了电子和原子核自由度对彼此动力学过程的相互影响。具体实施过程中, 电子和原子核自由度共同的波函数可以按玻恩-黄展开, 写成多个电子本征态的线性叠加的表述形式。其中, 每个电子本征态前的系数即是描述原子核状态的核波函数在该电子本征态上的一个分量。

在前面的 4.2 节, 我们对此处理进行过专门的讨论。其主要局限, 是需要我们事先求出所有原子核构型的所有电子本征态能量和本征波函数 (后者是为了计算所谓的非绝热耦合项),因此计算量巨大。同时,还存在另一个更高的要求,就是与通常的电子波函数一样,通过波函数的方式来描述原子核量子态的计算量也是随原子核数目的增多呈指数增长的。当然,针对原子核量子态的描述,人们也可以不使用波函数方法,而借助半经典或路径积分这种数值手段。但问题是这些手段虽然在统计性质计算上很成功,在动力学性质描述中,它们还都面临很多实际困难,对于这部分内容我们也曾在 5.1.3 节讨论过。基于这些实际情况,可以说,把电子和原子核运动同时量子化的计算方法的实际应用目前是非常受限的,尤其是对于粒子数巨大的凝聚态体系 (Beck, 2000)。

即便如此,我们还是可以回到物理研究方法本身去思考,从而通过近似来逼近真实问题的解。值得庆幸的是,人们可以仿照玻恩-奥本海默的思想,把慢分量 (原子核自由度) 用经典方法处理。这时,人们可以近似地描述该体系演化过程中的非绝热效应。这种处理,就是目前大多数文献中通常用到的非绝热模拟方法。基于这个原因,可以说人们在经典的原子核运动的基础上来理解电子-原子核之间的非绝热耦合,其本质是来自于电子-原子核都需要进行统一的量子化描述这一全量子效应的核心思想的。这个核心思想,也是本书的主旨所在。当我们把慢分量对快分量的演化进行绝热处理,但保留其量子特性的时候,我们的研究侧重点是核量子效应;当我们把慢分量的演化进行经典处理,而保留快分量的非绝热特性的时候,我们的研究侧重点是非绝热效应。从玻恩-黄展开的角度,两者都是对电子态绝热的球-棒模型的改进,只是侧重点不同。

在本节,我们按照目前多数工作的习惯,基于经典原子核轨迹的方法来介绍非绝热分子动力学模拟手段。在 5.4 节,我们会对同时考虑原子核量子效应和非绝热效应的方法进行一些初步讨论。需要指出的是,虽然在前述介绍中我们经常提及电子体系和原子核体系的 "演化" 这一动力学过程,实际上在平衡态附近考虑整个体系的热平衡性质和统计性质也需要考虑电子-原子核的非绝热效应。与核量子效应一样,全量子效应中的非绝热效应也体现在动力学和热力学两个层面,比如前面 2.2.1 节我们讨论过非绝热效应会影响原子振动的频率。以后的论述中我们通常不再强调这一细节。

就研究现状而言,在非绝热量子动力学研究方面我国科学家做出了相当多出色的工作。中国科学院大连化学物理研究所张东辉等 (Zhang D.H., 1994),北京师范大学方维海、邵久书等 (Shao J.S., 1999),北京大学刘剑 (Liu J., 2006),以及厦门大学、中国科学院化学研究所等一些研究团队 (Shi Q., 2003) 分别研究了有限大小的孤立体系,比如自由的 H_2、HF、苯环等分子体系中的非绝热量子效应。中国科学院物理研究所孟胜,中国科学技术大学赵瑾、严以京、罗毅,四川大学张红,香港大学陈冠华,北京计算科学中心任志勇等 (Meng S., 2008a; Lian C., 2018; Zheng Q.J., 2019),在较大的纳米体系以及周期性的固体体系 (纳米管 (Nanotube)、二维材料、表界面、体材料等),特别是凝聚态体系和开放体系的非绝热量子动力学的模型计算和第一性原理计算方面都有不错的表现。这些工作在理论上大致可划分为势能面跃迁方法、埃伦费斯特动力学方法以及其他量子-经典混合动力学方法三类。下面,我们按这三类方法,分别展开一一介绍。

5.3.1   势能面跃迁方法

势能面跃迁方法 (Surface hopping method) 是最早由 J. C. Tully 等引入的一种半经典的非绝热方法。它的主要思想是在模拟中利用电子在基态与激发态能级之间的跃迁以及原子核在不同势能面之间的转移来描述非绝热效应 (Tully, 1990)。它与玻恩-奥本海默近似方法的本质区别是，在玻恩-奥本海默近似下原子核只在基态势能面上按照牛顿力学进行演化。而此处原子核可以在不同势能面上演化，并且可以伴随发生转移。不过现在多数处理中采用了原子核的经典轨迹，原子核的零点运动和量子隧穿效应通常被忽视了。势能面跃迁方法的优点是物理图像清晰、操作简单，缺点是需要提前计算多个势能面，包括激发态的势能面。同时，当电子激发过程过于复杂，少数激发态势能面不能给出很好的近似的时候，此方法不再适用 (Barbatti, 2011)。

就本质而言，势能面跃迁方法是用一个量子-经典混合的方法来处理物理体系的非绝热演化过程的方法。它对原子核自由度的运动采用经典的演化方程，即牛顿方程，在任一时刻原子核只在某一个确定的势能面上，但允许其在一瞬间跳跃至另一个特定的势能面继续演化。发生这个过程的跃迁几率取决于演化过程中全量子化波包在某一特定的经典轨迹上的分布几率，这样全量子化波函数的波包劈裂过程就可以采用很多独立演化的经典轨迹的统计分布来描述 (如图 5.6 所示)。

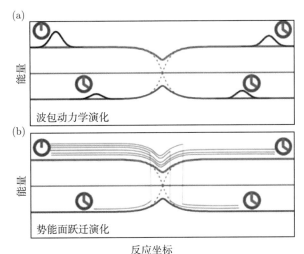

图 5.6　(a) 波包的动力学演化示意图。其中实线代表绝热基矢表象下的势能面，虚线代表透热基矢表象下的势能面。波包附近的时钟标识代表着当前时刻的时间。(b) 在势能面跃迁方法中，波包的演化用一系列随机产生，但满足一定分布条件的经典轨迹代表。摘自 (Barbatti, 2011)

假定原子核按经典路径 $\boldsymbol{R}^c(t)$ 运动，那么随时间演化的电子波函数可以写为经典原子核构型 $\boldsymbol{R}^c$ 所决定的本征电子波函数 Φ_j 的叠加：

$$\varphi\left(\boldsymbol{r}, \boldsymbol{R}^c, t\right) = \sum_j c_j(t) \Phi_j\left(\boldsymbol{r}; \boldsymbol{R}^c(t)\right) \tag{5.139}$$

其中本征电子波函数 Φ_j 满足

$$\langle \Phi_k \mid \Phi_l \rangle_{\boldsymbol{r}} \equiv \int \Phi_k^*\left(\boldsymbol{r}; \boldsymbol{R}^c(t)\right) \Phi_l\left(\boldsymbol{r}; \boldsymbol{R}^c(t)\right) \mathrm{d}\boldsymbol{r} = \delta_{kl} \tag{5.140}$$

把公式 (5.139) 近似形式的波函数代入电子的含时薛定谔方程:

$$\left(\mathrm{i}\hbar\frac{\partial}{\partial t} - \widehat{H}_{\mathrm{e}}\right)\varphi\left(\boldsymbol{r}, \boldsymbol{R}^{\mathrm{c}}, t\right) = 0 \tag{5.141}$$

其可以转化为下述形式:

$$\mathrm{i}\hbar\frac{\mathrm{d}c_k}{\mathrm{d}t} + \sum_j \left(-H_{kj}^{\mathrm{c}} + \mathrm{i}\hbar\boldsymbol{F}_{kj}^{\mathrm{c}} \cdot \boldsymbol{v}^{\mathrm{c}}\right)c_j = 0 \tag{5.142}$$

这是关于系数 c_j 所满足的演化方程, 即半经典的含时薛定谔方程, 其中哈密顿量矩阵元是

$$H_{kj}^{\mathrm{c}} \equiv \left\langle \varPhi_k \left| \widehat{H}_{\mathrm{e}} \right| \varPhi_j \right\rangle_{\boldsymbol{r}} \tag{5.143}$$

而 $\boldsymbol{F}_{kj}^{\mathrm{c}}$ 代表着电子态 k、j 之间的非绝热耦合强度:

$$\boldsymbol{F}_{kj}^{\mathrm{c}} \equiv \left\langle \varPhi_k \left| \nabla_{\boldsymbol{R}} \right| \varPhi_j \right\rangle_{\boldsymbol{r}} \tag{5.144}$$

利用公式 (5.141) 和 (5.142), 可以得到

$$\boldsymbol{F}_{kj}^{\mathrm{c}} \cdot \boldsymbol{v}^{\mathrm{c}} = \left\langle \varPhi_k \left| \frac{\partial}{\partial t} \right| \varPhi_j \right\rangle_{\boldsymbol{r}} \tag{5.145}$$

其中 $\boldsymbol{v}^{\mathrm{c}}$ 是原子的速度矢量。另外, 将公式 (5.139)~(5.141) 与 (5.145) 结合, 我们很容易获得公式 (5.142)。

　　在公式 (5.139) 中, 如果取电子波函数 $\varPhi_j$ 为原子核经典构型 $\boldsymbol{R}^{\mathrm{c}}$ 所对应的本征态, 则称 $\varPhi_j$ 为绝热基矢 $\varPhi_j^{\mathrm{a}}$, 相应表象称为绝热表象。在绝热表象中, 哈密顿量矩阵为对角矩阵 $H_{kj}^{\mathrm{c}} = V_k \delta_{kj}$, 其矩阵元 V_k 即是第 k 个势能面。如果选取另外一组正交归一的基矢 $\varPhi_j^{\mathrm{d}}$, 使之满足 $H_{kj}^{\mathrm{c}} = W_{kj}$、$\boldsymbol{F}_{kj}^{\mathrm{c}} = 0$, 则称 $\varPhi_j^{\mathrm{d}}$ 为透热基矢, 相应表象称为透热表象 (Diabatic representation)。两者均可以方便地进行系数演化方程 (5.142) 的求解。具体使用中经常采用绝热表象, 因为绝热表象物理图像清晰、计算也更直接, 得到的结果也更加合理。不过使用透热表象也有优势, 它常常会使动力学演化过程非常稳定, 只是需要注意透热基矢并不唯一, 需要巧妙地构造。实际模拟中常常根据需要选择使用两种方式中的一种。

　　在势能面跃迁方法中, 原子核的运动是经典的, 即原子核按照经典牛顿方程在当前时刻的某一个势能面上运动, 其运动方程为

$$M\frac{\mathrm{d}^2}{\mathrm{d}t^2}\boldsymbol{R}^{\mathrm{c}} = \boldsymbol{f}^{\mathrm{c}} = -\nabla_{\boldsymbol{R}}H_{ll}^{\mathrm{c}} \tag{5.146}$$

即原子核沿着第 l 个势能面运动。更关键的是电子的演化轨迹, 必须要计算电子在不同态之间的跃迁几率。实际上, 使用不同的办法估计电子从一个状态 l 跃迁到另一个状态 k 的几率, 就对应于不同形式的势能面跳跃方法。一个最简单的方式, 是规定一旦两个电子状态所对应的能量差小于某个给定的数值, 就可以认为发生了电子从一个状态到另一个状态的跃迁。不过这个方法太过于粗略, 更合理的考虑是根据电子基矢波函数前的系数的演化

方程, 确定不同电子态之间跃迁的几率。在这方面, 也可以使用根据 Landau-Zener 模型分析得到的跃迁几率 (Wittig, 2005), 不过这些几率建立在一些假设和简化的基础上。比如要求发生跃迁的两个电子能级以一定常数的速率线性地互相接近。

在所有这些决定电子跃迁几率的可能方法中, 最常用的是 J. C. Tully 在 1990 年提出的最少跳跃方法 (Fewest switch surface hopping)(Tully, 1990)。该方法要求在满足正确的电子跃迁几率分布的基础上, 尽可能地减少电子跃迁次数。所以, 发生从电子态 l 到电子态 k 跃迁的几率为

$$P_{l \to k} = \frac{k \text{ 态占据数因 } l \text{ 到 } k \text{ 跃迁导致的增加值}}{l \text{ 态的占据数}} \tag{5.147}$$

注意这里电子跃迁发生的几率不再正比于占据数本身, 而是正比于占据数的变化量, 从而把可能存在但效果相互抵消的从 l 到 k 和从 k 到 l 之间的跃迁贡献抹去不计, 这就是 "最少跳跃" 的含义所在。由于给定电子态的占据数是由其对应的密度矩阵

$$\rho_{lk}(t) = c_l c_k^* \tag{5.148}$$

的对角元决定的, 考虑密度矩阵 ρ_{kj} 的演化, 并把式 (5.142) 代入得到

$$i\hbar \dot{\rho}_{kj} = \dot{c}_k c_j^* + c_k \dot{c}_j^* = \sum_l \left\{ \rho_{lj} \left(H_{kl}^{\mathrm{c}} - i\hbar \boldsymbol{F}_{kl}^{\mathrm{c}} \cdot \boldsymbol{v}^{\mathrm{c}} \right) - \rho_{kl} \left(H_{lj}^{\mathrm{c}} - i\hbar \boldsymbol{F}_{lj}^{\mathrm{c}} \cdot \boldsymbol{v}^{\mathrm{c}} \right) \right\} \tag{5.149}$$

其中用到了 $\boldsymbol{F}_{kl}^{\mathrm{c}*} = -\boldsymbol{F}_{lk}^{\mathrm{c}}$, $\boldsymbol{F}_{ll}^{\mathrm{c}} = 0$。

特别地, 我们得到密度矩阵对角矩阵元的演化方程为

$$i\hbar \dot{\rho}_{kk} = \sum_{l \neq k} b_{lk} \tag{5.150}$$

其中

$$b_{lk} = \frac{2}{\hbar} \operatorname{Im} \left(\rho_{lk} H_{lk}^{\mathrm{c}} \right) - 2 \operatorname{Re} \left(\rho_{lk} \boldsymbol{F}_{lk}^{\mathrm{c}} \cdot \boldsymbol{v}^{\mathrm{c}} \right) \tag{5.151}$$

这里为了满足式 (5.147) 的要求, 我们可以证明发生从 l 到 k 电子态跃迁的几率可写为

$$P_{l \to k} = \max \left\{ 0, \frac{\Delta t}{\rho_{ll}} b_{lk} \right\} = \max \left\{ 0, \frac{2\Delta t}{\rho_{ll}} \left(\frac{1}{\hbar} \operatorname{Im} \left(\rho_{lk} \right) H_{lk}^{\mathrm{c}} - \operatorname{Re} \left(\rho_{lk} \right) \boldsymbol{F}_{lk}^{\mathrm{c}} \cdot \boldsymbol{v}^{\mathrm{c}} \right) \right\} \tag{5.152}$$

在实际操作中, 欲使电子从电子态 l 到电子态 k 的跃迁能够发生, 需要满足两个条件:

(1) 产生一个 $[0, 1]$ 之间的随机数 r_t, 且 r_t 满足关系

$$\sum_{n=1}^{k-1} P_{l \to n}(t) \leqslant r_t \leqslant \sum_{n=1}^{k} P_{l \to n}(t) \tag{5.153}$$

(2) 电子态 l 和电子态 k 对应的能量满足

$$V_k \left(\boldsymbol{R}^{\mathrm{c}}(t) \right) - V_l \left(\boldsymbol{R}^{\mathrm{c}}(t) \right) \leqslant \frac{M \left(\boldsymbol{F}_{kl}^{\mathrm{c}} \cdot \boldsymbol{v}^{\mathrm{c}} \right)^2}{2 \left(\boldsymbol{F}_{kl}^{\mathrm{c}} \right)^2} \tag{5.154}$$

上面第二个关系式使得电子跃迁发生之后，系统的总能量不会因电子跃迁而额外升高。要能够做到这一点还需要在电子跃迁发生之后，对每个原子核的动能按 $\boldsymbol{F}_{lk}^{\mathrm{c}}$ 的大小和方向作线性的调整，使得整个原子核体系的总动能相应减少 $V_k\left(\boldsymbol{R}^{\mathrm{c}}(t)\right)-V_l\left(\boldsymbol{R}^{\mathrm{c}}(t)\right)$，从而保证整个体系在电子跃迁前后总能量守恒。这实际上相当于电子跃迁的过程对原子核体系施加了一个额外的力 $\boldsymbol{F}_{lk}^{\mathrm{c}}$。在简化处理中，也可以仅仅按原子核速度 $\boldsymbol{v}^{\mathrm{c}}$ 的方向调整 $\boldsymbol{v}^{\mathrm{c}}$ 的实际大小，使跃迁前后保持总能量守恒，从而省略对 $\boldsymbol{F}_{lk}^{\mathrm{c}}$ 的繁复计算。这相当于把这个条件改为

$$V_k\left(\boldsymbol{R}^{\mathrm{c}}(t)\right)-V_l\left(\boldsymbol{R}^{\mathrm{c}}(t)\right)\leqslant E_{\mathrm{kin}}\left(\boldsymbol{v}^{\mathrm{c}}\right) \tag{5.155}$$

在实际应用中，由于描述电子状态的密度矩阵由公式 (5.149) 代表，只取决于系数 c_k 的演化，而所有的系数 c_k 均只由原子核在 l 态上的经典轨迹所驱动，这不可避免地会导致不同电子态之间保持过强的、虚假的相干性。为了解决这个问题，人们通常在势能面跳跃方法中采用平均场近似的办法，人为引入退相干修正。比如在求解方程 (5.142) 后，人为调节系数 c_k 的大小，

$$c_k'=c_k\exp\left(-\frac{\Delta t}{\tau_{kl}}\right)\forall k\neq l \tag{5.156}$$

$$c_l'=c_l\left[\frac{1-\sum_{k\neq l}\left|c_k'\right|^2}{\left|c_l\right|^2}\right]^{1/2} \tag{5.157}$$

$$\tau_{kl}\equiv\frac{\hbar}{|V_{kk}-V_{ll}|}\left(1+\frac{\alpha}{E_{\mathrm{kin}}}\right) \tag{5.158}$$

其中 l 为当前电子态；E_{kin} 为原子核总动能；α 是人为的经验参数，大小可取为 3 eV 左右。通过引入退相干修正，实际模拟的多个轨迹的统计平均更接近于电子态真实演化的结果。

值得注意的是，势能面跳跃方法中由于采用了原子核的经典轨迹，原子核的零点运动和量子隧穿效应通常被忽视了。电子态之间的相干性通常也不够准确。跳跃发生之前电子态之间相干性过强，而跳跃发生之后轨迹的随机性和独立性会在一定程度上破坏电子相干性，因此仅仅能近似满足一些统计规律。另外，Tully 等还证明了电子态之间的占据数也能近似遵守量子玻尔兹曼分布，并大致满足细致平衡条件，目前尚不知各种退相干修正是否会影响到这种近似的细致平衡分布。此外，真正满足统计规律需要对大量的轨迹进行考虑，计算并求出其统计行为，而实际模拟中常选取上百至几千个轨迹，模拟时间为几皮秒，这是否足够仍是一个问题。达到足够收敛的统计行为可能需要极大的计算量，尤其是超出模型势能面而与第一原理电子结构方法相结合的时候，这样的计算更显得困难。目前真正把势能面跳跃方法和从头算计算方法相结合起来的算法还很少见，文献中流行的做法要么基于模型哈密顿量，要么只是采用电子基态势能面演化原子核构型，再去跟踪这样的原子核轨迹下电子态的相应非绝热变化 (Tully, 1998；Hack, 2000；Zheng Q.J., 2019)。

5.3.2　埃伦费斯特动力学方法

埃伦费斯特动力学 (Ehrenfest dynamics) 方法是以奥地利物理学家 P. Ehrenfest 命名的一类方法。它的主要原理是原子核的经典演化加上电子部分含时的量子力学处理，即电子运动由含时薛定谔方程来求解。

埃伦费斯特动力学方法首先是建立在埃伦费斯特定理 (Ehrenfest theorem) 的基础之上。埃伦费斯特定理是量子系统演化的另一种等价表述，可以与薛定谔方程互相推导出来 (Ehrenfest, 1932)。假定波函数 $\varphi(x)$ 满足薛定谔方程：

$$i\hbar\frac{\partial}{\partial t}\varphi(x,t) = \widehat{H}\varphi(x,t) \tag{5.159}$$

那么我们有

$$-i\hbar\frac{\partial}{\partial t}\varphi^*(x,t) = \varphi^*(x,t)\widehat{H}^* = \varphi^*(x,t)\widehat{H} \tag{5.160}$$

对于一个任意的力学量，其期望值的演化满足

$$
\begin{aligned}
\frac{\mathrm{d}}{\mathrm{d}t}\langle A\rangle &= \frac{\mathrm{d}}{\mathrm{d}t}\int \varphi^*(x,t)A\varphi(x,t)\mathrm{d}x^3 \\
&= \int \frac{\partial \varphi^*(x,t)}{\partial t}A\varphi(x,t)\mathrm{d}x^3 + \int \varphi^*(x,t)\frac{\partial A}{\partial t}\varphi(x,t)\mathrm{d}x^3 \\
&\quad + \int \varphi^*(x,t)A\frac{\partial \varphi(x,t)}{\partial t}\mathrm{d}x^3 \\
&= -\frac{1}{i\hbar}\int \varphi^*(x,t)\widehat{H}A\varphi(x,t)\mathrm{d}x^3 + \left\langle\frac{\partial A}{\partial t}\right\rangle + \frac{1}{i\hbar}\int \varphi^*(x,t)A\widehat{H}\varphi(x,t)\mathrm{d}x^3 \\
&= \frac{1}{i\hbar}\langle[A,\widehat{H}]\rangle + \left\langle\frac{\partial A}{\partial t}\right\rangle
\end{aligned} \tag{5.161}
$$

表达式 (5.161) 即是埃伦费斯特定理。

对于一个普通体系的哈密顿量：

$$\widehat{H}(x,p,t) = \frac{p^2}{2m} + V(x,t) \tag{5.162}$$

运用埃伦费斯特定理，我们很容易得到粒子的动量期望值的演化方程：

$$\frac{\mathrm{d}}{\mathrm{d}t}\langle p\rangle = \frac{1}{i\hbar}\langle[p,\widehat{H}]\rangle + \left\langle\frac{\partial p}{\partial t}\right\rangle = \frac{1}{i\hbar}\langle[p,V(x,t)]\rangle \tag{5.163}$$

可以发现

$$
\begin{aligned}
\frac{\mathrm{d}}{\mathrm{d}t}\langle p\rangle &= -\int \varphi^*(x,t)\nabla(V(x,t)\varphi(x,t))\mathrm{d}x^3 + \int \varphi^*(x,t)V(x,t)\nabla\varphi(x,t)\mathrm{d}x^3 \\
&= -\int \varphi^*(x,t)(\nabla V(x,t))\varphi(x,t)\mathrm{d}x^3 - \int \varphi^*(x,t)V(x,t)\nabla\varphi(x,t)\mathrm{d}x^3 \\
&\quad + \int \varphi^*(x,t)V(x,t)\nabla\varphi(x,t)\mathrm{d}x^3 = -\int \varphi^*(x,t)(\nabla V(x,t))\varphi(x,t)\mathrm{d}x^3 \\
&= -\langle\nabla V(x,t)\rangle
\end{aligned} \tag{5.164}
$$

此式是埃伦费斯特定理的直接推论。从这里，我们看到粒子动量期望值变化率是可以由势函数梯度的期望值直接决定的。如果把量子体系近似当成经典体系进行处理，也就是我们可以用粒子动量的期望值作为对应的经典粒子的动量值，那么公式 (5.164) 就是该经典粒子所需要满足的运动方程，对应的动力学过程就是所谓的埃伦费斯特动力学。

从形式上看，公式 (5.164) 非常类似于经典的牛顿方程。不过，它并不是牛顿方程，因为牛顿方程中的受力应该对应于粒子平均位置 $\langle x \rangle$ (即经典点粒子的位置) 处的势能梯度，即

$$\frac{\mathrm{d}}{\mathrm{d}t}\langle p \rangle = -\nabla V(\langle x \rangle, t) \tag{5.165}$$

公式 (5.164) 与 (5.165) 两者并不相同。

注意公式 (5.164) 的右边是势函数梯度对于含时演化的波函数的期望值。原子核和电子组成的凝聚态体系含时演化的波函数，应该是原子核和电子的整体波函数。在通常的应用中，常常把原子核作为经典粒子来处理，即把原子核波函数近似为 δ 函数，此时公式 (5.164) 的左边就是原子的动量变化，而右边就是原子的势函数梯度对演化得到的电子波函数的期望值，即原子的受力函数在电子波函数上的平均。由于含时演化的电子波函数相当于该时刻原子核构型对应的本征电子波函数的线性叠加，既有基态的部分，也有各个激发态的贡献，包含了非绝热过程的贡献，所以对应的原子受力即是多个势能面上受力的平均，是一种平均场理论。

埃伦费斯特动力学方法是突破玻恩-奥本海默近似的一个直接尝试 (Tully，1998；Hack，2000；Lian C.，2018)。埃伦费斯特的思想很早就存在，只是直到含时密度泛函理论 (Time-dependent density-functional theory，TDDFT)(Runge，1984) 在 20 世纪 80 年代被提出并逐步发展成熟后，它才在实际计算中得到越来越广泛的应用。这种方案也是目前最常用的埃伦费斯特动力学方法。它的具体实施过程为：在密度泛函理论优化得到的原子结构基础之上，先进行基于玻恩-奥本海默近似的分子动力学模拟；在某一时刻，改变电子占据数使一部分电子占据在空态，并在原能级上产生相应的空穴来模拟激发态电子的占据情况；然后使用含时密度泛函理论演化整个体系所有能级上的电子波函数，同时计算新的波函数所对应的原子受力，并获得原子下一时刻的位置和速度。

根据量子力学原理，原子核和电子多体系统的演化满足含时薛定谔方程 (Meng S.，2008a,b)：

$$\mathrm{i}\hbar \frac{\partial \Psi\left(\{r_j\}, \{R_J\}, t\right)}{\partial t} = \widehat{H}_{\mathrm{tot}}\left(\{r_j\}, \{R_J\}, t\right) \Psi\left(\{r_j\}, \{R_J\}, t\right) \tag{5.166}$$

其中 $\hbar$ 是普朗克常数，Ψ 是体系的波函数，r_j 是第 j 个电子的坐标，R_J 是第 J 个原子核的坐标。整个体系的哈密顿量包含电子的动能、原子核的动能、电子间的库仑斥力、原子核间的库仑斥力、电子和原子核间的库仑吸引以及外势场的贡献，于是写为

$$\begin{aligned}
\widehat{H}_{\mathrm{tot}} = & -\sum_j \frac{\hbar^2}{2m}\nabla_j^2 - \sum_J \frac{\hbar^2}{2m}\nabla_J^2 + \frac{1}{2}\sum_{i \neq j}\frac{e^2}{|r_i - r_j|} + \frac{1}{2}\sum_{I \neq J}\frac{Z_I Z_J}{|R_I - R_J|} \\
& - \sum_{j,J}\frac{eZ_J}{|r_j - R_J|} + U_{\mathrm{ext}}\left(\{r_j\}, \{R_J\}, t\right)
\end{aligned} \tag{5.167}$$

在实际计算中,电子的运动可以用含时密度泛函理论描述,而原子核则采用经典的描述,同时原子核密度分布取为 $\rho_J(R,t) = \delta(R - R_J(t))$。这样得到的电子和原子核的运动方程分别是

$$
\mathrm{i}\hbar\frac{\partial \phi_j(r,t)}{\partial t} = \left[-\frac{\hbar^2}{2m}\nabla_r^2 + v_{\mathrm{ext}}(r,t) + \int \frac{\rho(r',t)}{|r - r'|}\mathrm{d}r' \right.
$$
$$
\left. - \sum_i \frac{Z_J}{|r - R_j|} + v_{\mathrm{xc}}[\rho](r,t) \right]\phi_j(r,t) \tag{5.168}
$$

和

$$
M_J\frac{\mathrm{d}^2 R_J(t)}{\mathrm{d}t^2} = -\nabla_{R_J}\left[V_{\mathrm{ext}}^J(R_J,t) - \int \frac{Z_J\rho(r,t)}{|R_J - r|}\mathrm{d}r + \sum_{I\neq J} \frac{Z_I Z_J}{|R_J - R_I|} \right] \tag{5.169}
$$

其中 ϕ 是单粒子近似下的电子 Kohn-Sham 轨道,ρ 是电子的总密度,v_{xc} 是电子的交换关联泛函,M_J 和 Z_J 分别是第 J 个原子核的质量和电荷。

重复这一流程,就得到体系的电子和原子核实时演化的动力学过程。由于每一时刻的原子核坐标和速度可以根据上一时刻的体系状态计算得出,原则上不需要事先设定好势能面。在实际运用中,埃伦费斯特动力学方法计算物理图像清晰,因而得到了广泛应用。缺点是它需要求解含时薛定谔方程,计算量相对较大。最近中国科学院物理研究所孟胜等发展了一套基于含时密度泛函理论和埃伦费斯特定理的描述电子波函数实时演化并与原子核运动相耦合的计算方法 (Meng S.,2008a,b; Lian C.,2018)。该方法可用来研究通常空间尺度大于 500 原子,时间尺度大于 1000 fs 的大尺度半导体和纳米材料电子激发态的光吸收和电子动力学过程,在半经典的非绝热问题研究方面取得了一系列明显的进步。作为研究非绝热效应的一种有效手段,关于这种基于含时密度泛函和埃伦费斯特定理的第一性原理激发态动力学模拟程序及软件包 (Time-Dependent *Ab-initio* Package,TDAP),读者可以参见附录 B 的介绍。

5.3.3 其他量子-经典混合动力学方法

量子-经典混合动力学 (Hybrid quantum-classical dynamics) 方法是一类在研究非绝热问题中广泛使用的方法。它的主要思想是把总的体系描述成耦合在经典环境中的量子体系。总哈密顿量由三部分构成,分别为电子的量子体系哈密顿量,原子核的经典体系的势能面,以及两者耦合哈密顿量。在此基础之上,总哈密顿量可以进行含时演化。事实上,之前介绍的势能面跳跃方法和埃伦费斯特动力学方法都可以归属于这一大类。除了这两种最常用的方法之外,演化方式还可以有很多种其他形式,包括密度矩阵的含时演化、刘维尔动力学和一些线性化的对应方法等 (Miller, 1970; Ben-Nun, 1998; Huo P., 2012)。

比如密度矩阵满足方程:

$$
\mathrm{i}\hbar\frac{\partial}{\partial t}\rho = \left[\widehat{H}, \rho\right] \tag{5.170}
$$

我们就可以通过演化密度矩阵及其某些情况下的半经典对应量，来得到体系的量子演化信息。假定体系的哈密顿量为

$$\widehat{H} = T(\boldsymbol{p}) + V_0(\boldsymbol{x}) + \sum_{n,m} |\phi_n\rangle V_{nm}(\boldsymbol{x}) \langle \phi_m| \tag{5.171}$$

其中 $\boldsymbol{p}$、$\boldsymbol{x}$ 是类似于原子核的经典粒子的动量和位置，对应于类比谐振子的经典体系，我们有

$$T(\boldsymbol{p}) + V_0(\boldsymbol{x}) = \sum_{j=1}^{N} \frac{\omega_j}{2} \left(p_j^2 + x_j^2 \right) \tag{5.172}$$

而 $|\phi_n\rangle$ 是类似于电子的量子体系的本征状态，即

$$|\phi_n\rangle \rightarrow |0_1, \cdots, 1_n, \cdots, 0_M\rangle \tag{5.173}$$

可以把 $|\phi_n\rangle$ 状态写为粒子产生或湮灭算符的形式：

$$|\phi_n\rangle \langle \phi_m| \rightarrow a_n^+ a_m \tag{5.174}$$

这样可以定义

$$X_n = \frac{1}{\sqrt{2}} \left(a_n^+ + a_n \right) \tag{5.175}$$

$$P_n = \frac{\mathrm{i}}{\sqrt{2}} \left(a_n^+ - a_n \right) \tag{5.176}$$

不难证明，公式 (5.171) 中的哈密顿量可以转化为 (Huo P.，2012)

$$\widehat{H} = h_0(\boldsymbol{x}, \boldsymbol{p}) + \frac{1}{2} \sum_{nm} \left(X_n X_m + P_n P_m \right) V_{nm}(\boldsymbol{x}) \tag{5.177}$$

其中

$$h_0(\boldsymbol{x}, \boldsymbol{p}) = T(\boldsymbol{p}) + V_0(\boldsymbol{x}) - \frac{1}{2} \sum_n V_{nn}(\boldsymbol{x}) \tag{5.178}$$

于是整个量子-经典混合体系就可以对应到近似的全经典体系，从而用现有的经典方法进行演化求解。这是这一类线性化对应算法的基本思路。这些方法目前主要用于模型体系的理论计算，由于受到其计算量和计算方式的限制，在实际凝聚态体系的模拟中还没有得到普遍应用。

5.4　非绝热效应与核量子效应结合的一些尝试

在前面的介绍中，我们反复强调非绝热效应和核量子效应结合的重要性，但是对于与真实的凝聚态体系相关的研究目前才刚刚起步。越来越多的工作表明，对于实际物理和化

学过程中一些精密的实验观测结果的准确理解，需要发展非绝热效应与核量子效应相结合的全量子理论，这一点是十分重要的。因此，这也是目前凝聚态物理、理论化学研究中的一个重要的前沿方向。这两种效应的综合考虑同样包含热力学统计和动力学性质研究两个方面。由于非绝热效应本质上也是一个量子物理问题，原则上来说只有严格的波函数方法才能正确描述其中的量子相干性质。但在实际工作中，这种计算量对原子数量较多的凝聚态体系会变得不可接受。目前，在实际体系的理论模拟中，人们常常采用各种量子-经典混合的处理办法。尽管如此，这些方法仍然不能包含足够的全量子效应信息，因此并不可靠，这也使得结合这两种效应的动力学性质的模拟尤为困难。

在这个方向上，目前主要有两方面的研究方法在同时发展，一种是描述含时动力学性质，包括电子占据情况和原子/分子的运动情况等；另一种是用来计算非绝热反应速率 (Non-adiabatic reaction rate)。这两者本质上都是在研究由公式 (5.12) 描述的量子关联函数问题。接下来，为了将这里的讨论与多数现有文献对应，我们将按照这两个方面分别介绍目前一些理论上的尝试。由于方法的可靠性还存在一定争议，以及在实际体系中计算量和高质量透热势能面构建上仍存在困难，这些方法大多都还只停留在对一些模型体系的研究阶段。

5.4.1 非绝热动力学性质模拟

为了得到包含非绝热效应和核量子效应综合考虑的动力学信息，近年来，从实用角度出发，一些工作将环状聚合物分子动力学 (Ring-polymer molecular dynamics，RPMD) 方法和 5.3 节中介绍的非绝热模拟方法进行了结合，开展了许多探索性的研究。

第一种方法是从非绝热体系的配分函数

$$Z \propto \lim_{N \to \infty} \int \mathrm{d}\boldsymbol{R} \mathrm{d}\boldsymbol{P} \mathrm{e}^{-\beta_N H_{\mathrm{rp}}} \mathrm{Tr}_{\mathrm{e}} \prod_{\alpha=1}^{N} \mathrm{e}^{-\beta_N \widehat{V}(R_\alpha)} \tag{5.179}$$

出发来求解问题。其中 H_{rp} 是自由环状聚合物的哈密顿量，它具体表述为

$$H_{\mathrm{rp}} = \sum_{\alpha}^{N} \frac{P_\alpha^2}{2M} + \frac{M}{2\beta_N^2 \hbar^2} \left(R_\alpha - R_{\alpha-1}\right)^2 \tag{5.180}$$

如果用 $\widehat{V}$ 代表透热势能矩阵，Tr_{e} 表示对电子自由度求迹，可以令

$$\mathrm{e}^{-\beta_N V_{\mathrm{eff}}(\boldsymbol{R})} = \mathrm{Tr}_{\mathrm{e}} \prod_{\alpha=1}^{N} \mathrm{e}^{-\beta_N \widehat{V}(R_\alpha)} \tag{5.181}$$

这样式 (5.179) 的配分函数就能写为

$$Z \propto \lim_{N \to \infty} \int \mathrm{d}\boldsymbol{R} \mathrm{d}\boldsymbol{P} \mathrm{e}^{-\beta_N H_N^{\mathrm{MF}}} \tag{5.182}$$

其中 $H_N^{\mathrm{MF}} = H_{\mathrm{rp}} + V_{\mathrm{eff}}(\boldsymbol{R})$。在环状聚合物分子动力学方法中，每个珠子在一个有效势下进行移动。这里借助的思想是，人们可以让环状聚合物由 H_N^{MF} 这个等效哈密顿量来传播，并基于此得到相应的量子关联函数。这种办法被称作平均场环状聚合物分子动力学方

法 (MF-RPMD)(Hele, 2011)。它的本质是把一个多能级的哈密顿量平均成了一个不包含电子态信息的哈密顿量。

另一种方法是把环状聚合物分子动力学方法与势能面跃迁 (Surface hopping) 方法结合，称为环状聚合物势能面跃迁 (Ring-polymer surface hopping，RPSH) 方法 (Shushkov, 2012)。这种方法假设环状聚合物的所有珠子在同一个绝热势能面上，并采用

$$\mathrm{i}\dot{c}_i = \left[\frac{1}{N} \sum_{k=1}^{N} V_i\left(R_k\right) \right] c_i - \mathrm{i} \sum_j \left[\frac{1}{N} \sum_{k=1}^{N} \dot{R}_k \cdot d_{ij}\left(R_k\right) \right] c_j \tag{5.183}$$

或者

$$\mathrm{i}\dot{c}_i = V_i(\overline{R})c_i - \mathrm{i} \sum_j \dot{\overline{R}} \cdot d_{ij}(\overline{R})c_j \tag{5.184}$$

来传播电子态系数，其中 $\overline{R}$ 指环状聚合物的质心 (Centroid)，其余符号与 5.3.1 节含义一致。在电子态系数满足类似 5.3.1 节中讨论的条件时，跳跃会发生。它们的区别在于此时每个珠子的速度都需要沿着非绝热耦合的方向做调整，以保证体系总能量守恒。由于包含了核量子效应，在 Tully 的三个模型中，环状聚合物势能面跃迁方法会在低能量区域内比经典的势能面跃迁方法所得到的电子占据信息更准确 (Shakib, 2017)。但与平均场环状聚合物分子动力学方法相比，由于假设了所有珠子都在同一个绝热势能面上，这个方法在统计意义上并不严格。

为了把环状聚合物势能面跃迁的思想与精确的量子统计相结合，T. F. Miller 研究组提出了一种被称为同构哈密顿量环状聚合物势能面跃迁 (Iso-RPSH) 的方法 (Tao X., 2018)。在这个方法中，构建了一个新的同构哈密顿量 $\widehat{H}_N^{\mathrm{iso}} = H_{\mathrm{rp}} + \widehat{V}^{\mathrm{iso}}\left(\boldsymbol{R}\right)$，其中 $\widehat{V}^{\mathrm{iso}}\left(\boldsymbol{R}\right)$ 满足

$$\mathrm{Tr}_{\mathrm{e}}\, \mathrm{e}^{-\beta_N \widehat{V}^{\mathrm{iso}}(\boldsymbol{R})} = \mathrm{Tr}_{\mathrm{e}} \prod_{\alpha=1}^{N} \mathrm{e}^{-\beta_N \widehat{V}(R_\alpha)} \equiv \mu(\boldsymbol{R}) \tag{5.185}$$

这样，既遵守了量子统计，还可以让整个环状聚合物在 $\widehat{V}^{\mathrm{iso}}\left(\boldsymbol{R}\right)$ 的本征能量面上来进行面跳跃，以得到电子占据信息。以两个电子态为例，$\widehat{V}^{\mathrm{iso}}\left(\boldsymbol{R}\right)$ 的形式写为

$$\widehat{V}^{\mathrm{iso}}\left(\boldsymbol{R}\right) = \left[\begin{array}{cc} V_1^{\mathrm{iso}}\left(\boldsymbol{R}\right) & K_{12}^{\mathrm{iso}}\left(\boldsymbol{R}\right) \\ K_{12}^{\mathrm{iso}}\left(\boldsymbol{R}\right) & V_2^{\mathrm{iso}}\left(\boldsymbol{R}\right) \end{array} \right] \tag{5.186}$$

在没有非绝热耦合的区域，$\widehat{V}^{\mathrm{iso}}\left(\boldsymbol{R}\right)$ 必须与通常的环状聚合物分子动力学方法中的势有相同形式，因此可得

$$V_i^{\mathrm{iso}}(\boldsymbol{R}) = \frac{1}{N} \sum_{\alpha=1}^{N} V_i\left(R_\alpha\right) \tag{5.187}$$

再根据公式 (5.182) 的要求，进一步得到非对角元的表达式

$$\left(K_{12}^{\mathrm{iso}}\left(\boldsymbol{R}\right)\right)^2 = \mathrm{acosh}^2\left[\mathrm{e}^{\frac{\beta}{2}\left(V_1^{\mathrm{iso}}\left(\boldsymbol{R}\right) + V_2^{\mathrm{iso}}\left(\boldsymbol{R}\right)\right)} \mu(\boldsymbol{R})/2 \right] /\beta^2 - \left(V_1^{\mathrm{iso}}\left(\boldsymbol{R}\right) - V_2^{\mathrm{iso}}\left(\boldsymbol{R}\right)\right)^2 /4 \tag{5.188}$$

可以看出 $V_{\text{eff}}(\boldsymbol{R})$ 与 $\widehat{V}^{\text{iso}}(\boldsymbol{R})$ 的形式都很复杂。事实上，每一步平均场环状聚合物分子动力学方法的传播都需要进行 $3N-6$ 次矩阵乘法，这导致了平均场环状聚合物分子动力学和同构哈密顿量环状聚合物势能面跃迁的动力学传播计算量都非常大，显然阻碍了这两种方法的实际应用。

还有一种是环状聚合物分子动力学方法与 5.3.3 节中介绍的公式 (5.173)～(5.178) 表达的方法相结合 (Stock, 1997)，分别得到的非绝热环状聚合物分子动力学 (Nonadiabatic ring-polymer molecular dynamics，NRPMD) (Richardson, 2013)、映射变量-环状聚合物分子动力学 (Mapping variable ring-polymer molecular dynamics，MV-RPMD) (Ananth, 2013) 和相干态映射-环状聚合物分子动力学 (Coherent state mapping ring-polymer molecular dynamics，CS-RPMD) (Chowdhury, 2017) 这三种方法。它们均严格遵守量子统计，可以较好地描述非绝热的动力学信息。例如，相干态映射-环状聚合物分子动力学把电子自由度也像原子核自由度那样离散化为 N 个珠子，最终得到

$$Z \propto \lim_{N \to \infty} \int \mathrm{d}\boldsymbol{R}\mathrm{d}\boldsymbol{P}\mathrm{d}\boldsymbol{p}\mathrm{d}\boldsymbol{q}\,\Gamma\mathrm{e}^{-\beta_N H_{\text{cs}}} \tag{5.189}$$

其中

$$\Gamma = \prod_{\alpha=1}^{N} \frac{1}{2}\left(\boldsymbol{q}_\alpha - \mathrm{i}\boldsymbol{p}_\alpha\right)^{\text{T}}\left(\boldsymbol{q}_{\alpha+1} - \mathrm{i}\boldsymbol{p}_{\alpha+1}\right)\mathrm{e}^{-\frac{1}{2}\left(\boldsymbol{q}_\alpha^{\text{T}}\boldsymbol{q}_\alpha + \boldsymbol{p}_\alpha^{\text{T}}\boldsymbol{p}_\alpha\right)} \tag{5.190}$$

以及

$$H_{\text{cs}} = H_{\text{rp}} + \sum_{nm} V_{nm}\left(\boldsymbol{R}_\alpha\right)\left[\frac{1}{2}\left(\boldsymbol{q}_{\alpha m}\boldsymbol{q}_{\alpha n} + \boldsymbol{p}_{\alpha m}\boldsymbol{p}_{\alpha n}\right) - \delta_{nm}\right] \tag{5.191}$$

在动力学演化上，它与环状聚合物分子动力学方法类似，可以用 H_{cs} 来描述原子核与电子对应的位置和动量的传播。此过程中，原子核与电子占据的动力学信息可以由 $\boldsymbol{R}$、$\boldsymbol{P}$、$\boldsymbol{q}$、$\boldsymbol{p}$ 来表示。

5.4.2   非绝热反应速率的计算

反应速率本质上也是一种量子关联函数，其表达式为

$$k(T)Q_{\text{r}}(T) = \lim_{t \to \infty} C_{fs}(t) \tag{5.192}$$

这里右边的函数可以进一步表示为

$$C_{fs}(t) = \text{Tr}\left[\mathrm{e}^{-\beta\widehat{H}/2}\widehat{F}\mathrm{e}^{-\beta\widehat{H}/2}\mathrm{e}^{\mathrm{i}\widehat{H}t/\hbar}\widehat{h}(\widehat{x}-s)\mathrm{e}^{-\mathrm{i}\widehat{H}t/\hbar}\right] \tag{5.193}$$

其中 $\widehat{h}$ 是 Heaviside 函数，$\widehat{F} = \frac{\mathrm{i}}{\hbar}[\widehat{H}, \widehat{h}(\widehat{x}-s)] = -\frac{\mathrm{i}\hbar}{2m}\left\{\delta(\widehat{x}-s)\dfrac{\mathrm{d}}{\mathrm{d}x} + \dfrac{\mathrm{d}}{\mathrm{d}x}\delta(\widehat{x}-s)\right\}$ 称为流算符，s 是反应的分割面 (Dividing surface)。为了得到与绝热环状聚合物分子动力学速率类似的非绝热速率，仿照环状聚合物分子动力学速率的推导过程，先对 $C_{fs}(t)$ 进行

经典近似，即把 $\hat{x}$ 与 $\hat{p}$ 不再看作算符而看作单纯的数，忽略二者的对易子。这样，其传播也由经典哈密顿正则方程决定，并通过求迹操作 $\text{Tr}\,[\cdots\cdots]$ 转变为一个相空间积分问题，从而有

$$C_{fs}^{\text{cl}}(t) = \frac{1}{2\pi} \int \mathrm{d}p\mathrm{d}x \mathrm{e}^{-\beta H(p,x)} \frac{p}{m} \delta(x-s) h\left(x_t - s\right) \tag{5.194}$$

为了包含玻尔兹曼算符的量子效应，把上面的表达式用路径积分形式重写，就可以得到如下公式：

$$C_{fs}^{N}(t) = \frac{1}{(2\pi)^N} \int \mathrm{d}\boldsymbol{R}\mathrm{d}\boldsymbol{P} \mathrm{e}^{-\beta_N H_N^{\text{MF}}(\boldsymbol{R},\boldsymbol{P})} \frac{\overline{P}}{m} \delta(\overline{R}-s) h\left(\overline{R}_t - s\right) \tag{5.195}$$

其中 H_N^{MF} 和公式 (5.182) 中的一致，这就得到了平均场环状聚合物分子动力学的速率 (Hele, 2011)。具体计算时，通常运用 Bennett-Chandler 分解法 (Bennett, 1977；Chandler, 1978)，即

$$k_{\text{MF-RPMD}} = k_{\text{MF-QTST}} \cdot \kappa_{\text{MF-RPMD}} \tag{5.196}$$

其中第一项

$$k_{\text{MF-QTST}} = \frac{1}{Q_r} \int \mathrm{d}\boldsymbol{R}\mathrm{d}\boldsymbol{P} \mathrm{e}^{-\beta_N H_N^{\text{MF}}(\boldsymbol{R},\boldsymbol{P})} \frac{\overline{P}}{m} \delta(\overline{R}-s) h(\overline{P}) \tag{5.197}$$

称为量子过渡态速率 (Quantum transition rate, QTR)，它是一个不含时的统计量。而公式 (5.196) 中的另一项为

$$\kappa_{\text{MF-RPMD}} = \frac{\lim_{t\to\infty} C_{fs}^{N}(t)}{\lim_{t\to0+} C_{fs}^{N}(t)} \tag{5.198}$$

称为动力学修正项。这样，速率的计算就不依赖于分割面的选择了，因此避免了寻找最优分割面所带来的较大的计算量问题。

同时，我们还可以结合环状聚合物势能面跃迁方法和同构哈密顿量环状聚合物势能面跃迁方法，得到态分辨的反应速率 (Shushkov, 2012；Tao X., 2019)。这里计算态分辨的动力学修正项为

$$\kappa_{i\to f,\gamma}^{(\text{iso})} = \frac{\lim_{t\to\infty} \int \mathrm{d}\boldsymbol{R}\mathrm{d}\boldsymbol{P} \mathrm{e}^{-\beta_N H_{N,Y}^{(\text{iso})}(\boldsymbol{R},\boldsymbol{P})} \frac{\bar{P}}{m} \delta(\bar{R}-s) h\left(\bar{R}_t - s\right) \delta_{i\theta_{-t}} \delta_{f\theta_t}}{\int \mathrm{d}\boldsymbol{R}\mathrm{d}\boldsymbol{P} \mathrm{e}^{-\beta_N H_{N,Y}^{(\text{iso})}(R,P)} \frac{\bar{P}}{m} \delta(\bar{R}-s) h(\bar{P})} \tag{5.199}$$

其中 $\delta_{i\theta_{-t}}$ 指在反应进行之前反应物在 i 电子态上，$\delta_{f\theta_t}$ 指在反应结束后生成物在 f 电子态上，γ 代表在分割面上环状聚合物所在的电子态。在传播过程中，环状聚合物按照环状

聚合物势能面跃迁进行传播，或者是按照同构哈密顿量环状聚合物势能面跃迁方法进行传播。通过大量轨迹的统计平均，即可得到态分辨的动力学修正项。进一步根据

$$k_{i \to f}^{(\mathrm{iso})} = k_{\mathrm{MF\text{-}QTST}} \sum_{\gamma} \kappa_{i \to f, \gamma}^{(\mathrm{iso})} \tag{5.200}$$

从而可以得到态分辨的反应速率。

严格地说，在非绝热情形下，这里进行的经典近似并不合理。其原因在于此时的哈密顿量是一个矩阵，$\hat{x}$ 算符在这个哈密顿量下的演化不能简单地经典化处理。事实上，这种方法在非绝热极限下是存在问题的 (Menzeleev, 2014；Lawrencc, 2019a,b)。为了得到令人满意的非绝热反应速率，近几年理论化学界提出了很多种解决方案 (Richardson, 2015；Lawrence, 2018, 2020；Thapa, 2019)。不过这些方案都还只停留在模型体系的计算上，其可靠性以及在实际体系中的应用仍依赖于方法进一步的发展和完善。

5.4.3 举例：光激发水二聚体中的质子转移过程

2023 年，中国科学院物理研究所孟胜研究组提出了一种基于路径积分分子动力学的非绝热全量子动力学模拟方法。这种方法可同时描述凝聚态物质中原子核量子效应和电子跃迁非绝热效应，他们将其成功地应用到光激发情况下水二聚体中质子转移过程的全量子效应研究 (Zhao R.J., 2023)。

如前所述，在分子动力学研究领域目前主流的计算方法大致分为两类。一类是基于玻恩—奥本海默近似的绝热分子动力学方法，例如基于模型势的经典分子动力学、基于第一性原理势场的 "从头算分子动力学"(包括 Car-Parrinello 方法) 以及基于绝热势能面的路径积分分子动力学方法等。这些方法一般不显含电子自由度的动力学计算，即不考虑电子在不同态之间的演化跃迁。另外一类是考虑到电子的量子演化过程，但把原子核处理成经典点粒子，因此这些方法不能考虑电子-原子核量子耦合。然而，在处理非绝热现象和原子核量子效应并存的实际物理问题时，这两种方法都存在很大的局限性。比如，前者无法描述非绝热现象，而后者忽略了原子的核量子效应。另外，凝聚态体系中原子数目众多，导致计算量大增，因此现有的动力学方法都难以与常用的第一性原理计算方法相结合来描述真实材料的动力学特征。

孟胜研究组通过严格的理论推导，发展了一种基于路径积分分子动力学的非绝热全量子动力学方法，即 RPMD-IB(Ring-polymer molecular dynamics based on independent beads) 方法 (Zhao R.J., 2023)。经过与量子力学严格解析解做比较，他们发现这种方法能够同时描述凝聚态物质的原子核量子效应和电子跃迁非绝热效应。具体地讲，该方法是将路径积分分子动力学与埃伦费斯特定理相结合，对于路径积分模拟中的每一条路径，都独立地计算不断演化的电子结构，并进一步通过电子结构的量子演化驱动该路径上的原子构型同步发生变化 (图 5.7)。与基于经典路径或者平均路径的非绝热动力学方法相比，该方法不仅能够相对准确地描述在体系演化过程中的原子核量子效应，同时也能够描述体系演化时电子在不同能级间的激发情况 (即非绝热效应)。他们将这种方法与第一性原理激发态动力学模拟软件 TDAP 相结合 (详见附录 B)，可以有效地处理具有数百个原子的真实凝聚态体系的全量子动力学问题。

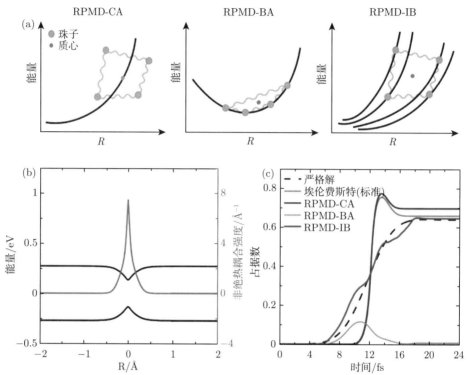

图 5.7　几种非绝热量子动力学方法及其与量子力学严格解的比较。(a) 非绝热路径积分分子动力学方法图示。(b) 二能级系统的模型势能面 (黑线) 与非绝热耦合量 (绿线)。(c) 通过势垒发生电子跃迁时，不同方法计算得到的电子在高能级的占据数随时间的变化。虚线为量子力学严格解。红线为 RPMD-IB 模拟结果。摘自 (Zhao R.J., 2023)

　　他们首先用 RPMD-IB 方法模拟了光激发下水分子二聚体中质子的转移过程。研究发现，在光激发之后的 50 fs 内，水分子二聚体 H_2O-H_2O^+ 中的质子实现了转移 (由图 5.8(b) 中 RPMD-IB 的结果所示)。令人惊奇的是，如图 5.8(b) 中标准的埃伦费斯特结果显示，在基于原子核的经典点粒子近似的模拟路径中，短时间内并没有发现质子转移现象。他们证明只有在考虑到原子核的量子属性之后，才能够发生非绝热质子转移。计算得到的质子转移速率与实验测量结果完全吻合，这个结果说明同时考虑核量子效应与非绝热效应全量子模拟的重要性。他们进一步将该方法应用于水团簇和液态水中水分子受光激发引起的分解过程、水在二氧化钛表面的电荷转移过程以及石墨烯薄膜的氢离子穿越过程研究。这些工作对深入理解某些实际光激发的物理化学过程中，由于电子和原子核量子耦合引起的核量子效应和非绝热效应发挥了重要作用，为研究凝聚态物质中的全量子效应问题提供了一种新的理论方法和模拟工具。

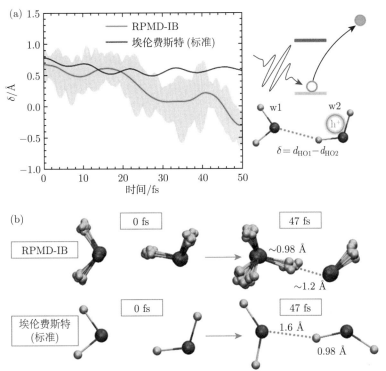

图 5.8 RPMD-IB 方法与传统埃伦费斯特平均场方法模拟 H_2O-H_2O^+ 中质子转移过程的对比。(a) 质子在水分子二聚体中位置随时间的变化关系。(b) 不同时刻水分子二聚体空间结构对比。摘自 (Zhao R.J., 2023)

5.5 全量子效应理论方法展望

至此，按照 4.1 节提供的思路，我们将目前关于凝聚态体系全量子效应理论模拟方法做了比较系统的讨论。但是，我们同时也必须承认，因为凝聚态体系的多体量子特性，类似问题的严格求解目前是不现实的。在实际研究中，人们必须借助计算手段做相应近似，而凝聚态计算物理这门学科的一个重要特点，就是要寻找计算能力与计算精确度两方面的最佳平衡点。在这个过程中，每个历史时期的首要任务，都是在其现有计算能力允许的范围内，对计算方法的优化与发展，力求保持最佳的计算精度。目前这个阶段也不例外。在现有计算机条件下，多数研究还需要分核量子效应与非绝热效应两个方面有侧重地来展开。

在核量子效应的研究中，从统计层面的角度看，现有方法除了在原子核是费米子时无法描述原子核之间的交换作用外 (对电子交换作用项的处理是较为成熟的)，整体而言是严格的。同时，我们也知道在多数实际体系中，这个问题应该可以暂时被忽略。从实用性来讲，目前最大的问题是如何将这些核量子效应模拟手段与准确的电子结构计算方法相结合，特别是针对传统密度泛函理论对某些系统的基态玻恩-奥本海默势能面的描述不是很精确的情况。考虑到这个问题，采用量子蒙特卡洛方法或量子化学方法提供的电子结构，都是很不错的选择。在动力学层面，5.1.3 节我们已经提到过，现有算法 (包括半经典方法、质心动力学、环状聚合物分子动力学、瞬子方法等) 都还有很大的发展空间。

　　在非绝热效应的理论模拟领域，势能面跳跃方法虽然实用，但没有严格的理论基础。埃伦费斯特动力学方法在长时极限下是违背量子力学基本原理的。其他量子-经典混合处理的动力学方法，在应用方面还非常受限。因此，建立研究非绝热过程更加清晰的理论框架，并发展有效的模拟方法目前仍然是十分紧迫的任务。

　　在考虑将核量子效应与非绝热效应结合上，就实用性而言，5.2 节介绍的凝聚态体系中从第一性原理出发讨论电-声耦合及相关问题的研究是相对成熟的，尽管在此处的讨论中我们是侧重在与核量子效应相关方面。5.4 节介绍的针对核量子效应与非绝热效应综合一起考虑的研究多集中于理论化学领域，也多处在起步阶段，特别是面对多原子凝聚态体系，其计算的复杂性已超出目前计算机的实际能力。我们还必须指出，研究全量子效应问题时提到的多数方法，在凝聚态物理和理论化学领域所使用的是完全不同的语言。从玻恩-黄展开去理解，凝聚态物理中电-声耦合效应的研究也有很多不严格的地方，而相对严格意义上的理论化学方法对凝聚态体系的实际问题处理上又一筹莫展。随着工作的不断深入，如何统一这两种语言，从而去协同研究在实际凝聚态体系中存在的全量子效应，应该说在未来的相当长时间内都会是我们面临的一个艰巨任务。

第 6 章 全量子效应的实验研究

从实验测量的角度来讲，针对全量子效应的研究同样是一项十分艰巨和充满挑战的工作。这项研究往往需要人们抓住一些实验观测的细节去深入分析发现其内在的全量子物理本质。凝聚态物质中与全量子效应相关的物理性质和化学性质普遍存在于各种实验观测结果中，但由于全量子效应对于实验条件，特别是对局域环境非常敏感，它的测量对实验设计、样品准备、探测技术和数据分析都有很高的要求。同时各种外场平台提供的极端条件与调控方式也常常是必不可少的前提实验手段。

首先，对全量子效应中的核量子效应实验探测，主要集中在原子核的零点振动、量子涨落等引起的各种可观测量的零点修正，以及原子核的量子隧穿、量子离域等现象引发的物态和物性的变化。在这方面研究中，理论工作往往对实验分析是大有帮助的。已有一些理论文章对此类实验的细节给出了比较详细的描述和分析 (Milonni, 1991；Tuckerman, 1997；Benoit, 1998；Miyazaki, 2004；Marx, 2006；Zhang Q.F., 2008；Ceriotti, 2016；Meisner, 2016；Guo J., 2017；Markland, 2018；Fang W., 2019)。对于核量子效应的一种非常有效的观测办法是在实验上采取同位素替换，然后基于不同实验表征技术，对同位素替换前后凝聚态系统的统计性质或者动力学性质进行测量，进而在一定程度上反映出核量子效应对实际观测物理量的综合影响。

研究非绝热效应最典型的方法是研究非平衡过程中各种物理量的变化，比如光激发下各种化学反应过程中化学键的断裂与重组，以及反应物与生成物的关系等。实验上，光谱和光电子能谱技术一直是研究电子激发跃迁最主要和最直接的手段。近年来超快激光技术的发展，更是使得人们有可能捕捉到电子运动与原子核运动过程之间非绝热量子耦合的全部演化情况，并通过与各种探测技术相结合，深入研究超快电荷转移、光驱动相变以及电荷密度波等相关物理现象。同位素替换也是研究非绝热效应的有力手段，例如它可能直接影响到化学反应的速率和产物。同样，理论的支持也是非常必要的，而近些年非绝热量子动力学的发展是理论方面的一个关键进步。

由于核量子效应与非绝热效应是所研究的物理对象本质上固有的量子属性，有些情况下我们可以在实验中直接观测到典型的全量子效应。比如，化学反应过程中反应速率在低温下趋近于恒定值这样由核量子隧穿导致的现象，再如原子核的动量分布偏离经典统计这样由核量子涨落导致的现象，以及光谱实验中由非绝热过程导致的 Franck-Condon 效应、频谱展宽和频峰位移等。由于在具体的实验测量中，全量子效应与电子态绝热的球-棒模型下的结果进行直接的分离是非常困难的，所以同位素替换所引起的物理性质与化学性质变化是实验上我们可以抓住的反映全量子效应的关键信息。以核量子效应的研究为例，在包含氢元素的实际体系的物性测量中，人们可通过氢与氘的同位素替换来分析比较各种物理量的变化。氢与氘包含相同的质子数，因此在同位素替换后，系统的玻恩-奥本海默势能面是完全一样的。但是，由于氘的质量大约是氢的两倍，在相同温度下，它的核量子效应要相对弱一些。与之相应,当氢原子被氘原子替代的时候,凝聚态体系中原子核的零点振动、量子涨落引起的各种可观测量的零点修正,以及原子核量子效应引起的量子隧穿、量子离域现象都会相应减弱。这些微调中全量子效应参数的任何一点改变,都会带来所研究的物理对象实际物理性质和化学性质的改变。因此针对核量子效应的实验研究中,最关键的就是要捕捉到在精准测量时这些细节的变化,并做出正确的判断和合理的解释。比如,水与重水的比热、熔点、沸点等基本物理参数的差异会呈现出同位素依赖关系。这些宏观物理参数的同位素依赖关系,整体而言是比较好测量的,但理解其背后核量子效应的物理机制则需要在微观尺度上进行全量子力学层面的分析。另外,在一些与局域环境关联密切的问题上,比如气液界面水的氢键强度,同位素效应对它的影响表现为在不同温度下键的强弱会发生反转。一般情况下,氘 (D) 的氢键强度通常大于氢 (H) 的氢键强度,但在温度高于 493 K 时,氢 (H) 的氢键强度反而会偏强。这就需要很巧妙的实验设计和很精密的实验测量手段对这一转变来进行研究 (Horita, 1994)。在传统研究中,人们针对这些问题的实验表征多基于核磁共振、X 射线散射、中子散射技术来开展 (Ubbelohde, 1955)。近年来,随着实空间高分辨成像技术的发展,类似扫描电子隧道显微镜、原子力显微镜等探针技术也开始成为相关方面实验研究的主要手段 (Guo J., 2016a;Kumagai, 2015;Lin C.F., 2019)。

类似地,同位素替换实验也会对非绝热效应研究提供重要线索。由于同位素原子具有不同的原子质量,替换前后非绝热电子激发或衰减的程度是不一样的,同时通过电子与原子核的量子耦合作用对原子的动力学影响也不一样,因此会带来凝聚态系统某些物性和物态的明显不同变化。比如核磁振动及光谱测量中峰位的移动及峰值强度的变化与频谱的展宽、电-声耦合相互作用导致的超导性改变,以及光催化非平衡态反应中原子核-电子量子演化出的新产物等,这些都与凝聚态体系各种多体量子过程中非绝热效应的大小直接相关。通过有效利用各种外场条件,便可以根据我们的需要来设计"彰显"或"抑制"某些物理及化学过程的全量子效应。通过测量相应调控过程中物理量的细微变化,并与全量子效应理论模拟相对照,我们便可以直接获得非绝热效应的重要信息。

本章中,我们将重点介绍目前在研究全量子效应对凝聚态体系物理性质及化学性质的影响时,人们主要依赖的实验方法和外场平台。这些实验方法包括核磁共振、中子散射、X 射线散射、光谱技术、光电子能谱、电子散射和扫描探针技术等;相应的各种外场极端条件平台包括极低温、超高压、强磁场、超快超强光场和综合极端条件所提供的实验环境等。本章最后我们也会对未来全量子效应实验技术的发展做一个展望。

6.1　技术方法

与全量子效应理论方法相比,系统研究全量子效应的实验技术还处于发展阶段。本节主要介绍如何基于现有的实验技术向某些测量极限方向发展,并通过不同技术之间的优势互补,来揭示如何通过常规实验手段观测与全量子效应相关的各种物理现象。

6.1.1　核磁共振

核磁共振 (Nuclear magnetic resonance,NMR) 技术是在原子尺度上研究分子结构的重要谱学工具。对于核自旋非零的原子核,其能级在恒定外磁场的作用下会发生塞曼分裂,使得自旋取向会沿着外磁场的方向量子化。在经典图像中,原子核的磁矩会以角频率 ω_0 绕外磁场做拉莫尔进动。当在与外磁场方向垂直的方向上施加角频率同为 ω_0 的射频电磁波时,核磁矩能够共振吸收电磁波的辐射能,从低能态跃迁至高能态,该现象称为核磁共振。

实现核磁共振的方式有两种:扫频和扫场。通过固定外加磁场强度,改变射频信号频率来探测共振信号的方式称为扫频;通过固定射频信号频率,逐渐改变磁场强度大小来探测共振信号的方式称为扫场。利用这两种方式,可以对样品的共振频率进行探测。由于不同种类的磁性原子核的共振频率不同,通过对共振信号采集就能够对样品进行元素种类的识别。若同种元素的原子核所处的化学环境不同,则其周围电子云产生的抗磁屏蔽不同,这会导致 NMR 的谱线移动一定距离,即产生化学位移 δ。通过测量特定原子核如 ^{1}H、^{13}C 等的化学位移,可推测其对应的化学环境或化学结构 (如图 6.1(a) 所示)。举个例子,德国拜罗伊特大学的 L. Dubrovinsky 研究组利用氢核磁共振谱 (^{1}H-NMR) 在针对高压冰 (Ice X) 的相变研究中,可以很清楚地反映出核量子效应引起的氢键对称化过程。在从 10 GPa 到 90 GPa 不断增大压强的过程中,冰逐渐从 VII 相转变为 X 相。图 6.1(b) 中的 NMR 信号作为 δ 的函数,会在压强小于等于 17 GPa 时呈现出单峰,在压强大于等于 20 GPa 时

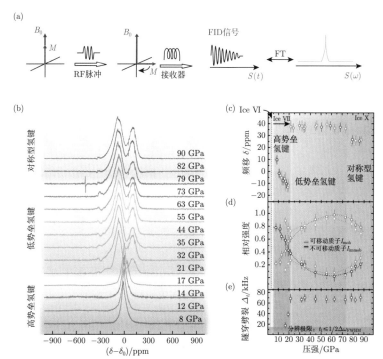

图 6.1 冰 X 相中核量子效应及对称型氢键的实验观测。(a) 核磁共振原理以及自由感应衰减 (FID) 信号的探测。对样品施加静磁场 B_0,原来简并的核能级分裂成不同的能级状态,核磁矩沿外磁场方向进动。用相应频率的射频 (RF) 场照射样品,核磁矩方向从 z 轴转到 xy 平面上。利用位于 xy 平面上的线圈测出时域的 FID 信号,再对其进行傅里叶变换 (FT),得到频域的核磁共振谱。(b) 在静磁场强度为 9.3 T 的条件下,^{1}H-NMR 谱线随压强变化关系。(c) ^{1}H-NMR 谱线的化学位移随压强变化关系。(d) 局域质子密度和隧穿质子密度随压强变化关系。(e) 由于质子隧穿导致 ^{1}H-NMR 谱线劈裂,其大小随压强变化关系。由此可以发现核量子效应导致质子隧穿所需的起始压强约为 20 GPa。摘自 (Meier, 2018)

呈现出双峰。在双峰区域，其形状也会随压强增加继续变化。这里背后的物理原因就是，在相对较低的压强下，质子的量子隧穿很小，因此没有隧穿劈裂 (Tunneling splitting) 的信号；而高压会导致量子隧穿加剧，引起的劈裂带来一个双峰结构。随着压强的继续增加，氢键彻底对称化 (图 6.1(b)~(e))(Meier, 2018)。

除了反映这种长时统计平均的信息外，核磁共振技术中的核磁共振弛豫也是研究质子隧穿现象等凝聚态体系动力学过程的最有效手段之一。弛豫是描述一些动力学过程变化的一个非常灵敏的现象。这里弛豫指的是核自旋不为零的原子核吸收射频脉冲能量后，通过与周围物质相互作用，从偏离核磁共振平衡态向平衡态恢复的过程。具体而言，核磁共振弛豫过程可分为自旋-晶格弛豫 (时间常数 T_1) 与自旋-自旋弛豫 (时间常数 T_2)。自旋-晶格弛豫是通过自旋和周围晶格的能量交换实现的，是原子核的磁化强度纵向分量恢复的过程，也称为纵向弛豫。在纵向弛豫过程中，自旋系统的能量会发生改变。自旋-自旋弛豫是由处于高能态的自旋将能量传递给邻近低能态同类磁性自旋系统引起的，是原子核的磁化强度横向分量消失的过程，也称为横向弛豫。在横向弛豫过程中，自旋系统的总能量不变。任何一个原子核都会在其周围产生涨落的局部磁场 $B_{Loc}(t)$，而分子内原子核的运动会对 $B_{Loc}(t)$ 进行调制。当变化的局部磁场频率与原子核自旋的拉莫尔进动频率相近时，核自旋与局部磁场发生相互作用，发生纵向弛豫。一般通过对自由感应衰减信号、自旋回波信号、梯度回波信号等进行分析，可以得到共振弛豫时间常数的大小。

全量子效应的表现形式之一是原子核 (如质子等) 或基团 (如甲基等) 的量子隧穿行为。核磁共振谱的扫场模式经常用于分子中质子在氢键网络上发生隧穿现象的研究 (Horsewill, 2002, 2006；Noble, 2009)。通过对质子的 T_1 随磁场变化关系的测量，人们能够得到高精度的质子转移速率。基于此原理，1997 年英国诺丁汉大学的 D. F. Brougham 等发现，在低温下粉末状的二聚体苯甲酸中的质子沿氢键转移的动力学过程，主要是由声子辅助的量子隧穿所主导的 (Brougham, 1997)。随后人们在二聚体苯甲酸单晶的氢键中证实了协同的双质子隧穿效应 (Jenkinson, 2003；Xue Q., 2004)。通过测量 T_1 随着磁场和温度的变化关系，人们探测到杯芳烃分子中质子协同隧穿效应，其隧穿速率约为 $8 \times 10^7 s^{-1}$ (Brougham, 1999)。除此之外，来自印度的 R. Damle 研究组利用氢核磁共振谱，在 6.6~389 K 温度范围内，测量了 T_1 和温度之间的关系，并在低温下的 $[(CH_3)_4N]_2SeO_4$ 和 $(CH_3)_4NGeCl_3$ 粉末中观测到了甲基基团的量子旋转隧穿现象 (Mallikarjunaiah, 2007, 2008)。这些结果都反映了核磁共振作为一种对局域环境敏感的实验技术，在核量子效应研究领域发挥作用的成功范例。

6.1.2 中子散射

中子与物质的相互作用主要是与原子核的作用，因此可以有效地用于研究核量子效应。中子散射 (Neutron scattering) 技术是凝聚态领域中研究物质结构、动力学过程等问题的不可替代的实验手段。一般来说，根据出射和入射中子能量的变化情况，可以将中子散射分为弹性散射 (Elastic scattering)、准弹性散射 (Quasi-elastic scattering) 和非弹性散射 (Inelastic scattering) 三种情况。常用中子的波长一般在 0.1~10 Å 之间，与凝聚态体系中原子之间距离相近，且中子带有自旋，因此利用弹性的中子散射技术，可在得到待测样品原子结构的同时获取磁矩排列的信息 (如图 6.2(a) 所示)。此时参与散射的两个粒子内部能量和结构不发生变化。另一方面，中子的能量一般在 1 meV~1 eV 之间，中子在散射过程中可以与待测物质发生能量交换，例如与声子、磁振子等元激发相互作用，产生能量增加或损耗，这种中子非弹性散射是研究诸多激发态动力学过程的理想工具。准弹性散射是当散射中子的能量变化较小时，实验所观察的现象表现为中子能谱变宽，它被广泛应用于研究扩散动力学等现象中。因为中子是不带电荷的，它在与待测物质发生散射时并不与原子外层电子云发生相互作用。因此相较之对原子的散射能力随着原子序数减小而减小的 X 射线技术，中子散射的一大优势是能够精确识别轻元素 (Light element) 材料的原子结构，并能对同位素原子进行区分。

中子散射过程中，中子与原子核的强相互作用与中子及原子核的自旋状态有关。对于单个质子的氢原子核来说，这种自旋态的依赖性很大，从而导致氢原子核具有非常大的非相干中子散射截面。由于这一特性，中子散射技术经常用于对含氢材料的全量子效应 (如量子振动和量子隧穿等) 的研究中。理论计算表明，核量子效应对氢在金属中的扩散过程至关重要 (Dupuis, 2017)。早在 1981 年，人们就利用中子散射技术分别在 0.07 K 和 5 K 的温度下，对 $NbO_{0.013}H_{0.016}$ 进行了非弹性中子散射谱测量。实验发现，随着温度从 0.07 K 上升到 5 K，中子的增能非弹性谱逐渐增加而损能谱逐渐减少。造成这一现象的原因是质子在两个能量不相同的晶隙位置之间的隧穿和随之所带来的能量转移，表明质子在金属铌中存在显著的量子隧穿行为 (Wipf, 1981)。此后，利用该技术，人们对分子的旋转隧穿现象也进行了研究，观测到了例如甲基 ($—CH_3$) 的三个氢原子之间的旋转量子隧穿行为 (Prager, 1997)。在 Ih 相和 Ic 相冰中，准弹性中子散射实验也观测到了质子沿 O—O 键的协同隧穿的行为。在 5 K 的低温下，实验观察到 Ih 和 Ic 相冰中分别约有 4% 和 2% 的氢参与了协同量子隧穿，并认为这些隧穿发生在冰中所存在的少量有序氢氧六元环中 (Bove, 2009)。中子散射也被用于研究氢元素以外其他元素的核量子效应。在低温下，硅单晶的热膨胀系数是负的。利用非弹性中子散射实验与包括原子核量子效应在内的理论计算相结合，这一反常热膨胀现象得到了合理的解释 (Kim D.S.，2018)。

当使用高入射能量 (约 1~100 eV) 的中子进行高动量转移 (约 30 Å^{-1}) 的中子散射实验时，由于散射中子与待测粒子之间动量转移很大，发生散射相互作用的时间极短，原子间的相互作用 (例如声子) 可以忽略不计，也就是说我们可以把散射当作一个非相干的过程来看待，用冲量近似 (Impulse approximation) 方法来处理。在冲量近似的条件下，散射前后体系的能量及动量均守恒，可通过中子散射前后的能量和动量变化，推出发生散射前待测粒子的动量大小。这种散射称为深度非弹性中子散射 (Deep inelastic neutron scattering)(Hohenberg, 1966；Evans, 1993；Bafile, 1998)。这种方法被广泛用来研究原子核的量子效应 (Reiter, 2002；Giuliani, 2012；Ceriotti, 2016；Markland, 2018；Bakó, 2021)。利用深度非弹性中子散射谱可以研究质子在待测样品中的动量分布 (Reiter, 2004)，以及氢原子核甚至相对更重原子核 (D, O 等) 的量子运动 (Andreani, 2005)。将不同分子轴线方向的原子核平均动能与全量子效应模拟的结果直接对比，人们还发现动量分布的各向异性及它们之间的竞争效应，从而可以在实验上直接验证竞争的核量子效应 (Andreani, 2013；Senesi, 2013a,b)。

利用高入射能量中子也可以通过收集宽动量转移域的散射数据 (约 0.05~100 Å^{-1}) 对待测样品进行全中子散射实验研究，并获得原子与其近邻间的径向分布函数。图 6.2(b)、(c) 展示了水的 O—O/O—H/H—H 的径向分布函数和氢原子核的动量分布的实验测量结果。通过与路径积分分子动力学模拟结果直接对比，这些实验结果大大加深了人们对全量子效应的理解，因此类似的实验技术被广泛用于体相水以及复杂体系中水的核量子效应研究 (Morrone, 2008)。

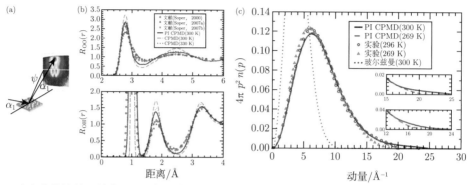

图 6.2　液态水的核量子效应。(a) 中子散射实验示意图。一束中子被样品散射后，其能量和动量会发生改变，改变量与样品的结构和动力学性质有关。通过对散射数据的分析，可以对样品中结构和动力学进行研究。(b) 液态水分子中 OO (上图) 和 OH (下图) 的径向分布函数关系。其中符号代表的是中子和 X 射线的实验数据，实线与虚线分别对应的是包含 (PI CPMD) 和不含 (CPMD) 核量子效应的分子动力学模拟结果。(c) 水的质子径向分布函数的实验结果，与考虑全量子效应的路径积分分子动力学模拟结果的直接比较。摘自 (Morrone, 2008)

深度非弹性中子散射谱还被应用于受限体系中水的核量子效应研究方面 (Kolesnikov, 2016; Reiter, 2006, 2012)。通过对低温下受限水、Ih 相冰、IV 相冰以及高密度非晶冰中质子动量分布的测量，人们发现在低温下，碳纳米管内的受限水中质子状态不同于 Ih 相冰和 IV 相冰以及高密度非晶冰中的质子，它缺少分子共价键和水分子中的拉伸模式所拥有的高动量谱线拖尾 (见图 6.3)，而是处于一种相干量子离域状态 (Reiter, 2006)。针对受限水体系，人们发现在绿柱石 $(Be_3Al_2(SiO_3)_6)$ 晶体中沿 c 轴方向的直径约为 5 Å 的通道内，测量的

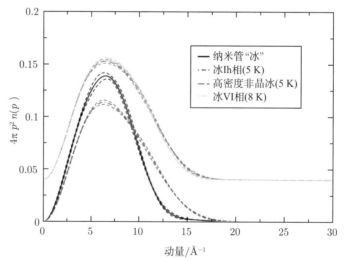

图 6.3　碳纳米管中的受限水的质子动量分布。由图可见在 15 Å^{-1} 附近缺少高动量谱线拖尾 (黑线)。摘自 (Reiter, 2006)

谱中绝大多数特征峰的积分强度与温度之间呈负相关关系 (见图 6.4), 进而确认了受限水分子中存在质子量子隧穿的过程。同时, 通过将受限水中质子动量分布投影至不同的空间平面 (xy 和 yz), 揭示了质子在基态的相干量子离域的现象 (Kolesnikov, 2016, 2018)。该谱学技术还适用于临界状态下水的研究, 比如过冷水。意大利罗马大学 C. Andreani 研究组利用深度非弹性中子散射谱, 研究了核量子效应对超冷水中氢原子核动量分布的影响。他们发现, 相对于液态水和固态水, 超冷水中的质子有较大的平均动能 (7 kJ/mol), 并且最近邻水分子的 O-O 间距也小于常温水中的数值 (如图 6.5 所示), 进而推断超冷水中水分子的质子相比于常温水更可能靠近两个氧原子的中间位置, 因此有更高的量子隧穿几率。在更极端的情况下, 过冷水中的质子甚至有可能处于完全离域的状态, 也就是平均位置处于两个氧原子连线的中心位置, 这种出现对称化的特征直接与核量子效应相关 (Pietropaolo, 2008, 2009)。

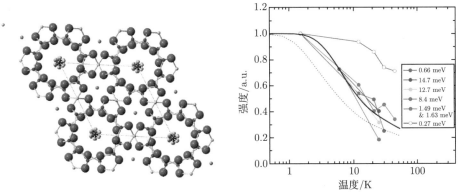

图 6.4 绿柱石 ($Be_3Al_2(SiO_3)_6$) 沿 c 轴方向的晶体结构 (左), 以及对其中受限水观测到的量子隧穿中子散射强度随温度的变化关系 (右)。摘自 (Kolesnikov, 2016)

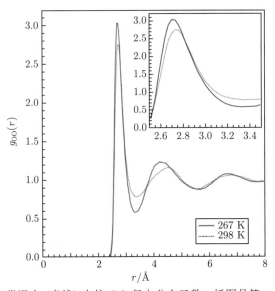

图 6.5 过冷水 (实线) 和常温水 (虚线) 中的 OO 径向分布函数。插图是第一个峰值的放大结果, 显示出过冷水中的 O-O 距离 2.7 Å 略小于常温水中的 2.76 Å。摘自 (Pietropaolo, 2008)

6.1.3　X 射线散射

1895 年, 德国物理学家伦琴 (W. C. Röntgen) 在研究阴极射线时, 发现了 X 射线, 他也因此获得了第一个诺贝尔物理学奖 (1901 年)。X 射线是一种波长极短 ($\lambda = 10^{-3} \sim 10^{1}$ nm)、高能量的电磁波。X 射线与物质相互作用, 主要会产生吸收、散射等效应, 并因此发展出多种基于 X 射线的谱学探测技术, 例如, X 射线衍射 (X-ray diffraction, XRD)、X 射线吸收谱 (X-ray absorption spectroscopy, XAS)、X 射线散射谱 (X-ray scattering spectroscopy, XRS) 等。X 射线入射到晶体上时, 会受到晶格的散射, 从每个原子中心发出的散射波互相干涉, 从而出现衍射现象 (图 6.6(a))。这些衍射花样可以反映晶体内部的原子分布规律, 所以 X 射线衍射技术被广泛用于测定晶体结构。

冰作为水的固体形态, 有着非常复杂的相图, 目前实验上已经公认发现的体晶相冰已有多达 18 种。单晶 X 射线衍射是被用来研究高压下冰的结构和相变的常规手段。如图 6.6 所示, (111) 衍射峰可以反映氢原子的位置及其分布的有序度, 测量 (111) 峰强与 (222) 峰强的比值 (I_{111}/I_{222}) 随着压强的变化曲线, 我们可以发现当压强大于 60 GPa 时, $I_{111}/I_{222} = 3$, 表明在核量子效应的驱动下氢原子核发生完全离域化, 位于两个氧原子的正中间, 形成具有对称型氢键的冰 (冰 X 相)(见图 6.6 (b))。这些研究为冰 X 相的发现提供了直接的实验证据 (Loubeyre, 1999)。

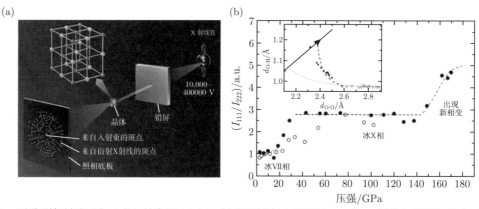

图 6.6　对称型氢键冰 (冰 X 相) 的发现。(a) X 射线衍射实验示意图。一束 X 射线入射到晶体中时, 会受到周期性晶格的散射, 不同原子散射的 X 射线相互干涉, 产生衍射的现象。(b) 衍射 (111) 峰强与 (222) 峰强的比值 (I_{111}/I_{222}) 随着压强的变化曲线。压强大于 60 GPa 时, O-O 间距急剧减小, 形成具有对称型氢键的冰 (对应冰的 X 相)。摘自 (Loubeyre, 1999)

除了衍射, 基于 X 射线的散射技术也是认识物质微观结构的重要手段, 尤其是对于液体。通过径向分布函数、配位数分布以及角分布函数, 此技术可以揭示其短程有序结构信息。其中, X 射线拉曼散射谱 (X-ray Raman scattering spectroscopy) 研究的是由内层电子或价带电子引发的非弹性光散射过程。X 射线激发内层电子到未占据态, 该过程类似 X 射线吸收; 散射过程发生了相应的能量损失, 包含瑞利、康普顿、拉曼和布里渊等散射过程, 其中拉曼带反映了具有带边的 K 吸收谱, 所以 X 射线散射谱谱形类似于 X 射线 K 吸收谱。1969 年, 美国橡树岭国家实验室的 A. H. Narten 等利用 X 射线散射发现水的配位数大约为 4.7, 此发现与人们普遍认为的液态水存在局域的正四面体结构, 即水分子与周围 4 个水分子通过氢

键连接是一致的 (Narten, 1969)。2004 年，瑞典斯德哥尔摩大学的 A. Nilsson 研究团队对正四面体模型提出了质疑。他们通过 X 射线吸收谱和 X 射线拉曼散射谱发现每个水分子只有两个强氢键，其中一个作为氢键供体，另一个作为氢键受体，于是提出了液态水的第一壳层的 "绳圈模型" (Wernet, 2004)。之后，"绳圈模型" 受到了美国加州大学伯克利分校的 R. J. Saykally 研究组的质疑，他们通过分析不同温度下，液态水 X 射线近边吸收精细结构，发现室温下液态水仍然是应该用四面体结构来理解最合适，而低温下过冷水则呈现混乱的氢键网络结构 (Smith, 2004)。这些研究对人们理解液体水的结构提供了丰富的实验数据。但总体而言，关于此问题的认识至今仍有很多争论，其中核量子效应扮演的角色也大多未知。

除此之外，X 射线散射谱和 X 射线吸收谱也被广泛用于研究液态水的同位素效应及其随温度的变化关系。通过对比室温下液态水 H_2O 和 D_2O 的谱线差别与不同温度下 (2 ℃, 22 ℃) H_2O 的谱线差别，人们发现 D_2O 的谱线与低温下 H_2O 的谱线非常类似 (Bergmann, 2007)，进而验证了室温下 (同一温度下) 液态水中 D_2O 的氢键强度大于 H_2O。最近，瑞典斯德哥尔摩大学 A. Nilsson 研究组利用飞秒 X 射线脉冲入射真空环境下微米尺寸的超冷水滴，发现核量子效应会影响超冷水的热力学和动力学响应及关联长度。进一步分析证明水和重水的关联长度最大值所处的温度有着显著的同位素效应，分别是在 229 K 和 233 K (Kim K. H.，2017)。东京大学 S. Shin 研究组的 Y. Harada 等利用高分辨率的 OK 边共振非弹性 X 射线散射技术，探测液态水中水分子的拉伸振动，并通过同位素替换探究了核量子效应对氢键强度的影响，进一步证明 D_2O 的氢键强度大于 H_2O (Harada, 2013)。

基于非弹性 X 射线散射技术测量振动谱的信息，也能够对各类体系的非绝热效应进行直接探测。一个重要的例子是 Caruso 等测量了重掺杂金刚石的高精度声子谱，测量得到的结果已在图 6.7 中给出 (Caruso, 2017)。利用第一性原理计算可以在绝热近似下得到特定动量的声子频率，但理论计算结果和实验测量结果相差很大。如果不用绝热近似，直接考虑到

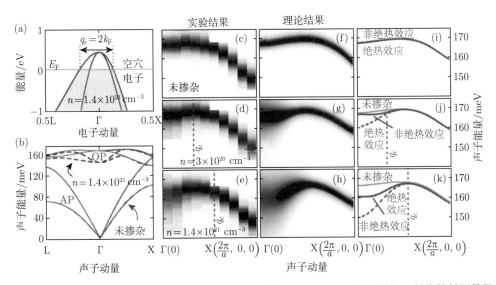

图 6.7 空穴掺杂的金刚石的电子能带 (a) 和相应声子谱 (b)。(c)~(e) 为非弹性 X 射线散射测量得到的三种空穴掺杂浓度下的金刚石声子谱。(f)~(h) 为考虑了非绝热效应后计算得到的声子谱。(i)~(k) 为计算时考虑 (蓝色实线) 和不考虑 (红色虚线) 非绝热效应得到的声子谱的对比。摘自 (Caruso, 2017)

非绝热的电子-声子相互作用和声子自能作用，计算得到的声子谱信息与实验吻合很好，这一结果清楚表明了空穴重掺杂的金刚石中存在着明显的非绝热效应。该效应使得声子振动频率被重整化修正，在掺杂浓度为 1.4×10^{21} cm^{-3} 时，频率变化达到 15 meV，为声子总频率的 10% 左右。显然非绝热效应是不能忽略的。

另一方面，与超快激光技术相结合发展起来的超快 X 射线衍射技术，不仅能够对凝聚态物质中原子的空间分布对应的动量空间结构进行超快探测，同时由于 X 射线对物质的电子态结构敏感，也可直接反映电子态在超快时间尺度上的变化，因而能够同时对原子结构和电子结构的变化进行直接解析，在一定程度上分辨其中的核量子效应和非绝热效应。目前相关研究手段的发展已经成为凝聚态体系全量子效应研究的先进前沿技术之一。图 6.8 展示了利用超快 X 射线衍射技术，对 C_2H_4 分子激发过程中电子态非绝热演化的实验探测结果。研究发现该分子在激发后 7fs 的时间里就穿过激发态势能面和基态势能面之间的锥

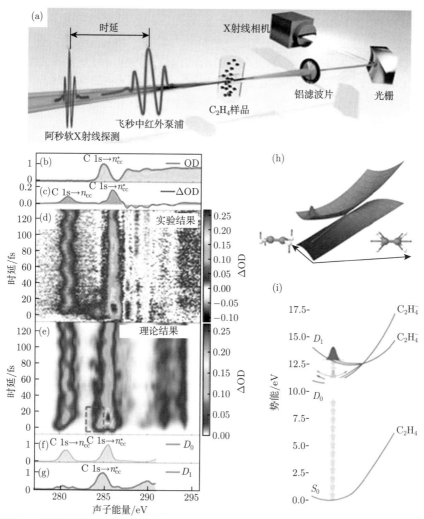

图 6.8　超快 X 射线衍射测量激光激发的 C_2H_4 分子中电子非绝热过程。(a) 实验装置及测量过程示意图；(b)～(i) 实验及理论结果。摘自 (Zinchenko, 2021)

形交叉点 (Conical intersection)，非绝热地过渡到基态电子态势能面上并引起晶格空间构型发生变化 (Zinchenko, 2021)。

在这些研究中，略为遗憾的是 X 射线对原子的散射能力随着原子序数增加而增加。因此，X 射线散射整体而言对于质量较轻的元素是不够敏感的，尤其是氢原子。与此技术手段相互补，前面介绍的中子散射是中子直接与原子核发生强相互作用，而且质子具有非常大的非相干中子散射截面。此外，电子与物质相互作用的散射截面通常比 X 射线要高出三至五个数量级，因此电子散射对轻元素体系具有很好的灵敏度。基于这些讨论，可以得知将 X 射线和中子散射、电子散射相结合，能够使我们获得更加准确地表征轻元素体系的晶格结构及其微观动力学过程中的全量子效应。

6.1.4 光谱技术

氢键相关的振动谱 (主要是 X—H 拉伸振动模式和弯曲振动模式，其中 X 代表与氢原子形成氢键的其他原子) 是研究核量子效应的一个灵敏探针。实验中通过氢原子的同位素替换，比较形成氢键前后的振动谱峰的变化，便可以很容易得到核量子效应对氢键相互作用的影响。基于光学手段的振动谱技术 (如图 6.9 所示)，例如，红外光谱 (Infrared spectroscopy, IR)、拉曼光谱 (Raman spectroscopy)、和频振动光谱 (Sum frequency generation vibrational spectroscopy, SFG-VS) 等，常被人们用来研究氢原子核的量子涨落及其对氢键强度的影响 (Aoki, 1996；Goncharov, 1996, 1999；Hirsch, 1986；Nagata, 2012)。

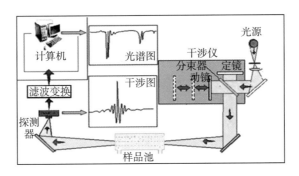

图 6.9 红外和拉曼光谱测量过程示意图

红外光谱是常用于研究分子振动的光谱技术 (Spectrum technique) 之一，当样品受到频谱连续的宽光谱红外光照射时，会在红外光的能量正好等于分子不同能级之间的能量差处发生红外光被吸收的现象，对应的吸收区域透射光强度会减弱。分子的振动能大于分子的转动能，导致激发不同能级对应红外吸收的区间频率不同。其中，对应分子振动的红外区是研究最为广泛的区域。一般来说，红外光谱即指在中红外区的吸收光谱。产生红外吸收的条件除了红外频率与所激发的振动频率匹配之外，分子在振动过程中偶极矩能够发生改变也是必需的。变化的偶极矩产生的交变电场将与红外光的电磁辐射相互作用，从而产生红外吸收。因此，极性分子都具有红外活性。

水分子是常见的极性分子之一，利用红外光谱，同样可以研究压强增大时由冰 Ⅶ 相转变为冰 Ⅹ 相过程中对称型氢键形成的现象 (Aoki, 1996；Goncharov, 1996)。在室温下，当冰所承受的压强高于 2 GPa 时，冰具有 Ⅶ 相，此时的晶体结构为体心立方结构，每个水分子与周围的四个水分子形成四面体结构，质子沿氢键方向运动的势能面可被描述为双势阱，在两个势阱的中点处存在一个有限高的势垒。当压强逐渐增大时，相邻水分子间氧原子的距离减小，该势垒的高度逐渐减小，质子发生隧穿的概率逐渐增大。当压强足够大时，双势阱会收缩为单势阱，即转变为拥有对称型氢键的 X 相冰。利用红外光谱测量不同压强下 H_2O 中 O—H 的拉伸振动频率，可以发现随着压强的增大，拉伸振动频率逐渐减小 (图 6.10)。当压强增大到约 60 GPa 时，相变发生 (Aoki, 1996)。对于重水 D_2O，由于氢键变强且核量子效应较弱，其相变点的压强升高为 70 GPa (Goncharov, 1996)。值得一提的是，最近中国科学院物理研究所赵继民 (J. M. Zhao) 研究组针对高压条件下的超快光谱技术的研究也取得了一定进展，有望在不久的将来开展高压环境下水的激发态超快动力学研究 (Wu Y.L.，2020, 2021)。

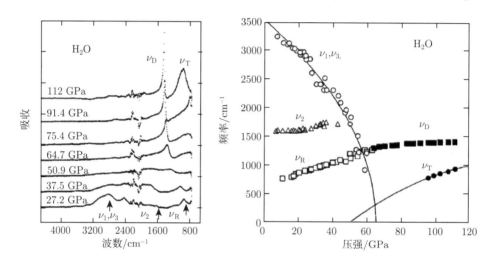

图 6.10　红外光谱测量高压下冰的结构相变。左图是不同压强下测量所得的冰的振动谱。右图是振动峰位随着压强的变化关系。对于 H_2O，其中 O—H 拉伸振动峰在 62 GPa 处消失，表明冰结构从冰 Ⅶ 相变为氢键对称的冰 X 相。由于核量子效应影响的差异，同样的相变过程对于 D_2O 则发生在压强为 70 GPa 处。摘自 (Aoki, 1996)

　　与红外光谱互补的拉曼光谱是利用光的散射对样品中振动、转动或者其他低频模式进行研究的实验方法。当一束单色光入射到介质中时，介质中的分子振动、固体中的光学声子等元激发与光子之间发生相互作用，使得散射光与入射光具有不同的频率，即发生非弹性散射。通过分析入射前后光子能量的转移大小，可以得到介质中振动模式的信息。只有当分子在运动过程中某一固定方向上极化率发生改变时，该分子振动模式才具有拉曼活性。质子无序的冰 Ⅶ 相在低温下转变为质子有序的冰 Ⅷ 相，通过对冰 Ⅷ 继续施加高压，也可以实现向冰 X 相的转变。利用拉曼光谱，同样能观察到对称型氢键的形成过程 (Goncharov, 1999；Yoshimura, 2006)。当压强增大到 60 GPa 时，O—H 的对称拉伸振动模式消失，平动模式出现频率和阻尼异常的现象 (Goncharov, 1999)，见图 6.11。

　　布里渊光谱与拉曼光谱类似，也是非弹性散射光谱，其不同之处在于与光子发生相互作用的是声学声子。由于声学声子的能量低于光学声子，布里渊光谱中的频移小于拉曼光谱中的频移。来自法国的 A. Polian 与来自美国的 M. Grimsditch 通过测量由纵向声子引起的布里渊频移随压强的变化，发现纵向声速在压强约为 44 GPa 时的异常现象，有效纵向弹性模量的对数和密度对数之间的线性关系的斜率也在 44 GPa 时发生改变，这些现象均标示着冰 X 相的生成 (Polian, 1984)。

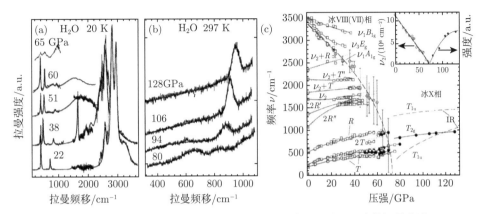

图 6.11　高压下冰结构相变的拉曼光谱测量结果。(a) 20 K 时不同压强下冰的拉曼光谱。(b) 297 K 时不同压强下冰的拉曼光谱。(c) 拉曼谱峰位随压强的变化关系。其中空心数据点代表 20 K 时的测量结果，实心数据点代表室温下的测量结果。由插图所示，相变发生在压强为 60 GPa 左右。摘自 (Goncharov, 1999)

　　上述的光谱技术由于缺乏界面的选择性，很难将表面和体相的信号区分开。与之对应，具有界面选择性的二阶非线性光学效应的二次谐波产生和频振动光谱技术 (SFG-VS)，则被广泛应用于界面的结构、分子取向、动力学过程的研究中。在此技术的发展过程中，美国加州大学伯克利分校的沈元壤 (Y. R. Shen) 发挥了十分重要的作用 (Shen Y.R., 2006)。实验表明，这种对界面敏感的光谱实验手段不但是非接触式的，不破坏被研究对象，而且是局域的，仅对界面处的若干原子层敏感，在纳米尺度的对称性破缺体系即可产生信号 (Zhao H., 2021)。在实验上，一束给定频率的可见光 (ω_{VIS}) 和一束与其相干的可调谐的红外光 (ω_{IR}) 入射到待测样品上时，当入射红外光频率与分子振动跃迁一致时，会发生能级共振，使得分子的振动能级升高。处于高振动能级的分子进一步被可见光激发到虚态，随后向振动基态跃迁，该过程会发射光子，产生的和频信号的频率为两束入射光频率之和 (见图 6.12(a))。由于和频信号对具有中心对称的物体是禁阻的，其具有界面的选择性，常用于界面物理性质的研究。

　　利用和频振动光谱技术对气液界面的 O—H 拉伸振动的研究，近年来得到了广泛的关注，这种实验可以帮助人们得到界面水的微观结构和动力学信息。基于实验观测，解析 O—H 拉伸振动峰位的移动和峰的线型可以获得水分子之间的氢键相互作用，以及水分子内/水分子间的 O—H 振动偶极之间的耦合强度等关键信息 (Schaefer, 2016；Shen Y.R., 2006；Stiopkin, 2011)。2011 年，美国的 I. V. Stiopkin 等发现液态水表面的自由 O—D 拉伸振动只受到分子内振动偶极耦合的影响 (Stiopkin, 2011)，因此只有非常小的线型展宽，可以在谱线上直接与成键的 O—D 拉伸振动模式区分开来。2012 年，德国马普所 M. Bonn 研究组利用和频振动光谱进一步研究了自由 O—H 和 O—D 的拉伸振动峰面积随着同位素浓度的变化关系，发现核量子效应会影响表面水的取向，即 O—H 倾向于朝外指向大气，而 O—D 倾向于朝内指向体相水分子 (如图 6.12(b)、(c) 所示)。该现象与核量子效应对氢键强度的影响直接相关, 靠近表面处 D 的氢键强度大于 H 的氢键强度 (Nagata, 2012)。此外, 光谱技术还被广泛用于化学反应中的全量子效应研究, 通过动力学同位素效应揭示量子隧穿效应主导的反应机制 (Meisner, 2016)。

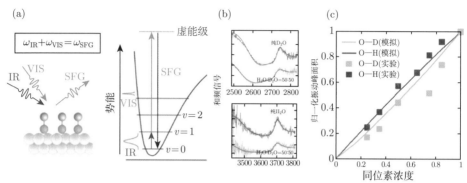

图 6.12　核量子效应对水-气界面水分子取向的影响。(a) 和频振动光谱技术原理示意图。当两束光打在物质上时会与物质分子的振动能级共振而使分子所处能级发生跃迁升高, 处于高振动能级的分子进一步被可见光激发到虚态, 处于不稳定的状态, 随后向振动基态跃迁, 此时发射频率为入射光频率之和的光子。(b) 水-气界面水分子和频振动光谱信号。(c) 自由 O—H 和 O—D 的振动峰面积随着同位素成分的变化关系。自由 O—D 的峰面积小于 O—H, 即界面水分子中 O—H 朝外指向大气的布居数大于 O—D。摘自 (Nagata, 2012)

由于分子振动能级跃迁的频率一般位于红外及可见光波段, 而分子的转动能级跃迁的频率处于微波或亚毫米波段, 所以转动光谱的能量分辨率优于常见光谱, 常用在对分子精细结构及其化学组成的研究中。常见的转动光谱仪有吸收光谱仪和傅里叶变换微波光谱仪。其中, 吸收光谱仪常用在位于毫米和亚毫米波段的探测中, 在微波波段常使用傅里叶变换光谱仪来获取转动发射谱。傅里叶变换光谱仪中探测的自由感应衰减信号, 与核磁共振实验中射频波段的核磁发射信号类似, 通过超声膨胀将待测的分子分布在转动能级的基态上, 分子被微波源激发后再回到基态的过程中, 会发射自由感应衰减信号, 通过对信号进行快速傅里叶变换从而得到频域里的功频谱。转动光谱也常用于核量子效应的研究中。在极低温的情况下, 分子都处于基态能级以及对应的基态构型, 但是量子隧穿现象的发生能够使分子构型发生变化, 尤其是一些非常细微的转动过程, 足以导致转动谱线的分裂, 能级分裂的大小在 MHz 和 THz 之间 (Keutsch, 2003)。美国 B. H. Pate 研究组利用 Chirped-pulse 宽带光谱仪, 对水的六聚体的转动谱进行了测量, 并且与英国剑桥大学 S. C. Althorpe 研究组合作, 采用包含核量子效应的量子过渡态理论 (瞬子方法) 计算发现转动谱线的分裂来源于水分子对的协同隧穿, 其中 "齿轮传动的" (Geared) 运动模式包含两个氢键的协同断裂过程 (Richardson, 2016b)。

振动光谱不仅能够给出核量子效应相关的信息, 还能够对非绝热效应给出直接的证据。一个著名的例子是石墨烯中的非绝热效应 (如图 6.13 所示)。通常情况下, 电子和原子核之间的相互作用可通过玻恩-奥本海默近似描述, 即体系电子任何时刻都处于瞬时本征态。然而, 当体系声子能量与电子费米能接近时, 电子-声子相互作用将偏离绝热玻恩-奥本海默近似。非绝热电子-声子耦合可以导致许多新奇的物理现象, 例如高温非绝热超导配对、电子关联效应等。因单层石墨烯的线性色散关系和强的电-声耦合, 理论预言它是研究二维极限下非绝热电子和声子耦合作用的一个理想体系，并将表现出对数科恩异常 (当费米能靠近声子能量的一半时，声子的能量对数减少)(Lazzeri，2006)。尽管很多实验小组对这一重要问题进行了尝试，但由于他们实验中的电荷波动 $\sim 10^{11}$ cm^{-2} (对数科恩异常要求电荷波动小于 4.15×10^{10} cm^{-2})，所以都未获得真正成功 (Pisana，2007；Yan J.，2007；Malard，2008；Das，2008)。

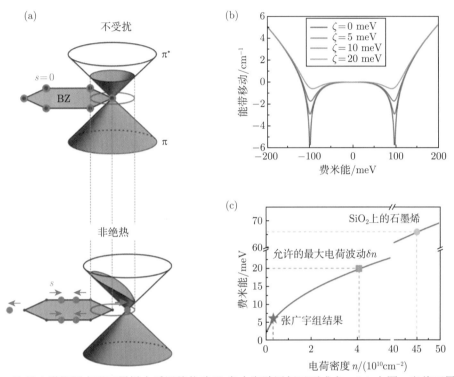

图 6.13　拉曼光谱探测表明石墨烯中采用绝热玻恩-奥本海默近似已不成立。(a) 上图：完美石墨烯晶格的能带色散关系；下图：非绝热近似下，存在 E_{2g} 声子晶格振动的石墨烯能带色散关系。(b) 理论预言的声子对数科恩异常现象。当费米能靠近声子能量的一半时，声子的能量对数减少。(c) Zhao 等采用氮化硼封装的高质量石墨烯器件给出的电荷波动 (Zhao Y.C.，2020)、对数科恩异常所允许的最大电荷波动及通常氧化硅上石墨烯电荷波动之间的比较

最近，中国科学院物理研究所张广宇研究组利用干法转移制备了氮化硼封装的高质量单层石墨烯器件，实现了已有文献中最小的电荷波动，即小于 3.3×10^{9} cm^{-2}。在这种高质量器件的基础上，通过探测单层石墨烯的 E_{2g} 声子能量和寿命随费米能的演化，观察到当费米能靠近 E_{2g} 声子能量的一半时，E_{2g} 声子迅速发生软化，并且寿命增加一倍以上，如图 6.14 所示 (Zhao Y.C.，2020)。这个实验结果证实了理论所预言的非绝热电子-声子耦合作用和对数科恩异常，直接证明了单层石墨烯中简单的玻恩-奥本海默绝热近似已经失效！这种由非绝热电子-声子耦合导致的物理现象有助于推动对石墨烯和其相关异质结物性的深入理解，比如魔角石墨烯的超导机制以及线性温度电阻等。

此外，其他非线性光学效应 (如空间自相位调制) 也反映了石墨烯中宽谱的线性能带电子结构 (Wu R.，2011)，利用超快光谱技术能够在石墨烯片层中实现广阔波段的光致发声

现象，并清晰刻画其物理机制 (Tian Y.C.，2015)。

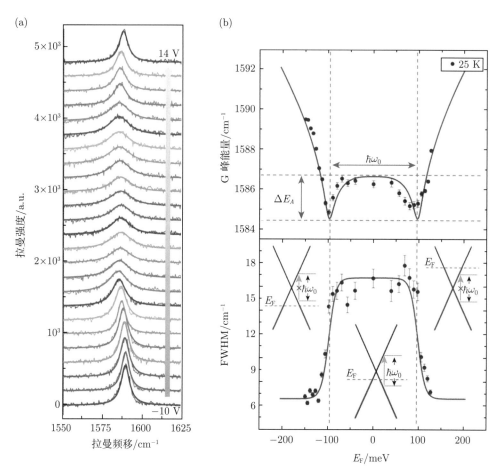

图 6.14　单层石墨烯中声子谱的测量。(a) 不同底栅电压 (电子费米能) 下的石墨烯拉曼谱线。(b) 上图：声子能量随费米能的演化；下图：声子半峰宽 (寿命的倒数) 随费米能的演化。摘自 (Zhao Y.C., 2020)

以上谱学手段主要研究轻元素体系物质处于静态时的全量子效应。而超快激光泵浦-探测技术 (Pump-probe technique) 是通过调节泵浦光脉冲和探测光脉冲到达样品的时间间隔，在不同的探测光脉冲相对于泵浦光脉冲的延迟时间的条件下，记录探测光通过样品后的光强度的变化情况，这样就可以研究物质的激发态能级和超快动力学过程 (Wu Q.，2020) 中的全量子效应。其中，超快时间分辨瞬态吸收光谱，是一种常见的超快激光泵浦-探测技术，常被用于探测处于激发态水分子对探测光吸收的吸光度的变化量，记录水分子激发态各个能级上的粒子数分布随时间的变化；进一步拟合得到水分子之间 O—H⋯O 相互作用的势能函数 $V(r, R)$，其中 r 表示 O—H 键长，R 表示 O-O 间距。利用这种方法能够得到势能的非简谐性特征，探测水分子处于振动激发态时 O-O 之间氢原子核的量子离域现象 (见图 6.15)(Bakker，2002)。这对于理解室温下质子转移、水的分解过程中的全量子效应有着重要的意义。

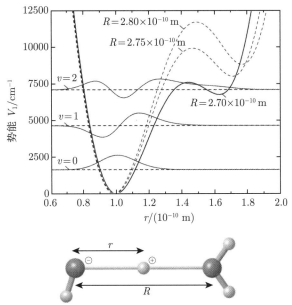

图 6.15　超快泵浦-探测光谱方法探测液态水中质子的量子离域现象。实验通过第二激发态振动模观测到氢原子的明显量子隧穿过程。$V(r, R)$ 为相互作用势能函数，量子模拟与 D_2O 泵浦-探测瞬态吸收谱的实验数据相符

6.1.5　光电子能谱

光电子能谱 (Photoemission spectroscopy) 技术是研究新型量子态和量子材料 (包括固体表面、高温超导体、拓扑量子材料、二维量子材料等) 微观电子结构的最直接、最有力的实验手段。凝聚态物质的许多宏观物理性质都由其微观的电子和原子核运动过程所支配，所以要了解、控制和利用材料中众多的新奇物理现象，就必须首先研究它们的电子结构。要获得材料中电子状态的完整信息，通常需要三个基本的参量：能量、动量和自旋。作为当代凝聚态物理和先进材料科学研究领域最重要的实验手段之一，光电子能谱技术是所有实验技术中几乎唯一能直接测量这些参量的实验工具。正是由于这些鲜明的特点，光电子能谱技术在凝聚态体系的全量子效应实验研究及推动相关理论的发展方面处于重要地位。

在不同温度下测量同一电子能带的位置，如果能带位置偏离随温度线性变化的趋势且在低温下达到饱和，则直接反映了原子核量子效应对电子结构的重整化作用。如果将光电子能谱与超快激光技术相结合，能够测量能带位置和占据数随时间变化的情况，特别是与其他手段 (比如超快 X 射线衍射或超快电子衍射) 相结合同时测量出相应的晶格变化，则可以直接展示出所研究的材料在时间演化中，非绝热效应引起的晶格振动对电子运动行为的影响。因此，光电子能谱技术也是新型量子态和量子材料观测、表征以及原位调控中最独特、最重要的实验手段之一。

为了获取动量信息，一般需要测量角分辨的光电子分布，这就是所谓的角分辨光电子能谱 (Angle-resolved photoemission spectroscopy，ARPES)。ARPES 测量系统一般由四大部分组成：光源、电子能量分析器 (见图 6.16)、超高真空系统和样品转角及温度控制系统。除了上述关键部分，完整的光电子能谱系统还包括如下几个单元：超高真空样品传输单元、超高真空样品制备单元、超高真空样品测量单元及样品操纵和冷却单元。

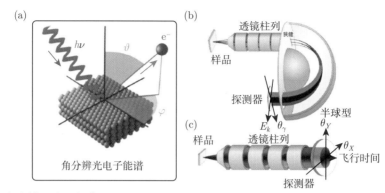

图 6.16　(a) 角分辨光电子能谱测量原理示意图，其基础为光电效应以及光电效应过程中的动量和能量守恒。常用的能量分析器包括：(b) 半球型能量分析器和 (c) 飞行时间能量分析器。摘自 (Sobota, 2021)

过去三十多年来，角分辨光电子能谱技术取得了突飞猛进的发展，在高温超导材料、新型拓扑量子材料以及二维材料的研究方面取得了一系列重要的突破。然而，随着对这些先进材料和相关物理问题研究的不断深入，对光电子能谱技术性能的要求也越来越高，现有的主要基于同步辐射光源 (Synchrotron radiation source) 的光电子能谱技术在能量分辨率、体电子态探测能力、自旋分辨能力和实验效率等一些关键性能上亟待进一步改进。近年来，中国科学院物理研究所周兴江 (X. J. Zhou) 研究组采用我国具有自主知识产权的深紫外激光 (Ultra-violet laser) 技术，成功研制出国际上首台超高能量分辨率真空紫外激光角分辨光电子能谱仪 (Ultra-violet laser-based angle-resolved photoemission spectroscopy)(Liu G.D., 2008)。这台仪器不但在主要性能上国际领先，还具有一些独特的优势。随后，他们又相继研制成功了基于深紫外激光的自旋分辨角分辨光电子能谱仪、基于飞行时间能量分析器的角分辨光电子能谱仪和大动量极低温 (<1 K) 角分辨光电子能谱仪 (Zhou X.J., 2018)。深紫外激光的使用，实现了同步辐射光电子能谱长期追求但一直难以达到的超高能量分辨率 (<1 meV) 的梦想，使得在实验室内可以进行表面不敏感的光电子能谱测量，而且激光的强度比同步辐射光源可以提高上百倍到上千倍，极大地提高了测量效率和数据的质量。利用这些深紫外激光角分辨光电子能谱技术，该研究组在高温超导体的电子结构 (Meng J.Q., 2009)、多体相互作用 (Zhang W.T., 2008)、超导配对机理 (Bok, 2016) 和拓扑绝缘体的自旋结构 (Xie Z.J., 2014) 等方面取得了重要结果。

深紫外激光为光电子能谱技术提供了一个低成本、高效率、高性能的光源，然而与同步辐射光源相比，目前的激光角分辨光电子能谱还存在着两方面明显的不足，一个是光子能量偏低，另一个是光子能量单一，不能像同步辐射那样在大范围内可调。下一代激光光电子能谱技术，需要进一步提高激光的光子能量并实现光子能量大范围可调，在保持激光光电子能谱超高分辨率优势的情况下，吸收同步辐射光源的优点，从而一方面可获得材料的全面电子结构信息，另一方面将大大增加可研究材料的种类。这些拓展是下一代激光光电子能谱技术发展的必然趋势。利用高能量飞秒激光作用于稀有气体产生的高次谐波可以达到几十 eV 到上百 eV，目前这样的激光已经在时间分辨角分辨光电子能谱中较多地使用。与高次谐波激光光电子能谱技术相关的一系列重大进展，比如千瓦级强激光的出现和新一代光电子能谱用的高分辨高灵敏电子能量分析器的发明，使得研制高分辨光子能量大范围可调的极紫外激光角分辨光电子能谱技术成为可能。飞行时间电子能量分析器把对光源强度的要求比现有常规半球型能量分析器降低两个量级，但同时它对动量的探测效率，比常规分析器要提高百倍以上，使得研制高分辨光子能量大范围可调的二维动量探测光电子能谱成为可能，代表着角分辨光电子能谱技术的又一次革命。

光电子显微术 (Photoemission electron microscopy，PEEM) 是利用成像系统对样品表面发射出的光电子分布进行实时成像和动量测量的技术。紫外光、X 射线光源、近红外的飞秒激光以及极紫外阿秒激光都可以作为 PEEM 的激发光源。目前飞秒激光超快 PEEM 已被应用于表面物理、半导体物理、光电材料、磁性材料、纳米光子学、表面催化等诸多领域，特别是用于纳米等离激元结构、二维材料体系、非线性材料、半导体材料中载流子的激发、弛豫、传递、输运等超快动力学过程和界面电荷转移的研究。在这些过程中，全量子效应尤其是非绝热效应发挥着关键的作用，因此 PEEM 也是全量子效应研究的关键技术之一。

使用时间分辨 ARPES 测量技术，Hellmann 等研究了几种典型的电荷密度波体系在超快激光驱动下的非绝热动力学过程 (Hellmann, 2012)。他们发现费米能级附近的电子能带在 40~70 fs 就发生显著的变化，对应于能隙关闭的过程，即电荷密度波消失 (如图 6.17 所示)。这意味着电子体系在超快的时间尺度直接对外场产生响应的非绝热过程。另一个例

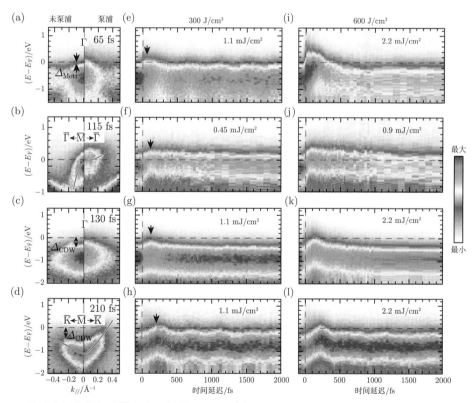

图 6.17　利用时间分辨角分辨光电子能谱测量量子材料电子态的非绝热动力学演化过程。从上到下四行小图分别对应于 $1T\text{-}TaS_2$ (Γ 点)、$1T\text{-}TiSe_2$ (M 点)、$Rb{:}1T\text{-}TaS_2$ (Γ 点) 和 $1T\text{-}TaS_2$ (M 点) 四种情况。图中展示了费米能级附近的电子能带及其强度在两种强度的超快激光激发后随时间的演化过程。电子态变化在超短的时间内完成，表明这些是非绝热电子过程。摘自 (Hellmann, 2012)

子是，Madeo 等利用 PEEM 中的动量成像技术直接观察到暗激子的形成过程 (如图 6.18
所示)。超快激光激发 K 谷上的电子，生成导带上的电子和价带上的空穴，在 300 fs 的时
间内，K 谷导带上的激发态电子在声子辅助下转移到 Q 谷，形成暗激子 (Madeo, 2020)。
这是一个典型的非绝热过程。

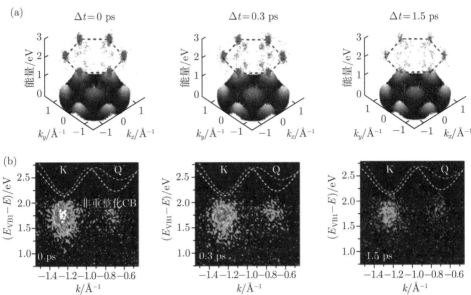

图 6.18   利用 PEEM 测量 WSe$_2$ 中激发电子从 K 谷转移到 Q 谷的非绝热动力学过程。电子转移后形
成了一个暗激子态。摘自 (Madeo, 2020)

　　尽管各种光谱学技术在核量子效应和非绝热效应的研究中有着广泛的应用，甚至适用
于各类复杂环境体系，但这些研究手段有一个共同的问题，就是空间分辨能力都局限在几
百纳米到几十微米的量级，得到的信息往往是众多原子/分子的叠加效果。比如在对水的研
究中，光谱技术给出的是众多氢键叠加在一起之后的平均效应，无法得到单个氢键的本征
特性和氢键构型的空间分布。由于氢原子核的量子态对于局域环境的影响异常敏感，核量
子态与局域环境之间的耦合会导致非常显著的谱线展宽，从而无法对全量子效应进行精确、
定量的表征。在限域或者表/界面体系中，核量子态受局域环境的影响会变得尤为明显。因
此，非常有必要深入到单原子/单键层次上对全量子效应进行高分辨探测，挖掘出各种凝聚
态现象的物理根源。

6.1.6   电子散射

　　前面我们集中介绍了通过利用中子和光子与材料相互作用的信息，来研究凝聚态系统
全量子效应的实验技术手段。同样，当我们将一束电子打到材料上时，电子会与材料发生
复杂的相互作用，被散射后的电子能量和动量都可能发生改变 (图 6.19(a))。损失的能量和
转移的动量可以反映样品材料的很多本征信息，包括晶体结构、电子结构、声子结构等。电
子散射实验装置有很多种，可以根据电子源的能量高低来分类，也可以根据探测的散射电
子类型来分类。不同实验装置的空间分辨率、动量分辨率、能量分辨率差异很大，取决于
电子源和对散射电子的探测模式。常见的实验装置或技术包括透射电子显微镜、扫描电子

显微镜、低能电子衍射、反射式高能电子衍射、兆电子伏超快电子衍射等。特别是透射电子显微镜 (Transmission electron microscope, TEM)，它被称为材料科学和纳米技术的眼睛，是物质科学里最为常见的实验工具之一。TEM 具有多种工作模式，可以对同一个样品实现多种成像、衍射、谱学表征。目前，配置像差校正器的透射电子显微镜的空间分辨率已经优于 0.05 nm，配置单色仪和冷场枪的透射电子显微镜的能量分辨率能够优于 5 meV，而动量分辨率根据工作模式可以在很宽的范围内调节。辅以超快激光的泵浦技术，其时间分辨率能优于 500 fs，如果结合衍生技术的话甚至可能再提高一个量级。进一步结合原位探测技术，可以实现在多种外场下探测材料原子结构、电子结构、声子结构的动力学过程和非平衡态过程。正因为如此，透射电子显微镜有望在全量子效应研究中发挥重要作用。

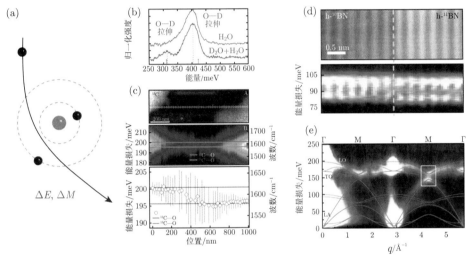

图 6.19　电镜电子能量损失谱在全量子效应研究中的应用例子。(a) 入射电子被材料散射后发生能量、动量改变。(b) 同位素敏感的振动谱：H_2O 和 D_2O 的电子能量损失谱，摘自 (Jokisaari, 2018)；(c) ^{12}C 和 ^{13}C 同位素标记的丙氨酸的电子能量损失振动谱，摘自 (Hachtel, 2019)。(d) 原子分辨的 h-^{10}BN/h-^{11}BN 界面电子能量损失振动谱。(e) h-^{10}BN 纳米片的声子色散图。在布里渊区边界 M 点，不同同位素样品的光学支与声学支之间的声子带隙的差别最大。(李宁, 2022)

正因为如此，一方面，高时间分辨的超快电子散射技术能够同时探测非绝热过程中晶体结构和电子态的演化。超快电子散射与超快光学、超快 X 射线谱学等原理上类似，只不过探测束源是超短脉冲电子束，探测的模式可以是电子衍射 (Barwick, 2008)、电子成像 (Lorenz, 2014)、电子能量损失谱 (Carbone, 2009) 等，因此可以研究材料在超快时间尺度上的结构相变、形貌演化、电子态演化等过程。经过近二十年的发展，该技术日趋成熟，感兴趣的读者可查阅相关的文献 (Tian Y., 2021；Zewail, 2009)。

另一方面，高能量分辨的电子能量损失谱 (Electron energy loss spectroscopy, EELS) 技术 (非弹性电子散射技术) 能够同时实现局域的晶格振动和电子结构的探测。因此，尽管目前还没有太多相关的实验研究报道，但是原则上电子能量损失谱技术可以探索核量子效应对电子态及电-声耦合的影响。实际上，基于电镜的电子能量损失谱技术已有几十年的历史，不过之前受限于仪器的能量分辨率，电子能量损失谱只能用来研究芯电子跃迁和电子的集体振荡行为，无法研究更低能区间的晶格振动。最近几年，单色仪技术的发展极大地提高了电镜的能量分辨能力 (Krivanek, 2014)，使得晶格振动的探测也成为了可能。由于晶格振动行为与核量子效应密切相关，因此最新的扫描透射电镜模式下的电子能量损失谱 (STEM-EELS) 技术为全量子效应的研究提供了新的可能。

利用测定材料的声子谱，并根据质量差异导致的声子谱偏移可以区分同位素原子。为了能够在原子尺度下研究同位素效应，不但需要同时具备极高的空间分辨率和能量分辨率，而且还需要高动量信号分辨能力。传统同位素检测方法如拉曼 (Giles, 2018) 和红外吸收 (Vuong, 2018) 具有 $1\ cm^{-1}$ 量级的能量分辨率，能够得到非常精确的振动信息。但是这些技术缺乏空间分辨率。针尖增强拉曼光谱 (Tip-enhanced Raman spectroscopy, TERS)(Chen X., 2019) 和散射型扫描近场光学显微镜 (Scattering-type scanning nearfield optical microscope, s-SNOM)(Mastel, 2018) 已经实现了纳米级的空间分辨率，但光子微小的动量转移使得这些方法无法实现在整个布里渊区信息中获得高动量下的振动行为观测。理论研究发现，第一布里渊区内同位素声子能量的差异随着动量的增加而变大 (Hladky-Hennion, 2005)。因此，布里渊区边界处的声子带隙宽度的测量相比布里渊区中心处零动量下的测量对研究核量子效应更灵敏。TEM-EELS 的能量分辨率可以达到优于 10 meV 范围，此外，高能电子束还可以提供比光学方法高上千倍以上的动量传递，是在原子尺度下区分同位素原子的最合适的手段之一。例如，美国橡树岭国家实验室的研究团队首先利用该方法，展示了在电镜里识别同位素的可行性。他们测量了受限在氮化硼薄片中纳米尺寸的液态水的振动谱，能够清楚地区分 H_2O 和 D_2O(图 6.19(b))(Jokisaari, 2018)。该研究团队进一步识别了同位素标记的丙氨酸中 ^{13}C 和 ^{12}C 与 O 的成键信息 (Hachtel, 2019)，测量到 ^{13}C 标记的 C—O 非对称拉伸振动模式的振动能量相对于 ^{12}C 的情况红移了 4.8 meV (图 6.19(c))。这些工作显示了 STEM-EELS 方法对同位素的识别可达到百纳米至几十纳米的空间分辨率。实际上，理论工作预测了利用电子能量损失谱探测同位素甚至可能达到原子水平分辨程度 (Konecna, 2021)。随后，Senga 等在单层碳原子样品中实现了具有亚纳米空间分辨率的 ^{12}C 和 ^{13}C 同位素的识别 (Senga, 2022)。

电镜中电子能量损失谱的空间分辨率主要受限于探测信号的离域效应，因为电子束本身的尺寸甚至可以小于氢原子的直径，因此激发的区域可以非常小。对于晶格振动信号，它同时包含了离域性很强的偶极散射信号和局域性很强的碰撞散射信号这两部分 (Allen, 2018)。考虑到偶极散射在小动量转移下起主要贡献作用，随着转移动量增加，偶极散射强度急剧衰减，而碰撞散射所占的比例会逐渐增大，使得声子谱表现出更好的局域特征。基于此原理，研究人员提出利用环形选频光阑 (Dwyer, 2017) 或者离轴采谱 (Hage, 2019, 2020) 等方案，在提高大动量转移信号的收集效率的同时又减少小动量转移信号的收集，从而进一步提升晶格振动信号的局域特征。这些设想近来也逐渐被实验所证实。美国、英国、中国的多个研究团队在若干研究体系里都成功实现了原子分辨振动谱的测量 (Hage, 2019；Venkatraman, 2019；Hage, 2020；Shi R.C., 2020；Qi R.S., 2021a,b)。最近，北京大学高鹏研究组设计了多种同位素纯化的氮化硼纳米结构，并通过堆垛技术构建了原子级平整的同位素原子界面。利用具有超高空间与能量分辨率的 STEM-EELS 方法，他们实现了原子分辨的同位素识别，并揭示了同位素异质结的声子行为 (李宁, 2022)。如图 6.19(d) 所示，在六方氮化硼 h-^{10}BN/h-^{11}BN 同位素异质结两侧的组分元素与原子结构完全相同，仅是对于 B 有一个中子的质量差别 (约占 h-BN 单胞质量的 4%)。他们使用电子能量损失谱技术证实 h-^{10}BN 的面外声子模式 ZO 能量比 h-^{11}BN 的高约 2.5 meV，并且 ZO 模式的强度随着碰撞散射比例的改变呈现了原子级的周期变化 (∼0.34 nm)。由于电-声耦合作用，布里渊区中心和布里渊区边界的 ZO 声子在同位素界面过渡区域的长度有明显差异。这一结果首次表明电子能量损失谱技术在探测原子核量子效应 (特别是同位素效应) 方面的确具有原子级的空间分辨能力。

除了具有高空间分辨率外，电子能量损失谱研究同位素核量子效应还具有其他的一些优势。首先，由于电镜采用的是高能电子激发，电子能量损失谱的频域很广，其低能下限取决于能量分辨率，而高能上限可达几千 eV。因此，利用高能量分辨的电子能量损失谱技术，可以同时实现局域的晶格振动和电子结构的探测，从而获取二者关联的信息，实现探索全量子效应在电子态、电-声耦合中的作用。此外，与纳米光学手段相比，电子散射截面通常比光子散射截面要高出四至六个数量级，因此在探测小尺寸和少原子样品的时候信号强度 (信噪比) 要远好于光学探测。由于轻元素的非弹性散射截面要远高于弹性散射截面，得到的电子能量损失谱信号非常强。考虑到全量子效应通常在轻元素体系里体现更明显，因此电子能量损失谱提供了一个非常合适的研究手段。另外，电子通常能比光子激发更多的跃迁模式，一些光学暗模式也可能被电子激发并被探测到 (Li Y.，2020)。同时，由于光子的动量通常比晶体布里渊区小两个量级，因此只能探测到布里渊区中心的信号，而电子不存在这个问题。电子能量损失谱的这一优点在研究少层极性材料中的光-声耦合模式 (即声子极化激元) 上也有所体现 (Li N.，2021)。实际上，在同位素样品中，振动信号的能量差别最大是在布里渊区边界的 M 点，这里声子带隙宽度体现了结构中相邻原子质量的差异大小 (如图 6.19(e) 所示)。通过定量对比布里渊区边界声子带隙的宽度，能够在纳米尺度确定同位素的类别和浓度，而光学方法无法探测到这些高动量点的信息。

电子能量损失谱不仅仅能探测大范围动量转移的散射电子，还能实现高的动量分辨。虽然基于扫描隧道显微镜的电子隧道谱在测量声子方面的空间分辨率也能达到原子级，但是它只反映振动信号在动量空间积分的态密度信息，并不具备动量分辨率，而电子能量损失谱能兼具空间分辨与动量分辨的能力。尤其是近年来发展的四维电子能量损失谱 (Qi R.S.，2021a)，可根据实际问题的需要在空间分辨率和动量分辨率之间取得最佳平衡。尽管测不准原理限制了空间分辨率和动量分辨率同时达到最优，这一技术却已非常接近理论极限。它克服了传统谱学手段无法同时具备高动量分辨和纳米级空间分辨的遗憾，能实现对单个纳米结构和界面等的局域声子色散测量 (Qi R.S.，2021a,b)。由于材料中电-声耦合作用的强度通常强烈依赖于动量，因此动量分辨这一功能对研究全量子效应非常关键。总之，迅速发展的透射电子显微学电子能量损失振动谱技术有望在原子水平分辨尺度上，为全量子效应的研究带来新的机遇。

6.1.7 扫描探针技术

1981 年，IBM 苏黎世实验室的 G. Binnig 和 H. Rohrer 发明了扫描隧道显微镜 (Scanning tunneling microscope，STM)，并与透射电子显微镜的发明人 E. Ruska 一起分享了 1986 年的诺贝尔物理学奖。扫描隧道显微镜是以电子量子隧穿效应作为基本原理而发展的一种实验技术 (如图 6.20(a) 所示)。扫描隧道显微镜用一根原子级尖锐的金属针尖作为扫描探针，衬底通常用金属材料。金属针尖由压电陶瓷管驱动实现 x、y、z 三个方向的移动，完成扫描任务。当金属针尖逐步靠近金属样品，在间距小于 1 nm 时，针尖和样品电子波函数会有交叠。以金属针尖和金属样品作为两个电极，在它们之间施加电压时，电子会通过量子隧穿从一个电极流向另一个电极，从而形成隧道电流。在大部分扫描隧道显微镜设备中，通常将针尖接地，因此电压加在样品上。当施加正偏压时，电子从针尖的占据态隧穿到样品的未占据态；当施加负偏压时，电子从样品的占据态隧穿到针尖的未占据态。隧道电流随针尖样品之间的距离变化非常敏感，呈指数关系，当针尖样品之间距离减小 0.1 nm 时，隧道电流会增加一个数量级，因此扫描隧道显微镜具备超高的空间分辨率。利用扫描隧道显微镜，人们能够在实空间观察单个原子在物质表面的排列状态以及与表面电子行为有关的物理、化学性质，因此被广泛应用于表面科学、纳米科学等领域的研究。

　　近年来，扫描隧道显微镜也被推广应用到表面轻元素体系的高分辨结构成像、动力学控制和核量子效应探测研究方面。尽管氢原子在质量和尺寸上都是最小的原子，2000 年加州大学欧文分校的 W. Ho 研究组利用扫描隧道显微镜首次在实空间对金属表面上吸附的氢原子进行成像和振动谱测量，成功识别了单个氢原子及其同位素氘原子 (图 6.20(b))。他们进一步利用扫描隧道显微镜追踪金属表面单个氢原子在不同温度下的扩散速率，发现温度低于 60 K 时，氢原子的扩散速率与温度无关。这一工作在实验上直接证实了低温下金属表面氢原子的量子隧穿行为 (见图 6.20 (c))(Lauhon, 2000)。

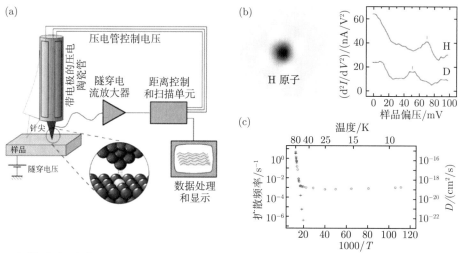

图 6.20　扫描隧道显微镜测量金属表面单个氢原子的量子隧穿过程 (Lauhon, 2000)。(a) STM 的结构示意图。(b) Cu(001) 表面单个氢原子的高分辨 STM 形貌图，氢原子呈现为暗的圆圈。单个 H(D) 原子的 STM-IETS 振动谱振动峰位代表 H(D)—Cu 的拉伸振动模式，从而实现同位素的识别。(c) 氢原子扩散频率与温度的变化关系。氢原子在 60 K 低温时，其动力学过程从经典行为转变为量子隧穿行为；而较重的氘原子在所研究的整个温度范围内一直遵循线性关系，即服从经典的阿伦尼乌斯 (Arrhenius) 公式。说明在此实验条件下，氘原子没有表现出由核量子效应支配的量子隧穿

　　此外，扫描隧道显微镜还被用于研究氢键体系的质子转移过程中的量子隧穿效应。扫描隧道显微镜针尖可以操纵氢键体系中质子转移，进一步通过扫描隧道显微镜成像识别质子转移前后结构的变化，再通过隧道电流追踪和记录质子转移动力学过程，最后测量质子转移速率的同位素效应，以及与温度、电压、电场、隧道电流等调控因素的依赖关系，进而来判断质子转移的机制。通常量子隧穿效应有着显著的同位素效应，而且不需要克服经典的反应势垒，所以质子转移速率与调控参数无关。日本京都大学 H. Okuyama 研究组在表面水的核量子效应研究中，取得了一系列重要成果。他们发现水分子二聚体中，氢键供体和受

体之间角色的转变与质子的量子隧穿有关 (Kumagai, 2008)，并且进一步发现 Cu(110) 表面 OH 吸附取向变化的动态机制主要源于质子的量子隧穿行为 (Kumagai, 2009)。但是以上工作都是关于单个质子隧穿的研究结果，而氢键网络中的氢原子并不是相互独立的，通常具有很强的关联性。因此，氢键体系中的质子转移实际上会涉及多体关联量子过程。

T. Kumagai 等利用针尖操纵技术，在 Cu(110) 表面制备得到 $H_2O\text{-}(OH)_n(n = 2 \sim 4)$ 一维链状氢键构型，通过振动激发可以诱导质子在链状水的结构中逐步转移。此外，他们还发现 Ag(110) 表面上单个 Porphycene($C_{20}H_{14}N_4$) 分子会自发互变异构化。特别是当温度低于 10 K 时，转变速率不随温度变化，且氘代替换后转变速率降低两个数量级。他们进一步通过部分氘代替换实验，发现该异构化过程是通过两个质子"逐步"隧穿完成的 (Koch, 2017)。利用自主发展的亚分子级成像技术，北京大学江颖研究组可以在实空间直接识别氢键的方向性，发现存在两种不同 OH 取向 (手性) 的水分子四聚体 (Guo J., 2014)。他们通过对 NaCl(001) 表面上单个水分子四聚体团簇内质子转移的实时跟踪实验，直接观察到了质子在水分子团簇内的量子隧穿动力学过程。进一步通过完全和部分的同位素替换实验，并结合全量子模拟计算，他们确认了这种隧穿过程由四个质子协同完成，是一种全新的相干量子过程 (Meng X.Z., 2015)。在液氦低温下，扫描隧道显微技术还被进一步利用在实空间追踪重原子核的量子隧穿效应，例如 C (Lin C.F., 2019), Cu (Repp, 2003), Co (Stroscio, 2004) 等原子，以及 CO 等分子 (Heinrich，2002)。

尽管利用扫描隧道显微镜研究核量子效应已经取得了很大进展，但这方面的工作仍然非常有限。主要难点在于扫描隧道显微镜对原子核和内层电子不敏感，并只能研究导电衬底，该缺憾可以由非接触式原子力显微镜 (Noncontact atomic force microscope, NC-AFM) 来弥补。1998 年德国雷根斯堡大学的 F. J. Giessibl 教授发明了基于石英音叉的 qPlus 传感器 (如图 6.21 (a) 所示)，并用它替代传统的硅悬臂，实现了高分辨实空间成像 (Giessibl, 2003)。这项技术的优点是，qPlus-AFM 探针具有很高的品质因子并可以在亚埃振幅下 (<100 pm) 稳定工作，使得针尖可以非常靠近样品表面，从而大幅提高了对针尖与原子之间短程力的探测灵敏度 (见图 6.21 (b))，并直接对化学键进行原子级成像 (如图 6.21 (c)、(d) 所示)(Giessibl, 2003；Gross，2009)。瑞士 IBM-Zurich 研究中心 L. Gross 研究团队及美国加州大学伯克利分校的 M. Crommie 研究组，将 qPlus NC-AFM 用于有机分子的骨架结构和键级的成像，以及表面化学中反应产物的识别 (de Oteyza, 2013；Gross, 2012)。国家纳米科学中心的裴晓辉 (X. H. Qiu) 研究组首次精确解析了 8-羟基喹啉分子间氢键的构型 (Zhang J., 2013)。日本东京大学 Y. Sugimoto 研究组将 qPlus-AFM 应用于表面水的研究，获得了 Cu(110) 表面一维和二维水团簇的氢键构型 (Shiotari, 2017)。最近，北京大学江颖研究团队发展了基于高阶静电力的非侵扰式原子力显微术，将力灵敏度提升到飞牛量级。在此基础上，他们通过对针尖进行精准化学修饰，调控针尖末端的电荷分布，探测到四极矩带电针尖和水分子之间的高阶静电相互作用力信号，实现了表面水分子以及水合离子体系的非侵扰式成像，以及氢原子核的实空间直接定位 (Peng J.B., 2018a,b)。这些工作中原子力显微镜技术的发展和创新，为弱相互作用轻元素体系核量子效应的研究提供了新的思路。

此外，非弹性电子隧道谱 (Inelastic electron tunneling spectroscopy, IETS) 是基于扫描隧道显微镜模式的一种谱学技术，它主要是通过探测隧穿电子与分子振动之间的耦合来实现单个分子振动模式的识别 (Ho, 2002；Stipe, 1998)。非弹性电子隧道谱的工作原

理如图 6.22 所示。与振动光谱类似，它可以用于单分子尺度上核量子效应的研究。这项

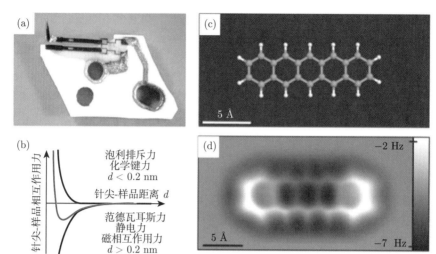

图 6.21　(a) 基于石英音叉设计的 qPlus 力传感器。(b) 针尖、样品之间的力曲线 (红线为两条黑线之和)。针尖-样品距离远时，范德瓦耳斯力、静电力、磁相互作用力等长程相互作用占主导；针尖-样品距离近时，泡利排斥力、化学键力等短程作用占主导。(c) 并五苯分子结构示意图。(d) 并五苯分子的 AFM 图，实现了分子化学键骨架的实空间成像。摘自 (Giessibl, 2003；Gross, 2009)

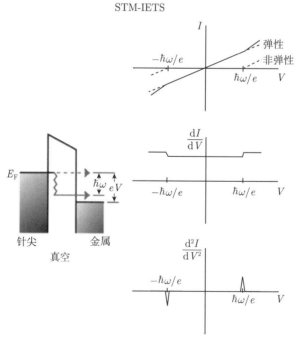

图 6.22　非弹性电子隧道谱 (IETS) 的工作原理示意图。由右上图可见，从 I-V 曲线很难观测由于振动激发引起的隧穿电流变化；由右中图可见，I-V 曲线中的电流变化在 $\mathrm{d}I/\mathrm{d}V$ 曲线中表现为明显的电导台阶；由右下图可见，$\mathrm{d}I/\mathrm{d}V$ 曲线中的电导台阶在 $\mathrm{d}^2I/\mathrm{d}V^2$ 曲线中表现为峰和谷，因此更容易确定电流变化所对应的电压值。摘自 (Ho, 2002)

技术的出现突破了常规振动谱技术空间分辨率差的瓶颈。然而，分子的电子振动耦合一般非常微弱，导致隧道电子的非弹性散射截面很小，因此分子的振动引起的电导变化一般只有几个百分点 (Baratoff，1988)。如果要探测 2% 的电导变化，一般要求隧道结的稳定性要优于 1 pm。由此可见，IETS 的测量对扫描探头的稳定性要求非常高。为了提高 IETS 信噪比，可以把针尖作为顶栅极，通过控制针尖与分子的耦合来调制分子的轨道位置和展宽，增强费米能级附近的态密度，从而通过共振非弹性隧穿效应来增强 IETS 的信号 (Guo J.，2016a；Persson，1987)，确保有足够的灵敏度可以探测到氢键相互作用引起的振动模式的微小频移，该技术可用于原子尺度上核量子效应的定量表征。北京大学江颖研究组利用针尖增强的非弹性电子隧穿谱，首次获得了单个水分子的高分辨振动谱，并由此测得了单个氢键的强度。通过可控的同位素替换实验，并结合全量子效应计算模拟，发现核量子效应对氢键的贡献可以达到 14% 左右，这个值甚至可能大于室温下的热运动对应的能量 (Guo J.，2016a)，这些研究表明氢原子核的量子效应足以对水的结构和性质产生决定性的影响。进一步分析还发现，氢原子核的非简谐核量子效应会弱化弱氢键，强化强氢键，这个物理图像普遍适用于各种氢键体系，从而澄清了学术界长期争论的氢键的全量子本质。

6.2　外场极端条件平台

众所周知，由多原子组成的凝聚态体系会随着温度、压强、磁场、光场等物理参量的改变而发生变化，呈现出丰富多彩的物质状态。通过单一外场平台或综合外场平台对这些物态进行研究和调控构成了人类认识自然、改造自然的重要任务。事实上，调控物态一直是物理学造福人类的主要途径，例如：通过对水的液态和气态的调控导致了蒸汽机的发明和机械化、通过对电磁场的调控导致了电动机的发明和电气化、通过对固体中电子能带的调控导致了晶体管以及集成电路的发明和信息化。

从望远镜、显微镜的发明和使用，到大型强子对撞机等尖端实验装置的加持，历史上重大的科学发现大都得益于当时实验技术的进步和外场极端条件研究平台的拓展。在物质科学研究日臻完善的今天, 为进一步开展物态调控研究，不断发展并借助外场极端条件平台提供更先进的实验环境，已经成为物理学发展的一种范式。同样，在全量子效应研究领域外场平台的利用，也会大大拓展全量子凝聚态物理学的研究范围。怎样利用外场平台与测量技术组织高效有力、经纬交织的实验研究，开辟更大、更广和更深的物态调控空间，以寻找超越传统玻恩-奥本海默近似的新现象，探索与全量子效应相关的新物态、新物性和发现新规律，并进一步通过物态调控造福于人类社会的可持续发展，是当今和未来的物理学家们所面临的重大课题。

6.2.1　极低温环境

温度是最基本的物理量之一，越低的温度越有利于发现和观察细致丰富的量子力学现象。在低温物理的发展过程中，超导、超流、整数量子霍尔效应和分数量子霍尔效应等重要现象都是在低温环境下被意外发现的，并且许多有关量子力学的实验问题只能在低温条件下研究。通常情况下，原子核量子效应比电子量子效应微弱很多，因此对温度涨落更加敏感，低温条件下核量子效应会更明显。这方面最典型的例子是低温下凝聚态氢和凝聚态氢所展现的新奇全量子现象。

　　制冷机是实现低温环境开展物理研究的仪器设备，其指标先进性主要体现于能够达到的低温极限值。最低温度除了取决于制冷手段，还受制于环境漏热，在给定制冷能力的前提下，极低温环境的最佳性能由最大的漏热源决定。我们日常生活在 300 K 的"高温"环境中，而极低温条件一定会受到这个高温环境漏热的影响。为了减少漏热，一个低温环境通常由高于该温度的另一个低温环境保护。如图 6.23 所示，制冷机的共性在于不同温度环境的嵌套，一个制冷机拥有从室温到极低温的温度梯度，从室温到极低温之间存在多种制冷机制。因此，极低温制冷机依赖于一套从低温区到极低温区的完整技术积累，在低温这个极端实验条件上，参数空间的扩展历史因为特殊节点的存在而脉络清晰。

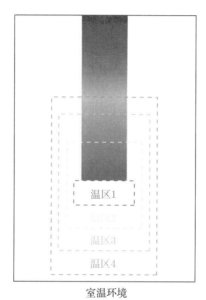

图 6.23　极低温设备的基本工作原理在于依赖不同的制冷方式，构建从室温到极低温的温度梯度。当前极低温制冷机所使用的制冷方式复杂多样，是包括气体膨胀、脉冲制冷、焦汤膨胀、液体蒸发、稀释制冷、^{3}He 固液共存相的压缩、绝热去磁在内的多种制冷方式的组合。不同的制冷方式提供了不同特征温度附近的制冷能力。温度越低的制冷机，使用到的制冷方式也就越多

　　低温参数空间的扩展可以追溯到法拉第早期的一些努力，在法拉第尝试液化各种气体之后，空气中的氧气和氮气在 1883 年被其他人液化。这是人类第一次获得 100 K 以内的低温环境。在应用上，液化这些元素的目的是为了鲜肉的保存。而其科学上的目标是为了确认是否存在永久气体。在 H_2 被液化之后，1908 年，氦被成功液化了，而进一步研究发现常压环境中，在零温极限下氦依然保持液态。这个例子表明，虽然人们没有找到永久气体，却找到了永久液体。地球上绝大部分的氦是 ^{4}He，它有两个质子和两个中子。除了 ^{4}He，氦的稳定同位素还有 ^{3}He，^{3}He 有两个质子和一个中子。^{3}He 和 ^{4}He 都是非常理想的物理研究对象。^{4}He 是实验上容易获得、结构简单的玻色子，^{3}He 是除了电子之外实验上最容易研究的费米子。^{4}He 液化之后，基于其低温环境，人们很快发现了超导现象 (如图 6.24 所示)。

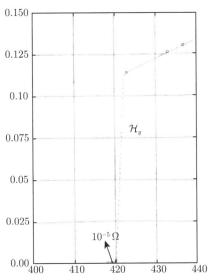

图 6.24 1911 年发表的超导实验数据 (Onnes，1911)，该数据于 1911 年 11 月 25 日已在荷兰莱顿大学内部交流

气态的氦无色无味，它是最简单的惰性气体；但液体氦的性质极为复杂，并且逼近绝对零度，是研究物理现象不可或缺的原材料和制冷剂。在 ^{4}He 液化之后，对液体 ^{4}He 的减压制冷实现了人类文明的一个重要突破。自然界可获得的最低温度是宇宙背景辐射 2.73 K，而低温是少数我们能在实验室内轻松突破自然极限的参数边界。人类实现不了比自然界更高的温度、更长或更短的尺度、更大或更小的质量，但是在低温这个极端条件上，人类百年前就已经击败了自然界。当温度被降到 2 K 附近，P. Kapitza(卡皮查) 发现了 ^{4}He 的超流现象 (Kapitza，1938)(参见图 6.25)。除了超导和 ^{4}He 超流，整数量子霍尔效应和分数

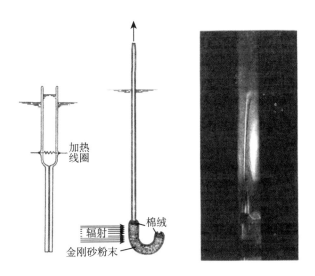

图 6.25 超流现象引起的喷泉效应。无黏滞的超流体能通过多孔材料两端，在实验人员建立温度差后，可以让液体产生克服重力的宏观移动。摘自 (Allen，1938)

量子霍尔效应也是低温环境下未被理论预料到的实验发现。这四个现象今日依然是物理中的重要分支，支撑着拓扑性质和多体问题等物理研究，其技术应用也依然活跃在科学前沿领域之中，甚至成为新国际单位制的基石。近年薛其坤关于反常量子霍尔效应的发现，标志着中国物理学家在凝聚态实验物理研究领域实现了重大突破 (Chang C.Z., 2013)。

低温环境还为理论预言提供了验证的条件。1957 年朗道预言的零声现象，于 1966 年被新低温条件下的声速实验所证实 (Abel, 1966)。而在 BCS 理论成功解释超导现象之后，^{3}He 配对的超流发现一直为人所期待，最终随着低温实验技术的进步，1972 年在 1 mK 附近人们终于获得了确凿的实验证据 (Osheroff, 1972)。但该制冷所采用的手段为压缩 ^{3}He 的固液共存相，只具有短暂的单次降温能力，并且难以研究 ^{3}He 之外的实验对象，所以不适用于普适的极低温研究。

mK 级别的极低温环境大规模用于基础科研依赖于 20 世纪 60 年代稀释制冷机的出现和随后 50 年的商业化普及。稀释制冷利用了 ^{3}He-^{4}He 混合液在零温极限下相分离的原理。相分离之后，^{3}He 浓相和 ^{4}He 浓相两种液体在重力环境中分层，^{3}He 从高浓度相移到低浓度相穿越界面时，在稀释的过程中吸收热量。在低温实验技术的发展促进物理实验现象发现和理论模型验证的过程中，1908 年 ^{4}He 的液化与 1966 年稀释制冷的实现是两个重要的里程碑。前者开启了量子力学意义上的低温物理时代，后者提供了稳定的极低温环境。稀释制冷是当前稳定获得 10 mK 量级温度的主流制冷方式，也是前沿科学领域中人们可以商业化购买的最佳低温设备。1997 年，利用稀释制冷机，人们证实了在 57 mK 下存在分数电荷 (de-Picciotto, 1997)。稀释制冷机还广泛用于量子技术领域，例如超导量子计算和拓扑量子计算的研发 (见图 6.26)。

图 6.26　为谷歌公司的超导量子计算提供极低温环境的稀释制冷机

稀释制冷机也需要前级的预冷环境保护，其中一个重要的预冷环境由液体 ^{4}He 提供。随着低温技术的发展，取代液体 ^{4}He 的干式制冷技术逐渐成熟，制冷无液氦消耗化成为仪器研发的主流趋势。氦是一种特殊资源，主要存在于少数的油田或天然气田中作为副产物，国际供应紧张。美国是国际上主要的氦供应国，而我国主要依赖进口。常规制冷机消耗液氢，就像交通工具消耗燃油，无液氦消耗的制冷技术，就是让制冷机只靠充电就能运转，而不再依靠稀缺的"燃油"——液氦。如今，基于无液氦消耗技术的稀释制冷机已经成为科研人员的优先选择。低温制冷的无液氦化设备的普及应用主要发生在 21 世纪，这几乎是可以与液化 ^{4}He、实现稀释制冷相提并论的里程碑式的工作。

1 mK 以下的极低温环境不再能依靠科研经费购买获得，其设备搭建和运转依赖于专业的科研人员。因此，世界上能获得 1 mK 以下环境温度的实验室屈指可数。核绝热去磁技术是目前能实现最低环境温度的制冷手段，它通常由稀释制冷机提供前级制冷。核绝热去磁制冷利用金属的核自旋在磁场下自旋有序到退磁后自旋无序的过程来实现降温，并且绝热去磁后的最低温度取决于前级冷源最低温度和初态磁场之比。核绝热去磁制冷机是最后一个需要实现无液氦消耗化的主流制冷技术。该技术研发的完成，也意味着制冷无液氦消耗化这个意义重大的技术节点全面完成。

低温实验对技术前期积累的要求高、所需的人才培养周期长，中国的低温实验技术力量整体上落后于国际前沿水平。随着国力的持续上升，中国的科研人员逐渐有条件尝试极低温方向的尖端挑战。2011 年，北京大学量子材料科学中心提出研制无液氦消耗的核绝热去磁制冷设备。经过十年的努力，林熙 (X. Lin) 和杜瑞瑞 (R. R. Du) 成功设计并建成了能获得 0.090 mK 极低温环境的无液氦消耗核绝热去磁制冷机 (如图 6.27 所示)。基于无液氦消耗的制冷技术，目前全球有四套核绝热去磁设备以及大量采用其他制冷方式的设备，北京大学的这台制冷机至今保持着获得最低温度的世界纪录。

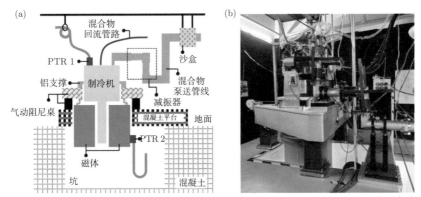

图 6.27　北京大学搭建的无液氦消耗核绝热去磁制冷机的外形。这是目前世界上温度最低的无液氦消耗系统 (Yan J., 2021)

极低温条件的建设为挖掘凝聚态物质全量子效应提供了有力的平台和场所。这是因为在通常环境中，量子涨落很微弱，它会被热涨落淹没掉，使我们无法观测到全量子效应。只有在低温环境下热涨落才得到一定的抑制，纯粹由核量子效应主导的零点能修正和量子隧穿等现象会充分彰显，各种与之相关的输运性质，以及超快非绝热相变引起的新物态等问题都值得进一步研究。

6.2.2　超高压环境

压强与温度一样，是一个基本的物理参量。宇宙中的压强尺度变化很大，跨越约 50 个数量级，最低可测量压强存在于星系间，约 10^{-26} GPa，而可计算的最高压强在中子星的中心，约为 10^{25} GPa (见图 6.28)。地球上的压强变化范围是在从地表的 10^{-4} GPa 到地核中心的 360 GPa 之间。在实验室的层面，人们可以借助压强手段发现全量子新物态。比如，增加压强会缩短凝聚态物质的原子间距，减小轻元素原子转移势垒，从而促进原子核量子隧穿和量子离域。这样可以改变费米面附近电子态密度和非氢元素的低频声子，增强电-声耦合作用。这是近年所研究的富氢超导体中存在的普遍现象。另外，正如上小节介绍的，随着压强增高，原子核通过全量子效应会克服库仑作用，从而引发超流和超固等新物态。

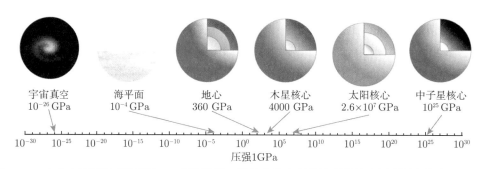

图 6.28　宇宙中的压强变化横跨 50 个数量级。目前实验室所能达到的静态压强最大约为 900 GPa

高压会对凝聚态物质的物理和化学性质产生非常大的影响，然而它作为一种同时可以实现化学合成和物性调控的双重技术手段尚未在科学研究中得到充分的利用。究其原因，很大程度在于高压实验技术的复杂性和专业性。如果从 1931 年 Bridgman 撰写的《高压物理》(*The Physics of High Pressure*) 出版算起 (Bridgman，1931)，高压科学经过近百年的发展，已经成为一门对人类认识自然规律和服务生产生活都十分重要的分支学科。

实践中高压由其产生装置不同可分为静态高压和动态高压。静态高压是利用相应的高压装置通过机械压缩的方式实现的，可以长时间持续控制；而动态高压由爆炸、撞击、强光照射等快速过程产生，持续时间很短。这里我们重点关注的是静态高压技术在最近几十年取得的进步。例如，金刚石压砧 (Diamond anvil cell，DAC) 内部的静压目前最高可达 900 GPa，超过任何其他方式可产生的静压十倍以上 (Ulmer，1987)；而激光加热技术可以在压强下将样品加热到超过 5000 K (Hemley，1987)。在如此极端的条件下，元素的密度、电子结构和化学反应自由能等都发生了巨大的改变，从而导致化学平衡和材料物性的极端变化，创造多种新化合物和新奇的量子物态。此外，许多高压下合成的固体材料经过淬火后，形成的热力学亚稳态可以在常规环境条件下无限期地保持稳定。这种高压合成方法可以获得如金刚石等许多有用的亚稳态材料，具有重大的实用价值。

高压技术的进步是高压科学发展的核心推动力之一。经过科研人员多年不断的发展，已经出现了多种不同原理和压强范围的静态高压装置，部分已经商业化。活塞圆筒式设备最大可以产生 3 GPa 的压强 (Loveday，2012)。其中小型的自紧式压强包可以方便地用于现有的制冷机和磁体中的电阻、磁化率等物性测量 (Thompson，1984)。大容量设备通常依靠液压机在各种实验装置中压缩样品产生高压。Bridgman 压机采用两个相对放置的圆锥形压砧，最大可以产生 20 GPa 左右的压强 (Loveday，2012)。目前实验室中常用大体积多砧压强机，一般为八面体装置 (图 6.29 左所示) 或六面体装置。采用 Walker 等改进的具有二级增压装置的多砧压强机最大可以达到 40 GPa 的压强 (Walker，1990)。多压砧装置相比双压砧的优势在于可容纳的实验材料体积更大 (约为几立方毫米) 并且压强环境更接近静水压，即样品各方向受到的压强一致。由于能够容纳较多的样品，多砧压机被广泛用于化学合成实验。此外利用多砧压机进行物性调控的实验装置也在发展中 (Cheng J.G.，2014)。

目前能够产生最高静态压强的装置是金刚石压砧 (DAC)(Bassett，2009；Mao H.K.，2018)。它实际上是采用两个小于 1/2 克拉的宝石级金刚石的 Bridgman 压机，在金刚石尖底之间放有一个带有小孔的不锈钢或铬镍铁合金材质的金属垫圈用作样品室 (图 6.29 右所示)。DAC 装置除了能够达到非常高的压强，还易于被冷却至低温 (2 K)。而另一方面通过红外激光或外部加热也可以使高压下的样品达到最高至 5000 K 的高温。DAC 非常适用于高压下的材料表征。这是因为金刚石压砧对 X 射线以及从紫外到红外的大部分光都是透明的，所以 X 射线衍射、拉曼、红外、紫外/可见光反射率和吸收光谱等谱学测量技术都可以用于表征不同压强和温度下的新结构相、确定相边界。诸如电阻之类的输运测量是 DAC 中的常规实验手段。最近 DAC 中的磁化率测量也得到了发展，用以确定超导体的迈斯纳效应。DAC 样品量虽然小于多砧压强机，但也被广泛用于化学合成实验，因为使用它可以方便地进行压强下的晶体结构测量 (Walsh，2018)。

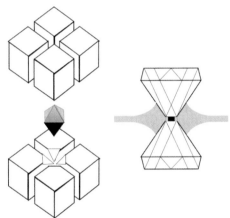

图 6.29　左：大容量八面体压机的关键部件是八个截头立方体，它在工作时压缩八面体形状的样品。这个样品的尺寸通常小于 1 cm。右：金刚石压砧装置中的菱形配置。载荷施加在钻石的大平面上。工作时样品被压缩在钻石尖端的小平底尖之间。在金刚石之间的金属垫片上钻一个直径 250~300 μm 的小孔用作样品室

1. 高压下的材料合成

一般所指的压强下的化学合成过程，如合成氨工业采用的哈伯-博施法以及高压釜中的化学反应，其压强不超过 10^{-2}GPa；而高压技术采用的多面体压机以及 DAC 装置可以产生几十至上百 GPa 的压强。在如此高的压强下，许多相互之间在常压下不能发生反应的元素都可能形成新的化合物，例如碱金属钾可以和过渡元素形成多种化合物 (Atou，1996)，铁和铋可以在高压下形成二元化合物 $FeBi_2$ (Walsh，2016)，甚至惰性元素氙也可以和过渡元素形成化合物 (Stavrou，2018)。高压为无机化学的发展提供了新的维度，这方面的研究处于高速发展中。这里简略介绍两种对其他学科有重大影响的高压合成材料，一种是超硬材料，另一种是 ABO_3 氧化物。它们一般在淬火后还能在环境温度下保持稳定，因此也具

有重要的实用价值。

超硬材料一直是高压合成的研究目标之一。探索新型超硬材料的研究进展不断，然而目前已经完全商业化的超硬材料还是在高压 (6 GPa) 和高温 (1200 K) 下，通过使用过渡金属催化剂合成的立方金刚石和氮化硼 (Badding，1998)。合成金刚石一般用于磨料，而立方氮化硼用于加工黑色金属，因为铁会在高温下同碳发生反应。最近有文献报道在高压和高温下可以合成纳米孪晶的立方氮化硼和金刚石，它们具有超越单晶的硬度和热稳定性质 (Tian Y.J.，2013；Huang Q.，2014)。此外，利用高温高压下的过渡金属助熔剂可以生长比天然金刚石化学纯度和同位素纯度更高的金刚石单晶。同时高压下合成的高纯六方氮化硼比常压下生长的单晶具有更低的氧和碳杂质含量，因此绝缘性质更加优异。

化学组成为 ABO_3 的氧化物 (A, B 为碱金属、碱土金属、过渡金属或副族元素等) 在一定的压强和温度下可以形成包括辉石、铌酸锂和钙钛矿等多种结构的晶体 (Navrotsky，1998)。这类氧化物的合成表征对于材料科学和固体化学以及地球物理研究都极为重要，其中硅酸化合物是地幔的主要组成部分。一般来说，钙钛矿结构和类钙钛矿结构在高压下更加稳定。高压研究中近期的重大科学发现之一是发现了硅酸镁在高温高压下从钙钛矿结构向后钙钛矿结构转变的相边界 (Murakami，2004；Oganov，2004)(见图 6.30)。这一发现成功解释了下地幔层地震波传播的不连续现象，揭示了地球深处的矿物结构。

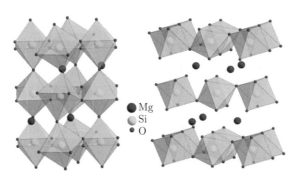

图 6.30　钙钛矿结构 (左) 和后钙钛矿结构 (右)。

包含过渡金属的 ABO_3 氧化物尤其受到凝聚态物理学、材料科学和固体化学的关注。由于过渡金属中的 d 电子可能具有较强的电子-电子/电子-晶格相互作用，这类 ABO_3 氧化物显示出丰富的物理性质，如高温超导、庞磁阻效应、铁电及多铁性等。在不同的晶体结构中，d 电子可能受到不同的晶体场与化学键的作用，导致其电子结构和磁结构出现显著的不同。由于压强可以决定 ABO_3 氧化物的晶体结构，因此高压合成已经成为发现这一类新型量子材料的重要手段。另外，高压合成也曾在探索铜氧超导体中起到重要作用。最近的研究关注在高压下合成的 4d/5d 元素组成的 ABO_3 氧化物，它们由于较强的自旋轨道耦合表现出与 3d 元素迥然不同的磁性和铁电性等性质 (Cheng J.G.，2011；Shi Y.G.，2013)。这些超导特性和铁电特性都与全量子效应密切相关。

2. 高压下的相变现象

高压可以极大地缩小物质中原子间距，从而导致其物理性质发生显著变化。凝聚态物理最为感兴趣的是压强导致的各种相变，这些既包括固、液、气三相之间的相变，也包括固体与固体之间的晶格相变。高压导致的相变现象异常丰富,即使是对于单一元素在高压下的结构相变,目前的认识也是不完整的。例如,铈由 α 相向 γ 相转变的塌缩相变发生在 1 GPa 左右,其晶体结构不变,但晶格体积减小了15% (Ramírez,1971)。这一相变的机理经多年研究仍是一个有争议的问题 (de'Medici,2005)。

压强也可以导致物质发生电子态相变,从而显著地改变其电性质和磁性质。这些电子态相变包括金属-绝缘体相变、超导相变、顺磁态-铁磁/反铁磁态的磁性相变以及电荷密度波、自旋密度波相变等。压强驱动相变的机理多种多样,可以源自晶体结构变化,也可以源自原子间距变化导致的电子结构变化,或者源自电子与电子或电子与晶格之间量子耦合及相互作用的变化。这类现象异常丰富。单就金属-绝缘体相变而论,压强既可以使半导体材料如硅、锗等通过发生 Wilson 相变变为金属,也可以使碱金属锂和钠分别变为半导体和绝缘体 (Ma Y.M.,2009;Matsuoka,2009)。

压强对电子与电子/晶格相互作用的调控使得它成为量子材料研究的重要手段之一。对重费米子等凝聚态体系施加压强可以导致显著的电子关联效应以及量子临界等效应。所谓重费米子体系一般指由铈、镱和铀等 f 电子元素构成的金属间化合物,它们由于 f 电子的近藤作用导致其导带电子的有效质量特别大。压强可以显著改变 f 电子磁矩之间的磁相互作用以及 f 电子与导带电子的近藤作用。即使是简单的活塞圆筒装置产生的 1 GPa 左右的压强,也可以有效地诱导重费米子体系的量子临界现象 (Ferriere,2001)。压强调控已经成为凝聚态物理研究中一项重要的常规技术手段,而在这些由高压引起的量子现象中,全量子效应将扮演十分重要的角色。

作为凝聚态物理最为重要的方向之一,超导领域经过一个世纪的深入研究仍然经常出现惊人的发现。实现室温超导是凝聚态物理学家追逐的梦想,而这一梦想很可能在高压实验中实现。过去若干年高压下的化学合成以及压强对材料物性的调控作用极大地促进了超导领域的研究。图 6.31 显示了有代表性的超导材料的转变温度 (T_c),其中 150 K 以上的铜氧化物超导以及富氢超导都是在高压下测量得到的。本书将在第 7 章详细介绍压强导致的氢的相图以及合成金属氢的工作。由于压强对于晶体中电子结构的强大调控作用,如硫和硼等绝缘体元素在高压下都会转变为超导体 (Struzhkin,1997;Eremets,2001);同时磁性很强的锰基和铬基化合物也可以表现出超导性质 (Wu W.,2014;Cheng J.G.,2015)。

压强调控对于各种非常规超导体的研究意义重大。非常规超导体指超导机理难以用一般的电-声耦合 BCS 理论解释的超导体,包括铜氧化物、铁基超导、重费米子以及有机超导等。目前铜氧超导体的最高超导温度 (164 K) 是 $HgBa_2Ca_2Cu_3O_8$ 在 30 GPa 的压强下获得的 (Gao L.,1994)。压强对于铁基超导体的调控作用尤为显著:加压可以诱导 $BaFe_2As_2$ 等 122 型母体材料的超导电性 (Superconductivity)(Chu C.W.,2009);也可以使 1111 型超导体 $LaO_{1-x}F_xFeAs$ 的超导温度提高至 40 K (Takahashi,2008);而在 11 型超导体 FeSe 中,压强带来的 T_c 变化率可达 9 K/GPa (Medvedev,2009)。

较小的压强也可能对有机材料体系以及重费米子体系产生显著的影响。第一个有机超导体 $(TMTSF)_2PF_2$ 就是在 1.2 GPa 压强下发现的 (Jérome,1980),而富勒烯 Cs_3C_{60} 在 1.43 GPa 下的超导转变温度可高达 40 K (Palstra,1995)。由于压强可以显著改变 f 电子磁矩之间的磁相互作用以及 f 电子与导带电子的近藤作用,较小的压强就可以有效地调控重费米子体系的量子临界转变，并诱导其出现非常规超导性。在铈基和铀基重费米子材料中均发现了压强诱导出现的超导现象 (Jaccard，1992)。目前最有希望实现室温下超导的材料体系——超高压下的富氢化合物，反而被普遍认为是一种 BCS 型的常规超导体，它们在高压下氢的对称化现象是明显的全量子效应导致的结果。这部分内容我们也将在第 7 章做进一步讨论。

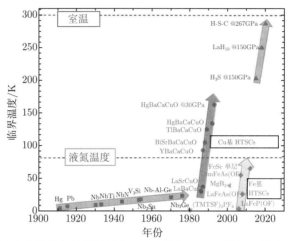

图 6.31　已经发现的具有代表性的超导材料转变温度 (其中 H-S-C 的超导转变温度还有待更多实验进一步验证)

在物质科学的实验研究中，研究对象和研究手段往往处于同等重要的地位。人们首先需要发现或者合成一种能够展现量子特性的材料，然后再利用各种调控及表征手段揭示其中量子力学规律。一般来说，一种实验方法只能在这两者中的某一方面对研究有所贡献。而高压研究兼具两者的特征，既可以在合成新材料时起作用，还可以在调控及揭示其物性时起作用。从这个意义上讲，可以预见高压技术提供的外场平台在全量子效应新物质的制备和新物态的发现中会发挥更大的作用。

6.2.3　强磁场环境

前面介绍的温度和压强主要是通过改变物质的热力学参数来研究它的物理性质。磁性是物质的另一个基本特性，我们可以通过外加磁场来改变原子和分子的电子态能量及磁矩，进而研究它的电磁学性质。磁场强度越高，对于物质系统的电子能态改变就越大，从而能导致更多的新奇现象出现，并给科学研究与应用提供更多的机遇。同时超高磁场还可用于增强原子核自旋的极化，从而提升核磁共振信号的信噪比和谱学分辨率，用于探测原子核量子效应。因此，强磁场已成为当今凝聚态物理、材料科学、化学、生命科学、医学等领域不可替代的重要研究平台。

一般认为 20 T 以上的磁场条件才能称为强磁场。当前产生强磁场的基本原理都是基于电流的磁效应，即利用电流在导体周围空间产生磁场。电流越大，磁场越强。为了实现磁场特定的时空分布，解决电流热效应和电磁力所产生的结构破坏等问题，由导体所形成的线圈结构各异，形成了不同的技术路径，主要分为稳态强磁场和脉冲强磁场。前者是指磁场强度恒定且具有任意长的持续时间的磁场；后者是指利用脉冲电流流过绕组线圈在线圈空间产生的瞬时磁场，磁场的持续时间通常在数毫秒到数百毫秒。

1. 稳态强磁场技术

产生稳态强磁场的磁体装置可分为 3 种类型：水冷磁体 (又称电阻磁体，Resistive magnet)、超导磁体 (Superconducting magnet) 和混合磁体 (Hybrid magnet)。1936 年，麻省理工学院 F. Bitter (比特) 教授最早提出制作水冷磁体所需的线圈，即所谓的 Bitter 线圈，利用 10 MW 的电源功率产生了 20 T 磁场强度 (Bitter，1936)。在此基础上，1960 年美国在麻省理工学院建成了世界上第一个国家强磁场实验室。后来，法国、荷兰、日本、中国等国家也相继成立强磁场实验室。强磁场技术的进步极大地促进了凝聚态物理学的发展。1980 年，德国的 K. von Klitzing 教授利用 14T 磁场在硅-金属氧化物场效应管中观测到整数量子霍尔效应 (von Klitzing，1980)。1982 年，美国的 D. C. Tsui (崔琦) 教授利用 21.6T 磁场在 GaAs-AlGaAs 二维电子气中发现分数量子霍尔效应 (Tsui，1982)。整数和分数量子霍尔效应的发现都是在当时的稳态强磁场下被揭示的，它们的发现者分别获 1985 年和 1998 年的诺贝尔物理学奖。2005 年，英国的 A. K. Geim 实验室和美国的 P. Kim 实验室利用超导磁体进一步在高质量的石墨烯中独立发现了半整数量子霍尔效应 (Novoselov，2005；Zhang Y.B.，2005)，从而开辟了石墨烯领域的研究热潮。这些工作也直接使 S. K. Novoselov 与 A. K. Geim 获得了 2010 年诺贝尔物理学奖。近年来，随着高温超导材料和磁体技术的不断发展，低温超导材料和高温超导材料组合而成的全超导磁体，成为了产生稳态强磁场条件的一种新的途径。2017 年，美国国家强磁场实验室成功完成了 32 T 全超导磁体的研制，2019 年，中国科学院电工研究所研发的全超导磁体，实现了 32.35 T 中心磁场。为了产生更高的磁场，1965 年牛津大学的 M. F. Wood 和麻省理工学院的 D. B. Montgomery 提出了混合磁体的概念，即在水冷磁体的外围增加超导线圈来减少电能损耗，同时保证整个磁体能够产生更高的磁场。在 20 世纪末，美国国家强磁场实验室研制的混合磁体产生的稳态磁场就到了 45 T。2019 年，美国国家强磁场实验室利用水冷磁体对高温超导内插线圈进行测试，实现了 45.5 T 中心磁场，这也是目前稳态强磁场的最高纪录。

1) 水冷磁体

电磁铁所能产生的磁场值会受铁芯材料的饱和磁感应强度和温升的限制。因此当需要产生 3 T 以上的磁场值时，一般就不再采用常规电磁铁，而是选用去掉铁芯的空芯螺线管，通以大的稳定电流来产生强磁场。但一般的电磁铁，能量大部分都消耗在磁体内部，会产生巨大的焦耳热。为解决这一问题，研究人员提出了基于液体介质的快速冷却技术，用以提高磁体的冷却速率，减少焦耳热的积累，而采用了该技术的磁体又被称为水冷磁体。Bitter 磁体是最常用的水冷磁体形式。它是由穿孔的圆环形式的导体板构成的，这种导体板被称为 "比特盘"，比特盘与绝缘材料交错放置，层层相叠，形成一个厚实的绕组 (如图 6.32 所示)。Bitter 磁体因为结构简单、整体性好而被广泛应用在各个强磁场实验室中，该磁体提供了一种最可信赖的磁场技术。

20 世纪 80 年代早期，德国马普研究所和法国国家科研中心 (MPI-CNRS) 发展了多螺旋磁体 (Polyhelix magnet) 技术 (Schneider-Muntau，1981)，这种结构较好地解决了高应力问题，成为能够产生稳态强磁场条件的另一种磁体结构。为进一步减小磁体的冷却线圈应力，美国国家强磁场实验室设计了一种新型 Bitter 磁体片，优化了磁体片冷却孔的形状和位置，大大改善了冷却效果，极大地减小了应力，成功地将水冷磁体的稳态强磁场逐步提高到 27 T、30 T 和 33 T (Bird M.D.，1996a,b；Bird A.D.，2004)。2015 年，中国科学院强磁场科学中心将水冷磁体的稳态强磁场提高到 38.5 T (Gao B.J.，2016)；2017 年，美国国家强磁场实验室又将其水冷磁体的磁场强度提高至 41.4 T，这是目前水冷磁体中最高的磁场强度 (Toth，2018)。

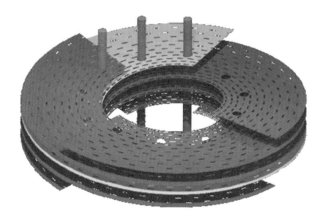

图 6.32　Bitter 磁体示意图

2) 超导磁体

1911 年，荷兰物理学家 H. K. Onnes 发现了汞在 4.2 K 下具有超导电性。由于处于超导态的超导材料具有零电阻特性和完全抗磁性，不消耗电功率，因而引起广泛关注。超导磁体是用超导材料绕制的磁体，一般由多种超导材料的线圈嵌套组成。超导磁体相比水冷磁体，具有高稳定度、高均匀度、低运行成本等优势，在科学工程、科学仪器和生物医学中已经得到实际应用。但是，超导磁体由于受超导材料临界电流和临界磁场的限制，很难做到高磁场强度，很长一段时间仅停留在 20 T 左右。目前，大规模应用的超导材料有 NbTi 和 Nb_3Sn 两种。工作在 10 T 以下磁场区域的磁体一般采用低温超导材料 NbTi 制造，工作在 10~20 T 的磁体一般采用低温超导材料 NbTi 和 Nb_3Sn 制造。近年来，随着第二代高温超导材料 REBCO 性能和磁体技术的不断发展，研发低温超导材料和高温超导材料组合而成的全超导磁体已经成为了一种新的发展趋势。这种磁体技术涵盖了超导材料、磁体绝缘、绕组技术、失超保护等主要领域，被看作是最具潜力实现更高磁场的技术方案，因此成为近年来稳态强磁场磁体的研究热点。

2016 年，日本理化研究所完成了中心磁场为 27.6 T 的全超导磁体的研制 (Yanagisawa，2016)。2017 年，日本东北大学超导材料高场实验室成功完成 24.57 T 全超导磁体的研制 (Awaji，2017)。同年，美国国家强磁场实验室成功完成了 32 T 全超导磁体的研制 (如图 6.33 所示)。2019 年，中国科学院电工研究所成功研制了 32.35 T 的超导磁体 (Liu J.H.，2020)，这是目前世界上磁场最高的全超导磁体。

目前，美国国家强磁场实验室正计划研制一台 40 T 的全超导磁体 (Bai H.Y.，2020)，计划的磁体冷孔径是 34 mm，期望在直径 1 cm 的球体内实现 500 ppm 均匀度。考虑到每种材料的优缺点，该方案初步决定同时开发有绝缘 REBCO、无绝缘 REBCO、Bi2212、Bi2223 四种高温超导磁体技术。

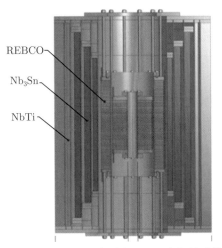

图 6.33　美国国家强磁场实验室 32 T 全超导磁体结构图

3) 混合磁体

Bitter 磁体属于电阻型磁体，需要大功率的电源系统供电，在运行过程中会产生大量的热量，通过冷却通道内的冷却水进行冷却。除此之外，水冷磁体的体积巨大，电流密度也较低，这些都是限制水冷磁体应用的因素。超导磁体相比较水冷磁体能够稳定运行，商业化程度高，但易受超导材料临界电流和临界磁场的限制。为了产生更高的磁场，利用混合磁体的概念，2000 年美国国家强磁场实验室的混合磁体产生了 45 T 的稳态强磁场 (Pugnat, 2014)。2016 年，中国稳态强磁场实验装置混合磁体产生了 40 T 的稳态强磁场 (匡光力, 2018)(如图 6.34 所示)。2019 年，美国国家强磁场实验室利用水冷磁体对高温超导内插线

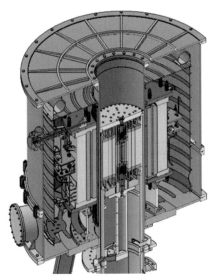

图 6.34　中国科学院强磁场科学中心 40 T 混合磁体结构示意图

圈进行测试，实现了 45.5 T 中心磁场 (Hahn，2019)。这种混合磁体产生的强磁场为极端条件下的精密物理测量提供了前所未有的机遇。例如，英国 Geim 实验室利用 45 T 稳态磁场在石墨烯中实现了室温下的量子霍尔效应 (Novoselov，2007)；Sasa Zaric 等也在 45 T 磁场下观察到单壁碳纳米管的光谱分裂，首次证明了电磁矢势的存在，即 Aharonov-Bohm 效应 (Zaric，2004)。

2. 脉冲强磁场技术

脉冲强磁场技术最早可以追溯到 20 世纪初。早在 1924 年，苏联物理学家 P. Kapitza 利用铅酸蓄电池在 1mm 直径的线圈内实现了 50 T 磁场 (Kapitza，1924)。但受限于当时的测量仪器设备，可开展的研究较少。到 20 世纪 60 年代，随着测量技术的发展，科学家已经能实现脉冲场下的 de Haas-van Alphen 效应、磁致电阻效应等测量。因此，欧洲、美国以及日本开始纷纷建立脉冲强磁场实验室 (The LNCMP-team，2004；Jones，2000)。到 20 世纪末，随着科学研究的发展和对磁场要求的进一步提高，国际上又出现了新一轮脉冲强磁场技术升级热潮。这方面的研究进展尤其是受到了 1986 年高温超导发现的影响，得到了更为广泛的重视。近年武汉国家脉冲强磁场科学中心李亮 (L. Li) 研究组研发了一系列独特的技术，使我国脉冲强磁场进入世界前列。他们利用自行研发的脉冲强磁场与北京大学贾爽 (S. Jia) 研究组合作，在 TaP 中观察到外尔费米子的非平庸湮灭行为 (Zhang C.L.，2017)；同时又与北京大学王健 (J. Wang) 研究组合作，在 ZrTe$_5$ 中发现了第三种规律的对数周期量子振荡 (Wang H.C.，2018)。由于这类材料内部的磁交换作用往往比较大，脉冲场因此能有效地揭示量子相变、自旋液体、玻色-爱因斯坦凝聚、量子磁化平台等许多与全量子效应密切相关的丰富的量子物态。

脉冲磁场的波形特性由科学实验的需要决定。衡量一个脉冲磁场的性能通常用磁场强度、磁场脉宽、磁场稳定度以及磁场重复频率来判断。对于特定的研究对象，对磁场特性的要求不同。但在脉冲强磁场产生过程中，脉冲电源提供能量，脉冲磁体流过电流产生磁场，二者对脉冲强磁场技术的发展起到至关重要的作用。因此，脉冲磁场的发展取决于脉冲电源与脉冲磁体的发展，任何一次电源和磁体技术的升级都给脉冲强磁场带来新的发展机遇。

1) 超强脉冲磁场

对于超高磁场强度，首先要解决的问题是如何优化磁体结构及磁体与电源的配置，以及巨大磁应力对磁体结构的破坏。磁场为 50 T 时，磁应力为 1 GPa；当磁场达到 100 T 时，磁应力是 4 GPa。这个值已超过目前任何实用导体材料的强度。早期的脉冲磁体是由铜线连续绕制而成，由于铜线机械强度只有 300 MPa 左右，只能产生 40 T 以下的磁场。1986 年，美国麻省理工学院 S. Foner 教授首次将高强、高导铜铌合金线引入脉冲磁体，实现了 68 T 的峰值磁场。之后英国牛津大学和法国图卢兹强磁场实验室开发了铜-不锈钢复合导线，能产生 80 T 的磁场。此外，俄罗斯在铜铌合金、日本在铜银合金导线研究方面都取得了新的突破。

尽管提高导线强度是提高磁场的一个重要方法，但导线强度的提高伴随着电导率的降低。当导线强度达到 1 GPa 左右时，无法在保证电导率的情况下继续提高强度。因此，磁场的提高必须另辟蹊径。20 世纪 90 年代，比利时鲁汶大学 F. Herlach 提出了分层加固的脉冲磁体结构，将磁场从 60 T 提升到 80 T 左右。目前世界上所有的超强脉冲磁体都采用该技术方案。

然而，面对 80 T 以上磁场所产生的磁应力，分层加固技术也显得无能为力。唯一的办法是增加脉冲磁体的体积，降低磁应力。不过，增加脉冲磁体体积意味着磁体电感和能量的增加。从电源的角度出发，要为一个体积庞大的脉冲磁体供电，也就是要电源同时具有高功率和大能量，这对脉冲电源来说是不现实的。因此，多线圈多电源供电的多级脉冲强磁场系统被提出来。多级脉冲强磁场系统的基本思路是采用两个或者两个以上线圈，每个线圈由一个脉冲电源独立供电。外线圈由大能量脉冲电源供电，产生一个长的背景磁场；内线圈采用低能量但高功率的电源供电。由于两个线圈独立供电，可以独立设计，对电源的要求低，因此是超强脉冲磁场的最佳方法。2003 年，由欧盟资助的 "ARMS" 项目是世界上第一个超高磁场双线圈系统 (Jones，2006)。该系统在法国图卢兹强磁场实验室测试，实现了 76 T 的磁场。2012 年，美国国家强磁场实验室采用四线圈结构，最内层线圈采用俄罗斯提供的高强高导铜铌合金线绕制，由电容器供电，外面三层线圈采用 Glidcop 导线绕制，由脉冲发电机供电，实现了 100.7 T 磁场。这是目前世界的最高纪录。德国德累斯顿、法国图卢兹以及中国武汉国家脉冲强磁场科学中心均采用双线圈结构和双电容器供电方案，它们实现的最强磁场分别为 95.6 T、90 T 和 94.8 T。科学家对超高磁场的追求一直孜孜不倦。

2) 长脉冲磁场

长脉冲磁场发展主要受限于电源容量大小。目前常用的电源主要包括电容器和脉冲发电机。电容器电源的电压通常在 20 kV 以上，功率大而储能相对低，适合产生超高短脉冲磁场。目前，德国德累斯顿强磁场实验室拥有世界上最大的电容器电源，最高电压 24 kV，总储能 80 MJ。中国武汉国家脉冲强磁场科学中心和法国图卢兹强磁场实验室电容器储能分别达到 28.7 MJ 和 14 MJ。脉冲发电机电源储能高达数百兆焦耳，但功率低，与整流系统配合，能方便地调节磁场波形，特别适合产生长脉冲磁场、平顶波磁场或其他特殊波形的磁场。目前最大的脉冲发电机电源位于美国国家强磁场实验室，该发电机输出峰值功率达 1430 MVA，输出能量达 650 MJ，采用三线圈磁体实现了峰值 60 T、全脉宽 2000 ms、平顶时间 100 ms 的磁场波形。武汉国家脉冲强磁场科学中心与武汉大学托卡马克装置 J-TEXT 共享一个 100 MJ/100 MVA 的脉冲发电机。用作脉冲磁场电源时，与两套整流系统配合使用，空载电压 3 kV，满载电流 50 kA (Ding H.F.，2012)，已实现了峰值 50 T、全脉宽 1000 ms、平顶时间 100 ms 的磁场波形 (Xu Y.，2014)。

3) 高稳定度平顶磁场

对于 NMR 等一类实验，需要磁场在一定时间内具有较高的稳定度，过去一直是在稳态磁场下开展研究工作。但由于稳态磁场的场强相对较低，无法满足高场实验需要，因此，科学家开始尝试提高脉冲磁场的稳定度以开展脉冲强磁场下的 NMR 研究。对于采用电容器电源的强磁场系统，由于放电电流不可控，难以实现稳定的磁场。德国强磁场实验室采用了一个近似的方法。他们利用 43 MJ 的电容器和一个重 2000 kg 的超大脉冲磁体产生峰值 55 T、脉宽 1500 ms 的磁场 (Weickert，2012)。不过为了产生超长脉宽，不得不使用大容量电容器和大电感磁体，而且磁体体积庞大，冷却时间更是长达 8 h，实验效率非常低。武汉国家脉冲强磁场科学中心提出了一种利用电容器电源实现高稳定度平顶磁场的新方法

(Jiang F., 2014)。该系统采用双电容器电源和一个耦合变压器，实现了 64 T 平顶磁场世界纪录，为 NMR 和比热研究提供了独特的条件。

4) 高重频脉冲磁场

在研究 X 射线散射与衍射、中子散射实验时，要测大量数据。因此，需要脉冲磁体在两次脉冲之间的冷却时间尽可能短，同时还要解决高重频电源技术，以提高实验效率。一般脉冲磁体冷却时间在数分钟到数小时，难以满足这类实验的需要。英国牛津大学在磁体线圈端部安装一个铜盘，将磁体绕组与外部 77 K 液氮环境连接起来，提高磁体内热量向外传递的效率。法国图卢兹强磁场实验室和武汉国家脉冲强磁场科学中心巧妙地利用磁体内层线圈在电磁力作用下分离的特性，在线圈内部设计轴向液氮冷却通道，从而将冷却介质直接引入磁体内部，大大提高了冷却速度。武汉国家脉冲强磁场科学中心提出了多模块时序供电技术，实现了最高 45 T 磁场。

除此之外，还有一类脉冲强磁场，也就是通常所说的破坏性脉冲磁场或百万高斯磁场。从上述介绍可以看到，无论是稳态磁场还是常规脉冲磁场，因为磁应力的原因，无法获得远高于 100 T 的磁场。破坏性脉冲磁场技术，就是在微秒的时间内给线圈加载百万安培的电流，以牺牲磁体为代价，在磁体破坏前产生强磁场。目前采用的技术方案包括单匝线圈法、电磁磁通压缩法和爆炸磁通压缩法。这三种方法对实验室的要求较高，只有少数实验室在开展这方面的研究工作。其中，开展单匝线圈法研究的有日本东京大学物性研究所、美国国家强磁场实验室和法国图卢兹强磁场实验室，磁场范围在 150~300 T 之间。开展电磁磁通压缩法研究的主要是日本东京大学物性研究所，磁场范围在 600~1000 T。由于实验难度很大，到目前，利用单匝线圈和电磁磁通压缩法开展的科学实验相对较少，主要集中在低维阻挫磁体的量子相变研究上 (Zhou X.G., 2020; Miyata, 2011)。爆炸磁场压缩法产生的最高磁场为 2700 T，由苏联科学家实现，其技术难度更大，实验条件更加苛刻。由于这种方法使用不便，现在研究较少。

近年来国际上各个实验室都在注重稳态强磁场和脉冲强磁场的发展，这些努力为凝聚态物理研究带来了新的维度，也为全量子效应的调控和新物态的发现建立了更加广阔的外场研究平台。

6.2.4　超快超强激光技术

在众多的外场条件中，光场的利用具有鲜明的特点。现今的超快光学已经发展成三部分：超快激光器科学与技术、超短脉冲的超快光谱学和超快动力学、超强脉冲的强场等离子体物理学。其中后面两部分直接对应超快过程和超强光场这两种极端物理条件。它们与之前介绍的其他极端条件迥异，都是独立的维度，足以各自成为众多极端条件的一种选项。

非绝热电子跃迁过程和原子核量子态演化过程一般发生在飞秒和皮秒尺度，需要在超快时间范围内进行探测。此外，非平衡态的核量子效应与平衡态的情况可能相差甚远。超快激光平台正好会在这两个方面发挥独特作用。而在超强激光产生的强场作用下，不但原子核的反应势垒会被降低，而且原子核的量子运动也会被加速，全量子效应因此变得更加显著。降低的量子势垒可以促进原子核的量子隧穿和量子离域，而加速的量子运动可以导致化学键的断裂和重组。

以基于超高时间分辨能力的超快光谱 (超快动力学) 技术为例，其目前已经能够与众多其他实验方法嫁接，衍生出许多新的实验技术，不但是光谱技术的前沿，也在若干方面达到了所对应的实验技术的前沿。超快光谱技术与众多其他外场实验技术一样构成了经纬技术格局，演绎了类似的技术路线交叉融合的场景。在这方面的发展中，大多数技术格点已经取得突破，其意义不局限于技术本身的进展，还在于技术进展带来更广阔的科学领域空间，并反过来对技术提出更进一步的要求。

超快光谱技术的发展有两条主要技术路线，一条是与其他实验技术的结合，延拓超快光谱技术。在这方面，在泵浦-探测超快光谱 (Ultrafast pump-probe spectroscopy)、时间分辨的发光光谱等传统超快光谱基础之上发展出了时间分辨 THz 超快光谱、时间分辨角分辨光电子能谱、时间分辨透射电镜、时间分辨扫描隧道显微镜、时间分辨高压超快光谱、时间分辨 X 射线衍射、时间分辨各种成像、时间分辨拉曼光谱等。这些实验技术普遍应用于高温超导体、强关联体系、拓扑量子材料、磁性材料、二维材料、多铁材料、纳米结构、有机分子、能源和环境材料等研究方面，增进了人们对于物质结构的认识、对于光学性能的掌握以及对于光电转换过程的认知等。从科学角度来讲，这些进展主要带来了对激发态这个新领域的开拓 (Wu Q., 2020；Tian Y.C., 2016)。比如许多新科学问题是在向激发态领域开拓过程中提出的，这包括量子隐态在动量空间里的演化路径、瞬态关联效应等。超快光谱技术与激发态科学相得益彰，互为促进，带来凝聚态物理很多新发现。这些工作即便一时尚未能解决所有凝聚态物理所面对的全量子效应难题，例如高温非常规超导机理、非朗道图像的关联效应、量子自旋液体的确认、演生现象、量子相变、拓扑量子态的关联效应等，但是它已经使得相应研究路径变得更加完整。这是因为：① 它开拓了全动量空间的物理研究。以前的研究多集中在费米面附近和费米面以下区域，现在费米面以上部分也变得齐全了，补齐了未知的"三分之一"动量空间，逐渐显露出物理过程的全貌，所有的量子特性都可以在其中显现。② 它补足了对玻色子的研究。电学研究多是对典型费米子电子和空穴等的探测，偶尔对相互作用的研究也多集中在费米子单粒子态的感知，间接推测玻色子的作用。现在可以直接探测玻色子。当然直接探测的部分仍然不完善，例如对磁振子的了解比声子要少一些 (Zhao J.M., 2004, 2006；Kirilyuk, 2010)，对轨道波的研究就更少，因此更富有挑战性，这是一个长期的发展过程。凝聚态物质均由费米子和玻色子组成，如果把两者都研究清楚了，对解开许多谜题将很有帮助。③ 它促进了相干态的研究。超快光谱技术使得激光的相干性实现了传递给固体，相干调控既可以把相干性传递给晶格，也可以传递给电子，从而实现了许多其他手段实现不了的新奇量子物态，包括瞬态类超导现象 (Fausti, 2011)、瞬态铁电极化 (Nova, 2019)、激光诱导的电子相干性 (Wu Y.L., 2015)、激光诱导的相变 (Baldini, 2020) 等。④ 它提供了非线性相互作用的研究。光学里的非线性研究内容极其丰富，已经蔓延到凝聚态物理中其他元激发之间的相互作用。⑤ 它促进了对多自由度相互作用的研究。以往一种实验手段大多专注于研究一种自由度，超快光谱可以涉及多个自由度的感知和调控，以期理解它们之间相互作用关系。⑥ 它促进了对超快过程的研究。把以往时间积分的物理探测展开，揭示出过程的细节，这一点对于与全量子效应密切相关的化学过渡态的研究是一个经典范例。

超快光谱技术的另一条主线是朝着越来越高的时间分辨精度来推进。凝聚态物理中丰富多彩的物理过程大多是由原子与电子在电荷、晶格、自旋、轨道四个自由度相互作用而来，其相互作用强度与间距决定了大部分物理过程发生在飞秒 (fs)、皮秒 (ps)、纳秒 (ns)

时间尺度。每个时间尺度所对应的物理过程至今也已大致有了掌握，能够通过超快光谱技术将不同物理过程分离出来，得到可靠的确认。一般越重的参与者相互作用时间越长，特征寿命越长。例如电子-声子散射的时间尺度要比声子-声子散射短，有声子耦合参与的自旋弛豫时间尺度要远远超过单纯的自旋弛豫寿命。其中质量最轻的电子-电子散射往往时间最短，短到几飞秒，甚至是亚飞秒，这样传统的飞秒超快光谱技术已经显得有些力不从心。

阿秒激光 (Attosecond laser) 技术的发展带来了新的可能，它提供了比上述物理过程更短的超快激光脉冲，从而使研究能够进入亚飞秒的领域 (Ferray, 1988; Hentschel, 2001; Paul, 2001)。2023 年诺贝尔物理学奖授予了对发明和推动阿秒激光脉冲实验方法做出原创贡献的 P. Agostini、F. Krausz 和 A. L'Huillier。然而，只有光源还不够，还需要进一步开发阿秒光谱技术，使得可以用它来探测阿秒尺度上的物理过程。这需要对阿秒物理过程有更多的了解，目前在阿秒光谱技术方面已经取得了可观的进展。图 6.35 显示了欧洲研究中心 (Extreme Light Infrastructure Attosecond Light Source, ELI-ALPS) 阿秒装置的局部场景。相应地，上述超快光谱技术与各种其他实验技术的嫁接、与多种外场的耦合等都分别向阿秒这个领域开始延拓。各个经纬技术节点也在逐个得到实现，这个新兴领域正处于开创时期，相信在不久的将来会迎来一个快速发展 (郝文杰，2021)。目前我国第一套 (也是世界第二套) 阿秒大科学装置由中国科学院物理研究所魏志义 (Z. Y. Wei) 和中国科学院西安光学精密机械研究所赵卫 (W. Zhao) 共同主持，已经在广东松山湖材料实验室开始建设。值得一提的是，阿秒超快激光技术的发展也带来了时间分辨深紫外、真空紫外、软 X 射线、硬 X 射线、γ 射线谱学和成像学的发展。由于目前常用的阿秒激光脉冲产生方式是通过 THz 波段光子高次谐波倍频发展而来，也间接促进了 THz 光谱技术的发展。特别是前者，相信再经过一二十年努力，超快光谱研究领域将逐渐覆盖全光谱波段，并且技术也会更加成熟，这将使相应的物理研究迈上一个新台阶。2016 年，美国 Murnane 研究组利用 atto-ARPES 技术, 研究了 Ni(111) 能带结构对光电子弛豫时间的影响 (如图 6.36 所示)(Tao Z.S.，2016)。

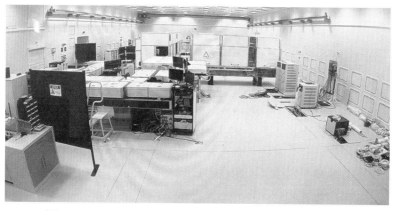

图 6.35　欧洲研究中心 (ELI-ALPS) 阿秒装置的局部照片

超强光脉冲强场等离子物理，是与超快光谱和超快动力学研究同时发展起来的学科。在瞬时强光场的电场和磁场作用下，原子分子或固体的外层或内层电子都将克服逸出功而被打到外部，强大的电场分量还会拉斜其势能面，使得电子脱离更加容易，有时还可以是多光子导致的跃迁。同时，由于超强激光脉冲本身是周期性光场，其电场还会带动电子返回，"轰击"原子分子或凝聚态物质样品本身。这样的过程自然会产生正负电荷的分离，形成等离子体，所以强光场科学是研究等离子体的一个很好的平台和途径。这与固体中未逸出的电子在光场下所形成的等离激元有所不同。随着超快激光器激光脉冲瞬时强度的提升，强光场物理的优势逐渐显现。用这种方法可以研究真空涨落、激光核聚变、新型粒子束源和光源等，甚至可以在桌面系统上来研究模拟宇宙物理 (Liao G.Q.，2019)，有望为现代宇宙学提供一个崭新的研究平台。

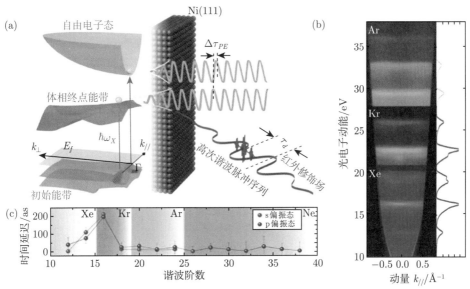

图 6.36　Ni(111) 能带结构对光电子弛豫影响的时间分辨 ARPES 测量原理。(a) 实验原理示意图; (b) s 偏振高次谐波所激发的静态 ARPES; (c) 不同偏振的光激发延迟。摘自 (Tao Z.S.，2016)

在这个领域中，超强物理向着宏观世界发展，这与超快物理向着微观世界发展相得益彰，相映成趣。可以预见，在未来科学发展过程中，超快超强激光技术将为人们提供强有力的认知和调控手段，同时它们与传统探测技术结合，将不断开拓全量子效应基础科学和应用科学研究领域的空间。

6.2.5　综合极端条件

前面几节我们重点介绍了单一极端条件的平台发展。把多种极端物理条件综合到一起，可以大大拓展物态调控的空间，创造更多的研究机遇，取得更新的研究突破。以往人们利用极低温、超高压、强磁场和超快超强光场等极端条件研究物理、材料、化学和生命科学中奇妙的现象，已经取得了许多具有深远意义的研究突破，不少工作还获得了诺贝尔奖。当前运用综合极端实验条件 (Synergetic extreme condition) 开展物质科学的前沿研究已经成为了领域内取得创新突破的一种重要趋势和范式。在前面的介绍中，我们已经看到部分综合极端条件的集成不但为各种实验技术搭建了探测平台，同时提供了强有力的调控手段来实现一些特殊目标。这些基础研究成果有可能发展出具有强大性能的全量子效应器件 (参考第 11 章内容)。

　　鉴于包括极低温、超高压、强磁场和超快超强激光在内的综合极端实验条件的重要性，世界上许多国家和地区 (如美国、欧洲、日本) 都竞相在此领域投入大量的人力和物力，展开激烈的竞争。一些著名的研究机构，如美国的国家强磁场实验室、劳伦斯·利弗莫尔国家实验室和洛斯·阿拉莫斯国家实验室，法国格勒诺布尔的尼尔研究所和欧洲强磁场中心等，都拥有了多种先进的极端条件实验设施。我国也已经在合肥和武汉分别建起了稳态强磁场科学中心和脉冲强磁场科学中心，并在北京怀柔科学城/怀柔综合性国家科学中心和长春吉林大学校区建立了综合极端条件实验装置 (Synergetic extreme condition user facility, SECUF)，以及在广东松山湖建立了阿秒光源综合极端条件实验装置。

　　综合极端条件实验装置是集极低温、超高压、强磁场、超快超强光场等极端条件于一体的国际先进的用户实验装置，用于拓展物质科学的研究空间，开展极端条件下的物性测量、量子态调控和超快时间分辨物理化学过程等方面的前沿研究，促进新物态、新现象、新规律的发现，力争在新型高温超导体、非常规超导机理、量子计算核心技术，以及由全量子效应主导的非平衡态物理及化学反应过程的超快跟踪和调控等研究方向取得重大成果。

　　北京怀柔综合性国家科学中心综合极端条件实验装置的目标：在单项极端条件方面，实现小于 1 mK 的极低温、大于 300 GPa 的超高压、大于 26 T 的由全超导磁体提供的强磁场，以及小于 100 as 的超快光场；在多个极端条件的综合方面，实现 10000 T/K 的 B/T 值 (磁场/温度)、2800 T·GPa/K 的 $B\cdot P/T$ 值 (磁场 · 压强/温度)，以及 60000 GPa·K 的 $P\cdot T$ 值 (压强 · 温度)，并提供多种综合极端条件开展材料制备、物性表征、量子调控和超快动力学研究的实验手段。图 6.37 显示了低温原位扫描隧道-角分辨光电子谱测量实验站和高压原位多物理量协同测量系统。2020 年，中国科学院物理研究所和北京高压科学研究中心的研究人员利用综合极端条件实验装置提供的实验条件，用激光加热金刚石压砧中的氨硼烷，使其分解产生氢气，并与 La 金属薄片发生反应，在 165 GPa 和 1700 K 的条件下合成了 $LaH_{10+\delta}$，在这类材料中他们观察到了由量子隧穿引起的氢对称化现象，以及对应 $T_c \approx 240 \sim 250$ K 的超导转变，为近室温超导现象的存在提供了国际上为数不多的重要实验证据 (图 6.38)(Hong F.，2020)。

图 6.37　显示了低温原位扫描隧道-角分辨光电子谱测量实验站和高压原位多物理量协同测量系统

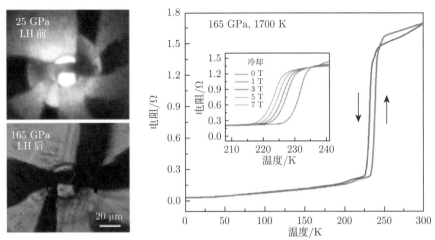

图 6.38　高压下的 $LaH_{10+\delta}$ 呈现出转变温度 $T_c \approx 240 \sim 250$ K 的近室温超导现象。摘自 (Hong F., 2020)

　　该综合极端条件科学中心在中国科学院物理研究所吕力 (L. Lv) 的领导下分成四个科学实验平台，即在北京怀柔科学城的极端条件物性表征平台、极端条件量子调控平台、超快动力学表征平台，以及在长春吉林大学校区的高温高压大体积材料研究平台。这些平台共下设二十二个实验站。

　　极端条件物性表征平台主要用于在极低温、强磁场和超高压条件下对包括全量子效应的各种材料的物性进行表征和研究，为解决物质科学研究中的关键物理问题，例如探索高温超导机制、寻找室温超导体和新型拓扑量子材料等提供实验支撑。该平台包含九个实验站，分别是：极低温超高压物性测量-金刚石压砧实验站、极低温超高压物性测量-六面砧实验站、极低温强磁场量子振荡实验站、极端条件光谱测量-太赫兹与红外实验站、极端条件光谱测量-拉曼实验站、强磁场核磁共振实验站、极低温强磁场扫描隧道实验站、低温原位扫描隧道-角分辨光电子谱实验站和高压原位多物理量协同测量实验站。

　　极端条件量子调控平台主要用于在极低温、强磁场等综合极端条件下对量子过程进行调控研究，在超导量子计算、拓扑量子计算、纳米电子学等研究方向上突破经典调控的极限，建立新的量子调控技术，研制新的量子器件。该系统包含四个实验站，分别是：亚毫开实验站、极低温超导量子器件调控实验站、极低温强磁场量子输运和调控实验站以及低温强磁场电子波谱学实验站。

　　超快动力学表征平台是一个集成了多种超快辐射源的超快科学研究平台，与原子、分子、固体以及表面中微观动力学行为测量的终端探测装置相结合，用于研究与非绝热效应密切相关的化学反应、催化过程、光合作用、光伏发电等超快物理、化学过程。该平台包含五个实验站，分别是：飞秒超快激光实验站、阿秒激光超快实验站、超快 X 射线动力学实验站、超快电镜实验站和超快电子衍射实验站。

　　高温高压大体积材料研究平台主要用于高温高压下大体积材料的合成制备与表征研究。该平台包含三个实验站，分别是：固体环境高温高压极端条件实验站、液体环境高温高压极端条件实验站和非平衡高压极端条件实验站。

6.3   全量子效应实验技术展望

随着实验技术的飞速发展，全量子效应对凝聚态体系物理性质和化学性质的影响得到了更加深入系统的揭示。然而，不同实验技术仍然存在着各种局限性。比如，尽管扫描探针显微镜和透射电镜具有很高的空间分辨率，而且配有能量过滤系统的透射电镜还兼具很高的能量分辨率，但这些探测技术也面临着以下的缺点和限制。首先，与光谱技术相比，扫描探针技术的化学识别能力非常有限，对于分子特征振动的探测灵敏度远低于红外和拉曼光谱。而透射电镜技术的高能电子容易破坏样品，因此在轻元素分子体系以及弱相互作用体系的研究上仍非常受限。此外，上述实空间技术的时间分辨能力受电路带宽的限制通常只能到纳秒或近皮秒量级，而电子和原子核的量子运动与量子态演化通常发生在超快的时间尺度 (一般在飞秒甚至阿秒量级)，在实验上要捕捉这些动态过程是一个非常大的挑战。

另外从研究对象而言，随着工作的深入，表现出具有各种物理性质和化学性质的凝聚态体系也越来越复杂多样。基于扫描探针技术的亚分子尺度成像，主要针对超高真空和低温环境下的表面体系，将其推广到室温大气环境下，甚至溶液环境下，仍有非常大的困难需要克服。界面问题同样对实验技术是一个挑战，比如对电化学固液界面的物理与化学过程，研究结果受界面处的原子分子结构、电子结构、形貌、局域电解质等诸多环境因素影响很大。因此，单一实验技术难以澄清界面处的微观物理问题细节。显然，针对固液界面等复杂体系的一些关键科学问题，开发综合分析方法，结合 X 射线衍射、光电子能谱、和频振动光谱、扫描探针等技术的各自优势 (如图 6.39 所示)，融合各类技术的特点，发展和改进相应实验手段，将为微观尺度全量子效应的研究提供使用范围更广、观测手段更强的实验方法，从而会有利于探索一些长期存在的复杂环境下，表面界面科学中与全量子效应相关的难题。

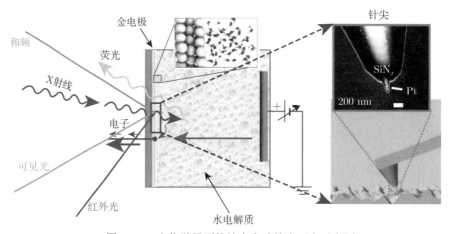

图 6.39   电化学界面的综合实验技术研究示意图

考虑上述原因，新近发展基于扫描探针技术的针尖增强拉曼光谱 (Tip-enhanced Raman spectroscopy，TERS) 是考虑技术综合集成的一个成功例子，该技术是将具有超高空间分辨率的扫描探针技术，与可以作为分子化学基团的 "指纹" 识别工具的拉曼光谱相结合，改进后可以适用于复杂的化学环境，相关研究受到广泛的关注。2013 年，中国科学技术大学侯建国 (J. G. Hou)、董振超 (Z. C. Dong) 研究团队首次展示了亚纳米分辨的单分子拉曼成像技术，将具有灵敏化学识别能力的探针技术的空间分辨率提高到了 1 nm 以下 (∼5 Å) (Zhang R.，2013)。最近，他们通过改进低温 (液氦温区) 超高真空针尖增强拉曼光谱系统和精细调控针尖尖端高度局域的等离激元场，将空间分辨率进一步提高到了单个化学键 (∼1 Å) 识别水平，并在实空间获得了分子各种本征振动模式完整的空间成像图案 (Zhang Y.，2019)。2017 年，中国科学院物理研究所吴克辉 (K. H. Wu) 研究团队利用自主开发的低温 STM-针尖增强拉曼技术，对二维材料的局域振动谱进行了一系列研究。他们在二维材料硅烯中获得了 0.5 nm 的拉曼空间分辨率和 10^9 的拉曼信号增强 (Sheng S.X.，2017)，并实现了单量子团簇 Si_{13} 的拉曼光谱测量 (Sheng S.X.，2018)。在此基础上，他们还利用针尖增强拉曼结合扫描探针技术的高空间分辨，进一步探测到表面局域结构在局部应力下产生的微弱键长变化引起的拉曼光谱频移 (Sheng S.X.，2018)。同一时间，厦门大学田中群 (Z. Q. Tian)、任斌 (B. Ren)、李剑锋 (J. F. Li) 等研究团队将表面增强拉曼技术应用到更加复杂的电化学反应体系以及电化学界面水的研究中，在亚纳米的空间尺度上识别了反应活性位点 (Zhong J.H.，2017)。他们还在单晶金电极表面上获得了界面水的拉曼信号，并且在析氢反应过程中，原位观测到了界面水的两种构型之间的转变，即界面水随着电位的负移，由“平行”结构向“单端氢朝下”，再向“双端氢朝下”的变化过程 (Li C.Y.，2019)。该实验手段将有助于揭示界面反应的机理和与界面构型相关的催化活性，对实验室模拟研究真实情况中，与电化学和能源环境相关的界面问题具有重要意义。基于扫描探针的针尖增强拉曼光谱技术的进一步发展，也将有助于探索在外部环境下，更加复杂的轻元素分子及凝聚态材料中的核量子现象和非绝热现象。

尽管表面增强拉曼技术在界面化学反应研究中取得了一定成绩，但应该强调的是现阶段原子水平上的全量子效应研究，仍然集中在超高真空和低温下的简单模型体系。这方面面临的一个巨大挑战是，如何发展在大气室温环境下工作的高分辨表征技术。金刚石中的氮-空位色心 (N-V center) 是一种原子尺度上的固态量子探针，具有稳定的量子态且易于对其进行相干操控 (Mamin, 2013)。人们通常形象地称其为氮-空位探针或 NV 探针。利用这种探针对样品进行非破坏式探测，可以兼容生物样品等多种体系，并具备超高的磁探测灵敏度 (可探测单个核自旋产生的磁场)。中国科学技术大学杜江峰 (J. F. Du) 研究组在发展基于金刚石色心的具有高灵敏度和高空间分辨率的磁量子传感器成像技术及应用方面取得了多项成果 (丁哲, 2020)。如果能够将 NV 探针集成在扫描探针系统上，用以实现原子/分子级别的核自旋探测，将有望在大气和溶液环境中实现高灵敏度、高分辨率的全量子效应实验研究。

前面我们曾经介绍过，原子运动的时间尺度在皮秒和飞秒量级，而电子运动的时间尺度可以到阿秒量级。各种物质系统中所发生的动力学过程多源自于系统中电子的运动状态，比如非绝热过程中电子集体运动形成的振荡距离在纳米尺度的等离激元，其时间尺度只有几百阿秒，弛豫时间是在几飞秒到几十飞秒之间。因此研究电子的量子动力学行为，将是凝聚态物理学、化学以及生命科学所涉及的核心问题，这就急迫地需要具有超快时间分辨率的研究工具。

　　考虑到这些原因，将传统探测技术与超快激光技术相结合是当前全量子物理测量技术发展的一个亟待突破的新方向。集成这些技术的优势对全量子效应测量尤其是非平衡态下的非绝热过程的跟踪表征至关重要。通常平衡态下电子、晶格、轨道、自旋多个自由度耦合在一起，难以区分各自对材料性质或相变过程的影响。基于相互作用时间尺度的差别，利用具备超高时间分辨的激光技术在时域下区分开电子、晶格、轨道、自旋的不同表现，是超快科学领域的长期梦想。然而电子态的变化发生在飞秒甚至阿秒尺度，晶格态的变化快慢受声子频率影响也可能发生在百飞秒的尺度。受限于目前超快 X 射线衍射、超快电子衍射等技术的时间分辨率 (约 300 fs)，如何在时域上区分开电子和晶格的贡献，并对其进行分别探测仍然需要很多努力。与此相关，这方面研究一直伴随着的一个困难是如何同时提高空间分辨率。

　　将探针技术与超快技术结合一定是非常有趣的尝试。传统扫描探针技术的时间分辨率由于电路带宽的限制通常只能到纳秒或近皮秒量级。为了提高扫描探针技术的时间分辨率，其中一种比较可行的办法是将超快激光的泵浦-探测技术 (如图 6.40 所示) 和扫描探针技术相结合 (Terada, 2010)，实时跟踪单量子态的动力学演化过程，即同时实现原子级的空间分辨和飞秒级的时间分辨。

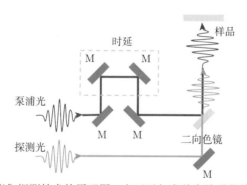

图 6.40　基于超快激光的泵浦-探测技术的原理图。它可以与多种实验手段结合，从而实现超快时间分辨的物理探测

　　在发展各种超高分辨探测技术的同时，人们还在求助新的外场条件的帮助。利用各种大科学装置提供的极端条件平台，可以使传统的观测技术突破物理维度的局限，发现观测细节中的全量子效应。比如，新一代阿秒光源的建设为未来实时研究与电子运动相关的量子力学规律带来可能，从而使人们有能力深入探讨电子量子态与原子核量子态的相互作用和影响的全过程，并发掘出对应的物理机制。基于阿秒激光线束的超快电镜-激光联机模块，或许能够实现阿秒线束与透射电镜联机技术，为深入研究电子、原子、分子及其他功能单元的全量子动态过程，精确操控凝聚态物质内电子、自旋和晶格运动提供新方案 (如图 6.41 所示)。利用最新的电子束脉宽压缩方法获得超短电子束和较小的时间抖动，结合周期脉冲激光，解决制约超快电子衍射技术时间分辨率的关键技术问题，将分辨率推进到几十飞秒这一新的纪录已成为可能。基于阿秒激光线束的超快电镜的时间分辨率，人们有望进入几十飞秒的尺度，这与传统超快电镜 (时间分辨率 ~300 fs) 相比又提升一个量级，因此适用的研究对象更加广泛，这项技术可观测空间范围涵盖纳米尺度至介观尺度，同时动力学时

间范围涵盖几十飞秒至纳秒量级，对平衡态体系及非平衡态体系均可开展系统研究。利用先进的超快透射电子显微镜，可以开展大量与全量子现象关系的微观超快动力学实验。例如，零点原子振动和分子转动对相关物理量的重整化修正、量子离域及量子隧穿引起的结构及物态变化、化学键断裂及重组中的非绝热反应过程、凝聚态体系的电-声耦合强度变化及对超导电性影响、光致量子相变及量子临界现象等测量。其中，很多问题都是凝聚态物理学、化学、材料科学等领域全量子效应研究的前沿课题。

而结合阿秒激光的超快 ARPES 和 PEEM 技术可以对物理学中的电子跃迁与电离、俄歇过程动力学、原子中电子隧穿、电荷传输、价电子运动等进行直接的观测，同时也可以探测研究原子/分子光致电离的时间演化、纳米等离激元场的形成与演化、低维材料的电子谷间散射、高温超导中的电子动力学行为，当然在传统的凝聚态物理研究范围之外，还可以来研究化学反应过程中化学键断裂与形成瞬间的过渡态、催化反应的多体量子耦合作用，甚至生命科学中蛋白质的形成和分解、生物时间反应机理、光合作用机制等。我们推断这种新的实验技术未来可以实现对纳米等离激元、低维半导体中电子跃迁的操控，从而开辟发展新一代高灵敏多功能全量子器件的空间。这些无疑都是全量子凝聚态物理学的新机遇。

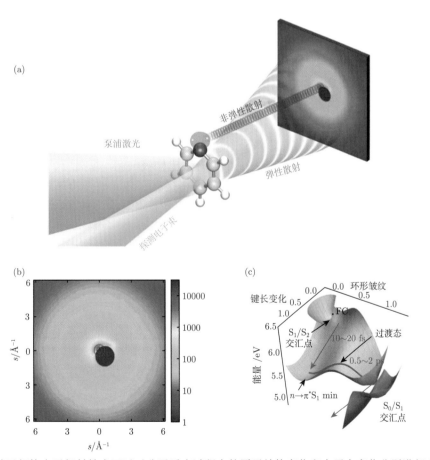

图 6.41　基于超快电子衍射技术可以对分子反应过程中的原子结构变化和电子态变化分别进行直接追踪，从而在量子力学的层面揭示化学反应中的核量子效应和非绝热效应的全过程。摘自 (Yang J.，2020)

　　另一种有趣的技术路径是在阿秒超快实空间分辨 PEEM 测量系统采用双光束泵浦-探测方案,其中阿秒脉冲探测光可以用轮胎镜聚焦,实现单色仪狭缝到样品的成像。泵浦光将用透镜聚焦,并设置延时光路,调节延时光路,通过观察样品上的相干花样,可获得光脉冲的时空重合。这样只要将阿秒激光和飞秒激光同时聚焦到样品上,两种光脉冲将在样品上实现时空重合,利用磁透镜聚焦型光电子显微镜就能同时实现空间分辨和时间分辨的测量。倒空间超快分辨 PEEM 系统采用的泵浦-探测方案是在光路中引入马赫-曾德尔干涉仪,通过将单束光脉冲分成两束相对延时可调节的光脉冲来实现,泵浦光和探测光之间的时间间隔可以用干涉仪中的光学延迟线来调节,其精确度可以通过检测两束光脉冲之间的相位来得到四分之一光脉冲载波周期的调节步长。利用电子透镜和像差校正聚焦型光电子显微镜就同样能实现倒空间分辨和时间分辨的测量。

　　此外,基于阿秒装置的超快光谱技术及其衍生技术,可对样品中电子结构进行观测,捕捉电子系统 (包括电子自旋) 的非绝热超快动力学过程。同时利用超快电子衍射、超快 X 射线衍射等技术则可以对样品的晶格有序态、晶格量子运动进行观测,从而获得原子的超快量子动力学行为。把超快光谱技术与超快衍射技术相结合,便可从多个角度研究电子态与原子态分开或耦合时,凝聚态体系中全量子效应动力学过程的全貌。这对研究一些复杂的物理化学问题,如光催化分子反应、高温超导、电荷转移、电荷序、拓扑相变等原子尺度的全量子效应机理,具有极其重要的意义。

　　除了对实验技术和外场平台的不断升级与完善之外,基于量子力学基本原理构思的各种物理思想清晰的实验方案,以及为完成这些目标对实验样品的精准制备也是必需的。这方面重点是在发展原子尺度可控的样品制备技术,如分子束外延生长及原位表征技术等。而在全量子物性测量和器件研发方面,微加工手段也往往是必备的条件。总之,受人类不断对自然界奥秘探索的好奇心驱使,各种实验技术和外场条件正在沿着不同路径向极限方向发展。实验物理学家已经习惯在这些外场环境 (比如极低温、超高压、强磁场、超快超强光场) 的极端平台上,巧妙地利用这些先进的具有极限探测灵敏度的单一或综合实验技术,对各种理想样品完成设计的研究方案。不同实验技术正在与众多外场极端条件结合,构成一个新的高效的经纬交织技术网络,演绎着交叉融合的实验场景,并与理论工作配合得更加紧密。这些无疑将有助于我们从不同层次和不同角度全面揭示凝聚态物质尤其是轻元素体系中的全量子效应,开发并操控全量子新材料、新物态,设计全量子新器件,充分利用全量子效应这一新的维度,开辟更广阔的研究及应用领域。

　　在经过第 4 章 ~ 第 6 章介绍全量子效应理论和实验方法的基础上,我们希望回到写作本书的初始目的,这大致可以归结为两个方面。第一方面,希望本书能够使读者今后在面对一个复杂的凝聚态体系进行物理研究 (特别是开展超越电子态绝热的球-棒模型物理性质研究) 时,有一个整体的考虑和清晰的切入点,并对每一步正确选择和使用的理论与实验 “工具” 能够自如掌握。第二方面,希望本书能够促进这个刚刚兴起、亟待发展的领域走向正确的方向。这个领域中的多数问题,可以充分地体现在凝聚态物质 “多体” 与 “量子” 这两个核心特征上。这些问题也正是凝聚态物理这门学科 “More is different” 这个核心思想的体现 (Anderson, 1972)。若干年后,如果有读者注意到本书,我希望读者会把它当作人们针对此问题的一个相对全面的早期启蒙性综述。在现阶段,我希望本书能够激发起更多读者对此方面研究的兴趣，进而从更基础与更宽阔的层面投入到凝聚态物理全量子效应的研究中来。

在学习了全量子效应的理论和实验研究方法之后，为了使读者进一步了解并掌握这些方法在一些具体问题上的应用，接下来我们通过选择几个由轻元素或偏重元素组成的典型体系为例子，详细地讨论如何发现和理解在这些当前十分热门的凝聚态材料中，由全量子效应所引发的新物态和新物性。

第 7 章　全量子效应的典型体系：氢 (H)

　　正如本书开始时所介绍的情况，全量子效应在由轻元素组成的凝聚态体系中更加明显。因此，下面我们选择了化学周期表上原子序数排列靠前的这些元素作为全量子效应研究的典型体系，分别给出较系统的讨论。在下面进行展开介绍时，我们会碰到这样一个问题，就是在研究由它们组成的一些化合物中的全量子效应时，有可能会出现两种或两种以上轻元素同时存在于一种化合物中的复杂情况，这时每种元素都会表现出不同程度的全量子效应。比如，在将讨论的碳材料表面氢气的形成与扩散过程中 (见 9.2.2 小节)，以及在将讨论的金属表面水分子二聚体的扩散运动问题时 (见 10.2.1 小节)，等等。前者包含了氢和碳两种轻元素，后者包含了氢和氧两种轻元素及金属衬底材料。在出现这种情况的时候，我们组织本书内容的原则是，取其中全量子效应作为主导的一种轻元素集中在同一章节。例如，将水的氢键结构、水团簇的质子协同量子隧穿、富氢化合物的超导电性 (Superconductivity)、无机或有机钙钛矿中质子输运以及与质子隧穿相关的生命体中基因自发突变等问题都放在本章关于氢元素的全量子效应研究内容里面做介绍。因为在这些凝聚态体系中，氢原子的全量子效应对材料物性的影响起着更加主要的作用。

　　大家知道，氢是宇宙中最丰富的元素。氢原子的数目比其他所有元素原子数目总和还多出约 100 倍。考虑到这个原因，尽管一个氢原子的质量很小，但宇宙中氢元素的重量可以占到所有元素总重量的 75% 以上。毫无疑问，氢是物质世界最丰富，也是最基本的元素。氢作为尺寸和质量都是最小的原子，全量子效应也最为明显。因此单质凝聚态氢 (或称由纯氢元素组成的凝聚态物质) 本身及富氢化合物 (氢原子占多数的物质) 是研究全量子效应最为典型的体系之一。其中单质凝聚态氢物质又是所有材料中单位原子质量最轻的材料，它完美地契合了人们对于彰显全量子效应现象的期望。

　　单质凝聚态氢物质是物理研究领域中一个非常有代表性的理想体系，但是目前这方面的相关实验研究仍然存在极大的争议 (Mao H.K., 1994)。理论预言单质凝聚态氢在高压下会表现出非常新奇的结构相变和多种不同的物理性质，例如金属化、超导和超流等。可以说，所有这些新奇的物理性质都与全量子效应密切相关 (Monacelli, 2023)。回顾氢元素的研究历史，基本上就是现代凝聚态物理研究的一部简史。它反映了人们在量子力学诞生之后如何从化学元素周期表上最简单的元素开始，一步步进入到今天全量子效应研究领域，从而不断揭示和丰富了我们对凝聚态物理问题的认识过程。

　　除了对单质凝聚态氢的研究外，近年来富氢化合物也受到了人们的广泛关注。在地球上，水是自然界存量最多的富氢物质，它在人类的各种活动中扮演着非常重要的角色。即使进一步考虑到生命体系，人体中水占的比例也是最大的。我们通常把水作为一个典型的通过氢键相互作用形成的物质来进行研究。在这个体系中，氢原子核的量子隧穿和量子涨落将摆脱经典势垒对氢原子核的束缚，从而不但改变了氢键相互作用强度，甚至还可以改变氢键的对称性及网络构型，并因此影响水的宏观性质，使水表现出诸多反常的特征。所以，水的全量子效应研究不但为揭示水的氢键量子属性，理解水的反常特征提供了全新的思路，同时也有望为其他由氢键组成的凝聚态体系 (包括软物质和生命体系) 的研究开辟新的方向。此外，最近一些研究发现在另外一类富氢化合物 (硫化氢、氢化镧等) 中也蕴藏着许多新的物理现象，如在高压条件下它们有可能成为最接近甚至超过室温的超导体。这些材料的超导转变温度与压强有着显著的同位素效应关系，这清楚地反映了氢原子核的量子涨落与量子离域现象对于超导相变的影响，从而为理解高温超导机制提供了新线索。

基于这些考虑，本章将重点介绍凝聚态氢与富氢化合物中的全量子效应。另外，无论在物质科学还是在生命科学中，虽然有些时候在化合物中氢原子仅作为少数元素出现，但研究质子 (氢原子核 H$^+$) 传输和扩散都具有相当重要的科学意义与应用价值。因此，除了介绍单质氢、液态和固态水、富氢化合物等氢原子占据全部或多数的凝聚态物质作为全量子效应的典型体系外，本章最后还将介绍氢原子在物质中作为少数媒介存在的情况，特别是研究当质子穿越二维薄膜材料以及在体材料进行输运时，与全量子效应密切相关的氢原子量子行为。

7.1 氢的核量子效应

凝聚态氢在高压下可能表现出非常新奇的物理相变和独特性质，例如金属化、超导和超流等，所有这些新奇的物性都与全量子效应密切相关。在第 2 章中，我们曾简单介绍过分子固体氢的相变现象，探索单质凝聚态氢的相图被誉为是高压凝聚态领域的 "圣杯"。在此，我们不准备对氢元素研究的整个历史进程做全面深入的展开，而是主要讨论过去三十年与全量子效应相关的研究进展。虽然目前受实验条件的限制，关于单质凝聚态氢的一些热点问题还存在很多争议，但是现有的实验研究已经逐渐把氢相图的已知区域拓展到了压强高于 300 GPa 的范围，凝聚态氢相变的整体图像也已经非常丰富 (Mao H.K., 1994)，而相关的理论研究更是远远超过了这个压强范围 (郭见青, 2022)。这里我们基于一些目前已获得的研究成果来展开本节的讨论。

提到单质凝聚态氢研究的时候，一个人们耳熟能详的例子就是 1935 年 E. Wigner 和 H. B. Huntingon 在理论上预言的绝缘体-金属相变 (Wigner, 1935)。这个结构相变直接影响着凝聚态氢的物理性质，相图中不同结构之间的边界和相对稳定性非常敏感地依赖于每个结构在当前条件下的自由能。Monacelli 等发现很多不同结构之间的焓差小于 1meV/atom(Monacelli, 2023)。由于氢原子的质量很小，原子核的量子涨落和量子隧穿效应会同时发生，共同影响着单质凝聚态氢的相稳定性和相边界 (Pickard, 2007; Drummond, 2015; Monacelli, 2023)。特别是当温度非常低时，氢原子核会表现出强烈的量子行为。美国康奈尔大学的 N. W. Ashcroft 等在理论上预言了在氢原子的核量子效应影响下，氢也会像氦一样，在低温下形成超流体 (Ashcroft, 2000; Babaev, 2004)。此外，在化学反应中普遍存在量子干涉现象，氢、氘体系之间的原子分子碰撞反应是最简单的例子，对它们的一些实验研究已观测到了与核量子效应密切相关的量子干涉现象 (Xie Y., 2020)。

氢是目前唯一的同位素有不同名称的元素。D 代表氘 (deuterium，氢 2 或 ^{2}H)，T 代表氚 (tritium，氢 3 或 ^{3}H)。由于 P 已作为磷的符号，故不再作为氕 (protium，氢 1 或 ^{1}H) 的符号，一般直接使用 H。另外还有几种半衰期非常短，甚至不稳定的同位素 (如氢 4

等)，它们不是本书讨论的重点。将同一种元素采用不同质量的原子做替换 (比如 H/D 替换) 会引起物理性质的变化，这种现象称为同位素效应 (Isotope effect，IE)。显然在许多情况下同位素替换是研究核量子效应的一种非常直接和有效的方法，比如在第 3 章我们介绍过利用化学反应中的动力学同位素效应 (KIE) 可以控制反应速率等。

　　在阐述核量子效应如何影响单质凝聚态氢的物理性质之前，我们首先简单回顾一下凝聚态氢的结构和相图。在常温常压下，氢自然地以气态分子的形式存在。随着压强的增大，大量氢分子开始结合成固体。当压强进一步增大时，分子固体中的氢分子会逐步分解，形成所谓的原子固体氢 (McMahon，2011；Liu H.Y.，2012；Labet，2012a, b)。原子固体氢的存在，首先是由理论计算预言的，它出现的压强和温度条件目前还没有可能在实验上得以实现。无论是分子固体氢还是原子固体氢，随着温度的升高，会分别熔化成分子液体氢和原子液体氢。图 7.1 概括地展示了凝聚态氢的四个相图区域，包括分子固体、分子液体、原子固体和原子液体区域。

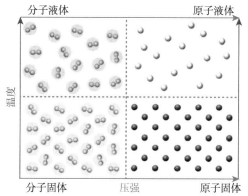

图 7.1　　单质凝聚态氢的四个主要相图区域。包括分子固体、分子液体、原子固体、原子液体区域。随着
　　　压强的增大，分子态的氢会变成原子态的氢，随着温度的升高，分子态和原子态的固体氢会分别熔化成
　　　　　　　　对应的分子态和原子态液体氢。摘自 (Fang W., 2019)

　　关于单质凝聚态氢的原子结构和电子结构相变，虽然目前还没有直接的实验证据，但是很多的理论计算表明这两种相变之间具有一定的关联性 (Babaev, 2004; McMahon, 2011; Morales, 2010)。比如计算上发现，当凝聚态氢由分子固体和分子液体完全或部分转变成原子固体和原子液体之后，单质凝聚态氢就会具有金属性。所以研究原子核量子效应对于凝聚态氢的结构相图的影响是非常重要的，否则就没有办法进一步验证和理解凝聚态氢的一系列新奇物性。本节将分别从实验观测和计算模拟的角度来展开下面的讨论，简单地介绍过去多年人们对于单质凝聚态氢相图上不同区域中核量子效应作用的认识。

7.1.1　高压相图

　　高压下单质凝聚态氢的实验研究，主要是通过金刚石压砧来实现的。金刚石压砧技术在 20 世纪八九十年代有了很大的发展。从前面的介绍可知，目前实验室下产生的压强已经达到 900 GPa(Dubrovinsky, 2022)。现在这些高压手段可以与多种其他表征技术结合，包括拉曼光谱、红外光谱、X 射线衍射、中子散射等技术 (详见第 6 章内容)。过去三十年，应用该技术在单质凝聚态氢的实验研究方面，最具有代表性的团队主要有美国哈佛大学 I. F. Silvera 研究组 (Silvera, 1981; Cui L.J., 1994)、美国卡耐基梅隆大学的毛河光 (H. K. Mao) 研究组与 R. J. Hemley 研究组 (Mao H.K., 1994; Goncharov, 1995; Mazin, 1997)、英国爱丁堡大学的 E. Gregoryanz 研究组 (Liu X.D., 2017) 等。在他们的实验中，对核量子效应的表征主要通过 H/D 同位素替换来分析研究。核量子效应最直接的体现就是相图上边界位置的变化，同时也会从谱学测量实验中直接观测到。在分子固体相图区间内，不同结构的相变直接体现在氢分子振动模式的非连续变化方面。国际上对于高压凝聚态氢中核量子效应的研究工作一直都在不断推进。

1. 分子固体氢的 I、II、III 相图

随着压强的增加，当凝聚态氢由气体变成固体的时候，固体中的氢还是以分子形式存在的，并且有多种可能的组合排列形式。目前单就分子固体氢部分也已经有四种结构被实验证实，按罗马数字编号分别为相 I、II、III 和 IV，详见文献 (Mao H.K., 1994; Eremets, 2011; Howie, 2012a, b; Zha C.S., 2012)。图 7.2 展示了实验上获得的单质分子固体氢相 I、II 和 III 边界及三相共存点。结合图 2.2 我们知道，单质分子固体氢 (氘) 相 I 对应的是氢 (氘) 分子的转动是完全自由的情况，是一种取向无序的状态；单质分子固体氢 (氘) 相 II 对应的是氢 (氘) 分子的转动是被抑制的情况，是一种取向有序的状态。而单质分子固体氢 (氘) 相 III 可以简单地描述为代表某个方向上有一定取向的情况。通过比较 H/D 同位素替换的结果，我们可以看出此三相边界的变化具有非常显著的核量子效应，但是不同相之间的边界处核量子效应的作用完全不一样。如果沿着等温线来探究相 I 和相 II 之间的相变，会发现分子固体氘的转变压强要远远低于氢的转变压强，这种差别可达几十 GPa。如果从等压线上看相 I 到相 II 的转变，分子固体氢的转变温度要比氘低几十 K。反观相 I 或者相 II 与相 III 之间的边界，随着温度变化并不敏感，主要体现在氘的相变压强要比氢的相变压强更高。其背后最直接的物理原因是氘原子的质量是氢原子质量的两倍，其量子属

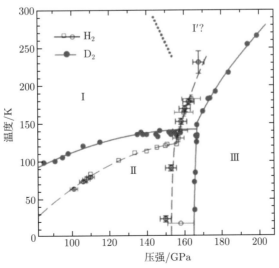

图 7.2 实验给出的分子固体氢 (蓝线) 和分子固体氘 (红线) 的 I、II、III 相图。摘自 (Goncharov, 2011)

性要弱很多。总的来说，从相图上可以发现核量子效应降低了相 II 的稳定性，使得分子固体氢的相 II 所占据的相图空间比氘的空间更小。

相 I 到相 II 转变中的核量子效应从直观上比较容易理解，因为相 I 中分子可以自由旋转，而相 II 中分子按照一定的取向排布。因此，核量子效应会使得相 II 中的分子更容易旋转。在这里我们先介绍一下这个实验现象，下一节我们还将从计算模拟的角度再讨论氢分子旋转的核量子效应问题。即便如此，通过这样简单的描述来理解相 I、II 和 III 之间的转变也很困难，因为相 III 也是具有一定分子取向性，相 II 和 III 中的核量子效应的机制仅从实验角度难以深入理解。另外，相 I 和相 III 之间的转变似乎也有反常特征，因为氘的相 I 与相 III 的界限出现在温度更高、压强更大的一侧。

最近，北京高压科学研究中心毛河光团队在氢及其同位素氢氘混合物的高压相图研究中发现，不同比例的氢与氘混合物在高压低温下还可形成一系列分子固溶体 (Liu X.D., 2020)，如图 7.3 所示。虽然对应的纯氢和纯氘固溶体也经历了类似的高压结构相变，但这个氢氘固溶体的相变压强显著提高，揭示了氢元素独特的量子特征。

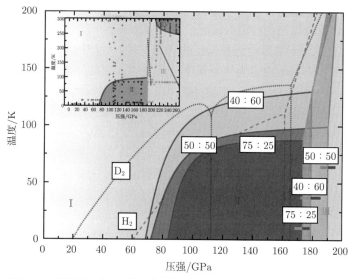

图 7.3   不同比例氢氘固溶体的高压相图。摘自 (Liu X.D., 2020)

2. 分子固体氢的相 IV 结构

近些年，随着实验压强的进一步提升，人们又发现了凝聚态氢分子的一种新相，即固体相 IV。这个新相 IV 仅出现在高压下的室温区间，表现为由取向无序的氢分子层和类石墨烯结构的氢原子层交替间隔排列的结构 (见图 7.4 所示)(Pickard, 2007; Eremets, 2011; Howie, 2012a)。R. T. Howie 等通过仔细对比从相 III 到相 IV 转变过程中的拉曼光谱，预言分子固体氢相 IV 在室温下也存在显著的原子核量子隧穿现象。图 7.5 展示了氢分子的分子内振动模式 ν_1 对应的拉曼峰位和半高宽。图 7.5(a) 中的拉曼光谱峰的非连续变化代表从相 III 到相 IV 的转变。可以看到在发生相变后，图 7.5(b) 中拉曼峰半高宽也出现了大幅增加。在有序的分子固体相中，氢分子按照一定规则排布，氢分子间化学键可以发生断裂与重组。相 IV 中每三个氢分子组成的六元环如果同时发生断裂并重组以后，得到的晶体结构与原来结构完全等价，这时候原子核量子隧穿就会大大地加速这两种简并态之间的相互转化。另外，相 IV 中的六元环比其他结构更接近完美的原子六元环，原子核量子隧穿所需要克服的势垒以及由此引起的位移都相对较小，所以导致核量子隧穿效应更加明显。核量子效应也体现在相 III 和相 IV 的相变温度是随着压强增加呈异常的下降趋势，这也说明压强使得六元环氢分子之间距离减小，所以更容易发生氢分子的部分分解。

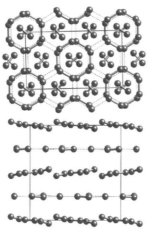

图 7.4　分子固体氢相 IV 的一种参考结构。上、下图分别为从两个不同角度看到的结构排列。由此发现相 IV 是由氢分子层和氢准原子层间隔排列组成的

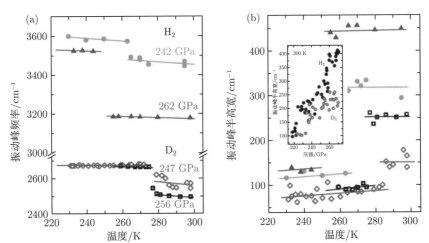

图 7.5　分子固体氢 (氘) 相 IV 的拉曼光谱测量结果。(a)、(b) 两图分别为 ν_1 拉曼模式的振动峰峰位和半高宽。(b) 图中插图为温度等于 300 K 时，半高宽随着压强的变化关系。摘自 (Howie, 2012b)

7.1.2　相变模拟

这些实验研究无疑对理解单质凝聚态氢的物理和化学性质起到了推动作用。但由于苛刻的实验条件所限，人们目前取得的实验研究进展仍然受到很大的阻力。为了进一步理解核量子效应对凝聚态氢相图的影响，随着包含全量子效应的分子动力学方法的发展，过去

30 年间人们已开始不满足仅限于在实验测量可达到的压强和温度范围来理解凝聚态氢的相图，而是通过理论模拟来对单质凝聚态氢在更大的相图区间进行系统研究。由于目前所需的极端高压实验条件很难达到，因此现在很多相关的计算模拟已经走在实验的前面。比如，有相当多的例子都是计算模拟先提出新的结构和新的相变规律，然后再通过实验获得进一步的验证。这方面研究中最为常用的计算方法是在密度泛函理论 (见 4.4 节) 的电子结构基础上，结合第一性原理路径积分分子动力学等方法来实现的 (见 5.1 节)。当然，对应更精确电子结构的量子蒙特卡洛计算方法也开始被开发并使用，但是总的来说它还处在进一步的发展过程中。

1. 分子固体氢

从上一节的实验介绍中，我们已经看到核量子效应会影响到分子固体氢相 II 和相 III 中的氢分子旋转，也就是在考虑氢分子中原子核的量子属性和氢分子的旋转模式的量子化过程之后，讨论它们对结构的稳定性以及相-相边界的影响。S. Biermann 等应用第一性原理路径积分分子动力学模拟，在考虑了核量子效应的情况下，获得了温度在 50 K 时分子固态氢的晶格结构。他们发现，当压强为 350 GPa 时，氢原子核由于量子涨落变得非常离域，固态氢的真实结构与经典情况下的结果非常不同 (Biermann, 1998a, b)。之后，H. Kitamura 等进一步模拟了原子核量子效应对凝聚态氢 I、II 和 III 相中分子旋转的影响 (Kitamura, 2000)。他们发现相 I 中的氢分子能够很自由地旋转，而这种分子旋转在相 II 和相 III 中受核量子效应影响程度不同，而表现出对转速和取向的不同抑制。由此他们得出结论：分子旋转中也存在量子局域效应。

为了进一步澄清这个问题，李新征 (X. Z. Li) 等在原来理论计算的基础之上加入了范德瓦耳斯力修正，获得了更加准确的电子结构，并据此做了进一步的路径积分分子动力学模拟。结果发现分子固体氢相 II 中的分子固定取向也会由于原子核量子效应而丢失 (Li X.Z., 2013)。如图 7.6 所示，在经典模拟中，氢分子 (图 7.6(a) 中红色分子) 表现出某种固定的取向，每个分子的取向在模拟的时间尺度内几乎不发生大的变化。而在考虑原子核量子效应以后，氢分子 (图 7.6(e) 中黄色分布点) 的分布呈现出在某个平面内的各向分布均匀，即没有表现出要选择某一特定的取向。这项研究还发现对于凝聚态氘中的氘分子也有类似情况，即当将温度从 50 K 上升到 150 K 时，比较图 7.6(c) 和图 7.6(g) 氘分子的取向无序性进一步增大。李新征等的发现与 Kitamura 等的结果完全相反，正好说明了在计算模拟中核量子效应在一定程度上会对体系的电子结构非常敏感，换句话说是对第一性原理计算得到的玻恩-奥本海默势能面非常敏感。在理论上讨论全量子效应的重要前提，是需要有一个准确的玻恩-奥本海默势能面。李新征等的工作再次证明了这一点，即当对原有的密度泛函理论结果做一个小的改进 (考虑范德瓦耳斯相互作用修正) 后，就能得到与之前完全相反的核量子效应结果。可见，理论上只有不断地逼近真实的电子结构，才能准确地预测全量子效应的影响，从而正确地理解实验发现。

理论上的进展显然不限于密度泛函理论电子结构的计算工作。陈基 (J. Chen) 等仔细比较了精确的量子蒙特卡洛计算 (见 4.5 节) 和密度泛函计算 (见 4.5 节) 得到的玻恩-奥本海默势能面对相 IV 中核量子效应的影响 (Chen J., 2014b)。他们发现相 IV 中的氢分子分解势垒会被通常的密度泛函理论计算所低估 (如图 7.7 所示)，所以虽然之前有些密度泛理论计算中不考虑原子核量子效应也发现了"低势垒"对应的快速原子核转移和氢分子分解，计算上出现的这种情况完全是一种巧合，其背后的原因是由于理论本身对电子结构计算的误差，以及缺失的核量子效应带来的误差两者之间相互抵消所导致的效果，并不是真实地反映了核量子效应。从这个例子不但可以看出精确的电子结构或玻恩-奥本海默势能面的描述，对于讨论正确的原子核量子效应的重要性，而且还证明只有考虑核量子效应才能对凝聚态氢的相变给出准确描述。事实上，氢的核量子效应会对体系电子结构产生影响，并改变玻恩-奥本海默势能面。虽然一些没有考虑核量子效应的计算结果也能与一些实验测量结果"吻合"，但是那些讨论只能给出经典层面的理解，由于其本身很重要的核量子效应被完全忽视了，经典结果讨论的物理图像是不正确的。这个例子充分说明，在一些关键细节问题的研究中，只有建立在全量子物理的图像上，才能得出真实可靠的结论。

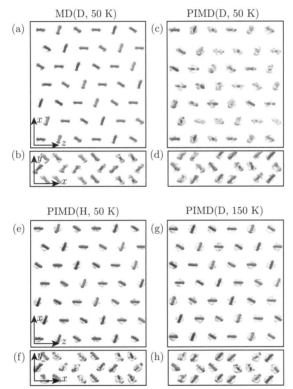

图 7.6　对分子固体氢相 II，由原子核做经典处理的第一性原理分子动力学 (MD) 模拟和考虑核量子效应对原子核做量子处理的路径积分分子动力学 (PIMD) 模拟结果。其中 PIMD 计算的电子结构做了范德瓦耳斯相互作用势修正。摘自 (Li X.Z., 2013)

2. 氢的固液相变

以上讨论的主要是关于分子固体氢中的核量子效应，这方面的研究也是最早开展的。这是因为在压强相对比较低时，氢的熔化温度较高，一般情况下高温时核量子效应并不显著。2004 年 S. A. Bonev 等发现氢的熔化温度在 200 GPa 以后随着压强增加出现一个比较快速的下降，由此预言了低温量子液体氢的存在 (Bonev, 2004)。有趣的是，低温量子液体的假想与 Ashcroft 等提出的超导超流相变同时指向了高压低温液态金属氢这个实验上目前还不能实现的相图区域 (Babaev, 2004)。于是，通过计算模拟来理解高压低温区间凝聚态氢的熔化过程就变得更为重要，特别是当熔化温度逐渐降低时，核量子效应也会变得显著起来。

2013 年，陈基等通过第一性原理路径积分分子动力学模拟 (详细讨论见附录 A)，第一次给出了压强在 500 GPa 以上，金属氢的熔化曲线 (Chen J., 2013; 陈基, 2014)。他们发现原子核量子效应可以大大地降低固体氢的熔化温度 (如图 2.3 所示)。在 500 GPa 时，核量子效应使得氢的熔化温度从 300 K 降低到 200 K。当压强更大时，比如在 900 GPa 或者更高的压强下，氢的熔化温度甚至会低于该理论模拟中 50 K 的低温极限值 (由图 2.3 中插图的黑三角标点所示)。这样低的温度区域内原子核量子效应将十分显著。更重要的是，理论模拟发现核量子效应使得熔化温度随着压强增加而表现出下降的趋势，这个趋势甚至一直可以保持到 1 TPa 的高压情况下。与之相反，忽略核量子效应的结果使得熔化温度在 500 GPa 左右就几乎出现平台，并且在计算所考虑的整个压强范围内，熔化温度都不会低于 200 K(大约在 300 K 左右)，这显然背离了核量子效应预言的结果。核量子效应导致的低温液态氢可能存在的预言，引起了研究人员的极大兴趣。这项工作同时进一步预示金属氢和超导氢很有可能是以液态形式存在，并且它们都是一种由原子核量子效应直接导致的新物态。

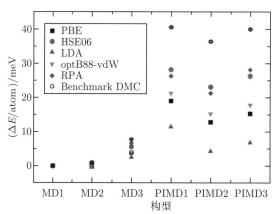

图 7.7 当压强取 250 GPa 和温度取 300 K 时，用不同方法对不同相 IV 构型由 MD(原子核做经典处理) 和 PIMD(原子核做量子处理) 计算得到的单个原子的总能差。摘自 (Chen J., 2014b)

作为一个例子，在压强位于 500～800 GPa 的区间范围内，陈基等利用第一性原理路径积分分子动力学方法模拟了固液共存的情况。图 7.8 给出的是当压强等于 700 GPa 时的结果。我们可以清楚地看到，当 $T \leqslant 100$ K 时，系统进入固体状态 (如图 7.8(b) 所示)；当 $T \geqslant 120$ K 时，系统进入液体状态 (如图 7.8(c) 所示)。这点还可以从图 7.8(d) 的径向分布函数来理解：在对应 $T = 100$ K 的曲线 (黑色) 上存在几个明显的峰值，而 $T = 125$ K 的曲线则平缓了许多。这清楚地表明当温度从 100 K 上升到 125 K 时，系统的结构越来越不明显，发生了从固态向液态的转变。与时间相关的均方位移 (Mean-square displacement, MSD) 也进一步支持了这个结论 (见图 7.8(e))(Chen J., 2013)。

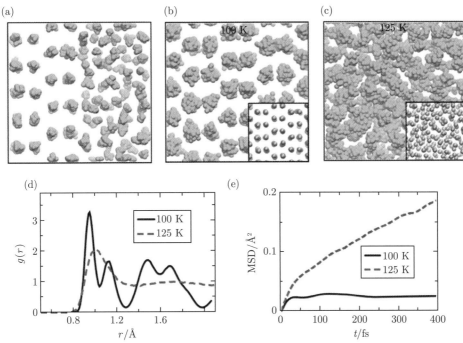

图 7.8 第一性原理路径积分分子动力学模拟的凝聚态氢固液共存相图。计算是对应压强等于 700 GPa 时的结果。(a) 初始结构。(b) 当 $T \leqslant 100$ K 时，系统进入固体状态；(c) 当 $T \geqslant 120$ K 时，系统进入液体状态。(d) 径向分布函数：在对应 $T = 100$ K 的曲线 (黑色) 上存在几个明显的峰值，而 $T = 125$ K 的曲线 (红色) 则平缓了许多。这表明当温度从 100 K 上升到 125 K，系统的分布结构越来越不明显，发生了从固态向液态的转变。(e) 与时间相关的均方位移 (MSD) 也支持了这个结论。摘自 (Chen J., 2013)

3. 氢的液液相变

凝聚态氢体系除了固固之间和固液之间相变中明显的原子核量子效应外，其液液相变 (指分子液体氢与原子液体氢之间的转变) 中的核量子效应也在近些年开始成为一个倍受关注的问题。本章前面中已经提到，人们一般认为凝聚态氢在压缩以后可以具有两种不同的液相，这两种液相之间的相变是人们理解氢金属化和氢分解 (由氢分子分解为氢原子) 的关键。之前的理论研究认为,高压凝聚态氢的液液相变 (Liquid-liquid phase transition, LLPT) 是从绝缘态分子氢到金属态原子氢的双重相变。这种理解的深层含义是，液态分子氢的分解和金属化是同时发生的。然而，在最近 Nellis 和 Weir 等利用动态高压技术实现液态氢金属化的实验中，发现液态氢进入金属态时分子氢的分解比例仅为 5% 左右。这个结果表明液态氢大部分仍是以分子形式存在的 (Weir, 1996, 1998; Nellis, 1999)！

早期液态氢中的原子核量子效应没有得到广泛研究的原因之一，主要是低压下液态氢往往需要当温度达到 1000 K 以上才能会出现。随着理论上对更高压强下液体氢研究的新认识及负斜率熔化曲线的发现，人们开始预测液态氢甚至可能会出现在室温以下。由前面图 2.3 计算给出高压氢相图可见，在 500 GPa 到 1200 GPa 之间，考虑核量子效应的路径积分分子动力学模拟给出的熔化曲线 (插图中黑色曲线) 存在明显的负斜率，而没有考虑核量子效应的分子动力学模拟给出的熔化曲线 (插图中红色曲线) 并没有反映这个现象。基于这项研究，可以判断在此区域 (两条曲线之间) 存在由原子核量子效应诱发的低温液体。于是，人们可以方便地在 600 K 左右的温度区间研究氢的液液相变。

有些研究结果已经发现，对于这个温度范围，氢原子的核量子效应是很显著的。如图 7.9 所示，比较在同一种密度泛函理论给出的玻恩-奥本海默势能面下，不考虑核量子效应的分子动力学模拟和考虑核量子效应的路径积分分子动力学模拟结果，我们可以发现，当温度在 1000 K 左右时，核量子效应使得凝聚态氢发生从分子液相到原子液相的转变压强增大了至少 50 GPa。奇怪的是，这个结果与对原子核量子效应的唯象理解是相反的，因为往往原子核量子效应会使得氢分子更加容易分解。这就说明核量子效应并不是一个简单的热涨落的叠加，而是一种全新的量子效应。

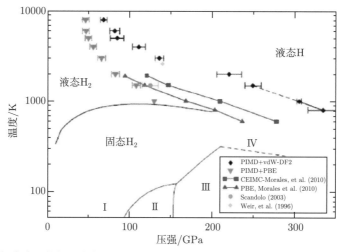

图 7.9   不同计算方法给出的凝聚态氢的相图，包括液液相变。其中 PIMD 为考虑核量子效应的第一性原理路径积分分子动力学计算结果。摘自 (Morales, 2013)

除了是否考虑核量子效应的影响外，图 7.9 中不同的液液相变线也说明了不同的计算方法可以得到完全不同的相变边界。比如黑色和绿色的曲线是对应使用两个不同的密度泛函计算得到的结果，它们之间存在很明显的差异。这个例子再次表明了一个隐含着的重要的信息，即对电子结构的描述 (也即对玻恩-奥本海默势能面的描述)，在研究液态氢的相变及核量子效应的影响方面非常重要。随着量子蒙特卡洛等更精确和更高效的电子结构计算方法的发展，现在已经可基于更加精确的电子结构来讨论液液相变及相关的全量子效应。近些年美国伊利诺伊大学香槟分校的 D. M. Ceperley 研究组，意大利国际高等研究院 (SISSA) 的 S. Sorella 研究组和北京大学的陈基、王恩哥研究组都分别开展了这方面的深入研究 (Mazzola, 2015; Morales, 2013; Guo J.Q., 2022)。

最近，郭见青等通过分别基于量子蒙特卡洛和密度泛函理论电子结构，利用路径积分分子动力学计算得到了液态氢的分解和金属化过程的相互关系 (Guo J.Q., 2022; 郭见青, 2022)。图 7.10(a) 中横坐标参数表示液态氢中的氢分子比例，纵坐标为液态氢的基础带隙。该图中绿色的虚线代表了液态氢从分子相到原子相发生结构相变的位置 ($x = 0.5$)，而红色虚线代表了带隙打开的位置 ($x = 0.8$)。图中显示当分子比例 $x = 0.8$ 时，基础带隙 Δ 降为 0,这意味着当液态氢中大约 20% 的氢由分子形式分解为原子形式时就已经进入了金属相。这个结果虽然看似与实验是一致的 (Weir, 1996,1998; Nellis, 1999),但是实际上却存在重要的区别。在之前的动态高压实验中,实验温度非常高,而在高温区存在分子金属相已经得到了较好的统计理论的解释 (Li R.Z., 2015)。而在郭见青等最新的研究中发现的两种凝聚态氢的液液相变的分离 (即分子相与原子相,以及绝缘相与金属相) 是处于较低温度 (<1000 K) 的一级相变区,低温区域凝聚态氢的金属化相变是人们探索超导氢的主要目标。郭见青等发现的分子状态的液态金属氢覆盖了几十 GPa 和几百 K 的区间 (图 7.10(a) 中标记 MMH 区域)。图 7.10 (b) 为温度-压强相图上发生液液相变的过程,同样也说明了以上观点,其中粉色区域为分子状态的液态金属氢 (MMH)。

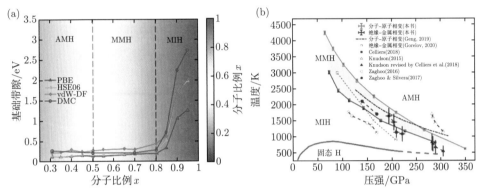

图 7.10 (a) 液态氢的基础带隙随着液态氢中分子比例的变化关系。不同颜色的实线为不同计算方法得到的结果。(b) 凝聚态氢的温度-压强相图,包括计算数据以及其他文献数据。图中 AMH、MMH 和 MIH 分别标记原子金属氢相、分子金属氢相和分子绝缘氢相三个区间。摘自 (郭见青, 2022)

这个结果不但与传统的关于氢的液液相变理论理解不同,同时也意味着液液相变中核量子效应的作用有两种:一种是对于结构相变的影响,另一种是对于液态氢金属化的影响 (也即对于物性相变的影响)。前者主要体现为来自原子核的量子涨落以及量子隧穿的影响,而后者主要体现为来自电子和声子之间的耦合以及零点振动对于电子运动和带隙的重整化修正。所以,在过去的研究中出现的一些关于氢的液液相变中的核量子效应的反常现象,很可能也是因为在两种不同相变过程中原子核量子属性对应不同相变作用差异的结果,以及由此引起一种相互竞争关系的变化。由此讨论可以推断,核量子效应在凝聚态氢的液液相变中的作用,可能使结构相变和物性相变并不一定是同步发生的。虽然关于上述观点还有待更细致的理论与计算研究,以及实验的进一步验证,但是鉴于固态氢已经展示了很强的全量子效应,可以预期在液态氢的两种相变中全量子效应也会非常显著,并且给出完全不同的效果。

最近,Monacelli 等利用扩散蒙特卡洛 (DMC) 方法精确计算了电子关联能,并考虑了核量子效应引起的晶格非简谐振动,进一步描述了低温下压强引起的凝聚态氢 (氘) 相变过程 (Monacelli, 2023)。他们发现早期预测的具有室温超导转变温度的原子金属氢,极大可能会出现在 577 GPa 压强以上,而原子金属氘出现的压强还要再增加 63 GPa。在完全转变为原子金属相之前,凝聚态氢经历了两个分子相之间的一阶相变,即从导电相

Ⅲ 转变为金属相 Ⅵ。这个相变对凝聚态氢和氘分别发生在压强等于 (410±20) GPa 和 (442±16) GPa 处。

尽管在凝聚态氢的相变研究中，由于目前实验条件的局限性，理论工作已经远远走在了实验的前面。我们相信在这个仍然处在刚刚起步的前沿领域，随着研究手段的不断改进，更多由全量子效应导致的新现象将会被实验进一步发现并验证。这无疑将是一个非常激动人心的过程。

7.2　水的核量子效应

水在自然界和生命活动中扮演着非常重要的角色，是一种典型的富氢化合物，对水的全量子效应研究牵涉各个方面 (参看第 1 章的举例)。在第 2 章我们也曾介绍过液态和固态水与全量子效应相关的一些反常的宏观热力学现象。对这些现象的深入理解除了在理论上要依赖不断提高效率的全量子模拟外，还需要发展更精密的实验成像及谱学技术，从而在空间上获得原子层次的关键信息，比如氢键的强度及取向、单个氢原子的量子隧穿及量子离域现象等。这方面的研究牵扯到物理、化学等诸多基础科学领域，近年已经取得了很多进展，这是本节讨论的核心内容之一。

这些基础知识的积累和突破，不但可以更深入地理解水的各种奇异特性背后的物理根源，同时对更高效地利用水资源也是非常必要的。这里强调的基础知识主要是从全量子效应的视角，在原子或亚分子层面对水本身 (包括结构和相互作用) 的认识。无疑这种讨论的结果一定会扩展到其他领域的具体应用问题上。不过本节我们暂时不涉及水在应用方面的课题，而是将水在能源领域和环境领域中的应用研究分别放到第 9 章和第 10 章去详细讲解。

事实上，"水的结构是什么？" 被选为《科学》杂志在创刊 125 周年的特刊中提出的本世纪 125 个亟待解决的科学难题之一。孟胜和王恩哥曾在《水基础科学理论与实验》一书中对关于水基础科学问题的研究做过集中介绍 (孟胜, 2014)。水的结构及动力学过程之所以如此复杂，其中一个很重要的原因就来自于在水中存在共价键、氢键和范德瓦耳斯力等多种强度不同的相互作用，而强度介于共价键和范德瓦耳斯力之间的氢键相互作用是关键。2011 年，国际纯粹与应用化学联合会 (IUPAC) 推荐了氢键的新定义，但是有关氢键作用的本质这一问题的研究远没有结束。人们通常认为氢键主要源于经典的静电相互作用，然而，近年来大家逐渐意识到不能仅在经典框架下思考氢原子问题，核量子效应对于理解氢键的物理根源有着不可忽视的影响。由于氢原子核质量很小，其全量子效应即便在室温下都会非常明显，氢原子核的量子隧穿和量子涨落降低了经典势垒对氢原子的制约，从而增强或减弱氢键相互作用强度，改变氢键网络构型，这不单会影响水的性质甚至还会影响到其他氢键体系的宏观物理性质和化学性质。由此可见，仅从经典静电相互作用的角度来理解氢键是不够的，氢原子核的量子属性不能不加以认真对待。从全量子效应的角度深入研究水科学，为理解水的微观结构和反常性质打开了全新的思路，同时也为其他氢键体系的研究提供了重要的线索。

7.2.1　单根氢键量子涨落

研究核量子效应对氢键影响最直接和最重要的手段之一，是采用同位素替换。如表 7.1 所示，将 H_2O 中 H 替换为 D 或者 T，水的很多宏观物性和特征会发生显著变化。例如，气态水分子 D_2O 二聚体分解所需的能量比 H_2O 高 12.7%(Rocher-Casterline, 2011a, b; Ch'ng, 2012)；液态水 D_2O 的熔点相对于 H_2O 要高 3.82 K(Nilsson, 2010; Kim K.H., 2017; Lide, 1999)；D_2O 在密度最大时对应的温度比 H_2O 高 7.21 K(Kudish, 1972; Hill, 1982)；D_2O 的黏滞系数相对于 H_2O 较高，扩散系数相比 H_2O 要小 (Kim K.H., 2017; Kudish, 1972; Holz, 2000; Price, 2000; Hardy, 2001)；D_2O 在 25 ℃时的比热容也比 H_2O 高 (Kim

表 7.1　水的同位素效应

物性特征	H_2O	D_2O	T_2O	$H_2^{18}O$	参考文献
O—H(D) 键能/(kJ/mol)(气态)	458.9	466.4 (1.6%)			(Maksyutenko, 2006)
偶极矩 (D)(气态)	1.855	1.855			(Dyke, 1973)
对称伸缩振动频率/cm^{-1}(气态)	3657.1	2671.6	2237.2	2237.2	(Nilsson, 2010; Tennyson, 2014)
弯曲振动频率/cm^{-1}(气态)	1594.7	1178.4	995.4	1588.3	
非对称伸缩振动频率/cm^{-1}(气态)	3755.9	2787.7	2366.6	3741.6	
水分子二聚体分解的能量/(kJ/mol)(气态)10 K	13.22	14.88 (12.7%)			(Rocher-Casterline, 2011a,b; Ch'ng, 2012)
溶点,T_m/K (1atm)	273.15	276.97 (1.40%)	277.64 (1.64%)	273.46 (0.11%)	(Nilsson, 2010, Kim K.H., 2017)
密度最大时对应的温度 (TMD)/K	277.13	284.34 (2.60%)	286.55 (3.40%)	277.36 (0.08%)	(Kudish, 1972; Hill, 1982)
三相点/K	647.10	643.85 (−0.50%)	641.66 (−0.84%)		(Nilsson, 2010; Kim K.H., 2017)
摩尔密度/(mol/L)	55.35	55.14 (−0.38%)	55.08 (−0.49%)	55.42 (0.13%)	(Kim K.H., 2017; Nakamura, 1995)
摩尔密度 TMD /(mol/L)	55.52	55.22 (−0.53%)	55.17 (−0.63%)	55.59 (0.13%)	(Kim K.H., 2017; Kell, 1977)
气-液界面张力/(N/m)	0.007198	0.07187 (−0.15%)			(Kim K.H., 2017)
比热容 C_v/(J/(K·mol))	74.54	84.42 (13.2%)			(Kim K.H., 2017; Nakamura, 1995)
平移扩散/($Å^2$/ps)	0.230	0.177 (−23.0%)		0.219 (−6.1%)	(Holz, 2000; Price, 2000)
旋转扩散/(rad^2/ps)	0.104	0.086 (−17%)			(Hardy, 2001)
介电常数弛豫时间/ps(20 ℃)	9.55	12.3 (29%)			(Eisenberg, 1969)
黏滞系数	0.8904	1.0966 (23.2%)		0.9381 (5.4%)	(Kim K.H., 2017; Kudish, 1972)
酸碱性 pH/pD	7.00	7.43	7.6		(Kim K.H., 2017; Lide, 1999)

注：以上参数除特殊说明外，都是在 25 ℃ 时测得的结果。

$1atm = 1.01325 \times 10^5$ Pa。

K.H., 2017; Nakamura, 1995)。这些气态和液态水的宏观性质及特征说明, 将 H 替换成 D 后, 水分子间的 O—D 键会增强, 换句话说, 核量子效应倾向于弱化水分子间的 O—H 键。但是, 水也有另一些宏观性质与此图像相反, H_2O 的三相点相对于 D_2O 高 3.25 K(Nilsson, 2010; Kim K.H., 2017; Nakamura, 1995), 气液表面 D_2O 的张力小于 H_2O(Kim K.H., 2017)。这表明对另外一些与水相关的问题, 核量子效应又会强化 O—H 键。目前, 核量子效应对水分子之间氢键相互作用的影响还没有一个统一的物理图像, 而这方面的研究对于认知水的微观结构和反常物性至关重要。这个领域已有若干综述文章 (Marx, 2006; Paesani, 2009; Marx, 2010; Ceriotti, 2016; Guo J., 2017), 它们对体相水和界面水的核量子效应的实验及相关理论研究结果进行了比较系统的总结。

对氢键的讨论也可以换一个角度来思考, 即原子核量子属性对氢键的贡献成分究竟有多大? 这是研究原子核量子效应的一个核心问题, 无疑也会对于揭开水的奥秘至关重要。早在 20 世纪 50 年代, 人们就已经观测到在氢键系统中如果把 H 替换成 D, 分子间的相互作用 (即氢键) 的强弱将发生改变, 这个效应被称为 Ubbelohde 效应 (Ubbelohde effect)(Ubbelohde, 1955)。德国马普学会美因茨高分子所 M. Bonn 研究组利用和频光谱技术发现核量子效应会影响表面水的取向, 并将其物理根源归结于 D 与 H 的氢键强度之差别 (Nagata, 2012)。另外, 英国伦敦大学学院 A. Michaelides 研究组 (现为剑桥大学教授) 利用对不同氢键系统的理论计算发现, 核量子效应整体倾向于在强的氢键体系中增强氢键, 而在弱的氢键体系中减弱氢键 (如图 7.11(a) 所示)(Li X.Z., 2011)。然而, “究竟是什么原因导致核量子效应对氢键强度有强弱不同的影响?” 以及 “核量子效应对单根氢键强度的影响究竟又有多大?”, 对这样一些问题的回答, 实际上远没有看起来那么简单。

为了定量探测核量子效应对氢键强度的影响, 北京大学江颖研究组在实验上设计了一个非常巧妙的单根氢键模型 (见图 1.36(a))。他们开发了新的 “针尖增强非弹性电子隧穿谱” 技术 (TE-IETS)(详见 6.1.7 小节的介绍), 突破了传统技术信噪比的限制, 通过将水分子 O—H 拉伸振动频率的红移转换为氢键键强, 从而测得了一个水分子与 NaCl 衬底之间形成的单根氢键的强度。在此基础上, 他们进一步采用可控的同位素 H 与 D 精准替换技术, 在单键的水平上探究了氢原子核量子属性对氢键强度的影响。实验结果表明, 氢键的核量子成分最高可达到 14%, 甚至可以达到室温下的热运动动能的贡献。同时发现氢原子的全量子效应满足一种普适的规律, 即倾向于弱化弱氢键, 而增强强氢键, 因此导致了氢键网络构型的改变 (如图 7.11(c) 所示)(Guo J., 2016a)。这与前面 Michaelides 研究组的理论计算是一致的。

为了理解核量子效应导致的这一物理现象的微观机理, 北京大学李新征研究组基于第一性原理的路径积分分子动力学方法, 对该体系进行了模拟计算。图 7.11(d) 中黑线给出了 O—H⋯O 的氢键强度 (E_H) 与 O—D⋯O 的氢键强度 (E_D) 的相对差值随着它们平均值 ($E_{average} = (E_D + E_H)/2$) 的变化关系, 并得到了与实验完全一致的结果。其根本原因是由于量子力学的不确定性原理, 核量子效应导致水分子中的氢原子表现出显著的非简谐零点振动, 拉伸振动使得氢键键长缩短 (这意味着增强了氢键强度), 而弯曲振动使得氢键键角减小 (对应着减弱了氢键强度), 可见核量子效应导致的两种振动模式对氢键的作用是相反的。图 7.11(b) 表示正是由于这两种振动模式之间的相互竞争结果, 最终决定了核量子效应对氢键强弱的不同影响 (Ceriotti, 2016)。为了进一步证明这个结果, 他们还计算了同位素替换前后 OH 与 OD 共价键长度沿氢键分子轴方向的投影比随针尖高度的变化 (图

7.11(d) 中红线所示), 证明零点能引起的 O—H(O—D) 氢键拉伸振动会增加这个比值, 而氢键的弯曲振动会减弱这个比值。基于这个完整的微观物理图像, 他们证明了 Michaelides 研究组关于核量子效应对水中氢键强度影响的物理本质 (Li X.Z., 2011)。通过实验与理论的结合, 江颖与李新征等将全量子效应对键强的作用给出了微观解释, 并指出这种作用甚至可以改变氢键的网络结构。这些工作表明江颖与李新征提出的物理图像具有一定的普适性。最近, 美国 SLAC 加速器实验室的研究人员利用超快电子衍射技术, 在飞秒时间尺度观测到了核量子效应对液态氢键的增强, 被称为 "量子拖拽" 过程 (Yang J., 2021)。

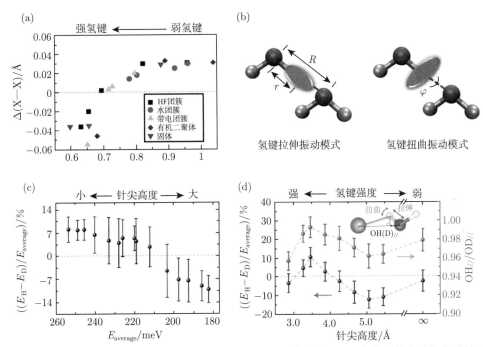

图 7.11　氢原子核量子涨落对氢键强度影响的实验与理论研究结果。(a) 全量子效应计算得到的不同氢键体系中核量子效应对氢键强度的影响。(b) 在两个水分子的氧原子之间, 质子发生共享离域运动后引起 O—H 氢键的拉伸振动模式, 其效果使得氢键键长缩短。它意味着增强氢键强度, 从而减慢了动力学过程; 而离域运动引起的弯曲或扭曲振动模式却会使得氧原子与两个近邻氢原子的夹角减小, 其对应着减弱氢键强度。两种振动模式对氢键强度的影响是相反的, 说明核量子效应对氢键强度的影响取决于这两种模式的竞争结果。(c) O—H···O 的氢键强度 (E_H) 与 O—D···O 的氢键强度 (E_D) 的相对差值随着它们平均值 ($E_{average} = (E_D + E_H)/2$) 的变化关系, 预示着氢原子核的量子效应会倾向于弱化弱氢键, 而强化强氢键。图中数值误差取自对 7 个不同 HOD 水分子实验测量的平均结果。(d) 全量子效应计算得到的同位素替代前后单根氢键能量的相对差值随着它们平均值的变化关系 (黑线), 以及 OH 和 OD 共价键长度沿针尖分子轴方向投影比随针尖高度的变化关系 (红线)。这些理论模拟结果进一步体现了核量子效应对氢键强度的影响。图 (a) 摘自 (Li X.Z., 2011), 图 (b) 摘自 (Ceriotti, 2016), 图 (c) 和 (d) 摘自 (Guo J., 2016a)。

此外, 对于固体表面的水, 由于水分子与衬底的相互作用会使水分子的间距强烈依赖于衬底的晶格结构。当水分子间距 (O-O 间距) 减小时会导致氢键变强, 与 O—H 拉伸振动相关的量子涨落会变得非常明显。理论研究发现, 在 Pt(111) 和 Ru(0001) 金属衬底上,核量子效应使得氢氧根离子和水的混合体系 ($H_3O_2^-$) 中 O—H 共价键与氢键的差别变得很小。在 Ni(111) 衬底上，O—H 共价键与氢键的差别完全消失，氢原子被相邻两个氧原子共享，氢原子核处于完全离域化的状态，形成对称型氢键 (图 7.12(a)～(h)) (Li X.Z., 2010)。实验上，日本京都大学 H. Okuyama 研究组在 Cu(110) 表面水团簇中也发现了这种对称型氢键 (H—O···H···O—H)(图 7.12 (i), (j))(Kumagai, 2010)。所以我们看到，核量子效应的影响不只是简单地修正氢键强弱，它足以改变水的氢键网络构型。

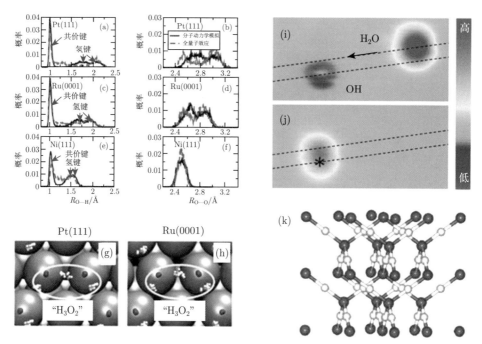

图 7.12　氢原子核出现离域化之后，形成对称型氢键。(a)～(h) 金属表面 H_2O 和 OH 混合氢键网络体系中 O—H ((a), (c), (e)) 和 O—O ((b), (d), (f)) 键长分布，红色 (黑色) 曲线是量子分子动力学模拟 (经典分子动力学模拟) 的结果。Ni(111) 的晶格常数最小，氢原子核在两个氧原子之间完全离域化，形成对称型氢键的结构。(i), (j) Cu(110) 表面 H_2O-OH 体系中的对称型氢键，HO···H···OH。(k) 高压下对称型氢键的冰相 (Ice X)。图 (a)～(h) 摘自 (Li X.Z., 2010)，图 (i),(j) 摘自 (Kumagai, 2010)

7.2.2　质子协同量子隧穿

从微观尺度上看，水的氢键构型往往不是静态的，而是在不断地发生断裂和重组的过程，信息和能量也常常通过质子在氢键网络中来回传递。因此，氢键动力学过程的研究，对于人们理解真实条件下水的物理化学特性具有非常重要的意义。其中质子沿氢键网络的转移对氢键动力学过程研究至关重要。由于氢原子核的质量很小，在转移过程中往往不是由经典扩散所导致的，而会伴随着显著的量子隧穿效应现象。

2000 年，美国加州大学欧文分校的 W. Ho 研究组利用 STM 技术观察到 Cu(001) 表面单个 H 原子的量子隧穿行为，并且通过同位素实验确定了从经典热扩散到量子隧穿扩散的转变温度在 60 K(参考图 6.20)(Lauhon, 2000)。日本京都大学 H. Okuyama 研究组进一步在 OH 体系中也发现了质子的量子隧穿行为，并且发现水分子二聚体中氢键供体和受体之间角色的转变也与质子的量子隧穿有关 (Kumagai, 2008, 2009)。这些现象可以从图 7.13(a)∼(e) 看出。以上实验都是关于单个质子量子隧穿的研究结果。但是氢键网络中的质子并不是相互独立存在的，它们通常具有很强的关联性。因此，氢键体系中的质子转移，实际上会涉及多体协同运动的量子行为。2017 年，M. Koch 等发现在 Cu(110) 表面 H_2O-$(OH)_n(n = 2 \sim 4)$ 氢键链状结构以及 Ag(110) 表面 Porphycene 分子中，都会发生多个质子的 "逐步" 隧穿行为 (Koch, 2017)。更有趣的是，二十多年前曾有理论预测质子的量子隧穿扩散还有可能是通过一种 "协同" 行为完成的。尽管随后的一些核磁共振实验 (Brougham, 1999) 和中子散射实验 (Prager, 1997) 观测到了甲基 ($—CH_3$) 中的三个氢原子之间的旋转量子隧穿现象，但是人们始终没有在实空间原子尺度上给出协同量子隧穿扩散存在的确切实验证据。

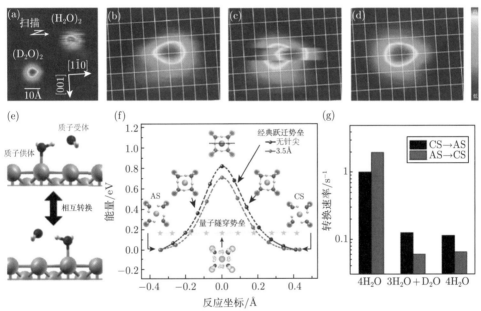

图 7.13　质子的量子隧穿效应。(a)∼(e)Cu(110) 表面上水分子二聚体中氢键质子供体和受体之间的相互转换过程。这个转换过程是通过单个质子的量子隧穿实现的。(f) 将 NaCl(100) 表面上水分子四聚体中的质子做经典处理和量子处理后，分别通过第一性原理分子动力学模拟和第一性原理路径积分分子动力学模拟获得的能量势垒。图中黑线对应 STM 针尖位于无穷远处的经典计算结果，图中红线为 STM 针尖位于表面上 3.5 Å 时的经典计算结果。图中绿线为考虑全量子效应后的协同量子隧穿势垒。通过与质子逐步隧穿势垒比较，计算结果表明协同量子隧穿势垒更低，由此得出手性转移过程是通过四个质子的协同量子隧穿机制来实现的。(g) 在 NaCl(100) 表面上水分子四聚体中，将氢键上的质子做部分或全部同位素替换后，手性转换率的示意图。图 (a)∼(e) 摘自 (Kumagai, 2008)

　　2015 年，北京大学江颖研究组将 STM 亚分子级成像技术和实时探测技术相结合，实现了对 NaCl(001) 表面上单个水分子四聚体团簇内质子转移的实时跟踪，原位观察到了质子在水分子团簇内的量子隧穿动力学过程。在这个水分子四聚体团簇内，氢键网络具有顺时针 (图 1.38(a) 左下图示意的四个水分子氢键取向) 和逆时针 (图 1.38(a) 右下图示意的四个水分子氢键取向) 两种手性，它们在实验中是随机出现的。更加有趣的是由图 1.38 实验所示，通过改变 STM 针尖的高度可以在这两种手性之间人为地进行调控，从而使这个水分子四聚体团簇内的氢键取向在顺时针与逆时针之间实现可控转换。他们还进一步通过对水分子四聚体团簇内全部或部分的 H 原子做同位素替换的实验, 确认了这种量子隧穿过程是由四个质子协同隧穿完成的 (Meng X.Z., 2015)。并且通过进一步调控全量子效应可以实现手性的转换。

北京大学李新征研究组通过第一性原理路径积分分子动力学计算, 从理论上进一步揭开了其中全量子效应的物理机制 (Feng Y.X., 2018b)。从图 7.13(f) 给出的理论模拟结果发现, 将这个水分子四聚体的质子做经典处理得到的跃迁势垒会大于 0.7 eV(由图 7.13(f) 中黑线和红线所示), 这么高的势垒在低温下是不会发生手性转换的。而同时将这四个质子量子化后, 对应的量子隧穿势垒会大幅降低。特别是在与逐步量子隧穿机制对应的势垒比较后, 他们发现在核量子效应影响下, 发生协同隧穿过程时的势垒最低, 其结果要小于 0.2 eV(由图 7.13(f) 中绿线所示)。这一结果充分证明这是一种全新的相干量子过程, 它比预想的单个质子 "逐步" 隧穿过程更容易发生。另外, 他们还研究了部分或全部同位素替换效应。证明只要将团簇中四个水分子之间氢键上的一个 H 用 D 替换后, 协同隧穿势垒就会大幅增加, 从而使手性转换率大大降低, 这与实验结果完全一致 (由图 7.13(g) 所示)。随后, 英国剑桥大学 S. C. Althorpe 研究组和中国科学院合肥物质科学研究院的研究人员, 分别利用转动光谱和介电弛豫测量等技术, 也观察到了气相水团簇和体相冰中的质子协同量子隧穿现象 (Wu H.L., 2016; Yen F., 2015), 这些研究进一步证实了质子协同量子隧穿过程的普遍性。这个考虑了全量子化的原子核关联效应对于理解冰的零点熵、冰的相变以及生物体系的信号传递和酶催化过程都具有非常重要的意义。比如, 过去大家一直很困惑极低温下冰为什么会有剩余熵的存在。一般讲, 当冰的温度接近绝对零度时, 它的质子会趋于有序, 熵应该等于零。但这里发现的协同量子隧穿过程可能预示冰在接近绝对零度的情况下, 体内仍然可以发生质子快速转移, 并导致无序。这就解释了冰的零点熵的来源。

7.2.3　体相水与冰

冰是自然界中物态最丰富的晶体之一, 目前理论上已经预言了 20 种不同的冰结构。对这些冰相的实验证明一直是凝聚态物理的一个前沿课题, 之前有 18 种已经得到了验证。现有的研究发现仅有六角冰广泛存在于自然界和人们日常生活中, 而立方冰是否存在长期以来具有很大的争议。这主要是由于冰的生长过程常伴随缺陷的出现, 传统的衍射手段难以将立方冰从堆垛无序冰 (一种对应六角冰与立方冰在堆垛面随机分布的特殊结构) 中区分开来, 人们始终难以给出水结晶是否可以形成立方冰的直接实验证据 (Moore, 2011; Lupi, 2017)。最近, 中国科学院物理研究所白雪冬研究组与北京大学的研究人员合作, 利用像差校正电镜和低剂量电子束成像技术, 首次展示了 102 K 的低温衬底上气相水凝结成冰晶的过程。他们发现在这种低温衬底上立方冰会优先形核生长。分子级成像证实了水结晶可以形成各种形貌不一的单晶立方冰。研究人员还发现, 随着结冰时间增加, 体相冰中六角冰的占比逐渐增大 (Huang X., 2023)。这些工作大大拓展了人们对体相水与冰的认识。

随着对体相水和冰的深入了解, 相应凝聚态体系中的全量子效应研究已经提上日程。早在 20 年前, 德国波鸿大学 D. Marx 就从理论上提出体相冰在高压下存在显著的核量子效应, 其中一个重要表现是氢原子核的量子隧穿效应以及氢原子核的零点运动会引起对称型氢键。之后, C. Drechsel-Grau 和 D. Marx 又提出在冰 Ih 中, 存在质子的协同量子隧穿

效应 (Drechsel-Grau, 2014, 2017)。在实验研究方面，多个国际研究小组利用光谱和衍射技术，发现高压下冰中存在对称型氢键 (Ice X)(图 7.12 (k))，这是由于高压下相邻氧原子的间距减小，核量子效应导致氢原子核的完全离域化引起的。此外，L. E. Bove 等利用中子散射技术发现冰 Ih 中质子动力学行为可能是一种协同量子隧穿的过程 (Bove, 2009)。随后，中国科学院合肥物质科学研究院的研究人员利用介电弛豫测量技术，也观察到了体相冰中的质子协同量子隧穿过程 (Yen F., 2015)。同时，美国橡树岭国家实验室 T. Egami 研究团队利用非弹性 X 射线散射技术解析水分子的运动，发现水分子之间氢键构型的动力学行为不是随机的，而是具有高度协调性，氢键的量子效应会极大地影响其动力学行为 (Iwashita, 2017)。上述相关的实验结果，我们在第 6 章介绍实验方法时曾作为例子详细讨论过。

同样，核量子效应在体相水中也有独特的贡献，它不仅通过氢原子核的离域化改变了体相水的氢键网络和动力学行为，还能改变水的分布密度和构型。如图 7.14 所示，考虑氢原子核量子效应后，图中径向分布函数的峰形整体都变得更加平缓，说明体相水的局域结构更加无序。值得注意的是，OH 径向分布函数 $g_{OH}(r)$ 中的第一个峰明显变宽 (如图 7.14(b) 中黑虚线所示)，这个峰在 1 Å 附近，对应着水分子中的 O—H 共价键，说明体相水中的核量子效应使氢原子核明显更加离域化 (Ceriotti, 2012)。如果不进行全量子效应计算，仅仅是改变 DFT 中的交换关联泛函，比如在 PBE 的基础上增加 vdW 修正或是改换采用更高精度的 meta-GGA，都很难得到变宽的 $g_{OH}(r)$ 第一个峰，这也更加说明了氢原子核量子效应在体相水中起着非常重要的独特作用。

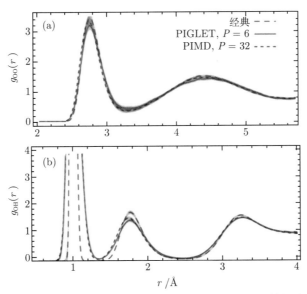

图 7.14　核量子效应对体相水结构的影响。蓝色线为不考虑核量子效应的模拟结果，红色线和黑色虚线都是考虑了核量子效应采用不同密度泛函近似的第一性原理路径积分分子动力学的模拟结果。摘自 (Ceriotti, 2012)

氢原子核的量子涨落还能使体相水电子态能级的分布进一步加宽。以体相水的 X 射线吸收谱为例，美国普林斯顿大学 R. Car 研究组和天普大学 X. Wu 研究组合作通过理论模拟发现，考虑了氢原子的核量子效应之后，水的 X 射线吸收谱会变得更宽更平滑 (Sun Z.

R., 2018)。在实验上，德国 P. Wernet 研究组通过比较水和重水的吸收谱也发现了类似的结果 (Schreck, 2016)。孙兆茹 (Z. R. Sun) 等的计算指出，水的 X 射线吸收谱一般呈现三个吸收边，即 Pre-edge、Main edge 和 Post-edge(图 7.15)，其中 Pre-edge 给出的是受激水分子周围结构短程序信息。氢原子核的量子涨落使激发态的电子结构分布到更宽的能级，从而拉宽了光谱。同时，越离域的氢原子对应着能级越低的电子激发态，体相水的氢键网络在量子涨落的影响下愈发无序，因此光谱变得更平滑。在实验上，德国 P. Wernet 研究组通过比较水和重水的吸收谱也发现了类似的结果 (Schreck, 2016)。

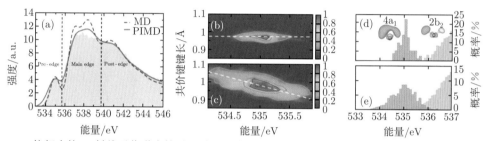

图 7.15　体相水的 X 射线吸收谱中核量子效应的实验与理论研究。(a)X 射线吸收谱，红线为考虑了原子核量子效应后的 PIMD 计算结果，蓝线为经典 MD 的计算结果，阴影区域为实验值。(b) 和 (c) 分别给出 Pre-edge 中具有 $4a_1$ 对称性的电子激发态的能级和对应的 O—H 共价键键长的分布。其中 (c) 表示考虑氢原子核量子效应后，O—H 共价键键长与电子激发态能级呈线性关系：键长越长能量越低。(d) 和 (e) 显示了不同电子激发态的能级分布，其中 (e) 为全量子计算的结果。图 (a) 摘自 (Sun Z.R., 2018)

　　此外，人们也越来越关注到核量子效应对超冷水的性质有着不可忽视的影响 (Nilsson, 2010; Pietropaolo, 2008)。意大利罗马大学 C. Andreani 研究组利用深度非弹性中子散射谱实验，研究了核量子效应对超冷水中氢原子核动量分布的影响。他们发现相对于液态水和固态水，超冷水中最近邻 O-O 间距较小，氢原子核处于离域的状态，因此超冷水表现出过量的平均动能 (7 kJ/mol)(Pietropaolo, 2008)。瑞典斯德哥尔摩大学 A. Nilsson 研究团队利用 X 射线散射技术，发现核量子效应会影响超冷水的热动力学响应和关联长度，显著的同位素效应使水和重水的关联长度最大值对应的温度分别是 229 K 和 233 K(Kim K.H., 2017)。

　　液态水的诸多反常性质源于其氢键网络的动态重组与弛豫过程，以及能量的重新分配。准确描述水分子的超快动力学过程对于理解氢键以及许多液相化学反应是至关重要的，这些研究需要原位的时间和空间分辨测量手段。目前,关于液态水中水分子的振动弛豫过程的大部分研究都是建立在超快光谱学实验的基础之上。譬如，来自麻省理工学院化学系的 K. Ramasesha 等利用超快二维宽带红外光谱，证实了水分子在振动弛豫前约 50 fs 发生了分子间运动，但在这段时间内结构变化的动力学环节的细节尚不清楚 (Ramasesha, 2013)。最近，美国国家加速器实验室的一个研究组通过液体超快电子散射 (Liquid ultrafast electron scattering, LUES) 技术，发现当一个受激水分子开始振动时，在全量子效应的作用下，它的氢原子会拉近相邻水分子中的氧原子，然后再将它们推开 (如图 7.16 所示)。这项研究提供了液态水中核量子效应对氢键增强的原子级谱学观测结果，他们发现的这个微观过程被称为水分子间的 "量子拖拽" 行为 (Yang J., 2021)。实际上，之前的实验和理论工作在单键层次上也曾报道过核量子效应可以改变氢键强度和构型 (Guo J., 2016a; Li X.Z., 2011)。

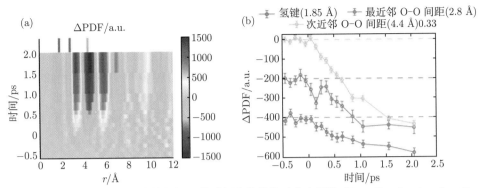

图 7.16 不同原子对间距与三个特征间距的时间分辨差分对分布函数 (Pair distribution function, PDF)。(a) 经过傅里叶-正弦变换后得到的时间分辨差分对分布函数。(b) 氢键长度、最近邻 O–O 间距与次近邻 O–O 间距的时间分辨差分对分布函数。摘自 (Yang J., 2021)

7.2.4 限域水与冰

在空间尺度受到限制的情况下，水的核量子效应往往会变得更加明显，从而表现出很多反常物理及化学性质 (Kapil, 2022)。例如，质子在纳米通道中的传输速度会大大加快 (Roux, 1991a,b; Dellago, 2003)，同时碳纳米管中的限域水具有反常的低介电常数 (Fumagalli, 2018) 且相转变温度也会更宽 (Agrawal, 2017) 等。从微观层面上，G. F. Reiter 等发现碳纳米管中限域水的零点能相对于室温下的体相水有着很大的差别 (Reiter, 2012, 2013)。由于零点能的作用，低温下碳纳米管中限域水的质子量子状态会完全不同于相 Ih 和相 IV 冰以及高密度非晶冰中的质子，它缺少分子共价键和水分子中的拉伸模式所拥有的高动量谱线拖尾，处于一种相干离域状态 (参见图 6.3)(Reiter, 2006)。A. I. Kolesnikov 等利用中子散射技术对绿柱石内的限域水分子进行了详细研究 (图 7.17(a))(Kolesnikov, 2016)。在深度非弹性中子散射测量得到的动量分布在 xy 平面的投影中 (图 7.17 (b))，我们可以看到径向上出现的第二个最大值对应着氢原子核通过量子隧穿形成的一种相干离域态。这是以前没有观察到的水的一种全新物态。这些研究表明，在限域条件下，水的核量子效应有可能被空间尺度调控并增强。

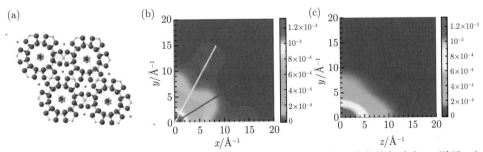

图 7.17 限域条件下水的核量子效应实验。(a) 绿柱石中限域水的结构。其中蓝色球为 Si 原子，红色球为 O 原子，天蓝色球为 Al 原子，绿色球为 Be 原子，粉色为 H_2O 分子。(b) 和 (c) 深度非弹性中子散射 (DINS) 测得的限域水中氢原子核的动量分布分别在 xy 和 yz 平面的投影。其中 (b) 图上径向出现第二个极大值，表明氢原子核通过量子隧穿形成了一种新的相干离域态。摘自 (Kolesnikov, 2016)

水的另一个十分有趣的现象是在材料表面或限域空间内的流动性质 (Shen R., 2010)。这方面一个最典型的研究实例是将水放到石墨 (块体碳材料) 或石墨烯 (单层碳材料) 表面研究纳米摩擦现象。类似的研究是将水放入直径大小不同的碳纳米管中,然后观测其运动规律。大量实验观察发现,无论是在石墨表面还是在大直径多壁碳纳米管 (>30 nm) 内,水的摩擦系数都比在石墨烯表面或小直径多壁碳纳米管 (<30 nm) 内要大许多 (Maali, 2008; Secchi, 2016)。这方面的理论工作一般是依据经典模型,研究水分子在一个平滑的固体表面由波恩-奥本海默近似提供的势能面上如何运动的。但是这个模型无法回答上述实验提出的问题。最近 Kavokine 等发现,这种奇异的量子摩擦现象主要来自于全量子效应,是将原子核做经典处理的波恩-奥本海默近似等理论无法准确解释的 (Kavokine, 2022)。Kavokine 等建立了一套新的纳米量子摩擦理论。在经典的涨落耗散理论基础之上,他们进一步考虑了由流体的电荷涨落与界面材料的电子激发耦合导致的贡献。这个新的理论在一定程度上既体现了量子涨落效应又体现了非绝热效应,是典型的全量子效应支配的整体表现。他们的理论不但能够给出不同材料表面和限域空间上水的摩擦系数的差别,也能够很好地解释为什么大直径碳纳米管的管壁更接近石墨上水的摩擦行为。该研究工作表明了全量子效应在流体力学和纳米机械器件研究中同样会发挥重要作用。

7.2.5 一维水分子链的量子相变

量子相变是指一个量子系统在温度无限趋于零的时候,由于某个与热无关的物理量变化而引发的相变。这种相变与经典相变不同,它不是由于温度的变化所导致的,而是受到全量子效应中的量子涨落影响表现出来的。在量子相变点,系统的基态性质会发生突变。这种现象在重费米子化合物、磁性材料和非常规超导体中都有所报道 (Si Q., 2010; Sachdev, 2012; Bianconi, 2001)。

最近 Serwatka 等通过采用严格波函数表示的全量子模拟方法,在一维水链中证明了量子相变 (QPT) 的存在 (Serwatka, 2023)。图 7.18 展示了一维水结构的相图。当这个结构中水分子的间距 (R) 较大时,局域的水分子偶极子处于一种无序状态 (图 7.18 右侧所示)。

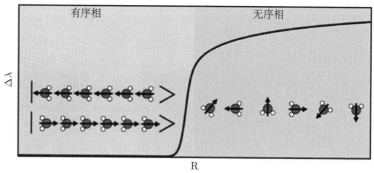

图 7.18 一维水系统的相图。模型中右侧对应无序相,左侧对应有序相。实线表示 Schmidt 差 $\Delta\lambda$ 作为水分子-水分子距离 R 的函数的变化规律。$\Delta\lambda$ 是描述该量子相变的序参量。无序相的特征: 当一维水结构中分子间距 R 较大时,水分子偶极子的取向是分散的,即不倾向任何特定方向,可以自由旋转。相反,随着 R 减小,当系统进入到有序相时,水分子旋转动能部分的主导优势减小,而分子间的偶极子相互作用增强,电偶极矩 (黑色箭头) 形成统一取向,系统处于具有双重简并的基态 (左极化态和右极化态的等权叠加)。摘自 (Serwatka, 2023)

这意味着, 分子之间的相互作用非常弱, 哈密顿量主要由单个分子的旋转动能主导。系统的动能项倾向于使基态波函数退相干, 从而使水分子偶极子处于无序相。在这个无序相中, 分子偶极子不会选择任何特定的取向, 并且可以几乎自由旋转。然而随着一维水结构中水分子间距 R 的减小, 动能部分的主导优势下降, 而基态的量子涨落影响不断增加, 因此分子偶极子相互作用加大并逐渐选择统一的取向。由此可见, 一维水链中水分子之间距离 R 作为一个非热学变量可以有效地调节相互作用强度。最终, 在临界距离 R_c 处, 系统越过量子相变点并达到水分子具有取向平行一致的偶极子有序状态 (图 7.18 左侧所示)。

进一步使用有限尺寸缩放分析 (FSSA) 方法来研究 Schmidt 差 $\Delta\lambda$, 可以证明 $\Delta\lambda$ 很好地遵循了缩放定律, 因此是描述一维水链系统的合适序参量。图 7.18 所示的 $\Delta\lambda$ 连续变化表明转换点就是量子相变的临界点。对于临界指数, 研究得到的 $v = 1.004 \pm 0.004$ 和 $\beta = 0.118 \pm 0.008$, 与 (1+1) 维 Ising 普适类的 $v = 1.0$ 和 $\beta = 0.125$ 非常吻合。这些结果充分表明一维线性水链中的量子相变属于 (1+1) 维 Ising 模型的普遍类。

Serwatka 等还通过分析激发谱、纠缠熵和偶极关联函数来深入研究该线性水分子链中量子相变过程。图 7.19(a) 和 (b) 分别给出了基态和第一、第二激发态之间的能量差。在穿过量子相变点后, 第一完全对称性 (Full symmetry, FS) 能隙消失, 这是因为基态由于链的反演对称性而变成了两重简并。对于第二 FS 能隙以及所有更高的激发态能隙, 可以观察到存在一个分开点, 它在无限链长的极限下变得非常锐利。事实上在有限温度下 (对于一维水链量子临界温度可达 10 K), 只要量子涨落大于或接近热涨落, 量子相变都是会发生的。最近已有实验报道在碳纳米管中的一维水链出现了准量子相变 (Ma X., 2017)。

量子相变附近的长程关联效应可以通过冯・诺依曼纠缠熵 $S_{vN} = -\mathrm{tr}(\rho_A \ln \rho_A)$ (图 7.19(c) 和 (d)) 来解释。假设 A 和 B 分别表示链的两半, 其中 ρ_A 是区域 A 的约化密度矩阵。冯・诺依曼纠缠熵是区域 A 和 B 之间的纠缠熵, 用来衡量 A 和 B 之间的纠缠程度, 其值会随着纠缠程度增加而增加 (没有纠缠时为 0)。由图 7.20 可见, S_{vN} 在量子相变点处发散, 表示系统处于最大纠缠态。在此状态下, 所有长度 (和时间) 尺度上都存在量子涨落 (Vojta, 2003; Sachdev, 2011)。由于表现的多重特性, 系统的量子属性都仅与其对称性和长度相关, 因此导致了不同体系的普适性。通过计算两个位点 i 和 j 之间的偶极关联函数 $\langle \mu_i^z \mu_j^z \rangle$ 可以进一步研究这种普适性。在无序相中, 相关性具有短程的特点, 对应较大的位点间距 $|i-j|$, 关联函数以指数衰减 $\left(\langle \mu_i^z \mu_j^z \rangle \sim \mathrm{e}^{-\frac{|i-j|}{\xi}} \right)$。在量子相变处, 关联函数遵循幂指数规律 $\left(\langle \mu_i^z \mu_j^z \rangle \sim -1/|i-j|^\eta \right)$, 拟合得到临界指数 $\eta = 0.253 \pm 0.002$。

为了研究对称性破缺的影响, 在两个边缘水分子上施加一个非常小的电场, 从而起到破坏特定对称性的作用。这时可以有两种情况: 一种是横向 XY 极化场, 用来破坏包含链轴的平面中的反射对称性; 另一种是 Z 极化的纵向场, 用来破坏链的反演对称性。首先由图 7.19 可知, 破坏反射对称性对量子相变没有影响 (由图 7.19(a) 红线所示)。相反, 破坏反演对称性从根本上改变了有序量子相, 无序相没有受到影响 (由图 7.19(b) 红线所示)。它消除了基态的简并, 使得等权重的左极化和右极化叠加态 (图 7.18 左侧) 分裂成两个具有相反极化的态。由于简并性被破坏, 大部分纠缠熵被消除 (图 7.19(d))。考虑反演对称性破缺的影响, 有序量子相的基态简并性将被破坏, 产生两个具有相反极化的多体态, 这意味着一维水分子链可能形成铁电相, 这些物理性质可为量子器件研究提供一个理想平台。

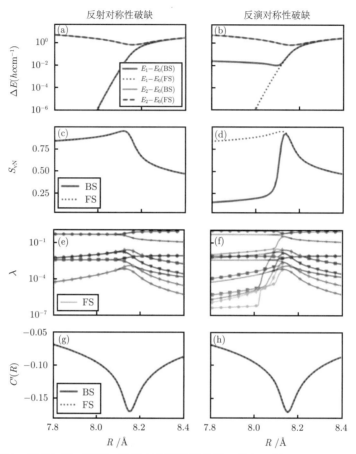

图 7.19　(a) 和 (b)：基态与第一和第二激发态之间的能量差，其中 FS(Full symmetry) 和 BS(Broken symmetry) 分别代表具有完全对称性和破缺对称性的水链。(c) 和 (d)：FS 和 BS 链的冯·诺依曼纠缠熵。(e) 和 (f)：FS 和 BS 链的前十个 Schmidt 值。(g) 和 (h)：最近邻偶极-偶极相关函数的导数 $C(R) = (1/N - 1) \sum_{i=1}^{N-1} \langle \mu_i^z \mu_{i+1}^z \rangle_0$。在所有计算中，对两个边缘分子施加了强度为 $|\vec{E} \cdot \vec{\mu}| = 10^{-7} E_h$ 的微小电场。模拟中选取的体系包含了 300 个水分子。摘自 (Serwatka, 2023)

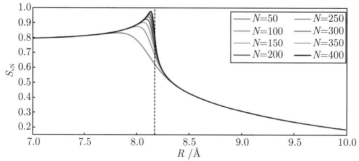

图 7.20　对应具有不同水分子数 N 的一维水链，冯·诺依曼熵随水分子间距离 R 的变化。摘自 (Serwatka, 2023)

此外, 通过研究具有不同对称性的一维水链的冯·诺依曼纠缠熵, 人们发现, 在量子相变后由于基态具有二重简并度而出现了一个大的平台。同时即使水链的中心键被逐渐减弱, 而在其有序相中, 纠缠熵仍然为 ln(2), 正好是二重简并态的值。这说明在双向划分链处于有序相时, 尽管两个半链之间的相互作用强度可以无限小, 但仍然不会消除两半之间的纠缠。这种由纯全量子效应导致的现象意味着即使大大削弱中心键, 例如移除一个中心水分子或插入富勒烯笼, 两半链仍然是纠缠的。这在量子信息处理方面可能具有实际用途。

7.3 富氢化合物超导相变

迄今为止对富氢化合物超导问题的研究主要集中在高压和化学掺杂诱导超导相变这两个方面。高压可以使化合物中的原子间距离减小并改变原子间的相互作用, 加强不同分子间的电子轨道杂化, 增大费米面附近电子态密度, 从而增强电-声耦合作用, 使得常压下的非超导体在压力作用下发生超导相变。化学掺杂是通过对化合物提供电子或空穴改变其能带结构, 并且引入新的声子模式增强电-声耦合作用, 使非超导体在正常压强环境中发生超导相变。

由于金属氢可能具有极高的德拜温度和较强的电子-声子相互作用, 美国康奈尔大学的 N. W. Ashcroft 在 1968 年预言它是一种高温超导体 (Ashcroft, 1968)。他提出氢气在约 500 GPa 的高压下可以转变为金属氢, 其超导转变温度可能接近室温。虽然有报道称金刚石压砧最高已经可以实现近 TPa 量级的静高压, 但目前公认对于氢气可能实现的静高压仍不超过 500 GPa(Loubeyre, 2020)。所以, 即便经过了很多年的努力, 金属氢在实验室下始终没有实现。因此通过实验上施加高压以稳定地实现氢气的超导转变至今仍是一个难题。于是很多科研工作者另辟蹊径, 转而研究富氢化合物在高压下的超导相变。富氢化合物中的非氢元素在相对较低的压力条件下会形成某些特殊的晶体结构 (比如, 在 220 GPa 下硫化氢中硫会形成体心立方结构, 150 GPa 下六氢化钙中钙也会形成体心立方结构 (Wang H., 2012))。这些晶体结构可以对其间隙中的氢实现预压, 使得富氢化合物在相对低的压强下就可以获得与金属氢相似的氢原子间相互作用。此外, 富氢化合物中的非氢原子能贡献低频声子, 这也会增强富氢化合物中的电-声耦合效应, 从而提高其超导转变温度。

对氢化物高压下超导相变的早期研究主要集中在离子型金属氢化物, 如 Th_4H_{15}、PdH、$Pd_{0.55}Cu_{0.45}H_{0.7}$、$NbH_{0.69}$ 等。由于这些金属氢化物中的氢原子含量较低, 氢对超导很难有显著的贡献, 实验测得的超导转变温度均低于 16 K。直到 2004 年, Ashcroft 再次提出通过非氢原子对氢原子提供化学预压后, 由此引起了对富氢化合物超导电性 (Superconductivity) 研究的新热潮 (Ashcroft, 2004)。2015 年, 德国马普化学研究所的 M. Eremets 研究组发现, 硫化氢 (H_3S) 可以在 220 GPa 高压下实现高达 203 K 的超导转变 (Drozdov, 2015), 这个结果刷新了高温超导转变温度的纪录, 向实现室温超导迈出重要的一步。他们的研究发现硫化氢的超导转变温度有着非常明显的同位素效应。硫化氢在 141 GPa 下超导转变温度为 195 K, 而硫化氘在 155 GPa 下超导转变温度为 150 K(见图 7.21 (a),(b))。通过进一步研究还发现, 氢原子核的量子涨落加剧了氢键的对称化倾向, 发生了量子离域现象。该现象对硫化氢体系在高压下的超导转变产生了至关重要的影响 (Errea, 2016)。该研究组在后续工作中又发现一类能够实现更高的超导转变温度的笼状富氢化合物。其中氢化镧 (LaH_{10}) 在 170 GPa 高压下可以实现 250 K 的超导转变, 其超导转变温度也具有显著的同位素效

应 (Drozdov, 2019)(图 7.21 (c),(d))。紧接着美国乔治·华盛顿大学的研究人员发现氢化镧材料可以在 280 K (7 ℃) 出现超导电性，但所需的压强为 202 GPa(Somayazulu, 2019)。随后来自意大利和西班牙等国家的学者证明氢原子核的量子效应不但对氢化镧超导相稳定性起着决定性的作用，还可以增强电-声耦合强度 (Errea, 2020)。这类笼状富氢化合物具有一种所谓的主客体结构：氢原子以共价键组成笼状主体结构单元，金属原子作为客体位于氢笼状主体单元的中心，主客体间是离子型相互作用。现在笼状富氢化合物超导体已经扩展到多个体系，包括 LaH_{10}、YH_9 和 YH_6，它们的高温超导温度分别达到了 260 K、243 K 和 224 K。这些研究唤起了人们寻找室温超导体的希望。

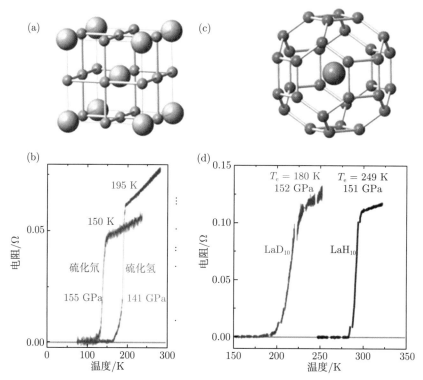

图 7.21　硫化氢与氢化镧的晶体结构及同位素效应实验。(a) 硫化氢 (H_3S) 的晶体结构示意图，其中粉色原子为 H，黄色原子为 S。(b) 硫化氢的同位素效应实验。(c) 笼状富氢化合物氢化镧 (LaH_{10}) 的晶体结构示意图，其中紫色原子为 H，绿色原子为 La。(d) 氢化镧的同位素效应实验。摘自 (Drozdov, 2015, 2019)

　　尽管上面提到的富氢化合物为实现室温超导带来了希望，但是目前它们实现超导相变仍然需要很高的压强。如何进一步降低超导相变所需的压强是该领域亟待解决的问题。值得一提的是，最近来自捷克科学院物理研究所和法国马赛大学的研究者发现，在一维苯醌二亚胺分子的氢键网络中，质子的核量子效应促进了 π 电子在分子链轴向上的离域，增强了分子间的结合能，并在链的末端形成了独特的有能隙的电子态 (Cahlik, 2021)，如图 7.22 所示。该研究表明，由于低维条件下核量子效应的增强，富氢化合物苯醌二亚胺分子的氢键在常压下也可能趋于共价化，并诱导出金属性。因此，核量子效应有希望为富氢化合物的超导相变提供等效高压,从而大幅降低超导相变所需的压强。这个实验为富氢化合物的超导研究提供了新的重要线索。

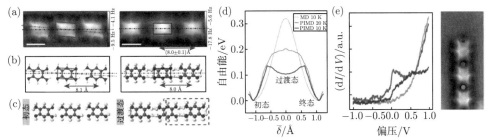

图 7.22 一维苯醌二亚胺分子不同氢键网络下的高分辨 AFM 图像与相应的原子结构模型,以及具有能隙的电子态存在的 STS 证据。(a) 具有倾斜氢键 (左) 与对称氢键 (右) 的一维苯醌二亚胺分子的高分辨 AFM 图像。(b) 为与实验 (a) 对应的原子结构模型,其中右图是基于 PIMD 计算的过渡态。(c) 基于 PIMD 的初态结构 ($\delta = -1$ Å) 与过渡态结构 ($\delta = 0$ Å)。(d) 以所有氢键的平均值为横坐标,采用经典 MD(10K)、PIMD(10K) 和 PIMD(20K) 计算的质子转移的势垒曲线。(e) 右图标记位置对应的 STS 结果,它显示了存在具有能隙的电子态。摘自 (Cahlik, 2021)

由于高压条件在实验上较难实现,因而许多富氢化合物的超导研究是通过理论计算进行的。目前,国内外的一些研究组普遍使用第一性原理密度泛函理论进行预测,这些结果对实验有一定指导意义。相关理论工作涵盖了大量的富氢化合物,我们把这些结果总结在表 7.2 中。

表 7.2 部分高压下具有超导电性的富氢化合物的理论计算结果

氢化物	压强/GPa	超导转变温度/K
CaH_6(Wang H., 2012)	150	235
YH_6(Li Y.W., 2015)	120	264
YH_{10} (Peng F., 2017; Liu H., 2017)	300	310
SiH_4(Eremets, 2008)	300	17.5
GeH_4(Gao G., 2008)	220	64
SnH_4(Tse, 2007)	120	80
MH_2 (M=V 或 Nb) (Chen C., 2014)	100	4 或 1.5
C_6H_6(Zhong G.H., 2018)	195	20

其中一类笼状结构富氢化合物具有非常高的超导转变温度。吉林大学马琰铭研究组首先报道了具有高超导转变温度的 CaH_6 的理论计算结果 (Wang H., 2012),他们的后续研究还预言了与 CaH_6 具有相似笼状结构的一系列稀土富氢化合物 (如 LaH_{10},YH_6,YH_9 和 YH_{10}) 也是高温超导体 (Peng F., 2017; Liu H., 2017)。这些工作发现在 150 GPa 高压下,氢化钙中的氢原子间距为 1.24 Å,与固态氢中的氢原子间距非常接近。Bader 电荷转移分析显示,每个金属钙原子向氢笼转移了 1.02 个电子,从而进一步增强了不同氢原子间的键合作用。声子态密度计算结果显示氢原子振动对超导贡献高达 84%。理论计算获得的电子能带结构则显示,氢化钙在费米面附近存在很高的电子态密度,具有很强的电子-声子耦合作用 (图 7.23)。这些现象预示着氢化钙可能是一种新的高温超导体,引起了实验人员

的很大兴趣。最近，马琰铭 (Y. M. Ma) 研究组所预言的 CaH$_6$ 高温超导体及其 215 K 的超导温度已经得到实验证实 (Ma L., 2022; Li Z., 2022)。

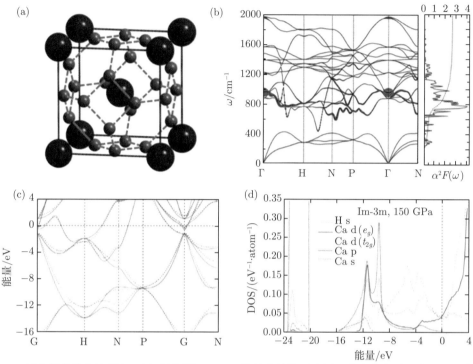

图 7.23　氢化钙超导电性研究。(a) 氢化钙 (CaH$_6$) 的晶体结构示意图，其中绿色原子为 H，墨蓝色原子为 Ca；(b) 氢化钙的声子态密度；(c) 氢化钙的电子能带结构；(d) 氢化钙的电子态密度。摘自 (Wang H., 2012)

　　绝大多数富氢化合物的超导电性来自于氢原子振动主导的声子模式与电子的耦合，而研究表明芳香烃化合物超导电性的声子贡献则是来自于碳原子的振动。中国科学院深圳先进技术研究院的钟国华研究组对苯 (C$_6$H$_6$) 所做的理论计算表明，氢原子的振动对苯在高压下的超导贡献很小 (如图 7.24 所示)(Zhong G.H., 2018)。与大部分富氢化合物理论计算的结果类似，苯在高压下的超导也来源于压力对原子间键合的增强。更多的理论计算结果表明，增加苯环的数量，可以使电荷在更大的空间上离域。因此多环芳香烃 (PAHs) 在高压下实现的超导转变温度会逐渐变高。如图 7.25 所示，随着苯环数的增加，芳香烃的超导转变温度会从 5~7 K 逐渐升高到 30 K 附近，这使其成为未来高温超导的重要备选研究目标之一。

　　随着高压下富氢化合物室温超导研究的深入，一些凝聚态体系中氢原子核的离域现象受到了更多的关注。当然从传统的 BCS 理论考虑，实现超导还需要满足其他的条件 (如改变费米面附近的电子密度、增强电-声耦合作用等)。有趣的是，前面在讨论体相冰的时候我们介绍了实验观察到的氢原子离域现象，但是这种体相冰的对称化氢键构型发生在 60 GPa 左右的高压环境下。最近北京大学江颖、陈基等在由高密度氢掺杂的水合质子组成的表面二维冰氢键网络中，首次发现了常压下氢原子的离域现象，它表明核量子效应可以调控传统的成键形式，在这种氢对称化的构型中，使 O—H 共价键与氢键的差别完全消失，从而

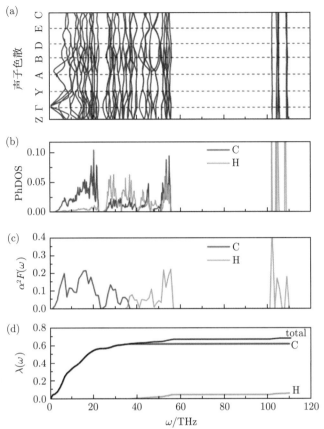

图 7.24　当压强取 190 GPa 时，具有 P2₁/c 空间群苯的计算结果。(a) 苯的声子色散曲线; (b)C 和 H 的声子态密度计算结果; (c) C 和 H 的 Eliashberg 谱函数 $\alpha^2 F(\omega)$; (d) C 和 H 的电-声耦合积分 $\lambda(\omega)$。摘自 (Zhong G.H., 2015)

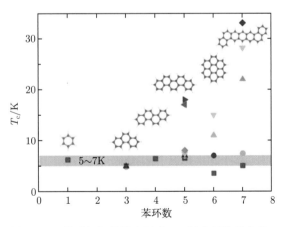

图 7.25　芳香烃超导转变温度 T_c 随苯环数的变化

得到了一种由全量子效应主导的新物态 (图 7.26)(Tian Y., 2022)。这项工作为寻找在常压下实现绝缘体-金属相变的方法提供了新的启示。受到这项工作的启发，我们首先想到在一些低维富氢化合物材料中,通过表面/界面等空间维度的限域性可以有效地固定住氢的离域结构,从而可能在较低的压强 (甚至是常压) 下实现氢键的对称化,并导致金属化甚至超导转变的发生。同时这种现象还会通过在低维材料中掺氢被进一步放大 (Wang E.G., 2022)。当然这些预言还有待进一步的实验验证。不过全量子效应导致的轻元素原子 (特别是氢原子核) 结构分布的畸变,将会引发出一些新的量子物态,这些都是很值得进一步关注和深入研究的问题。

图 7.26　由第一性原理路径积分分子动力学模拟预言的, 一种常压下全量子效应导致的具有对称氢键构型的表面二维冰新物态

对材料施加高压是以物理手段来改变其晶体结构,从而实现改变其物理性质的目的；而掺杂则是以化学的方法对材料的能带结构施加影响,因此也可能使材料展现出超导电性。自 1991 年首次发现碱金属掺杂的富勒烯具有超导电性以来,掺杂方法也被广泛运用在富氢化合物的超导研究工作中。理论计算结果表明,向富氢化合物中掺杂碱金属可以使它们具有超导电性,例如向苯中掺杂钾,当达到 $K_2C_6H_6$ 的化学计量比时,计算得到超导转变温度为 6.2 K(Zhong G.H., 2015)。掺入的钾将电子提供给苯环,电子占据在低能轨道上并提高费米面,使新的费米面与不同的能带发生相交。钾的掺杂使得苯分子间距小于高压下形成的固态苯的苯分子间距,从而增强了苯分子间相互作用,同时增加了能级展宽。声子态密度计算结果显示碳原子和掺杂的金属钾原子的振动均对超导有贡献 (如图 7.27 所示)。日本冈山大学的研究者发现碱金属掺杂的苝 $(C_{22}H_{14})$ 在不同的掺杂浓度下显示出转变温度为 7K 到 18K 的超导电性 (Mitsuhashi, 2010)。中国科学技术大学陈仙辉 (X. H. Chen) 研究组以及中国科学院物理研究所陈根富研究组相继发现了碱金属掺杂的菲 $(C_{14}H_{10})$(Wang X.F., 2011) 和二苯并五苯 $(C_{30}H_{18})$ 等多环芳香烃中的超导电性 (Xue M., 2012)。最近, 捷克的一个研究组利用碱金属对水层进行可控的电子掺杂,将绝缘的水诱导出了金属性,如

果能进一步引入强的电-声耦合，将可能在水层中实现高温超导电性 (Mason, 2021)。

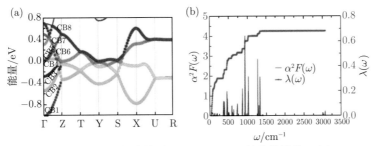

图 7.27　$K_2C_6H_6$ 的能带结构及电-声耦合关系。(a) $K_2C_6H_6$ 的能带结构；(b) $K_2C_6H_6$ 的 Eliashberg 谱函数 $\alpha^2 F(\omega)$ 与电-声耦合积分 $\lambda(\omega)$ 随频率 ω 的变化关系。摘自 (Zhong G.H., 2015)

7.4　富氢矿物晶体非线性光学性质

磷酸二氢盐是一类具有优良光电和非线性光学性质的矿物晶体，可用于制备高功率激光器的频率转换器。它的化学式一般可以表达为 MY_2XO_4，其中 $M=K^+$, Rb^+ 或 NH_4^+, $Y=H$ 或 D, $X=P$。磷酸二氢盐晶体含有大量氢键，在低温下会发生结构相变。研究发现，含碱金属阳离子的晶体低温相具有铁电性质，而含铵根离子的晶体低温相具有反铁电性质。磷酸二氢铵 (Ammonium dihydrogen phosphate，ADP) 和磷酸二氢钾 (Potassium dihydrogen phosphate，KDP) 是磷酸二氢盐中最有代表性的成员。最近有实验证明，用 ADP 晶体制作的四阶简谐波发生器 (Fourth harmonic generation)，在用于惯性约束聚变装置的时候，它的多项性能均优于 KDP 晶体 (Ji S.H., 2013)。受核量子效应影响的氢键结构是决定这类晶体物理性质的关键性因素，因此上述 ADP 和 KDP 光学性质的不同，很可能是由于晶体中局域氢键网络的差异所导致的。

Choudhury 等利用单晶中子散射 (Single-crystal neutron diffraction，参考 6.1.2 节的实验方法) 实验研究了晶体 ADP 和 KDP 结构。他们特别关注的是，在采用同位素替代后，得到的氘化物 DADP 和 DKDP 晶体的物理性质与替代前结果的对比 (Choudhury, 2018)。氘替代的主要影响是对氢键强度的改变。实验研究发现，氘替代后，DADP 中氢键键长的变化 (0.082 Å) 大约是 DKDP 中键长变化 (0.022 Å) 的四倍。这说明 ADP 中同位素效应明显强于 KDP。

图 7.28 给出了晶体中电子密度的分布情况，即把原子视为无相互作用的自由粒子并将其电子密度叠加的结果。由图可见，KDP 中 K—O 键不存在电子非局域化，而 ADP 中 H_N—O 键存在明显的电子非局域化，即在铵根离子和 O 原子间形成部分共价键。这将影响 ADP 中的氢键，使其具有较强的非简谐特征。因为氢键较弱，受同位素效应影响较大。考虑到氘原子质量大于氢原子，氘替代会降低氢键振动频率。通过计算 O—H 和 O—D 键振动频率之比 $f(\text{O—H})/f(\text{O—D})$ 发现，KDP 的这一比值比 ADP 大，这个结果进一步表明 ADP 中氢键的非简谐性更强，全量子效应更明显。这可能是导致 ADP 具有更高的极化率和更大的非线性光学系数的主要原因。

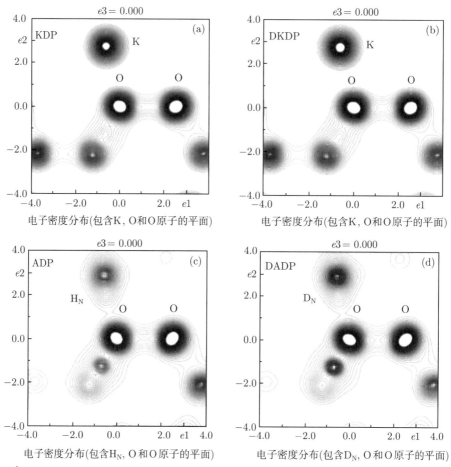

图 7.28   在 KDP(a)，DKDP(b)，ADP(c) 和 DADP(d) 晶体中，各原子上的电子分布叠加组成的电荷
密度等高线图。摘自 (Choudhury, 2018)

7.5   二维材料质子传输

在过去 20 年间，二维材料的迅速发展引起了学术界和工业界的极大兴趣。本节我们仅限于讨论与全量子效应相关的二维材料质子高通透问题，其他关于二维半导体电子器件方面的讨论，读者可以参考 11.6 小节的介绍。

2004 年，石墨烯的发现改变了低维量子体系研究的范式 (Novoselov, 2004)。石墨烯是一种原子级厚度的二维材料。理论研究表明，在大气环境中具有完美晶格结构的单层石墨烯对所有原子和分子均不通透 (Bunch, 2008)。一些理论工作甚至预言，在室温条件下，氢原子穿过单层石墨烯需要花费数十亿年的时间。因此，若想促使氢原子或质子 (氢原子核 H^+) 通过单层石墨烯，必须使粒子具有足够大的动能 (Stolyarova, 2009; Banhart, 2011)。然而出乎意料的是，2014 年由英国曼彻斯特大学 A. K. Geim 带领的研究团队通过输运及质谱测量实验，证明了室温下单层石墨烯和六方氮化硼 (h-BN) 具有质子高通透的特性 (Hu S., 2014)。这一结果表明石墨烯和六方氮化硼在氢分离、燃料电池等诸多涉及氢能利用的技术开发中具有巨大应用潜力。随后的理论工作还发现石墨炔膜比石墨烯膜的质子穿透率更高 (Xu J.Y.，2019)。Geim 研究组发现该质子传输 (Proton transport) 现象与传导膜的电子云密度分布有关。六方氮化硼网格内的氮原子相对于硼原子对价电子吸引力更强，其间隙之间的电子云也因此更稀薄。而石墨烯中碳原子的对称结构则形成了较均匀、致密的电子云，使质子相对更难以穿透一些。所以，室温下六方氮化硼的质子传输能力明显优于石墨烯 (见图 7.29)。由该图所示，Geim 团队还发现单层二硫化钼薄膜电子云密度最大，因此其质子传导性表现最差。进一步的理论研究表明，如果在质子传输研究中的石墨烯被部分氢化，使晶格变得略微稀疏，将更有利于质子的通过 (Feng Y.X., 2017; Bartolomei, 2019)。另外，第一性原理路径积分分子动力学计算也表明核量子效应对质子通过石墨烯膜起到了帮助作用 (Feng Y.X., 2017)。

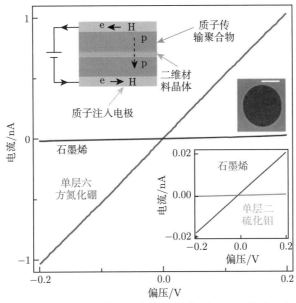

图 7.29　六方氮化硼、石墨烯和二硫化钼单分子膜的电流-电压 (I-V) 关系。上方插图为实验装置。中间插图 (比例尺为 1 mm) 为石墨烯膜在 Nafion 膜沉积之前的电子显微镜照片。摘自 (Hu S., 2014)

　　在此基础上，Geim 等通过研究还发现单层石墨烯和六方氮化硼可用于氢离子的同位素分离 (Lozada-Hidalgo, 2016)。他们的电学测量与质谱分析结果表明氘核的穿越膜传输速率远低于质子 (如图 7.30 所示)，二者在室温下的分离常数高达 10 左右。该同位素分离现象主要源于质子与氘核的零点能量之差 (氘核比质子零点能量低 60 meV)。由核量子效应引起的零点振动，可以作为一种纯粹由全量子效应支配的比电子质量大约 4000 倍的粒子，实现室温输运的物理根源。零点能量之差等效于传输过程中的势垒差，最终会直接影响质子和氘核穿过屏障的速率。该研究因此为实现氢同位素的富集应用提供了一种有效途径 (详见后文 11.1 节讨论)。

　　在最近一项工作中，Geim 研究组和张生研究组合作，发现了单层石墨烯及氮化硼薄膜可以制备成完美的质子选择性传导膜 (Mogg, 2019a)。他们采用渗透实验，在制备的微米级单层薄膜两侧放置不同浓度的盐酸溶液，测量得到了膜电势与盐酸溶液浓度梯度之间的关系。进一步利用能斯特-普朗克公式，他们得出质子迁移数为 1，即通过薄膜的电流完全来源于质子，而具有最小直径的离子水合物——氯离子则被该膜完全阻断了。这些实验证实了单原子薄膜 100% 的质子传导选择性。此外，Geim 研究组将质子与云母薄膜层间天然存在的钾离子进行交换 (Mogg, 2019b)，在云母晶体内制备出尺度为 5 Å 的管状通道 (见图 7.31)。进一步的密度泛函理论计算支持了这种管道结构的稳定性。由于管道内部仅含有羟基，有利于质子的传输，这项工作证明云母也可以成为一种新型质子传导膜。

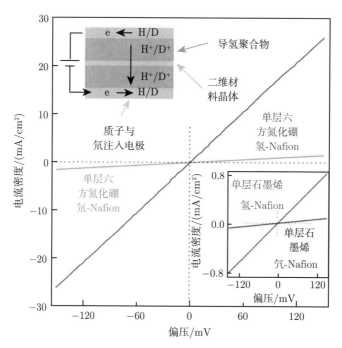

图 7.30　质子与氚核穿过六方氮化硼与石墨烯两种不同薄膜的电流-电压 (I-V) 关系。摘自 (Lozada-Hidalgo, 2016)

　　为了更好地理解二维材料的质子传输机制，其他研究组也进行了一系列理论计算研究。首先通过第一性原理分子动力学模拟计算的质子穿越势垒，其结果对石墨烯是在 1.25～1.40 eV 之间，对单层氮化硼薄膜为 0.7 eV。这些理论结果远大于实验上所测得的数值 0.8 eV(石墨烯) 和 0.3 eV(单层氮化硼薄膜)。显然这些忽略了核量子效应的经典分子动力学模拟结果需要进一步修正。事实上，核量子效应对质子迁移过程非常重要，它会有效地降低势垒，在一定程度上更有利于质子扩散，加速实现同位素分离。图 7.32 显示了采用 Wigner-Landau-Lifshitz 公式，在考虑原子核量子效应后的计算结果。它清楚地表明了质子隧穿势垒要远低于经典计算的势垒高度 (Xin Y.B., 2017)。这个例子再次说明研究二维薄膜材料的质子传输问题时，核量子效应是一定不能忽略的。

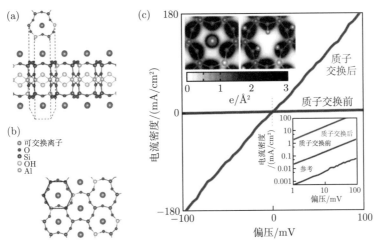

图 7.31   单层云母的原子结构图及云母进行质子交换前后的电流-电压 (I-V) 关系。(a) 云母晶体由
硅-氧四面体和铝-氧八面体组成，形成二维薄膜。在这些铝硅酸盐层上可吸附交换离子 (红色球)。(b) 相
应结构的平面示意图。硅、铝和氧原子可以穿过管状通道 (见 (a) 中虚线所示的三维投影)。六边形通道
的中心含有羟基基团和可交换离子。(c) 质子交换前后测量得到的 I-V 关系，该结果代表了质子通过云
母的传输能力。摘自 (Mogg, 2019b)

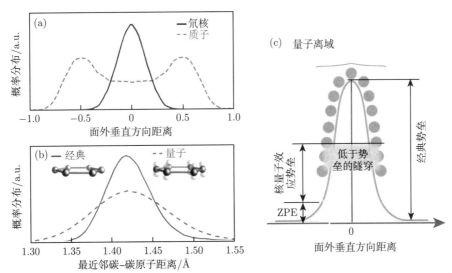

图 7.32   量子隧穿过程的示意图。(a) 质子与氘核在垂直六元环方向上随距离的概率分布；(b) 将原子做
经典和量子处理模拟得到的概率分布与相邻两个碳原子距离的关系；(c) 量子隧穿机理。摘自
(Poltavsky, 2018)

    最近，北京大学李新征研究组通过考虑了核量子效应后的理论研究指出，对二维石
墨烯和六方氮化硼薄膜的部分氢化还可以进一步有效地降低质子传输的势垒 (Feng Y.X.,
2017)。对比计算表明纯的石墨烯和六方氮化硼中的 sp^2 杂化轨道对质子产生了强的化学吸
附作用，因此质子一般会被束缚在材料表面，不利于其穿过二维材料平面。然而，当材料
表面经过氢吸附处理后，新的表面氢化结构可以使碳原子的 sp^2 杂化转变为 sp^3 杂化，从

而有效减弱了石墨烯对质子的强化学吸附能力，使原来较强的化学吸附转变为相对较弱的物理吸附，大大降低了质子穿过的势垒。这种情况同样适用于二维六方氮化硼材料。同时部分氢化也造成了晶格的结构变形，增大了石墨烯和六方氮化硼平面六原子环传输孔径的尺寸，这些讨论都表明这两种二维材料在经过一定的化学修饰后，可以进一步有利于质子传输 (如图 7.33 所示)。

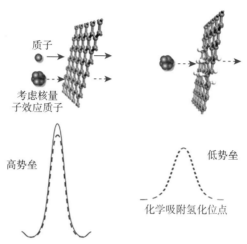

图 7.33　质子穿过理想的 (左图) 和部分氢化的 (右图) 石墨烯示意图。图中同时讨论了这两种情况分别对应的传输势垒。实线和虚线分别表示由经典模拟和量子模拟给出的质子传输势垒结果

7.6　体材料质子传输

无论是在物质科学还是在生命科学领域，研究质子在体材料中的传输和扩散过程都是非常重要的。为了研究凝聚态体系中原子核量子效应对质子输运过程的影响，张千帆 (Q. F. Zhang) 等在 CPMD(Car-Parrinello Molecular Dynamics) 软件全量子化模拟程序基础上，对其进行了进一步优化，特别是完善了周期性晶格体系电子结构计算过程中的 k 空间抽样高效并行模拟功能，使其可以应用于真实凝聚态体系的实际计算研究 (Zhang Q.F., 2008)。相关具体推导和计算程序的介绍，有兴趣的读者可以参见附录 A。

7.6.1　跃迁速率

质子在周期结构中的长程输运过程，可以通过研究它的一些基本迁移规律来理解。这方面相关的理论工作已经非常成熟。一般描述氢原子在相邻的两个稳定态之间的跃迁速率可以简化为

$$k = \frac{k_{\mathrm{B}}T}{h} \frac{Z^{\ddagger}}{Z} \tag{7.1}$$

其中，k_{B} 是玻尔兹曼常数，h 是普朗克常数，$Z^{\ddagger}$ 和 Z 分别表示初始状态和过渡状态的配分函数。在简谐近似下，固体在最小势能和最大势能处的振动特性可以分别表示为 $\{\hbar\omega_i\}_{i=1}^{N}$ 和 $\{\hbar\omega_i\}_{i=1}^{N-1}$。利用这些参数，我们可以根据公式 (3.1) 重新将经典极限下对应迁移反应过

程的阿伦尼乌斯 (Arrhenius) 速率写为

$$k = k_0^{\mathrm{cl}} \mathrm{e}^{-\Delta E / k_B T} \tag{7.2}$$

这里活化能 ΔE 等于经典迁移势垒 V_m，即稳定态和过渡态的势能差。显然，上述经典物理层面的研究并没有考虑氢原子核的量子属性，由此得到的理论值与实验结果比较出现误差，被认为正是来自于原子核经典化处理的缘故。

1970 年 C. P. Flynn 和 A. M. Stoneham 发现，当该质子传输受到量子隧穿效应影响时，只要周围的声子激发可以用经典物理方法近似描述，则依然可以采用阿伦尼乌斯公式讨论在相邻双势阱中质子自陷基态之间的不连续跃迁传输速率 (Flynn, 1970)。具体形式如下：

$$k = \frac{1}{\hbar} \left(\frac{\pi}{4 E_c k_B T} \right)^{\frac{1}{2}} J_0^2 \mathrm{e}^{-E_c / k_B T} \tag{7.3}$$

其中，活化能 E_c 并不是传统的自陷基态势垒 (如图 7.34(a) 所示)，而是构建所谓的重合构型 (Coincidence configuration) 所需要的能量 (也即重合能)，J_0 是跃迁矩阵。在这种构型里，氢原子在双势阱中处于量子离域化状态 (如图 7.34(b) 所示)。这种考虑量子隧穿效应的输运速率求解，目前被认为是实现全量子效应计算的主要处理方法之一。相关理论模型计算需要对 Flynn-Stoneham 模型中包括跃迁矩阵在内的重要参数进行求解，而密度泛函理论为实现相关的理论模拟提供了最佳方案。因此，如何在相关模拟中发展全量子方法，特别是对于原子核量子离域态的准确描述是解决该问题的关键。

7.6.2 量子化修正

2004 年，P. G. Sundell 等使用第一性原理计算得到了构建重合构型所需的能量 (重合能) 和相应的跃迁矩阵 (Sundell, 2004)，并对氢原子在金属体材料内 (H/Nb，H/Ta) 和吸附在金属表面上 (H/Cu(001)) 两种体系做了具体计算。他们的出发点在于如何考虑处理由一个氢原子与主晶格的多个金属原子共同组成的相互作用多体问题。氢原子核在主晶格中的运动状态通过一个波函数 $\psi_n(r; \{R\})$ 来描述，其中 $\{R\}$ 表示金属原子的位置，r 表示氢原子的位置。当氢原子处于量子态 n 时，作用在金属原子 I 上的力的期望值可以用下面方程得到：

$$F_I = -\langle \psi_n(r; \{R\}) | \nabla_I V(r; \{R\}) | \psi_n(r; \{R\}) \rangle \tag{7.4}$$

其中 $V(r; \{R\})$ 是相互作用势。模拟过程分为两步进行。第一步为在确定自陷态的晶格构型时，先将氢原子核视为经典的点粒子。在此近似下，上述方程在密度泛函理论框架之下可以简化为 Hellmann-Feynman 作用力。在重合构型中，离域的氢原子可以用两个等重且位于相邻最低势阱中的进行对称位移的点粒子表示。在这种情况下，力 F_I 等于 Hellmann-Feynman 作用力的加权平均值。第二步则是通过大量的密度泛函理论计算，得到氢原子在晶格单元中不同位置的能量，并由此得到相应的三维等势面 (如图 7.34 所示)。最后通过求解氢原子运动的薛定谔方程，得到基态和激发态的能量，以及重合构型的跃迁矩阵。

表 7.3 讨论的是材料体内质子输运的情况。其中 V_{st} 为通过使位于稳定间隙位置的氢原子周围的金属原子弛豫后而获得的势能，V_c 为从自陷构型转变为最低对称跃迁构型所需

要的额外势能，V_m 则为经典方法计算的迁移势垒能量。从表中可以看出，重合构型的势能项 V_c 远小于其他两种情况的势能。而对于动能项 K_c 来说，自陷构型和重合构型的差距不大。对于这两个对应 Nb 和 Ta 的体材料而言，C. P. Flynn 和 A. M. Stoneham 的理论适用于 $100\,\mathrm{K} < T < 200\,\mathrm{K}$ 的温度范围 (Flynn, 1970)，并发现重合能 E_c 和跃迁矩阵 J_0 均与实验结果很好吻合。至于在金属表面的计算，计算结果与实验结果依然是一致的。这项工作的特点是，提出了将氢原子核描述为一个波函数 $\psi_n(r; \{R\})$ 来研究质子输运过程的活化能，在此基础上使用第一性原理计算方法得到构建重合构型所需的能量 (重合能) 和相应的跃迁矩阵，并得到与实验结果相吻合的计算数据，从而提供了一种通过全量子化处理氢原子输运过程的理论方法。

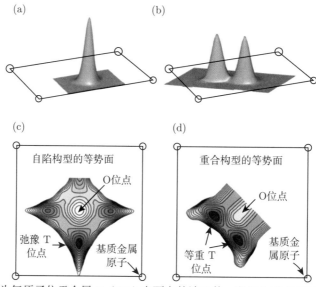

图 7.34　(a) 和 (b) 为氢原子位于金属 Ta(001) 表面上的波函数。它们分别表示氢原子在过渡态 T 点处自陷构型和在 Ta 中相邻的两个 T 点之间重合构型。(c) 和 (d) 分别为 H/Ta 的自陷模型和重合模型在金属 Ta (001) 表面的等势面

表 **7.3**　自陷构型 (V_{st})，重合构型 (V_c) 和经典迁移 (V_m) 的势能。K_c 和 K_m 是动能贡献项 (零点能)，$E_c = V_c + K_c$ 和 $E_m = V_m + K_m$ 为总能量　　　　(单位：meV)

	体材料				表面	
	H/Nb	D/Nb	H/Ta	D/Ta	H/Cu(001)	D/Cu(001)
V_{st}	189		185		26	
V_c	19		19		11	
V_m	148		180		126	
K_c	+4.6	+3.8	+9.4	+7.1	−2.6	−1.7
K_m	−22	−17	−15	−12	+53	+43
E_c	24	23	29	26	8.6	9.5
E_m	126	131	165	168	180	170

讨论质子输运过程中核量子效应的另一个关键步骤，是对稳定态和过渡态量子振动能

量的模拟。在仅考虑势垒的经典跃迁机制下，公式 (7.2) 的前置因子为

$$k_0^{\mathrm{cl}} = \frac{1}{2\pi} \frac{\prod_{i=1}^{N} \omega_i}{\prod_{i=1}^{N-1} \omega_i^{\ddagger}} \tag{7.5}$$

我们通常将其理解为特征"尝试频率"(Attempt frequency)。由于质子缺陷导致质量轻微减小，振动能级变得离散且间隔较大。通过替换公式中的经典配分函数，便可考虑量子效应对该势垒的修正。这个修正的活化能可以由下式给出：

$$\Delta E = V_m + \frac{1}{2} \sum_{i=1}^{N-1} \hbar \omega_i^{\ddagger} - \frac{1}{2} \sum_{i=1}^{N} \hbar \omega_i \tag{7.6}$$

它是经典迁移势垒和零点振动能 (ZPE) 校正的总和，这样考虑了量子跃迁机制后的量子化前置因子变为

$$k_0^{\mathrm{qm}} = \frac{k_{\mathrm{B}}T}{h} \frac{\prod_{i=1}^{N} \left(1 - \mathrm{e}^{-\hbar \omega_i / k_{\mathrm{B}}T}\right)}{\prod_{i=1}^{N-1} \left(1 - \mathrm{e}^{-\hbar \omega_i^{\ddagger} / k_{\mathrm{B}}T}\right)} \tag{7.7}$$

在高温极限时，上式简化为经典前置因子 (由公式 (7.5) 给出)；当温度比较低的时候，前置因子可以近似为 $\frac{k_{\mathrm{B}}T}{h}$，与输运离子质量和主体晶格性质无关。通过零点振动能校正的方式将核量子效应引入活化能的计算，对新型功能材料的探索有着广泛的启发意义。近几年来在吸附材料、催化材料的理论研究领域中，人们都越来越重视量子振动效应对过渡态的影响，在计算涉及小分子的活化能时，对零点振动能的修正往往是不可忽略的 (Peterson, 2010; Shi C., 2014)。

7.6.3 钙钛矿体材料

钙钛矿氧化物中的质子输运过程，是研究固体材料中氢原子核量子效应影响的一个典型例子。利用上面推导的理论方法，张千帆等计算了该系统中核量子效应对质子输运过程的影响。如图 7.35(a) 所示，质子在钙钛矿氧化物中的长程传输可分解为两个基本过程，即在两个近邻氧原子之间的转移过程 (Transfer process，简称 T)，或围绕一个氧原子的转动过程 (Reorientation process，简称 R)。由于目前实验上还很难给出这些细节的准确描述，因此理论计算模拟对于理解质子传导的微观过程就显得非常必要。尤其是 $BaZrO_3$ 中的质子传输，包括质子的稳定态、过渡态、传输路径、传输势垒等都需要进行细致的研究。从早期的各种经典理论模拟研究中，人们容易取得的一个基本共识，即认为这类氧化物中的转移过程比转动过程要慢，是限制质子长程传输的控速步。这个结果在经典模型下是容易理解的，因为转移过程将引起氢键的断裂与重组，而转动过程则不需要。显然前者需要更多的能量来完成。然而，在远红外光谱 (Infrared spectra) 的实验测量中，人们观察到了很强的 O—H 键拉伸模红移，这表明质子传导过程中有很明显的氢键参与发生。这个实验观测更倾向于转移过程比转动过程快这个与经典理论判断相反的结论。这是因为实验表明转移过程中有频繁的 O—H 键断裂和重组，氢键对这一过程的参与作用很明显。因此，之前的实验和经典理论计算的结果还有很多分歧和争论没有解决。最重要的一点是前面关于这

个问题的理论计算都没有考虑原子核量子效应的影响。基于上述讨论, P. G. Sundell 等首先通过引入零点振动能修正作用, 发现质子在钙钛矿氧化物中转移过程和转动过程的势垒分别降低了 0.12 eV 和 0.04 eV, 这个结果更加接近真实情况 (Sundell, 2007)。相似的模拟方法还在掺杂钙钛矿体系中得到应用, 结果表明核量子效应对该体系的质子输运性质将起到重要影响。

　　在以 BaZrO$_3$ 为代表的钙钛矿体系中, 质子传输过程中核量子效应的量子涨落和量子隧穿过程都发挥着重要作用, 因此用第一性原理路径积分分子动力学方法同时考虑这两种量子效应对该体系的影响就显得尤为重要。基于这种全量子化分子动力学模拟的思路, 张千帆等系统研究了 BaZrO$_3$ 钙钛矿氧化物中氢原子的核量子效应对质子转移过程 (T) 和质子转动过程 (R) 的影响 (Zhang Q.F., 2008; 张千帆, 2010)。由于这两个基本过程用笛卡儿坐标描述极其困难, 他们在具体处理中对两个过程各引入一个反应坐标。T 过程的反应坐标选为氢原子核 H$^+$ 与两个氧原子 O1 和 O2 之间的距离之差, 即 $\Delta\vec{R} = \left|\vec{R}_{O1,H}\right| - \left|\vec{R}_{O2,H}\right|$; R 过程的反应坐标选为 H—O 键与 O—Ba 键之间的夹角 θ。研究中采用了第一性原理质心路径积分分子动力学算法。由于 T 过程和 R 过程的势垒都不是很低, 所以在直接的分子动力学模拟中, 在皮秒量级的模拟时间之内, 质子只能在稳定态附近运动, 无法到达甚至无法接近过渡态, 这样就不能根据质子运动过程中的分布几率来计算势垒。为了解决这个问题, 张千帆等将约束分子动力学 (Constrained molecular-dynamics) 方法与路径积分分子动力学方法相结合, 通过计算反应路径中反应坐标束缚于某一数值时的平均约束力 (Averaged constrained force), 然后对这一系列的约束力求积分得到自由能差, 即

$$W\left(\xi_2\right) - W\left(\xi_1\right) = \int_{\xi_1}^{\xi_2} \mathrm{d}\xi' \left\langle \frac{\partial H}{\partial\xi} \right\rangle_{\xi'}^{\mathrm{cond}} \tag{7.8}$$

其中, H 是体系运动的哈密顿量, 而 $\left\langle \dfrac{\partial H}{\partial\xi} \right\rangle_{\xi'}^{\mathrm{cond}}$ 则是在约束系综下约束力的系综平均。反应坐标被固定在某一数值并且其演化速度永远为零, 则有 $\xi\left(\vec{R}\right) = \xi', \dot{\xi}\left(\vec{R}, \dot{\vec{R}}\right) = 0$。由于束缚条件的存在, Lagrange 乘子 λ 被引入, 体系运动的 Lagrange 量扩展为

$$L'(\{\vec{R}\}, \{\dot{\vec{R}}\}) = L(\{\vec{R}\}, \{\dot{\vec{R}}\}) - \lambda\sigma(\{\vec{R}\}) \tag{7.9}$$

其中, $\sigma(\vec{R}) = \xi(\vec{R}) - \xi'$, 在分子动力学计算过程中可以通过 Rattle 算法求解 λ 值 (Andersen, 1983), 则平均约束力等于

$$\frac{\mathrm{d}W}{\mathrm{d}\xi'} = \frac{\left\langle Z^{-1/2}\left[-\lambda + k_{\mathrm{B}}TG\right]\right\rangle}{Z^{-1/2}} \tag{7.10}$$

其中,

$$Z = \sum_I \frac{1}{M_I}\left(\frac{\partial\xi}{\partial\vec{R}_I}\right)^2 \tag{7.11}$$

$$G = \frac{1}{Z^2}\sum_{I,J}\frac{1}{M_I M_J}\frac{\partial\xi}{\partial\vec{R}_I}\cdot\frac{\partial^2\xi}{\partial\vec{R}_I\partial\vec{R}_J}\cdot\frac{\partial\xi}{\partial\vec{R}_J} \tag{7.12}$$

采用上述方法，他们分别计算得出了经典分子动力学和质心路径积分分子动力学两种情况下，质子转移过程和转动过程的势垒。值得注意的是，在路径积分分子动力学模拟中，需要将质子的质心固定于某一反应坐标下，即 $\xi_c\left(\left\{\vec{R}^S\right\}\right) = \xi_c'$，而使非质心模式自由运动。

T 过程和 R 过程的自由能演化曲线如图 7.35 (c) 所示。其中四条虚线是在模拟温度 T 分别取 100 K、200 K、300 K 和 600 K 时由考虑全量子效应所得到的量子势垒。可以看出，当温度很高的时候，量子势垒和经典势垒相差很小。这说明在高温下，核量子效应被抑制，热运动在质子传输过程中占主导作用。而低温下增强的核量子效应使量子势垒大大降低，表明此时的量子振动和量子隧穿过程非常明显。从图 7.35(c) 上 T 和 R 的对比中可以很明显地看出，考虑了原子核量子振动效应后，T 过程的势垒变化较大，而 R 过程的势垒变化很小。当 $T = 100$ K 时，T 过程的量子势垒比经典动力学方法得到的结果低 110 meV，而 R 过程的量子势垒只比经典动力学方法得到的值低 35 meV，这导致在低温下 T 过程发生的势垒远小于 R 过程。T 过程和 R 过程中核量子效应作用的不同，可以归因于反应过程中零点振动能的变化不同。质子在稳定态和过渡态零点振动能的差可以定性地描述核量子振动效应对势垒影响的大小。

尽管 T 过程和 R 过程都是质子在 BaZrO₃ 中传输的基本过程，但是两者有着本质的区别。质子的 T 转移过程是一个 O—H 键被打破而另一个 O—H 键形成的过程。在这个过程中，接近过渡态的 O—H 键的拉伸模式被极大地软化，使得过渡态上零点振动能有了可观的减小。相反，R 过程不存在键的断裂和重组，它只是一个 H 原子围绕 O 原子转动的过程，使得整个过程中零点振动能变化很小，因而量子振动效应被抵消。

从上面的讨论中可以看出，量子振动效应的作用主要体现在对原子之间组成的化学键改变过程的影响上。M. Parrinello 等在早期的相关工作中观察到的量子振动效应也都是对在这一类过程的影响方面 (Tuckerman, 2002)。采用理论模拟得到的势垒，可以计算出质子在 100 K、200 K、300 K 和 600 K 下的两个过程的经典迁移率 k_T^{cl} 和 k_R^{cl}，以及量子迁移率 k_T^{qm} 和 k_R^{qm}，结果如图 7.35 (b) 所示。由于迁移率主要由势垒决定，因此在经典近似下，T 过程的势垒大于 R 过程，使得 $k_T^{cl} < k_R^{cl}$。核量子效应使得 T 过程势垒下降明显，而 R 过程势垒下降很小。因此在温度不是很高的情况下，T 过程的势垒变得小于 R 过程，因此 $k_T^{qm} > k_R^{qm}$，R 过程成为慢过程。可以看出，考虑了原子核量子效应之后，使得质子两个传输过程的快慢关系发生了根本的逆转。根据两个过程的迁移率，可以进一步计算得到质子在 BaZrO₃ 中的长程传输速率 D：

$$D = \left(\frac{a^2}{6}\right) k_T k_R / (k_T + k_R) \tag{7.13}$$

不同温度下经典和量子长程速率如图 7.35 (d) 所示。由于要实现质子的长程传输，T 过程和 R 过程必须都要发生，因此 k_T 和 k_R 同时决定了长程传输，若 $k_T \ll k_R$ 或 $k_T \gg k_R$，则由公式 (7.13) 分别可得 $D \approx (a^2/6) k_T$ 或 $D \approx (a^2/6) k_R$。可见，D 的大小主要取决于慢过程。因此，从 T 过程和 R 过程的迁移率计算可以得出，经典近似下的长程传输快慢由 T 过程决定，而在考虑了核量子效应的量子模拟中，长程速率由 R 过程决定。这个结果证明全量子效应的模拟计算结果与远红外光谱的实验观测是完全吻合的。

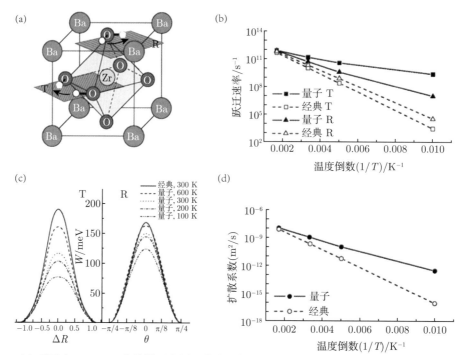

图 7.35　(a) 质子在 BaZrO₃ 中传输示意图。其中白色小球是质子的稳定位置。T 和 R 过程分别代表转动过程和转移过程。(b) 不同温度下转移过程和转动过程的跃迁速率 k_T 和 k_B。(c)$T=100$ K，200 K，300 K，600 K 时，采用不同方法得到的质子转移过程和转动过程的经典势垒和量子势垒。(d) 质子的长程传输速率。(b) 和 (d) 两图中虚线和实线分别代表经典模拟和量子模拟的计算结果。摘自 (Zhang, 2008)

在考察量子振动效应对势垒作用的同时，应用该方法还可以对量子隧穿效应进行定量模拟。将反应坐标质心 $\xi_c = \dfrac{1}{P}\sum_{S=1}^{P}\xi^{(S)}$ 固定在 T 过程和 R 过程中的过渡态 ($\xi_c = \xi^{\#}$)，而路径中各分段的坐标则可以自由演化。通过计算量子路径的分布 $P(\xi)$ 可以考察过渡态上质子的量子效应，从而研究质子在过渡态附近的传输性质。在模拟温度为 100 K、200 K、300 K 和 600 K 时，量子路径在过渡态附近反应坐标上的分布如图 7.36(a) 所示。从图中可以很清楚地看到，当温度增加时，量子路径的分布范围越来越窄，并趋近于经典极限 ($P(\xi) = \delta(\xi - \xi^{*})$)；当温度降低时，量子路径的非局域化越来越显著，使得其在靠近稳定态方向的分布越来越多。这表明在低温下质子的传输过程中，随着质子热运动逐渐减弱，量子隧穿效应占据了主导地位。当 $T = 100$ K 时，"量子原子核" 分布的最大概率不是出现在过渡态顶端，而是在过渡态的两侧。为了更详细地考察质子运动过程中的量子隧穿效应，我们进一步计算了在 $T = 100$ K、300 K、600 K 时，整个 T 过程和 R 过程中质子的反应坐标虚时间 rms 关联函数 (rms displacement correlation function)

$$R_{\mathrm{rms}}(\tau) = \langle (v(0) - v(\tau))^2 \rangle^2 \tag{7.14}$$

在 $\tau = \hbar\beta/2$ 下的值 $R_{\mathrm{rms}}\left(\dfrac{\hbar\beta}{2}\right)$，结果如图 7.36 (b) 所示。对 T 过程，$v = \Delta R$；而对 R

过程，$v = \left|\vec{R}_{OH}\right| \theta$。$R_{rms}\left(\dfrac{\hbar\beta}{2}\right)$ 可以定量地表征量子原子核的离散程度。当量子隧穿效应非常明显的时候，$R_{rms}\left(\dfrac{\hbar\beta}{2}\right)$ 的值会很大。从图中可以看出，温度越低，其值越大。当质子越来越靠近过渡态的时候，量子原子核的离散程度越来越大。在温度 $T = 100$ K 的情况下，当 $\Delta R \approx \pm 0.3$ Å 和 $\theta \approx \pm 13°$ 时，R_{rms} 值剧增，表明这时的量子隧穿效应大大加强。因此上述的反应坐标位置可以看作 T 过程和 R 过程发生量子隧穿的"边界"。对比两个过程可以看出 T 过程的量子隧穿要强于 R 过程。当温度 $T = 300$ K 时，T 过程量子隧穿依然较为明显，而且与 100 K 时的"边界"一致 (张千帆，2010)。

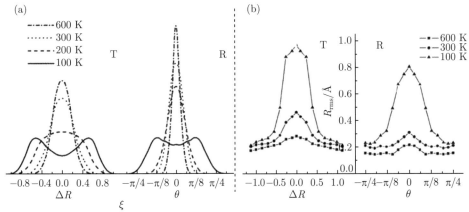

图 7.36 (a) 当温度 $T = 100$ K，200 K，300 K，600 K 时，将质心固定在 T 过程和 R 过程过渡态时量子路径的分布；(b) 当温度 $T = 100$ K，300 K，600 K 时，沿着转移过程路径和转动过程路径反应坐标虚时间 rms 关联函数 $R_{rms}\left(\dfrac{\hbar\beta}{2}\right)$。摘自 (Zhang Q.F.，2008；张千帆，2010)

除了无机钙钛矿材料外，有机无机杂化钙钛矿 ($CH_3NH_3PbI_3$) 材料中的质子迁移也吸引了实验和理论研究者的广泛兴趣 (Egger, 2015; Chen Y. F., 2017)。杂化钙钛矿材料是新近出现的最引人注目的太阳能光伏材料，有着优异的光电转换效率。但是，一直以来，这种材料的光稳定性和热稳定性不佳成为了阻碍其工业化应用的重要原因。而该材料中的离子迁移 (包括质子输运) 就是影响材料工作稳定性的重要瓶颈。最近，通过实验测量和理论计算的结合，研究人员发现在 $CH_3NH_3PbI_3$ 材料中，随着温度的降低，核量子效应的作用逐渐增强，质子输运从经典热运动过程逐步转变为量子隧穿过程 (Feng Y.X., 2018a)。实验上，质子迁移的动力学行为可以通过测量恒定电流的弛豫时间来进行表征。理论上，结合过渡态搜索方法，通过第一性原理分子动力学 (MD) 和第一性原理路径积分分子动力学 (PIMD) 计算可以来量化核量子效应对质子迁移过程的影响。进一步比较实验数据和理论计算结果 (见图 7.37)，我们可以发现，当温度高于 270 K 时，质子输运迁移的动力学常数 ($\ln K_{ion}$) 和温度 ($1000/T$) 呈现线性的关系，经典迁移占主导地位。当 140 K $< T < 285$ K 时，动力学常数和温度仍然呈现线性关系，但质子迁移势垒从 0.4 eV 减小为 0.1 eV。此时，质子的经典跃迁仍起到主要贡献。当 75 K $< T < 140$ K 时，动力学常数和温度的线性依

赖关系逐渐消失，质子的核量子效应发挥主要作用，经典迁移过程向量子隧穿过程的转变开始发生。当温度 T 小于 80 K 时，动力学常数将不再依赖于温度，质子的核量子效应更加明显，表现为进入了深度量子隧穿区间。

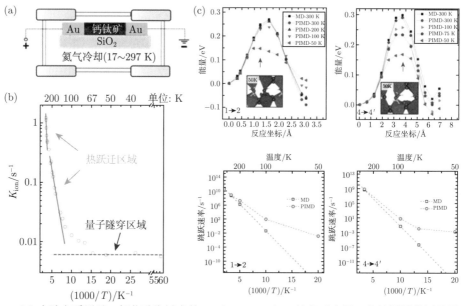

图 7.37　(a) 实验上采用以二氧化硅为衬底的 Au/MAPbI$_3$/Au 结构示意图。此处测量装置放置于真空系统中，包含低温台和电极导线。(b) 离子动力学常数 K_{ion} 与温度 T 的变化关系 ($\ln K_{ion}$ vs $1000/T$)。(c) 不同温度下的自由能和质子 H$^+$ 迁移跃迁速率。这里给出的自由能包含第一性原理分子动力学 (MD) 和第一性原理路径积分分子动力学 (PIMD) 计算结果。摘自 (Feng Y.X., 2018a)

7.7　DNA 自发突变

在前面 3.2.5 节讨论生物化学反应时，我们曾介绍过质子量子隧穿会改变 DNA 碱基对。最近，英国 Slocombe 等通过研究 DNA 的稳定性问题，发现在由核量子效应引起的质子量子隧穿过程中，导致的 DNA 自发突变概率可能远大于传统考虑的结果 (Slocombe, 2022)。

由 Wigner-Moyal-Caldeira-Leggett (WM-CL) 公式 (Caldeira, 1983; Wigner, 1932)，可以知道 Wigner 函数 $W(q,p,t)$ 满足下面的方程：

$$\frac{\partial W}{\partial t} = \underbrace{-\frac{p\partial W}{m\partial q} + \frac{\partial V}{\partial q}\frac{\partial W}{\partial p} - \frac{\hbar^2\partial^3 V}{24\partial q^3}\frac{\partial^3 W}{\partial p^3} + \mathcal{O}(\hbar^4)}_{\text{Schrödinger dynamics}} + \underbrace{\gamma\frac{\partial pW}{\partial p}}_{\text{Dissipation}} + \underbrace{\gamma m k_B T\frac{\partial^2 W}{\partial p^2}}_{\text{Decoherence}} \tag{7.15}$$

这里前四项对应薛定谔动能项，而后两项分别代表耗散项和退耦项。反应势阱中非平衡分布的初态可以表示为

$$W(q,p,t=0) = \frac{1}{\mathcal{N}}(1-\hat{h}(q))\exp(-\mathcal{H}/E_\omega) \tag{7.16}$$

其中 $\mathcal{H} = P^2/(2m) + V(q)$，$\mathcal{N}$ 是归一化常数，$\hat{h}(q)$ 是 Heaviside 阶跃函数。

通过数字求解公式 (7.15)，Slocombe 等证明 DNA 双链之间氢键的变化比此前认为的发生概率要高得多，这个发生概率约为 1.73×10^{-4}(见图 7.38)。此前普遍认为，在活体生物细胞内温暖、潮湿和复杂的环境中，核量子效应是可以被忽略的，因此质子的量子隧穿现象在生命体中不会发生。但是这项新的研究结果显示，细胞的局部环境仍有可能通过量子涨落引起质子的量子隧穿行为，使它可以穿过势垒相对轻易地从双链的一侧转移到另一侧 (如图 7.39 所示)。这就是说，当 DNA 分裂成单链时，一些质子可能被捕获在错误的一侧，

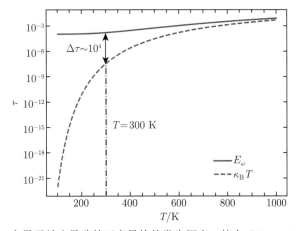

图 7.38　全量子效应导致的互变异构体发生概率。摘自 (Slocombe, 2022)

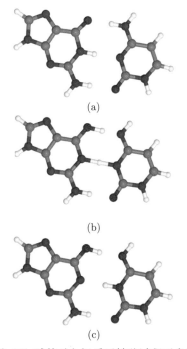

图 7.39　鸟嘌呤 (G)-胞嘧啶 (C) 碱基对之间质子转移过程示意图。摘自 (Slocombe, 2022)

并且这个过程非常迅速。如果这恰好发生在 DNA 复制过程的第一步，即两条链被断开之前，那么该错误就会通过细胞内的复制机制，导致 DNA 错配，即一条链上的碱基与另一条链上相应的碱基不互补，甚至发生突变。

通常在凝聚态物质中，核量子效应多数情况是在低温下才考虑。但是这个研究指出在生命活动中的某些特殊情况下，即使在室温附近，全量子效应的重要性也是不能被忽略的。这些工作明显扩大了全量子效应的研究对象及适用范围，为全量子凝聚态物理学发展开辟了更加广阔的空间。

第 8 章　全量子效应的典型体系：其他元素

在第 7 章我们详细讨论了元素周期表中由原子质量最轻的元素组成的单质凝聚态氢，以及由氢原子参与组成的富氢化物的全量子效应，并讨论了在一些氢原子占少数的体系中，全量子效应对质子输运性质的影响。通过这些例子我们已经可以清楚地看到全量子效应对复杂的凝聚态物理和化学问题研究是多么重要。这些研究直接引发了一个进一步的疑问，就是由其他较轻甚至是偏重的元素组成的凝聚态单质材料或化合物是不是也会表现出显著的全量子效应。这个问题的答案是肯定的。本章将以氦 (He)、锂 (Li)、硼 (B)、碳 (C)、氧 (O) 和硅 (Si) 这些元素为例子，分别介绍它们中原子质量相对较轻 (如氦、锂、碳、硼) 或者相对偏重 (如氧和硅) 的元素自身组成的单质凝聚态物质，以及由它们参与的不同元素组成的化合物，在全量子效应主导下所呈现出的各种新奇物理性质和化学性质。

8.1　氦 (He)

氦是除了氢以外原子质量最轻的元素，可以预见全量子效应会在由氦元素组成的凝聚态体系中引发一系列特殊的物理现象。比如，我们曾在第 2 章讨论全量子物理效应时，以氦为例子介绍过超流体 (量子液体) 和超固体 (量子固体) 的特性。

在一个大气压下，即使液体氦的温度逼近绝对零度，氦依然会保持着液体状态，这一现象无法在经典物理学的框架下被理解，氦也因此被称为永久液体。只有压强达到 25 GPa 以上并处于极低温的条件下时，氦才可能成为固体。其他元素的原子都无法拥有常压下且处在绝对零度时依然保持液体状态这一特性。全量子效应对于氦而言无法忽略，氦也成为了量子液体和量子固体最典型的代表。自从 1908 年人们成功液化氦以来，氦物理的研究已经成为了物理学分支中寿命最长且最活跃的领域之一，这项研究直到今天依然为人们所关注。

氦有两种稳定的同位素 ^{4}He(氦 4) 和 ^{3}He(氦 3)，它们均存在超流现象，这是氦另一个独一无二的特性。^{3}He 超流的温度在 2mK 附近，商业化的设备无法实现此低温环境，因此多年来只有个别研究组才有条件开展对 ^{3}He 超流的研究。^{4}He 的超流温度在 2K 附近，相对来说更容易开展研究。近 20 年来，氦物理领域对于超流的关注逐渐转移到了固体 ^{4}He 中是否存在超流现象这个问题，也即超固体是否存在。理论预言，液体的流动性和晶格有序性这样一对看似矛盾的性质在固体 ^{4}He 中可以同时存在。固体氦中是否存在超流现象是氦物理领域当前最重要的一个课题，它也是 *Science* 杂志 125 周年时提出的人类未知的 125 个最重要的科学问题之一，它与宇宙由什么组成、人类是否是宇宙唯一智慧生命、核聚变能否成为未来的能源、重力的本质是什么，以及第 7 章提到的水具有什么样的结构等问题并列成为对人类智力的挑战。

事实上，对氦物理的研究，大大拓宽和延伸了人们对最基础最本质的物理问题的理解。

多位科学家也因超流 ^{4}He 和超流 ^{3}He 的相关工作获得诺贝尔物理学奖。此外，氦物理的研究还支撑起了整个现代低温物理技术的发展 (参见第 6 章相关部分的介绍)。超导、量子霍尔效应、分数量子霍尔效应、反常量子霍尔效应等一系列重要的凝聚态物理现象，都是在基于量子液体的低温实验条件下意外发现的。在下面讨论凝聚态氦的物理性质时，我们简单介绍四个与全量子效应密切相关的比较典型的研究成果，这些都是氦物理前沿研究的重要方向。

8.1.1　超固态和质量输运

在移居美国的理论物理学家 F. London 首次将液体超流和玻色凝聚联系在一起之后，1939 年波兰实验物理学家 M. Wolfke 第一次提出固体中也可能存在类似的超流现象。20 世纪 70 年代，美国伊利诺伊大学香槟分校 A. Leggett 等在更具体的理论工作中支持了固体中存在超流现象，并将之称为超固体 (Supersolid)。从那时起，对超固体的实验寻找工作一直在陆续开展中。Leggett 设计了一个实验，其步骤如下：① 准备一个装满固体 ^{4}He 的样品腔；② 将样品腔放在一根扭杆的一端；③ 测量扭转振荡周期与温度的关系。在这个实验设计中，如果一些 ^{4}He 原子脱离了晶格形成了超流，它们所引起的转动惯量的变化将改变扭转振荡周期，类似的实验技术曾用于测量液体 ^{4}He 中的超流现象。然而，这样一个超固体相在随后 40 年的实验中一直没有被发现。直到 2004 年，美国宾夕法尼亚州立大学 M. H. W. Chan 和韩国科学技术院 E. Kim 等通过测量固体 ^{4}He 转动惯量 (见图 8.1)，报道了一系列超固体存在的实验证据，相关领域的研究再次引起了人们注意 (Kim E., 2004a,b, 2008; Chan M.H.W., 2008; West, 2009)。这种转动惯量测量实验还可以有一个基于力学性质的简单解释。

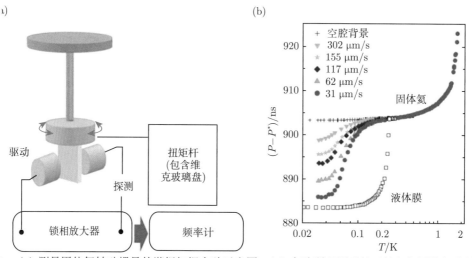

图 8.1　(a) 测量固体氦转动惯量的谐振扭摆实验示意图；(b) 实验所观测到的可能与超固体相关的谐振
周期异常下降。摘自 (Kim E., 2004a)

为了进一步研究 ^{4}He 超固体中是否存在超流动的质量输运现象，R. Hallock 研究组将固体放置于两个超流液体区域之间，通过在一个超流液体区域上加压，他们发现有质量流动通过固体到达另一个液体区域 (如图 8.2 所示)(Ray, 2011)。随后 J. Beamish 和 Z. G. Cheng 等采取对固体施加单向机械应力的方法，也观测到了固体 ^{4}He 存在质量异常流动现象 (Cheng Z.G., 2015, 2016)。如图 8.3 所示，在此基础上 Beamish 和 Cheng 还开展了基于 ^{3}He 的对照实验，实验结果支持固体 ^{4}He 中存在超流现象 (Cheng Z.G., 2018a)。这个方面的实验正在不断把相关研究一步步推向深入。

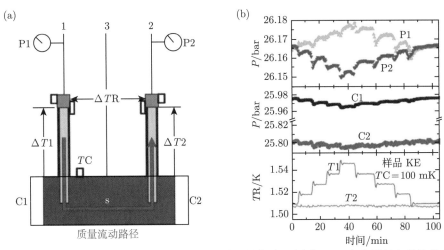

图 8.2　(a)Ray 和 Hallock 开展固体氦中单向质量输运的实验示意图；(b) 实验所观察到的单向质量输运现象。摘自 (Ray, 2011)。图片中的中文说明 "质量流动路径" 根据原文中描述添加

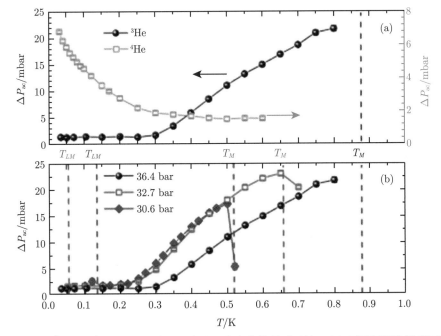

图 8.3　(a) 固体 ^{3}He 和 ^{4}He 中质量输运速率随温度变化的关系对比；(b) 不同压强和温度下的压强改变量的关系。摘自 (Cheng Z.G., 2018a)

超固体的研究仍处于初期的探索中，这一现象显然是不能够在经典物理学的框架下来理解的。由于氦的原子质量相对很轻，只有考虑全量子效应将氦的电子和原子核同时波函数化，才能获得正确的理论图像。这是因为低温下的零点运动加大了固体中氦原子波函数的重叠，量子化的氦原子空间位置已经不可分辨，相互之间的频繁交换也不再需要能量。这里可以引用 Hallock 为超固体的研究历史所写的一段话作为总结：固体 ^{4}He 的故事还没有结束。它能以超固体形式存在吗？如果能，超固体将与理论学家 40 年前所展望的物态不一样。这条理解的道路很曲折，真实的故事不像教科书或者综述文章中的历史回顾——它们会用最直接的方式介绍一个问题的最终解释。然而，真正通往发现的科学之路是激动人心的，特别是当与坦诚而友好的同行们一起前行时 (Hallock, 2015)。

8.1.2   缺陷运动以及塑性形变

我们曾在 2.1 节讨论过固体 ^{4}He 剪切模量的测量问题。与上面讨论超流态的物理起源类似，全量子效应在固体氦中显著的零点运动使得氦原子之间具有非常大的波函数重叠，固体氦需要用包含电子和原子核完整的波函数 (也即玻恩-黄展开) 来描述。这种现象使固体氦中的原子已经不再具有可分辨性，并且可以自由地在不同位置上进行无区分的交换，这会进一步导致固体氦中的缺陷具有非常高的迁移率，杂质和空位可以做准自由运动，位错线可以近似为自由振动的弦。这些现象是将氦原子做经典处理时所无法理解的。通过对固体氦中全量子效应的研究，人们可以获得在弹性或塑性形变区缺陷无能耗运动的规律，为材料科学的相关研究提供参考。比如，J. Beamish 和 Z. G. Cheng 在实验中发现了明显的由晶格滑移引起的应力释放现象，他们认为晶格滑移是在较大切向应力作用下产生的位错线雪崩效应所导致的。图 8.4 显示了雪崩效应发生时位错线以声速运动，该晶格滑移现象由一个高增益且稳定的电流前放和一个低增益但灵敏的电流前放测量。前者测量晶格滑移的完整应力释放过程，而后者测量滑移的时间尺度 (见图 8.4(d))。根据这两个方法测量出最强滑移信号、应力释放和电流响应，滑移对应的空间尺度为 5 mm，时间尺度为 25 μs。因此，位错速度约 200 m/s，接近于固体氦的声速。该成果是类似声学激发现象在量子固体中的首次发现 (Cheng Z.G., 2018b)。

8.1.3   比热测量

比热测量是研究相变的常用手段。因为相变点附近的比热峰的形状与字母 λ 的形状十分相似，因此液氦的超流相变也被称为 λ 相变。液氦的超流相变是检验二级相变理论的一个重要实验，这也是人类少数专门在太空无重力条件下开展的实验之一。这项工作的目的是研究临界指数 (Lipa, 2003)。最早的固体氦的比热测量可以追溯到 1934 年 (Kaischew, 1934)，由于这个实验的重要意义和困难程度，固体氦比热测量的实验努力持续了 70 年之久，甚至到今天依然有进一步研究的必要。

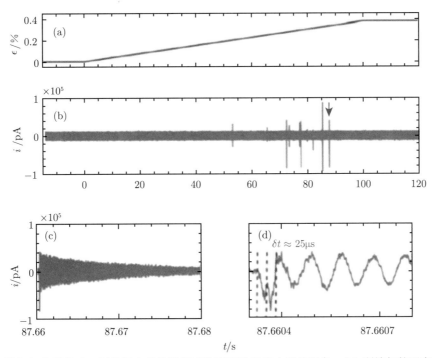

图 8.4 在施加切向形变时，固体氦中晶格滑移事件所导致的应力释放现象。(a) 所施加的形变与时间的关系；(b)~(d) 在施加形变过程中产生的瞬时电流 (正比于微分切变模量) 随时间的变化。摘自 (Cheng Z.G., 2018b)

固体氦的比热测量是一个难以在极低温环境下开展的实验。^{4}He 只有在大于 25 GPa 的条件下才能固化，因此固体氦需要一个容器，通常这个容器主要由金属组成，而金属容器在低温下的比热远远大于所容纳的固体氦的比热。此外，极低温下的热学实验有许多常规实验不需要面对的困难，比如边界热阻、严格的隔热条件、长平衡时间以及温度的准确测量等。即使到了 1980 年，固体氦的比热测量只能够在 0.1 K 以上的条件下开展，并且精度有限，因此难以判断是否存在由常规固体到超固体的相变。对于常规固体氦，其比热与温度的依赖关系为三次方 (T^3) 关系，但是 20 世纪 90 年代有一个实验发现可能固体氦的比热在 0.1 K 以下是 T^3 项加上其他一个额外比热 (Clark, 2005)。2007 年 M. H. W. Chan 和 X. Lin(林熙) 成功基于硅样品腔测量到了 20 mK 附近固体氦的比热。他们还测量到了 μJ/K 量级的微弱比热信号，以及在固体氦中的一个比热峰 (如图 8.5 所示)。随后在 2009 年他们进一步发现该比热峰不随 ^{3}He 杂质含量发生变化 (Lin X., 2007, 2009)。

M. H. W. Chan 和 X. Lin 在固体 ^{4}He 中所发现比热峰的特征温度与扭转振荡实验中周期变化的特征温度相近，到目前为止，这个比热峰背后的物理含义并没有被完全理解，而且过去 10 年未能有新的固体氦比热测量的实验报道。目前而言，该比热峰的存在意味着固体氦在极低温下可能存在如超固体的新物态，以及存在未被确认的新物理。这些问题显然都会与全量子效应有关，甚至可能导致全量子新物态的发现。尽管进一步的比热测量非常困难，但毫无疑问这些工作对全量子效应研究非常有意义。

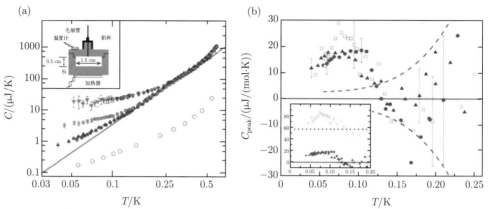

图 8.5　(a) 在极低温下固体氦的比热，插图为比热测量所用的量热器设计图；(b) 扣除声子比热后的比
　　　　热峰。摘自 (Lin X., 2007)

8.1.4　表面电子态

　　氦除了本身是仅有的天然量子液体和量子固体外，还可以为研究其他全量子现象提供平台。比如，二维电子气体除了可以在半导体异质结中实现，还可以在液体 ^{4}He 表面上产生，人们可以用如此容易获得的玻色子和最简单的费米子构建一个遵循全量子效应的新物态 (或者叫做全量子二维电子气)。

　　低温条件下，当电子吸附到液氦表面时会通过诱导的表面镜像电荷对电子造成的吸引势能，产生一个纵向的有效势阱，这个势阱使电子被束缚在基态能级上，从而形成一个在纵向无法移动而在平面方向自由移动的电子气体。这样的电子气体因为与外界环境耦合较弱，可以实现较高的迁移率，所以成为一个研究二维多体问题的理想体系。液氦表面的电子 (见图 8.6) 可以通过光电效应、热阴极管和电弧放电来获得。这个方向的研究探索最早是在 1971 年由美国佛罗里达大学 D. Thanner 开始的 (Sommer, 1971)，在 50 多年后的今天相关研究依然持续给我们带来新的物理发现 (Schuster, 2010; Rees, 2016)。

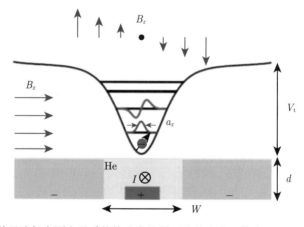

图 8.6　基于液氦表面电子系统构建自旋量子比特方案。摘自 (Schuster, 2010)

8.2 锂 (Li)

锂是元素周期表中的第三号元素, 也是原子质量最轻的碱金属元素。金属锂在高压下将经历一系列固态相变, 表现出异常丰富的相图。特别是近年随着实验技术的突破, 关于金属锂在高压下的熔化行为也越来越受到人们的关注。由于锂的相对原子质量仅为 6.941, 如此小的原子质量无疑将会引起显著的核量子效应 (例如零点涨落和量子隧穿等), 这将对金属锂的高压相图带来重要的影响, 同时也为正确理解金属锂的熔化曲线等物理现象起到关键作用。锂除了以块体金属形式存在外, 还可以形成各种大小不同的原子团簇。而显著的核量子效应将极大地影响锂团簇在极低温下的各种物理行为, 如长短键长的量子涨落现象及其导致的光谱特征的变化等。此外, 随着锂电池的发展, 关于锂离子在电池材料中扩散行为的研究也备受关注, 如何揭示全量子效应对锂离子扩散机理的影响也是一个十分有趣的问题。

8.2.1 高压相变

锂是常压下最轻的金属, 因此常常被认为是最 "简单金属" 之一。在不同的压强和温度下, 体相锂展现了不同的晶体结构, 锂的高压相图是近年来的一个研究热点 (Feng Y.X., 2015; Marqués, 2011; Shimizu, 2002; Schaeffer, 2012)。随着压强的增大, 锂会经历一系列结构对称性逐渐降低的固体相变, 它们对应着一个十分有趣的金属-半导体-金属相变过程。同时, 关于 20 K 左右金属锂的超导性质的报道也吸引了很多人的注意。

与计算物理发展的过程相似, 在常压下对金属体系进行分子动力学模拟, 过去通常是将原子核做经典粒子处理。但是, 近年来一些报道指出, 随着压强的增加, 金属原子的间距不断减小, 在一些金属 (比如钙) 的固体相中会出现声子软模, 这表明核量子效应开始在这类金属体系中产生越来越明显的作用。

因为锂具有较高的化学活性, 所以长期以来高压下金属锂的熔化行为的研究受到了很多技术上的限制。2010 年之前, 人们只能测量到 8 GPa 以下金属锂的熔化曲线。2010 年 M. Marqués 等利用多压腔技术 (Multi-anvil cell technique) 将金属锂的熔化曲线拓展到 15 GPa (Marqués, 2011)。仅在此一年之后, C. L. Guillaume 等又进一步将压强上限提高到 60 GPa (Guillaume, 2011)。在这一系列实验中, 人们发现当压强达到 15 GPa 左右时, 金属锂的熔化温度达到极大值, 随后会出现一个突然的下降, 继续加压到 45 GPa 附近, 熔化温度接近一个极小值 (约 190 K)。在现在已知的实验中, 这个压强下金属锂的熔化温度是所有单质块体金属材料中最低的熔化温度。考虑到零点能的影响, 核量子效应对理解金属锂的熔化曲线起到关键作用。几乎在实验研究的同时, 一个基于原子核经典近似的第一性原理分子动力学两相法模拟的理论工作也给出了金属锂在高压下的熔化曲线 (Hernandez, 2010)。这个模拟结果与 Guillaume 等的实验结果在低压下符合得很好, 但是在 40~60 GPa 的压强之间, 实验值 (∼190 K) 比模拟结果 (∼300 K) 低了大约 100 K。他们认为导致这个差别的原因可能是计算中没有考虑原子核的量子效应, 预测核量子效应将降低这个理论熔化温度。但是, 在 2012 年, 另一组研究人员通过实验同样测量了 64 GPa 以下的金属锂的熔化曲线, 给出了接近 300 K 的熔化温度。如果拿这个新的实验结果与前面这个第一性原理分子动力学模拟的结果比较的话，结论将是核量子效应不会明显改变锂的熔化温度 (Schaeffer, 2012)。但这并不是直接的答案。这个争议持续到 2015 年才被冯页新等基于第一性原理路径积分动力学模拟和自由能计算的理论研究给出了回答 (如图 8.7 所示) (Feng Y.X., 2015)。在将原子核作为量子粒子处理后，冯页新等的模拟结果表明，当压强为 50 GPa 左右时，核量子效应仅会使 $cI16$ 相的熔化温度降低 15 K 左右 ($T_m - T'_m = 15$ K，见图 8.7)。而且熔化温度的绝对值，也与 Schaeffer 的实验工作一致。这既表明了核量子效应并没有明显改变锂的熔化温度，又解决了之前实验与理论结果不一致的矛盾问题 (Schaeffer, 2012)。此前不考虑核量子效应的经典计算 (Hernandez, 2010) 推测温度会被高估约 100 K，这个结论显然是不准确的。这一核量子效应对相变过程影响的研究刺激了进一步的量子动力学模拟，之后有人采用路径积分刘维尔动力学方法给出了更详细的结果。

　　除了对金属锂的 $cI16$ 相熔化曲线的影响，核量子效应还会对金属锂在高压下的相图产生重要作用。在 200 K 的温度下，实验观察到金属锂的 $cI16$ 相在 60 GPa 附近转变为 $oC88(C2mb)$ 相。然而理论研究表明 0 K 下 $oC40$ 相在对应压强范围内具有更低的能量。F. A. Gorelli 等结合拉曼实验和第一性原理计算发现，只有在考虑了锂原子的量子属性后才能从理论上得到与实验相符的结果 (Gorelli, 2012)。但是他们的计算中，通过考虑声子自由能来描述核量子效应并不是严格的 (对非简谐效应的考虑并不完整)；因此，研究人员需要通过具有更高精度的计算方法模拟核量子效应对高压部分相图的影响。目前路径积分刘维尔动力学方法是一个很好的选择。同时，可以预见当压强进一步升高 (> 80 GPa) 时，核量子效应对金属锂的相图 ($oC40, oC24$ 等相) 会产生更为明显的影响。当然这个结论还有待具体深入研究。

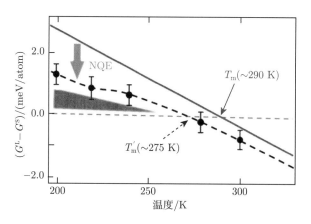

图 8.7　液态 (G^L) 与固态 (G^S)Gibbs 自由能差与温度的关系。$G^L - G^S = 0$ 时对应温度 T_m。图中红线和黑线分别表示由经典 MD 和考虑了核量子效应后量子 PIMD 得到的结果。摘自 (Feng Y.X., 2015)

　　相较于体相锂的高压相图，其低压结构同样会受到核量子效应的影响。自从 1947 年 Charles 发现 ^{7}Li 的 BBC 相 (常压下) 在低于 77 K 时会转变为一种密堆结构 (后来被确认为是 9R 结构 (Overhauser, 1984; Smith, 1987)) 以来，人们开始认识到最简单的金属锂其实具有相当复杂的基态晶体结构 (Barrett, 1947)。直到 2017 年，G. J. Ackland 等通过运用金刚石压砧同步辐射 X 射线衍射 (Synchrotron X-ray diffraction) 和基于密度泛函理论的多种分子动力学方法模拟，对低压下锂的结构进行了系统研究。在考虑到核量子效应的情况下，他们发现这种密堆结构是热力学不稳定的，而且也不是 9R 结构 (Ackland, 2017)。无论是 ^{6}Li 还是 ^{7}Li，其基态结构都应该对应的是 FCC 相。这个结果同时带来了一个新问题，即在其他元素 (钠、钐) 块体材料以及合金中观察到的 9R 态是否是热力学稳定相? 显然这些都还需要进一步的研究。

高压除了对晶体结构的影响外，最近一项新的研究工作发现，体相锂的部分高压相还具有拓扑非平庸电子结构 (Z_2 拓扑不变量非零，反映在能带上为费米能级附近存在由能带交叉形成的一维节线环)。理论预测体相锂在 80~500 GPa 间的高压相变的顺序为: $Pbca \rightarrow Cmca\text{-}24 \rightarrow Cmca\text{-}56 \rightarrow P4_2/mbc \rightarrow R\bar{3}m \rightarrow Fd\bar{3}m$(Pickard, 2009; Lv J., 2011)。S. A. Mack 等发现, 体相锂的平庸绝缘体 $Aba2$ 相在 80 GPa 转变为具有狄拉克节线半金属性的 $Pbca$ 相，其节线环受非零贝里相位保护，因此是拓扑非平庸的 (如图 8.8 所示)(Mack, 2019)。在 220 GPa 时，这两个 $Cmca$ 相之间发生 Lifshitz 转变，$Cmca\text{-}24$ 相在费米能级上的单狄拉克节线环会演变为 $Cmca\text{-}56$ 相两个相互垂直的节线环。在加压到 350 GPa 时，锂的 $P4_2/mbc$ 相在费米能级下 0.25 eV 附近仍然存在节线环。最后，他们还计算了体相锂的两个在更高压强下预测的 $R\bar{3}m$(450 GPa) 和 $Fd\bar{3}m$(500 GPa) 相。这两个相在费米能级上皆表现出高色散带和金属性，其中 $Fd\bar{3}m$ 相扭曲的六边形蜂窝网格与石墨烯非常类似，并且在费米能级 1 eV 以下出现一个狄拉克交叉点。他们的研究预示在压力下，其他轻元素也可能观察到类似特征，或者更普遍地讲，压强可以使更多材料的电子结构表现出拓扑特征。

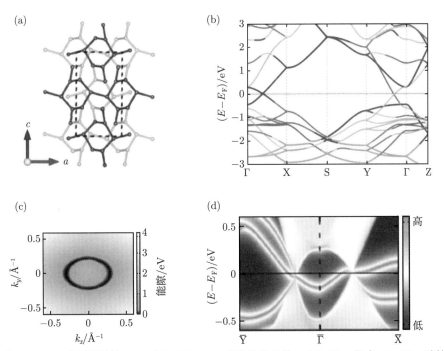

图 8.8　在 80 GPa 下金属锂的 $Pbca$ 相。(a) $Pbca$ 相的单胞结构。(b) $Pbca$ 相在 80 GPa 时的能带结构。(c) 投影在二维 k 平面上的节线环。(d) 沿 [001] 方向投影的能带结构。摘自 (Mack, 2019)

8.2.2 化学键量子涨落

锂不仅可以以块体金属的形式存在，同时，它也可以形成各种不同大小的团簇结构。实验和理论上已经对锂团簇 $Li_n(n = 2, 4, 5, 6, 8, 20, \cdots)$ 的光谱特性、电子结构及原子结构进行了系统的研究 (Wheeler, 2014; Ellert, 2002)。由于锂的原子量仅接近氢原子的 7 倍，其对应的核量子效应不仅对块体金属锂的高压相图产生重要的影响，也会极大地影响锂团簇在低温下的各种物理性质。如在 2.1.4 小节我们已经讨论了核量子效应引起的量子涨落对锂团簇光学性质的影响。由于锂团簇的势能面是非常平缓的，它可以拥有很多能量相近的异构体 (见图 8.9 所示)。

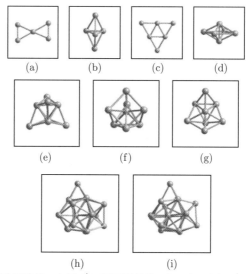

图 8.9　几种典型锂团簇的原子结构。(a)Li_5^+：平面异构体 I(D_{2h})；(b)Li_5^+：异构体 II(D_{3h})；(c)Li_6：平面异构体 I(D_{3h})；(d)Li_6：异构体 II(D_{4h})；(e) Li_8：异构体 I(T_d)；(f) Li_8：异构体 II(C_{3v})；(g) Li_8：异构体 III(C_s)；(h) Li_{20}：异构体 I(C_1)；(i) Li_{20}：异构体 II(C_1)。摘自 (Rousseau, 1999)

　　由于锂团簇具有丰富的结构选择性，这使得对它们动力学稳定性的研究成为一个新的热点。然而在初期的理论研究中，人们都只是采用通常的第一性原理分子动力学方法对锂团簇进行模拟，在这些处理中一般仍然都将锂原子核看成是经典粒子。1992 年 P. Ballone 等首次利用路径积分蒙特卡洛方法对锂团簇 $Li_n(n = 20, 40, 92)$ 在 30~600 K 温度下的物理性质进行了模拟计算 (Ballone, 1992)。结果表明全量子效应引起的零点振动和量子隧穿过程对锂团簇的结构和热力学性质产生了重要的影响。他们的工作同时还证明在模拟的整个温度区间 (30~600 K)，锂团簇均展现出了一种有趣的流体行为。

　　此后，R. Rousseau 和 D. Marx 进一步应用第一性原理路径积分分子动力学方法研究了核量子效应对锂团簇的原子结构和电学性质的影响 (Rousseau, 1998, 1999)。结果发现锂的核量子效应对 Li_8 和 Li_{20} 团簇的 Li—Li 键长分布的影响非常大。如图 8.10(a) 所示，Li_8 团簇的键长分布在 3.0 Å 和 4.8 Å 附近展现了两个显著的分离峰，分别对应于第一和第二近邻的键长 (由图中实线所示)。在 10 K 的温度下，经典近似模拟不但保持了这两个键长的区别，同时进一步使每个峰又劈裂成两个尖峰 (由图中虚线所示)。这个经典模拟的结果与通过对团簇静态原子结构优化所得到的一个短键 (位于 2.8 Å 附近) 和一个长键 (位于 3.1 Å 附近) 的情况一致。同时图 8.10(b) 显示，经典近似给出的 Li_{20} 团簇第三近邻的键长峰也展现了类似的分裂现象。这些结果说明在 10 K 的低温下，只考虑热涨落影响的经典计算并没有破坏锂团簇中长短键的特征。但是如图 8.10 的实线所示，在考虑核量子效应之后，当温度为 10K 时，Li_8 和 Li_{20} 团簇由经典模拟给出的位于 3.0 Å 和 4.8 Å 两个主峰上的分裂不再存在，表明锂团簇长短键对应的劈裂尖峰已经消失，预示着低温下核量子效应的量子涨落完全破坏了键长的交替特征。这种现象对其光学性质的影响是非常明显的 (见 2.1.4 小节的讨论)。

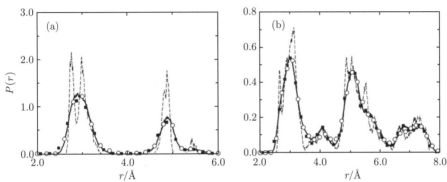

图 8.10 温度为 10 K 时 Li_8(a) 和 Li_{20}(b) 团簇的键长分布。图中实线和虚线分别对应量子和经典模拟结果；图中同时用圆圈表示温度为 100 K 时，对这两个团簇的经典模拟结果。摘自 (Rousseau, 1998)

图 8.11 展示了温度在 10 K 时量子模拟给出的 Li_8 和 Li_{20} 团簇原子构型，我们可以很清楚地看到锂原子核的量子涨落特征。这说明对锂原子已不可能用经典的点粒子来描述，此时零点振动是不可忽视的。为了研究核量子效应对热激发的影响，Rousseau 和 Marx 进一步计算了 100 K 下经典模拟的键长分布。如图 8.10 中圆圈代表的经典模拟结果所示，对 Li_8 和 Li_{20} 团簇，100 K 时经典模拟得到的热涨落的影响，在趋势上与 10 K 时量子涨落和热涨落综合效应影响的结果一致。综上所述，研究发现无论是 10 K 的量子涨落和热涨落的共同作用，还是 100 K 的热涨落作用都足以破坏锂团簇静态结构的键长劈裂特征。由于低温下 (在 10 K 附近) 热涨落得到一定抑制，核量子效应引起的量子涨落有所增强，它们的综合结果使键长的交替现象因为核量子效应完全消失。而对应较高温时 (100 K 左右)，经典模拟显示的锂团簇键长交替现象的消失，完全是受到热涨落的影响所导致的。

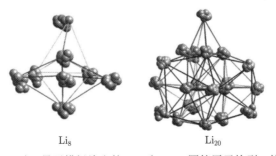

Li₈   Li₂₀

图 8.11 在温度为 10 K 时，量子模拟给出的 Li_8 和 Li_{20} 团簇原子构型。摘自 (Rousseau, 1999)

8.2.3　零点能扩散

研究锂离子在材料中的扩散行为是近年来一个广泛讨论的热点问题。这是因为锂是最轻的金属原子，它的扩散性质在许多物理和化学过程中都起着十分关键的作用，例如在锂离子电池中。尽管在理论计算上已经有许多关于锂离子扩散的研究报道 (Wan W.H., 2010; Li W., 2015; Tritsaris, 2013; Mukherjee, 2018)，但是这些工作报道对锂离子的扩散机理并没有取得一致的认识。直到最近关于全量子效应对锂离子扩散行为影响的研究才得到越来越多的重视。

K. Toyoura 等从经典模拟和基于简谐近似的量子模拟两种方法入手，研究了在 LiC_6 体系中锂离子的扩散行为，并且对这两种方法产生的差异做了讨论 (Toyoura, 2008)。他们的计算结果表明，在室温以下区域，经典近似将会高估锂离子在 LiC_6 体系中的扩散势垒，这主要是由于低温下受全量子效应影响，零点振动能会降低扩散的自由势垒，而经典模拟中恰恰没有考虑核量子效应对势垒降低的贡献。因此，低温下核量子效应对扩散的影响是不能忽略的。而在高于室温的温度区域内，经典模拟结果逐渐接近量子模拟结果，这表明高温下全量子效应的影响逐渐被热效应的影响所淹没 (如图 8.12 所示)。

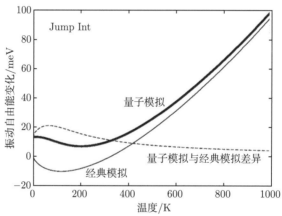

图 8.12　振动自由能随温度变化的函数关系，图中粗线和细线分别表示量子模拟和经典模拟的结果，虚线表示量子模拟与经典模拟结果之间的差异。摘自 (Toyoura, 2008)

之后，S.Karmakar 等报道了 IV-VI 族化合物中锂离子扩散行为的研究结果。他们发现考虑零点能 (Zero-point energy, ZPE) 的量子模拟将使得锂离子在 SiS 和 SiSe 中的扩散势垒分别降低 20 meV 和 14 meV(大致为图 8.13 中黑线与绿线值之差)，从而使锂离子扩散速率在室温下提高约 10%，在低温下甚至可提高 60% 左右 (如图 8.13 所示)(Karmakar, 2016)。由图 8.13 还可以发现，Wigner 修正的结果 (红线/蓝线) 介于经典结果 (黑线) 和量子零点能修改结果 (绿线) 之间。特别是当温度进一步降低时，它逼近量子模拟结果；而当温度升高时，它逼近经典模拟结果。最近，S. Guo 等研究了锂离子在单层 P、As 和 Sb 中的扩散行为 (Guo S., 2018)。具体来说，室温下在考虑零点能修正后会使得锂离子扩散势垒降低 10 meV，并且随着温度的进一步降低，核量子效应会更加明显 (见图 8.14)。随后，这一观点被 A. A. Kistanov 等进一步证实 (Kistanov, 2019)。总而言之，尽管在不同的材料中核量子效应对锂离子扩散的影响有所差异，但全量子效应模拟结果总体表明在低温下核量子效应的影响都是非常显著的。这也再次证明考虑核量子效应对研究锂离子扩散过程的至关重要性。显然这个观点对应用方面的研究同样具有很大的意义，特别是对理解锂电池电极材料中的锂离子扩散问题。这将为选择大容量和高性能的锂电池材料提供新的思路。

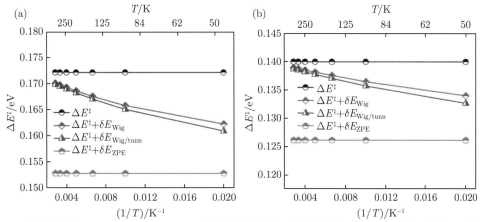

图 8.13　锂离子分别在 (a)SiS 和 (b)SiSe 中的扩散势垒随温度的变化关系。其中黑线、红线、蓝线和绿线分别表示经典模拟势垒、Wigner ZPE 校正势垒、Wigner ZPE-量子隧穿校正势垒和量子 ZPE 校正势垒。摘自 (Karmakar, 2016)

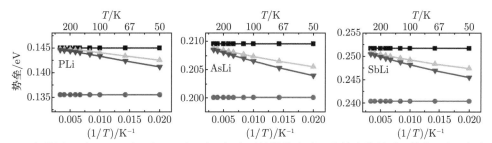

图 8.14　在单层 P(左)、As(中) 和 Sb(右) 中，锂离子扩散势垒随温度的变化关系。其中黑色、绿色、蓝色和红色曲线分别代表经典模拟势垒、Wigner-ZPE 校正势垒、Wigner-ZPE-量子隧穿校正势垒和量子 ZPE 校正势垒的结果。摘自 (Guo S., 2018)

8.3　硼 (B)

硼元素位于元素周期表的第二周期，是第 III 主族中原子质量最轻的元素，其相对原子质量为 10.8。硼十分活跃，可以以 "多中心多电子" 的化学键形式，在不同维度下形成各种同素异形体。常见的单质硼结构有准零维的笼状富勒烯、准一维的纳米管以及准二维的平面分子或硼烯等。同时硼还可与大部分元素形成稳定的硼化合物，并表现出不同的物理性质，如二硼化镁 (MgB$_2$) 的超导电性等。不同的成键方式决定了硼原子局域化学环境的多样性，全量子效应的影响也会有明显不同。因此，本节将以单质硼材料和硼化物材料的不同结构来划分，对它们做一个详细的介绍。

8.3.1　体相硼

首先我们来讨论单质体相硼材料。在体相硼的单个原胞内，硼原子数目较多，每个硼原子都应考虑其原子核的量子属性，即零点振动对晶体结构和物理性质的影响不能忽略。体相硼有两种主要结构，分别是 α- 和 β-菱面体相硼。2007 年，R. A. de Groot 研究组在广义梯度近似下，利用密度泛函理论计算了各种可能的体相硼结构 (包括可以存在间隙原子和部分空位的情况)，并通过加入零点振动能的修正，获得了稳定的 β-菱面体结构 (van Setten, 2007)。

他们计算得到了两种最稳定的结构，即每个原胞分别为包括 320 个原子的六方结构和包括 106 个原子的三斜结构，这两种结构均为 β-菱面体相硼。这两种 β 相块体材料都是半导体，带隙约为 0.35 eV。在不考虑零点振动能影响时，两者能量比原来的 105 个原子框架结构低了 23 meV/B，比 α 相块体硼高 1 meV/B。但是，在进一步考虑零点振动能后，他们得出 β-硼较 α-硼低 4 meV/B，因此得出 β-硼成为体相硼的最稳定结构。

特别是由图 8.15 可见，随着温度的增加，α- 和 β-菱面体相硼亥姆霍兹自由能的差异略大于 0 K 时的差异，这意味着 β-硼是热力学上稳定的同素异构体。在远超过室温的高温下，缺陷引起熵的变化将会相当可观，从而使体相硼的 β 相结构更加稳定。

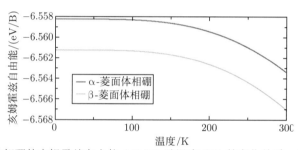

图 8.15　α- 和 β-菱面体相硼的亥姆霍兹自由能 (eV/B) 随温度 (K) 的变化关系。计算中将体积固定，取温度为 0 K 时平衡位置的值。摘自 (van Setten, 2007)

8.3.2　硼烯

硼单质的体材料通常是由有笼状的 B_{12} 分子为结构单元构造的三维结构，有多种同素异形体。单质硼材料除了具有三维体结构外，还可以组成一种具有二维单层结构，命名为硼烯 (borophene)。由于硼烯的原子排列较体相硼更为简单，同时一个原胞内硼原子数大幅减少，这些都为研究硼的核量子效应提供了便利条件。较强的电-声耦合作用，可能会出现超导电性。此外，硼烯还具有良好的光学性能、机械性能和导热性能，因此，硼烯已成为近期研究二维材料的一个热点。

硼单质是否能形成二维平面的结构长期以来一直是理论上的关注的问题。早期的计算工作提出了多种不同的二维硼结构，包括翘曲三角晶格和蜂窝晶格。理论上的重要进展发生在 2007 年，耶鲁大学的 Ismail-Beigi 研究组（Tang H., 2007) 和清华大学的倪军研究组 (Yang X., 2008) 分别独立发现，如果在三角晶格中产生六边形空位，平面硼晶格可以得到显著的稳定。他们提出了一类由三角形和六边形图案组成的二维硼结构，这与后来实验上合成的具有周期空位的二维硼烯结构非常吻合 (如图 8.16 所示)。这些理论工作考虑到了零点振动能的影响，在通过计算比较由三角形硼和六边形硼组成的各种可能构型后，得出了较为可信的结果。

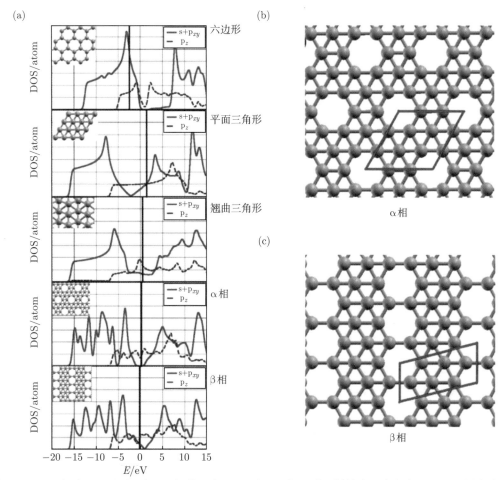

图 8.16　(a) 六边形、平面三角形、翘曲三角形、α 相、β 相五种硼烯的电子态密度 (DOS)。图中给出的是分别投影在面内 (s + p_x + p_y) 和面外轨道 (p_z) 上的结果，粗实线表示费米能级 E_F。(b)α 相和 (c)β 相硼烯晶体结构的俯视图，红色实线表示了单个原胞结构。摘自 (Tang H., 2007)

　　一般来说，面内 σ 键比 p_z 轨道衍生的 π 键要强。在硼烯结构中，六边形结构能够通过接收电子来降低系统能量。而平面三角形结构由于存在反键态，可以提供多余的电子。因此，如果系统能够按适当的比例组成这两个图形的"混合态"，那么将会使整个系统在能量上更加趋于稳定。具体来说，具有最高稳定性的六边形-三角形"混合硼片"的费米能级应该准确地位于面内分波电子态密度 (PDOS) 的零点上，从而通过这种构型使得所有未被占据的面内成键态 (而不是反键态) 填满。剩下的电子应该填充在低能量的 p_z 态上，进而这种"混合硼片"应该表现出金属性。这个理论结果与后来实验测出硼烯具有金属性的特征相吻合。

　　与石墨烯蜂窝状原子结构不同的是，硼烯这种基于三角晶格与周期空洞混合排列的结构，由于周期空洞可以有无限多的不同可能构型 (包括空洞的密度和不同的空洞分布形式)，因此硼烯结构具有奇特的多态性，即包括了非常多的同素异构体。尽管理论上对硼烯有各种预言结构，但该领域具有突破性进展的是，2015 年美国阿贡国家实验室的 Guisinger 研究组 (Mannix, 2015) 和 2016 年中国科学院物理研究所的吴克辉研究组 (Feng B.J., 2016) 分别独立在 Ag(111) 表面上成功制备的单原子层硼烯的实验工作。这两个工作的不同之处是，Guisinger 等当时认为他们获得的硼烯结构为翘曲的三角晶格结构，而吴克辉等确定在 Ag(111) 表面的硼烯应该为带空洞的 β_{12} 和 χ_3 结构。随后带空洞的 β_{12} 和 χ_3 结构得到了理论和实验的进一步证实，成为目前公认的硼烯的两种标准结构。

在实验上获得了硼烯材料之后，与硼原子核量子效应相关的晶格热导率、声子寿命、热膨胀和弹性模量等物理性质的研究引起了人们进一步的兴趣，特别是关于硼烯晶格动力学性质的研究。2016 年，X. G. Wan 研究组对条带状硼烯的热力学性质展开了系统的讨论。他们通过对硼烯声子结构的理论计算，揭示了结构稳定性依赖于温度这一特征 (Sun H., 2016)。2017 年，H. Zhang 研究组利用密度泛函理论方法更为全面地研究了硼烯的三种主要结构 (β_{12}，χ_3 和条带相) 的力学稳定性问题 (Pcng B., 2017)。

在以上三种结构中，β_{12}(图 8.17(a)) 与 χ_3(图 8.17(b)) 硼烯是具有周期孔洞 (空位) 的平面构型，而条带硼烯是具有翘曲构型的三角晶格结构 (如图 8.17(c) 所示)。条带硼烯与其他两种结构的主要区别在于其晶格中没有空位，而空位的引入将会使得体系的总能进一步降低。对于 β_{12} 和 χ_3 硼烯，声子色散谱中未观察到具有虚频的振动模式，表明对应结构是动力学稳定的；而对于条带硼烯，振动频率在长波极限下沿 Γ-X 方向变为虚振动频率，表现出长波声学振动的动力学不稳定性。

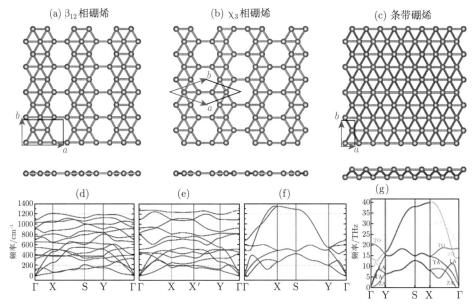

图 8.17   (a) β_{12} 相硼烯、(b) χ_3 相硼烯、(c) 条带硼烯的俯视图及侧视图。(d) β_{12} 相硼烯、(e) χ_3 相硼烯、(f) 条带硼烯沿不同对称线的声子色散关系。(g) 是图 (f) 把倒空间 K 点重新排列后的另一种声子色散关系图。图中不同的分支采用不同的颜色表示。摘自 (Peng B., 2017)

条带硼烯形成了六个分支，总的声子色散频率最大可达 40.3 THz。声学分支只出现在 20 THz 以下，表明硼烯声学模的最大振动频率只有石墨烯的一半左右。这种声学色散的小范围扩展可能会限制声学部分对晶格热输运的贡献，从而导致晶格热导率 κ_1 降低；对于光学模式，顶部沿 Γ-X 方向的两个分支色散频率大约为 25 THz，因此某些光学模的群速度不可忽略，可能对高温下的热导率 κ_l 有显著贡献。

对于像硼这样的轻元素，声子对于决定晶体在 0 K 和有限温度下的热力学稳定性方面起着重要作用。在较高温度下，声子模被占据的规律服从玻色-爱因斯坦统计。亥姆霍兹自由能 F 随温度的变化关系是衡量核量子效应的重要参量 (见图 8.18)。在 0~1000 K 的温度范围内，χ_3 相硼烯的亥姆霍兹自由能最低，而 β_{12} 相硼烯的最低自由能也远低于条带硼烯，表明在较宽的温度范围内，β_{12} 和 χ_3 硼烯比条带硼烯具有更好的热力学稳定性。与条带硼烯相比，β_{12} 和 χ_3 硼烯的热力学稳定性主要源自声子模的软化，即高温下 β_{12} 和 χ_3 硼烯的声子频率相对较低，导致熵增加，因此结构更加稳定。

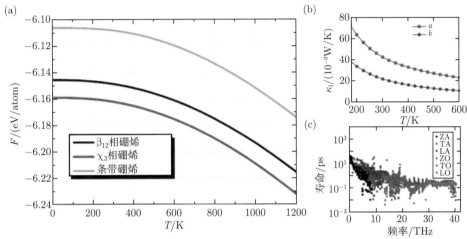

图 8.18　(a) β_{12}、χ_3 与条带硼烯的亥姆霍兹自由能随温度的变化关系。(b) 条带硼烯沿 a、b 方向的晶格热导率 κ_1 随温度的变化关系。(c) 当温度在 300 K 时，条带硼烯各分支的声子寿命分布。图 (a) 摘自 (Peng B., 2017)，图 (b) 和 (c) 摘自 (Sun H., 2016)

由于二维单层材料厚度的概念是模糊的，晶格热导率 κ_1 的单位可以采用 W/K。对于条带硼烯，κ_1 具有显著的各向异性，且硼烯的强声子-声子散射导致了它的晶格热导率下降 (如图 8.18 所示)。在所考虑的温度范围内，沿 b 方向的热导率 κ_1 大约是其沿 a 方向的一半。沿 b 方向偏低的热导率 κ_1 主要是归因于它的声子寿命很短，声学模的寿命几乎都低于 100 ps，比石墨烯的 ZA 模还要小 4 个数量级。

核量子效应对硼烯热力学性能有很大的影响。由于 β_{12} 与 χ_3 两种硼烯结构的面内成键方式和原子质量密度很相似，所以它们的力学性能也比较接近。图 8.19(a) 和 (b) 给出了这两种硼烯结构的杨氏模量与泊松比。与石墨烯和单层氮化硼相比，β_{12} 与 χ_3 硼烯的刚度较低 (180~210 N/m)，但仍比硅烯要高。对于条带硼烯，其沿 a 方向的刚度 (382.3 N/m) 远远高于沿 b 方向的刚度，甚至可与石墨烯 (342.2 N/m) 相媲美，这归因于它的强声子-声子散射。事实上，虽然条带硼烯比 β_{12} 和 χ_3 硼烯硬度更高，但是热力学上高刚度意味着不稳定，因为振动频率的增加会导致亥姆霍兹自由能的增加。另外，在条带硼烯中观察到了负的泊松比，这是由于其高度翘曲的结构所造成的。

图 8.19(c) 给出了条带硼烯结构对温度的依赖关系。我们可以看到在低温区 E_a 和 E_b 随着温度升高而缓慢下降，然后在接近室温时开始随着温度升高而快速增加。不同的是石墨烯的平面模量随温度增加而软化。硼烯与石墨烯温度增强效应的差异是由于硼烯具有相

当大的热收缩效应，从而极大地增加了势能面的曲率。准简谐近似 (QHA) 的研究结果表明，在 0 K 时条带硼烯的泊松比为正。但是在 70~145 K 的温度范围内，a 和 b 方向上均发现了负的泊松比，最负值分别为 $\nu_a = -0.05$ 和 $\nu_b = -0.02$(图 8.19(d))，这些与密度泛函理论计算结果在数量级上是一致的。

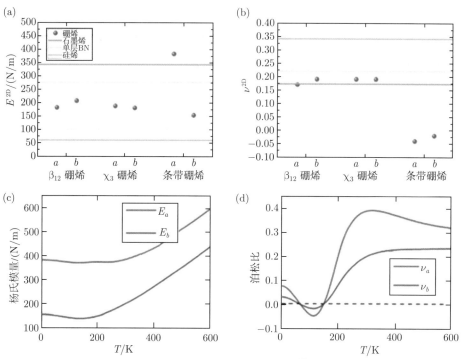

图 8.19　(a) β_{12}、χ_3 与条带硼烯沿 a、b 方向的 2D 杨氏模量 E^{2D}。(b) β_{12}、χ_3 与条带硼烯沿 a、b 方向的泊松比 ν^{2D}。在图 (a) 和 (b) 中，相关结果都与石墨烯、单层 BN 和硅烯进行了比较。(c) 条带硼烯沿 a、b 方向杨氏模量与温度的依赖关系。(d) 条带硼烯沿 a、b 方向泊松比与温度的温度依赖关系。图 (a) 和 (b) 摘自 (Peng B., 2017)，图 (c) 和 (d) 摘自 (Sun H., 2016)

考虑零点振动后，基于密度泛函理论计算的线性热膨胀系数 (Linear thermal expansion coefficient, LTEC) 结果显示，0 K 下的零点振动分别将 a 和 b 方向的条带硼烯晶格展宽了 0.35％ 和 0.72％。而相应的情况对金刚石、立方氮化硼和石墨烯分别为 0.4％、0.3％ 和 0.3％ (可参考下面 8.4 节对碳的讨论)。零点振动扩展是由于正负格林艾森参数的声子模之间相互竞争的结果，与非简谐效应有密切关系，一般以高频模式为主。在有限温度下，硼烯具有各向异性的负线性热膨胀系数 (见图 8.20)。条带硼烯沿 a 方向的线性热膨胀系数在较宽的温度范围内呈负值，这点与石墨烯相似，但硼烯的最大负值 (-8×10^{-6}) 几乎是石墨烯 (-3.8×10^{-6}) 的绝对值的两倍以上。而沿着 b 方向，线性热膨胀系数在 0~120K 的温度范围内出现骤降，这点与 h-BN 相似，其最大负值 (-16×10^{-6}) 约为 h-BN (-6.5×10^{-6}) 的绝对值的 2.5 倍。

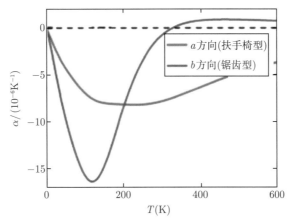

图 8.20   条带硼烯沿 a、b 方向的线性热膨胀系数与温度的依赖关系。摘自 (Sun H., 2016)

8.3.3   硼氮纳米管

除了上面讨论的单质硼材料外，由于硼元素十分活跃，它很容易与其他元素形成化合物，并且表现出许多由全量子效应引起的物理特性。这方面最典型的例子是硼与氮组成的低维化合物材料，如一维纳米管和二维层状结构。1995 年美国加州大学伯克利分校 S. G. Louie 和 M. L. Cohen 研究团队首次从理论上预言了一维的硼氮纳米管 (Boron-nitride nanotubes, BNNT) (如图 8.21 所示)(Chopra, 1995)。这是一种与碳纳米管 (Carbon nanotubes, CNT) 十分类似的一维材料。它不但具有碳纳米管优异的机械性能，而且还表现出更好的热力学稳定性和抗氧化性 (即使在温度高达 900 ℃ 的情况下)。硼氮纳米管是一种具有宽带隙 (5∼6 eV) 的优良绝缘体，其带隙不依赖于纳米管的直径和手性信息。这些特性为硼氮纳米管开辟了更加广泛的应用空间。特别是在纳米电子学和光电子学中，一直被视为是一种十分有潜力的材料。目前影响硼氮纳米管广泛应用的瓶颈主要是缺乏有效的合成路线。

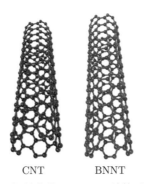

CNT   BNNT

图 8.21   碳纳米管 (CNT) 与硼氮纳米管 (BNNT) 结构示意图。摘自 (Kim J.H., 2018)

在这类材料中，全量子效应的研究主要集中在电-声相互作用上。2005 年，J. S. Lauret 等首次报道了室温下单壁硼氮纳米管的光学跃迁性质 (Lauret, 2005)，观察到低能级 (4.45 eV) 的劈裂可能与强的电-声耦合相关。随后，Y. Bando 研究组用阴极发光光谱 (Cathodoluminescence (CL) spectra) 测量了硼氮纳米管及其同位素纯化硼氮纳米管的带隙和辐射跃迁光谱 (Han W.Q., 2008)。他们给出的硼氮纳米管直接带隙为 5.38 eV，这个值与管的直径大小和同位素替代无关。但是在低能区 CL 光谱的细节给出了明显的同位素依赖关系，他们发现纯化的 ^{10}B 同位素硼氮纳米管在 3.0～4.2 eV 之间谱峰具有丰富的声子伴线 (Phonon replica)，反映了声-电耦合机制，而该峰在天然的硼氮纳米管中被大大弱化。最近，F. Azizi 等研究了电-声耦合存在的情况下，硼氮纳米管中等离子体激元 (Azizi, 2021)。他们用 Holstein 模型哈密顿量和格林函数法，计算电荷磁化率，发现电-声相互作用对磁化率函数的动态部分没有影响，但它确实影响静态磁化率函数，导致了系统电荷序的变化。

　　另一个有趣的工作是中国科学院物理研究所李建奇 (J. Q. Li) 研究组使用超快 TEM，通过脉冲电子衍射和飞秒分辨电子能量损失光谱 (EELS) 研究了多壁硼氮纳米管在飞秒激光激发后的完整可逆循环中，材料的晶格结构和电子性质的变化过程 (Li Z.W., 2019)。通过对实验数据的进一步分析，他们认为开始在第一个 15 ps 内的非热各向异性的晶格变化是由于电-声耦合引起的，接下来发生了一个 180 ps 的俄歇复合，最后是沿径向和轴向的声子驱动的热瞬变。第一性原理计算支持了这些发现，并表明从硼氮纳米管中的 π 到 π* 轨道激发的电子削弱了 BN 层内沿轴向方向的原子键，同时增强了沿径向的层间原子键。其结果是造成硼氮纳米管结构沿轴向发生扩张，而沿径向发生收缩。更重要的是，时间分辨 EELS 测量显示，能隙收缩与非热的结构瞬变相关。这些结果与理论计算一致。

　　对于由轻元素 B 和 N 组成的纳米结构，除了上面讨论的全量子效应对硼氮纳米管电-声耦合的影响，这方面研究涉及的另一个典型特性是同位素效应引起的硼氮纳米管中子吸收强度的变化。太空探索过程的一个重大安全隐患来自宇宙辐射与物质相互作用产生的中子。这些中子会导致空间设备发生灾难性故障，并会对宇航员的生命健康造成致命性伤害 (图 8.22(a))。研究发现 ^{10}B 原子的中子吸收截面可以高达 3840 b$(1\ b = 10^{-28}\ m^2)$，因此使用同位素 ^{10}B 纯化的硼氮纳米管可以有效地屏蔽宇宙环境中产生的中子。美国宇航局 (NASA) 曾开展研究利用同位素纯化的硼氮纳米管复合材料屏蔽中子的可能性 (Kang J.H., 2015)。具有中子慢化剂特性的聚酰亚胺的中子吸收截面为 0.021 cm^{-1}，而 2wt％硼氮纳米管/聚酰亚胺薄膜的中子吸收截面达到了 0.047 cm^{-1}，与纯的聚酰亚胺薄膜相比中子吸收截面提高了约 120%(图 8.22 (b))。目前科研人员的研究兴趣已经转向含氢的纳米管，因为增加材料中的氢含量可以进一步改善对空间辐射的屏蔽效果，这些辐射包括太空粒子事件 (Space particle event, SPE) 和星系宇宙辐射 (Galactic cosmic rays, GCR)。选择一维纳米管的原因是它具有更大的表面积和更高的氢结合能，因此硼氮纳米管负载氢原子的能力比零维和二维材料更强。

 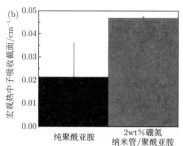

图 8.22　硼氮纳米管可有效屏蔽宇宙射线。摘自 (李宁, 2022)

8.3.4 六方氮化硼

　　硼与氮组成的另一种化合物是六方氮化硼 (Hexagonal boron nitride, h-BN)，它是由氮原子和硼原子以 1:1 的比例组成的宽带隙半导体，拥有原子级平滑的表面。h-BN 与完全由碳原子组成的石墨是等电子体，由于它具有类似于石墨的层状结构，同时具有与石墨相近的晶格常数 (原子间距 $a = 0.2504$ nm) 和层间距离 (0.33 nm)，又被称为白石墨 (Geick, 1966)。在每个单层内，硼和氮原子通过共价键作用形成平面六角蜂窝网状结构，而在层与层之间是通过较弱的范德瓦耳斯相互作用发生关联，这种特殊的结构方向性导致 h-BN 表现出很强的各向异性 (如图 8.23 所示)。在层间堆叠方式上，两者存在较大差异。石墨的 AB 型堆叠是能量最优堆垛方式，即相邻原子层之间平移一个原子距离。而 h-BN 在自然情况下的稳定结构具有 AA′ 堆叠，即面外方向 (c 方向) 的 B、N 原子依次排列。理论计算研究也支持了 AA′ 堆叠是 h-BN 中能量最低的堆叠方式。但是，由于层间范德瓦耳斯相互作用本身较弱，所以具有其他堆叠方式的 h-BN 也可能以亚稳态的形式存在，其中 AB 是亚稳堆叠中能量较低的，并且已经在实验中观察到。

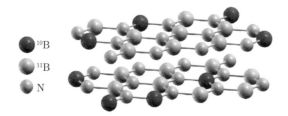

　　图 8.23　h-BN 的晶体结构示意图。图中显示了同位素 [10]B 和 [11]B 原子的位置。摘自 (Vuong, 2018)

　　h-BN 具有非常独特且良好的光电性质、热稳定性及化学惰性。同时 h-BN 可以减弱库仑屏蔽效应，拥有优越的界面性质，并可以保护其他二维材料免于环境污染和氧化。因此，一般可用 h-BN 来包覆其他二维材料，将一些大气下不稳定的二维材料封装在上下两层 h-BN 中做成三明治结构，同时也可作为介电层以调控其他二维材料的载流子迁移率等性能。例如用它封装石墨烯后，石墨烯的迁移率甚至能够达到声子散射的理论极限，其平均自由程仅由样品的尺寸决定；封装黑磷后，能将黑磷的迁移率提高十倍，从数百达到数千 $cm^2/(V·s)$。最近以石墨烯/氮化硼为代表的人工范德瓦耳斯异质结也为研究关联和拓扑等量子物性提供了新的平台，并展示了在外场调控下的器件应用前景。基于这些优异的性质，h-BN 被认为是最具潜力与其他二维材料集成制造多功能光电器件的元器件材料。此外，一系列研究表明，h-BN 本身同样具有独特的光学性质，为实现新型光电子器件提供了可能。如 h-BN 具有高度各向异性晶体结构、极性化学键和物理性质，它的双曲型结构特性使得可以通过形成双曲型声子极化激元，来实现红外纳米光电器件方面的应用。除此之外，h-BN 中的点缺陷具有单光子发射性能，甚至在室温条件下，可以作为覆盖从可见光到近红外波段的量子光源。h-BN 虽然是禁带宽 ~6 eV 的间接带隙半导体，但紫外辐射的内量子效率可以高达 ~40%，有望实现在紫外光源及探测等领域的应用。特别值得注意的是，最近北京大学刘开辉研究组通过调控两层 BN 薄膜之间的转角，制备了一种性能优异的新型非线性光学晶体 (Hong H., 2023)。它的非线性光学性质表现出同位素依赖关系。综上所述，h-BN 独特、丰富的物理性质和化学性质，使其展示出广阔的应用前景。

1. 热力学稳定性与能带重整化

h-BN 的独特性质和应用潜力吸引了大量与全量子效应相关的晶体结构和电子结构研究。2016 年法国 F. Calvo 和 Y. Magnin 利用路径积分蒙特卡洛 (PIMC) 方法和自洽声子 (Self-consistent phonon, SCP) 方法，计算了单层 h-BN 的热力学性质，并与半经典准简谐近似方法的结果进行了比较，从而揭示出核量子效应对 h-BN 热力学性质的影响 (Calvo, 2016)。

蒙特卡洛 (包括 MC 与 PIMC) 方法可以直接得到 h-BN 的晶格常数，但是 SCP 和 QHA 方法都需要通过自由能求极小值来间接获得 h-BN 的晶格常数。SCP 和 QHA 两种方法的区别是前者考虑了原子核的量子运动，而后者是原子核在半经典准简谐近似下的结果。利用这两种方法得到了 $T = 300$ K 时的自由能 $\Delta F(a; T)$ 与晶格常数的变化关系 (如图 8.24 所示)。对于单层 h-BN，QHA 的结果是连续的 (由图 8.24 的虚线所示)，而 SCP 的结果不是连续的 (由图 8.24 的红色实线所示)，它们给出的自由能与晶格常数的变化关系是通过四阶多项式进行插值计算获得的。图中经典处理是将原子固定在静态晶格格点上得到的。考虑声子振动的影响，晶格常数从静态结构的 2.495 Å 增加到 2.498 Å(QHA)，而 SCP 计算又使晶格常数在此基础上增大约 0.0015 Å。在零压下，晶格常数的增加是原子核波函数扩展的结果。最强的键拉伸模式发生在单层的面内，对面内热力学性质起到了决定性影响的作用，从而改变了平衡态下的晶格常数。

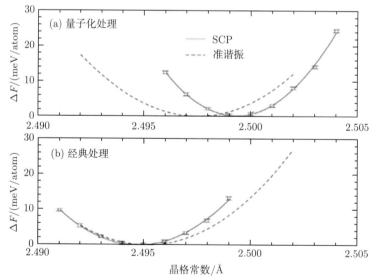

图 8.24　在 $T = 300$ K 时，利用准简谐近似方法 (虚线) 和自洽声子 (SCP) 方法 (红线) 得到的单层 h-BN 自由能随晶格常数的变化关系。(a) 原子核做量子化处理的情况; (b) 将处在晶格静态位置上的原子核做经典处理的情况。摘自 (Calvo, 2016)

Calvo 和 Magnin 利用 (PI)MC、SCP 和 QHA 三种方法，在分别考虑与不考虑原子核量子效应两种情况下，计算了晶格常数 a 随 T 的变化曲线 (如图 8.25 所示)。在经典情况下，所有方法在 $T = 0$ K 时都收敛到 $a = 2.498$ Å(如图 8.25(b) 所示)，这种低温极限行为与简谐近似下由标准模型计算的静态原子结构所预期的结果是一致的。在有限的温度下，当把原子核做经典处理时，三种方法预测的晶格常数随温度的变化非常相似，其斜率基本恒定。只有当温度较高时，不断加大的非简谐效应使得 QHA 结果出现明显偏离。当把原子核做量子处理之后，在 $T = 0$ K 时，三种方法对应的晶格常数 $a(T)$ 不再保持为同一值 (如图 8.25(a) 所示)。但在 0~400 K 范围内，PIMC 和 SCP 的结果显示出比 QHA 更强的变化，这极有可能是非简谐性导致的。SCP 由于部分考虑了非简谐效应，因此结果介于另外两种方法之间。这是因为即使系统在基态，量子波函数和零点振动也会表现出非简谐性。零温极限对应的晶格常数从 2.5015 Å(QHA) 增大到 2.5025 Å(SCP)，并进一步上升到 2.5030 Å(PIMC)。由包含非简谐效应的 SCP 和 PIMC 方法得到晶格常数的增加可以证明，低温下全量子化过程引起的非简谐效应在原子核振动离域上的作用远大于纯热膨胀效应所起的作用效果。

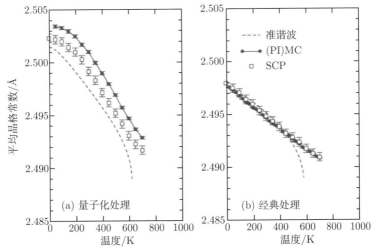

图 8.25　准简谐近似方法 (虚线)、自洽声子 (SCP) 方法 (红方块) 和路径积分蒙特卡洛 (PIMC) 方法 (蓝点) 得到的单层 h-BN 晶格常数随温度的变化关系。(a) 原子核做量子化处理的情况; (b) 将处在晶格静态位置上的原子核做经典处理的情况。摘自 (Calvo, 2016)

图 8.26 给出了采用上述同样的三种方法得到的热膨胀系数 (Thermal expansion coefficient, TEC) 随温度的变化关系。所有结果显示了 h-BN 的热膨胀系数在整个温度范围内均为负值。另外，尽管在室温附近获得了与 Sevik 报道相似的结果 (Sevik, 2014)，但量子振动离域化的幅度却大大提高了。

核量子效应对 h-BN 电子结构的影响主要体现在源于全量子效应的电-声耦合作用对带隙的重整化上。H. Mishra 和 S. Bhattacharya 利用密度泛函微扰理论 (Density functional perturbation theory, DFPT) 和多体微扰理论 (Many-body perturbation theory, MBPT)，研究了电-声耦合作用对单层 h-BN 直接带隙的重整化情况 (Mishra, 2019)。如图 8.27(a) 和 (b) 分别显示出单层 h-BN 价带顶和导带底的光谱函数具有不同的温度依赖关系。随着温度升高，价带顶部占据态的零点移动为 161 meV(即价带顶 V_1 越过 0 eV 并向上移动 161 meV)，而导带底部未被占据态的零点移动为 −112 meV(即导带底 C_1 越过 4.596 eV 向下移动了 112 meV)。可见将原子核做量子化处理后，带隙整体缩小了 273 meV(112 meV+161 meV)。另外，他们还发现单层 h-BN 在布里渊区 K 点的直接带隙随温度的变化曲线，与直径为 60 nm 的 BN 纳米管的实验结果十分相似。由图 8.27(c) 可见，单层 h-BN 的带隙随着温度的升高以 -0.53 meV/K 的速率收缩。该结果证实在 h-BN 中具有较强的电-声耦合相互作用。

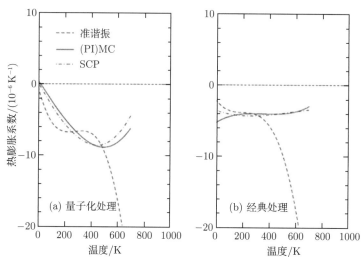

图 8.26　准简谐近似方法 (虚线)、自洽声子 (SCP) 方法 (红实线) 和路径积分蒙特卡洛 (PIMC) 方法 (蓝色点划线) 得到的热膨胀系数与温度的关系。(a) 原子核做量子化处理的情况; (b) 将处在晶格静态位置上的原子核做经典处理的情况。摘自 (Calvo, 2016)

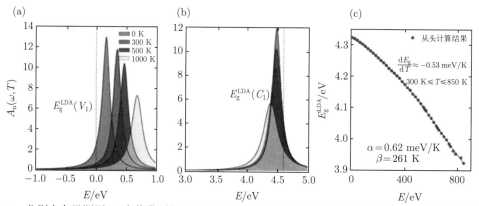

图 8.27　分别在布里渊区 K 点价带顶部 (a) 和导带底部 (b) 对应不同温度的光谱分布。(c) 带隙随温度变化的关系，斜率为 -0.53 meV/K。摘自 (Mishra, 2019)

2. 同位素效应

对于轻元素，由于原子核质量的相对差异比较大，其同位素效应比重元素会更加明显。因此可以预期由轻元素构成的层状 h-BN 晶体的同位素效应会表现出非常独特且丰富的物理现象，这是研究全量子效应需要特别关注的一点。硼原子共有 14 种同位素，其中有 2 种是稳定的，分别是 ^{10}B(相对原子质量约为 10) 和 ^{11}B(相对原子质量约为 11)，天然占比分别为 19.9% 和 80.1%。氮元素有 17 种同位素，其中也有 2 种是稳定的，分别是 ^{14}N 和 ^{15}N，天然占比分别为 99.6% 和 0.4%。因此，对于天然的 h-BN 晶体，特别是 B 元素的同位素原子替换对 h-BN 材料物理性质影响会更加明显。

A. 光谱研究

由简谐振子的频率依赖性 ($\sqrt{k/m}$) 可知，晶格振动的频率随原子质量的增加而减小。因此，当改变硼同位素原子时，由于 ^{10}B 的原子质量比 ^{11}B 要小，声子的频率会发生变化。这种变化关系可以被用于表征同位素的纯化程度。h-BN 有四种晶格振动模式，分别为 E_{1u}、A_{2u}、B_{1g} 和 E_{2g}。其中，E_{1u} 和 A_{2u} 具有红外活性，B_{1g} 无红外和拉曼活性，只有面内振动模式 E_{2g} 具有拉曼活性。R. Cuscó 等通过理论计算得到两种同位素 ^{10}B/^{11}B 纯化的 h-BN 的声子色散关系和声子能态密度 (如图 8.28 所示)(Cuscó, 2018)。低能量的 E_{2g} 模代表层间振动剪切模，记为 E_{2g}^{low}；高能量的 E_{2g} 模代表层内 B 原子与 N 原子的相对振动模式，记为 E_{2g}^{high}。因此，层内的高能量 E_{2g}^{high} 振动模式更适合研究同位素效应，这点可以通过拉曼散射光谱的变化来观察。

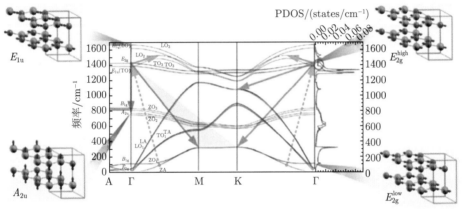

图 8.28　h-^{10}BN(蓝线) 和 h-^{11}BN(红线) 的声子色散关系及相应的声子态密度。图中箭头表示几种主要的声子衰变过程。两侧插图分别表示 E_{1u}, A_{2u}, E_{2g}^{low}, E_{2g}^{high} 四种振动模式的原子模型图。摘自 (Cuscó, 2018)

在室温下，T. Q. P. Vuong 等分别对两种同位素原子 ^{10}B/^{11}B 纯化的 h-BN(h-^{10}BN/h-^{11}BN) 和天然 h-BN(h-^{Na}BN) 测量得到了拉曼光谱 (Vuong, 2018)。如图 8.29 所示，E_{2g}^{high} 振动模是一种拉曼位移，即对应硼原子和氮原子在面内进行相对振动过程。与预期一致，随着硼原子质量的增大，E_{2g}^{high} 声子的振动频率逐渐降低，对于 h-^{10}BN，h-^{Na}BN 和 h-^{11}BN 的振动频率分别为 1393 cm^{-1}, 1366 cm^{-1} 和 1357 cm^{-1}。除频率不同外，拉曼峰的半高宽也发生显著变化。其中，h-^{10}BN 和 h-^{11}BN 拉曼峰的半高宽为 3 cm^{-1}，明显小于 h-^{Na}BN 拉曼峰的半高宽 7.5 cm^{-1}。h-^{Na}BN 中拉曼峰的展宽是由于天然的同位素原子无序分布破坏了晶体结构的平移对称性，从而引发了声子的弹性散射 (Cardona, 2005)。

类似于 E_{2g}^{high} 层内振动模，层间剪切振动的 E_{2g}^{low} 振动模的振动频率也会随硼原子核质量的增大而减小。但其能量的偏移量 (比如 h-^{10}BN 和 h-^{11}BN 偏移量 ~1 cm^{-1}) 明显小于 E_{2g}^{high} 振动模 (~36 cm^{-1})。如图 8.28 所示，由于相邻层之间范德瓦耳斯耦合较弱，其 E_{2g}^{low} 振动模的能量要远低于 E_{2g}^{high} 振动模的能量 (大约仅为其值的 1/30)。正是由于 E_{2g}^{low}

振动模具有非常低的振动能量及声子态密度，天然的同位素分布导致的拉曼峰半高宽的展宽几乎可以忽略不计。从晶格振动角度考虑，因为 E_{2g}^{low} 振动模涉及相邻层的刚性的相对滑动，各原子层可以被近似地认为是具有平均同位素原子质量的均匀平面。

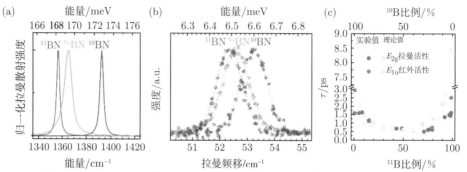

图 8.29　h-^{10}BN，h-^{Na}BN 和 h-^{11}BN 的 E_{2g}^{high} 振动模 (a) 和 E_{2g}^{low} 振动模 (b) 的室温拉曼光谱。(c)E_{2g}(绿色) 和 E_{1u}(橙色) 声子寿命与 ^{11}B 浓度的关系。其中圆点为实验值，正方框为理论计算值。图 (a) 和 (b) 摘自 (Vuong, 2018)，图 (c) 摘自 (Giles, 2018)

上述同位素效应导致拉曼峰半高宽减小的现象，也表明了同位素原子 ^{10}B/^{11}B 纯化的 h-BN 将有效增加声子寿命。A. J. Giles 等系统地研究了 E_{2g}^{high} 声子寿命与同位素纯度之间的关系，并获得了与预期一致的实验结果 (Giles, 2018)。通常，声子寿命是受到材料本征的声子散射和同位素原子的无序散射限制的。他们将声子-同位素散射看做质量缺陷，基于密度泛函理论计算并考虑了非简谐效应得到了 h-BN 中声子寿命与 ^{11}B 浓度的关系，同时与实验结果进行对比，两者具有高度一致性。计算结果显示，由于质量缺陷的降低，^{11}B/^{10}B 同位素纯化的 h-BN 样品中声子寿命 (∼ 8 ps) 相比天然 h-^{Na}BN(∼ 0.5 ps) 有显著提高。但实验上即使在高浓度同位素样品中的测量结果，与计算值仍有较大偏差。比如实验上得到的声子寿命大约为 2 ps，这可能是由于材料中还存在碳原子等其他外来杂质或缺陷的影响，它们会引起额外的声子散射，从而进一步降低了声子寿命。

同时，Giles 等使用傅里叶变换红外反射光谱系统地研究了红外活性的 E_{1u} 声子寿命与同位素纯度之间的关系 (Giles, 2018)。他们通过对红外反射光谱数据做介电常数拟合，从横光学声子的阻尼常数得到了 E_{1u} 声子寿命。实验发现，同位素 ^{10}B/^{11}B 纯化的 h-BN 样品中 E_{1u} 声子寿命比天然样品的声子更长，这与理论预期完全一致。

同位素效应也体现在 h-BN 的光学性质上。天然的 h-^{Na}BN 晶体由于面内面外具有很强的各向异性，在中红外波段是天然的双曲线型材料，可以支持大动量的双曲型声子极化激元 (Hyperbolic phonon polaritons，HPPs)(Caldwell, 2014)。与石墨烯等离激元相比，HPPs 的这些特点可以使 h-BN 具有独特的物理性质，如高品质因子、较长的定向传播和超慢的群速度等。

另外，由于 h-BN 中的声子极化激元的光学损耗与 E_{1u} 声子散射速率密切相关，因此声子寿命的增加也将导致 HPPs 的传播长度有相应增加。Giles 等利用散射型扫描近场光学显微镜 (s-SNOM) 研究了 HPPs 传播长度与同位素纯度之间的关系 (如图 8.30 所示)(Giles, 2018)。通过观测针尖发射与 h-BN 边缘反射的 HPPs 所形成的振荡，可以得到 HPPs 的波长。从该图可以看到 ^{10}B/^{11}B 纯化的 h-BN 样品的 HPPs 与天然样品相比具有更长的传播距离。

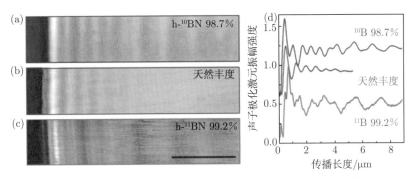

图 8.30　声子极化激元 (HPPs) 传播长度与同位素纯化的关系。对厚为 120 nm 的 (a) 98.7%的 h-^{10}BN、(b) h-^{Na}BN、(c) 99.2 %的 h-^{11}BN 样品的散射型扫描近场光学显微镜 (s-SNOM) 测量结果。图中比例尺是 5 μm，HPPs 分别由 1510 cm^{-1}、1480 cm^{-1} 和 1480 cm^{-1} 的入射激光源激发。(d) 从 (a)~(c) 提取的传播长度曲线。可以看出，与 h-^{Na}BN 相比，HPPs 在 ^{10}B/^{11}B 纯化的 h-BN 样品中传播长度明显增加。摘自 (Giles, 2018)

　　除了对晶格振动的影响，由于电-声耦合作用，同位素替换的原子质量变化还将影响电子能带结构。这方面一个重要的反映就是对带隙的重整化 (Cardona, 2005)。

　　在温度为 8K 的情况下，T. O. P. Vuong 等利用光致荧光 (Photoluminescence, PL) 光谱，从实验上研究了 h-BN 材料中带隙的变化情况 (Vuong, 2018)(如图 8.31 所示)。因为 h-BN 是具有间接带隙的半导体，为保持动量守恒，复合发光过程需要声子的参与 (Cassabois, 2016a,b; Vuong, 2017a,b)。由图 8.31(a) 可见，h-BN 的 PL 光谱中四个能量为 5.76 eV、5.79 eV、5.86 eV 和 5.89 eV 的发光峰，分别对应于 LO、TO、LA 和 TA 声子辅助复合发光过程。同时 h-^{10}BN 的 PL 光谱相对于 h-^{Na}BN 发生红移，而 h-^{11}BN 的 PL 光谱相对于 h-^{Na}BN 发生蓝移。其中，声子伴峰的能量越高，能量偏移值越大，这反映出同位素效应对声子的直接影响

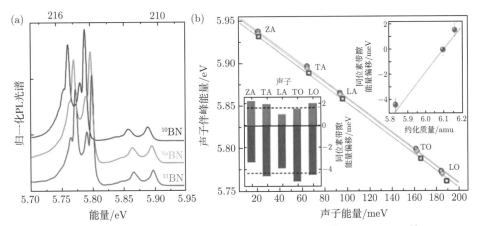

图 8.31　带隙对同位素的依赖关系。(a) 在 8 K 时测量得到的 h-^{10}BN(蓝线)，h-^{Na}BN(绿线) 和 h-^{11}BN(红线) 的 PL 光谱；(b) 在 8 K 时 PL 光谱声子伴峰能量与声子能量的关系。图 (b) 的下插图给出的是，减去声子能量的同位素偏移后，h-^{10}BN(蓝色柱) 和 h-^{11}BN(红色柱) 相对于 h-^{Na}BN 的声子伴峰能量偏移。图 (b) 的上插图给出了带隙能量偏移的同位素依赖关系。摘自 (Vuong, 2018)

情况。通过绘制发光峰的能量与声子能量的函数曲线，将声子的同位素偏移与带隙能量的同位素依赖性分离，可以得到 h-^{11}BN、h-^{Na}BN 和 h-^{10}BN 的间接带隙能量分别为 5960.0 meV、5958.5 meV 和 5954.0 meV。很明显同位素原子有效质量的改变导致了间接带隙能量的变化：^{10}B 纯化的 h-BN 导致间接带隙减小，$\delta E_{\mathrm{g}}^{10} - \delta E_{\mathrm{g}}^{\mathrm{Na}} = (-4.4 \pm 0.2)$ meV，而 ^{11}B 纯化的 h-BN 导致间接带隙增加，$\delta E_{\mathrm{g}}^{11} - \delta E_{\mathrm{g}}^{\mathrm{Na}} = (1.6 \pm 0.2)$ meV。

同位素效应还将对电子密度分布产生影响。Vuong 等通过实验和理论计算相结合的方法，得到了 h-^{11}BN 和 h-^{10}BN 两种材料的电子密度分布，这些结果由图 8.32 给出 (Vuong, 2018)。h-^{10}BN 样品中硼和氮原子核周围电子密度分布在面内和面外两个方向上都比 h-^{11}BN 要更加分散。这项研究揭示了同位素效应对层状晶体电子密度分布的影响 (Yamanaka, 1996)。

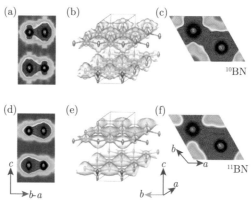

图 8.32　h-^{10}BN(a)~(c) 和 h-^{11}BN(d)~(f) 的电子密度分布图。(a) 和 (d) 是对应平行于 c 轴的二维等高线图。(b) 和 (e) 为三维等高线侧视图。(c) 和 (f) 为垂直于 c 轴的二维等高线图。摘自 (Vuong, 2018)

B. 电子能量损失谱研究

除了上述利用光谱学的方法研究 h-BN 声子振动模式外，近年迅速发展的透射电子显微镜电子能量损失谱 (STEM-EELS) 技术甚至可以做到在原子尺度上的同位素原子分辨 (李宁, 2022)。图 8.33 给出了密度泛函理论计算的 h-^{10}BN 和 h-^{11}BN 的声子色散关系 (左) 和对应的声子态密度 (右)。从右侧的声子态密度分布可见，分别由面内 (160~200 meV) 和面外 (60~100 meV) 模式主导的峰值发生了位移，这两种 h-BN 同位素样品的 LO 和 TO 模式的能量移动均为 3.95 meV。这种大小的能量移动足够通过使用透射电子显微镜电子能量损失谱技术来进行区分。

Li 等将硼源分别替换为超高同位素纯度的 ^{10}B (97.18 at%) 和 ^{11}B (99.69 at%)，在高温下合成了同位素纯化的 h-^{10}BN 和 h-^{11}BN 样品 (Li Y.F., 2021)。然后将纯化的 h-BN 剥离，制成了 h-^{10}BN/h-^{11}BN/SiO$_2$ 异质结，并对这个异质结的界面两侧约 2.2nm 区间做了原子级振动谱分析。图 8.34 (a) 为数据采集区域的高角环形暗场 (high-angle annular dark field, HAADF) 像，图像的比例尺为 0.5 nm；图 8.34 (b) 中的上图为实验采集的 EELS 面外振动信号，下图为使用与实验相同参数的在密度泛函近似下第一性原理计算结果；图 8.34 (c) 为两种面外声子模式的空间分布，箭头表示特征向量的方向和大小。这些图中的

h-^{10}BN/h-^{11}BN 界面使用一根虚线将对应两种不同同位素原子的样品分隔开，左侧为 h-
^{10}BN 区域，右侧为 h-^{11}BN 区域。图 8.34 (c) 的上下两图分别为声子模式 ($q = \Gamma$, $\omega =$
102.468 meV) 和 ($q =$K, $\omega =$ 71.201 meV & $\omega =$ 74.691 meV) 在空间中的分布，为简洁起
见这里分别使用了 ZO$_{\text{low}q}$ 和 ZO$_{\text{high}q}$ 标识。计算结果显示 ZO$_{\text{low}q}$ 模式在界面处的强度变
化较为平缓，而 ZO$_{\text{high}q}$ 模式更集中于界面附近。为了对实验 EELS 振动谱进行定量研究，
研究人员使用多高斯峰拟合的方法提取了 ZO$_{\text{high}q}$ 和 ZO$_{\text{low}q}$ 两个模式的能量在界面两侧
的变化，如图 8.34 (d) 所示。图 8.34 (d) 中青色和橙色区域分别表示了 ZO$_{\text{low}q}$ 和 ZO$_{\text{high}q}$
模式，黑点为多个谱线平均后的声子能量，浅色区域为误差范围。

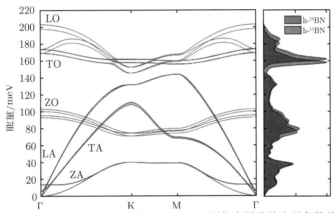

图 8.33   采用密度泛函理论第一性原理计算的两种 h-BN 同位素样品的声子色散关系及声子态密度分
布。蓝色对应 h-^{10}BN，红色对应 h-^{11}BN。摘自 (李宁, 2022)

4D-EELS 除了具有纳米级空间分辨率，还具有高动量分辨率能力。利用这种结合实空
间和动量空间超高分辨能力的 4D-EELS 技术，北京大学高鹏研究组使用 ~10 nm 大小的
电子探针还采集了 h-BN 同位素材料中的色散谱线。图 8.35 (a) 为在 h-^{11}BN 中采集的声
子色散谱线，灰色线为 DFT 计算结果。随后对实验中得到的声子带隙ω_{Gap}进行研究，使
用的是第二布里渊区的 M 点 ($q \sim$4.3 Å^{-1})，由 LA/LO 支形成的声子带隙，位置在图 8.35
(a) 中用使用白色框进行了标识。来自 h-^{11}BN 和 h-^{10}BN 的完全相同区间的放大版在图
8.35 (b) 中给出。图 8.35 (b) 左侧上下两个图分别是来自 h-^{11}BN 和 h-^{10}BN 的第二布里渊
区 M 点声子带隙，动量及能量范围与图 8.35 (a) 中白框包围的区域一致。这里同时给出
了使用 DFT 计算得到的对应该区域的声子色散图。右侧为实验和理论在 $q = (4.35 \pm 0.05)$
Å^{-1} 的谱线轮廓对比。在图 8.35 (b) 中能够看到 h-^{11}BN 和 h-^{10}BN 声子带隙有较明显的
差异。他们研究了四种不同同位素掺杂比例的样品：同位素纯化的 h-^{11}BN、天然 h-BN、
h-^{11}BN/h-^{10}BN 1:1 混合样品和同位素纯化的 h-^{10}BN 样品，并使用多高斯峰拟合方法对
声子带隙的宽度定量化。经过统计分析，每种样品都在 100 nm×120 nm 的范围内均匀取
120 个取样点，得到的声子带隙宽度分布如图 8.35 (c) 所示。图中不同颜色的短柱为不同
样品的统计直方图 (Histogram)，实线为统计直方图的高斯拟合线。

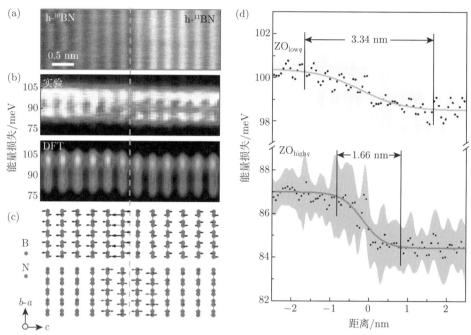

图 8.34　同位素界面原子分辨振动谱的定量分析。(a) h-^{10}BN/h-^{11}BN 界面原子分辨 HAADF 图；(b) 实验采集的 EELS 面外振动信号 (上)，以及使用与实验相同参数的第一性原理 DFT 计算结果 (下)；(c) 模拟结果展示了 h-^{10}BN/h-^{11}BN 界面附近面外声子模式的空间分布，箭头表示特征向量的方向和大小；(d) 实验结果展示了面外声子在界面处的能量变化。使用多高斯峰拟合法从实验谱线中提取定量数据，黑点为多个谱线平均后的声子能量，浅色区域为误差范围。橙色和青色实线是使用 Logistic 函数对黑点拟合后的结果，得到每个声子模式的过渡长度。摘自 (李宁, 2022)

这项研究发现这四个样品的声子带隙宽度和材料成分存在很强的正相关性，以同位素纯化的样品带隙作为参考值，通过对比声子带隙的宽度，甚至能通过实验测得任意比例混合样品中 ^{10}B 的含量。比如，如图 8.35 (d) 所示，利用实验得到的四个样品声子带隙分别为 (21.76±0.47) meV、(23.63±0.78) meV、(25.61±0.27) meV 和 (29.37±0.34) meV，通过简单计算可知 ^{10}B 的含量分别为 (0±6.17)%、(24.0±10.24)%、(50.5±3.54)% 和 (100±4.48)%。高鹏研究组将 4D-EELS 测量的结果与拉曼、散射型扫描近场光学显微镜进行了比较，可以发现他们提出的高动量 EELS 测量方法在空间分辨率达到 10 nm 的前提下，能量精度也同时达到了非常高的水平 (见图 8.35 (d))(李宁, 2022)。

C. 热导性研究

前面已经提到，h-BN 与石墨具有相似的晶体结构、晶格常数、晶胞质量和声子色散关系，但 h-BN 的室温热导率却只有热解石墨的 1/5 左右。其中一个重要的原因是 h-BN 的同位素原子混合度 (19.9% ^{10}B, 80.1% ^{11}B) 要比石墨 (98.9% ^{12}C, 1.1% ^{13}C) 大得多，从而导致声子-同位素原子散射影响更强。由同位素带来的质量紊乱打乱了晶体中的平衡对称性，引起了额外的声子弹性散射，从而降低了材料的热导率。Lindsay 等通过理论计算研究了同位素效应对 h-BN 热导率的影响 (Lindsay, 2011)。对于 h-^{Na}BN 和 h-^{11}BN 两种材料，由图 8.36 可以发现热导率-温度函数的变化约在 100~150 K 达到峰值，然后随着温度升高而降低。这标志着晶格非简谐效应导致的固有声子-声子散射是限制热导率的主要散射机制，这种规律在大多数半导体和绝缘体中都是如此 (如图 8.36 所示)。相对于 h-^{Na}BN，h-^{11}BN 的热导率在 300 K 时增加了约 30%，在 100 K 时增加了约 70%，这正是来源于纯度高的 h-^{11}BN 材料中进一步减少了声子-同位素原子散射的结果。计算结果还表明，当 h-^{Na}BN 和 h-^{11}BN 减薄到单层时，其热导率都会有显著增加 (图 8.36 中绿色曲线所示)。出现这种增强现象主要与对称性的选择规则有关，该规则可强烈抑制二维晶体 (例如单层 h-BN 和石墨烯) 中的声子-声子散射关系 (Seol, 2010; Lindsay, 2010)。

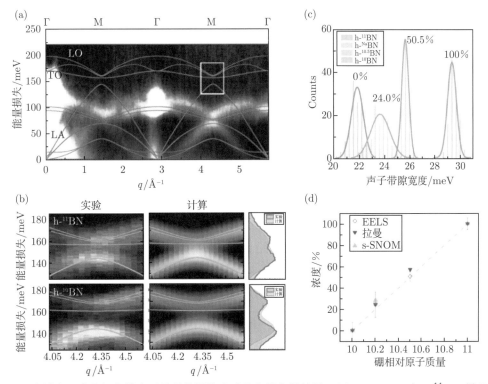

图 8.35   在纳米尺度空间分辨率下获得的同位素成分定量分析结果。(a) 4D-EELS 在 h-^{11}BN 样品中测得的 Γ-M-Γ 方向声子色散关系。(b)h-^{11}BN、h-^{10}BN 在第二布里渊区 M 点的 LA/LO 声子带隙，其范围对应图 (a) 中白色方框区域。同时显示了实验与计算对照结果。(c) 四种不同同位素组分样品中声子带隙宽度的分布，数字表示通过带隙宽度计算的样品 ^{10}B 含量百分比。(d) EELS 测量精度与光学方法的对比。摘自 (李宁, 2022)

h-BN 中的同位素效应除了明显影响其热导率外，其他一些同位素现象也逐渐被发现。比如与 BN 纳米管的作用相似，由于 ^{10}B 同位素具有非常大的热中子捕获截面，可以预期 ^{10}B 富集的 h-BN 中子探测器的探测效率会大大提高。另外，同位素纯化的 h-BN 晶体中因原子质量紊乱造成的声子散射也会大大减少，从而显著增加了声子的寿命。这也为降低双曲型极化声子器件中的光学损耗提供了机会，使得极化声子寿命与光学声子的寿命相当 (Low, 2017)。除了直接调控声子散射，同位素纯化还可以利用核量子效应来间接调控 h-BN 的层间范德瓦耳斯相互作用和相邻层之间的电子密度分布 (Vuong, 2018)，从而实现对电子结构的调控。这些丰富的同位素调控功能，为未来利用与全量子效应相关的同位素纯化、同位素异质结、同位素异质结超晶格、同位素缺陷等研究开辟了新的方向。

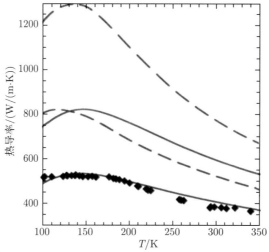

图 8.36　h-^{Na}BN 和 h-^{11}BN 的热导率-温度函数关系。红色实线与黑菱形点分别为 h-^{Na}BN 计算值和测量值，红色虚线代表 h-^{11}BN 的计算值。图中同时用绿色实线给出了单层 h-^{Na}BN 的计算值，用绿色虚线给出了单层 h-^{11}BN 的计算值。摘自 (Lindsay, 2011)

8.3.5　二硼化镁

二硼化镁 (MgB$_2$) 超导体是近年来发现的另一个具有较强全量子效应的硼基化合物材料。自 2001 年 Nagamatsu 等发现 MgB$_2$ 超导转变温度高达 39 K 以来 (Nagamatsu, 2001)，对它的研究迅速成为实用化超导材料研究的一个重要分支。经过二十余年的努力，人们对 MgB$_2$ 的正常态和超导态性质已有了比较全面的认识。同位素效应和压力实验的结果充分表明 MgB$_2$ 是以声子为媒介的超导体，其超导机理大致可以在 BCS 理论框架内解释。但是由于 BCS 理论是在电-声作用较弱的近自由电子模型中建立起来的，MgB$_2$ 的超导机理不能完全符合 BCS 理论。全量子效应对 MgB$_2$ 中的电-声相互作用的影响是不可忽视的。

1. 晶体结构与电子结构

MgB$_2$ 具有简单六方结构，属于 P6/mmm 空间群，晶格常数 $a = 0.3086$ nm, $c = 0.3524$ nm，晶体密度为 2.605 g/cm^3(Buzea, 2001)。在这一结构中硼原子以二维蜂窝状晶格排列，镁原子坐落在相邻两个硼原子层之间，位于硼六边形格子中心的正上方。硼原子层之间的距离明显大于在层内的硼原子距离，这使得 MgB$_2$ 具有较为明显的各向异性 (见图 8.37)。MgB$_2$ 中，硼外层四个价电子中的 p$_x$、p$_y$ 轨道和 s 轨道发生 sp^2 杂化，在平面内形成三个互成 120° 角的 σ 共价键；而未参与杂化的 p$_z$ 轨道与 sp^2 杂化轨道平面垂直，p$_z$ 轨道肩并肩形成一定间隔的 π 键。

MgB$_2$ 中镁原子呈高度电离状态，其最外层的两个电子都贡献给了硼原子，因此在 MgB$_2$ 费米面附近的电子主要是由硼贡献的 (Choi, 2002)。镁离子对硼的 π 电子有很强的吸引作用, 但与硼的 σ 电子相互作用很小。镁离子与硼的 π 电子的相互作用大幅降低了 π 电子能带的能量, 使得 σ 能带和 π 能带发生重叠, 从而导致了 σ 能带的金属化 (Kortus, 2001; An J.M., 2001), 如图 8.38 所示。由于 σ 带并未被完全占据, 形成了类似铜氧化物高温超导体的空穴型导带。

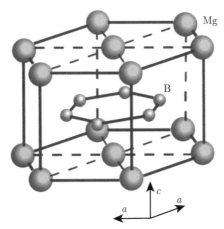

图 8.37　MgB_2 的晶体结构示意图 (Buzea, 2001)

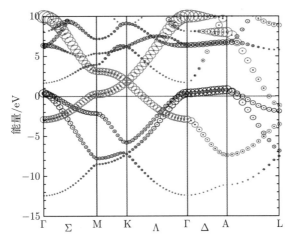

图 8.38　MgB_2 的 p 轨道能带结构示意图, 其中红圈和黑圈分别代表 B 的 p_z 和 $p_{x,y}$ 能带 (Kortus, 2001)

2. 声子结构

MgB_2 的声子频率分布如图 8.39 所示。我们可以注意到声子态密度谱上并未出现较大的间隙 (Bohnen, 2001)。带中心平面内的硼声子振动是非线性的, 而作为核量子效应的结果, 金属化的 σ 电子会进一步与二维平面内硼原子位移的 E_{2g} 子模式发生耦合。这些非简谐振子模式导致的电-声强耦合作用也是非线性的, 对超导有贡献 (Gao M., 2015)(如图 8.40 所示)。

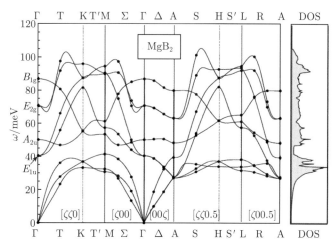

图 8.39　MgB$_2$ 的声子谱与态密度 (DOS) 分布 (Bohnen, 2001)

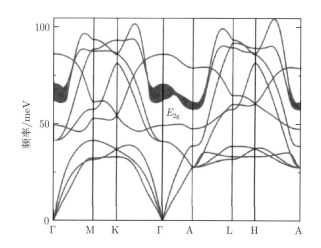

图 8.40　MgB$_2$ 的声子谱，线的粗细程度代表电子与 E_{2g} 声子耦合的强弱 (Gao M., 2015)

在电-声耦合相互作用的超导理论中，导致库珀对形成的电子相互作用的强弱由电-声耦合系数 λ 决定；而 λ 又由材料的有效声子谱 $\alpha^2 F(\omega)$ 决定。图 8.41 给出了计算得到的 MgB$_2$ 的有效声子谱 (Liu A.Y.，2001)。有效声子谱中的强峰是由于电子与 E_{2g} 光学支声子的强耦合导致的。

3. 电-声耦合作用与非绝热效应

MgB$_2$ 的超导转变温度高达 39 K，已接近 BCS 理论预言的麦克米伦极限 (40 K)，因此在发现之初人们曾经认为 MgB$_2$ 的超导电性不能用传统的 BCS 理论解释。但其后的同位素效应实验结果很快表明电-声耦合作用对 MgB$_2$ 超导电性起着关键作用。进一步的压强实验更明确了这一发现。随后的理论计算与实验结果表明，MgB$_2$ 是一个典型的多带超导体，具有两个空穴型的 σ 带、一个空穴型的 π 带和一个电子型的 π 带，不同能带上电子的波矢处于正交状态。由于电-声耦合造成的费米面失稳可以在两个能带的费米面处产生超导能隙, 其中较大的能隙在 5.5~8 meV 之间, 较小的能隙在 1.5~3.5 meV 之间。

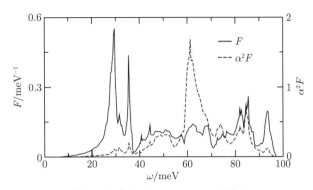

图 8.41　MgB$_2$ 的声子态密度和 Eliashberg 函数 (Liu A.Y., 2001)

　　通过全量子效应研究 MgB$_2$ 超导性的另一个侧面, 是考虑非绝热过程的影响。绝热近似下的模拟计算结果一般会对电-声耦合导致的超导转变温度高估 50%。而考虑非绝热效应后, 计算得到的超导转变温度值会得到很大的修正。Cappelluti 等对 MgB$_2$ 中非绝热效应进行了系统研究, 认为具有很低费米能的 σ 电子可与声子耦合形成新通道, 这导致 MgB$_2$ 中出现两个绝热的 π 带和两个非绝热的 σ 带。图 8.42 给出了简单的能带结构。这种特殊的能带关系导致电子形成非绝热的库珀对, 从而解释了为什么 MgB$_2$ 具有较高的超导转变温度以及与硼原子高度相关的同位素效应指数关系 (Cappelluti, 2002)。此外, K. P. Bohnen 等还进一步指出了电-声耦合与硼原子的高频面内振动有关 (Bohnen, 2001)。

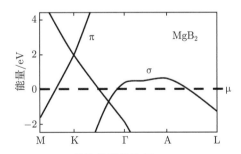

图 8.42　MgB$_2$ 的能带结构简图 (Cappelluti, 2002)

　　相对于 E_{2g} 声子模很强的形变势, 晶格振动带来电子能带结构的重整化, 与零点晶格运动相关的量子涨落导致了费米能级本身的不确定性, 进而使得玻恩-奥本海默绝热近似不再适用于 MgB$_2$ 的超导研究 (Boeri, 2005)。这一现象被 L. Boeri 等具体表述为低费米能效应。特别是当较低的电子费米能 E_F 与声子频率 ω 或电-声耦合参数 g 的能量大体相当时, 绝热假设完全失效。这种情况下不单是玻恩-奥本海默近似已不适用, Migdal 定理也不再适用 (Cappelluti, 2006)。

　　MgB$_2$ 中的 E_{2g} 声子具有显著的非简谐振动性, 而这种非简谐振动性也是 σ 带低空穴掺杂的低费米能效应驱动的 (Boeri, 2002)。为了研究 E_{2g} 模式的非简谐振动性, 可以模拟

晶格畸变 (畸变幅度 $u=0.05$ Å) 前后能带的变化，如图 8.43 所示。对比 MgB_2 与 AlB_2 的结果可以发现，AlB_2 的 σ 能带接近费米能级，但是一直都低于费米能级，电子分布没有改变；而 MgB_2 中初始的 σ 能带顶部高于费米能级，一旦发生畸变，部分布里渊区里简并的能带发生劈裂，且劈裂后能量较低的 σ 能带立刻降至费米面以下，改变了 MgB_2 的电子分布。除了受到能带位移和能带劈裂的数目影响，E_{2g} 模式畸变前后 σ 能带的精确位置也是决定其非简谐振动性的关键因素。

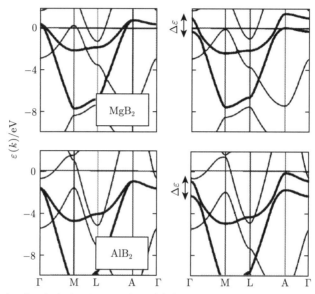

图 8.43　　上图为不考虑 (左) 与考虑 (右)E_{2g} 声子畸变得到的 MgB_2 能带图；下图为同样条件下对应的 AlB_2 能带图。其中 σ 能带由加粗线显示 (Boeri, 2002)

　　　非绝热效应还可以用载流子掺杂和化学替代来检验。电子或空穴掺杂都无法得到比纯 MgB_2 更高的 T_c，而采用化学替代引起的化学剂量失调会造成 T_c 的降低。由于非磁性离子替代不破坏时间反演对称性，根据 ME 理论中的安德森定理，非绝热配对是一个自然的解释 (Cappelluti, 2002)。

　　4. 同位素效应

　　在 MgB_2 的超导电性发现后不久，S. L. Bud'ko 等对其做了同位素效应实验研究，发现样品的超导临界温度 T_c 由 $Mg^{11}B_2$ 样品的 39.2 K 上升到 $Mg^{10}B_2$ 的 40.2 K(Bud'ko, 2001)，如图 8.44 所示。图 8.45 还显示了该变化规律满足 T_c 与各同位素原子质量 m 平方根成反比的关系 (Hinks, 2001)。相应的硼同位素指数 α_B 具有较大值 0.26，说明与硼原子振动相关的声子对 MgB_2 的超导电性起到了重要作用。与此形成对比的是，镁的同位素效应并不显著，相关的同位素效应指数仅为 0.02，这意味着镁原子的振动频率对转变温度影响极小。

　　进一步的理论研究发现，如果直接使用 $\alpha^2 F(\omega)$ 的近似值将无法获得与实验观测的 T_c 和同位素指数 α 相吻合的结果，因此需要考虑声子模式的非简谐效应与电-声耦合各向异性的影响。考虑了这些全量子效应的影响，我们就可以得到非常接近实验值的超导转变温

度 T_c 和同位素指数 α(Hinks，2003)。相关结果已在表 8.1 中给出。

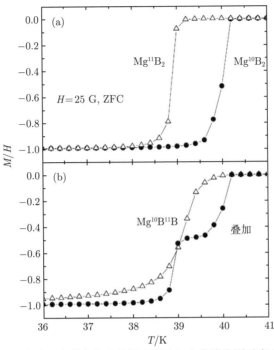

图 8.44 不同温度下磁化强度随温度的变化曲线图。图 (a) 中曲线分别对应 $Mg^{11}B_2$ 和 $Mg^{10}B_2$ 的结果；图 (b) 中曲线分别对应 $Mg^{10}B^{11}B$ 和 $Mg^{11}B_2$ 与 $Mg^{10}B_2$ 数据叠加的结果。所有数据已经做过归一化处理 (Bud'ko，2001)

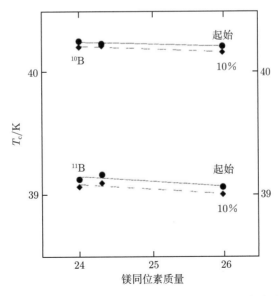

图 8.45 不同硼同位素组分的 MgB_2 样品超导转变温度与镁元素的同位素质量的关系。实线和虚线分别记录了起始转变温度和 10% 转变温度的样品测量数据 (Hinks，2001)

表 8.1　考虑了费米面上声子模式的非简谐效应以及电-声耦合的各向异性情况，采用绝热近似与非绝热近似计算的超导转变温度 T_c、同位素效应指数 α、电-声耦合系数 λ 与声子频率 ω(Hinks，2003)

参数	简谐效应		非简谐效应	
	各向同性	各向异性	各向同性	各向异性
T_c/K	28	55	19	39
α_B	0.42	0.46	0.25	0.32
	(0.46)	(0.48)	(0.27)	(0.33)
α_Mg	0.04	0.02	0.05	0.03
λ	0.73		0.61	
$\omega_\mathrm{ph}/\mathrm{meV}$	62.7		75.9	

注: ω_ph 是 $E_{2\mathrm{g}}$ 模式的能量; T_c 和 α_B 的值是用 $\mu^*(\omega_\mathrm{c}) = 0.12$ 计算得到, 对 α_B 来说 $\mu^*(\omega_\mathrm{c})$ 的值随 T_c 变化。

8.4　碳 (C)

　　碳元素位于周期表的第二周期，原子相对质量约为 12，是第 IV 主族中最轻的元素。特别是碳原子外层的 s 轨道和 p 轨道能量接近，当一个碳原子与其周围原子成键时，它的 s 轨道和 p 轨道一般会以三种方式发生杂化：sp、sp^2 和 sp^3 杂化。在具体材料中，碳原子与周围原子相结合的键角和键长将根据化学环境的不同有所变化。显然，不同的成键方式直接决定了碳原子受到周围原子化学环境的影响情况。在某些杂化情况下，碳原子通过零点振动表现出较强的核量子效应；而在另一些情况下 (特别是具有狄拉克锥形电子能带结构时)，通过电-声耦合会呈现出较强的非绝热效应。

　　在第 2 章讨论凝聚态物质中由全量子效应导致的物理性质时，我们曾举过几个与碳相关的例子。例如，在 2.1.2 节我们曾以金刚石直接带隙的重整化为例，简单介绍了全量子效应通过电-声耦合作用对带隙的修正。这种影响对带隙的改变可以达到 10% 左右，无疑它也会反映到金刚石的光吸收谱上。另外，在 6.1.4 节我们也曾经看到由碳原子组成的石墨烯具有线性的狄拉克锥形电子能带结构。因此在原子振动的过程中，电子并不紧紧跟随原子核的运动，相反更喜欢处于原子稳定结构的电子基态上。电子表现出的这种 "惰性" 特征，与电子-原子核波函数的量子耦合密切相关，由此会导致很明显的非绝热特征。根据碳元素丰富的成键形式，本节我们也以碳材料的各种结构来划分，分别讨论它们各自表现出来的全量子效应。其中有关富勒烯部分的讨论我们放到了最后的超导研究一节中 (8.4.5 节)。

8.4.1　金刚石

　　金刚石是自然界中硬度最高的块体材料，这表明金刚石中的碳原子受到了强大的化学键的约束。低温下，金刚石是一种典型的准谐波晶体 (Ceriotti，2009)，核量子效应对金刚石的晶体结构、弹性模量和电子能带结构等物理性质都有明显的影响。近年来，人们开始在理论层面上考虑金刚石晶体的核量子效应问题，并对相关实验观测给出了更为合理的解释。从这些理论与实验配合的工作中，我们可以清楚地看到核量子效应对金刚石物理性质的影响。

1. 热力学与热传导

过去多年来，凝聚态理论在预测固体的各种物理性质方面已经取得了巨大成功。简谐近似 (HA) 是以将晶格振动处理成声子为基本出发点，但是它忽略了声子量子化之后存在的有效相互作用，因此无法描述非简谐效应导致的各种现象。准简谐近似 (QHA) 作为一种改进的方案，在一定程度上可以通过声子的热激发近似地引入了部分非简谐因素。然而这种方法仍然不能全面反映核量子效应。基于对原子核进行量子化处理的路径积分方法能够更加准确地研究有限温度下的核量子效应，尤其是与非简谐性质直接相关的各种物理问题。2000 年，西班牙 R. Ramírez 研究组利用路径积分蒙特卡洛 (PIMC) 方法计算了金刚石的晶体结构和热力学性质 (Herrero, 2000)。由于金刚石的成键形式比较单一，原子之间相互作用可以采用经验势模型从而获得较为准确的描述。基于这种考虑，Ramírez 等采用了一个修正的 Tersoff 势来进行模拟。他们将 PIMC 的结果与简谐近似和准简谐近似的计算结果，以及实验结果进行了比较，从而定量地确定了核量子效应对金刚石晶体结构和热力学性质的影响。

图 8.46(a) 和 (b) 分别给出了常压下金刚石内能和比热随温度的变化规律。由图 8.46(a) 可见，PIMC 给出的内能随温度的变化关系与 QHA 结果比较一致。常温常压下 PIMC 给出的结合能为 7.31 eV，与实验值 7.36 eV 也很接近。他们同时还计算出零温极限下的单个碳原子的零点能为 0.21 eV/C。由于 Tersoff 势高估了光学声子频率，所以基于模型势的 PIMD 计算得到的比热相比于实验值仍有 70 K 的偏差。在温度上升到 1000 K 以上时，由晶格热振动引起的非简谐效应更加明显，PIMC 得到的体弹性模量 B 明显大于 QHA 结果，如图 8.46(c) 所示。根据弹性能计算得到 B 的零温经典极限为 4.37 Mbar，考虑零点能修正后这个数值下降到 4.18 Mbar，这说明核量子效应降低了体弹性模量。另一方面，上述 PIMD 方法给出的体弹性模量随压强变化与 QHA 几乎重合，在高压下都明显偏离 Murnaghan 状态方程所假设的线性关系 $B(P) = B_0 + B_0'P$(如图 8.46(d) 所示)。

图 8.47(a) 是常压下金刚石晶格常数随温度 T 的变化关系。上述 PIMD 方法的结果与实验值符合很好，QHA 的计算值在高温下略微偏大。PIMC 和 QHA 给出零温极限下的晶格常数分别为 3.5663 Å 和 3.5667 Å，都大于经典极限值 3.549 Å。零点能和非简谐效应导致的晶格膨胀等效于负压强 -66 kbar，这个结果在 $0\sim1500$ K 的温度范围内几乎不变。PIMC 给出的室温晶格常数为 3.5666 Å，与实验值 3.5668 Å 十分接近 (Madelung, 1982)。另外，PIMC 给出的体积、晶格常数 a 随压强的变化与 QHA 几乎一致，这也说明准简谐近似对于金刚石材料结构的描述是足够精确的。金刚石常压下线性热膨胀系数 $\alpha = \dfrac{1}{a}\left(\dfrac{\partial a}{\partial T}\right)_P$ 随温度的变化规律由图 8.47(b) 所给出。由该图可见，PIMC 得到的热膨胀系数与实验值符合较好 (Slack, 1975)，而 QHA(由虚线和点线表示的量子和经典计算方法) 在高温时误差明显偏大。可见，在低温区，当非简谐效应可以用微扰论来处理时，QHA 计算对固体力学性质可以给出较好的描述。但在高温区，QHA 给出的体弹性模量、热膨胀系数、比热等物理量都与 PIMC 结果有明显偏差，表明基于微扰论的准简谐近似已经不能很好地描述热涨落带来的非简谐效应的影响。同时他们还与第一性原理 DFT 计算结果进行了比较 (Pavone, 1993)。

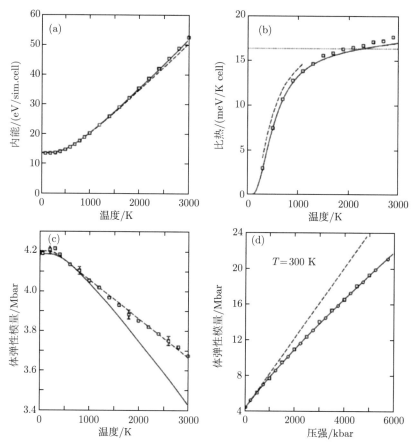

图 8.46 当压强 $P = 1$ atm 时，金刚石的内能 (选取经典近似的能量极小值为能量零点)(a)、比热 (b) 以及体弹性模量 (c) 随温度的变化关系。图 (d) 为温度等于 300 K 时，近似的金刚石体弹性模量随压强的变化关系。其中空心方格和圆圈是 PIMC 模拟结果，实线为 QHA 模拟结果。(a) 中虚线为 HA 结果。(b) 中虚线为实验结果，横点线代表经典极限即杜隆-珀蒂定律给出的结果。(c) 中虚线仅作为引导标识。(d) 中虚线对应线性关系 $B(P) = B_0 + B_0'P$ 给出的结果。摘自 (Herrero, 2000)

  利用路径积分分子动力学 (PIMD) 方法，该研究组还研究了金刚石的晶格振动性质 (Ramírez, 2006)。他们计算中的电子结构部分采用了紧束缚近似哈密顿量的结果。图 8.48(a) 给出了超原胞振动能随温度的变化关系。图中 HA 是简谐近似的结果，这里振动频率是通过对动力学矩阵进行对角化得到的；LR 是线性响应 (Linear response，LR) 的结果，是从 PIMD 计算中通过线性响应关系求出的振动频率。在温度等于 100 K 时，HA 与 PIMD 振动能差别为 0.1 eV，约为总振动能的 0.8%。这是由于 HA 忽略了声子振动的非简谐效应所导致的误差。利用 LR 方法可以基本修正这一误差，对应同样的温度 (100 K)，LR 与 PIMD 差别仅为 0.2%，说明线性响应方法能够正确描述声子振动的非简谐效应。另外，利用 TA 声子速度可求得弹性系数 $c_{44}(c_{44} = \rho v_{\mathrm{TA}}^2)$。在温度为 200 K 时，HA 和 LR 给出的弹性系数 c_{44} 分别为 551 GPa 和 545 GPa，说明考虑非简谐效应的 LR 结果会使弹性系数减小。虽然 LR 得到的 c_{44} 低于实验值 576 GPa(Zouboulis, 1998)，但是它给出的弹性系数 c_{44} 的温差关系与实验结果在趋势上是保持一致的 (见图 8.48(b))。而 HA 得到的相应结果则有明显偏差。

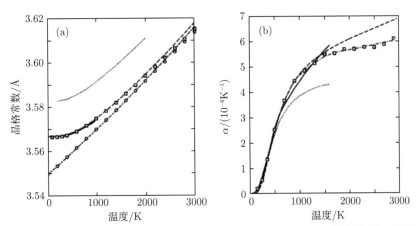

图 8.47 (a) 金刚石晶格常数随温度的变化关系。空心方格是常压下 PIMC 模拟结果，圆圈是经典极限结果。虚线和点虚线是量子和经典 QHA 计算的结果。粗黑线是实验结果，点线是采用 Tersoff 势的 PIMC 计算结果。(b) 常压下金刚石热膨胀系数随温度的变化关系。空心方格是采用 Tersoff 势的 PIMC 模拟结果，虚线是 QHA 计算结果，实线是实验结果，点线是密度泛函理论 (DFT) 近似下第一性原理计算结果 (Pavone, 1993)。其中点划线为导视线。摘自 (Herrero, 2000)

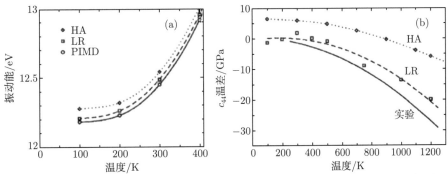

图 8.48 (a) 不同方法得到的金刚石超原胞振动能随温度的变化关系。能量零点为固定原子位置且晶格常数取为 $a = 3.5665$ Å 时的结果。(b) 金刚石弹性系数 c_{44} 的温差关系。理论值的零点取为 LR 的零温极限值。实验值的零点对应实验的零温极限值。摘自 (Ramírez, 2006)

　　碳元素有两种稳定的同位素：^{12}C 和 ^{13}C。它们的自然丰度分别为 98.9% 和 1.1%。同位素替换可以直接影响声子振动，进而影响到与电-声耦合密切相关的热传导性质。金刚石的热导率在固体中是最大的，可以预见同位素替换对其热传导性质的影响会十分显著。1993 年，美国 L. Wei 等测量了自然丰度金刚石 (98.9% ^{12}C) 与同位素纯度增强的金刚石 (99.9% ^{12}C) 样品的热导率随温度的变化关系 (Wei L., 1993)。如图 8.49(a) 所示，随温度降低，同位素纯度增强的金刚石的热导率增幅比自然丰度金刚石的结果要大。当温度为 104 K 时，他们测得由同位素效应导致金刚石热导率的增加可以达到 410 W/(cm·K)。

　　2009 年，A. Ward 等通过求解声子的玻尔兹曼输运方程，计算了两种不同同位素组分的金刚石样品的热导率随温度的变化关系 (Ward, 2009)。如图 8.49(b) 所示，计算结果与实验值符合得很好。通过对声子谱的分析可知，金刚石的强共价键和较轻的碳原子质量共同导致了声学声子频率增高，同时光学声子速度加快，这是金刚石具有极高热导率的根本原因。声学声子携带热量，是形成热流的主导因素，而光学声子与声学声子之间的散射是声学声子散射的重要通道。在 ^{12}C 纯度更高的样品中，同位素杂质造成的声子散射减少，因而将会表现出更高的热导率。

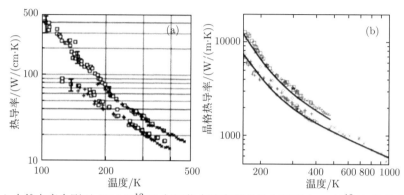

图 8.49　(a) 自然丰度金刚石 (98.9% ^{12}C) 与同位素纯度增强的金刚石 (99.9% ^{12}C) 热导率随温度的变化关系，以及与实验测量值 (加号和叉号) 的对比。图中同位素纯度高 (低) 方格对应上面 (下面) 曲线。摘自 (Wei L., 1993)。(b)Ward 等计算得到的不同同位素组分金刚石热导率随温度的变化关系。上下两条实线分别表示金刚石同位素纯度高或低的结果。图中其他符号采自现有的实验结果。摘自 (Ward, 2009)

除此之外，由核量子效应零点振动导致的零温晶格膨胀是不可忽略的。对于金刚石，这一效应导致晶格常数比静态结构的值增加 0.5%，同时体弹性模量减小 5%。这些差别与密度泛函理论计算本身的误差相当。因此，对于碳这样的轻元素，在提高电子结构计算精度的同时还有必要考虑核量子效应才可以最终获得可靠的结果。相比于路径积分方法，HA 和 QHA 只有在非简谐效应较小时才能得到与实验测量相符合的结果。当非简谐效应较为显著时，例如高温高压下，微扰论已经不能成立，这时必须采用全量子效应模拟方法才能对金刚石的晶体结构和热力学性质给出全面、准确的答案。

2. 电子结构重整化

全量子效应对金刚石的电子能带结构也有着重要的影响。这种影响主要体现在全量子效应对金刚石中准粒子能级和带隙的重整化方面。在第 2 章介绍全量子效应物理性质的时候，我们已经从电-声耦合作用的角度提到过重整化修正现象。这一节我们将针对具体的金刚石材料来更加详细地介绍关于考虑了全量子效应的电子结构计算最新研究结果。

金刚石带隙随着温度的变化关系很早就有较为系统的实验测量研究 (Logothetidis, 1992)。从这些实验数据中我们可以很容易地得到零点振动对于带隙的重整化修正结果约为 0.45 eV。随后理论上也开展了大量工作，这主要集中在对实验观测的带隙随着温度变化关系的理解方面。其中比较有代表性的研究是 2006 年 R. Ramírez 等将路径积分分子动力学与紧束缚哈密顿量结合，计算了核量子效应对金刚石电子结构的重整化修正 (Ramírez, 2006)。图 8.50(a) 和 (b) 分别给出了金刚石价带顶和导带底的电子态密度分布。图中竖直实线对应的是能量期望值，虚线是将原子位置固定在晶格平衡位置时的能量期望值。由图可见，相对于原子处于固定平衡位置时的结果，考虑了全量子效应后，电-声耦合作用使价带顶能量值发生上移。如温度为 100 K 时，这个值上移了 0.11 eV，1000 K 时上移了 0.14 eV。同时，电-声耦合作用也使导带底的能量值发生下移，且导带底下移幅度更大。带边能量发生变化的原因是金刚石电子结构受核量子效应影响发生了重整化。如图 8.50(c) 所示，温度为 0 K 时零点振动引起的量子效应最明显，带隙重整化修正可以达到 0.7 eV 左右，同样我们看到即使室温时修改也仍有 0.45 eV。总体而言，考虑核量子效应后，电-声耦合对金刚石带隙的重整化修正能够达到其带隙大小的 10% 以上。值得注意的是紧束缚哈密顿路径积分分子动力学给出的带隙随温度的变化规律与之前的实验 (Logothetidis, 1992) 和微扰近似计

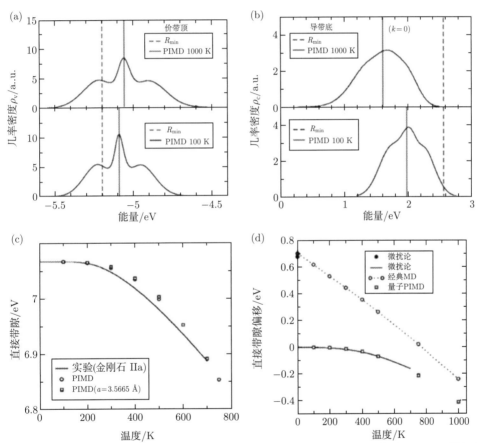

图 8.50 当温度分别等于 100 K 和 1000 K 时，紧束缚哈密顿路径积分分子动力学 (PIMD) 模拟得到金刚石价带顶 (a) 和导带底 (b) 的电子态密度分布。竖直黑线为 PIMD 给出的电子态能量期望值，虚线为静态原子结构对应的能量期望值。(c) 和 (d) 分别表示金刚石能隙和能隙偏移值随温度的变化关系。图 (c) 中的实线为实验结果的一个拟合 (Logothetidis, 1992)。图 (d) 中的空心圆圈是原子核做经典处理的 MD 模拟结果，空心方格为原子核做量子处理的 PIMD 模拟结果。温度 $T = 0$ K 处的黑色圆圈和实线是微扰近似的结果 (Zollner, 1992)。摘自 (Ramírez, 2006)

算 (Zollner, 1992) 结果总体符合较好。相反，如果将原子核做经典处理，分子动力学模拟的结果出现了明显偏差。这些研究说明核量子效应对于带隙的重整化修正是不可忽略的。

上面 Ramírez 等的研究虽然通过路径积分分子动力学方法对原子核做了量子化处理，但是他们的电子结构描述仍然停留在紧束缚哈密顿模型的近似水平。因此，这种近似带来的误差仍使得他们的计算结果存在一定的不确定性。比如，在温度等于 0 K 时他们得到的零点能重整化修正为 0.7 eV，这显然还是高于实验测得的 0.45 eV(Logothetidis, 1992)。从2010 年起，先后有几个团队分别针对这个重整化问题重新开展了基于更精确的电子结构计算的研究。其中 F. Giustino, S. Louie 和 M. Cohen 等基于多体微扰论发展了第一性原理的电-声耦合计算方法，并应用该方法对包括金刚石在内的一系列半导体中的准粒子能级和带隙的重整化问题进行了深入系统的研究 (Giustino, 2010; Zacharias, 2016)。首先，他们计算了金刚石直接带隙随温度的变化关系。图 8.51(a) 给出了计算得到的金刚石直接带隙随温度的变化曲线，可以看到直接带隙随着温度的变化关系与实验测量值 (Logothetidis, 1992) 符合很好, 这说明他们的计算方法从电-声耦合的角度可以有效地描述全量子效应中主要部分的贡献。在这个研究中, 电子结构计算采用的是密度泛函理论的局域密度近似 (LDA)。LDA得到的带隙存在一定误差，但是它对于零点振动重整化的描述是影响不大的。F. Giustino等为此引入了 GW 近似对这个误差进行了定量估计，发现考虑 GW 修正对于零点振动引起的重整化影响只有 0.01 eV。

随后 F. Giustino 等进一步深入地分析了电子能带结构重整化的不同物理来源。在采用绝热的简谐近似下，根据 Allen-Heine 理论可以将电-声耦合对单电子能级 ϵ_{nk} 的修正分解为主要的两项 (参见公式 (2.1))(Giustino, 2010)，即 $\Delta\epsilon_{nk} = \Delta^{\mathrm{SE}}\epsilon_{nk} + \Delta^{\mathrm{DW}}\epsilon_{nk}$。其中 $\Delta^{\mathrm{SE}}\epsilon_{nk}$ 和 $\Delta^{\mathrm{DW}}\epsilon_{nk}$ 分别对应着自能 (Self-energy，SE) 项和 Debye-Waller(DW) 项，它们代表了声子对电子能量的一阶和二阶修正。由图 8.51(b) 可见，这两项的作用都会使能隙随温度减小而下降，但它们的贡献有所不同。在低温下 SE 项的贡献起主导作用，而在高温下 DW 项的贡献有所增加。利用玻色-爱因斯坦定律 $\Delta E_{\mathrm{g}}(T) = -a\left[1 + 2\left(e^{\Theta/T} - 1\right)^{-1}\right]$ 拟合得到有效温度为 $k_{\mathrm{B}}\Theta = 118$ meV，说明金刚石中光学声子是能隙重整化的主要修正来源。

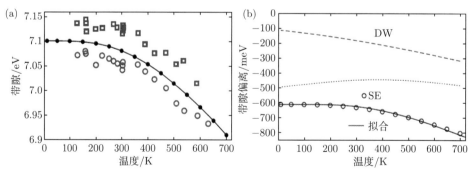

图 8.51　(a) 考虑到原子核量子效应后，金刚石的直接带隙随温度的变化关系。黑色圆点连接的实线为理论计算值，红色圆圈和蓝色正方形为实验值 (Logothetidis, 1992)。(b) 将金刚石带隙修正项分解为 SE 和DW 两部分，它们导致的能隙偏移值随温度的变化关系。黑色实线是利用玻色-爱因斯坦定律的拟合结果。这里 $\Delta E_{\mathrm{g}}(T) = -a[1 + 2(e^{\Theta/T} - 1)^{-1}]$，其中 $a = 615$ meV，$k_{\mathrm{B}}\Theta = 118$ meV。摘自 (Giustino, 2010)

另一个必须说明的地方是，F. Giustino 等最初得到的零点振动对直接带隙的重整化修正值约为 0.6 eV(Giustino, 2010)，这个结果仍高于实验测量值。后来该研究组对计算方法进行了改进，重新计算的直接带隙随着温度的变化关系由图 8.52(a) 所示给出。经过改进后得到直接带隙的零点能重整化为 0.45 eV，它与实验结果完全一致 (Zacharias, 2016)。应用改进的方法他们研究了核量子效应对金刚石间接带隙的重整化情况，计算的重整化修正能量为 0.345 eV，与实验结果也非常接近。这项研究说明当体系的非简谐效应比较明显时，基于多体微扰方法的第一性原理计算是能够对材料电子结构中的核量子效应做出比较好的处理的。

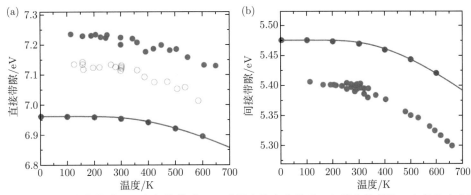

图 8.52　金刚石的直接带隙 (a) 和间接带隙 (b) 随温度的变化关系。红线为计算值，灰色和白色圆点为不同实验值 (Logothetidis, 1992)。摘自 (Zacharias, 2016)

除此之外，过去几年其他一些研究组 (如 E. Cannuccia，X. Gonze，B. Monserrat，以及 K. Ishii 等) 也通过采用对核量子效应不同的处理方法，研究了金刚石中电子能带结构的重整化问题 (Cannuccia, 2011; Poncé, 2015; Monserrat, 2016; Ishii, 2021)。对于这项研究，目前不同的计算方法已经可以获得比较满意的甚至是定量上相一致的结果，与实验测量的偏差也基本是在实验误差范围之内。在此基础上，相应的研究也从金刚石拓展到其他的半导体材料，从而对导致电子结构重整化问题的全量子效应有了比较全面的理解 (参见 2.1.2 节的讨论)。

3. 光学性质

接下来，我们讨论金刚石的光吸收问题。金刚石是一种典型的间接带隙半导体，也即其间接带隙小于其直接带隙。从上面全量子效应电子结构的讨论，大家可以知道，正确描述核量子效应对电子能带结构的重整化修正是准确研究光吸收过程的前提。我们在第 2 章解释全量子效应对凝聚态体系光学性质影响时，曾介绍过 E. Cannuccia 和 A. Marini 合作基于第一性原理方法，研究了零点振动对金刚石光吸收过程的影响 (Cannuccia, 2011)。由图 2.19 可见，原子核量子效应引起的零点振动对金刚石的光学吸收谱产生了强烈的动态影响。该图中一些谱线出现的特征正是反映了核量子效应引起的电-声耦合作用规律。这些都是传统的准粒子近似下对应静态晶格结构的简谐理论所无法理解的。

为了研究金刚石中涉及声子辅助的光吸收或光发射过程, 1954 年 L. H. Hall, J. Bardeen 和 F. J. Blatt 共同提出了声子参与的光吸收理论 (称为 Hall-Bardeen-Blatt 理论 (Hall-Bardeen-Blatt theory)，HBB 理论) (Hall, 1954)。该理论指出对处在原子振动所产生的势场中的电子，可以利用含时微扰方法求解电子跃迁问题。但 HBB 理论没有考虑温度对电子能带结构的影响，后者可通过 AH 理论进行处理 (Allen, 1976)。最近，牛津大学 F. Giustino 研究组指出，利用 F. Williams(Williams, 1951) 和 M. Lax(Lax, 1952) 提出的准粒子方法 (下文称为 WL 公式) 并结合 HBB 理论和 AH 理论，可以给出一种解决固体中直接和间接跃迁光吸收谱的普适方法 (Zacharias, 2015)。WL 公式中对电子和声子做了同等处理，光跃迁看作电子态和原子核量子态之间的跃迁过程。在具体计算中，把末态的量子化振动态近似为经典连续态，于是光吸收表达式仅包含原子核波函数的初态。利用随机抽样方法对原子核初态做系综平均就能得到光吸收对温度的依赖关系。在此基础上，他们进一步发现在给定温度下，根据原子的本征振动可以确定一个特定的原子构型，当超原胞足够大时，只用该原子构型计算就可以替代系综平均，由此可以得到凝聚态体系的介电函数和光吸收谱 (Zacharias, 2016)。基于此改进，F. Giustino 研究组利用 WL 公式计算了金刚石的光吸收系数 (Zacharias, 2016)。如图 8.53 所示，WL 公式可以给出正确的金刚石吸收谱中的间接吸收部分 (红线)。特别值得注意的是，考虑全量子效应后，光吸收的阈值能量从 7 eV 以上降低到 5.5 eV 以下。显而易见，相比之前完全忽略电子和原子核量子耦合运动的贡献，将处于静态晶格位置上的碳原子做经典处理计算得到直接跃迁结果 (图中蓝线)，全量子效应的计算结果 (图中红线) 与实验测量 (图中黑点) 近乎完美符合。

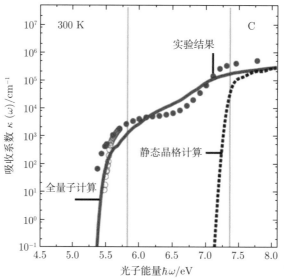

图 8.53　室温下金刚石的光吸收系数。红色实线是 WL 方法得到的全量子计算结果，蓝色虚线是对应静态原子位置的经典计算结果，灰色圆点和圆圈来自不同实验的结果 (Phillip, 1964) 和 (Clark, 1964)。竖直细线标出了将原子放到静态晶格位置上做经典处理计算的间接和直接带隙值。摘自 (Zacharias, 2016)

8.4.2　石墨烯

石墨烯是由具有 sp^2 杂化的 C 原子以蜂窝状形式组成的二维材料，具有独特的狄拉克锥形电子能带结构。在石墨烯原子振动的过程中，电子表现出一种"惰性"，从而导致了较为明显的非绝热效应 (见前面 2.2.2 节讨论)。但是，相比于金刚石中 sp^3 杂化的 C—C 单键, 由于石墨烯中 sp^2 杂化的双键更强, 可以预见核量子效应对石墨烯材料物理性质的影响一般要小于金刚石的情况。

1. 热力学性质

T. Shao 等在密度泛函理论的框架下, 用准简谐近似 (QHA) 方法计算了石墨烯的热膨胀系数和晶格常数 (Shao T., 2012)。这种方法严格讲只是部分考虑了核量子效应的影响。图 8.54(a) 中的红实线和绿虚线是他们得到的热膨胀系数随温度的变化关系。这里红实线是考虑了核量子效应的结果, 绿虚线则未考虑核量子效应。由图可见这两线几乎重合, 表明了核量子效应对石墨烯的热膨胀系数影响确实很弱。

从图 8.54(a) 中红实线可看出, 在 430 K 以下石墨烯的热膨胀系数为负值, 其最小值约为 -2×10^{-6} K^{-1}。负的热膨胀系数来源于原子平面外振动。同时图中黑虚线和黑实线所给出的两个实验数据的最小值均约为 -1×10^{-5} K^{-1}, 表明实验热膨胀系数明显大于理论值。他们认为出现这个差异的原因主要可能来自两个方面。一是实验上的二维石墨烯薄膜样品存在波纹结构 (并非理想的二维平面结构), 二是实验中样品还存在来自衬底的影响。这些因素在理论计算中均未得到充分考虑。

图 8.54(b) 是石墨烯晶格常数 a 随温度的变化规律。由图可见通过不同方法所给出的晶格常数在数值上大小都比较接近, 最大差异约 0.01 Å。图中红实线和绿虚线是 T. Shao 等使用密度泛函理论的准简谐近似 (DFT-QHA) 方法得到的结果 (Shao T., 2012)。这里红实线代表考虑了核量子效应的情况, 而绿虚线则是未考虑核量子效应的情况。比较这两条线可知, 对比不考虑核量子效应时的结果, 考虑了核量子效应后的晶格常数在温度为 0 K 和 300 K 的晶格常数分别增加了 0.345% 和 0.347%。因此, 与预期的一样, 石墨烯晶格常数受核量子效应的影响略小于金刚石的情况。

在局域密度近似下, 图 8.55 (a) 中给出了石墨烯晶格的六边形结构在 $[n,0]$ 方向上发生形变后的弹性模量 c_{11}。当不考虑核量子效应时, c_{11} 在 0 K 温度下的值为 360.83 N/m(对应于单原子层厚取 0.335 nm 时为 1208.78 GPa), 在 300 K 下为 359.93 N/m(1205.76 GPa)。类似地, c_{12} 在 0 K 下为 62.33 N/m(208.81 GPa), 在 300 K 下为 61.36 N/m(205.56 GPa)。如果考虑核量子效应, c_{11} 在 300 K 温度下的值比不考虑核量子效应时下降了 2.72%, 这一修正与温度从 0 K 上升到 1000 K 时 c_{11} 的变化量相当。c_{12} 也有类似的结果。显然, 在研究与温度相关的弹性常数时, 核量子效应是不容忽视的。

由于弹性模量是能量密度对应变的二阶导数, 因此核量子效应对弹性模量的影响可以用零点能对应变的二阶导数来近似。虽然零点能对应变的一阶导数是负值, 但零点能对应变的二阶导数的正负问题尚未确定。因此, 核量子效应对弹性模量的影响是正还是负尚不能完全确定。

在图 8.55(b) 中, 如果不考虑核量子效应, 杨氏模量 E 在 0 K 处的值为 350.07 N/m (1172.73 GPa), 在 300 K 处为 350.01 N/m(1170.72 GPa)。这个计算值略大于 Lee 等 (Lee, 2008) 的实验测量值 340 N/m(1020 GPa)。

当考虑核量子效应后 (如图 8.55(b) 红线表示), 杨氏模量比不考虑核量子效应时 (如图 8.55(b) 绿虚线表示) 有所下降, 在 300 K 处的下降幅度为 2.34%。对比不考虑核量子效应的情形, 当温度从 0 K 增加到 300 K 时, 杨氏模量减小 0.017%((350.07−350.01)/350.07); 当温度增加到 1000 K 时，杨氏模量为 342.4 N/m，比 0 K 时也仅减小 2.2%（(350.07−342.4)/350.07）。由此可见，在研究温度相关的杨氏模量问题时，核量子效应的影响是比较有限的。值得说明的是，无论是否考虑核量子效应，计算的杨式模量都略高于 Lee 等的实验测量值 340 N/m (1020 GPa)(Lee, 2008)，这可能是来自密度泛函理论中局域密度近似带来的偏差。

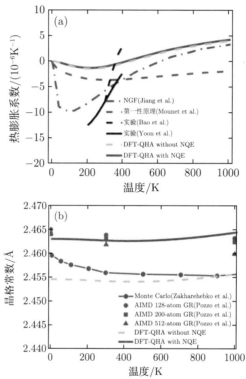

图 8.54　石墨烯热膨胀系数 (a) 和晶格常数 (b) 随温度的变化关系。图中给出了不同实验和理论结果的比较。摘自 (Shao T., 2012)

　　图 8.55(c) 给出了石墨烯在 0 K、300 K 和 1000 K 下的应力-应变关系。对比各种情况，当应变在 0.10 以内时，应力与应变呈线性关系；当应变超过 0.10 时，石墨烯的应力-应变关系表现出明显的非线性行为。当应变继续增大直到石墨烯结构被破坏时，所对应的最大应力代表的是石墨烯的极限强度。总之，当应变大于 0.10 后，核量子效应的影响才开始显现。

　　最后在图 8.55 (d) 中展示了石墨烯的极限强度随温度的变化关系。在 0~1000 K 的温度范围内，极限强度随温度的升高而单调下降。在没有考虑核量子效应的情况下，极限强度从 0 K 时的 120.23 GPa 下降到 1000 K 时的 115.38 GPa，下降了 4.03%。这种极限强度的软化趋势，是由于原子间的相互作用随着温度升高引起的原子热振动有所加强所致。在考虑核量子效应后，在 300 K 温度下石墨烯的极限强度比不考虑核量子效应时下降了 3.37%，这一修正与温度从 0 K 提高到 1000 K 时极限强度的变化量相当，由此可见在极限强度计算中，核量子效应也是不可忽略的。

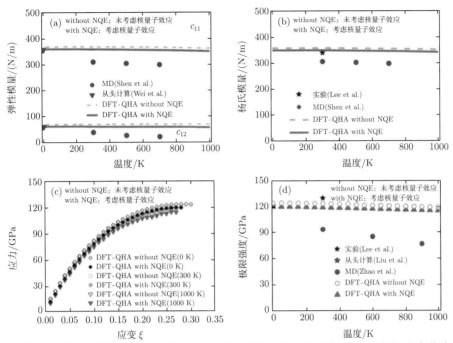

图 8.55 石墨烯力学性质随温度的变化规律。(a) 弹性模量;(b) 杨氏模量;(c) 应力-应变曲线;(d) 极限强度。图中对不同方法的计算结果做了比较,其中 "DFT-QHA with NQE" 标记的数据是 Shao 等考虑了核量子效应后得到的结果。摘自 (Shao T., 2012)

2. 同位素效应

尽管同位素原子替换不影响石墨烯的电学或化学性质,但是一些与原子振动有关的物理性质,如热导率和声子输运等问题仍会对同位素效应十分敏感。

Chen 等报道了同位素效应对石墨烯热学性质影响的实验结果 (Chen S., 2012)。在这个实验中,研究人员采用了化学气相沉积 (CVD) 法得到的含不同比例 ^{13}C 的石墨烯样品,并用微区拉曼光谱仪测量了自支撑石墨烯薄膜的热导率随温度的变化关系。在图 8.56 中,同时给出了由纯 $^{12}C(0.01\%^{13}C)$ 生长得到的石墨烯热导率。当温度为 320 K 时,测量得到这个样品的热导率大于 4000 W/(m·K),该值比由 ^{12}C 和 ^{13}C 按照 50:50 组成的石墨烯的热导率高出 2 倍以上。这点主要是由于热导率受到同位素杂质散射的影响比较大。

8.4.3 碳有机分子

由于碳元素广泛存在于有机物中,因此研究碳元素在有机分子中的核量子效应具有十分重要的意义。相比于前面讨论较多的氢原子,碳原子的相对质量要大得多,一般人们会认为碳原子核的量子隧穿效应相对会很弱。但事实上,一些研究已经发现在某些特殊的有机分子中,碳原子的核量子效应是比较显著的。

我们在 3.1 节讨论化学反应过渡态理论时,曾介绍过反应速率的问题。从类似的考虑出发,这里假设一个宽度为 w,高度为 V 的方形势垒,对于能量为 E,质量为 m 的粒子的量子隧穿几率可以简单表达为

$$D = D_0 e^{-4\pi w\sqrt{2m(V-E)}/\hbar} \tag{8.1}$$

其中 D_0 是数量级为 1 的常数。从公式 (8.1) 可以看出，在一些极端情况下，比如当 w 或者 $(V - E)$ 较小时，碳原子的量子隧穿效应是不可忽略的。最近有文献报道，使用低温扫描隧道显微镜 (STM) 观测甲醛分子在金属表面上的对称吸附位置之间发生跳转过程时，已经证实在 10K 以下这种转移速率与温度无关，表现出明显由碳原子参与的量子隧穿效应。同时，密度泛函理论计算发现碳原子在对称吸附态间的转移过程势垒很低，这些结果都支持了实验中发现的 10 K 以下跳转现象是由量子隧穿效应主导的过程 (Lin C.F., 2019)。

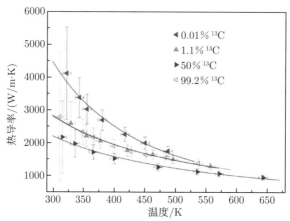

图 8.56　用微区拉曼光谱测量的自支撑石墨烯薄膜热导率随温度的变化关系。样品中 ^{13}C 的组分分别为 0.01%、1.1%(自然丰度)、50% 和 99.2%。实线仅用于引导视线。实验误差是通过平方根和误差传递的方法估算的结果。这里包括了以下误差来源：拉曼峰位置的校准、拉曼测量方法的温度分辨率和激光吸收的不确定度。摘自 (Chen S., 2012)

　　关于有机分子中碳原子核量子效应的研究，理论计算起到了很大的推动作用。最早的一个模型体系是研究环丁二烯分子 (Cyclobutadiene) 简并重排 (Automerization) 问题。环丁二烯是具有反芳香性的 $(4n)$ 环轮烯 (Antiaromatic annulenes) 分子的一种，简单说来具有长方形的空间构型。它由四个碳原子构成闭合链，其中包含彼此相隔的两个 C＝C 双键和两个 C—C 单键。这样它就有两个等价的简并态，空间上的转角相差 $90°$。这两个简并态之间的转换可以通过 C＝C 双键和 C—C 单键的相互跳转来完成，如图 8.57 所示。

　　环丁二烯分子简并态之间发生重排过程的反应路径，可近似看成是一个简单的伸展运动。这相当于把具有 4 个碳原子和 4 个氢原子的环丁二烯分子，当成是由两个相同的等效原子簇 (各包含两个碳原子和两个氢原子) 构成的大分子。在图 8.57 中，有两条简谐势能曲线，最低点分别代表两个简并态的基态。由理论计算得到它们之间的距离 $\Delta R = 0.198$ Å。该值也可以用 C＝C 双键和 C—C 单键的典型键长差 0.18 Å 近似代替。这两条简谐曲线的交点可近似看成是过渡态的最高点，其值依赖于 ΔR 和两个简谐振动的力学常数。根据高阶量子化学方法计算得到的结果范围在 8.3～14.0 kcal/mol 之间，可以假设矩形分子的形变频率 (波数) 为 1000 cm^{-1}，则力常数为 1.532×10^6 dyn/cm(1 dyn=10^{-5} N)，这样可简单估算出相应的势垒高度为 10.8 kcal/mol。

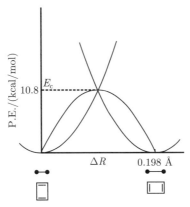

图 8.57　环丁二烯简并重排反应的势能曲线。摘自 (Carpenter, 1983)

为简化量子隧穿的计算过程,研究人员将对应的势垒用一个解析表达式表示,如图 8.57 的开口向下的抛物线。抛物线通过假设的过渡态位置 (0.099 Å, E_c) 和两个简谐势能曲线的最低点。显然这个势垒比实际情况要宽很多,这会显著地降低隧穿几率。

通过贝尔公式 (Bell formula)(Carpenter, 1983),我们可以得到通过该势垒的隧穿几率为

$$G(E) = \frac{1}{1 + \exp\left[\dfrac{2\pi(E_c - E)}{\hbar\nu_t}\right]} \tag{8.2}$$

其中 $\nu_t = \dfrac{1}{\pi a}\left(\dfrac{E}{2\mu}\right)^{1/2}$。这里 μ 是等效简谐振子的约化质量,a 是势垒宽度的一半,E 代表等效双原子分子的简谐振动能量,$G(E)$ 则是对应这个能量的隧穿几率。以上计算给出的是温度为 0K 时的结果。进一步考虑温度效应时,可将上式乘以该能量上的玻尔兹曼分布几率,并对所有能量求和,就可以估算在不同温度下的总隧穿速率。

B. K. Carpenter 计算了温度为 223 K 和 263 K 的量子隧穿速率,结果分别是 8.08×10^4 s^{-1} 和 4.65×10^5 s^{-1}。对应的经典反应速率分别是 1.01×10^2 s^{-1} 和 4.82×10^3 s^{-1}。该结果表明,基于这个简化的理论模型,即使在 273K 以下,核量子效应的贡献也可以占到 97% 以上 (Carpenter, 1983)。把前面理论计算的量子隧穿速率和经典反应速率相加,就可以推算出反应过程的激活参数 $\Delta H = 4.6$ kcal/mol 和 $\Delta S = -15$ cal/(mol·K)。之前实验给出的相应结果分别是 $\Delta H = 1.6 \sim 10$ kcal/mol 和 $\Delta S = -32 \sim -17$ cal/(mol·K) (Whitman, 1982)。通过这个讨论可以看出,虽然这里所用的理论模型比较简单,计入原子核量子隧穿效应显然是研究这个反应过程所必须考虑的。

尽管 Carpenter 等使用的理论模型具有清楚的物理意义,但该模型却远远低估了核量子效应对反应速率的贡献 (Carpenter, 1983)。因此,为了与实验数据做更进一步的定量比较,有必要将这个模型做进一步完善。这个一维隧穿系统的两个对称的势能极小值是简并的。它们的振动能级将发生劈裂 (ΔE_i, i 代表不同的振动态能级)。$\Delta E_i = E_i^- - E_i^+$,其中 $-$ 和 $+$ 符号代表耦合波函数的不同对称性,0^+ 是基态,且 $E_i^{+,-} < E_{i+1}^{+,-}$,$\Delta E_i < \Delta E_{i+1}$。

假定势能满足一个简单关系:$V(R) = AR^2 + B\exp(-CR^2)$,其中 A, B, C 都是待定参数,它们可以通过系统势能的精确计算结果来确定 (Huang Q., 1984)。这个式子中 R

代表分子的构型，对应的 E_i 和 ΔE_i 也可以用数值方法计算出来。这样隧穿速率可通过公式 $k_i = 2\Delta E_i/\hbar (i = 0, 1, 2, \cdots)$ 得到，只是需要最后考虑有限温度下的统计平均情况。研究表明，在 273K 时，主要的贡献来自于基态，即 $i = 0$ 的振动基态，而 $i = 1$ 激发态的贡献很小，更高激发态的贡献则可以忽略不计。ΔE_0 如果在区间 0.009~2.0 cm^{-1} 取值，在 263K 时，隧穿速率可达 $5 \times 10^8 \sim 2 \times 10^{11}$ s^{-1}。而在同样的模型下，对应的经典反应速率在 10^8 s^{-1} 左右。可见，考虑到对称的双能级劈裂，计算得到的量子隧穿速率会有几个数量级的提高。(注意前面的简单模型计算的结果在 10^4 s^{-1} 至 10^5 s^{-1} 之间。)

早期的计算研究一般都是基于一些简单的势能模型。在这些模型方法中，参数的选取是有一定任意性的，从而给计算结果带来了某种不确定性。因此，采用更精确的计算方法进行深入讨论是十分必要的。一些研究人员报道了应用 MINDO/3/HE 方法的计算结果 (Dewar, 1984)。MINDO/3 采用半经验方法计算力常数矩阵，从而是一种得到振动能级的有效方法。这个计算方法中的 HE 代表半电子 (Half-electron) 的意思。计算中选取了普通的环丁二烯分子、氘化的环丁二烯分子以及用 ^{13}C 替换的环丁二烯分子作为对比研究。相比于第一性原理计算方法，该方法能够更好地描述与振动相关的势垒问题。而通过第一性原理计算的结果，还需要加上约 3.6 cal/mol 零点振动能的修正。简并重排反应的动力学计算将根据 J. Bicerano 提出的基于周期性轨道方法来完成 (Bicerano, 1983)。首先计算各系统的能级劈裂，再根据 $\omega_T = 2E/\hbar$ 计算穿透速率，其结果约为 10^{11} s^{-1}。将这个结果与由经典计算得出的反应速率 (约 10^8 s^{-1}) 比较，可见即使在 350 K 的高温下，经典反应速率和量子隧穿速率还是差了 3 个数量级。

如果做进一步的深入分析，就会发现问题远没有上面描述的这样简单。由于环丁二烯分子含有 4 个碳原子和 4 个氢原子，振动自由度众多，且所有的振动自由度都会耦合在一起。也就是说，当讨论两个振动能级之间发生量子隧穿时，还会受到其他振动自由度的影响，因此给问题的准确求解带来很大的挑战。另外，外界环境因素对量子隧穿的影响也很大。比如，在不同的溶液环境中，会测到不同的量子隧穿速率，这些都给准确的理论预测带来很大的挑战。相关的详细论述，读者可以参考最近的一篇报道工作 (Schoonmaker, 2018)。

在处理多自由度的量子隧穿问题时，除计算的复杂度增加外，也会引入一些其他新的问题。比如，最低能量路径 (MEP) 的定义。在通常化学反应问题里，MEP 是最优的反应路径，但对于量子隧穿情况就不一定了。这个原因很简单，我们通过公式 (8.1) 或贝尔公式都可以看出，量子隧穿速率既与能量有关，也与势垒宽度 w 或隧穿频率 ν 有关。而且在自然指数规律下，w 或 ν 是一次方，而能量是 1/2 次方。因此，量子隧穿速率对前者的依赖更大。一般来说，速率最快的量子隧穿不一定通过势能最低的过渡态 MEP。于是需要在扩展的势能面上计算可能的过渡态路径，而不是仅仅在玻恩-奥本海默势能面上找到势垒最低的经典反应路径。这无疑进一步增加了计算的难度，相关过渡态的讨论已经在第 3 章中有所介绍。

在某些问题里，如果可以假设主要的量子隧穿是通过 MEP 发生的，这个过程称为零曲率量子隧穿近似 (Zero-curvature quantum tunneling approximation)。相应地，还有小曲率隧穿近似 (SCT，假设主要的隧穿是通过接近于 MEP 的势能路径发生的，这样可以将 MEP 作为寻找实际路径的出发点) 和大曲率隧穿近似 (LCT，假设隧穿是通过远离于

MEP 的势能路径发生的)。一般来说，有碳原子参与的量子隧穿过程，使用 SCT 计算都可以较快地获得满意的结果。

目前，已经开发了一些程序可以有效地处理上面讨论的问题，比如 POLYRATE 软件 (Zheng J.J., 2010)。不少的研究指出，对接近 SCT 的系统，使用简单的一维量子隧穿模型得到的结果比较接近用复杂的多维势能面模型计算的结果 (Doubleday, 2017)。感兴趣的读者可进一步阅读这方面的文献 (Borden, 2016)。

8.4.4 非晶碳

前面讨论的几种碳材料对应的都是有晶体周期结构的情况，即原子以周期性的方式在规则的晶格上有序排列。而非晶碳却缺乏这种长程有序性，这时全量子效应对材料物理性质的影响如何？这是一个非常有趣的课题。最近，美国芝加哥大学 G. Galli 研究组通过在第一性原理分子动力学中引入量子恒温器 (Quantum thermostat)，对类金刚石非晶碳的核量子效应进行了研究 (Kundu, 2022)。他们的研究表明，原子核量子效应引发的量子振动耦合 (Quantum vibronic coupling) 会对类金刚石非晶碳的电子能带结构和迁移率能隙 (Mobility gap) 进行重整化，从而显著地改变了材料的物理性质。

1. 电子能带结构重整化

图 8.58(a),(b) 和 (c) 分别给出了温度在 100 K 时，由经典和量子模拟得到的三种典型类金刚石非晶碳构型的电子态密度。可以看到，与经典模拟结果相比，核量子效应使得态密度分布变宽，电子价带顶上移，同时导带底下移，整体结果是减小了带隙。另外值得注意的是，图 8.58(a) 和 (b) 中缺陷态的位置基本没有受到核量子效应的影响，尽管它们的电子态密度分布有所拓宽。

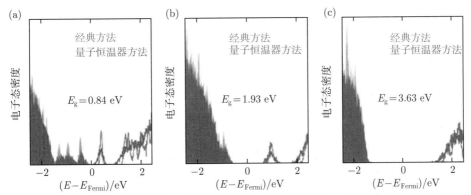

图 8.58 对应温度为 100 K 时，用经典和量子恒温器方法计算得到的三种典型类金刚石非晶碳的电子态密度，它们分别对应 HOMO-LUMO 能隙为 (a) 0.84 eV、(b) 1.93 eV 和 (c) 3.63 eV。阴影区域表示价带，非阴影区域表示导带。摘自 (Kundu, 2022)

图 8.59(a)~(c) 展示了与图 8.58 中相同的三种典型非晶碳材料，在不同温度下考虑了全量子效应后，由电-声耦合导致的 HOMO-LUMO 电子能隙重整化。他们发现，即使在 0 K 下，量子振动耦合也会导致 80~400 meV 的能隙重整化修正 (约为静态能隙的 8%~12%)，而经典模拟的结果低估了能隙重整化效应：例如在 300 K 时低估了 100~350 meV。

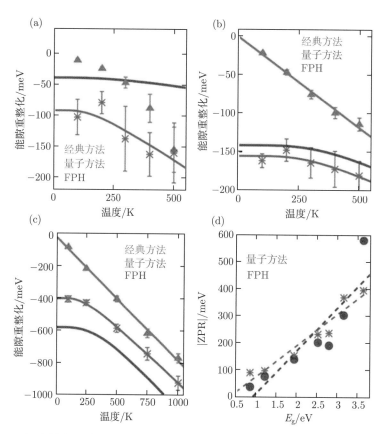

图 8.59 　(a)～(c) 电-声耦合导致的 HOMO-LUMO 能隙重整化修正值随温度的变化规律，分别代表了静态能隙为 (a) 0.84 eV、(b) 1.93 eV、(c) 3.63 eV 的三种典型非晶碳材料。蓝色和橙色点线分别是量子的和经典的分子动力学模拟结果。红线是 FPH 方法的结果。(d) 7 种典型非晶碳结构的 HOMO-LUMO 能隙的零点重整化 (ZPR) 修正值与静态 HOMO-LUMO 能隙的变化关系。蓝色虚线和红色虚线分别为量子模拟和 FPH 结果的线性拟合结果。摘自 (Kundu, 2022)

　　图 8.59 还比较了冻结声子简谐近似 (Frozen-phonon harmonic, FPH) 方法和量子模拟方法的零点重整化结果。FPH 方法虽然引入了核量子效应，但仍在简谐近似范围内。他们发现，在缺陷态浓度较低的非晶碳构型中，FPH 与量子模拟结果较一致，而在其他构型中差异较大。这表明总体而言，只引入简谐近似的冻结声子方法并不可靠。通过进一步的分析可知，FPH 对类金刚石非晶碳体系中振动耦合的描述不够准确有两个主要的物理原因：① FPH 在描述电-声耦合时忽略了高阶项；② 没有充分考虑强声子-声子耦合作用。

　　2. 对轨道局域化和迁移率能隙的影响

　　Kundu 等还进一步研究了全量子效应对类金刚石非晶碳中费米能级附近的轨道局域化和迁移率能隙的影响 (Kundu, 2022)。作为示例，他们研究了 HOMO-LUMO 能隙最小 (0.84 eV) 的非晶碳构型，在它的迁移率能隙内存在各种类型的缺陷态。图 8.60 展示了费米能级附近轨道的电子能量和描述函数局域化的占据率倒数 (Inverse participation ratio, IPR) 的联合概率分布。其中第 i 轨道的 IPR 为 $\int |\psi_i|^4 \,\mathrm{d}^3 r / \left(\int |\psi_i|^2 \,\mathrm{d}^3 r \right)^2$。IPR 值越高，

表明该单粒子波函数局域化程度越高。迁移率能隙是通过计算 IPR 小于一个阈值 (约为 0.0012) 的已占据态和空态之间的能量差得到的。

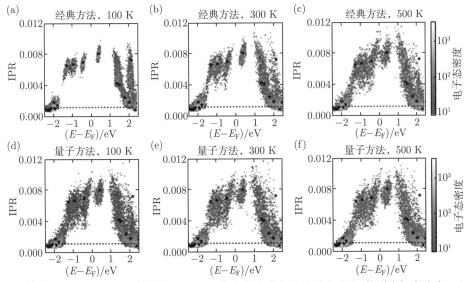

图 8.60　静态 HOMO-LUMO 能隙为 0.84 eV 的非晶碳的电子能量和 IPR 的联合概率分布。(a)～(c) 和 (d)～(f) 分别为经典和量子第一性原理分子动力学模拟结果; 图 (a) 和 (d)，(b) 和 (e)，以及 (c) 和 (f) 分别是温度为 100 K、300 K 和 500 K 的结果。黑色星点代表最接近非晶碳的局部最小值的 IPR 和电子能量，黑色虚线表示计算迁移率能隙所用的 IPR 截断值。摘自 (Kundu, 2022)

　　对比图 8.60 中相同温度下的经典模拟和量子模拟结果，很容易发现全量子效应的引入，使得大多数电子态比在经典模拟中表现得更加离域，同时也存在很小一部分电子态的局域化反而增强。量子涨落的影响在低温 100 K 时十分显著 (对比图 8.60(a) 和 (d) 的结果，图 8.60(d) 中电子态分布更加离域)，在 300 K 时仍然有一定差别，而在高温 500 K 时离域化程度变得不再那么明显了。

　　该研究组进一步发现经典和量子模拟得到的各种非晶碳构型的迁移率边界有较大的差异。如图 8.61(a) 所示，在 $T=0$ K 时，经典模拟的静态迁移率能隙在 $4.27\sim 4.92$ eV 之间，而量子模拟结果在 $4.0\sim 4.2$ eV 之间，其变化范围更小，更均匀。此外，如图 8.61(b)～(d) 所示，经典和量子模拟得到的非晶碳迁移率能隙随温度的变化关系，在定性和定量上也表现了明显不同。总的来讲，这些研究表明，在远高于室温的温度下，核量子效应对非晶碳体系的迁移率能隙的影响仍然是比较显著的。

8.4.5　超导研究

　　由于碳元素中的电子具有 sp、sp^2、sp^3 等多种杂化方式，因此碳化合物的晶体结构和物理性质也会呈现出与之相关的多样性。碳元素化合物的超导电性始终是一个备受关注的研究热点。通过前面的介绍，我们知道高压可以改变一些材料的超导电性，这方面的物理机理主要是通过增强其电-声耦合及相互作用的强度来实现的。最近一些研究表明，除了压强作用外，通过掺杂碳元素化合物也可获得超导电性。其中碱金属掺杂富勒烯和石墨，以及硼掺杂金刚石都是最有代表性的研究工作。

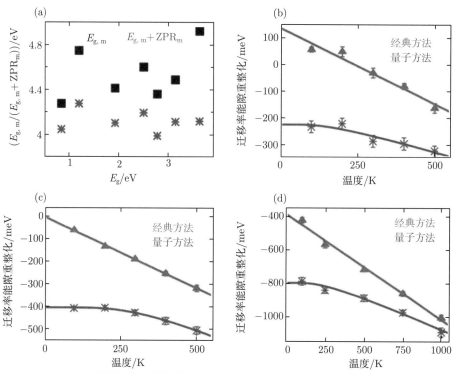

图 8.61   (a) 在 0K 时，不同的非晶碳构型的经典静态迁移率能隙 (黑色方块) 和量子迁移率能隙 (红色星号) 与静态 HOMO-LUMO 能隙的依赖关系。图 (b)~(d) 为三个典型非晶碳结构中，迁移率能隙的电子-声子耦合重整化修正随温度的变化规律。这三个构型的经典静态迁移率能隙分别为 4.27 eV、4.60 eV 和 4.92 eV。摘自 (Kundu, 2022)

　　碳元素在自然界多以石墨形式存在。在高压下，低密度排列的不定型碳元素由碳对逐步转化为碳链，最终形成具有石墨烯层状结构的聚合物。人们在实验中发现，当金属元素掺杂至石墨层中间形成石墨层间化合物 (Graphite-intercalation compounds，GICs) 时，该材料可能表现出超导电性。具有超导性质的碳化合物包括碱金属 (K, Rb, Cs) 石墨层掺杂化合物、二碳化钇 (YC_2) 和六碳化钙 (CaC_6) 等。马琰铭研究组对于在压强环境下出现超导特性的 YC_2 体系以及 CaC_6 体系进行了理论计算研究 (Feng X.L., 2018; Zhang L.J., 2006)。

　　Zhang 等结合全局结构搜索与第一性原理计算，证明 YC_2 在高压下会出现一种稳定的被钇原子隔开的石墨烯层状结构 (Zhang L.J., 2006)。他们发现这种结构的四个新高压相均具有传统的 BCS 超导电性。对 CaC_6 的研究发现，由于掺杂于石墨层间的 Ca 的离子化不完全，在原石墨晶体的费米面附近会出现大量的 3d 电子态。这些电子态与钙原子的低频声子模式发生强烈的耦合作用，最终导致 CaC_6 表现出超导电性 (见图 8.62)。

　　另外一项比较多的研究集中在对准零维的富勒烯引入碱金属掺杂，从而获得了富勒烯超导体，它在常压下的最高超导转变温度可达 33 K($RbCs_2C_{60}$)，并表现出明显的同位素效应。目前，有关碱金属掺杂富勒烯的实验和理论计算结果越来越多支持这类材料的电-声耦合超导机制。富勒烯体系本身是绝缘体，掺入的碱金属向能带里提供电子，这些电子与具有特定对称性的声子发生耦合。目前普遍认为，来自分子内部振动的声子是碱金属掺杂富勒烯出现超导的主要驱动因素。

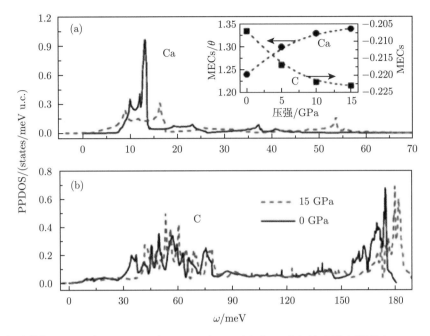

图 8.62 在压强为 0 GPa 和 15 GPa 下，CaC_6 中 Ca (a) 和 C (b) 的声子态密度 (Zhang L.J., 2006)。其中 (a) 的插图为 Mulliken 有效电荷随压强的变化关系。摘自 (Zhang L.J., 2006)

对金刚石掺杂的超导研究也是一个特别受到关注的课题。2004 年 E. A. Ekimov 等在实验中首次发现掺杂硼元素的金刚石体材料具有 4 K 的超导转变温度 (Ekimov, 2004) (如图 8.63 所示)。随后 Y.Takano 等发现掺杂硼元素的金刚石薄膜材料也具有超导电性，并且超导转变温度可提升至 7 K(Takano, 2004)(见图 8.64)。这一体系与二硼化镁 (MgB_2) 在电子与声子耦合方面具有相似之处，且都发生在掺杂的强共价键 (C—C 或 B—B) 体系中。

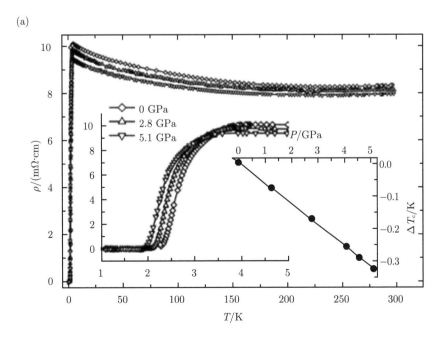
(a)

(b)

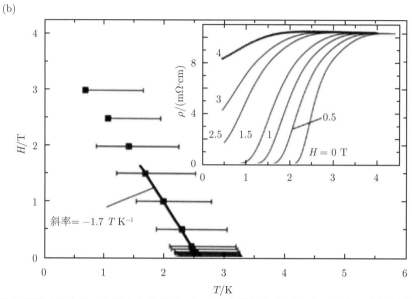

图 8.63　掺杂硼原子的金刚石电阻率和上临界场。(a) 在常压和高压下电阻率的温度依赖关系。插图详细展示了 5 K 以下电阻率变化和压强诱导的电阻跃迁中点的位移 ΔT_c。(b) 上临界场的温度依赖关系。电阻中点被用来定义 H_{c2}。插图显示了 0～4 T 磁场下，T_c 附近电阻率的变化。摘自 (Ekimov, 2004)

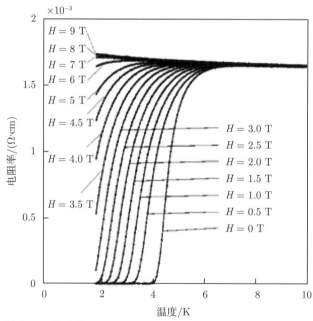

图 8.64　掺杂硼原子的金刚石薄膜在不同磁场下电阻率的温度依赖关系。在没有磁场的情况下，电阻率在 7 K 左右开始下降，在 4.2 K 左右降为零。摘自 (Takano, 2004)

不同之处在于前者属于空穴型掺杂，而后者属于自掺杂。理论计算结果表明，由金刚石的 C—C 键拉伸振动引起的形成焓，比 MgB_2 的 B—B 键间拉伸振动对应值高约 60%，而低的形成焓是影响超导转变温度的重要因素 (Lee, 2004)。因此随着金刚石掺杂硼的比例增加，它的超导转变温度也会越接近 MgB_2 的超导转变温度。

除了第 7 章介绍的含钇氢化物 YH_6 和 YH_{10} 在高压下会出现接近室温的超导转变外，这里我们讨论了含钇碳化物 YC_2 也会表现出超导性质。因此金属元素钇与其他轻元素组成的化合物的全量子物理性质研究，特别是超导电性，在压力下来自全量子效应影响的变化是一个值得重点关注和深入研究的课题。目前这方面的报道还很少见。

8.5 氧 (O)

仅次于最简单的氢元素和氦元素，氧元素是宇宙中按质量分布第三丰富的元素。它的原子相对质量为 16。由于氧元素较为活泼，通常是以化合物的形式存在。前面在介绍与水相关的物性时，虽然我们重点关注了氢原子的全量子效应 (如 7.2 节的讨论)，但需要指出的是氧原子的量子属性也是非常重要的。其中一个典型的例子是低温下在金属表面水分子二聚体的扩散行为，如果我们只考虑氢原子的量子属性而把氧原子作为经典粒子处理，我们就很难理解为什么低温下一对水分子的扩散甚至比一个水分子更快。这部分内容我们将放到第 10 章研究环境问题时再详细介绍。

氧化物中有一类铁电性质完全受全量子效应调控的材料，它们就是在低温下不受温度变化影响的、具有量子顺电性的氧化物铁电体。我们曾在 2.1.5 节介绍全量子物理性质时，讨论过氧化物铁电体材料在考虑了核量子效应后表现出来的量子顺电性。本节我们再集中介绍两个典型的具有量子顺电性的氧化物例子。

8.5.1 钛酸锶

钙钛矿结构作为一大类广泛应用的铁电材料，一般在高温下呈顺电相，随着温度的降低，出现自发极化，它们会转变为铁电相。发生铁电性质变化的同时还伴随有结构的变化。如未极化时呈立方相，极化后在极化的方向上发生对称性破缺，体系会转向四方相、正交相、菱方相结构。钛酸锶材料具备典型的钙钛矿 ABO_3 结构：钛原子位于晶格中心，与相邻的 6 个面心上的氧原子形成钛氧八面体，锶原子排布在钛氧八面体 8 个顶点上。这里每个锶原子具有 12 个第一近邻的氧原子。但区别于其他钙钛矿材料，尽管钛酸锶在低温下具有较高的介电常数，然而随温度降低其值一直保持不变直至温度接近绝对零度。这一现象被称为量子顺电性，也即完全由核量子效应导致的顺电性质。

在第 2 章讨论全量子效应物理性质时，我们曾介绍过 Barrett 公式 (2.7)，该公式是 Barrett 在对钛酸锶材料中所有钛、锶、氧原子做全量子化处理时提出来的 (Barrett, 1952)。由该公式我们不难发现，当温度较高时 $(T \gg T_1)$，核量子效应减弱，Barrett 公式简化为经典的居里-外斯公式。

1979 年 Müller 和 Burkard 首次给出了钛酸锶材料详细的低温测量结果。实验表明，当 T 从高温往下降时，材料的介电常数一开始快速上升，这点完全符合经典的居里-外斯定律。但当温度 T 进一步降到 10 K 以下的时候，介电常数再不随温度的变化而改变，而是趋近于一个稳定值 (可参见图 2.20)。这个实验证实了量子顺电性的存在，但是进一步分析他们实验中的低温数据点可以发现 Barrett 公式仍存在一定的局限性。

1995 年，D. Vanderbilt 及其合作者发展了一套基于第一性原理的有效哈密顿量方法，可以实时地反映有限温度下铁电材料的原子结构和极化状态的变化情况 (Zhong W., 1995)。他们认为, 测不准关系所揭示的量子效应不仅受到原子核波函数的影响, 还与相应原子在空间中坐标位置的不确定性有关。

Vanderbilt 等将模型哈密顿量与路径积分蒙特卡洛方法结合, 对钛酸锶材料做了进一步的理论模拟, 结果如图 8.65 所示。研究发现, 在这类材料中钛原子与氧原子之间发生不同的相对运动方式, 会导致两种完全不同的极化情况。具体讲是在核量子效应的影响下, 它们对应的物理性质是不一样的。相比经典的蒙特卡洛模拟, 对于反铁畸变模 (Antiferrodistortive modes, AFD modes), 核量子效应只是定量降低了相变温度; 而对于铁电模 (Ferroelectric modes, FE modes), 在低温区间核量子效应则完全压制住了本应发生的铁电相变。这个发现表明, 核量子效应不仅能够定量地改变体系从立方相到四方相结构相变的温度, 还能定性地改变体系的铁电性质 (Zhong W., 1996)。对于具有钙钛矿结构的铁电材料, 不同的对称结构之间的能量差很小, 因此当温度降低时, 量子涨落会显著地改变材料的自发极化以及相关的介电常数等物理性质 (Höchli, 1979; Carlson, 2000)。

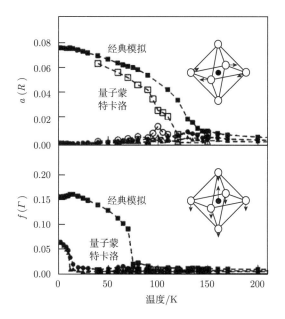

图 8.65   利用基于第一性原理的有效模型哈密顿量方法模拟给出的铁电和结构序参量随温度的变化关系。$a(R)$ 和转动 $f(\Gamma)$ 表示钛酸锶声子谱计算得到的软模。原子的振动模式如插图所示, 它们分别对应钛氧八面体绕轴模式 (AFD modes, 上图) 和钛氧原子之间相对运动产生的极化模式 (下图)。后者由于 $f(\Gamma)$ 对应极化产生, 又称铁电模 (FE modes)。由图可以看到通过路径积分蒙特卡洛方法在考虑核量子效应后的模拟结果, 以及与经典蒙特卡洛模拟结果比较的差异。对于 AFD 模, 核量子效应只是定量降低了相变温度 (上图); 而对于 FE 模, 在低温区间核量子效应则完全压制住了本应发生的铁电相变 (下图), 显示了量子顺电性。摘自 (Zhong W., 1996)

在理解了出现量子顺电现象的基本原理后, 如何利用全量子效应来调控量子顺电性便成为了一个有趣的课题。最近 K. A. Nelson 研究组利用太赫兹电场激发钛酸锶 (SrTiO$_3$) 中离子的定向迁移, 使这个被量子涨落抑制而隐藏起来的铁电相重新显露出来。图 8.66 显示了这个实验过程。研究发现晶体对称性的降低将诱导声子激发光谱出现明显的变化，从而证明了铁电相的存在 (Li X., 2019)。这项工作表明外场可以调控铁电交互作用和量子涨落的相对强度，因而使隐藏的铁电相再次出现。另外，H. Wu 等提出引入元素掺杂来有效地调控原子核量子涨落，以此达到调控铁电效应的目的。比如，在 $Ba_xSr_{1-x}TiO_3$ (BSTO) 中，他们改变了 Ba 的掺杂浓度，发现材料会从量子顺电态变为量子铁电态，之后进一步发生向经典铁电体的相变 (Wu H., 2006)。他们还证明掺杂 Pb 等其他元素也会观测到类似的现象发生。

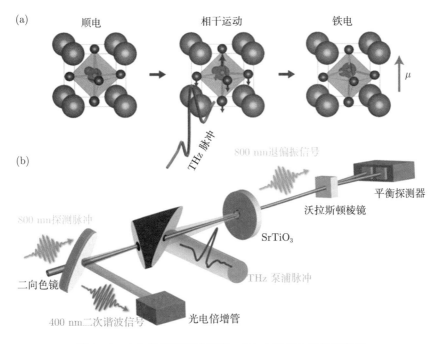

图 8.66   (a) 结构调制示意图；(b) 太赫兹电场激发装置

同样，由前面的讨论可知，同位素替换是核量子效应的一种重要调控手段。因此可以预期通过同位素替换来改变氧原子的质量，也将会有效地控制量子涨落 (Kvyatkovskiǐ, 2001)。已有工作对一些铁电材料进行氧原子的同位素取代，从而达到调控铁电器件性能的目的。比如，在 $SrTiO_3$ 中用比较重的 ^{18}O 取代较轻的 ^{16}O，可以在抑制 $SrTiO_3$ 中量子涨落的同时，并不改变其铁电交互作用的强度。于是，在不加外电场激发的情况下，可以在 $SrTi(^{16}O_{1-x}{}^{18}O_x)_3$ 样品中诱导出铁电极化 (如图 8.67 所示在 ^{18}O 样品 (STO18) 中出现明显的峰值)(Wang R., 2001; Itoh, 1999)。

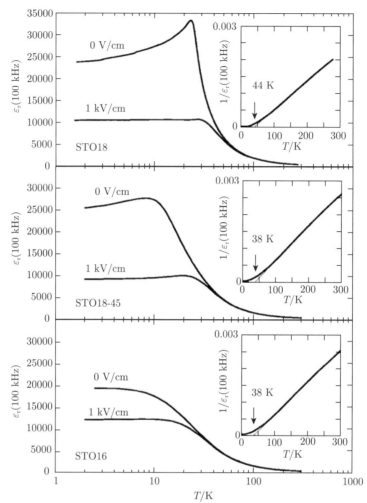

图 8.67   在 SrTiO$_3$ 中用较重的 ^{18}O 取代较轻的 ^{16}O，可以通过核量子效应抑制 SrTiO$_3$ 中量子涨落
(Itoh, 1999)

8.5.2   钡铁氧

这方面研究的另一个例子是一种具有 M 型六角结构的钡铁氧体材料 (BaFe$_{12}$O$_{19}$)。因为这种材料表现出亚铁磁性质，所以它具有重要的商业与技术应用价值。多年以来，对钡铁氧晶体结构的讨论一直存在争议。一种常见的观点认为钡铁氧体材料的结构具有 P6$_3$/mmc 空间群。然而有一部分实验却观测到铁离子沿晶格 c 轴的方向偏离了此空间群结构对应的中心位置，导致对称性发生改变。为解决这一争议，P. S. Wang 与 H. J. Xiang 通过第一性原理计算对钡铁氧体结构进行了研究 (Wang P.S., 2014)。

图 8.68 展示了基于第一性原理密度泛函理论 (DFT) 的偶极-偶极相互作用 (Dipole-dipole interation, DDI) 模型，计算得到的钡铁氧体处在不同电极化构型下的结构总能。可以看到，ab 面内为反铁电相，并且沿 c 方向为铁电相的晶体构型具有的总能最低。基于这个结果，Wang 和 Xiang 预言钡铁氧体的晶体结构极有可能是一个阻挫反铁电态，并依照这

个模型解释了实验上观测到的铁离子出现偏离中心位置的现象 (Wang P.S., 2014)。与此同时，结合钡铁氧体材料的亚铁磁性质，他们还进一步提出这是一种新型的多铁材料，由此认为这类材料可能会在阻挫反铁电现象的研究以及多态存储器 (Multi-state memory device) 的研制上有着重要的价值。但是他们的 DFT 计算存在一个问题，即没有考虑核量子效应的影响。做出这种简化考虑的原因很简单，人们一般普遍认为由相对较重元素组成的材料 (比如钡铁氧 (BaFe$_{12}$O$_{19}$)) 的核量子效应并不重要。

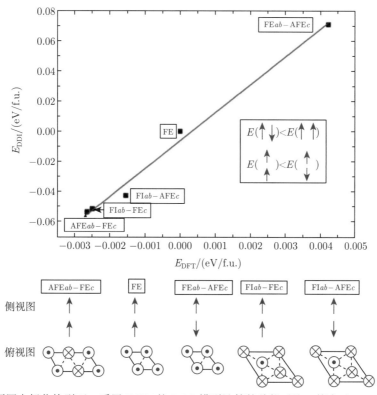

图 8.68 不同电极化构型下，采用 DFT 的 DDI 模型计算的总能对比。摘自 (Wang P.S., 2014)

但是，真实情况中核量子效应对这个材料的影响是不是如同他们所推断的那样不重要，这点一直存在很大争议。为了对该体系做进一步验证，S. P. Shen 等从实验上详细测量了钡铁氧体材料的介电常数 (Shen S.P., 2016)。有趣的是，由钡铁氧体介电常数随温度的变化关系来看，并未发现在低温下应处在反铁电有序态的迹象，相反是在低温下呈现出一个不依赖于温度变化的介电常数平台，如图 8.69 中黑线所示。正如前面讨论钛酸锶材料一节中介绍的，这样的介电常数平台的出现，预示着核量子效应对钡铁氧体低温下的电极化性质起到了主导作用。具体讲低温下钡铁氧体很可能也对应为一种量子顺电性材料。这是与 Wang 等的理论预言所不一致的。Shen 等利用上文中提到的能够很好地描述量子顺电体钛酸锶介电常数的温度依赖 Barrett 公式 (2.7)，对钡铁氧体的介电常数-温度曲线进行了拟合，拟合结果与实验观测完全一致 (图 8.69 中红线所示的是理论拟合结果)。这个工作更加有力地说明了由于核量子效应的影响，钡铁氧体材料的反铁电序消失了，使钡铁氧体在低温下处在量子顺电态。这是一种有别于钛酸锶的新型量子顺电材料。

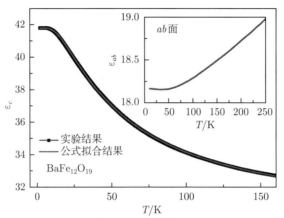

图 8.69　钡铁氧体介电常数的温度依赖关系。其中黑线为实验结果，红线为利用 Barrett 公式拟合的理论结果。摘自 (Shen S.P., 2016)

　　此外，Shen 等又通过热容及热导测量，在低温下观察到了不寻常的低能激发现象。结合上面提到的钡铁氧体材料中存在的阻挫反铁电耦合以及明显的核量子效应，Shen 等通过类比近些年备受关注的量子自旋液体，提出了量子电偶极化液体 (Quantum electric-dipole liquid) 的概念，这为相关方面的物理研究开辟了一个新方向。

　　尽管 Shen 等的实验指出了钡铁氧体材料具有存在量子顺电的可能性，但人们仍然需要相应的理论研究，从微观层面对钡铁氧体材料的量子顺电性做进一步的确认。为此，X. F. Zhang 等利用上一节中提到的由 D. Vanderbilt 等发展的模型哈密顿量方法，基于第一性原理计算的电子结构，针对钡铁氧体材料的量子顺电性质进行了路径积分蒙特卡洛模拟研究 (Zhang X.F., 2020)。如 2.1.5 小节对铁电性质讨论时所介绍的，通过对比经典蒙特卡洛（图 2.21(a) 中蓝色方形）与路径积分蒙特卡洛（图 2.21(a) 中紫色圆形）模拟得到的介电常数，Zhang 等发现，引入核量子效应能够抑制钡铁氧体材料中反铁电有序态的出现，从而导致了低温下出现不依赖于温度的介电常数平台。这一结果能够很好地用 Barrett 公式来解释（图 2.21(a) 中虚线为拟合结果），并与 Shen 等的实验观测（如图 2.21(a) 小图中的黑色方形所示）相一致。在图 2.21(b) 中，他们还给出了电极化率的倒数与温度的关系，进一步支持了上面的讨论。

　　此外，Zhang 等还利用路径积分蒙特卡洛模拟分别计算了钡铁氧体材料中热涨落及核量子涨落对其原子核位置移动的贡献（分别对应图 2.21(c) 中红色三角形、蓝色圆形及黑色方形）。从结果可以清楚地看出：随着温度的升高，核量子效应对原子核位置移动的贡献逐渐减小。相反，热涨落的贡献则逐渐增大，直至彻底主导了钡铁氧体材料中原子核位置的移动。在热涨落主导的高温区间，钡铁氧体材料处在经典顺电态，其行为可以由居里-外斯（Curie-Weiss）理论所描述。而在低温区域，量子涨落在 10 K 左右时便起到了与热涨落相近的作用，并在更低的温度下发挥了主导作用。在这样的低温下，尽管钡铁氧体仍然处在顺电态，但由于诱导出顺电性的涨落来源于核量子效应，这部分低温下与量子涨落相关的性质并不表现出明显的温度依赖。这便是量子顺电体中介电常数在低温下出现平台的原因。由此，钡铁氧体中的量子顺电性被理论上进一步地确认。

　　从本节的讨论可以知道，在钡铁氧体材料中，由于核量子效应引起的量子涨落在低温下起主导作用, 钡铁氧体材料并未处于利用经典的第一性原理方法计算所预言的反铁电态, 而是处于量子顺电态。这个工作再次表明了在一些特定情况下, 尽管材料并不是由轻元素原子组成的, 对应测不准原理由空间位置不确定性导致的原子核量子态重叠增大, 这会使核量子效应的作用在低温区更加彰显, 从而对材料的晶体结构和物理性质起到决定性的影响。进一步地讲, 在这些情况下全量子效应可能会诱导出一些新奇的物态 (比如这里提到的量子电偶极化液体), 从而为材料制备及相关物性的研究提供了新的平台。

8.6 硅 (Si)

硅是最重要的半导体材料之一, 特别是在信息化高度发达的今天, 硅已成为各种半导体器件和集成电路的基础材料。硅位于元素周期表中的第三周期, 原子质量相对较大。与前文讨论的几种轻元素相比, 一般会认为硅的核量子效应不重要。然而, 实际情况并非如此简单。除了核量子效应之外, 由于硅是间接带隙半导体, 全量子效应的非绝热部分 (即考虑原子核与电子之间的量子耦合运动) 在硅基材料的光吸收和光发射研究中也值得特别重视。本节重点将从这两个方面展开, 介绍全量子效应对硅半导体物理性质的影响。

8.6.1 反常热膨胀

首先, 我们知道在低温下硅的晶格结构存在反常热膨胀行为, 即热膨胀系数为负值。早期工作通常认为利用准简谐近似 (QHA) 可以很好地解释硅晶格结构的反常热膨胀现象 (Biernacki, 1989b)。一般情况下 QHA 模型假设每个简谐振子 (声子) 的频率与体积有关, 定义格林艾森参数 (Grüneisen constant) 为 $\gamma_\omega = -\partial(\ln\omega)/\partial(\ln V)$, 其中 ω 是声子频率。通过这个关系式, 我们看到负的格林艾森参数会导致负的热膨胀系数。对于硅, QHA 模型预测低能声学声子 TA 模具有负的格林艾森参数, 于是便推测它是导致硅在低温下出现反常晶格膨胀的主要原因。随着温度升高, 声子被激发到更高能量的声子模上, 这些高能模具有正的格林艾森参数, 从而使得热膨胀系数再次改变了符号。

2018 年, 美国橡树岭国家实验室研究人员及合作者利用非弹性中子散射测量了不同温度下半导体硅的声子色散关系, 发现对于大部分声子模 (包括低温下的 TA 模), 它们的能量随温度升高而下降 (即出现软化)(Kim D.S., 2018), 如图 8.70 所示。这与上面 QHA 给出的计算结果正好相反。QHA 计算给出的是 TA 声学声子能量随温度增加而升高, 对应于负的格林艾森参数。这说明 QHA 方法无法正确解释硅晶格的低温反常膨胀现象, 我们需要考虑更高阶的非简谐效应。

因此, D. S. Kim 等采用随机初始化温度相关有效势 (Stochastically initialized temperature-dependent effective potential, s-TDEP) 方法对这一问题做了进一步的理论研究。s-TDEP 方法包含了晶格动力学哈密顿量的高阶项贡献, 即考虑了包含声子-声子相互作用的核量子效应。利用这个方法他们准确地模拟了声子能量随温度升高的软化行为。同时他们还发现, 声子能量随温度的偏移范围较大, 且有正有负。低温下的平均偏移接近于 0, 与 QHA 结果类似。在高温下, s-TDEP 给出 TA 模的平均声子能量随体积增大和温度升高均出现软化, 与 QHA 结果的符号正好相反。这说明 QHA 在低温下能给出与实验符合的结果是由于不同声子的贡献在很大程度上相互抵消了, 并不能反映真实的物理原因。可见只有考虑了全量子效应，才能全面正确地理解这一实验现象。

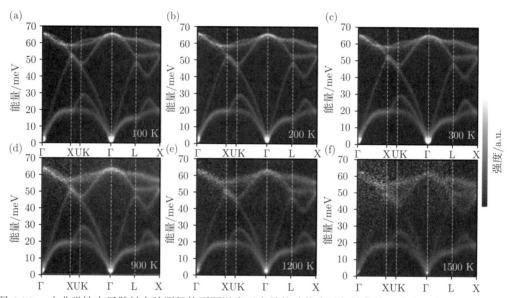

图 8.70　由非弹性中子散射实验测得的不同温度下半导体硅的声子色散曲线。其中对应的温度分别为 (a)100 K，(b)200 K，(c)300 K，(d)900 K，(e)1200 K，(f)1500 K。摘自 (Kim D.S., 2018)

　　这个问题背后真实的物理原因是，原子核量子效应直接导致了负热膨胀系数 (见图 8.71)。声子非简谐效应即声子-声子相互作用在整个温度范围内都在起作用，改变了原子间的有效势，使得声子能量向高能或低能方向偏离。核量子效应导致声子之间存在不为零的非简谐耦合。低温下，即使高能声子模并未被激发，高能振动模的零点能仍可以通过非简谐耦合改变低能声子的自由能，进而改变晶体自能与体积的关系。s-TDEP 计算与实验观测得到了一致结果，即低温下半导体硅表现为反常热膨胀。这个例子充分说明了全量子效应在材料热学性质研究中的重要性。

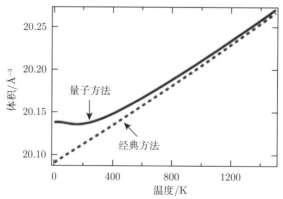

图 8.71　分别采用经典和量子模拟方法，计算得到的半导体硅中每个原子平均体积随温度的变化关系。摘自 (Kim D.S., 2018)

8.6.2 声子辅助光吸收

我们知道硅除了在集成电路半导体器件方面的应用外,另外一个重要应用是作为太阳能电池材料.因此研究硅的光吸收问题,对实际应用非常重要.与金刚石一样,硅也是具有间接带隙的半导体,其带隙值约在 1.1~1.2 eV 之间,并且随温度会发生明显变化 (Zacharias, 2015).硅的间接带隙在低温 (<100 K) 下明显偏离随温度减小而变大的线性规律,而且该数值随着温度降低趋于一个稳定值 1.17 eV(如图 8.72(a) 所示).这个现象主要是来自于硅原子核量子效应的作用,其物理本质是零点振动带来对电子结构的重整化.

硅是具有间接带隙的半导体材料.它的直接带隙是 3.4 eV,大于可见光频率,因而不能直接通过电子跃迁吸收可见光.硅对可见光的吸收是通过声子参与的电子间接跃迁过程来完成的,也就是由声子辅助的电子跃迁来实现的.这就涉及要考虑电子-原子核量子耦合导致的非绝热效应.因此,只有对电子和原子核进行波函数量子化处理后,才能准确地理解硅的光吸收物理现象 (如图 8.72(b) 所示)(Zacharias, 2015, 2016).非绝热效应可以使得光吸收的阈值能量从 3 eV 左右降低到 1.0 eV 以下,图 8.72(b) 给出的全量子计算结果 (红色曲线) 与实验测量值 (黑色曲线) 几乎完全一致.而如果仅仅将处在晶格静态位置的原子核做经典处理,也就是完全忽略原子核的量子属性,以及它与电子之间量子耦合运动的贡献,仅考虑直接跃迁由经典计算得出的结果 (蓝色曲线),是无法正确解释实验观测到的直接带隙以下 1.1~3.3 eV 之间的光吸收谱的.

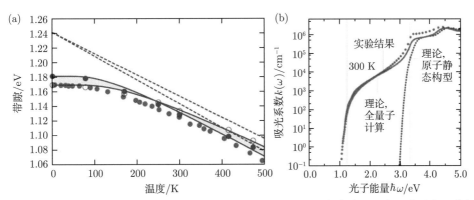

图 8.72   (a) 硅半导体间接带隙随温度的变化关系。黑点是实验值,蓝色实心和空心点是由计算得到的光吸收谱拟合带隙值 (实心和空心对应在不同能量范围内做的拟合),虚线代表高温下的线性渐近线。
(b) 计算得到的光吸收谱与实验结果 (黑线) 的比较。其中,蓝线为计算中将处在晶格静态位置上的原子核做经典处理后得到的直接光跃迁模拟结果;红线是考虑了非绝热效应由声子辅助参与的光跃迁模拟结果。摘自 (Zacharias, 2015)

第 9 章 能源问题中的全量子效应

从恒星发光到地热产生，宇宙中的主要能量来源都与全量子效应有着密不可分的关系。比如恒星通过内部的核聚变释放能量，而核聚变能够持续发生则是由氢、氦等轻元素原子通过量子隧穿进行核反应来实现的。

随着人类社会的发展，人们对能源的需求日益增加。然而，当今人们的日常生活与生产活动仍主要依赖于传统化石能源的开发和利用。与此同时带来的对地球环境的破坏和气候变化的危险正在日益显现，这些因素已成为制约经济和社会可持续健康发展的瓶颈问题。近年来我国制定了"碳达峰、碳中和"的战略目标，如何高效地利用化石能源是科学界与工业界共同面临的新挑战。在以传统化石能源为基础的现有能源体系中，煤炭、天然气、石油等能源材料的主要成分是以氢、碳等轻元素为主，这些轻元素的全量子效应问题研究在能源转化、加工和治理的各个环节中都起着十分重要的作用。

另一方面通过大量的研究，人们已经认识到能源正面临新的危机，即传统化石能源正在不断枯竭，未来 20~30 年后将不足以满足工业发展和人们日常生活的能源需求。这一点在广大的发展中国家，特别在我国表现得尤为突出。按目前的计划，接下来的十年是全球从化石能源向可再生能源转型的关键时期。因此，各个国家都致力于新能源的开发和使用。我国一直强调发展可再生能源，并实施了《可再生能源法》和新能源发展规划，已将发展新清洁能源列为优先考虑的领域。以太阳能、氢能、燃料电池和离子电池等为代表的新一代清洁能源技术尤其引人注目，开始逐渐成为今天社会可持续发展不可或缺的能源形式。这些新能源技术通常以氢、锂等轻元素为基本载体，在能源产生和转化的过程中不可避免地涉及对在这些轻元素参与的物理化学反应中全量子效应的作用及机制的理解。不难想象在新能源的开发与利用中，核量子效应及非绝热效应都会发挥不同程度的影响。

在清洁能源的研发方面，一个最有吸引力的课题是如何利用好丰富的水资源。水在地球上取之不尽、用之不竭，它的重要应用之一是作为一种潜在的可再生能源储备。水分子由氢和氧组成，吸收足够的能量可以分解成氢气和氧气，而氢气燃烧分解后与氧结合又生成水，因此它可以作为一种清洁能源的载体和工作媒介。如果能够更方便和高效地通过化学反应实现水的分解，无疑会使能源工业的可持续发展成为可能。目前制约这些方案投入大规模应用的瓶颈问题之一，是缺乏价格低廉、效率显著的催化材料，因此在制氢过程中会释放大量的 CO_2，造成对环境的破坏。为了解决这个问题，亟需从基础研究的层面，特别是从全量子效应的角度，在水与材料相互作用机理研究上寻求突破，实现通过某种催化作用来获得便宜干净的能源。总而言之，从上面这些介绍可知，无论是传统能源，还是新一代清洁能源，甚至是未来可再生能源，都与轻元素关系密切。因此，单从这一点来考虑，解决能源问题无疑离不开对全量子效应的研究和应用。

9.1 宇宙的能量

9.1.1 恒星能源

在地球本身的形成及演化 (包括地球上生命系统的出现及进化) 过程中, 都需要稳定的能量供应来维持和推动, 其中最重要的能量来源是光合作用的动力——太阳光。光合作用中生成的大量氧气促成了细胞的有氧呼吸, 从而形成了复杂多样的多细胞生物圈。这种生命演化在地球上已经进行了几十亿年, 现在的研究表明最古老的细菌可追溯至 34 亿年前, 最古老的真核微生物出现在 18 亿年前, 而最古老的后生物化石也是出现在 6.3 亿年前 (Wacey, 2011)。

太阳光的前身是高能光子, 产生于太阳内部的轻核聚变。在由等离子体构成的恒星中, 带有正电荷的原子核之间存在着库仑排斥相互作用。为了能够产生核聚变, 需要利用很高的能量克服这种库仑斥力, 使原子核间距减小到很小的距离 ($r_c \leqslant 10^{-15}$ m), 从而进入强相互作用的力程范围将它们束缚起来。恒星内克服库仑势垒的主要能量来源是原子核热运动的动能, 这是由于恒星中心温度可达 10^7 K, 大量的原子都在做剧烈运动。这些原子核的平均动能可以表述为

$$E_{\text{kin}} = \frac{3}{2} k_B T \tag{9.1}$$

其中 k_B 是玻尔兹曼常数, T 为温度。对于恒星中心的温度 10^7 K 而言, 其平均动能差不多为 1 keV。而需要克服的库仑势垒为

$$E_{\text{cb}} \propto \frac{Z_1 Z_2 e^2}{r_c} \tag{9.2}$$

这里 Z_i 为第 i 个核子所带的电荷数。以此估计库仑势垒大小约为 MeV 的量级 (对应于温度为 10^{10} K)。可见, 原子核热运动的动能远远低于其库仑排斥势垒, 尚不足以促成核聚变反应。然而, 剧烈的热运动足以使原子核与原子核之间猛烈碰撞并接近到发生量子隧穿效应的距离, 使得原子核在不具备足够能量的情况下仍有一定概率穿越库仑势垒发生反应, 形成更加稳定的结合状态, 从而释放出核能。这个概率可以表达为

$$P_t(v) \propto \exp\left(\frac{-4\pi^2 Z_1 Z_2 e^2}{h} \frac{1}{v}\right) \tag{9.3}$$

其中 v 为原子核的速度, h 为普朗克常数。因此降低 Z_i 的数值有利于提高隧穿引发核聚变的概率。对于氢原子核 (质子), $Z_i = 1$, 这就是氢核聚变。对于内部温度不高的恒星 (比如太阳), 导致其内部质子-质子链式聚变反应的量子隧穿概率大约为 10^{-20} 量级。同时, 其他与核反应相关的核物理过程, 例如从质子到中子的 β^+ 衰变等, 也将会影响质子-质子链式聚变反应发生的概率。

理论上, 反应的概率主要由核反应截面和原子核的速度分布决定, 其中反应截面可表达为

$$\sigma(E) = S(E) E^{-1} \exp(-2G) \tag{9.4}$$

其中 G 为高莫因子，$S(E)$ 为天体 S 因子，E 为原子核能量 (Trixler，2013)。这里 $S(E)$ 受核物理因素影响，而 $\exp(-2G)$ 部分与量子隧穿概率成正比，表现出对温度的强烈依赖性：对于质量小于 1.5 倍太阳质量的恒星，因为其中心温度和压强都不够高，反应截面比质量大的恒星要小，因此主要通过质子-质子链式反应发生聚变，其微乎其微的反应速率也正是太阳能够稳定 "燃烧" 的原因。而由于太阳内部的质子数量足够多，聚变反应会持续发生，直到太阳寿命结束 (Trixler，2013)。总之，在质量较小的恒星体中，其引力收缩所导致的中心高温不足以单独引发核聚变，在高温和原子核的量子隧穿效应的共同作用下，才使得恒星的核聚变反应维持发生长达数十亿年甚至上百亿年。这个漫长的时间对于在地球上形成各种复杂的生命体系至关重要。现有研究表明，在未来的数十亿年内，太阳光仍将是地球上最稳定的能量来源。

9.1.2 行星能源

星际尘埃粒子可以在几百万年内聚集成小行星、卫星或行星等大型星体。在这几百至几千公里的尺度上仍然可能存在由量子隧穿效应维持的满足宜居条件的星球。

土星的卫星 Enceladus 相对于另一个卫星 Mimas 而言，与土星的距离更远，轨道偏心率也更低，本应有较低的潮汐热和引力能，可是它却意外地拥有着非常强烈的地质活动，即非常高的内部能量 (Kargel，2006)。事实上，相对于 Mimas 的物质组成，Enceladus 具有更高的岩比例。由于岩石中含有丰富的重 ^{235}U，^{238}U，^{232}Th 等放射性同位素，因此有着更为显著的同位素辐射效应：同位素衰变放出的能量更高，为地质活动提供的能量也更多。

对于重同位素铀 (U) 和钍 (Th) 而言，其放射性 α 衰变是一个放热反应，并可以描述为

$$\ce{^{A}_{Z}X} \longrightarrow \ce{^{A-4}_{Z-2}Y} + \ce{^{4}_{2}He} \tag{9.5}$$

其中 X 为母同位素，Y 为子同位素。然而所释放的 He^{2+} 的动能并不足以克服初态与末态的能量势垒。与热核反应类似，该过程也是通过量子隧穿完成的，最终反应释放能量为

$$E = (M_X - M_Y - M_{He}) c^2 \tag{9.6}$$

这就是 Enceladus 星体内部辐射发热的原理。这些能量足以让 Enceladus 为各种生命体和生命活动提供舒适的环境。

土星的另一个卫星 Titan 是一个与地球环境类似的星球，保存着由氮气组成的大气层以及周期性降水等与地球类似的现象。事实上，Titan 中还存在着甲烷循环。在强烈的光辐射以及土星的强磁场影响下，甲烷分子解离并反应生成乙炔、乙烷、乙烯等有机碳氢化合物，这些过程不可避免地涉及全量子动力学反应的作用，特别是涉及非绝热化学反应的过程。这些有机碳氢化合物与含氮烃类有可能结合成更复杂的碳氢化合物气溶胶，并沉积到大气底层，最终以降水的形式到达 Titan 表面，进而形成核糖核苷酸和氨基酸等氮化芳烃。然而，如按照以上反应路径，Titan 表面的甲烷应该很快就会被分解完，这显然与 Titan 的实际年龄不符，因此似乎存在从 Titan 内部提供甲烷的途径。根据观测，其甲烷的主要来源是星球的海洋。虽然甲烷在海洋中的溶解度不高，但是 Titan 存在着广阔的地表海洋与地下海洋，这就使得该星球有着大量的甲烷储备，而星球上的液态水也正是由于同位素衰

变所放出的能量维持的。由此可见，全量子效应对 Titan 中的生物前化学也起着非常大的作用 (Hörst，2012)。

即使回到我们赖以生存的地球上，常见的地热能有 50%～70% 来自于同位素衰变放出的能量，这也使得在光线无法到达的海底下面形成生物生活所需的环境。因此，有研究认为 α 衰变中的 He^{2+} 的量子隧穿效应为深海生命的化学演化提供了可能性。在地热丰富的冰岛，90% 的家庭利用地热能源直接供热，其电力生产几乎都来自水电和地热。冰岛因此也向世界展示了 100% 利用可再生能源保证生产生活的可信前景。

9.2　氢　能

在第 7 章我们曾把氢作为典型体系，讨论了全量子效应对其物理性质的影响。但在前面的介绍中，我们没有涉及氢在应用方面的内容。作为一种潜在的新清洁能源介质，关于氢能的制备、存储和利用方面的研究已经成为一个重要的前沿交叉科学领域。从基础科学的角度来讲，理解制氢与储氢的第一步是研究氢原子与各种制氢/储氢材料的相互作用，当然最重要的是氢原子在这些材料表面的吸附和扩散行为。

9.2.1　氢原子吸附与扩散

1. 碳表面

碳是地球环境中最常见的元素之一，碳材料的分布包括从天然有机分子、石墨到金刚石等自然界存在的碳物质，也包括从富勒烯、纳米管到石墨烯等一系列低维人造的纳米材料。同样氢也广泛存在于自然环境中，并且是实验室真空设备中最常见的表面杂质。氢经常与碳发生相互作用，因此碳材料是研究氢原子在材料表面吸附与扩散过程的理想衬底之一。由于氢和碳都属于轻元素，可以预见，全量子效应会具有显著影响，尤其是在低温情况下。

在表面物理和表面化学研究中，常常以苯环和石墨烯作为典型的衬底材料，用做研究氢在碳表面的吸附与扩散现象的模型体系。

2009 年 C. P. Herrero 等利用基于紧束缚哈密顿量的路径积分分子动力学方法计算了氢 (H) 和氘 (D) 原子在石墨烯单层上的吸附和扩散过程 (Herrero，2009)。如图 9.1(a) 所示，核量子效应使得吸附原子的振动具有明显的非简谐特征。低温下，零点振动导致 H 和 D 的振动能低于简谐近似结果，而高温下则相反。在所考虑的整个温度范围内，H 和 D 振动能之比小于简谐近似的结果。将振动能中的势能部分分离出来，其随温度的变化明显偏离简谐近似的情况。这说明石墨烯上吸附的氢原子不能视为一个在简谐势场中运动的经典粒子。

H 原子在石墨烯上的扩散涉及 C—H 键的断裂与重组，需考虑 H 和近邻 C 原子的相互作用。核量子效应尤其是零点振动使扩散势垒重整化，C 原子零点振动也会进一步加强晶格振动辅助的量子隧穿过程。Herrero 等利用量子过渡态理论计算了 H 和 D 原子在石墨烯上的扩散自由能势垒。如图 9.1(b) 所示，D 原子的扩散自由能势垒高于 H 原子，这是由于 D 原子核质量更重。在整个温度范围内，计算得到的 D 和 H 原子扩散自由能势垒都小于经典近似的结果。当温度为 300 K 时，D 和 H 原子扩散自由能势垒分别为 0.74 eV 和 0.71 eV，经典极限为 0.79 eV。也就是说，核量子效应使得室温下 D 和 H 原子的扩散自由能势垒的重整化修正分别约为 6% 和 10%。相应地，H 原子的室温扩散速率为 11.6 s^{-1}，约是经典值的 20 倍。随温度升高，D 和 H 扩散自由能势垒与经典情况的极限值差别减小，表明核量子效应在逐渐减弱。换句话说，在高温情况下原子核变得越来越 "经典" 了。

　　考虑了全量子效应的零点能甚至还会进一步影响到原子的吸附位置。K. Suzuki 等则采用半经典的力场模型，结合路径积分分子动力学模拟了 H 和 D 原子在沸石模板碳 (Zeolite-templated carbon, ZTC) 结构上的吸附情形 (Suzuki, 2011)。他们发现，对于 D 原子，有五个稳定的吸附位置；而对于 H 原子，只有四个吸附位置是稳定的。这是由于考虑到核量子效应后，其中一个位置上吸附的 H 原子会不稳定，进而通过扩散自发移动到其他位置。他们通过简单的简谐近似分析认为原子核的零点振动对同位素原子吸附位置的稳定性产生了影响。

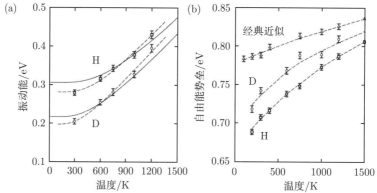

图 9.1　　(a) 石墨烯上吸附的氢原子振动能随温度的变化关系。正方形和圆形分别代表 H 和 D 原子基于紧束缚模型的路径积分分子动力学模拟结果，虚线是 H 和 D 的数据点对应的导视线。实线为分别对 H 和 D 原子利用简谐近似计算得到的振动能。(b) H 和 D 原子在石墨烯上扩散的有效自由能势垒随温度的变化关系。最上面的虚线和三角形为经典近似的结果。摘自 (Herrero, 2009)

　　以上两个工作虽然采用的路径积分分子动力学方法包含了核量子效应，但是它们都是使用了基于紧束缚模型或力场势模型下的哈密顿量近似结果，并不是基于第一性原理准确的势能面来研究核量子效应，所以只能给出一些定性解释。近十年，随着第一性原理电子结构计算方法的发展，我们已经可以在更加准确的波恩-奥本海默势能面上，对表面原子吸附中的核量子效应进行更严谨的描述。E. R. M. Davidson 等利用第一性原理路径积分分子动力学方法研究了氢原子在石墨烯和六苯并苯分子表面吸附过程中的核量子效应 (Davidson, 2014)。如图 9.2 中插图所示，氢原子在不同的吸附高度时感受到显著不同的核量子效应。在接近表面时，氢原子处于稳定的化学吸附状态，所以它对应的分布比较局域。当氢原子逐渐离开表面时，可以看到氢原子的分布沿着垂直于表面的方向迅速展宽，这是因为它正在逐渐逼近一个新的过渡态。这个过渡态的另一侧存在一个非常浅的物理吸附势能谷，从这个位置在进一步远离表面的过程中，吸附能会逐渐减小，氢原子的分布逐渐变化为游离状态氢原子的行为。

　　在此基础上，Davidson 等进一步利用瞬子算法计算了穿过这个新发现的过渡态的量子隧穿速率。结果表明量子隧穿可以使氢原子吸附的速率加快几个数量级。除此之外，Davidson 等还细致地讨论了电子势能面对原子核量子效应的影响。首先他们发现对于不同的密度泛函近似给出的势能面，原子核量子效应的影响差异很大。特别是对于目前这个吸附体系，范德瓦耳斯力的修正起到了关键的作用。如果不考虑范德瓦耳斯力的修正，势能面上的物理吸附位置对应的能谷将不存在，从而不可能存在从物理吸附到化学吸附的量子隧穿现象。他们的工作再一次说明，从精确的电子结构计算出发是研究全量子效应的重要前提条件。在后面讨论水分子在材料表面吸附过程时，我们也将看到类似的情况。

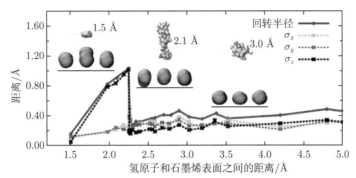

图 9.2　量子属性的氢原子核与其距离石墨烯表面的关系。红线为不同位置上路径积分所描述的量子氢原子核分布，蓝色、灰色和黑色虚线分别为不同节点处，第一性原理路径积分分子动力学模拟的分布在笛卡儿坐标系的三个坐标轴上的分量。摘自 (Davidson，2014)

2. 金属表面

除了在碳表面，金属表面上氢原子的吸附与扩散也是一个十分重要的课题。这项研究直接与氢能的储存与输运过程中的氢金属脆化、腐蚀等问题密切相关，对氢能利用和环境保护的影响非常大。实验上，针对氢原子在金属表面的吸附研究已有不少很好的工作。比如，利用实空间成像和散射手段来测量氢和氘原子的扩散速率以及它们随着温度的变化关系，从而通过同位素替换探测其中核量子效应的作用。早在 20 世纪 90 年代初，T. S. Lin 和 R. Gomer 就使用场发射显微镜测量了氢原子及其同位素原子在钨和镍等金属表面的扩散速率 (Lin T.S.，1991)。他们通过测量发现，氢原子在 130 K 以下就开始偏离经典近似下的速率随温度的变化关系，即阿伦尼乌斯关系。在 30～100 K 之内氢原子的扩散速率几乎已经不随温度变化而改变，说明在 100 K 氢原子已经完全进入了量子隧穿主导的扩散区间。随后，1992 年 Zhu 等用线性光学衍射手段对 Ni(100) 表面进行了同样的测量，并且获得了与 Lin 等类似的结果 (Zhu X.D.，1992)。在图 9.3 中我们展示了 Zhu 等的实验结果。

研究氢原子扩散情况的另一个有效的实验方法是采用准弹性氦原子散射技术。例如，1999 年 A. P. Graham 等报道了用该方法测量在铂 (111) 面上氢同位素原子的扩散情况 (Graham，1999)。他们测量的温度区间相对较高，范围在 140 K 至 250 K 之间，因此并没有观测到 H 或 D 原子偏离阿伦尼乌斯关系的行为。但是根据阿伦尼乌斯曲线他们得出在该温度区间内 H 与 D 原子的激活能相比要小 10% 左右，说明此时全量子效应主要体现在质量不同引起的零点能和振动激发能的不同。根据他们的测量结果，可以推测当温度进一步升高到室温环境下，全量子效应的零点能和量子振动仍然有贡献。但是，只有在非常低的温度条件下，量子隧穿过程才会起到为主的作用。

2000 年 L. J. Lauhon 和 W. Ho 等开创了利用扫描隧道显微镜研究氢在表面扩散的先河 (Lauhon，2000)。他们测量了在铜 (001) 面上氢同位素原子的扩散速率。在相对高的温

度区间 (65~80 K)，由于扩散速率比较快，实验中采用了扫描探针技术进行单原子追踪。在低温区间 (9~63 K)，原子的扩散速率变得缓慢，实验采用反复成像的方式进行。Lauhon 和 Ho 的测量清楚地展示了温度降低到 60 K 时量子隧穿过程迅速占据了主导地位，表现为 H 原子扩散速率迅速进入量子隧穿区间，并且不再随着温度的降低而下降 (如图 1.27(b) 所示)。对于 D 原子，由于其速率更低，到 65 K 的时候已经达到实验设备测量的最低速率的极限，此时实验中所看到的 D 原子扩散仍然由经典扩散决定，因此在他们的实验中并没有观测到 D 原子发生量子隧穿的现象。

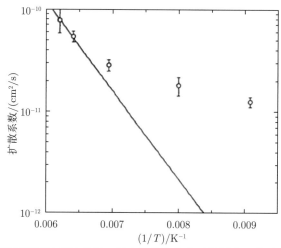

图 9.3　氢原子扩散速率随着温度的变化关系。图中数据点为实验测量值，实线为根据前两个数据点得到的阿伦尼乌斯关系。摘自 (Zhu X.D., 1992)

　　这些实验主要集中在对扩散过程进行测量，对于其中全量子效应的研究主要通过与经典的阿伦尼乌斯关系进行对比，并利用简化模型提供一些唯象的理解。因此，在这些实验中仍存在一些用简单的物理模型难以解释的现象。比如在 R. Gomer 研究组的文章中就明确提到他们观测到的氢原子同位素效应比理论计算给出的值要小很多 (Lin T.S., 1991)。另外，氢的扩散速率随着温度的变化行为在不同的实验中相差很大，有些实验发现从经典到量子扩散的变化发生得非常迅速，而另一些实验发现这种变化是在一个温度区间内缓慢进行的。应该指出的是，实验测量氢原子的扩散速率本身就是一个很具有挑战性的工作，所以不同实验测量结果之间也经常存在定量上的差异。

　　针对这些矛盾的实验结果，G. Wahnström 研究组在 20 世纪 90 年代做了很多有针对性的理论研究 (Mattsson, 1993, 1995, 1997; Sundell, 2004)。最近方为 (W. Fang)、李新征 (X. Z. Li)、Angelos Michaelides 等则利用更加先进的瞬子理论方法，对这类体系中的核量子效应做了一个系统的研究 (Fang W., 2017)。这里我们以他们的工作为例，对氢原子在金属表面扩散的理论研究做一个详细的讨论。首先，他们通过大量的计算发现金属表面吸附的氢原子的扩散行为主要由两种不同的势垒决定。如图 9.4(a) 所示，一种为抛物线型的势垒，另一种为平顶型的势垒。其中抛物线型势垒主要出现于面心立方金属的 (111) 表面 (如图 9.4(d) 所示)，而平顶型的势垒则更常见于金属的 (100) 表面 (如图 9.4(b) 所示)

或者 (110) 表面 (如图 9.4(c) 所示)。这主要是由于在后两种表面上，原子从一个吸附位置扩散到近邻的相应位置需要的距离相对较长，同时由于金属表面的氢吸附能随着其面内的位置变化相对不敏感，最终导致势垒曲线的顶部出现平台，而不再是抛物线型的势垒。在以往的研究中，人们对于抛物线型的势垒上如何发生量子隧穿已经有较好的描述，从高温区间的经典扩散转换到低温区间的量子扩散可以由一个转变温度来区分。这个温度满足下面的公式：

$$T_c = \hbar\omega_b / 2\pi k_B \tag{9.7}$$

其中，ω_b 为势垒顶端对应的虚频，它的绝对值正比于抛物线型势垒顶部的曲率。对于曲率越大的抛物线型势垒，其对应的势垒越窄，那么从经典扩散过渡到量子隧穿扩散的临界转变温度就越高。当温度低于临界转变温度时，量子隧穿过程起到了主导作用。临界转变温度越高意味着在较高的温区就可以使得真实扩散速率偏离经典扩散速率，并且在相对高的温度就能达到平台。这种情况对应着一种经典扩散向量子隧穿扩散的缓慢转变，上个例子中观察到的吸附在石墨烯表面上的氢原子扩散现象就对应这种情形。

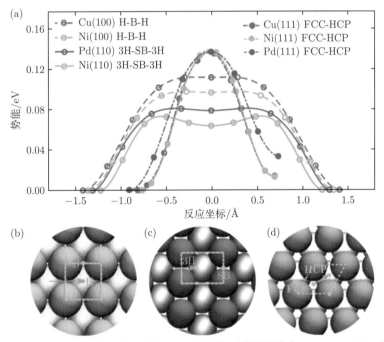

图 9.4　金属表面氢原子的扩散势垒和路径。(a) 不同表面的扩散势垒。(b), (c), (d) 分别为 (100),
　　　　(110), (111) 表面晶格结构及其特殊吸附位置。摘自 (Fang W., 2017)

　　以上关于量子隧穿扩散的简单讨论显然只适用于抛物线型势垒。而对于新发现的平台型势垒，这种描述具有一定的局限性。方为、李新征、Angelos Michaelides 等通过理论分析发现，在平顶型的势垒上，氢的扩散随着温度的下降不会进入一个相对漫长的经典到量子的缓变过渡区间，而是表现为一个从经典到量子的快速转变。如图 9.5(a) 不同势垒的对比所示，对应于抛物线型的势垒，量子扩散速率随着温度的降低，从一开始就表现出逐步地偏离经典扩散速率；而对应于平顶型势垒，量子扩散速率在达到转变温度前都与经典速率非常接近，当温度低于转变温度后，量子扩散速率迅速偏离经典情况并达到一个平台。在实际的实验环境中可能存在各种各样的表面，也就会出现抛物线型和平顶型势垒共同存在的情况。所以只有对抛物线型和平顶型势垒量子隧穿行为的全面理解，才能有助于我们正确解释低温环境中金属表面原子扩散的全量子效应行为。

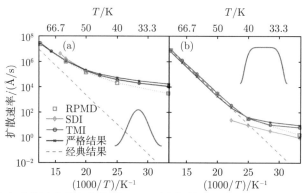

图 9.5　氢原子扩散速率随着温度的变化关系。(a) 对应抛物线型势垒的结果，(b) 对应平顶型势垒的结果。其中 RPMD(Ring-polymer molecular dynamics)，SDI(Steeped-descent approximation to TMI rate)，TMI(Thermalized microcanonical instanton) 为由三种不同方法得到的计算结果。其中黑色实线为严格的解析结果，虚线为经典扩散速率。摘自 (Fang W., 2017)

9.2.2　氢气产生与扩散

上面我们介绍了氢原子的吸附与扩散问题，本小节将讨论氢分子 (氢气) 的产生与扩散情况。氢气的产生一般不是靠两个氢原子的直接碰撞来实现的，因为这一过程经历的反应势垒相对会比较高。氢气的产生一般会借助某种催化剂，其物理机制涉及氢与物质的相互作用。研究氢与不同物质的相互作用，特别是前面介绍的氢原子在石墨烯、含有苯环结构的碳氢化合物和金属表面的吸附过程问题非常重要，这些基础研究结果对在核聚变反应堆、储氢材料、石油冶炼以及氢气在太空中的生成等问题的理解都会起到关键作用。

在工业上，苯的氢化反应发生在较高温区，因此量子隧穿效应一般表现得比较微弱。相反，在宇宙星际中，大部分区域温度都比较低。例如，它们对应的温度可以从分子星云的 10 K 到扩散星云的 100 K，再到光子主导区的几百 K。在所有这些区域中都存在大量的氢气，尽管这些区域并不具备氢气生成条件，特别是考虑到宇宙射线和光子对氢气具有强烈破坏作用的情况。那么宇宙星际中这些大量的氢气是从何而来？为了解释这一现象，就必须假设氢原子在上述温区中间能较容易地吸附在碳基尘埃上。通过近一步考虑核量子效应导致的隧穿效应以及隧穿几率与势垒高度和宽度的依赖关系，我们就可以理解星际氢气的富集现象。

为了有效地处理多原子体系和非对称势垒问题，T. P. M. Goumans 和 J. Kastner 基于量子简谐过渡态理论 (也称为瞬子理论 (Instanton theory))，用离散闭合费曼路径积分的量子统计方法计算了氢气形成过程发生的速率 (Goumans，2010)。他们计算了低温下氢吸附在苯表面上的所有可能发生的隧穿路径，以及这些反应路径上氢或氘的量子隧穿几率，给出了一个研究氢原子吸附于碳基尘埃上的基本模型 (如图 9.6 所示)。这项研究首先证明量子简谐过渡态理论能准确地计算反应过程中量子隧穿的速率。当应用于具体的"氢＋苯"系统时，结果显示氢原子可以在 100~200 K 的温度范围内化学吸附于苯的边缘，为下一步的氢气生成提供了关键的条件准备。此前有研究指出，在吸附一个氢原子之后，第二个氢原子的吸附势垒几乎为零。这意味着，对于氢气的形成，首先吸附上第一个氢原子的过程是非常关键的。

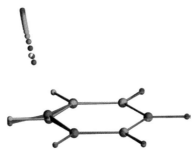

图 9.6　氢原子吸附在苯上的量子过渡态示意图。白色的球为经典过渡态中的氢原子。绿色和红色分别代表非对称势垒两侧的浅势能底部和深势能底部对应的碳原子位置。摘自 (Goumans，2010)

从上面的讨论我们知道，对于氢气的形成过程，第一个氢原子的吸附至关重要。实际上，这个系统中其他碳原子的量子运动也会在定量上影响氢原子隧穿的结果。在考虑了整个系统 (包括氢原子和碳原子) 的核量子效应后，Goumans 等针对这个由氢原子和苯环的简单模型，进行了更加准确的量子隧穿速率计算。他们利用第一性原理计算出电子结构，并结合多维度量子过渡态理论得出了如图 9.7 所示的隧穿速率随温度的变化关系 (Goumans，2010)。同时我们可以看出经典速率仍满足典型的阿伦尼乌斯关系，在由对数关系表示的速率图上表现为随着温度的倒数直线下降。而图中实心符号标记的曲线则描述了由氢原子量子隧穿过程导致的吸附行为。当温度较高时，量子隧穿导致的吸附速率与经典速率很接近，而随着温度的降低，这个量子吸附速率与经典结果的偏离越来越大。而且当达到一定的低温以后，该值收敛到一个恒定的速率值上。这也就是我们讲到的吸附过程进入到了所谓的深度量子隧穿区间。在这个区间，隧穿引起的吸附速率不再随着温度发生改变，此时对应的热涨落效应已经可以忽略不计。

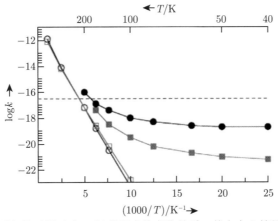

图 9.7　氢原子量子隧穿引起的吸附速率 k 随着温度的变化关系。其中实心符号标记的曲线为考虑了核量子效应的过渡态理论计算结果，而空心符号为经典计算的速率结果。摘自 (Goumans，2010)

最近，北京大学陈基研究组将第一性原理瞬子方法与动力学蒙特卡洛模拟结合，实现了石墨烯表面氢原子复合制氢过程的全量子计算 (Han E.X., 2022)。图 9.8(a) 给出了由第一性原理瞬子方法得到的量子隧穿主导的吸附速率。不同于经典情况，在考虑量子隧穿效应后，氢原子的吸附速率在低温下 (对应温度低于 167 K 的深隧穿区) 超过了脱附速率。进一步分析氢原子复合速率发现，邻位复合速率在低温下相比其经典情况提高了几十个数量级。而经典情况下邻位氢原子复合的反应势垒较大，一般被认为复合过程是不可能发生的。在考虑了核量子隧穿效应后，邻位氢原子复合即使在低温下也极有可能发生，并与间位、对位复合过程形成竞争关系。第一性原理瞬子方法基于高维势能面搜寻体系的最优反应路径，因此可以获取反应过程中更多细节的信息。韩尔逊 (E. X. Han)、方为 (W. Fang)、陈基等在进一步深入分析高维瞬子路径后，发现氢复合反应过程都不同程度地存在显著的量子角切效应，即量子隧穿路径偏离经典反应路径，如图 9.8(a) 所示。并且这种效应在邻位反应中最明显，说明在低温下氢原子的复合过程并不完全沿最低能量路径。核量子效应会促使反应沿着作用能量最小的路径进行，即使这个过程的反应能量略高一些。

此外，韩尔逊、方为、陈基等还发现邻位复合过程的同步-异步反应机制，表现为在经典情况下氢原子邻位反应是异步的，而在量子情况下是同步的 (如图 9.8(b) 和 (c) 所示)。这种量子-经典的对称性破缺与氢原子吸附体系的复杂势能面有关，并且经典过渡态有两个虚频，与体系的 C_2 对称性对应，而量子过渡态只有一个虚频。但目前对这种量子保护的对称性的机理还不太清楚，有待进一步深入研究。图 9.8(d) 进一步展示了 100 K 下多过程反应的动力学蒙特卡洛模拟结果，证明了 "量子隧穿效应可以大幅提升复合反应速率" 这一结论。同时氢原子脱附过程基本被抑制，这是与经典近似情况下给出的结论相反的。在经典情况下氢原子脱附过程占有主导地位。这些研究清楚地表明全量子效应影响着氢气产生由单个氢原子的扩散到两个氢原子的复合这一整个过程。

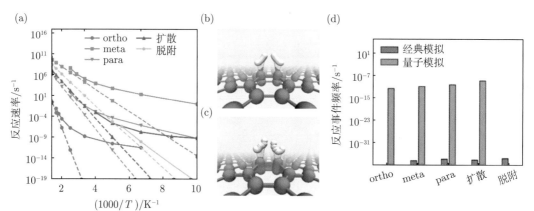

图 9.8　(a) 反应速率随着温度的变化关系。其中虚线代表经典反应速率，实线代表量子反应速率。当温度为 150 K 时，邻位氢原子发生复合的量子隧穿路径 (b) 和经典反应路径 (c)。(d) 动力学蒙特卡洛模拟温度为 100 K 时，发生氢合成反应的频率。摘自 (Han E.X., 2022)

由于氢分子在化学上比较稳定，因此人们更加关注氢分子的扩散性质。这里的一个核心问题仍然是，全量子效应是否会影响到氢分子的运动规律？

　　H. Nagashima 等使用质心分子动力学 (Centroid molecular dynamics，CMD) 方法研究了氢分子运动的量子特征。他们在较大的温区范围内从理论上模拟了氢分子的运动过程，并使用 Green-Kubo 方法进一步计算了扩散系数 (Nagashima，2017)。在这项研究中，他们基于对应态原理将量子计算的结果和经典计算的结果进行了对比。从图 9.9 的氢气热力学饱和曲线来看，考虑核量子效应的计算结果与实验符合得非常好，而经典分子动力学的结果与实验值出现了明显偏差。但是，他们发现两种方法计算得到的扩散系数差别很小，约化扩散系数的差别小于 0.005 (见图 9.10)。深入分析指出，这并不表示核量子效应在讨论氢分子扩散时在任何温度下都是可以忽略的。事实上，如图 9.9 和图 9.10 所示，全量子效应改变了氢分子之间的作用势：排斥部分的作用范围扩大了，同时吸引部分的势能底部变浅了，这两种变化对扩散系数的影响是相互抵消的。正因为这种作用势的抵消结果才导

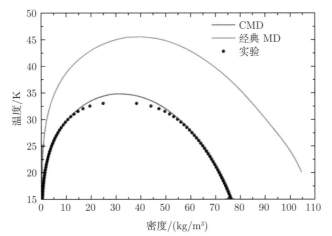

图 9.9　氢气的热力学饱和曲线。绿色曲线为经典分子动力学 (MD) 结果，红色曲线为质心路径积分分子动力学 (CMD) 结果。黑点为实验数据。摘自 (Nagashima，2017)

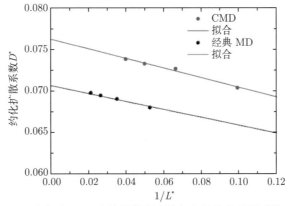

图 9.10　分别用量子 CMD 和经典 MD 方法计算得到的氢气的约化扩散系数。L 是计算模型的尺寸，可见计算模型的尺寸对二者之间的区别影响很小。摘自 (Nagashima，2017)

致了量子模拟与经典模拟的氢分子扩散系数差别很小的现象。由此可见，全量子效应的体现形式有时也可能是隐蔽的，如果不了解这一点，我们在讨论某些物理现象时就会对问题物理本质的分析产生偏差，甚至出现错误的理解。

9.2.3   高密度氢

氢在能源领域的另外一个重要应用是，人们常把高压下获得的高密度氢气 (Dense hydrogen) 作为火箭、宇宙飞船等飞行器的推进剂。因此，氢是一种广泛应用于航空航天领域的重要能源燃料。在高压环境下，氢的许多全量子效应都会呈现出来，从而表现出丰富的量子行为。因此，全量子效应研究对更好地利用氢能源是至关重要的。(关于高压下氢的相变与物性问题的讨论，可以参见第 7 章的内容。)

高密度氢是在高压条件下氢的一种特殊物质形态。高密度氢分子的动力学性质取决于粒子之间的大角散射和多体碰撞，这是研究星体演化和惯性约束聚变的重要基础。最近，康冬冬 (D. D. Kang)、戴佳钰 (J. Y. Dai)、袁建民 (J. M. Yuan) 等利用第一性原理路径积分分子动力学模拟，在包含了核量子效应的情况下，研究了高密度氢的输运特性 (Kang D.D., 2014)。他们的结论是，尽管核量子效应对高密度氢的静态结构分布的影响很小，但在 10 g/cm^3 密度和 3500~12000 K 温度条件下，它会使得高密度氢的扩散速率增加 20% ~146% (见图 9.11)。同时还会有效地降低高密度氢的电导率和热导率 (如图 9.12 所示)。发生这些变化的主要原因可以通过图 9.13 的讨论得到理解。在考虑全量子效应后,量子涨落使得电荷密度分布及散射截面发生了很大改变。同时，核量子效应使高密度氢中的 Stokes-Einstein 关系、Wiedemann-Franz 定理以及同位素效应都发生了明显变化。这些结果表明，全量子效应对高密度氢物理性质的影响是不能忽略的。

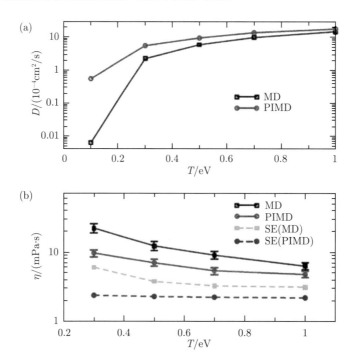

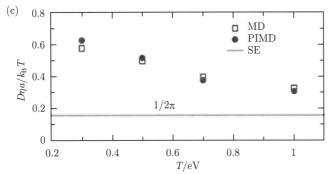

图 9.11　用第一性原理路径积分分子动力学 (PIMD) 模拟和经典分子动力学 (MD) 模拟得到的高密度氢扩散系数 (a) 和剪切黏度 (b)。图 (c) 给出了 SE 与温度的关系。这里 SE 代表由 Stokes-Einstein 关系得到的黏度值。摘自 (Kang D.D., 2014)

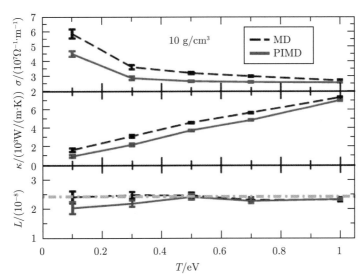

图 9.12　由上至下表示用第一性原理路径积分分子动力学 (PIMD) 模拟和经典分子动力学 (MD) 模拟得到的高密度氢电导率、热导率和 Lorenz 数。摘自 (Kang D.D., 2014)

9.2.4　氢与表面催化

一般来讲，水分解等多相催化过程通常是在高温下进行的，而量子隧穿等与核量子效应相关的现象往往在温度低的区域才较为显著，所以量子隧穿现象对催化反应的影响在过去多数讨论中都被忽略掉了。然而，伴随人们对全量子效应认识的不断深入，最近的研究发现，核量子效应在室温甚至室温以上仍然会发挥着重要作用。此外，从另一个角度来看，随着新型催化剂的开发应用，催化反应的温度也可以大大降低，因此全量子效应有望在催化反应过程的调控方面提供一个新的自由度，使我们达到既可以进一步降低催化反应所需的温度，又能够不断提高催化剂的工作效率的目的。对应现实中的情况，我们还应该意识到，目前核量子效应对表面化学反应的影响主要体现在室温及室温以下的基元反应中，而工业应用上大多数复杂反应通常发生在高温情况下，并且需要经历若干中间步骤才能完成，要澄清全量子效应的作用究竟有多大，以及如何影响这些催化反应过程依然是一个非常大的挑战。

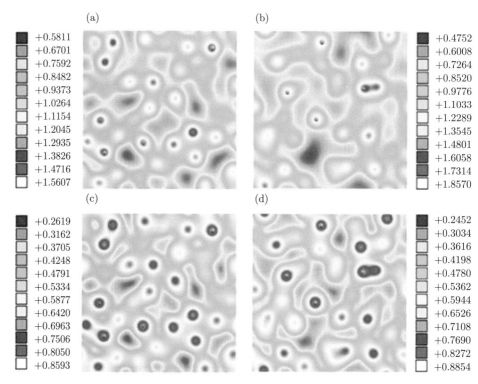

图 9.13　用第一性原理路径积分分子动力学 (PIMD) 模拟和经典分子动力学 (MD) 模拟得到的高密度氢横断面上的电子态密度。(a) 和 (c) 为 MD 结果，(b) 和 (d) 为 PIMD 结果。(a) 和 (b) 为电荷密度，(c) 和 (d) 为电荷局域函数。摘自 (Kang D.D., 2014)

　　水分解作为一个基元反应，对于研究水的光/电分解制氢以及水煤气变换等多相催化过程有着非常重要的意义。在固体表面上的水是否能够发生分解，从而用来制备氢气一直是能源领域研究中的一个非常受关注的基本科学问题。目前普遍认为氧化物表面以及高活性的金属表面的水会自发分解，而大部分贵金属表面的水是不分解的。这些现有对于固体表面水是否分解的认识，主要仍停留在基于经典图像的理解层面，很少考虑氢原子核甚至氧原子核的零点运动和量子隧穿效应的影响 (Meng S., 2002, 2004; Feibelman, 2020)。

　　以色列理工学院的研究人员通过理论计算发现在大于 500 K 温度范围内，多种金属 (Pt, Cu, Ru, Rh) 的 (111) 表面上 H_2O 和 OH 的分解过程都会受到全量子效应的影响。英国利物浦大学研究人员也发现当温度约 150 K 时，Ru(0001) 表面上水的分解表现出显著的同位素效应：H_2O 分子在 Ru(0001) 会分解形成 OH/H_2O/H 混合的氢键网络结构，而 D_2O 分子由于核量子效应较弱，不会发生分解。德国 Donadio 等通过密度泛函理论计算发现密台阶 Pt(221) 表面的水分子倾向于吸附在台阶处，并形成一维链状氢键网络构型。他们在进一步考虑零点能修正后预言，这种一维结构中的水分子会发生部分分解，形成更稳定的 H_2O 和 OH 混合的氢键构型 (如图 9.14 所示)。最近，江颖研究组利用高分辨 STM/AFM

表面成像技术以及 X 射线光电子能谱 (XPS) 技术系统研究了 Pt(111) 表面水的氢键网络构型 (Tian Y., 2022)。结合理论计算，他们发现随着水的覆盖度变化，在金属表面形成的氢键网络构型也会发生改变。当然水分解是一个很复杂的问题，还需要大量进一步细致深入的工作。

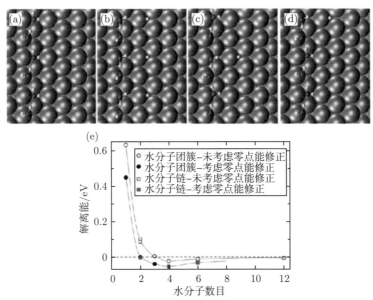

图 9.14　核量子效应引发 Pt(221) 表面一维水分子链的部分分解示意图。(a) Pt(221) 表面一维水链的吸附构型; (b)~(d) 部分分解的 (H$_2$O+OH) 的氢键构型; (e) 零点能修正的 Pt(221) 表面不同水分子构型的解离能。摘自 (Donadio，2012)

此外，氢原子核的全量子效应还影响着 Pt(111) 和 Ni(111) 表面 CH$_4$ 的分解反应。作为合成 NH$_3$ 的一个重要过程，在 340 K 下，量子隧穿会加快 Ru(0001) 表面 NH 的合成反应速率。由此可见，全量子效应对于水的分解、碳氢键活化、NH 合成等表面催化反应过程都有着一定的影响，有望为调控表面催化反应提供一个新的手段。

根据多相催化领域比较实用的 BEP (Bronsted-Evans-Polanyi) 关系 (Bronsted，1928; Evans，1938)，在化学反应过程中，初态和末态之间的势垒与初态和末态之间的势能差直接相关。势能差越小，势垒就越大 (见图 9.15(b))；反之，势能差越大，势垒就越小 (见图 9.15(a))。由图 9.15 可见，通过给系统施加一个过电位，可以调整初态和末态之间的势能差，进而可以达到实现调整反应过程的势垒大小的目的。根据 BEP 关系，我们可以清楚地看到图 9.15 (a) 过程有较小的势垒，而 (b) 过程有较大的势垒。这样如果知道势垒的具体数值，便可较容易地得出影响传输几率的量子效应贡献大小。研究人员可以通过同位素替换 (对于不同的同位素原子，假设势垒基本不变) 对此判断进行验证。

K. Sakaushi 等用氘替换水中的氢，研究了在 Pt 电极上氧气还原反应中的同位素效应 (Sakaushi，2018)。在这个反应过程中，质子通过传输与氧结合并获得 OH。质子传输需要越过一定的势垒，它对应的传输几率来自两方面的贡献。一个是遵循经典的过渡态理论，反应几率与温度有关；另一个是遵循量子隧穿理论，反应几率与温度无关。通过实验，

Sakaushi 等发现，在过电位较大的区域，同位素效应很小，说明量子隧穿效应的贡献很小；而在过电位较小的区域，同位素效应很大，说明量子隧穿效应的贡献很大 (如图 9.16 所示)。由这个实验可以判断，当过电位较小时，质子传输过程的几率增大，因而通过经典过渡态传输的几率变小，这时可以观察到更明显的量子隧穿现象。

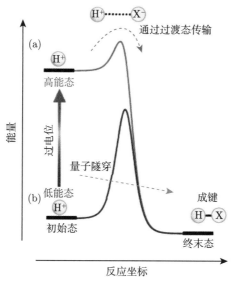

图 9.15　质子传输的两种不同路径示意图。(a) 经典的过渡态途径；(b) 量子隧穿途径。在电化学系统中，可以通过施加外电压的方法调整二者对质子总传输贡献。摘自 (Sakaushi，2018)

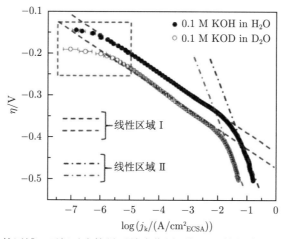

图 9.16　过电位 (η) 小的区域，正好对应核量子效应作用更加明显的传输速率的区域。摘自 (Sakaushi，2018)

　　这个实验给出的结论具有一定的普遍性。对于有氢参与的电化学反应过程，由于氢原子的质量很轻，因此其全量子效应最容易被观察到。该实验也同时说明，其他原子 (如氧等) 和分子 (如氢氧根等)，在电化学过程中也应该存在量子隧穿效应，只是由于它们相对质量较大，该效应常常不显著。实际上，在各种反应中全量子效应的影响都应该存在。因为量子隧穿效应的大小，不仅依赖于隧穿原子或分子的质量，还依赖于隧穿势垒的宽度。在量子隧穿过程中，关键的参数是势垒的高度和宽度。这也提示我们，如果能够在实验中实现对势垒宽度的调控，就可通过核量子效应改变反应发生的速率。这无疑为将来利用全量子化原理进行化学反应设计，包括催化剂的设计，指出了新的方向。

9.3 太阳能转化

在诸多新能源中，太阳能以其丰富的储量、清洁和无污染的优点，以及较小的地域限制而受到广泛的关注。太阳能电池的工作原理是将太阳能直接转换成可方便使用的电能。高效、稳定的太阳能电池可以并网发电，也可为小型的电器直接提供电能，有着十分广阔的应用前景。目前虽然硅基太阳能电池因其转化效率高、稳定性好等优点，占据着太阳能电池应用的主导地位，但其制备工艺复杂、成本偏高，仍然在高效太阳能电池的大面积实用化方面受到一定限制。降低太阳能电池制造成本、提高其光电转换效率和稳定性是太阳能电池技术走向大规模应用的关键。为了解决这个实用问题，改善太阳能电池的光电转换效率是一个重要的方面。在光电转换中，非绝热效应会影响到太阳能电池的电荷转移过程，我们在前面第 2 章已经做了介绍。

但是提高光伏电池的效率会遇到一个理论的上限。基于半导体能带理论我们知道，太阳光谱中只有一部分会被光伏电池利用。这是因为能量低于太阳能电池材料能隙的光不会被电池利用，它们以反射等形式回到空间中去；而高于能隙的光也只有等于能隙的那部分才被利用，多余的能量也会以光或热量的形式耗散掉。核量子效应会对硅晶的电子结构进行重整化，其结果会影响到间接吸收光谱 (参见第 8 章讨论)。目前全量子效应 (核量子效应和非绝热效应) 的综合影响还有待深入研究。对比其他材料，硅光伏电池能利用 45% 的太阳光谱已经是最高水平。考虑到由于其他因素导致的效率损失，单层电池的实际效率最高为 32% 左右 (Shockley，1961)。采用单晶硅的光伏电池目前分为三种：主流的 p 型硅基底发射极和背面钝化式光伏电池 (Passivated emitterand rear cell，PERC)，其量产电池的效率为 23.0% 左右；目前迅猛发展的第二类光伏电池是 n 型的隧穿氧化层钝化接触式 (Tunnel oxide passivated contact，TOPCon) 光伏电池，其量产效率在 24.0%～24.5% 之间；还有一类是 n 型的异质结 (Heterojunction technology，HJT) 光伏电池，是目前量产效率最高的电池，已经达到了 24.5%～25.0%。采用多晶硅的黑硅铝背场光伏电池的效率在 19.5% 左右，多晶 PERC 在 20.5% 左右。因此晶硅光伏电池的提升空间十分有限。

最近，美国麻省理工学院 D. M. Bierman 等提出改变照射到电池表面上光的能量分布，将所有的能量都聚集在高于能隙的光谱中，并经过进一步调制使其全部用于光伏电池吸收 (Bierman，2016)。基于这个原理，他们设计了一套太阳能热光伏电池系统 (如图 9.17 所示)，这样可以使光伏电池理论效率提高到 60% 以上。这套系统包括吸收器、辐射器和光学滤波器。让太阳光依次通过这 3 个部件后照射到光伏电池上。首先，太阳光直接照射到外层由碳纳米管组成的吸收器上，把所有的光线都吸收进来，完全不让它们反射出去，使太阳光转化为热能。之后，利用这些热能为内层由硅和二氧化硅组成的光子晶体加热。这个光子晶体可以作为一种"选择性辐射器"，把太阳光谱中比能隙高很多的光线"挤压"到与光伏电池能隙吻合的波段。这时辐射光谱中还有 50% 的光线能量低于能隙。最后使用一种光学滤波器, 让所有能量低于能隙的光线再被反射回到吸收器, 并使之转化为热量加热光子晶体组成的辐射器, 再照射到光伏电池上。经过这样的过程, 太阳光谱中低于能隙的波段完全被利用, 远高于能隙的波段也非常少, 几乎全部集中在略高于能隙的波段。如此一来, 所有照射到光伏电池上的光都可以用来激发电子-空穴对, 进而产生电流 (如图 9.17(b) 所示)。这个方案的优点是把太阳光谱中部分因为能量太高所造成的浪费降低到最低限度。所有这些考虑的基础是对重整化带隙的全量子设计, 尽管这方面研究的最新进展还不清楚, 但是可以预计全量子效应对声子辅助的电子跃迁过程的影响是不能忽略的。

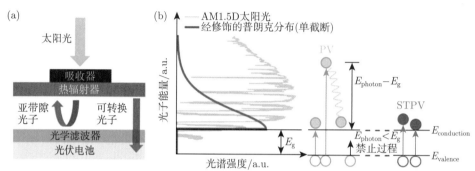

图 9.17　(a) 热光伏电池原理图。(b) 热光伏电池 (STPV) 与光伏电池 (PV) 能量转换机制示意图。摘自 (Bierman，2016)

　　另外, 这项发明的重要性还在于, 热光伏电池能够在没有太阳的情况下照样发电, 从而解决了太阳能电池发电的稳定性问题。其原理是, 通过把光伏电池的功能与储热技术结合起来, 可以把电力输出与太阳光输入在时间上分开：有太阳的时候便加热吸收器, 并把热量储存起来, 不急于把全部的太阳光都用来发电；而在需要用电的时候, 无论有没有太阳, 都可以把储存起来的热量释放出来发电。当然, 这项工作离实用还有相当长的距离。比如, 如何在太阳光照射的高温 (1000~2000 K) 环境下, 保证光子晶体 (一般在高温下会发生碎裂) 和电池工作的稳定性？另外还有与传统光伏电池相比, 如何进一步降低成本的问题等。

　　传统的光伏技术研究, 经历了从主流的晶体硅, 到后来的 II-VI 族碲化镉 (CdTe) 和混晶半导体 (CIGS) 薄膜电池, 以及最近的钙钛矿薄膜电池。相关的讨论已经超出了本书的范围, 下面为了展示全量子效应对太阳能电池材料的物理化学性能的影响, 我们主要介绍一种具有光敏性质的有机化合物半导体材料。

　　最新的研究表明,由 P3HT (聚 3-己基噻吩,poly (3-hexylthiophene)) 和 PCBM (phenyl-C61-butyric acid methyl ester) 制成的有机太阳能电池效率已达到 5.4%(Berger, 2018)。其中, P3HT 聚合物的结晶度是影响其光电性能的重要因素之一。美国橡树岭国家实验室和南卡罗来纳大学的研究人员发现, 选择性地将 P3HT 主链噻吩环的氢原子 H 替换成氘原子 D, 能极大地降低聚合物的结晶度, 而替换侧链上的氢原子对结晶度几乎没有影响 (Jakowski, 2017)。

　　为了解释这一实验现象, 研究人员利用二阶微扰论方法考虑了核量子效应的影响 (Jakowski, 2018)。他们首先计算了偶极-偶极相互作用和极化率等物理量。为简化计算, 研究人员仅对噻吩环上被替换的 H 或 D 原子核做量子化处理, 其他原子仍视为位置固定的经典点电荷, 如图 9.18(a) 所示。每个 P3HT 单体的偶极矩局域在噻吩环上, 相距为 R 的两个单体之间存在偶极-偶极相互作用 (见图 9.18(b))。同位素替换首先会影响零点振动能 (ZPE), 进而改变 P3HT 的稳定性。计算结果表明, P3HT 主链的零点振动能小于单链, 能够起到稳定晶体的作用。氢原子的这种稳定作用大于氘原子, 两者差别为 0.68 meV。

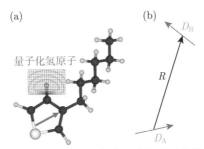

图 9.18　(a) P3HT 单体结构, 计算中仅对噻吩环上的一个氢原子核做量子化处理。图中网格线画出了 DFT 计算得到的势能面等高线图。箭头表示局域于噻吩环上的偶极矩, 侧链偶极矩可忽略。(b) P3HT 晶体中两条相邻链上距离为 R 的两个偶极子相互作用示意图。摘自 (Jakowski, 2018)

如图 9.19 所示, 核量子振动还会导致偶极矩大小的变化, 进而影响偶极-偶极相互作用强度。这种长程静电相互作用正是决定 P3HT 结晶过程的首要因素。根据微扰论, 偶极-偶极相互作用一阶项只与偶极矩平均值有关。由于势能面的非简谐性和振动波函数的非对称性 (见图 9.19(a)), 在对振动波函数做平均后得到的局域偶极矩平均值偏离其在势能面上的

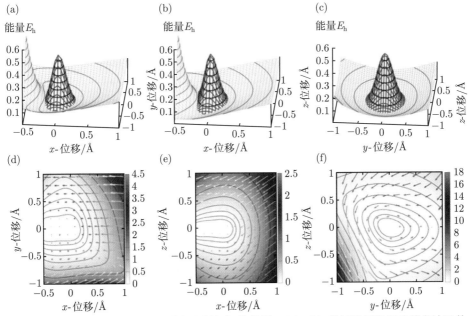

图 9.19　P3HT 噻吩环上氢原子振动基态和偶极矩的投影。(a)～(c) 是氢原子的振动基态波函数 (红色粗线) 和势能面 (蓝色细线) 在 xy, xz 和 yz 平面的投影。(d)～(f) 是氢原子振动导致的偶极矩变化绝对值在 xy, xz 和 yz 平面的投影。箭头表示偶极矩在该投影平面上的方向。C—H 键伸缩振动沿 x 轴, 沿 y 和 z 轴的位移对应弯曲振动模式。摘自 (Jakowski, 2018)

极小值。相比于氘原子，氢原子导致的偏离更大，这使得含氢原子的 P3HT 比含氘原子的 P3HT 更稳定，其对应的能量降低约 0.33 meV。偶极-偶极相互作用二阶项可分成两部分：感生相互作用来源于邻近分子偶极矩变化引起的分子电荷重新分布；色散相互作用描述两个瞬时的感生偶极矩间的相互作用。这两项都是相互吸引作用。计算表明，氢原子体系的这两项偶极-偶极相互作用之和大于氘原子体系 (虽然差别仅为 0.27 μeV)，说明氢原子的极化率大于氘原子。

综上可知，P3HT 主链上的 H 替换为 D 后结晶度下降，这是由于不同同位素原子的零点能和链间偶极-偶极相互作用强度不同所致。该研究进一步说明了同位素纯度对于聚合物晶体及其他长程相互作用系统的结构稳定性和物理性质有着重要的影响。通过考虑全量子效应，我们可以有效地控制材料的结晶度，从而提高这类有机半导体太阳能电池的工作效率。

9.4 燃 料 电 池

简单地讲，燃料电池 (Fuel cell) 是一种把燃料所具有的化学能直接转换成电能的化学装置。有人把它称为在水力发电、热能发电和原子能发电之后的第四种发电技术。燃料电池组成与一般电池相同，包括阳极、阴极、电解质和支撑组件。不同的是一般电池的活性物质储存在电池内部，因此限制了电池的容量。而燃料电池的正、负极本身不包含活性物质，只是作为一个催化转换元件。电池工作时，燃料和氧化剂由外部供给，进行反应。原则上只要反应物不断输入，反应产物不断排除，燃料电池就能连续地发电。在燃料电池的运作过程中，质子交换膜是燃料电池的核心部件，决定质子传输的动力学性质。全量子效应对理解质子与交换膜的相互作用以及质子扩散势垒至关重要。

在第 7 章我们详细介绍了二维材料和体材料中质子传输问题。与早期理论预言不同，Geim 研究组发现，单层石墨烯和六方氮化硼对质子有很高的通透性 (Hu S., 2014)。室温下六方氮化硼的质子传输能力明显优于石墨烯 (图 7.29)，这主要是因为这两种二维材料的电子密度分布不同。值得注意的是，在考虑核量子效应后，利用理论计算发现零点能对质子传输过程活化能势垒的影响可以达到几十 meV 的量级。后续的研究进一步表明氢化后的石墨烯晶格会发生一定畸变，更有利于质子传输。另外，研究人员还发现，采用低强度可见光照射由纳米金属颗粒铂修饰的石墨烯薄膜，可以进一步提高质子输运效率 (Lozada-Hidalgo，2018)。

同样，质子在体材料中的输运问题也是影响燃料电池效率的关键因素之一。前面以钙钛矿氧化物为例，我们曾介绍了质子的长程传输可分解为两个基本过程：在两个近邻氧原子之间的转移过程 (Transfer process，T 过程) 和围绕一个氧原子的转动过程 (Reorientation process，R 过程)。依据基于静态晶体结构的理论模拟结果，早期人们得到一个基本共识：这类氧化物中的 T 过程比 R 过程要慢，限制了质子的长程传输。然而，实验中的远红外光谱 (Far infrared spectra) 测量中观察到了很强的 O—H 键拉伸模红移，表明质子传输过程中有很强的氢键参与。这个结果更倾向于 T 过程比 R 过程快的观点，因为 T 过程中有 O—H 键的断裂和重组，在核量子效应影响下，氢键对这一过程的参与程度更加活跃。这些实验和理论观点引起了很大的分歧和争论。解决这一争议必须要考虑到质子传输过程的全量子效应。

在 $BaZrO_3$ 为代表的钙钛矿体系中，质子传输过程中的量子振动和量子隧穿效应都起着重要作用。基于全量子分子动力学模拟 (PIMD)，张千帆 (Q. F. Zhang)、高世武 (S. W. Gao)、王恩哥等 (Zhang Q.F., 2008) 研究了质子的量子振动和量子隧穿问题，发现尽管 T 过程和 R 过程都是质子在 $BaZrO_3$ 中传输的基本过程，但是两者的全量子效应有本质区别。质子的 T 过程是一个 O—H 键被打断而另一个 O—H 键发生结合的过程。在这个过程中，接近过渡态的 O—H 键的拉伸模式被极大地软化，使得过渡态上零点振动能导致的扩散势垒变化很大。然而，R 过程不存在键的断裂和重组，它只是一个 H 原子围绕 O 原子转动的过程，使得整个过程中零点振动能导致的扩散势垒变化很小，因而核量子效应的作用被抵消。量子振动效应的作用主要体现于原子之间成键发生变化的过程之中。通过这个分析，我们自然会判断全量子效应对质子扩散的影响主要受制于转移过程，而不是经典近似所预言的转动过程。Sundell 等 (Sundell, 2007) 通过考虑零点振动能校正作用，计算得到质子在钙钛矿氧化物中转移过程和转动过程的势垒分别降低了 0.12 eV 和 0.04 eV，也与实验观测符合。这些工作清楚地揭示了核量子效应通过修正传输势垒将明显地改变薄膜材料和体材料中的质子扩散速率和路径，这方面研究无疑对燃料电池发展很有帮助。

除了上面讨论的氢-氧燃料电池涉及质子传输和氢参与的化学反应外，其他类型的燃料电池 (比如磷酸燃料电池等) 还涉及另外一个常见的化学元素碳。碳的原子序数为 6，其原子相对质量比氢大很多倍。尽管如此，如果反应过程的势垒宽度较小，在温度较低时，全量子效应完全可以占据主导地位。

最近，C. F. Lin 等用低温 STM 实验研究了 Cu (110) 表面上甲醛分子 (CH_2O) 的吸附和转移情况。他们发现，甲醛分子在 Cu(110) 表面有两种对称的吸附构型，随着温度的变化它会在这两种构型之间发生快速跳转 (如图 9.20 所示)。更加有趣的是当温度在 10 K 以下时，发生了跳转速率与温度无关的现象，预示着这种转移是通过碳原子、氢原子及氧原子同时参与的量子隧穿过程实现的。通过同位素效应实验，他们进一步证明，用氘原子替换甲醛分子中的氢原子后，跳转速率发生了显著变化 (Lin C.F., 2019)。

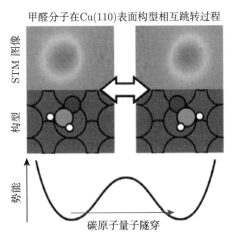

图 9.20 甲醛分子吸附于 Cu (110) 表面的两种等价原子构型以及相应的 STM 图像。图中还给出了相互跳转过程的势能曲线。在 10 K 以下，两种构型之间可以通过量子隧穿效应发生互换。在这一过程中，碳原子移动的距离约 0.1 Å。图中红色球、灰色球和白色球分别代表碳原子、氧原子和氢原子。摘自 (Lin C.F., 2019)

这个例子再次告诉我们，即使对于相对较重的元素 (比如碳或氧)，在某些情况下同样可以观测到明显的全量子效应，特别是在反应过程中，当原子或分子跳跃的距离很短 (比如约 0.1 Å) 的情况。这时，虽然势垒较大，但仍可以观测到明显的由量子隧穿导致的原子或分子转移的情况。也就是说，全量子效应普遍存在于各种物理或化学过程中，并发挥着重要作用，而只有从全量子效应的角度才能对这些实验中的物理现象给出准确的解释和预测。

9.5　离子电池

目前，应用最广泛的离子电池是锂离子电池。锂离子电池最早是由日本索尼公司开发成功的，其正极材料是含锂的化合物，负极材料是碳。在充放电的过程中，锂离子通过电解液在正负极之间传输。因此，锂离子在离子电池中的传输效率对电池的性能至关重要。由于锂原子是质量最小的金属元素，其相对质量仅是氢原子的 7 倍，全量子效应也会有明显的体现。比如，S. Karmakar 等报道了 IV 族硫族化合物中的锂离子扩散行为，发现考虑零点能的量子统计结果后，会使锂离子扩散速率在室温下提高 10%，在低温下甚至可提高到 60% 以上 (Karmakar，2016)。另外，考虑零点能修正后，室温下锂离子在单层 P、As 和 Sb 中扩散势垒可以减小 0.01 eV (Guo G.C.，2015)。因此，考虑零点能修正对锂离子传输有着重要影响，特别是对优化锂离子电池的电极材料性能具有重要意义，并且为探索大容量和高性能的锂离子电池提供了新思路。

由于锂元素本身比较稀缺，锂离子电池价格高居不下，因此替代锂元素的电池研究一直此起彼伏。在诸多新技术中，钠离子电池最受青睐 (Zhao C.，2020)。钠盐储量十分丰富，不但可以满足供应需要，而且可以使钠离子电池的预期成本进一步降低。但是钠离子电池的能量密度 (100~150 Wh/kg) 远不如锂离子电池 (150~460 Wh/kg) 高，且循环寿命也有很大差距。为了进一步提高钠离子电池的性能，研究钠在离子电池中的传输过程是一个避不开的问题。一般可以想象，由于钠原子相对质量较大 (约是氢原子的 23 倍)，因此需要更多的能量来驱动钠离子运动。全量子效应对钠离子输运性质的影响究竟如何目前仍然是一个未知的问题。对于其他离子电池，比如铝离子电池，铝原子相对质量约是氢原子的 27 倍，核量子效应应该更弱一些。由于相关研究仍处于起步阶段，本书不再展开讨论。对铝离子电池感兴趣的读者可以参考文献 (Lin M.，2015)。

在未来可再生清洁能源的开发中，风能与前面介绍的太阳能一起，它们占的比例会越来越大，而如何储存并高效利用这些能量对我们是一个很大的挑战。在这些固定的电化学储能的场景 (如家用、风光储能) 中，对电池系统体积和重量的要求不高。反而由于储能需要大量电池堆积在一起，这对系统安全性提出了极高的要求。由于锂离子电池底层材料体系的不稳定和不安全性，着火起爆的几率一直客观存在。这主要是因为它的负极过于活泼，正极容易释氧，而且它的电解液使用的有机溶剂的燃点与汽油相当。近年来，锂离子电池工艺上的改进以及电池管理系统的进步，较大程度改善了其安全性，在动力系统中 (如电动汽车等) 得到了广泛应用。但是，因为其仍具有易于热失控的特点，在事故过程中难以抢救，导致一旦一处起火，常常会带来全系统彻底焚毁的灾难性后果。这些都是妨碍锂离子电池在进一步大规模电化学储能方面应用所面临的难题。

在离子电池的基本工作原理中，一个事实是，正负极之间的离子 (锂、钠、铝……)

都是通过电解液实现传输的。因此，电解液使用的溶剂至关重要。溶剂可以分为无机溶剂和有机溶剂。有机溶剂多种多样，但是绝大多数有机溶剂都有易挥发、可燃烧等特点。相对而言，无机溶剂的种类就少很多，水是其中一种选择。

为了提高安全性，人们开发了一种采用水溶液电解质的锂离子电池，即水系锂离子电池。最近，中国科学院化学研究所 S. Xin 研究组报道了氢原子核量子效应对水系传输锂的电解质性质影响 (Chou J., 2022)。他们首先证明同位素效应对重水 (D_2O) 和轻水 (H_2O) 电化学性质的作用明显不同。与 H_2O 基电解质相比，D_2O 基电解质表现出更宽的电化学窗口、更高的配位水百分比和更长的氢键寿命。由于这种电化学同位素效应，D_2O 基电解质对包括 $LiCoO_2$ 和 $LiNi_{0.8}Co_{0.1}Mn_{0.1}O_2$ 在内的高压层状氧化物正极材料的运行表现出较高的阳极稳定性，从而实现了水系锂离子电池良好的循环寿命和优异的倍率性能 (见图 9.21)。比如，图 9.21(e) 所示在 700 次循环后，获得了 81.5% 的高容量保持率和 99.6% 的平均库仑效率。

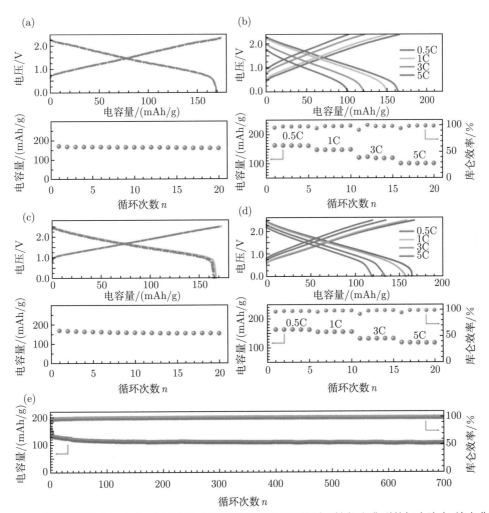

图 9.21 水系锂离子电池在 D_2O/CAN 电解液作用下 0.5C 的循环性能和典型的恒电流充-放电曲线。摘自 (Chou J., 2022)

　　目前水系锂离子电池仍处在研究阶段。另一种更加成熟的水系电池是锌离子电池。相对惰性的电极，浸泡在水溶液里，确保了锌离子电池的底层安全性。除了安全性的保障外，可充放电水系锌离子电池已经达到接近磷酸铁锂基锂离子电池的能量密度，更宽的工作温度区间，以及非常好的倍率性能等。目前我们国内的锌产量远大于锂和钠，这无疑对于降低电池成本提供了空间。另外，锌电池在生产环节上也有一定的优势。对比锂离子电池对生产环境，特别是对干燥条件的苛刻要求，水系锌离子电池可以在一般生产环境中实现工业制造。由于其本身使用水作为电解液溶剂，对环境湿度无要求，这也会进一步带来生产过程的简化以及在成本上的优势。除此之外，其安全性也为电池运输和安装提供了便捷条件。这些优良性质为水系锌离子电池在大规模电化学储能方面的应用开辟了广阔的前景。

　　近年一些研究团队在水系锌电池的负极稳定性、正极高容量以及电解液添加剂等方面取得了一系列进展。例如，支春义研究组基于其在香港城市大学的锌电池研究成果，在松山湖材料实验室实现了 50 Ah 锌电池电芯的量产，展示出良好的应用前景 (Liang G.J., 2021; Zhao Y.W., 2022)。尽管锌原子的相对质量很大，但在水环境中考虑到其与水分子会形成离子水合物 (参见 10.2.4 节)，同时水的同位素替代效应必然会影响到锌离子输运过程，由此也会直接影响电池的性能。这方面全量子效应的作用情况尚不清楚。相关的基础研究无疑对进一步提升电池性能至关重要。目前在水系离子电池中，锌体系能够提供最好的电池效率和能量密度。可充放电锌离子电池基于水系电解液带来的独特安全优势和良好的能量表现，通过配合可再生能源 (特别是风能和太阳能) 的普及应用，以及参与电网的削峰填谷等方式，在大规模电化学储能领域有望助力碳达峰及碳中和目标的实现。

第 10 章　环境问题中的全量子效应

全量子效应除了在能源问题研究中发挥重要作用外, 有趣的是也与环境问题密切相关。这同样是因为在宇宙的环境中, 物质的最主要成分都是由轻元素组成的。如果考虑到宇宙的平均温度仅有 3 K 左右, 在如此低的温度下, 特别是在由氢原子等参与的各种环境问题中, 不但与量子隧穿及量子涨落相关的核量子效应引起的现象会非常显著, 而且对光化学反应下的非绝热过程也会同样重要。因此, 可以预期全量子效应在宇宙环境下的分子产生、星系形成、星际化学, 乃至生命从出现到演化的全过程中都发挥着至关重要的作用。

即使回到我们身边熟悉的地球环境中来说, 全量子效应伴随的各种现象无时无刻不在发生。大气臭氧层会因为氟氯烃 (CFCs) 和哈龙等化合物光解产生的卤素原子的催化作用而被损耗, 甚至导致南北两极地区出现大气臭氧层空洞。在这一过程中, 理解全量子效应对氧分子及其同素异形体的形成与转化反应的影响非常关键。另外, 还有水中杂质和有毒成分的净化处理、光化学烟雾引起的空气污染以及由于温室效应不断积累所导致的全球气候变暖现象等, 这些与环境保护和治理密切相关的问题都涉及大量轻元素原子/分子, 以及它们与材料相互作用的各种全量子物理化学过程。在这类问题的研究中, 即使发生在地球自然环境所处的室温条件下, 全量子效应的作用也是不可忽略的重要因素之一。

10.1　宇宙的环境

第 9 章我们介绍了星际中氢气的产生过程。星云是星际空间中一种云雾状的天体形式, 主要由尘埃和气体组成, 其中气体的主要成分就是氢气。考虑到分子星云和扩散星云中的温度大约在 $10\sim100$ K 之间, 并不具备氢气生成的常规条件。同时由于紫外线和宇宙射线照射对氢气的强烈分解破坏作用, 为了解释氢气在星云中大量存在的现象, 有一种可能就是假设量子隧穿效应提高了吸附在尘埃上的氢原子扩散速率, 从而促进了这些吸附的氢原子之间合成 H_2 分子的过程。由此产生的 H_2 分子再以气体的形式回到尘埃周围的空间中去。

全量子效应不仅与环境中 H_2 分子的产生有关, 同时还与生命活动不可或缺的水分子的形成密切相关。在 $5\sim20$ K 的低温下, H_2O 是星际尘埃颗粒表面冰幔上含量最丰富的成分, 它的形成与尘埃表面上吸附的 H_2 分子有很大关系。这个反应过程可以表示为

$$OH + H_2 \longrightarrow H_2O + H \tag{10.1}$$

该过程同样需要通过量子隧穿效应克服较高的化学势垒, 才能使 OH 与 H_2 发生反应。大量的同位素实验发现, 如果将 H_2 分子换成较重的 D_2 分子, 就会使该反应速率降低一个数量级, 这充分证明核量子效应的重要性。

CO 是星际尘埃颗粒表面上含量第二丰富的分子, 它在尘埃的富水表面上通过量子隧穿效应可以实现连续氢化, 从而进一步形成甲醛 (CH_2O) 等有机分子。它们是氨基酸以及

糖的前体化合物，经过后续反应形成更为复杂的、与生命相关的各种结构分子。下面的公式表示了这个连续氢化的过程：

$$CO \to HCO \to CH_2O \to CH_3O \to CH_3OH \tag{10.2}$$

通过以上的讨论，宇宙环境中各种与全量子效应密切相关的基本演化过程可见一斑。

10.2　自然界水问题

水治理是生态环境变化与保护过程中的核心问题。在第 7 章我们重点讨论的是在实验室极低温和超高真空条件下的水基础科学问题。与第 7 章研究所面临的问题不同，对环境科学研究的讨论多是在常温常压下进行的。因此，本节的出发点是集中研究与人类生存环境接近的情况下，比如在室温附近和大气环境中，全量子效应导致自然界中水的一些反常特性及其对环境的影响。为了揭示这些复杂问题背后的物理根源，下面的讨论仍是从基础科学的角度讲起。

10.2.1　水分子吸附与扩散

自然状态的水一般是以分子形式存在的。环境水科学研究的第一步，无疑是讨论水分子与材料表面的相互作用，以及水分子在材料表面的扩散运动过程。而对这些问题的深入理解都与全量子效应有关。

1. 碳表面

从 2009 年开始，王恩哥研究组与英国 A. Michaelides 研究组合作，首先以碳表面作为一个理想衬底材料，对水分子在其表面上的吸附与扩散问题做了系统深入的理论研究 (马杰, 2009; Ma J., 2011)。与前面讨论氢原子吸附相比，水分子的吸附情况要复杂得多。研究发现，在碳材料表面水分子的吸附构型主要有 one-leg 和 two-leg 两种结构 (如图 10.1 所示)。

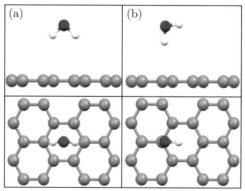

图 10.1　石墨烯表面水分子的吸附构型。(a) two-leg 构型；(b) one-leg 构型。其中上图对应侧视图，下图对应俯视图。摘自 (Ma J., 2011)

在这个工作中，马杰 (J. Ma) 等比较了密度泛函理论和更精确的扩散蒙特卡洛计算的吸附能结果 (如图 10.2 所示)。他们发现要准确计算水分子的吸附能需要对长程的范德瓦耳斯相互作用力给出严格的描述。例如，当使用普通的 PBE 泛函进行密度泛函理论计算时，水分子只有一个非常浅的吸附能谷，这个能谷的深度约有 20 meV，如果在此基础之上考虑水分子的零点能和有限温度下的振动激发，那么有可能会得出水分子在石墨烯表面不存在稳定吸附位置的结论。在更极端的情况下，如果采用类似 BLYP 泛函做电子结构计算，则给出的结果是水分子与石墨烯表面之间甚至存在相互排斥作用。但是当他们采用精确的扩散蒙特卡洛计算后，就会发现该表面上水分子的吸附能为 80 meV，这个吸附能即使在室温下也是足够大的。这表明水分子可以较为稳定地吸附在石墨烯表面上。马杰等另外还发现在密度泛函理论的框架下，有些泛函的结果会高估水的吸附能力，这种过于强的结合能也会使得他们不能准确地理解水分子吸附中的全量子效应，比如它会使计算得到的水分子吸附的零点能过大。

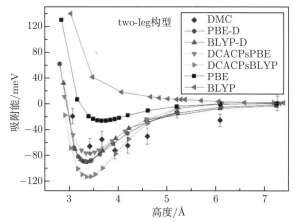

图 10.2   two-leg 构型水分子在石墨烯表面的吸附能。其中 DMC 为扩散蒙特卡洛计算结果，其余为密度泛函理论给出的计算结果。摘自 (Ma J., 2011)

马杰、王恩哥、Angelos Michaelides 等进一步分析了各种范德瓦耳斯力的修正方法，并且测试了多种密度泛函理论的泛函形式和范德瓦耳斯力修正结合的计算，最终确定了由泛函 PBE-D 方法能够给出最佳的结果 (如图 10.2 所示)。随后，J. G. Brandenburg 等也对相关的体系进行了类似的分析 (Brandenburg, 2019)。马杰等的工作为进一步研究水吸附的全量子效应问题做好了充分的准备 (马杰, 2009; Ma J., 2011)。基于精确的电子结构，研究表明全量子效应可能在如下几个方面起到重要的作用。

首先，由于理论上给出的最稳定吸附结构中的水分子都是氢指向石墨烯表面，通过这种构型在水分子与石墨烯之间形成一个非常弱的氢键。根据郭静等的实验结果 (Guo J., 2016a)，核量子效应的一般规律是使弱的氢键变得更弱，所以推测水分子在石墨烯上的吸附能会进一步变弱。并且，如果对比 two-leg 构型和 one-leg 构型，two-leg 构型中有两个氢键，且两个氢键在考虑核量子效应后都进一步减弱，所以核量子效应对 two-leg 构型的吸附能的影响一定更大。于是，最有可能推测是 one-leg 构型会优于 two-leg 构型，它将是石墨烯表面水分子吸附对应的最稳定构型。当然，我们也不排除还有其他吸附构型由于受到核量子效应影响较小从而超过 one-leg 和 two-leg 构型，成为水分子吸附最稳定构型的可能性。关于这个问题详细的全量子效应理论和实验研究都还未见报道。另外，实验上目前还没有能对这个体系的吸附能进行准确测量的方法，未来如果要将可能的实验测量与理论计算的吸附能进行比较，考虑核量子效应将起到非常关键和敏感的作用。

其次，2014 年 Hu 等报道了将石墨烯制作成质子交换膜的研究工作 (Hu S., 2014)。他们的实验结果证明，质子在室温下可以有效地从六元环结构的中心穿过无缺陷的石墨烯。然而，这些实验结果与理论计算上得到的质子穿透石墨烯的势垒差异非常大。为了理解这个现象，冯页新 (Y. X. Feng) 等通过进一步的理论计算发现，石墨烯膜周围的溶液环境大大帮助了质子降低穿透石墨烯的势垒 (Feng Y.X., 2017)。其中非常重要的一点就是质子会与水或者其他质子相连，并且指向石墨烯的六元环方向，这与本节提到的水的吸附构型是否有氢指向石墨烯表面密切相关。如果水分子中的氢原子指向石墨烯，那么在质子导电膜的环境中，这个水中指向石墨烯的氢原子就可以作为质子，并以冯页新等预测的方式穿透石墨烯单层膜。这种穿透过程也显然会受到原子核量子效应的影响。

冯页新等采用路径积分分子动力学方法，计算了原子核量子效应对该穿透过程有效势垒的修正，发现势垒被进一步降低了约 0.4 eV。如图 10.3 所示，黑线和红线分别为经典 (MD) 和量子 (PIMD) 计算的势垒能量随着质子到石墨烯表面距离的变化关系。同时，插图也展示了路径积分分子动力学模拟的瞬时构型分布，可以看到当质子 (蓝色) 不断靠近石墨烯表面六元环 (咖啡色) 中心时的情况，即对应沿着图中横轴坐标从左向右发生的过程。当距离表面 1.5 Å 时，质子是一个蓝色的球形 (由左插图所示)，当到达表面 (距离为 0 Å) 时，质子的球形分布被拉开并呈垂直表面分布 (由右插图所示)。这种对应质子到达表面上时，其分布呈现的沿着垂直于平面方向延展的情形，完美表现出原子核的量子化属性。特别需要指出的是，冯页新等的计算也采用了基于范德瓦耳斯力修正的密度泛函理论为分子动力学模拟提供的电子结构，因此得到的这个结果应该是比较可靠的。

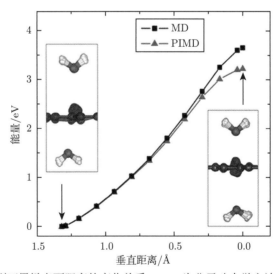

图 10.3   能量随着质子到石墨烯表面距离的变化关系。MD 为分子动力学方法得到的结果，PIMD 为路径积分分子动力学方法得到的结果。图中 MD 和 PIMD 均为基于密度泛函理论电子结构计算的分子动力学模拟结果。摘自 (Feng Y.X., 2017)

在环境问题研究中，除了石墨烯表面水分子吸附的简单模型体系外，还有很多实际情况中更加复杂的系统也是由氢键和范德瓦耳斯力共同起主导作用的。关于这些实际体系中全量子效应的研究，离不开对于其玻恩-奥本海默势能面的准确计算，而采用扩散蒙特卡洛方法获得的精确电子结构是非常必要的。

2. 金属表面

除了石墨烯表面，水分子在金属表面的吸附与扩散也是环境科学研究中最常提及的基本问题。根据实验中对表面的单个水分子和水分子团簇扩散行为的测量，普遍认为核量子效应对水分子和水团簇的扩散具有不可忽视的影响。在这些研究中有一个非常有意思的现象，它发生在两个水分子在金属表面的成对扩散的过程中。相关研究最著名的实验例子是Mitsui 等在 Pd(111) 表面发现的水分子二聚体扩散速率在低温下会超过单个水分子的异常现象 (Mitsui, 2002)。这两个水分子在金属表面一般会以氢键的方式结合形成水分子二聚体，由于水分子之间的氢键作用和水分子与衬底之间吸附作用的相互耦合，两个水分子的扩散具有多种模式。这些不同模式之间的竞争关系非常容易受到核量子效应的调制。

为什么有时单个水分子扩散快，有时却是两个水分子组成的二聚体扩散快，为了解答这一问题，Ranea 等对 Pd 表面的水分子扩散势垒做了系统计算研究，并提出了一种类似华尔兹舞蹈的水分子二聚体快速扩散模式 (如图 10.4 示意的华尔兹舞)。他们推测氢原子与氧原子共同主导的核量子效应是加快这种扩散过程的主要因素 (Ranea, 2004)。

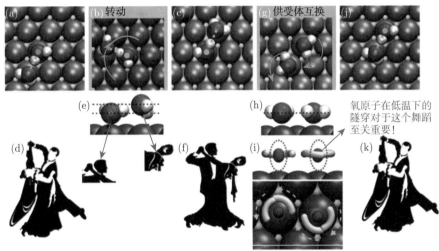

图 10.4 低温下水分子二聚体在金属表面 (以 Pd(111) 表面为例) 进行扩散的示意图。这个过程可以用一种类似华尔兹舞蹈的方式来形象地进行解释。水分子二聚体开始的构型如图 (a) 所示。漂移过程中，首先以图 (a) 中心的水分子为圆心，边缘的水分子可进行转动 (经图 (b) 所示位置漂移至图 (c) 所示位置)。这三个状态在华尔兹舞蹈中的构型对应图 (d)、(e)、(f)。这里，中心水分子被金属表面吸附得较强，导致旁边水分子的转动势垒很小。转动完成后，两个水分子的角色要进行互换，才能保证继续漂移。其中，在由一个氢键相连的水分子二聚体中，完成一次漂移后，一个水分子由氢键的供体变为受体，另一个由受体变为供体。此过程如图 (g) 所示。互换过程的过渡态为图 (h)。低温下，此过程必须借助氧原子的量子隧穿完成，具体如图 (i) 所示，氢原子的隧穿必须与氧原子的隧穿配合，进而完成两个水分子角色的互换。这个过程结束之后，华尔兹舞中的进一步旋转才可以继续 (图 (j)、(k) 所示)

2020 年 Fang 等对此问题做了进一步研究。他们对不同表面的水分子二聚体做了系统的理论计算后，发现华尔兹扩散模式是普遍存在于各种表面上的，但其是否是主要的扩散模式则非常依赖于原子核量子效应的作用 (Fang W., 2020)。如图 10.5 所示，华尔兹扩散模式中最关键的一步是，两个水分子之间的氢键会进行一种供体-受体的氢键对换。考虑核量子效应的影响，他们发现这种水分子二聚体之间的氢键对换在温度降低到 40 K 以下时开始发生显著的量子隧穿现象。对于单个水分子，由于不存在氢键对换，其扩散速率随温度改变的趋势遵循阿伦尼乌斯关系 (如图 10.5)。而对于水分子二聚体，量子隧穿效应占主导，使得水分子二聚体的扩散速率随着温度下降而下降的趋势比阿伦尼乌斯关系更慢。具体来说，当温度低于 30 K 后，水分子二聚体的扩散速率降低得较少，而单个水分子的扩散速率降低得较多。因此，当温度在 30 K 以下时，水分子二聚体的扩散速度快于单个水分子；而当温度在 30 K 以上时，单个水分子的扩散要快于水分子二聚体。从计算得到的量子隧穿路径沿线上的分布可以看出，当温度从高温区进入低温区后，量子隧穿效应将起到主要支配作用。

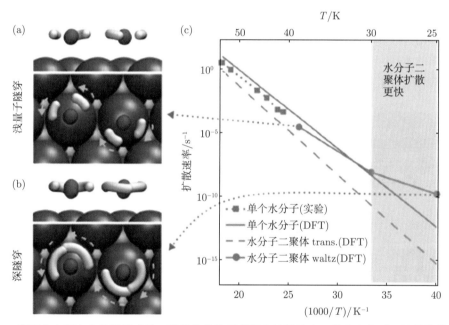

图 10.5   表面上由两个水分子组成的二聚体的扩散示意图和扩散速率。其中水分子二聚体的分子动力学 (MD) 结果由蓝色虚线所示，路径积分分子动力学 (PIMD) 结果由蓝色实线所示。该图还与单个水分子扩散的理论结果 (红色实线) 和实验结果 (红色点) 做了比较。MD 和 PIMD 均为基于密度泛函理论电子结构的分子动力学模拟

在这个过程中一个十分有趣的现象是，当水分子二聚体的氢键发生对换过程时，不只是氢原子的核量子效应起到了作用，研究发现氧原子的量子属性也起到了十分重要的作用。水分子二聚体的稳定吸附结构中两个分子处于一高一低的状态 (见图 10.4(e))。其中氢键的受体分子 (Acceptor) 在垂直表面的方向上位置偏高，而氢键的供体分子 (Donor) 位置偏低。于是当氢键交换发生时，两个氢键的供体和受体水分子角色互换，为了回到最稳定的吸附构型，这两个水分子中的氧原子要在垂直于表面的方向上发生运动，这个运动距离可以达到 0.7 Å。计算发现，氧原子并不是完全通过经典的运动来完成这 0.7 Å 的高度变化，

而是与氢原子一起发生了量子隧穿进动。核量子效应帮助氧原子完成了这个步骤。实际上，氧原子的量子隧穿距离在 25 K 的时候就可以达到 0.22 Å (见图 10.4)。

10.2.2 体相水

正像在前面许多例子中所讨论的那样，原子核的量子效应常常可以通过研究其同位素替换的效果表现出来。但是，这种核量子效应对接近自然环境条件下的水与实验室低温高压条件下的水的影响是有所不同的。在对应常温常压的自然环境下，水中同位素效应多归因于 O—H 伸缩或其他自由度的零点能贡献。O—H 键伸缩的零点能相当于 2000 K，并随局域氢键结构不同而变化。因此，常温常压下原子核量子效应主要体现在对氢键强度和构型的影响。而在实验室低温高压的情况下，原子核量子隧穿现象和质子的非局域化变得尤为重要。这时质子位置的不确定范围与势能面两个极小值间的距离相当，这就致使质子非常容易发生量子隧穿，并实现非局域化。所以，在低温高压下，原子的核量子效应主要体现在对原子核的量子隧穿和离域现象的影响。

由表 7.1 可知，当系统处于气相时，O—D 氢键比 O—H 强 1.6%，大约为 7.5 kJ/mol。研究人员普遍认为这个差异来源于 O—H 和 O—D 之间 5.8 kJ/mol 的零点能之差。D_2O 和 H_2O 的气相偶极矩大小一致，说明它们的键长和键角差异不大 (小于 0.05%)。然而 D_2O 的二聚体解离能比 H_2O 大 12.7%，证明处于气相时 D 比 H 会形成更强的氢键。

许多实验观测认为，处于液态时 D_2O 的氢键同样比相应情况下的 H_2O 强。氘替换后，水的熔点上升了 3.82 K，这种迹象表明 D 原子形成了更强的氢键，使重水冰相对于水冰相的稳定性得到了提高。此外，最大密度温度 (Temperature of maximum density, TMD) 在氘化后提升了 7.21 K，也就是说熔点和 TMD 之差从 3.73 K 升高至 7.37 K，意味着普适的标度定律不足以解释同位素效应。从表 7.1 也可知 D_2O 的热容显著大于 H_2O，这表明即使在室温环境下，核量子效应对水而言依旧十分重要。通过比较 TMD 和 298 K 时的密度，可见 D_2O 和 T_2O 相对 H_2O 小幅膨胀，另外 $H_2^{18}O$ 相对 H_2O 小幅收缩。之前有人把这个同位素现象解释成 H_2O 具有更强的氢键。其实恰恰相反，由于氢键的方向性，强氢键可以导致密度降低。表 7.1 的观测值在很大范围上说明了核量子效应使水中的 O—H 氢键减弱，而在氘化后 O—D 氢键得到增强。

但是表中一些其他的性质并不符合这种解释。例如 D_2O 和 T_2O 的临界温度低于 H_2O，说明在高温下，核量子效应使 H_2O 氢键增强，这个结果与低温时形成鲜明对比。D_2O 的液气表面张力也反常地小于 H_2O。通过 H 和 D 原子的替换，液态水和六角冰 Ih 的体积增加了 0.1%，这种增加也是反常的，因为许多液体和固体替换了质量重的同位素原子后体积都会减小。可见全量子效应对氢键的影响是一个导致自然环境中水诸多反常现象的重要原因。

图 10.6 描述了水和冰通过 H/D 原子替换后 O-O 距离的变化 ($\Delta R^{H/D} = R_{eq,H} - R_{eq,D}$)，这被称为二阶几何同位素效应 (一阶指的是 O-H 距离的变化)。图中横坐标为水的 O-O 距离 ($R_{eq,H}$)，纵坐标为 H 替换成 D 后 O-O 距离之差 ($\Delta R^{H/D}$)，这个值反映的是同位素效应的强弱。图中红色实线是只考虑 O—H 伸缩的零点能贡献的计算结果，红色虚线是同时考虑 O—H 伸缩和弯曲的计算结果，散点为实验值 (Sokolov, 1988)。从图中可以看出六角冰 Ih 和液态水的二阶几何同位素效应比较小，量子竞争效应几乎互相抵消 (McKenzie, 2014)。

在实验上，研究人员采用 XRS、XAS、XES 等手段测量了水的结构，有诸多证据表明室温下 D_2O 比 H_2O 具有更强的氢键。在此类实验研究中，常常以局域四面体壳层结构和氢键的对称程度这两个特征来讨论液态水中的氢键构型。例如，XRS 光谱的特征显示 H_2O 氢键结构的对称程度相比 D_2O 有所增强。此外，X 射线、γ 射线和中子散射实验都支持 D_2O 在室温下比 H_2O 具有更加明显的壳层结构。

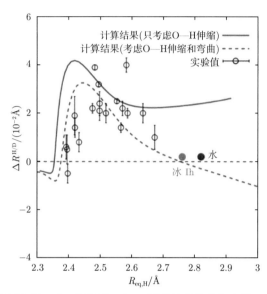

图 10.6   在液态水中做同位素 H/D 替换后，O-O 距离的变化值与水的 O-O 距离的关系。摘自 (McKenzie, 2014)

图 10.7 给出了在温度为 296 K 时，由中子散射结合 X 射线散射实验得到的液态水中 O—O，O—H 和 H—H 及重水中 O—O，O—D 和 D—D 的径向分布函数 (Radial distribution function, RDF)。由这张图我们一方面可以看到 D_2O 中的 O—O 第一个 RDF 相对峰值更高，说明 D_2O 具有更加明显的壳层结构特征；另一方面还可以看到水中 O—H 共价键比重水 O—D 更长 (增加 $\sim3\%$)，也就意味着 H_2O 氢键更短。此外，第一个 H-H 分子间距在 H_2O 中比在 D_2O 中的 D-D 分子间距长 $\sim2\%$，总的来说 H_2O 氢键结构相比 D_2O 对称程度更加高。

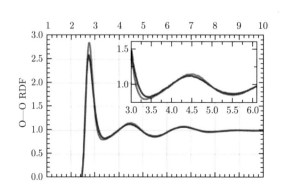

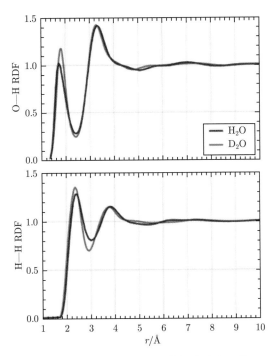

图 10.7 水 (H_2O) 和重水 (D_2O) 的径向分布函数 (RDF)

同位素效应对水的动力学性质的改变比静态性质更大。这里的部分原因是动力学过程主要由氢键网络的涨落所驱动，这种涨落一般会受到核量子效应的直接影响，而非其平均结果。另一个原因是即使在经典极限下，由于 D 原子替换 H 原子后的质量增加，也会导致动力学过程减慢，减小的因子数值居于替换原子纯弹性碰撞值 $(mH/mD)^{1/2} = 0.707$ 与水分子质心弹性碰撞值 $(mH_2O/mD_2O)^{1/2} = 0.949$ 之间。

10.2.3 水团簇

作为酸性溶剂和水环境下最具代表性的基团，关于质子化和去质子化的水团簇 ($H_5O_2^+$ 和 $H_3O_2^-$) 有很多理论及实验方面的研究工作。通过第一性原理分子轨道计算，人们发现由于存在质子转移路径上的势垒，$H_3O_2^-$ 稳定结构变得非对称。对于 $H_5O_2^+$，由于它具有 C_2 对称性，两个水分子发生扭曲，质子位于两个氧原子中间。

M. Tuckerman 等利用第一性原理路径积分分子动力学方法对这个体系进行了模拟。他们发现对于 $H_3O_2^-$，考虑核量子效应的模拟得出的氢原子核分布于两个氧原子中心附近 (势能面只有一个极小值)，这是由核量子效应直接导致的结果 (Tuckerman, 2002)。这个结论与经典模拟的情况很不一样，在经典势能面上会出现两个极小值。随后，M. Tachikawa 等对这个体系以及氘替换后的体系分别进行了计算 (Tachikawa, 2005)，并发现同位素原子替换前后两个明显的差别：① $D_3O_2^-$ 相比于 $H_3O_2^-$，O—O 键更长；② 氘原子核会局域在两个氧原子之间的氢键位置周围，没有发生离域。这不同于前一种的情况，因为对应 $H_3O_2^-$ 体系的氢原子核会在两个氧原子之间中心附近，相对氢键位置发生了明显的离域。然而，A. B. McCoy 等利用扩散蒙特卡洛和振动组态相互作用方法却发现了完全相反的结果 (McCoy, 2005)。这些争议说明即便是看似非常简单的氢键体系，其全量子效应的作用也还需要更仔细地研究。

为了进一步搞清楚同位素替换对氢原子离域性质的影响，Tachikawa 研究组采用第一性原理路径积分方法给出了更细致的结果 (Suzuki, 2008)。如图 10.8 所示，定义 δ_{OH^*} 为质子对两个氧原子中心的偏离，以 δ_{OH^*} 为纵轴，O-O 距离 (R_{OO}) 为横轴画出水团簇中氢键结构参数的二维分布图。可以看到低温下的量子模拟分布结果显示了单峰结构，表明氢原子核、氘原子核和氚原子核都发生了去局域化的情况，即出现 $(O \cdots X \cdots O)$，其中 X 可以分别取做氢原子核、氘原子核和氚原子核。由于零点能的差异，H 的 δ_{OH^*} 相对来说比 D 和 T 展宽更大。而在高温下，D 和 T 有两个峰，而 H 只有一个，这说明氘原子核和氚原子核是局域的 $(O-X \cdots H)$，而氢原子核仍然是去局域的。此外，O-O 距离随着温度升高而变大。高温下 δ_{OH^*} 和 R_{OO} 强烈关联，$D_3O_2^-$ 的 O-O 距离比 $H_3O_2^-$ 的更长。这与低温下的情况很不一样，由于同位素替换在低温下更明显，低温下 H 的 O-O 平均距离在所有同位素水团簇中也是最长的，这个 O-O 距离的伸长是由于两个 OH* 在非谐效应下振动模式的零点能所致。

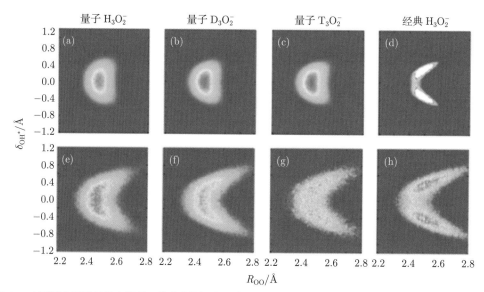

图 10.8　水团簇中氢键结构参数的二维分布图。当温度 (a) 在 50 K 时 $H_3O_2^-$ 的量子模拟结果；(b) 在 50 K 时 $D_3O_2^-$ 的量子模拟结果；(c) 在 50 K 时 $T_3O_2^-$ 的量子模拟结果；(d) 在 50 K 时 $H_3O_2^-$ 的经典模拟结果；(e) 在 600 K 时 $H_3O_2^-$ 的量子模拟结果；(f) 在 600 K 时 $D_3O_2^-$ 的量子模拟结果；(g) 在 600 K 时 $T_3O_2^-$ 的量子模拟结果；(h) 在 600 K 时 $H_3O_2^-$ 的经典模拟结果。摘自 (Suzuki, 2008)

以 δ_{OH^*} 为纵轴，R_{OO} 为横轴，绘出 $H_3O_2^-$ 的势能面如图 10.9 所示 (Suzuki, 2018)。从图可以清晰地看到，随着 R_{OO} 增加，两个氧原子之间的势垒逐步出现并变大。因此，在高温区随着热涨落效应增强，造成 O-O 距离增加。但是在高温区，同位素替换后的氘原子核和氚原子核对应的量子离域特征不明显，它们仍然是主要局域在氧原子连线上的两个势能面局域极小值附近。$H_5O_2^+$ 展示了相同的趋势。此时，高温下 O-O 距离的关系可以用 Ubbelohde 效应来解释。这一理论基于如下假设：H/D 调和了两个氧原子之间的吸引相互作用。化学上，$O-H \cdots O$ 与 $O \cdots H-O$ 之间共振是容易发生的；H 相比于 D 和 T 有更明显的离域倾向，两个氧原子吸引作用更强，距离也更短。高温下 $T_3O_2^-$ 中氚原子核更加局域在氧原子连线势能面上的两个局域极小值位置，使得氢键松弛，进而 O-O 距离变长。高温下 $H_5O_2^+$ 中情况类似，但是有小的区别。$H_3O_2^-$ 中量子离域特征在 400 K 仍很明显，而 $H_5O_2^+$ 在 400 K 没有出现这样的现象，原因在于前者共振频率所对应的温度更低 (H 是 464 K，D 是 401 K，T 是 343 K)，后者温度更高 (H 是 898 K，D 是 847 K，T 是 763 K)。

总之，$H_3O_2^-$ 和 $H_5O_2^+$ 氢键结构对温度的依赖关系表现为，在低温下，同位素效应与氢键结构的相关性可以定性地理解为非简谐势场下零点能的不同；而在高温下，质子分布以及 O—O 振动模之间的耦合作用是决定同位素效应的关键。

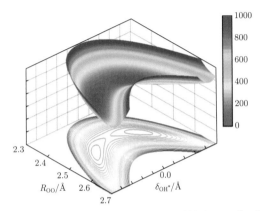

图 10.9　$H_3O_2^-$ 中氢键结构参数的势能面。其中能量单位为 cm^{-1}。摘自 (Suzuki, 2018)

10.2.4　离子水合物

水作为溶剂不但能使盐溶解，还能与溶解的离子结合在一起形成各种团簇。这一过程被称为离子水合，离子水合形成的离子水合团簇被称为离子水合物 (Ion hydrates)。自然环境中气溶胶的形成、盐的溶解、海水的淡化、生物离子通道中的离子输运等许多重要的环境科学问题都与离子水合的形成过程及离子水合物在界面上的迁移性质有关。对离子水合的机制及水合物在界面上的迁移性质的研究，无疑会有助于加深人们对这些与环境密切相关的重要问题的理解与认识。对离子水合物最早的研究，可以追溯到 1900 年著名物理化学家 W. Nernst 的输运实验。他认为水中的各种离子不是孤立存在的，而是与周围的水分子形成了离子水合物，并对离子的输运性质产生了影响。尽管经过了一百多年的努力，但确定影响离子水合物输运性质的微观因素，如离子水合过程对水氢键结构的影响、水合壳层的数目以及各水合壳层上水分子的数目及分布，仍然是非常具有挑战性的问题。水与离子发生相互作用时，由于氢原子和氧原子的质量很小，在低温甚至室温下，全量子效应 (例如零点能和量子隧穿) 在离子水合物中会起到不容忽视的作用。在引入全量子效应之前，我们先讨论一下在空间维度受到限域的情况下，表面上离子水合物有关的结构稳定性与动力学性质。这里我们对一些最新的实验与理论结果做一介绍，详细的讨论请见曹端云的博士学位论文 (曹端云，2020)。

1. 表面上离子水合物

尽管在过去三十年中，实验上具有空间高分辨能力的扫描探针技术已经得到了很大发展，但在实空间中要获得分子甚至亚分子水平的表面水合物结构一直都是一项十分艰巨的任务。这是由于过去多数研究中主要是采用扫描隧道显微镜 (STM) 方法，而它在测量时不可避免地受到来自金属衬底的影响，特别是来自金属衬底费米面附近电子态的干扰，这些因素极大地降低了它对水分子成像的分辨率。同时这方面实验上的另一个挑战是缺乏一种在表面上制备单个离子水合物的可控方法。这个双重难题始终没有得到很好的解决，直到 2018 年这方面研究才出现了重大突破。北京大学江颖研究组在实验上首次成功制备出含有不同水分子个数的单个 (Na$^+$) 水合物，并利用空间分辨增强的扫描探针技术获得了原子水平的水合物成像 (Peng J.B., 2018a)。

A. 钠离子水合物的制备与成像

江颖研究组设计了一个十分巧妙的实验。他们首先在金的衬底表面上生长出双层 NaCl 单晶，利用这一绝缘层可以大大地降低来自金衬底对实验信号的影响，提高 STM 对水分子的分辨率，从而首次获得了水分子内部原子的高分辨成像。与此同时，他们还开发了一种利用带有 CO 吸附的原子力显微镜 (AFM) 针尖，它的空间分辨达到了原子水平。这些高分辨率的探针技术为在实空间中研究离子水合物的结构和动力学性质提供了强有力的手段。

图 10.10 展示了 STM 实验制备 Na$^+$ 水合物的过程。首先，通过针尖从 NaCl (100) 表面获取单个氯离子 (Cl$^-$)，制备出一个空间分辨增强的 STM 的 Cl$^-$ 针尖 (Cl-STM)。接下来，利用这个吸附 Cl 的增强的 STM 针尖从双层 NaCl 单晶内挖出一个 Na$^+$ 放到表面上，然后不断移动表面上的水分子，将它们逐一吸附在这个 Na$^+$ 周围，以此方法使 Na$^+$ 获得数目不同的水分子，从而实现对 Na$^+$ 水合物的可控制备。

利用这个方法，他们在 NaCl (100) 表面上制备出不同大小的 Na$^+$ 水合物，并通过基于 CO 针尖的空间分辨增强的 AFM (Peng J.B., 2018a)，获得了这些表面离子水合物的原子水平高分辨图像 (如图 10.11 所示)。在图 10.11(a)~(e) 中，从左到右依次为密度泛函理论 (DFT) 计算得到的 Na$^+$ 水合物的最稳态原子构型的侧视图和俯视图、实验给出的 STM 图和 AFM 图、理论模拟的 AFM 图。在实验给出的 STM 图和 AFM 图中，以及理论模拟的 AFM 图中，由虚线画出的方形网格表示 NaCl(001) 表面 Cl 原子晶格。图 10.11(a) 和 (b) 中分别用白色和红色箭头指示的 AFM 成像中的亮斑对应着水分子中的 O 原子；AFM 图像中虚线表示的暗环对应着水分子中的 H 原子。图 10.11(a) AFM 图像中蓝色箭头所指处的模糊特征，反映的是扫描过程中针尖对 Na$^+$·H$_2$O 结构的扰动所导致的 Na$^+$·H$_2$O 中水分子位置的移动。图 10.11(c) 中 AFM 图像中白色 (红色) 箭头对应 Na$^+$·3H$_2$O 中 "站立" 的水分子位置。江颖研究组利用自制的 STM/AFM 扫描探针系统，可以精确地控制实验中的具体参数。图 10.11(a)~(e) 中 STM 图像的设定点依次为：$V = 100$ mV, $I = 20$ pA；$V = 150$ mV, $I = 30$ pA；$V = 100$ mV, $I = 30$ pA；$V = 100$ mV, $I = 50$ pA；$V = 100$ mV, $I = 15$ pA。AFM 实验 (模拟) 图的针尖高度依次为 130 pm (7.90 Å)、80 pm (8.10 Å)、100 pm (7.95 Å)、100 pm (8.10 Å) 和 100 pm (7.99 Å)。AFM 实验图的针尖高度参照 NaCl 表面 (100 mV，50 pA) 的 STM 设定点，AFM 模拟图中针尖高度的定义为金属尖端原子与水合物中 Na$^+$ 之间的垂直距离；AFM 实验图和模拟图对应的 AFM 振幅均为 100 pm；AFM 模拟采用了探针粒子模型方法，选取 d_{z^2} 针尖 ($k = 0.75$ N/m, $Q = -0.2e$)，模拟过程中用到的各原子的 LJ 参数由表 10.1 给出。图 10.11(a)~(e) 中各个图像的尺寸均为 1.5 nm×1.5 nm。

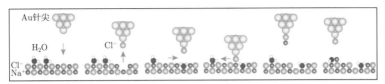

图 10.10　利用 STM 针尖操纵单个水分子来组装制备 $Na^+ \cdot nH_2O$ 水合物 $(n = 1 \sim 5)$ 的实验过程演示图。摘自 (曹端云，2020)

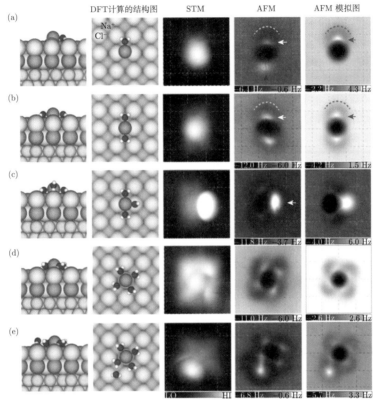

图 10.11　金-NaCl(100) 衬底上 Na^+ 水合物的结构图、STM 图和 AFM 图。图 (a)~(e) 中，从左向右分别表示 $Na^+ \cdot nH_2O$ 团簇的原子模型侧视图 (第一列)、原子模型俯视图 (第二列)、STM 实验图 (第三列)、AFM 实验图 (第四列)、AFM 模拟图 (第五列)，同时从上向下每行分别对应离子水合物中的水分子个数 $n = 1, 2, 3, 4, 5$。图中 H、O、Cl、Na 和 Au 原子分别用白色、红色、青色、淡紫色和黄色的球体表示。摘自 (曹端云，2020)

表 10.1　AFM 模拟中采用的 LJ 参数。摘自 (曹端云，2020)

元素	ε/meV	r/Å
H	0.680	1.487
O	9.106	1.661
Cl	11.491	1.948
Na^+	10.0	1.40

图 10.11(a)~(e) 中的第一、二列还展示了通过 DFT 计算得到的 Na^+ 水合物的最稳态

结构。它们是通过对比不同候选构型的 DFT 总能量，最终确定的总能最低的稳定结构。从 DFT 计算得到的 Na$^+$ 水合物的最稳态结构中可以看出，Na$^+$·H$_2$O、Na$^+$·2H$_2$O、Na$^+$·3H$_2$O 中的 Na$^+$ 吸附在桥位上，而 Na$^+$·4H$_2$O 和 Na$^+$·5H$_2$O 中的 Na$^+$ 吸附在 Cl 顶位上，这些理论计算与实验结果一致。分析水合物的结构与高分辨 AFM 图像可知，由于 CO 针尖的尖端带负电，与 Na$^+$ 之间存在静电吸引相互作用使得 Na$^+$ 被成像为深色凹陷图案，与水分子中带负电的 O/带正电的 H 之间的静电排斥/吸引相互作用使得 O 和 H 被分别成像为一个亮斑 (图 10.11(a) 和 (b)，白色箭头所指) 和一个深色暗环图案 (图 10.11(a) 和 (b) 的 AFM 像，白色虚线所示)。对于 Na$^+$·3H$_2$O，由于 "站立" 的水分子位置较高，与针尖之间的泡利排斥力较强，因此 Na$^+$·3H$_2$O 的 AFM 图像中 "站立" 的水分子对应的亮斑图案特别明显 (图 10.11(c) AFM 像中白色箭头所指)。由此可见，DFT 计算所得最稳定结构的 AFM 模拟图与高分辨 AFM 实验图一致。通过分析比较 AFM 的模拟结果与实验图像，NaCl(001) 表面上 Na$^+$·nH$_2$O ($n = 1 \sim 5$) 的原子结构可以被完全确定。

B. 钠离子水合物的动力学实验

为了研究不同 Na$^+$ 水合物的动力学性质，江颖研究组在实验上发展了一种独特的非弹性电子隧穿 (Inelastic electron tunneling, IET) 技术。通过施加偏置电压，将热电子/空穴注入衬底，使其在衬底表面传输并将能量转移到水合物上，采用这种办法来激发水合物在表面上的扩散运动 (实验过程如图 10.12(a) 所示)。在水合物扩散研究中，他们采取了同位素替代方法以进一步揭示出核量子效应对扩散的影响。图 10.12(b) 给出了 Na$^+$·3D$_2$O 和 Na$^+$·3H$_2$O 的扩散几率与偏置电压的关系，其中针尖与 Na$^+$ 的横向距离 $d = 4$ (d 以 NaCl(100) 的晶格常数为单位，$d = 1$ 表示针尖与水合物的横向距离为 0.39 nm)。由该图可以看出，在偏置电压为 ± 150 mV 和 ± 170 mV 时，水合物 Na$^+$·3D$_2$O 和 Na$^+$·3H$_2$O 的扩散几率出现一个迅速增大的突变。进一步分析发现，当偏置电压为 ± 150 meV 和 ± 170 mV 时，热电子/空穴具有的能量分别对应于 D$_2$O 和 H$_2$O 弯曲振动的能量，这表明水合物的扩

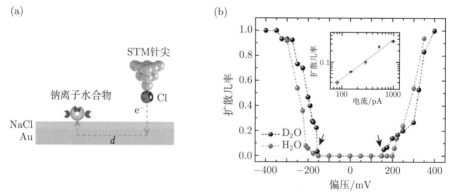

图 10.12　(a) 实验上激发钠离子水合物扩散过程的演示图。钠离子水合物与 STM 针尖的横向距离标记为 d，d 以 NaCl 晶格常数为单位，其中 $d = 1$ 对应的距离为 0.39 nm；绿色虚线箭头表示了热电子的流动方向。(b) Cl 针尖激发 Na$^+$·3D$_2$O 和 Na$^+$·3H$_2$O 的扩散几率与偏置电压之间的关系 (固定 $d = 4$)；每个电压脉冲持续时间为 1.2 s，扩散几率是对 50 个激发事件进行统计计算的结果；激发 D$_2$O 扩散需要的临界偏压由两个黑色箭头表示；这里针尖的相对高度为 -165 pm，参考点高度为 NaCl 上的 STM 设定点：100 mV，10 pA。摘自 (曹端云，2020)

散与水分子内部的弯曲振动被激发有关。此外，由重水形成的水合物对应的偏压窗口要窄一些，这可能与两种同位素原子的核量子效应相关。图 10.12(b) 中的插图显示的是 170 mV 偏置电压下水合物 $Na^+ \cdot 3H_2O$ 的扩散几率随电流变化的关系，其中 $d = 2$。插图中的虚线为实验测得的数据点，实线是利用 $R \sim I^N$ 关系对实验数据进行最小二乘法拟合得到的结果，拟合给出 $N = 1.02 \pm 0.08$。此插图显示了水合物的扩散几率与电流之间呈线性关系，表明水合物的扩散是单电子过程。因此，根据激发不同水合物扩散所需临界偏置电压 (V_{eff}) 的大小可以判断水合物扩散的难易程度。实验中的具体参数已在图注中给出。

在前述实验中，研究人员采用 AFM CO 针尖来激发 Na^+ 水合物的扩散，而该扩散的方向几乎是随机的，不利于实验探测。通过 DFT 计算发现，具有更强负电性的 Cl-STM 针尖能有效诱导 Na^+ 水合物朝向针尖的扩散。这使得实验测量更加方便，进而为研究不同水合物扩散所需 V_{eff} 的大小提供了有效的测量方法。接下来实验上采用 STM Cl 针尖，将针尖的相对高度设定为 -165 pm (参考 NaCl 上的 STM 设定点：$V = 100$ mV，$I = 10$ pA)，来诱导不同大小的离子水合物 $Na^+ \cdot nD_2O$ $(n = 1 \sim 5)$ 发生扩散运动。具体实验操作过程如下：① 确定 Cl 针尖与水合物的横向距离；② 在保持针尖高度不变的情况下缓慢增加偏置电压，当偏置电压增加到足够大 (V_{eff}) 时，隧穿电流会出现跳跃 (图 10.13(a))。这种电流突然增大的现象表明水合物发生了移动，并到达针尖的下方或直接与针尖接触。图 10.13(b) 给出了激发 $Na^+ \cdot 3D_2O$ 扩散所需偏置电压 V_{eff} 与针尖-水合物横向距离之间的关系。从该图可以看出，激发 $Na^+ \cdot 3D_2O$ 扩散所需的 V_{eff} 随 d 的增加而逐步增大，正和负 V_{eff} 之间的差别微小，这再次表明水合物的扩散是由振动激发所导致的。

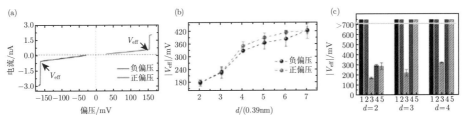

图 10.13 (a) $d = 2$ 时，采用 STM Cl 针尖得到的 $Na^+ \cdot 3D_2O$ 的电流随偏置电压的变化关系，其中箭头指出偏置电压为 V_{eff} 时电流发生跳跃的情况。(b) 激发 $Na^+ \cdot 3D_2O$ 扩散所需 V_{eff} 随 d 的变化关系；d 为针尖-水合物横向距离，其定义与图 10.12 中相同；红点和黑点分别对应于正偏压和负偏压的结果。(c) $d = 2 \sim 4$ 时，激发 $Na^+ \cdot nD_2O$ $(n = 1 \sim 5)$ 扩散所需 V_{eff} 的值。摘自 (曹端云，2020)

通过研究不同水合物扩散所需的 V_{eff}，我们可以获得与水合物扩散相关的动力学信息。一般来讲，偏置电压 V_{eff} 的变化与水合物-针尖距离 d 成正相关。这是由于随着距离 d 的增加，热电子/空穴通过散射进入衬底内或流向表面其他方向的比例会增大，最终到达水合物的热电子/空穴的数量会减少，从而会导致水合物被激发扩散的几率降低。图 10.13(c) 显示了激发不同水合物扩散所需要的 V_{eff} 与 d 的关系。从图中可以看出，当 $d = 2$ 时，不同的 Na^+ 水合物的 V_{eff} 满足关系：$V_{\text{eff}}(Na^+ \cdot 3D_2O) < V_{\text{eff}}(Na^+ \cdot 4D_2O) \approx V_{\text{eff}}(Na^+ \cdot 5D_2O) < V_{\text{eff}}(Na^+ \cdot nD_2O)(n = 1, 2)$。当 $d > 2$ 时，即使将偏压增加到 700 meV，除 $Na^+ \cdot 3D_2O$ 外的其他水合物的扩散仍不能被激发。这个结果充分表明，除 $Na^+ \cdot 3D_2O$ 外，其他四种 $Na^+ \cdot nD_2O$ $(n = 1, 2, 4, 5)$ 水合物的扩散距离都很短。对于 $Na^+ \cdot 3D_2O$ 的扩散，当 $d = 7$ 时，仍然可以

被较小的 V_{eff} (约 400 mV) 激发。虽然 V_{eff} 并不简单地代表扩散势垒，但 V_{eff} 仍可用于比较不同水合物的相对迁移率。以上观测结果表明，$Na^+ \cdot 3D_2O$ 相对于其他水合物更易扩散，其次在比较其他几个水合物后，我们发现 $Na^+ \cdot 4D_2O$ 与 $Na^+ \cdot 5D_2O$ 的扩散比 $Na^+ \cdot D_2O$ 与 $Na^+ \cdot 2D_2O$ 相对更易被激发。总的来讲，在 $Na^+ \cdot nD_2O$ 水合物中，$n = 3$ 最容易发生扩散，其次是 $n = 4$ 或 5，最后是 $n = 1$ 或 2。这些水合物扩散能力的不同，可能与水合物、衬底晶格之间的对称性匹配程度以及水合物中协同量子隧穿机制的不同都有关系。

C. 钠离子水合物扩散过程的第一性原理模拟

为了深入理解实验上观测到的不同钠离子水合物的动力学性质，曹端云等在密度泛函理论 (DFT) 框架下，利用爬坡弹性带过渡态优化方法 (Climbing image nudged elastic band method，cNEB)，计算了 $Na^+ \cdot nH_2O$ ($n = 1 \sim 5$) 的经典扩散路径和对应的势垒 (曹端云，2020)。图 10.14 为计算得到的不同钠离子水合物势垒最低的扩散过程对应的能量变化 (图 10.14(a)) 及路径 (图 10.14(b))。从图中可以看出，$Na^+ \cdot nH_2O$ ($n = 1 \sim 3$) 的扩散遵循转动模式，该模式中 Na^+ 的扩散伴随着水分子在 Na^+ 周围的旋转。而 $Na^+ \cdot nH_2O$ ($n = 4$ 和 5) 的扩散遵循平移模式，该模式中水分子进行了局部调整。值得注意的是，在所有讨论的离子水合物中，$Na^+ \cdot 3H_2O$ 的扩散势垒最低。特别是在沿 Cl 桥位至 Cl 顶位，然后回到 Cl 桥位的扩散过程中，$Na^+ \cdot 3H_2O$ 的能量变化相当平坦，扩散势垒小于 80 meV。而其他水合物的扩散势垒都高于 200 meV。这些 DFT 结果可以定性地解释实验的观测结果，说明为什么 $Na^+ \cdot 3H_2O$ 的扩散更容易发生。上述计算没有考虑核量子效应的贡献。在低温下，核量子效应可能会进一步降低相应的扩散势垒，但具体影响的大小目前还有待进一步研究。

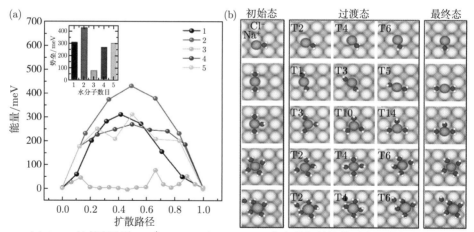

图 10.14　(a) DFT 计算得到的 $Na^+ \cdot nH_2O$ ($n = 1 \sim 5$) 势垒最低的扩散过程对应的能量变化；插图显示了不同水合物的扩散势垒。(b) DFT 计算得到的 $Na^+ \cdot nH_2O$ ($n = 1 \sim 5$) 势垒最低的扩散路径；第一列、中间三列和最后一列分别表示 $Na^+ \cdot nH_2O$ ($n = 1 \sim 5$) 扩散的初始态、过渡态和最终态，图中左上角 "Tn" 中的数字 n 对应于 (a) 中第 ($n+1$) 个数据点。摘自 (曹端云，2020)

在 $Na^+ \cdot nH_2O$ (其中 $n = 1 \sim 5$) 水合物中，$Na^+ \cdot 3H_2O$ 的扩散势垒最低，这表明 Na^+ 水合物的扩散中存在着一种特殊机制。这种机制被称为"幻数"效应：包含特定"幻数"个水分子的离子水合物与其他水合物相比，具有明显不同的扩散特性以及异常高的扩散能力。这种特殊水合物的迁移率比其他水合物高 $1 \sim 2$ 个数量级，甚至比体相离子的迁移率也高得多。需要注意的是，离子水合物的幻数不一定都为 3，而是随着离子种类和衬底类型的变化而变化。这点可以从后面的具体例子中得到证明。

为了探究 NaCl(001) 表面上 Na$^+$ 水合物的扩散具有幻数 $n = 3$ 的原因，曹端云等做了进一步详细的计算研究。研究结果表明，这个问题主要与 Na$^+$·3H$_2$O 的一种特殊的亚稳态 (图 10.15，"T3" 态) 有关。与 Na$^+$·3H$_2$O 的最稳态 (扩散初始态) 中 Na$^+$ 位于 NaCl 衬底的 Cl 桥位不同，"T3" 态中 Na$^+$ 位于 Cl 顶位。由于 Na$^+$·3H$_2$O 与 NaCl(100) 表面的四方晶格对称性不匹配，Na$^+$ 在 Cl 桥位和 Cl 顶位均不能让周围的水分子满足最优的吸附构型，因此导致了最稳态与亚稳态 "T3" 之间的能量仅相差几 meV。而且，最稳态与 "T3" 态之间的转换势垒只有 ~50meV (图 10.14(a))。由最稳态扩散到 "T3" 态后，要完成水合物的转动扩散，还需要越过一定的势垒到达 "T10" 态。在 "T10" 态周围的运动中，水合物中的三个水分子围绕吸附在 Cl 顶位的 Na$^+$ 进行集体旋转 (T6 到 T11)。"T9" 态中左下角的水分子，首先需要断裂与 NaCl 表面的 Cl$^-$ 之间的氢键 ("T10" 态)，然后再与 NaCl 表面另一个 Cl$^-$ 形成新的氢键 ("T11" 态)，而另外的两个水分子只需要做轻微的调整，无需断裂与表面之间的任何键。可见，这个扩散过程只打破了一个氢键。从 "T11" 态到末态 (最稳态) 的扩散，只需要先轻微调整水分子的取向，然后经历最稳态到 "T3" 态的反过程，最终到达末态 (最稳态)，完成整个水合物的扩散。因此，Na$^+$·3H$_2$O 的转动扩散需要克服的势垒很小 (~80meV)，而且转动扩散中三个水分子围绕吸附在 Cl 顶位上的 Na$^+$ 进行集体旋转这个过程在低温下受到全量子效应的作用，更容易形成由量子隧穿加持的扩散行为，可以促使 Na$^+$·3H$_2$O 以较低的能垒向多个方向扩散。

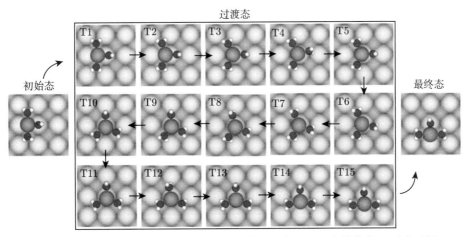

图 10.15　Na$^+$·3H$_2$O 旋转扩散的详细路径演示图。图中左上角 "Tn" 中的数字 n 对应于图 10.14(a) 中 Na$^+$·3H$_2$O 的第 $(n+1)$ 个数据点。摘自 (曹端云，2020)

与 Na$^+$·3H$_2$O 不同，其他水合物 Na$^+$·nH$_2$O $(n = 1, 2, 4, 5)$ 的结构均可以与 NaCl(100) 表面的对称性良好匹配，因此它们能够更加稳定地停留在特定位置 (Na$^+$ 在 Cl 桥位或 Cl 顶位上) 上，从而不易发生扩散。当从 Na$^+$·3H$_2$O 中去除一个 H$_2$O 时，水在旋转过程中的移动距离会显著增加；而增加一个 H$_2$O 时，形成的 Na$^+$·4H$_2$O 与 NaCl(100) 的表面晶格在结构上完美匹配。这些都会阻碍离子水合物的扩散运动。因此，离子水合物与表面对称性的匹配程度决定了水合物的扩散势垒，是引起离子水合物在表面扩散时出现幻数效应的主要原因。由于

Na$^+$·3H$_2$O 与四方 NaCl(001) 表面的对称性不匹配, 其亚稳态与最稳态之间的能量差别较小, 可通过较小的势垒相互转换, 进而促进了水合物中三个水分子围绕 Na$^+$ 的集体旋转。由前面的讨论可知, 量子隧穿效应将进一步帮助 Na$^+$·3H$_2$O 以较低的能量势垒完成旋转扩散。特别是考虑低温下的情况。相关的研究对于我们理解离子水合物的表面扩散行为具有重要意义。

D. 钠离子水合物扩散的分子动力学模拟

以上所述的 STM/AFM 实验都是在低温 (5 K) 下进行的, 而密度泛函理论的计算给出的是温度为 0 K 的情况。为研究有限温度下离子水合物的扩散规律, 特别是离子水合物在接近室温时的表面动力学行为, 北京大学高毅勤研究组利用经典分子动力学 (Molecular dynamics, MD) 模拟, 更形象地讨论了不同大小水合物的扩散问题 (曹端云, 2020)。这里经典 MD 模拟利用了 AMBER 程序包, 并采用基于电子连续体理论发展出来的极化力场。该力场可以再现氯化钠的一系列物理和化学性质, 包括晶体的密度、表面张力、黏度、介电常数以及溶液中的扩散系数等。计算中采用的力场势模型将任意一对未成键的原子 i 和原子 j 之间的势能 E_{ij} 表示为 Lennard-Jones 势 (LJ 势, 参见 1.3.1 节的讨论) 和库仑势之和, 即

$$E_{ij} = 4\varepsilon_{ij}\left[\left(\frac{\sigma_{ij}}{r_{ij}}\right)^{12} - \left(\frac{\sigma_{ij}}{r_{ij}}\right)^{6}\right] + \lambda_i\lambda_j\frac{q_iq_j}{4\pi\epsilon_0 r_{ij}} \tag{10.3}$$

其中, r_{ij} 为原子 i 与原子 j 之间的距离, q_i 和 q_j 分别为原子 i 与原子 j 的电荷, ϵ_0 为真空中的介电常数, λ_i 和 λ_j 分别描述原子 i 与原子 j 的库仑极化效应, σ_{ij} 和 ε_{ij} 分别为原子 i 与原子 j 之间 LJ 相互作用势能为零的距离和势能最低点的深度。两种不同原子之间的 LJ 相互作用, 利用 Lorentz-Berteloth 组合规则描述。表 10.2 和表 10.3 为经典 MD 模拟时所用力场的参数。为测试力场参数对模拟结果的影响, MD 模拟还利用一个非极化的力场, 并结合 SPC/ε 水模型, 研究了离子水合物的扩散性质。利用非极化力场计算得到的结论与极化力场得到的结论一致, 表明了极化力场模拟结果的可靠性。

表 10.2　　氯化钠的极化力场参数

	q/e	λ_c	$\sigma/\text{Å}$	$(\varepsilon/k_B)/\text{K}$
Na	$+1$	0.885	2.52	17.44
Cl	-1	0.885	3.85	192.45

表 10.3　　基于 SPC/ε 模型的极化水模型的力场参数

模型	$r_{OH}/\text{Å}$	$\Theta/(°)$	$q_H(q_O)/e$	$\sigma/\text{Å}$	$(\varepsilon/k_B)/\text{K}$
SPC	1	109.47	0.445 (-0.890)	3.1785	84.9

为了模拟 NaCl(001) 表面上水合物的扩散行为, 实际的 MD 模拟体系利用表面物理中常用的 slab 模型的方法构建, 包含四层 NaCl(100) 衬底及其支撑的 Na$^+$ 水合物。这个计算模型与实验上的真实情况存在一些差别, 例如忽略了 NaCl 薄层下面的金衬底, 增加了 NaCl 层的厚度, 但考虑到主要影响离子水合物扩散的是水合物与最表面层 NaCl 之间的相互作用, 而金衬底对水合物的影响相对较弱, 以上理论简化仍能保证 MD 模拟给出正确的 Na$^+$ 扩散规律。计算采用周期性边界条件, 底层的 NaCl 被固定, 所有包含氢原子的键采用 SHAKE 算法约束, LJ 相互作用的截断半径被设定为 1.0 nm。每个模拟系统经初始平衡后, 以 2 fs

的时间步长进行 200 ns 的动力学模拟。由于计算能力的限制以及扩散本身的随机性，对水合物中少量原子扩散能力的计算很难得到准确的扩散系数 (D)。因此，均方位移 (Mean-square displacement，MSD) 被用于对比不同水合物的扩散能力。将水合物中的 Na$^+$ 作为中心，水合物在不同位置的平衡分布遵循玻尔兹曼分布，水合物状态 i 的平衡比为

$$\frac{N_i}{N_{\text{total}}} = \frac{e^{-E_i/RT}}{\sum\limits_{k=1}^{N_{\text{total}}} e^{-E_k/RT}} \tag{10.4}$$

其中，E_i 是第 i 个状态的自由能，R 是理想气体常数，T 为温度。不同状态间的相对自由能可以用平衡比来计算：

$$\Delta G = -RT \ln \frac{N_i}{N_{\text{total}}} \tag{10.5}$$

对 NaCl(100) 表面上不同钠离子水合物扩散过程的经典 MD 模拟，不仅得到了不同钠离子水合物迁移速率的相对大小，还发现了一些零温 DFT 计算和低温实验中未能给出的扩散信息。图 10.16(a) 为 300 K 温度下，在 200 ns 时间内，Na$^+ \cdot n$H$_2$O ($n = 1 \sim 5$) 在 xy 平面内的扩散轨迹。从图中可以看出，相对于其他水合物，Na$^+ \cdot$3H$_2$O (绿色) 的扩散范围要大得多。图 10.16(b) 为图 10.16(a) 放大后的轨迹图，展示了不同水合物扩散行为的细节。图 10.16(c) 为不同温度下 MD 计算得到的一定时间内水合物扩散的均方位移 (MSD)。这个结果表明，即使在室温附近，Na$^+ \cdot$3H$_2$O 的迁移率仍然很大。比如，当温度为 225 K 时，Na$^+ \cdot$3H$_2$O 的迁移率比其他水合物的迁移率大一个数量级以上。这些 MD 模拟的结果再次证明了 Na$^+ \cdot$3H$_2$O 相对于其他水合物扩散更快，并与 DFT 计算和实验观测得到的 Na$^+ \cdot$3H$_2$O 更易扩散的结论一致。

高毅勤等进一步分析了图 10.16 (b) 扩散轨迹中轨迹点的排布方式。他们发现，对于 Na$^+ \cdot n$H$_2$O ($n = 1$ 和 2)，扩散轨迹点之间的连线是倾斜的，表明水合物在 Cl 桥位之间的跳跃；对于 Na$^+ \cdot n$H$_2$O ($n = 4$ 和 5)，扩散轨迹点间的连线是水平或垂直的，表明水合物在 Cl 顶位之间跳跃。这两点与 DFT 计算得到的 Na$^+$ 水合物势垒最低的扩散路径中 Na$^+$ 的扩散方式相同。而在 MD 模拟结果中，Na$^+ \cdot$3H$_2$O 的扩散表现出一种包含两种跳跃模式的复合行为，与 DFT 计算得到的 Na$^+ \cdot$3H$_2$O 势垒最低的扩散路径为水合物在 Cl 桥位之间扩散稍有不同。这个差别与 Na$^+ \cdot$3H$_2$O 的亚稳态有关，该亚稳态为 DFT 计算得到的 "T3" 态，与稳态的能量差别微小。如上节所述，Na$^+ \cdot$3H$_2$O 从稳态出发，能够以较小的势垒扩散到 "T3" 态 (Na$^+$ 位于 Cl 顶位)，而且处于 "T3" 态的水合物可以通过三个水分子围绕 Na$^+$ 的集体旋转，以较小的势垒向多个方向扩散。因此，MD 模拟过程中观察到的 Na$^+ \cdot$3H$_2$O 扩散的复合行为正是这两种跳跃模式的复合。

接下来，他们仔细研究了不同大小 Na$^+$ 水合物的最稳态和亚稳态性质，包括自由能分布、最稳定态粒子密度分布等。图 10.16(d)~(f) 展示了 Na$^+ \cdot$3H$_2$O 的自由能分布以及最稳定态和亚稳态的粒子密度分布。图 10.17(a)~(h) 分别给出了除 Na$^+ \cdot$3H$_2$O 之外的其他钠离子水合物的自由能分布和最稳定态的粒子密度分布。从图 10.17 可以看出，由于 Na$^+ \cdot n$H$_2$O ($n = 1, 2, 4, 5$) 与 NaCl(100) 衬底的对称性匹配得很好，其自由分布只有单个极小值点，即自

由能最小值点。这些最小值点对应的 Na^+ 分别位于 Cl 桥位 ($n = 1, 2$) 和 Cl 顶位 ($n = 4, 5$)。相比之下，$Na^+ \cdot 3H_2O$ 由于和衬底对称性不匹配，其自由能分布除了在 Cl 桥位的最小值点 (最稳态) 外，在 Cl 顶位还存在极小值点 (亚稳态)，见图 10.16(d)-(f)。从不同水合物最稳态的粒子密度分布图可以看出，MD 模拟高温下水合物的最稳态结构与 DFT 计算 (0K 下) 得到的结构 (图 10.11) 是相同的。特别的是，从 MD 模拟得到最稳定和亚稳态 $Na^+ \cdot 3H_2O$ 的 Na^+ 和 O 的密度分布 (图 10.16(e) 和 (f))，可以识别出两个特征的三角形结构 (图 10.16(e) 和 (f)，黑色虚线三角形和插图)。这两个结构分别与 DFT 得到的初始 (最终) 态和 "T3" 过渡态非常相似。值得注意的是，$Na^+ \cdot 3H_2O$ 等边三角形的亚稳态结构具有四个等价分布 (见图 10.16(f) 中黑色和灰色虚线三角形)，这表明水合物中二个水分子围绕 Na^+ 的自由转动，对应一种由三个水分子参与的逐步旋转扩散现象。因此，MD 模拟得到的不同水合物的最稳态结构及 $Na^+ \cdot 3H_2O$ 的亚稳态的结构信息，与 DFT 得到的结果基本一致。同时这部分研究还揭示了即使在高温下，吸附能的贡献比熵的贡献还要重要。

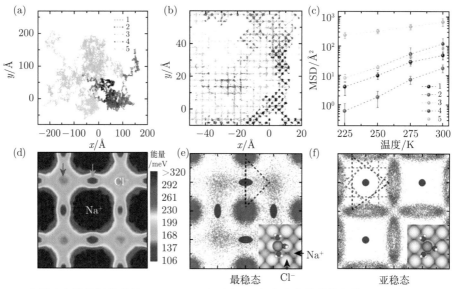

图 10.16　分子动力学模拟得到的 NaCl(001) 表面上 Na^+ 水合物的扩散规律。(a) 在 300 K 温度下，$Na^+ \cdot nH_2O$ ($n = 1 \sim 5$) 在 200 ns 时间内的扩散轨迹 (xy 平面)。(b) 图 (a) 放大后的轨迹图，展示了不同水合物的扩散细节。(c) 不同温度下 $Na^+ \cdot nH_2O$ ($n = 1 \sim 5$) 扩散的 MSD，误差条反映了 10 个不同数据集的标准差。(d) 在 300 K 的温度下，$Na^+ \cdot 3H_2O$ 在 NaCl 表面的自由能分布图 (以水合物中 Na^+ 的位置标记水合物位置)；NaCl(001) 表面的 Na^+ 和 Cl^- 的位置分别被标记为 "Na^+" 和 "Cl^-"；蓝色箭头标记了 $Na^+ \cdot 3H_2O$ 的最稳态中 Na^+ 在 Cl 桥位，红色箭头标记了 $Na^+ \cdot 3H_2O$ 的亚稳态中 Na^+ 在 Cl 顶位。(e) 和 (f) 在 300 K 的温度下，$Na^+ \cdot 3H_2O$ 的最稳态和亚稳态的密度分布；蓝色和红色圆点分别代表了水合物中的 Na^+ 和 O；为清晰起见，$Na^+ \cdot 3H_2O$ 中三个水分子用黑色或灰色的虚线连接；图 (e)、(f) 的表面区域与图 (d) 的表面区域相同；图 (e) 中水合物的 Na^+ 位置分布在一个以 Cl^- 桥位为中心的椭圆区域中 (椭圆长轴为 0.5 Å，短轴为 0.25 Å)；图 (f) 中水合物的 Na^+ 位置分布在一个以 Cl 顶位为中心的圆形区域中 (圆半径为 0.25 Å)。(e) 和 (f) 中插图分别为 $Na^+ \cdot 3H_2O$ 在 Cl^- 桥位和 Cl 顶位的分子动力学模拟结构，图片尺寸为 1.2 nm×1.2 nm。(d)~(f) 图片尺寸为 0.8 nm×0.8 nm。摘自 (曹端云，2020)

深入分析 MD 模拟得到的不同水合物沿最低势垒路径扩散的能量变化，可以看出 $Na^+\cdot 3H_2O$ 扩散过程中的能量变化呈现出 "M 形"，与其他 Na^+ 水合物能量变化呈现出的单峰形不同 (见图 10.17(i))。这个结果表明，$Na^+\cdot 3H_2O$ 的扩散过程存在亚稳态，扩散过程分成多步完成，总的扩散势垒被降低，进而加速了 $Na^+\cdot 3H_2O$ 的迁移，这些与 DFT 得到的结论一致。但是，进一步对比 MD 模拟 (图 10.17(i)) 与 DFT 计算 (图 10.14(a)) 得到的水合物沿最低势垒路径扩散时的能量变化，可以发现 MD 计算与 DFT 计算也存在一些不一致的地方。比如，MD 模拟得到的 $Na^+\cdot nH_2O$ ($n=3\sim 5$) 在扩散过程中的能量变化规律与 DFT 计算的有很大不同。而且，MD 模拟得到的 $Na^+\cdot 4H_2O$ 和 $Na^+\cdot 5H_2O$ 的扩散势垒，也不同于 DFT 计算得到的 $Na^+\cdot 4H_2O$ 和 $Na^+\cdot 5H_2O$ 的扩散势垒与 $Na^+\cdot 3H_2O$ 的扩散势垒存在较大差异的情况。以上 MD 模拟和 DFT 计算所得结果之间的差异，源于两个方面的原因。一方面，DFT 计算的势垒只代表一条特定的路径，而 MD 模拟得到的势垒是在高温下进行充分采样并统计了多条路径的结果；另一方面，高温下熵的贡献可能导致 MD 模拟中水合物的扩散方式与 DFT 计算得到的低温下的扩散方式也不同。总之，MD 模拟得到的有限温度水合物扩散的能量变

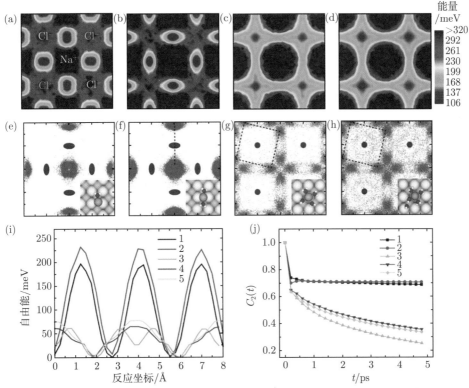

图 10.17　当温度为 300 K 时，分子动力学模拟得到的 $Na^+\cdot nH_2O$ ($n=1\sim 5$) 的扩散行为。(a)~(d) $Na^+\cdot nH_2O$ ($n=1,2,4,5$) 在 NaCl(001) 表面的相对自由能分布。(e)~(h) $Na^+\cdot nH_2O$ ($n=1,2,4,5$) 在 NaCl(001) 表面的最稳态结构的粒子密度分布；蓝色和红色的圆点分别代表 Na^+ 和 O。为清晰起见，水合物中的水分子用黑色虚线连接，同时在插图中给出了原子模型示意图，其对应了 Na^+ 水合物的最稳态的结构。图 (a) 中 NaCl(001) 表面的 Na^+ 和 Cl^- 的位置分别被标记为 "Na^+" 和 "Cl^-"；图 (a)~(h) 中 NaCl(100) 表面 Na 和 Cl 的位置相同。(i) 不同水合物沿最低扩散势垒路径的相对自由能变化。(j) 不同水合物中 Na^+ 水合层中水分子转动弛豫的关联函数 $C_2(t)$ 随时间的变化。(a)~(h) 图像尺寸：0.8 nm×0.8 nm；(e)~(h) 中插图尺寸：1.2 nm×1.2 nm。摘自 (曹端云, 2020)

化与 DFT 计算在 0 K 下得到的结果在定量上存在差异。除了势能面形状的特殊性外，有限温度下的热力学熵和构型熵的贡献也可能对 Na^+ 水合物中的幻数现象产生重要的影响。

由 Na^+ 与水分子组成的团簇在集体扩散的过程中，一定会牵涉到某些内部结构的变化。为了揭示水合物内部水分子的结构变化与团簇扩散之间的关联，高毅勤等利用 MD 模拟研究了团簇扩散过程中 Na^+ 周围水分子的转动弛豫。转动弛豫利用转动时间关联函数表示：

$$C_2(t) = \langle P_2[\mu_{\text{WAT}}(0) \cdot \mu_{\text{WAT}}(t)]\rangle \tag{10.6}$$

其中，P_2 是二阶勒让德多项式，$\mu_{\text{WAT}}(0)$ 和 $\mu_{\text{WAT}}(t)$ 分别为 0 时刻和 t 时刻时水分子偶极的方向矢量。图 10.17(j) 为 MD 模拟得到的水合物中水分子的转动弛豫随时间的变化。从该图可以看出，当水分子数目改变时，水合物内水分子的旋转弛豫速度与水合物的迁移率 (图 10.16(c)) 的变化趋势相同，表明水合物的迁移与水分子的旋转运动有关。$Na^+ \cdot 3H_2O$ 的旋转弛豫速度最快，表明 $Na^+ \cdot 3H_2O$ 中的水分子最容易改变，这与 DFT 计算得到的 $Na^+ \cdot 3H_2O$ 中由围绕 Na^+ 的三个水分子逐步旋转导致的集体扩散结果完全一致 (图 10.15)。简而言之，MD 模拟从定性上进一步证实了 DFT 计算得出的结论，即不同水合物与衬底的对称性匹配关系是影响水合物扩散性质的主要因素。最后需要强调的是，这种旋转扩散过程在考虑了全量子效应的影响后，可能会演变为一种由逐步量子隧穿主导的快速扩散，这些理论推断与实验观测是符合的。

E. 表面上其他离子水合物扩散的幻数关系

为了验证以上研究中发现的盐表面离子水合物动力学行为表现出的 “幻数” 效应是否具有普遍性，高毅勤等利用经典 MD 模拟，在 300 K 温度下进一步研究了 NaCl(001) 表面上其他离子水合物的扩散规律 (曹端云，2020)。为了对比不同阳离子水合物在 NaCl(001) 表面上扩散的动力学性质，MD 模拟计算了 $K^+ \cdot nH_2O$ $(n = 1 \sim 5)$ 和 $Li^+ \cdot nH_2O$ $(n = 1 \sim 5)$ 的迁移速度。图 10.18 给出了 MD 模拟得到的 1 ns 时间内不同水合物的均方位移 (MSD) 结果。从图中可以看出，钾离子水合物的扩散仍然具有 “幻数” 效应，而且钾离子水合物与钠离子水合物相同，具有三个水分子的水合物迁移率明显比其他水合物的迁移率高。对于锂离子水合物，虽然仍然存在幻数效应，但其迁移率随水合数的变化与钠离子水合物和钾离子水合物不同，其特定幻数为 2。导致这种差异的原因可能是由于 Li^+ 的半径比 Na^+ 和 K^+ 要小得多，因此可能带来结构匹配等某些因素的改变，从而也会影响到 Li^+ 水合物的扩散行为。此外需要说明的是，目前 Li^+ 的力场的精确性并没有像 Na^+ 力场和 K^+ 力场那样得到了可靠的验证，因此关于锂离子水合物的结果仍需进一步研究。

上面我们主要讨论了表面上阳离子水合物的结构和动力学性质，那么表面上阴离子水合物的性质与之有何不同? 通过采用经典 MD 模拟，高毅勤等对 $Cl^- \cdot nH_2O$ $(n = 1 \sim 5)$ 的迁移性质进行了研究。结果显示，Cl^- 水合物在 NaCl(001) 表面上的动力学性质与 Na^+ 水合物有很大不同。从图 10.18(d) Cl^- 水合物的 MSD 结果中可以看出，Cl^- 水合物的扩散能力在整体上要弱于 Na^+ 水合物，并且 $n = 1$ 时的 $Cl^- \cdot H_2O$ 的扩散能力要远大于其他 Cl^- 水合物。由此可得出 Cl^- 水合物的特定幻数为 1，不同于 Na^+ (K^+) 水合物的特定幻数为 3。这种特定幻数的不同，主要是由于 Cl^- 与水及 Cl^- 与 NaCl(100) 衬底的相互作用方式与 Na^+ 的不同。$Cl^- \cdot H_2O$ 的异常高扩散能力也是由于它与 NaCl 晶格的对称性不匹配所致。

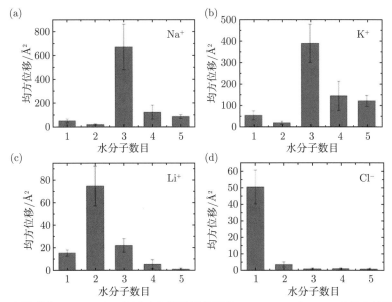

图 10.18 当温度为 300 K 时，分子动力学模拟得到的 $X \cdot n\mathrm{H_2O}$ 在 1 ns 时间内的均方位移 ($X =$ Na$^+$, K$^+$, Li$^+$, Cl$^-$, $n = 1 \sim 5$)。摘自 (曹端云，2020)

上面这些工作为理解离子通道中反常的超快离子输运问题提供了答案，即某些水合状态会增加离子的迁移率 (Sahu, 2019)。特别是考虑到由于全量子效应会影响水合物中氢键的形成及强度，因此也必然会影响到表面限域离子水合物的热力学稳定性及动力学行为。这一点可以通过下面对体相水中自由离子水合物的研究进行充分的证明。目前由于表面上存在着水合物中离子及水分子与衬底材料之间不同相互作用的复杂竞争，全量子效应的具体影响的情况还不清楚，相关的研究工作尚待进一步开展。

2. 水中离子水合物

从上面的例子我们可以看到，在空间维度受到限域的环境下，表面上形成的离子水合物通常具有特定的结构，同时由于与表面晶格的匹配关系，它们表现出具有幻数化的动力学行为。同样在三维空间不受限制的环境下，在水溶液中也会形成各种离子水合物。对于这种在空间维度上自由的离子水合物，全量子效应会带来哪些影响？下面我们就具体讨论一下这个十分有趣的问题。

A. 氟离子水合物

基于第一性原理路径积分分子动力学 (PIMD) 方法，Y. Kawashima 等研究了氟离子水合物 F$^-$(H$_2$O)$_n$ ($n = 1 \sim 3$) 中，核量子效应对水配位数的影响。在具体计算研究的基础上，Kawashima 等总结了氟离子水合物中几个重要的结构参数：O—H* 键长 $R_{\mathrm{OH^*}}$，F$^- \cdots$H* 长度 $R_{\mathrm{FH^*}}$，F$^- \cdots$O 长度 R_{FO}，以及 H*—F—O 键角 $\theta_{\mathrm{H^*FO}}$ 的变化规律 (Kawashima, 2013)。他们发现，经典模拟的结果和量子模拟的结果有很大差异。同时，随着配位数的增加，经典和量子模拟的结构参数平均值会整体发生变化。对于 O—H* 共价键的键长 $R_{\mathrm{OH^*}}$，在所有水团簇中量子模拟的平均键长均比经典模拟的大。对于氟离子与水分子之间的键长 R_{FO}，在 F$^-$(H$_2$O) 体系中，量子模拟的 R_{FO} 比经典模拟的结果要短。然而在 F$^-$(H$_2$O)$_3$

体系中，量子效应促进了水分子之间氢键的形成，使 R_{FO} 变大。总的来说，随着配位数的增加，核量子效应导致 $R_{FH^*}, R_{FO}, \theta_{H^*FO}$ 变大，而 R_{OH^*} 变小。显然，全量子效应在这些氟离子水合物中的规律并不完全一致。

接下来 Kawashima 等研究了这个体系中全量子效应引起的一些特殊现象。图 10.19 给出了一维 R_{OO} 分布曲线。对于 $F^-(H_2O)_n$ $(n=2,3)$ 体系，R_{OO} 在经典模拟中分布在 3.0 Å 到 5.3 Å 之间，而对于 $n=2$ 的情况，在量子模拟中其主要局域在 4.2 Å 和 3.4 Å 两个位置附近 (如图 10.19(a) 所示)，这说明两个水分子之间形成了氢键，而这点正是表明核量子效应促进了这个系统中水分子之间氢键的形成。这是体相水中离子水合物的一个重要特征。

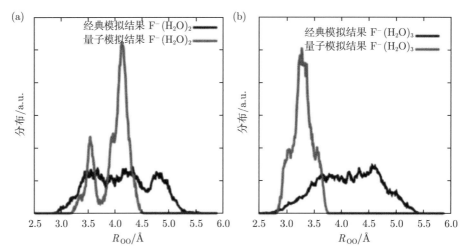

图 10.19   氟离子水合物 $F^-(H_2O)_2$ 和 $F^-(H_2O)_3$ 中 O-O 距离的分布。红线为量子模拟结果，黑线为经典模拟结果。摘自 (Kawashima, 2013)

为了进一步说明这个问题，图 10.20 给出了几种典型氟离子水合物 $F^-(H_2O)_3$ 的几何构型。在经典模拟中，水的氢原子都指向 F^-；而在量子模拟中，一部分氢原子指向其他水

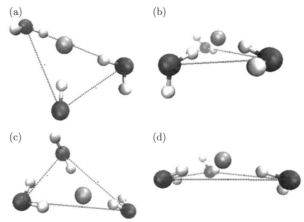

图 10.20   氟离子水合物 $F^-(H_2O)_3$ 的代表性几何构型。(a)、(b) 为经典模拟结果，(c)、(d) 为量子模拟结果。图中灰色球为氢原子，红色球为氧原子，橘色球为氟原子。摘自 (Kawashima, 2013)

分子的氧原子，从而形成氢键。这个结果清楚地表明了核量子效应加强了水分子之间氢键的相互作用。同时，水-水氢键中核量子效应的作用导致氟-水氢键中核量子效应的作用降低，这种作用表示出水-水氢键与氟-水氢键存在一定的竞争关系。计算结果显示，这两种氢键之间的竞争就是 R_{FH^*} 和 R_{FO} 随配位数增加而表现出相反规律的原因，显然核量子效应对氢键的作用会影响离子水合物结构的稳定性。

B. 氯离子水合物

同样，利用第一性原理路径积分分子动力学 (PIMD) 模拟，Q. Wang 等研究了 $Cl^-(H_2O)_{2\sim4}$ 水合物的单壳层和多壳层结构 (Wang Q., 2013)，如图 10.21 所示。从这个研究中，我们可以比较一下氯离子水合物在体相水中自由运动状态下，与在材料表面受限运动情况下有什么不同。首先，在体相水中，自由氯离子水合物可以由多个壳层组成。在单壳层结构中，水分子通过离子-水氢键作用直接与氯离子相结合。而在多壳层结构中，外层水分子通过水-水氢键作用与第一水合层中的水分子结合。由于与 Cl^- 形成的氢键较弱，单壳层和多壳层结构的重新排列在 $Cl^-(H_2O)_{2\sim4}$ 水合物中都很常见的。

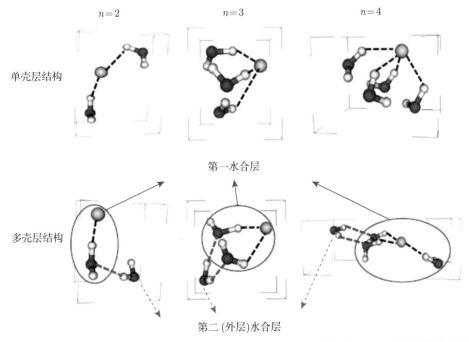

图 10.21　氯离子水合物 $Cl^-(H_2O)_{2\sim4}$ 的单壳层和多壳层结构。图中黄色、红色和白色圆球分别代表了氯原子、氧原子和氢原子。摘自 (Wang Q., 2013)

液态水中自由氯离子水合物的结构较为灵活，在模拟计算的时间内，离子-水和水-水氢键的重排组合较为频繁。在这些研究的基础上，Wang 等提出了一套判断离子氢键结构的几何规则：

$$r(Cl\cdots O) < r_c(Cl\cdots O)$$

$$r(Cl\cdots Y^*) < r_c(Cl\cdots Y^*)$$

$$\theta(\mathrm{Cl}\cdots\mathrm{O}\!-\!\mathrm{Y}^*) < \theta_{\mathrm{c}}(\mathrm{Cl}\cdots\mathrm{O}\!-\!\mathrm{Y}^*)$$

$$\delta > \delta_{\mathrm{c}}$$

其中，Y^* 代表结合的氢原子或它的同位素氘原子，下标 c 代表了离子氢键上限的截断值，如 $r_{\mathrm{c}}(\mathrm{Cl}\cdots\mathrm{O})$ 代表最长的氯离子氢键。定义 $\delta = |r(\mathrm{Cl}\cdots\mathrm{Y}1) - r(\mathrm{Cl}\cdots\mathrm{Y}2)|$，Y1、Y2 分别代表同一水分子中的氢原子。当 $\delta = 0$ 时，水分子对称地与氯离子键合。δ 越大则对应了离子氢键越强。通过使用上述的几何规则，Wang 等计算了 $n=1$ 时 $r(\mathrm{Cl}\cdots\mathrm{O})$ 距离的概率分布函数 (如图 10.22 所示)。在这里，因为只有一个水分子存在于团簇中，所以没有水-水氢键的相互作用存在。从图 10.22 中我们也可以看出，$r(\mathrm{Cl}\cdots\mathrm{O})$ 距离以量子氢 (H(qu))、量子氘 (D(qu)) 和经典氢 (H(cl)) 的顺序增大。这个结果说明氯离子-水的拉伸运动通过 H 和 D 原子的核量子效应逐次减弱而加大，这是因为 D 原子质量相对较重，它与离子形成的氢键也就相对较弱。

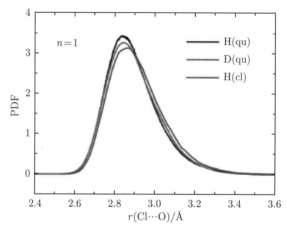

图 10.22 在 $n=1$ 时，$\mathrm{Cl}^-(\mathrm{H_2O})_n$ 水合物中 $r(\mathrm{Cl}\cdots\mathrm{O})$ 距离的概率分布函数。图中黑色、红色和蓝色曲线分别代表量子氢 (H(qu))、量子氘 (D(qu)) 和经典氢 (H(cl)) 的模拟结果。摘自 (Wang Q., 2013)

为了研究单层或者多层离子水合物结构的重排规律，将 $n > 1$ 情况下，各个时刻的最长 $r(\mathrm{Cl}\cdots\mathrm{O})$ 距离定义为 $r^1(\mathrm{Cl}\cdots\mathrm{O})$ 坐标。当 $r^1(\mathrm{Cl}\cdots\mathrm{O}) < r_{\mathrm{c}}(\mathrm{Cl}\cdots\mathrm{O})$ 时，所有水分子通过离子-水氢键相互作用与氯离子结合，因此形成单壳层结构。相反地，如果 $r^1(\mathrm{Cl}\cdots\mathrm{O}) > r_{\mathrm{c}}(\mathrm{Cl}\cdots\mathrm{O})$，就形成了多壳层结构，并且外层水分子是通过水-水氢键的相互作用而发生结合的。图 10.23 中总结了随距离 $r^1(\mathrm{Cl}\cdots\mathrm{O})$ 变化的不同氯离子水合物的结构分布，图 10.24 给出其对应的多种由 S1 到 S15 的典型结构。

多壳层结构的比例随水分子数目的增长而增加。这表明随着水分子数量的增加，水-水氢键相互作用出现的几率增大。如图 10.23(a) 所示，$n=2$ 时，与经典模拟相比，量子模拟下的 H 和 D 的单壳层结构 (S1, S2) 比例有所下降。另一方面来说，S3 的多壳层结构的比例在量子模拟下增加了。然而，有趣的是，D(qu) 比 H(qu) 更容易出现 S3 的多壳层结构。这是由于当质子被其同位素氘 D 所取代时，离子-水和水-水氢键作用都由于 D 的质量较重而减弱。但是，与水-水氢键相比，离子-水氢键作用减弱更多。所以，D(qu) 团簇更倾向于水-水氢键网络。另一方面，因为 D(qu) 的零点能量比 H(qu) 的要小，所以 D(qu) 的氢键团簇相比于 H(qu) 的氢键团簇可以被视为一种"冷却"效应。在图 10.23(a) 中，H(qu) 和 H(cl) 的概率差明显小于 H(qu) 和 D(qu) 的概率差。这说明有效势对于 H/D 同位素替换更为敏感。

在 $n = 3$ (图 10.23(b)) 和 $n = 4$ (图 10.23(c)) 这两种情况下，在单壳层结构中，同位素效应引起的变化趋势与 $n = 2$ 的情况相同，而其在两个多壳层区域则显示出不同的趋势。

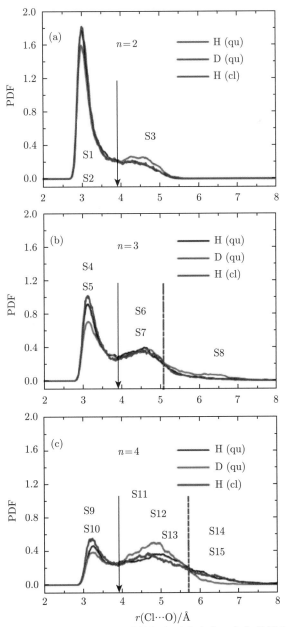

图 10.23 对应 (a) $n = 2$, (b) $n = 3$, (c) $n = 4$ 时的氯离子水合物，它们的概率分布函数 $r(\text{Cl} \cdots \text{O})$ 与距离的关系。图中黑色、红色和蓝色曲线分别代表量子氢 (H(qu))、量子氘 (D(qu)) 和经典氢 (H(cl)) 的模拟结果。摘自 (Wang Q., 2013)

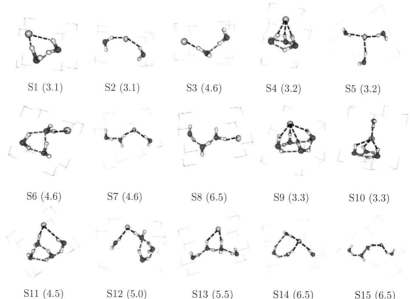

S1 (3.1)　　　S2 (3.1)　　　S3 (4.6)　　　S4 (3.2)　　　S5 (3.2)

S6 (4.6)　　　S7 (4.6)　　　S8 (6.5)　　　S9 (3.3)　　　S10 (3.3)

S11 (4.5)　　　S12 (5.0)　　　S13 (5.5)　　　S14 (6.5)　　　S15 (6.5)

图 10.24　各种 S1 ~ S15 的典型氯离子水合物结构。括号中数字为对应结构的 $r^1(\mathrm{Cl}\cdots\mathrm{O})$ 距离，单位是 Å。黑色虚线表示离子-水氢键相互作用方式，红色虚线为水-水氢键相互作用方式。
摘自 (Wang Q., 2013)

对于 $n = 3$，D(qu) 和 H(qu) 中出现 S6 和 S7 结构的概率接近，而 D(qu) 中出现 S8 结构的概率要稍高。有趣的是，S8 结构和 S7/S6 结构相比具有更多/更少的水-水氢键。对于 $n = 4$，与 H(qu) 相比，D(qu) 增加了 S11 ~ S13 结构出现的概率，却减少了 S14 和 S15 结构出现的概率。可以看出，S11 ~ S13 结构比 S14，S15 具有更多的水-水氢键相互作用。这里 $n = 3$ 和 $n = 4$ 两种情况下出现的差异，是由离子-水和水-水氢键相互作用在这些结构中的竞争关系引起的。D(qu) 更倾向出现水-水氢键相互作用占优的结构，这与 $n = 2$ 情况下的结果一致。这些结果充分表明，全量子效应对自由离子水合物的结构和离子与水分子的相互作用具有关键性影响，这也必然体现到环境科学中的某些重要反应过程上。

10.2.5　氟与水的催化反应

研究水中 F+$(\mathrm{H_2O})_n$ ——→FH+$(\mathrm{H_2O})_{n-1}$OH 反应，可以帮助我们理解与环境问题有关的水溶解过程。T. Udagawa 等利用密度泛函理论计算了该反应过程的势能曲线和分子几何构型 (Udagawa, 2016)。在这项工作中，他们通过多组元量子力学 (Multicomponent QM，MC_QM) 方法系统考虑了氢原子和氘原子的核量子效应 (分别简称为量子 H 和量子 D)，并与没有考虑核量子效应时的结果 (简称为经典 H) 进行了比较。

F+$\mathrm{H_2O}$ 的反应路径如图 10.25(a) 所示。考虑核量子效应后，量子 H 的共价键比经典 H 的共价键要长。例如，终态中间体 (Exit complex) 中量子 H 的 O—H2 和 F—H1 键长分别为 0.996 Å 和 0.954 Å，而经典 H 的 O—H2 和 F—H1 键长分别为 0.972 Å 和 0.930 Å。但氢键的情况正好相反，终态中间体中量子 H 的 O$\cdots$H 距离 (1.755 Å) 与经典 H (1.802 Å) 相比变短。同时由同样方法进一步计算得到的量子 D 的共价键和氢键键长都介于量子 H 和经典 H 的结果之间，其中的原因是氘原子核波函数与氢原子核波函数相比更加局域化。

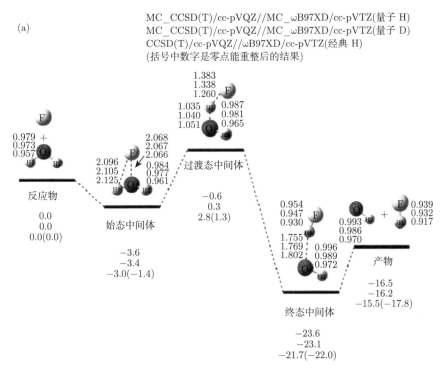

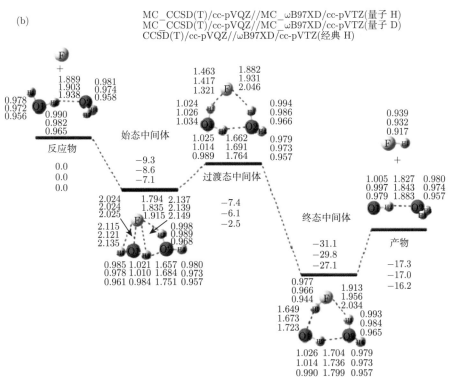

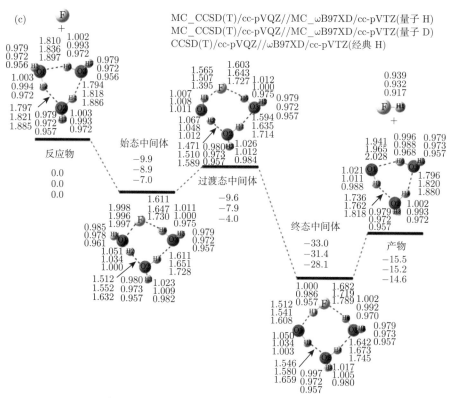

图 10.25　F+(H₂O)_n 反应的势能曲线和分子几何构型：(a) $n=1$，(b) $n=2$，(c) $n=3$。摘自 (Udagawa, 2016)

　　通过观察反应的势能曲线，可以发现考虑核量子效应会降低各中间状态的相对能量。通过多组分量子力学 (MC_QM) 计算，还可以得到始态中间体 (Entrance complex) 中氢原子的 Mulliken 电荷。这个值在量子 H 中为 0.255，在量子 D 中为 0.250，在经典 H 中为 0.237，因此静电相互作用由强到弱的顺序为量子 H> 量子 D> 经典 H。由于在初始态中间体中，静电相互作用对总的相互作用能的贡献为第二主要的部分，因此考虑了核量子效应后的结果表明，初始中间体会更稳定。氢原子和氘原子的核量子效应还可以增强氢键作用，分别为 F···H(D) 和 O···H(D)，考虑了核量子效应后计算出的终态中间体稳定性明显提高。在过渡态中量子 H 和量子 D 的相对能量分别比经典 H 低 3.4 kcal/mol 和 2.5 kcal/mol，在终态中间体中量子 H 和量子 D 的相对能量分别比经典 H 低 1.9 kcal/mol 和 1.4 kcal/mol。另外，在不考虑核量子效应时，过渡态的活化能为 2.8 kcal/mol，说明这个反应存在明显的正向势垒。但通过考虑核量子效应，量子 H 的过渡态相对能量反而比反应物低 0.6 kcal/mol。同时在初始态中间体中，量子 H 与量子 D 的相对能量也分别降低了 0.6 kcal/mol 和 0.4 kcal/mol。相比之下，尽管零点能重整化的结果使过渡态相对能量降低到 1.3 kcal/mol，但是会使初始态中间体的相对能量提高 1.6 kcal/mol，稳定性下降。上述结果充分说明，除了简单的零点能重整化修正之外，还必须考虑核量子效应引起的几何弛豫对 F+H₂O ——→FH+OH 反应势能曲线的复杂影响。

　　同样地，我们可以来分析 F 与 (H₂O)₂ 的反应过程，如图 10.25(b) 所示。考虑了核量子效应后，各状态的相对能量均低于经典 H 的结果。一个比较直观的理解是，考虑核量子效应后过渡态和终态中间体比初始态中间体存在更多氢键，系统的相对能量降低，使得二者的稳定性明显增加。相应地，初始态中间体与过渡态之间的相对能量差明显减小，考虑量子 H 时为 1.9 kcal/mol，考虑量子 D 时为 2.5 kcal/mol；而不考虑核量子效应时，相对能量差为 4.6 kcal/mol。与 F+H_2O 反应比较，可以看出第二个水分子的加入降低了中间状态的相对能量，进而降低了反应的势垒。在 F+$(H_2O)_2$ 反应中，上述计算都给出过渡态的能量相对于反应物有较明显降低，说明第二个水分子对正向反应起催化作用。

此后，还可进一步研究 F 与 $(H_2O)_3$ 的反应，其过程如图 10.25(c) 所示。在过渡态和终态中间体中，同样在考虑核量子效应后出现了比初始态中间体更明显的能量变化。在过渡态中，增加第三个水分子使量子 H 和量子 D 的相对能量分别降低了 2.2 kcal/mol 和 1.8 kcal/mol，而在经典 H 情况下它仅降低了 1.5 kcal/mol。因此在量子 H 和量子 D 结果中，过渡态的相对能量仅分别比初始态中间体高 0.3 kcal/mol 和 1.0 kcal/mol。这意味着第三个水分子同样能起到催化反应的作用，同时降低了中间状态的相对能量，这项研究再次表明考虑核量子效应将使反应的势垒明显下降。

10.3 大气化学

10.3.1 臭氧形成与转化反应

地球大气中存在大量的臭氧 O_3，它是氧气 O_2 的同素异形体。当太阳光的紫外线透过大气层被其中的氧气所吸收时，可通过光解反应生成氧原子并与氧气结合形成臭氧。平流层中的臭氧吸收了大量的紫外线，从而在对流层和地球表面之间形成了生命的防护罩。同时，不稳定的臭氧在吸收紫外线后将会再次解离成氧原子和氧气，并以这种方式形成大气中氧气和臭氧的循环。早在 40 年前，人们发现平流层中的臭氧层会因为氟氯烃 (CFCs) 和哈龙等化合物光解产生的卤素原子的催化反应而被损耗，从而失去对地球表面的保护作用。这一与环境保护相关的问题吸引了大量的实验和理论研究，并取得了显著进展。联合国环境规划署表示，通过禁用破坏臭氧层的氟氯烃和其他化学物质，将在未来 40 年内有望修复臭氧层，同时使全球变暖的幅度减少 0.5 ℃。与臭氧相关的另一个问题是，人为排放会导致在地表附近形成臭氧污染，它对城市居民的健康将造成危害。可见对臭氧形成与转化反应的研究是环境保护中的一个重要题目。

尽管臭氧分子很小，但是其电子结构的复杂性使得它在量子化学研究中被视为一种很有挑战性的分子。通常情况臭氧分子处于"开放"式的正常构型。有趣的是，臭氧分子有一个具有等边三角形 (D_{3h} 点群) 结构的异构体，即"环状臭氧"(如图 10.26 所示)。在不使用共振概念的情况下，环状构型满足了稳定 Lewis 结构 (三个氧的完美八位元)。根据早期的理论计算结果，环状臭氧分子比臭氧的"正常构型"(或"开放构型") 在能量上要高 ~30 kcal/mol，从环状到开放式异构化反应的能量势垒 ~24 kcal/mol。此外，环状臭氧比一个基态 O_2 分子和氧原子的能量之和高 6~7 kcal/mol，该解离通道的势垒高达 ~47 kcal/mol。因此，环状臭氧的本征热稳定性与异构化反应密切相关。这也意味着从 O_2+O 开始产生臭氧，为了避免需要越过很高的能量势垒，该反应可能以环状臭氧作为中间态，再转化为最稳定的开放构型的臭氧。

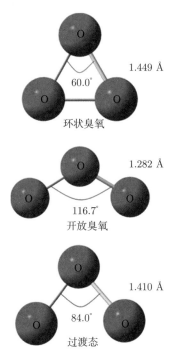

图 10.26   臭氧的理论计算结构。从上至下分别表示环状臭氧、开放臭氧和过渡态。摘自 (Chen J.L., 2011)

从理论上讲，环状臭氧应该是一个动态稳定的分子，并可以在合适的实验条件下出现。然而，尽管过去 20 年进行了大量的努力，人们并没有得到关于环状臭氧存在的实验证据。这里一种可能的原因是在实验条件下，O_3 势能面 (PES) 的拓扑结构使得环状臭氧附近的区域无法从开放构型的臭氧或基态的 O_2+O 来获得。另一种可能原因是从环状到开放式的异构化反应速度很快，而且环状臭氧的寿命太短，无法用实验的光谱法测定。尽管异构化的势垒高达 ~24 kcal/mol，但反应中氧原子核的运动距离相对较小。因此，这个过程对应的能量势垒宽度也会比较小，由此看来氧原子核量子隧穿效应对动力学过程的贡献不容小视。

为了了解这几种构型之间的变换过程，近年研究人员采用包括多维度隧穿修正的变分过渡态理论 (μOMT-QRST)，计算了单分子异构化反应的速率常数随温度的变化关系，结果能很好地显示出量子隧穿效应的重要性，从而将难以捉摸的环状臭氧的寿命估计到正确的数量级 (Chen J.L., 2011)。图 10.27 给出了当温度从 25 K 上升到 500 K 时，计算得到的反应速率对应的阿伦尼乌斯曲线，以及多维度隧穿修正 (μOMT) 和多维度隧穿修正的变分过渡态理论 (μOMT-QRST) 的结果。我们知道，阿伦尼乌斯曲线表示的是化学反应速率对数与绝对温度倒数之间的关系。由于存在相对较高的势垒 (21.1 kcal/mol)，在不考虑量子隧穿效应的情况下，反应速率在这个温度范围内增大 165 个数量级。考虑到量子隧穿效应的修正，低温下反应速率对温度的依赖性大大降低。

很明显，量子隧穿效应的存在，使氧原子在化学反应中的运动状态发生很大变化。在这个体系中，当势垒较高时，整体结构变化很小，这意味着其势垒宽度较窄，同时量子隧穿几率增加。计算发现，当温度在 500 K 时，考虑量子隧穿效应的反应速率 (μOMT-QRST)

比不考虑量子隧穿效应的经典过渡态理论 (TST) 所预言的结果大 3 倍。这表明在此相同温度下，量子隧穿路径和经典穿越路径几乎同样重要。而当温度下降到 500 K 以下后，反应速率的主要贡献来自量子隧穿。例如，当温度分别为 300 K、200 K 和 100 K 时，考虑氧原子核量子隧穿计算得到的速率，分别比经典穿越路径的反应速率值高出 200 倍、10^7 倍和 10^{27} 倍。考虑量子隧穿效应得到的速率在 150 K 以下趋于平稳，进入深度量子隧穿过程主导的反应区间，并达到一个近似值 1×10^{-2} s^{-1}。这是因为在 150 K 以下，基本上所有参与反应的分子都处于振动基态，因此总的量子隧穿贡献不会随着温度的进一步降低而明显改变。可以预见，大气化学中非常普遍和重要的反应——臭氧分子与烯烃反应生成克里吉中间产物 (Criegee intermediates) 的过程，以及其后续一系列转移转化反应，都将可能受到明显的零点振动和量子隧穿的影响，相关的研究结果目前还不十分清楚。

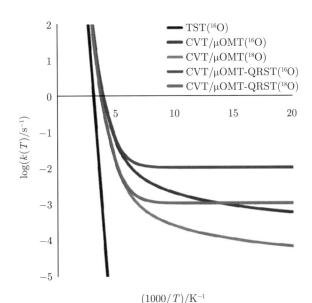

图 10.27 理论计算得到的环状臭氧到开环式臭氧转变速率的阿伦尼乌斯曲线。其中 $^{16}O^{16}O^{16}O$ 的曲线被标记为 (^{16}O)，$^{18}O^{18}O^{18}O$ 的曲线被标记为 (^{18}O)。过渡态理论的结果 TST(^{16}O) 和 TST (^{18}O) 几乎一样，它们符合阿伦尼乌斯关系。摘自 (Chen J.L., 2011)

10.3.2 羟亚磺酰基 + 氮氧化物反应

与环境治理相关的另一个头痛问题是酸雨现象。酸雨是目前最严重的环境污染之一，而二氧化硫 (SO_2) 和氮氧化物是酸雨的主要诱发因素。实验测量结果表明，大气中存在痕量的羟亚磺酰基 (HOSO) 自由基，这是由 SO_2 和氢原子重组而形成的一种相对稳定的自由基。氢原子的核量子效应对于 HOSO 参与的大气化学反应有着重要的影响作用，例如对 HOSO 与 NO_2 之间的氢转移反应。同时，在其他一些涉及自由基反应的重要大气化学过程中，氢原子的核量子效应从理论上讲也是不能被忽视的，例如 OH 自由基与 NO_2 反应生成 HNO_3 的反应。然而，在过去的许多讨论中，原子核常被视为经典粒子来处理，并不直接考虑全量子效应的作用。为了考虑全量子效应的影响，T. Sugimoto 等采用多组态 (Multi-configuration) 量子力学 (MC_QM) 方法，将氢原子核与电子一样用波函数来描述

(Sugimoto, 2019)。多组态量子力学方法能够更准确地表示氢键系统的物理性质和质子转移反应过程，也可以用来进一步研究 H/D 同位素效应，从而直接给出氢原子和氘原子之间由核量子效应引起的差异。

图 10.28 显示了基于多组态量子力学方法，通过 CCSD(T)/cc-pVTZ//B3LYP/6-31G** 计算获得的 HOSO + NO_2 反应的势能分布图。图 10.29 给出了反应过程中每个稳定结构的优化几何参数。由该图可见，始态 (Entrance)-*trans*-HONO 的氢键 H···O 距离比始态-*cis*-HONO 和 Entry-HNO_2 中的对应结果要短得多，HOSO 自由基中的质子更多地被 NO_2 分子的氧原子吸引，因此在始态-*trans*-HONO 中观察到加长的 O—H 共价键。在过渡态 (Transition state, TS) 结构中，O—H 共价键的长度略有延长 (范围在 1.132~1.159 Å 之间)，而 H···O 氢键的距离则明显缩短了 (范围在 1.288~1.393 Å 之间)。在终态 (Exit) 中，迁移的氢原子与 NO_2 分子形成 O—H 或 N—H 共价键，并通过氢键与 SO_2 分子发生相互作用。因此，氢键相互作用对反应过程中所有稳定结构都很重要。

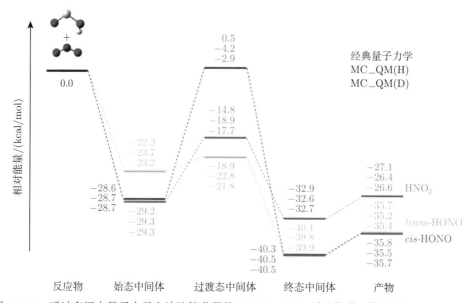

图 10.28   通过多组态量子力学方法计算获得的 HOSO+NO_2 反应能谱。摘自 (Sugimoto, 2019)

图 10.28 列出了在多组态量子力学计算中获得的每个稳定结构的相对能量。核量子效应在所有反应的过渡态 TS 结构中尤为重要。对于生成 *trans*-HONO，*cis*-HONO 和 HNO_2 这三个反应，通过经典 DFT 计算和量子 MC_QM (H) 计算获得的 TS 结构相对能量之间的差异分别为 3.9 kcal/mol，4.7 kcal/mol 和 4.1 kcal/mol 。另一方面，除了 Entry-*trans*-HONO，核量子效应几乎不影响始态中间体 (Entrance complexes) 和终态中间体 (Exit complexes) 的相对能量。为了研究核量子效应对这些相对能量的影响，我们将重点关注通过多组态量子力学计算获得的优化结构的几何参数 (见图 10.29)。在始态-*cis*-HONO 和始态-HNO_2 中，(OSO)H···O(NO) 和 (OSO)H···N(O_2) 的距离几乎等于氢原子与氧原子或氮原子的范德瓦耳斯半径之和。因此，这些氢键相互作用可能很弱，并且氢原子的核量子效应几乎不会影响这些化合物的相对能量。核量子效应也几乎不影响终态中间体

的相对能量，氢键 H···O 距离小于 2 Å。实际上，在终态-*trans*-HONO 和终态-*cis*-HONO 中，通过包含氢原子核量子效应的计算，使氢键 H···O 的距离变短。但是，具有相同电荷的原子之间距离 (终态-*trans*-HONO 中为 S 和 N 原子，终态-*cis*-HONO 中为 O 原子之间) 也在变短。另一方面，通过考虑核量子效应的计算，始态-*trans*-HONO 中的 S···N 距离变长，因此，核量子效应只是略微降低了 Entry-*trans*-HONO 的相对能量。

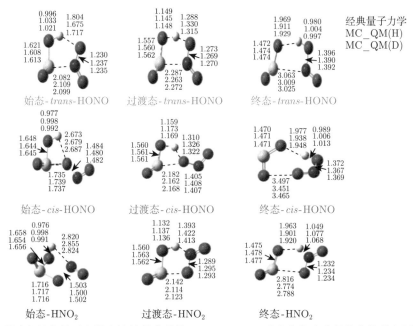

图 10.29 通过多组态量子力学方法计算获得的 HOSO+NO₂ 反应中稳定点的优化结构和原子间相对距离 (单位：Å)。图中红色、灰色、黄色和蓝色圆球分别代表氧原子、氢原子、硫原子和氮原子。摘自 (Sugimoto, 2019)

在进一步考虑同位素替换后，图 10.28 还显示了对于氘原子的 MC_QM(D) 计算结果。由于氘原子核比质子重一倍，氘原子的核量子效应不如氢原子明显。通过考虑氘原子的核量子效应可以降低过渡态结构的相对能量，但其降低的程度要小于氢原子对应的结果。对于生成 *trans*-HONO，*cis*-HONO 和 HNO₂ 的反应，通过经典 DFT 和量子 MC_QM (D) 计算获得的这三种 TS 结构相对能量之间的差异分别为 2.9 kcal/mol, 3.4 kcal/mol 和 2.9 kcal/mol。当然，氢原子和氘原子的核量子效应之间的差异也反映在优化的几何结构参数上。通过考虑氢原子的核量子效应，共价键 X—H (X = O 或 N) 的长度会变长。这里共价键 X—H 长度的增加是由于通过使用多组态量子力学方法，直接包括了沿共价键方向势能曲线的非简谐因素的贡献。由于氘原子的核量子效应不如氢原子明显，因此共价键 X—D 长度比 X—H 要短。另一方面，如在各种氢键系统中所见，氘替代会导致氢键 H (D)···O 距离的延长。通过考虑氢原子和氘原子的核量子效应，过渡态结构也会发生弛豫。尽管可以借助密度泛函理论方法来考虑氢原子和氘原子的零点振动能之间的差异，但是在密度泛函理论计算中势能面是不变的，基本上不考虑由氘取代引起的几何变化。通过使用量子多组态量子力学方法得出 H/D 同位素替换对结构几何参数的影响 (几何 H/D 同位素效应)，可以进一步详细分析激活势垒对应的 H/D 同位素效应。

10.3.3　羟亚磺酰基＋氮氧化物＋水反应

在上文讨论的基础上，可以再考虑 HOSO+NO$_2$ 与一个 H$_2$O 分子的反应情况。研究发现了两种类型的氢离子转移过程 (Sugimoto, 2019)：(a) 非水参与的直接质子转移机制，即 HOSO 的质子直接转移到 NO$_2$ 上。其中 H$_2$O 在质子转移位点的相反位点桥接 HOSO 和 NO$_2$。(b) 水参与的质子中继转移机制。在这个过程中，质子从 HOSO 迁移到 H$_2$O，再从 H$_2$O 迁移到 NO$_2$，即 H$_2$O 参与了 HOSO 和 NO$_2$ 之间的质子转移反应。

图 10.30 和图 10.31 分别给出了反应势能曲线和优化的稳定结构。与反应物分子 (HOSO、NO$_2$ 和 H$_2$O) 的能量之和相比，反应机制 (a) 中的所有稳定结构的能量都相对较低。该反应机制中对氢原子做经典处理的活化势垒通过密度泛函理论计算为 2.3kcal/mol，做量子 MC_QM (H) 计算的活化势垒为 −0.1kcal/mol，而对氘原子做量子 MC_QM (D) 计算的活化势垒为 0.5kcal/mol。可见氢原子的核量子效应降低了有水和没有水的反应过程的活化势垒。特别是，由于考虑氢原子的核量子效应，活化势垒在 MC_QM (H) 结果中几乎消失了，该结果与零点振动能量重整化修正的 CBS-QB3 能量分布图完全吻合，其中一个 H$_2$O 分子参加反应的激活势垒仅为 0.1kcal/mol。需要进一步指出的是，以前的 CBS-QB3 计算中仅包括零点振动能的作用，而这里在多组态量子力学计算中不仅考虑了氢原子的动能，还考虑了电子结构和几何结构的重整化修正。

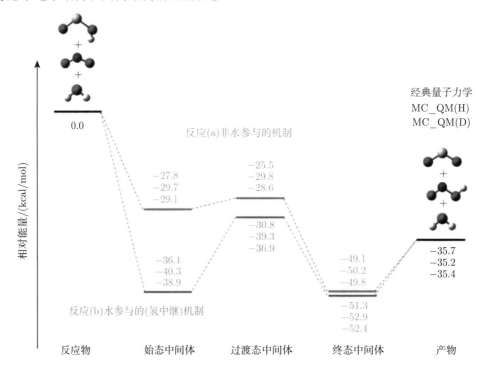

图 10.30　通过多组态量子力学方法计算获得的 HOSO+NO$_2$+H$_2$O 反应能谱。摘自 (Sugimoto, 2019)

图 10.31 给出了在反应机制 (b) 中，水分子介入了质子从 HOSO 转移到 NO$_2$ 的反应过程，反应以一致的方式进行。反应机制 (b) 中的入口络合物、TS 结构和出口络合物的相对

能量低于反应机制 (a) 中的对应结果 (Sugimoto, 2019)。特别是，入口复合物的相对能量始态-W1-接力过程 (relay) 比始态-W1-直接过程 (direct) 的相对能量低了 8.3~10.6kcal/mol，导致氢取代型反应 (过渡态 (TS)-W1-relay) 中的 TS 结构也比过渡态-W1-direct 更稳定，同时它的活化势垒比非水参与的反应更大。氢原子的核量子效应降低了过渡态-W1-relay 的相对能量 (8.5kcal/mol)，这个值约为在反应机制 (a) 中观察到的核量子效应的两倍。因此，氢原子的核量子效应在水媒介反应路径的 TS 结构中更为重要。MC_QM (H) 结果将激活势垒从 5.3 kcal/mol 降低到 1.0kcal/mol。在优化的稳定结构中，我们还观察到了由氢原子的核量子效应引起的几何弛豫和几何 H/D 同位素效应，如图 10.31 所示。

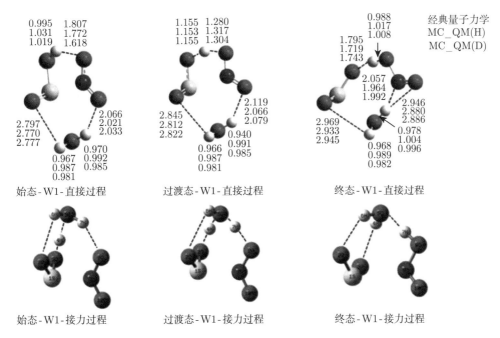

图 10.31　通过多组态量子力学方法计算获得的 $HOSO+NO_2+H_2O$ 反应中稳定点的优化结构和原子间相对距离 (单位：Å)。图中红色、灰色、黄色和蓝色圆球分别代表氧原子、氢原子、硫原子和氮原子。摘自 (Sugimoto, 2019)

简要总结一下 $HOSO+NO_2$ 与 H_2O 的反应结果。除了先前报道的质子直接转移反应 (反应机制 (a)) 之外，这里还研究了水分子参与的质子中继反应过程 (反应机制 (b))。量子 MC_QM 计算表明，与直接质子转移机制中的相应稳定点结构相比，质子中继机制中的稳定点结构具有更低的能量。另一方面，在直接质子转移机制中发现了较小的活化势垒。特别是，在 MC_QM (H) 计算结果中这个活化势垒几乎消失了。由于质子中继机制中的所有稳定点结构的能量都比反应物分子 ($HOSO$、NO_2 和 H_2O) 的能量之和低得多，因此多组态量子力学计算的活化势垒对氢原子仅为 1.0 kcal/mol (对氘原子为 2.0 kcal/mol)。这些研究表明，这个反应最可能以质子中继机制进行。

总之，应用多组态量子力学方法可以反映 $HOSO+NO_2$ 在有无水参加时质子转移过程的核量子效应影响。研究结果表明，氢原子和氘原子的核量子效应降低了稳定结构的相对能量。其中，核量子效应的稳定性作用在水参与的质子中继型反应的过渡态结构中最为明显。有趣的是，通过考虑氢原子的核量子效应，在 MC_QM (H) 计算中阻碍直接氢转移机制的活化势垒消失了。同时，尽管当考虑了全量子效应后质子直接转移过程的入口络合物和过渡态结构的相对能量有所降低，但有水参与的质子中继型反应过程的 MC_QM (H) 的活化势垒更小，因此后者才是实际反应中最有可能发生的途径。所有这些结果都清楚地表明了全量子效应在臭氧层保护和酸雨治理等环境问题的研究中，是必须认真对待的物理因素之一。

对环境科学问题的讨论受到作者知识背景的局限，主要集中在水资源以及大气环境治理方面的基础研究领域。这些过程中由于大量轻元素原子 (特别是 H、N、O 等) 的参与，全量子效应的影响是显著的。但在环境保护中还有许多其他方面的问题，比如近年受关注程度很高的塑料和重金属对海洋、土壤的污染情况。这些问题的解决还会涉及更加复杂的光解离等过程，而非绝热的各种化学反应一定会起到关键作用。相关方面问题的全量子效应研究无疑是非常令人期待的。

第 11 章　全量子效应的器件应用

通过前面第 1 章至第 10 章的讨论，本书系统介绍了凝聚态体系中全量子效应的基本概念、由全量子效应主导的各种物理现象与化学现象、目前研究全量子效应的实验与理论方法及其在各种典型材料体系以及在能源和环境问题上的应用。在这些内容的介绍中，我们力图发掘全量子效应的本质，揭示其发挥作用的机制及对物理和化学性质的影响。这方面工作是当前国际上凝聚态理论和实验物理研究的前沿，正处于蓬勃发展的阶段。

全量子效应基础研究对新物态和新材料的探索，是全量子器件应用的先决条件和物质基础，目的是发展与已有器件相比性能更为独特、功能更为全面的下一代理想器件。相对于基础理论和实验研究，全量子效应的器件应用研究目前还处于培育阶段。除了已有与全量子效应相关的超导电性、磁性等在电子学领域的应用外，全量子效应器件其他的相关应用领域和范围现在并不十分清晰。关于超导体、半导体等在器件方面的广泛应用已经有许多专著论述，这不是本书讨论的重点。

从前面的一些介绍，我们不难发现全量子效应可以提供一种新的有效调控手段。比如电荷转移的效率对 $MoSe_2/WSe_2$ 范德瓦耳斯异质结的层间电子耦合强度极其敏感，利用全量子效应精确控制能带结构，通过对层间电子关联作用进行微小的调节，就能导致电荷转移效率极大的提升。这说明核量子效应与这类材料中电子波函数的关联程度密切相关，通过改变各种电子结构参数可能会开拓超灵敏量子调控器件在新型高效率的光电子和能源器件领域的应用，而通过调控两层 BN 薄膜之间的转角及同位素关系，可能实现在非线性光学晶体方面的应用。另外，激发态下非绝热的电-声耦合依赖于光载流子状态，利用这一点不仅可以实现对电-声耦合的实时测量，还可以通过光学技术对其进行精确操作。更有趣的是，由于电-声耦合与各种载流子非绝热动力学过程有关，光生载流子的拓扑特性 (如手性和谷自由度的选择性等) 也会为光调制的电-声耦合材料带来新的物理发现和器件应用场景。

下面我们试图给读者介绍一些目前利用全量子效应在器件开发应用方面的设想，希望展示借助全量子效应实现器件性能调控手段的精细化、多样化、协同化优势，为读者下一步认识并有效地利用全量子效应研制新器件提供启发和帮助。可以预期，这一领域的突破有望在未来开发出传统技术手段难以实现，甚至原理上无法突破的全新量子器件，使之成为支撑下一代工业发展的基石。

11.1　同位素量子过滤器件

在前面第 7 章中我们已经详细介绍了二维材料的质子穿透问题。对于不同的二维薄膜材料 (如石墨烯、单层六方氮化硼、单层二硫化钼等)，它们的质子传输行为差异很大，表 11.1 对相关性质做了总结。理论研究表明，石墨烯和单层六方氮化硼薄膜的高效质子穿透行为是由原子核量子效应所主导的。

表 11.1   不同薄膜材料单位面积质子传导率 (Hu S., 2014; Xin Y.B., 2017)

薄膜类型	Nafion	h-BN	石墨烯	MoS_2	金属
质子传导率/(mS/cm^2)	5000	100	5	$< 10^{-8}$	$< 10^{-8}$

此外，大量研究表明，过渡金属 (如镍、铂等) 修饰对二维材料的质子传输过程有明显活化作用 (Xin Y.B., 2017)。这是因为过渡金属可以通过催化质子或促进氢原子合成产生氢气，将穿透过来的氢快速从薄膜表面转移走，从而促进质子的动态流动、加快质子通过二维材料的传输速率。由表 11.2 可以发现，当石墨烯或单层六方氮化硼表面被铂修饰后，质子隧穿过程得到了极大增强。尤其是当其通过修饰活化的单层六方氮化硼时，单位面积质子传导率高达 3000 mS/cm^2，此时二维材料基本失去了对质子穿透的阻挡作用。

表 11.2   纳米金属颗粒铂活化的二维材料单位面积质子传导率 (Hu S., 2014; Xin Y.B., 2017)

二维材料	质子传导率/(mS/cm^2)		传导率换算势垒高度/eV	
	无活化	铂活化	无活化	铂活化
石墨烯	5	90	0.78	0.24
双层六方氮化硼	6	100	0.61	0.24
单层六方氮化硼	100	3000	0.30	约 $3k_BT/2$

石墨烯或单层六方氮化硼的高质子传导特性使其有望成为许多氢技术应用的关键材料。例如，质子传导膜是燃料电池的核心部件，其既需要较高的质子传导性，还需要阻挡燃料渗透。商用 Nafion 膜 (Mauritz, 2004) 存在膜厚度和质子传导率之间的矛盾关系，因此限制了燃料电池性能的提升。而石墨烯或单层六方氮化硼有望变革传统质子传导膜使用的材料，在燃料电池中同时实现较高的质子传导率和极薄的传导膜厚。

上面这些关于质子传输性质研究的结果给了我们一个重要的提示，即利用二维材料的高质子通透性，或可进一步与全量子效应的作用结合实现同位素分离。比如对于氢元素来说，一般情况下由于氢原子、氘原子和氚原子具有非常相似的化学性质，很难找到一种有效的方法将它们分离开来。2016 年，研究人员将石墨烯或单层六方氮化硼与 Nafion 膜结合，用于构造分离氢同位素的量子过滤器 (见图 11.1)(Lozada-Hidalgo, 2016)。在核量子效应的影响下，他们发现氢原子核和氘原子核对同样一种石墨烯或单层六方氮化硼的传导率可以相差一个数量级，因此能够直接从水中分离氘，从而实现氢的同位素分离。这个现象在核废水处理等方面是非常有应用价值的。同时，这种同位素分离方法在节能和降低工艺成本方面也具有很大的优势。这些研究还进一步发现，不同二维材料对于氢原子核和氘原子核的穿透活化能之差为 60 meV。这是因为实验中的氢原子核和氘原子核不是在真空中移动，而是沿着由磺酸盐 (SO^{3-}) 和 Nafion 膜中水提供的氢键网络移动。可以预期，在穿过二维薄膜之前，质子和氘核会短暂地与磺酸盐和水基团结合 (氢转移前的初始状态)。估算发现这些初始状态下的氢键网络的零点能量对于氢原子核为 ~0.2 eV，对于氘原子核为 ~0.14 eV。该零点振动有效地将初态能量提高，并使得活化势垒分别降低 0.2 eV(氢原子核) 和 0.14 eV(氘原子核)。这也就很好地解释了实验观察到的二维材料对质子与氘核的穿透势垒之差（$\Delta E=60$ meV）的来源。因此不同的活化能可以导致质子和氘原子核对石墨烯或单层六方氮化硼的传导率相差一个数量级，利用这个穿透势垒差我们可以提出设计一种高灵敏高效率的量子过滤器 (如图 11.1 所示)，把水中的氘分离出来，从而实现氢的同位素分离。

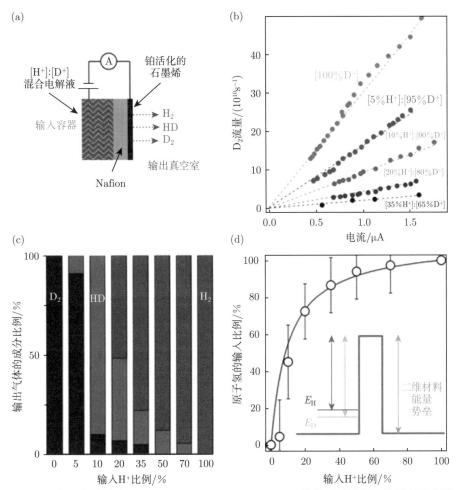

图 11.1　氢同位素分离（Hydrogen-isotope separation）的量子过滤器工作原理示意图
(Lozada-Hidalgo, 2016)

　　比如，天津大学张生等与 Geim 研究组合作，通过实验发现利用电化学方法泵入氢同位素的分离系数可达到 8 左右 (Lozada-Hidalgo, 2017)。同时此方法具有能耗低、占地面积小及无毒环保等适合工业推广应用的优点。另外，他们采用低强度可见光照射由铂纳米颗粒修饰的石墨烯薄膜，可以进一步增强质子输运效率 (Lozada-Hidalgo, 2018)，这就是所谓的光致增强质子传输效应 (Photo-proton effect)。这一发现对人工树叶膜的制造提供了一种新的思路。

11.2　超灵敏量子隧穿器件

　　量子隧穿效应指的是微观粒子 (一般指电子或原子核) 或团簇即使在势垒高度大于其动能的情况下，仍然能够以一定的几率穿越势垒而发生的一种输运行为。这个现象在经典物理学研究的框架内是不可能发生的。实际上，在人们的生活中量子隧穿每时每刻都在发生。例如，我们前面讲过量子隧穿效应有效地控制了太阳燃烧的速率，使得太阳可以长寿命静态燃烧。而另外一些研究还表明电子和质子的量子隧穿过程，是导致化学中的氧化还原反应过程和生命科学中 DNA 的自发突变过程的关键因素之一。

同样，量子隧穿效应在与凝聚态物理相关的应用领域，如半导体和超导物理及器件研究中也有着广泛应用。目前，人们基于量子隧穿效应已发展出了许多功能器件和精密测量仪器。例如，基于电子隧穿原理的隧道二极管、约瑟夫森结、磁隧道结、扫描隧道显微镜等，这些器件和仪器在当前日常生活及科学研究中都发挥着至关重要的作用。

考虑一个质量为 m，动能为 E 的粒子 (如电子、原子等)，它在传播过程中遇到一个高度为 V，宽度为 w 的简单方形势垒的情况。粒子的波函数有一定几率被势垒反射回去，同时有一定几率穿透势垒继续向前传播。通过解薛定谔方程及边界条件，由公式 (8.1) 可精确计算出该粒子发生量子隧穿由该势垒的一侧穿透到另一侧的几率：

$$D = D_0 \mathrm{e}^{-4\pi w \sqrt{2m(V-E)}/h}$$

由此式可以看出，粒子发生量子隧穿的几率对势垒的宽度及高度非常敏感。从另一个角度讲，改变势垒的高度和宽度可以准确地调节量子隧穿的速率，这也是很多精密仪器 (比如扫描隧道显微镜等) 的工作原理。利用量子隧穿对势垒的高度敏感性，可以通过设计势垒大小来实现对量子隧穿过程的人工调控。

六方氮化硼是一种宽带隙 ($\sim$5.76 eV) 绝缘材料，可作为电子隧穿的势垒材料。同时，六方氮化硼还是一种天然层状材料，即使在厚度薄至单层的情况下依然具有良好的绝缘性能。在材料制备上，可以通过机械解离或化学气相生长获得单层单晶六方氮化硼薄膜 (Wang L., 2019)。此外，硼元素有两种稳定的同位素 ^{10}B 和 ^{11}B，自然界中获取的硼通常是这两种同位素原子的混合物，它们所占比例分别约为 19.9% 和 80.1%(Szegedi, 1990)。受核量子效应的影响，^{10}BN 与 ^{11}BN 将具有不同的电子结构。在器件设计时，根据需要可以精确调整同位素的成分，从而获得不同的能量势垒高度。例如，北京大学刘磊 (L. Liu) 研究组制备了高纯度的 WS$_2$/^{10}BN 和 WS$_2$/^{11}BN 同位素异质结，从而可以有效地调控不同同位素材料的能量势垒及层间的电-声耦合强度，达到满足器件特殊需求的目的 (见图 11.2)(Li Y.F., 2022)。另外，刘磊研究组通过选择性地控制六方氮化硼 (h-BN) 中同位素的纯度，利用交替改变具有不同同位素原子配比组分的层状结构厚度，获得了同位素异质结或同位素异质结超晶格，即 ^{10}BN/^{11}BN 结或 ^{10}BN/^{11}BN 超晶格。这种材料在具有理想晶格匹配的界面结构的同时，由于轻元素材料对同位素效应十分敏感，在同位素异质结的两边会造成势垒高度的差异。这种由全量子效应调控的势垒差异可以限制在十分小的能量范围内，如此精细的能垒调节很难通过其他实验手段来实现。

除了上面对 BN 薄膜的调制外，2009 年 H. Watanabe 等也是利用这一特点成功制备了由 ^{12}C 和 ^{13}C 构成的金刚石同位素异质结超晶格 (如图 11.3(a) 所示)，并通过全量子效应调制的同位素金刚石薄膜能隙，实现了载流子在不同特定空间区域的分隔受限 (Watanabe, 2009)。他们进一步利用光谱测量手段，证明了在这种同位素异质结超晶格中，由全量子效应实现的载流子限域特性。图 11.3(b) 给出了金刚石同位素异质结超晶格结构的阴极发光 (Cathodoluminescence, CL) 光谱。当 ^{13}C 层厚度较小时，对于图 11.3(a) 中样品 A 和样品 B，在 ^{13}C 层产生的载流子能够扩散到能隙较小的 ^{12}C 层并被束缚在该区域，因此实验只能

观测到来自 ^{12}C 层的发光。当 ^{13}C 层厚度超过载流子平均自由程时，实验同时还能观测到来自 ^{13}C 层的发光 (对应图 11.3(a) 中的样品 C 和样品 D)。这说明由不同同位素构成的金刚石超晶格能够实现载流子的空间分区受限。实验给出 ^{12}C 和 ^{13}C 的能隙差别约为 17 meV。

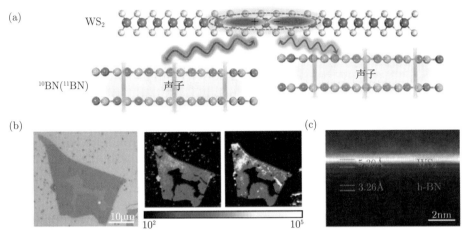

图 11.2   WS$_2$/BN 范德瓦耳斯异质结层间电-声耦合调控原理图。(a) WS$_2$ 层电子与 BN 层声子耦合示意图。可以通过同位素效应、温度和压强调控耦合强度。(b) 左图显示在 BN 膜上 CVD 制备的 WS$_2$ 层状岛。Raman(中图) 和 PL(右图) 结果表明该样品是非常均匀的高质量异质结。(c)STEM 截面图。摘自 (Li Y.F., 2022)

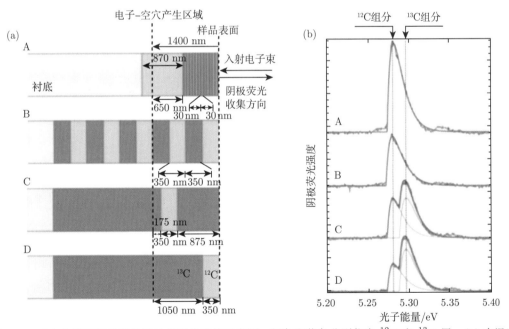

图 11.3   (a) 金刚石同位素异质结超晶格结构示意图。绿色和紫色分别代表 ^{12}C 和 ^{13}C 层。(b) 在温度等于 80K 时，测得的不同超晶格的荧光光谱。红色粗线为拟合曲线。摘自 (Watanabe, 2009)

随后，德国和日本的联合研究组合作制备了超级纯净的同质外延金刚石薄膜样品

$^{12}\text{C}_{1-x}{}^{13}\text{C}_x(0 \leqslant x \leqslant 1)$，并系统研究了金刚石能隙对同位素组分的依赖关系 (Watanabe, 2013)。实验研究发现间接带隙与同位素组分的关系可表示为 $E_g(x_f) = E_{ex}(x_f) + E_x + h\omega_{\text{TO}}(x_f)$，其中 x_f 为 ^{13}C 组分；E_{ex} 为光学横波声子 (TO) 诱导湮灭的自由激子能量；ω_{TO} 为光学横波声子频率；自由激子结合能 $E_x=80$ meV，这个值几乎不受同位素替换影响。通过这个精确设计的实验，他们发现将 ^{12}C 替换成 ^{13}C 后的能隙变化为 15.4 meV。相比碳原子，同族的半导体 Si 和 Ge 的原子质量要更大，因此可以预期全量子效应对它们电子结构的调控要低 $1 \sim 2$ 个数量级 (Cardona, 2005)，有可能进入到几 meV 的范围内。

考虑到量子隧穿对势垒的异常敏感性，这种直接由核量子效应产生的势垒能差，可以满足高品质功能器件的设计与应用，调控同位素能带工程 (Isotopic band engineering) 将成为制备精密超灵敏量子隧穿器件的一种新的有效手段。比如，开发同位素工程优化化合物以及可用于磁共振光谱的同位素异质结超晶格等全量子效应材料与器件。这些例子再次说明，在不断追求实验仪器测量精准化、电子器件性能调控敏感化的今天，全量子效应为我们开辟了一个可选择的新方向。

11.3   单光子发射器件及纳米腔

利用量子光学技术可以制备出每个激发周期只发射一个光子的单光子发射器件 (Single-photon emitters, SPEs)。如图 11.4 所示，单光子发射器件的工作原理是基于量子系统的离散能级。当这些系统受到激发时，电子 (一般而言) 可以从基态跃迁到激发态，然后通过自发发射的方式回到基态，并在该过程中释放出一个光子。

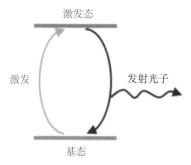

图 11.4   单光子发射器件示意图。理想的单光子发射器件是一个二能级系统，包括基态和激发态。在某种外部激发条件下，系统可以从基态被激发到激发态，接着通过退激发过程再回到基态。在后面这个过程中系统会发射一个频率可控的光子。

固体中的点缺陷作为潜在的单光子源，在晶体中以非常低的密度分布，能够实现单一光子发射的孤立条件。一个高品质的单光子发射材料应具有较宽的带隙，确保了在带隙中的基态和激发态不受热扰动，多粒子状态得以稳定存在，并且能在室温下维持其稳定性。六方氮化硼 (h-BN) 就是这样的宽带隙材料。在 2016 年，研究人员首次报道研制出 h-BN 单光子发射器件 (Tran, 2016a)。这些单光子发射器件不仅具有很高的量子效率和亮度 (通常超过 1×10^6 计数/秒)，还具有非常好的光学稳定性 (Tran, 2016b)。h-BN 的这些显著优势激发了对其单光子发射源进一步开发的研究热情。目前，实验上是通过离子束照射、电子辐照、等离子体处理或热退火等技术，在 h-BN 中引入多种点缺陷 (图 11.5(a))，以制造单光子发射器件。

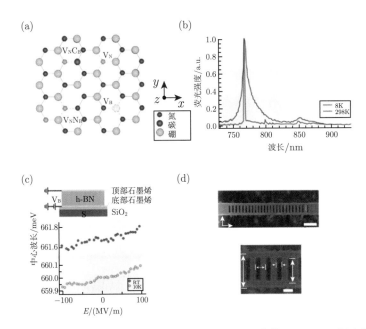

图 11.5 (a) h-BN 中几种典型的点缺陷：V_N，氮空位；V_B，硼空位；V_NC_B，氮空位 + 取代碳缺陷；V_NN_B，氮空位 + 反位氮缺陷。(b) h-BN 单光子发射器在室温 (红色) 和低温 (蓝色) 下的典型 PL 谱。(c)h-BN 单光子发射器的 Stark 位移效应。其中利用石墨烯薄片作为底部和顶部电极制作的器件，数据点显示在室温下和 10 K 低温下均出现明显的波长变化，即 Stark 位移效应。(d) 具有高品质因子的由 h-BN 制成的一维光学纳米腔。图 (b)，(c)，(d) 分别摘自 (Tran, 2018; Noh, 2018; Kim S., 2018)

目前，大多数单光子发射源采用窄带发射技术。在低温条件下，h-BN 材料的单光子发射源展示出了接近傅里叶变换极限的窄发射线宽。然而，这种发射受到了发射缺陷的固有偶极矩的限制，如图 11.5(b) 所示 (Tran, 2018)。为了减少频谱扩散的影响，可以利用 Stark 位移效应来稳定发射线宽。图 11.5(c) 展示了使用 h-BN 和石墨烯制备的器件，以及观察到的单光子发射源的 Stark 位移现象 (Noh, 2018)。得益于 h-BN 材料出色的单光子发射性能，它甚至能够在室温下作为涵盖从可见光到近红外波段的量子光源。

h-BN 单光子发射源还可与介电光学腔和波导进行集成，以实现更高效的光学功能。采用提取-放置方法，可以将 h-BN 薄片精确集成到光波导中。这种方法的优势在于由于 h-BN 的光学带隙与其材料尺寸无关，从而允许在 h-BN 主体上直接制造光子晶体腔、微环谐振器和平面透镜等光学元件。例如，图 11.5(d) 展示了使用 h-BN 构建的一维光学纳米腔 (Kim S., 2018)。此外，由于 h-BN 材料的天然双曲结构特性，还可以通过形成双曲型声子极化激元来实现红外纳米光电器件方面的应用。

考虑到这些量子光电器件的基材，如 h-BN 和石墨烯，主要是由轻元素构成的，因此可以通过全量子效应 (如同位素替换等) 对电子能带结构及能级分布进行精确调控。特别是在光场作用下，对光跃迁过程以及电子-声子耦合与光载流子的非绝热动力学过程进行精确控制，从而引入新的器件设计参数，如手性和谷自由度的选择性，因此实现对光电器件进行超灵敏操作以满足特定需求。而这项研究的基础在于准确描述材料的电子基态、激发态和缺陷能级。在此领域，固体点缺陷的理论研究长期以来一直备受关注。最近，陈亦林等使用全组态相互作用量子蒙特卡洛方法提供了更加可靠的结果 (Chen Y.L., 2023)。对相关问题的深入研究有可能发展一些特殊的全量子技术，来调控光与物质的相互作用，这些工作无疑也将对未来开发纳米光子电路的应用十分有帮助。

11.4   高效固态中子探测器件

从 6.1.2 节介绍的中子散射技术方面的知识可知，在核反应的探测中，探测效率对材料的中子吸收截面十分敏感。中子吸收截面对应着一个核素可以捕获一个中子的几率，这一参数极大地影响了中子探测器 (Neutron detector) 的性能。因此，寻找一种具有大的热中子吸收截面的材料，对提高探测信号的灵敏度非常重要。

对于硼元素两种稳定的同位素原子 ^{10}B 和 ^{11}B，它们之间的一个重要区别是：^{10}B 原子具有非常大的热中子吸收截面 (3840 b)，而 ^{11}B 原子的热中子吸收截面却非常小 (只有 0.005 b)，两者之间相差了近 6 个数量级。这一特点使得高纯度的 ^{10}B 材料 (如 h-^{10}BN 薄膜和 ^{10}BN 纳米管等 (参见 8.3 节的讨论)) 在中子探测中具有巨大的应用前景。根据常见材料的中子吸收截面与能量关系图 11.6 可知，中子吸收截面随中子能量的减小而指数增加，其中 ^{10}B 的中子吸收截面和能量的指数依赖关系非常稳定 (Chadwick, 2006; Doan, 2016)。另外，^{10}B 具有很低的原子序数，对 γ 射线不敏感，作为探测材料会具有更高的 n/γ 分辨能力，这也是由轻元素组成的 h-^{10}BN 在中子探测应用上的另一大优势。同时，h-BN 是一类具有超高电阻率的宽带隙半导体 ($E_g \sim 6.5$ eV)，又具有极低的漏电流，这些特征对于提升中子探测器的信噪比都非常重要。所以 h-^{10}BN 被认为是一种非常有应用前景的热中子探测材料 (Maity, 2017)。另外，对比目前商业化的基于 ^{3}He 的正比计数管，h-^{10}BN 还具有成本低、效率高、全固态等特点。

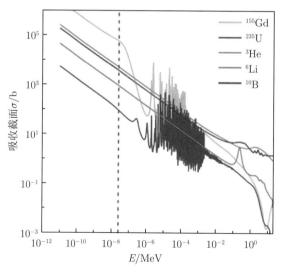

图 11.6   常见材料的中子吸收截面的能量依赖关系。摘自 (Doan, 2016)

以 h-^{10}BN 为例子,当一个 ^{10}B 原子捕获一个热中子时会发生核反应。由此产生的 α 粒子和 ^{7}Li$^+$ 具有很大的动能,它们相应的平均自由程分别为 $\sim$5 μm 和 $\sim$2 μm(Knoll, 2010)。这些粒子的动能在穿越 h-BN 材料时会耗尽,其能量将在 h-BN 内部沿着它们的运动轨迹转化生成一簇电子-空穴对。在外加电场的作用下,这些具有不同符号的电荷会漂移向相反的两个电极,发出可探测的电荷脉冲,可作为热中子探测的信号。已有研究表明,目前基于 ^{10}B 富集 (99.9%) 的 h-BN 中子探测器是迄今为止固态探测器中探测效率最高的 (可达 51.4%) (Maity, 2016)。

11.5　铁电功能器件

铁电材料是指一类具有两种或者两种以上自发极化态,且这些自发极化态能够在外电场作用下发生转变的材料 (Fatuzzo, 1967; 钟维烈, 1996)。这里的自发极化是由于在无外场作用的情况下,晶胞中的正负电荷中心发生相对位移,从而形成电偶极矩。因此,这就对晶体结构的对称性提出了限制。在 32 个晶体学点群中,只有 10 个点群满足这个要求,被称为极性点群,它们分别是 $1(C_1)$、$2(C_2)$、$m(C_s)$、$mm2(C_{2v})$、$4(C_4)$、$4mm(C_{4v})$、$3(C_3)$、$3m(C_{3v})$、$6(C_6)$、$6mm(C_{6v})$。同时,由于极性点群都是非中心对称的,满足压电晶体的限制条件,所以铁电材料一定也具有压电性质 (Martin, 1972)。

11.5.1　铁电相变

铁电晶体中一个小区域内的电偶极子通常会沿着同一个方向排列,这个小区域称为畴。在铁电晶体中往往会自发形成若干个这样的畴以降低系统能量,两个畴之间的界面称为畴壁。在外加电场的作用下,畴壁会发生移动使得畴的相对大小发生改变。在此相变过程中,铁电材料表现出典型的电滞回线,如图 11.7(a) 所示。当施加的电场从零逐渐增大时,铁电材料内部电偶极子的极化方向会沿着电场方向逐渐趋于一致。与此同时,自发极化取向和电场方向一致的畴将通过畴壁向外移动而逐渐变大;而自发极化与电场反向的畴会逐渐消失,直至整体趋近于单畴时晶体达到饱和极化状态。在饱和极化状态的基础上,如果逐渐减小外加电场,极化的强度也会逐渐下降,但不会回到零点。当电场强度减小为零时,材料仍然具有一定的极化强度,称为剩余极化强度 P_r。这时如果电场反向,极化将继续减小。极化强度为零时对应的电场大小为 E_c,其被称为矫顽电场。当电场继续减小,极化又达到饱和。若逐渐减小反向电场,P-E 曲线会形成一个闭合的回线,称为电滞回线。

铁电材料的另一个重要特征就是在高温下没有铁电性,这个高温下的相称为顺电相。低温铁电相和高温顺电相之间的转变称为铁电相变,转变的临界温度称为居里温度 (Damodaran, 2016)。铁电相的对称性总是比顺电相的对称性要低。例如,BaTiO$_3$ 晶体的居里温度是 394 K,当发生高温到低温的相变时,它的结构会从立方晶格 (Pm$\bar{3}$m) 转变为四方晶格 (P4mm),并伴随着四方相 c 畴方向出现自发极化。继续降温,BaTiO$_3$ 晶体在 273 K 和 203 K 还会出现其他的铁电相变,但是这些温度都不是居里温度。铁电相变时,其介电、压电、弹性、光学和热学等性质会出现反常现象。比如大多数铁电体的介电常数在居里点附近具有很大的数值,一般可以达到 $10^4 \sim 10^5$(钟维烈, 1996)。在居里温度以上,铁电体

的低频介电常数 (ε_r) 和温度的关系遵循居里-外斯定律 (Damjanovic, 1998)：

$$\varepsilon_r(0) = \varepsilon_r(\infty) + \frac{C}{T - T_c} \approx \frac{C}{T - T_c} \tag{11.1}$$

式中，$\varepsilon_r(0)$ 和 $\varepsilon_r(\infty)$ 分别是低频相对电容率和光频相对电容率，C 是居里常数，T_c 为居里-外斯温度。由于 $\varepsilon_r(\infty)$ 比 $\varepsilon_r(0)$ 小得多，且与温度无关，通常可以忽略。

　　铁电相变通常可分为一级相变和二级相变，其相变分级是根据热力学函数在临界点附近的行为来区分的。例如，一级相变对应热力学函数在临界点附近的一阶导数不连续，二级相变对应其二阶导数不连续。对于铁电的一级相变，会出现两相共存的情况，并产生相变潜热，其自由能随极化的变化关系如图 11.7 (b) 所示。二级相变不产生相变潜热，两相不共存。

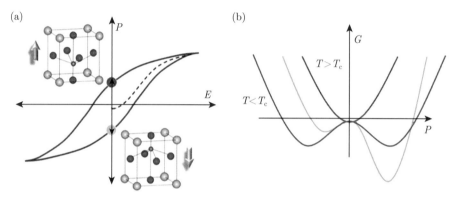

图 11.7　(a) 铁电体的电滞回线和四方相 $BaTiO_3$ 对应的原子结构。(b) 自由能-极化曲线。红线：$T > T_c$；蓝线：$T < T_c$；绿线：外场、缺陷等导致出现不对称势垒的情况。摘自 (钟维烈, 1996)

11.5.2　铁电翻转调控

　　铁电材料的很多应用都是基于铁电极化翻转，或者说畴壁的移动。非易失性的铁电存储器就是利用铁电体中的自发极化可以在外电场下产生稳定的翻转，两种极化状态分别对应存储数据的 "0" 和 "1" 态 (Scott, 1998; Hong S., 2016)。接下来，我们进一步讨论一下温度、缺陷、电场、应力等对于铁电极化翻转的影响。

　　在居里温度以下，温度的变化可以改变铁电双势阱曲线的阱深，也就是改变两个势阱最低点对应的能量大小。铁电材料的自由能-极化曲线随着温度降低，势阱变深，这意味着极化翻转需要更大的外场；反之，随温度升高对应的势阱变浅，这表明在较小外场下即可实现翻转。虽然对于深势阱，使得铁电转变所需要的电场更大，但是翻转之后极化状态的保持性能会提高，这对于铁电器件的稳定性是有利的。对于浅势阱，在较低的外电场下就可以翻转铁电极化，有利于减小铁电器件的能耗，但是随之而来其极化稳定性也将会降低，不利于保持。因此，针对不同的应用场景往往可以利用温度来调节势阱深度。

　　另一个影响铁电翻转的重要因素就是晶体里面的缺陷，比如表面或界面，以及体内的点缺陷、位错等。在早期的研究中，人们发现实验上测量到的翻转电场会比理论预期值小很多，也就是所谓的 Landauer 悖论 (Landauer, 1957)。后来发现造成 Landauer 悖论的原因之一就是实际铁电晶体里面存在各种缺陷，而正是这些缺陷的作用在理论计算中并未得到充分的考虑。一般来说，缺陷可以作为极化翻转的成核中心，它们降低了翻转所需要的外电场 (Jesse, 2008)，进而影响了铁电相的热稳定性。此外，这些缺陷往往会更倾向于某一个方向的极化，进而破坏自由能-极化曲线的对称性，使两个极化状态不再平衡。如图 11.7 (b) 绿色曲线所示，缺陷导致左侧的势阱变浅。如果缺陷的影响足够大，甚至会造成其中一个势阱消失，出现极化不可翻转的 "冷冻" 区域。当今，随着材料制备技术的发展和表征手段的进步，人们已经可以实现多种铁电薄膜结构的外延生长，比如 $PbTiO_3$ 薄膜和 $BiFeO_3$ 薄膜，并且通过改变应力边界条件和电场边界条件等，实现对铁电薄膜中畴结构的调控 (Damodaran, 2016; Martin, 2016; Zeches, 2009; Jia C.L., 2011; Yu P., 2012; Tang Y., 2015; Yadav, 2016)。同时球差校正透射电子显微镜技术的发展可直接观察铁电材料缺陷的原子结构，并研究它们如何影响铁电极化的分布以及如何影响铁电极化的翻转过程，由此缺陷的作用也逐渐被揭示出来 (Chu M.W., 2004; Gao P., 2013, 2018; Li L., 2015; Li M., 2019; Li X.M., 2019; Jia C.L., 2009, 2011; Scott, 2000; Su D., 2011)。利用这些技术，人们有望通过控制铁电材料里面的缺陷类型和分布来设计并实现调控铁电器件性能的目的。

事实上，铁电材料独特的高介电常数 (Ramirez, 2000)、自发极化 (Ederer, 2005)、外电场翻转极化取向 (Gao P., 2011) 等性质，使得它们可在各种相关器件开发方面得到广泛应用。比如基于铁电材料的动态读写存储器 (DRAM) 中的储存元件，以及基于铁电材料的热释电器件、压电传感器等。这些器件多数已经获得实际应用，如作为医疗器械中 B 超设备的探头等。

11.5.3 全量子效应铁电功能器件

全量子效应对铁电材料的物性会产生相当重要的影响。考虑全量子效应后，材料中的原子核不再是经典的粒子，即位置不再确定，而是服从量子波函数描述的概率分布，如图 11.8 所示。这个等效作用使得极化翻转的势阱深度有所降低，或相当于温度升高。显著的全量子效应会使原子核不再局限在某个极化态对应的势阱底部，而是变得离域化，甚至可以跨过势垒到达翻转的极化态。在这种情况下，实际会发生铁电至顺电的自发相变。因此，全量子效应可以在铁电材料的功能性控制方面起到非常重要的作用，从而影响到铁电材料的很多性质及相关器件应用。一般来讲，如果我们在某个材料中观察到了 T_c，说明核量子效应不足以改变材料本身的铁电特征。反之，如果没观测到 T_c，可能是因为这个材料的玻恩-奥本海默势能面就不会有铁电特征，或者是因为该材料玻恩-奥本海默势能面的铁电特征被核量子效应所淹没。利用这个原理我们可以设计一种器件，通过调控核量子效应实现铁电与顺电之间的相变，这就是全量子效应铁电功能器件 (Ferroelectric functional device)。

考虑到核量子效应来源于材料中原子核或者准粒子的波粒二象性，其对应的有效质量越小或者温度越低，核量子效应越显著。此外，由于核量子效应在低温区域表现更显著，如果物理过程对应的特征温度 (比如铁电相变中的 T_c) 处在高温区域，那么核量子效应的量子涨落影响将被温度效应的热涨落影响所淹没 (如图 11.9 所示)。在过去一些实际问题的处理过程中，并不是通过准确考虑核量子效应，而是通过对势能面做等效修正以期得到与实验观测符合的结果。其原因主要是现有的一些密度泛函理论计算通常是基于原子静态结构而非考虑动态的实时结构，这样只有通过修改静态晶格结构得到的玻恩-奥本海默势能面，才能弥补真实情况中核量子效应导致的极化翻转势垒高度的变化。表面上看，通过调整玻恩-奥本海默势能面的绝对值和准确考虑核量子效应引起的量子涨落似乎都能得到与实验观测相符合的结果，但这个问题背后的物理本质是完全不同的。在这个体系中全量子效应的作用是关键，只有通过超越玻恩-奥本海默近似的全量子效应模拟才能在准确的电子结构基础上理解背后的物理根源。从这个意义上讲，我们应当注意到，不论材料是否是由轻元素组成，由于原子核量子属性带来的原子位置不确定性，核量子效应始终存在，它势必对铁电材料的物理性质起重要的影响作用。

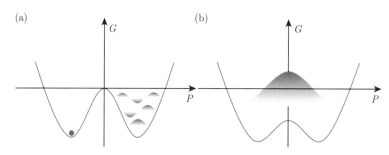

图 11.8 全量子效应下铁电性质的物理图像。(a) 全量子效应在铁电物理图像上的示意说明。左侧：实心的点表示当不考虑核量子化效应的情况下，原子作为经典粒子处在一个静止的位置 (势能的谷底)；右侧：考虑核量子化效应时，量子化处理的原子核 "位置" 已不能确定，而是演化成原子核波函数表示的几率 "云" 的状态。(b) 在核量子化效应特别显著的情况下，原子核将不再被束缚在单个极化态对应的势阱中，因此会发生铁电-顺电相变

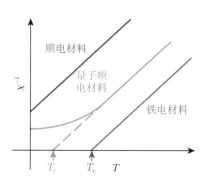

图 11.9 极化率对温度响应的示意图。铁电材料 (Ferroelectric, FE) 和顺电材料 (Paraelectric, PE) 都遵循居里-外斯定理，但是铁电材料在有限温度下发生相变。量子顺电材料 (Quantum paraelectric, QPE) 在较高温度下遵循居里-外斯定理，其本应沿绿色虚线在外延的 T_c 处发生相变，但由于在低温区域由核量子效应起了主导作用，它仍保持在顺电态 (由图中绿色实线表示)

在前面 2.1.5 小节我们曾讨论过铁电性质。从应用层面看，核量子效应对调控铁电材料及器件的性能同样十分关键。量子涨落是核量子效应的一种重要表现。对于一些具有钙钛矿结构的铁电材料，不同的对称结构之间的能量差很小，因此当温度降低时，量子涨落会显著地改变材料的自发极化、介电常数等性质 (Höchli, 1979; Carlson, 2000)。因此，全量

子效应对于铁电材料器件性能的调控非常重要 (Zhong W., 1996)。比如在 $SrTiO_3$ 中，由于低温区量子涨落占据主导地位，它会抑制 $SrTiO_3$ 中的铁电转变，使该铁电体出现量子顺电相，如图 11.9 所示。对于另一类材料 $BaTiO_3$，核量子效应可以使相变温度降低大约 $35\sim50$ K，同时明显地抑制了 $BaTiO_3$ 中的自发极化，表明核量子效应显著地改变了钙钛矿结构铁电材料的相变和自发极化等物理性质。另外，一些研究还发现元素掺杂也是一种可以有效调控量子效应的手段。比如，在 $SrTiO_3$ 中掺杂 Ba、Pb 等元素就可以弱化量子涨落。同样在 $Ba_xSr_{1-x}TiO_3$ (BST) 中，改变 Ba 的掺杂浓度，材料会发生从量子顺电到量子铁电，再到经典铁电体的转变。

除此之外，同位素效应作为全量子效应的另一个侧面，也可用于调控器件性能。在 8.5 节我们已经看到，利用较重的 ^{18}O 取代较轻的 ^{16}O，原子质量的增加可以有效地削弱量子涨落 (Kvyatkovskiǐ, 2001)，使 $SrTiO_3$ 在电子器件领域得到更加广泛的应用 (Wang R., 2001; Itoh, 1999)。当然，全量子效应在轻元素体系中表现得更加显著。在含有氢键的铁电体系 KH_2PO_4 中，利用相对较重的同位素氘取代氢可以显著提高铁电材料的居里温度 (从 ∼122 K 上升到 ∼229 K)，同时也可以增强自发极化 (Blinc, 1960; Koval, 2002)。因此，我们可以通过氘原子替代的方法调节 KH_2PO_4 铁电材料的居里温度和极化强度大小，使其更好地满足实际器件要求。

综合本节的讨论，我们不难看出，全量子效应一方面从理论上能够帮助我们更好地理解铁电性的起源及铁电相变的机理，另一方面从实际应用上还能够指导我们设计满足不同需求的特殊功能器件。而且无论是在含有较重元素的钙钛矿铁电材料，还是在含有氢元素的铁电材料中，全量子效应都可以显著地改变它们的物理性质。此外，我们还可以通过同位素替代等手段来进一步精确调控全量子效应，从而实现对铁电材料器件性能的微调，包括居里温度、铁电性质、电滞回线等。特别是考虑到在低温条件下铁电材料的全量子效应更加显著，因此通过调控工作环境的温度区域也可以改变全量子效应的作用强度。这些研究在传统使用掺杂、应力和缺陷等调控手段之外，为铁电性的调控另辟了一条蹊径，同时也为新的全量子铁电功能器件的设计提供了参考。

11.6 低维半导体器件稳定性研究

低维材料 (如零维量子点、一维纳米管、二维薄膜和异质结等材料) 由于电子被局限在有限空间内，总电荷数量减少，材料的物性对外界光、电、应力等信号的微弱变化特别敏感，这一特点有助于开发新的器件。因此一直有 "界面即器件" 的说法。由于空间的局限性，电子显然对原子核的量子行为更加敏感，许多情况下忽略全量子效应得出的结论是不能成立的。

过去几十年里，二维量子材料的研究催生了一大批全新的物理概念 (如半导体异质结及超晶格物理学、转角电子学、谷电子学等)，这些发现大大地拓展了凝聚态物理的研究领域。二维半导体材料具有洁净且原子级平整的表界面和极高的比表面，能够为载流子的输运过程提供理想载体，被认为是用做下一代晶体管沟道材料的极佳候选者之一 (Liu Y., 2019)。此外，二维半导体材料具有明显的尺寸效应，有利于根据不同器件应用场景调节其物理性质。例如，2006 年研究人员就已经证明石墨烯纳米带 (Graphene nanoribbon, GNR)

的带隙随纳米带宽度可调。根据变化规律，石墨烯纳米带可以被分为 3 个家族：$3m$，$3m+1$ 和 $3m+2$ 族，其中 m 是正整数。此外，二维硫族化合物、磷烯等材料也均表现出输运性质具有随尺寸连续可调的功能。

可调的物理性质无疑给二维半导体材料带来了灵活多样的应用选择性，但同时也带来了一个很大的难题，即在应用上这类材料的器件性能很不稳定。例如，石墨烯纳米带的半导体性质主要决定于其边界，一个很小的边缘结构缺陷即可引起其能带结构和输运性质发生变化；而磷烯对于空气中的水和氧分子的共同作用也表现得极其敏感等。如果将这些材料直接用于构造场效应晶体管 (Field effect transistor, FET)，其物理性质的多变性将会对器件性能均一性造成巨大的影响。另外，相比体材料，二维半导体多变的物理性质主要来源于其大的比表面。二维表面缺少了纵向约束，垂直于层面的孤立电子对处于一种亚稳的状态。它们虽然提供了良好的导电性，但是极易随自身或外界条件发生改变，对其电学性能的稳定性同样构成严重威胁。上述这些问题无疑对二维材料如何在工业界实现器件的工程化应用形成了尖锐的挑战。

目前已经有很多关于二维半导体材料原子振动方面的研究工作，主要集中在与其物理或化学性质相关的合成工艺、形态演化和缺陷形成机理等领域。然而，有关原子振动对二维半导体电学特性和器件性能影响的研究还十分缺乏。分子动力学 (MD) 模拟是研究原子振动的重要手段之一。考虑到原子与电子之间较大的质量差异，过去在大部分 MD 模拟中都只对电子进行量子化处理，而将原子核作为经典粒子处理，通常采用第 4 章介绍的玻恩-奥本海默近似与 Car-Parrinello MD 模拟相结合的 BO-CPMD 方法。特别是对于轻元素凝聚态体系，如前面讨论所指出，这种近似无疑会导致不可避免的误差 (Markland, 2018)。

对于器件设计方面，这种误差会带来何种影响？为了回答这个问题，这里我们以石墨烯纳米带作为模型，利用包含了全量子效应的路径积分分子动力学 (PIMD) 方法结合第一性原理电子结构计算和量子输运仿真模拟，系统研究了考虑原子核的全量子效应的原子振动模式对石墨烯纳米带电学性质和其场效应晶体管性能的影响。器件模型采用如图 11.10 所示双栅场效应晶体管结构，上下栅电压相同，源漏电压维持在 0.1 V。

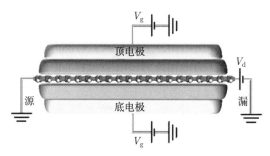

图 11.10　由石墨烯纳米带构造的双栅场效应晶体管工作原理图。其中 V_g 和 V_d 分别为栅压和源漏电压

PIMD 模拟同时采用了开源软件包 I-PI 和第一性原理软件 QUANTUM ESPRESSO 结合的方法 (Giannozzi, 2017)。其中，前者设定为主服务端口，研究原子核的量子力学运动过程；后者设定为访问端口，在获取主服务端口的原子结构之后，通过密度泛函理论 (DFT) 计算系统电子结构和原子受力等情况。经过步长和总时长分别为 1fs 和 10^4 fs 的分子动力学模拟后发现，具有不同宽度的石墨烯纳米带样品均随着温度的升高，平均键长和键长标

准差都表现出不同程度的增大，这些改变对应的是石墨烯纳米带结构随温度升高发生膨胀 (见图 11.11)。值得注意的是，考虑了核量子效应之后，这种纳米带结构随温度的膨胀效果会更加明显。

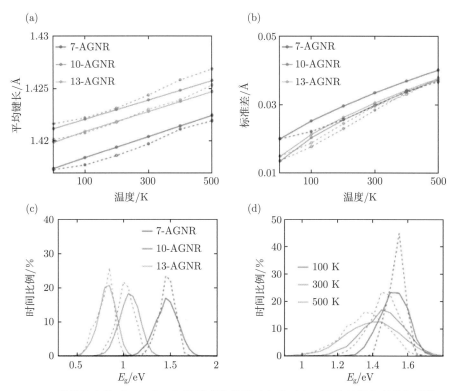

图 11.11 PIMD 模拟给出的 GNR C—C 键长变化关系 (a) 和 (b)，以及时间占有率与带隙 E_g 变化关系 (c) 和 (d)。实线为量子 PIMD 模拟结果，虚线为经典 BO-CPMD 模拟结果

原子结构变化必然导致电学特性的改变，最重要的就是温度引起的原子位移对带隙 (E_g) 的影响。这种影响在考虑核量子效应的重整化后进一步加剧了。在 PIMD 模拟过程中，由于量子化后原子位置的不确定性，石墨烯纳米带的 E_g 不再是一个恒定值，而是相对于其静态原子结构给出的带隙 E_g 有一定范围的展宽，表示出现了由全量子效应导致的带隙量子涨落。如图 11.11(c) 所示，如果以初始值 $E_g \pm 0.2$ eV 作为参考标准，在考虑核量子效应后，宽度为 7 个、10 个、13 个六元环的石墨烯纳米带在 PIMD 模拟过程中分别有 19%、10% 和 6% 的带隙值落在这个能量范围之外，这个带隙的量子涨落显然对于维持稳定的石墨烯纳米带电学特性是不利的。同时也可以看出，在任何温度下，全量子效应都会对带隙 E_g 有较大修正，这是在原子核做量子处理后，对电子结构重整化带来的必然影响。

在计算模型中，石墨烯纳米带的边缘是氢钝化的。为了充分揭示全量子效应对石墨烯纳米带电子结构和带隙 E_g 的重整化影响，采用 PIMD 方法计算了 E_g 随碳-碳和碳-氢键长的变化规律，结果如图 11.12(a) 所示。从该图我们可以看出，在石墨烯纳米带中，当应变在 $-5\% \sim 5\%$ 范围内调整碳-氢原子键长时，基本对 E_g 没有影响。与此相反，碳-碳键长无论在长度还是宽度方向上的增加，都会明显降低 E_g。比较 7-AGNR 在最大和最小带隙

E_g 情况下的能带结构 (图 11.12(b))，我们可以发现在导带底和价带顶附近变化最为明显的是最低导带和最高价带，它们均来自于 GNR 宽度方向上的 π 键耦合作用结果。由此可知，石墨烯纳米带原子在宽度方向上的量子化振动是其带隙 E_g 值出现不确定量子涨落的主要原因。这一点很好理解，因为在纳米带长度方向上没有太多多余空间留给 C 原子发生振动，而在宽度方向上 C 原子链被截断，因此会有更多的灵活度。

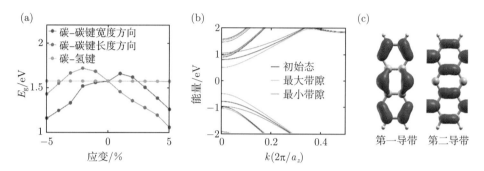

图 11.12　PIMD 模拟给出的 (a) 7-AGNR 带隙 E_g 随应变的变化情况, (b) 7-AGNR 最大和最小带隙 E_g 的能带图; (c) 第一和第二导带最低点的实空间态密度分布

　　图 11.13 表示通过 PIMD 模拟给出的石墨烯纳米带场效应晶体管的性能特征。这里人为地选取了 PIMD 模拟中获得的 10 个瞬时构型，它们分别对应 5 个最大和 5 个最小的带隙 E_g 值。将这些瞬时构型通过密度泛函理论计算得到的电子波函数利用最大瓦尼尔函数变换方法变为紧束缚形式，同时生成紧束缚哈密顿矩阵。因为变换的幺正性，矩阵可以完全保留石墨烯纳米带的瞬态特性。将此矩阵代入非平衡格林函数，即可得出对应瞬态石墨烯纳米带场效应晶体管的电流与门电压的关系。由图 11.13(a) 可知，不同瞬态下器件的转移特性曲线会出现很大偏差，大带隙 E_g 对应小电流，小带隙 E_g 对应大电流，这与半导体器件理论预言的结果是一致的。在这个问题的研究中，关态漏电流应该尤为引起关注，关态漏电流与温度和带宽的结果已分别总结在图 11.13(b) 和 (c) 中。由图可见，随温度增加，漏电流总是偏向于增大，且对应的最大情况将提高 5 个量级。这种现象足以在窄禁带半导体中引起严重的漏电效应，从而导致晶体管开关性能遭到毁灭性的破坏。

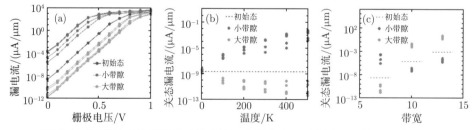

图 11.13　对于给定石墨烯纳米带不同瞬时构型的 5 个最大和 5 个最小 E_g 值, 由该石墨烯纳米带制备的场效应晶体管的电流与门电压的关系 (a), 以及关态漏电流与温度 (b) 和带宽 (c) 的关系

　　作为二维半导体材料的典型代表，虽然石墨烯纳米带的带状结构使其在横向上具备了额外的振动自由度，但考虑原子核量子效应后，二维半导体材料的带边结构上的原子振动

会引起器件性能的极大不稳定性。造成这种情况的主要原因是，考虑全量子效应后引起原子位置的不确定性，并加大了对电子结构的重整化修正，从而使带隙出现量子涨落。这个现象等效于温度对石墨烯纳米带晶格结构的作用更加明显了，因此也会进一步影响到器件的电学性能。PIMD 模拟对每个瞬态原子结构会给出不同的带隙，这种量子涨落导致瞬态器件出现漏电流的可能性增加，晶体管开关性能将受到破坏。通过上面对全量子模拟 (PIMD) 结果的讨论，可以判断出全量子效应的影响对一些窄禁带半导体器件性能带来的破坏是致命性的。

为了减少这种不利影响，我们提出几个可能的解决方案：首先是考虑二维材料在场效应晶体管器件方面的应用时，一般要尽量避免使用窄禁带半导体材料；其次需要对二维半导体材料进行必要的空间束缚，如引入先进的胶体封装技术；最后在牺牲一定电学性能的前提下，对二维半导体材料表面进行适当的钝化处理。从上面的这些讨论，我们可以看到全量子效应对二维半导体电子器件性能稳定性的影响是至关重要的。这些问题无疑还有待学术界进一步的深入研究。同时也希望在考虑实际应用中，半导体工业界的技术人员做器件设计时，应对全量子效应的影响给予足够的重视。

从本章的讨论可以看到，全量子效应不但能够揭示凝聚态系统中一些更深层次的物理和化学现象，同时还会为我们带来更多的机遇，从而获得具有新奇物理性质和化学性质的全量子物态和全量子材料。在利用这些材料的具体器件开发应用中，有必要认真考虑全量子效应的影响，一定要权衡利弊才能充分地发挥出优势和特性，从而达到满足特殊需求的目的。总之，研究全量子效应，揭示全量子新现象、新物态，无疑会延伸我们的认知领域，并为人类制备出功能更全面、性能更强大的全量子效应器件。

附录 A 核量子效应与路径积分分子
动力学模拟程序

研究核量子效应的一种有效方法是采用路径积分分子动力学 (Path integral molecular dynamics，PIMD) 进行模拟计算 (详见 5.1 节讨论)。在具体程序的编写中，我们根据路径积分理论，可以将绝热近似 (玻恩-奥本海默近似：原则上可以包括部分核量子效应，但不包括非绝热效应) 下的全量子多体系统的密度矩阵表示为

$$\rho\left(x_{\mathrm{b}}, x_{\mathrm{a}} ; \beta\right)=\lim_{\varepsilon \to 0} \prod_{i=1}^{P} \prod_{I=1}^{N}\left[\left(\frac{m_I P}{2 \pi \beta \hbar^2}\right)^{\frac{1}{2}} \int \frac{\mathrm{d} x_I^{(i)}}{A}\right]$$

$$\times \exp \left[-\beta \sum_{i=1}^{P} \sum_{I=1}^{N}\left\{\frac{m_I P}{2 \beta^2 \hbar^2}\left(x_I^{(i)}-x_I^{(i-1)}\right)^2+\frac{1}{2 P}\left(V\left(x_I^{(i)}\right)+V\left(x_I^{(i-1)}\right)\right)\right\}\right]$$

$$(A.1)$$

每一个量子化的原子核被等价为一个项链样子的环状聚合物，每一条 "项链" 有 P 个分段，可以被看作为 P 颗 "珠子"。近邻 "珠子" 通过简谐作用相互连接，而非简谐库仑能量项 $(V(x_I^{(i)}) + V(x_I^{(i-1)}))/2P$ 只与第 i 段和第 $i-1$ 段的原子构型有关。经过这样的处理，一个复杂的量子体系的相互作用有效势可以表达为

$$V_{\mathrm{eff}}=\sum_{i=1}^{P}\left\{\sum_{I=1}^{N}\left\{\frac{m_I P}{2 \beta^2 \hbar^2}\left(x_I^{(i)}-x_I^{(i-1)}\right)^2+\frac{1}{2 P}\left(V\left(x_I^{(i)}\right)+V\left(x_I^{(i-1)}\right)\right)\right\}\right\}$$

$$(A.2)$$

进一步引入振动频率 $\omega_P = P^{\frac{1}{2}}/\beta\hbar$，我们又可以将公式 (A.2) 写成

$$V_{\mathrm{eff}}=\sum_{i=1}^{P}\left\{\sum_{I=1}^{N}\left\{\frac{1}{2} m_I \omega_P^2\left(x_I^{(i)}-x_I^{(i+1)}\right)^2+\frac{1}{2 P}\left(V\left(x_I^{(i)}\right)+V\left(x_I^{(i-1)}\right)\right)\right\}\right\}$$

$$(A.3)$$

于是一个量子化的原子核的动力学过程可等效为有效势作用下，环状聚合物体系的经典动力学过程。在每一模拟时刻，不同路径分段中的电子结构没有相互耦合，这使得路径分段的电子自洽计算可以独立进行。因此，不同 "珠子" 的模拟可采用高效并行的计算方式，而在并行模拟完成后可计算 "珠子" 间的相互耦合及各 "珠子" 的动力学演化。图 A.1 总结了上述思路对应的程序化过程。流程图中展示的是笛卡儿坐标系下，全量子模拟的 PIMD 程序。实际应用中，笛卡儿坐标和原子所受势能作用力还可以转化成正则坐标系下的坐标和受力。其中，第一性原理模拟程序承担电子结构自洽计算，以及体系能量求解和原子核受力等计算，而路径积分分子动力学程序则完成不同 "珠子" 间受力、坐标的耦合及不同 "珠子" 的速度、位置演化等计算。

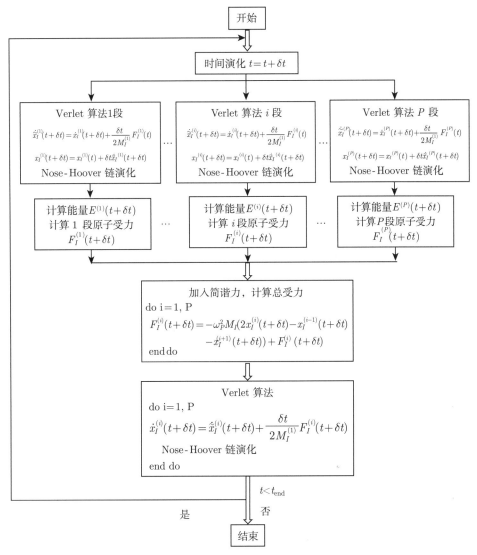

图 A.1 全量子模拟 PIMD 程序基本流程。

全量子模拟 PIMD 程序使用时需要设置一系列参数。由于其建立在第一性原理分子动力学模拟基础之上,因此其使用时既需要设置与电子结构计算相关的参数 (如赝势、截断能、波函数初始化、自洽计算方法等),也需要设置与分子动力学模拟相关的参数 (如模拟温度、模拟时长、步长、系综与热浴等)。此外,PIMD 程序还有几个重要参数需要考虑,它们包括:

(1) 路径分段 "珠子" 的数目。由于每个量子化的原子核被等价为 "珠子" 串成的环状聚合物,"珠子" 的数目决定了量子模拟的精度。一般来说,当体系中包含质量较轻的原子核 (H、He、Li 等) 及模拟温度较低时,核量子效应更为明显,所需的 "珠子" 数目也就越多。

(2) "珠子" 间耦合运动模式。主要可分为笛卡儿坐标模式和质心模式。笛卡儿坐标模式为一般耦合模式,即不同 "珠子" 之间按照距离计算简谐耦合作用并决定其下一步的加速度、速度、坐标等。质心模式需要将所有 "珠子" 的原子核坐标进行正则变换，提取质心模式并将其近似等价为经典原子核，同时通过设置 "虚质量" 使得所有非质心模式高速运动，从而实现有效的 "质心" 运动采样。

目前，部分基于密度泛函理论的计算软件已包含了全量子化 PIMD 模拟功能。CPMD (Car-Parrinello Molecular Dynamics) 是最早的第一性原理分子动力学软件，也代表了最早的可以实现全量子模拟的计算方法。这种方法在早期的核量子效应研究中发挥了重要的作用，特别体现在分子、团簇等体系的模拟研究之中。然而，CPMD 中的全量子化功能在凝聚态体系的模拟中面临较大限制。针对这个问题，王恩哥小组与高世武、Wahnstrom 等合作在 CPMD 软件全量子化模拟功能基础上，对其进行了进一步优化，特别是完善了周期性晶格体系电子结构计算过程中的 k 空间抽样高效并行模拟功能，使其可以应用于凝聚态体系的计算模拟。2008 年，张千帆等首次将发展的 PIMD 方法应用于 $BaZrO_3$ 中氢原子核输运问题的全量子化效应的研究上 (详见 7.6 节)(Zhang Q.F., 2008)。在这项研究中，他们采用了质心 PIMD 方法，并且量子路径的分段数一般选为 $P=16$(在温度低于 100 K 时，选为 $P=32$)。每个质心模式及非质心模式均连接成一条 Nose-Hoover 链，从而保证了模式的各态历经并实现了其正则系综模拟。他们发现利用全量子化分子动力学模拟方法得到的基本输运图像和经典分子动力学 (将原子核作为经典粒子处理) 的结果有着本质上的不同，最重要的发现是氢原子的核量子效应所导致的质子在氧原子间跳跃转移进程对应的势垒，最大可以下降为 ~ 0.6 eV，这彻底改变了经典图像对质子输运过程的理解，获得了与实验相符合的结果。

此外，CP2K 计算软件中也包含了全量子化 PIMD 模拟的功能。该软件应用原子轨道基进行第一性原理模拟，相比平面波基组，其在计算速度上有明显优势，特别是对于全量子化模拟这样计算任务量较大的问题。因此，其可以部分开展凝聚态体系的核量子效应模拟研究。然而，由于方法中原子基轨道对于金属体系或金属性较强的体系处理上误差较大，因此它的应用场景受到了一定的限制。

VASP(Vienna *Ab-initio* Simulation Package) 是现今应用最为广泛的第一性原理电子结构计算及分子动力学的程序软件之一。VASP 程序编写研究规范、计算可信度高，而且运算速度较快。同时，VASP 主要采用绝热分子动力学方法，这些技术可以避免 Car-Parrinello 分子动力学方法中电子和原子核运动方程同时积分带来的问题，普适性很强。然而，标准版的 VASP 软件不具有全量子化 PIMD 的计算功能。同时，VASP 分子动力学功能相对较弱，在系综及热浴的模拟功能方面还不够完善。出于此原因，2011 年王恩哥小组进一步发展了基于 VASP 电子结构计算的第一性原理路径积分分子动力学模拟程序。整个程序是一个二次并行的过程，即不同路径分段的计算采用并行化处理，同时每一路径分段中的电子自洽计算也是并行的，这样改进后的方法使得动力学演化的效率大大提高。程序中路径积分分子动力学功能完全为自行编写，同时发展的软件程序在实现第一性原理电子结构自洽计算、体系能量和原子受力求解等方面与 VASP 完全兼容。张千帆、陈基等主要开发的程序包括：

(1) 路径分段的高效并行处理程序。应用 MPI(Message Passing Interface) 在原有 VASP 电子结构高效能带、波函数并行计算处理的基础上，加入不同路径分段的并行处理程序，将

CPU 并行从二维拓扑结构变为三维拓扑结构，实现了对不同路径分段的并行计算，大大提高了效率。

(2) 引入了笛卡儿坐标模式和质心模式两种路径积分动力学方法，实现了不同模式的 PIMD 模拟软件包。

(3) 引入 PIMD 中所需的 Nose-Hoover 链的正则系综热浴功能，替代了原来软件中的 Nose 热浴，从而在 PIMD 中首次建立了正则系综热浴功能，确保了模拟的各态历经并实现了其正则系综计算。

陈基、张千帆、冯页新、李新征等利用发展的基于 VASP 第一性原理的全量子化路径积分分子动力学程序，针对不同的凝聚态体系，进行了一系列核量子效应的研究工作。例如，2013 年他们将该方法成功地应用于研究液态金属氢在不同压强下的熔点问题 (详见 7.1 节)(Chen J., 2013)。计算中应用了 Nose-Hoover 链实现正则系综模拟，并将量子路径的分段数取为 $P=32$。液氢中原子输运模拟采用了 "质心" 路径积分分子动力学方法。他们的结果表明，考虑原子的核量子效应使得液态金属氢熔点在不同压强下始终低于 200 K，这是与采用经典分子动力学模拟得到的液态金属氢熔点普遍在 300 K 左右的结论有明显不同的。这项工作证明了全量子效应在研究凝聚态金属氢相变问题时所起的关键作用。

附录 B 非绝热效应与第一性原理激发态动力学模拟程序

玻恩-奥本海默近似 (Born-Oppenheimer approximation) 是量子物理和量子化学中最基本的假设之一。在通常情况下，由于分子或凝聚态体系中电子质量和原子核质量相差 3~4 个量级，玻恩和奥本海默首先假定原子核与电子的运动可以分开处理，从而分步进行量子力学模拟。然而，在许多情况下，当问题涉及原子在不同势能面之间发生显著的量子隧穿运动或考虑电子在不同能级之间发生跃迁现象时，在这些与非绝热效应相关的物理、化学及生物过程的研究中，我们必须要在量子力学层面准确地描述电子和原子核的耦合运动特征。玻恩-奥本海默近似由于忽略了电子-原子核的量子关联效应，在描写这些物理及化学现象 (比如在化学反应中发生化学键的断裂与重组过程等) 时会遇到很大困难。在这样一些过程中，真实情况下的凝聚态体系拥有足够的智慧和可能性来探索构型空间的不寻常区域，驱动整个系统演化的绝热势能面发生交叉和劈裂，量子波包也将在多种可能的状态流形势能空间演化。所有这些真实的物理及化学现象都需要用超越基态模拟和玻恩-奥本海默近似的激发态动力学计算方法来描述。这里介绍的第一性原理激发态动力学模拟软件 TDAP(Time-Dependent *Ab-initio* Package) 就是为解决这一类问题所开发的。

第一性原理激发态动力学模拟软件 TDAP 是一款面向凝聚态体系激发态性质计算和动力学模拟的软件包。2008 年，孟胜与哈佛大学 E. Kaxiras 教授合作开发了初版 TDAP 程序，旨在从第一性原理出发对电子-原子核耦合系统进行量子动力学演化的实时模拟。现在，这个进一步发展后的软件包在孟胜的领导下，由中国科学院物理研究所和松山湖材料实验室计算平台维护运行 (Zhao R.J., 2023; You P.W., 2021b; Lian C., 2018; Ma W., 2016; Meng S., 2008a)。欲获取和使用 TDAP 的读者可以访问 http://tdap.iphy.ac.cn 或 http://tdap.sslab.org.cn。该软件的主要特征是以含时密度泛函理论为基础，超越玻恩-奥本海默近似，采用数值原子轨道作为表达电子波函数的基矢，在实空间实时地实现分子和凝聚态体系的第一性原理全量子动力学模拟。

为了精确描述材料的激发态性质，建立起相关物理量的量子动力学时间演化路径，对含时非绝热现象的理论处理在许多层面上都是一项艰巨的任务。鉴于目前对于真实的大分子及凝聚态体系中相关问题严格的全量子力学解决方案是不可能的，在过去的半个世纪中，人们开发出了埃伦费斯特动力学方法、轨迹势能面跳跃方法、线性化初始值方法等多种量子模拟与半经典模拟有机结合的混合方法来处理这些实际问题。

TDAP 是一种实时从头计算动力学方法，主要用于模拟电子-原子核量子耦合运动过程。它发展了一种包含量子-经典混合系统的平均场理论。在这个理论框架下，原子核上的受力是由原子核运动引起的许多可能的绝热电子态上做平均后得到的结果，也就是说 TDAP 遵循埃伦费斯特半经典动力学演化方法，从而实现了超越玻恩-奥本海默近似的局限。

图 B.1 给出了 TDAP 的设计思想及程序化流程图。在实际计算中，TDAP 采用局域数值原子轨道基和波函数的实时传播来求解含时 Kohn-Sham 方程 (Time-dependent Kohn-

Sham equations)，这赋予了它优于现有传统方法的几大优势：

(1) 采用数目少、计算快的高性能数值原子轨道基组展开电子波函数，可以模拟具有周期性条件或具有较大真实空间有限尺寸的大分子和凝聚态体系，而无需增加大量计算成本，同时保持相对较高的计算精度。

(2) 实时的激发态轨迹是通过同时直接演化电子密度和原子核构型，并通过在每个电子演化步和原子核演化步之间利用平均场理论计算自洽的受力来实现的。这为直接模拟光激发时电子和原子核耦合的超快动力学行为提供了强有力的计算工具，从而可以为理解超快光场激发下物质的量子状态，提供更为可靠的微观图像。

(3) 该方法可以实现相对高效率的并行化计算。因为所有被占据的电子轨道都独立传播，它们的演化可以均匀地分布在多个计算处理器上，不同轨道之间很少相互通信，从而有利于实现大规模并行计算。

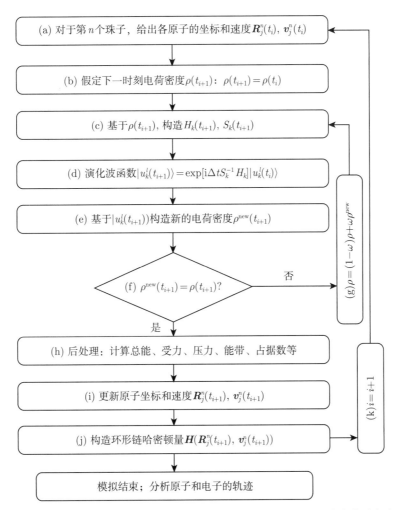

图 B.1　全量子模拟 TDAP 程序基本流程。图中展示了含时密度泛函与环状聚合物路径积分分子动力学相结合的模拟框架。对于普通的埃伦费斯特动力学，可以取珠子数 $n = 1$。具体细节可以访问
http://tdap.iphy.ac.cn 或 http://tdap.sslab.org.cn

(4) 大分子和凝聚态体系的光吸收光谱、极化率和动态量子演化行为可以在同一方案内计算完成。非线性效应及非微扰过程也可以被精确地包含在内,并严格地进行非绝热模拟。

近几年,孟胜小组与王恩哥等合作,利用 TDAP 方法在计算分子和凝聚态体系的光吸收谱、模拟界面电子注入、电子-空穴复合和电荷转移诱导的化学反应等问题上,成功地研究了超快超强光场激发下量子材料的动力学性质,尤其是对于激发态反应动力学中单一反应路径或大量相似路径占主导地位的情况 (Lakhotia, 2020; Lian C., 2020; You P.W., 2021a; Guan M.X., 2021; Xu J.Y., 2022; Guan M.X., 2022)。然而,在平均场近似下,即使激发态演化路径中原子核波函数已经分解成不同的部分,埃伦费斯特动力学仍然使用单个的平均轨迹来描述原子核演化路径,因此传统的埃伦费斯特方法无法精确处理激发态中涉及多条反应路径的情况,对特定激发态的原子核轨迹感兴趣时尤其如此。此外,通常的埃伦费斯特方法还缺乏量子电子态间的细致平衡,导致某些长时间动力学演化路径偏离实际情况。对于需要超出埃伦费斯特动力学方法模拟非绝热过程的替代策略,读者可以参考经典路径中包含跃迁后确定电子态的半经典方法,比如轨迹势能面跳跃方法、初始值表象方法等。

目前,孟胜正在领导该小组,在 TDAP 软件中发展一些新的超越埃伦费斯特平均场的计算方法,比如基于含时密度泛函的非绝热路径积分分子动力学模拟方法等。这些新方法将针对上述问题,特别是对于电子量子态-原子核量子态耦合作用及其动力学演化过程可以给出更精确的描述。相关的研究例子请见 5.4.3 小节的介绍。

参 考 文 献

中文文献

曹端云, 2020, 界面水的结构与动力学研究, 北京大学.

陈基, 2014, 氢的原子核量子效应计算模拟研究, 北京大学.

丁哲, 石发展, 杜江峰, 2020, 基于金刚石量子传感的纳米磁成像及凝聚态物理应用, **物理 49**, 359.

高淼, 卢仲毅, 向涛, 2015, 通过金属化 σ 电子寻找高温超导体, **物理 44**, 421.

郭见青, 2022, 轻元素液体结构和动力学的第一性原理计算研究, 北京大学.

郝文杰, 翟燕妮, 张倩瑜, 赵继民, 2021, 阿秒光源在材料领域的应用, **科学通报 66**, 856.

胡旭光, 蔡宇民, 李前树, 1991, 过渡态理论的发展（二）, **西安石油学院学报 6**, 55.

匡光力, 邵淑芳, 2018, 稳态强磁场技术及科学意义, **科技导报 36**, 93.

李宁, 2022, 低维氮化硼中声子与声子极化激元的电子能量损失谱研究, 北京大学.

陆果, 1997, 基础物理学, (高等教育出版社, 北京).

罗渝然, 1983, 过渡理论的进展, **化学通报 10**, 8.

马杰, 2009, 水在石墨烯表面的范德瓦尔斯作用研究, 中国科学院研究生院.

孟胜, 王恩哥, 2014, 水基础科学理论与实验, (北京大学出版社, 北京).

宋凯, 徐扬, 宋林泽, 史强, 2016, 凝聚相质子转移反应的量子动力学理论, **中国科学：化学 46**, 1039.

杨学明, 2009, 氯加氢化学反应中玻恩-奥本海默近似的适用性, **中国基础科学 · 研究进展**.

张千帆, 2010, 全量子化效应与路径积分分子动力学研究, 中国科学院研究生院.

钟维烈, 1996, 铁电体物理学, (科学出版社, 北京).

A

Abedi, A., N. T. Maitra, and E. K. U. Gross, 2010, *Exact factorization of the time-dependent electron-nuclear wave function*, **Phys. Rev. Lett. 105**, 123002.

Abel, W. R., A. C. Anderson, and J. C. Wheatley, 1966, *Propagation of zero sound in liquid He^3 at low temperatures*, **Phys. Rev. Lett. 17**, 74.

Ackland, G. J., M. Dunuwille, M. Martinez-Canales, I. Loa, R. Zhang, S. Sinogeikin, W. Cai, and S. Deemyad, 2017, *Quantum and isotope effects in lithium metal*, **Science 356**, 1254.

Agrawal, K. V., S. Shimizu, L. W. Drahushuk, D. Kilcoyne, and M. S. Strano, 2017, *Observation of extreme phase transition temperatures of water confined inside isolated carbon nanotubes*, **Nat. Nanotech. 12**, 267.

Alder B. J., and T. E. Wainwright, 1959, *Studies in molecular dynamics. I. General Method*, **J. Chem. Phys. 31**, 459.

Alexandrov, B. S., V. G. Stanev, A. R. Bishop, and K. Ø. Rasmussen, 2012, *Anharmonic dynamics of intramolecular hydrogen bonds driven by DNA breathing*, **Phys. Rev. E 86**, 061913.

Alkauskas, A., Q. Yan, and C. G. van de Walle, 2014, *First-principles theory of nonradiative carrier capture via multiphonon emission*, **Phys. Rev. B 90**, 075202.

Allen, J. F., and H. Jones, 1938, *New phenomena connected with heat flow in helium II*, **Nature 141**, 243.

Allen, L. J., H. G. Brown, S. D. Findlay, and B.D. Forbes, 2018, *A quantum mechanical exploration of phonon energy-loss spectroscopy using electrons in the aloof beam geometry*, **Microscopy 67**, i24.

Allen, P. B., and R. C. Dynes, 1975, *Transition temperature of strong-coupled superconductors reanalyzed*, **Phys. Rev. B 12**, 905.

Allen, P. B., and V. Heine, 1976, *Theory of the temperature dependence of electronic band structures*, **J. Phys. C: Solid State Phys. 9**, 2305.

Allen, P. B., 1978, *New method for solving Boltzmann's equation for electrons in metals*, **Phys. Rev. B 17**, 3725.

Allen, P. B., and M. Cardona, 1981, *Theory of the temperature dependence of the direct gap of germanium*, **Phys. Rev. B 23**, 1495.

Allen, P. B., and B. Mitrovic', 1983, *Theory of superconducting Tc*, **Solid State Physics 37**, 1.

Althorpe, S. C., 2011, *On the equivalence of two commonly used forms of semiclassical instanton theory*, **J. Chem. Phys. 134**, 114104.

An, J. M., and W. E. Pickett, 2001, *Superconductivity of MgB_2: Covalent bonds driven metallic*, **Phys. Rev. Lett. 86**, 4366.

Ananth, N., 2013, *Mapping variable ring polymer molecular dynamics: A path-integral based method for nonadiabatic processes.* **J. Chem. Phys. 139**, 124102.

Andersen, H.C., 1983, *Rattle: A "velocity" version of the shake algorithm for molecular dynamics calculations*, **J. Comp. Phys. 52**, 24.

Andersen, O.K., 1975, *Linear methods in band theory*, **Phys. Rev. B 12**, 3060.

Anderson, J. B., 1975, *A random-walk simulation of the Schrödinger equation: H_3^+*, **J. Chem. Phys. 63**, 1499.

Anderson, J. B., 1976, *Quantum chemistry by random walk. H^2P, H_3^+ D_{3h} $^1A_1'$, H_2 $^3\Sigma_u^+$, H_4 $^1\Sigma_g^+$, Be ^1S*, **J. Chem. Phys. 65**, 4121.

Anderson, P. W., 1972, *More is different*, **Science 177**, 393.

Anderson, P. W., 1987a, *The resonating valence bond state in La_2CuO_4 and superconductivity*, **Science 235**, 1196.

Anderson, P. W., G. Baskaran, Z. Zou, and T. Hsu, 1987b, *Resonating-valence-bond theory of phase transtions and superconductivity in La_2CuO_4-based compounds*, **Phys. Rev. Lett. 58**, 2790.

Andersson, S., G. Nyman, A. Arnaldsson, U. Manthe, and H. Jonsson, 2009, *Comparison of quantum dynamics and quantum transition state theory estimates of the $H+CH_4$ reaction rate*, **J. Phys. Chem. A 113**, 4468.

Andreani, C., D. Colognesi, J. Mayers, G. F. Reiter, and R. Senesi, 2005, *Measurement of momentum distribution of light atoms and molecules in condensed matter systems using inelastic neutron scattering*, **Adv. Phys. 54**, 377.

Andreani, C., G. Romanelli, and R. Senesi, 2013, *A combined INS and DINS study of proton quantum dynamics of ice and water across the triple point and in the supercritical phase*, **Chem. Phys. 427**, 106.

Andreev, A. F., and I. M. Lifshitz, 1969, *Quantum theory of defects in crystals*, **JETP 29**, 1107.

Andzelm, J., and E. Wimmer, 1992, *Density functional Gaussian-type-orbital approach to molecular geometries, vibrations, and reaction energies*, **J. Chem. Phys. 96**, 1280.

Annaberdiyev, A., G. Wang, C.A. Melton, M.C. Bennett, L. Shulenburger, and L. Mitas, 2018, *A new generation of effective core potentials from correlated calculations: 3d transition metal series*, **J. Chem. Phys. 149**, 134108.

Antončík, E., 1955, *On the theory of temperature shift of the absorption curve in non-polar crystal*,

Czech. J. Phys. 5, 449.

Aoki, K., H. Yamawaki, M. Sakashita, and H. Fujihisa, 1996, *Infrared absorption study of the hydrogen-bond symmetrization in ice to 110 GPa*, **Phys. Rev. B 54**, 15673.

Arunan, E., G. Desiraju, R. Klein, J. Sadlej, S. Scheiner, I. Alkorta, D. Clary, R. Crabtree, J. Dannenberg, P. Hobza, H. Kjaergaard, A. Legon, B. Mennucci, and D. Nesbitt, 2011, *Definition of the hydrogen-bond (IUPAC Recommendations 2011)*, **Pure Appl. Chem. 83**, 1637.

Ashcroft, N. W., 1968, *Metallic Hydrogen: A high-temperature superconductor?* **Phys. Rev. Lett. 21,** 1748.

Ashcroft, N. W., and N. D. Mermin, 1976, *Solid State Physics,* (Harcourt College Publishers, New York).

Ashcroft, N. W., 2000, *The hydrogen liquids*, **J. Phys.: Condens. Matter 12**, A129.

Ashcroft, N. W., 2004, *Hydrogen dominant metallic alloys: High temperature superconductors?* **Phys. Rev. Lett. 92**, 187002.

Atou, T., M. Hasegawa, L. J. Parker, and J. V. Badding, 1996, *Unusual chemical behavior for potassium under pressure: Potassium-silver compounds*, **J. Am. Chem. Soc. 118**, 12104.

Awaji, S., K. Watanabe, H. Oguro, H. Miyazaki, S. Hanai, T. Tosaka, and S. Ioka, 2017, *First performance test of a 25 T cryogen-free superconducting magnet*, **Supercond. Sci. Tech. 30**, 065001.

Azizi, F., and H. Rezania, 2021, *Collective plasmonic oscillations of zigzag boron-nitride nanotubes in the presence of holstein phonons*, **Phys. E Low-Dimensional Syst. Nanostructures 130**, 114687.

B

Babaev, E., A. Sudbo, and N. W. Ashcroft, 2004, *A superconductor to superfluid phase transition in liquid metallic hydrogen*, **Nature 431**, 666.

Badding, J. V., 1998, *High-pressure synthesis, characterization, and tuning of solid state materials*, **Annu. Rev. Mater. Sci. 28**, 631.

Bafile, U., M. Celli, M. Zoppi, and J. Mayers, 1998, *Deep inelastic neutron scattering on liquid hydrogen in the crossover region between the molecular and atomic regimes*, **Phys. Rev. B 58**, 791.

Bai, H. Y., M. D. Bird, L. D. Cooley, I. R. Dixon, K. L. Kim, D. C. Larbalestier, W. S. Marshall, U. P. Trociewitz, H. W. Weijers, D. V. Abraimov, and G. S. Boebinger, 2020, *The 40 T superconducting magnet project at the national high magnetic field laboratory*, **IEEE Trans. Appl. Supercon. 30**, 4300405.

Bai, X. D., E. G. Wang, J. Yu, and H. Yang, 2000, *Blue-violet PL from large-scale highly alinged BCN nanofibers*, **Appl. Phys. Lett. 77**, 67.

Bakker, H. J., and H. K. Nienhuys, 2002, *Delocalization of protons in liquid water*, **Science 297**, 587.

Bakó, Imre, Ádám Madarász, and László Pusztai, 2021, *Nuclear quantum effects: Their relevance in neutron diffraction studies of liquid water,* **Journal of Molecular Liquids 325**, 115192.

Baldini, E., C. A. Belvin, M. Rodriguez-Vega, I. O. Ozel, D. Legut, A. Kozlowski, A. M. Oles, K. Parlinski, P. Piekarz, J. Lorenzana, G. A. Fiete, and N. Gedik, 2020, *Discovery of the soft electronic modes of the trimeron order in magnetite*, **Nat. Phys. 16**, 541.

Ball, P., 2008, *Water - an enduring mystery*, **Nature 452**, 291.

Ballone, P., and P. Milani, 1992, *Delocalization and tunneling in the ionic structure of lithium microclusters*, **Phys. Rev. B 45**, 11222.

Bandura, A. V., J. D. Kubicki, and J. O. Sofo, 2008, *Comparisons of multilayer H_2O adsorption onto the (110) surfaces of α-TiO_2 and SnO_2 as calculated with density functional theory*, **J. Phys. Chem. B 112,** 11616.

Bang, J., S. Meng, Y.-Y. Sun, D. West, Z. Wang, F. Gao, and S. B. Zhang, 2013, *Regulating energy transfer of excited carriers and the case for excitation-induced hydrogen dissociation on hydrogenated graphene*, **Proc. Natl. Acad. Sci. U.S.A.** 110, 908.

Banhart, F., J. Kotakoski, and A. V. Krasheninnikov, 2011, *Structural defects in graphene*, **ACS Nano 5**, 26.

Baratoff, A., and B. N. J. Persson, 1988, *Theory of the local tunneling spectrum of a vibrating adsorbate*, **J. Vac. Sci. Technol. A 6**, 331.

Barbatti, M., 2011, *Nonadiabatic dynamics with trajectory surface hopping method*, **WIRES Comput. Mol. Sci. 1**, 620.

Bardeen, J., and D. Pines, 1955, *Electron-phonon interaction in metals*, **Phys. Rev. 99**, 1140.

Bardeen, J., L. N. Cooper, and J. R. Schrieffer, 1957, *Theory of superconductivity*, **Phys. Rev. 108**, 1175.

Baroni, S., S. de Gironcoli, A. Dal Corso, and P. Giannozzi, 2001, *Phonons and related crystal properties from density-functional perturbation theory*, **Rev. Mod. Phys. 73**, 515.

Barrett, C., 1947, *A low temperature transformation in lithium*, **Phys. Rev. 72**, 245.

Barrett, J. H., 1952, *Dielectric constant in perovskite type crystals*, **Phys. Rev. 86**, 118.

Bartels, C., and M. Karplus, 1998, *Probability distributions for complex systems: Adaptive umbrella sampling of the potential energy*, **J. Phys. Chem. B 102**, 865.

Bartels-Rausch, T., 2013, *Ten things we need to know about ice and snow*, **Nature 494**, 27.

Bartelt, N. C., and K. Thurmer, 2022, *Ionicity and hydrogen saffinity of water layers on metals*, **Proc. Natl. Acad. Sci. U.S.A. Nexus 1**, 1.

Bartolomei, M., M. I. Hernández, J. Campos-Martínez, and R. Hernández-Lamoneda, 2019, *Graphene multi-protonation: A cooperative mechanism for proton permeation*, **Carbon 144**, 724.

Barwick, B., H. S. Park, O. H. Kwon, J. S. Baskin, and A. H. Zewail, 2008, *4D imaging of transient structures and morphologies in ultrafast electron microscopy*, **Science 322**, 1227.

Baskaran, G., and P. W. Anderson, 1988, *Gauge theory of high-temperature superconductors and strongly correlated Fermi systems*, **Phys. Rev. B 37**, 580.

Basran, J., S. Patel, M. J. Sutcliffe, and N. S. Scrutton, 2001, *Importance of barrier shape in enzyme-catalyzed reactions: Vibrationally assisted hydrogen tunneling in tryptophan tryptophylquinone-dependent amine dehydrogenases*, **J. Biol. Chem 276**, 9.

Bassett, W. A., 2009, *Diamond anvil cell, 50th birthday*, **High Pressure Research 29**, 163.

Bastard, G., E. E. Mendez, L. L. Chang, and L. Esaki, 1982, *Exciton binding energy in quantum wells*, **Phys. Rev. B 26**, 1974.

Beck, M. H., A. Jackle, G. A. Worth, and H. D. Meyer, 2000, *The multiconfiguration time-dependent Hartree (MCTDH) method: A highly effcient algorithm for propagating wavepackets*, **Physics Reports 324**, 1.

Becke, A. D., 1989, *Basis-set-free density-functional quantum chemistry*, **Int. J. Quantum Chem. 36**, 599.

Bennett, C. H., 1977, *Algorithms for chemical computations (ACS Symposium Series No.46)*, (American Chemical Society, Washington, D.C.).

Ben-Nun, M., and T. J. Martinez, 1998, *Nonadiabatic molecular dynamics: Validation of the multiple spawning method for a multidimensional problem*, **J. Chem. Phys. 108**, 7244.

Benoit, M., D. Marx, and M. Parrinello, 1998, *Tunnelling and zero-point motion in high-pressure ice*, **Nature 392**, 258.

Berger, P. R., and M. Kim, 2018, *Polymer solar cells: P3HT:PCBM and beyond*, **J. Renewable Sustainable Energy 10**, 013508.

Bergmann, U., D. Nordlund, P. Wernet, M. Odelius, L. G. M. Pettersson, and A. Nilsson, 2007, *Isotope effects in liquid water probed by x-ray Raman spectroscopy*, **Phys. Rev. B 76**, 024202.

Berne, B. J., and D. Thirumalai, 1986, *On the simulation of quantum systems: Path integral methods*, **Annu. Rev. Phys. Chem. 37**, 401.

Berne, B. J., G. Ciccotti, and D. F. Coker, 1998, *Classical and quantum dynamics in condensed phase simulations*, (World Scientific, New Jersey).

Bianconi, A., S. Agrestini, G. Bianconi, D. Di Castro, and NL Saini, 2001, *A quantum phase transition driven by the electron lattice interaction gives high Tc superconductivity*, **J. Alloys Compd. 317**, 537.

Bicerano, J., H. F. Schaefer III, and W. H. Miller, 1983, *Structure and tunneling dynamics of malonaldehyde. A theoretical study*, **J. Am. Chem. Soc.**, 2550.

Bierman, D. M., A. Lenert, W. R. Chan, B. Bhatia, I. Celanovic, M. Soljacic, and E. N. Wang, 2016, *Enhanced photovoltaic energy conversion using thermally based spectral shaping*, **Nat. Energy 1**, 16068.

Biermann, S., D. Hohl, and D. Marx, 1998a, *Proton quantum effects in high pressure hydrogen*, **J. Low Temp. Phys. 110**, 97.

Biermann, S., D. Hohl, and D. Marx, 1998b, *Quantum effects in solid hydrogen at ultra-high pressure*, **Solid State Commun. 108**, 337.

Biernacki, J. J., and G. Wotzak, 1989a, *Stoichiometry of the $C+SiO_2$ Reaction*, **J. Am. Ceram. Soc. 72**, 122.

Biernacki, S., and M. Scheffler, 1989b, *Negative thermal expansion of diamond and zin-blende semiconductors*, **Phys. Rev. Lett. 63**, 290.

Bikondoa, O., C. L. Pang, R. Ithnin, C. A. Muryn, H. Onishi, and G. Thornton, 2006, *Direct visualization of defect-mediated dissociation of water on TiO_2 (110)*, **Nat. Mater. 5**, 189.

Bircher, M. P., E. Liberatore, N. J. Browning, S. Brickel, C. Hofmann, A. Patoz, O. T. Unke, T. Zimmermann, M. Chergui, P. Hamm, U. Keller, M. Meuwly, H.-J. Woerner, J. Vaníček, and U. Rothlisberger, 2017, *Nonadiabatic effects in electronic and nuclear dynamics*, **Struct. Dyn. 4**, 061510.

Bird, M. D., S. Bole, Y. M. Eyssa, B. J. Gao, and H. J. Schneider-Muntau, 1996a, *The world's first 27 T and 30 T resistive magnets*, **IEEE Trans. Magn. 32**, 2444.

Bird, M. D., S. Bole, Y. M. Eyssa, B. J. Gao, and H. J. Schneider-Muntau, 1996b, *Design of a poly-Bitter magnet at the NHMFL*, **IEEE Trans. Magn. 32**, 2542.

Bird, M. D., I. R. Dixon, and J. Toth, 2004, *Design of the next generation of Florida-Bitter magnets at the NHMFL*, **IEEE Trans. Appl. Supercon. 14**, 1253.

Bitter, F., 1936, *The design of powerful electromagnets — Part I. The use of iron*, **Rev. Sci. Instrum. 7**, 479.

Blanc, J., V. Bonačić-Koutecký, M. Broyer, J. Chevaleyre, P. Dugourd, J. Koutecký, C. Scheuch, J. Wolf, and L. Wöste, 1992, *Evolution of the electronic structure of lithium clusters between four and eight atoms*, **J. Chem. Phys. 96**, 1793.

Blinc, R., 1960, *On the isotopic effects in the ferroelectric behaviour of crystals with short hydrogen bonds*, **J. Phys. Chem. Solids 13**, 204.

Blöchl, P. E., 1994, *Projector augmented-wave method*, **Phys. Rev. B 50**, 17953.

Boeri, L., G. B. Bachelet, E. Cappelluti, and L. Pietronero, 2002, *Small Fermi energy and phonon anharmonicity in MgB_2 and related compounds*, **Phys. Rev. B 65**, 214501.

Boeri, L., E. Cappelluti, and L. Pietronero, 2005, *Small Fermi energy, zero-point fluctuations, and nonadiabaticity in MgB_2*, **Phys. Rev. B 71**, 012501.

Bohm, D., 1952, *A suggested interpretation of the quantum theory in terms of "hidden" variables.* I, **Phys. Rev. 85,** 166.

Bohnen, K. P., R. Heid, and B. Renker, 2001, *Phonon dispersion and electron-phonon coupling in MgB_2 and AlB_2*, **Phys. Rev. Lett. 86**, 5771.

Bohr, N., 1913, *On the constitution of atoms and molecules*, **Lond. Edinb. Dublin philos. mag. j. sci. 26**, 1.

Bok, J. M., J. J. Bae, H. Y. Choi, C. M. Varma, W. T. Zhang, J. F. He, Y. X. Zhang, L. Yu, and X. J. Zhou, 2016, *Quantitative determination of pairing interactions for high-temperature superconductivity in cuprates*, **Sci. Adv. 2**, e1501329.

Bonev, S. A., E. Schwegler, T. Ogitsu, and G. Galli, 2004, *A quantum fluid of metallic hydrogen suggested by first-principles calculations.* **Nature 431**, 669.

Booth, G. H., A. J. W. Thom, and A. Alavi, 2009, *Fermion monte carlo without fixed nodes: a game of Life, death, and annihilation in slater determinant space*, **J. Chem. Phys. 131**, 054106.

Booth, G., A. Grüneis, and A. Alavi, 2013, *Towards an exact description of electronic wavefunctions in real solids*, **Nature 493**, 365.

Borden, W. T., 2016, *Reactions that involve tunnelingby carbon and the role thatcalculations have played in theirstudy*, **WIREs Comput Mol Sci**, 20.

Born, M., and R. Oppenheimer, 1927, *Zur quantentheorie der molekeln*, **Ann. Phys. 84**, 457.

Born, M., and V. Fock, 1928, *Beweis des adiabatensatzes*, **Z. Phys. 51**, 165.

Born, M., 1951, *Coupling of electron and nuclear motions in molecules and crystal (in German)*, **Nachr. Akad. Wiss. Göttingen, Math.-Phys. Klasse IIa, Math.-phys.-chem. Abt., S. Art. 6**, 1.

Born, M., and K. Huang, 1954, *Dynamical theory of crystal lattices,* (Oxford University Press, Oxford).

Borodin, D., N. Hertl, G. B. Park, M. Schwarzer, J. Fingerhut, Y. Wang, J. Zuo, F. Nitz, G. Skoulatakis, A. Kandratsenka, D. J. Auerbach, D. Schwarzer, H. Guo, T. N. Kitsopoulos, and A. M. Wodtke, 2022, *Quantum effects in thermal reaction rates at metal surfaces*, **Science 377**, 394.

Bove, L. E., S. Klotz, A. Paciaroni, and F. Sacchetti, 2009, *Anomalous proton dynamics in ice at low temperatures*, **Phys. Rev. Lett. 103**, 165901.

Boys, S.F., 1950, *Electronic wave functions.* I. *A general method of calculation for the stationary states of any molecular system*, **Proceedings of the Royal Society A, 200**, 542.

Brandenburg, J. G., A. Zen, D. Alfè, and A. Michaelides, 2019, *Interaction between water and carbon nanostructures: How good are current density functional approximations?* **J. Chem. Phys. 151**, 164702.

Bridgman, P. W., 1931, *The physics of high pressure*, (G. Bell and Sons, Ltd., London).

Brillouin, L., 1926, *La mécanique ondulatoire de schrödinger: une méthode générale de resolution par approximations successives*, **C. R. Acad. Sci. 183**, 24.

Bronsted, J. N., 1928, *Acid and basic catalysis*, **Chem. Rev. 5**, 231.

Brougham, D. F., A. J. Horsewill, and R. I. Jenkinson, 1997, *Proton transfer dynamics in the hydrogen bond: A direct measurement of the incoherent tunnelling rate by NMR and the quantum-to-classical transition*, **Chem. Phys. Lett. 272**, 69.

Brougham, D. F., R. Caciuffo, and A. J. Horsewill, 1999, *Coordinated proton tunnelling in a cyclic network of four hydrogen bonds in the solid state*, **Nature 397**, 241.

Buckingham, R. A., 1938, *The classical equation of state of gaseous Helium, Neon and Argon*, **Proc. Roy. Soc. A. 168**, 264.

Bünermann, O., A. Kandratsenka, and A. M. Wodtke, 2021, *Inelastic scattering of H atoms from surfaces*, **J. Phys. Chem. A 125**, 3059.

Bud'ko, S. L., G. Lapertot, C. Petrovic, C. E. Cunningham, N. Anderson, and P. C. Canfield, 2001, *Boron isotope effect in superconducting MgB_2*, **Phys. Rev. Lett. 86**, 1877.

Bunch, J. S., S. S. Verbridge, J. S. Alden, A. M. van der Zande, J. M. Parpia, H. G. Craighead, and P. L. McEuen, 2008, *Impermeable atomic membranes from graphene sheets*, **Nano Lett. 8**, 2458.

Burkatzki, M., C. Filippi, and M. Dolg, 2007, *Energy-consistent pseudopotentials for quantum Monte Carlo calculations*, **J. Chem. Phys. 126**, 234105.

Buzea, C., and T. Yamashita, 2001, *Review of the superconducting properties of MgB_2*, **Supercond. Sci. Technol. 14**, R115.

C

Cahlik, A., J. Hellerstedt, J. I. Mendieta-Moreno, M. Svec, V. M. Santhini, S. Pascal, D. Soler-Polo, S. I. Erlingsson, K. Vyborny, P. Mutombo, O. Marsalek, O. Siri, and P. Jelinek, 2021, *Significance of nuclear quantum effects in hydrogen bonded molecular chains*, **ACS Nano 15**, 10357.

Caldeira, A. O., and A. J. Leggett, 1983, *Path integral approach to quantum brownian motion*, **Phys. A: Stat. Mech. Appl. 121**, 587.

Caldwell, J. D., A. V. Kretinin, Y. Chen, V. Giannini, M. M. Fogler, Y. Francescato, C. T. Ellis, J. G. Tischler, C. R. Woods, A. J. Giles, M. Hong, K. Watanabe, T. Taniguchi, S. A. Maier, and K. S. Novoselov, 2014, *Sub-diffractional volume-confined polaritons in the natural hyperbolic material hexagonal boron nitride*, **Nat. Commun., 5**, 5221.

Callen, H. B., and T. A. Welton, 1951, *Irreversibility and generalized noise*, **Phys. Rev. 83**, 34.

Callen, H. B., and R. F. Greene, 1952a, *On a theorem of irreversible thermodynamics*, **Phys. Rev. 86**, 702.

Callen, H. B., and R. F. Greene, 1952b, *On a theorem of irreversible thermodynamics II*, **Phys. Rev. 88**, 1387.

Calvo, F., and Y. Magnin, 2016, *Nuclear quantum effects on the thermal expansion coefficient of hexagonal boron nitride monolayer*, **European Physical Journal B, 89**, 56.

Cannuccia, E., and A. Marini, 2011, *Effect of the quantum zero-point atomic motion on the optical and electronic properties of diamond and trans-polyacetylene*, **Phys. Rev. Lett. 107**, 255501.

Cannuccia, E., and A. Marini, 2012, *Zero point motion effect on the electronic properties of diamond, trans-polyacetylene and polyethylene*, **Eur. Phys. J. B 85**, 320.

Cao, J. S., and G. A. Voth, 1993, *A new perspective on quantum time correlation functions*, **J. Chem. Phys. 99**, 10070.

Capaz, R. B., C. D. Spataru, P. Tangney, M. L. Cohen, and S. G. Louie, 2005, *Temperature dependence of the band gap of semiconducting carbon nanotubes*, **Phys. Rev. Lett. 94**, 036801.

Cappelluti, E., S. Ciuchi, C. Grimaldi, L. Pietronero, and S. Strässler, 2002, *High Tc superconductivity in MgB_2 by nonadiabatic pairing.* **Phys. Rev. Lett. 88**, 117003.

Cappelluti, E., and L. Pietronero, 2006, *Electron–phonon interaction and breakdown of the adiabatic principle in fullerides and MgB_2*, **J. Phys. Chem. Solids 67**, 1941.

Car, R., and M. Parrinello, 1985, *Unified approach for molecular dynamics and density-functional theory*, **Phys. Rev. Lett. 55**, 2471.

Carbone, F., O. H. Kwon, and A. H. Zewail, 2009, *Dynamics of chemical bonding mapped by energy-resolved 4D electron microscopy*, **Science 325**, 181.

Cardona, M., and M. L. W. Thewalt, 2005, *Isotope effects on the optical spectra of semiconductors*, **Rev. Mod. Phys. 77**, 1173.

Carlson, C. M., T. V. Rivkin, P. A. Parilla, J. D. Perkins, D. S. Ginley, A. B. Kozyrev, V. N. Oshadchy, and A. S. Pavlov, 2000, *Large dielectric constant ($\varepsilon/\varepsilon_0 > 6000$) $Ba_{0.4}Sr_{0.6}TiO_3$ thin films for high-performance microwave phase shifters*, **Appl. Phys. Lett. 76**, 1920.

Carlson, J., S. Gandolfi, K. E. Schmidt, and S. W. Zhang, 2011, *Auxiliary-field quantum monte carlo method for strongly paired fermions*, **Phys. Rev. A 84**, 061602.

Carpenter, B. K., 1983, *Heavy-atom tunneling as the dominant pathway in a solution-phase reaction? Bond shift in antiaromatic annulenes*, **J. Am. Chem. Soc.**, 1700.

Carr, T. H. G., J. J. Shephard, and C. G. Salzmann, 2014, *Spectroscopic signature of stacking disorder in ice I*, **J. Phys. Chem. Lett. 5**, 2469.

Caruso, F., M. Hoesch, P. Achatz, J. Serrano, M. Krisch, E. Bustarret, and F. Giustino, 2017, *Nonadiabatic Kohn anomaly in heavily boron-doped diamond*, **Phys. Rev. Lett. 119**, 017001.

Cassabois, G., P. Valvin, and B. Gil, 2016a, *Hexagonal boron nitride is an indirect bandgap semiconductor*, **Nat. Commun.**, 10, 262.

Cassabois, G., P. Valvin, and B. Gil, 2016b, *Intervalley scattering in hexagonal boron nitride*, **Phys. Rev. B**, 93, 035207.

Cederbaum, L. S., 2008, *Born-Oppenheimer approximation and beyond for time-dependent electronic processes*, **J. Chem. Phys. 128**, 1241010.

Ceperley, D. M., and B. J. Alder, 1980, *Ground state of the electron-gas by a stochastic method*, **Phys. Rev. Lett. 45**, 566.

Ceperley, D. M., 1995, *Path integrals in the theory of condensed helium*, **Rev. Mod. Phys. 67**, 279.

Ceriotti, M., G. Bussi, and M. Parrinello, 2009a, *Langevin equation with colored noise for constant-temperature molecular dynamics simulations*, **Phys. Rev. Lett. 102**, 020601.

Ceriotti, M., G. Bussi, and M. Parrinello, 2009b, *Nuclear quantum effects in solids using a colored-noise thermostat*, **Phys. Rev. Lett. 103**, 030603.

Ceriotti, M., D. E. Manolopoulos, and M. Parrinello, 2011, *Accelerating the convergence of path integral dynamics with a generalized Langevin equation*, **J. Chem. Phys. 134**, 084104.

Ceriotti, M., and D. E. Manolopoulos, 2012, *Efficient first-principles calculation of the quantum kinetic energy and momentum distribution of nuclei*, **Phys. Rev. Lett. 109**, 100604.

Ceriotti, M., W. Fang, P. G. Kusalik, R. H. Mckenzie, A. Michaelides, M. A. Morales, and T. E. Markland, 2016, *Nuclear quantum effects in water and aqueous systems: experiment, theory, and current challenges*, **Chem. Rev. 116**, 7529.

Chadi, D. J., and M. L. Cohen, 1975, *Tight-binding calculations of the valence bands of diamond and zincblende crystals*, **Phys. Status Solidi 68**, 405.

Chadwick, M. B., P. Oblozinsky, M. Herman, N. M. Greene, R. D. McKnight, D. L. Smith, P. G. Young, R. E. MacFarlane, G. M. Hale, S. C. Frankle, A. C. Kahler, T. Kawano, R. C. Little, D. G. Madland, P. Moller, R. D. Mosteller, P. R. Page, P. Talou, H. Trellue, M. C. White, W. B. Wilson, R. Arcilla, C. L. Dunford, S. F. Mughabghab, B. Pritychenko, D. Rochman, A. A. Sonzogni, C. R. Lubitz, T. H. Trumbull, J. P. Weinman, D. A. Brown, D. E. Cullen, D. P. Heinrichs, D. P. McNabb,

H. Derrien, M. E. Dunn, N. M. Larson, L. C. Leal, A. D. Carlson, R. C. Block, J. B. Briggs, E. T. Cheng, H. C. Huria, M. L. Zerkle, K. S. Kozier, A. Courcelle, V. Pronyaev, and S. C. van der Marck, 2006, *ENDF/B-VII.0: Next generation evaluated nuclear data library for nuclear science and technology*, **Nuclear Data Sheets**, **107**, 2931.

Chan, M. H. W., 2008, *Supersolidity*, **Science 319**, 1207.

Chandler, D., 1978, *Statistical mechanics of isomerization dynamics in liquids and the transition state approximation*. **J. Chem. Phys. 68,** 2959.

Chandler, D., and P. Wolynes, 1981, *Exploiting the isomorphism between quantum theory and classical statistical mechanics of polyatomic fluids*, **J. Chem. Phys. 74,** 4078.

Chang, C. Z., J. Zhang, X. Feng, J. Shen, Z. Zhang, M. Guo, K. Li, Y. Ou, P. Wei, L.L., Wang, Z.Q. Ji, Y. Feng, S. Ji, X. Chen, J. Jia, X. Dai, Z. Fang, S.C. Zhang, K. He, Y. Wang, L. Lu, X.C. Ma, and Q.K. Xue, 2013, *Experimental observation of the quantum anomalous Hall effect in a magnetic topological insulator*, **Science 340**, 167.

Chang, K. J., M. M. Dacorogna, M. L. Cohen, J. M. Mignot, G. Chouteau, and G. Martinez, 1985, *Superconductivity in high-pressure metallic phases of Si*, **Phys. Rev. Lett. 54,** 2375.

Chang, Y., Z. Chen, J. Zhou, Z. Luo, Z. He, G. Wu, M. N. R. Ashfold, K. Yuan, and X. Yang, 2019, *Striking isotopologue-dependent photodissociation dynamics of water molecules: The signature of an accidental resonance*, **J. Phys. Chem. Lett**. 10, 4209.

Chayes, J. T., L. Chayes, and M. B. Ruskai, 1985, *Density functional approach to quantum lattice systems*, **J. Statist. Phys. 38,** 493.

Chen, C., F. Tian, D. Duan, K. Bao, X. Jin, B. Liu, and T. Cui, 2014, *Pressure induced phase transition in MH (M=V, Nb)*, **J. Chem. Phys. 140**, 114703.

Chen, J., X. Z. Li, Q. F. Zhang, M. I. J. Probert, C. J. Pickard, R. J. Needs, A. Michaelides, and E. G. Wang, 2013, *Quantum simulation of low-temperature metallic liquid hydrogen*, **Nat. Commun. 4,** 2064.

Chen, J., J. Guo, X. Z. Meng, J. B. Peng, J. M. Sheng, L. M. Xu, Y. Jiang, X. Z. Li, and E. G. Wang, 2014a, *An unconventional bilayer ice structure on a NaCl(001) film*, **Nat. Commun. 5**, 4056.

Chen, J., X. G. Ren, X. Z. Li, D. Alfe, and E. G. Wang, 2014b, *On the room-temperature phase diagram of high-pressure hydrogen: An ab-initio molecular dynamics perspective and a diffusion Monte Carlo study*, **J. Chem. Phys. 141**, 024501.

Chen, J. L., and W.-P. Hu, 2011, *Theoretical prediction on the thermal stability of cyclic ozone and strong oxygen tunneling*, **J. Am. Chem. Soc. 133**, 16045.

Chen, S., Q. Wu, C. Mishra, J. Kang, H. Zhang, K. Cho, W. Cai, A. A. Balandin, and R. S. Ruoff, 2012, *Thermal conductivity of isotopically modified graphene*, **Nat. Mater. 11**, 203.

Chen, W., F. Ambrosio, G. Miceli, and A. Pasquarello, 2016, *Ab initio electronic structure of liquid water*, **Phys. Rev. Lett. 117**, 186401.

Chen, X., P. C. Liu, Z. W. Hu, and L. Jensen, 2019, *High-resolution tip-enhanced raman scattering probes sub-molecular density changes*, **Nat. Commun. 10**, 2567.

Chen, Y. F., Y. T. Tsai, L. Hirsch, and D. M. Bassani, 2017, *Kinetic isotope effects provide experimental evidence for proton tunneling in methylammonium lead triiodide perovskites*, **J. Am. Chem. Soc. 139**, 16359.

Chen, Y. L., T. Jiang, H. Chen, E. Han, Ali Alavi, K. Yu, E.G. Wang, and J. Chen, 2023, *Multiconfigurational nature of electron correlation within nitrogen vacancy centers in diamond*, **Phys. Rev. B 108**, 045111.

Cheng, B., E. A. Engel, J. Behler, C. Dellago, and M. Ceriotti, 2019, *Ab initio thermodynamics of liquid and solid water*, **Proc. Natl. Acad. Sci. U.S.A. 116,** 1110.

Cheng, J. G., J. S. Zhou, J. B. Goodenough, Y. Sui, Y. Ren, and M. R. Suchomel, 2011, *High-pressure synthesis and physical properties of perovskite and post-perovskite* $Ca_{1-x}Sr_xIrO_3$, **Phys. Rev. B 83**, 064401.

Cheng, J. G., K. Matsubayashi, S. Nagasaki, A. Hisada, T. Hirayama, M. Hedo, H. Kagi, and Y. Uwatoko, 2014, *Integrated-fin gasket for palm cubic-anvil high pressure apparatus*, **Rev. Sci. Instrum. 85**, 093907.

Cheng, J. G., K. Matsubayashi, W. Wu, J. P. Sun, F. K. Lin, J. L. Luo, and Y. Uwatoko, 2015, *Pressure induced superconductivity on the border of magnetic order in MnP*, **Phys. Rev. Lett. 114**, 117001.

Cheng, J. P., J. Kono, B. D. McCombe, I. Lo, W. C. Michel, and C. E. Stutz, 1995, *Evidence for a stable excitoniv ground state in a spatially seperated electron-hole system*, **Phys. Rev. Lett. 74**, 450.

Cheng, Z. G., J. Beamish, and A. D. Fefferman, F. Souris, S. Balibar, and V. Dauvois, 2015, *Helium mass flow through a solid-superfluid-solid junction*, **Phys. Rev. Lett. 114**, 165301.

Cheng, Z. G., and J. Beamish, 2016, *Compression-driven mass flow in bulk solid* ^4He, **Phys. Rev. Lett. 117,** 025301.

Cheng, Z. G., and J. Beamish, 2018a, *Mass flow through solid* ^3He *in the bcc phase*, **Phys. Rev. Lett. 121,** 225304.

Cheng, Z. G., and J. Beamish, 2018b, *Plastic deformation in a quantum solid: Dislocation avalanches and creep in helium*, **Phys. Rev. Lett. 121**, 055301.

Chevy, F., 2016, *Bose polarons that strongly interact*, **Physics 9**, 86

Ch'ng, L. C., A. K. Samanta, G. Czakó, J. M. Bowman, and H. Reisler, 2012, *Experimental and theoretical investigations of energy transfer and hydrogen-bond breaking in the water dimer*, **J. Am. Chem. Soc. 134**, 15430.

Cho, S., S. Kim, J. H. Kim, J. Zhao, J. Seok, D. H. Keum, J. Baik, D.-H. Choe, K. J. Chang, K. Suenaga, S. W. Kim, Y. H. Lee, and H. Yang, 2015, *Phase patterning for ohmic homojunction contact in MoTe2*, **Science 349**, 625.

Choi, H. J., D. Roundy, H. Sun, M. L. Cohen, and S. G. Louie, 2002, *The origin of the anomalous superconducting properties of MgB2*, **Nature 418**, 758.

Chopra, N. G., R. J. Luyken, K. Cherrey, V. H. Crespi, M. L. Cohen, S. G. Louie, and A. Zettl, 1995, *Boron-nitride nanotubes*, **Science 269**, 966.

Chou, J., Y. Zhao, X. T. Li, W. P. Wang, S. J. Tan, Y. H. Wang, J. Zhang, Y. X. Yin, F. Y. Wang, S. Xin, and Y. G. Guo, 2022, *Hydrogen isotope effects on aqueous electrolyte for electrochemical lithium-ion storage*, **Angew. Chem. Int. Ed. 61**, e202203137.

Choudhury, R. R., and R. Chitra, 2018, *Investigation of nuclear quantum effect on the hydrogen bonds of ammonium dihydrogen phosphate using single-crystal neutron diffraction and theoretical modelling.* **Pramana - J. Phys. 91,** 53.

Chowdhury, S. N., and P. Huo, 2017, *Coherent state mapping ring polymer molecular dynamics for non-adiabatic quantum propagations*, **J. Chem. Phys. 147**, 214109.

Chu, C. W., and B. Lorenz, 2009, *High pressure studies on Fe-pnictide superconductors*, **Physica C 469**, 385.

Chu, M. W., I. Szafraniak, R. Scholz, C. Harnagea, D. Hesse, M. Alexe, and U. Gosele, 2004, *Impact of misfit dislocations on the polarization instability of epitaxial nanostructured ferroelectric perovskites.* **Nat. Mater. 3**, 87.

Chu, W., Q. Zheng, O. V. Prezhdo, J. Zhao, and W. A. Saidi, 2020, *Low-frequency lattice phonons in halide perovskites explain high defect tolerance toward electron-hole recombination*, **Sci. Adv. 6**, eaaw7453.

Clark, A. C., and M. H. W. Chan, 2005, *Specific heat of solid helium*, **J. Low Temp. Phys. 138**, 853.

Clark, C. D., P. J. Dean, and P. V. Harris, 1964, *Intrinsic edge absorption in diamond*, **Proc. R. Soc. Lon. Ser-A 277**, 312.

Cleland, D., and A. Alavi, 2010, *Communications: Survival of the fittest: Accelerating convergence in full configuration-interaction quantum Monte Carlo*, **J. Chem. Phys. 132**, 041103.

Cohen, A. J., P. Mori-Sanchez, and W. T. Yang, 2012, *Challenges for density functional theory*, **Chem. Rev. 112**, 289.

Coleman, S., 1977, *Fate of the false vacuum: Semiclassical theory*, **Phys. Rev. D 16**, 1762.

Condon, E. U., 1928, *Nuclear motions associated with electron transitions in diatomic molecules*, **Phys. Rev. 32**, 858.

Craig, C. F., W. R. Duncan, and O. V. Prezhdo, 2005, *Trajectory surface hopping in the time-dependent Kohn-Sham approach for electron-nuclear dynamics*, **Phys. Rev. Lett. 95**, 163001.

Craig, I. R., and D. E. Manolopoulos, 2004, *Quantum statistics and classical mechanics: real time correlation functions from ring polymer molecular dynamics*, **J. Chem. Phys. 121,** 3368.

Craig, I. R., and D. E. Manolopoulos, 2005a, *Chemical reaction rates from ring polymer molecular dynamics*, **J. Chem. Phys. 122**, 084106.

Craig, I. R., and D. E. Manolopoulos, 2005b, *A refined ring polymer molecular dynamics theory of chemical reaction rates*, **J. Chem. Phys. 123**, 034102.

Cui, L. J., N. H. Chen, S. J. Jeon, and I. F. Silvera, 1994, *Megabar pressure triple point in solid deuterium*, **Phys. Rev. Lett. 72**, 3048.

Cuscó, R., L. Artús, J. H. Edgar, S. Liu, G. Cassabois, and B. Gil, 2018, *Isotopic effects on phonon anharmonicity in layered van der Waals crystals: Isotopically pure hexagonal boron nitride*, **Phys. Rev. B 97**, 155435.

D

Dacorogna, M. M., M. L. Cohen, and P. K. Lam, 1985, *Self-consistent calculation of the q dependence of the electron-phonon coupling in aluminum*, **Phys. Rev. Lett. 55**, 837.

Dale, H. J. A., A. G. Leach, and G. C. Lloyd-Jones, 2021, *Heavy-atom kinetic isotope effects: primary interest or zero point?* **J. Am. Chem. Soc. 143,** 21079.

Damjanovic, D., 1998, *Ferroelectric, dielectric and piezoelectric properties of ferroelectric thin films and ceramics.* **Rep. Prog. Phys. 61**, 1267.

Damodaran, A. R., J. C. Agar, S. Pandya, Z. Chen, L. Dedon, R. Xu, B. Apgar, S. Saremi, and L. W. Martin, 2016, *New modalities of strain-control of ferroelectric thin films.* **J. Phys.: Condens. Matter 28**, 263001.

Das, A., S. Pisana, B. Chakraborty, S. Piscanec, S. K. Saha, U. V. Waghmare, K. S. Novoselov, H. R. Krishnamurthy, A. K. Geim, A. C. Ferrari and A. K. Sood, 2008, *Monitoring dopants by Raman scattering in an electrochemically top-gated graphene transistor*, **Nat. Nanotechnol. 3**, 210.

Datta, S., M. R. Melloch, and R. L. Gunshor, 1985, *Possibility of an excitonic ground state in quantum wells*, **Phys. Rev. B 32**, 2607.

Davidson, E. R. M., J. Klimeš, D. Alfè, and A. Michaelides, 2014, *Cooperative interplay of van der waals forces and quantum nuclear effects on adsorption: H at graphene and at coronene*, **ACS Nano 8**, 9905.

Day, J., and J. Beamish, 2007, *Low-temperature shear modulus changes in solid* ^{4}*He and connection to supersolidity*, **Nature 450**, 853.

De Marco, L., G. Valtolina, K. Matsuda, W. G. Tobias, J. P. Covey, and J. Ye, 2019, *A degenerate Fermi gas of polar molecules*, **Science 363**, 853.

de' Medici, L., A. Georges, G. Kotliar, and S. Biermann, 2005, *Mott transition and Kondo screening in f-electron metals*, **Phys. Rev. Lett. 95**, 066402.

de Oteyza, D. G., P. Gorman, Y.-C. Chen, S. Wickenburg, A. Riss, D. J. Mowbray, G. Etkin, Z. Pedramrazi, H.-Z. Tsai, A. Rubio, M. F. Crommie, and F. R. Fischer, 2013, *Direct imaging of covalent bond structure in single-molecule chemical reactions*, **Science 340**, 1434.

Debye, P., 1912, *Zur Theorie der spezifischen Wärmen*, **Ann. Phys. 39**, 789.

Dellago, C., M. M. Naor, and G. Hummer, 2003, *Proton transport through water-filled carbon nanotubes*, **Phys. Rev. Lett. 90**, 105902.

de-Picciotto, R., M. Reznikov, M. Heiblum, V. Umansky, G. Bunin, and D. Mahalu, 1997, *Direct observation of a fractional charge*, **Nature 389**, 162.

Dewar, M. J. S., K. M. Merz Jr., and J. J. P. Stewart, 1984, *Tunneling dynamics of cyclobutadiene*, **J. Am. Chem. Soc.**, 148, 4040.

D'Hendecourt, L. B., L. J. Allamandola, and J. M. Greenberg, 1985, *Time dependent chemistry in dense molecular clouds. I. grain surface reactions, gas/grain interactions and infrared spectroscopy*, **Astronomy and Astrophysics 152**, 130.

Ding, H. F., J. H. Hu, W. W. Liu, Y. Xu, C. X. Jiang, T. H. Ding, L. Li, X. Z. Duan, and Y. Pan, 2012, *Design of a 135 MW power supply for a 50 T pulsed magnet*, **IEEE Trans. Appl. Supercon. 22**, 5400504.

Donadio, D., L. M. Ghiringhelli, and L. Delle Site, 2012, *Autocatalytic and cooperatively stabilized dissociation of water on a stepped platinum surface*, **J. Am. Chem. Soc. 134**, 19217.

Doubleday, C., R. Armas, D. Walker, C. V. Cosgriff, and E. M. Greer, 2017, *Heavy-atom tunneling calculations in thirteen organic reactions: Tunneling contributions are substantial, and Bell's formula closely approximates multidimensional tunneling at* $\geqslant$*250 K*, **Angew. Chem. Int. Ed.**, 13099.

Drechsel-Grau, C., and D. Marx, 2014, *Quantum simulation of collective proton tunneling in hexagonal ice crystals*, **Phys. Rev. Lett. 112**, 148302.

Drechsel-Grau, C., and D. Marx, 2017, *Collective proton transfer in ordinary ice: Local environments, temperature dependence and deuteration effects*, **Phys. Chem. Chem. Phys. 19**, 2623.

Dreger, L. H., V. V. Dadape, and J. L. Margrave, 1962, *Sublimation and decomposition studies on boron nitride and aluminum ntride*, **Journal of Physical Chemistry**, 66, 1556.

Drozdov, A. P., M. I. Eremets, I. A. Troyan, V. Ksenofontov, and S. I. Shylin, 2015, *Conventional superconductivity at 203 kelvin at high pressures in the sulfur hydride system*, **Nature 525**, 73.

Drozdov, A. P., P. P. Kong, V. S. Minkov, S. P. Besedin, M. A. Kuzovnikov, S. Mozaffari, L. Balicas, F. F. Balakirev, D. E. Graf, V. B. Prakapenka, E. Greenberg, D. A. Knyazev, M. Tkacz, and M. I. Eremets, 2019, *Superconductivity at 250 K in lanthanum hydride under high pressures*, **Nature 569**, 528.

Drummond, N. D., B. Monserrat, J. H. Lloyd-Williams, P. L. Rios, C. J. Pickard, and R. J. Needs, 2015, *Quantum Monte Carlo study of the phase diagram of solid molecular hydrogen at extreme pressures*, **Nat. Commun. 6**, 7794.

Duan, D., Y. Liu, F. Tian, D. Li, X. Huang, Z. Zhao, H. Yu, B. Liu, W. Tian, and T. Cui, 2014, *Pressure-induced metallization of dense $(H_2S)_2H_2$ with high-Tc superconductivity*, **Sci. Rep. 4**, 6968.

Dubrovinsky L., S. Khandarkhaeva, T. Fedotenko, D. Laniel, M. Bykov, C. Giacobbe, E. L. Bright, P. Sedmak, S. Chariton, V. Prakapenka, A. V. Ponomareva, E. A. Smirnova, M. P. Belov, F. Tasnádi, N. Shulumba, F. Trybel, I. A. Abrikosov and N. Dubrovinskaia, 2022, *Materials synthesis at terapascal static pressures,* **Nature, 605,** 274.

Dupuis, R., J. S. Dolado, M. Benoit, J. Surga, and A. Ayuela, 2017, *Quantum nuclear dynamics of protons within layered hydroxides at high pressure,* **Sci. Rept. 7**, 4842.

Dwyer, C., 2017, *Prospects of spatial resolution in vibrational electron energy loss spectroscopy: Implications of dipolar scattering*, **Phys. Rev. B 96**, 224102.

Dyke, T. R., and J. S. Muenter, 1973, *Electric dipole-moments of low J states of H_2O and D_2O*, **J. Chem. Phys. 59**, 3125.

Dynes, R. C., 1972, *Mcmillan's equation and the T_c of superconductors*, **Solid State Commun. 10**, 615.

E

Ederer, C., and N. A. Spaldin, 2005, *Effect of epitaxial strain on the spontaneous polarization of thin film ferroelectrics*, **Phys. Rev. Lett. 95**, 257601.

Egger, D. A., L, Kronik, and A. M. Rappe, 2015, *Theory of hydrogen migration in organic-inorganic halide perovskites,* **Angew. Chem. Int. Ed. 54**, 12437.

Ehrenfest, P., 1932, *Some of the quantum mechanics questions,* **Z. Fur. Phys. 78**, 555.

Einstein, A., 1911, *Elementare Betrachtungen über die thermische Molekularbewegung in festen Körpern,* **Ann. Phys. 35**, 679.

Einstein, A., 1917, *On the quantum theory of radiation,* **Phys. Z. 18**, 121.

Eisenberg, D. S., and W. Kauzmann, 1969, *The structure and properties of water,* (Oxford University Press, Oxford).

Ekimov, E. A., V. A. Sidorov, E. D. Bauer, N. N. Mel'nik, N. J. Curro, J. D. Thompson, and S. M. Stishov, 2004, *Superconductivity in diamond,* **Nature 428**, 542.

Ellert, C., M. Schmidt, H. Haberland, V. Veyret, and V. Bonačić Koutecký, 2002, *Vibrational structure in the optical response of small Li-cluster ions*, **J. Chem. Phys. 117**, 3711.

Eremets, M. I., V. W. Struzhkin, H. K. Mao, and R. J. Hemley, 2001, *Superconductivity in boron,* **Science 293,** 272.

Eremets, M. I., I. A. Trojan, S. A. Medvedev, J. S. Tse, and Y. Yao, 2008, *Superconductivity in hydrogen dominant materials: Silane*, **Science 319**, 1506.

Eremets, M. I., and I. A. Troyan, 2011, *Conductive dense hydrogen,* **Nat. Mater. 10**, 927.

Errea, I., M. Calandra, C. J. Pickard, J. Nelson, R. J. Needs, Y. Li, H. Liu, Y. Zhang, Y. Ma, and F. Mauri, 2015, *High-pressure hydrogen sulfide from first principles: a strongly anharmonic phonon-mediated superconductor,* **Phys. Rev. Lett. 114**, 157004.

Errea, I., M. Calandra, C. J. Pickard, J. R. Nelson, R. J. Needs, Y. Li, H. Liu, Y. Zhang, Y. Ma, and F. Mauri, 2016, *Quantum hydrogen-bond symmetrization in the superconducting hydrogen sulfide system,* **Nature 532**, 81.

Errea, I., F. Belli, L. Monacelli, A. Sanna, T. Koretsune, T. Tadano, R. Bianco, M. Calandra, R. Arita, F. Mauri, and J. A. Flores-Livas, 2020, *Quantum crystal structure in the 250-kelvin superconducting lanthanum hydride.* **Nature 578**, 66.

Esaki, L., and R. Tsu, 1970, *Superlattice and negative differential conductivity in semiconductors*, **IBM J. Res. Develop. 14**, 61.

Evans, M. G., and M. Polanyi, 1938, *Inertia and driving force of chemical reactions*, **Tran. Faraday Soc. 34**, 11.

Evans, A. C., J. Mayers, D. N. Timms, and M. J. Cooper, 1993, *Deep inelastic neutron scattering in the study of atomic momentum distribution*, **Z. Naturforsch. A 48**, 425.

F

Fan, H. Y., 1951, *Temperature dependence of the energy gap in semiconductors*, **Phys. Rev. 82**, 900.

Fang, W., J. Chen, M. Rossi, Y. Feng, X. Z. Li, and A. Michaelides, 2016, *Inverse temperature dependence of nuclear quantum effects in DNA base pairs*, **J. Phys. Chem. Lett. 7**, 2125.

Fang, W., J. O. Richardson, J. Chen, X. Z. Li, and A. Michaelides, 2017, *Simultaneous deep tunneling and classical hopping for hydrogen diffusion on metals*, **Phys. Rev. Lett. 119**, 126001.

Fang, W., J. Chen, Y. Feng, X. Z. Li and A. Michaelides, 2019, *The quantum nature of hydrogen*, **Int. Rev. Phys. Chem. 38**, 35.

Fang, W., J. Chen, P. Pedevilla, X. Z. Li, J. O. Richardson, and A. Michaelides, 2020, *Origins of fast diffusion of water dimers on surfaces*, **Nat. Commun. 11**, 1689.

Fatuzzo, E., and W. J. Merz, 1967, *Ferroelectricity.* North-Holland, Amsterdam.

Fausti, D., R. I. Tobey, N. Dean, S. Kaiser, A. Dienst, M. C. Hoffmann, S. Pyon, T. Takayama, H. Takagi, and A. Cavalleri, 2011, *Light-induced superconductivity in a stripe-ordered cuprate*, **Science 331**, 189.

Feibelman P. J., 2002, *Partial dissociation of water on Ru(0001)*, **Science 295**, 99.

Feigelson, B. N., R. M. Frazier, and M. Twigg, 2007, *III-nitride crystal growth from nitride-salt solution*, **Journal of Crystal Growth**, **305**, 399.

Feng, B. J., J. Zhang, Q. Zhong, W. B. Li, S. Li, H. Li, P. Cheng, S. Meng, L. Chen, and K. H. Wu, 2016, *Experimental realization of two-dimensional boron sheets*, **Nat. Chem. 8**, 563.

Feng, X., J. Zhang, G. Gao, H. Liu, and H. Wang, 2015, *Compressed sodalite-like MgH_6 as a potential high-temperature superconductor*, **RSC Adv. 5**, 59292.

Feng, X. L., S. Y. Lu, C. J. Pickard, H. Y. Liu, S. A. T. Redfern, and Y. M. Ma, 2018, *Carbon network evolution from dimers to sheets in superconducting yttrium dicarbide under pressure*, **Commun. Chem. 1**, 85.

Feng, Y. X., J. Chen, D. Alfe, X. Z. Li, and E. G. Wang, 2015, *Nuclear quantum effects on the high pressure melting of dense lithium*, **J. Chem. Phys. 142**, 064506.

Feng, Y. X., J. Chen, W. Fang, E. G. Wang, A. Michaelides, and X.-Z. Li, 2017, *Hydrogenation facilitates proton transfer through two dimensional honeycomb crystals*, **J. Phys. Chem. Lett. 8**, 6009.

Feng, Y. X., Y. Zhao, W. K. Zhou, Q. Li, W. A. Saidi, Q. Zhao, and X. Z. Li, 2018a, *Proton migration in hybrid lead iodide perovskites: From classical hopping to deep quantum tunneling*, **J. Phys. Chem. Lett. 9**, 6536.

Feng, Y. X., Z. Wang, J. Guo, J. Chen, E. G. Wang, Y. Ying, and X. Z. Li, 2018b, *The collective and quantum nature of proton transfer in the cyclic water tetramer on NaCl(001)*, **J. Chem. Phys. 148**, 102329.

Fermi, E., 1927, *Un metodo statistico per la determinazione di alcune priorieta dell'atome*, **Rend. Accad. Naz. Lincei 6,** 602.

Fermi, E., J. R. Pasta, and S. Ulam, 1955, *Studies of the nonlinear problems, report lA-1940*, (Los Alamos Scientific Laboratory, Los Alamos).

Ferray, M., A. L'Huillier, X.F. Li, L.A. Lompre, G.Mainfray, and C. Manus, 1988, *Multiple-harmonic conversion of 1064 nm radiation in rare gases*, **J. Phys. B: At. Mpl. Opt. Phys. 21**, L31.

Ferriere, K. M., 2001, *The interstellar environment of our galaxy*, **Rev. Mod. Phys. 73**, 1031.

Feynman, R. P., 1949, *Space-time approach to quantum electrodynamics*, **Phys. Rev. 76**, 769.

Feynman, R. P., 1953a, *The λ-transition transition in liquid helium*, **Phys. Rev. 90**, 1116.

Feynman, R. P., 1953b, *Atomic theory of the λ transition in helium*, **Phys. Rev. 91**, 1291.

Feynman, R. P., 1953c, *Atomic theory of liquid helium near absolute zero*, **Phys. Rev. 91**, 1301.

Feynman, R. P, and A. R. Hibbs, 1965, *Quantum mechanics and path integrals*, (McGraw-Hill Inc, New York).

Flynn, C. P., and A. M. Stoneham, 1970, *Quantum theory of diffusion with application to light interstitials in metals*, **Phys. Rev. B 1,** 3966.

Fock, V., 1930, *Näherungsmethode zur Lösung des quantenmechanischen Mehrkörperproblems*, **Z. Physik 61,** 126.

Franck, J., 1926, *Elementary processes of photochemical reactions*, **Trans. Faraday. Soc. 21,** 536.

Fröhlich, H., 1937, *Theory of electrical breakdown in ionic crystals*, **Proc. Roy. Soc. Lond. A 160,** 230.

Fröhlich, H., and J. Odwyer, 1950, *Time dependence of electronic processes in dielectrics*, **Proc. Phys. Soc. Lond. A 63**, 81.

Fujishima, A., and K. Honda, 1972, *Electrochemical photolysis of water at a semiconductor electrode*, **Nature 238**, 37.

Fumagalli, L., A. Esfandiar, R. Fabregas, S. Hu, P. Ares, A. Janardanan, Q. Yang, B. Radha, T. Taniguchi, K. Watanabe, G. Gomila, K.S. Novoselov, and A.K. Geim, 2018, *Anomalously low dielectric constant of confined water*, **Science 360**, 1339.

G

Ganeshan, S., R. Ramírez, and M. V. Fernández-Serra, 2013, *Simulation of quantum zero-point effects in water using a frequency-dependent thermostat*, **Phys. Rev. B 87**, 134207.

Gao, B. J., L. R. Ding, Z. J. Wang, Y. Zhang, J. Li, and J. Su, 2016, *Water-cooled resistive magnets at CHMFL*, **IEEE Trans. Appl. Supercon. 26**, 0600506.

Gao, G., A. R. Oganov, A. Bergara, M. Martinez-Canales, T. Cui, T. Iitaka, Y. Ma, and G. Zou, 2008, *Superconducting high pressure phase of germane*, **Phys. Rev. Lett. 101**, 107002.

Gao, L., Y. Y. Xue, F. Chen, Q. Xiong, R. L. Meng, D. Ramirez, C. W. Chu, J. H. Eggert, and H. K. Mao, 1994, *Superconductivity up to 164-K in $HgBa_2Ca_{m-1}Cu_mO_{2m+2+\delta}$ (m=1, 2, and 3) under quasi-hydrostatic pressures*, **Phys. Rev. B 50**, 4260.

Gao, M., Z. Y. Lu, and T. Xiang, 2015, *Finding highemperature superconductors by metallizing theobonding electrons*, **Physics 44**, 421.

Gao, P., C. T. Nelson, J. R. Jokisaari, S. H. Baek, C. W. Bark, Y. Zhang, E. G. Wang, D. G. Schlom, C. B. Eom, and X. Q. Pan, 2011, *Revealing the role of defects in ferroelectric switching with atomic resolution*, **Nat. Commun. 2**, 1600.

Gao, P., J. Britson, J. R. Jokisaari, C. T. Nelson, S.-H. Baek, Y. Wang, C.-B. Eom, L.-Q. Chen, and

X. Pan, 2013, *Atomic-scale mechanisms of ferroelastic domain-wall-mediated ferroelectric switching*, **Nat. Commun. 4**, 3791.

Gao, P., S. Yang, R. Ishikawa, N. Li, B. Feng, A. Kumamoto, N. Shibata, P. Yu, and Y. Ikuhara, 2018, *Atomic-scale measurement of flexoelectric polarization at $SrTiO_3$ dislocations*, **Phys. Rev. Lett. 120**, 267601.

Gao, Y. Q., 2008, *An integrate-over-temperature approach for enhanced sampling*, **J. Chem. Phys. 128**, 064105.

Garrett, B. C., D. G. Truhlar, R. S. Grev, and A. W. Magnuson, 1980, *Improved treatment of threshold contributions in variational transition-state theory*, **J. Phys. Chem. 84**, 1730.

Geick, R., C. H. Perry, and G. Rupprech, 1966, *Normal modes in hexagonal boron nitride*, **Phys. Rev., 146**, 543.

Georges, A., G. Kotliar, W. Krauth, and M. J. Rozenberg, 1996, *Dynamical mean-field theory of strongly correlated fermion systems and the limit of infinite dimensions*, **Rev. Mod. Phys. 68**, 13.

Gerber, R. B., V. Buch, and M. A. Ratner, 1982, *Time-dependent self-consistent field approximation for intramolecular energy transfer. I. Formulation and application to dissociation of van der Waals molecules*, **J. Chem. Phys. 77**, 3022

Ghosh, S., P. Verma, C. J. Cramer, L. Gagliardi, and D. G. Truhlar, 2018, *Combining wave function methods with density functional theory for excited states*, **Chem. Rev. 118**, 7249.

Giannozzi, P., S. Baroni, N. Bonini, M, Calandra, R. Car, C. Cavazzoni, D. Ceresoli, G. L. Chiarotti, M. Cococcioni, I. Dabo, A. D. Corso, S. de Gironcoli, S. Fabris, G. Fratesi, R. Gebauer, U. Gerstmann, C. Gougoussis, A. Kokalj, M. Lazzeri, L. Martin-Samos, N. Marzari, F. Mauri, R. Mazzarello, S. Paolini, A. Pasquarello, L. Paulatto, C. Sbraccia, S. Scandolo, G. Sclauzero, A. P. Seitsonen, A. Smogunov, P. Umari1, and R. M. Wentzcovitch, 2009, *Quantum Espresso: A modular and open-source software project for quantum simulations of materials*, **J. Phys.: Condens. Matter 21**, 395502.

Giannozzi, P., O. Andreussi, T. Brumme, O. Bunau, M. B. Nardelli, M. Calandra, R. Car, C. Cavazzoni, D. Ceresoli, M. Cococcioni, N. Colonna, I. Carnimeo, A. D. Corso, S. de Gironcoli, P. Delugas, R. A. DiStasio Jr, A. Ferretti, A. Floris, G. Fratesi, G. Fugallo, R. Gebauer, U. Gerstmann, F. Giustino, T. Gorni, J. Jia, M. Kawamura, H.-Y. Ko, A. Kokalj, E. Küçükbenli, M. Lazzeri, M. Marsili, N. Marzari, F. Mauri, N. L. Nguyen, H.-V. Nguyen, A. Otero-de-la-Roza, L. Paulatto, S. Poncé, D. Rocca, R. Sabatini, B. Santra, M. Schlipf, A. P. Seitsonen, A. Smogunov, I. Timrov, T. Thonhauser, P. Umari, N. Vast, X. Wu, and S. Baroni, 2017, *Advanced capabilities for materials modelling with quantum ESPRESSO*. **J. Phys-Condens. Mat. 29**, 465901.

Giessibl, F. J., 2003, *Advances in atomic force microscopy*, **Rev. Mod. Phys. 75**, 949.

Giles, A. J., S. Dai, I. Vurgaftman, T. Hoffman, S. Liu, L. Lindsay, C. T. Ellis, N. Assefa, I. Chatzakis, T. L. Reinecke, J. G. Tischler, M. M. Fogler, J. H. Edgar, D. N. Basov, and J. D. Caldwell, 2018, *Ultralow-loss polaritons in isotopically pure boron nitride*, **Nat. Mater. 17**, 134.

Giuliani, A., M. A. Ricci, and F. Bruni, 2012, *Quantum effects and the local environment of water hydrogen: Deep inelastic neutron scattering study*, **Phys. Rev. B 86**, 104308.

Giustino, F., M. L. Cohen, and S. G. Louie, 2007, *Electron-phonon interaction using Wannier functions*, **Phys. Rev. B 76**, 165108.

Giustino, F., S. G. Louie, and M. L. Cohen, 2010, *Electron-phonon renormalization of the direct band gap of diamond*, **Phys. Rev. Lett. 105**, 265501.

Giustino, F., 2017, *Electron-phonon interactions from first principles*, **Rev. Mod. Phys. 89**, 015003.

Godbeer, A. D., J. S. Al-Khalili, and P. D. Stevenson, 2015, *Modelling proton tunnelling in the adenine-thymine base pair*, **Phys. Chem. Chem. Phys. 17**, 13034.

Golze, D., M. Dvorak, and P. Rinke, 2019, *The GW compendium: A practical guide to theoretical photoemission spectroscopy*, **Front. Chem. 7**, 377.

Goncharov, A. F., I. I. Mazin, J. H. Eggert, R. J. Hemley, and H. K. Mao, 1995, *Invariant points and phase-transitions in deuterium at megabar pressures*, **Phys. Rev. Lett. 75**, 2514.

Goncharov, A. F., V. V. Struzhkin, M. S. Somayazulu, R. J. Hemley, and H. K. Mao, 1996, *Compression of ice to 210 gigapascals: Infrared evidence for a symmetric hydrogen-bonded phase*, **Science 273**, 218.

Goncharov, A. F., V. V. Struzhkin, H. K. Mao, and R. J. Hemley, 1999, *Raman spectroscopy of dense H_2O and the transition to symmetric hydrogen bonds*, **Phys. Rev. Lett. 83**, 1998.

Goncharov, A. F., R. J. Hemley, and H. K. Mao, 2011, *Vibron frequencies of solid H_2 and D_2 to 200 GPa and implications for the P-T phase diagram*, **J. Chem. Phys. 134**, 174501.

Gonze, X., P. Boulanger, and M. Côté, 2011, *Theoretical approaches to the temperature and zero-point motion effects on the electronic band structure*, **Ann. Phys. 523**, 168.

Gorelli, F. A., S. F. Elatresh, C. L. Guillaume, M. Marqués, G. J. Ackland, M. Santoro, S. A. Bonev, and E. Gregoryanz, 2012, *Lattice dynamics of dense lithium*, **Phys. Rev. Lett. 108**, 055501.

Gorelov, V., M. Holtzmann, and D. M. Ceperley, 2020, *Energy gap closure of crystalline molecular hydrogen with pressure*, **Phys. Rev. Lett. 124**, 116401.

Goumans, T. P. M., and J. Kästner, 2010, *Hydrogen-atom tunneling could contribute to H_2 formation in space*, **Angew. Chem. Int. Ed. 49**, 7350.

Graham, A. P., A. Menzel, and J. P. Toennies, 1999, *Quasielastic helium atom scattering measurements of microscopic diffusional dynamics of H and D on the Pt(111) surface*, **J. Chem. Phys. 111**, 1676.

Green, M. S., 1952, *Markoff random processes and the statistical mechanics of time-dependent phenomena*, **J. Chem. Phys. 20**, 1281.

Green, M. S., 1954, *Markoff random processes and the statistical mechanics of time-dependent phenomena. II. Irreversible processes in fluids*, **J. Chem. Phys. 22**, 398.

Greenwood, D., 1958, *The boltzmann equation in the theory of electrical conduction in metals*, **Proc. Phys. Soc. 71**, 585.

Greywall, D. S., 1975, *Low-temperature specific-heat anomaly of bcc ^3He*, **Phys. Rev. Lett. 30**, 1125.

Grimm, R. C., and R. G. Storer, 1971, *Monte-carlo solution of schrödinger's equation*, **J. Comput. Phys. 7**, 134.

Grimvall, G., 1981, *The electron-phonon interaction in metals*, (North-Holland, Amsterdam).

Gross, L., F. Mohn, N. Moll, P. Liljeroth, and G. Meyer, 2009, *The chemical structure of a molecule resolved by atomic force microscopy*, **Science 325**, 1110.

Gross, L., F. Mohn, N. Moll, B. Schuler, A. Criado, E. Guitian, D. Pena, A. Gourdon, and G. Meyer, 2012, *Bond-order discrimination by atomic force microscopy*, **Science 337**, 1326.

Gu, Y. L., M. T. Zheng, Y. L. Liu, and Z. L. Xu, 2007, *Low-temperature synthesis and growth of hexagonal boron-nitride in a lithium bromide melt*, **J. Am. Chem. Soc., 90**, 1589.

Guan, M. X., E. Wang, P. W. You, J. T. Sun, and S. Meng, 2021, *Manipulating Weyl quasiparticles by orbital-selective photoexcitation in WTe_2*, **Nat. Commun. 12**, 1885.

Guan, M. X., X. Liu, D. Chen, X. Li, Y. Qi, Q. Yang, P. You, and S. Meng, 2022, *Optical control of multistage phase transition via phonon coupling in $MoTe_2$*, **Phys. Rev. Lett. 128**, 015702.

Guillaume, C. L., E. Gregoryanz, O. Degtyareva, M. I. McMahon, M. Hanfland, S. Evans, M. Guthrie, S. V. Sinogeikin, and H. K. Mao, 2011, *Cold melting and solid structures of dense lithium*, **Nat. Phys. 7**, 211.

Guo, G. C., D. Wang, X. L. Wei, Q. Zhang, H. Liu, W. M. Lau, and L. M. Liu, 2015, *First-principles study of phosphorene and graphene heterostructure as anode materials for rechargeable Li batteries.* **J. Phys. Chem. Lett. 6**, 5002.

Guo, J., X. Z. Meng, J. Chen, J. B. Peng, J. M. Sheng, X. Z. Li, L. M. Xu, J. R. Shi, E. G. Wang, and Y. Jiang, 2014, *Real-space imaging of interfacial water with submolecular resolution*, **Nat. Mater. 13**, 184.

Guo, J., J. T. Lü, Y. X. Feng, J. Chen, J. B. Peng, Z. R. Lin, X. Z. Meng, Z. C. Wang, X. Z. Li, E. G. Wang, and Y. Jiang, 2016a, *Nuclear quantum effects of hydrogen bonds probed by tip-enhanced inelastic electron tunneling*, **Science 352**, 321.

Guo, J., K. Bian, Z. Lin, and Y. Jiang, 2016b, *Perspective: Structure and dynamics of water at surfaces probed by scanning tunneling microscopy and spectroscopy*, **J. Chem. Phys. 145**, 160901.

Guo, J., X. Z. Li, J. B. Peng, E. G. Wang, and Y. Jiang, 2017, *Atomic-scale investigation of nuclear quantum effects of surface water: Experiments and theory*, **Prog. Surf. Sci. 92**, 203.

Guo, J., and Y. Jiang, 2022, *Submolecular insights into interfacial water by hydrogen-sensitive scanning probe microscopy*, **Acc. Chem. Res. 55,** 1680.

Guo, J. Q., L. Y. Zhou, A. Zen, A. Michaelides, X. F. Wu, E. G. Wang, L. M. Xu, and J. Chen, 2020, *Hydration of NH_4^+ in water: Bifurcated hydrogen bonding structures and fast rotational dynamics*, **Phys. Rev. Lett. 125**, 106001.

Guo, J. Q., B. C. Cheng, L. M. Xu, E. G. Wang, and J. Chen, 2022, *Onset of metallic transition in molecular liquid hydrogen*, **arXiv:2201.03157**.

Guo, S., X. Hu, W. Zhou, X. Liu, Y. Gao, S. Zhang, K. Zhang, Z. Zhu, and H. Zeng, 2018, *Mechanistic understanding of two-dimensional phosphorus, arsenic, and antimony high-capacity anodes for fast-charging lithium/sodium ion batteries*, **J. Phys. Chem. C 122**, 29559.

Gutzwiller, M. C., 1963, *Effect of correlation on the ferromagnetism of transition metals*, **Phys. Rev. Lett. 10**, 159.

H

Habershon, S., D. E. Manolopoulos, T. E. Markland, and T. F. Miller, 2013, *Ring-polymer molecular dynamics: Quantum effects in chemical dynamics from classical trajectories in an extended phase space.* **Annu. Rev. Phys. Chem. 64**, 387.

Hachtel, J. A., J. S. Huang, I. Popovs, S. Jansone-Popova, J. K. Keum, J. Jakowski, T. C. Lovejoy, N. Dellby, O. L. Krivanek, and J. C. Idrobo, 2019, *Identification of site-specific isotopic labels by vibrational spectroscopy in the electron microscope*, **Science 363**, 525.

Hack, M. D., and D. G. Truhlar, 2000, *Nonadiabatic trajectories at an exhibition*, **J. Phys. Chem. A 104**, 7917.

Hage, F. S., D. M. Kepaptsoglou, Q. M. Ramasse, and L. J. Allen, 2019, *Phonon spectroscopy at atomic resolution*, **Phys. Rev. Lett. 122**, 016103.

Hage, F. S., G. Radtke, D. M. Kepaptsoglou, M. Lazzeri, and Q. M. Ramasse, 2020, *Single-atom vibrational spectroscopy in the scanning transmission electron microscope*, **Science 367**, 1124.

Hahn, S., K. Kim, K. Kim, X. B. Hu, T. Painter, I. Dixon, S. Kim, K. R. Bhattarai, S. Noguchi, J.

Jaroszynski, and D. C. Larbalestier, 2019, *45.5-tesla direct-current magnetic field generated with a high-temperature superconducting magnet*, **Nature 570**, 496.

Haid, S., M. Marszalek, A. Mishra, M. Wielopolski, J. Teuscher, J. E. Moser, R. Humphry-Baker, S. M. Zakeeruddin, M. Grätzel, and P. Bäuerle, 2012, *Significant improvement of dye-sensitized solar cell performance by small structural modification in π-conjugated donor−acceptor dyes*, **Adv. Funct. Mater. 22**, 1291.

Haji-Akbari, A., and P. G. Debenedetti, 2015, *Direct calculation of ice homogeneous nucleation rate for a molecular model of water*, **Proc. Natl. Acad. Sci. U.S.A. 112**, 10582.

Haldane, F. D. M., 1988, *Exact Jastro-Gutzwiller resonating-valence-bond ground state of the spin-1/2 antiferromagnetic Heisenberg chain with 1/r2 exchange*, **Phys. Rev. Lett. 60**, 635.

Hall, G. G., 1951, *The molecular orbital theory of chemical valency. VIII. A method of calculating ionization potentials*, **Proc. Roy. Soc. A. 205**, 541.

Hall, L. H., J. Bardeen, and F. J. Blatt, 1954, *Infrared absorption spectrum of germanium*, **Phys. Rev. 95**, 559.

Hallock, R. B., 2015, *Is solid helium a supersolid?* **Physics Today 68**, 30.

Hama, T., H. Ueta, A. Kouchi, and N. Watanabe, 2015, *Quantum tunneling observed without its characteristic large kinetic isotope effects*, **Proc. Natl. Acad. Sci. U.S.A. 112**, 7438.

Hämäläinen, S. K., N. van der Heijden, J. van der Lit, S. den Hartog, P. Liljeroth, and I. Swart, 2014, *Intermolecular contrast in atomic force microscopy images without intermolecular bonds*, **Phys. Rev. Lett. 113**, 186102.

Hamann, D. R., M. Schlüter, and C. Chiang, 1979, *Norm-conserving pseudopotentials*, **Phys. Rev. Lett. 43**, 1494.

Hamm, P., and G. Stock, 2015, *Nonadiabatic vibrational dynamics in the HCO-2·H$_2$O complex*, **J. Chem. Phys. 143**, 134308.

Han, E. X., W. Fang, M. Stamatakis, J. O. Richardson, and J. Chen, 2022, *Quantum tunnelling driven H$_2$ formation on graphene*, **J. Phys. Chem. Lett. 13**, 3173.

Han, K. L., 2004, *Nonadiabatic Dynamics with split-operator scheme on multiple potential energy Surfaces*, **Acta Phys. Chim. Sin. 20**, 1032.

Han, W. Q., H. G. Yu, C. Zhi, J. Wang, Z. Liu, T. Sekiguchi, and Y. Bando, 2008, *Isotope effect on band gap and radiative transitions properties of boron nitride nanotubes*, **Nano Lett. 8**, 491.

Hapala, P., G. Kichin, C. Wagner, F. S. Tautz, R. Temirov, and P. Jelínek, 2014, *Mechanism of high-resolution STM/AFM imaging with functionalized tips*, **Phys. Rev. B 90**, 085421.

Harada, Y., T. Tokushima, Y. Horikawa, O. Takahashi, H. Niwa, M. Kobayashi, M. Oshima, Y. Senba, H. Ohashi, K. T. Wikfeldt, A. Nilsson, L. G. M. Pettersson, and S. Shin, 2013, *Selective probing of the OH or OD stretch vibration in liquid water using resonant inelastic soft-X-ray scattering*, **Phys. Rev. Lett. 111**, 193001.

Hardy, E. H., A. Zygar, and M. D. Zeidler, 2001, *Isotope effect on the translational and rotational motion in liquid water and ammonia*, **J. Chem. Phys. 114**, 3174.

Hare, D. E., and C. M. Sorensen, 1987, *The density of supercooled water. II. Bulk samples cooled to the homogeneous nucleation limit*, **J. Chem. Phys. 87**, 4840.

Harrison, W. A., 1980, *Electronic structure and the properties of solids: The physics of the chemical bond*, (W. H. Freeman and Company, San Francisco).

Hartree, D. R., 1928, *The wave mechanics of an atom with a non-coulomb central field. Part I. Theory and methods*, **Math. Proc. Cam. Phil. Soc. 24**, 89.

Hasan, M. Z., and C. L. Kane, 2010, *Colloquium: Topological insulators*, **Rev. Mod. Phys. 82**,

3045.

Hedin, L., 1965, *New method for calculating the one-particle Green's function with application to the electron-gas problem*, **Phys. Rev. 139**, A796.

Hehre, W. J., R. Ditchfield, and J. A. Pople, 1972, *Self-consistent molecular orbital methods. XII. Further extensions of Gaussian-type basis sets for use in molecular orbital studies of organic molecules*, **J. Chem. Phys. 56**, 2257.

Heil, C., S. D. Cataldo, G. B. Bachelet, and L. Boeri, 2019, *Superconductivity in sodalite-like yttrium hydride clathrates*, **Phys. Rev. B 99**, 220502.

Heinrich, A. J., C. P. Lutz, J. A. Gupta, and D. M. Eigler, 2002, *Molecule cascades*, **Science 298**, 1381.

Hele, T. J., 2011, *Master's Thesis*, Exeter College, Oxford University.

Hele, T. J., and S. C. Althorpe, 2013, *Derivation of a true $(t \to 0_+)$ quantum transition-state theory. I. Uniqueness and equivalence to ring-polymer molecular dynamics transition-state-theory*, **J. Chem. Phys. 138**, 084108.

Hellmann, S., T. Rohwer, M. Kallane, K. Hanff, C. Sohrt, A. Stange, A. Carr, M. M. Murnane, H. C. Kapteyn, L. Kipp, M. Bauer, and K. Rossnagel, 2012, *Time-domain classification of charge-density-wave insulators*, **Nat. Commun. 3**, 1069.

Hemley, R. J., P. M. Bell, and H. K. Mao, 1987, *Laser techniques in high-pressure geophysics*, **Science 237**, 605.

Henson, A. B., S. Gersten, Y. Shagam, J. Narevicius, and E. Narevicius, 2012, *Observation of resonances in penning ionization reactions at sub-Kelvin temperatures in merged beams*, **Science 338**, 234.

Hentschel, M., R. Kienberger, Ch. Spielmann, G.A. Reider, N. Milosevic, T. Brabec, P. Corkum, U. Heinzmann, M. Drescher, and F. Krausz, 2001, *Arrosecond metrology*, **Nature 414**, 509.

Herman, M. F., and E. Kluk, 1984, *A semiclasical justification for the use of non-spreading wavepackets in dynamics calculations*, **Che. Phys. 91**, 27.

Herman, M. F., 1997, *Improving the accuracy of semiclassical wavepacket propagation using integral conditioning techniques*, **Chem. Phys. Lett. 275**, 445.

Hernandez, E. R., A. Rodriguez-Prieto, A. Bergara, and D. Alfè, 2010, *First-principles simulations of lithium melting: Stability of the bcc phase close to melting*, **Phys. Rev. Lett. 104**, 185701.

Herrero C. P., and R. Ramírez, 2000, *Structural and thermodynamic properties of diamond: A path-integral Monte Carlo study*, **Phys. Rev. B 63**, 024103.

Herrero, C. P., and R. Ramírez, 2009, *Vibrational properties and diffusion of hydrogen on graphene*, **Phys. Rev. B 79**, 115429.

Hill, P. G., R. D. C. MacMillan, and V. Lee, 1982, *A fundamental equation of state for heavy-water*, **J. Phys. Chem. Ref. Data 11**, 1.

Hinks, D. G., H. Claus, and J. D. Jorgensen, 2001, *The complex nature of superconductivity in MgB_2 as revealed by the reduced total isotope effect*, **Nature 411**, 457.

Hinks, D. G., and J. D. Jorgensen, 2003, *The isotope effect and phonons in MgB_2*, **Physica C: Superconductivity 385,** 98.

Hirsch, K., and W. Holzapfel, 1986, *Effect of high pressure on the Raman spectra of ice VIII and evidence for ice X*, **J. Chem. Phys. 84**, 2771.

Hladky-Hennion, A. C., G. Allan, and M. de Billy, 2005, *Localized modes in a one-dimensional diatomic chain of coupled spheres*, **J. Appl. Phys. 98**, 054909.

Ho, W., 2002, *Single-molecule chemistry*, **J. Chem. Phys. 117**, 11033.

Höchli, U. T., and L. A. Boatner, 1979, *Quantum ferroelectricity in $K_{1-x}Na_xTaO_3$ and $KTa_{1-y}Nb_yO_3$*. **Phys. Rev. B 20**, 266.

Hohenberg, P., and W. Kohn, 1964, *Inhomogeneous electron gas*, **Phys. Rev. 136**, B864.

Hohenberg, P. C., and P. M. Platzman, 1966, *High-energy neutron scattering from liquid ^4He*, **Phys. Rev. 152**, 198.

Holz, M., S. R. Heil, and A. Sacco, 2000, *Temperature-dependent self-diffusion coefficients of water and six selected molecular liquids for calibration in accurate ^1H NMRPFG measurements*, **Phys. Chem. Chem. Phys. 2**, 4740.

Hong, F., L. X. Yang, P. F. Shan, P. T. Yang, Z. Y. Liu, J. P. Sun, Y. Y. Yin, X. H. Yu, J. G. Cheng, and Z. X. Zhao, 2020, *Superconductivity of lanthanum superhydride investigated using the standard four-probe configuration under high pressures*, **Chin. Phys. Lett. 37**, 107401.

Hong, H, C. Huang , C. Ma, J. Qi, X. Shi, C. Liu, S. Wu, Z. Sun, E. G. Wang, and K. H. Liu, 2023, *Twist Phase Matching in Two-Dimensional Materials*, **Phys. Rev. Lett. 131**, 233801.

Hong, J. N., Y. Tian, T. Liang, X. Liu, Y. Song, D. Guan, Z. Yan, J. Guo, B. Tang, D. Y. Cao, J. Guo, J. Chen, D. Pan, L. M. Xu, E. G. Wang, and Y. Jiang, 2024, *Imaging surface structure and premelting of ice Ih with atomic resolution*, **Nature 630**, 375.

Hong, N.-S., D. Petrović, R. Lee, G. Gryn'ova, M. Purg, J. Saunders, P. Bauer, P. D. Carr, C.-Y. Lin, P. D. Mabbitt, W. Zhang, T. Altamore, C. Easton, M. L. Coote, S. C. L. Kamerlin, and C. J. Jackson, 2018, *The evolution of multiple active site configurations in a designed enzyme*, **Nat. Commun. 9**, 3900.

Hong, S., S. M. Nakhmanson, and D. D. Fong, 2016, *Screening mechanisms at polar oxide heterointerfaces*, **Rep. Prog. Phys. 79**, 076501.

Hong, X. P., J. Kim, S. F. Shi, Y. Zhang, C. Jin, Y. Sun, S. Tongay, J. Wu, Y. Zhang, and F. Wang, 2014, *Ultrafast charge transfer in atomically thin MoS_2/WS_2 heterostructures*, **Nat. Nanotechnol. 9**, 682.

Hoover, W. G., 1985, *Canonical dynamics: Equilibrium phase-space distributions*, **Phys. Rev. A 31**, 1695.

Hoover, W. G., 1986, *Constant-pressure equations of motion*, **Phys. Rev. A 34**, 2499.

Horita, J., and D. J. Wesolowski, 1994, *Liquid-vapor fractionation of oxygen and hydrogen isotopes of water from the freezing to the critical-temperature*, **Geochim. Cosmochim. Acta 58**, 3425.

Horsewill, A. J., and Q. Xue, 2002, *Magnetic field-cycling investigations of molecular tunnelling*, **Phys. Chem. Chem. Phys. 4**, 5475.

Horsewill, A. J., and W. Wu, 2006, *Proton tunneling in a hydrogen bond measured by cross-relaxation field-cycling NMR*, **J. Magn. Reson. 179**, 169.

Hörst, S. M., R. V. Yelle, A. Buch, N. Carrascon, G. Cernogora, O. Dutuit, E. Quirico, E. Sciamma-O'Brien, M. A. Smith, Á. Somogyi, C. Szopa, R. Thissen, and V. Vuitton, 2012, *Formation of amino acids and nucleotide bases in a titan atmosphere simulation experiment*, **Astrobiology 12**, 809.

Howie, R. T., C. L. Guillaume, T. Scheler, A. F. Goncharov, and E. Gregoryanz, 2012a, *Mixed molecular and atomic phase of dense hydrogen*, **Phys. Rev. Lett. 108**, 125501.

Howie, R. T., T. Scheler, C. L. Guillaume, and E. Gregoryanz, 2012b, *Proton tunneling in phase IV of hydrogen and deuterium*, **Phys. Rev. B 86**, 214104.

Hu, C. P., H. Hirai, and O. Sugino, 2007, *Nonadiabatic couplings from time-dependent density functional theory: Formulation in the Casida formalism and practical scheme within modified linear response*, **J. Chem. Phys. 127**, 064103.

Hu, M. G., Y. Liu, D. D. Grimes, Y. W. Lin, A. H. Gheorghe, R. Vexiau, N. Bouloufa-Maafa, O. Dulieu, T. Rosenband, and K. K. Ni, 2019, *Direct observation of bimolecular reactions of ultracold KRb molecules*, **Science 366**, 1111.

Hu, S., M. Lozada-Hidalgo, F. C. Wang, A. Mishchenko, F. Schedin, R. R. Nair, E. W. Hill, D. W. Boukhvalov, M. I. Katsnelson, R. A. W. Dryfe, I. V. Grigorieva, H. A. Wu, and A. K. Geim, 2014, *Proton transport through one-atom-thick crystals*, **Nature 516**, 227.

Hu, S. Q., H. Zhao, C. Lian, X. B. Liu, M. X. Guan, and S. Meng, 2022, *Tracking photocarrier-enhanced electron-phonon coupling in nonequilibrium*, **npj quant. mater. 7**, 14.

Huang, M. J., and M. Wolfsberg, 1984, *Tunneling in the automerization of cyclobutadiene*, **J. Am. Chem. Soc., 106**, 4039.

Huang, Q., D. L. Yu, B. Xu, W. T. Hu, Y. M. Ma, Y. B. Wang, Z. S. Zhao, B. Wen, J. L. He, Z. Y. Liu, and Y. J. Tian, 2014, *Nanotwinned diamond with unprecedented hardness and stability*, **Nature 510**, 250.

Huang, X., L. Wang, K. Liu, L. Liao, H. Sun, J. Wang, X. Tian, Z. Xu, W. Wang, L. Liu, Y. Jiang, J. Chen, E. G. Wang, and X. Bai, 2023, *Tracking cubic ice at molecular resolution*, **Nature 617**, 86.

Hubacek, M., and T. Sato, 1997, *The effect of copper on the crystallization of hexagonal boron nitride*, **J. Mater. Sci. 32**, 3293.

Huo, P., and D. F. Coker, 2012, *Consistent schemes for non-adiabatic dynamics derived from partial linearized density matrix propagation*, **J. Chem. Phys. 137**, 22A535.

Huynh, M. H. V., and T. J. Meyer, 2007, *Proton-coupled electron transfer*, **Chem. Rev. 107**, 5004.

Hybertsen, M. S., and S. G. Louie, 1986, *Electron correlation in semiconductors and insulators: Band gaps and quasiparticle energies*, **Phys. Rev. B 34**, 5390.

I

Ishii, K., J. Haruyama, and O. Sugino, 2021, *Optical representation of thermal nuclear fluctuation effect on band-gap renormalization*, **Phys. Rev. B 104**, 245144.

Ishii, T., and T. Sato, 1983, *Growth of single-crystals of hexagonal boron-nitride*, **J. Cryst. Growth, 61**, 689.

Itoh, M. R., R. Wang, Y. Inaguma, T. Yamaguchi, Y. J. Shan, and T. Nakamura, 1999, *Ferroelectricity induced by oxygen isotope exchange in strontium titanate perovskite*. **Phys. Rev. Lett. 82**, 3540.

Iwashita, T., B. Wu, W.-R. Chen, S. Tsutsui, A. Q. R. Baron, and T. Egami, 2017, *Seeing real-space dynamics of liquid water through inelastic x-ray scattering*, **Sci. Adv. 3**, e1603079.

J

Jaccard, D., K. Behnia, and J. Sierro, 1992, *Pressure-induced heavy fermion superconductivity of $CeCu_2Ge_2$*, **Phys. Lett. A 163**, 475.

Jakowski, J., J. Huang, S. Garashchuk, Y. Luo, K. Hong, J. Keum, and B. G. Sumpter, 2017, *Deuteration as a means to tune crystallinity of conducting polymers*, **J. Phys. Chem. Lett. 8**, 4333.

Jakowski, J., J. Huang, B. G. Sumpter, and S. Garashchuk, 2018, *Theoretical assessment of the nuclear quantum effects on polymer crystallinity via perturbation theory and dynamics*, **Int. J. Quantum Chem. 118**, e25712.

Jastrow, R., 1955, *Many-body problem with strong forces*, **Phys. Rev. 98**, 1479.

Jenkinson, R. I., A. Ikram, A. J. Horsewill, and H. P. Trommsdorff, 2003, *The quantum dynamics of proton transfer in benzoic acid measured by single crystal NMR spectroscopy and relaxometry*, **Chem. Phys. 294**, 95.

Jérome, D., A. Mazaud, M. Ribault, and K. Bechgaard, 1980, *Superconductivity in a synthetic organic conductor (TMTSF)$_2$PF$_6$*, **J. Physique Lett. 41**, 95.

Jesse, S., B. J. Rodriguez, S. Choudhury, A. P. Baddorf, I. Vrejoiu, D. Hesse, M. Alexe, E. A. Eliseev, A. N. Morozovska, J. Zhang, L. Q. Chen, and S. V. Kalinin, 2008, *Direct imaging of the spatial and energy distribution of nucleation centres in ferroelectric materials.* **Nat. Mater. 7**, 209.

Ji, S. H., F. Wang, L. L. Zhu, X. G. Xu, Z. P. Wang, and X. Sun, 2013, *Non-critical phase-matching fourth harmonic generation of a 1053-nm laser in an ADP crystal*, **Sci. Rep. 3**, 1605.

Jia, C. L., S. B. Mi, K. Urban, I. Vrejoiu, M. Alexe, and D. Hesse, 2009, *Effect of a single dislocation in a heterostructure layer on the local polarization of a ferroelectric layer*, **Phys. Rev. Lett. 102**, 117601.

Jia, C. L., K. W. Urban, M. Alexe, D. Hesse, and I. Vrejoiu, 2011, *Direct observation of continuous electric dipole rotation in flux-closure domains in ferroelectric Pb(Zr, Ti)O$_3$*. **Science 331**, 1420.

Jiang, F., T. Peng, H. X. Xiao, J. L. Zhao, Y. Pan, F. Herlach, and L. Li, 2014, *Design and test of a flat-top magnetic field system driven by capacitor banks*, **Rev. Sci. Instrum. 85**, 045106.

Jiang, T. H., Y. L. Chen, N. A. Bogdanov, E. G. Wang, A. Alavi, and J. Chen, 2021, *A full configuration interaction quantum Monte Carlo study of ScO, TiO, and VO molecules*, **J. Chem. Phys. 154**, 164302.

Jiang, T. H., W. Fang, A. Alavi, and J. Chen, 2022, *General analytical nuclear force and molecular potential energy surface from full configuration interaction quantum Monte Carlo*, **arXiv:2204.13356**.

Jiao, K. J., Y. K. Xing, Q. L. Yang, H. Qiu, and T. S. Mei, 2020, *Site-selective C-H functionalization via synergistic use of electrochemistry and transition metal catalysis*, **Acc. Chem. Res. 53**, 2.

Jokisaari, J. R., J. A. Hachtel, X. Hu, A. Mukherjee, C. H. Wang, A. Konecna, T. C. Lovejoy, N. Dellby, J. Aizpurua, O. L. Krivanek, J. C. Idrobo, and R. F. Klie, 2018, *Vibrational spectroscopy of water with high spatial resolution*, **Adv. Mater. 30**, 1802702.

Jones, H., R. J. Nicholas, and W. J. Siertsema, 2000, *The upgrade of the Oxford high magnetic field laboratory*, **IEEE Trans. Appl. Supercon. 10**, 1552.

Jones, H., P. Frings, O. Portugall, M. von Ortenberg, A. Lagutin, F. Herlach, and L. van Bockstal, 2006, *ARMS: A successful European program for an 80-T user magnet*, **IEEE Trans. Appl. Supercon. 16**, 1684.

K

Kaczmarek, A., M. Shiga, and D. Marx, 2009, *Quantum effects on vibrational and electronic spectra of hydrazine studied by "on-the-fly" ab initio ring polymer molecular dynamics*, **J. Phys. Chem. A 113**, 1985.

Kaischew, R., and F. Simon, 1934, *Some thermal properties of condensed helium*, **Nature 133**, 460.

Kang, D.D., H. Sun, J. Dai, W. Chen, Z. Zhao, Y. Hou, J. Zeng, and J. Yuan, 2014, *Nuclear quantum dynamics in dense hydrogen*, **Sci. Rep. 4**, 5484.

Kang, J. H., G. Sauti, C. Park, V. I. Yamakov, K. E. Wise, S. E. Lowther, C. C. Fay, S. A. Thibeault, and R. G. Bryant, 2015, *Multifunctional electroactive nanocomposites based on piezoelectric boron nitride nanotubes*, **ACS Nano 9**, 11942.

Kapil, V., C. Schran, A. Zen, J. Chen, C. J. Pickard, and A. Michaelides, 2022, *The first-principles phase diagram of monolayer nanoconfined water*, **Nature 609**, 512.

Kapitza, P., 1924, *A method of producing strong magnetic fields*, **Proc. Roy. Soc. Lond. A 105**, 691.

Kapitza, P., 1938, *Viscosity of liquid helium below the λ-point*, **Nature 141**, 74.

Kargel, J. S., 2006, *Enceladus: Cosmic gymnast, volatile miniworld*, **Science 311**, 1389.

Karmakar, S., C. Chowdhury, and A. Datta, 2016, *Two-dimensional group IV monochalcogenides: anode materials for Li-Ion batteries*, **J. Phys. Chem. C 120**, 14522.

Kavokine, N., M. L. Bocquet, and L. Bocquet, 2022, *Fluctuation-induced quantum friction in nanoscale water flows*, **Nature 602**, 84.

Kawashima, Y., K. Suzuki, and M. Tachikawa, 2013, *Ab initio path integral simulations for the fluoride ion-water clusters: Competitive nuclear quantum effect between F^- -water and water-water hydrogen bonds*, **J. Phys. Chem. A 117**, 5205.

Kell, G. S., 1977, *Effects of isotopic composition, temperature, pressure, and dissolved-gases on density of liquid water*, **J. Phys. Chem. Ref. Data 6**, 1109.

Kendall, R. A., and T. H. Dunning Jr., 1992, *Electron affinities of the first-row atoms revisited. Systematic basis sets and wave functions*, **J. Chem. Phys. 96**, 6796.

Kent, P. R. C., and G. Kotliar, 2018, *Toward a predictive theory of correlated materials*, **Science 361**, 348.

Keutsch, F. N., J. D. Cruzan, and R. J. Saykally, 2003, *The water trimer*, **Chem. Rev. 103**, 2533.

Kim, D. S., O. Hellman, J. Herriman, H. L. Smith, J. Y. Y. Lin, N. Shulumba, J. L. Niedziela, C. W. Li, D. L. Abernathy, and B. Fultz, 2018, *Nuclear quantum effect with pure anharmonicity and the anomalous thermal expansion of silicon*, **Proc. Natl. Acad. Sci. U.S.A. 115**, 1992.

Kim, D. Y., and M. H. W. Chan, 2014, *Upper limit of supersolidity in solid helium*, **Phys. Rev. B 90**, 064503.

Kim, E., and M. H. W. Chan, 2004a, *Observation of superflow in solid helium*, **Science 305,** 1941.

Kim, E., and M. H. W. Chan, 2004b, *Probable observation of a supersolid helium phase*, **Nature 427,** 225.

Kim, E., J. S. Xia, J. T. West, X. Lin, A. C. Clark, and M. H. W. Chan, 2008, *Effect of ^3He impurities on the nonclassical response to oscillation of solid ^4He*, **Phys. Rev. Lett. 100**, 065301.

Kim, J. H., T. V. Pham, J. H. Hwang, C. S. Kim, and M. J. Kim, 2018, *Boron nitride nanotubes: Synthesis and applications*, **Nano Convergence 5**, 17.

Kim, K. H., A. Spah, H. Pathak, F. Perakis, D. Mariedahl, K. Amann-Winkel, J. A. Sellberg, J. H. Lee, S. Kim, J. Park, K. H. Nam, T. Katayama, and A. Nilsson, 2017, *Maxima in the thermodynamic response and correlation functions of deeply supercooled water*, **Science 358**, 1589.

Kim, S., J. E. Froch, J. Christian, M. Straw, J. Bishop, D. Totonjian, K. Watanabe, T. Taniguchi, M. Toth, and I. Aharonovich, 2018, *Photonic crystal cavities from hexagonal boron nitride*, **Nat. Commun. 9**, 2623.

Kirilyuk, A., A. V. Kimel, and T. Rasing, 2010, *Ultrafast optical manipulation of magnetic order*, **Rev. Mod. Phys. 82**, 2731.

Kirkwood, J. G., 1946, *The statistical mechanical theory of transport processes I. General Theory*, **J. Chem. Phys. 14**, 180.

Kistanov, A. A., D. R. Kripalani, Y. Cai, S. V. Dmitriev, K. Zhou, and Y. W. Zhang, 2019, *Ultrafast diffusive cross-sheet motion of lithium through antimonene with 2 + 1 dimensional kinetics*, **J. Mater. Chem. A 7**, 2901.

Kitamura, H., S. Tsuneyuki, T. Ogitsu, and T. Miyake, 2000, *Quantum distribution of protons in solid molecular hydrogen at megabar pressures*, **Nature 404**, 259.

Kleinert, H., 1989, *Gauge fields in condensed matter, Vol. I, Superflow and vortex lines*, (World Scientific, Singapore).

Klinman, J. P., and A. R. Offenbacher, 2018, *Understanding biological hydrogen transfer through the lens of temperature dependent kinetic isotope effects*, **Acc. Chem. Res. 51** 1966.

Knoll, G. F., 2010, *Radiation detection and measurement*, 4th edition, (John Wiley & Sons).

Koch, W., and M. C. Holthausen, 2001, *A Chemist's guide to density functional theory*, (Wiley-VCH Verlag GmbH).

Koch, M., M. Pagan, M. Persson, S. Gawinkowski, J. Waluk, and T. Kumagai, 2017, *Direct observation of double hydrogen transfer via quantum tunneling in a single porphycene molecule on a Ag(110) surface*, **J. Am. Chem. Soc. 139**, 12681.

Kohn, W., and L. J. Sham, 1965, *Self-consistent equations including exchange and correlation effects*, **Phys. Rev. 140**, A1133.

Kohn, W., 1983, *v-representability and density functional theory*, **Phys. Rev. Lett. 51**, 1596.

Kolesnikov, A. I., G. F. Reiter, N. Choudhury, T. R. Prisk, E. Mamontov, A. Podlesnyak, G. Ehlers, A. G. Seel, D. J. Wesolowski, and L. M. Anovitz, 2016, *Quantum tunneling of water in beryl: A new state of the water molecule*, **Phys. Rev. Lett. 116**, 167802.

Kolesnikov, A. I., G. F. Reiter, T. R. Prisk, M. Krzystyniak, G. Romanelli, D. J. Wesolowski, and L. M. Anovitz, 2018, *Inelastic and deep inelastic neutron scattering of water molecules under ultra-confinement*, **J. Phys: Conf. Series 1055**, 012002.

Konecna, A., F. Iyikanat, and F. J. Abajo, 2021, *Theory of atomic-scale vibrational mapping and isotope identification with electron beams*, **ACS nano 15**, 9890.

Kong, L., X. Wu, and R. Car, 2012, *Roles of quantum nuclei and inhomogeneous screening in the x-ray absorption spectra of water and ice*, **Phys. Rev. B 86**, 134203.

Kong, Y., O. V. Dolgov, O. Jepsen, and O. K. Andersen, 2001, *Electron-phonon interaction in the normal and superconducting states of MgB_2*, **Phys. Rev. B 64**, 020501.

Kortus, J., I. I. Mazin, K. D. Belashchenko, V. P. Antropov, and L. L. Boyer, 2001, *Superconductivity of metallic boron in MgB_2*, **Phys. Rev. Lett. 86**, 4656.

Koval, S., J. Kohanoff, R. L. Migoni, and E. Tosatti, 2002, *Ferroelectricity and isotope effects in hydrogen-bonded KDP crystals*, **Phys. Rev. Lett. 89**, 187602.

Koval, S., J. Kohanoff, J. Lasave, G. Colizzi, and R. L. Migoni, 2005, *First-principles study of ferroelectricity and isotope effects in H-bonded KH_2PO_4 crystals*, **Phys. Rev. B 71**, 184102.

Kramers, H. A., 1926, *Wellenmechanik und halbzahlige quantisierung*, **Z. Phys. 39**, 828.

Krivanek, O. L., T. C. Lovejoy, N. Dellby, T. Aoki, R. W. Carpenter, P. Rez, E. Soignard, J. T. Zhu, P. E. Batson, M. J. Lagos, R. F. Egerton, and P. A. Crozier, 2014, *Vibrational spectroscopy in the electron microscope*, **Nature 514**, 209.

Krüger, K., Y. Wang, S. Tödter, F. Debbeler, A. Matveenko, N. Hert, X. Zhou, B. Jiang, H. Guo, A. M. Wodtke, and O. Bünermann, 2022, *Hydrogen atom collisions with a semiconductor efficiently promote electrons to the conduction band*, **Nat. Chem. 15**, 326.

Kubo, R., 1957a, *Statistical-mechanical theory of irreversible processes. 1. General theory and simple applications to magnetic and conduction problems*, **J. Phys. Soc. Jap. 12**, 570.

Kubo, R., 1957b, *Statistical-mechanical theory of irreversible processes. 2. Response to thermal disturbance*, **J. Phys. Soc. Jap. 12**, 1203.

Kubota, Y., K. Watanabe, O. Tsuda, and T. Taniguchi, 2008, *Hexagonal boron nitride single crystal growth at atmospheric pressure using Ni-Cr solvent*, **Chem. Mater., 20**, 1661.

Kudish, A. I., D. Wolf, and F. Steckel, 1972, *Physical properties of heavy-oxygen water. Absolute* viscosity of $H_2^{18}O$ between 15 and 35 °C, **J. Chem. Soc. Faraday Trans. 68**, 2041.

Kuharski, R. A., and P. J. Rossky, 1985, *A quantum mechanical study of structure in liquid H_2O and D_2O,* **J. Chem. Phys. 82**, 5164.

Kumagai, T., M. Kaizu, S. Hatta, H. Okuyama, T. Aruga, I. Hamada, and Y. Morikawa, 2008, *Direct observation of hydrogen-bond exchange within a single water dimer,* **Phys. Rev. Lett. 100**, 166101.

Kumagai, T., M. Kaizu, H. Okuyama, S. Hatta, T. Aruga, I. Hamada, and Y. Morikawa, 2009, *Tunneling dynamics of a hydroxyl group adsorbed on Cu(110),* **Phys. Rev. B 79**, 035423.

Kumagai, T., M. Kaizu, H. Okuyama, S. Hatta, T. Aruga, I. Hamada, and Y. Morikawa, 2010, *Symmetric hydrogen bond in a water-hydroxyl complex on Cu(110),* **Phys. Rev. B 81**, 045402.

Kumagai, T., 2015, *Direct observation and control of hydrogen-bond dynamics using low-temperature scanning tunneling microscopy,* **Prog. Surf. Sci. 90**, 239.

Kundu, A., Y. Song, and G. Galli, 2022, *Influence of nuclear quantum effects on the electronic properties of amorphous carbon,* **Proc. Natl. Acad. Sci. U.S.A. 119,** e2203083119.

Kvyatkovskiĭ, O. E., 2001, *Theory of isotope effect in displacive ferroelectrics.* **Solid State Commun. 117**, 455.

L

Labet, V., P. Gonzalez-Morelos, R. Hoffmann, and N. W. Ashcroft, 2012a, *A fresh look at dense hydrogen under pressure. I. An introduction to the problem, and an index probing equalization of H-H distances,* **J. Chem. Phys. 136**, 074501.

Labet, V., R. Hoffmann, and N. W. Ashcroft, 2012b, *A fresh look at dense hydrogen under pressure. III. Two competing effects and the resulting intra-molecular H-H separation in solid hydrogen under pressure,* **J. Chem. Phys. 136**, 074503.

Laio, A., and M. Parrinello, 2002, *Escaping free-energy minima,* **Proc. Natl. Acad. Sci. U.S.A. 99**, 12562.

Lakhotia, H., H. Y. Kim, M. Zhan, S. Hu, S. Meng, and E. Goulielmakis, 2020, *Laser picoscopy of valence electrons in solids,* **Nature 583**, 55.

Lam, P. K., M. M. Dacorogna, and M. L. Cohen, 1986, *Self-consistent calculation of electron-phonon couplings,* **Phys. Rev. B 34**, 5065.

Landau, L. D., 1933, *Über die bewegung der elektronen in kristalgitter,* **Phys. Z. Sowjetunion 3**, 644.

Landauer, R., 1957, *Electrostatic considerations in $BaTiO_3$ domain formation during polarization reversal.* **J. Appl. Phys. 28**, 227.

Landt, L., K. Klünder, J. E. Dahl, R. M. K. Carlson, T. Möller, and C. Bostedt, 2009, *Optical response of diamond nanocrystals as a function of particle size, shape, and symmetry,* **Phys. Rev. Lett. 103**, 047402.

Lascola, R., R. Withnall, and L. Andrews, 1988, *Infrared spectra of hydrazine and products of its reactions with HF, F2, and O3 in solid argon,* **Inorg. Chem. 27**, 642.

Laughlin, R. B., 1983, *Anomalous quantum Hall effect: An incompressible quantum fluid with fractionally charged excitations,* **Phys. Rev. Lett. 50**, 1395.

Lauhon, L. J., and W. Ho, 2000, *Direct observation of the quantum tunneling of single hydrogen atoms with a scanning tunneling microscope,* **Phys. Rev. Lett. 85**, 4566.

Lauret, J. S., R. Arenal, F. Ducastelle, A. Loiseau, M. Cau, B. Attal-Tretout, E. Rosencher, and L.

Goux-Capes, 2005, *Optical transitions in single-wall boron nitride nanotubes*, **Phys. Rev. Lett. 94**, 1.

Lawrence, J. E., and D. E. Manolopoulos, 2018, *Analytic continuation of Wolynes theory into the Marcus inverted regime.* **J. Chem. Phys. 148**, 102313.

Lawrence, J. E., and D. E. Manolopoulos, 2019a, *An analysis of isomorphic RPMD in the golden rule limit.* **J. Chem. Phys. 151**, 244109.

Lawrence, J. E., T. Fletcher, L. P. Lindoy, and D. E. Manolopoulos, 2019b, *On the calculation of quantum mechanical electron transfer rates.* **J. Chem. Phys. 151**, 114119.

Lawrence, J. E., and D. E. Manolopoulos, 2020, *A general non-adiabatic quantum instanton approximation.* **J. Chem. Phys. 152**, 204117.

Lax, M., 1952, *The Franck-Condon principle and its application to crystals*, **J. Chem. Phys. 20**, 1752.

Lazzeri, M. and F. Mauri, 2006, *Nonadiabatic Kohn anomaly in a doped graphene monolayer*, **Phys. Rev. Lett. 97**, 266407.

Lee, C., X. Wei, J. W. Kysar, and J. Hone, 2008, *Measurement of the elastic properties and intrinsic strength of monolayer graphene*, **Science 321**, 385.

Lee, K. W., and W. E. Pickett, 2004, *Superconductivity in boron-doped diamond*, **Phys. Rev. Lett. 93**, 237003.

Leenaerts, O., B. Partoens, and F. M. Peeters, 2008, *Graphene: A perfect nanoballoon*, **Appl. Phys. Lett. 93**, 193107.

Leggett, A. J., 1970, *Can a solid be "superfluid"?* **Phys. Rev. Lett. 25,** 1543.

Lennard-Jones, J. E., 1924, *On the determination of molecular fields. II. From the equation of state of a gas*, **Proc. Roy. Soc. Lond. A 106**, 463.

Leuenberger, M. N., and D. Loss, 2001, *Quantum computing in molecular magnets*, **Nature 410**, 789.

Levy, M., 1982, *Electron densities in search of hamiltonians*, **Phys. Rev. A 26**, 1200.

Lewis, E. S., and L. Funderburk, 1967, *Rates and isotope effects in the proton transfers from 2-nitropropane to pyridine bases*, **J. Am. Chem. Soc. 89**, 2322.

Li, C. Y., J. B. Le, Y. H. Wang, S. Chen, Z. L. Yang, J. F. Li, J. Cheng, and Z. Q. Tian, 2019, *In situ probing electrified interfacial water structures at atomically flat surfaces*, **Nat. Mater. 18**, 697.

Li, L., J. R. Jokisaari, and X. Pan, 2015, *In situ electron microscopy of ferroelectric domains*, **MRS Bulletin 40**, 53.

Li, M., B. Wang, H. J. Liu, Y. L. Huang, J. Zhang, X. Ma, K. Liu, D. Yu, Y. H. Chu, and L. Q. Chen, 2019, *Direct observation of weakened interface clamping effect enabled ferroelastic domain switching*, **Acta Mater. 171**, 184.

Li, N., X. Guo, X. Yang, R. Qi, T. Qiao, Y. Li, R. Shi, Y. Li, K. Liu, Z. Xu, L. Liu, F. J. Abajo, Q. Dai, E. G. Wang, and P. Gao, 2021, *Direct observation of highly confined phonon polaritons in suspended monolayer hexagonal boron nitride*, **Nat. Mater. 20**, 43.

Li, N., R. Shi, R. Li, R. Qi, F. Liu, X. Zhang, Z. Liu, Y. Li, X. Guo, K. Liu, Y. Jiang, X. Z. Li, J. Chen, L. Liu, E. G. Wang, and P. Gao, 2023, *Phonon transition across an isotopic interface*, **Nat. Commun. 14**, 2382.

Li, P., C. Guo, S. Wang, D. Ma, T. Feng, Y. Wang, and Y. Qiu, 2022, *Facile and general electrochemical deuteration of unactivated alkyl halides*, **Nat. Commun. 13**, 3774.

Li, W., Y. Yang, G. Zhang, and Y. Zhang, 2015, *Ultrafast and directional diffusion of lithium in phosphorene for high-performance lithium-ion battery*, **Nano Lett. 15**, 1691.

Li, R. Z., J. Chen, X. Z. Li, E. G. Wang, and L. M. Xu, 2015, *Supercritical phenomenon of hydrogen beyond the liquid–liquid phase transition*, **N. J. Phys.17**, 063023.

Li, X., T. Qiu, J. H. Zhang, E. Baldini, J. Lu, A. M. Rappe, and K. A. Nelson, 2019, *Terahertz field-induced ferroelectricity in quantum paraelectric $SrTiO_3$*, **Science 364**, 1079.

Li, X. M., M. Li, X. Li, S. Tian, A. Y. Abid, N. Li, J. Wang, L. Zhang, X. Li, and Y. Zhao, 2019, *Effect of single point defect on local properties in $BiFeO_3$ thin film*. **Acta Mater.170**, 132.

Li, X. Z., M. I. J. Probert, A. Alavi, and A. Michaelides, 2010, *Quantum nature of the proton in water-hydroxyl overlayers on metal surfaces*, **Phys. Rev. Lett. 104**, 066102.

Li, X. Z., B. Walker, and A. Michaelides, 2011, *Quantum nature of the hydrogen bond*, **Proc. Natl. Acad. Sci. U.S.A. 108**, 6369.

Li, X. Z., B. Walker, M. I. J. Probert, C. J. Pickard, R. J. Needs, and A. Michaelides, 2013, *Classical and quantum ordering of protons in cold solid hydrogen under megabar pressures*, **J. Phys.: Condens. Matter 25**, 085402.

Li, X. Z., and E. G. Wang, 2014, *Computer simulations of molecules and condensed matters: From electronic structures to molecular dynamics*, (Peking University Press, Beijing).

Li, Y., R. Qi, R. Shi, N. Li, and P. Gao, 2020, *Manipulation of surface phonon polaritons in SiC nanorods*, **Sci. Bull. 65**, 820.

Li, Y. F., X. Wen, C. J. Tan, N. Li, R. J. Li, X. Y. Huang, H. F. Tian, Z. X. Yao, P. C. Liao, S. L. Yu, S. Z. Liu, Z. J. Li, J. J. Guo, Y. Huang, P. Gao, L. F. Wang, S. L. Bai, and L. Liu, 2021, *Synthesis of centimeter-scale high-quality polycrystalline hexagonal boron nitride films from Fe fluxes*, **Nanoscale 13**, 11223.

Li, Y. F., X. Zhang, J. Wang, X. Ma, J. A. Shi, X. Guo, Y. Zuo, R. Li, H. Hong, N. Li, K. Xu, X. Huang, H. Tian, Y. Yang, Z. Yao, P. C. Liao, X. Li, J. Guo, Y. Huang, P. Gao, L. Wang, X. Yang, Q. Dai, E.G. Wang, K. Liu, W. Zhou, X. Yu, L. Liang, Y. Jiang, X. Z. Li, and L. Liu, 2022, *Engineering interlayer electron-phonon coupling in WS_2/BN heterostructures*, **Nano. Lett. 22**, 2725.

Li, Y. W., J. Hao, H. Liu, Y. L. Li, and Y. Ma, 2014, *The metallization and superconductivity of dense hydrogen sulfide*, **J. Chem. Phys. 140**, 174712.

Li, Y. W., J. Hao, H. Liu, J. S. Tse, Y. Wang, and Y. Ma, 2015, *Pressure-stabilized superconductive yttrium hydrides*, **Sci. Rep. 5**, 9948.

Li, Z., H. Xin, C. Zhang, X. Wang, S. Zhang, Y. Jia, S. Feng, K. Lu, J. Zhao, J. Zhang, B. Min, Y. Long, R. Yu, L. Wang, M. Ye, Z. Zhang, V. Prakapenka, S. Chariton, P.A. Ginsberg, J. Bass, S. Yuan, H. Liu , and C. Jin, 2022, *Superconductivity above 200 K discovered in superhydrides of calcium*, **Nat. Commun. 13**, 2863.

Li, Z. W., R. J. Xiao, P. Xu, C. Zhu, S. Sun, D. Zheng, H. Wang, M. Zhang, H. Tian, H. X. Yang, and J. Q. Li,, 2019, *Lattice dynamics and contraction of energy bandgap in photoexcited semiconducting boron nitride nanotubes*, **ACS Nano 13**, 11623.

Lian, C., M. X. Guan, S. Q. Hu, and S. Meng, 2018, *Photoexcitation in solids: First-principles quantum simulations by real time TDDFT*, **Adv. Theory Simul. 1**, 1800055.

Lian, C., S. J. Zhang, S. Q. Hu, M. X. Guan, and S. Meng, 2020, *Ultrafast charge ordering by self-amplied exciton-phonon dynamics in $TiSe_2$*, **Nat. Commun. 11**, 43.

Liang, G. J., and C. Y. Zhi, 2021, *A reversible Zn-metal battery*, **Nat. Nanotechnol. 16**, 854.

Liao, G. Q., Y. T. Li, H. Liu, G. G. Scott, D. Neely, Y. H. Zhang, B. J. Zhu, Z. Zhang, C. Armstrong, E. Zemaityte, P. Bradford, P. G. Huggard, D. R. Rusby, P. McKenna, C. M. Brenner, N. C.

Woolsey, W. M. Wang, Z. M. Sheng, and J. Zhang, 2019, *Multimillijoule coherent terahertz bursts from picosecond laser-irradiated metal foils*, **Proc. Natl. Acad. Sci. U.S.A. 116**, 3994.

Lide, D. R., 1999, *CRC Handbook of Chemistry and Physics*, CRC netBase (Chapman and Hall).

Lieb, E. H., 1983, *Density functional for Coulomb systems*, **Int. J. Quantum Chem. 24**, 243.

Lin, C. F., E. Durant, M. Persson, M. Rossi, and T. Kumagai, 2019, *Real-space observation of quantum tunneling by a carbon atom: Flipping reaction of formaldehyde on Cu(110)*, **J. Phys. Chem. Lett. 10**, 645.

Lin, L., J. A. Morrone, and R. Car, 2011, *Correlated tunneling in hydrogen bonds*, **J. Stat. Phys. 145**, 365.

Lin, M., M. Gong, B. Lu, Y. Wu, D. Wang, M. Guan, M. Angell, C. Chen, J. Yang, B. Hwang, and H. Dai, 2015, *An ultrafast rechargeable aluminium-ion battery*, **Nature 520**, 325.

Lin, T.-S., and R. Gomer, 1991, *Diffusion of ^1H and ^2H on the Ni(111) and (100) planes.* **Surf. Sci. 255**, 41.

Lin, X., A. C. Clark, and M. H. W. Chan, 2007, *Probable heat capacity signature of the supersolid transition*, **Nature 449**, 1025.

Lin, X., A. C. Clark, Z. G. Cheng, and M. H. W. Chan, 2009, *Heat capacity peak in solid ^4He: Effects of disorder and ^3He impurities*, **Phys. Rev. Lett. 102**, 125302.

Lindsay, R. B., 1924, *On the atomic models of the alkali metals*, **J. Math. Phys. 3**, 191.

Lindsay, L., D. A. Broido, and N. Mingo, 2010, *Flexural phonons and thermal transport in graphene*, **Phys. Rev. B, 82**, 115427.

Lindsay, L., and D. A. Broido, 2011, *Enhanced thermal conductivity and isotope effect in single-layer hexagonal boron nitride*, **Phys. Rev. B, 84**, 155421.

Lipa, J. A., J. A. Nissen, D. A. Stricker, D. R. Swanson, and T. C. P. Chui, 2003, *Specific heat of liquid helium in zero gravity very near the lambda point*, **Phys. Rev. B 68**, 174518.

Littlejohn, R. G., 1992, *The Van Vleck formula, Maslov theory, and phase space geometry*, **J. Stat. Phys. 68**, 7.

Litwer, H., 1957, *Pigmented nodular tenosynovitis of the hand with erosion of bone*, **Radiology, 69**, 247.

Liu, A. Y., I. I. Mazin, and J. Kortus, 2001, *Beyond Eliashberg superconductivity in MgB_2: Anharmonicity, two-phonon scattering, and multiple gaps*, **Phys. Rev. Lett. 87**, 087005.

Liu, G. D., G. L. Wang, Y. Zhu, H. B. Zhong, G. C. Zhang, X. Y. Wang, Y. Zhou, W. T. Zhang, H. Y. Liu, L. Zhao, J. Q. Meng, X. L. Dong, C. T. Chen, Z. Y. Xu, and X. J. Zhou, 2008, *Development of a vacuum ultra-violet laser-based angle-resolved photoemission system with a super-high energy resolution better than 1 meV*, **Rev. Sci. Instruments. 79**, 023105.

Liu, H., I. I. Naumov, R. Hoffmann, N. W. Ashcroft, and R. J. Hemley, 2017, *Potential high-Tc superconducting lanthanum and yttrium hydrides at high pressure. Proc. Natl. Acad. Sci. U.S.A.,* **Proc. Natl. Acad. Sci. U.S.A. 114**, 6990.

Liu, H. Y., H. Wang, and Y. M. Ma, 2012, *Quasi-molecular and atomic phases of dense solid hydrogen*, **J. Phys. Chem. C 116**, 9221.

Liu, H. Y., Y. Yuan, D. Liu, X. Z. Li, and J. R. Shi, 2020, *Superconducting transition temperatures of metallic liquids*, **Phys. Rev. Research 2**, 013340.

Liu, J., and N. Makri, 2006, *Symmetries and detailed balance in forward-backward semiclassical dynamics,* **Chem. Phys. 322**, 23.

Liu, J., and W. H. Miller, 2009, *A simple model for the treatment of imaginary frequencies in chemical reaction rates and molecular liquids*, **J. Chem. Phys. 131**, 074113.

Liu, J., 2014, *Path integral liouville dynamics for thermal equilibrium systems*, **J. Chem. Phys. 140**, 224107.

Liu, J., F. Xia, D. Xiao, F. J. G. de Anajo, and D. Sun, 2020, *Semimetals for high-performance photodetection*, **Nat. Mater. 19**, 830.

Liu, J. H., L. Wang, L. Qin, Q. L. Wang, and Y. M. Dai, 2020, *Design, fabrication, and test of a 12 T REBCO insert for a 27 T all-superconducting magnet*, **IEEE Trans. Appl. Supercon. 30**, 5203006.

Liu, K. H., W. L. Wang, Z. Xu, X. D. Bai, E. G. Wang, Y. G. Yao, J. Zhang, and Z. F. Liu, 2009, *Chirality-dependent transport properties of double-walled nanotubes measured in situ on their field-effect transistors*, **J. Am. Chem. Soc. 131**, 62.

Liu, K. H., J. Deslippe, F. J. Xiao, R. B. Capaz, X. P. Hong, S. Aloni, A. Zettl, W. L. Wang, X. D. Bai, S. G. Louie, E. G. Wang, and F. Wang, 2012, *An atlas of carbon nanotube optical transitions*, **Nat. Nanotechnol. 7**, 325.

Liu, K. H., C. H. Jin, X. P. Hong, J. H. Kim, A. Zettl, E. G. Wang, and F. Wang, 2014, *Van der Waals-coupled electronic states in incommensurate double-walled carbon nanotubes*, **Nat. Phys. 10**, 737.

Liu, L. M., C. J. Zhang, G. Thornton, and A. Michaelides, 2010, *Structure and dynamics of liquid water on rutile TiO_2 (110)*, **Phys. Rev. B 82**, 161415.

Liu, S., R. He, L. J. Xue, J. H. Li, B. Liu, and J. H. Edgar, 2018, *Single crystal growth of millimeter-sized monoisotopic hexagonal boron nitride*, **Chem. Mater.**, **30**, 6222.

Liu, X. D., R. T. Howie, H. C. Zhang, X. J. Chen, and E. Gregoryanz, 2017, *High-pressure behavior of hydrogen and deuterium at low temperatures*, **Phys. Rev. Lett. 119**, 065301.

Liu, X. D., P. Dalladay-Simpson, R. T. Howie, H. C. Zhang, W. Xu, J. Binns, G. J. Ackland, H. K. Mao, and E. Gregoryanz, 2020, *Counterintuitive effects of isotopic doping on the phase diagram of H_2-HD-D_2 molecular alloy*, **Proc. Natl. Acad. Sci. U.S.A. 117**, 13374.

Liu, Y., Y. Huang, and X. Duan, 2019, *Van der Waals integration before and beyond two-dimensional materials*, **Nature 567**, 323.

Lloyd-Williams, J. H., and B. Monserrat, 2015, *Lattice dynamics and electron-phonon coupling calculations using nondiagonal supercells*, **Phys. Rev. B 92**, 184301.

Locher, R., M. Lucchini, J. Herrmann, M. Sabbar, M. Weger, A. Ludwig, L. Castiglioni, M. Greif, M. Hengsberger, L. Gallmann, and U. Keller, 2014, *Versatile attosecond beamline in a two-foci configuration for simultaneous time-resolved measurements*, **Rev. Sci. Instrum.** 85, 013113.

Logothetidis, S., J. Petalas, H. M. Polatoglou, and D. Fuchs, 1992, *Origin and temperature dependence of the first direct gap of diamond*, **Phys. Rev. B 46**, 4483.

Lorenz, U. J., and A. H. Zewail, 2014, *Observing liquid flow in nanotubes by 4D electron microscopy*, **Science 344**, 1496.

Loubeyre, P., R. Letoullec, E. Wolanin, M. Hanfland, and D. Husermann, 1999, *Modulated phases and proton centring in ice observed by X-ray diffraction up to 170 GPa*, **Nature 397**, 503.

Loubeyre, P., F. Occelli and P. Dumas, 2020, *Synchrotron infrared spectroscopic evidence of the probable transition to metal hydrogen*, **Nature 577,** 631.

Loveday, J., 2012, *High-Pressure Physics*, (CRC Press, New York).

Low, T., A. Chaves, J. D. Caldwell, A. Kumar, N. X. Fang, P. Avouris, T. F. Heinz, F. Guinea, L. Martin-Moreno, and F. Koppens, 2017, *Polaritons in layered two-dimensional materials*, **Nat. Mater.**, **16**, 182.

Löwdin, P. O., 1963, *Proton tunneling in DNA and its biological implications.* **Rev. Mod. Phys.**

35, 724.

Lozada-Hidalgo, M., S. Hu, O. Marshall, A. Mishchenko, A. N. Grigorenko, R. A. W. Dryfe, B. Radha, I. V. Grigorieve, and A. K. Geim, 2016, *Sieving hydrogen isotopes through two-dimensional crystals*, **Science 351**, 68.

Lozada-Hidalgo, M., S. Zhang, S. Hu, A. Esfandiar, I. V. Grigorieva, and A. K. Geim, 2017, *Scalable and efficient separation of hydrogen isotopes using graphene-based electrochemical pumping*, **Nat. Commun. 8**, 15215.

Lozada-Hidalgo, M., S. Zhang, S. Hu, V. G. Kravets, F. J. Rodriguez, A. Berdyugin, A. Grigorenko, and A. K. Geim, 2018, *Giant photoeffect in proton transport through graphene membranes*, **Nat. Nanotechnol. 13**, 300.

Lupi, L., A. Hudait, B. Peters, M. Grünwald, R. G. Mullen, A. H. Nguyen, and V. Molinero, 2017, *Role of stacking disorder in ice nucleation*, **Nature 551**, 218.

Lv, J., Y. Wang, L. Zhu, and Y. Ma, 2011, *Predicted novel high-pressure phases of lithium*, **Phys. Rev. Lett. 106**, 015503.

M

Ma, J., A. Michaelides, D. Alfe, L. Schimka, G. Kresse, and E.G. Wang, 2011, *Adsorption and diffusion of water on graphene from first principles*, **Phys. Rev. B 84**, 033402.

Ma, L., K. Wang, Y. Xie, X. Yang, Y. Wang, M. Zhou, H. Liu, X. Yu, Y. Zhao, H. Wang, G. Liu, and Y. Ma, 2022, *High-temperature superconducting phase in clathrate calcium hydride CaH6 up to 215 K at a pressure of 172 GPa*, **Phys. Rev. Lett. 128**, 167001.

Ma, R. Z., D. Y. Cao, C. Q. Zhu, Y. Tian, J. B. Peng, J. Guo, J. Chen, X. Z. Li, J. S. Francisco, X. C. Zeng, L. M. Xu, E. G. Wang, and Y. Jiang, 2020, *Atomic imaging of the edge structure and growth of a two-dimensional hexagonal ice*, **Nature 577**, 60.

Ma, W., Y. Jiao, and S. Meng, 2013, *Modeling charge recombination in dye-sensitized solar cells using first-principles electron dynamics: Effects of structural modification*, **Phys. Chem. Chem. Phys. 15**, 17187.

Ma, W., Y. Jiao, and S. Meng, 2014, *Predicting energy conversion efficiency of dye solar cells from first principles*, **J. Phys. Chem. C 118**, 16447.

Ma, W., J. Zhang, L. Yan, Y. Jiao, Y. Gao, and S. Meng, 2016, *Recent progresses in real-time local-basis implementation of time dependent density functional theory for electron-nucleus dynamics*, **Comp. Mater. Sci. 112**, 478.

Ma, X. C., E. G. Wang, W. Zhou, D. A. Jefferson, J. Chen, S. Z. Deng, N. S. Xu, and J. Yuan, 1999, *Polymerized carbon nitrogen nanobells and their field emission*, **Appl. Phys. Lett. 75**, 3105.

Ma, Y. M., M. Eremets, A. R. Oganov, Y. Xie, I. Trojan, S. Medvedev, A. O. Lyakhov, M. Valle, and V. Prakapenka, 2009, *Transparent dense sodium*, **Nature 458**, 182.

Maali, A., T. Cohen-Bouhacina, and H. Kellay, 2008, *Measurement of the slip length of water flow on graphite surface*, **Appl. Phys. Lett. 92**, 2007.

Mack, S. A., S. M. Griffin, and J. B. Neaton, 2019, *Emergence of topological electronic phases in elemental lithium under pressure*, **Proc. Natl. Acad. Sci. U.S.A. 116**, 9197.

Madelung O., 1982, *Physics of group IV elements and III-IV compounds*, Springer-Verlag, Berlin.

Madeo, J., M. K. L. Man, C. Sahoo, M. Campbell, V. Pareek, E. L. Wong, A. Al-Mahboob, N. S. Chan, A. Karmakar, B. M. K. Mariserla, X. Q. Li, T. F. Heinz, T. Cao, and K. M. Dani, 2020, *Directly visualizing the momentum-forbidden dark excitons and their dynamics in atomically thin* semiconductors, **Science 370**, 1199.

Mahan G., 1998, *Many-Particle Physics*, Plenum, New York.

Maier, S., and M. Salmeron, 2015, *How does water wet a surface?* **Accounts Chem Res 48**, 2783.

Maiman, T. H., 1960, *Stimulated optical radiation in ruby*, **Nature 187**, 493.

Maity, A., T. C. Doan, J. Li, J. Y. Lin, and H. X. Jiang, 2016, *Realization of highly efficient hexagonal boron nitride neutron detectors*, **Appl. Phys. Lett.**, **109**, 072101.

Maity, A., S. J. Grenadier, J. Li, J. Y. Lin, and H. X. Jiang, 2017, *Toward achieving flexible and high sensitivity hexagonal boron nitride neutron detectors*, **Appl. Phys. Lett.**, **111**, 033507.

Maksyutenko, P., T. R. Rizzo, and O. V. Boyarkin, 2006, *A direct measurement of the dissociation energy of water*, **J. Chem. Phys. 125**, 181101.

Malard, L. M., D. C. Elias, E. S. Alves, and M. A. Pimenta, 2008, *Observation of distinct electron-phonon couplings in gated bilayer graphene*, **Phys. Rev. Lett. 101**, 257401.

Mallikarjunaiah, K. J., K. C. Paramita, K. P. Ramesh, and R. Damle, 2007, *Study of molecular reorientation and quantum rotational tunneling in tetramethylammonium selenate by 1H NMR*, **Solid State Nucl. Magn. Reson. 32**, 11.

Mallikarjunaiah, K. J., K. Jugeshwar Singh, K. P. Ramesh, and R. Damle, 2008, *1H NMR study of internal motions and quantum rotational tunneling in $(CH_3)_4NGeCl_3$*, **Magn. Reson. Chem. 46**, 110.

Mamin, H. J., M. Kim, M. H. Sherwood, C. T. Rettner, K. Ohno, D. D. Awschalom, and D. Rugar, 2013, *Nanoscale nuclear magnetic resonance with a nitrogen-vacancy spin sensor*, **Science 339**, 557.

Mankowsky, R., A. Subedi, M. Forst, S. O. Mariager, M. Chollet, H. T. Lemke, J. S. Robinson, J. M. Glownia, M. P. Minitti, A. Frano, M. Fechner, N. A. Spaldin, T. Loew, B. Keimer, A. Georges, and A. Cavalleri1, 2014, *Nonlinear lattice dynamics as a basis for enhanced superconductivity in $YBa_2Cu_3O_{6.5}$*, **Nature 516**, 71.

Mannix, A. J., X. F. Zhou, B. Kiraly, J. D. Wood, D. Alducin, B. D Myers., X. L Liu., B. L. Fisher, U. Santiago, J. R. Guest, M. J. Yacaman, A. Ponce, A. R. Oganov, M. C. Hersam, and N. P. Guisinger, 2015, *Synthesis of borophenes: Anisotropic, two-dimensional boron polymorphs*, **Science 350**, 1513.

Mao, H. K., and R. J. Hemley, 1994, *Ultrahigh-pressure transitions in solid hydrogen*, **Rev. Mod. Phys. 66**, 671.

Mao, H. K., X. J. Chen, Y. Ding, B. Li, and L. Wang, 2018, *Solids, liquids, and gases under high pressure*, **Rev. Mod. Phys. 90**, 015007.

Marcus, R. A., and M. E. Coltrin, 1977, *A new tunneling path for reactions such as $H+H_2 \to H_2+H$*, **J. Chem. Phys. 67**, 2609.

Marcus, R. A., 1993, *Electron transfer reactions in chemistry: Theory and experiment*, **Rev. Mod. Phys. 65**, 599.

Marini, A., 2008, *Ab initio finite-temperature excitons*, **Phys. Rev. Lett. 101**, 106405.

Markland, T. E., and D. E. Manolopoulos, 2008, *An efficient ring polymer contraction scheme for imaginary time path integral simulations*, **J. Chem. Phys. 129**, 024105.

Markland, T. E., and M. Ceriotti, 2018, *Nuclear quantum effects enter the mainstream*, **Nat. Rev. Chem. 2**, 0109.

Marom, N., 2016, *Accurate description of the electronic structure of organic semiconductors by GW methods*, **J. Phys.: Condens. Matter 29**, 103003.

Marqués, M., M. I. McMahon, E. Gregoryanz, M. Hanfland, C. L. Guillaume, C. J. Pickard, G. J.

Ackland, and R. J. Nelmes, 2011, *Crystal structures of dense lithium: A metal-semiconductor-metal transition*, **Phys. Rev. Lett. 106**, 095502.

Martens, C. C., and J. Y. Fang, 1997, *Semiclassical-limit molecular dynamics on multiple electronic surfaces*, **J. Chem. Phys. 106**, 4918.

Martin, A., and S. A. J. P. o. t. I. Harbison, 2010, *Radiation detection and measurement*, **Proceedings of the IEEE, 69**, 495.

Martin, R. M., 1972, *Piezoelectricity*, **Phys. Rev. B 5**, 1607.

Martin, R. M., 2004, *Electronic structure, basic theory and practical methods,* (Univiversity of Princeton, Cambridge).

Martin, L. W., and A. M. Rappe, 2016, *Thin-film ferroelectric materials and their applications*, **Nat. Rev. Mater. 2**, 16087.

Martyna, G. J., M. L. Klein, and M. E. Tuckerman, 1992, *Nosé-hoover chains: The canonical ensemble via continuous dynamics,* **J. Chem. Phys. 97**, 2635.

Marx, D., and M. Parrinello, 1996, *Ab initio path integral molecular dynamics: Basic ideas*, **J. Chem. Phys. 104**, 4077.

Marx, D., M. E. Tuckerman, J. Hutter, and M. Parrinello, 1999, *The nature of the hydrated excess proton in water*, **Nature 397,** 601.

Marx, D., 2006, *Proton transfer 200 years after von Grotthuss: Insights from ab initio simulations*, **ChemPhysChem 7**, 1848.

Marx, D., A. Chandra, and M. E. Tuckerman, 2010, *Aqueous basic solutions: hydroxide solvation, structural diffusion, and comparison to the hydrated proton*, **Chem. Rev. 110,** 2174.

Mason, P. E., H. C. Schewe, T. Buttersack, V. Kostal, M. Vitek, R. S. McMullen, H. Ali, F. Triter, C. Lee, D. M. Neumark, S. Thurmer, R. Seidel, B. Winter, S. E. Bradforth, and P. Jungwirth, 2021, *Spectroscopic evidence for a gold-coloured metallic water solution*, **Nature 595,** 673.

Mastel, S., A. A. Goyyadinov, C. Maisseni, A. Chuvilin, A. Berger, and R. Hillenbrand, 2018, *Understanding the image contrast of material boundaries in IR nanoscopy reaching 5 nm spatial resolution*, **ACS Photonics 5**, 3372.

Matsuoka, T., and K. Shimizu, 2009, *Direct observation of a pressure-induced metal-to-semiconductor transition in lithium*, **Nature 458**, 186.

Mattsson, T. R., U. Engberg, and G. Wahnstrom, 1993, *H-diffusion on Ni(100) - a quantum Monte-Carlo simulation*, **Phys. Rev. Lett. 71**, 2615.

Mattsson, T. R., and G. Wahnstrom, 1995, *Quantum Monte-Carlo study of surface diffusion*, **Phys. Rev. B 51**, 1885.

Mattsson, T. R., and G. Wahnstrom, 1997, *Isotope effect in hydrogen surface diffusion*, **Phys. Rev. B 56**, 14944.

Mauritz, K. A., and R. B. Moore, 2004, *State of understanding of Nafion*, **Chem. Rev.** 104, 4535.

Mazin, I. I., R. J. Hemley, A. F. Goncharov, M. Handfland, and H. Mao, 1997, *Quantum and classical orientational ordering in solid hydrogen*, **Phys. Rev. Lett. 78**, 1066.

Mazzola, G., and S. Sorella, 2015, *Distinct metallization and atomization transitions in dense liquid hydrogen*, **Phys. Rev. Lett. 114**, 105701.

McCoy, A. B., X. Huang, S. Carter, and J. M. Bowman, 2005, *Quantum studies of the vibrations in $H_3O_2^-$ and $D_3O_2^-$*, **J. Chem. Phys. 123**, 064317.

McKenzie, R. H., C. Bekker, B. Athokpam, and S. G. Ramesh, 2014, *Effect of quantum nuclear motion on hydrogen bonding.* **J. Chem. Phys. 140**, 174508.

McMahon, J. M., and D. M. Ceperley, 2011, *Ground-state structures of atomic metallic hydrogen,*

Phys. Rev. Lett. 106, 165302.

McMillan, W. L., 1965, *Ground state of liquid He[4]*, **Phys. Rev. 138**, A442.

McMillan, W. L., 1968, *Transition temperature of strong-coupled superconductors*, **Phys. Rev. 167**, 331.

Mead, C. A., and D. G. Truhlar, 1979, *On the determination of Born–Oppenheimer nuclear motion wave functions including complications due to conical intersections and identical nuclei*, **J. Chem. Phys. 70**, 2284.

Medvedev, S., T. M. McQueen, I. A. Troyan, T. Palasyuk, M. I. Eremets, R. J. Cava, S. Naghavi, F. Casper, V. Ksenofontov, G. Wortmann, and C. Felser, 2009, *Electronic and magnetic phase diagram of β-$Fe_{1.01}Se$ with superconductivity at 36.7 K under pressure*, **Nat. Mater. 8**, 630.

Meier, T., S. Petitgirard, S. Khandarkhaeva, and L. Dubrovinsky, 2018, *Observation of nuclear quantum effects and hydrogen bond symmetrisation in high pressure ice*, **Nat. Commun. 9**, 2766.

Meisner, J., and J. Kästner, 2016, *Atom tunneling in chemistry*, **Angew. Chem. Int. Ed. 55**, 5400.

Mendoza, M., S. Succi, and H. J. Herrmann, 2014, *Kinetic formulation of the Kohn-Sham equations for ab initio electronic structure calculations*, **Phys. Rev. Lett. 113**, 096402.

Meng, J. Q., G. Liu, W. Zhang, L. Zhao, H. Liu, X. Jia, D. Mu, S. Liu, X. Dong, J. Zhang, W. Lu, G. Wang, Y. Zhou, Y. Zhu, X. Wang, Z. Xu, C. Chen, and X. J. Zhou, 2009, *Coexistence of Fermi arcs and Fermi pockets in a high-Tc copper oxide superconductor*, **Nature 462**, 335.

Meng, S., L. F. Xu, E. G. Wang, and S. W. Gao, 2002, *Vibrational recognition of hydrogen-bonded water networks on a metal surface*, **Phys. Rev. Lett. 89**, 176104.

Meng S., E. G. Wang, and S. W. Gao, 2004, *Water adsorption on metal surfaces: A general picture from density functional theory studies*, **Phys. Rev. B 69**, 195404.

Meng, S., and E. Kaxiras, 2008a, *Real-time, local basis-set implementation of time-dependent density functional theory for excited state dynamics simulations*, **J. Chem. Phys. 129**, 054110.

Meng, S., J. Ren, and E. Kaxiras, 2008b, *Natural dyes adsorbed on TiO_2 nanowire for photovoltaic applications: Enhanced light absorption and ultrafast electron injection*. **Nano Lett. 8**, 3266.

Meng, S., and E. Kaxiras, 2010, *Electron and hole dynamics in dye-sensitized solar cells: Influencing factors and systematic trends*, **Nano Lett. 10**, 1238.

Meng, X. Z., J. Guo, J. B. Peng, J. Chen, Z. C. Wang, J. R. Shi, X. Z. Li, E. G. Wang, and Y. Jiang, 2015, *Direct visualization of concerted proton tunnelling in a water nanocluster*, **Nat. Phys. 11**, 235.

Menzeleev, A. R., F. Bell, and T. F. Miller, 2014, *Kinetically constrained ring-polymer molecular dynamics for non-adiabatic chemical reactions*, **J. Chem. Phys. 140**, 064103.

Mermin, N. D., 1965, *Thermal properties of the inhomogeneous electron gas*, **Phys. Rev. 137**, A1441.

Metropolis, N., A. W. Rosenbluth, M. N. Rosenbluth, A. H. Teller, and E. Teller, 1953, *Equation of state calculations by fast computing machines*, **J. Chem. Phys. 21**, 1087.

Meyer, H. D., U. Manthe, and L. S. Cederbaum, 1990, *The multi-configurational time-dependent Hartree approach*, **Chem. Phys. Lett. 165**, 73.

Michaelides, A., and K. Morgenstern, 2007, *Ice nanoclusters at hydrophobic metal surfaces*, **Nat. Mater. 6**, 597.

Migdal, A. B., 1958, *Interaction between electrons and lattice vibrations in a normal metal*, **Sov. Phys. JETP 7**, 996.

Miller, D. A. B, D. S. Chemla, T. C. Damen, A. C. Gossard, W. Wiegamn, T. H. Wood, and C. A. Burrus, 1985, *Electric field dependence of optical absorption near the band gap of quantum-well structures*, **Phys. Rev. B 32**, 1043.

Miller, W. H., 1970, *Classical S matrix: Numerical application to inelastic collisions*, **J. Chem. Phys. 53**, 3578.

Miller, W. H., 1974, *Quantum mechanical transition state theory and a new semiclassical model for reaction rate constants*, **J. Chem. Phys. 61**, 1823.

Miller, W. H., 1975, *Semiclassical limit of quantum mechanical transition state theory for nonseparable systems*, **J. Chem. Phys. 62**, 1899.

Miller, W. H., S. D. Schwartz, and J. W. Tromp, 1983, *Quantum mechanical rate constants for bimolecular reactions*, **J. Chem. Phys. 79**, 4889.

Miller, W. H., 2001, *The Semiclassical initial value representation: A potentially practical way for adding quantum effects to classical molecular dynamics simulations*, **J. Phys. Chem. A 105**, 2942.

Miller, W. H., Y. Zhao, M. Ceotto, and S. Yang, 2003, *Quantum instanton approximation for thermal rate constants of chemical reactions*, **J. Chem. Phys. 119**, 1329.

Milonni, P. W., and M. L. Shih, 1991, *Zero-point energy in early quantum-theory*, **Am. J. Phys. 59**, 684.

Mishra, H., and S. Bhattacharya, 2019, *Giant exciton-phonon coupling and zero-point renormalization in hexagonal monolayer boron nitride*, **Phys. Rev. B 99**, 165201.

Mitsuhashi, R., Y. Suzuki, Y. Yamanari, H. Mitamura, T. Kambe, N. Ikeda, H. Okamoto, A. Fujiwara, M. Yamaji, N. Kawasaki, Y. Maniwa, and Y. Kubozono, 2010, *Superconductivity in alkali-metal-doped picene*, **Nature 464**, 76.

Mitsui, T., M. K. Rose, E. Fomin, D. F. Ogletree, and M. Salmeron, 2002, *Water diffusion and clustering on Pd(111).* **Science 297**, 1850.

Miyata, A., H. Ueda, Y. Ueda, H. Sawabe, and S. Takeyama, 2011, *Magnetic phases of a highly frustrated magnet, $ZnCr_2O_4$, up to an ultrahigh magnetic field of 600 T*, **Phys. Rev. Lett. 107**, 207203.

Miyazaki, T., 2004, *Atom tunneling phenomena in physics, chemistry and biology*, (Springer, Berlin).

Mogg, L., G.-P. Hao, S. Zhang. C. Bacaksiz, Y.-C. Zou, S. J. Haigh, F. M. Peeters, A. K. Gerim, and M. Lozada-Hidalgo, 2019a, *Atomically thin micas as proton-conducting membranes*, **Nat. Nanotech. 14**, 962.

Mogg, L., S. Zhang, G.-P. Hao, K. Gopinadhan, D. Barry, B. L. Liu, H. M. Cheng, A. K. Gerim, and M. Lozada-Hidalgo, 2019b, *Perfect proton selectivity in ion transport through two-dimensional crystals*, **Nat. Commun. 10**, 4243.

Moller, C., and M. S. Plesset, 1934, *Note on an Approximation Treatment for Many-electron Systems*, **Phys. Rev. 46**, 618.

Monacelli, L., I. Errea, M. Calandra, and F. Mauri, 2021, *Black metal hydrogen above 360 GPa driven by proton quantum fluctuations*, **Nat. Phys. 17**, 63.

Monacelli, L., M. Casula, K. Nakano, S. Sorella, and F. Mauri, 2023, *Quantum phase diagram of high-pressure hydrogen*, **Nat. Phys. 19**, 845.

Monserrat, B., 2016, *Vibrational averages along thermal lines*, **Phys. Rev. B 93**, 014302

Moore, E. B., and V. Molinero, 2011, *Is it cubic? Ice crystallization from deeply supercooled water*, **Phys. Chem. Chem. Phys. 13**, 20008.

Morales, M. A., C. Pierleoni, E. Schwegler, and D. M. Ceperley, 2010, *Evidence for a first-order liquid-liquid transition in high-pressure hydrogen from ab initio simulations*, **Proc. Natl. Acad. Sci. U.S.A. 107**, 12799.

Morales, M. A., J. M. McMahon, C. Pierleoni, and D. M. Ceperley, 2013, *Nuclear quantum effects and nonlocal exchange-correlation functionals applied to liquid hydrogen at high pressure*, **Phys. Rev. Lett. 110**, 065702.

Morrone, J. A., and R. Car, 2008, *Nuclear quantum effects in water*, **Phys. Rev. Lett. 101**, 017801.

Mukherjee, S., L. Kavalsky, K. Chattopadhyay, and C. V. Singh, 2018, *Adsorption and diffusion of lithium polysulfides over blue phosphorene for Li-S batteries*, **Nanoscale 10**, 21335.

Müller, K., and A. H. Burkard, 1979, *SrTiO₃: An intrinsic quantum paraelectric below 4 K*, **Phys. Rev. B 19**, 3593.

Murakami, M., K. Hirose, K. Kawamura, N. Sata, and Y. Ohishi, 2004, *Post-perovskite phase transition in MgSiO₃*, **Science 304**, 855.

N

Nagamatsu, J., N. Nakagawa, T. Muranaka, Y. Zenitani, and J. Akimitsu, 2001, *Superconductivity at 39 K in magnesium diboride*, **Nature 410**, 63.

Nagashima, H., S. Tsuda, N. Tsuboi, A. K. Hayashi, and T. Tokumasu, 2017, *A molecular dynamics study of nuclear quantum effect on diffusivity of hydrogen molecule*, **J. Chem. Phys. 147**, 024501.

Nagata, Y., R. E. Pool, E. H. G. Backus, and M. Bonn, 2012, *Nuclear quantum effects affect bond orientation of water at the water-vapor interface*, **Phys. Rev. Lett. 109**, 226101.

Nakamura, M., K. Tamura, and S. Murakami, 1995, *Isotope effects on thermodynamic properties-mixtures of x(D_2O or H_2O)+(1−x)CH_3CN at 298.15 K*, **Thermochim. Acta 253**, 127.

Narten, A. H., and H. A. Levy, 1969, *Observed diffraction pattern and proposed models of liquid water*, **Science 165**, 447.

Navrotsky, A., 1998, *Energetics and crystal chemical systematics among ilmenite, lithium niobate, and perovskite structures*, **Chem. Mater. 10**, 2787.

Negele, J. W., and H. Orland, 1998, *Quantum many-particle systems (Frontiers in Physics)*, (Perseus Books).

Nellis, W. J., S. T. Weir, and A. C. Mitchell, 1999, *Minimum metallic conductivity of fluid hydrogen at 140 GPa*, **Phys. Rev. B 59**, 3434.

Ni, K.-K., S. Ospelkaus, M. Miranda, A. Pe'er, B. Neyenhuis, J. Zirbel, S. Kotochigova, P. Julienne, D. Jin, and J. Ye, 2008, *A high phase-space-density gas of polar molecules*, **Science 322**, 5899.

Nie, S., P. J. Feibelman, N. C. Bartelt, and K. Thurmer, 2010, *Pentagons and heptagons in the first water layer on Pt(111)*, **Phys. Rev. Lett. 105**, 026102.

Nilsson, A., D. Nordlund, I, Waluyo, N. Huang, H. Ogasawara, S. Kaya, U. Bergmann, L.-Å. Näslund, H. Öström, Ph.Wernet, K. J.Andersson, T. Schiros, and L. G. M. Pettersson, 2010, *X-ray absorption spectroscopy and X-ray Raman scattering of water and ice; an experimental view*, **J. Electron Spectrosc. Relat. Phenom. 177**, 99.

Nilsson, F., and F. Aryasetiawan, 2018, *Recent progress in first-principles methods for computing the electronic structure of correlated materials*, **Computation 6**, 26.

Noble, D. L., A. Aibout, and A. J. Horsewill, 2009, *^1H-^{19}F spin-lattice relaxation spectroscopy: Proton tunnelling in the hydrogen bond studied by field-cycling NMR*, **J. Magn. Reson. 201**, 157.

Noh, G., D. Choi, J. H. Kim, D. G. Im, Y. H. Kim, H. Seo, and J. Lee, 2018, *Stark tuning of single-photon emitters in hexagonal boron nitride*, **Nano. Lett. 18**, 4710.

Nose, S., 1984a, *A molecular dynamics method for simulations in the canonical ensemble*, **Mol. Phys. 52**, 255.

Nose, S., 1984b, *A unified formulation of the constant temperature molecular dynamics methods*, **J. Chem. Phys. 81**, 511.

Nose, S., 1986, *An extension of the canonical ensemble molecular dynamics method*, **Mol. Phys. 57**, 187.

Nova, T. F., A. S. Disa, M. Fechner, and A. Cavalleri, 2019, *Metastable ferroelectricity in optically strained $SrTiO_3$*, **Science 364**, 1075.

Novoselov, K. S., A. K. Geim, S. V. Morozov, D. Jiang, Y. Zhang, S. V. Dubonos, I. V. Grigorieva, and A. A. Firsov, 2004, *Electric field effect in atomically thin carbon films*, **Science 306**, 666.

Novoselov, K. S., A. K. Geim, S. V. Morozov, D. Jiang, M. I. Katsnelson, I. V. Grigorieva, S. V. Dubonos, and A. A. Firsov, 2005, *Two-dimensional gas of massless Dirac fermions in graphene*, **Nature 438**, 197.

Novoselov, K. S., Z. Jiang, Y. Zhang, S. V. Morozov, H. L. Stormer, U. Zeitler, J. C. Maan, G. S. Boebinger, P. Kim, and A. K. Geim, 2007, *Room-temperature quantum hall effect in graphene*, **Science 315**, 1379.

O

Oganov, A. R., and S. Ono, 2004, *Theoretical and experimental evidence for a post-perovskite phase of $MgSiO_3$ in Earth's D" layer*, **Nature 430**, 445.

Ohashi, H., K. T. Wikfeldt, A. Nilsson, L. G. M. Pettersson, and S. Shin, 2013, *Selective probing of the OH or OD stretch vibration in liquid water using resonant inelastic soft-X-ray scattering*, **Phys. Rev. Lett. 111**, 193001.

Onnes, H. K., 1911, *The superconductivity of mercury*, **Comm. Phys. Lab. Univ. Leiden**, 122.

Osheroff, D. D., R. C. Richardson, and D. M. Lee, 1972, *Evidence for a new phase of solid He^3*, **Phys. Rev. Lett. 28**, 885.

Overhauser, A. W., 1984, *Crystal Structure of Lithium at 4.2K*, **Phys. Rev. Lett. 53**, 64.

P

Paesani, F., and G. A. Voth, 2009, *The properties of water: Insights from quantum simulations*, **J. Phys. Chem. B 113**, 5702.

Palstra, T. T. M., O. Zhou, Y. Iwasa, P. E. Sulewski, R. M. Fleming, and B. R. Zegarski, 1995, *Superconductivity at 40K in cesium doped C_{60}*, **Solid State Commun. 93**, 327.

Pamuk, B., J. M. Soler, R. Ramirez, C. P. Herrero, P. W. Stephens, P. B. Allen, and M. V. Fernandez-Serra, 2012, *Anomalous nuclear quantum effects in ice*, **Phys. Rev. Lett. 108**, 193003.

Pan, D., L. M. Liu, G. A. Tribello, B. Slater, A. Michaelides, and E. G. Wang, 2008, *Surface energy and surface proton order of ice Ih*, **Phys. Rev. Lett. 101**, 155703.

Pan, D., and Galli, G., 2020, *A first principles method to determine speciation of carbonates in supercritical water*, **Nat. Commun. 11**, 421.

Papaconstantopoulos, D. A., B. M. Klein, M. J. Mehl, and W. E. Pickett, 2015, *Cubic H_3S around 200 GPa: An atomic hydrogen superconductor stabilized by sulfur*, **Phys. Rev. B 91**, 184511.

Parr, R. G., and W. T. Yang, 1989, *Density-functional theory of atoms and molecules*, (Oxford University Press, Oxford).

Patrick, C. E., and F. Giustino, 2013, *Quantum nuclear dynamics in the photophysics of diamondoids*, **Nat. Commun. 4**, 2006.

Patrick, C. E., and F. Giustino, 2014, *Unified theory of electron-phonon renormalization and phonon-assisted optical absorption*, **J. Phys.: Condens. Matter 26**, 365503.

Paul, P. M., E. S. Toma, P. Breger, G. Mullot, F. Auge, Ph. Balcou, H.G. Muller, and P. Agostini, 2001, *Observation of a train of attosecond pulses from high harmonic generation*, **Science 292**, 1689.

Pavone, P., K. Karch, O. Schutt, W. Windl, D. Strauch, P. Giannozzi, and S. Baroni, 1993, *Ab-initio lattice-dynamics of diamond*, **Phys. Rev. B 48**, 3156.

Peng, B., H. Zhang, H. Z. Shao, Z. Y. Ning, Y. F. Xu, G. Ni, H. L. Lu, D. W. Zhang, and H. Y. Zhu, 2017, *Stability and strength of atomically thin borophene from first principles calculations*, **Mater. Res. Lett.**, **5**, 399.

Peng, F., Y. Sun, C. J. Pickard, R. J. Needs, Q. Wu, and Y. Ma, 2017, *Hydrogen clathrate structures in rare earth hydrides at high pressures: Possible route to room-temperature superconductivity.* **Phys. Rev. Lett.119**, 107001.

Peng, J. B., D. Y. Cao, Z. L. He, J. Guo, P. Hapala, R. Z. Ma, B. W. Cheng, J. Chen, W. J. Xie, X. Z. Li, P. Jelínek, L. M. Xu, Y. Q. Gao, E. G. Wang, and Y. Jiang, 2018a, *The effect of hydration number on the interfacialtransport of sodium ions*, **Nature 557**, 701.

Peng, J. B., J. Guo, P. Hapala, D. Y. Cao, R. Z. Ma, B. W. Cheng, L. M. Xu, M. Ondracek, P. Jelinek, E. G. Wang, and Y. Jiang, 2018b, *Weakly perturbative imaging of interfacial water with submolecular resolution by atomic force microscopy*, **Nat. Commun. 9**, 122.

Peng, S., H. Zhang, S. Yan, W. Zhang, J. Fu, X. Lin, S. Hao, Z. Jin, Y. Zhang, C. Zhang, F. Miao, S. J. Liang, and G. Ma, 2021, *Observation of negative terahertz photoconductivity in large area type-II Dirac semimetal PtTe$_2$*, **Phys. Rev. Lett. 126**, 227402.

Perdew, J. P., and A. Zunger, 1981, *Self-interaction correction to density-functional approximations for many-electron systems*, **Phys. Rev. B 23**, 5048.

Perdew, J. P., and K. Schmidt, 2001, *Density functional theory and its applications to materials (edited by V. Van Doren et al.)*, (American Institute of Physics, New York).

Pérez, A., and O. A. von Lilienfeld, 2011, *Path integral computation of quantum free energy differences due to alchemical transformations involving mass and potential*, **J. Chem. Theory Comput. 7**, 2358.

Persson, B. N. J., and A. Baratoff, 1987, *Inelastic electon tunneling from a metal tip: The contribution from resonant processes*, **Phys. Rev. Lett. 59**, 339.

Peterson, A. A., F. Abild-Pedersen, F. Studt, J. Rossmeisl, and J. K. Norskov, 2010, *How copper catalyzes the electroreduction of carbon dioxide into hydrocarbon fuels*, **Energ. Environ. Sci. 3**, 1311.

Phillip, H. R., and E. A. Taft, 1964, *Kramers-Kronig analysis of reflectance data for diamond*, **Phys. Rev. A 136**, 1445.

Pickard, C. J., and R. J. Needs, 2007, *Structure of phase III of solid hydrogen.* **Nat. Phys. 3**, 473.

Pickard, C. J., and R. J. Needs, 2009, *Dense low-coordination phases of lithium*, **Phys. Rev. Lett. 102**, 146401.

Pietropaolo, A., R. Senesi, C. Andreani, A. Botti, M. A. Ricci, and F. Bruni, 2008, *Excess of proton mean kinetic energy in supercooled water*, **Phys. Rev. Lett. 100**, 127802.

Pietropaolo, A., Roberto Senesi, Carla Andreani, and Jerry Mayers, 2009, *Quantum effects in water proton kinetic energy maxima in stable and supercooled liquid*, **Braz. J. Phys. 39**, 319.

Pisana, S., M. Lazzeri, C. Casiraghi, K. S. Novoselov, A. K. Geim, A. C. Ferrari, and F. Mauri, 2007, *Breakdown of the adiabatic Born-Oppenheimer approximation in graphene*, **Nat. Mater. 6**, 198.

Planck, M., 1900a, *On an improvement of Wein's equation for the spectrum*, **Verh. Dtsch. Phys. Ges. Berlin 2**, 202.

Planck, M., 1900b, *On the theory of the energy distribution law of the normal spestrum*, **Verh. Dtsch. Phys. Ges. Berlin 2**, 237.

Polian, A., and M. Grimsditch, 1984, *New high-pressure phase of H_2O: Ice X*, **Phys. Rev. Lett. 52**, 1312.

Pollock, E. L., and D. M. Ceperley, 1984, *Simulation of quantum many-body systems by path-integral methods*, **Phys. Rev. B 30**, 2555.

Pollock, E. L., and D. M. Ceperley, 1987, *Path-integral computation of superfluid densities*, **Phys. Rev. B 36**, 8343.

Poltavsky, L., L. Zheng, M. Mortazavi, and A. Tkatchen, 2018, *Quantum tunneling of thermal protons through pristine graphene*, **J. Chem. Phys.148**, 204707.

Poncé, S., G. Antonius, P. Boulanger, E. Cannuccia, A. Marini, M. Côté, and X. Gonze, 2014, *Verification of first-principles codes: Comparison of total energies, phonon frequencies, electron-phonon coupling and zero-point motion correction to the gap between ABINIT and QE/Yambo*, **Comput. Mater. Sci. 83**, 341.

Poncé, S., Y. Gillet, J. L. Janssen, A. Marini, M. Verstraete, and X. Gonze, 2015, *Temperature dependence of the electronic structure of semiconductors and insulators*, **J. Chem. Phys. 143**, 102813.

Pozzo, M., M. P. Desjarlais, and D. Alfè, 2011, *Electrical and thermal conductivity of liquid sodium from first-principles calculations*, **Phys. Rev. B 84**, 054203.

Prager, M., and A. Heidemann, 1997, *Rotational tunneling and neutron spectroscopy: A compilation*, **Chem. Rev. 97**, 2933.

Price, W. S., H. Ide, Y. Arata, and O. Soderman, 2000, *Temperature dependence of the self-diffusion of supercooled heavy water to 244 K*, **J. Phys. Chem. B 104**, 5874.

Pugnat, P., and H. J. Schneider-Muntau, 2014, *Hybrid magnets-past, present, and future*, **IEEE Trans. Appl. Supercon. 24**, 4300106.

Purvis III, G. D., and R. J. Barlett, 1982, *A full coupled-cluster singles and doubles model: The inclusion of disconnected triples*, **J. Chem. Phys. 76**, 1910.

Q

Qi, R. S., N. Li, J. Du, R. Shi, Y. Huang, X. Yang, L. Liu, Z. Xu, Q. Dai, D. Yu, and P. Gao, 2021a, *Four-dimensional vibrational spectroscopy for nanoscale mapping of phonon dispersion in BN nanotubes*, **Nat. Commun. 12**, 1179.

Qi, R. S., R. Shi, Y. Li, Y. Sun, M. Wu, N. Li, J. Du, K. Liu, C. Chen, J. Chen, F. Wang, D. Yu, E. Wang, and P. Gao, 2021b, *Measuring phonon dispersion at an interface*, **Nature 599**, 399.

Qi, X. L., and S. C. Zhang, 2011, *Topological insulators and superconductors*, **Rev. Mod. Phys. 83**, 1057.

Qin, X., Z. F. Shi, Y. J. Xie, L. Wang, X. Rong, W. F. Jia, W. Z. Zhang and, J. F. Du, 2017, *An integrated device with high performance multi-function generators and time-to-digital convertors*, **Rev. Sci. Instrum. 88**, 014702.

R

Rahman, A., 1964, *Correlations in the motion of atoms in liquid argon*, **Phys. Rev. A 136**, 405.

Ramasesha, K., L. De Marco, A. Mandal, and A. Tokmakoff, 2013, *Water vibrations have strongly mixed intra- and intermolecular character*, **Nat. Chem. 5**, 935.

Ramirez, A. P., M. A. Subramanian, M. Gardel, G. Blumberg, D. Li, T. Vogt, and S. M. Shapiro, 2000, *Giant dielectric constant response in a copper-titanate.* **Solid State Commun. 115**, 217.

Ramirez, R., and L. M. Falicov, 1971, *Theory of alpha-gamma phase transition in metallic cerium*, **Phys. Rev. B 3**, 2425.

Ramírez, R., C. P. Herrero, and E. R. Hernández, 2006, *Path-integral molecular dynamics simulation of diamond*, **Phys. Rev. B 73**, 245202.

Ranea, V. A., A. Michaelides, R. Ramírez, P. L. de Andres, J. A. Vergés, and D. A. King, 2004, *Water dimer diffusion on Pd(111) assisted by an H-bond donor-acceptor tunneling exchange.* **Phys. Rev. Lett. 92**, 136104.

Ray, M. W., and R. B. Hallock, 2011, *Mass flow through solid ^4He induced by the fountain effect*, **Phys. Rev. B 84**, 144512.

Rayleigh, J., and W. S. Baron, 1899, *Scientific papers,* Vol. 6, (Cambridge University Press, Cambridge).

Rees, D. G, N. R. Beysengulov, J.-J. Lin, and K. Kono, 2016, *Stick-slip motion of the wigner solid on liquid helium*, **Phys. Rev. Lett. 116**, 206801.

Reiter, G. F., J. Mayers, and J. Noreland, 2002, *Momentum-distribution spectroscopy using deep inelastic neutron scattering*, **Phys. Rev. B 65**, 104305.

Reiter, G. F., J. C. Li, J. Mayers, T. Abdul-Redah, and P. Platzman, 2004, *The proton momentum distribution in water and ice,* **Braz. J. Phys. 34**, 142.

Reiter, G. F., C. Burnham, D. Homouz, P. M. Platzman, J. Mayers, T. Abdul-Redah, A. P. Moravsky, J. C. Li, C. K. Loong, and A. I. Kolesnikov, 2006, *Anomalous behavior of proton zero point motion in water confined in carbon nanotubes*, **Phys. Rev. Lett. 97**, 247801.

Reiter, G. F., A. I. Kolesnikov, S. J. Paddison, P. M. Platzman, A. P. Moravsky, M. A. Adams, and J. Mayers, 2012, *Evidence for an anomalous quantum state of protons in nanoconfined water*, **Phys. Rev. B 85**, 045403.

Reiter, G. F., A. Deb, Y. Sakurai, M. Itou, V. G. Krishnan, and S. J. Paddison, 2013, *Anomalous ground state of the electrons in nanoconfined water,* **Phys. Rev. Lett. 111**, 036803.

Ren, W. L., W. Z. Fu, and J. Chen, 2022, *Towards the ground state of molecules via diffusion Monte Carlo on neural networks*, **arXiv:2204.13903**.

Repp, J., G. Meyer, K. H. Rieder, and P. Hyldgaard, 2003, *Site determination and thermally assisted tunneling in homogenous nucleation*, **Phys. Rev. Lett. 91**, 206102.

Richardson, J. O., and S. C. Althorpe, 2009, *Ring-polymer molecular dynamics rate-theory in the deep-tunneling regime: Connection with semiclassical instanton theory*, **J. Chem. Phys. 131**, 214106.

Richardson, J. O., and S. C. Althorpe, 2011, *Ring-polymer instanton method for calculating tunneling splittings*, **J. Chem. Phys. 134**, 054109.

Richardson, J. O., and M. Thoss, 2013, *Communication: Nonadiabatic ring-polymer molecular dynamics*, **J. Chem. Phys. 139**, 031102

Richardson, J. O., R. Bauer, and M. Thoss, 2015, *Semiclassical Green's functions and an instanton formulation of electron-transfer rates in the nonadiabatic limit.* **J. Chem. Phys. 143**, 134115.

Richardson, J. O., 2016a, *Microcanonical and thermal instanton rate theory for chemical reactions at all temperatures*, **Faraday Discuss. 195**, 49

Richardson, J. O., C. Pérez, S. Lobsiger, A. A. Reid, B. Temelso, G. C. Shields, Z. Kisiel, D. J. Wales, B. H. Pate, and S. C. Althorpe, 2016b, *Concerted hydrogen-bond breaking by quantum tunneling in the water hexamer prism*, **Science 351**, 1310.

Rocher-Casterline, B. E., A. K. Mollner, L. C. Ch'ng, and H. Reisler, 2011a, *Imaging H_2O photofragments in the predissociation of the HCl-H_2O hydrogenbonded dimer*, **J. Phys. Chem. A 115**, 6903.

Rocher-Casterline, B. E., L. C. Ch'ng, A. K. Mollner, and H. Reisler, 2011b, *Communication: Determination of the bond dissociation energy (D_0) of the water dimer, $(H_2O)_2$, by velocity map imaging*, **J. Chem. Phys. 134**, 211101.

Roothaan, C. C. J., 1951, *New developments in molecular orbital theory*, **Rev. Mod. Phys. 23**, 69.

Rousseau, R., and D. Marx, 1998, *Fluctuations and bonding in lithium clusters*, **Phys. Rev. Lett. 80**, 2574.

Rousseau, R., and D. Marx, 1999, *The role of quantum and thermal fluctuations upon properties of lithium clusters*, **J. Chem. Phys. 111**, 5091.

Roux, B., and M. Karplus, 1991a, *Ion transport in a model gramicidin channel. Structure and thermodynamics*, **Biophys. J. 59**, 961.

Roux, B., M. Karplus, 1991b, *Ion transport in a gramicidin-like channel: Dynamics and mobility*, **J. Phys. Chem. 95**, 4856.

Roux, B., 1995, *The calculation of the potential of mean force using computer simulations*, **Comput. Phys. Commun. 91**, 275.

Runge, E., and E. K. U. Gross, 1984, *Density-functional theory for time-dependent systems*, **Phys. Rev. Lett. 52**, 997.

S

Sachdev, S., and B. Keimer, 2011, *Quantum criticality*, **Phys. Today 64**, 29.

Sachdev, S., 2012, *Quantum phase transitions of antiferromagnets and the cuprate superconductors, in Modern theories of many-particle systems in condensed matter physics*, **Springer**, Berlin Heidelberg.

Sahu, S, 2019, *Colloquium: Ionic phenomena in nanoscale pores through 2D materials*, **Rev. Mod. Phys. 91**, 021004.

Sai-Halasz, G. A., R. Tsu, and L. Esaki, 1977, *A new semiconductor superlattice*, **Appl. Phys. Lett. 30**, 651.

Sai-Halasz, G. A., L. L. Chang, J. M. Welter, C. A. Chang, and L. Esaki, 1978, *Optical absorption of $In_{1-x}Ga_xAs$-$GaSb_{1-y}As_y$ superlattices*, **Solid State Commun. 27**, 935.

Sakaushi, K., A. Lyalin, T. Taketsugu, and K. Uosaki, 2018, *Quantum-to-classical transition of proton transfer in potential-induced dioygen reduction*, **Phys. Rev. Lett. 121**, 236001.

Sala, F. D., R. Rousseau, A. Görling, and D. Marx, 2004, *Quantum and thermal fluctuation effects on the photoabsorption spectra of clusters*, **Phys. Rev. Lett. 92**, 183401.

Sample, H. H., and C. A. Swenson, 1967, *heat capacity of hcp and bcc solid helium 3*, **Phys. Rev. 158**, 188.

Sano, W., T. Koretsune, T. Tadano, R. Akashi, and R. Arita, 2016, *Effect of Van Hove singularities on high-T_c superconductivity in H_3S*, **Phys. Rev. B 93**, 094525.

Saparov, D., B. Xiong, Y. Ren, and Q. Niu, 2022, *Lattice dynamics with molecular Berry curvature:*

Chiral optical phonons, **Phys. Rev. B 105,** 064303.

Schaefer, J., E. H. G. Backus, Y. Nagata, and M. Bonn, 2016, *Both inter- and intramolecular coupling of O-H groups determine the vibrational response of the water/air interface*, **J. Phys. Chem. Lett. 7**, 4591.

Schaeffer, A. M. J., W. B. Talmadge, S. R. Temple, and S. Deemyad, 2012, *High pressure melting of lithium*, **Phys. Rev. Lett. 109**, 185702.

Schawlow, 1981, **New Scientist 92**, 225.

Schlemmer, S., T. Kuhn, E. Lescop, and D. Gerlich, 1999, *Laser excited N_2^+ in a 22-pole ion trap: Experimental studies of rotational relaxation processes*, **Int. J. Mass Spectrom. 185**, 589.

Schneider-Muntau, H. J., 1981, *Polyhelix magnets*, **IEEE Trans. Magn. 17**, 1775.

Schoonmaker R., T. Lancaster, and S. J. Clark, 2018, *Quantum mechanical tunneling in the automerization of cyclobutadiene*, **J. Chem. Phys.,** 104109.

Schreck, S., and P. Wernet, 2016, *Isotope effects in liquid water probed by transmission mode x-ray absorption spectroscopy at the oxygen K-edge*, **J. Chem. Phys. 145**, 104502.

Schreiner, P. R., H. P. Reisenauer, D. Ley, D. Gerbig, C.-H. Wu, and W. D. Allen, 2011, *Methylhydroxycarbene: Tunneling control of a chemical reaction*, **Science 332**, 1300.

Schreiner, P. R., 2017, *Tunneling control of chemical reactions: The third reactivity paradigm*, **J. Am. Chem. Soc. 139**, 15276.

Schrödinger, E., 1926, *An undulatory theory of the mechanics of atoms and molecules*, **Phys. Rev. 28**, 1049.

Schrödinger, E., 1944, What is life?, **Cambridge University Press**.

Schuster, D. I., A. Fragner, M. I. Dykman, S. A. Lyon, and R. J. Schoelkopf, 2010, *Proposal for manipulating and detecting spin and orbital states of trapped electrons on helium using cavity quantum electrodynamics*, **Phys. Rev. Lett. 105**, 040503.

Scott, J. F., 1998, *The physics of ferroelectric ceramic thin films for memory applications*, **Ferroelectrics Rev. 1**, 1.

Scott, J. F., and M. Dawber, 2000, *Oxygen-vacancy ordering as a fatigue mechanism in perovskite ferroelectrics*, **Appl. Phys. Lett. 76** , 3801.

Secchi, E., S. Marbach, A. Nigues, D. Stein, A. Siria, and L. Bocquet, 2016, *Massive radius-dependent flow slippage in carbon nanotubes*, **Nature 537**, 210.

Seidl, A., A. Görling, P. Vogl, J. A. Majewski, and M. Levy, 1996, *Generalized Kohn-Sham schemes and the band-gap problem*, **Phys. Rev. B 53,** 3764.

Senesi, R., D. Flammini, A. I. Kolesnikov, E. D. Murray, G. Galli and C. Andreani, 2013a, *The quantum nature of the OH stretching mode in ice and water probed by neutron scattering experiments*, **J. Chem. Phys. 139**, 074504.

Senesi, R., G. Romanelli, M. A. Adams and C. Andreani, 2013b, *Temperature dependence of the zero point kinetic energy in ice and water above room temperature*, **Chem. Phys. 427**, 111.

Senga, R., Y. C. Lin, S. Morishita, R. Kato, T. Yamada, M. Hasegawa, and K. Suenaga, 2022, *Imaging of isotope diffusion using atomic-scale vibrational spectroscopy*, **Nature 603**, 68.

Seol, J. H., I. Jo, A. L. Moore, L. Lindsay, Z. H. Aitken, M. T. Pettes, X. Li, Z. Yao, R. Huang, D. Broido, N. Mingo, R. S. Ruoff, and L. Shi, 2010, *Two-dimensional phonon transport in supported graphene*, **Science, 328**, 213.

Serwatka, T., R. G. Melko, A. Burkov, and P.N. Roy, 2023, *Quantum phase transition in the one-dimensional water chain*, **Phys. Rev. Lett. 130**, 026201.

Sevik, C., 2014, *Assessment on lattice thermal properties of two-dimensional honeycomb structures:*

Graphene, h-BN, h-MoS$_2$, and h-MoSe$_2$, **Phys. Rev. B 89**, 035422.

Shakib, F. A., and P. Huo, 2017, *Ring polymer surface hopping: Incorporating nuclear quantum effects into nonadiabatic molecular dynamics simulations*, **J. Phys. Chem. Lett. 8**, 3073.

Shao, J. S., and N. Makri, 1999, *Forward-backward semiclassical dynamics with linear scaling*, **J. Phys. Chem. A 103**, 9479.

Shao, T., B. Wen, R. Melnik, S. Yao, Y. Kawazoe, and Y. J. Tian, 2012, *Temperature dependent elastic constants and ultimate strength of graphene and graphyne*, **J. Chem. Phys. 137**, 194901.

Shastry, B. S., 1988, *Exact solution of an S=1/2 Heisenberg antiferromagnetic chain with long ranged interactions*, **Phys. Rev. Lett. 60**, 639.

Shen, R., W. L. Guo, and W. Y. Zhong, 2010, *Hydration valve controlled non-selective conduction of Na^+ and K^+ in the NaK channel*, **Biochim. Biophys. Acata 1798**, 1474.

Shen, S. P., J. C. Wu, J. D. Song, X. F. Sun, Y. F. Yang, Y. S. Chai, D. S. Shang, S. G. Wang, J. F. Scott, and Y. Sun, 2016, *Quantum electric-dipole liquid on a triangular lattice*, **Nat. Commun. 7**, 10569.

Shen, Y. R., and V. Ostroverkhov, 2006, *Sum-frequency vibrational spectroscopy on water interfaces: polar orientation of water molecules at interfaces*, **Chem. Rev. 106**, 1140.

Sheng, S. X., J. B. Wu, X. Cong, W. B. Li, J. Gou, Q. Zhong, P. Cheng, P. H. Tan, L. Chen, and K. H. Wu, 2017, *Vibrational properties of a monolayer silicene sheet studied by tip-enhanced Raman spectroscopy*, **Phys. Rev. Lett. 119**, 196803.

Sheng S. X., R. Z. Ma, J. B. Wu, X. Cong, W. B. Li, L. J. Kong, X. Cong, D. Y. Cao, W. Q. Hu, J. Gou, J. W. Luo, P. Cheng, P. H. Tan, Y. Jiang, L. Chen, and K. H. Wu, 2018, *The pengatonal nature of self-assembled silicon chains and magic clusters on Ag(110)*, **Nano Lett. 18**, 2937.

Shi, C., H. A. Hansen, A. C. Lausche, and J. K. Nørskov, 2014, *Trends in electrochemical CO_2 reduction activity for open and close-packed metal surfaces*, **Phys. Chem. Chem. Phys. 16**, 4720.

Shi, F. Z., Q. Zhang, P. F. Wang, H. B. Sun, J. R. Wang, X. Rong, M. Chen, C. Y. Ju, F. Reinhard, H. W. Chen, J. Wrachtrup, J. F. Wang, and J. F. Du, 2015, *Single-protein spin resonance spectroscopy under ambient conditions*, **Science 347**, 1135.

Shi, H., and S. W. Zhang, 2013, *Symmetry in auxiliary-field quantum Monte Carlo calculations*, **Phys. Rev. B 88**, 125132.

Shi, L., and L. W. Wang, 2012, *Ab initio calculations of deep-level carrier nonradiative recombination rates in bulk semiconductors*, **Phys. Rev. Lett. 109**, 245501.

Shi, L., K. Xu, and L. W. Wang, 2015, *Comparative study of ab initio nonradiative recombination rate calculations under different formalisms*, **Phys. Rev. B 91**, 205315.

Shi, Q., and E. Geva, 2003, *Semiclassical theory of vibrational energy relaxation in the condensed phase*, **J. Phys. Chem. A 107**, 9059.

Shi, R. C., Y. Li, Q. Luo, and P. Gao, 2020, *Atomic resolution vibrational EELS acquired from an annular aperture*, **Microsc. Microanal. 26**, 2640.

Shi, Y. G., Y. F. Guo, X. Wang, A. J. Princep, D. Khalyavin, P. Manuel, Y. Michiue, A. Sato, K. Tsuda, S. Yu, M. Arai, Y. Shirako, M. Akaogi, N. L. Wang, K. Yamaura, and A. T. Boothroyd, 2013, *A ferroelectric-like structural transition in a metal*, **Nat. Mater. 12**, 1024.

Shi, Z. W., C. H. Jin, W. Yang, L. Ju, J. Horng, X. B. Lu, H. A. Bechtel, M. C. Martin, D. Y. Fu, J. Q. Wu, K. Watanabe, T. Taniguchi, Y. B. Zhang, X. D. Bai, E. G. Wang, G. Y. Zhang, and F. Wang, 2014, *Gate-dependent pseudospin mixing in graphene/boron nitride moiré superlattices*, **Nat. Phys. 10**, 743.

Shimizu, K., H. Ishikawa, D. Takao, T. Yagi, and K. Amaya, 2002, *Superconductivity in compressed lithium at 20 K*, **Nature 419**, 597.

Shiotari, A., and Y. Sugimoto, 2017, *Ultrahigh-resolution imaging of water networks by atomic force microscopy*, **Nat. Commun. 8**, 14313.

Shockley, W., and H. J. Queisser, 1961, *Detailed balance limit of efficiency of p-n junction solar cells*, **J. Appl. Phys. 32**, 510.

Shushkov, P., R. Li, and J. C. Tully, 2012, *Ring polymer molecular dynamics with surface hopping*, **J. Chem. Phys. 137**, 22A549.

Si, Q., and F. Steglich, 2010, *Heavy fermions and quantum phase transitions*, **Science 329**, 1161.

Singh D., 1991, *Ground-state properties of lanthanum: Treatment of extended-core states*, **Phys. Rev. B 43**, 6388.

Silvera, I. F., and T. J. Wijngaarden, 1981, *New low-temperature phase of molecular deuterium at ultrahigh pressure*, **Phys. Rev. Lett. 47**, 39.

Sjöstedt, E., L. Nordström, and D. J. Singh, 2000, *An alternative way of linearizing the augmented plane-wave method*, **Solid State Commun. 114**, 15.

Skinner, L. B., C. J. Benmore, J. C. Neuefeind, and J. B. Parise, 2014, *The structure of water around the compressibility minimum*, **J. Chem. Phys. 141**, 214507.

Slack, G. A., and S. F. Bartram, 1975, *Thermal expansion of some diamondlike crystals*, **J. Appl. Phys. 46**, 89.

Slater, J. C., and H. C. Verma, 1929, *The theory of complex spectra*, **Phys. Rev. 34**, 1293.

Slater, J. C., 1930a, *Atomic shielding constants*, **Phys. Rev. 36**, 57.

Slater, J. C., 1930b, *Note on hartree's method*, **Phys. Rev. 35**, 210.

Slater, J. C., 1937, *Wave functions in a periodic potential*, **Phys. Rev. 51**, 846.

Slater, J. C., 1950, *The lorentz correction in barium titanate*, **Phys. Rev. 78**, 748.

Slater, J. C., 1951, *A simplification of the Hartree-Fock method*, **Phys. Rev. 81**, 385.

Slocombe, L., M. Sacchi, and J. Al-Khalili, 2022, *An open quantum systems approach to proton tunnelling in DNA*, **Commun. Phys. 5,** 109.

Smith, H. G., 1987, *Martensitic phase transformation of single-crystal lithium from bcc to a 9R-related structure*, **Phys. Rev. Lett. 58**, 1228.

Smith, J. D., C. D. Cappa, K. R. Wilson, B. M. Messer, R. C. Cohen, and R. J. Saykally, 2004, *Energetics of hydrogen bond network rearrangements in liquid water*, **Science 306**, 851.

Sobota, J. A., Y. He, and Z. X. Shen, 2021, *Angle-resolved photoemission studies of quantum materials*, **Rev. Mod. Phys. 93**, 025006.

Sokolov, N. D., M. V. Vener, and V. A. Savelev, 1988, *Tentative study of the strong hydrogen bond dynamics: Part I. Geometric isotope effects*, **J. Mol. Struct**. 177, 93.

Soddy, F., 1913, *Intra-atomic charge*, **Nature 92**, 399.

Somayazulu, M., M. Ahart, A. K. Mishra, Z. M. Geballe, M. Baldini, Y. Meng, V. V. Struzhkin, and R. J. Hemley, 2019, *Evidence for superconductivity above 260 K in lanthanum superhydride at megabar pressures*, **Phys. Rev. Lett. 122**, 027001.

Sommer, W. T., and D. J. Tanner, 1971, *Mobility of electrons on the surface of liquid ^4He*, **Phys. Rev. Lett. 27**, 1345.

Soper, A. K., 2000, *The radial distribution functions of water and ice from 220 to 673 K and at pressures up to 400 MPa*, **Chem. Phys. 258**, 121.

Soper, A. K., 2007, *Joint structure refinement of X-ray and neutron diffraction data on disordered materials: Application to liquid water*, **J. Phys. Condens. Matter 19**, 335206.

Stavrou, E., Y. S. Yao, A. F. Goncharov, S. S. Lobanov, J. M. Zaug, H. Y. Liu, E. Greenberg, and V. B. Prakapenka, 2018, *Synthesis of xenon and iron-nickel intermetallic compounds at earth's core thermodynamic conditions*, **Phys. Rev. Lett. 120**, 096001.

Stiopkin, I. V., C. Weeraman, P. A. Pieniazek, F. Y. Shalhout, J. L. Skinner, and A. V. Benderskii, 2011, *Hydrogen bonding at the water surface revealed by isotopic dilution spectroscopy*, **Nature 474**, 192.

Stipe, B. C., M. A. Rezaei, and W. Ho, 1998, *Single-molecule vibrational spectroscopy and microscopy*, **Science 280**, 1732.

Stock, G., and M. Thoss, 1997, *Semiclassical description of nonadiabatic quantum dynamics*, **Phys. Rev. Lett. 78**, 578.

Stolyarova, E., D. Stolyarov, K. Bolotin, S. Ryu, L. Liu, K. T. Rim, M. Klima, M. Hybertsen, I. Pogorelsky, I. Pavlishin, K. Kusche, J. Hone, P. Kim, H. L. Stormer, V. Yakimenko, and G. Flynn, 2009, *Observation of graphene bubbles and effective mass transport under graphene films*, **Nano Lett. 9**, 332.

Stroscio, J. A., and R. J. Celotta, 2004, *Controlling the dynamics of a single atom in lateral atom manipulation*, **Science 306**, 242.

Struzhkin, V. V., R. J. Hemley, H. K. Mao, and Y. A. Timofeev, 1997, *Superconductivity at 10-17 K in compressed sulphur*, **Nature 390**, 382.

Su, D., Q. Meng, C. A. F. Vaz, M.-G. Han, Y. Segal, F. J. Walker, M. Sawicki, C. Broadbridge, and C. H. Ahn, 2011, *Origin of 90° domain wall pinning in $Pb(Zr_{0.2}Ti_{0.8})O_3$ heteroepitaxial thin films*, **Appl. Phys. Lett. 99**, 102902.

Sugimoto, H., M. Tachikawa, and T. Udagawa, 2019, *Multicomponent QM study on the reaction of $HOSO + NO_2$ with H_2O: Nuclear quantum effect on structure and reaction energy profile*, **Int J Quantum Chem. 119**, e25895.

Sun, B., S. Niu, R. P. Hermann, J. Moon, N. Shulumba, K. Page, B. Zhao, A. S. Thind, K. Mahalingam, J. Milam-Guerrero, R. Haiges, M. Mecklenburg, B. C. Melot, Y. Jho, B. M. Howe, R. Mishra, A. Alatas, B. Winn, M. E. Manley, J. Ravichandran, and A. J. Minnich, 2020, *High frequency atomic tunneling yields ultralow and glass-like thermal conductivity in chalcogenide single crystals*, **Nat. Commun. 11**, 6039.

Sun, H., Q. Li, and X. G. Wan, 2016, *First-principles study of thermal properties of borophene*, **Phys. Chem. Chem. Phys. 18**, 14927.

Sun, Z. R., D. Pan, L. M. Xu, and E. G. Wang, 2012, *Role of proton ordering in adsorption preference of polar molecule on ice surface*, **Proc. Natl. Acad. Sci. U.S.A. 109**, 13117.

Sun, Z. R., L. X. Zheng, M. H. Chen, M. L. Klein, F. Paesani, and X. F. Wu, 2018, *Electron-hole theory of the effect of quantum nuclei on the X-Ray absorption spectra of liquid water*, **Phys. Rev. Lett. 121**, 137401.

Sundell, P. G., and G. Wahnström, 2004, *Activation energies for quantum diffusion of hydrogen in metals and on metal surfaces using delocalized nuclei within the density-functional theory*, **Phys. Rev. Lett. 92**, 155901.

Sundell, P. G., M. E. Björketun, and G. Wahnström, 2007, *Density-functional calculations of prefactors and activation energies for H diffusion in $BaZrO_3$*, **Phys. Rev. B 76**, 094301.

Suo, L., O. Borodin, T. Gao, M. Olguin, J. Ho, X. Fan, C. Luo, C. Wang, and K. Xu, 2015, *"Water-in-salt" electrolyte enables high-voltage aqueous lithium-ion chemistries*, **Science 350**, 938.

Sutcliffe, M. J., and N. S. Scrutton, 2002, *A new conceptual framework for enzyme catalysis hydrogen tunneling coupled to enzyme dynamics in flavoprotein and quinoprotein enzymes*, **Eur. J.**

Biochem. 269, 3096.

Suzuki, K., M. Shiga, and M. Tachikawa, 2008, *Temperature and isotope effects on water cluster ions with path integral molecular dynamics based on the fourth order Trotter expansion,* **J. Chem. Phys. 129**, 144310.

Suzuki, K., M. Tachikawa, H. Ogawa, S. Ittisanronnachai, H. Nishihara, T. Kyotani, and U. Nagashima, 2011, *Isotope effect of proton and deuteron adsorption site on zeolite-templated carbon using path integral molecular dynamics,* **Theor. Chem. Acc. 130**, 1039.

Suzuki, K., Y. Kawashima, and M. Tachikawa, 2018, *Nuclear quantum effect and H/D isotope effect on hydrogen-bonded system with path integral simulation// Frontiers of Quantum Chemistry.* (Springer, Berlin)

Svishchev, I. M., and P. G. Kusalik, 1994, *Dynamics in liquid water, water-d2, and water-t2: A comparative simulation study,* **J. Phys. Chem. 98**, 728.

Syage, J. A., R. B. Cohen, and J. Steadman, 1992, *Spectroscopy and dynamics of jet-cooled hydrazines and ammonia. I. Single-photon absorption and ionization spectra.* **J. Chem. Phys. 97**, 6072.

Szado, A., and N. S. Ostlund, 1996, *Modern Quantum Chemistry: Introduction to Advanced Electronic Structure Theory,* (Dover Publications Inc., Mineola, New York).

Szegedi, S., M. Váradi, Cs. M. Buczkó, M. Várnagy, and T. Sztaricskai, 1990, *Determination of boron in glass by neutron transmission method.* **J. Radioanal. Nucl. Ch. Lett. 146**, 177.

T

Tachikawa, M., and M. Shiga, 2005, *Geometrical H/D isotope effect on hydrogen bonds in charged water clusters,* **J. Am. Chem. Soc. 127**, 11908.

Tadano, T., and S. Tsuneyuki, 2015, *Self-consistent phonon calculations of lattice dynamical properties in cubic $SrTiO_3$ with first-principles anharmonic force constants,* **Phys. Rev. B 92**, 054301.

Takahashi, H., K. Igawa, K. Arii, Y. Kamihara, M. Hirano, and H. Hosono, 2008, *Superconductivity at 43 K in an iron-based layered compound $LaO_{1-x}F_xFeAs$,* **Nature 453**, 376.

Takano, Y., M. Nagao, I. Sakaguchi, M. Tachiki, T. Hatano, K. Kobayashi, H. Umezawa, and H. Kawarada, 2004, *Superconductivity in diamond thin films well above liquid helium temperature,* **Appl. Phys. Lett. 85**, 2851.

Takayanagi, T., and Y. Kurosaki, 1998, *Van der Waals resonances in cumulative reaction probabilities for the $F + H_2, D_2$, and HD reactions,* **J. Chem. Phys. 109**, 8929.

Tang, H., and S. Ismail-Beigi, 2007, *Novel precursors for boron nanotubes: The competition of two-center and three-center bonding in boron sheets,* **Phys. Rev. Lett. 99**, 115501.

Tang, Y., Y. Zhu, X. Ma, A. Y. Borisevich, A. N. Morozovska, E. A. Eliseev, W. Wang, Y. Wang, Y. Xu, and Z. Zhang, 2015, *Observation of a periodic array of flux-closure quadrants in strained ferroelectric $PbTiO_3$ films,* **Science 348**, 547.

Tao, X., P. Shushkov, and T. F. Miller, 2018, *Path-integral isomorphic hamiltonian for including nuclear quantum effects in non-adiabatic dynamics,* **J. Chem. Phys. 148**, 102327.

Tao, X., P. Shushkov, and T. F. Miller, 2019, *Simple flux-side formulation of state-resolved thermal reaction rates for ring-polymer surface hopping,* **J. Phys. Chem. A. 123**, 3013.

Tao, Z. S., C. Chen, T. Szilvasi, M. Keller, M. Mavrikakis, H. Kapteyn, and M. Murnane, 2016, *Direct time-domain observation of attosecond final-state lifetimes in photoemission from solids,* **Science 353**, 62.

Tennyson, J., P. F. Bernath, L. R. Brown, A. Campargue, A. G. Csaszar, L. Daumont, R. R. Gamache,

J. T. Hodges, O. V. Naumenko, O. L. Polyansky, L. S. Rothman, A. C. Vandaele, N. F. Zobov, N. Denes, A. Z. Fazliev, T. Furtenbacher, I. E. Gordon, S. M. Hu, T. Szidarovszky, and I. A. Vasilenko, 2014, *IUPAC critical evaluation of the rotational-vibrational spectra of water vapor. Part IV. Energy levels and transition wavenumbers for $D_2^{16}O, D_2^{17}O$, and $D_2^{18}O$*, **J. Quant. Spectros. Radiat. Transfer. 142**, 93.

Terada, Y., S. Yoshida, O. Takeuchi, and H. Shigekawa, 2010, *Real-space imaging of transient carrier dynamics by nanoscale pump-probe microscopy*, **Nat. Photon. 4**, 869.

Thapa, M. J., W. Fang, and J. O. Richardson, 2019, *Nonadiabatic quantum transition-state theory in the golden-rule limit. I. Theory and application to model systems*, **J. Chem. Phys. 150**, 104107.

The LNCMP-team, 2004, *The LNCMP: A pulsed-field user-facility in Toulouse*, **Physica B 346**, 668.

Thomas, T. H., 1927, *The calculation of atomic fields*, **Proc. Cambridge Phil. Soc. 23**, 542.

Thompson, J. D., 1984, *Low-temperature pressure variations in a self-clamping pressure cell*, **Rev. Sci. Instrum. 55**, 231.

Tian, Y., C. Zhou, X. Fu, S. Ji, Y. Leng, and R. Li, 2021, *Research progress of generation and control of ultrafast and coherent electron sources based on optical fields*, **Acta Photon. Sin. 50**, 0850202.

Tian, Y., J. N. Hong, D. Y. Cao, S. F. You, Y. Z. Song, B. W. Cheng, Z. C. Wang, D. Guan, X. M. Liu, Z. P. Zhao, X. Z. Li, L. M. Xu, J. Guo, J. Chen, E. G. Wang, and Y. Jiang, 2022, *Visualizing eigen/zundel cations and their interconversion in monolayer water on metal surfaces*, **Science 377**, 315.

Tian, Y. C., He Tian, Y. L. Wu, L. L. Zhu, L. Q. Tao, W. Zhang, Y. Shu, D. Xie, Y. Yang, Z. Y. Wei, X. H. Lu, T.-L. Ren, C.-K. Shih, and J. M. Zhao, 2015, *Coherent generation of photo-thermo-acoustic wave from graphene sheets*, **Sci. Rep. 5**, 10582.

Tian, Y. C., W. H. Zhang, F. S. Li, Y. L. Wu, Q. Wu, F. Sun, G. Y. Zhou, L. L. Wang, X. C. Ma, Q. K. Xue, and J. M. Zhao, 2016, *Ultrafast dynamics evidence of high temperature superconductivity in single unit cell FeSe on SrTiO$_3$*, **Phys. Rev. Lett. 116**, 107001.

Tian, Y. J., B. Xu, D. L. Yu, Y. M. Ma, Y. B. Wang, Y. B. Jiang, W. T. Hu, C. C. Tang, Y. F. Gao, K. Luo, Z. S. Zhao, L. M. Wang, B. Wen, J. L. He, and Z. Y. Liu, 2013, *Ultrahard nanotwinned cubic boron nitride*, **Nature 493**, 385.

Tian, Z. Y., Q. Y. Zhang, Y. W. Xiao, G. A. Gamage, F. Tian, S. Yue, V. G. Nadjiev, J. M. Bao, Z. F. Ren, E. J. Liang, and J. M. Zhao, 2022, *Ultraweak electron-phonon coupling strength in cubic boron arsenide unveiled by ultrafast dynamics*, **Phys. Rev. B 105**, 174306.

Toth, J., and S. T. Bole, 2018, *Design, construction, and first testing of a 41.5 T all-resistive magnet at the NHMFL in Tallahassee*, **IEEE Trans. Appl. Supercon. 28**, 4300104.

Toyoura, K., Y. Koyama, A. Kuwabara, F. Oba, and I. Tanaka, 2008, *First-principles approach to chemical diffusion of lithium atoms in a graphite intercalation compound*, **Phys. Rev. B 78**, 214303.

Trail, J. R., and R. J. Needs, 2017, *Shape and energy consistent pseudopotentials for correlated electron systems*, **J. Chem. Phys. 146**, 204107.

Tran, T. T., K. Bray, M. J. Ford, M. Toth, and I. Aharonovich, 2016a, *Quantum emission from hexagonal boron nitride monolayers*, **Nat. Nanotechnol. 11**, 37.

Tran, T. T., C. Elbadawi, D. Totonjian, C. J. Lobo, G. Grosso, H. Moon, D. R. Englund, M. J. Ford, I. Aharonovich, and M. Toth, 2016b, *Robust multicolor single photon emission from point defects in hexagonal boron nitride*, **ACS Nano 10**, 7331.

Tran, T. T., M. Kianinia, M. Nguyen, S. Kim, Z. Q. Xu, A. Kubanek, M. Toth, and I. Aharonovich, 2018, *Resonant excitation of quantum emitters in hexagonal boron nitride*, **ACS Photonics 5**, 295.

Trickey, S. B., E. D. Adams, and W. P. Kirk, 1972, *Thermodynamic, elastic, and magnetic properties of solid Helium*, **Rev. Mod. Phys. 44**, 668.

Tritsaris, G. A., E. Kaxiras, S. Meng, and E. G. Wang, 2013, *Adsorption and diffusion of lithium on layered silicon for Li-ion storage*, **Nano Lett. 13**, 2258.

Trixler, F., 2013, *Quantum tunneling to the origin and evolution of life*, **Current Org. Chem. 17**, 1758.

Tromp, J. W., and W. H. Miller, 1986, *New approach to quantum mechanical transition-state theory*, **J. Phys. Chem. 90**, 3482.

Truhlar, D. G., W. L. Hase, and J. T. Hynes, 1983, *Current status of transition-state theory*, **J. Phys. Chem. 87**, 2664.

Truhlar, D. G., B. C. Garrett, and S. J. Klippenstein, 1996, *Current status of transition-state theory*, **J. Phys. Chem. 100**, 12771.

Tse, J. S., Y. Yao, and K. Tanaka, 2007, *Novel superconductivity in metallic SnH_4 under high pressure*, **Phys. Rev. Lett. 98**, 117004.

Tsui, D. C., H. L. Stormer, and A. C. Gossard, 1982, *Two-dimensional magnetotransport in the extreme quantum limit*, **Phys. Rev. Lett. 48**, 1559.

Tuckerman, M. E., D. Marx, M. L. Klein, and M. Parrinello, 1996, *Efficient and general algorithms for path integral car-parrinello molecular dynamics*, **J. Chem. Phys. 104**, 5579.

Tuckerman, M. E., D. Marx, M. L. Klein, and M. Parrinello, 1997, *On the quantum nature of the shared proton in hydrogen bonds*, **Science 275**, 817.

Tuckerman, M. E., D. Marx, and M. Parrinello, 2002, *The nature and transport mechanism of hydrated hydroxide ions in aqueous solution*, **Nature 417**, 925.

Tuckerman, M. E., 2010, *Statistical mechanics: Theory and molecular simulation*, (Oxford University Press, London).

Tully, J. C., 1990, *Molecular dynamics with electronic transitions*, **J. Chem. Phys. 93**, 1061.

Tully, J. C., 1998, *Mixed quantum-classical dynamics,* **Faraday Discuss. 110**, 407.

U

Ubbelohde, A. R., and K. J. Gallagher, 1955, *Acid-base effects in hydrogen bonds in crystals,* **Acta Crystallogr. 8**, 71.

Udagawa, T., and M. Tachikawa, 2016, *Nuclear quantum effect and H/D isotope effect on $F + (H_2O)_n \rightarrow FH + (H_2O)_{n-1}OH$ (n = 1-3) reactions*, **J. Chem. Phys. 145**, 164310.

Ulmer, G. C., and H. L. Barnes, 1987, *Hydrothermal experimental techniques*, (Wiley, New York).

Umrigar, C. J., K. G. Wilson, and J. W. Wilkins, 1998, *Optimized trial wave functions for quantum Monte Carlo calculations,* **Phys. Rev. Lett. 60**, 1719.

Unke, O. T., J. C. Castro-Palacio, R. J. Bemish, and M. Meuwly, 2016, *Collision-induced rotational excitation in $N_2^+({}^2\Sigma_g^+, v = 0)$-Ar: Comparison of computations and experiment*, **J. Chem. Phys. 144**, 224307.

V

Vanderbilt, D., 1990, *Soft self-consistent pseudopotentials in a generalized eigenvalue formalism,* **Phys. Rev. B 41**, 7892.

van Leeuwen, R., 1996, *The Sham-Schlüter equation in time-dependent density-functional theory,* **Phys. Rev. Lett. 76**, 3610.

van Setten, M. J., M. A. Uijttewaal, G. A. de Wijs, and R. A. de Groot, 2007, *Thermodynamic stability of boron: The role of defects and zero point motion,* **J. Am. Chem. Soc.,** **129**, 2458.

van Vleck, J. H., 1928, *On dielectric constants and magnetic susceptibilities in the new quantum mechanics Part III - Application to dia- and paramagnetism,* **Phys. Rev. 31**, 587.

Vardi-Kilshtain, A., N. Nitoker, and D. T. Major, 2015, *Nuclear quantum effects and kinetic isotope effects in enzyme reactions,* **Arch. Biochem. Biophys. 582**, 18.

Venkatraman, K., B. D. Levin, K. March, P. Rez, and P.A. Crozier, 2019, *Vibrational spectroscopy at atomic resolution with electron impact scattering,* **Nat. Phys. 15**, 1237.

Vértes, A., S. Nagy, Z. Klencsár, R. Q. Lovas, and F. Rösch, 2011, *Handbook of nuclear chemistry.*

Vinogradov, V. L., and A. V. Kostanovskii, 1991, *Determination of the melting parameters of boron-nitride,* **High Temperature 29**, 901.

Vojta, M., 2003, *Quantum phase transitions,* **Rep. Prog. Phys. 66**, 2069.

Volkenshtein, M. V., R. R. Dogonadze, A. K. Madumarov, Z. D. Urushadze, and Y. I. Kharkats, 1972, *Theory of enzyme catalysis. -molekuliarnaya biologia,* **Moscow, 6**, 431.

von Klitzing, K., G. Dorda, and M. Pepper, 1980, *New method for high-accuracy determination of the fine-structure constant based on quantized Hall resistance,* **Phys. Rev. Lett. 45**, 494.

Vosko, S. H., L. Wilk, and M. Nusair, 1980, *Accurate spin-dependent electron liquid correlation energies for local spin-density calculations - a critical analysis,* **Can. J. Phys. 58**, 1200.

Voth, G. A., D. Chandler, and W. H. Miller, 1989, *Rigorous formulation of quantum transition state theory and its dynamical corrections,* **J. Chem. Phys. 91**, 7749.

Voth, G. A., 1993, *Feynman path integral formulation of quantum mechanical transition-state theory,* **J. Phys. Chem. 97**, 8365.

Voth, G. A., 1996, *Path-integral centroid methods in quantum statistical mechanics and dynamics,* **Adv. Chem. Phys. 93**, 135.

Vuong, T. Q. P., G. Cassabois, P. Valvin, V. Jacques, A. Van Der Lee, A. Zobelli, K. Watanabe, T. Taniguchi, and B. Gil, 2017a, *Phonon symmetries in hexagonal boron nitride probed by incoherent light emission,* **2D Materials 4**, 011004.

Vuong, T. Q. P., G. Cassabois, P. Valvin, V. Jacques, R. Cusco, L. Artus, and B. Gil, 2017b, *Overtones of interlayer shear modes in the phonon-assisted emission spectrum of hexagonal boron nitride,* **Phys. Rev. B 95**, 045207.

Vuong, T. Q. P., S. Liu, A. Van der Lee, R. Cusco, L. Artus, T. Michel, P. Valvin, J. H. Edgar, G. Cassabois, and B. Gil, 2018, *Isotope engineering of van der Waals interactions in hexagonal boron nitride,* **Nat. Mater. 17**, 152.

W

Wacey, D., M. R. Kilburn, M. Saunders, J. Cliff, and M. D. Brasier, 2011, *Microfossils of sulphur-metabolizing cells in 3.4-billion-year-old rocks of Western Australia,* **Nat. Geosci. 4**, 698.

Walker, D., M. A. Carpenter, and C. M. Hitch, 1990, *Some simplifications to multianvil devices for high-pressure experiments,* **Am. Mineral. 75**, 1020.

Walsh, J. P. S., S. M. Clarke, Y. Meng, S. D. Jacobsen, and D. E. Freedman, 2016, *Discovery of $FeBi_2$,* **ACS Central Sci. 2**, 867.

Walsh, J. P. S., and D. E. Freedman, 2018, *High-Pressure Synthesis: A new frontier in the search for next-generation intermetallic compounds,* **Acc. Chem. Res. 51**, 1315.

Wan, W. H., Q. F. Zhang, Y. Cui, and E. Wang, 2010, *First principles study of lithium insertion in bulk silicon*，**J. Phys.: Condens. Matter 22**, 415501.

Wang, E. G., Y. Zhou, C. S. Ting, J. Zhang, T. Pang, and C. Chen, 1995, *Excitons in spatially separated electron-hole systems: A quantum Monte Carlo study*, **J. Appl. Phys. 78**, 7099.

Wang, E. G., 1997, *Research on Carbon Nitrides*, **Prog. Mater. Sci. 41**, 241.

Wang, E. G., 2016, *Observation of full quantum effect in water clusters*, **Inter. Conf. on Quantum Physics**, Shenzhen, China (Nov.6-9).

Wang, E. G., 2018a, *Full quantum nature of interfacial water*, **Symposium on Quantum Materials: Grand Challenges and Opportunities**, Shanghai, China (Nov.15-17).

Wang, E. G., 2018b, *Full quantum nature of interfacial water*, **Quantum Simulations: From Chemistry to Materials Science**, Hong Kong (Dec.17-21).

Wang, E. G., 2022, *Full quantum nature of water: A study at atom level*, "科学之美" 论坛, 清华大学 (Feb.24).

Wang, H., J. S. Tse, K. Tanaka, T. Iitaka, and Y. Ma, 2012, *Superconductive sodalite-like clathrate calcium hydride at high pressures*, **Proc. Natl. Acad. Sci. U.S.A. 109**, 6463.

Wang, H. B., X. Sun, and W. H. Miller, 1998, *Semiclassical approximations for the calculation of thermal rate constants for chemical reactions in complex molecular systems*, **J. Chem. Phys. 108**, 9726.

Wang, H. B., and M. Thoss, 2003, *Multilayer formulation of the multiconfiguration time-dependent Hartree theory*, **J. Chem. Phys. 119**, 1289.

Wang, H. C., H. W. Liu, Y. A. Li, Y. J. Liu, J. F. Wang, J. Liu, J. Y. Dai, Y. Wang, L. Li, J. Q. Yan, D. Mandrus, X. C. Xie, and J. Wang, 2018, *Discovery of log-periodic oscillations in ultraquantum topological materials*, **Sci. Adv. 4**, eaau5096.

Wang, L., X. Z. Xu, L. N. Zhang, R. X. Qiao, M. H. Wu, Z. C. Wang, S. Zhang, J. Liang, Z. H. Zhang, W. Chen, X. D. Xie, J. Y. Zong, Y. W. Shan, Y. Guo, M. Willinger, H. Wu, Q. Y. Li, W. L. Wang, P. Gao, S. W. Wu, Y. Zhang, Y. Jiang, D. P. Yu, E. G. Wang, X. D. Bai, Z. J. Wang, F. Ding, and K. H. Liu, 2019, *Dual-coupling-guided epitaxial growth of 100-square-centimetre single-crystal hexagonal boron nitride monolayer on copper*, **Nature 570**, 91.

Wang, P. S., and H. J. Xiang, 2014, *Room-temperature ferrimagnet with frustrated antiferroelectricity: Promising candidate toward multiple-state memory*, **Phys. Rev. X 4**, 011035.

Wang, Q., K. Suzuki, U. Nagashima, M. Tachikawa, and S. W. Yan, 2013, *Geometric isotope effects on small chloride ion water clusters with path integral molecular dynamics simulations*, **Chem. Phys. 426**, 38.

Wang, R., and M. Itoh, 2001, *Suppression of the quantum fluctuation in* ^{18}O*-enriched strontium titanate*, **Phys. Rev. B 64**, 174104.

Wang, W. L., X. D. Bai, K. H. Liu, Z. Xu, D. Golberg, Y. Bando, and E. G. Wang, 2006, *Direct synthesis of B-C-N single-walled nanotubes by bias-assisted hot filament chemical vapor deposition*, **J. Am. Chem. Soc. 128**, 6530.

Wang, X., W. Dong, C. Xiao, L. Che, Z. Ren, D. Dai, X. Wang, P. Casavecchia, X. Yang, B. Jiang, D. Xie, Z. Sun, S. Lee, D. Zhang, H. Werner, and M. Alexander, 2008, *The extent of non-Born-Oppenheimer coupling in the reaction of Cl (2P) with para-H2*, **Science 322**, 573.

Wang, X. F., R. H. Liu, Z. Gui, Y. L. Xie, Y. J. Yan, J. J. Ying, X. G. Luo, and X. H. Chen, 2011, *Superconductivity at 5 K in alkali-metal-doped phenanthrene*, **Nat., Commun, 2**, 507.

Wang, Z. C., V. Kugler, and U. Helmersson, 2001, *Electrical properties of $SrTiO_3$ thin films on Si deposited by magnetron sputtering at low temperature*, **Appl. Phys. Lett. 79**, 1513.

Ward, A., D. A. Broido, D. A. Stewart, and G. Deinzer, 2009, *Ab initio theory of the lattice thermal conductivity in diamond*, **Phys. Rev. B 80**, 125203.

Watanabe, H., C. E. Nebel, and S. Shikata, 2009, *Isotopic homojunction band engineering from diamond*, **Science 324**, 1425.

Watanabe, H., T. Koretsune, S. Nakashima, S. Saito, and S. Shikata, 2013, *Isotope composition dependence of the band-gap energy in diamond*, **Phys. Rev. B 88**, 205420.

Watkins, M., D. Pan, E. G. Wang, A. Michaelides, J. Vande Vondele, and B. Slater, 2011, *Large variation of vacancy formation energies in the surface of crystalline ice*, **Nat. Mater. 10**, 794.

Wech, P. F., and N. Balakrishnan, 2005, *Quantum dynamics of the Li + HF → H + LiF reaction at ultralow temperatures*, **J. Chem. Phys. 122**, 154309.

Wei, L., P. K. Kuo, R. L. Thomas, T. R. Anthony, and W. F. Banholzer, 1993, *Thermal conductivity of isotopically modified single crystal diamond*, **Phys. Rev. Lett. 70**, 3764.

Wei, S. H., and H. Krakauer, 1985a, *Local-density-functional calculation of the pressure-induced metallization of BaSe and BaTe*, **Phys. Rev. Lett. 55**, 1200.

Wei, S. H., H. Krakauer, and M. Weinert, 1985b, *Linearized augmented-plane wave calculation of the electronic structure and total energy of tungsten*, **Phys. Rev. B 32**, 7792.

Weickert, F., B. Meier, S. Zherlitsyn, T. Herrmannsdorfer, R. Daou, M. Nicklas, J. Haase, F. Steglich, and J. Wosnitza, 2012, *Implementation of specific-heat and NMR experiments in the 1500 ms long-pulse magnet at the Hochfeld-Magnetlabor Dresden*, **Meas. Sci. Technol. 23**, 105001.

Weir, S. T., A. C. Mitchell, and W. J. Nellis, 1996, *Metallization of fluid molecular hydrogen at 140 GPa*, **Phys. Rev. Lett. 76**, 1860.

Weir, S. T., 1998, *Metallization of fluid hydrogen by multiple shock compression*, **J. Phys. Condens. Mat. 10**, 11147.

Wentzel, G., 1926, *Eine Verallgemeinerung der Quantenbedingungen für die Zwecke der Wellenmechanik*, **Z. Phys. 38**, 518.

Wernet, P., D. Nordlund, U. Bergmann, M. Cavalleri, M. Odelius, H. Ogasawara, L. A. Naslund, T. K. Hirsch, L. Ojamae, P. Glatzel, L. G. Pettersson, and A. Nilsson, 2004, *The structure of the first coordination shell in liquid water*, **Science 304**, 995.

West, J. T., X. Lin, Z. G. Cheng, and M. H. W. Chan, 2009, *Supersolid behavior in confined geometry*, **Phys. Rev. Lett. 102**, 185302.

Wheeler, S. E., K. W. Sattelmeyer, P. R. Schleyer, and H. F. Schaefer, 2014, *Binding energies of small lithium clusters (Li(N)) and hydrogenated lithium clusters (Li(N)H)*, **J. Chem. Phys. 120**, 4683.

Whitman, D. W., and B. K. Carpenter, 1982, *Limits on the activation parameters for automerization of cyclobutadiene-1, 2-d2*, **J. Am. Chem. Soc.**, 6473.

Wien, W., 1893, *Die obere Grenze der Wellenlangen, welche in der Warmestrahlung fester Korper vorkemmen konnen; Folgerungen aus dem zweiten Hauptsatz der Warmetheorie*, **Annalan der Physik**, 285633.

Wigner, E., 1932, *On the quantum correction for thermodynamic equilibrium*, **Phys. Rev. 40**, 749.

Wigner, E., and H. B. Huntington, 1935, *On the possibility of a metallic modification of hydrogen*, **J. Chem. Phys. 3**, 764.

Williams, F., 1951, *Theoretical low temperature spectra of the thallium activated potassium chloride phosphor*, **Phys. Rev. 82**, 281.

Wipf, H., A. Magerl, S. M. Shapiro, S. K. Satija, and W. Thomlinson, 1981, *Neutron-spectroscopic evidence for hydrogen tunneling states in niobium*, **Phys. Rev. Lett. 46**, 947.

Witt, A., S. D. Ivanov, M. Shiga, H. Forbert, and D. Marx, 2009, *On the applicability of centroid and ring polymer path integral molecular dynamics for vibrational spectroscopy*, **J. Phys. Chem. A**

130, 194510.

Wittig, C., 2005, *The Landau-Zener formula*, **J. Phys. Chem. B 109**, 8428.

Wolfke, M., 1939, *Can a quantum crystal be superfluid?* **Ann. Acad. Sci. Techn. Varsovie 6**, 14.

Worth, G. A., and I. Burghardt, 2003, *Full quantum mechanical molecular dynamics using Gaussian wavepackets*, **Chem. Phys. Lett. 368**, 502.

Wu D., Z. P. Zhao, B. Lin, Y. Song, J. Qi, J. Jiang, Z. Yuan, B. Cheng, M. Zhao, Y. Tian, Z. Wang, M. H. Wu, K. Bian, K. H. Liu, L. M. Xu, X. C. Zeng, E. G. Wang, and Y. Jiang, 2024, *Probing structural superlubricity of two-dimensional water transport with atomic resolution*, **Science 384**, 1254.

Wu, H., and W. Z. Shen, 2006, *Dielectric and pyroelectric properties of $Ba_x Sr_{1-x} TiO_3$: Quantum effect and phase transition*, **Phys. Rev. B 73**, 094115.

Wu, H. L., R. Sato, A. Yamaguchi, M. Kimura, M. Haruta, H. Kurata, and T. Teranishi, 2016, *Formation of pseudomorphic nanocages from Cu_2O nanocrystals through anion exchange reactions*, **Science 351**, 1306.

Wu, J. Z., M. Jie, and S. T. Jia, 2018, *Production of ultracold molecules and their manipulation by external fields based on laser cooled atoms*, **Physics 47**, 162.

Wu, K. H., E. G. Wang, S. Liu, and X. R. Wang, 2001, *Bistable characteristic and current jumps in field electron emission of nanocrystalline diamond films*, **J. Appl. Phys. 89**, 4810.

Wu, Q., H. X. Zhou, Y. L. Wu, L. L. Hu, S. L. Ni, Y. C. Tian, F. Sun, F. Zhou, X. L. Dong, Z. X. Zhao, and J. M. Zhao, 2020, *Ultrafast quasiparticle dynamics and electron-phonon coupling in $(Li_{0.84}Fe_{0.16})OHFe_{0.98}Se$*, **Chin. Phys. Lett. 37**, 097802.

Wu, R., Y. L. Zhang, S. C. Yan, F. Bian, W. L. Wang, X. D. Bai, X. H. Lu, J. M. Zhao, and E. G. Wang, 2011, *Purely coherent nonlinear optical response in solution dispersions of graphene sheets*, **Nano Lett. 11**, 5159.

Wu, W., J. G. Cheng, K. Matsubayashi, P. P. Kong, F. K. Lin, C. Q. Jin, N. L. Wang, Y. Uwatoko, and J. L. Luo, 2014, *Superconductivity in the vicinity of antiferromagnetic order in CrAs*, **Nat. Commun. 5**, 5508.

Wu, X., J. Dai, Y. Zhao, Z. Zhuo, J. Yang, and X. C. Zeng, 2012, *Two-dimensional boron monolayer sheets*, **ACS Nano 6**, 7443.

Wu, Y. L., Q. O. Wu, F. Sun, C. Cheng, S. Meng, and J. M. Zhao, 2015, *Emergence of electron coherence and two-color all-optical switching in MoS_2 based on spatial self-phase modulation*, **Proc. Natl. Acad. Sci. U.S.A. 112**, 11800.

Wu, Y. L., X. Yin, J. Hasaien, Y. Ding, and J. M. Zhao, 2020, *High-pressure ultrafast dynamics in Sr_2IrO_4: Pressure-induced phonon bottleneck effect*, **Chin. Phys. Lett. (Express Letter) 37**, 047801.

Wu, Y. L., X. Yin, J. Z. L. Hasaien, Z. Y. Tian, Y. Ding, and J. M. Zhao, 2021, *On-site in situ high-pressure ultrafast pump-probe spectroscopy instrument*, **Rev. Sci. Instrum. 92**, 113002.

X

Xia, X., X. M. Chen, and J. J. Quinn, 1992, *Magnetoexcitons in a GaSb-AlSb-InAs quantum-well structure*, **Phys. Rev. B 46**, 7212.

Xiao, C., X. Xu, S. Liu, T. Wang, W. R. Dong, T. Yang, Z. Sun, D. Dai, X. Xu, D. H. Zhang, and X. Yang, 2011, *Experimental and theoretical differential cross sections for a four-atom reaction: HD + OH → H_2O + D*, **Science 333**, 440.

Xie, Y., H. Zhao, Y. Wang, Y. Huang, T. Wang, X. Xu, C. Xiao, Z. Sun, D. H. Zhang, and X. Yang, 2020, *Quantum interference in H + HD → H_2 + D between direct abstraction and roaming insertion pathways*, **Science 368**, 767.

Xie, Z. J., S. He, C. Chen, Y. Feng, H. Yi, A. Liang, L. Zhao, D. Mou, J. He, Y. Peng, X. Liu, Y. Liu, G. Liu, X. Dong, L. Yu, J. Zhang, S. Zhang, Z. Wang, F. Zhang, F. Yang, Q. Peng, X. Wang, C. Chen, Z. Xu, and X. J. Zhou, 2014, *Orbital-selective spin texture and its manipulation in a topological insulator*, **Nat. Commun. 5**, 3382.

Xin, Y. B., Q. Hu, D. H. Niu, X. H. Zheng, H. L. Shi, M. Wang, Z. S. Xiao, A. P. Huang, and Z. B. Zhang, 2017, *Research progress of hydrogen tunneling in two-dimensional materials*, **Acta. Physica. Sinica. 66**, 056601.

Xu, J. H., E. G. Wang, C. S. Ting, and W. P. Su, 1993, *Tight-binding theory of the electronic structures for rhombohedral semimetals*, **Phys. Rev. B 48**, 17271.

Xu, J. J., and C. Wang, 2022, *Perspective-electrolyte design for aqueous batteries: From ultra-high concentration to low concentration*, **J. Electrochem. Soc. 169**, 030530.

Xu, J. Y., H. Y. Jiang, Y. T. Shen, X. Z. Li, E .G. Wang, and S. Meng, 2019, *Transparent proton transport through a two-dimensional nanomesh material*, **Nat. Commun. 10**, 3971.

Xu, J. Y., D. Q. Chen, and S. Meng, 2022, *Decoupled ultrafast electronic and structural phase transitions in photoexcited monoclinic VO_2*. **Sci. Adv. 8**, eadd2392.

Xu, X. Z., Z. H. Zhang, J. C. Dong, D. Yi, J. J. Niu, M. H. Wu, L. Lin, R. K. Yin, M. Q. Li, J. Y. Zhou, S. X. Wang, J. L. Sun, X. J. Duan, P. Gao, Y. Jiang, X. S. Wu, H. L. Peng, R. S. Ruoff, Z. F. Liu, D. P. Yu, E. G. Wang, F. Ding, and K. H. Liu, 2017, *Ultrafast epitaxial growth of metre-sized single-crystal graphene on industrial Cu foil*, **Sci. Bullet. 62**, 1074.

Xu, Y., Y. Yuan, H. F. Ding, L. Li, M. Guo, H. L. Tao, and M. Sun, 2014, *Voltage synchronization scheme and control strategy for 50 T flat-top pulsed magnetic field power system*, **IEEE Trans. Appl. Supercon. 24**, 3801305.

Xu, Z., W. G. Lu, W. L. Wang, C. Z. Gu, K. H. Liu, X. D. Bai, E. G. Wang, and H. J. Dai, 2008, *Converting metallic single-walled carbon nanotubes into semiconductors via boron-nitrogen co-doping*, **Adv. Mater. 20**, 3615.

Xue, M., T. Cao, D. Wang, Y. Wu, H. Yang, X. Dong, J. He, F. Li, and G. F. Chen, 2012, *Superconductivity above 30 K in alkali-metal-doped hydrocarbon*, **Sci. Rep. 2**, 389.

Xue, Q., A. J. Horsewill, M. R. Johnson, and H. P. Trommsdorff, 2004, *Isotope effects associated with tunneling and double proton transfer in the hydrogen bonds of benzoic acid*, **J. Chem. Phys. 120**, 11107.

Y

Yadav, A. K., C. T. Nelson, S. L. Hsu, Z. Hong, J. D. Clarkson, C. M. Schlepütz, A. R. Damodaran, P. Shafer, E. Arenholz, L. R. Dedon, D. Chen, A. Vishwanath, A. M. Minor, L. Q. Chen, J. F. Scott, L. W. Martin, and R. Ramesh, 2016, *Observation of polar vortices in oxide superlattices*, **Nature 530**, 198.

Yamamoto, T., and W. H. Miller, 2004, *On the efficient path integral evaluation of thermal rate constants within the quantum instanton approximation*, **J. Chem. Phys. 120**, 3086.

Yamanaka, T., and S. Morimoto, 1996, *Isotope effect on anharmonic thermal atomic vibration and kappa refinement of C-12 and C-13 diamond*, **Acta Crystallogr., Sect. B: Struct. Sci., 52**, 232.

Yan, J., J. Yao, V. Shvarts, R. Du, and X. Lin, 2021, *Cryogen-free one hundred microkelvin refrigerator*, **Rev. Sci. Instrum. 92**, 025120.

Yan, J., Y. Zhang, P. Kim, and A. Pinczuk, 2007, *Electric field effect tuning of electron-phonon coupling in graphene*, **Phys. Rev. Lett. 98**, 166802.

Yan, L., F. W. Wang, and S. Meng, 2016, *Quantum mode selectivity of plasmon-induced water splitting on gold nanoparticles*, **ACS Nano 10**, 5452.

Yan, L., J. Y. Xu, F. W. Wang, and S. Meng, 2018, *Plasmon-induced ultrafast hydrogen production in liquid water,* **J. Phys. Chem. Lett. 9,** 63.

Yanagisawa, Y., K. Kajita, S. Iguchi, Y. Xu, M. Nawa, R. Piao, T. Takao, H. Nakagome, M. Hamada, T. Noguchi, G. Nishijima, S. Matsumoto, H. Suematsu, M. Takahashi, and H. Maeda, 2016, *27.6T generation using Bi-2223/REBCO superconducting coils*, **IEEE/CSC & ESAS Superconductivity News Forum** (Global Edition).

Yang, J., X. L. Zhu, J. P. F. Nunes, J. K. Yu, R. M. Parrish, T. J. A. Wolf, M. Centurion, M. Guhr, R. K. Li, Y. S. Liu, B. Moore, M. Niebuhr, S. Park, X. Z. Shen, S. Weathersby, T. Weinacht, T. J. Martinez, and X. J. Wang, 2020, *Simultaneous observation of nuclear and electronic dynamics by ultrafast electron diffraction*, **Science 368**, 885.

Yang, J., R. Dettori, J. P. F. Nunes, N. H. List, E. Biasin, M. Centurion, Z. Chen, A. A. Cordones, D. P. Deponte, T. F. Heinz, M. E. Kozina, K. Ledbetter, M. F. Lin, A. M. Lindenberg, M. Mo, A. Nilsson, X. Shen, T. J. A. Wolf, D. Donadio, K. J. Gaffney, T. J. Martinez, and X. Wang, 2021, *Direct observation of ultrafast hydrogen bond strengthening in liquid water*, **Nature 596**, 531.

Yang, J. J., S. Meng, L. F. Xu, and E. G. Wang, 2004, *Ice tessellation on a hydroxylated silica surface*, **Phys. Rev. Lett. 92**, 146102.

Yang, P. C., J. T. Prater, W. Liu, J. T. Glass, and R. F. Davis, 2005, *The formation of epitaxial hexagonal boron nitride on nickel substrates*, **J. Electron. Mater., 34**, 1558.

Yang, X., Y. Ding, J. Ni, 2008, *Ab initio prediction of stable boron sheets and boron nanotubes: Structure, stability, and electronic properties*, **Phys. Rev. B 77**, 041402(R).

Yano, M., Y. K. Yap, M. Okamoto, M. Onda, M. Yoshimura, Y. Mori, and T. Sasaki, 2000, *Na: A new flux for growing hexagonal boron nitride crystals at low temperature*, **J. Electron. Mater. 39(4a)**, L300-L302.

Ye, Q. J., Z. Y. Liu, Y. Feng, P. Gao, and X. Z. Li, 2018, *Ferroelectric problem beyond the conventional scaling law*, **Phys. Rev. Lett. 121**, 135702.

Yen, F., and T. Gao, 2015, *Dielectric anomaly in ice near 20 K: Evidence of macroscopic quantum phenomena*, **J. Phys. Chem. Lett. 6**, 2822.

Yoshimura, Y., S. T. Stewart, M. Somayazulu, H. K. Mao, and R. J. Hemley, 2006, *High-pressure x-ray diffraction and Raman spectroscopy of ice VIII*, **J. Chem. Phys. 124**, 024502.

You, P. W., C. Lian, D. Chen, J. Xu, C. Zhang, S. Meng, and E. G. Wang, 2021a, *Nonadiabatic dynamics of photocatalytic water splitting on a polymeric semiconductor*, **Nano Lett. 21**, 6449.

You, P. W., D. Q. Chen, C. Lian, C. Zhang, and S. Meng, 2021b, *First-principles dynamics of photoexcited molecules and materials towards a quantum description*, **WIREs: Compu. Mol. Sci. 11**, 1492.

Yu, P., W. Luo, D. Yi, J. Zhang, M. Rossell, C.-H. Yang, L. You, Singh-Bhalla G., S. Yang, and Q. He, 2012, *Interface control of bulk ferroelectric polarization.* **Proc. Natl. Acad. Sci. U.S.A. 109**, 9710.

Yu, Z., 1985, *Study about mechanism to form interstellar hydrogen molecule by gas phase reaction*, **Chinese J. Atom. Mol. Phys. 2**, 25.

Yuan, K., R. N. Dixon, and X. Yang, 2011, *Photochemistry of the water molecule: Adiabatic versus nonadiabatic dynamics*, **Acc. Chem. Res. 44**, 369.

Z

Zacharias, M., C. E. Patrick, and F. Giustino, 2015, *Stochastic approach to phonon-assisted optical absorption*, **Phys. Rev. Lett. 115**, 177401.

Zacharias, M., and F. Giustino, 2016, *One-shot calculation of temperature-dependent optical spectra and phonon-induced bandgap renormalization*, **Phys. Rev. B 94**, 075125.

Zaric, S., G. N. Ostojic, J. Kono, J. Shaver, V. C. Moore, M. S. Strano, R. H. Hauge, R. E. Smalley, and X. Wei, 2004, *Optical signatures of the Aharonov-Bohm phase in single-walled carbon nanotubes*, **Science 304**, 1129.

Zeches, R., M. Rossell, J. Zhang, A. Hatt, Q. He, C.-H. Yang, A. Kumar, C. Wang, A. Melville, and C. Adamo, 2009, *A strain-driven morphotropic phase boundary in BiFeO₃*, **Science 326**, 977.

Zelevinsky, T., 2019, *Ultracold and unreactive fermionic molecules*, **Science 363**, 820.

Zewail, A. H., and J. M. Thomas, 2009, *4D electron microscopy: Imaging in space and time*, (Imperial College Press, London).

Zha, C.-S., Z. Liu, and R. J. Hemley, 2012, *Synchrotron infrared measurements of dense hydrogen to 360 GPa*, **Phys. Rev. Lett. 108**, 146402.

Zhang, C. L., S. Y. Xu, C. M. Wang, Z. Q. Lin, Z. Z. Du, C. Guo, C. C. Lee, H. Lu, Y. Y. Feng, S. M. Huang, G. Q. Chang, C. H. Hsu, H. W. Liu, H. Lin, L. Li, C. Zhang, J. L. Zhang, X. C. Xie, T. Neupert, M. Z. Hasan, H. Z. Lu, J. F. Wang, and S. Jia, 2017, *Magnetic-tunnelling-induced Weyl node annihilation in TaP*, **Nat. Phys. 13**, 979.

Zhang, D. H., and J. Z. H. Zhang, 1994, *Full-dimensional time-dependent treatment for diatom-diatom reactions: the $H_2 + OH$ reaction*, **J. Chem. Phys. 101**, 1146.

Zhang, G. Y., X. Jiang, and E. G. Wang, 2003, *Tubular graphite cones*, **Science 300**, 472.

Zhang, I. Y., and X. Xu, 2021, *On the top rung of Jacob's ladder of density functional theory: Toward resolving the dilemma of SIE and NCE*, **WIREs Comput. Mol. Sci. 96,** 11.

Zhang, J., P. Chen, B. Yuan, W. Ji, Z. Cheng, and X. Qiu, 2013, *Real-space identification of inter-molecular bonding with atomic force microscopy*, **Science 342**, 611.

Zhang, J., H. Hong, C. Lian, W. Ma, X. Xu, X. Zhou, H. Fu, K. H. Liu, and S. Meng, 2017, *Interlayer-state-coupling dependent ultrafast charge transfer in MoS₂/WS₂ bilayers*, **Adv. Sci. 4**, 1700086.

Zhang, J., C. Lian, M. X. Guan, W. Ma, H. X. Fu, H. Guo, and S. Meng, 2019, *Photoexcitation induced quantum dynamics of charge density wave and emergence of a collective mode in 1T-TaS₂*, **Nano Lett. 19**, 6027.

Zhang, L., Q. Zheng, Y. Xie, Z. Lan, O. V. Prezhdo, W. A. Saidi, and J. Zhao, 2018, *Delocalized impurity phonon induced electron-hole recombination in doped semiconductors*, **Nano. Lett. 18**, 4592.

Zhang, L., W. Chu, Q. Zheng, A. V. Benderskii, O. V. Prezhdo, and J. Zhao, 2019, *Suppression of electron-hole recombination by intrinsic defects in 2D monoelemental material*, **J. Phys. Chem. Lett. 10**, 6151.

Zhang, L. J., Y. Xie, T. Cui, Y. Li, Z. He, Y. M. Ma, and G. T. Zou, 2006, *Pressure-induced enhancement of electron-phonon coupling in superconducting CaC₆ from first principles*, **Phys. Rev. B 74**, 184519.

Zhang, Q. F., G. Wahnstrom, M. E. Bjorketun, S. W. Gao, and E. G. Wang, 2008, *Path integral* *treatment of proton transport processes in BaZrO$_3$*, **Phys. Rev. Lett. 101**, 215902.

Zhang, R., Y. Zhang, Z. C. Dong, S. Jiang, C. Zhang, L. G. Chen, L. Zhang, Y. Liao, J. Aizpurua, Y. Luo, J. L. Yang, and J. G. Hou, 2013, *Chemical mapping of a single molecule by plasmon-enhanced Raman scattering*, **Nature 498**, 82.

Zhang, W. T., G. D. Liu, L. Zhao, H. Y. Liu, J. Q. Meng, X. L. Dong, W. Lu, J. S. Wen, Z. J. Xu, G. D. Gu, T. Sasagawa, G. L. Wang, Y. Zhu, H. B. Zhang, Y. Zhou, X. Y. Wang, Z. X. Zhao, C. T. Chen, Z. Y. Xu, and X. J. Zhou, 2008, *Identification of a new form of electron coupling in the Bi$_2$Sr$_2$CaCu$_2$O$_8$ superconductor by laser-based angle-resolved photoemission spectroscopy*, **Phys. Rev. Lett. 100**, 107002.

Zhang, X. F., Q. J. Ye, H. J. Xiang, and X. Z. Li, 2020, *Quantum paraelectricity of BaFe$_{12}$O$_{19}$*, **Phys. Rev. B 101**, 104102.

Zhang, X. F., Q. J. Ye, and X. Z. Li, 2021, *Structural phase transition and Goldstone-like mode in hexagonal BaMnO$_3$*, **Phys. Rev. B 103**, 024101.

Zhang, Y., B. Yang, A. Ghafoor, Y. Zhang, Y. F. Zhang, R. P. Wang, J. L. Yang, Y. Luo, Z. C. Dong, and J. G. Hou, 2019, *Visually constructing the chemical structure of a single molecule by scanning Raman picoscopy*, **Natl. Sci. Rev. 6**, 1169.

Zhang, Y. B., Y. W. Tan, H. L. Stormer, and P. Kim, 2005, *Experimental observation of the quantum Hall effect and Berry's phase in graphene*, **Nature 438**, 201.

Zhao, C., Q. Wang, Z. Yao, J. Wang, B. Sanchez-Lengeling, F. Ding, X. Qi, Yaxiang Li, Y. Lu, X. Bai, B. Li, H. Li, A. Aspuru-Giuzik, X. Huang, C. Delmas, M. Wagemaker, L. Chen, and Y. Hu, 2020, *Rational design of layered oxide materials for sodium-ion batteries*, **Science 370**, 708.

Zhao, H., Q. An, X. Ye, B. H. Yu, Q. H. Zhang, F. Sun, Q. Y. Zhang, F. Yang, J. D. Guo, and J. M. Zhao, 2021, *Second harmonic generation in AB-type LaTiO$_3$/SrTiO$_3$ superlattices*, **Nano Energy 82**, 105752.

Zhao, J. M., A. V. Bragas, D. J. Lockwood, and R. Merlin, 2004, *Magnon squeezing in an antiferromagnet: Reducing the spin noise below the standard quantum limit*, **Phys. Rev. Lett. 93**, 107203.

Zhao, J. M., A. V. Bragas, R. Merlin, and D. J. Lockwood, 2006, *Magnon squeezing in antiferromagnetic MnF$_2$ and FeF$_2$*, **Phys. Rev. B 73**, 184434.

Zhao R. J., P. W. You, and S. Meng, 2023, *Ring polymer molecular dynamics with electronic transitions*, **Phys. Rev. Lett. 130**, 166401.

Zhao, Y., T. Yamamoto, and W. H. Miller, 2004, *Path integral calculation of thermal rate constants within the quantum instanton approximation: Application to the H+CH$_4$→H$_2$+CH$_3$ hydrogen abstraction reaction in full Cartesian space*, **J. Chem. Phys. 120**, 3100.

Zhao, Y. C., L. Du, W. Yang, C. Shen, J. Tang, X. Li, Y. Chu, J. Tian, K. Watanabe, T. Taniguchi, R. Yang, D. Shi, Z. Sun, and G. Zhang, 2020, *Observation of logarithmic Kohn anomaly in monolayer graphene*, **Phys. Rev. B 102**, 165415.

Zhao, Y. W., Y. Lu, H. P. Li, Y. B. Zhu, Y. Meng, N. Li, D. H. Wang, F. Jiang, F. N. Mo, C. B. Long, Y. Guo, X. L. Li, Z. D. Huang, Q. Li, J. C. Ho, J. Fan, M. L. Sui, F. R. Chen, W. G. Zhu, W. S. Liu, and C. Y. Zhi, 2022, *Few-layer bismuth selenide cathode for low-temperature quasi-solid-state aqueous zinc metal batteries*, **Nat. Commun. 13**, 752.

Zheng, J. J., S. Zhang, B. J. Lynch, J. C. Corchado, Y.-Y. Chuang, P. L. Fast, W.-P. Hu, Y.-P. Liu, G. C. Lynch, K. A. Nguyen, C. F. Jackels, A. F. Ramos, B. A. Ellingson, V. S. Melissas, J. Villà, I. Rossi, E. L. Coitiño, J. Pu, and T. V. Albu, 2010, *POLYRATE—version 2010-A*, **University of Minnesota, Minneapolis, MN**.

Zheng, Q. J., W. B. Chu, C. Y. Zhao, L. L. Zhang, H. L. Guo, Y. N. Wang, J. Xiang, and J. Zhao, 2019, *Ab initio nonadiabatic molecular dynamics investigations on the excited carriers in condensed matter systems*, **WIREs Comput. Mol. Sci. 9,** 1411.

Zhong, G. H., X. Chen, and H. Lin, 2015, *Prediction of superconductivity in potassium-doped benzene*, **arXiv:1501.00240**.

Zhong, G. H., C. L. Yang, X. J. Chen, and H. Q. Lin, 2018, *Superconductivity in solid benzene molecular crystal*, **J. Phys.: Condens. Matter. 30**, 245703.

Zhong, J. H., X. Jin, L. Y. Meng, X. Wang, H. S. Su, Z. L. Yang, C. T. Williams, and B. Ren, 2017, *Probing the electronic and catalytic properties of a bimetallic surface with 3 nm resolution*, **Nat. Nanotechnol. 12**, 132.

Zhong, W., D. Vanderbilt, and K. M. Rabe, 1995, *First-principles theory of ferroelectric phase transitions for perovskites: The case of $BaTiO_3$*, **Phys. Rev. B 52**, 6301.

Zhong, W., and D. Vanderbilt, 1996, *Effect of quantum fluctuations on structural phase transitions in $SrTiO_3$ and $BaTiO_3$*, **Phys. Rev. B 53**, 5047.

Zhou, X. G., Y. Yao, Y. H. Matsuda, A. Ikeda, A. Matsuo, K. Kindo, and H. Tanaka, 2020, *Particle-hole symmetry breaking in a spin-dimer system $TlCuCl_3$ observed at 100 T*, **Phys. Rev. Lett. 125**, 267207.

Zhou, X. J., S. L. He, G. D. Liu, L. Zhao, L. Yu, and W. T. Zhang, 2018, *New developments in laser-based photoemission spectroscopy and its scientific applications: a key issues review*, **Rep. Prog. Phys. 81**, 062101.

Zhu, X., and J. J. Quinn, and G. Gumbs, 1990, *Excitonic insulator transition in a GaSb-AlSb-InAs quantum-well structure*, **Solid State Commun. 75**, 595.

Zhu, X. D., A. Lee, A. Wong, and U. Linke, 1992, *Surface diffusion of hydrogen on Ni(100): An experimental observation of quantum tunneling diffusion*, **Phys. Rev. Lett. 68**, 1862.

Ziman, J. M., 1960, *Electrons and phonons*, **Oxford University Press**, New York.

Zimmermann, T., and J. Vaníček, 2014, *Efficient on-the-fly ab initio semiclassical method for computing time-resolved nonadiabatic electronic spectra with surface hopping or Ehrenfest dynamics*, **J. Chem. Phys. 141**, 134102.

Zinchenko, K. S., F. Ardana-Lamas, I. Seidu, S. P. Neville, J. van der Veen, V. U. Lanfaloni, M. S. Schuurman, and H. J. Worner, 2021, *Sub-7-femtosecond conical-intersection dynamics probed at the carbon K-edge*, **Science 371**, 489.

Zollner, S, M. Cardona, and S. Gopalan, 1992, *Isotope and temperature shifts of direct and indirect band gaps in diamond-type semiconductors*, **Phys. Rev. B 45**, 3376.

Zouboulis, E. S., M. Grimsditch, A. K. Ramdas, and S. Rodriguez, 1998, *Temperature dependence of the elastic moduli of diamond: A Brillouin-scattering study*, **Phys. Rev. B 57**, 2889.

Zuehlsdorff, T. J., J. A. Napoli, J. M. Milanese, T. E. Markland, and C. M. Isborn, 2018, *Unraveling electronic absorption spectra using nuclear quantum effects: Photoactive yellow protein and green fluorescent protein chromophores in water*, **J. Chem. Phys. 149**, 024107.

Zuev, P., and R. S. Sheridan, 1994, *Tunneling in the C-H insertion of a singlet carbene: Tert-butylchlorocarbene*, **J. Am. Chem. Soc. 116,** 4123.

Zwanzig, R., 1965, *Time-correlation functions and transport coefficients in statistical mechanics*, **Annu. Rev. Phys. Chem. 16**, 67.

索　引

名词	中文对照	页码
Path integral Monte Carlo	路径积分蒙特卡洛	71, 346
Penning discharge	潘宁放电	107
Periodic lattice distortion	周期晶格畸变	94
Phase diagram	相图	43, 232, 279
Photoemission electron microscope	光电子显微镜	243
Photoemission spectroscopy	光电子能谱	241
Photoluminescence	光致荧光	351
Photolysis	光解	119
Photo-proton effect	光致增强质子传输效应	457
Planck's law	普朗克辐射定律	2
Plane waves	平面波函数	151
Polyhelix magnet	多螺旋磁体	261
Post-Hartree-Fock method	后 Hartree-Fock 方法	16, 141
Potential energy surface	势能面	5
Projector augmented-wave	投影缀加波	170
Propagator	传播子	174
Proton transport	质子传输	311
Pseudopotential	赝势	169
Pump-probe technique	泵浦-探测技术	240
Quantum chemistry method	量子化学方法	141
Quantum close-coupling	量子强耦合	81
Quantum correlation function	量子关联函数	37, 181
Quantum critical behavior	量子临界行为	69
Quantum electric-dipole liquid	量子电偶极化液体	388
Quantum embedding	量子嵌入	161
Quantum glue	量子胶	6
Quantum fluctuation	量子涨落	24
Quantum hypothesis	量子假说	2
Quantum instanton	量子瞬子	189
Quantum mechanics	量子力学	2
Quantum Monte Carlo method	量子蒙特卡洛方法	16
Quantum paraelectricity	量子顺电性	69
Quantum potential energy sampling	量子势能面采样	104
Quantum rate model	量子速率模型	103
Quantum theory	量子论	2
Quantum transition rate	量子过渡态速率	220
Quantum tunneling effect	量子隧穿效应	7
Quasi-classical trajectory	准经典轨迹	81
Quasi-elastic scattering	准弹性散射	228